测绘地理信息科技出版资金资助

新中国测绘中等专业与高等专科教育

XINZHONGGUO CEHUI ZHONGDENG ZHUANYE YU GAODENG ZHUANKE JIAOYU

沈迪宸　徐仁惠　主编

测绘出版社

·北京·

内容提要

本书搜集到1949—2000年新中国成立50年来36所普通中专、21所测绘职工中专和29所高等本科与专科等院校的测绘中专与专科教育办学材料,阐述了党和国家的教育方针政策及中专与专科教育的有关规定。按我国社会主义建设发展的各个时期,以测绘中等专业教育、测绘高等专科教育、武汉测绘科技大学和解放军测绘学院的中专与专科教育,以及测绘中专与专科教育的成就、经验和值得思考的问题等4章,全面研究总结了新中国50年测绘中专与专科教育的建设发展历史。书中编有50年来各院校不同时期各专业的中专与专科教育计划50余份,各院校和全国50年中专与专科毕业生的统计表,以及各院校的测绘仪器装备、学生生产实习完成测绘工程任务、教师编写出版教材与科研成果、教职员工人数与教师职称状况等十余类统计数据图表230多个,彰显了新中国成立50年来测绘中专与专科教育取得的成就。

本书可作为了解新中国测绘中专与专科教育历史发展的工具书,为今后测绘中等与高等职业技术办学与发展提供了参考,有“资政、育人、存史”的价值。

图书在版编目(CIP)数据

新中国测绘中等专业与高等专科教育/沈迪宸,徐仁惠主编. — 北京:测绘出版社,2012.7

ISBN 978-7-5030-2505-1

Ⅰ. ①新… Ⅱ. ①沈… ②徐… Ⅲ. ①测绘学—中等专业教育—教育史—中国—1949～2000②测绘学—大专—教育史—中国—1949～2000 Ⅳ. ①P2-4

中国版本图书馆 CIP 数据核字(2012)第145429号

责任编辑 赵福生　　**封面设计** 李　伟　　**责任校对** 董玉珍

出版发行 测绘出版社
地　　址 北京市西城区三里河路50号
邮政编码 100045
电子信箱 smp@sinomaps.com
印　　刷 三河市博文印刷厂
成品规格 184mm×260mm
印　　张 34.25
版　　次 2012年7月第1版
印　　数 0001—1000
电　　话 010—83060872(发行部)
010—68531609(门市部)
010—68531160(编辑部)
网　　址 www.chinasmp.com
经　　销 新华书店
字　　数 845千字
印　　次 2012年7月第1次印刷
定　　价 150.00元

书　　号 ISBN 978-7-5030-2505-1/G・580

“新中国测绘中专与专科教育史研究”项目研究组

顾　问: 宁津生　刘小波　熊　介　徐仁惠　姜召宇　姜立本
组　长: 顾建高
副组长: 白　玉　李玉潮　周秋生
成　员: 沈迪宸（项目研究策划）　余长兴　张卫强　庄宝杰　沈安生
李岚发　仲崇俭　段贻民　王晏民　吕志强　张庆久

提供测绘中专与专科教育资料的作者

原武汉测绘科技大学　余长兴　尹传忠
中国人民解放军信息工程大学测绘学院　张卫强　张晓森　郭延斌
黑龙江工程学院　周秋生　顾建高　白　玉　段贻民　马俊海
郑州测绘学校　茹良勤　李玉潮　李俊元　王宝富
原南京地质学校　钮绳武
原哈尔滨测绘职工中等专业学校　沈安生　王英群
昆明冶金高等专科学校　赵文亮　袁孔铎　李晓桓
武汉电力职业技术学院　邹晓军
淮海工学院　周　立　焦明连
原长沙工业高等专科学校　何明生
中南大学　刘庆元
黄河水利职业技术学院　靳祥升　陈　琳
吉林大学应用技术学院　恽耀文
辽宁科技学院　关文玉　吴永义
辽宁工程技术大学职业技术学院　赵国忱
长春工程学院　王仲锋　苏相龙
山东理工大学　姚吉利
东南大学交通学院　高成发
河北理工大学　刘　谊
甘肃煤炭工业学校　南有录

本书编审人员

主　　编: 沈迪宸　徐仁惠
编　辑: 钮绳武　茹良勤　张庆久
主　　审: 徐仁惠（兼）
审　稿: 姜立本　姜召宇
原稿建库: 肖雁红

序

新中国成立后，我国的测绘中等专业和高等专科教育事业发展迅速，它和测绘高等本科、研究生教育等层次一起构成一个完整的具有中国特色的测绘学科专业教育体系，为国家培养了大批适应经济社会发展需要的相应学历层次的测绘学科专业的技术和管理专门人才，成绩斐然，硕果累累。而这些辉煌成就源于我国测绘学科专业的教育培养，在其办学理念和教学实践等方面积累了丰富的经验，其中有成功，也有挫折。这里面蕴藏着大量有价值的测绘学科专业教育和教学工作的宝贵财富，值得我们去挖掘、去研究、去思考、去大书特书，最终为当今新形势下我国的测绘学科专业教育提供有益的借鉴。为此目的，黑龙江工程学院于2000年向国家测绘局申报了“新中国测绘中专与专科教育史研究”测绘科技发展基金的软科学项目，并被当时全国高等学校测绘类教学指导委员会（现为教育部高等学校测绘学科教学指导委员会）列为2000年教研立项项目。项目被批准后，组建了由黑龙江工程学院党委副书记、副院长顾建高研究员为负责人，有6所测绘高等和中专院校参加的项目组，沈迪宸教授为总策划。有19所高校和中专学校的近40位测绘教育工作者参加了项目的研究及搜集、提供办学资料的工作。项目组开展了广泛深入的调查研究，与全国开办测绘中专和专科教育的院校进行联系，查阅了有关省市的测绘志等材料，搜集到了50年来各个时期36所普通中等专业学校、21所测绘职工中等专业学校、29所高等本科和专科学校的测绘中专与高等专科的办学材料。研究工作前后持续了近10年。本专著就是这个项目的研究成果总结报告。因此，本书的内容极为丰富，材料甚为翔实。

本书回顾了1949年至2000年50年期间我国测绘中专与高等专科教育的建设发展历史，彰显了50年办学过程中取得的成绩，评价了它在经济社会发展中的作用和地位，探索了其教育、教学、办学的基本规律，总结了它的办学经验和教训，提出了值得我们思考的问题。这些研究内容可为我国当今测绘中等与高等职业技术教育的办学、教育、教学、建设和发展诸多方面提供参考和借鉴。所谓“总结过去，指导未来”，起到“资政、育人、存史”的作用。

该项目通过了国家测绘局国土测绘司于2009年7月26日主持的评审验收。专家组对该项目及其专著给予了高度评价，一致认为该专著内容翔实完整、真实可靠、结构合理、论述充分，填补了我国测绘中专与高等专科教育史研究的空白，为我国测绘教育史研究提供了宝贵资料，具有重要的社会价值和现实意义，并建议作者进一步完善和精炼专著，争取早日出版。的确，这本专著有它很高的出版价值。

此专著的主编和撰写人沈迪宸教授，曾担任原哈尔滨测量高等专科学校校长多年；主编兼主审徐仁惠研究员，曾任原冶金工业部人事教育司副司(局)级巡视员、中专处处长。他们在测绘学科专业技术方面有较高的造诣，在高等和中专教育的管理工作方面有着丰富的经验，而且工作作风严谨，认真负责，为这本专著倾注了大量心血。他们历时7年，潜心撰写，几经修改，才完成这部近百万字的著作。在这里我郑重地将此专著推荐给广大读者，并衷心期望这部专著能在我国测绘教育界发挥重要作用。

宁津生

2011年4月

宁津生 武汉大学教授，中国工程院院士，原武汉测绘科技大学校长，教育部高等学校测绘学科教学指导委员会主任，中国测绘学会测绘教育工作委员会主任。

前 言

在国家测绘局的大力支持下，于2001年4月批准“新中国测绘中专与专科教育史研究”为2000年度测绘科技发展基金项目，并被全国高等学校测绘类教学指导委员会列为2000年教研立项项目。7年来，在有关领导和专家的关心支持下，经过项目组的共同努力，克服许多困难，完成了项目研究工作，提交了“新中国测绘中专与专科教育史研究”成果。于2009年7月，通过了国家测绘局国土测绘司项目研究验收专家组的验收。

这个项目研究，是在世纪之交，我国高等教育和职业教育进行大规模结构调整和改革，一些开办测绘中专与专科教育的院校进行了合校或并入，测绘中专与专科教育面临许多新变化、新机遇和新挑战的背景下开展的。当今世界，科学技术突飞猛进，测绘与信息科学技术日新月异，测绘教育必然与时俱进地发展。作为测绘教育的重要组成部分，测绘中专与专科教育在这发展的关键时期，我们对新中国成立50年来测绘中专与专科教育发展、建设的历史进行研究，总结成就、经验，对于指导今后的实践是很有必要的。

新中国成立以来，测绘中专与专科教育得到了长足的发展，为国民经济和国防建设培养了大批中级与高级应用性技术人才，成为完成国家、地方和国防建设测绘与信息成果的重要力量。通过对测绘中专与专科教育史研究，总结了广大测绘教育工作者辛勤耕耘、无私奉献所积累起来的丰富教育经验；总结了贯彻党的教育方针，重视提高学生全面素质，重视理论与实践相结合，重视培养学生动手能力和解决实际问题能力等取得的成绩与经验；总结了50年来我国测绘中专与专科毕业生在专业实践与继续教育条件下成才的规律；探求了在办学过程中逐步积累和形成的测绘中专与专科教育规律，使研究成果起到“总结过去，指导未来”的作用。当前，面临21世纪国家经济建设和社会可持续发展的新形势，特别是在社会主义市场经济条件下，必然对测绘教育各个学历层次人才培养的模式、规格和质量有新的要求，以适应经济建设、社会进步和现代科技发展的需要。本研究成果阐述的新中国成立50年来测绘中专与专科教育取得的主要成就和经验，对今后测绘中等与高等职业技术教育办学与发展有参考价值，为国家测绘和教育主管部门提供咨询意见，为有关院校在发展测绘教育中提供参考。我们存史资治的初衷是：研究历史，总结经验，提供借鉴，指导实践。专家建议，在研究成果基础上经过修改精化，突出测绘中专与专科教育研究成果，以“新中国测绘中等专业与高等专科教育”为书名出版。

尊史、治史、学史是中华民族的优良传统。进行测绘教育史研究，我们把握住一条：尊重史实，正确扬弃，叙述与议论相结合，材料与观点相统一。尽力做到使用材料全面、准确、系统。由于条件和水平的限制，对某些问题的认识可能把握得不够准确，希望得到测绘教育界的专家教授和广大教育工作者的指正。

本项目成果在编辑、排版、复印过程中，得到黑龙江工程学院测量工程公司（经理高树江高级工程师）的大力支持和帮助，特此感谢。向在本项目研究中，提供测绘教育资料的中等专业学校、高等专科学校和高等院校表示衷心感谢。

“新中国测绘中专与专科教育史研究”项目组

2009年10月

目　录

引 言

1949年12月，教育部召开的第一次全国教育工作会议提出："以老解放区新教育经验为基础，吸取旧教育有用经验，借助苏联经验，建立新民主主义教育。"通过吸取我国近代测绘教育有用成果与经验，借助苏联测绘教育经验[1]，学习革命根据地和人民军队在革命战争中培养测绘技术干部的宝贵经验，在党和国家教育方针政策指引下，建设和发展新中国的测绘教育事业。

一

我国近代测绘教育开始于清朝末期19世纪60年代，到1949年历经清朝与民国两个时代，已有80余年的历史。正规的学校测绘教育始于19世纪末。1897年在天津小站训练新建陆军时设立北洋测绘学堂，相继有1902年举办的保定测绘学堂，1904年设在北京的测绘学堂（于1909年改为京师陆军测绘学堂），以及设在南京的两江陆军测绘学堂等。1906年清朝政府通令各省开办测绘学堂，湖北、广东、云南、四川、奉天等10多个省设陆军测绘学堂。一般设三角测量、地形测量和制图等专业，学制一年半（寻常班）、二年或三年（正科）。京师陆军测绘学堂设模范班、高等科，培养测绘高级人才。各学堂的招生人数不多，而学堂遍布各省，形成一定规模的正规测绘教育，主要为军队服务。1896年成立的山海关铁路学堂（1905年迁至唐山，更名为唐山陆矿学堂），开设测量课程。上海南洋学堂也开设测绘课程。南通实业家张謇，于1906年开办的南通师范学校内设测绘科，培养测绘人员40余人；1907年又办工科班，设测绘课程、河海测量课程。一些工科学堂的交通、矿业、土木工程等专业设测量课程。清朝末期1904－1911年，先后派往日本6期留学生100人，学习测绘技术，毕业后回国任职。清代自18世纪以来，一些天文学家、数学家、测绘学家，先后著有《三角法举要》、《测量全义》、《测量释例》、《测绘浅说》、《测绘一得》、《测绘图说》和《测绘海图全法》等著作，代表着那个时代的测绘科技水平。

1914年，张謇在南京创办河海工程专门学校，是近代第一所设测绘专业的专科学校（新中国成立后华东水利学院的前身）。1915年，江苏河海工程测绘养成所在高邮成立，设二年制本科、一年制速成班，先后培养毕业生126人，1919年停办。1915年在济宁成立山东测绘工程学校，招生100人，1917年8月停办。1920年，山东公立矿山专门学校建于济南，本科设矿山测量专业，共毕业6个班，82人，1926年并入省立山东大学。1928年大同大学设测绘专修科，仅办一期。1932年国立同济大学创办测量系，学制四年，开设大地测量、地形测量、工程测量、航空摄影测量等课程，1946年成立大地测量研究所，到1949年共培养本科毕业生107人，为经济建设培养一批高级测绘技术人才。1930年前后，各省开展土地田亩清丈工作，各省举办的地籍测量讲习班培养大批土地清丈人员。为地方经济建设服务的测绘人员，由主管部门开办

---

① 本书仍沿用历史的称谓，不作改动。

测绘训练班培养。如河北省测量局办测绘助理员养成班，招初中毕业生，学期一年，从1927年到1935年共办6期，培养三角测量、地形测量、制图技术人员166人。民国时期由各军事测量学校培养的测绘技术人员人数最多。由原清末京师陆军测绘学堂改建的中央陆军测量学校，后又改为设在南京的中央陆地测量学校，设研究班、本科、专科和简易科（相当于中专），分三角测量、地形测量、航空摄影测量、地图制图和测绘仪器等专业。从1918年到1945年，不完全统计共培养各层次的测绘技术人员2 240余人，其中研究班118人、本科毕业生1 200余人。此外，东三省、湖北、云南、陕西和广东等省的陆军测量学校培养各层次测绘技术人员1 800余人。各陆军测量学校总计培养测绘技术人员4 000余人。

民国时期受过高等测绘教育或出国留学学成回国的测绘专家学者有夏坚白、陈永龄 、王之卓、刘述文、方俊、叶雪安、曾世英、纪增爵、胡明城、鲁福、卢福康、周祥复、周卡、周江文、吴忠性、顾葆康、沈镜祥、高时浏、崔希章、李庆海、陈健、储钟瑞、朱成嶙、张树森等，在测绘教育、测绘科学研究等方面作出很大贡献。夏坚白著《应用天文学》，夏坚白、陈永龄、王之卓合著《测量平差》、《航空摄影测量》和《大地测量学》，叶雪安著《测量平差》、《地图投影》和《大地测量》，刘述文著《兰勃氏投影方向改正和距离改正》、《定式法》，方俊著《地图投影》，胡明成著《等高观测手册》，顾葆康著《航空摄影测量》一、二集，以及张树森著《最小二乘法》等著作，是当时测绘教育的主要教材和测绘技术工作者的参考书。新中国诞生后，这些测绘专家教授和其他测绘科技人才在新中国测绘教育事业、科学研究和生产与管理工作方面，起着承上启下、继往开来的重要作用。有的专家担任高等院校的院校长、中国科学院学部委员，承担国家重要科学研究工作，有的担任高等院校测绘专业教授。上述的测绘科技专著是20世纪50年代测绘本科、专科和中专教育的教材和主要参考书，是测绘科技与生产管理人员不可或缺的参考资料。原中央陆地测量学校及其他测量学校的师生在国民党迁台时，留在大陆等待解放，有的到解放区参加中国人民解放军，有的参加解放区工作。新中国成立后，同济大学测量系和其他大学测量专业以及各陆地测量学校毕业的高级测绘技术人员，参加新中国建设工作，他们中的许多人是新中国测绘中专与专科教育第一代专业教师的骨干力量。

土地革命战争时期，井冈山革命根据地武装斗争和根据地建设需要大量地图，部队指挥机关需要测绘技术干部。1932年年初，在瑞金红军学校开办了测绘训练班，学员有李廷赞、王幼平、刘忠等10余人；测绘教员姜文升编写《简易测绘》作为教材，并分发各部队。1933年11月，红军学校校长刘伯承指示成立测绘训练队，赖光勋任队长，刘浩天任指导员。学员于1934年8月毕业，分配到各部队任测绘参谋或测绘员。1935年12月初长征途中，红军大学校长刘伯承在四川红岩坝开办一期由军、师级干部参加的高干队，另在特科设测绘班，赖光勋、洪水任测绘教员，陈德发任班长，徐明千任支部书记，学员50人；测绘班1936年5月底在西康炉霍结业，学员回部队任测绘员，有的到红四方面军作战局任测绘员。1937年，延安总司令部将抗日大学步兵学校的原红军大学青年队改为步校的测绘队，赖光勋任队长兼主任教员，学员80人；学习测绘技术一年，1938年4月毕业，分配到八路军各师任测绘参谋或测绘员，奔赴抗日前线。抗日战争期间，1940年9月，延安留守兵团司令部开办测绘训练班，学员60人；学习简易测绘和军事地形，学期8个月，1941年5月毕业，学员回原部队任测绘员或见习参谋。学习期间，学员们用平板仪测图法，测绘了南起富县的交道，北到南泥湾以北200多华里长、10里多宽的1∶2.5万地形图，为保卫延安提供了军用地图。一一五师、一二〇师、一二九师，都相继举办了测绘训练班或成立测绘队，培养测绘技术人员。新四军7个师先后举办了测绘训练班,培养作战测绘保障技术人员。新四军五师,1941—1944年,举办4期测绘训练班,为部队输送150名测绘人员。1946年6月,解放战争开始。第一野战军(西北野战军)司令部决定开办测绘训练班,1948年5月开学,于同年12月毕业,学员全部都在司令部侦察科组成测绘班。第二野战军各部队开办测绘训练班,第四纵队于1947年11月办参谋训练队,有学员120人,学习识图、用图和简易测图技术,边学习,边实践,完成许多测绘保障任务。第三野战军测绘室有200余人的测绘队伍,孟良崮、济南和淮海战役期间,大批人员编入测绘队,边学习,边战斗,完成测绘保障任务。1949年8月,组建第三野战军测绘大队,王治峰任大队长,李旭之任副大队长,杨锡任协理员,下设测量中队、学员中队和印刷厂。南京解放后,接管国民党国防部测绘局的测绘技术人员140余人,测绘大队成为有500余人的测绘队伍。1946年1月,组成东北民主联军(后为第四野战军)保卫东北解放区。1946年5月5日,在长春成立东北民主联军总司令部测绘学校,抽调部队有初中文化的战士和地方青年学生120余人编入学员队,学校迁到哈尔滨,同年8月1日开学。开学后,学校迁到黑龙江省勃利县,称为勃利测校。学校进行测量与制图教学,还组织学员完成战争急需的印刷地图重要任务,为解放东北各战役提供测绘保障。辽沈战役之前,学校第一、第二、第三训练队共280名学员毕业,大部分派到各部队任测绘员,一部分留学校承担作战急需的地图印制任务。辽沈战役胜利结束后,1948年11月学校迁到沈阳,更名为东北军区测绘学校。学校办学规模逐渐扩大,建立了大地测量、地形测量、地图制图3个专业,有500余名学员编成6个学员队进行学习。学校广罗人才,聘请包括著名天文大地测量学者刘述文及10余位测绘技术人员来校任教,充实教员队伍,提高教学质量。1950年1月,中央军委电令,将学校改名为中国人民解放军测绘学校,属中央人民政府人民革命军事委员会总参谋部建制,简称军委测校。在长期的革命战争中,人民军队的测绘教育形成了学以致用、理论联系实际、艰苦奋斗、勤学苦练、不怕牺牲的光荣传统,培养出大批测绘技术人才和干部,为各历史时期革命战争的测绘保障及全国胜利作出了重要贡献。在革命战争中锻炼成长的测绘技术人才和干部,成为新中国军事测绘和国家测绘系统的技术专家和领导干部。革命根据地和人民军队的测绘教育成绩与经验,是新中国测绘教育,特别是测绘中专与专科教育的财富。

二

新中国测绘教育,是由高等本科(研究生)、高等专科、中等专业和技工等层次教育构成,培养高级、中级和初级测绘技术人才。测绘中等专业与高等专科教育,是由开办测绘专业的中等专业学校(测绘职工中专)、高等专科学校、普通高等院校和测绘高等院校所设的中专、专科及函授中专与专科办学形式实施的。中等专业学校与高等专科学校测绘专业、武汉测绘科技大学、解放军测绘学院,是新中国测绘中专与专科教育的主要教育资源。新中国成立50年来,测绘中专与专科教育和本科教育一起,在近代中国测绘教育的基础上,适应国民经济与国防建设的需要,经历了初建、成长、壮大的发展历程,形成了有中国特色的测绘中专与专科教育体系。为社会主义现代化与国防现代化建设培养54 500余名中专毕业生、25 400余名专科毕业生[①],

① 按本书收集到的包括军队院校在内,开办测绘中专与专科教育院校的毕业生数量统计。

对新中国建设事业和测绘与信息科学技术发展作出了应有的贡献。

本书是研究与总结1949年到2000年，测绘中专与专科教育50年的发展建设历史；阐述在中国共产党领导下，贯彻党和国家的教育方针、政策和规定，在开办测绘教育院校及专业建设、制订专业教学计划、编写与出版测绘中专及专科教材、理论教学与实践教学动手能力培养、测绘仪器装备与实验室及实习基地建设、开展教学与专业技术科学研究、师资队伍建设、学生思想政治工作与全面推进素质教育，以及院校党委对院校工作的全面领导、贯彻党委领导下的院校长负责制、建设国家级与省部级重点中专学校和专科学校建设测绘专科示范专业，创建教学、科研、生产相结的中专与专科教育模式等方面所取得的主要成就、经验和教训。“总结过去，指导未来”，为21世纪初叶我国测绘中等职业和高等职业技术教育提供借鉴，为国家测绘主管部门、教育主管部门以及发展测绘教育事业提供咨询，达到“资政、育人、存史”的目的。

2001年4月，国家测绘局批准黑龙江工程学院[①]申报的“新中国测绘中专与专科教育史研究”，列为2000年度测绘科技发展基金项目，并被全国高等学校测绘类教学指导委员会列为2000年教研立项项目。由学院副院长、党委副书记顾建高研究员牵头，组成有原武汉测绘科技大学、中国人民解放军信息工程大学测绘学院[②]、郑州测绘学校、原南京地质学校、原哈尔滨测绘职工中等专业学校参加的“新中国测绘中专与专科教育史研究”项目组，聘请原武汉测绘科技大学校长宁津生院士、国家测绘局人事教育劳动司副司长刘小波高工、原解放军测绘学院副院长熊介教授（少将军衔）、原冶金工业部人教司副司局级巡视员（中专处长）徐仁惠研究员、原哈尔滨工程高等专科学校党委书记姜召宇、原哈尔滨工程高等专科学校校长（后任党委书记）姜立本高工为项目组顾问。项目组成员单位是从事测绘中专与专科教育时间长、培养中专与专科毕业生多、取得成绩显著和办学经验丰富的院校，有广泛的代表性。在国家测绘局国土测绘司领导下，在全国高等学校测绘类教学指导委员会和项目组顾问的指导下，开展项目研究工作。项目组与全国开办测绘中专与专科教育的院校进行广泛联系，查阅有关省市的测绘志等材料，经过比较充分的准备于2003年正式启动项目研究工作。克服收集测绘中专与专科教育办学材料时间跨度大、各类院校调整与合并变动大、了解情况的教师离退休等不利因素，有19所高等院校、高等专科学校和中等专业学校的测绘专业参加项目研究，各院校37位老中青教师提供了测绘中专与专科教育办学材料或研究论文；收集到了50年来各个时期36所普通中等专业学校测绘专业的办学材料、21所测绘职工中等专业学校或职工中专学校测绘中专班的办学材料，收集到了29所高等院校、高等专科学校的测绘专科办学材料，汇集了86所各类院校的测绘中专与专科办学历史材料。经过项目组及参加研究工作和主创人员7年的共同努力，几经修改，到2009年提炼出100万字的“新中国测绘中专与专科教育史研究”成果专著。于2009年7月，通过了国家测绘局国土测绘司项目研究验收专家组的验收。

项目验收专家组对研究专著的验收意见：项目组在广泛收集资料的基础上，进行了新中国测绘中专与专科教育史的研究工作，思路明确，方法严谨，完成了合同约定的任务。提交的研究成果“新中国测绘中专与专科教育史研究”阐述了新中国测绘中专与专科教育的发展历程，

---

① 2000年，经教育部批准，哈尔滨工程高等专科学校（原哈尔滨测量高等专科学校）与黑龙江交通高等专科学校合并，组建黑龙江工程学院。

② 2000年，组建的中国人民解放军信息工程大学测绘学院，在本书中仍按原解放军测绘学院称谓。

分析了测绘中专与专科教育的基本规律，总结了经验教训，提出了我国今后发展测绘中专与专科教育的若干建议。内容充实完整，真实可靠，结构合理，论述充分。该项成果填补了我国测绘中专与专科教育史研究的空白，为研究我国测绘教育史提供了宝贵的资料，并为促进我国测绘中专与专科教育的发展提供参考，具有重要的社会价值和现实意义。

根据有关专家建议，在研究成果的基础上，经主创人员进一步修改和精化，编辑成《新中国测绘中等专业与高等专科教育》一书。该书反映了我国测绘中专与专科教育的社会主义教育制度的本质与特色，为国内外测绘教育专家进行测绘教育比较研究，提供一部新中国测绘中专与专科教育发展建设的可靠资料。

三

《新中国测绘中等专业与高等专科教育》的编写中，将新中国测绘中专与专科教育发展建设的历程，与我国各时期的政治、经济和社会发展实际紧密结合，体现测绘教育贯彻党和国家的教育方针及为社会主义建设服务、教育与生产劳动相结合的办学指导思想。因此，将50年来的测绘中专与专科教育发展历程，划分为有时代特征的6个社会与教育发展时期：新中国成立初期（1949.10—1957），教育革命与国民经济调整时期（1958—1966.5），“文化大革命”时期（1966.5—1976.10），恢复高考与整顿提高时期（1976.10—1985），教育体制改革发展职业技术教育（专科教育是加强高等专科教育）时期（1986—1995），教育结构调整发展高等职业教育（专科教育是高等教育体制与结构改革）时期（1996—2000）。在各个时期党和国家中专与专科教育办学方针、政策和规定的指导下，研究和总结测绘中专与专科教育取得的成绩和经验。对收集到的数量较多的测绘中专与专科办学材料，以历史唯物主义和辩证唯物主义思想为指导，以尊重历史、正确扬弃、材料与观点相统一、叙述与议论相结合的原则进行编辑，努力做到取用材料全面、准确和系统。

测绘中专教育，从新中国成立初期到教育革命与国民经济调整时期（1949.10—1966.5），在介绍开办测绘中专教育各中专学校的基本情况基础上，从综合性的角度撰写这个时期测绘中专教育发展建设取得的成绩、经验和教训。恢复高考与整顿提高、发展职业教育和发展高等职业教育3个时期（1976.10—2000），在阐述各时期党和国家对中专教育的政策和规定、各时期测绘中专教育的任务、各学校测绘中专办学的情况基础上，重点介绍了郑州测绘学校、南京地质学校等7所学校，以及建设国家级和省部级重点中等专业学校，由测绘中专教育发展为高等职业技术教育取得的成绩和经验。从各学校不同时期的教育计划中的课程设置与教学内容、测量生产实习完成的测绘生产任务、教材与测绘仪器设备建设、教师的科研成果、师资队伍建设中教师职称晋升情况、测绘专业数量的增加和各学校测绘专业的毕业生数量等统计数据和资料中，可以纵向定量与定性地看出新中国测绘中专教育所达到的水平和毕业生的质量。还可以从各时期横向看出各学校测绘中专教育取得的成绩和办学特色，以及由测绘中专教育向高等职业教育发展形成的教学、科研、生产相结合办学模式的特点。还介绍了20世纪80年代兴起的测绘职工中等专业教育对普通测绘中专教育补充所取得的成绩。

新中国成立初期，同济大学等10所高校设二年制的测量专修科。“一五”期间，全国性的高等院校院系调整，受苏联高校没有专科层次教育影响，不设工科专科教育，停止了测绘专科教育。1958年，有少数高校和专科学校开设了测绘专科教育，由于在《高教六十条》中没有涉及专科教育的办学政策，在调整中停止了测绘专科教育。1949－1966 年的 17 年中，测绘专科教育与全国专科教育一起处于时起时落的状态。1983 年 4 月，国务院批转教育部等部委《关于加速发展高等教育的报告》批示中提出，调整改革高等教育的内部结构，增加专科和短线专业的比重。教育部于 1984 年颁发了《关于高等工程专科教育层次、规格和学习年限调整改革问题的几点意见》。之后，武汉测绘科技大学与其他高校开始设二年制的测绘专科教育。1985 年前后，教育部批准各部委主管的部分全国重点中专学校升格为高等专科学校，原设测绘中专教育的学校开办了三年制的测绘专科教育。1985 年 5 月，公布的《中共中央关于教育体制改革的决定》中提出，改变专科、本科比例不合理状况，着重加快高等专科教育发展。1991 年 1 月，国家教委颁发了《关于加强普通高等专科教育工作的意见》及一系列有关专科教育政策和规定，推动了高等专科学校和测绘专科教育的发展。1985－2000 年，是我国测绘专科教育发展建设的最好时期。书中介绍了各时期高等专科学校测绘专科教育取得的成绩和经验，其中有哈尔滨测量高等专科学校、连云港化工高等专科学校、昆明冶金高等专科学校等 8 所高等专科学校。从这些学校测绘专科的专业设置、各专业教学计划与课程设置、专业教材建设、仪器设备实验室与实习基地建设、理论教学与实践教学动手能力培养、学生完成测量生产实习的工程种类与数量、教师的教学与专业技术科研成果、教师中高级与中级职称所占的比例、全面推进素质教育与各专业毕业生的数量，以及形成有测绘专科教育特色的教学、科研、生产相结合的办学模式等统计数据和资料中，可以看出我国专科学校测绘专科教育的水平和毕业生的质量。到 2000 年前后，这些专科学校有的与其他专科学校合并升格为本科院校，有的并入到本科院校，由测绘专科教育转为测绘本科教育。只有昆明冶金高等专科学校于 2000 年，成为云南省首批合格的高等职业教育院校，2001 年被教育部确定为国家重点建设示范高等职业院校。到 2000 年，除解放军测绘学院，各高等院校都停办了测绘专科教育。2000 年基本结束了新中国测绘专科教育时代，进入测绘高等职业技术教育时期。

原武汉测绘科技大学和解放军测绘学院，是我国两所以测绘本科与研究生教育为主，教学与科研两个中心，培养高级科技人才的高等院校。武汉测绘科技学院于 1958－1966 年，开设了航空摄影测量等 3 个专业的三年与四年制的中专教育，培养近 1 000 名中专毕业生。1958－1960 年、1984－2000 年，先后开设了工程测量等 8 个专业的测绘专科教育，培养出 2 600 余名普通测绘专科毕业生和 4 620 余名函授专科毕业生，成为全国培养测绘专科毕业生最多的大学。解放军测绘学院继承和发扬人民军队测绘教育的光荣传统，50 余年始终坚持以测绘本科教育为基础，研究生教育为龙头，带动专科与中等科（中专）教育，培养出中等科毕业学员 11 440 余人，专科毕业学员 6 540（含函授专科 1 590 人）余人，成为全国培养中专与专科毕业生最多的院校。这两所测绘高等院校开办测绘中专与专科教育，与普通中等专业学校、高等专科学校开办测绘专业教育，在教学组织与管理、师资队伍资源、各专业办学条件等方面有许多不同，有其各自的特点。因此，为这两所院校单设一章，研究总结它们测绘中专与专科教育的成绩和经验，全面反映其办学形式、特点。同时，又由于这两所院校办学服务对象不同，对研究新中国测绘中专与专科教育的类型有特殊的意义。

本书中专设一章，全面研究和总结新中国成立 50 年来测绘中专与专科教育的成就、经验和值得思考的问题。以具体统计数据，阐述测绘中专与专科教育培养中级和高级应用性技术人才，在国家社会主义建设与测绘信息科学技术发展和应用中所起的不可或缺的作用及其重要地位，将会引起国家测绘主管和教育主管部门，对正在发展的测绘中等职业和高等职业技术教育的教学质量、可持续发展建设的重视。

书中提供:50 年来各时期各院校中专与专科毕业生统计表 20 余份,各个时期各学校不同专业的中专与高职教育专业教学计划近 40 份,各时期各本科与专科院校测绘专科教育不同专业的教学计划 16 份,部分中专与专科学校测绘仪器装备统计表,部分中专与专科学校生产实习完成测绘任务统计表,中专与专科学校教师科研成果及发表论文统计表,部分中专与专科学校教职工人数与教师职称统计表等,总计有图表近 230 份。这些材料反映出 50 年来测绘中专与专科教育取得的成就,对正在发展的测绘中等职业与高等职业技术教育有重要的参考价值。

第1章 新中国的测绘中等专业教育

§1.1 新中国成立初期与“一五”时期的测绘中专教育

(1949.10－1957)

1949年10月1日中华人民共和国诞生了。在中国共产党领导下，全国人民经过3年的艰苦奋斗，到1952年年底完成了恢复国民经济的任务，创造了1953年开始实施发展国民经济第一个“五年计划”(1953－1957)的基础条件。第一个五年计划的基本任务是建立我国的社会主义工业化的初步基础。大规模的经济建设不仅需要大量的高等技术人才，而且需要数量众多的各行各业的中等技术人才。周恩来在1950年召开的全国高等教育会议上指出：“目前，大学还不能大量扩充与发展，高等教育只能根据我们的经济发展而发展……。为了适应需要，可以创办中等技术学校。”“社会主义建设需要的技术人才，大量地需要由中等技术学校培养。”在这一思想指导下，我国的中等专业教育得到了蓬勃发展的机遇。党和国家为中等专业教育制定了一系列的方针政策，保证了测绘中等专业教育健康地发展起来。

1.1.1 中等专业教育的指导方针与任务

1949年12月，教育部召开的第一次全国教育工作会议确定的全国教育工作的总方针是：“中华人民共和国的教育是新民主主义的教育，其目的是为人民服务的。”建设新教育“要以老解放区新教育经验为基础，吸收旧教育有用经验，借助苏联经验，建设新民主主义教育。”会议提出：“教育必须为国家建设服务，学校必须向工农开门，……坚持逐步改革旧教育制度、教育内容和教育方法的方针。”根据教育工作总方针，党和国家制定了一系列中等专业教育的方针与政策。

1. 中等专业教育的方针与政策

1951年6月，教育部召开的第一次全国中等技术教育会议指出：“中等技术教育的基本方针任务是，根据新民主主义的教育政策，从国家建设的实际需要出发，整顿和发展中等技术学校，以理论与实际一致的方法，培养大批具有一般文化、科学的基本知识，掌握现代化技术，身体健康，全心全意为人民服务的初、中等技术人才。”1951年10月，政务院颁布了《关于改革学制的决定》。中等技术学校招初中毕业生(或同等学历者)，修业二至四年，入学年龄不作统一规定。1954年9月，学习年限作了修改，中专工业类学校学制三至四年，农林医类为三年，经济类为二年半至三年。

1952年3月，政务院颁布的《关于整顿和发展中等技术教育的指示》中指出：“必须对中等技术教育进行有计划、有步骤的整顿和发展。各级各类中等技术学校除予学生以专门技术训练外，必须实施政治教育与基本文化科学知识教育。务求学用一致，使所培养人才适应业务部门的需要。”“我们的国家正在积极准备进行大规模的经济建设，培养技术人才是国家经济建设的必要条件，而大量地训练与培养中级和初级人才尤为当务之急。”

1952年8月，教育部发出《中等技术学校暂行实施办法》，对办学的宗旨与任务、学生培养目标、课程与课时、成绩考核、教材编写、组织机构、人员编制、领导管理、职务分工及对教师要求、学生管理等方面做出了相应的规定。1952年9月，教育部发布《关于统一中等技术学校（包括专业学校）名称的规定》，统用"中等专业学校"名称。

1954年6月，全国中等专业学校行政会议，对中等专业教育的培养目标作了进一步的阐述："根据国家过渡时期总任务和第一个五年计划的基本任务，中等专业教育应有计划地培养具有马克思列宁主义基础知识、普通教育的文化水平和基础技术知识，并能掌握一定专业，身体健康，全心全意为社会主义建设服务的中等专业干部。"并指出，今后中等专业教育工作方针必须根据中央"整顿巩固、重点发展、提高质量、稳步前进"的文教工作总方针，大力整顿并有计划地发展，进一步明确领导关系，加强领导，努力学习苏联先进经验，积极改进教学，提高教学质量。1954年11月，高等教育部（主管高等教育和中等专业教育）颁布了《中等专业学校章程》，使我国的中等专业教育发展和中等专业学校建设，走上了规范化的道路。

2. 学习苏联中专教育经验

1953年7月高等教育部召开的高等工业学校行政会议通过的《稳步进行教育改革提高教学质量的决定》中提出：学习苏联先进经验并与中国实际情况相结合；一方面，要诚心诚意地、踏实地学习苏联，领会苏联经验的实质，更重要的，要从中国当前实际出发，实事求是地运用苏联经验。在总结吸取老解放区新教育经验基础上，以苏联中专教育经验为范例，促进我国中专教育的教学改革，建立适合我国国情的中等专业教育体系。

（1）将原有的综合性的职业技术学校，改造为相近的几个专业或"专业化或单一化"的中等专业学校，提高办学效益，集中教师与教学设备，改善办学条件，提高教学质量，培养出较高水平的中等技术人才。新建的中等专业学校，参考苏联同类学校的基本建设标准，制定我国中专学校的基建标准，其中包括校园占地、校舍建设、图书馆与实验室配置，以及师资和实习实验设备配置等。"一五"期间新建的中等专业学校，都具有较好的办学条件。

（2）学习苏联在理论教学与实践性教学中，贯穿思想性、科学性、系统性、现实性和目的性等原则。体现出技术培养与政治思想教育相结合、理论与实际相结合、基础理论知识与专业知识相结合、教师的启发式教学与学生独立思考和自学能力培养相结合等教育观念。

（3）重视提高中专教师的教育学理论水平，用以指导教学实践，取得良好的教学效果。当时，主要学习苏联教育家凯洛夫教育学，学习到中国来的苏联专家顾思明关于中等专业学校教学法的报告等。提高教师的教育理论水平，促进教学质量的提高。

（4）实行校长负责制。在校长领导下，强化教务、总务等管理部门的责任和职能。把编制或制订学校工作计划、专业教学计划、课程教学大纲、实习实验大纲等教学文件，看作是学校管理和建设的重要工作，经学校主管部门批准后必须遵照执行。若有必要修改时，需要履行一定的报批手续。强化学校教师、职工的计划管理意识。

（5）重视教学基层组织学科委员会（教研组）建设。学科委员会主任由校长选任。在主任组织下，学科委员会是执行专业教学计划、课程教学大纲、实习实验大纲等教学文件的关键组织，是落实各项教学管理措施的执行者，对保证教学质量、培养合格中专毕业生起着关键性作用。加强学科委员会建设是保证教学质量、提高教师教学业务水平和综合素质的关键措施。

（6）强化教学过程规范化管理，实行14种计划和表报管理：教学进程表，学期课程授课计划，课时授课计划，课程表，课堂教学日志，学生出缺勤日报表（班长报告表），课堂测验提问成绩日报表，学生实习作业统计卡片，学生卡片，教学实习日志，教学时数统计表，考试成绩报告表，学生登记表，听课意见书。

(7)学习苏联中专课堂教学模式，推行6个环节教学法：课堂组织，课堂提问，复习旧课，讲解新课，巩固新课，布置作业。对高年级的专业课还可采取课堂讨论形式等。

(8)强调实践性教学环节。在专业教学计划中，安排各门课程课堂实习或实验、课程设计；实践性教学计划中安排教学实习、生产实习、专题课程设计、毕业实习和毕业设计等。

(9)重视学生的全面成绩考核：平时课堂提问成绩，平时作业与实习实验报告成绩，期中考试成绩，期末考试成绩，教学实习成绩，课程设计成绩，生产实习成绩，毕业实习成绩和毕业设计成绩等。根据学生表现，每学期由班主任写出学生表现评语和评定学生的操行成绩。所有的成绩考核执行5级分制。期末考试有些专业课采取口试方式进行。学生毕业前的综合考试称为国家考试，对各种重要专业课进行综合考试，经较长时间(一般2周)复习，以抽题签方式进行考题准备，向答辩组教师(一般2～3人)进行答辩，最后以5级分形式评定成绩。成绩优秀者，颁发优秀毕业生红皮毕业证书。

(10)有些部委教育主管部门要求本部门所属中等专业学校，以苏联同类专业的教学计划、课程教学大纲为蓝本，结合本部门情况编制统一的专业教学计划、课程教学大纲；采用本专业的苏联中专翻译教材，以自编教材补充其不足；聘请苏联专家来华进行教学指导，全面向苏联学习。地质部教育主管部门是中专教育全面向苏联学习的单位，南京地质学校测绘科各专业的教学计划，就是按这样要求由教育司组织统一编制的。各地质学校的测绘各专业按统一的教学计划进行教学工作。

1.1.2　新中国成立初期测绘中专教育的发展

1951年8月10日，周恩来提出："各级各类学校都要由教育部包办是不行的。因此，要分别不同情况，由教育部和各业务部分工去办，由中央和地方分工去办。""根据现在需要和将来的发展，……中等专业学校由各业务部门或企业单位办理，教育部检查指导。"[①]在这一思想指导下，中央主管地质、重工业、燃料工业、建筑工程、水利电力、交通运输等部委和地方政府，开办了各类各专业的中等专业学校。在上述各部委主管的中等专业学校中开办的测绘专业，是测绘中专教育的主要教学单位。新中国成立初期与"一五"期间，各业务部门举办大量培养测绘初级与中级技术人员的测绘训练班，对缓解当时急需的测绘技术人员起着很大作用。

1. 人民军队的测绘中专教育

中国人民解放军测绘学校　1950年1月17日，中央军委电令将东北军区测绘学校及其所属机构改为中国人民解放军测绘学校，校长石敬平，副校长蒲锡文、刘述文，副政委焦仁午，归属中央军委总参谋部。这是新中国建立的第一所正规培养测绘技术人才的军事学校。学校设大地测量、地形测图、制图3个系，分本科、专科和中等科3个层次的教育，此外还开设培训班。1951年学校细化了专业，有天文测量、大地测量、大地计算、重力测量、航空摄影测量、航空测量、地图制图、地图制印8个专业。1952年底，有38个教学班：本科9个班，专科6个班，中等科22个班，短训1个班；共有学员1 560人，学员中中等科占绝大多数。学校于1953年改

① 中央教育研究所．1984．周恩来教育文选．北京：教育出版社：31．

建为中国人民解放军测绘学院，迁校于北京。

西南军区测绘学校 该校1950年9月建于重庆。建校初期主要是培养测绘参谋和军事测绘技术人员。由部队抽调连排级干部100人，经过3个月学习简易测绘，于1951年2月毕业。1951年6月，招初中生400多人，开设大地测量、航空摄影测量和制图印刷等专业。此后，部分学员合并于中国人民解放军测绘学校，余下的教员和学员归属于铁道部工程技术学校任教和学习。

华东军区测绘学校 该校1950年10月1日建于南京，是一所为部队培养中等测绘技术人才的军事学校。校长兼政委王德，副校长王治峰，教育长李旭之。有测绘教员33人。学员来自华东军政大学预科结业的学员和军区测绘大队的技术人员，共300余人。学校设测量和制图两个专业，学制二年半。有3个学员队，一、二队学习地形测量，三队学习制图。1953年1月，地形测量142名、制图79名学员毕业，还培养了一年制的训练班90人毕业，主要为部队培养参谋和测绘人员。学校于1952年5月转入地方，称为南京测绘学校；同年10月更名为地质部南京地质学校。

中南军区测绘学校 1951年8月，根据中央军委命令将中南军区测绘大队改称为中南军区测绘学校，校长先后由尹健、阎仲川担任。设有3个训练队：一队为地形队，二队为制图队，三队是部队测绘队。有教员24人，其中测绘专业教员17人。学员来自中南军政大学湖南和广西分校，由于文化程度不齐，教学采取预科和专业两部分进行。预科学习半年，专业学习一年半，前后共两年，1952年6月毕业。共培养测绘专业学员488名（其中，地形、制图和后增加的仪器修造专业学员的学历，总参与总政于1988年承认为大专）。学校于1952年合并到中国人民解放军测绘学校。

2. 中央部委和地方中等专业学校的测绘专业教育①

南京地质学校测绘科 华东军区测绘学校于1952年5月24日奉命划归中国地质工作计划指导委员会领导，更名为南京测绘学校；同年9月地质部成立，学校归地质部领导，再更名为南京地质学校。当时学校设测绘与地质两个学科。测绘学科设测量与制图两个专业，学制二年，当年招新生503人。学校继承和发扬解放军测绘教育理论联系实际的教学传统，发扬团结紧张、艰苦创业、勤奋学习、严守纪律、生动活泼的传统作风，形成良好的学风和校风。学校原华东军区测绘学校的30多位教师，大多是前中央陆地测校本科毕业的测绘界的技术人员，师资力量雄厚；测绘仪器和教学设备齐全，测绘专业的办学条件好。国家测绘总局成立后由地质部代管，测绘科肩负为地质部各地质勘探部门和国家测绘总局各专业测绘部门培养测绘中专人才的任务。1953年学校成立测绘科，设大地测量、地形测量、航空摄影测量和地图制图4个专业，国家测绘总局为测绘科装备当时先进的测绘仪器设备。测绘各专业每年招初中毕业新生400～500人，在校生达1 300人左右。从1953－1957年的"一五"期间，为国家培养各专业测绘中等技术人员1 550余人。培养测绘专业师资（测绘中专毕业，设师资班学习一年半，相当专科水平）40余人，留校或分配到其他地质学校任测量教师。毕业生分配到全国各地的地质与测绘单位，从事测绘工作，受到用人单位的欢迎。

---

① 由于中等专业学校在"文化大革命"期间和20世纪八九十年代变化很大，许多原有开办测绘中专教育的学校被整合了，只能介绍已收集到的"一五"期间开办测绘专业的中专学校情况。

哈尔滨测量学校 1952年，重工业部在长春成立长春测量地质技术学校。设测量、地质、钻探3个专业。测量科学生一部分来自东北地质专科学校测量科二年级学生（东北地质专科学校撤销成立长春地质学院，撤销测量科，将测量科学生转到该校再学一年毕业）；当年招初中毕业生200人，中专学制二年半。1952年12月重工业部设哈尔滨测量学校筹建处；1953年1月，重工业部任命宋金贵为哈尔滨测量学校副校长，8月东北地质专科学院转来的测量科学生毕业，9月重工业部下达长春测量地质技术学校测量科大多数教师、测绘仪器设备和二年级学生迁到哈尔滨测量学校新建校舍办学（当时的校名是哈尔滨土木建筑工程学校测量分校）；1954年7月，挂牌为重工业部哈尔滨测量学校。该校是三年制培养地形测量专业中等技术人员的中等专业学校，学生毕业后主要派往部属冶金勘察设计、地质勘探、厂矿建设与施工安装和厂矿营运等部门从事测绘生产第一线工作。每年招300～400名新生，在校生近1 000人。师资力量较强，30余位测绘专业教师中半数具有前中央陆地测校1935－1949年大地、航测和制图等专业的本科学历（少数为专科），有丰富的测绘作业和教学经验；测绘仪器和教学设备齐全，办学条件较好，综合教学质量较高。“一五”期间培养了1 050名地形测量中专技术干部，分配到全国冶金系统从事测绘生产第一线工作，受到用人单位的好评。

黄河水利学校测量专业 1951年3月建立黄河水利专科学校（校址在开封），1952年11月学校改为黄河水利学校。1951年设学制一年的测量专业，招生60人，培养治黄战线急需的勘测技术干部。当时设测量备课组，有工程师级的测量教师5人，专业课有测量学、地形制图、最小二乘法、实用天文测量，及水文测验和地质学等。1953年建立测绘学科委员会，有测绘教师8人、兼课教师2人、教辅2人，设测量仪器室。招收调干学员32人，学制三年半。1954－1955年，测量专业学制改为三年，招收初中毕业生119人，培养测绘中专毕业生。1957年贯彻《关于改进中等专业教育的决定》精神，撤销测绘学科委员会，建立测量教研组，这一建制直到1966年6月。“一五”期间，为黄河水利委员会培养测绘中等技术干部211人。

本溪工业技术学校矿山测量专业 该校的前身是解放前本溪工程高级职业学校，1948年本溪地区解放后改为本溪工业专门学校，1953年更名为重工业部本溪工业技术学校。学校设有采矿、冶金、机电、土建等专业。1952年设矿山测量专业，每年招两个班80人，学制三年，1954年以后每年招4个班，160人。该校是为冶金工业黑色金属矿山建设培养矿山测量中等技术人员的主要学校，“一五”期间培养矿山测量技术人员近300人。

武昌水力发电学校测量专业 1953年3月2日，中南军政委员会决定成立中南水力发电工程学校，校址设在武昌，办学规模900学生。同年5月2日在湖南湘乡县临时校址召开成立大会。1954年1月迁至武昌，学校更名为武昌水力发电工程学校，当时设测量、钻探两个专业。1954年改名为燃料工业部武昌水力发电学校。测量专业学制三年，执行高教部颁发的苏联中专相同专业的教学计划和课程教学大纲。数学、物理、化学等教材使用苏联中专翻译教材，专业课按苏联相关专业的教学计划和大纲，使用苏联翻译教材，不足部分自编补充教材。教学中执行高教部颁布的《中等专业学校十四种教学表格式样的通知》中规定的表格，按苏联中专教学模式进行课堂教学和实践性教学，注重理论联系实际。1956年第一批测量专业中专生176人毕业，分配到全国各地的水电枢纽工程部门从事测绘工作，受到用人单位的欢迎。测绘专业的精密经纬仪、精密水准仪、航测仪器设备和水利测量仪器齐全，有较好的办学条件。“一五”期间为水电部门培养近300名测绘中专毕业生。

西安地质学校测量专业 学校建立于1953年9月，设测量与地质两个专业，招初中毕业生,学制三年。“一五”期间测量专业每年招新生200～300人,1957年测量专业在校学生达940余人(为建校最高纪录)。1956年测量专业教师近50人,设地形测量、航空摄影测量和制图(地貌学)3个教研组。教学使用地质部统一编制的测量专业教学计划,最初采用苏联中专测量专业翻译教材,逐步改用地形测量、控制测量、航空摄影测量自编教材。测绘仪器及教学设备齐全,办学条件较好。强调测量理论教学与实践相结合,组织学生参加测量生产实习。“一五”期间为地质部各地勘部门输送370余人测量专业中等技术人才。由于动手能力强,思想作风好,受到用人单位欢迎。

重庆地质学校地形测量专业　该校成立于1953年9月,隶属于地质部。设地形测量和矿山测量两个专业,学制三年。有教师25人,每年招生120余人,“一五”期间为地质部门培养地形测量与矿山测量中专毕业生近300人。

阜新煤矿学校矿山测量专业　该校于1953年与峰峰煤校、鹤岗煤校转来的两个班组建测量科,设矿山测量专业,有学生90人,测量教师15人。开设测量学、矿山测量、矿山测量制图、矿山三角测量、矿体几何、地质学、煤田地质、采煤学、矿物岩石等专业课。到1957年培养出矿山测量中专毕业生300余人。1958年,学校升格改建为阜新煤矿学院,在矿建系设矿山测量本科专业。

南京建筑工程学校建筑测量专业　1951年同济大学所属高级职业学校由沪迁宁成立该校,隶属建筑工程部。1954年设建筑测量专业,招初中毕业生,学制三年,面向全国招生,每年招50人左右。1957年第一批建筑测量专业中专生毕业。

昆明有色金属工业学校矿山测量专业　该校于1952年成立,隶属重工业部。1954年设矿山测量专业,每年招收50名初中毕业生,学制三年。有测绘专业教师5人,为西南地区有色金属矿山建设和开采培养矿山测量技术人员。1957年第一批矿山测量中专生毕业。

焦作煤矿学校矿山测量专业　1951年原焦作工学院迁到天津后,原校址由煤炭工业部干部学校、中南煤矿工业学校办学,1955年改为焦作煤矿学校。1956年设矿山测量专业,招初中毕业生,学制三年,当年招172名学生。1958年该校矿山测量专业合并到郑州煤田学校,之后并入郑州煤炭工业学院。1958年9月在焦作煤矿学校原地重建焦作工学院,定名为焦作矿业学院。

呼和浩特城市建设工程学校测量专业　1956年城市建设部在呼和浩特市成立该校,设测量专业,招初中毕业生,学制三年,当年招生120人,1958年有教师10人。精密经纬仪(T_3、T_2)、普通经纬仪、水准仪、平板仪、大型缩放仪、直角坐标展点仪、对数视距仪及天文观测等高仪等仪器设备齐全。1958年该校附设于新成立的内蒙古建筑学院,继续办测量中专教育,直到1962年精简编制时撤销。测量专业共培养320名中专毕业生,除10人分配在西藏、新疆维吾尔自治区工作外,其余分配在内蒙古自治区城建系统工作。

长春地质勘探学校测量专业　1953年重工业部有色局将东北地区办的地质、测量、钻探训练班集中于长春,成立有色金属管理局地质勘探学校。设测量、地质、钻探3个专业,各专业的师资力量较强,设备好。测量专业招初中毕业生400人,学制二年。有测量教师10余人,其中半数是测绘生产部门的工程师和高级技术员,也有新毕业的青年教师。根据有色局地质勘探部门测绘工作需要,自编教学计划、课程大纲,结合实际需要自编地形测量、控制测量、测量平差、工程测量和地形制图学等教材。测绘仪器全都是当时进口的瑞士和意大利生产的新式光学经纬仪、水准仪和平板仪。课堂理论教学与课堂实习相结合,毕业时安排3个月的完成测量生产任务的实习。1955年8月，测量专业400名中专学生毕业，学校撤销。校址由重工业部长春地质学校迁入。测量专业的部分教师和光学经纬仪、水准仪、平板仪等设备调往哈尔滨测量学校，其他专业教师及仪器设备都并入长春地质学校。

3. 中等专业学校非测量专业的测绘教育

新中国成立初期和"一五"期间，以城市建设、土木工程、交通运输、农业与林业、水利与电力、地质与石油等专业为主体的中等专业学校，全国有百所以上。每所中专学校都有3～5名测量教师，组成测量教研组，进行普通测量和某些专业性的测量教学，培养具有该专业测量技术能力的中专毕业生。这是"一五"期间各业务部门培养测绘中等技术人员渠道之一。

新中国成立初期成立的黑龙江省建筑工程学校、湖北省建筑工程学校(1952年建)、北京建筑工程学校(1952年建)，设有测量教研组进行普通测量和与建筑施工有关的测量教学。新中国成立初期成立的齐齐哈尔铁路工程学校和哈尔滨铁路工程学校，设有铁路线路勘测和铁道工程等专业，除讲授普通测量外，还讲授铁路工程测量。新中国成立初期成立的黑龙江省水利学校、辽宁省水利学校(1952年建)、河北省水利学校等，设有水利工程建筑、水利规划、公路桥涵等专业，测量教研组教师相对较多，测量课的内容有项目分工，测量课的总时数和实习时间较长，许多毕业生成为地方水利部门的测量骨干力量。河北省林业学校(1952年建)、广州林业学校(1953年建)、四川省林业学校(1953年建)，设有林区道路勘测设计等专业，测量教研组不仅要进行与设有林业相结合的普通测量教学，还要进行路线勘测与施工测量的教学。沈阳公路工程学校(1952年建)、重庆公路工程学校(1952年建)，设有公路和桥梁专业，测量教研组要进行普通测量与公路工程和桥梁勘察设计与施工的测量教学。"一五"期间，这类中等专业学校培养的专业技术人员，都有进行该专业测绘工作的能力，成为业务部门培养测绘中等技术人员的重要渠道。

4. 各业务部门开办测绘训练班培养测绘技术人员

新中国成立之后，经济建设前期工作需要大批测量技术人员，大学和中专培养的测绘高等和中等技术人才数量有限，不能满足重点工程急需的要求。因此，中央各部委与地方政府的业务主管部门，向解放军学习，举办为期半年、一年、一年半或二年的测绘训练班，快速培养测绘专业初级、中级技术干部。毕业后，在测绘工程实测中锻炼成长，取得良好效果，既完成了紧急的测绘工程任务，又培养锻炼了技术干部。

1951年，经西北军政委员会财政经济委员会批准，在西安举办西北测量人员训练班，由西北地形测量队领导并派教员。由西北人民革命大学选送50余名学员，根据实际需要编制教学计划和编写教材。1951年6月开学，1953年5月毕业，分配到西北地质局所属地质勘探队工作。1950年，河北省水利厅为解决水利建设急需测量人员问题，在天津举办两期测绘技术训练班，培养测量、制图技术人员，学习半年，250人参加培训；每年利用冬季收队时期进行冬训，逐步提高测绘专业的理论水平。江苏省水利部门于1949年12月开办测绘训练班；治淮指挥部测绘大队在扬州举办地形测量培训班，为1954年测绘全省1∶1万地形图培训测量人员；1956年为开展航测综合法成图，又培训60名航片调绘技术人员。1954年9月，农业部东北国营农场管理局，经劳动人事部批准，从山东、河南、辽宁和黑龙江等省，招收800余名初中毕业生，在哈尔滨、长春建立土地勘测干部测绘训练班，学制一年，有测绘专业教师40余人，分科培养控制测量、地形测量、测量计算和地形制图等专业技术人员，为东三省农垦地区勘测规划和国营农场建设解决急需测绘技术人员的困难。经过实践锻炼和继续教育，这批测绘技术人员成为农垦部门测绘技术和领导骨干。铁道部第二勘测设计院，为西南地区的铁路建设培养测量技术人员。1953年7月至1954年11月，举办第一期测绘人员训练班，招收学员180多人；1954年11月到1955年12月，在本部内部招收学员200多人，举办测量人员训练班。这两次测绘训练班共培养线路测量、工程制图等专业技术人员380余人。新中国成立初期和“一五”期间，城市建设、地质勘探、石油勘探与开发等业务部门也都采用举办测绘训练班的办法，解决急需测绘技术人员的培养任务。

1.1.3　独立建制的测量学校和中专开办测绘专业的组织机构与教学管理

重工业部哈尔滨测量学校（1957年6月改为哈尔滨冶金测量学校），是培养地形测量中等技术人员独立建制的中等专业学校。地质部南京地质学校是以地质和测绘学科为主的中等专业学校，设测绘科负责测绘各专业学科的教学与管理工作。以这两所学校为例，说明“一五”期间测绘中等专业学校和中专开办测绘专业教育的组织机构与教育管理体制是具有代表性的。

1. 哈尔滨测量学校的组织机构与教育管理体制

1）实行校长负责制

哈尔滨测量学校的校长（肖林）、副校长（唐庸、李致中）及中层干部的任免权在重工业部（以后的冶金部）。国家重视中等专业学校，校长一般由国家十一级、十二级干部担任。学校实行校长负责制，学校党组织书记一般由校长担任。校长的职权：代表学校，领导学校一切教学及行政管理事宜，领导全校教师、学生、职员和工人的政治学习和思想教育，任免教师、职员及有关人员的工作，领导校务委员会与批准校务委员会的决议。学校设副校长两人，协助校长处理教务和总务管理工作。

2）建立校务委员会

在校长领导下，校务委员会组成人员有：副校长，党组织负责人，学校中层科室负责人，工会与共青团的负责人，民主党派负责人，学科委员会及图书馆负责人，知名教师、职工和学生代表等。校务委员会的职权：审查并通过学校年度和学期的工作计划及总结报告；审查与通过学校的年度财政预算和决算；审查与通过教务科、专业科、总务科等中层机构的工作计划和总结；审查与通过专业教学计划、有关课程的教学大纲、专业实习大纲；审查及通过各项教学管理与行政管理的规章制度；决定有关教职工和学生的重大奖惩事项；决定学校重大建设项目和重大事件等。校务委员会决定的事项，由校长分工给主管副校长和有关部门执行，执行结果向校务委员会报告。校务委员会设兼职秘书，负责处理日常事务。

3）学校的组织机构

中等专业学校的组织机构和人员编制与学校的办学规模有关。该校的办学规模为1千名在校生，按中等专业学校组织机构的有关规定，学校党政的组织机构如图1.1所示。党政管理机构少而精，工作效率较高。

在教务副校长领导下，教务科统管全校的教务工作，组织与协调教学计划与课程教学大纲等的制订，计划和掌握全部教学活动的进程，组织领导基础课学科委员会（教研组）的工作，负责实验室建设和管理工作，制定教学与学籍管理的规章制度，负责教师的培养和进修等工作。教学设备科和图书馆由教务副校长直接领导。

测量专业科（先后任正、副科长的有李昌乙、张光全、徐仁惠）在教务副校长领导下，组织领导地形测量（航测）、控制测量（平差）、测量制图、工程测量、综合（地质地貌、测量组织与计划）

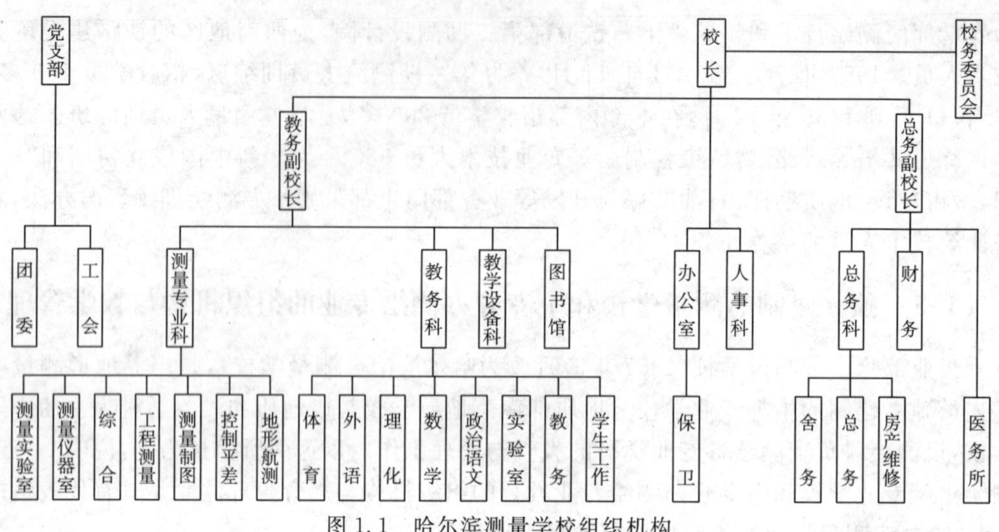

图 1.1 哈尔滨测量学校组织机构

等学科委员会，以及测量仪器室与测量实验室。负责组织编制地形测量专业教学计划，制订各门专业课程的教学大纲和实习实验大纲，组织专业教师业务学习和编写教材，负责教师的思想政治工作和管理工作，组织专业教学实习和生产实习，组织地形测量专业毕业生的国家考试，对学科委员会的工作和教学质量进行检查和评估等。有关测量专业的教学管理工作，测量专业科与教务科协调合作进行。测量专业的仪器设备齐全，T_3、T_2 及其他精密光学经纬仪、精密水准仪和殷钢基线尺，可供各等级大地控制测量作业和实习使用；普通光学经纬仪、水准仪和平板仪，可装备 80～100 个作业小组同时进行地形测量的教学和生产实习；摄影测量仪器及制图的仪器设备可满足教学和实习的需要。

学校共青团委员会在党组织领导下设专职团委书记和干事，负责全校教职工和学生共青团工作。"一五"期间，教职工和学生中党员较少，共青团的思想政治工作在学校占有重要地位。团委负责学校学生会的指导任务，发挥学生会在自我管理、自我教育及组织学生各项活动中的积极作用。学生管理工作由教务科负责，学生工作实行班主任负责制。班主任由教务副校长聘任，负责指导班级团支部、班委会的工作，对班级学生进行思想教育和管理工作。教务科与团委，定期召开班主任联席会，沟通情况，上传下达，统一步调，做好学生的思想政治和管理工作，保证正常的教学秩序。

教育工会在党组织领导下成为教育教职工的学校。20 世纪 50 年代，教育工会团结组织教职工，在学校的教学和管理及思想政治工作中发挥积极作用。工会除代表教职工维护其合法权利和福利之外，通过自己组织的活动，征求改进学校工作的意见，是学校民主管理的重要渠道。工会定期组织教学经验交流会(当时称生产会议)、教育学报告会，对提高教师的教育学理论水平和教学质量，起到积极推动作用。

4)人员编制与教学状况

1955 年学校在编的教职员 116 人，其中教师 67 人，职员 49 人。近 40 人的基础课教师具有解放前后大学本科和专科学历。近 30 名的测绘专业教师中，半数是具有民国时期中央陆地测量学校 1935－1949 年大地测量、航空摄影测量和地图制图专业本科学历(少数是专科)的中老年教师；一部分是 1954 年南京工学院首届测量专业毕业(专科毕业按本科学历发证)的青年教师；由于测量专业教师短缺，还有由 1953－1955 年本校优秀毕业生中选拔留校任教的青年教师。通过教学实践的锻炼和送同济大学测量系、解放军测绘学院、武汉测绘学院和哈工大教师进修学院等高校进修，很快胜任测绘专业的教学工作。这一老中青相结合的教师队伍保证了培养地形测量中等专业技术干部的质量要求。

2. 南京地质学校测绘科的专业设置与教学管理

“一五”期间，南京地质学校（校长周道，副校长印通、魏秉钧）是开办测绘专业的中等专业学校中，测绘学科齐全、招生人数最多、办学条件较好的学校。

1)测绘科及其测绘专业的设置

1953年，南京地质学校实施教学正规化管理。在教务副校长领导下成立测绘科（先后任正、副科主任的有商宣球、沈镜祥、陈主一等）。当时设地形测量和制图两个专业。国家测绘总局成立后，划归地质部代管。测绘科承担为地质部所属地质勘探部门和国家测绘总局各测绘部门培养测绘各学科中等专业技术人员的任务。此时，设大地测量、地形测量、航空摄影测量和制图4个专业。测绘科组织领导大地测量、地形测量、矿坑测量、航空摄影测量、地图编绘、地形绘图、测量平差和觇标建造8个学科委员会的教学组织和管理工作，还负责管理制印厂和测量仪器库。同时负责编制4个专业的教学计划、课程教学大纲等教学文件，组织课堂教学和实践性教学活动，负责师资培养和教材建设等工作。

2)教师状况与办学条件

南京地质学校测绘科专业教师的主要人员，来自华东军区测绘学校。30余位中老年教师是原中央陆地测量学校历届本科和专科学历的技术人员，有丰富的实践经验，学术和教学水平较高，是学校测量专业教师的骨干力量。“一五”期间，抽调一些骨干教师派往西安地质学校、重庆地质学校支援开办测量专业。专业课的青年教师，主要来自原华东军区测校的1953年1月毕业生，参加测绘教师培训班（一年半）毕业留校任教的教师，还有从南京工学院、同济大学、青岛工学院测量专业毕业的青年教师。在老教师指导下，能很快胜任测量各学科的教学工作。这个老中青相结合的教师队伍，是当时各个开办测绘专业的中专学校中师资力量最强的，许多学校测绘专业的青年教师到南京地质学校测绘科进修学习。

建校初期，各专业的教学计划、课程教学大纲等教学文件，由测绘科编制经上级批准执行；各门课程的教材由测绘科组织教师编写用于教学，有些教材被其他学校测绘专业采用。1954年年底，地质部教育司根据苏联中专测绘各专业的教学计划模式，制订了地质部各中等专业学校测绘各专业的统一的教学计划和课程教学大纲，以苏联中专测绘专业翻译教材为主，补以自编教材进行教学。南京地质学校测绘科是当时学习苏联中专测绘专业教学经验比较完整的学校之一。

为保证测绘科培养的测绘各专业毕业生质量和学生作业水平与国家测绘总局各专业测量队伍的作业水平相衔接，国家测绘总局将当时进口的仪器设备抽出一部分装备了测绘科，其中有：TT_{26}、T_3、T_2 等精密大地测量经纬仪，N_3、HA_1 等精密水准仪，凡麦斯平板仪和F/S光学经纬仪等地形测量仪器，航空摄影测量成图仪器，地图复照、制印仪器设备等。南京地质学校测绘科，是20世纪50年代开办中专测绘专业测量仪器设备齐全、质量最好的学校。

1.1.4　制订测绘各专业教学计划

按《中等专业学校章程》等文件规定，各专业教学计划需经学校同意并呈报学校主管部委教育司批准才能执行。哈尔滨测量学校地形测量专业教学计划，是根据重工业部所属勘察设计、施工建设、矿山开发、地质勘探等部门对地形测量中等技术人员的业务能力要求，结合当时的测绘技术水平的具体情况编制的。南京地质学校的大地测量、航空摄影测量、制图等专业的教学计划，是由地质部教育司根据地质部“关于测量专业设置与修业年限的决定”和高教部制定的中专教学计划的有关规定，以苏联高教部1949—1952年批准的中专大地测量、航空摄影测量和制图等专业的教学计划为主要依据，结合地质部和国家测绘总局对中等测绘技术人员的要求，统一制定的。地质部所属的中专学校测绘专业都按这套教学计划执行。这些教学计划代表着“一五”期间测绘中专各专业教学计划的水平。

1. 中专三年制地形测量专业教学计划

1)培养目标

地形测量专业培养具有马克思列宁主义基础知识，具有必要的高中文化知识，掌握地形测量专业技术的基本原理与操作技能，身体健康，全心全意为社会主义建设服务的测量中等技术干部。学生毕业后，主要到重工业部(冶金部)和其他部门的测绘单位，从事地形测量与工程测量第一线的生产技术和管理工作。

2)业务范围

从独立或加密控制网建立，到大中比例尺地形测图的全部内外业工作，满足地质勘探、勘察设计、厂矿工程施工建设和生产管理对测绘工作提出的要求。其主要内容有：

(1)控制测量：三、四等三角测量的内外业，为满足建立独立控制网所需的四等天文定位测量；各等级的加密控制和图根控制测量，以及二等及二等以下的各级水准测量和相应等级控制网的高程控制。

(2)碎部测图：1∶500至1∶1万比例尺的各种测图方法和作业组织，以及地形图的清绘、整饰及复制等技术。

(3)工程测量：铁路与公路勘察与施工测量，工业管线测量，厂矿施工建设及设备安装测量，地质勘探工程测量，以及水文测量和水下地形测绘等。

3)基础知识及理论水平要求

使学生具有高中文化的基础科学知识，掌握地形测量专业必需的基础理论知识；掌握地形测图、控制测量和工程测量所需测绘仪器(经纬仪、水准仪和平板仪等)的构造原理和检验校正原理；在不推导繁琐的理论公式条件下掌握实用天文定位即经纬度、方位角测量的基本原理，以及建立三等及其以下各级控制网的基本原理；掌握建立二等及其以下高程控制网的基本原理；运用平差理论能进行上述测量成果的平差计算；掌握地形测图，以及地貌学和地质学的基本知识，以促进顺利完成各种测绘任务，并为继续教育打下一定的理论基础。

4)对测量技术操作技能的要求

较熟练地掌握经纬仪、水准仪和平板仪的使用和检查改正；掌握天文定位、基线测量、三等与四等三角测量和各种加密测量(线型三角锁及导线测量)，以及相应级别水准测量的外业操作和内业计算工作；使用平板仪和各种联合测图法，能较熟练地进行大中比例尺测图的外业和内业作业，并掌握地形图的清绘、整饰和复制作业；了解路线勘测的一般方法，掌握各种曲线测设的操作方法，掌握各种工业管线的施测方法，掌握施工控制网的建立方法及各种施工测量的点、线、面的测设方法，掌握设备安装测量的基本操作方法以及地质勘探工程测量作业技术等；了解测量工程设计与组织施工的基本知识，掌握主要测量项目的有关测量规程要求等。

5)课程设置

——公共课

马列主义和毛泽东思想等政治课、语文课、化学课、俄语课以及体育课，按三年制中等专业学校统一要求的教学大纲及教材进行教学。

数学：以统编工科中专数学教材为基础，自编解析几何、球面三角和初等微积分(包括级数展开)等补充教材，以满足测量专业教学对数学知识的需要。

物理：在工科中专统编教材基础上适当删减，补充与光学仪器有关的知识和电子电路的有关知识，以满足现代测绘仪器对物理知识的需要。

——基础技术课

测量平差：测量误差理论概念，直接观测平差、条件平差、间接平差和分组平差的基础理论及其相应计算方法；自编教材。

地质学与地貌学：地貌学的一般理论及各种地貌形成的基本规律，为地形测图打好地貌认识的基础；了解地质学的一般知识，以便于测量技术为地质勘探服务；先采用现有教材，逐步自编教材。

——专业课

地形测量(测量学)：测量学一般概念，基本仪器及其检查改正，图根控制测量，各种碎部测图方法及实测技术，地形图在工程建设中的应用，强调基本测绘技术训练等；自编教材。

地形绘图：地形图绘制工具与使用技术，绘图字体、绘图技术，地形图清绘、整饰和复制基本技术，地形图编绘与地图投影的基本概念等，加强绘地形图基本技能训练；自编教材。

控制测量：独立或附合的三、四等三角测量及各级各种加密平面和高程控制测量的基本原理、外业和内业，基线测量，精密经纬仪、精密水准仪构造及使用，高斯投影的基本原理及其在控制测量中的应用，各级控制网的数据处理等；自编教材。

天文定位：天文坐标系与时的概念，用于独立控制网的经纬度和方位角测量的基本原理，太阳单高法、恒星单高法测定经纬度和方位角原理与方法，北极星任意时角法和北极星大距法测定方位角等方法；自编教材。

工程测量：路线测量，工业管线测量，水文测量，工业厂区施工测量，大型工业设备安装测量和勘探工程测量等；自编教材。

航空摄影测量：介绍航空摄影测量与地面摄影测量的一般原理和方法，介绍各种航空摄影测量成图方法、使用的仪器等，重点介绍综合法测绘地形图的原理和方法等；自编教材。

测量组织计划：测绘工程的踏勘规划、设计，工程的经济核算，测绘工程的施工组织与管理，施工过程的安全生产，按国家和有关部门规定的测量规范和细则，保证测量成果质量措施等；自编教材。

6)实践性教学

实践性教学包括课堂实习、课程设计、一年级测量教学实习、二年级完成测绘生产任务的生产实习、三年级完成生产任务的毕业实习。形成有本校特色的动手能力培养体系，保证毕业生具有完成各种测量作业任务的技术能力，培养具有克服困难、遵守测量技术规程、保证测绘成果质量的优良作风和职业道德修养。

地形测量、地形绘图、控制测量、天文定位、工程测量、航空摄影测量，都安排一定课时的课堂实习，进行基本技术训练。测量平差与控制测量及测量组织计划还安排一定课时的课程设计。

(1)一年级教学实习。按国家测量规范要求，在测量小组作业形式下，完成以导线测量与测角交会为主要内容的图根控制测量，以及四等水准测量，形成图根平面与高程控制的完整概念。实习时间为3周。

(2)二年级测量生产实习。以所学的控制测量、地形测量、地形绘图知识，在一年级教学实习的基础上，完成适量的国家测绘生产任务；带着生产任务，进行理论联系实际技术训练，按国家测量规范要求，在现场技术人员和教师指导下，完成测绘生产实习任务，向生产部门提交合格的测绘成果。使学生从测量任务下达、测量工程设计、测量工程实施计划安排、组织测绘生产，到测绘成果按国家规范要求进行检查验收和质量评定的全过程，都亲身参加和体验，得到一次较全面的理论联系实际、亲自动手作业完成测量生产任务的机会。特别是在生产实习过程中，培养作业小组集体主义思想，发挥学生的创造精神和解决实际技术问题的能力，培养爱护仪器和遵守测量规范的自觉性，培养克服困难、完成任务的作风，使学生获得思想作风和技术水平双丰收。实习时间为12周左右(跨第Ⅴ学期5周)。

(3)三年级毕业测量生产实习。利用所学的全部测绘知识，在12周的时间内进行，安排任务上侧重于控制测量与某些工程测量生产任务。在一、二年级实习的基础上，再进行较全面的测绘生产作业锻炼，使毕业生在测绘工程生产设计、组织实施、按国家规范进行作业，以及在成果整理、检查验收、质量评定等方面有更进一步的全面掌握。使1/3的毕业生达到独立作业的水平，即可胜任测量小组长的工作；使大多数毕业生具有一定的独立作业能力，能在工程师指导下进行测绘生产工作，达到培养测绘中等技术人员的目标。

7)考试

考试采用笔试、口试形式进行。成绩评定采用5级分制，3分为及格。考查课成绩评定采用及格、良好、优秀和不及格。第三学年测量生产实习之后，进行毕业前的“国家考试”，全部采用口试进行。一般选择2～3门专业课进行综合性的口试，成绩优秀者发红皮优秀毕业生证书(一般毕业证书为紫皮)。每次实习按表现和作业能力评定实习成绩(5分制)，以毕业实习总结代替毕业设计评定成绩，不及格者不能升级、毕业，并由实习指导教师写出实习评语，存入学生档案。

该地形测量专业教学计划各环节按周分配、教学进程和课程进程见表1.1～表1.3。

表1.1　各环节按周分配

专业：地形测量　　　　修业年限：3年　　　　1955年

学年	课堂教学	考试	教学实习	生产实习	毕业设计	假期	总计	说明
一	38	5	3			6	52	
二	38	5		12		2	57	跨第Ⅴ学期5周
三	20	3		12	2	6	43	
合计	96	13	3	24	2	14	152	毕业设计2周为国家考试

表1.2　教学进程

专业：地形测量　　　　修业年限：3年　　　　1955年

学年	九月				十月					十一月				十二月					一月				二月				三月				四月				五月					六月				七月				八月					说明
	1-7	8-14	15-21	22-28	29-5	6-12	13-19	20-26	27-2	3-9	10-16	17-23	24-30	1-7	8-14	15-21	22-28	29-4	5-11	12-18	19-25	26-1	2-8	9-15	16-22	23-1	2-8	9-15	16-22	23-29	30-5	6-12	13-19	20-26	27-3	4-10	11-17	18-24	25-31	1-7	8-14	15-21	22-28	29-5	6-12	13-19	20-26	27-2	3-9	10-16	17-23	24-31	
一										19										:	:	=	=										.19										:	:	:	O	O	O	=	=	=	=	
二										19										:	:	=	=										19										:	:	:	X	X	X	X	X	X	X	
三	X	X	X	X	X	=	=	=	=							11					:	=	=					9					:	:	X	X	X	X	X	X	X	X	X	X	X	X	//	//					

符号说明：□课堂教学　⊡考试　Ⓞ教学实习　☒生产实习　▨国家考试　⊟假期

表 1.3　课程进程

专业:地形测量　　　　修业年限:3年　　　　1955年

序号	课程名称	按学期分配		教学时数				一学年		二学年		三学年		说明
		考试	考查	总时数	讲授	实习实验	课程设计	Ⅰ 19周	Ⅱ 19周	Ⅲ 19周	Ⅳ 19周	Ⅴ 11周	Ⅵ 9周	
								周学时分配						
	一、公共课			1 621	1 401	220		25	24	17	13	6	6	占总时数46.9%
1	政治课	Ⅱ,Ⅵ	Ⅰ,Ⅲ,Ⅳ,Ⅴ	192	192			2	2	2	2	2	2	
2	体育		Ⅰ～Ⅵ	192	20	172		2	2	2	2	2	2	
3	俄语		Ⅰ～Ⅵ	192	192			2	2	2	2	2	2	
4	语文	Ⅱ,Ⅳ	Ⅰ,Ⅲ	228	228			3	3	3	3			
5	数学	Ⅰ～Ⅳ		494	494			7	7	8	4			
6	物理	Ⅰ,Ⅱ		228	200	28		6	6					
7	化学	Ⅰ	Ⅱ	95	75	20		3	2					
	二、基础技术课			291	261	20	10			4	9	4		占总课时8.4%
8	测量平差	Ⅳ		139	129		10				5	4		
9	地质学与地貌学	Ⅲ,Ⅳ		152	132	20				4	4			
	三、专业课			1 544	915	615	14	11	12	15	14	26	30	占总课时44.7%
10	地形绘图		Ⅰ～Ⅵ	480	151	329		5	6	5	4	5	5	
11	地形测量	Ⅰ～Ⅳ		456	280	176		6	6	6	6			
12	工程测量	Ⅴ,Ⅵ		129	109	20						6	7	
13	控制测量	Ⅲ,Ⅳ		152	100	46	6			4	4			
14	天文定位	Ⅴ,Ⅵ		80	70	10						4	4	
15	航空摄影测量	Ⅴ,Ⅵ		129	95	34						6	7	
16	测量组织计划	Ⅵ	Ⅴ	118	110		8					5	7	
	合计			3 456	2 577	855	24	36	36	36	36	36	36	

2. 中专三年制大地测量专业教学计划

本计划为1954年11月地质部拟定。

1)培养目标

本专业培养具有马列主义基础,相当高中文化水平,掌握一定专业知识与技能,身体健康,全心全意为人民服务的大地测量技术员。

2)专业范围

本专业毕业的技术员,能独立完成下列工作:国家三角网的勘查和选点;建立测量觇标和埋设标石;建立地形测量的控制网;国家大三角网及Ⅱ、Ⅲ级导线的角度观测;Ⅱ、Ⅲ、Ⅳ等几何水准测量;基线测量和敷设导线测量;概算大地测量的成果和用简单方法平差。

根据上述任务,大地测量技术员必须了解下列各点:我国大地测量的现状和国民经济及国防对大地测量工作的要求;地形图的应用和绘制原理;现代大地测量工具和仪器的构造、检验校正和使用方法;大三角测量、导线测量、水准测量和地形测量的基本理论和实践;大地测量计算工作的简单理论和实践;大地测量工作的组织和进行工作时的保安技术。

3)课程设置及教学时数与实践性教学安排

(1)普通课设置及教学时数分配如表1.4所示。

表 1.4　普通课教学时数分配

课程名称	本计划课时	高教部标准课时	课时差数	课程名称	本计划课时	高教部标准课时	课时差数
政治	188	190	－2	数学	480	420	＋60
语文	222	225	－3	物理	198	195	＋3
俄语	172	170	＋2	化学	90	90	0
体育	188	190	－2	总计	1 538	1 480	＋58

由于本专业需要较多的数学知识，因此将数学增加 60 学时，讲授与专业课密切相关的球面三角和高等数学部分的教学内容。

(2)基础技术课与专业课的设置及教学时数如表 1.5 所示。

表 1.5　基础技术课与专业课课时分配

课程名称	本计划课时	苏联中专课时	课时差数	课程名称	本计划课时	苏联中专课时	课时差数
测量学	352	348	＋4	地形制图与建筑制图	172	182	－10
大地控制测量	672	650	＋22	测量工作组织计划	104	120	－16
计算工作	224	210	＋14	核算与工程表报	32	36	－4
测量觇标建造	114	120	－6	防火与保安技术	32	36	－4
自然地理	144	144	0	总计	1 846	1 846	0

(3)实践性教学的教学实习和生产实习安排如表 1.6 所示。

表 1.6　教学实习与生产实习安排

实习类型	实习项目	本计划实习周数	苏联中专实习周数	周差数
教学实习	经纬仪导线测量、视距导线测量、做航测像片控制点	3	6	－3
	大比例尺地形测量	2	0	＋2
	三、四等水准测量	2	4	－2
	三角测量的观测	2	4	－2
	基线测量和敷设导线	3	2	＋1
	二等水准测量	1	2	－1
	(小计)	(13)	(18)	－5
生产实习	国家三角网的选点、造标和埋石	4	5	－1
	三角测量的观测	7	11	－4
	一、二等水准测量	2	4	－2
	(小计)	(13)	(20)	－7
	总计	26	38	－12

(4)教学计划中各教学项目课时配置比较如表 1.7 所示。

表 1.7　教学项目课时配置比较

教学项目	课授类别	教学时数	总时数	百分比	说明
普通课	讲授 实习实验	1 307 231	1 538	35.6%	
基础技术与专业课	讲授 实习实验 课程设计	886 946 14	1 846	42.7%	
实习	教学实习 生产实习	468(13 周) 468(13 周)	936(26 周)	21.7%	
总计			4 320	100.0%	

3. 中专三年制航空摄影测量专业教学计划

本计划为 1954 年 8 月地质部拟定。

1)培养目标

本专业培养具有马克思列宁主义基础和必要的普通教育，掌握现代先进专业技术，身体健康，全心全意为社会主义建设服务的航空摄影测量技术员。

2）专业范围

能编制航空摄影计划，并能进行摄影业务；能做像片纠正镶嵌复照和洗印；能做立体测图及原图清绘；能担任像片三角测量；能进行平面和高程控制点的加密、像片测图和调绘；能用普通方法测绘大比例尺地形图（1∶1万）。

3）制订本教学计划的说明

本教学计划是地质部组织所属中专校测量教师制订的。根据我国具体情况，将苏联关于航空测量的三个专业（航空摄影专业、航空摄影洗印专业、航空摄影测量专业）综合成一个专业，而以航空摄影测量专业为主要业务范围。

4）课程设置及教学时数与实践性教学安排

（1）普通课设置及教学时数分配如表1.8所示。

表1.8　普通课教学时数分配

课程名称	本计划课时	高教部标准课时	课时差数	课程名称	本计划课时	高教部标准课时	课时差数
政治	188	190	−2	数学	422	420	+2
语文	224	225	−1	物理	198	195	+3
体育	188	190	−2	化学	90	90	0
俄语	170	170	0	总计	1 480	1 480	0

（2）基础技术课和专业课设置及课时分配如表1.9所示。

表1.9　基础技术课与专业课课时分配

课程名称	本计划课时	苏联中专时数	课时差数	课程名称	本计划课时	苏联中专时数	课时差数
摄影与航空摄影	248	174	+74	航空摄影测量企业经济组织与计划	72	96	−24
摄影测量学	794	900	−106				
测量学	278	366	−88	航空摄影测量工作的计算和工程表报	27	28	−1
地形测量制图	278	368	−90				
地貌学	108	132	−24	安全技术与防火设施	27	24	+3
制图学基础	72	84	−12	总计	1 904	2 172	−268

（3）教学环节安排统计如表1.10所示。

表1.10　教学环节安排统计

教学环节	本计划规定周数	苏联中专计划周数	周数差
理论教学	94	72	+22
考试	14	10	+4
教学实习	15	23	−8
生产实习	11	13	−2
毕业国家考试	4	4	0
假期	14	20	−6
总计	152	142	+10

（4）教学计划中各教学项目课时配置比较如表1.11所示。

表1.11　教学项目课时配置比较

教学项目	课授类别	教学时数	总时数	百分比	总周数	百分比	说明
普通课	讲授	1 249			94	72.4%	不得少于94周
	实习实验	231	1 480	43.7%			
基础技术与专业课	讲授	849					
	实习实验	1 055	1 904	56.3%			
实习					26	27.6%	不得少于24周
总计			3 384		120		

4. 中专三年制制图专业教学计划

本计划为 1954 年 12 月地质部拟定。

1)培养目标

本专业培养具有马克思列宁主义基础和必要的普通教育,掌握一定专业知识与技能,身体健康,全心全意为社会主义建设服务的制图技术员。

2)专业范围

制图技术员必须能够独立进行下列工作:编绘各种比例尺的地形图和地图;整饰和清绘各种比例尺的地形图和地图及印刷的准备工作;计算和制作图纲、展绘控制点;编绘整饰和清绘专用地图和地图集及印刷的准备工作。

根据上述任务,制图技术员必须了解下列各点:建立全国测量控制网和地形测量工作的基础知识;我国制图工作的现状和国民经济及国防对制图工作的要求;地形测量和制图工作中所应用仪器的构造,检验改正及其用法;用现代方法进行测量的基本理论和实践;编绘各种比例尺地形图、地图、专用地图的理论和实践;地图原图的校对、整饰和印刷准备工作的方法;制图工作的组织和进行工作时的保安技术。

3)拟定本教学计划的说明

本教学计划由南京地质学校拟定初稿,经地质部教育司组织部属有关中专校教师,根据制订教学计划的编写原则进行修改,经有关苏联专家审阅修改,由部教育司拟定。

4)教学环节、课程设置与教学时数及实践性教学安排

(1)教学环节安排及其统计如表 1.12 所示。

表 1.12　教学环节安排比较

教学环节	本计划周数		苏联中专计划周数		周数差	说明
修业年限	3 年		3 年 9 个月		9 个月	
总周数	152	%	195	%		实践性教学共28周占18.4%
理论教学	93	61.2	104	53.3	−11	
考试	14	9.2	17	8.7	−3	
教学实习	21	13.8	30	15.4	−9	
生产实习	7	4.6	8	4.1	−1	
国家考试	3	2.0	4	2.1	−1	
假期	14	9.2	32	16.4	−18	

(2)普通课设置及教学时数分配如表 1.13 所示。

表 1.13　普通课教学时数分配

课程名称	本计划时数	高教部标准时数	时数差	课程名称	本计划时数	高教部标准时数	时数差
政治	186	190	−4	数学	419	420	−1
语文	220	225	−5	物理	188	195	−7
体育	186	190	−4	化学	86	90	−4
俄语	166	170	−4	总计	1 451	1 480	−29

(3)基础技术课和专业课设置及课时分配如表 1.14 所示。

表 1.14　基础技术和专业课课时分配

课程名称	本计划时数	苏联中专时数	时数差	课程名称	本计划时数	苏联中专时数	时数差
中国经济地理	56	108	−52	制图工作经济组织与计划	76	90	−14
地形测量学	510	534	−24	核算及工程表报	36	36	0
制图学	466	474	−8	保安技术和防火技术	20	36	−16
地形制图与地图整饰	484	506	−22				
自然地理与地貌学	249	288	−39	总计	1 897	2 072	−175

(4)教学实习与生产实习安排的教学周数如表1.15所示。

表1.15　教学实习与生产实习安排及实习项目对照

类别	本计划规定项目		苏联中专计划规定项目	
	实习内容	周数	实习内容	周数
教学实习	经纬仪测量(附碎部测量)	2	经纬仪测量	3
	视距导线测量及1:1 000大比例尺平板仪测图	5	视距导线测量	1
	四等水准测量和气压高程测量	2	平板仪地形测量(1:1 000)	6
	综合地形测量	7	四等水准测量	2
	地貌学野外实习	1	气压高程测量	1
	制图	4	综合地形测量	10
			地貌学野外实习	1
			制图	6
	合计	21	合计	30
生产实习	地图的编制	7	地图的编制	8
总计		28		38

1.1.5　加强教学组织与管理

“一五”期间,中央各部委教育主管部门对所属中等专业学校的教学工作组织和管理、学习苏联教育经验和教学改革十分重视。要求各中专学校重点做好6项工作计划并认真执行:学校的学期工作计划,校务委员会学期工作计划,教学工作组织和管理工作计划,提高教师政治与业务水平工作计划,学生思想政治工作及课外活动安排计划,总务管理工作计划。所有这些计划都要上报学校主管部门批准或备案,学校按照计划认真执行,要将学期有关的工作总结上报。在教务副校长领导下,由教务科起草的教学工作组织和管理、学习苏联教学经验和推进教学改革工作计划等,由教务副校长向校务委员会报告,获得通过后上报学校主管部门。新中国成立初期,在建立新型中等专业教育体系的过程中,采取这种强化管理的措施是很必要的。

1. 实施全面的教学组织与管理

学校教务科在教务副校长领导下,与测量专业科及其他专业科协作配合,按计划组织和管理全校的教学活动,落实学习苏联教学经验的要求,实施教学改革的计划,保证学校的教学工作有序地进行,并不断总结经验,提高教学管理工作的总体水平。

教务科主要职责有:

(1)负责招生工作,管理学生学籍,制定和执行各项学生管理制度,负责学生管理工作。

(2)统筹编制专业教学计划,组织各门课程教学大纲的编制和审查,组织各门课程的实习实验大纲的编制,完善各种教学文件,并协助教务副校长检查执行情况。

(3)检查各学科委员会提出的各门课程的学期授课计划,根据专业教学计划排出全校各班级的课程表,编制全校的理论教学和实践性教学进程表,掌握全校的教学活动情况。

(4)协助教务副校长按各学科委员会的工作计划,检查其实施情况,提出改进工作意见和建议。

(5)检查课堂教学情况和实习实验课教学情况,检查任课教师的课时授课计划编写情况,并组织展览,创造相互学习机会。

(6)组织学习苏联教育学理论,邀请教育学专家做教育学理论与实践相结合的报告。

(7)组织全校性的观摩教学活动,选拔教学质量好、受学生欢迎的老中青教师介绍教学经验,召开教学经验交流会。

(8)每天收集各班级由任课教师填写的学生出缺勤日报表、课堂教学日志、课堂测验与提问成绩日报表等统计材料，统计汇总分门别类归档，及时了解教师的教学和学生的学习情况，定期向教务副校长报告。

(9)协助教务副校长进行教学质量检查，并写出检查报告。

(10)组织全校的期中与期末考试(口试与笔试)，组织毕业生的国家考试(口试答辩)，将所有考试成绩进行汇总并分别归入学生个人卡片中。

(11)统筹组织专业课教材编写和基础课补充教材的编写工作，及时印出教材保证教学需要。

(12)统筹规划和实施青年教师培养和师资队伍建设工作，建立教师管理制度，做好教师评优和奖励工作。

“一五”期间各学校教务科的人员编制较少，学习苏联中专教学管理经验需要统计的报表多，全靠人工统计工作量很大。教务工作计划性强，管理过程细，检查督促机制健全，教学组织与管理的水平不断提高，逐步形成了各个学校教学组织与管理工作的特色，这对保证正常的教学秩序、不断提高教学质量有重要意义。在教学组织与管理工作的实践中，逐步培养出一些思想觉悟高、工作认真负责、熟练掌握教学组织与管理工作内容和基本规律的教务管理人员，他们是办好测绘中等专业教育不可缺少的人才。

2. 加强学科委员会建设

学科委员会(学科教研组)是组织学科教学实施、进行教学法研究、促进教师对学生全面负责、引导教师进修学习、提高教师政治思想水平和教育责任心的基层教学组织，是把党和国家制定的中专教育方针政策、培养目标、教学计划与课程教学大纲规定的教学任务，直接落实到学生中的基层组织。加强学科委员会的建设，对提高本学科的教学质量至关重要。高等教育部于 1955 年 2 月颁布了《中等专业学校学科委员会工作规程》。搞好学科委员会工作的关键之一是选好学科委员会主任。学科委员会主任由教务副校长选拔提名，经校务委员会通过，由校长任命。学科委员会主要负责以下各项工作：

(1)制定学科委员会工作计划，编制所担任各门课程的学期授课计划，编制各门课程的实习实验、课程设计等方面的计划，准备好教学工作中所需要的所有教学文件，报测量专业科审批和教务科备案。

(2)组织任课教师集体备课。在主任的主持下，由一位教师预先做好备课内容的中心发言：按课堂教学的 6 个教学环节，提出复习提问的参考问题；说明这次课的中心内容、重点、难点；提出本节课(一般是两小节课)内容总结的提示计划；提出课后复习和思考题等内容。一般每周一次集体备课，备出一个单元的课程内容。经过讨论，由主任归纳统一的意见，作为任何同一课程所有任课教师都要贯彻执行的方案。在此基础上由教师个人备课，发挥个人特长写出课时授课计划。讲课之前，课时授课计划要由主任审阅签字。集体备课制度，为青年教师向老教师学习创造机会，保证同一门课程不同班级教学进度、内容要求的统一，从而保证了教学质量。

(3)开展教学法研究，提高教学理论与实践水平。有计划地组织学科内的课堂教学和实践性教学课观摩教学，课后进行讨论评议，提出优缺点和改进意见，提高教学水平。组织教师学习凯洛夫教育学，联系教学实践，写出教学心得论文，参加学校组织的教学经验交流会，提高教学理论水平。

(4)组织教师制作直观性教具。新中国成立初期和“一五”期间，教学经费有限，提倡艰苦奋斗、勤俭办学，许多教具、模型、挂图等大多是由教师动手制作和绘画，对提高教学效果起到很好的作用。

(5)进行教学质量和教师全面负责的检查。学科委员会主任组织教师根据课堂测验提问成绩日报表、期中和期末考试成绩表等材料，进行各班级教学成绩统计；检查批改学生作业情况，检查批改实习报告情况；召开班级学生座谈会，了解对任课教师讲课、课外辅导与因材施教的情况；了解教师对学生进行思想政治工作的情况等。将这些调查和统计材料进行总结，由学科委员会主任在例会上进行讲评，并开展讨论与自我评议，相互学习，取长补短，增强教师的教学责任感和对学生全面负责，发挥教师的主导作用。

(6)组织教师业务学习和帮助青年教师提高业务水平。为满足教学质量不断提高的需要，跟上测绘科技发展的步伐，学科委员会组织教师进行专业业务学习，有针对性地提高专业理论与技术水平。发挥老教师学术水平高的优势，指导和带动青年教师有计划地进行业务学习，督促青年教师努力完成进修任务。

(7)组织编写教材。“一五”期间，除部分中专测绘专业的教材是以苏联翻译教材为蓝本进行教学外，大多数学校的测绘专业都是以自编教材为主进行教学工作。编写学科教材由学术水平高、教学经验丰富的老教师担任主编，配有青年教师当助手，根据课程教学大纲的要求，以国内本学科现时的技术水平为基础，总结本学科的教学经验，吸收苏联中专教材的先进内容，编出适应教学需要的新教材。把编写教材的过程，看成是老教师带领青年教师钻研本学科的新技术、提高教师特别是青年教师业务水平的过程，对提高学科委员会教师综合能力有很大的促进作用。

(8)组织教师政治理论和时事政策学习。“一五”期间，各中等专业学校的教师每周有半天的政治学习时间。政治理论学习以中共党史和政治经济学为主，时事政治学习以党和国家的方针政策为主。通过学习了解党和国家的方针政策，提高教师们的思想觉悟，增强教师们在教学工作中对学生全面负责的责任感，使教师们全身心地投入到教学工作中去。

(9)组织好民主生活会。“一五”期间，党的实事求是、理论联系实际、紧密联系群众、批评与自我批评等优良传统作风，在学校的教师中得到继承和发扬。学科委员会定期召开民主生活会，就教学工作、对学生全面负责、教学法研究、政治学习、学科委员会集体工作等方面进行总结交流。既总结成绩，也找出差距；既有表扬，也有批评和自我批评，敞开思想说真心话。通过民主生活会，增进了教师之间的团结，增强了搞好教学工作的信心。

3. 改革学生的成绩考核工作

“一五”期间，各中等专业学校学生成绩考核全面学习苏联中专成绩考核办法。学生成绩包括学习成绩、实践性教学成绩和操行成绩。各项成绩考核取消百分制实行5级分制。5分为优秀，4分为良好，3分为及格，2分为不及格，1分为最差。从百分制过渡到5级分制，有一段适应过程。也就是说，5级分制是评定学生掌握所学知识程度上的差别分级，与百分制没有明确的分数对应关系。

各门课程的学习成绩包括平时学习成绩、期中考试成绩、期末考试成绩。平时学习成绩包括：课堂提问成绩，平时课堂小考成绩，平时作业成绩，课堂实习及其报告的成绩等。

实践性教学成绩包括教学实习及其实习报告成绩、课程设计成绩和生产实习及其实习报告成绩，而且要由指导教师写出实习评语。

操行成绩即每学期学生的学习、工作、思想表现及生活作风等,由班主任做综合评定按5分制给出的成绩,还要写出评语。

考试分笔试和口试两种形式。口试,采取编制超过当天参考学生数目的题签,在考场由考生随机抽签确定考题,给考生一定的准备时间,在答辩组教师(至少2人)面前答辩;由答辩组教师商议确定考生成绩,待全班口试完毕后发表考试成绩。这种考试办法,多数用在测绘主要专业课如地形测量、控制测量和工程测量的期末考试中。为减轻期末考试负担,对于操作性较强的课程和有关了解性的课程,以考查方式评定本门课程的学习成绩。考查评定成绩,通常采取作业评分和平时小测验方式,最后给学生评出优、良、及格和不及格的综合成绩。

国家考试。"一五"期间,把测绘专业课的综合毕业考试称为国家考试,以口试方式进行。高教部于1956年颁布了《中等专业学校国家考试规程(试行草案)》。国家考试内容,包括测绘专业的主要专业课综合在一起进行一次考试,作为毕业的最后成绩。例如,地形测量专业国家考试包括地形测量、控制测量(测量平差、天文定位)、工程测量、航空摄影测量等内容。因此,必须给毕业生充分的复习备考时间(至少2周)。每个题签要搭配包括前述课程的内容,而且要把这些内容尽量有机地连贯起来。所以,编制国家考试题签是一项具有教学研究意义的教研活动,对发挥学生的聪明才智,反映学生掌握各门课程的深度和广度,了解他们运用所学知识解决具体技术问题的能力等有直接影响。国家考试的口试,抽签后的准备时间为60～90分钟,准备的草稿纸答辩后上交作为评分依据之一;答辩组一般由3名教师组成,答辩时间一般为30分钟(包括教师提问);答辩后由教师合议评定成绩(5分制)。学生国家考试成绩5分(约占20%左右)、毕业实习成绩5分、操行成绩5分,可获得优秀毕业生称号,发红皮毕业证书,是对毕业生的最高奖励。1958年以后,随着教育革命的发展,这项考试被取消。

4. 组织编写测绘专业教材

新中国成立初,开办测绘专业的中专学校,多数集中在地质部(国家测绘总局)、重工业部(冶金工业部)、燃料工业部、水利电力部、城建部,以及铁道、交通等部门。所设的专业有地形测量(包括工程测量)、大地测量、航空摄影测量、地图制图、矿山测量等。虽然各学校所采用的地形测量、控制测量、测量平差、测量绘图、航空摄影测量、工程测量等教材的内容基本相同,但由于培养的测量人员服务对象不同,各种教材的侧重面也有所差别。因此,各学校测绘专业使用的教材多数以自编教材为主进行教学。

1954年全国中等专业教育行政会议提出"积极推行教学改革",在教学改革中"把学习苏联经验作为政治任务"。要求教师和干部诚心诚意地全面学习苏联的教育理论、学校管理、教学计划、教学大纲、教材、教学方法等。地质部所属的南京地质学校、西安地质学校等测绘各专业,以及电力工业部的武昌水力发电学校测量专业,以苏联相应专业教学计划为依据,制定测绘各专业教学计划、课程教学大纲,主要采用该专业苏联中专翻译教材进行教学。例如:《大地测量》(上、下册,达维洛夫)、《测量学》(夏维洛夫)等教材,还有《大地测量学》(克拉索夫斯基)、《测量学》(契巴达廖夫)等作为参考书。因为俄文教材翻译出版不及时,还要由各学校测量专业教师编写一部分教材。

1956年以后,各中专学校在教学改革中都在着手修改教学计划,编写适合本专业培养目标的新教材。南京地质学校、西安地质学校、哈尔滨冶金测量学校、黄河水利学校、武汉水力发电学校、本溪工业技术学校等,都开始全面编写测绘专业各学科的教材,这就为1961年前后由测绘出版社和中国工业出版社等出版我国自己编写的测绘中专各专业教材打下良好的基础。

5. 重视教学质量检查与评估

"一五"期间,中央各部委教育主管部门特别重视中等专业学校的教学管理和对教学质量的监督。在上报学校教学工作报告和总结中,必须有学生学习成绩的统计数据和教学质量的评估材料。各中专学校每学期至少进行一次综合性的教学质量检查与评估活动。这项工作在教务副校长领导下,由教务科和专业科牵头组成的有学科委员会主任参加的教学质量检查组实施。

1)教学检查与评估的内容和方法

(1)检查各学科委员会的工作计划执行情况,各门课程学期授课计划执行情况,实习实验计划与大纲执行情况。检查组成员分工参加被检查的学科委员会的例会、教学研究会、学习会等活动,了解情况,作出判断。

(2)检查组成员参加被检查单位的集体备课,了解集体备课情况,检查教师的课时授课计划、填写课堂教学日志的认真程度、批改作业及实习报告情况;有选择地观摩教师的课堂教学情况,下到班级了解任课教师课外辅导情况,有选择地对某些班级的某门课程进行平时提问、考试成绩的统计检查等。取得上述各项定性和定量教学质量的评价材料。

(3)召开学生座谈会,了解学生对任课教师的课堂教学、实习实验、课外辅导、对学生全面负责等方面的评价和意见,征求学生对学校教学工作的意见。这些措施受到学生欢迎,增进了学生对学校的亲近感,对激励学生努力学习有很大的促进作用。

(4)有些中专学校,在每学期的教学质量检查中,由教务副校长带领检查组成员,选择1～2个学科委员会和1～2个班级,进行为期1～2周的跟踪调查。比较真实和全面地了解学科委员会的工作情况,以及班级的教学和学生学习的情况。掌握比较全面的第一手材料,以便对学科委员会的工作成绩和存在问题有一个较为明确的判断,对学校的教学质量有一个较为深入的了解,做到学校领导心中有数。肯定成绩,找出不足,谋划改进措施,把提高教学质量的号召和要求,落到实处,收到实效。

2)教学检查与评估的作用

根据检查组记录的检查材料,写出教学质量检查与评估报告。要明确指出学科委员会工作的成绩、问题和改进意见;评估出教学质量状况、存在问题和提出改进措施。由教务副校长向校务委员会汇报教学质量检查与评价报告。获批准后,召开有教师和教务管理人员参加的会议,由教务副校长报告教学质量检查情况,肯定成绩,表扬先进,找出问题,提出改进的措施。会后,各教学单位结合本单位情况进行讨论,联系实际进行总结并研究下步的改进措施。各中专学校由教务副校长负责进行教学质量检查与评估活动,对保证和提高教学质量起着重要作用。

(1)使教师和教学管理人员逐步树立按部门工作计划、各种教学文件进行教学活动的观念,执行教学文件和各项教学工作计划必须认真。教师必须做到"五认真",对学生学习和思想政治进步全面负责。强调学科委员会在组织教学活动、保证教学质量、培养教师提高综合教学能力等方面的作用,使教师和教学管理人员都把主要精力投入到教学工作中去。

(2)使学生体会到学校重视教学管理,要求教师要教好课,关心学生的学习和成长,提高教学质量,为把学生培养成合格的测绘中等技术人员而努力;提高了学生努力学习的积极性,增强了完成学习任务的信心和决心,培养了良好的学风。

(3)教学质量检查与评估的过程,体现了学校贯彻以教学为中心的指导思想,突出保证和逐步提高教学质量、培养出较高水平的测绘中等技术干部这一教学工作核心，其他工作是为这个中心任务服务的。

1.1.6 重视实践性教学加强动手能力培养

“一五”期间，中央各部委的教育主管部门重视中等专业学校实践性教学。要求学校认真安排课堂实习实验、课程设计、教学实习、生产实习和毕业设计等教学活动。《中等专业学校章程》中明确规定，除课堂教学外，实验室、研究室、实习工厂、生产实习、课程设计与毕业设计等教学及其设施，都是保证教学质量、培养学生独立工作能力的教学方式。实验室建设，是学校教学基础建设项目之一。1953 年 5 月，高等教育部关于高等学校和中等专业学校生产实习的批示中明确指出，生产实习是教学改革的重要内容，对生产实习要有明确的认识，要有目的、有计划、有领导地进行，提高生产实习质量。中等专业学校学生生产实习单位，统一由各学校的上级领导机关负责安排。高等教育部和部委教育司要求制定中等专业学校的各种实习大纲，作为组织各种实习活动的依据。每学年各学校要上报生产实习计划，说明生产实习内容、实习开始和结束时间、参加实习的教师和学生人数、要求接收单位提供支持和帮助的具体内容等。经部委教育司与有关生产单位协调安排后，给学校和接收单位下达生产实习任务书；双方按文件要求做好实施生产实习计划，由部委教育司拨生产实习经费。若由学校与测量生产部门共同协商安排的生产实习，学校要上报部委教育司，获得批准后方能实施。

1. 加强测绘仪器装备与实验室建设

向苏联中专教育学习的一个主要方面是购置测绘各专业需要的仪器与设备，加强基础课和专业课实验室建设。虽然当时经费有限，但各学校领导都千方百计地筹划资金投入基础课和专业课实验室建设。与测绘专业有关的基础课化学实验室和物理实验室，其实验开出率都达到 90%以上。根据本校测量专业培养毕业生服务对象的不同，在测量实验室建设上也有所侧重。

(1)培养地形测量和工程测量技术人员为主的学校，一般都建立起地质与地貌标本模型室、计算机室（手摇与电动计算机，7 位和 8 位函数表，6～8 位对数表等）、测量仪器光学读数设备模型室（可以手动的各种光学经纬仪和水准仪读数器仿真放大模型）、工程测量与施工安装测量模型室（铁路线路与道叉、架空线路、工厂厂房安装、基础施工等模型）、航空摄影测量实验室、绘图作业展示与制图仪器设备室，有的学校还设有制印工厂等。

(2)开设矿山测量专业的学校，购置适于井下作业的陀螺经纬仪等特殊仪器，建立了与井巷工程、露天矿与生产矿井测量有关的模型及其矿山测量图、岩石移动与沉降观测模型等方面的实验室，满足矿山测量教学的需要。

(3)地处北方严寒地区的学校，要保证各季节的测量课堂实习正常进行，必须建立室内测量讲练室。哈尔滨测量学校为解决 6 个月采暖期在室内进行测量实习的需要，建立了 180 m^2 的测量讲练室，可以进行经纬仪水平角、垂直角观测，水准仪整置测站与读数观测，平板仪整置测站和视距测量等操作实习，供一个班课堂实习使用。课余时间对学生有计划地开放，提高学生仪器操作的熟练程度。

(4)各学校的测绘仪器室，是保证测绘各专业实习所用仪器供应与维修的部门，其仪器设备的水平高低和数量的多少，对学生动手能力培养水平的高低有直接影响。因此，各学校都尽最大努力不断改善对测绘仪器的投资力度，满足测量教学和生产实习作业的需要。南京地质学校在地质部和国家测绘总局的支持下，该校的大地测量、航空摄影测量、地图制图的仪器设备及相应的实验室建设水平，是全国测绘专业中最好的，达到了国家测绘总局生产作业单位的水平，这是该校测绘专业基础建设的一大特色。

2. 建立教学实习基地

为了搞好地形测量和控制测量的教学实习，"一五"期间各学校测绘专业因地制宜地建立教学实习基地。测绘专业学生较少的学校，一般在学校附近建立地形测量与控制测量实习场地，建立起固定的平面与高程控制点，测出标准成果，供学生实习时参考。测绘专业学生较多的学校，都建立供几个班进行控制测量与地形测量实习的基地。南京地质学校在南京东部栖霞镇附近，建立了永久性的可容纳4个班同时进行实习的教学实习基地。哈尔滨测量学校在距哈尔滨50 km的玉泉镇滑雪场，建立起20 km^2 可以进行三、四等三角测量(包括基线场，并与国家控制点联测)和二、三等水准测量，以及大中比例尺(1∶500～1∶5 000)地形测量的教学实习基地，可同时提供5个班的师生食宿和教学活动的条件。从各次教学实习的控制测量(基线测量与基线端点的天文观测资料)与地形测量成果资料中，挑选出优秀的水平角与垂直角观测手簿、水准测量观测手簿、控制测量成果资料、各种比例尺整饰好的地形图，成为教学的样板展示品，使学生学有样板，在促进学生认真实习、提高作业水平方面起到很大作用。武汉水力发电学校测量专业及其他为各业务部门培养测量技术人员的学校，根据本校条件和服务部门的需要建立教学实习基地，为培养学生动手能力创造条件。

各学校重视教学实习，根据专业教学计划制定教学实习大纲，按大纲要求组织教学实习。在教学实习中，教师在每项作业之前要进行现场操作示范，在实习中发挥主导作用。教师的责任感、测量作业技术水平、实习指导组织能力、测量成果质量控制能力、思想政治工作和管理工作能力等，在很大程度上决定着测量教学实习的质量与效果。因此，是否胜任全面组织与指导教学实习，是考查测量专业教师实践性教学能力的标志之一。

3. 精心组织测量生产实习

"一五"期间，中央部委所属的中专测绘专业的生产实习测量任务，大多数是由部委教育主管部门下达的，是国家计划内的必须按时、保质、保量完成的测量任务。生产单位派技术负责人和工程技术人员参加生产实习的技术领导和作业指导工作，代表生产单位检查验收测量生产成果，保证测量成果达到相应的国家标准。学校重视测绘专业的生产实习组织领导工作，组建以教务副校长为首的生产实习领导小组，由测绘专业科负责组织实施。测量生产实习大纲是根据专业教学计划和专业课教学大纲编制的，要结合具体的测量生产实习任务加以贯彻执行。总结各学校搞好测量生产实习的经验，主要做好以下各项工作。

1)测量生产实习现场的组织与领导

(1)建立测量生产实习队。实行队长负责制，负责测区全部的实习与测量生产组织领导工作，完成实习和测量生产两项任务；负责编制测区的测量工程设计、生产组织实施计划，进行测量生产成果的质量控制和检查验收；安排实习和教学活动计划，组织学生进行实习成绩考核；负责学生的思想政治工作和生产过程的安全保密工作；安排师生的生活和行政管理工作；负责全测区的测量成果资料整理、验收和上交工作，对测绘成果负责，作出测量生产实习的总结报告。测量实习队长由学校教师担任，根据需要设副队长，生产单位的工程技术负责人参与实习队的领导工作，负责技术指导、质量控制和测量成果的检查验收工作，双方合作完成测量生产实习任务。

(2)建立测量生产实习分队。分队建立在班上，由一名指导教师任分队长，配有1～2名指导教师。负责班级生产实习的教学、实习、生产作业、测量成果质量保证和检查验收、学生实习成绩考核、学生思想政治工作和管理工作、人身仪器安全和保密工作等。生产单位的工程技术人员，作为指导教师参加分队的生产实习指导工作。根据作业需要和仪器设备条件，由4～5名学生组成实习小组，选出学习成绩好、作业能力强、认真负责、善于团结同学的学生任正副组长。正组长负责小组全面工作，特别是实习和生产的技术工作；副组长负责生活管理、人身仪器安全和保密、遵守群众纪律等工作。

2)抓好测量现场教学和操作实习

测量生产实习队和分队领导，要向参加实习学生报告测量生产测区情况、测绘生产任务及数量、测绘成果的用途，讲解测绘工程的技术设计、实习和生产的实施计划和进度，以及完成测绘任务的质量要求及完成日期等，使每位指导教师和学生都明确自己的任务。实习队和分队要特别抓好以下工作：

(1)由生产单位技术负责人，讲解完成生产任务应遵循的技术规范和具体作业细则、各项作业的质量检查精度标准、各项作业成果的质量验收和成果等级评定标准。在教师和学生中建立严格的质量观念，技术标准必须达到，否则必须返工重测。树立对测量生产作业的科学态度、实事求是精神和良好的职业道德观念。

(2)苦练测绘仪器操作的基本功。每项测量生产作业开始之前，由指导教师讲清作业的方法、步骤和质量要求，在教师示范操作引导下进行专项仪器作业实习。在学生基本掌握仪器操作和测量方法的基础上，进行单兵作业的技术考核，一个小组技术操作基本合格后才能进行生产作业。既达到了实习要求，又保证完成测量生产任务。

3)严把测量成果的质量关

教师要到现场进行作业指导，检查各种作业记录是否符合精度和作业规范要求；当天的作业记录要进行自检和互检，并签字负责；指导教师要对各种记录进行最后检查，无误签字后才能进行平面和高程控制的计算工作，所有的计算都要"对算"以资检核。各种控制测量成果表经过教师检查签字后才能在作业中使用。

(1)纸质地形测图、航测综合法测图，教师要到测站上进行作业指导。要求实习小组做到图面上"点点清、块块清"，不留尾巴；每个测站都要进行公共点平面位置和高程检测；每个测站在图面上"站站清"，不留死角；强调地形、地物现场绘图，以保证绘图的真实性，做到图面"天天清"。

(2)教师对控制测量成果进行全面检查。对修图、整饰好的地形图要进行图面检查、接图边检查，有疑问处带领学生到现场巡视查对，发现问题进行实地仪器实测检查、修测。按测图规范要求进行一定数量的设站，对地物、地貌进行实测检查，做出检查点差错记录，统计出检查点的图面数值精度，作为评定测图质量的重要依据之一。教师组织学生对拟上交的各种观测记录、计算资料、控制测量成果、地形图的图面和接边等进行小组间的互检，让学生理论联系实际掌握测量成果检查方法，这是课堂上学不到的技术和实践能力。通过测量成果质量互检，使学生建立起严格的遵守测量规范、保证测量成果质量的科学态度和质量第一的观念。

(3)将各实习小组完成的控制测量成果和地形图，上交生产单位的工程负责人，由他们进行最后的检查验收。按有关的质量评定标准评出各种测量成果的质量等级，全部验收后才算完成测量生产任务。

4)培养优良的作风

各中专学校测绘专业组织师生进行测量生产实习，在完成测量生产任务过程中，取得提高测绘技术动手能力、完成测绘生产任务和培养优良作风的三丰收。

(1)各学校担任的测量生产实习任务大部分是国家计划内的任务，直接为社会主义建设事业服务。哈尔滨测量学校担任的本溪钢铁公司的测量任务、鞍山钢铁公司弓长岭矿扩建工程测量任务等，都是由苏联设计的大型建设项目。南京地质学校担任的苏州与无锡城市三等三角测量和三等水准测量任务、安徽铜陵地区四等三角测量和水准测量任务，都是直接为城市建设服务的大型测绘工程任务。武汉水力发电学校担任的水电工程建设项目的测量任务等，都是国家重点工程项目。让学生在实习中完成这样的测量生产任务，鼓舞着学生努力完成任务的责任感，在实习中为祖国建设贡献力量使学生充满荣誉感，是最好的完成实习和测量生产任务的思想动员。

(2)在完成测量生产实习任务的过程中，要克服生活和工作中的种种困难，要爬山越岭、经受风吹雨淋的考验。在教师的带领下，锻炼了不怕困难、艰苦奋斗的作风，培养了团结协作的集体主义思想；在作业中遵守测量规范、认真负责，培养实事求是的科学态度。生产实习过程中都是以小组为单位行动的，要求学生在与群众接触中注意遵守群众纪律，发扬人民军队的“三八作风”。所有这些都使师生受到了革命传统作风的锻炼。

(3)巩固了学好测量技术为祖国服务的专业思想。当时，社会上流传“学好数理化，走遍天下都不怕”的单纯技术观点，以及怕苦、怕累，不爱干艰苦专业的错误思想。影响一部分学生怕学习测绘专业毕业后到艰苦地方工作，因而学习情绪不稳定，学习劲头不大。通过测量生产实习，使学生看到运用自己掌握的测绘科学技术做出的测绘成果、精美的地形图，可以为祖国建设服务，而且认识到测绘工程是国家经济建设和国防建设的前期基础性工作，在国民经济和社会发展中占有重要地位。经过切身体验感到测绘工作虽然比较艰苦，但对祖国的贡献大，逐步端正了对测绘工作认识，提高了进一步学好测绘专业知识与技术的信心和决心。

4. 组织测量生产实习的体会和经验

(1)使测绘专业的中专学生，在学校期间经过二、三年级两次测量生产实习的锻炼，在理论联系实际、测量作业能力和解决实际技术问题等方面有了显著提高。根据各学校对毕业生动手能力的评估，约有35%左右的学生有较强的独立工作能力，可以胜任测量小组长工作；有50%的学生有一定的独立工作能力；有15%左右的学生在工程技术人员指导下能进行测绘生产作业。学生在毕业之前通过实习完成测量生产任务的实践，对学生毕业后较快适应用人单位测绘工作环境、上岗发挥中等测绘技术人员的作用，起着非常重要的作用。这是我国测绘教育培养德才兼备的中等技术人才的成功经验。

(2)教师在测量生产实习过程中，与测绘生产单位的技术人员共同担任实习指导任务，可以直接向测绘单位技术人员学习生产中的实用技术，以及测量工程设计、组织实施、测绘成果资料检查与验收等测量工程管理技术和经验。使青年教师在指导生产实习过程中提高自己的仪器操作与测图的技术水平，提高组织较大规模测量生产作业的能力，过好掌握测绘生产技术关。通过测量生产实习，各学校都培养一批能承担大型测绘工程任务的青年教师，使教师队伍的理论教学和实践性教学的综合水平有很大的提高。

(3)组织测量生产实习的重要经验之一是处理好实习与生产的关系。要根据学生的实际作业能力、测量仪器设备条件、教师的指导力量和生产实习时间，接受适量的测量生产任务。

若测量生产任务量过大，在规定的实习时间必须完成生产任务，不恰当地采取“专业化”作业方法，生产任务是完成了，就必然冲击了实习；学生的实习不充分，没有合理地进行轮换作业，使部分学生没有得到应有的实习锻炼机会。安排好较充分的实习，提高各项作业的操作水平，才能保证生产任务优质高效地完成。在生产实习过程中，必须安排好思想政治工作、宣传群众工作、人身与仪器安全及保密工作、文体活动以及党团活动等，必须安排好在生产实习过程中的学生实习成绩考核工作。学生要有一定时间进行实习总结和交流活动，注意劳逸结合，保护好学生的身体健康。在充分实习的基础上，按期、保质、保量地完成测量生产任务，使学生取得思想作风锻炼、测量操作技术水平和完成测量生产任务的三丰收。

1.1.7 加强师资队伍建设

1. 做好教师的思想政治工作

1)加强政治理论学习

新中国成立初期各中等专业学校党政领导，组织教师每周进行一次半天的政治理论学习。学习中共党史、政治经济学等课程，提高教师的政治理论水平；发扬理论联系实际、批评与自我批评和紧密联系群众的党的优良传统作风。通过学科委员会(教研组)、基层单位，开展学习讨论和交流，定期召开民主生活会，开展批评与自我批评，互相学习，取长补短，增进团结，取得良好效果。新中国成立初期与“一五”期间，教师之间坦诚的批评与自我批评、互相帮助、关心集体、团结奋进精神，成为那个时代的特征之一。

2)组织教师学习党的方针政策

组织教师学习 1954 年 2 月中共中央七届四中全会批准的党的过渡时期的总路线。学习 1954 年 9 月第一届全国人民代表大会第一次会议通过的《中华人民共和国宪法》，使教职工明确，中华人民共和国是工人阶级领导的，以工农联盟为基础的人民民主国家，中华人民共和国的一切权力属于人民。学习周恩来于 1956 年 1 月，在中共中央关于知识分子问题会议上作的《关于知识分子问题的报告》，报告指出，我国的知识分子已经为社会主义服务，已经是工人阶级的一部分；正确地解决知识分子问题，更充分地动员和发挥他们的力量，为伟大的社会主义建设服务，也就成为我们努力完成过渡时期总任务的一个重要条件。学习毛泽东 1956 年 4 月，在中共中央政治局扩大会议上关于《论十大关系》的讲话，了解十大关系的内涵，明确建设社会主义必须根据本国情况走自己道路这一根本指导思想。学习毛泽东 1956 年 5 月在最高国务会议上讲话时宣布的“百花齐放，百家争鸣”方针，明确这是一个基本性的同时也是长期性的方针，不是一个暂时性的方针。学习 1956 年 9 月中国共产党第八次全国代表大会的有关文件，使教师们明确，我们国内的主要矛盾，已经是人民对建立先进的工业国的要求同落后的农业国的现实之间的矛盾；这一矛盾的实质，在我国社会主义制度已经建立的情况下，也就是先进的社会主义制度同落后的社会生产力之间的矛盾。学习 1957 年 2 月毛泽东在扩大的最高国务会议上发表的《关于正确处理人民内部矛盾的问题》讲话，广大教师认识到：社会主义社会存在着敌我之间和人民内部两类性质不同的矛盾，前者需要用强制的、专政的方法去解决，后者只能用民主的、说服教育的、“团结—批评—团结”的方法去解决，决不能用解决敌我矛盾的方法去解决人民内部矛盾。在讲话中，毛泽东提出了党的教育方针：“我们的教育方针，应该使受教育者在德育、智育、体育几方面都得到发展，成为有社会主义觉悟的有文化的劳动者。”

通过马克思列宁主义、毛泽东思想与我国社会主义建设相结合理论和工作指导方针的学习，对提高教师的社会主义觉悟、掌握国家的方针政策、指导自己的中专教学工作，是非常必要的；对当时的中专教师形成正确的人生观、世界观和方法论，学习和继承党的优良传统作风，贯彻党的教育方针，教师自身的思想进步，都是十分有益的。许多离退休的老教师，至今对那个时代的学风和作风都倍感亲切。

3）发挥共产党员和共青团员的模范带头作用

新中国成立初期和"一五"期间，中等专业学校教职工中党员较少，一般学校的党组织是党支部，归党市委文教部直接领导（或区委领导）。30 岁以下的青年教师中大多数是共青团员。学校党组织号召党员和共青团员在学校的各项工作和活动中都要起模范带头作用。教师党团员在教学工作、学生思想政治工作、突击性的劳动任务、参加社会活动等方面，都表现出朝气蓬勃的政治面貌。那个时代党员和团员的组织生活严密，组织纪律性强，认真开展批评与自我批评，认真学习政治理论和时事政策，按党的要求规范自己的言行。大多数共青团员积极要求进步，严格要求自己，争取早日成为一名共产党员。一些解放前大学毕业和解放初期大学毕业的教师，积极工作，表现突出，向党提出入党申请，表现出知识分子崭新的精神面貌。教师们的政治觉悟普遍提高，尽管受到一些"左"的言行影响，对党和国家前途的信心没有动摇，工作的积极性很高。新中国成立初期和"一五"期间，国家欣欣向荣，教师热爱自己的测绘中专教育事业，以共产党员、共青团员和人民教师的辛勤劳动为共和国贡献一份力量。

1957 年年底和 1958 年年初，在高等和中等专业学校开展"自觉革命，向党交心"的群众运动。学校的干部、教师以大字报、小字报形式，进行自我批评、自我教育，开展批评，提高认识，并订出个人"红专规划"。受"左"的思想影响，有些学校把教师向党交心大字报、小字报的内容进行搜集整理，在某些会上进行批判。这种做法挫伤了许多中老年教师的积极性，产生负面影响。

2. 提高教师的综合素质

新中国成立初期和"一五"期间，各中等专业学校的师资普遍短缺，教师的学历水平不齐，教学经验不足，缺乏实践性教学能力和经验。因此，加强师资队伍建设，提高教师队伍的综合素质，培养一支符合测绘中等技术教育需要的教师队伍是各学校的重要基础建设。在政务院颁布的《中等专业学校章程》中规定："中等专业学校教师，须具有高等教育文化水平；在特殊情况下，具有中等专业教育文化水平并有教学经验和生产经验者，经主管部门批准，亦可担任。"在教师数量不足，特别是大量缺少测绘专业教师的情况下，许多开办测绘专业的中专学校，经上级主管部门批准，从本校测绘专业毕业生中选拔优秀者留校任教，是一种应急措施。各学校的教育主管部门重视师资队伍建设工作，学校在年度工作计划和工作总结中，都要有师资队伍建设的有关内容。各中专学校师资队伍建设的途径主要有以下几个方面。

1）给青年教师压教学任务担子尽快过好教学关

要求青年教师首先学习掌握任教课程的理论知识和操作技能，同时学习相关的专业知识，达到本门课程教师应具备的专业理论知识水平。在老教师指导下，通过备课、试讲、听课、参加课外辅导、批改作业、参加实习实验指导等教学活动，掌握教学的基本功。经过 1～2 个教学循环，绝大多数的青年教师能够胜任一门专业课程的教学工作，在此基础上不断努力和提高，争取担任两门或两门以上的专业课教学任务。

2）组织中青年教师分批到本业务部门的测绘生产单位参加生产实践锻炼

"一五"期间，苏联援建的 156 项大型工业建设项目和我国限额以上的 694 项建设工程，大部分是由苏联设计并采用苏联设备，在苏联专家指导下进行建设、试车和投入生产的。因此，了解本部门苏联援建工程在勘察设计、施工建设、设备安装、生产运营等各阶段的测绘工作的组织计划、施工管理、技术要求、使用仪器设备状况、作业方法和技术水平、质量控制手段和检查验收程序等，对测绘各专业教师来说是十分必要的。例如，重工业部(冶金工业部)组织测绘专业的中专学校教师，到鞍山钢铁公司、武汉钢铁公司等大型建设工地，参加厂区控制测量、施工控制测量与施工放样测量、厂区路线与管线测量、设备安装等各种测绘生产。地质部所属的开办测绘专业的学校教师，到国家测绘总局的大地测量队、航测队、制图队参加测绘生产实践工作。煤炭部所属开办矿山测量专业的学校教师，到大型矿山进行井巷工程、生产矿井测量及岩石移动与沉陷观测生产作业等。教师们通过参加有关单位的测量生产实践锻炼，既提高了自己的测绘生产作业能力，又了解了本部门测绘单位的生产作业水平和仪器装备情况，以及必须掌握的关键技术等，将有关技术带回学校，促使学校测绘各专业的理论教学和实践性教学与测绘生产单位实际需要相一致，提高了中等专业学校动手能力培养的总体水平。

3)老中青教师做好个人“向科学进军”的进修规划

1956年1月党中央召开关于知识分子问题会议之后，广大教师响应周恩来“向现代科学进军”的号召；响应毛泽东“全党努力学习科学知识，同党外知识分子团结一致，为迅速赶上世界科学先进水平而奋斗”的号召。根据自身的业务水平与实际条件，制定个人长期(3～5年)和短期年度“向科学进军”规划。当时，人人投入这项活动之中，热情极高，大大促进了老中青教师学习科学技术、提高专业理论水平的积极性，特别是青年教师利用业余时间进行自学，学有目标，努力按自己的规划一步一步地前进，形成新中国成立以来学习科学知识的热潮。

4)有计划地安排青年教师进修学习

各中专学校的教育主管部门重视对青年教师的培养，每年给各学校分配去有关高等院校进修的名额。进修有两种形式：一种是进修时间为一年，进修教师参加有关专业教研室的教学活动，选择听主专业课和2～3门相关课程，由教研室进行结业考试，给出学习成绩评分。进修结束时，由教研室写出进修期间学习和工作表现鉴定，最后由该院校教师主管部门开出进修学习成绩单和鉴定书发给派送学校。另一种形式是安排青年教师跟班学习和活动，通过两年左右时间学完进修专业的全部专业课程和有关课程，跟班参加考试，取得各门课程的考试成绩，结业时颁发进修学习的结业证书(达到该专业的毕业生水平)和学习鉴定。例如，哈尔滨测量学校，先后派多名青年教师到同济大学测量系、解放军测绘学院大地系与制图系、武汉测绘学院工测系和中南矿冶学院矿山测量专业进修，既提高进修专业课的理论水平，又参加相关教研室工作，了解他们的教学水平，参加他们的教学与生产实习，还学到了进修单位教研室的教学组织和管理工作经验、教师们的教学方法和经验，以及教师们的治学之道和优良的思想作风。组织不具备本科学历的教师参加省市为中专教师举办的教师进修学院学习大学本科基础课，通过三年进修达到大学本科水平，发进修毕业证书，使不具备大学本科学历的基础课和专业课教师，基本上达到了大学本科的学识水平。

5)选派青年教师担任教学实习和生产实习的领导工作

测绘各专业的教学实习和生产实习是教育计划中的重要教学环节，是培养学生动手能力的重要过程。各学校都非常重视组织好这两项实习工作。选派有一定工作能力的青年教师担任组织领导测绘生产实习任务，让他们在老教师帮助下，成为能承担测绘生产实践教学工作的合格教师，这是测绘专业中专教师必须具备的能力。许多青年教师经过这项任务的锻炼迅速成长为测绘专业实践性教学的骨干力量。

6)提高青年教师的思想政治工作能力

新中国成立初期和“一五”期间，各中等专业学校特别强调对学生进行爱国主义、社会主义、集体主义和革命人生观及劳动观点的教育。要求教师对学生从课堂教学、课外辅导、实习实验、课外活动等要全面负责。要求青年教师都要从当好班主任做起，提高思想政治工作能力，增长社会工作的才干。相当一部分青年教师，从新生一年级开始直到三年级学生毕业，跟班担任班主任工作，积累了做好班主任工作的经验。班主任跟班参加生产实习指导工作，对学生进行克服困难完成任务、互相帮助发扬集体主义精神、遵守技术规范培养职业道德素养、爱护仪器注意生产安全、遵守群众纪律等方面的教育。特别是以身作则发扬教师的表率作用，在教学相长中提高了青年教师的思想觉悟，增长了思想政治工作才干，培养了一批优秀班主任、思想政治工作先进工作者。许多青年教师积极要求进步，争取加入中国共产党，成为教学与管理工作的“双肩挑”人才。

1.1.8　做好学生思想政治工作

新中国成立初期和“一五”期间，国家经济建设成就捷报频传。苏联援建的大型工业企业相继建成，中国历史上从未生产过的解放牌汽车、喷气式飞机等先进产品，在中国工人阶级的手中生产出来了。国家建设的成就，鼓舞着青年学生极大的爱国热情。在校学习的青年学生，热爱新中国，努力学习，遵守纪律，学好测量本领将来为社会主义建设服务，把青春献给祖国，把自己的理想和前途与祖国的命运紧紧地连在一起。但是，有一些青年学生认为测量工作艰苦，生活中表现组织性、纪律性差，学习不努力，思想不求上进。学校上级主管部门，对学生思想政治工作非常重视，要求学校的年度工作报告中要有学生思想政治工作内容和学生的表现。学生思想政治工作在党组织和校领导的组织领导下，贯彻党的教育方针，以教学为中心，把学生培养成具有马列主义毛泽东思想理论基础知识，掌握自然科学知识与测量专业技术，身体健康，全心全意为社会主义建设服务的中等测量技术人员。

1)建立学生思想政治工作体系

新中国成立初期和“一五”期间，学生人数多的中专学校设学生科主管学生工作，不少学校是以教务科与共青团为依托，以兼职班主任和党团员教师为骨干，构成学生思想政治工作体系。在学校党组织和主管学生工作的副校长领导下，开展学生思想政治工作。

学校领导重视建立班主任制度和选拔班主任。挑选教学质量好、在学生中有一定威信、热心学生工作的党团员教师担任班主任；也挑选学术水平高、受学生爱戴、热心学生工作的中老年教师担任班主任；适当安排团委干部、党员教学管理干部和政工干部兼任班主任工作，有利于在学生中开展党团的建设工作。班主任的主要任务是：指导班级团支部和班委会工作，解决他们遇到的问题；指导和辅导班级学生思想进步、搞好学习，增强组织性与纪律性，增进同学之间的团结、互相帮助；了解和解决学生中发生的思想问题，鼓励先进帮助后进；参加班主任例会，传达贯彻学校有关学生工作的要求；定期召开班会，对班级的好人好事与存在问题进行表扬和批评，发扬成绩，克服缺点，鼓励学生争做三好学生、优秀团员、优秀团干部、优秀班干部和优秀毕业生。

党政干部利用业余时间，教师利用教学辅导时间，深入班级和宿舍与同学谈心，交谈国家大事和建设成就，了解同学对学校工作的意见；发现同学在学习、生活和思想上存在的问题，以同志式的态度交流思想，取得良好效果。通过班主任工作，调动团支部与班委会干部的积极性，团结全班同学，增强集体观念，争做先进班级。实践表明，班主任对帮助青年学生逐步形成正确的人生观，促进学生坚定正确的政治方向，争取思想进步，努力学习取得好的学习成绩，帮助后进学生增强进步信心、向先进转化等，有不可低估的作用。

2）搞好新生的入学教育

“一五”期间，各中等专业学校大多数是在学校所在的大行政区内的省市地区招生。招收初中毕业生(包括同等学历的在职干部和工人)，学制三年。有测绘专业的中等专业学校，多数都是重工业部、地质部、煤炭工业部等所属的中等专业学校，都被视为艰苦专业的学校。新生中有许多是第一志愿被录取，他们自愿学好测绘技术为祖国社会主义建设服务；也有相当一部分新生是服从分配被录取的，他们对测绘专业没有明确的认识，存在不同程度的怕测绘专业艰苦的思想问题。因此，对新生进行入学教育，使新生适应测绘专业学习环境，尽快投入正常学习之中是非常必要的。各中专学校新生入学教育的主要内容有：

(1)由校长或主管教学工作的副校长，介绍学校发展建设情况、专业设置、师资与教学设备等办学条件，讲解中等专业学校的培养目标，学生学习3年要把自己锻炼成建设社会主义的中等技术干部。向学生明确指出，必须把坚定正确的政治方向放在首位，明确学习目的，努力学习，遵守纪律，积极争取进步，培养自己艰苦奋斗、不怕困难的思想作风，使自己成为合格的测绘中专毕业生。

(2)由测量专业科主任或资深的专业教师作测绘专业报告，讲解测绘科学的研究对象、测绘学科各专业的技术特点，及其在国民经济建设和国防建设中的作用与地位。明确指出，学好测绘专业，必须要有扎实的数理基础，掌握专业的基本理论知识，练就各种测绘仪器的操作能力，理论联系实际，才能完成测绘生产任务。实事求是地说明，测绘技术为各种工程勘察设计、施工建设、地质勘探、矿山建设、水利与电力建设等服务，工作环境比较艰苦，但又是所有建设事业的前期工作，因而是非常光荣的。鼓励新生学好测绘技术为祖国建设事业服务。

(3)由教务科负责人向新生介绍学校的学籍管理制度、学习成绩和操行成绩考核办法、升留级制度，介绍开展评选三好学生、优秀学生干部、优秀团员和优秀团干部等评优活动，介绍人民助学金评定制度等。特别强调：有一门课程(包括体育)不及格，生产实习、毕业设计等不及格，操行不及格，只要有其一者，不能毕业。让入学新生端正学习态度，明确学习目标，勤奋学习，积极进取，争取做一名优秀毕业生。

(4)请在工作岗位上取得优异成绩的毕业生作报告。向新入学的同学讲述自己在学校期间的表现和毕业后在工作岗位上取得的成绩，介绍个人的体会和经验。鼓励新生向先进的毕业生学习，思想上积极争取进步，学习上刻苦钻研，培养良好的工作作风，增强成为一名优秀毕业生的信心和决心。

(5)组织新生参观测绘专业的仪器和有关的实验室，认识自己将要学习掌握的各种仪器；参观毕业生和在校学生的优秀地形绘图、各种观测记录、各种平差计算成果和地形图等样板资料，使新生了解自己将要学习什么，什么样的成果是好的成果。这项参观活动在学生中引起很大的震动，取得非常好的效果。

(6)由班主任组织新生班级建立班委会、团支部，选出学生干部，初步形成班级集体。组织新生对上述的报告和参观活动进行讨论，发表自己的认识和体会，表示今后在学校学习和生活的态度。班主任老师要深入了解新生思想状况，有针对性地组织开好第一个班会，对建立良好的班风、促进新生之间的团结、搞好班级各项活动，具有开创性的示范意义。学生思想政治工作的基础在班级，班主任在中等专业学校的思想政治工作中具有对学生全面负责的作用。

3）抓好共青团和学生会工作

新中国成立初期和“一五”期间，共青团组织和共青团员在学生中有比较高的威信，学习努力、积极要求进步的学生都要求加入共青团。共青团员称号在学生中具有较大的影响力和光荣感。按当时的学生状况统计，共青团员约占在校生的45%左右，要求入团的学生占在校生的40%左右，这两部分学生是学生中的大多数。摆在共青团委面前的任务是，加强团的思想建设和组织建设，在学生的学习和一切活动中发挥共青团员的模范带头作用；把要求进步、符合共青团员条件的学生发展入团；积极教育启发尚没有明显进步要求的青年学生，参加团的活动，振奋精神，争取进步。可以说，抓好共青团建设工作，就抓到了学生思想政治工作的关键环节。

（1）抓好班级团支部的建设。共青团组织的基层是班级团支部，团支部书记和委员的素质很大程度上决定班级团支部工作效果。因此，团委认真抓好团支部干部的选拔和培养工作，通过他们在班主任指导下搞好团支部工作，发挥团员模范带头作用，发展新团员和帮助同学进步。开展建设优秀团支部、评选优秀团干部和优秀团员活动，是搞好共青团建设的重要环节。

（2）抓好学生会工作。校学生会和班级班委会是团结学生进行自我教育与自我管理的群众性组织，是学校对学生进行思想教育、组织各种活动的重要力量。各级学生会干部经民主选举产生，大多数学生干部是共产党员和共青团员。团委通过指导学生会工作，把学校的中心工作和有关要求贯彻到学生会工作和活动中去，使学生会成为团结全校学生共同进步、有广泛影响力的群众组织。通过学生会工作，培养大批的学生干部，使他们成长为有坚定正确的政治方向、学习成绩好、有一定组织工作能力的先进青年。开展评选优秀学生干部活动，促进学生干部的健康成长。

4）开展党建工作

新中国成立初期和“一五”期间，教职工中党员较少，中专学生中党员更少。青年学生中党的基本知识教育和党的建设，在学校党组织领导下，通过共青团委开展这项工作。据统计，各中专学校在校学生中，党员学生约占2%～3%，要求入党的共青团员约占团员的30%左右。党组织通过团委组织要求入党的团员学习党的基本知识、共产党员应具备的条件，以及共产党员必须有服从组织需要的决心。党组织通过干部和教师中的党员，在班主任的协助下，做好要求入党积极分子的培养工作。要求党的积极分子在学习、工作、学校各项活动、生产实习艰苦条件下起模范带头作用，认真学习《论共产党员修养》，增强党的组织纪律性和服从党的需要的观念，端正入党动机，以自己的实际行动争取入党。在学校学习3年，经过党组织培养教育和政治运动的考验，学生毕业时，党员在毕业生中约占6%左右。

5）开展革命传统和革命理想教育

新中国成立初期和“一五”期间是我国经济建设取得显著成就的时代。青年学生热爱新中国，对祖国前途充满希望。革命传统和革命理想教育是对青年学生进行思想教育的主要内容之一，是激励青年学生奋发向上、继承光荣革命传统的有效方法。

（1）请革命老同志作革命传统报告。测绘专业、地质专业、矿产开发专业是工作条件比较艰苦的专业。请革命老同志作革命传统报告，让青年学生从革命艰苦奋斗的历程中得到启发，把激发起来的革命热情用在提高思想觉悟、搞好学习上。哈尔滨测量学校请时任校长的老红军王志毅同志作革命传统报告。王志毅校长13岁跟随红二方面军经过二万五千里长征到达延安。他向同学们讲述自己从13岁的红小鬼，在革命队伍中锻炼成长为学校领导干部的历程；讲述长征历程、延安的大生产运动、抗日战争和解放战争建立新中国的历史等，给同学们以极大的思想震撼和鼓舞。南京地质学校的前身是中国人民解放军华东军区测绘学校，学校的领导同志大多是红军时期、抗日战争和解放战争时期从事军事测绘技术工作的领导干部。请他们向学生作革命传统报告，介绍人民军队的测绘人员理论联系实际、在战争中锻炼成长，为土地革命战争、抗日战争和解放战争的胜利，不怕困难，不怕牺牲，完成各项测绘保障任务的光荣事迹。对正在学习测绘技术的青年学生，继承和发扬人民解放军测绘人员的光荣革命传统，形成“团结紧张、艰苦创业、勤奋学习、严守纪律、生动活泼”的校风，起着极大的推动作用。

(2)向时代英雄学习。请抗美援朝战斗英雄作报告，组织向“中国保尔——吴运铎”学习的报告会，组织电影《青年进卫军》等观后感讨论会，组织“谁是最可爱的人”等文学作品报告会，以及高唱革命歌曲——勘探队员之歌等活动，激发青年学生为祖国建设事业贡献力量的革命理想，在同学中收到很好的效果。

(3)加强劳动教育和“三八作风”教育。组织学生参加建校劳动，到社会上参加公益劳动和抗洪劳动。生产实习坐火车旅行和在实习住地，以“三大纪律，八项注意”精神，在火车上为乘客做好事，在实习住地为老乡服务；每天做到“水满缸，院子光”和“不拿群众一针一线”，得到列车员、乘客，以及住地干部群众的广泛好评。使同学们树立起劳动观点、群众观点，受到遵守革命纪律、发扬光荣革命传统的教育，树立起学校在社会上的良好形象。

6)开展创“三好”活动

学校以教学为中心，学生以学习为己任，德智体全面发展，使自己成为合格的中等测量技术干部。通过请学识水平高、有威信的教师作学习方法和成才之路的报告，组织成绩优秀的学生召开学习经验交流会。特别是周恩来号召向科学进军，1957年毛泽东在莫斯科大学向中国留学生说“祝你们身体好、学习好、将来工作好”以后，在学生中以向科学进军为动员口号，开展争创“三好”活动，成为学校思想政治工作长期坚持的内容。

7)加强爱国主义和集体主义教育

利用“五一”、“七一”、“八一”、“十一”、“一二·九”和“新年”等有庆祝和纪念意义的节日，组织学生参加所在地区的大型活动，在校内组织报告会、讲演会，以及参观有关的展览会等进行爱国主义教育活动。共青团委、校学生会组织学生排演各种文娱节目，组织“一二·九”革命歌曲竞赛，组织全校学生参加“劳卫制”体育达标锻炼，组织学校各种体育运动队参加校际比赛和省市中专运动会，展示学校的体育水平、体育风貌和学生的集体主义精神。

8)做好毕业生的思想政治工作

由于各学校的生源大多数是学校所在城市地区(大行政区)范围内的学生，而属于地质部、冶金部、煤炭部、城建部等部委的中专学校测绘专业毕业生要全国分配。做好毕业生思想政治工作，让学生服从分配到急需他们的岗位工作，是毕业生思想政治工作的主要任务。首先在学生党团员中进行思想动员，讲明需要毕业生单位的分布状况，认清服从国家需要到祖国最需要的地方去的意义，要求党团员起带头作用。宣传积极要求到祖国最需要地方去的先进毕业生事迹；掌握大多数毕业生的思想脉搏，有的放矢地做好毕业分配的动员工作；摸清有具体困难和思想认识问题学生的情况，做到认真细致，既要积极动员学生提高认识服从国家分配，也要考虑有困难学生的具体情况给予合理的照顾。毕业分配工作，学校领导重视，在负责学生思想政治工作的同志和班主任教师的共同努力下，各个中等专业学校都能圆满完成毕业分配任务，让毕业生满怀激情地离开学校，走上为社会主义建设事业服务的岗位。各地质学校测绘专业毕业生分配到全国各地的地质勘探单位和国家测绘总局的测绘生产单位从事测绘工作；冶金部各中专学校测绘专业毕业生，分配到全国冶金勘察设计、地质勘探、矿山建设、工程建设等单位从事测绘工作；煤炭部各中专学校矿山测量专业毕业生分配到各矿山进行测绘工作；建设部测绘专业毕业生，大多数在城市的建设部门工作，呼和浩特城市建设工程学校测量专业毕业生，部分同学分配到西藏和新疆边远地区工作，体现了他们献身边疆建设的豪情壮志。

1.1.9 新中国成立初期测绘中专教育的回顾

1949年至1957年，在地质与测绘、重工业、煤炭工业、水利与电力建设、城市建设、交通运输等部门所建的中等专业学校中，开办了测绘中等专业教育，初步形成了新中国测绘中等专业教育体系，为新中国测绘中等专业教育的进一步发展打下了良好的基础。回顾9年来，独立建制的测量学校和开办测绘专业的中专学校，在测绘中专教育实践中取得的成绩和经验有如下几点。

1)建立了新中国的测绘中专教育体系

测量学校和各中专学校的测量专业，以老解放区和人民军队新的测绘教育经验为基础，吸收旧中国有用的测绘教育经验，学习苏联测绘中专教育经验，结合学校所属业务主管部门对测绘中等技术人员的需要，建立相应的测绘专业；在党和国家教育方针和中专办学方针政策指引下，办起具有本校特色的教学组织、管理制度与教学模式，形成了新中国测绘中专教育体系；培养出测绘中等技术人才8 430余人[①]，为新中国的经济建设和国防建设作出贡献。

2)测绘中专教育走向自主建设和发展的新阶段

在学习苏联测绘中专教育经验基础上，结合我国测绘中专教育的实际，从采用苏联测绘中专各专业的教学计划、课程教学大纲等教学文件，到编制适合我国国情的测绘各专业教学计划和课程教学大纲，形成了适合我国国情的测绘中专教育的教学文件；一些学校的测绘专业从主要采用苏联测绘中专翻译教材，到吸取苏联测绘中专教材的长处，结合我国测绘科技发展的新成果，考虑我国各业务部门对培养测绘中等技术人才的实际需要，编写出适合我国测绘中专各专业需要的新教材用于教学之中。到“一五”末期，我国的测绘中专教育开始走向自主建设和发展的新阶段。

3)形成了测绘专业实践性教学模式

在各学校主管部门的重视和支持下，建立起测绘专业实践性教学模式。在高质量的课堂理论教学基础上，重视课堂实习、课程设计、教学实习和测量生产实习，通过实习完成一定的国家测绘生产任务，为学生创造理论联系实际、用所学知识解决测绘生产中所遇到的技术问题的机会，加强了动手能力培养，使多数学生具有一定的独立工作能力。这是测绘中专毕业生到工作岗位后能很快适应岗位需要、受到用人单位欢迎的重要因素。

4)学生思想政治工作取得可喜成果

各学校都把培养学生坚定正确的政治方向放在首位。以爱国主义、社会主义、集体主义和劳动教育为主要内容，开展丰富多彩的校内外活动；树立把个人的前途和命运与祖国的富强联系在一起，把青春献给祖国的学生思想政治教育观念，保证了各学校测绘专业思想政治工作的

① 根据本项目研究收集的材料不完全统计，从1950年至1957年，中央部委和地方中专学校培养测绘中专毕业生5 203人，军队院校培养的测绘中专毕业生3 231人。

有效性;使测绘专业的绝大多数毕业生具有服从组织分配、艰苦奋斗、勇于克服困难、遵守组织纪律、努力完成任务的优秀品质,在测绘生产岗位的实践中逐步成长为骨干力量。从新中国成立初期与"一五"期间各学校测绘专业毕业生的成长历程和进步的成绩中,可以看出学生思想政治工作的重要性并取得可喜的成果。

5)师资队伍建设取得显著成绩

各学校贯彻党的知识分子政策,加强教师的思想政治工作,增强了党的领导观念,提高了贯彻党的教育方针的自觉性,广大教师热爱测绘中专教育,为建设新中国测绘中专教育体系贡献力量。中老年教师和新中国大学毕业的青年教师,在测绘中专教学中起着骨干作用。在测绘专业师资不足的情况下,把部分不具备大学本科学历的青年教师,通过各种方式培养成合格的测绘专业中专教师,成绩显著。为测绘中专教育的发展做了师资和教学管理人才的准备。

新中国成立初期和"一五"期间,在测绘中专教育的建设和发展中,也有值得总结的经验和教训。学习苏联测绘中专教学经验,主流是好的,对形成我国测绘中专教育体系、提高教学质量起到积极作用,但也存在着不分具体条件、生搬硬套的教条主义倾向。在贯彻"双百"方针大鸣大放中,在向党交心活动中,把有的教师主动谈出的"活思想"作为资产阶级思想加以批判,这种"左"的做法,对贯彻党的知识分子政策造成一定的消极影响。

§1.2 教育革命与国民经济调整时期的测绘中专教育

(1958—1966.5)

1958—1966年,我国高等和中等专业教育经历了9年的曲折发展历程。1958年年初,高等学校和中等专业学校贯彻毛泽东提出的党的教育方针。党的八大二次会议通过了"鼓足干劲,力争上游,多快好省地建设社会主义"总路线,全国掀起工农业生产"大跃进"。中等专业学校开展"勤俭办学、勤俭生产、勤工俭学"活动,贯彻"教育为无产阶级政治服务,教育与生产劳动结合"党的教育工作方针,开展教学改革和教育革命运动。"大跃进"中,工农业生产受高指标、浮夸风、共产风等影响,国民经济发展失调,国家面临着严重困难。在全民大办教育的形势下,高等学校和中等专业学校发展过快,到了国民经济难以承受的程度。1961年党中央对国民经济实行"调整、巩固、充实、提高"的八字方针,实施以农业为基础的政策,争取国民经济迅速好转。高等教育和中等专业教育贯彻八字方针的措施是,执行党中央1961年9月公布的《高教六十条》。中等专业教育在调整的基础上,恢复了正常的教学秩序,提高了教学质量,走上了巩固、充实、提高的办学道路。1964年,贯彻毛泽东在春节教育座谈会上的讲话,进行教学改革,贯彻"少而精"原则,减轻学生负担。向解放军和大庆学习,学习毛主席著作,把军事训练和参加"四清"运动列入教学计划之中,培养无产阶级革命事业接班人。1962年9月,党的八届十中全会提出"存在着社会主义和资本主义这两条道路的斗争",在中等专业学校的教学工作中,强调阶级斗争教育,直到1966年5月"文化大革命"开始。

1.2.1 贯彻"三勤"办学指导思想

1957年,发展国民经济第一个五年计划胜利完成。国民经济发展取得显著成就,极大地鼓舞着全国人民建设社会主义的热情和信心。中等专业学校教师,认真学习和贯彻毛泽东提出的党的教育方针,进行教学改革。1958年1月,毛泽东在《工作方法(草案)》中提出:"一切中等技术学校和技工学校，凡是可能的，一律试办工厂和农场，进行生产，做到自给和半自给。学生半工半读。"同年3月，国务院第二办公室（主管教育）召开"中等专业教育与生产劳动相结合"座谈会，交流中等专业学校开展"勤俭办学、勤俭生产、勤工俭学"即"三勤"办学经验。1958年3月24日，教育部召开全国教育工作会议强调：当前，教育工作必须根据毛泽东提出的教育方针，改革教育制度、教育内容和教育方法。1958年5月5日，在党的八大二次会议上，通过了"鼓足干劲，力争上游，多快好省地建设社会主义"的总路线。强调破除迷信、解放思想，发挥敢想敢说敢做的创造精神，在全国范围形成了"大跃进"形势。各中等专业学校在党组织领导下，发动教职工和学生落实"三勤"办学方向，推进教学改革与教育革命。

1. 要求教师管教、管学、管导

在批判重视智育、轻视德育，重视理论、轻视实践，重视教书、忽视育人等错误教育观点的基础上，做好教师的思想政治工作，要求教师以党的教育方针为指导，做到管教、管学、管导，对学生全面负责，建立新型的教学相长的师生关系，形成良好的教风和学风，引导学生走又红又专的道路。在教学过程中要求教师做到：

(1)提高课堂教学质量。教学过程中做到"五认真"，让学生真正掌握所学的理论知识和实践操作能力，为学生创造主动的学习条件。

(2)执行严格的考试和考查制度，正确评定学生的学习成绩。加强班主任工作的责任感，公正地写出学生思想作风、学习和工作表现的评语，鼓励学生向"有社会主义觉悟的有文化的劳动者"的方向努力。

(3)在测绘专业学生的勤工俭学活动中，教师要与学生同吃、同住、同劳动，努力培养学生在完成测绘生产任务过程中提高生产操作能力，培养严格遵守测量规范的职业道德，锻炼克服困难、艰苦奋斗和努力完成任务的优良作风，在社会实践中教育学生遵守群众纪律、发扬"三八作风"，使学生走又红又专的成长道路，成为优秀测绘专业中专毕业生。

(4)教师在教学全过程中发挥主导作用。不断总结经验、找出差距，修改教学计划和课程教学大纲，修改和充实教材，逐步完善测绘专业的培养过程，建立起具有本校特色的测绘中等技术人员的培养模式。

(5)教师在教学实践中不断增强党和党的领导观念，自觉地贯彻党的教育方针，努力改造自己成为劳动人民的知识分子。

2. 开展勤工俭学活动

各中等专业学校，在校长或教务副校长领导下，建立起"三勤"办公室或"勤工俭学"办公室，贯彻"中等专业教育与生产劳动相结合"座谈会精神，开展学校的"三勤"活动。各学校组织全校师生开展大讨论，提出勤俭办学、勤俭生产和勤工俭学的具体方案。策划结合专业建设校办工厂，建立学工基地；筹划校办农场，建立农业劳动基地；动员全校师生参加社会上的各种生产和公益性劳动，培养劳动观点，通过勤工俭学创造一定的经济收入；结合专业特点和技术能力开展测绘生产劳动，在完成测绘生产任务过程中，理论联系实际，提高师生的测绘生产技术水平，培养过硬的思想作风，达到思想、技术和经济三丰收。

开办测绘专业的中等专业学校，勤工俭学活动首先从参加各种生产劳动干起，组织有偿的和义务的生产劳动成为主要活动。学校办各种工厂师生参加义务劳动，参加运输劳动为学校创收，到工厂参加各种有偿的生产劳动，支援农业和水利工程义务劳动，参加城市建设义务劳动等。特别是1958年夏秋之季，与全国人民一道参加大炼钢铁大会战。有的学校师生参加学校附近钢铁厂的大会战，一连几个月劳动不下火线；许多学校师生自建小土焦炉、小土高炉，用炼出的焦炭再炼铁；北方的学校师生参加支援农业大会战劳动，深翻土地。广大师生积极参加劳动是很必要的，对提高师生的劳动人民感情和劳动观点起到重要作用。但是，过多的生产劳动，使师生承受较强的劳动重担，不但冲击了正常教学秩序，即使上课也不能收到良好的教学效果。师生们响应党的号召大搞勤工俭学，劳动热情很高，不怕苦、不怕累的精神得到发扬。

3. 大办工厂、农场

武汉水力电力学校　建校初期设有勘测类的测量、地质和水文3个专业。1958年增设了发电、热动力等专业。大办工厂时建立了机械厂、电线厂、小电机厂、耐火砖厂，这些工厂与所设专业有一定关系，为学生参加生产劳动创造了条件；建立了水电勘测设计院，为水利电力工程设计服务。

长沙有色金属工业学校　设有采矿、冶金、机械、土木等专业。除办了与专业有关的、有技术力量支撑的工厂外，在大跃进的形势下，又办了炼钢厂、水泥厂、红砖厂、铝土厂、炼焦厂等工厂。由于没有足够的技术力量支撑，办厂条件差，一拥而上，很难把工厂维持下去，最后休业撤销了。

哈尔滨冶金测量学校　在贯彻“三勤”办学方向时筹建了测量仪器厂。在冶金部支持下调拨了必需的机械设备；抽调学机械专业的教师担任技术设计任务，抽调有组织能力的教师任工厂领导，还引进必要的技术工人。1959年工厂初具生产测绘仪器三角架、水准尺和地形标尺等测量器件的能力，为学校更换了大批各种仪器三角架、水准尺和地形标尺，还支援了兄弟测绘单位，但因种种原因未能形成规模生产。原建厂时计划的重点是生产水准仪，仪器设计及机加工零件都可以达到精度要求，1960年生产出的样机，经测定达到S3级水准仪的精度要求，由于没有光学配件而无法批量生产。研制的定距式无标尺视距仪，因精加工设备本身精度不高和缺乏光学配件，研制出的样机经测定只能达到1/50的测距精度，因此也未能进行批量生产。测量仪器厂只能变成木工车间和机修车间，搞对外机加工服务和为学校维修服务。该校领导积极筹建农场，1958年在松花江北岸松浦公社建立有60亩地的农场，以种菜和养鸡为主；1959年在距哈尔滨市30 km的青山镇附近建立起150亩的种植大田和养牛、养羊的农场。这两个农场在师生支农劳动中，为农场周围生产队服务，起到农业劳动基地的作用。三年困难时期，为学生和教工食堂提供一定数量的粮、豆和菜等农产品，为生病的学生和教职工提供当时很难见到的牛奶，对克服三年困难起到一定的作用。

4. 组织测量专业生产劳动

开办测绘专业的中专学校，根据本校测绘专业的规模、综合测绘生产能力的大小，寻找本部门和社会各行各业测绘生产服务的项目，把组织测绘专业生产与教学改革和教育革命结合起来，测绘专业教师进行了开创性的探索。

南京地质学校　测绘专业发挥测量教师业务水平高、测绘各专业生产作业经验丰富的特长，利用地形测量、大地测量、航空摄影测量、地图制图专业仪器设备精良的优势条件，承担指令性的和有偿服务的测绘工程，开展测绘专业生产劳动。1958年在安徽淮北地区承担大面积的三等三角测量，二、三等水准测量和1∶5 000平板仪地形测图任务；承担南京市二、三等城市三角测量任务；1959年春夏之季承担南京市东南部1∶4 000平板仪地形测图任务。三年困难时期，大规模的测绘专业生产实习停止了，但集中的测量教学实习仍正常坚持进行。航空摄影测量专业和制图专业，利用教师、学生和仪器设备的优势，承担航测成图、地图编绘和地图制印等生产任务。在完成测绘生产任务的过程中进行现场教学，学用结合，进行教学改革。锻炼了教师，培养了学生，又创造了一定的经济收入，取得很好的效果。

武汉水力电力学校　测量、工程地质和水文3个专业与水力发电等专业相结合，为重点建设的水利和电力工程服务。从1958年1月到1959年年底，以测量专业为龙头，组织各专业教师和学生进行以结合专业为主的生产劳动，主要完成了：

(1)测绘水库359处，测量灌溉渠道1 968 km(可灌溉农田1 030万亩)。

(2)勘察测绘和设计湖北省通城百步潭、湖南省城步鱼渡江等中小型水电站64处。

(3)完成湖北省陆水桂家畈水利枢纽(三峡试验坝)规划阶段的全部测量与地质工作。

(4)为鄂城、黄石等县完成62个水库的施工测量与地质勘察工作。

师生在完成任务的过程中逐步了解了各专业的相互配合，提高了教师组织作业的能力，培养了学生完成各专业技术工作的动手能力，为地方水利和水电建设作出了具体贡献。

西安地质学校　测量科运用从1956年开始组织教师与学生进行测量专业生产实习的经验，利用教师人数多、测绘生产经验丰富、学校测绘仪器设备好和有众多的测量专业学生的优势，在1958—1960年组织完成测绘生产任务的勤工俭学活动。在陕西、青海、河南、甘肃、湖南、湖北等省市，为城市建设、水利工程、煤田地质勘探、地质普查和物探工程等测量完成大量的三、四等三角测量任务，测绘大面积的1∶1万和1∶2.5万地形测图任务，支援了国家经济建设。在组织较大规模的测绘生产中锻炼了教师组织测绘生产的能力，培养了学生完成测量生产任务的动手能力。在比较艰苦的野外生产中，培养了师生吃苦耐劳、克服困难完成任务的优良作风，增强了劳动观点，密切了和人民群众的联系，在为各工程单位完成测绘生产任务时，节约了国家建设资金，3年来为学校创造了64万元的经济收入。

哈尔滨冶金测量学校　成立由校长领导的“三勤”办公室，负责联系与策划勤工俭学项目，筹建工厂与农场，组织大规模的测绘专业生产劳动。从1958年3月(大地尚未解冻)开始，抽调专业教师和三年级学生，为黑龙江省和哈尔滨市电业局，勘测大量的新建高压送变电线路。由于测绘数据精确、选线合理，不但完成了突击性的勘测任务，还缩短了线路长度，节约了建设经费，受到委托单位的好评。完成黑龙江省商业厅所建油库场地的勘察测量任务(1∶500或1∶1 000地形图)。由于测绘资料完整和地形图质量好，所需的设计数据齐全，受到商业部设计院的好评。在完成上述测量任务中取得了建校以来的第一笔测量生产劳动的经济收入。

从1958年3月到11月，还完成了以下几项大规模的测量生产劳动任务：

(1)组织200余名师生，冒着北方三月严寒的天气，以战天斗地的精神，为哈尔滨市财政局完成市郊乡镇农村各生产队土地面积清丈任务，解决土地管理急需的地籍图绘制难题，受到有关部门的好评，也为学校创出大规模测量生产劳动的收入。

(2)为黑龙江省水利厅完成讷谟尔河流域两岸2 000 km^2 的三等三角测量和1∶2.5万沿河地形测量任务，为该河流域水利工程建设和农田灌溉提供地形数据和资料。

(3)为松花江流域肇源地区的农田水利建设进行2 000 km^2 的三等三角测量和1∶1万地形测量。

(4)为林甸地区完成农田水利和石油勘探需要的700 km^2 四等三角测量和1∶1万地形测图，以及6 km^2 的1∶5 000地形测量任务。

完成上述3项三角测量和地形测图任务，先后动员了30余位测量专业教师、20余位基础课教师和600余名二三年级的学生参加作业；打破常规，以测量生产带教学，以现场教学成果保证测量生产任务的完成，进行教学改革试验。所有测量成果经有关单位检查验收，全部符合技术和精度要求，为这些地区的农田水利建设提供了急需的地形资料，支援了农业基本建设，为学校创收 30 余万元(相当当年教育经费的 70%)。

图 1.2 测区概略分布

在总结 1958 年测量专业生产劳动经验的基础上，于 1959 年在煤炭工业部的支持下，与贵州省煤炭工业管理局达成协议，承担沿川黔公路南起甲良、独山和都匀，北至桐梓，煤田成矿带地区进行 4 000 km^2 的三、四等三角测量和 1∶1 万与 1∶5 000 的地形测量，为煤田地质勘探提供地形资料。号召全校师生为实现 1959 年全国煤炭产量达到 3 亿 8 千万吨任务贡献力量。从 4 月师生进入测区开始作业，到 10 月底完成测量任务，历时 7 个月。先后动员 50 余位专业课和基础课教师、700 余名学生(一、三年级学生[①]，混合编组作业)，分甲良、都匀、南白镇(遵义)、桐梓、鸭溪、西安寨、茅台镇等测区，进行大规模的测量生产作业，如图 1.2 所示。校长王志毅等党政主要领导，专业科主任和财务及总务主管人员，都从哈尔滨来到测区贵阳、遵义办公，在测量生产作业现场加强党的领导，指导教学改革，指挥测量生产作业和进行质量检查，抓好思想政治工作、安全生产和师生的生活管理。全体师生克服贵州高山地区“天无三日晴，地无三尺平”给测量作业带来的困难，在高山深谷、密林遍布、气候多变、交通不便的山区进行三、四等三角测量和 1∶1 万地形测图。在测区困难的情况下，培养和锻炼出一批高山地区造标埋石、等级三角测量与水准测量观测和 1∶1 万地形测图的能手，使大多数学生在实践中锻炼一定的独立作业能力，特别是使测量专业教师大大提高了组织大规模测量生产作业和现场教学的能力，使参加测量生产的基础课教师认识了测量生产的全过程，找到了本门课程与测量专业课相结合的结合点。完成这项测量生产任务，获得近 30 万元的经济收入，去掉近 800 人从哈尔滨“远征”贵州生产作业的支出，略有结余。

1.2.2 贯彻中共中央、国务院《关于教育工作的指示》

1958 年 4 月和 6 月，中共中央召开的全国教育工作会议是分两段进行的。会议总结新中国成立 9 年来教育工作的成绩和经验，研究高等学校和中等专业学校下放与新建计划，以及下放后中央和地方权力划分问题，重点是确定党的教育工作方针等。会议在肯定教育工作成绩的同时，指出教育工作存在教条主义；在一定时期内存在教育脱离生产劳动、脱离实际，在一定程度上忽视政治、忽视党的领导。会后，中共中央、国务院于 9 月 19 日发出《关于教育工作的指示》，并在《人民日报》发表。

1. 下放学校管理权，教育大发展

《关于教育工作的指示》中的核心内容是：“党的教育工作方针，是教育为无产阶级政治服

---

① 1957 年未招生，没有二年级学生。

务，教育与生产劳动结合；为了实现这个方针，教育工作必须由党来领导。"《指示》中强调：教育工作要调动一切积极因素，既要发挥中央政府各部门的积极性，又要发挥地方的积极性，重申关于教育事业管理权限下放问题的规定；教育要统一性与多样性相结合，全日制学校与半工半读、业余教育并举，要"两条腿走路"。

许多由中央部委主管的中等专业学校(包括开办测绘专业的学校)下放由省市地方政府领导，或中央部委和地方政府共管。在"大跃进"、教育革命和全民大办教育的口号下，由地方政府批准的中等专业学校大量增加，教职工和在校学生数量猛增。由于办学基础条件差，教学质量很难保证，带来许多矛盾和问题。

1)一批中专学校开办测绘专业教育

由于工业和农业建设发展的需要，中专测绘专业在"大跃进"和教育革命时期有所发展，一些原有和新建的中等专业学校有的开办了测量或矿山测量专业，其中有：

广州地质学校　建校于 1957 年，属地质部领导，1958 年 2 月开办地形测量专业，学制三年，共招生 3 个班 165 人，1961 年 7 月毕业；有教师 8 人，由于调整，1964 年停办。

广东热带作物学校　属广东农垦系统，1958 年 9 月开办测量专业，学制二年，招收学生 80 人，教师由海南农垦局设计室技术人员担任。除了设常规测量专业课外，还设土地规划、水利水电规划等课程，以适应农垦建设对测量技术人员专业能力的需要。

开滦煤矿学校、峰峰矿业学校、井陉煤矿学校、兴隆矿务局技术学校　属于唐山矿区企业办学，1958 年 9 月都开办了矿山测量专业。

阜新煤炭工业学校　于 1956 年建校，1961 年 9 月与阜新矿院中专部矿山测量专业合并，设测量科，开设矿山测量专业和工程测量专业，为东北与内蒙古地区培养矿山测量与工程测量中等技术人员，坚持长期办学。

北京煤炭工业学校　1960 年开办矿山测量专业，设普通测量和矿山测量两个教研组，每年招收 80 名学生。

2)挖掘办学潜力，扩大测绘中专人才培养规模

贯彻《关于教育工作的指示》以后，一些中央部委主管的中等专业学校下放到所在省市的地方主管部门领导，或中央部委与地方主管部门共管。

南京地质学校　1958 年 7 月由地质部下放归江苏省领导，改名为江苏地质学校，在招生和毕业分配上要兼顾中央部委和地方两个方面的需要。

武昌水力发电工程学校　由水电部下放归湖北省电力工业厅领导，根据湖北省经济发展的需要，除保持原有专业外，又增设发电、热动、水动、工业管理等专业，扩大学校的办学规模和办学潜力。

哈尔滨冶金测量学校　由冶金部与黑龙江省冶金厅共管，以部为主，学校利用测绘专业教育的优势为黑龙江省地方经济发展服务。1958 年，在完成冶金部计划内地形测量专业招生任务之外，挖掘学校办学潜力，为黑龙江省地质局招收地形测量和地形制图两个专业新生 230 人，学制二年，1960 年毕业。为黑龙江省地质局输送 230 名测绘中专毕业生，他们在实践中逐步成为省地质局各单位的测绘专业骨干力量。

3)中等专业学校升格为专科学校或本科院校

在当时的形势下，经高教部和国务院批准，有一批中央部委所属办学条件较好的中等专业学校升格改建为专科学校。

武昌水力发电工程学校 1958年7月下放到湖北省电力工业厅领导，于10月改为武汉电力专科学校，保持原中专教育，开办大专班教育。1959—1960年，学校由原来的水电勘测3个专业，发展成为包括勘测、发配电、动力和工企电气化等6个专业，从单一的中专学制，发展包括中专、专科、干部专修科、夜中专、夜大专、短训班等多种学制办学。1958—1960年，3年共招新生1 696名，教师由90人增到176人，中青年教师由占教师总数的18.4%增至86.3%。学校办学规模扩大，在校学生数大增，教师增加了一倍，办学条件水平有所下降，教学质量受到一定影响。

长沙有色金属工业学校 是冶金部所属的中等专业学校，设金属地质与探矿、金属矿区开采（以后增设矿山测量专业）、金属选矿、有色金属冶炼和矿山机电等专业，办学规模2 000人。1958年3月下放归湖南有色金属工业管理局领导，更名为湖南有色金属工业学校。1958年9月以后，湖南省冶金局将学校定为6 000人规模，1958年提出各专业招中专新生2 400人，初中毕业生、在职职工学员等实际入学1 814人；教职工由1957年年底的332人增至433人，增加30%，这种高速扩张给学校教学工作带来许多困难。1959年6月，中共湖南省委、省政府决定，学校由中专改为大学，7月22日湖南冶金学院成立，设矿山与冶金两个系。原中专专业改为相应的本科专业；保留中专相应的各专业，设中专部进行教学管理。当年本科招生338人，中专招生682人，在校生总计达3 175人，为该学校在校生最高纪录；教职工增至662人，比1958增加52% ，到1960年教职工达710人，为该校教职工最高记录。学校的发展过快，开展以“教育与生产劳动相结合”的教育革命，学生的劳动安排过多，本科和中专的教学质量都没有达到应有的水平。

本溪钢铁工业学校 原校名是本溪工业技术学校，属于冶金工业部领导。1958年3月下放归本溪钢铁公司领导。于1958年9月成立本溪钢铁工业学院，1960年2月又更名为本溪钢铁学院。当时设采矿、矿冶机电、钢铁冶金和化工4个系。有的专业升为本科，矿山测量专业属于采矿系，仍然招四年制中专学生，每年招4个班新生。1963年在调整中撤销本溪钢铁学院，仍改为本溪钢铁工业学校，办四年制中专教育。

哈尔滨冶金测量学校 于1958年10月经高教部和国务院批准，学校升格为哈尔滨冶金测量专科学校。保留原地形测量三年制中专教育，创办工程测量三年制专科（包括三年制数学专科）教育。1958年末开始工程测量专科教育的教学计划、课程教学大纲、教材及教师选拔等准备工作。按冶金部教育司要求，于1959年9月首先开办二年制的工程测量专科师资班（学员为冶金系统历届的测量中专毕业生，为部属院校培养急需的测量专业师资），开创了学校进行测量专科教育的历史。1960年开始招高中毕业生办三年制的工程测量专科班，先后招4个班，还开办2个数学专业专科师资班。到1964年共毕业工程测量专科生142人、数学专科师资68人，总计培养专科毕业生210人，结束了专科教育。学校改为哈尔滨冶金测量学校，集中力量办好四年制测绘中专教育。

2. 探索以测量生产实践带动测量专业教学的教改试验

为贯彻“教育与生产劳动结合”的方针，开办测绘专业的中等专业学校，把组织完成测量生产任务带动测量专业教学的改革作为重点项目认真抓好，在实践中摸索和积累了测量现场教学和完成测量生产任务的做法、要求与经验。

1）领导重视，动员教师积极参加测量专业的教学改革

各学校的领导重视以完成测量生产任务带动测量专业教学的教改试点工作。搞好这项试点的关键是发挥测量专业教师的主导作用，动员各学科教师和教辅人员参加教学改革试点活动，让测量专业教师与基础课教师在测量生产实践中共同探索测量专业教学改革的新路子。专业教师摸索测量专业教学与测量生产相结合的方法；基础课教师深入了解测量生产作业过程和产品成果内容及其在国家建设中的作用，认识本门课程在培养测量专业中等技术人员过程中的地位和作用；促进专业课和基础课教学在培养测绘中等技术人员的过程中有机地结合起来，完成培养目标的任务。

2)精心组织测量生产

以测量生产劳动带动测量专业教学，其关键是以完成国家测量生产任务为动力，调动教师的责任感和学生学习的积极性，通过现场教学使学生有针对性地学习掌握完成测量生产任务必须的理论与操作技术，保证测量生产任务按时、优质地完成。测量成果质量好坏是检验现场教学成果的标志。精心组织测量生产，对指导教师而言，既要有完成测量生产任务的技术能力，又要有调动学生完成测量任务的组织能力；是培养中专测量教师既能担任测量专业教学任务，又能完成测量生产任务的极好的锻炼机会。

3)结合测量生产工程实际搞好现场教学

“大跃进”时期承担测量生产任务，多数情况下突击性较强、任务量较大、有明确的完成任务的时间和质量要求，进行测量生产作业的时间常常不在教学计划规定的生产实习时间。因此，必须通过现场教学掌握测量生产中必须具备的专业理论知识和仪器操作能力，必须根据测量生产作业的实际情况和学生的实际能力，做好周密的现场教学计划，才能发挥现场教学进行理论教学与技术培训、达到测量生产作业必须具备的技术操作水平。

4)重视观测成果和地形图质量检查

在每项作业开始前，除布置测量任务、讲解测量方法和作业要求外，特别重视水平角、垂直角和水准测量观测与记录能力的训练，讲解规范规定的精度要求和质量标准，让每个学生都能掌握才能保证作业质量。地形测图有许多需要学生掌握的技术，特别是合理的综合与取舍问题，要经过必要练习和多次的示范操作才能初步掌握。地形图的图面清绘、接图边处理、地形图整饰等，都要进行以实例为内容的现场教学，让每个作业同学都了解和掌握才能保证成图质量，使学生形成牢固的测量成果质量观。

5)做好成绩考核

在每次现场教学过程中都要进行成绩考核。根据学生对象不同分别进行笔试和操作水平测验，将各次考核成绩进行综合评估作为评定现场教学的最后成绩。学生参加测量生产的总成绩包括现场教学成绩、在测量生产过程中完成生产任务的数量和质量、在测量生产中的表现等，综合考核按5级分评分。

6)进行群众纪律和安全生产教育

以测量生产带动测量专业教学的改革实践中，政治思想工作要摆在一切工作的首位。宣传鼓足干劲、力争上游的革命精神，表扬和宣传测区各作业组的先进事迹和先进个人的表现等，鼓舞同学们克服困难完成测量任务的斗志。

学生参加测量生产劳动要接触社会和劳动人民，常常分散住在测区内老乡家中，生活管理、测量生产作业都由测量小组独立支配。要教育学生遵守群众纪律，发扬“三八作风”，为群众做好事，不给老乡添麻烦，尊重群众利益，向劳动人民学习。

进行大规模的测量生产劳动，在爬山越岭、涉水过河的作业中，要特别注意人身和仪器的安全，还要注意环境治安给作业小组带来的不安全因素。由于作业小组单独行动，自己办伙，自己做饭，饮食卫生和防止生病也是要十分注意的问题。

7)教学改革的主要成绩和经验

(1)把测量专业教学与完成测量生产任务结合起来，通过现场教学这一关键环节，使学生完成测量生产任务有了技术保障。学生在校学习期间就能为国家完成一定的测量生产任务，对社会主义建设作出直接贡献，体现了教育为无产阶级政治服务、教育与生产劳动结合的教育工作方针。

(2)以测量生产带动专业教学的培养模式，经各中专学校测绘专业的实践，培养出一批理论联系实际、动手能力强、有一定独立作业能力、思想作风好和综合素质较高的测绘中专毕业生，这是以往的毕业生不能比拟的。

(3)教学改革实践中，培养和锻炼出一批既有测量专业理论教学能力，又能组织完成大规模测量生产任务的专业教师，特别是大批青年教师得到了实际锻炼的机会。在完成测量生产任务过程中，发挥专业与基础课教师的主导作用，根据专业教学计划要求和测量工程实际需要搞好现场教学，加强思想政治工作，是完成测量生产任务和达到培养目标的关键环节。

(4)承担的测量生产任务要适当，一般参加测量生产时间以不超过3个月为宜。这样便于在一个学期内对因参加测量生产劳动而未进行完的测量专业课和基础课填平补齐，争取按教学计划完成教学任务。注意劳逸结合，保证师生的身体健康。

(5)以完成测量生产任务带动测量专业教学的模式组织教学，有可能打破正常教学秩序。学校党政领导、教学管理干部和教师要树立起“大课堂”的观念，把完成测量生产任务所进行的现场教学和生产作业过程，都看成是教学过程的组成部分；只要妥善处理好课堂教学、测量生产现场教学的配合关系，许多矛盾可以得到较好的解决；完成这项任务的关键是教学管理部门和教师的密切合作。必须防止测量生产任务过大，否则将只顾突击完成生产任务而无法顾及教学计划中规定的教学任务，这是几年的实践取得的重要教训。

3. 开展教育思想大批判与“反右倾”及其影响

按《关于教育工作的指示》精神，进行教育思想大批判。批判教学工作中的教条主义和保守思想，批判教师中存在的个人主义、知识私有、白专道路等思想表现。还有的学校把批判资产阶级教育思想与某些老教师的个人历史联系起来，发展成“拔白旗”运动，这种把思想认识问题与立场问题混淆起来的“左”的做法，伤害了相当一部分老教师的感情。

在教育革命中，提倡破除迷信、解放思想，对过去的教学计划、课程大纲和教材中存在的脱离实际、脱离生产的内容进行批评，是必要的。但编制新的教学计划、课程大纲和编写新教材时，把有经验的老教师排除在外，组织青年教师和学生，以“敢想敢干”精神，用拼凑的方法编写出的新教材，实践证明不能使用。

1958－1959年，在“大跃进”中，出现师生生产劳动过多，削弱了课堂教学，打破了正常教学秩序，中央领导已有所察觉。1958年12月，中共中央转发的《教育部党组关于教育问题的几个建议》中指出，在贯彻党的教育工作方针中，产生了某些劳动时间过长，忽视教学质量的现象。各级各类学校应当照常上课，既要继续克服只重视教学而忽视生产的倾向，又要防止只注意生产劳动而忽视教学的现象。《建议》中还指出，中等以上全日制学校每年至少有一个月的假期；安排生产劳动时，要注意与教学结合；要保证教师的时间，教师主要劳动是教学，参加体力劳动不宜过多，以不影响教学为原则，要保证学校教育的质量。1960年12月，中共中央、国务院发出《关于保证学生、教师身体健康的紧急通知》，使学校的教学活动逐步走上正轨。

1959年的“反右倾”，在各中等专业学校中也相继开展起来。各中等专业学校中的党员干部和教师，对“大跃进”和教育革命中出现的师生生产劳动过多影响正常教学秩序等问题有意见，对批判资产阶级教育思想等大批判做法有不同意见。有的干部和教师受到了批判，有的党员教师被当作所谓的“党内专家”加以批判，有的党员干部和教师因此受到处分。“反右倾”的直接影响是，受批判的党员干部和教师所反映的问题都是真实情况，而且是应该纠正的问题，反而受到批判，这就使广大教师不敢说真话，不能发表不同的意见，“百家争鸣”实际上没有落在实处。这些受到批判和处分的党员干部和教师，到1961年按党中央的政策给予甄别平反，恢复名誉，但在教职工特别是在教师思想中的负面影响是很大的。

1.2.3　贯彻八字方针调整中等专业教育

1961年1月，在党的八届九中全会上，通过了对国民经济实行“调整、巩固、充实、提高”的八字方针。根据这个方针，经党中央批准先后制定了《农村人民公社工作条例(草案)》即《农业六十条》、《国营工业企业工作条例(草案)》即《工业七十条》、《教育部直属高等学校暂行工作条例(草案)》即《高教六十条》，以及有关科研、文艺等各方面的工作条例(草案)相继出台。全国各行各业都要在调整的基础上，遵照有关的工作条例(草案)进行巩固、充实、提高各项工作，克服暂时困难，迅速恢复国民经济和社会发展。

1. 调整中等专业学校的数量和办学规模

在“大跃进”全民大办教育的形势下，到1958年年底，中等专业学校由1957年的728所、在校学生48.2万人，增加到2 085所、在校学生108万人；到1960年全国中等专业学校已发展到4 261所、在校学生137.7万人、在校教职工达21.54万人[①]。显然，这是当时的国家财政经济难以支撑的中专办学规模。高教部根据八字方针，贯彻中央关于压缩城市人口、支援农业生产、教育战线不要占用过多劳动力的要求，对中等专业教育采取放慢步子、缩短战线、压缩规模、合理布局、提高质量、精简人员等原则，进行了3年的全面调整。1961年7月和12月，连续召开两次全国高等学校和中等专业学校调整工作会议。到1961年年底，全国保留1 670所中专学校，其中中央部委所属中专学校269所，省市自治区所属中专学校1 401所，比1960年减少了2 591所。1962年4月，召开全国教育工作会议，进一步贯彻中央关于减少城市人口、支援农业生产的政策、减少中等专业学校的数量和在校学生数及精简教职工人员。到1963年，全国有中专学校865所，在校学生32.1万人，教职工10.66万人。

在调整压缩中等专业学校的同时，高教部、中央各部委和省市自治区教育主管部门，对1958年以来由中专升格改建为专科和学院的学校，除因专业建设和合理布局需要及办学条件具备而保留少数专科学校和学院外，大多数升格的学校又改为中等专业学校，继续办好中等专业教育。

2. 测绘中专教育在调整中的情况

开办测绘专业的中等专业学校大多数是中央部委所属的中等专业学校，办学时间较长，办学条件较好，在调整中被保留下来，原已下放的学校在调整中又收归中央部委领导。例如，原地质

① 闻友信，杨金梅. 2000. 职业教育史. 海口：海南出版社：71页.

部南京地质学校，1958年下放后归江苏省领导更名为江苏地质学校，调整后收归地质部领导，恢复南京地质学校名称。冶金部、煤炭部、建设部、水电部等所属中专学校都有类似情况。

开办测绘专业的中专学校，1958年以来升为专科和本科的学校，多数在调整中又恢复原中等专业学校。武汉电力专科学校于1962年4月改为武汉电力学校，收归水利电力部领导；停办专科教育，调整后的专业保留测量、地质、发电和热动4个中专专业，学校的办学规模定为960人。1958年下放后升格为湖南冶金学院的长沙有色金属工业学校，1962年5月湖南省委决定停止本科学生招生，1961年入学的本科生改为专科，到1964年毕业为止。1964年5月，冶金部通知湖南冶金学院改为长沙有色金属工业学校，收归冶金部领导，湖南冶金学院期间除培养中专毕业生外，共培养本科和专科毕业生607人，学校恢复有色金属各专业的中专教育。1962年6月，经冶金部批准哈尔滨冶金测量专科学校仍改为哈尔滨冶金测量学校；到1964年8月，专科学生全部毕业，共培养专科生210人（工程测量专科生142人，数学专科生68人）；学校开办四年制地形测量专业中专教育，办学规模定为800人，每年招生200人。由于国民经济发展建设的需要，测绘中专教育得到了保护。

3. 中专学校调整中减少在校学生和精简教职工的概况

按中央精神，减少中专在校学生数量和精简教职工的目的是减少城市人口、支援农业生产，贯彻以农业为基础的基本国策。这是一项关系到学生去留和教职工下放政策性很强的任务。在各学校党组织领导下，深入做好了解思想情况和摸底工作，认真进行中央有关政策的宣传教育。广大学生和教职工体谅国家困难，响应党的号召，服从国家需要，表现出很高的政治觉悟，听从组织安排，完成了减少在校生人数和精简教职工的任务。

1）减少在校学生数的做法

开办测绘专业的中等专业学校，由于学校所处地区工业与农业生产及经济发展水平的不同，减少在校学生的做法上也不尽相同，大体上采取以下几项措施：

（1）1961年开始，家居农村的一年级学生，动员他们回乡参加农业生产一至二年；家在城市的一年级学生，由学校组织到有关工厂和农场参加劳动一年。然后分批返回学校学习。

（2）考虑到工厂企业在调整中也有减少人员编制的任务，1962年接收中专毕业生的能力有限。为保留中等技术干部，中央决定，1962年应届毕业生不毕业，留在学校补上因各种劳动未完成教学计划中规定的课程，待1963年仍按三年制中专毕业，由国家分配工作；不愿意留校补课的毕业生，可发给毕业证书回乡参加农业生产或自谋就业，国家不分配工作。当时有许多学生领到毕业证书离开学校，返乡参加农业生产和自谋职业。

（3）二年级以上的学生，自愿回乡参加农业生产的，可发给毕业证书，国家不分配工作，欢迎参军保卫国家。

（4）1962年全国中等专业学校不招生，以后几年根据国民经济形势的需要适当减少招生人数。

2）精简教职工情况

通过以下开办测绘专业学校和相关学校精简教职工的情况，来了解中等专业学校在调整时期精简教职工的力度。武汉电力学校1957年有教职工近300人（在校学生1 377人），到1960年9月教职工增加到500人，主管部门要求到1961年9月教职工精简到293人，精简207人；有的调到地、县基层单位工作，从农村来学校参加工作的同志回乡参加农业生产，下放人员占教职工总数的41.4%。长沙有色金属工业学校，1958年教职工433人（在校生2 419人)，1959年教职工增至662人(在校生最多达3 175人)，到1960年教职工达到710人；上级主管部门要求学校到1961年8月精简教职工209人，在校教职工为501人，精简的人数占教职工总数的29.4%。哈尔滨冶金测量学校1958年在校教职工160人(在校生858人)，1961年教职工人数为239人，主管部门要求学校到1963年教职工人数减少到159人，即精简80人，占教职工人数的33.4%。

在教职工精简下放中，各学校都做了深入动员和认真安排，解决下放人员的生活、生产中的困难，使这些同志及其家属下得去、安得下。被精简的人员中具有中专及以上学历的同志，随着国民经济形势的好转和建设发展的需要，按有关政策规定，相当一部分人被上调分配到企事业单位从事技术和管理工作。无论是在农村安家落户从事农业生产的同志，或是被上调投身到企事业单位工作的同志，他们在贯彻八字方针、克服国家经济困难、执行以农业为基础的国策、争取国民经济迅速好转，都以很高的政治觉悟作出了自己的贡献。

1.2.4　贯彻《高教六十条》时的测绘中专教育

1961年3月，根据党中央指示，在邓小平领导下，教育部经过调查研究和总结新中国成立以来与"大跃进"时期高等教育的经验教训，拟定了《教育部直属高等学校暂行工作条例(草案)》即《高教六十条》，9月14日，中共中央书记处讨论通过。9月15日，中共中央发出《关于讨论和试行教育部直属高等学校暂行工作条例(草案)的指示》，同时发布这个条例。《指示》指出，条例对1958年以来我国高等教育工作的成绩和缺点做了比较全面的分析，这就为巩固成绩、纠正缺点、继续探索我国自己的办学道路提供了重要依据。这个条例是探索我国高校建设道路上所取得的初步成果，使全体高校干部和教师充分认识应该做什么、不应该做什么、应该怎样做、不应该怎样做，以保证党的教育方针贯彻执行。这个条例对全国所有的全日制高等学校来说具有示范性。当时，中央各部委教育主管部门和地方政府教育主管部门，要求中等专业学校参照《高教六十条》的有关规定执行。这是中等专业学校贯彻八字方针的行动准则。

1.《高教六十条》的主要内容

《高教六十条》包括总则、教学工作、生产劳动、研究生培养工作、科学研究工作、教师和学生、物质设备和生活管理、思想政治工作、领导制度和行政组织、党的组织和党的工作十章。与中等专业教育有关的内容和规定有：

高等学校的基本任务和培养目标；必须以教学为主，努力提高教学质量，必须发挥教师的主导作用，注意因材施教；学生参加生产劳动的主要目的，贯彻理论联系实际的原则；教师应该在保证教学任务的前提下，积极参加科学研究；必须正确执行党的知识分子政策，调动一切积极因素；必须贯彻执行"百花齐放、百家争鸣"的方针，积极发展各种学术问题的自由讨论；必须贯彻执行勤俭办学的方针，发扬艰苦奋斗的传统，反对铺张浪费；高等学校的思想政治工作在学校党委员会的领导下进行；高等学校实行党委领导下的以校长为首的校务委员会负责制，高等学校的党委员会是学校工作的领导核心，对学校工作实行统一领导；校长是国家任命的学校行政负责人，对外代表学校，对内主持校务委员会和学校的经常工作。

各部委及省市自治区教育主管部门，对中等专业学校如何贯彻执行这个条例都做了布置。各中专学校都在认真贯彻执行《高教六十条》，它是指导中等专业学校在调整基础上进行巩固、充实、提高的政策依据。

2. 加强党对中等专业学校的领导

经过调整和整顿保留下来的中等专业学校，在学校党组织领导下，按《高教六十条》精神贯彻党的教育方针，以教学为中心，发挥教师的主导作用，做好师生的思想政治工作，巩固学校已取得的成绩，充实学校的行政、教学、后勤等方面的管理制度，把提高教学质量、培养优秀中专毕业生放在工作的中心位置，使党组织成为学校工作的领导核心。加强党的领导，重点抓以下各项工作。

1)落实党的知识分子政策

1962 年 3 月 2 日，周恩来在广州国家科委召开的科学工作会议和文化部召开的创作座谈会上，作了《论知识分子问题》的报告。报告实质上是恢复 1956 年知识分子会议上党对我国当时知识分子的阶级状况所作的基本估计，肯定我国知识分子的绝大多数已经属于劳动人民的知识分子，而不是资产阶级知识分子。陈毅讲话特别强调，经过 12 年的考验，尤其是这几年严重困难的考验，证明我国广大知识分子是爱国的，相信共产党的，跟党和人民同甘共苦的。他宣布给广大知识分子“脱帽”(脱“资产阶级”知识分子之帽)、“加冕”(加“劳动人民”知识分子之冕)。党中央对知识分子的态度使广大知识分子、教师受到极大的鼓舞。广州会议之后，4 月 27 日中共中央发出《关于加速进行党员、干部甄别工作的通知》。《通知》要求，凡是在“拔白旗”、“反右倾”等运动中批判和处分完全错了和基本错了的党员、干部，应当采取简便的办法，认真地、迅速地加以甄别平反。各学校党组织认真贯彻中央政策，以个别谈心、召开座谈会等形式做深入细致的思想工作，进行了甄别和平反工作，解除思想“疙瘩”，从而增强了团结。根据每位干部、教师的不同情况，恢复了原来的岗位和职务。这期间，根据党中央的政策，给被错划为右派分子的人摘掉右派帽子，使他们的政治处境和工作、生活安排得到改善。

2)发挥校务委员会在中专学校的作用

“一五”期间，中等专业学校建立校务委员会，在学校管理中起到良好的作用。“大跃进”和教育革命期间，校务委员会的作用被削弱，甚至基本停止工作。

《高教六十条》明确规定，学校实行党委领导下的以校长为首的校务委员会负责制。中专学校的党组织，是中国共产党在学校中的基层组织，是学校的领导核心，通过以校长为首的校务委员会对学校工作实行统一领导。校长是国家任命的学校行政负责人，对外代表学校，对内主持校务委员会和学校的经常工作。1961 年以后，各中等专业学校都恢复或组建了校务委员会。哈尔滨冶金测量学校恢复了原校务委员会的工作，长沙有色金属工业学校等学校成立了校务委员会。校务委员会成员的组成，体现了落实党的知识分子政策的成果，受到广大教职工和学生欢迎，这就为发挥校务委员会在学校教学和行政管理工作中的作用打下良好基础。

1961 年执行《高教六十条》以后，以教学为中心，全面提高教学质量，发挥以校长为首的校务委员会的作用，调动起教师和管理干部及工人的积极性，做好各方面的工作。中等专业学校在调整基础上，走上巩固、充实、提高的建设和发展阶段，使学校教学和行政管理走上轨道，培养出四年制测绘中专毕业生的质量有显著提高。

3)加强教师与学生的思想政治工作

(1)做好教职工的思想政治工作。1961 年贯彻八字方针，精简教职工支援农业生产是一项非常艰巨的任务。各中专学校党组织按有关的政策规定，通过各级组织做好精简人员的思想工作。被精简回乡参加农业生产人员及其家属表现出很高的政治觉悟，他们理解国家的困难，为国家需要作出个人的牺牲，对克服三年困难作出了自己的贡献。按“七千人大会”精神，各学校的党政领导作了自我批评，对教育革命运动中不符合政策的做法承担责任，取得了教职工的信任，提高了学校党组织的威信。按有关政策规定进行认真地甄别，在什么范围进行的批判的就在什么范围进行平反纠正，消除影响。使受到不公正批判和处分的干部和教师解除思想包袱，轻装工作。组织全校干部、教师认真学习《高教六十条》有关办学的规定，按条例的要求找出学校办学过程中的问题和差距，动员教师和干部提出学校执行条例的实际措施和办法。

(2)做好学生的思想政治工作。在中等专业学校调整时期，压缩在校学生规模，执行一系列有关在校学生的调整工作，学生的思想政治工作任务很繁重。在各学校党组织领导下，发动学生管理工作部门干部、共青团组织、班主任及党员教师做好各项调整工作的思想动员。结合学校情况和有关教学管理的新规定，对返校学生进行有的放矢的思想政治工作，安排好他们的学习生活，使他们较快地适应学校新的学习生活。做好1962年应届中专毕业生暂缓毕业，留校补课一年，1963年毕业时仍按三年制中专毕业生分配工作。1962年，为提高中专毕业生质量，中央部委主管的中等专业学校，普遍将中专三年制改为中专四年制。各学校要做好1960年、1961年入学的在校学生延长学习一年的思想动员工作，分别于1964年、1965年毕业。

1960—1962年的3年经济困难时期，粮食定量低，副食供应量少。按中央批示精神，各中专学校都把办好学生和教职工食堂、改善师生伙食、保障师生身体健康作为大事抓好。不安排较重体力劳动，不举办大型体育运动会；开展形式多样的文体活动，高唱革命歌曲，振奋革命精神，共青团和学生会在组织学生课外活动中发挥了很大作用。学校党组织通过时事形势报告会，向青年学生宣讲国内外形势，宣传贯彻八字方针工农业生产发展、国民经济好转的情况，坚信在党中央领导下一定能克服前进中的困难，迎来国民经济发展的新形势。特别是1963年上半年，国民经济形势全面好转，人民生活改善，中央决定从1963年起再用3年时间，继续贯彻执行八字方针，作为第二个五年计划到第三个五年计划之间的过渡阶段，第三个五年计划从1966年开始。与此同时，向青年学生进行国际共产主义运动形势教育和爱好和平反对侵略保卫祖国领土完整的教育。以教学为中心，要求学生勤奋学习，把坚定正确的政治方向放在首位，走又红又专的发展道路。到1963年，各中等专业学校在校学生的学习和生活已经走上正常。党建工作在青年学生中开展起来，积极要求进步、努力学习的风气逐渐形成。

3. 以教学为中心提高测绘中专教学质量

各学校总结新中国成立以来中专教学工作正反两个方面的经验，以教学为中心，提高教学质量，制定四年制中专教学计划；以“少而精”原则抓好课堂教学和实践性教学，突出“三基”教学原则，提高学生的综合能力，逐渐形成学校的办学优势和特色。

1)编制测绘中专四年制教学计划

高教部为进一步搞好中等专业教育，于1963年6月5日颁发《关于全日制中等专业学校教学计划的规定(草案)》，对培养目标、修业年限、课程设置、学时安排、劳动实习、计划审批权限做出明确规定。各开办测绘专业的中专学校根据本校开设测绘专业情况，制定出四年制(或三年制)新的教学计划。现以哈尔滨冶金测量学校四年制地形测量专业教学计划为例，说明教学计划的特点和有关情况。

学校根据高教部和冶金部有关制订教学计划的规定，总结1955年三年制地形测量专业教学计划(表1.1、表1.2、表1.3)和1960年三年制地形测量专业教学计划(教育革命中制订，如表1.16所示)的实践经验，1963年制订出地形测量专业四年制教学计划如表1.17所示。表1.18将以上3个教学计划的课程设置及其课时数汇集一起以便进行比较，表1.19列入3个教学计划中的生产实习(教学实习)和劳动教育的周数。

表1.16　中专三年制地形测量专业教学计划　　1960年

教学内容	按学期分配		教学时数				各学期教学周数与课程周学时数						说明
	考试	考查	总时数	分项时数			Ⅰ	Ⅱ	Ⅲ	Ⅳ	Ⅴ	Ⅵ	
				讲课	实习实验	设计	17	16	17	12	17	9	
一、公共课			490	324	166								
政治课	Ⅱ,Ⅳ,Ⅵ	Ⅰ,Ⅲ,Ⅴ	226	226			3	3	3	2	2	2	Ⅰ、Ⅲ、Ⅴ学期2周劳动
时事教育			88	88			1	1	1	1	1	1	
体育		Ⅱ,Ⅳ,Ⅵ	176	10	166		2	2	2	2	2	2	
二、基础课			970	936	34								
语文	Ⅰ,Ⅲ	Ⅱ,Ⅳ	282	282			6	4	4	4			
数学	Ⅰ～Ⅳ		426	426			8	8	6	5			
物理	Ⅰ,Ⅱ		198	174	24		6	6					
化学		Ⅰ,Ⅱ	64	54	10		2	2					
三、专业课			1 374	854	504	16							
地形绘图		Ⅰ～Ⅴ	340	100	240		4	4	6	6	2		
地貌学	Ⅵ	Ⅴ	87	67	20						3	4	第Ⅱ学期地形测量教学实习，第Ⅳ学期地形测量生产实习，第Ⅵ学期全面测量生产实习
地形测量	Ⅱ～Ⅵ		360	240	120			4	4	6	6	6	
控制测量与方位角测定	Ⅲ～Ⅵ		370	280	90				6	6	8	8	
工程测量	Ⅴ,Ⅵ		147	113	34						6	5	
组织计划	Ⅵ	Ⅴ	70	54		16					2	4	
	3年总学时数		2 834	2 114	704	16	32	34	32	32	32	32	周学时数
							8	9	8	8	9	8	学期课程门数
							3	4	4	4	3	6	学期考试门数
							3	4	2	3	4	1	学期考查门数

表1.17　中专四年制地形测量专业教学计划　　1963年

教学内容	按学期分配		教学时数				各学期教学周数与课程周学时数								说明
	考试	考查	总时数	分项时数			Ⅰ	Ⅱ	Ⅲ	Ⅳ	Ⅴ	Ⅵ	Ⅶ	Ⅷ	
				讲课	实习实验	设计	16	19	16	11	16	8	16	6	
一、政治教育			278	278											每学期2周劳动共16周
政治	Ⅱ,Ⅳ	Ⅰ,Ⅲ	278	278			3	3	3	2	2	2	2	2	
二、体育			216	16	200										
体育课		Ⅱ,Ⅳ,Ⅵ,Ⅷ	216	16	200		2	2	2	2	2	2	2	2	
三、基础课			1 348	1 280	68										
语文	Ⅰ,Ⅲ,Ⅴ	Ⅱ,Ⅳ,Ⅵ	344	344			4	4	4	4	4	4			
数学	Ⅰ～Ⅳ		474	474			8	8	8	6					
物理	Ⅰ,Ⅱ		248	200	48		6	8							
化学		Ⅰ	96	76	20		6								
俄语		Ⅰ～Ⅳ	186	186			3	3	3	3					
四、专业课			1 663	1 095	528	40									
地形绘图		Ⅱ～Ⅴ	350	110	240			6	6	4	6				
地形测量	Ⅲ～Ⅵ		341	221	120				8	8	4	8			第Ⅳ学期地形测量教学实习，第Ⅵ学期地形测量生产实习，第Ⅷ学期全面测量生产实习
测量平差	Ⅵ	Ⅴ	144	124		20					6	6			
地理地貌	Ⅴ	Ⅵ	108	82	26						4	4			
控制测量与天文定位	Ⅴ～Ⅶ	Ⅷ	312	212	90	10					6	8	8	4	
工程测量	Ⅶ,Ⅷ		220	170	50								10	10	
摄影测量	Ⅷ	Ⅶ	132	100	32								6	6	
测量工企管理		Ⅶ,Ⅷ	56	46		10							2	4	

续表

教学内容	按学期分配		教学时数				各学期教学周数与课程周学时数								说明
	考试	考查	总时数	分项时数			Ⅰ	Ⅱ	Ⅲ	Ⅳ	Ⅴ	Ⅵ	Ⅶ	Ⅷ	
				讲课	实习实验	设计	16	19	16	11	16	8	16	6	
	4 年总学时数		3 505	2 669	796	40	32	34	34	29	34	34	30	28	周学时数
							7	7	7	7	8	7	6	6	学期课程数
							3	3	3	3	4	3	2	2	学期考试门数
							3	4	3	4	3	3	2	3	学期考查门数

表 1.18　1955、1960、1963 年地形测量专业教学计划课程时数比较

课时数 项目及课程	教学计划课时数			课时数 项目及课程	教学计划课时数		
	1955	1960	1963		1955	1960	1963
周平均课时数	36	32	32				
总课时数	3 456	2 834	3 505				
一、基础课	1 621	1 460	1 842	二、专业课	1 835	1 374	1 663
政治	192	314	278	测量平差	139		144
体育	192	176	216	地质与地貌	152	87	108
语文	228	282	344	地形绘图	480	340	350
数学	494	426	474	地形测量	456	360	341
物理	228	198	248	控制测量	152	370	312
化学	95	64	96	天文定位	80		
俄语	192		186	工程测量	129	147	220
				摄影测量	129		132
				测量组织计划	118	70	56

表 1.19　1955、1960、1963 年地形测量专业实习与劳动周数统计

学期与周数 教学计划	生产实习(教学实习)周数								实习总周数	劳动周数
	Ⅰ	Ⅱ	Ⅲ	Ⅳ	Ⅴ	Ⅵ	Ⅶ	Ⅷ		
1955		(3)		12		12			27	
1960		(3)		7		10			20	3 年 6 周劳动
1963				(6)		9		11	26	4 年 16 周劳动

1963 年制定的地形测量四年制教学计划，是根据《高教六十条》提出的培养目标原则要求，加强基本理论、基本技术教学和加强基本技能训练，以及学生参加生产劳动，向工农学习，密切与工农相结合等要求；在总结 1955 年、1960 年教学计划经验基础上，贯彻“少而精”原则编制的。这个教学计划具有以下特点。

(1)培养目标：中专四年制地形测量专业，培养具有马克思列宁主义、毛泽东思想基础知识，掌握必要的普通教育知识及地形测量专业的基本理论、基本技术和基本技能，德智体全面发展，全心全意为社会主义建设服务的测绘中等技术人才。学生毕业后，主要去冶金工业企业和其他测绘单位，从事地形测量与工程测量第一线的生产技术和管理工作，为勘察设计、工程施工建设、企业经营与管理、地质勘探及矿山建设和生产服务。

(2)本计划周教学平均为 32 课时；生产实习(教学实习)共 26 周；劳动教育每学期 2 周，8 个学期共 16 周，其中一半安排下厂和到农村参加生产劳动，接受工人、贫下中农再教育，另一半安排测量生产劳动。测量生产实习劳动可达 34 周，对学生有充分时间进行理论联系实际的测绘技术动手能力的培养。

(3)采取以上措施，4 年 8 个学期的总教学时数为 3 505 课时，比 1960 计划多 671 课时，比 1955 计划只多 49 课时。可见减轻了学生的学习负担。

(4)基础课中，恢复了俄语教学，与 1960 年计划相比普遍加强了基础课教学课时；语文课仍为重点加强的课程,意在提高学生的写作能力。基础课总课时数比1960计划多382课时,比1955年计划多221课时,体现了加强基础知识教育。

(5)专业课中,测量平差课单列,恢复了摄影测量课教学;地形绘图、地形测量的课时与1960年计划中的课时数相当;控制测量与天文定位为312课时,加上测量平差144课时,这3门课的总课时数为456,比1960年计划多86课时,比1955年计划相应课程的课时数371多85课时;根据大型工业企业建设施工测量的需要,大幅度增加了工程测量的课时数,主要增加高精度施工控制网的建立理论与施测方法及施工测量必要的精度分析内容;测量组织与计划课时数根据实际需要适当减少。专业课总课时数为1 663,比1960年计划多289课时,重点加强了基础理论与应用技术的内容,为毕业生今后的继续教育和发展打下一定的基础。

总之,地形测量专业四年制教学计划,减轻了学生负担,加强了基础知识与专业理论知识及应用技术的教学,加强了与工农相结合的劳动教育,强调了理论联系实际的测绘技术动手能力的培养,使地形测量专业的毕业生在政治思想觉悟、专业理论与技术水平和工作作风等方面都有明显的提高。按这个教学计划培养出的1964年、1965年地形测量四年制毕业生(由于1962年全国中专未招生,1966年没有毕业生),在工作岗位上表现出较高的综合素质,受到用人单位的欢迎。

2)加强教学管理贯彻“少而精”原则

(1)健全教学管理制度,建立良好学风和校风。开办测绘专业的中专学校,根据《高教六十条》对培养目标、教学工作、思想政治工作、生产劳动教育等方面的要求,在新制定的专业教学计划、课程教学大纲的基础上,恢复和健全教学管理和学生管理制度。首先调整和加强学科教研组(室)的建设,发挥原学科委员会在组织教学工作、开展教学法研究、推动教师政治和业务学习等方面的成功经验和好的做法,在新形势下切实抓好组织教研组教师的教学工作和对学生的全面负责。恢复各学科实验室,加强实验室的管理,保证基础课和专业课实验实习的开出率。恢复和健全教学管理制度和学生学籍管理制度,使教学、教育活动正常地运转起来。加强学生的思想政治工作,1963年3月5日《人民日报》发表毛泽东“向雷锋同志学习”的题词,以及刘少奇、周恩来、朱德、邓小平等党和国家领导人的题词,各中等专业学校开展了“学雷锋,创三好”活动,在学生中逐渐形成文明礼貌、热爱劳动、做好人好事、遵守纪律、团结互助、勤奋学习的好学风和好校风。

(2)贯彻“少而精”原则,抓好“三基”教学,提高测绘专业教学质量。1962年、1963年,中央各部委教育主管部门要求各中等专业学校,努力减轻学生学习负担,提高教学质量,在教学工作的全过程中贯彻“少而精”原则,认真抓好基本理论、基本技术和基本技能的“三基”教学和训练。当时,各学校测绘专业都已编制出四年制(或三年制)专业教学计划和课程教学大纲,基本采用新出版的中专测绘教材或自编的专业课新讲义。要求在编制学期授课计划和备课中,在教学内容的选择上以“削枝强干,分清主次”的办法体现“少而精”的原则;在课堂理论教学和实践性教学上,采取“精讲多练”方法贯彻“少而精”原则;在布置课外作业和拟定课程设计题目和要求时,要抓住关键性的、能带动一般概念的问题和课题,在数量上适当减少,在质量上要有加强思考和加深理解的作用,从而促进学生自学和独立思考能力的锻炼。在教学过程中达到上述要求,学科教研组(室)必须组织教师深入研究和掌握专业教学计划和课程教学大纲的要求,采取达到培养目标的有效措施;要求教师深入研究教材,认真进行集体和个人备课,精心编写课时授课计划和认真组织课堂教学,合理选择和布置课外作业与课程设计题目,从而达到提高教学质量的目的。教师在教学过程中对学生全面负责，以很高的政治热情和责任感对学生进行思想政治教育，注意因材施教，引导学生走又红又专的成长道路。

3)搞好教学实习与生产实习，加强测量基本技能训练

1962年以后，中央各部委教育主管部门加强了对所属中等专业学校教学实习和生产实习的管理。完成测量生产任务的生产实习，要提前一个学期提出计划上报部委教育司，所需的测量生产任务和实习单位由教育司下文件安排；学校自行接受的测量生产任务在规定的生产实习时间内完成，要经过教育司批准才能执行。这就保证了教学实习和生产实习按教学计划进行，防止由于测量生产实习任务过大影响师生劳逸结合和打破正常教学秩序问题的出现。

南京地质学校测绘专业和西安地质学校测绘专业，认真组织教学实习和完成国家测量任务的生产实习是他们实践性教学的传统。认真总结"一五"期间与教育革命期间进行教学实习和大规模测量生产实习的成绩和经验，于1962年以后，四年制中专生按教学计划进行教学实习，逐步恢复测量生产实习。南京地质学校测绘专业于1965年承担安徽淮南矿区控制测量生产实习任务。在实习中开展现场教学，教师坚持现场指导、进行示范操作，及时发现学生作业中的问题当场解决，有效地保证了学生生产作业和最后成果的质量。历年测量生产实习成果的质量有保障，受到委托单位的好评，有些成果被国家测绘总局质量检查组评为优秀成果。四年制测量各专业教学实习和生产实习周数增加，有更充分的时间加强学生动手能力培养。测量生产实习不仅造就了有一定独立作业能力和思想作风比较过硬的测量专业毕业生，而且提高了教师测绘生产作业的动手能力和组织管理生产实习及指导作业的能力。完成国家的测量任务，对社会主义建设有贡献，促进学生热爱测绘事业，为学校赢得了社会信誉，提高了学校的知名度。

哈尔滨冶金测量学校四年制地形测量专业，1964年毕业生毕业实习的测量生产任务是由冶金部教育司下达的。其中，要求学校派30名学生和2名指导教师，参加完成冶金部地质司在吉林省重点地质勘探工程红旗岭会战的测量任务，解决测量技术力量不足的困难。参加测量生产作业的学生在指导教师和现场技术员指导下，以高度负责精神和很大的干劲，按时、优质地完成了测绘任务，受到会战指挥部的表扬，四年制地形测量专业毕业生的测绘生产作业能力和思想作风得到肯定。将于1965年毕业的地形测量专业学生，1963年二年级的教学实习和1964年三年级的生产实习，连续两年承担了哈尔滨东安机械厂(航空工业企业)的厂区内外改扩建工程勘察设计测量任务。在教师指导下，按国家航空工业勘察设计测量的技术要求，完成了测区等级平面和高程控制测量、工业厂区1∶500现状图测绘(包括复杂的地上和地下工业管线，以及重要设备基础结构测绘)、厂外区1∶500地形测量等任务，使这批在校生受到在大型现代化工业厂区进行现状图测绘工程实践的锻炼。由于提供的设计要素数据和图面资料齐全，厂区现状图和厂外地形图质量好，受到厂方和国家航空设计研究院的好评。这批学生1965年的毕业实习，是由冶金部教育司下达的冶金部沈阳勘察公司在歪头山铁矿(鞍钢的矿山)的1∶1 000地形测量生产任务。由该公司派测量工程师在现场负责技术把关和测量成果质量检查和验收，并与学校教师共同指导实习，学校教师负责生产实习组织和管理工作。通过现场教学，由测量工程师讲解测绘工程任务的技术设计和技术规范及作业要求，由指导教师组织理论教学和操作实习，学生的作业能力提高很快。通过这项工程，学生完成了矿区四等三角测量和1∶1 000矿区地形测图任务。经现场工程师检查验收，测量成果全部达到国家测量规范的质量要求，按期保质地完成了生产实习任务。1965毕业的四年制地形测量专业毕业生，

在校学习期间经过3次测量生产实习的锻炼，他们的测绘操作技术动手能力很强，有许多毕业生具有较强的独立作业能力，这是四年制测绘中专毕业生的显著特点之一。

4. 编写出版测绘中专各专业教材

1961年2月10日，中共中央书记处讨论学校教材问题，并作了决定。解决高校和中专教材分两步走，先解决有无问题，再逐步提高质量。1962年5月，高教部成立高校、中专教材出版工作7人领导小组，为出版中专教材创造了有利条件。各中专学校测绘专业教师，经过9年的教学实践，已具备编写出版适应我国中专教育的教材能力。各部委教育主管部门要求各中等专业学校加强教材编写的组织工作。西安地质学校、南京地质学校、哈尔滨冶金测量专科学校联合编写了《地形测量学》(上下册，吴永康、张高岐、钱玉章、蒋信坤、徐仁惠等)，1961年由中国工业出版社出版，这是我国测绘中专各学校联合编写的第一部通用教材，被各学校测绘专业广泛采用。西安地质学校测绘专业编写出版了《航空摄影地形测量学》(朱永泰等，1961)、《地图编制》(包友林等，1961)、《地形绘图》(叶云溪等，1961)，还编写了多种本学校测绘专业所用其他教材。南京地质学校测绘专业在校内测绘各专业教材基础上，根据四年制课程大纲，编写出版了一批测绘各专业教材:《地形绘图》(林正容，1961)、《地图编制》(黄国寿，1961)、《测量觇标建造》(劳永乐，1963)、《大地测量》(高昌洪，1963)、《摄影学》(刘学，1963)、《地图制印》(胡业珣，1963)、《大地测量计算和平差》(曹鸿彝，1964)、《航空摄影测量》(上册，熊天球，1964)、《测量学》(王文辉等，1965)。哈尔滨冶金测量专科学校1960年由中国工业出版社出版了《测量平差》(刘启沐、陈善继)一书，受到测绘教育界的广泛好评，被许多学校选为测绘专业测量平差课程的教材，多次再版发行;同年还出版了《地形绘图》(李世林)，被许多中专测绘专业选为教材。为满足工程测量课三年制专科和四年制中专教学的需要，哈尔滨冶金测量专科学校(李云海，1963)将[苏联]N·N·库普钦诺夫著《大型工业建筑测量学》译成中文，由中国工业出版社出版，该书受到工程测量特别是建筑施工测量工作者的欢迎，成为大专院校工程测量专业师生的参考书，此书多次再版发行。哈尔滨冶金测量专科学校改为哈尔滨冶金测量学校后，学校组织力量在原中专教材基础上，按四年制教学计划和课程大纲要求，编写出适用于地形测量专业的控制测量、摄影测量、工程测量、测量组织计划等新教材，用于本校教学和被一些学校测绘专业采用。

1963年前后，地质、冶金、矿业、水利电力、交通运输等系统的中等专业学校测绘专业，根据本部门测绘专业教学需要，都编写出版了有关的测绘教材。测绘中专教育从新中国成立初期和"一五"期间，使用苏联中专教材和内部编写的讲义，经过教材改革，终于出版发行具有我国测绘中专教育特色的各专业教材。

5. 开展测绘技术研究活动

1960年5月，中共中央批转《浙江大专学校3万多师生下厂参加技术革命效果很好》等材料的批语中指出，学校、研究机关和工厂相结合，学生、研究人员和工人相结合，教育工作、研究工作和生产相结合，好处很大，不仅促进了技术革命，也促进了文化革命和思想革命;这种三结合，所有的高等学校、中等专业学校和科学研究机关都可以进行，并且作为一项经常的制度。从此，中等专业学校在教师中开展了测绘科研活动，提倡教师在保证教学任务的前提下积极参加科研活动。

当时，哈尔滨冶金测量专科学校(1964年改为哈尔滨冶金测量学校)成立了科研科，任命了负责人，选择一些科研项目，组织教师开展科研活动。

1)在"双革"活动中研制测绘仪器和工具

1960年前后技术革新和技术革命即"双革"活动中,进行以下测绘仪器和工具的研制:

(1)自制复照仪。为解决地形制图课教学急需复照仪的困难,地形制图教研组教师与技术工人合作试制复照仪,除光学组合系统是购进的,其余的零件及底盘都是自制的。经测试达到同类产品的质量要求,用于教学和地形图复照的生产作业中,效果良好。

(2)自制三用坐标仪。地形制图教研组教师研制用于展绘地形图方格网、控制点和图廓点的展点绘线仪器,提高了展绘地形图方格网、控制点和图廓点的速度和精度。这台仪器用于教学和地形测量的生产作业中,取得良好效果。

(3)自制独立地物、地形图符号打印器。在大比例尺地形图清绘中,要绘制大量的独立地物、地貌和植被等符号,工作量大而且手工绘制的符号又很难做到一致。这种打印器试制成功后,用于地形图清绘的教学和生产中发挥很好的作用。

(4)试验气球自动控制摄影系统。为获得小区域大比例尺空中摄影测量像片,利用气象观测气球携带自动控制的摄像机升空进行对地面拍照,按摄影测量方法测制大比例尺地形图。在试验中发现自动控制摄影系统不够完善,气球的稳定性欠佳,摄影像片定向元素不能精确获得,这项试验未达到预期效果。

(5)研制电流平差仪。由测量专业教师与物理教师合作,研制出电流平差演示仪。由于当时研制的平差仪环数只有6个,只能作为多边形平差法的演示和物理教学的教具使用,尚达不到多边形平差法的实际应用水平。

2)测量数据处理方法的改进和理论研究

20世纪五六十年代,测量计算的主要工具是手摇计算机(20世纪70年代初才有国产的电动计算机)和三角函数表相配合,或使用对数表进行各种平差计算。对原有的三角测量和各种图根加密测量的平差计算方法进行改进,以减少计算工作量,用于测绘生产作业有实际意义。测量专业教师和数学教师在这方面做了一些工作,取得一些可喜的成果。

(1)测角交会点的速算法及其精度估计(张华森)。对前方交会、后方交会法推导出简捷的计算公式,编制出使用函数表和对数表计算的表格,便于教学和学生生产实习中使用;各种交会点的点位精度用相应的诺谟图进行估计。

(2)线形三角锁简化计算表(陈善继)。线形三角锁是当时图根测量的主要方法之一,原有的函数计算表和对数计算表其计算工作量较大。经研究拟定出简化的函数和对数计算表格,减少了过渡计算的工作量,在教学与生产中使用较为方便。

(3)测量计算诺谟图应用研究。这项工作是在收集大量测量计算诺谟图的基础上进行分析研究,选择使用方便、精度高的诺谟图进行改进和推广。用于1∶1万和1∶2.5万地形测图的交会点计算和精度估计较为实用;有的诺谟图用于各种改正计算。

(4)视距导线的精度分析研究(罗世达)。1958年、1959年,在测量生产劳动中,测绘大量的1∶1万和1∶2.5万的地形图,在隐蔽地区大量使用视距导线进行图根点加密测量。这项研究给出视距导线最弱点的点位精度和高程精度的计算公式,以便根据导线选点略图和水平角、垂直角观测及视距精度,估计最弱点的点位和高程精度是否达到规范要求,在测量生产中起到了质量保证作用。

(5)用平方根法和矩阵法进行三角网平差研究。张光全于20世纪60年代开始研究矩阵在三角网平差中的应用,在理论研究基础上,提出使用手摇计算机求法方程逆矩阵元素的方法。数学老教师周颐龄对平方根法和矩阵法在测量平差中的应用进行了深入研究，提出了进行三角网平差的具体方法。他们是测量专业中专教师中进行这项研究的开拓者（由于“文化大革命”原因论文未能及时发表），以后又取得进一步的研究成果。

（6）两级线形锁的精度估计研究。阮志隆于1964年在《测绘通报》上发表“两级线形锁的精度估计”论文。该项研究成果给出了：在高级控制点之间，用线形锁方法进行两级加密后，锁中任一点对高级起始点在考虑起始数据误差影响下的点位精度计算的理论和方法，还给出了在考虑起始数据误差影响的情况下，锁中任意两点间的相对点位误差计算理论和方法，在此基础上进而提出了端位误差的概念。这项研究成果，在当时是具有创新意义的重要成果，从理论上给当时有关线形锁精度问题的讨论作了圆满的结论。接着又在测边网、边角网精度研究方面取得一系列的成果。

（7）多边形平差法、结点平差法精度估计研究。当时，在高等与中等测绘教材中和测绘生产部门广泛采用多边形平差法和结点平差法，在原作者波波夫的《多边形平差》一书中，只给出这两种图面平差计算求改正数和平差值的方法（对水准网来说其平差结果是严密的），没有给出在图面上计算平差值函数权倒数和中误差的方法。这项研究提出了这两种方法，用求改正数相似的图面计算方法可以求出相应的平差值函数的权倒数，从而求出平差值函数的中误差，填补了原书这两种方法没有精度估计的空白（由于“文化大革命”的原因论文未能及时发表）；以后又研究出这两种方法和其他的图面平差计算方法，在考虑起始数据误差影响下的平差值函数权倒数与中误差的计算方法。

3）开展科研活动的意义

在测绘中等专业教师中开展科学研究活动，引导教师选择科研项目，围绕科研项目钻研技术，在取得研究成果的过程中提高专业理论和技术水平，对提高测绘专业教师的学识水平有很大的推动作用。从哈尔滨冶金测量学校和其他学校测绘专业教师开展科研活动的实践中可以看到，通过科研活动涌现出一批老中青科研活动的骨干教师，他们取得了一些可喜的科研成果，带动测绘专业教师理论联系实际解决测绘技术问题能力的提高。按《高教六十条》精神，提倡在中专教师中开展科研活动，使教师们认识到：做一个合格的中专教师，不仅要搞好测绘专业课教学，搞好测量生产实习，而且要参加测绘科研活动，取得项目研究的成果，逐步提高研究水平，使测绘中专教师队伍成为教学、科研和生产三结合的师资队伍，可以和测绘生产部门合作搞好技术革新和技术服务，体现教育为测绘生产服务的功能。

1.2.5 贯彻“春节座谈会”讲话与“七三”指示精神

1. 贯彻“春节座谈会”讲话与“七三”指示

1964年2月13日，毛泽东在教育工作座谈会即“春节座谈会”上说：“教育方针路线是正确的，但是办法不对。我看教育要改变。”“学制可以缩短。”“课程多、压得太重是很摧残人的。学制、课程、教学方法、考试都要改。”“我看课程可以砍掉一半，学生要有娱乐、游泳、打球、课外自由阅读的时间。”①1964年3月至4月，高教部在直属高校领导干部会议上，学习和讨论了毛泽东关于教育工作的指示。认为自1961年贯彻《高教六十条》以来，将党的教育方针具体化，

① 《中华人民共和国教育大事记》(1949—1982).1984.北京：教育科学出版社：353.

明确了以教学为主的原则，教学秩序逐渐稳定，教学质量有了较为显著的提高。但是，工作中还存在不少缺点和问题，对于学生学习负担过重的问题，长期以来没有得到根本解决，也没有全面地从学制、课程、教学方法和考试制度等方面去研究解决的办法。高教部部长杨秀峰在会上讲话时强调，要本着"思想积极、步骤稳妥"的精神对待改革工作。会议按毛泽东"春节座谈会"讲话精神，讨论了学习解放军和大庆的先进经验，加强学校思想政治工作和建立政治工作机构等问题。会议一致同意在高等学校建立政治部，是学习解放军、学习大庆的先进经验，加强学生思想政治工作，从而进一步加强党对学校教育事业领导的一项重大组织措施。当时，中等专业教育归高教部中专司领导(1964 年 10 月 16 日，国务院将中等专业教育划归教育部领导)。1964 年 3 月以后，中等专业学校相继建立政治部，统管学校的组织、人事、党团和工会、思想政治工作、学生的思想教育和管理等工作。

1964 年 7 月 5 日，毛泽东同一位哈尔滨军事工程学院即将毕业的大学生谈话时指出：阶级斗争是你们的一门主课；你们学院应该去农村搞"四清"，去工厂搞"五反"；不搞"四清"就不了解农民，不搞"五反"就不了解工人；阶级斗争都不知道，怎么能算大学毕业？1964 年 7 月至 8 月，中共中央宣传部、高教部、教育部召开全国高等学校、中等学校政治理论课工作会议，着重讨论了过渡时期的阶级斗争及其在学校中的表现，分析了政治理论课在同资产阶级争夺青年一代的斗争中，所担负的重大任务，并提出了改进政治理论课的意见。10 月 11 日，中共中央批转了《关于改进高等学校、中等学校政治理论课的意见》。《意见》提出，高等学校、中等学校政治理论课的根本任务，是用马克思列宁主义、毛泽东思想武装青年，向他们进行无产阶级的阶级教育，培养坚强的接班人；是配合学校中各项思想政治工作，反对修正主义，同资产阶级争夺青年一代。政治理论课必须以毛泽东思想为指针，把宣传毛泽东思想作为最根本任务，把毛主席著作作为最基本的教材。政治理论课，除继续开设"形势与任务"课外，还应开设"中共党史"、"哲学"、"政治经济学"等课。政治理论课和教材必须贯彻"少而精"的原则。

1965 年 7 月 3 日，毛泽东给中宣部部长陆定一的信中说："学生负担太重，影响健康，学了也无用。建议从一切活动总量中，砍掉三分之一"(这封信后来被称为"七三"指示)。1964 年至 1966 年上半年，根据高教部和教育部的要求，各中等专业学校贯彻"春节座谈会"讲话、"七三"指示和"阶级斗争是一门主课"等一系列指导思想，开展学习解放军和学习大庆先进经验活动，在教职工和学生中开展学习毛主席著作活动，加强思想政治工作和进行阶级斗争教育，把军事训练和参加"四清"正式列入教学计划之中。以"思想积极、步骤稳妥"精神，对学制、课程、教学方法和考试制度等进行调查研究和改革。在教学工作中，大力贯彻"少而精"的原则，减轻学生负担，使学生在德智体诸方面都得到发展，把培养又红又专的革命事业接班人作为教学改革的根本目的。

2. 教学改革的实施情况

1)毛泽东思想进课堂

各中专学校组织教师学习毛泽东"春节座谈会"讲话，学习"七三"指示，学习解放军狠抓学习毛主席著作活动，用毛泽东思想统帅教学工作。明确"阶级斗争是一门主课"的指导思想，在教学活动中实行毛泽东思想进课堂。在课堂教学中开展"四备"活动：

一备毛主席著作，用毛泽东思想分析教材，指导课堂教学活动；

二备学生中存在的学习问题，抓住主要问题，分析主要矛盾和矛盾的主要方面，解决学生学习中的疑难问题；

三备课堂教学内容,贯彻"少而精"原则,精讲多练,突出重点,削枝强干,减轻学生学习负担;

四备启发式讲课方法,使学生生动、活泼、主动地学习,提高教学质量。

2)领导干部到班级蹲点抓教学改革

向解放军学习,教务副校长、教务科长、专业科主任等领导干部,到班级蹲点进行调查研究。了解学生的思想政治工作情况和学生的思想状况、教学改革落实情况、学生学习负担情况,以及学习毛主席著作的状况。采取随班听课,深入到课外活动和学生宿舍中,与学生交流谈心,了解学生的真实情况。以点上的工作实情为依据,总结经验,抓住规律性的东西指导全面教学工作,收到较好的效果。

3)加强学生的思想政治工作,抓阶级教育

学习解放军和大庆思想政治工作经验,进行阶级教育的主要方法和内容有:

(1)开展学习雷锋活动。1963 年 3 月 5 日,《人民日报》发表毛泽东题词"向雷锋同志学习",全国掀起学习雷锋的热潮。组织学生开展"学习雷锋、创三好"活动,提高阶级觉悟,做好人好事,把学雷锋的热情投入到搞好学习上来,取得很好的效果。

(2)开展学习毛主席著作活动。用毛泽东思想武装学生头脑,强调联系实际学习毛主席著作,提高阶级斗争观念和阶级觉悟,在学生之间开展学习毛主席著作经验交流会活动,评选学习毛主席著作积极分子。

(3)各中专学校在学生中进行"备战、备荒、为人民"教育,增强国防观念。在教学计划中列入军训科目,一般安排 3 周左右。许多学校在学生中实行半军事化管理,学习解放军的组织性和纪律性及"三八作风"。

(4)组织学生参加工农业生产劳动。在教学计划中安排一定的工农业生产劳动时间。在教师带领下到工厂或农村参加生产劳动,接受工人和贫下中农再教育。了解工厂、农村阶级斗争状况,向工人、农民学习,提高阶级觉悟。在工农业生产劳动中,锻炼了艰苦奋斗、不怕困难、不怕苦和不怕累的精神,使教师和学生身心得到锻炼。

4)组织教师和高年级学生参加"四清"运动

1965 年,各中等专业学校开始抽调教师参加农村的社会主义教育运动,搞"四清"。有些学校高年级学生与教师一起参加"四清"运动。参加"四清"的教师和学生都要学习和掌握《农村社会主义教育运动中目前提出的一些问题》即《二十三条》的有关政策规定。《二十三条》强调这次运动的性质是解决社会主义和资本主义的矛盾,运动的重点是"整党内那些走资本主义道路的当权派"(后来成为"文化大革命"的主要口号)。参加"四清"运动的时间较长,学生参加"四清"运动就要打破正常的教学计划,进行必要的调整。武汉电力学校 1964 年先后派两批教师 70 余人到蒲圻县、荆州等地区参加"四清"运动。哈尔滨冶金测量学校于 1965 年抽调教师 20 余人参加"四清"运动;1966 年年初派地形测量专业三年级学生 4 个班近 200 人参加"四清"运动,直到"文化大革命"已经开始了,于 8 月才返回学校参加学校的"文化大革命"运动。

1.2.6 1958－1966 年测绘中专教育的回顾

在 1958－1966 年的 9 年中,测绘中专教育经历了"大跃进"开始时期以开展"三勤"活动,贯彻党的教育工作方针进行教学改革和教育革命;国民经济恢复时期执行《高教六十条》,以教学为中心,恢复正常教学秩序;贯彻"春节座谈会"讲话等精神进行教学改革等各主要阶段。回顾在贯彻党的教育方针和党的教育工作方针过程中测绘中专教育改革和学校建设取得的成绩，也总结出有价值的经验与教训。

1)主要成绩

(1)确立了党对教育的领导地位。各中等专业学校在党组织领导下，发动教职工和学生开展群众性的教学改革，贯彻党的教育方针和党的教育工作方针。在“勤俭办学、勤俭生产、勤工俭学”活动中，在以完成测量生产任务带动测量专业教学的改革实践中，在执行《高教六十条》、以教学为中心、恢复正常教学秩序的实践中，在贯彻“春节座谈会”讲话等精神的教学改革中，广大教职工和学生增强了党和党的领导观念，从思想上确立了党的方针政策和党组织在学校的领导地位。

(2)探索了教育与生产劳动结合的测绘专业教学模式。开办测绘专业的中等专业学校，在以完成测量生产任务带动测量专业教学的改革实践中，探索适合本校测绘专业办学条件的教学模式，以现场教学成果保证测量生产任务的完成，总结出具有本校特色的成绩和经验，为各学校测绘专业进一步进行教学改革和专业建设打下良好的基础。

(3)提高了测绘专业中专毕业生的综合素质。学生在勤工俭学的各项劳动中培养了劳动观点；在完成测量生产任务过程中，锻炼了测量技术操作技能，提高了解决实际测量技术问题的能力；在测量生产实践中，锻炼了克服困难完成测量任务的顽强作风，培养了遵守测量规范、保证测量成果质量的职业道德品质；受到接触社会和劳动人民、遵守群众纪律的“三八作风”的锻炼。毕业生政治觉悟高，不怕困难、知难而上的精神突出，毕业后走上工作岗位的适应性强，受到用人单位的普遍欢迎和好评。许多毕业生很快成长为测绘单位的技术和政治工作骨干。

(4)提高了测绘专业教师队伍的整体水平。测绘专业教师在教学改革中，提高了贯彻党的教育方针和党的教育工作方针的自觉性。在组织和领导学生参加勤工俭学劳动中，增强了劳动观点、劳动人民思想感情，提高了教师的学生思想政治工作能力和水平，发扬与学生同甘共苦、艰苦奋斗精神，建立起新型的师生关系。通过以完成测量生产任务带动测量专业教学改革实践，提高了教师理论联系实际、解决实际技术问题和组织大规模测绘生产的能力；通过开展科研活动、编写出版测绘专业教材，提高了教师的专业学术水平和科技开发能力，基本形成了适应测绘中专教育需要的教师队伍。

(5)提高了领导和管理中专学校的能力。各中专学校党政领导，在教学改革的各个阶段，不断总结正反两个方面的经验，肯定成绩、找出问题、纠正错误做法，把消极影响降到最低程度。在贯彻党的教育方针和党的教育工作方针中，在执行《高教六十条》的实践中，提高了对中专教育办学方向的理解和认识，提高了领导与管理学校、建设学校、办好中专教育的能力。

(6)形成适合我国培养测绘中等技术人员的教育体系。中等专业学校执行《高教六十条》后，测绘中专教育以教学为中心，恢复正常教学秩序，大多数中专测绘专业由三年制改为四年制；制订了四年制测绘各专业的教学计划、课程教学大纲；编写出版了适合我国测绘专业培养目标要求的各专业教材；合理地安排理论教学与实践教学及生产劳动的关系；加强了学生思想政治工作，强调动手能力培养，全面提高了教学质量，毕业生的综合素质较高，受到用人单位的欢迎。测绘中专教育摆脱了苏联测绘中专教育模式的影响，形成适合我国培养测绘中等技术人才的教育体系。这是新中国成立17年测绘中专教育取得成绩的重要标志之一。

2)经验教训

(1)在“大跃进”的形势下,开展“三勤”活动中,劳动过多,注意师生劳逸结合不够,影响了教学正常进行。承担测量生产任务往往工程量偏大,造成测量生产劳动时间过长,在一定程度上影响基础课和专业课的理论教学。测量生产实习是测绘专业不可缺少的实践教学环节,关键是在承担测量生产任务时,要量力而行、留有余地,才能在充分搞好现场教学的条件下,完成实习和生产的两项任务,为国家生产出优质的测绘成果,既支援国家经济建设,又能圆满完成教学任务。

(2)贯彻党的知识分子政策不够。在教学改革中,没有按“我国的知识分子已经为社会主义服务,已经是工人阶级的一部分”[①]对待知识分子,而是把他们作为改造的对象。对知识分子的思想认识问题,没有以“团结—批评—团结”的原则,以及通过批评与自我批评达到团结的目的,从而调动和发挥教师的积极性;甚至采取抓住某些错误思想认识,无限上纲,开展大批判,造成较大的负面影响。这种情况在贯彻《高教六十条》后才得以纠正。

(3)盲目扩大办学规模,国家财政难以支撑。1958 年,许多学校下放归省市自治区领导。在“大跃进”中大办教育的形势下,没经过可行性调查研究,就开办新的中专和大学,扩大办学规模,学校升格,增加专业,扩大机构与人员编制,出现教学与后勤管理困难,基础设施和教学设备不足,影响教学质量,教育经费国家难以支撑。这就造成 1961 年贯彻八字方针进行调整时,采取撤销大量新办的中等专业学校,减少中专在校学生人数,下放相当数量的教职员工,控制中专招生人数等措施,出现中等专业教育大起大落的不利局面。为了说明国家经济形势变化对测绘中专教育的影响,将南京地质学校、哈尔滨冶金测量学校、西安地质学校和武汉电力学校 1953－1966(－1970)年间,各时期中专毕业生人数列入表 1.20 中。从表中可以看出:1963－1966(－1970)年国民经济调整时期,4 校的中专毕业生分别为 685、870、325、155,合计为 2 035 人;上述毕业生数量与各学校的 1953－1957 年、1958－1962 年两个时期的毕业生数比较显著减少。这说明,由于国民经济和社会发展受“大跃进”的影响,出现了违反国民经济发展规律的波动,以及受“文化大革命”初期停课的影响,不可避免地会给测绘中专教育和整个教育事业带来大起大落的负面影响。

表 1.20　1953－1966(1970)年部分中专测绘专业毕业生统计

学校 毕业生数 时间	南京地质学校	哈尔滨冶金测量学校	西安地质学校	武汉电力学校	合计	说明
1953－1957	1 554	1 050	373	218	3 195	
1958－1962	1 563	1 264	1 024	528	4 379	
1963－1966	300	317	186		803	四年制毕业生
1967－1970	385	553	139	155	1 232	1966 年以前入学
总计	3 802	3 184	1 722	901	9 609	

§1.3　“文化大革命”时期的测绘中专教育

(1966.5－1976.10)

1966 年 5 月到 1976 年 10 月,是我国社会主义建设历史进程中一个极为特殊的时期,给我国的教育、文化和科学事业造成不可估量的损失,耽误了一代青少年的成长。1976 年 10 月

①　周恩来于 1956 年 1 月,在中共中央关于知识分子问题会议上作的《关于知识分子问题的报告》。

6日，党中央一举取得了粉碎“四人帮”的历史性胜利，“文化大革命”造成的10年内乱终于结束，全国人民迎来了社会主义建设和教育事业发展的新时期。

1.3.1 停课“闹革命”时期的中等专业学校状况

1. 从大批判到大串连

1966年5月16日，中共中央政治局扩大会议通过《中国共产党中央委员会通知》(简称《五·一六通知》)。《通知》要求全党“高举无产阶级文化大革命的大旗，彻底揭露那些反党反社会主义的所谓‘学术权威’的资产阶级反动立场，彻底批判学术界、教育界、新闻界、文艺界、出版界的资产阶级反动思想，夺取在这些文化领域中的领导权。”6月1日《人民日报》发表《横扫一切牛鬼蛇神》的社论，号召群众起来进行“文化大革命”。6月2日《人民日报》转载北京大学聂元梓等人攻击北京市委和北大党委的大字报，同时配发了《触及人们灵魂的大革命》的社论。在当时的情况下，各高等和中等专业学校的学生就把斗争的矛头指向所谓有这样或那样问题的学校领导干部和教师，开始抓所谓的“黑帮”，学校所有的教学活动全部停止。

8月初，中共八届十一中全会通过了《中国共产党中央委员会关于无产阶级文化大革命的决定》即《十六条》，设立了中央文革小组。《十六条》提出：“当前，我们的目的是斗跨走资本主义道路的当权派，批判资产阶级的反动学术的‘权威’，批判资产阶级和一切剥削阶级的意识形态。”《十六条》还指出：“一大批本来不出名的革命青年成了勇敢闯将”。于是，各个中等专业学校中的青年学生成为该校这场运动的主力军，在极“左”思潮的影响下，有相当数量的干部和教师受到冲击。

8月18日，毛泽东身着军装，佩戴“红卫兵”袖章，在天安门城楼上接见百万“红卫兵”和大学、中专和中学师生，表达对“红卫兵”运动的支持。9月5日，中共中央和国务院发出《关于组织外地革命师生来北京参观革命运动的通知》以后，毛泽东先后8次接见“红卫兵”和来北京参观的师生，于是就形成几个月的“革命大串连”局面。绝大部分学生和部分教职工到全国各地串连，留在学校的教职工和部分学生，为大串连来的师生解决住宿和伙食等问题，保证他们的安全，学校的其他活动处于瘫痪状态。

2. “斗、批、改”造成严重影响

中共中央于1967年3月7日，发出《关于大专学校当前无产阶级文化大革命的规定(草案)》，要求外出串连的师生限期返校，按《十六条》规定进行学校内部的“斗、批、改”。广大学生和教职工对被批判的党政干部和教师的看法和观点不同，产生分歧并逐渐形成各自的“红卫兵”团体和战斗队。群众团体相互间的对立和矛盾逐渐升级，这时学校的党组织和行政领导处于瘫痪状态。1967年10月，中共中央又发出《关于大、中、小学校复课闹革命的通知》和《关于按照系统实行革命大联合的通知》，要求所有各级学校一律立即开学，停止派性斗争，搞大联合，恢复正常秩序。但在中央文革小组提出的“文攻武卫”的口号下，不但没有复课，而且各群众团体之间的对立更加升级。为了扭转这种局面，1968年7、8月，中共中央、国务院、中央军委发出向各级学校派军管小组、军宣队和工宣队的通知。军宣队或工宣队进校后，教育“红卫兵”和各群众组织克服宗派主义、无政府主义、小团体主义思潮，实行大联合。逐步建立起学校的革命委员会，使学校有一个集中的领导机构。根据1967年10月27日中共中央作出的《关于已经成立了革命委员会的单位恢复党的组织生活的批示》，各学校逐步恢复了党的组织生活。

中央各部委和地方教育主管部门，于1968年下达了1967年、1968年两年的中专毕业生分配方案，送走了这两届毕业生；1970年下达了1969年中专毕业生的分配方案，送走了“文化大革命”前入学的最后一届毕业生。至此，各中等专业学校1966年以前入学的学生(1966年未招生)全部离校，学校已没有在校学生。

中等专业学校的校舍空闲出来，有些中专有实习工厂，中央部委教育主管部门或地方政府将学校改为工厂或被其他工厂兼并；有些学校的校舍被机关、工厂和军队借用，有的学校被撤销。例如，1970年3月，水利电力部军管会决定武汉电力学校停办，学校全部财产由水利电力部武汉电力设备制造厂接收，当时的房产、设备总价值为420万元；教职工有的插队落户，有的到电子设备制造厂工作或下班组劳动。哈尔滨冶金测量学校在1969年解放军测绘学院被撤销、1970年武汉测绘学院和国家测绘总局被撤销的情况下，能全建制地保存下来，是因为1967年3月黑龙江省革命委员会成立时，以冶金工业部军代表名义，给省革委会的文件称：哈尔滨冶金测量学校是冶金部培养中等技术干部的配套学校，人、财、物三不动，保持学校建制。到1970年，全国中等专业学校由1965年的871所，减少到685所。

1.3.2　恢复招生时期的测绘中专教育

“文化大革命”期间，党中央和国务院多次发出“复课闹革命”通知，都因中央文革小组以各种“斗、批、改”为借口而夭折。

1973年7月3日，国务院批转国家计委、国务院科教组《关于中等专业学校、技工学校办学几个问题的意见》中提出，对中等专业学校和技工学校要抓紧调整、规划、布局等工作，根据需要和可能适当发展。7月27日，中共中央、中央军委批转军队3个报告时指出，对占用学校、医院和工矿企业的房屋必须采取坚决措施予以退还。这就从政策上保证了退还被占用的校舍，为招生和恢复教学工作创造了条件。

1971年、1972年，开办测绘专业的中专学校陆续开始举办测绘技术培训班，为主管部门培训在职的测量工人和干部，提高测绘技术水平，满足恢复工农业生产建设的需要。1973年各学校开始按各部委和省市政府的中专招生计划，招收工农兵学员，恢复测绘中专教育。当时的招生办法是，具有初中毕业的文化程度，有实践经验的工人、农民、知识青年和解放军战士，自愿报名，群众推荐，领导批准，按招生指标的数量经学校复审即可入学。

国民经济各部门对中等技术人员需要量增加，中等专业教育虽然受“左”的干扰但仍在逐步恢复，学校数量增加，招生人数逐年有所增长，如表1.21所示。到1976年，中专学校已有1 461所(1965年为871所)，在校学生达38.6万人(1965年为39.2万人)①

表1.21　中专学校数与招生数统计

年份	学校数	招生数(万人)	说明
1972	735	11.4	
1973	1058	16.4	
1974	1234	17.8	
1975	1326	18.4	

1. 中专学校测绘专业恢复招生概况

南京地质学校测绘专业　1971年、1972年，测绘专业教师到地质部门测绘单位进行调查研究，在测绘单位开办测量培训班，提高在职测量技术人员的业务水平。1973年开始恢复招生，设地形测量专业，学制二年，首届招工农兵学员94人。虽然学员文化程度参差不齐，教师精心教学认真辅导，坚持学校教学的优良传统，

① 闻有信，杨金梅. 2000. 职业教育史. 海口：海南出版社：92.

仍取得很好的教学效果。按教学计划进行基础课和专业课的理论教学外，还组织学员参加教学实习和测量生产实习，达到动手能力培养的目的。1973—1977年共招工农兵学员7个班，到1979年培养地形测量专业毕业生284名。此外，还为解放军水文部队等测绘单位举办多次绘图、航测内业等培训班，共培训学员724人。工农兵学员思想觉悟较高，学习积极努力，实干精神可嘉，毕业后很多人成长为各测绘单位的骨干力量。

西安地质学校测量专业　1972年恢复测量专业，招收二年制工农兵学员21人；1973—1976年每年招生70余人，在校生保持150人左右。由于"文化大革命"影响，测量专业教师减少到16人(20年以上教龄教师10人)，设地形测量、航空摄影测量、制图3个教研组。根据当时教学实际情况制订教学计划，结合测量生产进行现场教学。到1976年共培养测量专业毕业生172人。

哈尔滨冶金测量学校　1972年恢复招生，首批学员共两个班。一个班(7359班)32人，是1964年高中毕业生(由于家庭出身各种原因未被大学录取)，具有8年工龄的测量工人，大部分是生产作业组长，有丰富的地形测量作业经验；学制一年，主要学习数理基础课和控制测量方面的理论课程，毕业后按中专待遇。另一个班(7460班)54人，学员是具有3年工龄的测量工人(初中毕业)，地形测量专业，学制二年，毕业后按中专待遇。1973年开始招收地形测量专业、二年制的中专生，1973—1976年共招收上山下乡知青和解放军战士1 120人，其中包括100名二年制矿山测量专业学员。到1976年，共培养地形测量、矿山测量中专毕业生634人；还为冶金部地质勘探部门培养一年制的地形测量专业培训班学员273人。1975年在校测绘专业学生已超过800人，达到冶金部教育司下达的学校办学规模要求。7359班学员，除进行理论教学外，还安排在吉林天宝山矿区进行四等三角测量的选造埋、观测及内业计算，观测记录、内业计算成果、观测精度和平差结果的精度，全部被吉林省地质勘探公司评为优级成果，受到好评。二年制的地形测量和矿山测量专业，完成理论教学任务，都安排了完成测量生产任务的实习。经生产单位检查验收，符合测量规范标准，被评为优质产品，为以后委托测量生产任务打下良好的信誉基础。工农兵学员学习努力，测量生产中组织能力和动手能力较强，认真负责，不怕苦、不怕累，综合素质水平较高，是合格的中专毕业生，毕业后在测绘生产岗位受到用人单位的欢迎。

武汉电力学校测量专业　1972年5月学校筹备重建，调回大部分下放劳动的干部和教师，归还了被占用的校舍。1972年，水利、水文、电力等4个专业恢复招生，1973年学校校名为湖北省水利电力学校。1974年测量专业招生，学制二年，招收工农兵学员，1976年测量专业45名学生毕业。1978年开始测量专业连续招生，全面恢复测量专业的教学活动。1985年恢复武汉电力学校校名。

黄河水利学校测量专业　1971年恢复测量教研组，有教师4人、教辅1人。1975年成立勘测专业领导组，有专业教师10人，教辅4人。1974年测量专业恢复招生，学制二年，招工农兵学员，1976年改为二年半。1975年，设航空摄影测量专业，学制二年，招工农兵学员40名，1977年学生毕业后停办；毕业生在黄河水利委员会测绘部门从事航空摄影测量工作。组织测量专业学员完成测绘任务的生产实习，自1974年开始，为中牟县修防洪大堤测量40 km纵横断面图，为马家岩水库区及坝址测1∶5 000与1∶1 000地形图，到1976年共完成10项测绘工程任务。使学员的理论联系实际、动手能力水平大为提高，毕业后受到用人单位好评。

阜新煤炭工业学校矿山测量专业　1972年，恢复矿山测量专业招生，招收工农兵学员，学制三年，每年招收1～2个班。当时有测量专业教师12人。教学中所用各门专业课讲义，是根据教学需要由教师自编的。在阜新煤矿区进行控制测量与地形测量及生产矿井测量实习。到1976年共招生200余人，毕业120余人。此外，还为矿山开办测量技工学习班。

昆明冶金工业学校矿山测量专业 原为昆明有色金属工业学校。1972年10月恢复招生，矿山测量专业招收工农兵学员（多为初中毕业生），二年制，首批49名学员。1973年2月入学，由于校舍被工厂占用，直到9月才开学上课。1974年、1975年，每年招矿山测量专业学员2个班80人，1976年以前入学的学员共210人。当时有测量专业教师7人。根据云南省有色金属矿山建设对矿山测量人员的需求，编制矿山测量专业教学计划。首先自编教材，1973年冶金部教育司组织本溪钢铁工业学校、长沙冶金工业学校和该校矿山测量专业教师，协作编写矿山测量专业用的地形测量、控制测量和矿山测量教材，出版后供教学使用。加强实践性教学，组织学员到宣威、田坎等矿区和地质勘探队进行地形测量、控制测量，以及矿山测量实习。学员学习努力，测量理论知识与操作能力都较强，毕业后受到用人单位欢迎。

本溪钢铁工业学校矿山测量专业 原为本溪工业技术学校，后改为现名。1972年恢复招生，矿山测量专业招工农兵学员，学制二年，每年招2个班学员，1972－1976年共招矿山测量专业学员10个班400余人。根据黑色金属矿山建设对测量中等技术人员的需求，编制矿山测量专业教学计划、课程教学大纲，自编教材。1973年由冶金部组织开办矿山测量专业的3所学校协作编写矿山测量专业主要的测绘教材，供教学使用。重视实践性教学，安排矿区地形测量与控制测量及矿山测量实习，收到显著效果，该校的矿山测量专业毕业生受到用人单位的好评。

2. 中专学校新开办的测绘专业概况

当时，国务院对工农业生产和各企业进行整顿、恢复和发展生产，工业与工程建设和地勘部门对中等测绘技术人员需求量较大，一些中专学校新开办了测绘专业。

长沙冶金工业学校矿山测量专业 1971年7月，长沙有色金属学校更名为长沙冶金工业学校，10月恢复招生。除原有矿山地质、采矿、选矿、矿山机械、矿冶电气化5个专业外，又增设了矿山测量等4个新专业。1972年矿山测量招生，录取工农兵学员，学制一年半，1973年改为二年半。到1976年，共招收学员250余人。该校测量与矿山测量师资力量较强，1961年曾出版测量与矿山测量教材，教学仪器设备较好，主要为冶金部有色金属矿山培养矿山测量中等技术人才。

长春地质学校地形测量专业 学校建于1953年，属于地质部领导。1970年恢复招生，1973年10月设地形测量专业，学制二年，招收来自东北和华北地区的工农兵学员76名，1975年第一批地形测量专业学生毕业。1974－1976年又招3届矿山测量专业学生，到1976年毕业234名学生，分配到地质部有关单位从事测绘工作。地形测量专业建立初期有4名专业教师，到1975年增至7人，测绘仪器设备不断增加，保证了教学需要。

长春冶金地质学校测量专业 该校始建于1952年，校名为长春测量地质技术学校。1953年8月，测量专业科迁至哈尔滨成立哈尔滨测量学校，校名改为长春冶金地质学校，设地质类和钻探等专业，设有测量教研室负责测量课教学任务。1970年10月，吉林省革委会决定设测量专业，学制二年，招初中毕业生90人，1972年毕业；1976年又招工农兵学员44人，1978年毕业。此后，又开办在职测量技术人员提高班，学制为一年。

北京建筑工程学校测绘专业 该校建于1952年，设有测量和制图教研室，负责非测量专业的测量学教学任务。1972年设测绘专业(与北京市地质地形勘测处共同办学),成立测绘教研室。1973年至1976年,先后招收两个测量专业中专班和一个“七二一”大专班,中专班学制二年,大专班学制一年(在职测量技术人员提高班)。1977年,学校升格为北京建筑工程学院,开始招收二年制的大专班和四年制的本科班,进行测绘高等教育。

昆明地质学校测绘专业　该校始建于1956年,设地质类专业。1973年恢复招生后,增设测绘专业,招收工农兵学员,学制二年。此后,开始招收高中毕业生,学制二年,每年招生1～2个班。测绘专业教师,来自1966年被地质部撤销的重庆地质学校测绘专业,师资力量较强,测绘仪器设备满足教学需要。

徐州煤炭工业学校矿山测量专业　该校始建于1958年,设测量教研组,有专业教师12名,为采矿和矿山地质专业开设测量与矿山测量课程。1972年成立矿山测量专业,为矿山培训在职技术人员130余人。1978年开始面向全国招收矿山测量中专学生,每年招生1～2个班。

广州有色工业学校矿山测量专业　该校始建于1957年,设有测量教研组,1961年调整时停办。1973年复办,设矿山测量专业,学制二年,每年招28名学员;设测量教研组,有专业教师8人。

从1971年先后恢复招生,到1976年10月粉碎“四人帮”的6年时间里,中等专业学校的教师是在极其复杂的政治斗争环境中,坚持复课进行教学工作的。由于邓小平整顿工业与交通生产部门,经济建设逐步恢复,对测绘中等技术人员的需要量增加,不但恢复了原有测绘中专的教学,而且又增加了一些中专学校开办的测绘专业。学校的干部和教师们,克服许多极左思想的影响,以很高的热情帮助工农兵学员克服文化程度不齐所造成的学习上的困难,上好基础课和专业课,组织测量实践性教学,搞好教学工作,表现出很高的政治觉悟和责任感。

3. 恢复招生后测绘中专的教学工作

1971年,恢复招生与新开办的测绘专业,都招收工农兵学员,学制二年。由于招生过程中没有进行文化课考查,学员的文化程度不齐。“老三届”毕业生中的1967年、1968年年初中毕业生未达到初中毕业的文化水平,给教学工作带来一定的困难。在排除“左”的思潮影响中,探索测绘中专教育在新条件下的教学工作,培养出合格的测绘专业中专毕业生。

1)因地制宜地编制专业教学计划

根据中央部委和地方政府教育主管部门对测绘专业设置和培养目标的要求,结合工农兵学员文化程度的具体情况,各学校制订二年制地形测量专业教学计划的基本原则是:

(1)与地形测量专业课密切相关的数学和物理等基础课,在复习初中课程基础上,按高中课程内容进行教学;保证测量专业课需要,数学课讲授导数、微分和积分的基础知识。

(2)地形测量(测量学)课讲述的内容,与三年制中专的教学内容相同,保证理论教学质量和测绘技术操作水平。

(3)地形制图课的教学内容和要求与三年制中专基本相同,虽然教学时数有所减少,但由于学员年龄大、接受能力强、学习认真,可以达到教学要求。

(4)测量平差课要求掌握测量误差基础知识和直接平差、间接平差、条件平差及分组平差等基本原理和平差计算方法,并能运用这些知识进行三角网、水准网等控制网的平差计算,为地形测量、控制测量和工程测量等专业课打好观测数据处理的基础。

(5)控制测量课教学要求:掌握三、四等三角测量控制网建立的基本原理,掌握三角测量的踏勘、选点、造标埋石、观测、概算和平差计算及成果整理的全部作业方法;对数理较深的如高斯投影公式,可只讲解用法不作公式推导,以会用公式进行正确计算为目的。

(6)工程测量课主要讲授:路线测量的勘测、定线测量、各种曲线测设及铁路与公路施工测量,地面、地下及架空管线测量,建筑工程施工与设备安装测量;对地质勘探用人单位的中专生,要讲授地质勘探工程测量(包括井巷工程测量)。使学员掌握主要工程测量的基本原理和作业方法。

(7)摄影测量课讲授:全能法、微分法和综合法成图的概念、基本原理、使用仪器和作业方法;重点讲授航测综合法成图的生产工艺过程、使用仪器、成图方法,及其在大比例地形测绘中的应用等问题。为学员有机会从事航测外业和内业作业打下一定的基础。

(8)在教学计划中充分安排课堂实习、教学实习和完成测量生产任务的生产实习,使大多数地形测量专业毕业的学员,具有一定的独立完成地形测量作业能力。在两年的教学时间内,实践性教学一般占总学时的25%～30%,突出了动手能力培养。

二年制的矿山测量专业教学计划,是根据学校主管部门培养煤矿开采、金属矿开采及非金属矿开采矿山测量人员的不同,有的放矢地编制的。安排专业基础课矿山地质、采矿方法等课程;除地形测量、地形绘图、测量平差、控制测量、航测基础外,还要安排属于矿山测量范畴的生产矿井测量、露天矿测量、矿测制图、矿体几何与岩石移动等专业课。上述所有的测量课程都是以矿山建设、矿山开采及矿山营运为目的而设置的。在实践性教学方面,要安排矿山地质与矿山开采实习、矿山地形测量与控制测量实习,以及生产矿井测量等实习,使培养的矿山测量中等技术人员适应矿山生产部门需要。

2)编写适用的专业课教材

根据二年制专业教学计划和课程教学大纲要求,考虑学员的文化水平,照顾有一部分学员文化水平较高(有相当一部分高中毕业生),以及学员将来发展提高的需要,采取"保证教学需要,适当考虑学员提高的要求"编写各测绘专业学科讲义,供教学需要。南京地质学校、哈尔滨冶金测量学校、本溪钢铁工业学校,以及阜新煤炭工业学校,针对地形测量专业和矿山测量专业毕业生服务对象的不同,分别编写出各个学校的地形绘图、地形测量、测量平差、控制测量、工程测量、矿山测量、航空摄影测量等课程的教材,保证了教学的需要。

3)建立教学和学员管理制度

尽管当时有许多来自"左"的方面干扰,各中等专业学校仍按教学工作要求建立起教学工作的管理制度,如教研组工作、实验室管理、学期授课计划和教师备课、课堂教学要求和课后辅导等制度,保证教学工作有序地进行。建立起学员生活管理、学习成绩考核与评分、政治思想教育、学雷锋与创"三好"等制度,鼓励学员努力学习,保持正常的教学秩序。绝大多数学员,遵守学校的各项规章制度,珍惜自己的学习机会,努力学习,刻苦钻研,组织能力和自觉性强,积极参加学校组织的各项活动,学雷锋做好事成风,形成良好的学风。

4)认真组织教学工作

教师们真诚而热情地欢迎工农兵学员学习测绘专业。恢复教研组工作的优良传统,结合学员文化程度不齐的实际情况,精心组织课堂教学,贯彻少而精原则,精讲多练,保证课堂教学质量。加强课后辅导,重点帮助文化程度较低的学员消化课程内容。组织文化水平较高(老三届高中毕业生)的学员帮助学习有困难的学员,达到共同提高的目的。各学校努力恢复基础课和专业课实验室,提高基础课和专业课实习和实验的开出率。工农兵学员都有一定的社会实践经历，对“上、管、改”等“左”的口号有自己的判断。他们看到教师们都在勤恳地教学、耐心地帮助学员提高学习成绩，他们尊敬教师，在教学中逐步建立了新型师生关系，形成良好的学风和教风。

5)认真组织实践性教学

各中专学校的测绘专业特别主张组织好教学实习和生产实习。从一年级的教学实习就完成一定的测量生产任务，把教学与生产结合起来加强动手能力培养；再加上二年级毕业生产实习，使学员受到两次测量生产实践的锻炼。

南京地质学校于1974年春，组织一年级学员为南京市规划局测绘城西1∶2 000地形图；1975年为南通市布设城市三等三角网和三、四等水准网，完成城市控制测量任务；1976年为南通市用航测综合法测绘1∶2 000地形图，完成江苏利国铁矿矿区四等三角测量任务，为浙江省萧山县施测1∶2 000的矿区地形图等任务。在生产过程中，进行现场教学，在教师指导下完成各项测量生产任务，取得实习和完成生产任务双丰收。

哈尔滨冶金测量学校将一年级的教学实习与完成测量生产任务结合起来，在教师指导下由学员完成测区三、四等三角测量和各种比例尺的地形测量任务；二年级时组织学员进行毕业生产实习。在学校学习期间有两次生产实习的锻炼，大部分学员都具有一定的独立工作能力。工农兵学员，表现出克服困难、不怕苦和不怕累的优良品质，认真负责的科学态度，保证了测量成果大多数是优级产品。1973—1976年，通过生产实习为大庆油田、吉林油田、冶金部在山东省与山西省的地质勘探公司、哈尔滨市勘察测绘院等单位，完成大面积的三角测量以及各种比例尺的地形测量任务。

其他各学校的地形测量和矿山测量专业，也都组织完成测量生产任务的实习，加强动手能力培养，取得很好效果。

4. 测绘中专工农兵学员的表现与特点

1971—1976年，各中专学校测绘专业招收的工农兵学员，他们是一代先进青年的群体。在当时的社会条件下，他们被选入到中等专业学校学习测量技术，将来成为一名测绘中等技术人员，都珍惜这个学习的机会，有志在学校学好技术将来为国家建设事业服务，争取有一个好的发展前途。这些学员在学校的表现和特点是：

(1)热爱中国共产党，热爱社会主义祖国，经过“文化大革命”复杂形势的锻炼，对是非大事有自己的判断能力。他们是在工农兵学员“上大学、管大学、用毛泽东思想改造大学”的口号下走进学校的。而绝大多数学员的表现是：尊敬老师，爱护学校，遵守纪律，服从领导；有意见和建议通过一定的方式向学校提出，体现出学员是学校主人精神。学习过程中，在教师耐心、热情指导和帮助下，克服困难完成学业，建立起亲密的新型师生关系。

(2)工农兵学员中党团员多，党团组织和学生会及班委会工作生动有效，自我教育、自我管理能力强。学员们学习努力，刻苦钻研，积极参加学校组织的各项活动，党团员的模范带头作用突出。

(3)学员们的学习目的明确，学习中互相帮助，克服了学员文化水平不齐的困难，达到共同进步的目的；积极参加学雷锋做好事的活动，特别是解放军学员表现更加突出；热爱集体，团队精神强。

(4)学员中许多人学习成绩优秀，测量技术作业水平较高，有较强的独立工作能力，是德才兼备的中专毕业生，具有进一步深造和发展潜力。毕业后分配到各部门的测绘生产和管理单位，适应性强，受到用人单位的欢迎。

1972—1978年测绘专业工农兵中专毕业生，在全国各业务部门的表现如何，武汉电力学校、哈尔滨冶金测量学校、南京地质学校等进行过调查。他们毕业后活跃在国家测绘局、地质部、冶金部、水电部、煤炭部、城建部、交通部和解放军工程部队等测绘单位的生产第一线从事测绘生产和管理工作，有些优秀毕业生分配在各级政府和机关从事行政工作，也有些优秀毕业生分配到中等专业学校从事教学工作。经过几年的实践锻炼，他们绝大多数都成长为本单位的技术和管理工作的骨干。特别是党的十一届三中全会以后，国民经济迅速发展，给他们创造一个发挥自己才干的大好机会，许多人成长为本单位的基层领导干部和技术负责人。经过继续教育，许多人取得专科和本科学历，有的获得硕士学位。到20世纪80年代末，许多人晋升为工程师，20世纪90年代，他们中的一些人晋升为高级工程师、高级讲师、副教授和教授，有的成长为党政机关的领导干部和院校的院校长或党委书记。这是一代知识青年奋发图强、不断成长取得的可喜成绩。

§1.4 恢复高考与整顿提高时期的测绘中专教育

(1976.10—1985)

粉碎“四人帮”以后，国家于1977年恢复了高等学校和中等专业学校考试招生制度。在党的十一届三中全会精神指引下，全国教育战线和中等专业学校开始了“拨乱反正”、整顿提高、恢复正常教学秩序的新时期。完整地、准确地掌握毛泽东思想体系，恢复党的实事求是等优良传统，落实知识分子政策。把全党工作重点转移到社会主义现代化建设上来的战略决策，以及一系列重视科学与教育事业发展的方针政策的实施，使测绘教育工作者思想解放、政治气氛活跃，鼓舞着测绘中专教师努力搞好教学工作。按建设全国重点中专学校的要求，加强党的领导，改善办学条件，提高学校的管理水平，努力办出有学校特色的测绘中等专业教育，培养出优秀的测绘中等技术人员，为新时期测绘中等专业教育事业的发展作出贡献。

1.4.1 新时期党和国家有关教育工作的方针政策

1977年8月在中央召开的科学与教育座谈会上，邓小平指出：“对全国教育战线十七年的工作怎样估计？我看主导方面是红线。应当肯定，十七年中，绝大多数知识分子不管是科学工作者还是教育工作者，在毛泽东思想光辉照耀下，在党的正确领导下，辛勤劳动，努力工作，取得很大成绩。特别是教育工作者，他们的劳动更辛苦。”[①]他还指出，“我国知识分子绝大多数是自觉自愿地为社会主义服务的”。从批判“两个估计”这一根本性问题入手进行教育领域的“拨乱反正”，打破套在广大教师身上的精神枷锁。他号召“尊重脑力劳动，尊重人才”。

在这次科学与教育座谈会上，邓小平提出改革招生制度的重要建议，“下决心恢复从高中毕业生中直接招考学生，不要再搞群众推荐”。认为，从高中直接招生不失为“早出人才，早出成果”的一个好办法，建议从当年起就要着手恢复高考工作[②]。教育部于1977年8月至9月，再次召开高等学校招生工作座谈会，落实1977年高校招生工作，会议最后通过了《关于

---

①② 郝维谦，龙正中．2000．高等教育史．海口：海南出版社：334、336．

1977年高等学校招生工作的意见》。文件规定，凡是工人、农民、上山下乡(回乡)知识青年、复员军人、干部(年龄放宽到30岁)和应届高中毕业生，只要符合条件都可以报考。采取统一考试，德、智、体全面考核，择优录取的办法。1977年秋季，在全国范围进行了“文化大革命”后的第一次高等学校及中等专业学校招生考试；1978年春，高等学校及中等专业学校迎来了“文化大革命”后第一批经过考试入学的大学生和中专生。1978年6月6日，国务院正式批准了教育部《关于一九七八年高等学校和中等专业学校招生工作的意见》，6月23日教育部与国家计委联合发出《中等专业学校跨省招生来源方案》。从此，高等学校和中等专业学校的招生工作走上正轨，实行秋季招生、秋季入学。中等专业学校可以跨省招收高中毕业生，开办学制二年的中等专业教育。实行考试招生入学的办法，受到广大知识青年、工人、农民、干部和应届毕业生的欢迎，受到高等学校和中等专业学校教职工的欢迎。这个制度体现了在“分数面前人人平等”的理念，杜绝了某些不正之风的滋长，使优秀的青年学生得到受高等和中等专业教育的机会。招生工作制度的“拨乱反正”，为我国高等和中等专业教育带来巨大的生机和活力，提高了生源质量，促进了我国高等和中等专业教育在新时期的蓬勃发展。

1978年4月，教育部召开全国教育工作会议。邓小平在开幕式上的讲话中提出，教育事业必须同国民经济发展的要求相适应的问题，要求“必须认真研究在新的条件下，如何更好地贯彻教育与生产劳动相结合的方针”，努力“使教育事业的计划成为国民经济计划的一个重要组成部分”，结合国家的劳动计划，切实考虑劳动就业发展的需要制订教育计划，更好地服务于社会主义建设。要在坚持正确的政治方向的前提下，从严要求，大力提高教育质量，大力提高学生的科学文化水平，使之成为德、智、体全面发展的有社会主义觉悟有文化的劳动者。他着重提出，“学校要大力加强革命秩序和革命纪律”、“革命的理想和共产主义品德”教育，造就具有社会主义觉悟的一代新人，促进整个社会风气的转变。他强调“尊重教师的劳动，提高教师的质量”。一方面，要提高教师的政治和社会地位，提高教师的经济待遇，形成全社会“尊师重教”的良好风气；另一方面，也要通过各种形式和渠道开展教师培训工作，帮助他们提高业务水平。会议作出贯彻党中央关于教育工作的指示：深入揭批“四人帮”，把学校整顿好；集中力量办好一批重点学校；开展科学实验，加强科学研究；加强教师队伍建设；努力实现教学手段现代化；全面贯彻教育与生产劳动相结合的方针；广开才路，大力选拔和培养优秀人才等决定。会议认为，培养千千万万的各种专门人才与懂得管理现代经济和现代科学技术的专家和干部，是历史赋予我们的光荣任务。要完成这一任务，从现在起到1985年是关键的8年。前3年要着重“拨乱反正”、整顿提高，为后5年加快发展打下基础。会议的决定，为中等专业教育的建设和发展指明了方向。

1978年10月，在中央组织部召开的落实党的知识分子政策座谈会上，时任组织部长的胡耀邦代表党中央宣布：鉴于我国广大知识分子已经成为工人阶级的一部分，所以以往所执行的对知识分子的“团结、教育、改造”方针将不再适用。知识分子不再是解放初期那种需要团结、教育和改造的对象，而已真正成为从事脑力劳动的工人阶级的一员，是党的依靠力量。同年11月，中央组织部发出《关于落实党的知识分子政策的几点意见》，强调要做好复查和平反冤案、假案和错案，要充分信任、放手使用知识分子，努力改善知识分子的工作条件和生活条件。

1978年12月，党的十一届三中全会批判了“两个凡是”的错误方针，充分肯定了必须完整地、准确地掌握毛泽东思想的科学体系；高度评价了关于真理标准问题的讨论，确定了解放思想、开动脑筋、实事求是、团结一致向前看的方针；果断地停止使用“阶级斗争为纲”这个不适用于社会主义社会的口号，开始全面地、认真地纠正"文化大革命"中和以前的"左"的错误；全会作出了从1979年起，把全党工作重点转移到社会主义现代化建设上来的战略决策。十一届三中全会是新中国成立以来党的历史上具有深远意义的伟大转折，会议的决定和精神，是新时期我国社会主义现代化建设的指针。

1979年春，邓小平在中共中央理论务虚会上，发表了重要讲话。强调在中国实现四个现代化，必须坚持四项基本原则：社会主义道路，无产阶级专政，共产党领导，马列主义、毛泽东思想。在学校中宣传和贯彻四项基本原则，既是重大的政治任务，又是重大的理论任务。要求继续解放思想，坚持实事求是，把解放思想同坚持四项基本原则统一起来。运用实践是检验真理的唯一标准这一马克思主义的基本原理，批判"左"的思潮在政治上、经济上、科学与教育上所设置的重重障碍。加强党对学校的领导，坚持四项基本原则，才能把坚定正确的政治方向放在学校一切工作的首位，办好社会主义的中等专业学校。

在全国教育工作会议之后，贯彻十一届三中全会精神，执行"调整、改革、整顿、提高"新的八字方针，教育部先后出台了促进中等专业教育建设与发展的一系列政策和决定。1979年11月，教育部转发国务院批准的《关于改革部分中等专业学校领导体制的报告》，将"文化大革命"时期下放到地方的某些中等专业学校改为中央部委与有关省市双重领导、以部为主的体制。原中央部委所属开办测绘专业的中专学校多数改为双重领导以部为主的领导关系，加强了中央部委对所属中专学校的领导和投资力度，为学校的发展和建设创造了条件。1980年2月发出《关于中等专业学校确定与提升教师职务名称的暂行规定》，这是新中国成立以来首次给中等专业学校教师评定专业技术职称。给中等专业学校的教师评定副教授、讲师和助理教师职称，是党和国家对中等专业教育和教师的重视，对提高中专教师的综合素质、推动中等专业教育的发展具有重要意义。1980年11月，教育部发出《关于确定和办好全国重点中等专业学校的意见》的通知。《通知》阐述了选定重点中等专业学校的条件和办好重点中等专业学校的意义，对办好高质量的中等专业学校、提高办学效益、培养高质量的中专毕业生，有很大的推动作用。

1982年9月，党的第十二次全国代表大会提出党在新时期的总任务是：团结全国各族人民，自力更生，艰苦奋斗，逐步实现工业、农业、国防和科学技术的现代化，把我国建设成为高度文明、高度民主的社会主义国家。邓小平在大会上提出的建设有中国特色社会主义的思想是"十二大"的指导思想，也是整个新时期改革开放和现代化建设的指导思想。这次大会提出要努力建设高度的社会主义精神文明和高度的社会主义民主，要培养有理想、有道德、有文化、守纪律的劳动者。大会强调，实现干部队伍的革命化、年轻化、知识化和专业化。党的"十二大"提出的新时期的总任务，建设社会主义的精神文明、民主与法制，实现干部队伍"四化"和党风建设，是新时期中等专业学校加强党的领导，加强干部和教师队伍建设，办好中等专业学校，为建设中国特色社会主义培养合格的中专毕业生的指导思想和奋斗目标。

1.4.2　中等专业教育的办学方向与要求

1. 中等专业学校的办学方向和任务

1980年4月10日至25日召开的全国中等专业教育工作会议，对中等专业教育的办学方向和发展的重大问题做出了明确规定。

1)中等专业教育的性质和学制

中等专业教育是“在相当高中文化程度的基础上进行专业技术教育”,中等专业学校“是介乎高中与大学之间的一种学校”,“中专学制可以多样化”。当时实际存在的有初中毕业生源三年制和高中毕业生源二年制的学制。

2)有计划地稳步发展中专教育

中等专业教育“要在保证质量的前提下有计划地稳步发展,避免大起大落”,要使中专与高校的招生有适当比例,“缺门的专业要增设”,所设专业“要努力做到学用一致”。在现职的职工技术队伍中,高级与中级技术人员的比例是1∶0.67,中等技术人员数量严重不足。应有计划地稳步发展中专教育,培养中等技术人员,适应经济建设和科学技术发展的需要。

3)切实办好重点中等专业学校

会议认为,办好一批重点中专学校对提高教学质量具有重要意义。会议确定了全国重点中专学校239所。会后,教育部于1980年11月5日发出《关于确定和办好全国重点中专学校的意见》的通知。重点中专学校的基本任务是:出人才,出经验,起骨干和示范作用。重点中专学校要不断总结经验,努力提高教学质量,为社会主义现代化建设输送合格的较高水平的中等专业人才,以带动中等专业教育的发展和提高。选择全国重点中专学校的条件是:学校基础较好,教学质量较高,有一定的办学和教学经验;有一个好的领导班子;有一支思想好,业务水平高,教学经验丰富的教师队伍;办学物质条件较好;在部门或地区有一定代表性,属于部委和地方重点中等专业学校之一。属于中央各部委领导、开办测绘专业的中等专业学校,基本上是全国重点中等专业学校,这就为在新时期办好测绘中等专业教育,培养合格的较高水平的测绘中等技术人才创造了有利条件。会议还要求加强师资队伍建设、稳定教学秩序、切实改善教学条件和加强领导与管理等。

2. 中等专业学校建设的几点要求

1)做好中等专业学校的招生工作

中等专业学校招生制度,主要是招初中毕业生学制三年,培养中等技术人员。20世纪70年代末和80年代初,有数量较大的高中毕业生,因高校招生名额有限而不能升学。社会上强烈反映要给品学兼优的高中毕业生一个学习专业技术的机会。1978年的高校和中专招生中,中专学校按中央部委和省市教育主管部门下达的招生计划,可跨省招收高中毕业生入学,进行二年制的中专教育。中央部委主管开办测绘专业的中专学校,绝大多数都是跨省招收高中毕业生入学,实施二年制的测绘中专教育。高中毕业生年龄较大,基础科学知识较好,个人成长较成熟,接受新知识和学习技术操作快,学习测绘专业很适宜,对提高中专教学质量、适应毕业后就业和个人成长都很有利。

2)加强教学管理和思想政治工作

1979年6月13日,教育部颁发了《中等专业学校学生学籍管理的暂行规定》;1982年2月27日,教育部又颁发了《中等专业学校学生守则》。要求各中专学校要保持学校的正常教学秩序,使教学工作和学生培养、教育管理纳入正常轨道,保证中专教学活动有序地进行。

1979年8月13日,教育部颁发《关于中等专业学校工科二年制教学计划安排的几点意见》。招收高中毕业生的测绘专业,按这个《意见》制定专业教学计划和有关的课程教学大纲。

1980年9月和1982年10月,教育部与共青团中央先后共同对如何加强学校共青团工作及有关问题做出规定;1984年9月10日,教育部党组和中宣部共同发出《关于加强和改进中等专业学校当前思想政治工作的几点意见》，为加强中等专业学校思想政治工作提出具体要求。在学校思想政治工作中，特别强调加强坚持四项基本原则、反对资产阶级自由化的思想教育，加紧社会主义精神文明建设的实施。

3)加强师资队伍建设和学校领导班子建设

为加强中等专业学校师资队伍建设，提高中专教师的教学水平、科学技术和生产技术水平，国家于1980年2月7日颁布了《关于中等专业学校确定与提升教师职务名称的暂行规定》。1981年、1982年两年中，教育部对教师职称的确定、提升和评定工作先后发出3个文件，促使这项重要工作正常开展。这一重大措施对稳定中等专业学校教师队伍，使老中青年教师看到中等专业教育的发展前途，使新毕业的大学生教师安心从事中专教育工作，对建立教学、科研、生产相结合的中专教师队伍具有很大的推动作用。

1976年10月初粉碎"四人帮"以后，各中等专业学校根据领导机关指示，相继撤销了学校革委会；经上级党委批准建立了学校党委会(或总支委员会)，任命了党委书记和副书记；由学校主管部委或地方政府主管部门任命了学校校长和副校长；建立起学校的党政领导体制，加强了党对学校工作的全面领导。1984年1月12日，教育部发出《关于中等专业学校领导班子调整工作的几点意见》中，强调在调整和建立学校领导班子时，要贯彻学校领导成员革命化、年轻化、知识化和专业化原则，按中等专业学校工作需要配备干部，建立相应的领导工作体制，从组织上保证中等专业学校的建设和发展沿着正确的轨道向前迈进。

1.4.3 新时期测绘中等专业教育蓬勃发展

20世纪80年代，我国的测绘事业发展很快，除国家测绘局直属的3个省级测绘局外，各省、自治区也建立了测绘局，社会上急需大量测绘各专业的中等技术人员，在测绘与信息产业和工程建设第一线从事生产和管理工作。这就为我国测绘中等专业教育的发展提供了极好的机会。原有的测量学校和中专学校测绘专业得到了进一步发展，以郑州测绘学校为代表的一批新开办的测绘中专教育建立起来，以各省测绘局开办的测绘职工中等专业学校为主体的全国各行各业举办的测绘职工中专教育大量涌现，形成了20世纪80年代我国测绘中专教育发展的新局面。这是新中国成立以来测绘中专教育发展最快、学校数量和在校学生最多、进行教学改革和引进测绘新技术力度大、培养的测绘中专毕业生质量明显提高的时期。

1. 已开办测绘中专教育的学校办学情况

南京地质学校测绘专业 1979年学校收归地质部领导。重新建立了测绘科负责组织领导测绘专业的教学和管理工作。设控制测量、地形测量、航空摄影测量、地图制图4个教研组。1977年招高中毕业生中专二年制的地形测量专业2个班新生；1978年招地形测量专业2个班、航空摄影测量专业1个班和地图制图专业1个班。根据地质部和国家测绘局对测绘中等技术人员的需要，按教育部对中专二年制制订教学计划安排的意见，编制3个专业的教学计划和课程教学大纲，组织课堂理论教学和实践性教学，以及制订学生管理和教学管理制度，逐步使测绘中专教育走上正轨。加强测绘各专业的教材编写工作，首先自印讲义用于二年制中专教学，逐步创造条件为出版教材做好准备。发扬学校测绘专业教学的传统优势，保证理论教学和实践性教学质量。

哈尔滨冶金测量学校 "文化大革命"后学校收归冶金工业部领导。根据冶金部下达的地形测量专业每年招生250人的要求，在全国20～25个省市自治区招收高中毕业生，学制二年。

同时，为黑龙江省招收矿山测量专业二年制中专生，每年50人。根据测绘科学技术发展和冶金工业建设对测绘中等技术人员专业水平的要求，经冶金部批准，于1979年撤销地形测量专业，设工程测量、摄影测量和地形制图3个专业，再加上为地方服务的矿山测量专业，学校共有测绘中专教育4个专业；还有为冶金部地质、勘察设计、工程建设等部门开设的一年制、二年制的地形测量和工程测量培训班，以及为黑龙江省冶金局培养所招高中毕业生的数学、语文、英语、理化、体育等二年制的中师班。充分利用学校的教师队伍和设备条件的优势，形成以测绘中专教育为主，多学科、多种类型的中等专业教育，迎来了建校以来建设和发展的新时期。根据我国测绘科技发展、冶金工业建设对测绘各专业中等技术人员业务水平的要求，制订出工程测量、摄影测量、地形制图和矿山测量4个专业的教学计划，编写出各门专业课的教学大纲和相应的教材，供教学需要。考虑高中毕业生源的具体情况，吸收多年来组织教学实习和生产实习的经验，安排好课堂教学和实践性教学的关系，保证了二年制测绘中专毕业生有较高的质量。

武汉电力学校测量专业　1977年学校恢复"文化大革命"前的建制。1977年9月学校开始招收经国家统一考试入学的新生。1978年测量专业招收初中毕业生学制三年的中专新生1个班；1979年及以后，招收高中毕业生学制二年半的测量专业中专新生1～2个班。根据初中和高中毕业生源的不同，以及新时期电力工业发展对测量中等技术人员业务水平的要求，制订测量专业教学计划和有关课程的教学大纲；教材有的选用其他测绘中专学校的出版教材，有的由本专业教师自编，保证教学需要。总结多年测量专业毕业生为电力工业服务的经验，合理安排理论教学和实践教学，加强动手能力培养，保证了毕业生的质量。

黄河水利学校测量专业　根据黄委会在新时期对测量中专毕业生的需求，停办测量专业，改设工程测量专业，培养从事水利工程、城乡建设、道路工程等测量工作的中专毕业生。1977年招收经国家统一考试的高中毕业生，学制三年；1978—1983年改为学制二年半，1984—1986年又改为二年制。1979年，将勘测专业领导组更名为工程测量专业教研室，下设测量学、控制测量与平差、工程测量、航测等4个教研组，有教师17人、教辅人员4人。根据黄委会对工程测量专业中专毕业生的技术要求，结合高中毕业生源和学制的变动情况，编制工程测量专业相应的教学计划和课程教学大纲，选择和编写教材，保证教学需要。教学中重视合理安排理论教学和完成测量生产任务的实践性教学，使培养的工程测量中专毕业生有较高的水平。

昆明冶金工业学校矿山测量专业　"文化大革命"后学校由冶金部和云南省冶金局双重领导，以省冶金局领导为主。1977年恢复高考后，招第一批矿山测量专业新生44人(高中与初中毕业生)，学制三年。1978年招收统考本科分数线以上而未被高校录取的高中毕业生41人，大专学历，学制二年半。1980年及以后，均录取高中毕业生，中专学制三年，每年招1个班新生。根据生源、学制和学历的不同，编制相应的教学计划和教学大纲；中专选用合编的矿山测量专业教材和自编适用教材；大专班基本上选用高校的相应教材，结合教学计划删繁就简合理取舍使用。结合云南有色金属矿山多的特点，在理论教学和实践性教学方面突出这一特点，达到学以致用的目的。学生的文化水平较高，学习努力，掌握实际操作技术快，中专毕业生的理论与实践能力都较强。摸索了专科教学的特点和经验，对提高专业办学水平大有好处。

本溪钢铁学校矿山测量专业　"文化大革命"后学校收归冶金工业部领导。1977年根据冶金部下达的招生指标，在全国范围每年招收高中毕业生，矿山测量专业中专二年制新生两个班80人。结合黑色金属矿山建设与开采对矿山测量人员的要求，编制矿山测量专业教学计划。专业教材采用冶金部3所学校矿山测量专业协作编写的矿山测量专业各门课程的教材。

该校矿山测量专业有30年的办学历史，教学经验丰富，师资水平较高，保证了课堂教学质量；精心安排教学实习和生产实习，使学生在矿区地形测量、控制测量，以及矿井联系测量和生产矿井测量等方面都得到锻炼，培养的毕业生受到黑色金属矿山生产单位的欢迎。

长沙冶金工业学校矿山测量专业 “文化大革命”后收归冶金工业部领导。1977年招收经国家统一考试入学的高中毕业生，矿山测量专业中专二年制新生40多人。1978年，招收高中毕业生中专1个班；同时招收矿山测量专业大专1个班，学制三年，两个班共招80余人。1979年后招的都是高中毕业生中专二年制新生。矿山测量专业中专、大专分别做出教学计划和课程教学大纲；中专专业教材采用冶金部矿山测量专业3校协作编写的教材；大专专业教材基本上采用矿山测量的本科教材，按课程教学大纲要求，删繁就简选择使用。中专、大专分别安排了教学实习、生产实习、毕业实习和毕业设计等实践性教学18周左右。培养的毕业生分配到有色金属矿山及其他测绘生产部门服务，受到用人单位欢迎。通过大专班的教学实践，取得了专科教育的教学和管理经验，锻炼了师资队伍，为学校测绘教育的发展打下一定的基础。

长春地质学校地形测量专业 “文化大革命”后学校归地质部领导。1977年经统一考试招收地形测量专业中专新生(高中与初中毕业生)，学制二年半，1978年春季入学；而1978年秋季入学的新生学制为三年。1979年开始，招收高中毕业生地形测量中专二年制新生，到1982年共招收4届。专业教师增加至8人，师资力量有所加强。根据地质勘探部门对地形测量中等技术人员的要求，结合生源情况制订专业教学计划、课程教学大纲；在总结专业教学经验基础上，教师编写各种专业教材供教学需要。在认真搞好课堂教学基础上，在专业教师指导下进行完成测量生产任务的实习，对培养学生动手能力取得良好效果。培养的毕业生受到用人单位的欢迎。

阜新煤炭工业学校矿山测量专业 1977年、1978年，招收经国家统一考试入学的矿山测量专业三年制新生1个班40人；1979年开始，招高中毕业生矿山测量专业二年制中专新生1个班40人。有专业教师13人。分别制订了矿山测量专业三年制和二年制的教学计划。考虑到高中毕业生源文化水平高的特点，在矿山测量专业二年制教学计划中，特别增设了科技外语、计算机应用、航测基础、仪器检修等课程。1977年以来，各门专业课逐步采用煤炭部各中专矿山测量专业协作编写的教材。重视实践性教学，安排学生参加矿区地形测量、控制测量和生产矿井测量实习。高中生源的中专毕业生理论水平与实际操作能力有显著提高。

徐州煤炭工业学校矿山测量专业 该专业1977年经国家统一考试招收中专生，1978年入学，每年全国范围招新生1～2个班，到1987年共培养矿山测量中专毕业生650名。专业教师数量逐渐增加，到1987年有教师17人，设测量学和矿山测量2个教研组，教师中有高级讲师3人、讲师4人。设有普通测量、矿山测量仪器实验室。教学中使用煤炭工业部中专矿山测量专业协作统编教材。

北京煤炭工业学校测量专业① 该校矿山测量专业始建于1960年，“文化大革命”后恢复测量专业招生，每年招新生80名。1980年定为全国重点中专学校。到1989年，该校培养测量(矿山测量)专业毕业生800余人。

广州有色金属工业学校矿山测量专业 1977年开始招收经国家统一考试的高中毕业生，矿山测量专业学制二年，每届招28人左右。1973－1987年，共培养10届毕业生280人。

---

① 北京市地方志编纂委员会.2001.北京志测绘志.北京：北京出版社：284.

西安地质学校测量专业　"文化大革命"后学校收归地质部领导。1977年招收经国家统一考试入学的测量专业中专生，1977年、1978年两届共招生143人。1978年5月，地质部在原西安地质学校基础上建立了西安地质学院。1980年测绘专业中专学生全部毕业。从1953年建校到1980年，共为国家培养2 102名测绘中专毕业生，为地质勘探事业和国家经济建设作出很大贡献。建院后于1983年开始招测量专业三年制大专生；1985年11月成立测量系，1986年开始招四年制本科生，进行本科和专科的测绘高等教育。

南京建筑工程学校建筑测量专业　1977年建筑测量专业恢复招生。1980年该校升格改建为南京建筑工程学院，原中专建筑测量专业改为工程测量专业，进行专科与本科测绘教育。从1954年建立建筑测量专业到改建为本科学院止，共培养测量中专毕业生970余人，为建筑工程部门输送了大批测绘中等技术人员。

2. 新建的测绘学校与中专学校的测绘专业

郑州测绘学校　国家测绘局为满足我国测绘事业发展对中等测绘技术人员的需求，决定于1978年4月在郑州建立郑州测绘学校。规模为800～1 000在校学生，拟设大地测量、地形测量、工程测量、航空摄影测量与地图制图等专业。国家测绘局任命刘德胜为筹建组负责人，进行学校的基本建设、组建行政和教学机构、调入教师与管理干部等工作，1979年筹建工程全面启动。校园占地126余亩，包括教学与办公主楼、实验楼、制印实习工厂、图书馆、学生宿舍、食堂和教工家属宿舍楼以及运动场等，基建面积达2.8万平方米，投资1 170余万元。到1982年已形成建筑物布局合理、适应教学和学生活动及生活需要的绿化美观的校园。1982年学校已有教职工97人，教师(包括实验教师)49人，有一批武汉测绘学院测绘各专业的本科毕业生来校任教。学校由国家测绘局直接领导，党的组织关系在中共郑州市委。

1982年2月，国家测绘局党组决定，由刘德胜任学校临时党委书记、田从朝任副校长，筹备招生和开学事宜。学校党政机构设党委办公室、学校办公室、人保科、总务科、伙食科、基建科；教学机构设教务科、图书馆、基础课教研室、大地测量教研室、航空摄影测量教研室、地图制图教研室，以及各测绘专业的实验室。决定1982年首批招收航空摄影测量和地图制图两个专业各1个班新生。为迎接两个专业开学，学校加紧对基础课和专业教师培训；编制有关专业的教学计划、课程教学大纲，选择教材，建立测量实习基地；建立教学管理、学生管理制度，并做好招生的各项准备工作。1982年9月，通过国家统一考试录取的第一届新生(高中毕业生)79人入学，迎来了郑州测绘学校航空摄影测量、地图制图专业(学制二年半)的开学，开始了学校测绘中等专业教育的建设和发展历程。

山东建筑材料工业学院博山分院测量专业　1948年建校，当时的校名是淄博建筑材料工业学校，1978年更为现名。1980年筹建测量专业，有测量专业教师7人，成立测量教研室，1983年测量专业招生，由国家统一考试录取初中毕业生，中专四年制，每年招40人左右，在校生近200人。专业课设地形测量、地形绘图、工程测量、控制测量和矿山测量等，为建材工业系统培养建材工业的测量与非金属矿山开采测量技术人员。1988年开始招收高中毕业生，进行测量专业三年制专科教育。

重庆市城市建设工程学校工程测量专业　学校建于1956年，1978年恢复建校。1984年设工程测量专业，招高中毕业生42人，中专学制三年，1987年毕业；1988年招初中毕业生40人，中专学制四年。开设的专业课有地形测量、测量平差、控制测量、工程测量、电算程序、摄影测量、测绘管理概论，以及选修课天文大地测量。专业实习10周半，最后一学期进行系统实习和毕业设计。1989 年有测量专业教师 8 人，其中高级讲师 2 人、讲师与工程师 5 人；有测绘仪器 63 台件。

甘肃煤炭工业学校矿山测量专业 学校建于 1973 年，属甘肃省燃料工业局领导。学校设有采矿、地质与勘探、矿井建设、机械化采煤等 17 个专业。1987 年设矿山测量专业，招高中毕业生，每年 1 个班 40～50 人，学制二年半。为西北地区培养矿山测量中等技术人员，学校有测量教师 5 人。

长沙工业学校测绘专业 该校原为湖南省地质学校，1987 年设工程测量、地籍测量专业，招初中毕业生，学制四年。有测量专业教师 11 人，其中讲师 4 人、教师 6 人；有测绘仪器 90 余台件，有 GPS 接收机 3 台。到 2000 年培养测绘专业毕业生 550 人。

南宁有色金属工业学校 该校于 1987 年设工程测量专业，招初中毕业生，学制四年，到 1993 年，共培养工程测量专业毕业生 146 名。

重庆煤炭工业学校 学校建于 1951 年，1980 年被定为全国重点中专。1989 年设测量与地质专业，开设的测量课程主要有绘图基础、地形测量、测量平差、控制测量、生产矿井测量、电子计算机及其应用等。1989 年有测绘专业教师 8 人，其中工程师、讲师 5 人；有各种测绘仪器 120 台件。在此期间，还开办过测量班、绘图班、测量专业证书班和测量师资班。

武汉市城市规划学校 建于 1979 年，设测量教研室，有测量专业教师 5 人(其中工程师 4 人)。1985 年以来，开办测量专业，共有 5 个班，培养毕业生 61 人。

湖北省地质学校 学校建于 1978 年，1985 年设测量教研室，有 4 名工程师任教，曾开办过 1 个测量专业班，毕业生 32 人。

武汉铁路桥梁学校 学校建于 1958 年，1985 年有测量教师 6 人(2 名工程师和 2 名助理工程师)。在道桥专业中开设地形绘图、测量平差、工程测量、控制测量等课程，该专业毕业生中有许多人从事道桥工程测量工作，曾开办 1 个测绘专业班，培养毕业生 28 人。

长江水利电力学校 学校建于 1974 年。水利、电力各专业开设的测量课程有地形测量、水利工程测量、建筑施工测量等。1985 年有测绘专业教师 3 人，曾开办 1 个班的测量专业，培养毕业生 50 人。

3. 测绘职工中等专业教育迅速发展

1974 年前后，国家测绘局直属的黑龙江测绘局、陕西测绘局和四川测绘局相继重建，各省自治区也相继建起了测绘局。有大批初高中毕业的知识青年投身到测绘事业，需要迅速地提高他们的文化与测绘专业知识水平和作业能力，以适应各省测绘局业务发展的需要。1981 年 2 月，中共中央、国务院发布《关于加强职工教育工作的规定》，各省测绘局抽调一定的技术力量和物资设备，经省政府和教育厅局批准，先后办起测绘职工中等专业学校。按正规中专招生程序，招收具有初中毕业文化程度的在职青年工人入学，进行大地测量、地形测量、工程测量、摄影测量和地图制图等专业的中等技术教育。全国冶金、地质、石油、农林、水利、城建、交通、铁路等业务部门也相继办起了职工中专校，开设了测绘专业进行中专教育。20 世纪八九十年代测绘职工中等专业教育的发展，为国家培养了大批急需的测绘中等技术人员，是普通测绘中等专业教育的有力补充。

1.4.4 新时期测绘中专教育的主要任务

1980 年全国中等专业教育工作会议以后，到 1985 年的新时期，按建设全国重点中等专业学校的要求，搞好测绘中等专业教育。各中等专业学校经过4年的“拨乱反正”和整顿，学校教学工作已经走向正规。1981—1985年，正值“六五”计划期间，是测绘中专教育建设和发展的大好时机，测绘中专教育的主要任务如下。

1. 按全国重点中专要求办好测绘中专教育

1980年11月5日，教育部发出的《关于确定和办好全国重点中专学校的意见》通知中，阐述了重点中专学校的任务和选定重点中专的条件，公布了全国239所重点中专的名单。其中开办测绘专业教育的全国重点中专有：南京地质学校，哈尔滨冶金测量学校，湖北省电力学校（武汉电力学校），黄河水利学校，昆明冶金工业学校，长沙冶金工业学校，本溪钢铁学校，长春地质学校，长春冶金地质学校，北京煤炭工业学校和重庆煤炭工业学校等。已经被确定的重点中专学校，要采取有效措施切实办好重点中专，其他学校要按重点中专的要求提高办学水平和教学质量，向重点中专努力。对重点中专学校的主要要求：

（1）认真贯彻德、智、体全面发展的教育方针。把政治思想工作放在重要地位，加强学生思想政治工作，必须坚持以教学为中心，努力提高教学质量，要重视并加强体育、卫生工作和增强学生体质。

（2）切实加强学校领导班子建设。要把领导班子配备好，注意把那些坚决拥护党的路线、有专业知识和组织管理才能的年富力强的优秀干部与教师提拔到领导岗位上来。学校领导要把主要精力和时间用于教学工作，努力按教育规律管理学校，不断提高领导水平。有条件的重点中专，经省市自治区人民政府和国务院各有关部委批准，可认定为地、师级单位，发文件、听报告等要按照这个级别待遇。

（3）切实加强师资队伍建设。教育主管部门要规划学校师资队伍的充实提高工作，搞好教师进修提高规划，建立考核制度，组织教师学习马列主义、毛泽东思想，不断提高政治思想水平。一定使骨干教师达到讲师水平，使教师能参加有关教学、科研和学术活动；到现代化生产企业参观学习；了解和掌握本专业的最新科学技术成就和发展趋势，不断提高业务水平。要落实知识分子政策，有计划地改善他们的生活、工作和学习条件。

（4）切实改善学校的物质条件。要切实改善学校的教学、生产、学生宿舍、食堂等生活设施，改善工厂、实验室、图书馆、体育器材等办学条件。

（5）不断提高重点中专学校的招生质量，保证重点中专学校优先录取新生。

（6）教育主管部门应该切实加强对重点中专学校的领导和投入。

2. 加强党组织对学校的全面领导

按国务院批准的《关于改革部分中等专业学校领导体制的报告》，明确了各中专学校与中央部委和地方政府的领导关系，建立了学校党委（或总支委员会），任命了党委书记和校长，建立起学校的党政领导班子，为加强党委对学校的领导创造了条件。

（1）实行党委领导下的校长负责制。以党的十一届三中全会精神为指导，按《关于党内政治生活的若干准则》要求，建立党委领导下的校长负责制。明确党政分工，各就其位，各负其责，以教学为中心，集中精力把新时期的测绘中等专业教育办好。

（2）认真落实党中央各项“拨乱反正”政策。宣传和落实新时期党的知识分子政策，开展对“文化大革命”前和“文化大革命”中各项冤假错案的纠正和平反工作。按党的政策不仅要解决本人的问题，还要消除对他们的家属和社会关系的影响；安排好落实政策教师恢复其职务；解决好住房、生活等方面的困难，解除他们的后顾之忧。用落实党的政策实际行动动员全体教职工力量建设好学校。

(3)全面贯彻党的教育方针。党委要对学校工作进行全面领导。学校以教学为中心,全面贯彻党的教育方针,把培养有理想、有道德、有文化、有纪律,具有测绘中等技术水平的社会主义建设者和接班人作为学校的人才培养目标。

(4)加强教职工的思想政治工作。组织教职工特别是教师学习党的十一届三中全会以来党中央的方针政策,把对新中国成立以来党的重大历史事件特别是对"文化大革命"的认识,统一到《关于新中国成立以来党的若干历史问题的决议》上来,使教职工在思想上、政治上和行动上与党中央保持一致。

(5)加强党支部建设。把党支部建立在学校行政管理和教学管理的基层。发挥党支部对所在部门贯彻党的方针政策、执行学校党委决定及学校工作计划的监督和保证作用。进行党支部自身建设,要求党员教师和工作人员在各项工作中起模范带头作用。党支部注意在老中青知识分子中培养积极要求入党的先进分子,将符合党员标准、受到群众拥护的先进知识分子吸收入党,增加党的新鲜血液。注意发展多年有入党愿望符合党员条件的中老年教师加入共产党,对激发教师为测绘教育事业作出贡献起着很大推动作用。

(6)加强共青团和工会工作。按教育部与共青团中央的要求做好共青团工作,发挥共青团在学生思想政治工作中的重要作用。党委要重视新时期的教育工会工作,发挥工会在团结教职工进行学校民主管理、开展教职工职业技术教育和继续学历教育、培养教职工队伍方面的作用。尊重工会代表教职工合法权益,通过教职工大会或代表会议,对学校的重大决策征求意见或形成决议,发挥全校教职工努力做好学校各项工作的积极性。

3. 编制测绘专业教学计划、课程教学大纲和编写教材

1)编制测绘专业教学计划

1978年以来,根据国务院批准的有关中等专业学校招生的规定,大多数中专测绘专业是跨省招收高中毕业生,学制二年;也有部分学校招初中毕业生,学制三年。招高中毕业生二年制的测绘中专教育,是新时期的特殊情况。为保证教学质量,教育部于1979年颁发《关于中等专业学校工科二年制教学计划安排的几点意见》,各部委教育司和地方政府教育主管部门,也做出相应的安排。

按上述《意见》要求,结合专业服务对象的不同,制订高中生源二年制测绘各专业教学计划的培养目标、毕业生基本要求与业务范围;教学总周数掌握在104周左右;入学教育与毕业教育2周,课堂教学58～63周,考试4周,实习与毕业设计12～20周,公益劳动2周,假期16周,机动2周;周学时控制在26～30,总学时数1 600～1 800。专业教学计划由学校报主管部门批准后执行。

2)编制课程教学大纲和实习大纲

根据测绘专业教学计划的培养目标、专业人才培养的基本要求、业务范围、课程设置及其要求,以及专业教学计划中关于实践性教学安排,编制各门课程的教学大纲和基础课与专业课的实习大纲。编制这些教学文件应注意以下几个方面。

(1)在高中毕业文化水平基础上,考虑公共课、基础课教学内容的选择,要满足专业课基础理论内容适当加深后的需要,保证专业课理论教学对自然科学知识的需求。

(2)专业课教学大纲中,应反映测绘科学技术的进步、测绘新仪器的使用,以及各测绘生产部门各专业的生产技术水平,使测绘专业毕业生所掌握的技术达到学以致用的目的。

(3)由于学制短，各门课程的教学时数少，专业课基础理论内容的深度和广度要适当，贯彻少而精的原则，不能向专科看齐。

(4)重视实践性教学是我国中专测绘教育的特点和成功经验。要充分利用二年两次实习机会，编制好控制测量、地形测量、工程测量(矿山测量)、摄影测量和地图制图及综合性测量实习大纲，从而保证毕业生操作能力达到较高的水平。

3)编写中专测绘专业教材

1977—1985年，各开办测绘专业的中专学校，面临编写测绘专业教材的新高潮期。这个新高潮期的特点是：

(1)20世纪80年代，我国测绘科学技术水平大为提高，测量数据处理、大地测量(控制测量)、工程测量、摄影测量、地图制图与地图制印、矿山测量等的理论与方法的进步，使得这些课程的内容都有较大的变化，教材中引进新理论、新技术和新方法是一个大趋势。

(2)现代测绘仪器电磁波测距仪、电子经纬仪、自动安平水准仪、先进的陀螺经纬仪、精密全能测图仪等仪器的出现和推广使用，特别是电子计算机技术(个人电脑及便携式计算机)的应用，改变了传统的测绘技术和方法，使测绘生产技术和测绘成果精度和质量提高了一大步。所有这些需要在各专业教材中反映出来。

(3)各学校测绘专业中老年教师有1960年前后编写中专测绘专业出版教材的经验。1982年以后，又有新一代测绘专业本科和研究生毕业的青年教师，组成老中青教师新教材编写班子，对新教材的现代性、科学性和系统性内容有较为可靠的保证。

(4)各部委教育司对测绘中专教材编写出版工作给予很大关注。地质部、冶金部、煤炭部、水电部等教育司，组织有关学校测绘专业教师在本校专业教材基础上，分工协作编写各专业的统编教材，经审定后公开出版供各校使用。

测绘、地质、冶金、水电、煤炭等出版社，大力支持测绘中专教材的出版工作，为20世纪80年代中后期出版大批测绘中专教材起到了重要作用。不仅普通测绘中专学校使用这些教材，并且为测绘职工中等专业学校、测绘职工技术培训提供了大量的适用教材。

4. 加强教学管理提高教学质量

中等专业学校的教学和教学管理要按《关于确定和办好全国重点中专学校的意见》中提出的要求，形成以新时期中专教学需要为出发点，以改革精神建立教学管理体制和培养测绘专业人才的教学模式。考虑测绘科学技术的进步、现代教学手段的出现等因素，改善办学条件，发挥教师在教学全过程中的主导作用，提高教学质量。

1)健全教学管理体制，保持正常教学秩序

(1)恢复和健全教务科或教务处的教学管理职能。在教务副校长领导下对专业教学计划、课程教学大纲和各类实习大纲等教学文件的制订进行组织、协调及管理；制订各种教学管理制度、学籍管理制度、学生考试和升留级制度、学生奖励和处分制度；教学质量检查和评估管理；实验室建设计划管理及体育教育、政治教育、现代教学手段等设备和专用教室建设与管理；组织日常的课堂教学与实践性教学正常运行，协调安排大型实践性教学计划的实施；组织观摩教学、教学法研究和交流活动，提高教师的教育学理论和实践水平。在教务副校长领导下，与基础课科、专业科协调，编制教师培养计划和实施方案，建立教师考核管理档案，与人事部门协作搞好教师职称评审工作等。

(2)恢复或建立基础课科和专业科建制。新时期，科学技术飞速发展，教学设备条件不断改善，现代教学手段逐渐推广应用，在对教学质量提出更高要求的情况下，基础课科和专业科领导各学科教研组在组织课堂教学和实践性教学中，将发挥承上启下、执行专业教学计划、提高教学质量的监督作用。测绘专业科担负的主要任务：组织编制测绘各专业的教学计划、课程教学大纲和各种实习大纲等教学文件；领导各专业学科教研组进行日常教学工作和管理；组织编写专业各学科的教材和实习实验指导书；组织领导专业教学实习、生产实习、毕业设计等实践性教学；根据新时期生产实习测量任务由学校自行安排的特点，与测绘生产、科研单位建立“产、学、研”相结合的协作关系，取得测绘生产任务、科研技术开发与技术服务项目；组织学科教研组进行教学内容、方法的改革，进行教学改革试点，总结具有自己特色的测绘中专教育模式；负责提出专业教师培养计划，实施学校确定的师资队伍建设方案，组织好专业教师职称评审的各项准备工作等。

(3)认真抓好学科教研组的建设。在新形势下，学科教研组面临许多新情况和新工作：如何搞好高中毕业生源、学制二年的测绘中专教学工作，探讨提高教学质量的措施；专业教学引进测绘科技新理论、新技术、新仪器，要组织教师学习和掌握这些测绘科学新技术，跟上测绘科技发展步伐；在新形势下要求中专教师达到既是讲师又是工程师的“双师型”教师标准，教研组在落实教师的教学、科研和生产或技术服务任务时，为教师专业职称评审晋升的需要做好准备，这是专业师资队伍建设中的一项新的重要工作。指导和帮助青年教师在较短时间内过好课堂教学关与指导测量生产实习和毕业设计关，仍然是教研组日常的重要工作。

2)加强仪器装备和实验室建设，改善办学条件

20 世纪 80 年代，学校的基本建设如教学楼、学生宿舍、食堂、图书馆等基建项目，都由学校主管部委教育司计划确定。测绘仪器装备、基础课和专业课实验室建设资金，可专项向学校主管部门申报批准下拨或由学校自筹解决。开办测绘专业的学校努力增购电子经纬仪、电磁波测距仪、自动安平水准仪、高精度经纬仪和水准仪、陀螺经纬仪等现代测绘仪器，还要增加常规测绘仪器，以保证专业教学的需要；设有摄影测量专业的学校，要购置摄影测量成图的关键设备，如精密立体测图仪、纠正仪、立体坐标量测仪等多种仪器；有制图专业的学校要购置植字机、复照仪和地图制印等机器设备。这些仪器设备不仅教学需要，而且由教师和实验教师掌握，指导学生进行专业生产和为有关测绘生产部门进行技术服务。

由可编程序的电子计算器、便携式计算机、台式计算机组成的计算室，由各种摄影测量仪组成的摄影测量实验室，由各种与制图及制印有关的仪器设备组成的地图制图与制印实验室，以及工程测量、矿山测量实验室，是专业课教学不可缺少的动手能力的培养基地。这些实验装备水平的高低和利用率，是测绘专业教学水平和综合能力的标志。电化教学室和语音教学室是 20 世纪 80 年代现代化教学手段的重要部分。测绘专业电化教学专题录像带的拍摄能力和水平及其利用率，标志着电化教学在专业教学中所起作用的重要程度。语音教室在外语教学中，对提高学生的听力和语言交流能力起着重要作用。与测绘专业有关的物理的光学实验室和电子实验室的装备水平，对学生学好物理知识很重要。

3)重视实践性教学，培养动手能力

面对新时期改革开放、国民经济迅速发展的形势，各中等专业学校教育主管部门不再根据各学校测量生产实习的需要对企业安排生产实习任务，测量生产实习任务靠学校在测绘市场上自己联系解决。这就要求开办测绘专业教育的学校，要与本部门和社会上各测绘生产、管理单位建立“产、学、研”协作关系，以为测绘单位服务为基础，获得测绘单位的生产任务来满足测

绘专业学生生产实习的需要。

实现"产、学、研"协作关系，测绘专业自身的基础条件主要应具备：

(1)有能够组织和指导完成各种测绘生产任务的教师队伍；有能够进行测绘科研与技术开发能力的骨干教师，解决测绘生产单位的技术问题。

(2)具有能够承担各种测绘生产任务的仪器装备，基本上达到与测绘生产单位相当的仪器装备水平，并保证测绘仪器数量满足学生生产实习的需要。

(3)在教师指导下，学生测量生产实习的成果能达到国家测量规范规定的精度标准和产品质量要求，按时、保质、保量地完成测量生产任务，建立起测绘成果诚信关系，创造不断获得测量生产任务的机会。

建立"产、学、研"相结合的协作关系，是加强实践性教学、培养学生测绘生产动手能力的基础，也是培养"教学、科研、生产"相结合教师队伍的重要途径。通过完成测量生产任务和科研与技术服务，可以创造一定的经济收入，为改善办学条件积累资金。

5. 加强新时期学生思想政治工作

招收高中毕业生源，进行学制二年的测绘专业中专教育。大多数学生对被中专测绘专业录取，有学习测绘专业的机会，将来成为测绘技术人员而感到高兴；也有些新生感到未考上大学，到中专学习情绪不高。对新时期中专学生的思想状况，必须按党和国家对青年学生进行思想政治教育的要求，在学校党委领导下，进行有针对性的、有说服力的思想政治工作。

1)建立新时期学生思想政治工作体系

学生思想政治工作，由负责学生思想政治工作的党委副书记主管(一般兼副校长)，建立学生科(处)，负责招生、管理、思想政治工作和毕业生分配等一系列的学生工作。学生班级实行班主任负责制，选拔教学工作好、热心学生工作的教师担任班主任(主要是中青年教师)，由学校公布聘任。为加强学校的精神文明建设，成立由主管学生思想政治工作的党委副书记、教务副校长，党委宣传部、团委、各有关科室、体育与卫生部门及教育工会等负责人参加的精神文明建设委员会，由党委副书记任主任，负责全校精神文明建设工作。这样，把马列主义与德育教研室、学生科、班主任、精神文明建设委员会和共青团委员会等与学生思想政治教育有关的部门整合起来，形成在党委统一领导下的学生思想政治工作体系。

2)进行坚定正确的政治方向教育

新时期实行改革开放，进行大规模的四个现代化建设，教育青年学生为国家富强而努力学习，一定要把坚定正确的政治方向放在首位。进行爱国主义、社会主义、集体主义和劳动教育，加强革命秩序、革命纪律、革命理想教育。坚持党的方针政策和时事政治教育，使青年学生在思想上和行动上与党中央保持一致。要把个人的理想和祖国的命运联系在一起，抱着爱国之心、新中国成立之志，努力学习，使自己成为有理想、有道德、有文化、有纪律的社会主义建设者。必须对青年学生进行党的十一届三中全会和党的"十二大"重大决策和会议基本精神的教育。让青年学生了解"把全党工作重点转移到社会主义现代化建设上来的战略决策"的重大意义；让青年学生明确党的"十二大"提出的党在新时期的总任务，明确到20世纪末要把我国工农业年总产值翻两番，使人民生活达到小康水平奋斗目标；使青年学生懂得，要实现这一奋斗目标，必须批判"左"的和"右"的错误思潮的影响，以邓小平建设中国特色社会主义理论为指导，坚持四项基本原则。抵制资产阶级腐朽思想，把"逐步实现工业、农业、国防和科学技术的现代化，把我国建设成为高度文明、高度民主的社会主义国家"的伟大事业进行到底。要对青年学生进行社会主义民主和法制教育,增强法制观念。

3)加强校园精神文明建设

根据1981年2月中宣部、教育部等五部委发出的《关于开展文明礼貌的通知》精神,在中专学校开展以五讲(讲文明、讲礼貌、讲卫生、讲秩序、讲道德)四美(心灵美、语言美、行为美、环境美)为主要内容的精神文明建设活动。这项活动由学校精神文明建设委员会领导,由省市精神文明建设委员会督促检查,开展的各项活动都能落实。从美化学校环境开始,抓文明寝室、文明教室、文明办公室入手,抓"治脏"、"治乱"、"治差",改变学校面貌。开展精神文明建设活动,涌现出一批精神文明建设积极分子,评选出一批省市级开办测绘专业教育的文明中专学校。各中专学校以实际行动落实党的"十二大"提出的加强社会主义精神文明建设的任务。

4)加强共青团工作和党建工作

中等专业学校学生中,共青团员多,搞好共青团的组织建设和思想政治工作,就搞好了大多数学生的思想政治工作。在共青团委指导下的校学生会,是由学生民主选举产生的自我教育、自我管理和组织各项群众性活动的学生组织。共青团和学生会在开展新时期校园文化活动中起着重要作用,组织文艺演出、歌咏、体育等队伍,组织重要节日的庆祝活动,进行讲演、朗诵、外语、专业技术等比赛。通过开展第二课堂活动,提高学生文化素养、培养高尚情操、激发聪明才智、展示个人才华。共青团委和学生科组织"学雷锋,创三好"活动,评选优秀团员、优秀团干部、优秀团支部,评选优秀学生干部、优秀班级等,激发青年学生思想进步、奋发进取和努力成才。

学校党委在开展学生党建工作中,共青团委是有力助手。党委成立业余党校,吸收积极要求入党的共青团员参加,由党委各位主要负责人上专题党课;学习党的方针政策,与党中央在思想与行动上保持一致;学习党员先进人物和革命先烈的英雄业绩,培养为共产主义事业奋斗的信心和决心。经过一定时间的培养、锻炼和考察,在征求学生和教师意见的基础上,把积极要求入党、符合党员标准的先进共青团员吸收入党,增加党内青年知识分子的成分,是新时期党的建设的重要任务之一。

5)搞好毕业教育

1977—1985年,中等专业学校按国家招生计划录取新生。在校学习期间,不交学费,只交书费和少量学杂费;按学生学习成绩和综合表现评定不同等级的奖学金;对部分家庭生活困难的学生经评定给予一定的补助。在校期间按专业教学计划进行教学和培养,经考试合格发中专毕业证书。根据国家建设需要和专业工作岗位的特点,由学校教育主管部门下达毕业生分配方案。学校根据毕业生分配方案中接收毕业生单位对毕业生的要求,考虑毕业生本人的综合条件,合理地分配毕业生。在主管学生工作的党委副书记和教务副校长领导下,由学生科和班主任具体实施这项工作。搞好毕业生分配工作的关键,是做好动员毕业生响应祖国召唤,到国家建设需要的地方去建功立业。宣传服从祖国需要、积极要求到艰苦地区工作的先进毕业生的事迹,让每个毕业生都做好服从国家分配的思想准备。在落实分配方案时也要在政策允许的范围内,适当考虑毕业生的某些困难予以照顾,使每个毕业生都充满信心地走上工作岗位。毕业生的服从分配和报到率,是检验学校毕业生教育成果和毕业生综合素质的重要标志。开办测绘专业的地质、冶金、煤炭、水电等部委的中专学校,毕业生全国分配,工作条件相对艰苦。在改革开放的新时期,许多毕业生主动要求到西藏、新疆、青海等边远地区去工作,表现出很高的爱国热情和远大的革命理想精神。

6. 搞好"双师型"师资队伍建设

中等专业学校师资队伍建设,要培养"教学、科研、生产"相结合的、能胜任"产、学、研"模式教学任务的"双师型"教师队伍,以适应新时期测绘中专教育水平不断提高的需要。这对于当时大多数开办测绘教育的中专学校来说,师资队伍建设的任务是很艰巨的。

1)中专测绘专业教师队伍状况

1977—1985年各中专学校测绘专业教师基本上分3种类型:

(1)"文化大革命"以前从事测绘中专教学工作的教师,他们中的多数经过了20世纪五六十年代测绘中专教学的锻炼,有较丰富的教学经验和较高的专业水平,有一定的科研能力,有较强的组织测量生产的能力,其中部分教师是学科和专业学术带动人,这些中老年教师是测绘专业教师中的骨干。

(2)1972年恢复招生到1980年前后,由于测绘专业教师短缺,许多学校选拔本校测绘专业的优秀中专毕业生留校,经培养担任专业教师工作。他们专业学识水平不高,教学工作能力有待提高,尚不具有大学本科学历。但这些青年教师虚心向老教师学习,教学认真负责,能带领学生完成生产实习任务,而且是学生思想政治工作的活跃力量,对这部分青年教师要加快培养成为合格的中专教师。

(3)有些学校接收了1975—1980年三年制大学毕业的专业教师任教。这些青年教师能胜任教学工作,但专业学识水平有待提高。1982年开始有"文化大革命"后测绘各专业四年制的本科毕业生到学校任教。当时,他们的主要任务是在较短的时间内过好教学关和学生思想政治工作关,成为合格的中专教师。这些青年教师将成为测绘中专教育的骨干力量。

2)提高教师学识水平的主要途径

(1)创造条件更新中老年教师的知识结构。鼓励中老年专业教师开展教学和专业技术的科研活动,为他们参加学术交流活动创造条件;到测绘生产部门进行学习和考查,促进教学与测绘生产密切结合;有计划、分期分批到大学进行专项专业技术课程进修,提高现代测绘科学技术水平,更新知识结构。

(2)对尚未获得本科毕业资格的青年教师,在全面过好教学关的基础上,鼓励他们报考测绘专业本科函授学习,经过5年的努力获得函授本科毕业证书(毕业设计优秀者可获学士学位),具备了中等专业学校教师职务晋升必须具备的学历条件,为这部分青年教师向"双师型"教师发展努力创造了基本条件。不具备专科及其以上学历的实验教师,鼓励他们报考与他们的业务有关的专科或本科函授学习,获得专科或本科函授毕业证书,为更好地担任本职的教学工作和专业技术职务晋升创造条件。

(3)具有大学本科学历的青年教师,在全力过好教学关和学生思想政治工作关的基础上,鼓励他们报考脱产或在职硕士研究生,或有计划、分期分批地报考助教进修班,学习研究生基础课程,提高他们的学位水平和专业学识水平,为尽快地培养出年青一代的"双师型"教师和具有高级职称的学科带头人或学术骨干创造条件。

3)开展科学研究与技术服务活动

20世纪80年代我国测绘科学技术水平迅速提高,必须在教师中开展科学研究和技术服务活动,以此为动力进行教学内容、方法和培养模式的改革。中专学校没有科研和教学研究机构和编制,开展科研和技术服务活动由测量专业科或教务科负责,发动教师业余时间开展活动。

(1)开展教学法研究和教学改革试点研究。经过一定时期的试验,总结经验,提出总结报告和论文。其中包括教学方法、思想政治工作改革、教学行政管理、精神文明建设等各方面试验和研究成果,优秀成果向部委和省市教育主管部门申报优秀教学成果奖。

(2)承担测绘生产部门的技术开发和技术服务项目。由科研能力和技术水平较高的教师负责,带动青年教师承担科研项目和技术服务工程,提交研究成果论文及鉴定报告书,以及工程验收和质量评定报告。鼓励教师自选科研课题进行测绘科技的理论和应用技术研究。

(3)有些中专学校经新闻出版机关批准,办起具有内外部交流准印证资格的《教学研究》、《科技通讯》等刊物。刊出教师们的各种总结报告和学术论文。有些学校为方便专业教师开展科研活动查阅资料,在图书馆支持下建立测绘专业资料室。该室陈列测绘及有关专业图书和工具书,订阅国内外(英、德、俄、日文)测绘期刊和文摘,收集测绘院校的专业教材、测绘学术会议论文资料;编辑测绘专业论文与资料卡片,建立图书资料文献库,方便文献资料的查阅,并为学生毕业设计服务,面向各测绘部门科技工作者开放。有些学校建立学术委员会,年终对结题的科研成果或论文进行评选,评为优秀成果或论文给予一定奖励。优秀的科研成果和论文,向部委和省市教育主管部门申报科研成果奖。选拔优秀论文参加测绘及相关学科的学术会议,推动学校科学研究活动的开展。

实施以上措施,激发了教师和教学管理干部开展科学研究的积极性,特别注意发现培养中青年教师中的教学、科研和生产技术服务的骨干,他们是培养"双师型"教师队伍的人才资源。

4)把编写专业教材作为师资队伍建设的重要环节

20 世纪 80 年代初,一些老教师将陆续离开教学岗位。因此,充分发挥在职老教师学识水平高、教学经验丰富、有编写中专教材的经历等有利条件,以老中青教师相结合形式编写新的专业教材,可发挥各自的优势,既能较好地完成任务,又能培养中青年教师取得编写教材的经验,使这项工作后继有人。把编写教材的过程变成培养高水平教师的过程,编写出的教材出版发行用于教学,又是晋升专业技术职称的重要业绩资料。

5)搞好教师职称评审工作

教师职称评审工作,是一项政策性很强、非常严肃、按照一定标准和程序进行的工作。在学校党委领导下,由校长负责进行。选拔学术水平高、办事公道、政策性强、有威信的教师和干部参加学校评审委员会和学科评审小组工作;选好办事公正、能力强的人员为职称评审办公室的工作人员,是评审工作顺利进行的重要保证。要做好教师职称评审工作有关文件的宣传、学习,使教师和有关人员都能了解评审的政策和标准,让教师心中有数,按有关规定确定自己的努力方向和应采取的态度。做好评上和未评上相应职称教师的思想工作,使他们以正确的态度对待自己的成绩和不足,成为今后更加努力的起点和加油站。搞好教师职称评审工作,体现党和国家对中等专业教育的重视和对中专教师的关怀,对中专师资队伍建设、培养"双师型"教师具有极大的推动作用;对以教学为中心,全面提高教学质量,培养合格的较高水平的中专毕业生,具有重要意义。

1.4.5 测绘各专业中专二年制教学计划介绍

结合 20 世纪 80 年代初我国测绘科学技术的发展状况及测绘生产单位的作业水平,根据 1979 年教育部颁发的《关于中等专业学校二年制教学计划安排的几点意见》中的要求,各学校制订了测绘各专业的教学计划。这里，以哈尔滨冶金测量学校1980年编制的工程测量、地形制图、摄影测量等专业的教学计划，以及阜新煤炭工业学校1981年编制的矿山测量专业教学计划为例，说明各专业教学计划的主要内容。

1. 中专二年制工程测量专业教学计划

1)培养目标

工程测量专业培养具有马列主义毛泽东思想基础知识、必要的文化科学知识，掌握工程测量专业的基础理论、基本技术和基本技能，德智体全面发展、受到技术员基本训练、全心全意为社会主义现代化建设服务的中等技术人员，逐步成长为社会主义事业的建设者和接班人。

学生毕业后，主要去冶金工业企事业和国民经济各个部门，从事地质勘探、勘察设计、工程与工业建设、城市建设、国土资源开发、交通运输工程、农林水工程等方面的工程测量生产与管理工作。

2)毕业生的基本要求

掌握马列主义毛泽东思想基本原理、辩证唯物主义和历史唯物主义观点，热爱祖国，坚持四项基本原则，有社会主义民主与法制观念，有实事求是、理论联系实际、开拓创新、艰苦奋斗的作风和优良的职业道德品质，了解我国国情，自觉遵守纪律，服从国家需要，有振兴中华的理想，有为祖国社会主义现代化建设贡献力量的信念和决心。

掌握达到本专业培养目标必须具备的科学文化知识和较强的专业知识；具有本专业需要掌握的技术操作能力，以及绘图、运算(用电子计算机或计算器进行数据处理计算)、仪器检测、初步技术设计和施工管理等动手能力，具有分析和解决一般技术问题的初步能力和一定的自学能力；初步掌握一门外语，有一定的文化修养和社会交往能力；达到国家规定的体育合格标准，身体健康，能胜任工程测量的内外业工作。

3)业务范围

从事工程测量业务范围内的三、四等工程控制网(三角网、测边网、边角网和导线网)建立的设计、施测、平差计算和精度分析等工作；为工程勘察设计进行大比例尺地形测量及城市与工业厂区的现状图测量；工业厂区、矿山建设与开采、交通工程、城市建设、农林水工程建设的施工控制网、施工放样、设备安装等工程测量，建筑物、构筑物及地表沉陷和变形观测，以及各种工程的竣工图测量等。

4)教学安排与课程设置

考虑到高中毕业生源，其文化课基础好，学习接受能力和自我管理能力较强，身体承受专业训练强度较大等特点；虽然学制二年，但在公共课、基础课、专业课的深度和广度上都应比初中毕业生源、学制三年的中专教学计划要强；按照课程设置和教学内容少而精、保重点的原则，工程测量专业的教学安排与课程设置如表1.22、表1.23所示。

表1.22　教学环节时间分配

专业名称：工程测量　　学制：中专二年(高中毕业生源)　　1980年

教学周数 项目 / 学年	入学教育	理论教学	考试	实践教学	学军	公益劳动	假期	机动	毕业教育	总计	说明
一	1	33	2	6		1	8	1		52	教学周数
二		30	2	9		1	8	1	1	52	
合计	1	63	4	15		2	16	2	1	104	

表 1.23 课程设置与教学进程计划

专业名称：工程测量　　学制：中专二年(高中毕业生源)　　1980 年

序号	课程名称	按学期分配		教学时数			课程时数分配				说明
		考试	考查	总数	讲课	实验	Ⅰ(19)	Ⅱ(14)	Ⅲ(20)	Ⅳ(10)	
	一、公共课			378	268	110					
1	政治		Ⅰ～Ⅳ	126	126		2	2	2	2	
2	体育		Ⅰ～Ⅳ	126	16	110	2	2	2	2	
3	外语		Ⅰ～Ⅳ	126	126		2	2	2	2	
	二、基础课			451	398	53					
4	数学	Ⅰ，Ⅱ		208	208		8	4			
5	光学	Ⅰ		57	40	17	3				
6	电子学	Ⅲ	Ⅱ	122	100	22		3	4		
7	电算基础	Ⅲ	Ⅳ	64	50	14			3/8 ¦	4	
	三、专业课			1 021	701	320					
8	测量学	Ⅰ，Ⅱ		231	151	80	7	7			
9	地形绘图		Ⅰ，Ⅱ	198	70	128	6	6			
10	测量平差	Ⅱ	Ⅲ	92	80	12		4	¦ 3/12		
11	控制测量	Ⅲ，Ⅳ		180	140	40			6	6	
12	工程测量	Ⅲ，Ⅳ		180	150	30			6	6	
13	摄影测量	Ⅳ	Ⅲ	140	110	30			4	6	
	合　计			1 850	1 367	483	30	30	29	28	

政治、体育和外语(英语、日语、俄语)三门公共课，按统一的中专教学大纲执行；各安排 126 学时。

数学　主要是高等数学：极限、导数、微分、积分、级数展开，以及线性代数初步与概率统计基础知识等；安排 208 学时，在统编教材基础上，增加相应的补充教材。

光学　重点讲授几何光学，补充测绘仪器光学内容；安排 57 学时，自编教材。

电子学　使学生了解和掌握电子学基础知识，半导体集成电路、门电路、放大器和稳压电源等；安排 122 学时，自编教材。

电算基础　电子计算机的一般知识，算法语言，利用专用台式电子计算机和便携式计算机进行控制测量计算等；安排 64 学时，自编教材。

测量学　是工程测量专业的专业基础课，包括：测量学的基本概念，经纬仪、水准仪和平板仪等基本测量仪器的构造、使用与检验改正；建立平面和高程测图控制网的方法、施测、观测数据处理、成果的检查验收；测绘大比例尺地形图的方法，外业测图与内业清绘、地形图的整饰、地形图的检查与验收；地形图在各种工程上的应用技术等。安排 231 学时，使用与兄弟学校合编《地形测量》出版教材。

地形绘图　内容有：数字与汉字各种字体的书写方法及铅笔与小笔尖书写练习，绘制直线、曲线的工具及绘制技术，地形图的地物、地貌符号的绘制及练习，用铅笔和小笔尖清绘地形图，地形图坐标网格、经纬线、地形图图廓、控制点等展绘及其精度要求，地形图的复制技术等。安排 198 学时，强调练出较高水平的绘图技术，使用自编教材。

测量平差　观测值数据处理的基本理论与方法：观测误差的种类和性质，误差传播定律及其在观测精度估计中的应用；直接观测平差、条件观测平差、间接观测平差、分组平差及其精度估计；矩阵在测量平差中的应用等。安排 92 学时，采用自编的《测量平差》出版教材。

控制测量　工程控制网的基本概念和在地形测量与工程测量中的应用；三角网、测边网、边角网及导线网建立的基本方法，高精度经纬仪与水准仪、电子经纬仪、光电测距仪的构造原理及其检查改正方法，各种控制网的造标、埋石、观测及其成果检查；控制网投影基准面选择，高斯克吕格投影计算及控制网概算，各种控制网平差计算及其精度估计，坐标计算及控制网成果表的建立；精密水准测量，高程控制网的建立方法及其数据处理；各种变形控制网建立的概念和方法等。安排180学时，使用与兄弟学校合编《控制测量》出版教材。

工程测量　工程测量概念及其任务；施工控制网的建立方法、观测及数据处理；工业厂区、城市建设的施工测量，工业设备安装测量工作；公路与铁路勘测设计、施工测量及各种曲线测设方法；勘探工程测量，生产矿井测量，水文测量；建筑物与构筑物及地面沉陷与变形观测等。安排180学时，采用自编的待出版教材。

摄影测量　航空摄影和地面摄影测量的概念、基本方法及其原理，各种摄影测量成图方法、使用的仪器及其功能，重点介绍综合法测图的内外业工作及其在工程测量方面的应用等。安排140学时，采用自编教材。

5）实践性教学安排

第一学年的6周实践性教学，安排以测图控制测量与大比例尺测图为主要内容的教学实习或生产实习。在实习基地或生产实习工地，以现场教学方式，由现场测量技术人员与教师相结合进行指导，在充分实习的基础上，完成一定的地形测量任务，使学生在地形测量与地形绘图技术、思想作风和严谨的科学态度等方面都得到锻炼。第二学年的9周毕业实践性教学，安排从等级控制测量到大比例尺地形测图和某种工程测量的生产实习。使学生在测绘技术、生产技术设计与组织、测绘成果的检查验收等方面得到全面锻炼，使多数学生有一定的独立作业能力，达到工程测量专业毕业生的培养目标。以生产实习总结报告代替毕业设计，结合实习表现和技术考核评定成绩。

2. 中专二年制地形制图专业教学计划

地形制图专业的培养目标、毕业生的基本要求等描述，其基本内容与工程测量专业相应部分相似，这里不再重复。仅就本专业的业务范围、教学安排与课程设置简要介绍于后。

1）业务范围

在了解纸质测绘地形图与航测成图的基本原理和方法的基础上，掌握地形与地貌要素在地形图上的表示方法、作用和使用规则，明确地形图绘制的任务和目的，完成地形图清绘及地形图的整饰工作；掌握地图投影的基本原理，掌握各种比例尺地形图、专用地图的编绘原理与方法；进行地形图及专用地图的复制，在专家指导下能进行地图的制印工作；担任各种地形图的整理与管理工作。

2）教学安排与课程设置

地形制图专业的教学安排与课程设置如表1.24、表1.25所示。本专业的课程内容简要介绍。

表1.24　教学环节时间分配

专业名称：地形制图　　学制：中专二年（高中毕业生源）　　1980年

学年＼周数＼项目	入学教育	理论教学	考试	实践教学	学军	公益劳动	假期	机动	毕业教育	总计	说明
一	1	33	2	6		1	8	1		52	教学周数
二		30	2	9		1	8	1	1	52	
合计	1	63	4	15		2	16	2	1	104	

表 1.25 课程设置与教学进程计划

专业名称:地形制图　　学制:中专二年(高中毕业生源)　　1980 年

序号	课程名称	按学期分配		教学时数			课程时数分配				说明
		考试	考查	总数	讲课	实验	Ⅰ(19)	Ⅱ(14)	Ⅲ(20)	Ⅳ(10)	
	一、公共课			378	268	110					
1	政治		Ⅰ～Ⅳ	126	126		2	2	2	2	
2	体育		Ⅰ～Ⅳ	126	16	110	2	2	2	2	
3	外语		Ⅰ～Ⅳ	126	126		2	2	2	2	
	二、基础课			748	618	130					
4	数学	Ⅰ,Ⅱ		208	208		8	4			
5	投影几何		Ⅰ	76	50	26	4				
6	测量学	Ⅰ,Ⅱ		132	90	42	4	4			
7	电子学	Ⅲ	Ⅱ	122	100	22		3	4		
8	地貌学		Ⅱ	70	50	20		5			
9	摄影测量	Ⅲ		80	70	10			4		
10	电算基础		Ⅳ	60	50	10				6	
	三、专业课			734	370	364					
11	地形绘图		Ⅰ～Ⅲ	344	100	244	8	8	4		
12	地质绘图		Ⅳ	50	20	30				5	
13	地图编绘	Ⅳ	Ⅲ	160	120	40			5	6	
14	地图制印	Ⅳ		60	30	30				6	
15	地图投影	Ⅲ		120	100	20			6		
	合计			1 860	1 256	604	30	30	29	29	

政治、体育、外语、数学、电算基础、电子学等课程内容与课时,与工程测量专业相同。

测量学　为本专业的基础课,了解测量学的概念、内容,初步掌握基本测绘仪器使用方法,能进行测图控制测量与地形图测绘作业,测出大比例尺地形图,为学好地形制图专业课打下基础。安排 132 学时,采用工程测量专业用的《地形测量》出版教材,删繁就简使用。

投影几何　为地形图的整饰与制印及地图投影学习打基础,采用中专统编教材,安排 76 学时。

地貌学　了解地形地貌概念、种类及其形成的基本规律,以便运用地形图中表示地貌的等高线和地貌符号,正确表示地形地貌的特征;采用自编教材,安排 70 学时。

摄影测量　了解摄影测量的基本概念、摄影测量成图的基本方法与原理,重点了解综合法成图的原理与作业方法等;安排 80 学时,采用工程测量专业相同的《摄影测量》自编教材,删繁就简使用。

地形绘图　为本专业的重点专业技能培养和训练课,强调使用小钢笔尖及绘图专用工具,进行着墨绘图技术培养和训练,进行刻图技术训练,达到绘图技术员的作业水平;采用自编的《地形绘图》专业教材,安排 344 学时。

地质绘图　为地质调查和矿产地质勘探注明研究成果的专用地图图件,在其平面和剖面图上,显示地质构造和勘探结果的各种符号,是专用地图之一,结合冶金地质勘探中地质图的实际需要安排教学内容;采用自编教材,安排 50 学时。

地图编绘　地图编绘的概念及其作用,地图编绘的基本理论和方法,以及各种比例尺的不同专用地图编绘技术的特点等;强调编绘理论和方法的应用,进行编绘作业练习;安排 160 学时,采用自编教材。

地图制印 地图复制与印制的概念和主要设备构造及作业要领，复照、单色地图和多色地图的印制技术；安排60学时，采用自编教材。

地图投影 地图投影概念及其在地图绘制中的作用，各种常用地图投影方法的基本原理和计算方法；使用相应的地图投影计算用表，进行点的投影计算、展绘坐标网、展绘经纬线和图廓线等；安排120学时，采用自编教材。

3）实践性教学安排

第一学年6周实践性教学，安排地形测量实习：熟悉经纬仪、水准仪、平板仪的使用，以导线测量方法进行测图控制测量，进行平板仪地形测图；按地形绘图的要求，将测出地形图进行清绘、整饰和复制，达到专业质量要求。第二学年9周实践性教学，将工程测量专业学生生产实习所测的地形图进行清绘和整饰及复制，达到生产要求；结合完成生产任务进行地形图编绘、地质图绘制、地图映绘与地图印制实习。对地图绘图、地图编绘、复制和印刷技术进行全面实习和锻炼，基本达到生产单位技术人员的作业水平。到黑龙江测绘局制图队、地图出版社进行地图编绘、出版印刷的全面参观实习。以生产实习总结报告代替毕业设计，结合实习表现和技术考核评定成绩。

3. 中专二年制摄影测量专业教学计划

摄影测量专业的培养目标、毕业生的基本要求等描述，其基本内容与工程测量专业相应部分相似，这里不再重复。仅就本专业的业务范围、教学安排与课程设置简要介绍。

1）业务范围

在国家基本控制网点基础上进行图根平面与高程控制测量，掌握常规方法进行大比例尺地形测量；掌握摄影与摄影处理技术，掌握摄影测量的全能法、微分法和综合法成图的原理、内外业作业方法和仪器操作技能；了解国内外摄影测量技术的现状和发展趋势，了解遥感技术及应用和发展前景。

2）教学安排与课程设置

摄影测量专业的教学安排与课程设置如表1.26、表1.27所示。政治、体育、外语等公共课，数学、光学、电子学、电算基础等基础课，测量学、地形绘图等专业课内容和要求，与工程测量专业相应课程的内容要求、教学时数和采用的教材相同。

表1.26 教学环节时间分配

专业名称：摄影测量　　学制：中专二年(高中毕业生源)　　1980年

教学周数 项目 / 学年	入学教育	理论教学	考试	实践教学	学军	公益劳动	假期	机动	毕业教育	总计	说明
一	1	33	2	6		1	8	1		52	教学周数
二		30	2	9		1	8	1	1	52	
合计	1	63	4	15		2	16	2	1	104	

表1.27 课程设置与教学进程计划

专业名称：摄影测量　　学制：中专二年(高中毕业生源)　　1980年

序号	课程名称	按学期分配		教学时数			课程时数分配				说明
		考试	考查	总数	讲课	实验	Ⅰ(19)	Ⅱ(14)	Ⅲ(20)	Ⅳ(10)	
	一、公共课			378	268	110					
1	政治		Ⅰ～Ⅳ	126	126		2	2	2	2	
2	体育		Ⅰ～Ⅳ	126	16	110	2	2	2	2	
3	外语		Ⅰ～Ⅳ	126	126		2	2	2	2	

续表

序号	课程名称	按学期分配		教学时数			课程时数分配				说明
		考试	考查	总数	讲课	实验	Ⅰ(19)	Ⅱ(14)	Ⅲ(20)	Ⅳ(10)	
	二、基础课			585	508	77					
4	数学	Ⅰ,Ⅱ		208	208		8	4			
5	光学	Ⅰ		57	40	17	3				
6	电子学	Ⅱ,Ⅲ		124	100	24		3	4		
7	投影几何与透视		Ⅱ	56	50	6		4			
8	电算基础		Ⅳ	60	50	10				6	
9	摄影与摄影处理		Ⅲ	80	60	20			4		
	三、专业课			889	581	308					
10	测量学	Ⅰ,Ⅱ		231	151	80	7	7			
11	地形绘图		Ⅰ,Ⅱ	198	70	128	6	6			
12	测量平差		Ⅲ	80	70	10			4		
13	平面摄影测量	Ⅲ,Ⅳ		160	120	40			5	6	
14	立体摄影测量	Ⅲ,Ⅳ		200	150	50			6	8	
15	遥感		Ⅳ	20	20					2	
	合计			1 852	1 357	495	30	30	29	28	

投影几何与透视　介绍画法几何和工程画的基本内容，介绍透视学的基本知识；安排56学时，自编教材。

摄影与摄影处理　摄影物镜要求，感光材料，摄影处理过程，摄影像片的质量评定等；安排80学时，自编教材。

测量平差　测量误差及误差传播的基础知识，直接观测平差及其精度估计，条件平差及其精度估计，间接平差及其精度估计，测量平差在空中三角测量加密中的应用等；安排80学时，使用自编《测量平差》出版教材，删繁就简使用。

平面摄影测量　平面摄影测量概念及基本知识，像片纠正，摄影测量外业，分带投影转绘等；安排160学时，自编教材。

立体摄影测量　立体摄影测量的概念，多倍投影仪测图，立体量测仪测图，精密立体测图仪测图，电算加密技术等；安排200学时，自编教材。

遥感　遥感概念及基本原理，遥感信息获取方法和设备，遥感信息处理技术等；安排20学时，自编教材。

3）实践性教学安排

第一学年6周实践性教学，安排在国家基本控制网点上进行平面和高程测图控制加密测量，在此基础上进行地形测量实习（创造条件进行生产实习）；掌握经纬仪、水准仪、平板仪操作技术，能完成地形测图的作业任务，为掌握摄影测量各种成图方法打好基础。第二学年9周实践性教学，安排纠正仪、多倍仪、立体量测仪、精密立体测图仪及电算加密的操作实习，以及各种摄影测量成图方法实习；结合生产任务进行综合法成图外业与内业的生产实习，使测量成果满足生产要求。以生产实习总结报告代替毕业设计，结合实习表现和技术考核评定成绩。

4. 中专二年制矿山测量专业教学计划

阜新煤炭工业学校矿山测量专业，中专二年制教学计划的教学环节时间分配表、课程设置与教学进程计划表如表1.28和表1.29所示。

表 1.28　教学环节时间分配

专业名称：矿山测量　　　　学制：中专二年(高中毕业生源)　　　　1981 年

学年＼教学周数＼项目	入学教育	理论教学	考试	实践教学	毕业设计	公益劳动	假期	机动	毕业教育	总计	说明
一	1	27	2	7			8	1		46	教学周数
二		28	2	7	5		4	1	1	48	
合计	1	55	4	14	5		12	2	1	94	

表 1.29　课程设置与教学进程计划

专业名称：矿山测量　　　　学制：中专二年(高中毕业生源)　　　　1981 年

序号	课程名称	按学期分配		教学时数			课程时数分配				说明
		考试	考查	总数	讲课	实验	Ⅰ(16)	Ⅱ(11)	Ⅲ(21)	Ⅳ(7)	
一、公共课				264							
1	政治		Ⅰ～Ⅳ	108			2	2	2	2	
2	体育		Ⅰ,Ⅱ	52			2	2			
3	外语	Ⅰ	Ⅱ	104			4	4			
二、基础课				374							
4	数学	Ⅰ,Ⅱ		134			6	4			
5	电算基础		Ⅰ	60			4				
6	地形绘图		Ⅰ	48			3				
7	煤矿地质	Ⅱ		77				7			
8	采煤概论		Ⅱ	55				5			
三、专业课				715							
9	地形测量	Ⅰ,Ⅱ		134			6	4			
10	测量平差	Ⅲ		126					6		
11	控制测量	Ⅲ,Ⅳ		126					4	6	
12	矿山测量	Ⅲ,Ⅳ		140					5	5	
13	岩石移动		Ⅲ	72					6×12/		
14	矿测制图		Ⅲ	54					/6×9		
15	矿井测量	Ⅳ		63						9	
四、增设课				(154)							
16	计算机应用		Ⅲ	(42)					(2)		
17	科技外语		Ⅲ	(42)					(2)		
18	航测基础		Ⅳ	(35)						(5)	
19	仪器检修		Ⅳ	(35)						(5)	
	总计			1 353 (1 507)			27	28	27	32	

这个教学计划的特点是：

(1)培养为煤炭工业矿山建设和开发服务的矿山测量中等技术人员。在编制矿山测量专业教学计划时，考虑到高中毕业生源的基础知识水平较高的因素，在教学计划中适当减少了课堂教学的周数，安排了 55 周(要求 58～63 周)；减少了假期，安排 12 周(要求 16 周)；最后总教学周数为 94 周(要求 104 周)。

(2)除体育课外，其他公共课、数学、电算基础等课程，基本上按制定中专教学计划的要求安排的，使用统编教材进行教学。基础课中设煤矿地质、采煤概论，体现矿山测量技术人员必须了解的相关科学技术。专业课的设置对矿山测量专业而言是比较全面的，从地面测量的地形测量、控制测量，到地下的矿山测量、矿井测量、矿山测量制图和岩石移动，以及作为观测数据处理理论的测量平差等。各门课程的课时数安排的较少，使每周的周学时数也较少(要求

26～30 学时)，而包括增设课的总课时数为 1 507 学时(要求 1 600～1 800 学时)也较少。在一定程度上减轻了学生的学习负担，增加学生自学时间。专业课使用煤炭部各中专矿山测量专业协作编写的教材。

(3)增设课中的计算机应用、科技外语、航测基础和仪器检修等课程，使用自编教材进行教学。虽然各门课程的课时数有限，但可扩大学生的知识面，掌握一些应用技术和技能，对毕业后走上工作岗位将有更好的适应性。

(4)实践性教学，第Ⅱ学期有煤矿地质(地质制图)、采煤工艺方法各 1 周的实习；矿区大比例尺地形测量实习 5 周。第Ⅳ学期安排矿区三、四等控制测量实习 4 周。矿井联系测量及生产矿井测量实习 3 周；毕业设计(包括收集有关资料)5 周。矿山地面和井下的有关测量进行较为全面的实习，对培养和锻炼学生的动手能力大有好处。用 5 周时间进行毕业设计，使学生运用所学的矿山测量基础理论知识与生产实际相结合，在解决具体技术问题上进行探索，发挥学生的创新精神，使培养的矿山测量专业毕业生质量达到较高的水平。

1.4.6 全国重点测绘中专学校和中专学校测绘专业的建设

1977 年恢复国家统一考试招生制度后，全国已有 20 多所中等专业学校开办测绘专业，主要是招收高中毕业生进行二年制的测绘中专教育。全国重点中专中，有 11 所学校开办测绘中专教育，他们努力地按全国重点中专要求办好学校和测绘专业。暂时不是全国重点中专的学校，在改善办学条件、加强教育管理、加速师资队伍建设、全面提高教学质量方面下工夫，争取在较短的时间内达到全国重点中专标准。1981－1985 年的“六五”期间，是全国测绘中专教育在调整改革的基础上建设和发展取得显著成绩的时期。

1. 南京地质学校测绘专业

该校是 1980 年公布的全国重点中专，测绘专业是该校的主干专业之一。1977 年恢复测绘科建制(主任邵诚，副主任熊天球、蒋信坤、裘宜生)。从 1979 年开始招 2 个地形测量、1 个航测和 1 个地图制图专业班，每班 40 人，共计 160 人；招高中毕业生学制二年，招初中毕业生学制三年。根据学制的不同编制同一专业不同的教学计划进行教学工作。学校党委贯彻中央的“拨乱反正”、落实党的知识分子政策，把下放的教师调回学校。由于缺少专业教师，1975－1980 年从本校选拔优秀毕业生留校任教，在老教师指导下很快担任起专业教学工作。1982 年以后，从武汉测绘学院、同济大学测量系引进新一代测绘专业本科毕业生来校任教，教师队伍中青年教师的成分增加。测绘专业的中老年教师，都是“文化大革命”前从事测绘教学工作，具有 20～30 年教龄的教师，是专业教学、科研、生产和学生思想政治工作的骨干力量。1981－1982 年，首批中专教师职称评审中，在 56 名专业教师中有 4 人评为副教授(占教师总数的 7.1%)、18 人评为讲师(占 32.1%)、16 人评为教师(占 28.6%)，有部分老教师未报名参加评审。讲师及其以上职称的教师 22 人(占 39.2%)，在当时开办测绘专业的中专学校中这个比例是比较高的(1983 年年底，职称评审工作暂停，直到 1986 年才恢复评审)。

1)加强师资队伍建设

面对教师队伍的现状，要建设好全国重点中专，办好测绘专业，培养出“合格的较高水平的中等专业人才”，关键是培养高水平的师资队伍，学校和测绘科抓人才培养的主要措施有：

(1)发挥中老年教师在教学、科研、生产和技术服务中的骨干作用。中老年教师与青年教师一对一结成帮辅对象，支持青年教师尽早过好教学和指导生产实习关。为中老年教师开展教学法研究、专业科研、专题进修和参加学术活动创造条件，达到知识更新的目的。

(2)对不具备大学本科学历的青年教师，要求在较短时间内能承担一门专业课的教学任务，达到独立指导专业课的生产实习能力，在此基础上再熟悉和掌握1～2门课程的教学和指导实习的能力。在完成本职教学工作的前提下，鼓励和支持青年教师通过报考测绘专业本科函授教育，获得大学本科学历，为今后逐步成长为“双师型”教师创造条件。

(3)要求具有大学本科学历的青年教师，在较短时间内能承担1～2门专业课的教学任务和具有指导生产实习的能力。在完成好教学任务的前提下，为他们报考硕士研究生和分期分批报考助教进修班创造条件，把他们尽快培养成“双师型”教师。

(4)鼓励青年教师进行教学改革试验、教学法研究，提高教学水平；发动青年教师开展专业科研或参加专业技术服务活动，对取得科研成果的青年教师，为他们参加学术交流活动创造条件；为青年教师到大学专项学习进修创造条件，促进多数青年教师在20世纪80年代末期达到“双师型”教师水平。

2)重视专业教材建设

根据招高中毕业生二年制和有可能招初中毕业生四年制教学的需要，重新编写了各门课的教材。地质部教育司组织部属开办测绘专业的学校，分工协作编写专业教材，测绘科教师担任了主要的编写任务。从1977年到1985年前后，在测绘出版社和地质出版社支持下，先后自编和合作编写出版了《控制测量(上册)》(南京地质学校、哈尔滨冶金测量学校、北京建筑工程学校)、《大地测量》(上、下册)、《航空摄影测量》、《地图投影》、《地形测量学》、《地形绘图》、《地图制图》、《航空摄影测量学》和《控制测量》(地质部学校合编)。这些出版教材全国发行，被许多开办测绘专业的中专学校、测绘职工中等学校和测绘培训班选作教材。

3)改善测绘仪器装备

抓好器材建设的核心是更新测绘仪器装备、建设好各专业实验室和测绘实习基地。20世纪70年代末至80年代初，学校办学经费有限，千方百计地筹备测绘仪器投资，在部教育司的支持下，购进了J_1与J_2型的精密光学经纬仪、S_1型精密水准仪，以及常规的J_6型光学经纬仪和S_3型水准仪及新型平板仪，还引进了进口的电磁波测距仪和电子经纬仪，改善了控制测量和地形测量仪器设备。引进了精密立体测图仪、正射投影仪等先进的新仪器，提高了摄影测量生产作业的能力和水平。购置了植字机和有关的地图制印设备，提高了地图制图实验室的装备水平。特别是购置了可编程电子计算器、便携式PC-1500等型的计算机及台式微机，彻底改变了测量计算使用对数表、三角函数表和手摇及电动计算机时代，使控制测量、地形测量、航测、地图制图等数据处理变得简便快捷和程序化与自动化，使有关的教学内容、作业方法更加现代化。

4)加强动手能力培养

测绘科组织专业课教师按学校建设全国重点中专方案，进行地形测量、航空摄影测量和地图制图3个专业的教学工作。建立教学管理、学生管理制度，认真进行课堂教学，认真组织各专业的测量教学实习和生产实习，通过测量生产实习完成各测绘单位的生产任务。例如：地形测量专业完成凤阳县、吉山矿区的控制测量和1∶2 000、1∶1 000和1∶500地形测量任务；航测专业完成丰县1∶1 000的20 km^2 80幅图航测成图及清绘任务；地图制图专业完成1∶200万黄河中下游工程地质图、1∶30万三门峡水库工程地质图编绘等。在完成测绘生产任务的工程实践中培养学生动手能力并积累了生产经验，提高了教师特别是青年教师指导和组织测绘生产能力，支援了国家建设，也为学校创造了一定的经济收入。测绘科重视培养测绘专业中专毕业生具有肯干、会干和能干的"三干"能力。肯干，就是坚持正确的政治方向，热爱本专业工作，有为社会主义建设事业服务的决心；会干，就是掌握测绘中等技术人员应掌握的基本理论、基本技术和基本技能，有承担测绘生产任务的能力；能干，就是有一定的理论联系实际解决实际技术问题的能力，有一定的自学能力，有不怕困难、知难而上的作风，有钻研业务和完成任务的信心。高中毕业生二年制的测绘各专业毕业生具备了"三干"能力，受到用人单位的欢迎。

5)开展科研活动取得成果

测绘科专业教师在全面完成教学任务的同时开展科研活动。根据教学需要，教师编制PC-1500计算机用于水准网、导线网、混合网的平差程序，以及用于坐标换带计算的程序；进行在丘陵山区用光电测距高程导线代替四等水准测量的试验研究和精度分析；用1∶4 000航摄像片测制1∶500地形图的实践与研究等。一些获奖的科研成果有："南京地区南象山地形地质影像地图"获江苏省科技四等奖，"HD-DM独立模型区域网平差程序"获江苏省科技三等奖，"PC-1500机混合控制网平差程序"获江苏省测绘学会科技二等奖。老中青教师在中国测绘学会、江苏省测绘学会发表学术论文，以及在《测绘通报》、《江苏测绘》和学校刊物上刊出论文40余篇。

6)挖掘办学潜力，合作开展专科教育

测绘科1977—1985年共培养出地形测量、航空摄影测量和地图制图3个专业的中专毕业生1 048人，培养出培训学员498人，受到用人单位广泛好评。1980年9月至1983年7月与南京金陵职业大学联合开办了一期"工程测量"专科班，招高中毕业生，学制三年；1985年9月至1988年7月，与常州职业技术师范学院联合开办了一期"工程测量"专科班，招高中毕业生，学制三年，为当时的职业学校培养测量师资。利用测绘科的教师和设备优势，探索和积累了测绘专科教育经验。

根据地质部教育司的指示，1985年航空摄影测量专业停止招生，设工程测量专业；从1985年起，招初中毕业生，中专学制四年，设地形测量、工程测量和地图制图3个专业；制定相应的四年制教育计划和有关课程的教学大纲，迎接测绘中专新的教学任务。

2. 郑州测绘学校

1982年学校基本建成，同年9月开学，迎来了航空摄影测量、地图制图两个专业第一批新生。1983年新设大地测量专业，招收高中毕业生，学制二年半。1984年3个专业的学制都改为二年制。国家测绘局十分重视该校的建设和发展。从开学那天起，学校党委就把在较短时间内将学校建成全国重点中专学校作为近期努力目标，按全国重点中专学校的要求进行学校建设。1984年2月，国家测绘局党组决定由康润生任临时党委书记兼校长，主持学校党政工作。

1)加强党委对学校的领导

学校党委按《关于党内政治生活的若干准则》精神搞好领导班子成员团结，与党中央保持一致，按全国重点中专学校领导班子建设要求搞好领导班子建设。结合学校建设实际，考虑到学校教师和干部来自各测绘单位，党委的主要工作有：落实"拨乱反正"和党的知识分子政策，贯彻"解放思想、开动脑筋、实事求是、团结一致向前看的方针"，做好教职工的思想政治工作，调动教职工积极性，把主要精力集中在以教学为中心的工作上来；迅速建设一支符合测绘专业教学需要、达到重点中专要求的教师队伍；加强测绘仪器装备、基础课和测绘各专业实验室建设；建立学生思想政治工作体系，加强学生思想政治工作，形成丰富多彩的校园文化，取得精神文明建设成果；建立高标准的学校管理制度、教学管理制度、学生管理制度，发挥教学管理机构的作用，组织好课堂教学和实践性教学，要求教师对学生全面负责，做到教书育人，全面提高教学质量；加强学校后勤部门的管理，办好食堂，搞好卫生保健工作，加强宿舍管理和安全保卫工作，体现管理育人、服务育人的理念。学校党委动员全校教职工，贯彻“以教学为中心，为教学服务”和建设好校风的指导思想，树立学校的一切工作都是为培养合格的较高水平的测绘中等技术人才服务的观念。经过“六五”时期的努力，为建设全国重点中专打下基础。

2)建立有学校特色的教学管理机制

以教学为中心，建立正常的教学秩序，建立执行教学管理的运行机制。学校有关领导带领各教学机构负责人，到有多年测绘中专教育经验的南京地质学校测绘科和哈尔滨冶金测量学校，了解和学习学校的教学组织与管理、教学计划与课程教学大纲的编制、教研室工作、课堂教学与实践性教学组织、教材编写、师资队伍建设及学生的思想政治工作等方面经验。结合郑州测绘学校的实际，在较高的起点上开创性地建立起本校的教学管理和运行机制，保证学校按期开学，逐渐增加新专业，在教学实践过程中积累自己的经验，形成本校测绘中专教育的特色。根据教育部对招高中毕业生中专二年制编制教学计划的要求，结合国家测绘局3个直属测绘局和各省测绘局对航空摄影测量、制图和大地测量中等技术人员应达到技术水平的要求，考虑高中毕业生源基础课知识较丰富的特点，编制出学制二年半(或二年)的3个专业教学计划和课程教学大纲等教学文件。各有关教研室依据这些教学文件，组织课堂教学和实践性教学，使全校的教学活动在正常教学秩序环境下运转起来。

3)重视测绘仪器装备、实验室和图书馆建设

国家测绘局十分重视郑州测绘学校的办学基础设施建设，在20世纪80年代初期，为学校测绘仪器装备和实验室建设投入297万元资金，使测绘仪器和装备基本上达到国家测绘局所属专业测绘队伍的水平。从用于大地测量与工程控制测量的高精度 T_4、T_3、TT_{26} 经纬仪和 J_2 级精密经纬仪，以及 S_1 精密水准仪和电磁波测距仪，到地形测量使用 J_6 级光学经纬仪、S_3 级水准仪和新型平板仪，不仅类型俱全，而且在数量上保证学生课堂实习和生产实习的需要。航空摄影测量仪器，从常规的摄影测量各种仪器到精密立体测图仪，形成了摄影测量系列仪器装备，不但能满足摄影测量各种成图方法实习的需要，而且可以形成航空摄影测量从精密立体测制地形图到综合法成图的生产作业能力，为测绘生产服务。地图制图专业的植字机、地图缩放设备、刻图设备、图廓展绘设备和地图复照与制印设备，不但可以满足学生实习的需要，而且可以形成地形图和专用地图的清绘、复制、编绘和制印的生产能力。由电子计算器、便携式计算机和台式微机组成的计算机室，使学生直接掌握电子计算工具进行各种测量计算作业，达到与生产作业单位同等作业装备水平。基础课实验室、语音教室的建立，保证了基础课实验教学和外语课语音训练教学的需要。建立电化教学室，为摄制专业课专题教学录像带和放映教学录像带创造条件，将现代化教学手段引入专业课教学中，可以减少课堂教学时数，提高教学质量。为给学生创造良好的学习环境，学校图书馆楼藏有文学、艺术、社会科学、自然科学等图书和较丰富的测绘专业图书与资料，有各种期刊供学生阅览。

4)搞好教研室建设

由于学校新建，中老年教师主要来自各测绘局和生产单位的技术人员，他们有一定的专业理论水平和较丰富的生产作业经验，但组织教学活动的经验尚有不足；新来的大学本科毕业的

青年教师，具有一定的现代测绘科学知识，但教学经验和组织测绘生产经验有待在实践中提高；由于专业教师不足，从本校选拔优秀毕业生留校任教或任实验教学教师，在专业科学知识、教学工作能力、组织生产实践能力等方面都有待提高。选好学术水平高、专业生产经验丰富、有教学组织能力和受教师拥护的人任教研室主任、副主任，制定《教研室工作要求和制度》、《教学工作量和超工作量奖励规定》和《先进教师评选条件》，激发教师教学工作的积极性，搞好教研室建设。“六五”期间教研室主要做好以下工作：整合老中青教师的长处和优势条件，发挥集体力量，深入研究专业教学计划、课程教学大纲和教材，搞好集体备课，教师要做到课堂教学“五认真”；教师编写好课堂实习指导书，认真组织好仪器操作实习，批改学生的实习报告，保证课堂实习质量；认真组织好教学实习和测量生产实习，培养学生理论联系实际的动手能力和不怕困难、认真负责、遵守测量规程的优良作风，保证毕业生有较高的综合素质；组织教研室内部的观摩教学，进行评教评学活动，开展教学法研究，总结教学经验，学习教育学理论，提高教研室综合教学水平；组织教研室时事政策和马列主义、毛泽东思想理论学习；组织好专业技术学习，督促教师完成业务进修计划，开展科研和专业技术服务活动，促进教师走又红又专的发展道路。教研室注意积累编写专业课教材的素材，为编写适合本专业需要的教材做好准备。

5)加强新时期学生思想政治工作

国家测绘局重视郑州测绘学校的学生思想政治工作，1983 年 7 月批准设立学生科，建立了学校共青团委员会，学生思想政治工作建立班主任和班级辅导员协作制。学校颁发《班主任工作条例》，对班主任的选任、职责、待遇有明确规定。通过班主任例会布置学生工作要点、思想政治工作内容，交流各班级情况，提高班主任工作水平。班级辅导员由学校副科职以上干部担任，与班主任配合深入班级了解学生的学习、生活和思想状况，征求学生对学校的意见，及时反馈学生的学习和思想动态信息，以利于改进学生工作。为规范学生行为、加强管理，学校制定《郑州测绘学校学生手册》、学生宿舍《公寓管理条例》，开展创“文明宿舍”活动。通过团委、学生科指导学生会的工作，发挥学生会是学生自我管理、自我教育和团结广大青年学生参加各种活动的作用。组织文娱、体育、文学、艺术、外语，以及各种技术竞赛活动，形成丰富多彩的校园文化。党委在青年学生中开展党建工作，建立学生业余党校，吸收积极要求入党的共青团员参加学习，进行党的基本知识、党章、党史教育，鼓励先进的共青团员向共产党员标准努力。为了在学生中开展好党、团工作，党委和团委制定了《党支部书记岗位责任制》、《团委委员工作职责制》和《团支部组织活动制度》等工作责任制度。学校每年召开学生思想政治工作会议，总结学生思想政治工作成绩和经验，提出进一步开展学生思想政治工作的要求，把思想政治工作落在实处。学生思想政治教育，按教育部和中宣部规定内容进行课堂教学，通过时事政策教育环节进行爱国主义、社会主义、集体主义和劳动教育；坚持实践是检验真理的唯一标准教育，坚持四项基本原则和反对任何形式的自由化思潮教育；培养学生成为有理想、有道德、有文化、有纪律的社会主义事业的建设者和接班人。坚持正面教育，以先进学生和先进集体的事例和表现启发广大学生积极上进、奋发图强。开展评选学雷锋积极分子、三好学生、优秀团员、优秀团干部、先进团支部、优秀学生干部和先进班级等活动，使广大学生学有榜样。在学生中开展社会主义精神文明教育、社会主义民主和法制教育。通过开展“文明宿舍”、“文明班级”和建设文明校园活动，把社会主义精神文明建设落实在行动上，为形成一个好校风、为创建省市级“精神文明先进单位”而努力。

6）加强“双师型”师资队伍建设

全国重点中专的条件之一是：有一支思想好、业务水平高、教学经验丰富的教师队伍。1980年国家颁布的《关于中等专业学校确定与提升教师职务名称的暂行规定》，对高级、中级、初级教师职称的教学、科研、生产等成果和水平有明确规定。由于“六五”初期中专职称评定时恰逢建校时期，未能进行这项工作。因此，“六五”期间师资队伍建设要为“七五”期间教师职称评审做好充分准备，为形成“双师型”教师队伍打好基础。

（1）认真落实知识分子政策，为教师搞好教学、开展科研和生产技术服务活动创造条件。在生活福利、住房、子女入托和入学等方面给予照顾，解除他们的后顾之忧。关心教师在政治上的进步和成长，评选先进教师，对超工作量教师给予奖励，宣传教书育人作出成绩教师的先进事迹；吸收积极要求入党的教师参加党校学习，把符合党员标准的教师发展入党。

（2）发挥中老年教师在教学、科研和测绘生产等方面的骨干作用。为他们到测绘学院进修，更新知识提高现代测绘科技水平创造条件；鼓励他们进行科学研究，进行教学改革和教学法研究，发表科研论文，为他们参加学术活动创造条件；鼓励他们积累各门专业课的素材，为编写适合学校专业建设需要的教材做好准备。

（3）对不具备大学本科学历的青年教师（不具备专科学历的实验教师），在过好教学关和指导生产实习关的基础上，鼓励他们报考有关专业大学本科（或专科）函授学习，为他们在职学习和集中到大学面授创造条件，争取尽早获得本科（或专科）学历，达到合格中专教师的学历要求，为争取达到“双师型”教师准备条件。

（4）具有大学本科学历的青年教师在过好教学和指导测量生产关的前提下，鼓励他们报考硕士研究生，也可分批分期地报考助教进修班，学习研究生基础课和专业课，提高专业学识水平。他们是培养“教学、科研、生产相结合”教师队伍即“双师型”教师队伍的重点关注群体。

（5）要求教师在教学过程中对学生全面负责，做好教书育人工作。鼓励教师在完成教学任务基础上开展科研和技术服务活动；开展教学法研究，进行教学改革试点，把教学改革成果与科研成果同等对待，形成培养“教学、科研、生产相结合”教师队伍的氛围。学校创办《中等测绘教育》刊物，刊出教师的科研和教学研究成果，将优秀成果推荐参加中国测绘学会和省测绘学会的学术会议。

7）建立教学质量检查、反馈和鼓励机制

在教学副校长领导下，组织教务科和教研室负责人，对教学计划、教学大纲等教学文件的执行情况进行检查，对教研室工作进行检查；召开教师、学生座谈会，对教师的教学工作进行评教评学活动，征求对学校工作的意见和建议。将反馈的教学活动情况进行总结分析，把先进的教学经验、教师提高教学质量的先进事迹、教书育人受到学生爱戴的教师等材料，刊登在学校定期编发的《教学动态》和《教学评议》刊物上。定期评选教育先进工作者、教书育人先进教师，奖励超工作量完成教学任务的教师。通过评教评学活动，将反馈的教师教学情况进行整理分析，逐渐地分出教师中的学科带头人、骨干教师、合格教师和不合格教师，便于学校和教研室有针对性地对教师进行培养和帮助，提高教师队伍的综合素质。

1985年4月和8月，中共国家测绘局分党组决定：李文芝任校长兼临时党委副书记，聂子友任党委副书记（主持党委工作，1986年12月任党委书记），常万春、赵国印为副校长，由上述4同志组成测绘学校党委。11月，国家测绘局批复学校设教务处、科研教育处、总务处、学校办公室、党委办公室；分党组批复成立党委纪律检查委员会，牛金涛任书记。学校建立了工会，召开了首届教职工代表大会，健全了学校党政工团组织。到 1985 年年底，学校有在校学生 520 人，教职工 183 人，其中教师 83 人；送走了郑州测绘学校航空摄影测量与地图制图专业第一批毕业生 79 人。

3．武汉电力学校测量专业

1979 年 9 月学校组建新的党政领导班子。按党中央“拨乱反正”要求落实知识分子政策，平反冤假错案、恢复中老年教师职务、解决受不公正待遇的教师与干部的住房和生活困难等。党委按干部的“四化”要求，选拔中青年教师充实学校各层机构的领导岗位；加强基层教研组建设，加强学校的行政管理，加强教务科及教学组织勘测科（包括测量专业）、水利科、电力科和动力科建设；建立教师的责任制和考核制度；建立学生的学籍管理、学习成绩考核和升留级制度；使学校的教学秩序正常化、规范化，为提高教学质量创造良好的教学环境。1980 年学校为教育部公布的全国重点中专。1979 年以后测量专业招收高中毕业生，1979－1983 年中专学制为二年半，1984 年、1985 年中专学制为二年。1981 年、1982 年，测量专业为水电建设总局开办两届测绘职工中专班，学制二年半（初中文化水平）。

1）加强新时期学生思想政治工作

除按规定对学生进行政治理论和时事政治教育外，建立班主任工作制，通过学生科和共青团委，形成学生思想政治工作体系。进行爱国主义、社会主义、集体主义和劳动教育；坚持德育是方向、智育是中心、体育是基础的教育理念。坚持四项基本原则和邓小平建设中国特色社会主义理论的教育。树立“坚定正确的政治方向，刻苦钻研的学习风气，实事求是的科学态度，艰苦朴素的生活作风”的校风。开展“学雷锋，树新风，为四化，创三好”的群众性活动，建立为四化建设而学习的好学风。

2）坚持中专教育培养目标

学校认为，建设全国重点中专学校，必须坚持中等专业教育的培养目标，在招高中毕业生中专二年制的情况下，也不能向专科教育看齐。中专教育要从我国电力工业技术的实际水平考虑高中毕业生源的具体情况，处理好加强基础教学与学好专业理论知识、专业理论教学与专业实践教学的关系，处理好在专业实践性教学中培养学生基本技能与培养优良作风和职业道德的关系。这些关系反映在中专毕业生身上，就是要解决毕业生的“前劲”足（到工作岗位动手能力强，通称“前劲”足）、“后劲”弱（技术革新和技术开发能力不足）的问题。新时期中专教育要使毕业生既有“前劲”，又要有一定的“后劲”。测量专业就要在二年的教学期间，通过课堂教学和实践性教学，通过思想政治工作和专业生产实习及参加社会活动锻炼，使毕业生掌握教学计划培养目标要求的基础科学知识、专业基础理论、基本技术和基本技能，除此还要有查阅资料、整理分析数据和资料、编制技术设计和提出技术总结报告的能力，以及具有一定的独立思考、探索创新、阅读外文专业资料和自学能力，为今后的继续教育和从事技术开发工作打下一定的基础。为实现这个目标，在教学实践中要不断总结经验，进行教学内容、方法的改革，贯彻少而精原则，控制周学时（一般在 28～30 学时），给学生留有更多自学时间，发展个性学习的机会。

3）提高测绘仪器的现代水平

学校重视测量专业仪器设备及实验室的建设。在原有 T_3、蔡司 004、大型纠正仪、立体坐标量测仪及常规仪器的基础上，又购置了 Di1000 红外测距仪，以及蔡司、柯恩 007 自动安平水准仪，还有 14 台光学经纬仪和 14 台水准仪；购置了电子计算器、便携式电子计算机和台式微机，大大改善了测量计算工具现代化水平，使测量专业的测量仪器设备与水电部门测量生产单位的水平大体相当，为测量课程的课堂实习、教学实习和生产实习提供了较好的测量仪器装备条件。

4)改革课程设置与教学内容

测量专业在勘测科领导下，在教学实践中不断调整和修改二年半制和二年制的教学计划，在基础课方面增加电子技术课和计算机应用课；考虑到电力工程建设在现代电站建设中的工程规模越来越大，有必要加强工程测量课中的施工测量内容；在控制测量中增加电磁波测距内容，在测量平差中增加自由网平差内容，有利于变形观测控制网建立时的应用。为使学生全面了解和逐步掌握测量工程的踏勘设计、组织施工和测量成果的检查验收等知识，开设了测绘管理课程。为使毕业生有更加广泛的服务范围，有计划、有步骤地将测量专业向"工程测量与监理"专业过渡。"六五"期间，测量专业在课堂教学、实践性教学过程中，发挥教师全面负责精神，既重视学生的"前劲"锻炼，又注意学生的"后劲"培养，高中毕业生源的中专毕业生的综合素质较高，毕业生在工作岗位上的思想作风、测绘技术水平和综合工作能力都有较好的表现，很快成为各测绘单位的技术和管理工作的骨干。1977－1985年，培养出测量专业中专毕业生418人，测绘职工中专毕业生83人。

4. 黄河水利学校工程测量专业

该学校是1980年的全国重点中专。1977年全国统一考试招生，将测量专业改为工程测量专业，学制分二年和二年半。当时有专业教师17人，建立了工程测量教研室(主任刘志章)，分测量学、控制测量与平差、工程测量和航空摄影测量4个教研组进行工程测量专业的教学工作。编写有关专业课的教材，参加水电部中专学校测绘专业协作编写教材工作，担任《水利工程测量(1)》的主审任务。改为工程测量专业后，集中精力搞好各门专业课的课堂教学，组织好课堂实习、教学实习和生产实习。学校重视测绘仪器装备建设，在原有仪器基础上，新购置瑞士T_3和T_2精密经纬仪、蔡司精密光学水准仪、电磁波测距仪，以及J_2和J_6级光学经纬仪、S_3级水准仪和摄影测量成套仪器等，有力地保证了工程测量专业各项测量生产实习的需要。为搞好实践性教学，保证有测量生产任务的来源，与有关单位建立协作关系，为学校提供测量实习基地：陆浑水库国家四等三角测量及地形测量基地；开封市城市三角测量基地；登丰县大中比例尺地形测量基地；开封市龙亭西山大比例尺地形测量基地；开封市水门洞大比例尺地形测量基地和开封市森林公园大比例尺地形测量基地等。以实习基地为依托进行各项测量实习，再设法承担各单位的测量生产任务，组织学生进行测量生产实习，在培养工程测量专业毕业生的动手能力方面有较为充分的保障。从1977年到1985年，在教师指导下共承担大型控制测量工程4项，各种比例尺地形测量工程9项，河道测量工程1项，航空摄影测量调绘工程1项。这一时期高中毕业生源二年制工程测量专业毕业生的动手能力较强，受到用人单位的欢迎，体现了黄河水利学校培养的工程测量专业毕业生的特色。

工程测量专业教师开展教学研究和测量技术服务活动，在河南省和开封市测绘界有广泛的影响。该校测量专业毕业生在黄河水利委员会所属的勘测、建设工程单位，以及在河南各地的城建单位分布很广，社会影响很大。工程测量专业邀请解放军测绘学院、黄委会、葛洲坝工程局测绘总队、地矿部等单位的专家教授来校给师生做新技术学术报告，并吸收测绘生产单位技术人员参加，产生很好的学术传播影响。1984年，开封市测绘学会成立，刘志章任理事长，王翰长任常务理事兼秘书长，学会挂靠在学校工程测量教研室。1985年，河南省测绘学会第二届会员代表大会上，刘志章被选为省测绘学会常务理事。“六五”期间，工程测量专业在建设“教学、科研、生产”相结合的教师队伍、形成“产、学、研”相结合的教学模式、在学校领导下按全国重点中专学校要求提高工程测量专业教学质量、培养合格的较高水平的测绘中专毕业生等方面取得很大成绩。从1977年到1986年，培养出高中毕业生源的工程测量专业毕业生507人，在工程测量专业建设上迈出了可喜的一大步。

5. 长春地质学校地形测量专业

学校于1980年收归地质部领导，是教育部公布的全国重点中等专业学校。地形测量专业1979年开始招高中毕业生，学制二年，到1982年共培养4届毕业生335人。根据教育部要求中专学校逐步转为招初中毕业生，1983年开始招初中毕业生、学制四年的地形测量专业中专新生。学校根据建设全国重点中专要求，加强师资队伍建设，提高教师的综合教育水平；在上好专业理论课基础上，提高实践性教学水平，培养学生动手能力；加强学生思想政治工作，在实习、专业生产劳动中，培养艰苦奋斗、不怕困难、奋发上进的作风和良好的职业道德；形成本专业测量中等技术人员的培养模式，为培养合格的较高水平的测绘中等技术人才，创出学校测绘专业毕业生的“品牌效应”而努力。

1）努力建设“双师型”教师队伍

1973建立地形测量专业。1980年前后，测绘专业有15名专业教师，其中有3名教师长期从事测绘教学工作，教学经验丰富；4名教师由测绘生产单位调入学校，生产经验丰富，但教学水平有待提高；由于专业教师短缺，1975－1980年从优秀毕业生中选拔8人留校任教，这些青年教师专业学识水平、教学能力、测绘生产能力等方面都有待提高。教师队伍达到重点中专“双师型”水平要做很大的努力。学校在提高教师综合教学能力方面采取的主要措施：

(1)青年教师在老教师帮助和指导下，钻研专业教学计划、课程教学大纲和教材，在集体备课基础上搞好个人备课；做到没有学期授课计划不上课，没有课时计划不上课；认真讲好课，认真组织好课堂实习，对学生全面负责，做到“五认真”和教书育人。在较短时间内使青年教师达到能担任1～2门专业课的教学能力。

(2)对不具备大学本科学历的教师，创造条件分期分批地送到武汉测绘学院、南京地质学校测绘科脱产进修1～2年，提高专业学识水平，学习教学组织、教学方法等方面经验；在完成教学任务的前提下，鼓励青年教师报考本科函授学习，获得大学本科学历。鼓励本科毕业的青年教师报考硕士研究生，或报考助教进修班接受硕士研究生课程的学习。

(3)在中老年教师的帮助和指导下，安排青年教师参加指导教学实习和生产实习，提高他们测量生产的踏勘设计、组织生产、质量保障、测量成果检查验收等方面的独立作业能力，逐步成为指导测量生产实习的骨干力量。

(4)鼓励教师开展科研活动，特别是教学方法和教学改革的试点研究。经过教学实践，对各门专业课的教学内容已有较深刻的理解，采取老教师与中青年教师相结合的形式，编写适合本专业需要的各门专业课教材，把这项工作作为提高教师专业学识水平的重要途径。以这些教材为基础，先后参加了地质部教育司和地质出版社组织的测绘专业教材协作编写工作；参编了地形测量、控制测量学、测量平差、工程测量学等出版教材。

2）抓好理论教学与实践教学质量

由招高中毕业生二年制中专教育，转为招初中毕业生四年制中专教育，在专业教学计划上有一定的改变。地矿部教育司自1983年成立测量专业指导委员会，定期讨论制定测量专业的教学计划，各学校按统一的教学计划进行教学，各门专业课也大都使用各学校协作编写出版的教材。学校要求各专业严格按教学计划组织好教学，加强学科教研组建设，把提高教学质量作为中心任务抓好。在抓好课堂教学基础上，加强动手能力的培养非常重要。增加现代仪器设备、加强专业实验室设备建设，先后建立了长春净月潭、河北半壁店、吉林永吉岔路河等实习基地，可以满足地形测量、控制测量、工程测量和航测外业等项目的教学实习。强调基本功训练：写一手好字，练好标准记录字体，画好一张地形图，熟练使用计算机，掌握经纬仪、水准仪、平板仪、测距仪操作。生产实习的测量任务，由学校与测绘生产部门建立"产、学、研"协作关系，接受辽、吉、黑三省油田、地勘、城市建设、工程建设等部门的控制测量、地形测量和工程测量及航测外业的测量任务。在生产实习中，教师以身作则，与学生同吃、同住、同劳动并处处起表率作用。测量生产实习作业前，教师讲解任务要求及测量成果应达到的精度；进行示范操作、具体指导，进行充分实习；进行学生个人操作考核、小组作业水平考核，达到要求才准许作业；教师现场跟组指导，随时进行检查，观测记录、图面要做到站站清和当日清，不合格者必须重测；最后测量成果进行小组自检，组间互检，教师带领学生进行全面检查，达不到精度要求的返工重测；根据综合检查结果评定测量成果的质量等级。在生产实习过程中，教师对学生的思想政治工作、实习组织与管理、人身与仪器安全、群众工作和群众纪律、学生的学习和组织纪律、劳逸结合和身体健康等工作全面负责。通过学生的个人技术、学生的个人表现、在作业小组中的贡献、实习总结报告的质量，评定学生的测量生产实习成绩。通过测量生产实习锻炼了学生完成测量生产任务的动手能力，培养了良好的工作作风和遵守测量规范的职业道德，增强了毕业生到工作岗位胜任测量工作的信心。

长春地质学校地形测量专业从1973年成立到1985年，经过10余年的建设和发展，已经初步形成了有自己特色的测绘中专教育的模式，培养的工农兵中专毕业生和高中毕业生源的毕业生，受到用人单位的普遍好评和欢迎。"六五"期间除完成国家计划招生指标的培养任务外，还在1983年、1985年为吉林省和新疆维吾尔自治区培养两届测绘职工中专班学员108人。1977－1985年，加上代培中专毕业生127人，共培养地形测量专业中专毕业生741人。

6. 本溪钢铁学校矿山测量专业

该校是教育部1980年公布的全国重点中专。从恢复国家统一考试招生到1985年，都招收高中毕业生，办学制两年的矿山测量专业。1980年前后，有专业教师12名。在1981－1982年的第一批中专教师职称评审中，1名教师评为副教授，3名教师评为讲师，副教授和讲师占专业教师的33%，这个比例在当时开办测绘专业的中专学校中是比较高的。20世纪80年代初，受冶金部教育司委托，矿山测量专业负责组织昆明冶金工业学校、长沙冶金工业学校、广州有色金属工业学校等学校矿山测量专业教师，协作分工编写矿山测量专业各门课程的教材，该校承担了矿山测量的编写任务，各校编写出的教材汇总由冶金出版社出版发行，供各学校矿山测量专业使用，也被全国各部门中专矿山测量专业和矿山测量技术培训班采用作教材。学校在建设全国重点中专中，强调贯彻党的教育方针，贯彻教育与生产劳动相结合的指导思想，矿山测量专业教师精心组织课堂教学、课堂实习，重视组织矿区控制测量与地形测量的生产实习及生产矿井测量实习，保证培养的毕业生在矿山测量专业理论与动手能力方面都有较高水平。特别是1977年以来招收高中毕业生、二年制的矿山测量专业毕业生，在基础知识、专业理论和专业动手能力及综合素质方面都比以往的毕业生水平高。1977－1985年，共培养矿山测量专业中专毕业生640余人，受到冶金部黑色金属矿山生产单位的欢迎。

矿山测量专业开办30余年，有大批毕业生在全国黑色金属矿山从事测量工作，教研室与毕业生有广泛联系；教师带学生到矿山搞生产实习，了解矿山测量中遇到的技术问题，建立“产、学、研”相结合的协作机制，有针对性选择测量生产亟待解决的问题进行研究。例如，撰写出的科研论文《贯通测量精度的全面分析》、《论第二类平均值的精度》和《论插网镶嵌图形的条件形式》等，都是当时矿山测量生产中需要解决的技术问题。测量教研室教师们在《测绘通报》、《矿山测量》等刊物，以及在全国冶金学会的学术会议上发表学术论文40余篇，在冶金矿山测量界有较广泛的影响。本溪钢铁学校于1985年经教育部与冶金部批准改建为本溪冶金高等专科学校，矿山测量专业开始进行三年制的高等专科教育。

7. 昆明冶金工业学校矿山测量专业

学校是1980年教育部公布的全国重点中专。1977年恢复考试招生后，除1978年招1期高考分线上学制二年半的矿山测量大专班外，到1983年共招4期高中毕业生学制三年的中专矿山测量专业新生，每期招40～50人；1985年招职工中专二年制矿山测量专业23名学员。1982年以后，测量专业教师状况有很大改善，新来任教的大学测绘专业本科生7人，还有1名中专毕业的教师，专业教师共有13人。第一次中专教师职称评审有4位教师评为讲师，占专业教师的30.8%。根据学校建设重点中专学校提高教学质量的要求，结合云南省和西南地区有色金属矿山对矿山测量技术人员的需求状况，要分别编制学制二年半的专科、学制三年的中专(高中生源)和学制二年的矿山测量职工中专等教学计划。专科教学基本上采用矿山测量本科的出版教材，按教学计划和课程大纲要求删繁就简使用；中专三年制教材采用冶金部协作编写的出版教材，不足部分由教师编写供教学使用。中老年专业教师有矿山测量专业30年教学经验，带领青年教师按专业教学计划、课程教学大纲要求，组织各门专业课的教学，使青年教师尽快掌握各门专业课的教学内容、备课要求、教学方法、指导课堂实习的方法，提高课堂教学质量；中老年教师带领青年教师组织教学实习和生产实习，经过实际锻炼使他们尽快掌握组织和指导学生完成测量生产任务的能力，成为领导学生生产实习的骨干力量。经过2～3年的教学实践，这些大学本科毕业学历的青年教师很快成长起来，达到合格中专教师的水平。

完成教学任务的同时，在进一步完善本校编写的专业教材基础上，参加冶金部矿山测量专业4校的教材协作编写工作，承担《误差理论与应用》、《地形测量》两部教材的编写任务，由冶金出版社出版发行。在专业教师中开展专业技术和教学方面的科研活动，在《矿山测量》、《有色金属》等刊物和冶金部与云南省的学术会议发表论文10余篇；研制的“深孔指向仪”申请了专利，获昆明市科技进步三等奖。由于学校有近30年的办学历史，有大量毕业生在云南省和西南地区矿山和勘测部门工作，矿山测量专业与各部门建立起“产、学、研”协作关系，可以获得测量生产任务，为学生的测量生产实习创造了条件。1977年以来，每届学生都到矿区进行控制测量、地形测量生产实习和生产矿井测量实习，为各矿区完成大面积的矿区控制测量和地形测量任务，同时为学生创造了井下矿山测量的实习机会。

矿山测量专业自1977年到1985年，培养专科毕业生41人、中专毕业生230人、职工中专毕业生23人；从1972年恢复招生到1985年，共培养矿山测量专业中专毕业生397人，总计培养各层次毕业生461人。这些毕业生在云南省和西南地区有色金属矿山及其他测绘单位受到欢迎，很快成长为测绘技术和管理工作骨干，有许多人成为单位的党政领导干部。1985年，学校升格为昆明冶金高等专科学校，开始进行三年制的测绘专科教育，培养应用性高等矿山测量技术人才。

8. 长沙冶金工业学校矿山测量专业

学校是1980年教育部公布的全国重点中等专业学校。1972年建立矿山测量专业，1977年经统考开始招高中毕业生中专二年制矿山测量专业新生两个班(80人左右)；曾招1个班三年制矿山测量专业进行高等专科教育。学校党委领导班子，改善和加强对学校的领导，以党的十一届三中全会精神指导学校工作，认真落实知识分子政策，平反冤假错案；按全国重点中专要求，恢复和建立教学管理、学生学籍与成绩考核管理、教师业绩考核等制度，以教学为中心，加强师资队伍建设，提高教学质量，培养合格的较高水平的中专毕业生，使教职工特别是教师精神振奋，积极投身到新时期的学校建设中来。

1)重视师资队伍建设

矿山测量专业有中老年教师9人，多数是有20～30年测量教学经验的教师，有从测绘单位调入学校的测绘生产经验丰富的工程技术人员，还有1982年以来到学校任教的测绘专业大学本科毕业的10多位青年教师。这是一支具有老中青相结合、“教学、科研、生产”相结合的教师集体。20世纪80年代初，在首批中专教师职称评审中，评出1名副教授、7名讲师，副教授和讲师占教师的40%左右。学校为中老年教师提供到大学测绘专业进修学习和参加测绘学术会议的机会，达到更新专业知识、进行学术交流和了解测绘科学技术发展形势的目的，以利于专业教育与测绘生产技术发展实际情况相结合。支持青年教师报考硕士研究生和报考助教进修班学习硕士研究生的主要课程，提高学位和专业学识水平，以适应培养“双师型”中专教师和学校发展的需要。提倡在教师中开展科学研究活动。“六五”期间为适应中专和专科专业教学的需要，在原有专业教材基础上，结合测绘科技发展情况编写新教材，在老年和中年教师带领下，吸收青年教师参加，完成全部专业新教材编写任务，青年教师在编写测绘新技术《光电测距》等教材中发挥了积极作用。在此基础上参加冶金部中专4校矿山测量专业教师协作编写教材工作，承担《矿区控制测量》、《测量绘图》两部教材的编写任务。在专业教材编写中，提高了教师特别是青年教师的教学与专业学术水平。

2)制订有针对性的专业教学计划

根据教育部和冶金部编写中专二年制(招高中毕业生)教学计划的要求，结合有色金属矿山建设对矿山测量技术人员的要求，考虑到高中毕业生源的实际，在自然科学和专业理论的深度和广度方面加以调整，加强动手能力培养，使毕业生既有较强的“前劲”，又有一定的“后劲”。矿山测量专业教学计划的课程设置、教学时数及实践性教学方面的要点如下：

公共课有政治、体育和外语，安排110～130课时。基础课有数学(包括工程数学)，180课时；应用物理(光学、电子学基础)，60课时；测量绘图，50课时。

专业课有地形测量，120课时；矿区控制测量，150课时；矿山测量，140课时；光电测距，40课时；计算机及其在测量计算中的应用，60课时。还安排了选修课航测概要等4门新技课程。

实践教学环节，两年内安排教学实习2周，生产实习9周，毕业设计7周，共18周。

3)加强教研室建设提高教学质量

提高中专教学质量的关键措施之一是加强测量专业教研室建设。教研室工作重点是在中老年教师帮助指导下，加速对青年教师教学能力的培养。通过集体备课、个人备课、试讲与评议，做好课堂教学的准备；通过讲课、辅导、批改作业、考试与评分等教学活动，提高课堂教学水平；通过编写课堂实习指导书，搞好课堂仪器操作实习，提高指导课堂实习的能力。教研室与有色金属矿山和测绘生产单位，建立“产、学、研”协作关系，承担测量生产任务和获得矿山控制与地形测量和井下生产矿井测量实习的机会。在中老年教师帮助下，把青年教师放在领导学生生产实习的第一线，在生产实习实践中提高工程设计、组织实施、指导生产、进行质量检查和质量控制、测量成果验收，以及学生思想政治工作、安全与工作管理等方面的能力，使青年教师迅速成长为组织测量生产实习的骨干力量。通过测量生产实习培养了学生理论联系实际解决测量生产中实际问题的能力，提高了毕业生的综合作业水平。为搞好专科和中专生的毕业设计，教研室积极组织教师到有色金属矿山和测绘生产单位收集矿山测量和工程测量等各方面的技术革新项目，开展科学研究和为测量生产单位承担技术开发和服务任务。拟定与矿山测量和工程测量技术革新密切联系的毕业设计课题，供学生选用；鼓励学生在测量生产实习中收集毕业设计课题。在教师指导下，通过毕业设计，使学生运用所学的测量理论知识解决具体的技术问题，培养学生的独立思考和自我解决问题的能力，为毕业后在工作岗位进行技术革新打下一定的基础。

"六五"期间学校购置精密光学经纬仪与水准仪、电磁波测距仪，以及普通光学经纬仪与水准仪、平板仪、矿山测量的陀螺经纬仪等仪器设备，保证了教学实习和生产实习的需要。

4)测绘中专与专科教育的成绩

1977 年到 1985 年，矿山测量专业培养了 607 名中专毕业生、39 名专科毕业生和 35 名职工中专毕业生。在多种学制的测量教学实践中，锻炼了师资队伍，积累了教学、科研、测绘生产方面的经验，取得了不同生源、不同培养目标的学生思想政治工作和管理工作经验，使测绘教育的办学水平、教学质量、教师的综合教学能力提升到新的高度。培养的专科和中专毕业生受到有色金属矿山和其他测绘用人单位的欢迎和好评。从 1972 年矿山测量专业成立开始招生到 1985 年，共培养矿山测量专业中专毕业生 813 人，总共培养高中级测量技术人员 887 人。学校于 1983 年划归中国有色金属工业总公司领导，1984 年学校升格为长沙有色金属专科学校。1984 年、1985 年，继续招高中毕业生矿山测量专业二年制中专新生各 2 个班 80 人；1985 年开始招收高考第一批工程测量专业三年制专科生 37 名，开始进行测绘专科教育，培养应用性测绘高级技术人员。

9. 哈尔滨冶金测量学校

该校是 1980 年全国重点中等专业学校。1977 年恢复统考招生，按冶金部下达的招生计划，每年在全国 25 个省市自治区招高中毕业生、二年制的地形测量专业新生 250 人。1979 年经冶金部批准撤销地形测量专业，设工程测量、地形制图、摄影测量 3 个专业，仍在全国招高中毕业生 250 人、学制二年；其中工程测量 4 个班，地形制图和摄影测量各 1 个班。1983 年，经冶金部批准设工业企业财务会计专业，再加上为黑龙江省地方培养的矿山测量专业和中等师范数学、语文、化学等专业，学校每年招高中毕业生达 400 人。到 1979 年在校学生已达 800 人，达到了冶金部原定的办学规模。学校发展成以测绘各专业为主，向工企财务会计和中等师范各专业扩展的多学科的中等专业学校。

1)认真落实政策提高教职工思想觉悟

在学校党委领导下，贯彻党的十一届三中全会精神，执行"调整、改革、整顿、提高"方针，按新时期中等专业学校办学方向和全国重点中专学校的要求，以教学为中心，不断提高教学质量，为把学校建成高水平的中等专业学校而努力。

(1)学校党委认真落实党中央关于"拨乱反正"纠正冤假错案的有关政策，落实知识分子政策。为"文化大革命"前被错划为右派及反右倾被错误批判，以及"文化大革命"中被错误批判的教职工平反，为其受牵连的家属和有关人员消除影响；为受到不公正待遇的教职工解决住房和生活等方面困难，恢复这些同志的工作和职务，使这些同志从思想上、感情上得到慰藉。

(2)党委成立领导班子理论学习中心组，带领教职工学习党的十一届三中全会精神、邓小平建设中国特色社会主义理论、党在新时期的总任务和奋斗目标；运用实践是检验真理的唯一标准这一马克思主义的基本原理，批判"左"的思潮在政治上、经济上、科学与教育上所设置的重重障碍，坚持四项基本原则，把坚定正确的政治方向放在学校一切工作的首位。通过学习，提高干部和教师的思想政治觉悟，明确了全国中专教育工作会议提出的中专办学方向，为办好重点中等专业学校起骨干和示范作用。

2)充实领导班子改善党的工作

1982年前后党委书记商俊生，副书记、校长赵尚斌，副书记、副校长兼纪委书记王英等从事教育工作几十年的老同志先后离休。冶金部和哈尔滨市委派干部考查组到学校，按干部四化标准征求教职工意见进行干部考核。1983年12月由冶金部任命党委书记姜召宇，校长沈迪宸，党委副书记顾建高，副校长姜立本、高忠林，组成学校新的领导班子，实行党委领导下的校长负责制。

(1)加强领导班子自身建设。按《关于党内政治生活的若干准则》要求，制定了《党委例会制度》、《党委会议事规则》，增强规范化、制度化意识，避免随意性，充分发扬民主集中制原则，提高工作效率。为了促进领导班子思想革命化和廉洁自律，制定了《关于领导班子建设的八条规定》、《领导干部参加劳动制度》和《领导干部联系班级、联系教研组制度》，及时收集教职工和学生对学校工作的意见和建议，不断改进党委和学校的工作。

(2)通过教代会对党委和学校的重大决策和各项工作进行监督，不断改善党的领导。要求党员在学校的各项工作中发挥模范带头作用，明确基层党支部对所在部门和教学单位的各项工作起监督和保证作用。

(3)基层党支部要努力做好群众的思想政治工作，组织好所在单位和部门的政治理论和时事政策学习，增进团结，以教学为中心，在提高教学质量方面狠下工夫。

(4)党委重视在教职工特别是教师中开展党的建设工作。把多年来一直积极要求入党、符合党员标准的老中青教师吸收入党。"六五"期间，先后有两名在学校任教30余年的老教师、20世纪五六十年代来校任教的14名中年教师和工程技术人员，以及3名青年教师，共19人加入中国共产党，在教职工和广大青年学生中产生很大的积极影响。

3)加强师资队伍建设培养"双师型"教师队伍

到1983年，学校有教师109人，其中专业课教师51人。大部分是"文化大革命"以前从事测绘教学工作的中老年教师。1975－1981年，由于专业教师短缺，从本校具备任教条件的优秀毕业生中选留一批青年教师(包括实验教师)，还接收了一些工农兵大学生来校任教。1982年起，接收许多基础课与测绘各专业的本科毕业生来校任教。在1981－1983年的首批中专学校教师职称评审中，有8人评为副教授(专业课教师5人)，占教师总数的7.3%；有54人评为讲师(专业教师22人)，占教师总数的49.5%。两者合计占教师总数的56.8%，已经达到了教育部和冶金部对全国重点中专到1985年教师中副教授和讲师的比例占50%的要求(1983年底职称评审暂停)。测量专业教师副教授和讲师27人，占专业教师的52.9%，也达到了全国重点中专教师的比例要求。从专业教师的教学、科研和测绘生产的水平、能力及成果上看，已经是以"双师型"教师为主体的师资队伍。党委认为，"六五"期间师资队伍建设的重点是:着力更新中老年教师的知识结构,跟上测绘科学技术发展水平;到20世纪80年代末把不同学历状况的青年教师的大多数,培养成“双师型”教师,将形成一支以中青教师为主体的具有较高水平的测绘专业师资队伍。为实现这一目标采取以下各项措施:

(1)不具备大学本科学历的青年教师,在过好教学关与指导测量生产实习关的前提下,鼓励他们报考武汉测绘学院本科函授学习,学校为他们学习、集中面授等提供经费。到1984年,所有不具备本科学历(实验教师不具备专科学历)的青年教师绝大多数考上本科函授学习,而且学习成绩优良,大多数获得做学士学位论文的资格,并获得学士学位。

(2)具有大学本科学历的青年教师,在胜任1～2门课的教学与测量生产实习指导工作后,鼓励他们报考在职或脱产研究生。有计划分期分批地报考助教进修班,学习研究生课程,成绩优秀者取得做硕士论文资格。有两名青年教师考上硕士研究生;多数青年教师接受助教进修班培养,其中有3人获得硕士学位。

(3)为中年专业教师分期分批到武汉测绘学院、同济大学测量系、中南工业大学测量专业等院校部门进行专项进修创造条件,学习测绘新技术,使这些教师更新知识、跟上测绘科学技术发展步伐,以适应新时期测绘教学的需要,并为开展科研活动增加后劲。

(4)在中老年教师帮助下,把青年教师放在组织测量生产实习的领导岗位,使他们在测量生产实践中掌握测量生产技术设计、组织计划、质量控制和管理、实习组织和指导、生产实习管理和思想政治等工作的本领,经多次实践达到测量工程师水平。要求青年教师在教学中对学生全面负责,担任班主任,做到教书育人,班主任工作不合格者不能晋升讲师。

到恢复职称评定的1986年,测量专业有6名中年讲师晋升副教授;1987年,有4名1982年本科毕业的青年教师晋升讲师(有3人获硕士学位);1988年又有6名青年教师晋升讲师,其中4人是1975年毕业的中专学历并取得武汉测绘学院函授本科毕业证书和学士学位证书的青年教师。新晋升的10名青年讲师逐渐成长为测绘各专业的教学、科研和生产的骨干力量。

4)加大测绘仪器与实验室建设的投资力度

“六五”期间冶金部给学校测绘仪器设备投资64.3万,学校自筹资金72.8万,共计137.1万用来购置工程测量、制图、摄影测量和矿山测量4个专业的关键仪器设备。

(1)大地测量与工程测量的主要仪器有:T_3经纬仪5台,T_2及其他型J_2经纬仪31台,瑞士产T_{1000}电子经纬仪(带测距头)2台,AGA测距仪1台,殷钢基线尺1套,J_6级经纬仪114台,S_1级水准仪3台,S_3级水准尺95台,平板仪71台,陀螺经纬仪2台,激光准直仪1台。

(2)摄影测量仪器设备主要有:G型精密立体测图仪(民主德国产,38.6万)及与之配套的电子计算机(美国DEC公司的PDP11/23型,可带3～4个终端,17.8万),纠正仪1台,三灯多倍仪4台,立体坐标量测仪4台,立体测图仪2台,立体视差仪1台,光学投影仪10台,立体量测仪16台,以及其他仪器设备10余台件。

(3)地形制图仪器设备有:植字机,复照仪,打样机,以及各种地图制图仪器40余件。供测量计算用的测量专用台式计算机2台,微型计算机30台(APPLEII、IBM-PC),便携式PC-1500计算机25台,各种计算器百余件。

(4)扩充和新建:工程测量试验室(各种施工测量的模型),供工程测量教学之用;微机和PC-1500计算机室,供测量计算使用;全封闭式的G型精密立体测图仪及配套的PDP11/23电子计算机、纠正仪、立体坐标量测仪等11个房间(334 m^2)的摄影测量系列实验室,可供2个班级教学和生产实习，特别是G型仪器承担多项大中比例尺测图任务取得良好效果；地貌模型、地形制图仪器、复照仪、打样机、植字机和刻图等6个房间（260 m^2）的地形制图专业实验室，可供2个班级教学和生产实习使用；有150 m^2 的测量仪器讲练室，供各种测绘仪器操作练习之用，解决冬季及风雨天室外不能进行仪器操作的困难。

(5)有6个房间（275 m^2）的测量仪器展示和管理室；2个房间（64 m^2）的测量仪器检修室，可承担进口和国产测绘仪器（精密摄影测量仪器除外）的检测和维修任务，每年为学校节省大量测绘仪器维修经费，并为测绘生产单位检修仪器，有较高的知名度。测绘仪器装备，可以满足控制测量与地形测量同时开出120个实习小组所需要的仪器装备，还可以保证承担各种精密工程测量和变形观测的需要。各专业的仪器设备与大型测绘生产部门的测绘仪器装备处在同等水平上，有的还略占优势，为测绘各专业提高教学质量打下坚实的基础。

(6)在原有基础课实验室基础上，增加了物理光学、电子学实验室建设投资力度，增加实验仪器，保证实验项目的开出率。开设了语音室和外语广播设备，提高了外语教学水平。建立了电教室，拍了导线测量、水准测量、地形测量等电教录像带用于教学，使学校现代教学手段建设有一个良好的开端。

5)加强教学管理全面提高教学质量

1977年，恢复了在教务副校长领导下的教务科、基础课科和测量专业科的教学管理体制，恢复了行之有效的教学管理制度。根据教育部的有关规定，结合学校情况建立了《学生守则》、《学生奖励制度》、《学生学习成绩考核制度》、《实习实验管理制度》、《教师培养、管理和考核制度》，使教学秩序逐步走上正规化的轨道。基础课科、专业科发挥在教学组织和管理、教研组与实验室管理、教学法研究、开展科研与学术交流、组织实践性教学、教师培养及思想政治工作等方面的职能作用。测量专业科，面对由原地形测量专业发展成工程测量、地形制图、摄影测量和矿山测量4个专业，编制各专业的教学计划和课程教学大纲，经冶金部教育司批准执行。加强地形测量、控制测量与平差、工程测量、摄影测量和地形制图等教研组建设。选拔中青年教师担任专业科和各学科教研组的主任和组长。运用长期积累的教研组工作经验，结合我国测绘科技发展水平及高中毕业生源的实际情况，经过7年的教学实践积累，已经形成了中专二年制工程测量、地形制图、摄影测量及矿山测量各专业的教学模式，建立了由负责学生思想政治工作的党委副书记领导的马列主义与德育教研室和由教学副校长领导的体育教研室，形成了新时期中专教育教学组织建设的新模式。

6)重视实践性教学培养学生动手能力

1977年以后，学校的测量生产实习任务都要自己联系解决。测量专业科发挥多年来完成测量生产任务质量好、为各测绘单位培养急需的测绘技术人员和专业教师与各测绘单位合作开展技术革新等优势，与黑龙江测绘局各测绘院、大庆石油开发设计研究院、哈尔滨市勘察测绘研究院、冶金部地质司所属的地质勘察公司、沈阳冶金勘察研究院等测绘单位，建立"产、学、研"协作关系，接受各种规模的、各专业的测绘生产任务。每年的5～8月生产实习时期，由教务副校长负责组织生产实习领导小组，由教务、总务、专业科、基础课科的负责人参加；由总务部门负责生产实习的后勤工作，由专业科组织专业教师、部分基础课教师和班主任参加各班级的生产实习指导工作。以班级为测量队，专业教师负责生产实习的组织、计划、指导，负责测量成果的质量，任队长；基础课教师和班主任，负责学生思想政治工作、生活管理和安全任务。根据测量任务情况，由几个测量队组成测量大队，专业教师任大队长，负责测区的生产实习全面工作。教务副校长深入实习队进行具体指导;负责学生工作的党委副书记,每年都参加生产实习,跟踪生产实习小组作业,了解掌握测量生产实习中学生思想、学习、作业、群众纪律、测量质量和安全等情况,及时进行指导。

从大庆油田获得几百平方千米的三、四等控制测量和几十平方千米的1∶1 000、1∶2 000和1∶5 000地形测量任务,得到石油工业厂区1∶500现状图测绘任务,以及获得几十平方公里的航空摄影测量综合法成图任务。从冶金勘察设计和地质勘探单位获得工业厂区现状图测量和地质勘探大面积控制与地形测量任务(包括航空摄影测量精测仪成图任务),以及地质图编绘和地质剖面图绘制任务。从哈尔滨市勘察测绘院及其他城市获得大量城市控制网复测、新建,以及城市地形测量任务和航测综合法成图任务。从黑龙江省矿山获得矿区控制测量与地形测量任务。这些生产任务满足工程测量、矿山测量专业生产实习的需要;摄影测量专业在完成航空摄影测量各室内实习项目后,要完成航空摄影测量各种成图方法的生产任务;制图专业学生在完成各种地图编绘任务后,再完成各专业测出的地形图的清绘任务。在统一计划指导下,把4个专业生产实习力量整合起来,形成一个具有一定规模的测绘生产力,可以完成较大规模、多专业的测绘生产任务。

1981年在大庆承担油田和厂区勘察设计测量任务时,在较短的时间内完成了大量测量任务,质量符合国家规范要求。《人民日报》和大庆电视台作了报导,称哈尔滨冶金测量学校测量生产实习队是"我国测绘战线一支劲旅"。几年来的实践表明,高中毕业生源,学生年龄大、体力好,接受能力强,组织能力和解决实际技术问题的能力强;通过生产实习在思想上和作风上得到锻炼,大多数毕业生具有一定的独立作业能力,1/3的毕业生有较强的独立工作能力,胜任作业组长工作。测量成果受到委托单位的好评,提高了学校在测绘单位的知名度。

在生产实习中,对学生进行理论知识测验、操作水平考核和在实习小组中贡献大小等考评,以生产实习总结代替毕业设计,由指导教师评定出生产实习成绩。成绩不及格者不能毕业,表现突出者评为优良实习生,还评选优良实习组,给予奖励。生产实习完成测量任务的经济收入,是学校师资培养、测绘仪器投资的重要经济来源。

7)重视测绘专业教材建设

学校重视测绘各专业教材建设。1977－1980年,由测绘出版社组织哈尔滨冶金测量学校与南京地质学校合编《控制测量(上册)》(孙允恭、钮绳武)、哈尔滨冶金测量学校编著《测量平差》(根据1960年版《测量平差》修改版)、哈尔滨冶金测量学校编《控制测量(下册)》(严守庸)、哈尔滨冶金测量学校与北京建筑工程学校合编《地形测量》(沙肃行、徐仁惠、张雁芬等)等中专教材出版。1979年学校开办测绘4个专业,除使用已出版的教材之外,由各个教研组负责编写各专业的主干教材有:工程测量,矿山测量,摄影测量(工程测量、制图专业用),地形绘图(工程测量、摄影测量专业用);地形绘图,地图编绘,地质绘图,地图制印,地图投影;平面摄影测量,立体摄影测量,遥感等。其中工程测量、地形绘图以《大比例尺地形图绘制》书名由测绘出版社于1986年相继出版全国发行,并多次再版发行。以上这些自编和出版的教材,保证了各专业教学的需要。随着测绘新技术和新仪器不断出现,在专业课教学中还编写一些补充教材,以满足教材内容不断更新的需要。

8)开展技术服务和科学研究活动

老中青教师在1977－1985年期间取得较为丰富的科研成果,发表各种论文50多篇,其中在省级以上刊物和学术会议上刊出和宣读有代表性的论文20多篇,如表1.30所示。1977年学校与哈尔滨东安机械厂合作研制成功大幅面的Ⅲ型静电复印机，供设计图纸和地形图复制之用；由化学老教师王友天（1982年任副教授）负责研制并生产出复印机用的碳粉，碳粉生产技术填补了国内的空白，获1978年黑龙江省科技进步三等奖，是建校以来首次获得的政府奖。1978年哈尔滨工人体育馆钢网架施工中，由于钢网架垂曲无法拼合，施工单位邀请学校进行技术援助。由中年工程测量教师研究设计一套拼装监测施工方案，达到很高的施工精度，受到施工单位的好评。由这项工程实践，写出了"哈尔滨市工人体育馆屋顶钢网架施工安装测量"论文。"工程控制网精度分析及最优化设计"是为哈尔滨市松花江公路大桥工程而设计的跨江专用控制网研究和实施的成果，受到施工单位的好评，保证了大桥建设质量。译出苏联最新"用于大型粒子加速器建设中测高延伸三角形控制网"专著，提供给北京正负电子对撞机工程控制网设计组，受到设计组重视。

表1.30　1977－1985年在省级以上刊物或学术会议发表的主要论文

序号	论文名称	发表时间	刊物或学术会议	作者	说明
1	控制网精度的两点建议	1977	全国测绘学术会议，受到好评	阮志隆	
2	分组平差求解公式	1977	全国测绘学术会议	周颐龄	数学教师
3	论法方程的几种分解法	1978	全国测绘学术会议	周颐龄	数学教师
4	1∶100万国际地图投影变形分析	1979	省测绘学会年会	李士林	
5	哈尔滨市工人体育馆屋顶钢网架施工安装测量	1979	全国测绘学术会议，受到好评	深海华，邵自修，李斌德	
6	结点法考虑起始数据误差影响时平差值函数权倒数与中误差计算	1979	中国测绘学会学术会议，选为优秀论文	沈迪宸	
7	全面网坐标条件的改进	1979	全国测绘学术会议	阮志隆	
8	对Zeise. Kein 007自动安平水准仪系统的分析	1979	全国测绘学术会议	梁海华	
9	用于大型粒子加速器建设中测高延伸三角形控制网	1980	《黑龙江测绘》1980.9	李云海，沈迪宸	俄译中，4万字
10	Fr502P计算器换带计算程序设计	1981	全国测绘学术会议	华金康	青年教师
11	发生函数在测量中的应用	1981	《黑龙江测绘》	周颐龄，陈振声	数学教师
12	环形平差法考虑起始数据误差影响平差值函数权倒数与中误差计算	1981	《黑龙江测绘》	沈迪宸	
13	航测综合法像片纠正放大成图全野外布点用模片检查点位精度的分析	1981	《黑龙江测绘》	朱　明，王世俊	
14	PC-1500机测距仪周期误差检验的记录和计算程序	1982	省测绘学会年会	邓乐群	青年教师
15	确定电磁波测距导线精度的新方法	1982	全国工程测量年会优秀论文，推荐参加1983年FIG大会	沈迪宸	
16	工程控制网精度分析及最优化设计	1983	全国工程测量年会优秀论文	邵自修，李德成，乐秀菊	
17	导线近似平差的点位精度分析	1983	《黑龙江测绘》	周秋生，段贻民	青年教师
18	光学对点器设计的两点建议	1983	全国测绘仪器学术会议	梁海华	
19	导线网相关平差	1984	《测绘通报》	杜永昌	
20	有关测边网设计的几个问题	1984	全国工程测量学术会议	周秋生，段贻民	青年教师
21	直接解误差方程的正交化程序	1984	全国测绘学术会议	关维贤	数学教师
22	逆转点观测数据处理及精度评定的几点建议	1984	全国矿山测量会议优秀论文，推荐参加国际矿山会议	周秋生	青年教师

老中青教师的科研题目都与当时测绘界理论探讨和技术革新密切相关。测量专业老教师张光全的《矩阵在测量平差中的应用》专著（油印书）、数学老教师周颐龄的《矩阵与测量平差》专著（油印书），都是20世纪70年代中期在这个领域进行研究的先行者，1978年在第二届全国测绘科技情报交流会，获得广泛好评。1979由测绘出版社出版发行的《水准网与导线网平差》（沈迪宸编著），在介绍环形法、结点法的基础上，提出了环形与结点联合平差法，并给出了

所有图面平差方法考虑起始数据误差影响时平差值函数权倒数和中误差计算方法，填补了B.B.波波夫著《多边形平差法》书中没有各种平差方法精度估计的空白，该书被教学、测绘生产单位广泛采用。1977年阮志隆提出的“控制网精度的两点建议”一文，在考虑起始数据误差影响时给出控制网中任意两点间的点位误差及其误差椭圆元素的计算方法，并提出“端位误差”概念，以及控制网中点位精度只有在考虑起始数据误差影响时才是合理的论点。青年教师周秋生、段贻民推出“导线近似平差的点位精度分析”一文，经过严密推导得出的结论是，等边直伸导线近似平差导线中点的点位误差与严密平差法导线中点点位误差的表达式相同，这是国内测绘界首次对这一问题进行精细研究得出的重要结论，对当时盛行的导线测量有一定的指导意义。

教师中有1名中国测绘学会理事、5名黑龙江省测绘学会理事(其中两名副理事长)、多名各专业委员会的主任和副主任，有全国矿山测量专业委员会和全国冶金勘察测绘情报网委员各1人。省测绘学会工程测量专业委员会和测绘教育专业委员会挂靠在学校，学校每年都组织省级测绘学术研讨会，为论文作者参加各种学术交流活动创造与会的条件。

为方便专业教师开展科研活动，在图书馆下设测绘资料室，备有测绘书籍和工具书，国内外测绘期刊(包括英、德、俄、日等测绘刊物)齐全，收集有各种测绘学术会议的论文资料，编制了大量测绘论文卡片，对校内外测绘技术人员开放。测绘资料室创办《测校通讯》，刊出学校教师的论文，特别是测绘教学及科研论文。《测校通讯》与全国测绘教学、科研和生产单位进行交流，对推动学校科研活动、与测绘界交流学术成果，起着很大的作用。

9)加强新时期的学生思想政治工作

1977—1985年，主要是招收来自全国25个省市自治区的高中毕业生，进行学制二年的测绘各专业的中专教育。学生思想积极进取、学习努力，但也有少数学生认为高中毕业上中专没有前途。针对学生思想状况，加强学生的思想政治工作。

(1)学校建立由党委副书记(副校长)负责的学生思想政治工作机制，其中包括学生工作管理科、马列主义政治与德育教研室、共青团委、班主任和科级以上联系班的干部。思想政治工作的目的是培养有理想、有道德、有文化、有纪律的，德智体全面发展的，为社会主义现代化建设服务的合格中专毕业生。重点进行：革命理想和个人前途教育；实践是检验真理的唯一标准教育；党的十一届三中全会基本精神教育；坚持四项基本原则教育；党的“十二大”提出的党在新时期的总任务教育；邓小平建设中国特色社会主义理论教育；新时期中专毕业生到祖国需要的地方去，在社会主义现代化建设中贡献力量的教育等。

(2)加强共青团和学生会的工作。在学生中开展了“学雷锋，创三好”活动，评选优秀团员、优秀团干部、优秀团支部活动，评选优秀学生干部和先进班级活动，培养出一批三好学生和优秀共青团员形成的先进学生群体。在学生中开展绿化、美化校园，创建文明宿舍、文明班级等精神文明建设活动。由团委和学生会组织文艺、体育、文学、专业技术竞赛等活动，形成丰富多彩的校园文化。1983年学校被评为哈尔滨市绿化卫生先进单位，以及东北三市(沈阳、哈尔滨、长春)绿化卫生先进单位；1985年学校被评为哈尔滨市首批精神文明单位。

(3)在青年学生中开展党建工作。建立业余党校，培养积极要求入党的先进共青团员向共产党员的标准努力。先后吸收70余名学生加入中国共产党，在学生中产生积极的政治影响。

1977—1985年，学校共培养测绘各专业中专毕业生2 076人(另外还培养580名一年制或二年制的培训班结业学员)。毕业生都服从分配，到全国各地冶金企事业单位及各部委的测绘部门工作，大批毕业生参军到武警工程兵部队服务，许多毕业生自愿到西藏、新疆、青海等边远地区工作。经冶金部批准，先后有11名毕业生到西藏工作，支援边疆建设。

"六五"期间，按全国重点中专要求建设学校，从一个单一地形测量专业，发展为4个测绘专业，并向多学科扩展的中等专业学校迈进取得显著成绩。1985年1月9日，冶金部行文通知学校，经教育部批准，从1985年1月成立哈尔滨冶金测量专科学校，学制三年，进行各专业的专科教育(保留中专)，在校生规模1 000人。当年按冶金部已下达的中专招生计划继续招中专生，同时招第一批三年制工程测量专业专科新生40人，标志着学校由测绘中等专业教育向高等专科教育迈进的开始。

1.4.7　新时期测绘中专教育的回顾

1977年至1985年的"拨乱反正"、整顿提高的新时期，在党的十一届三中全会精神指引下，各中专学校党委认真贯彻党的知识分子政策，执行"调整、改革、整顿、提高"方针，在改革开放、社会主义现代化建设的新形势下，测绘中专教育得到很大发展。以建设全国重点中专为目标，以教学为中心，在提高教学质量、培养合格的较高水平的测绘中专毕业生等方面取得显著成绩。

1)开办测绘中专教育的学校迅速增加

由于改革开放和国民经济迅速发展，大规模工程建设需要大批测绘中等技术人员，给普通测绘中专教育带来发展的机遇。开办测绘专业的中专学校从"文化大革命"前的14所，发展到20世纪80年代的25所[①]。这一时期，以测绘系统为主体开办的测绘职工中等专业教育，是普通测绘中专教育的补充，两类测绘中专教育合计形成20世纪80年代40多所测绘中专教学单位，是新中国成立以来测绘中专教育快速发展的时期。

2)测绘中专的教育水平显著提高

全国重点中专中，有11所中专学校开办测绘中专教育，大多数是以部委领导为主的中专学校。教育主管部门重视学校领导班子建设，加大对学校的投资力度，测绘仪器装备和实验室建设普遍得到改善。各学校加快重点中专建设步伐，在学校领导班子、师资队伍、实验室建设、教学管理、学生管理和思想政治工作等方面取得成绩。新建的郑州测绘学校，在国家测绘局的支持下，基本建设、测绘仪器装备和实验室建设投以巨资，从建校开始就把创建全国重点中专作为学校建设的近期目标。"六五"期间，我国测绘中专教育水平和毕业生的质量有显著提高。部分开办测绘专业的全国重点中专，升格为高等专科学校，开始进行测绘专科教育。

3)"双师型"师资队伍建设取得显著成绩

随着测绘科学技术迅速发展和测绘中专教育水平不断提高的需要，要求测绘中专教师教学达到讲师水平、测绘生产和科研能力达到工程师水平，成为"双师型"教师。1981－1983年，首批教师职称评审中副教授和讲师的数量，一定程度上代表着学校教师的综合素质。一些重点中专测绘专业副教授和讲师占专业教师总数的30％～50％。各学校为提高这个比例，把培养教师的重点放在中青年教师学识、学历和学位水平的提高上，为他们晋升高级和中级职称创造条件，以便提高整个教师队伍"双师型"教师的比例，已成为新时期师资队伍建设的特点。

---

① 限于本研究项目所介绍的这一时期开办测绘中专教育的学校。

4)测绘中专教材建设和教师科研活动取得新成绩

1977—1985年,测绘中专教育主要招收高中毕业生,学制二年。根据教学对象的变化,考虑测绘中专教育发展的需要,要把测绘科学新理论、新技术、新仪器、新方法引入教材中。各学校在编好自用教材的基础上,由学校主管部委教育司,组织测绘专业教师协作编写本部门的通用教材,由测绘、地质、冶金、煤炭、水电等出版社出版发行,新一轮的测绘专业中专教材建设取得显著成绩。各学校教师普遍开展技术服务、技术革新和科研活动,取得了水平较高的测绘理论、新技术开发和应用的科研成果。改变了中专教师只搞教学、抓生产实习,不搞科研的旧传统。中专教师开展科研活动,是中专师资队伍建设中的重大转变,对提高教师综合教学能力具有重要意义。

5)建立"产、学、研"协作机制

学校培养测绘技术人员、开展技术革新和科研活动为测绘生产单位服务,获得生产单位的测绘生产任务,为学生在生产实习中进行动手能力和思想作风培养创造条件,并为生产单位完成一定的测量生产任务,已成为新时期各学校普遍采取的教育与生产劳动相结合的方式。建立学校与测绘生产单位"产、学、研"相结合的协作关系,已成为新时期测绘中专教育实践教学的一种模式,也是提高学生动手能力、促进教师进行技术服务和科研的好形式。

6)培养出一大批较高水平的测绘中专毕业生

高中毕业生源,二年制测绘中专教育,按教育部编制的工科中专二年制教学计划的要求,制订专业教学计划、课程教学大纲;使用新教材进行理论教学和实践性教学,加强动手能力培养;按新时期学生思想政治工作机制和要求进行思想政治教育,培养出具有较高水平的测绘中等技术人员。这些毕业生响应党的号召、服从国家需要,到艰苦边远地区工作,表现出很高的政治觉悟。他们经过实践锻炼和继续教育培养,很快成长为各单位的技术与管理工作的骨干,有的成为单位党政领导干部。这批毕业生由于文化水平较高,自然科学知识和专业理论知识扎实,是中专毕业生中继续教育取得本科学历、硕士学位和博士学位较多的群体。他们在生产、科研和教学实践中取得的成绩获得测绘界的广泛好评。

§1.5 教育体制改革发展职业技术教育时期的测绘中专教育

(1986—1995)

1986—1995年,正值我国"七五"、"八五"国民经济建设时期。党中央于1985年5月颁布了《中共中央关于教育体制改革的决定》(以下简称《教改决定》),党中央与国务院于1993年2月又颁布了《中国教育改革与发展纲要》(以下简称《发展纲要》)。在两个文件精神指引下,我国中等专业教育沿着中等职业技术教育的办学方向得到了新的发展。1996年5月颁布了《中华人民共和国职业教育法》,同年9月1日实行。《职业教育法》对职业教育的地位、作用和任务、自身体系、各方面的责任,以及职业教育的实施与保障条件等,都以法律形式作了明确规定。它的颁布,对推进职业教育事业发展和依法治教具有重要意义。测绘中等专业教育从招收高中毕业生二年制的测绘中专教育,改制招收初中毕业生四年制(或三年制)的测绘中专教育。面对测绘科学技术不断进步的形势,在四年制测绘中专的办学指导思想、教学计划制订、教材选择、师资队伍建设、人才培养模式等方面,总结出反映时代特征的新成绩和新经验。

1.5.1　测绘中专教育在发展职业技术教育中的办学方向

《教改决定》指出，教育必须为社会主义建设服务，社会主义建设必须依靠教育。教育体制改革的根本目的是提高民族素质，多出人才，出好人才。教育要“面向现代化、面向世界、面向未来”，为20世纪90年代以至21世纪初叶我国经济和社会发展，要大规模地准备新的能够坚持社会主义方向的各级各类合格人才。所有这些人才，都应该有理想、有道德、有文化、有纪律，热爱社会主义祖国和社会主义事业，具有为国家富强和人民富裕而艰苦奋斗的献身精神，都应该不断追求新知识，具有实事求是、独立思考、勇于创造的科学精神。所有这些，是党和国家对广大教育工作者提出的培养各级各类人才的政治思想、学识水平、品德修养和创新能力等综合素质的要求，是各级各类学校的办学培养目标。

1. 中等专业学校在职业教育中的作用和地位

《教改决定》指出，要调整中等教育结构，大力发展职业技术教育。社会主义现代化建设不但需要高级科学技术专家，而且迫切需要千百万受过良好职业技术教育的中、初级技术人员、管理人员。职业技术教育恰恰是当前我国整个教育事业中最薄弱的环节。一定要采取切实有效的措施改变这种状况，力争职业技术教育有一个大的发展。发展职业技术教育要以中等职业技术教育为重点，发挥中等专业学校的骨干作用，同时积极发展高等职业技术院校。

《发展纲要》指出，职业技术教育是现代教育的重要组成部分，是工业化、现代化的重要支柱。各级政府都要高度重视，统筹规划，贯彻积极发展的方针。各级各类职业技术学校，都要主动适应当地建设和社会主义市场经济的需要，坚持科学技术是第一生产力的思想，坚持学校教育面向经济建设，坚持教学与生产相结合的办学指导思想。

现有的中等专业学校，特别是国家部委和省市自治区教育主管部门所属的中等专业学校，许多是全国和省部级的重点中等专业学校，办学历史较长，领导班子较强，教师队伍水平较高，在用人单位有较高的声誉，对社会贡献很大。因此，中等专业学校有条件成为职业教育的骨干，而且是由中等职业技术教育向高等职业技术教育发展的最具条件的学校。

在1993年11月国家教委召开的“全国普通中专教育改革与发展工作会议”上，肯定“中专教育是符合中国国情的，是多、快、好、省地培养社会主义建设实用人才的好形式，也是我们要发展和大力提倡的一个重要教育领域。”会上，国家教委负责人指出，现阶段还应稳定中专，加强中专教育工作是积极发展职业技术教育的重要任务。《国务院关于大力发展职业教育的决定》中提出要求：要制定相应的政策稳定中专，支持它们深化改革，办出特色，提高质量，积极发挥中等专业学校在同类职业技术教育中的骨干作用。中专是我国中等职业教育的重要组成部分，是为国民经济各部门培养第一线中级技术人员的主力之一。

2. 测绘中专教育在教育体制改革中的变革

1)部分中专学校改建为高等专科学校开办测绘专科教育

20世纪80年代中期，随着国民经济的迅速发展，对高等专科层次的专业技术人才需求量大增，我国开办了许多高等专科学校，多数是重点中专经国家教委批准升格改建的。例如，升为专科的学校有哈尔滨冶金测量学校、长春冶金地质学校、本溪钢铁学校、长沙冶金工业学校、昆明冶金工业学校等。这些学校由设置测绘中专教育改制为测绘专科教育。还有一些中专学校升为专科学校后，因所属主管部委对测绘专科人才的需求，增设了测绘专业的专科教育。例如，长春建筑高等专科学校、连云港化工高等专科学校、南京交通高等专科学校等，都增设了工程测量专科专业。到20世纪90年代中期，全国有20余所高等专科学校和本科院校设有测绘专业专科教育。全国各行各业的测绘单位对专科层次技术人员的需要量大增，测绘专科毕业生就业率高，使测绘专科教育有较大的发展空间。

2)坚持中专教育培养测绘中等技术人才

相当多的中央部委与省市自治区教育主管部门直属的中等专业学校仍坚持中等专业教育。按《教改决定》和《发展纲要》的要求，将招收高中毕业生二年制的中专教育，改变为招收初中毕业生四年制(或三年制)的中专教育。全国重点中专郑州测绘学校、南京地质学校、长春地质学校、武汉电力学校、黄河水利学校及阜新煤炭工业学校等，就是这批学校的代表。此间，还有一些中等专业学校增设了测绘专业。例如，成立于1973年的甘肃煤炭工业学校，1987年开始举办中专矿山测量专业，1995年开办工程测量中专教育，为西部地区培养急需的中等测绘技术人员。长沙工程学校(原湖南地质学校)于1987年，开办了工程测量、地籍测量的中专教育。在"七五"、"八五"的10年期间，测绘中专教育主动适应测绘人才市场对各专业中等技术人员的需求，提高了教学质量，培养出质量较高的中等测绘技术人才。

3."七五"、"八五"期间测绘中专教育的主要任务

1987年8月召开的"全国中专教改座谈会"明确指出，中专教育随着经济体制改革不断深化，要切实转变办学思想，使中专教育始终自觉地、主动地适应经济、社会发展的需要。对测绘中专教育而言，随着我国测绘科学技术迅速发展，现代测绘技术广泛应用于测绘生产，学校要探索教学、科研、生产相结合的办学模式，培养出既具有测绘传统科技知识和作业技能，又能适应3S技术和4D产品生产理论知识和作业水平的中等测绘技术人才，满足国家测绘系统、测绘行业与建设部门的需要。测绘中专学校和各中专学校的测绘专业，进行学校建设和教学改革的主要任务如下。

1)加强党对学校的领导

这10年恰逢测绘学校和各中专学校领导成员新老交替之际。按党中央提出的选拔领导干部的"四化"标准，建立一个了解中专办学规律、专业素质较高、有开拓创新意识、有组织领导能力、按政策办事、勤政廉政的领导班子，是办好测绘中专教育的关键。在学校党组织的领导下，坚定办好测绘中专教育的信心，以教学为中心，采取有效措施建设和发展中专教育，向省级和国家级重点中专学校努力。

2)加强教职工的思想政治工作

在学校党委领导下，学习和掌握邓小平建设有中国特色社会主义理论、"一个中心，两个基本点"的基本路线、《教改决定》和《发展纲要》，使教师明确中专教育在职业技术教育中的作用、地位和光荣任务，安于中专教育。激发教职工建设好中专学校的积极性，依靠教师提高教学质量，对学生全面负责，培养出合格的较高水平的测绘各专业的中专毕业生。

3)制定各专业教学计划和有关教学文件

根据测绘人才市场对中等专业技术人才的需求，考虑为相关专业服务、扩大办学范围，充实提高原专业水平，开设新专业。以初中毕业生四年制中专为教育对象，修改好原有专业教学计划，做好新的测绘和相关专业的教学计划，编写出课程教学大纲和实习实验大纲等教学文件，促进测绘中专教育的建设和发展。

4)抓好专业教材建设

以初中生源四年制测绘中专教育为主要对象，考虑我国测绘科学技术的发展水平与仪器设备条件，以及测绘生产单位实际作业能力，以“三个面向”为指导，编写测绘各专业和相关专业的新教材，是体现我国测绘中专教育时代水平的教学成果。可以一校编写、几个学校联合编写，或如地质部成立测量专业指导委员会，将本系统各测绘专业教师组织起来，有计划地分工编写测绘各专业教材。争取公开出版，扩大测绘中专教材的社会服务面。

5)加强现代测绘仪器装备、实验室和测绘实习基地建设

装备GPS接收机、测距仪、电子经纬仪、全站仪、电子水准仪，以及足够数量的常规测绘仪器设备。建立计算机实验室、数字化测绘实验室、计算机数字化地图制图实验室、GIS实验室、遥感及数字化摄影测量实验室等，为培养学生具有现代测绘技术的动手能力创造条件。与测绘生产单位合作，建立测绘专业和相关专业的生产实习或教学实习基地，建立较为稳定的测绘生产实习任务的供应关系，以保证测绘生产实习有较为可靠的任务来源。

6)加强师资队伍建设

在1993年国家教委召开的“全国普通中专教育改革与发展工作会议”上，国家教委负责人强调指出，要加强师资队伍建设。解决师资队伍不稳定和青黄不接的情况，加强培养青年教师，使他们迅速成长为理论教学的讲师和指导生产的工程师的“双师型”教师。提高讲师和高级讲师在教师中的比例，为由测绘中专教育向高等职业技术教育发展做好教师准备。

7)鼓励教师开展科研和技术服务活动

在完成教学任务的基础上，提倡和鼓励教师开展科研与技术服务活动、进行教学法研究和教学改革试验。充分发挥专业教师的技术专长和科研能力，进行新技术开发，把优秀的科研成果转化为测绘生产力，引进教学之中。注意培养中青年教师的专业科研与教学科研能力，为提高教师职称创造条件，形成教学、科研、生产相结合较高水平的“双师型”教师队伍。

8)加强学校管理提高办学效益

为适应不断深入的教学改革的需要，要充实和完善教学管理、学籍管理、学生管理、教师管理、实验室管理、后勤管理等各项制度，保证学校的教学工作顺利开展，提高教学质量，提高管理水平，提高办学效益，逐步达到省级和国家级重点中专的要求。

9)加强新形势下的学生思想政治工作

在新生源、新学制和新形势下，建立完善的学生思想政治工作机制，加强精神文明建设，宣传邓小平有中国特色社会主义理论，加强“一个中心，两个基本点”的党的基本路线教育，进行爱国主义、集体主义、社会主义和劳动教育；进行中专学生培养目标与毕业生应达到的基本要求、成为社会主义事业的建设者和接班人的教育；进行革命纪律、革命传统和测绘职业道德教育；培养学生理论联系实际、实事求是、艰苦奋斗、克服困难完成学习和工作任务的作风，培养适应人才市场需要的测绘中等技术人才。

10)向综合办学方向发展

以四年制的测绘中专教育为主，挖掘学校的办学资源和教师潜力，开办现代测绘技术的新专业，开办多种类型生源的中专教育，试办五年制的高职教育，为业务主管部门开办测绘职工技术培训、测绘专业技术考评、测绘技术上岗考核等服务性技术教育工作。扩大学校测绘中专教育与测绘专业技术服务的辐射范围，使学校或专业成为同类型职业技术教育的中心。

1991年1月，国家教委发出《关于开展普通中等专业学校教育评估工作的通知》要求：坚持教育必须为社会主义现代化服务，教育必须与生产劳动相结合，培养德、智、体全面发展的社

会主义建设者和接班人的方针，作为学校办学水平和教育质量的标准。1993年国家教委召开的“全国普通中专教育改革与发展工作会议”提出：要建设好一批重点中专学校，全国建成1 000所较高水平的骨干中专学校。提高高级讲师和讲师在教师中的比例（1991年分别为10.4%、36.6%），改变教师学历（大学本科毕业）达标率仅占59%的状况，增加青年教师的比例。下大力气解决教师职称聘任、工资待遇、住房等问题，充分重视中专学校领导班子建设。1993年5月，国家教委发出《关于评选国家级、省部级重点普通中等专业学校的通知》，为测绘中专学校和各中专学校的测绘专业建设指出了明确的努力方向。

1.5.2 郑州测绘学校的建设与发展

郑州测绘学校是国家测绘局重点建设的中等专业学校。始建于1978年，1982年基本建成并招生开学。到1985年已成为设有大地测量、航空摄影测量和地图制图3个专业，在校学生520人、教职工183人、教师83人，办学基础设施完备、教学仪器与设备齐全、学校管理与教学管理正规的中等专业学校。学校抓住“七五”、“八五”期间国家发展职业技术教育，发挥中等专业学校在职业技术教育中起骨干作用的机遇，动员全校教职员工，为把学校建成为全国重点中等专业学校而努力。

1. 为建设全国重点中等专业学校而努力

1)加强党委对学校的全面领导

国家测绘局重视郑州测绘学校的建设和发展。任命聂子友为党委书记、李文芝为校长，配齐了学校的党政领导班子。学校党委加强党政领导班子自身建设，集中精力领导好学校的建设和发展工作。在“七五”和“八五”期间，全面贯彻党的教育方针和中专教育的方针政策，以“三个面向”为指导，把培养有理想、有道德、有文化、有纪律，热爱社会主义祖国和社会主义事业，具有为国家富强和人民富裕而艰苦奋斗的献身精神，不断追求新知识，具有实事求是、独立思考、勇于创新的科学精神的测绘中专毕业生作为学校的办学目标。

学校党委认为，“七五”、“八五”期间是学校建设发展的关键时期。1986年制定了“七五”学校建设与发展规划，确定了“团结、勤奋、求实、创新”的校风。以教学为中心，以加强教职工和学生思想政治工作为基础，按1980年教育部发出的确定全国重点中专的条件，争取在“七五”期间把学校建成为全国重点中等专业学校。1992年6月、1993年10月，国家测绘局党组先后任命刘庆源为常务副校长、党委副书记和校长。1991－1995年的“八五”期间，党委动员全校教职员工，在“七五”学校建设取得成绩的基础上，按1993年5月国家教委发布的《关于评选国家级、省部级重点普通中等专业学校的通知》的要求，进一步搞好学校的各项工作，培养出合格的较高水平的测绘各专业的毕业生。力争“八五”期间首先成为省部级重点中等专业学校，为进一步成为国家级重点中等专业学校做好准备。

2)学校建成全国重点中等专业学校

学校1978年开始基本建设，国家测绘局投资1 170余万元，建成近3万平方米的教学楼、实验楼、图书馆楼、学生宿舍以及运动场等，使学校具备800～1 000在校学生规模的良好办学基础条件。国家测绘局按干部“四化”条件配齐了学校领导班子。学校党委认真贯彻党的教育方针，以教学为中心，按中等专业教育规律办学，把坚定正确的政治方向放在学校一切工作的首位，把培养合格的较高水平的测绘各专业毕业生作为学校办学目标。从1982年招生开学，到1987年已开设控制测量（原大地测量）、工程测量、航空摄影测量和地图制图4个专业，在校学生达645人，培养出各专业的中专毕业生710余人。

学校重视测绘仪器装备、基础课及各专业课实验室建设，投资413万余元购置测绘仪器和建设实验室，使各种试验项目开出率达到计划的100%。主要的测绘仪器有：各种经纬仪155台，各种水准仪106台，大平板仪57台，各种测距仪6台，各种全站仪4台；航测用的纠正仪2台，坐标量测仪3台，精密刺点仪1台，展点仪2台，测图仪47台，单投转绘仪17台；制印仪器设备有双开复照仪1台，对开晒版机1台，对开胶印打样机1台，对开单色胶印机1台，对开磨版机1台，计算机53台，视听录音设备47台等。满足了教学计划规定的实验和实习内容的需要，保证了测绘各专业生产实习对测绘仪器的要求。

为加强对教学工作的领导，学校决定原设的各专业教研室升格为大地工测专业科、航测专业科、地图制图专业科和基础课教学部。根据测绘人才市场的要求，适应我国测绘科学技术发展的需要，修改原有各专业的教学计划，编制新设工程测量专业的教学计划，以及各门课程的教学大纲和实习大纲等教学文件。认真组织好课堂教学，加强课堂实习指导，积极组织教学实习和完成测绘任务的生产实习。1987年前后，在教师指导下，通过生产实习学生先后完成城建、农业、水利、土地管理等部门的测绘生产任务：三等三角点31个，一级导线测量250 km，二等水准测量200 km，三、四等水准测量400 km，1∶1 000地形测图489幅，1∶2 000地形测图32幅，1∶1万地形测图138幅，1∶1万土地资源调查20幅。培养了学生的专业作业能力，锻炼了学生吃苦耐劳的作风，养成了良好的职业道德。学生毕业后，受到各省测绘局用人单位的广泛好评。很多毕业生成长为工作单位的技术骨干，有的走上了领导岗位。

学校重视教材建设，成立了“教材编审委员会”，制定了“教材编审工作条例”、“教材编审原则”和“关于评选优秀教材的暂行规定”，鼓励教师参加各专业教材的编写工作。到1987年，已编写出《航空摄影测量》、《地形绘图》、《地形测量学》及《地形测量补充教材》、《控制测量》(大地测量专业用)、《测量平差》、《地图投影》、《地貌学》、《解析法航空摄影测量》、《航外测量》、《摄影测量与遥感》、《地形测量》(大地、制图专业用)和《土地管理与地籍测量》等13部教材。提高自编教材在教学中的采用率，对提高教学质量有很大的促进作用。

学校鼓励教师在完成教学任务的基础上，开展科研和技术服务活动，制定了“关于科研成果的奖励办法”，推动专业技术和教学科研活动的开展。组织教师参加河南省测绘学会的学术活动，参加解放军测绘学院的学术报告会，了解先进测绘科学技术的发展水平。杨国清老师研制的“导线网条件平差程序”，获中国测绘学会大地测量专业委员会1986年“最优程序奖”，还被评为河南省青年优秀论文奖；他研制的“平面控制网平差程序”通过了国家测绘局的鉴定，在全国测绘行业推广。赵中华老师发明的“新型立体镜”获得国家专利；赵中华、王培义、李玉潮老师完成的“刻图法用于航测外业相片调绘的研究”通过了国家测绘局的鉴定。

学校始终把师资队伍建设摆在重要位置。通过本科函授、助教进修班学习和攻读硕士学位，提高了青年教师的学历和学位水平；通过到大学进修提高教师的专业学识水平；有丰富生产经验的教师通过五年的教学实践大大提高了教学水平，成为教学和指导生产实习的骨干教师；1982年以来大学本科毕业的青年教师，通过教学、指导生产实习实践和参加科研活动，以及学生思想政治工作的锻炼，逐步成长为教学、科研和生产的骨干力量。到1987年，99名教师中有：高级讲师7人、高级工程师4人，高级职称占教师总数的11.1%；讲师37人、工程师3人，中级职称占40.4%；高级与中级职称教师占教师总数的51.5%，达到了全国重点中专不低于50%的要求。已基本形成了教学、科研、生产相结合办学要求的“双师型”教师队伍。

1987 年 10 月 5 日，国家测绘局和河南省教委组成专家组，对郑州测绘学校建校以来的学校建设成果，按全国重点中专选拔条件进行检查评估。专家组认为，“郑州测绘学校办学条件和办学水平均达到全国重点中专的要求。”10 月 13 日，国家测绘局报经国家教委批准，确定郑州测绘学校为全国重点中等专业学校。

2. 学校组织与管理机构的建设

全国重点中专学校经省市自治区人民政府和国务院有关部委批准，“可以定为地、市级单位，发文件、听报告等要按这个级待遇。”国家测绘局将郑州测绘学校确定为副司局级（副厅局级）单位①。提高了学校的级别，扩大了学校自主办学的权限，有利于学校按市场经济发展对测绘中等技术人才的需求扩展原有专业、增建新专业，发挥学校的办学潜力。1987 年 12 月，国家测绘局批准学校的党委办公室、学校办公室、教务处、总务处为正处级单位；人事处、工会、财务设备处、学生工作处为副处级单位；各业务处室下设的办事机构为正科级。学校的党政机构组织管理和教学系列机构如图 1.3 所示。

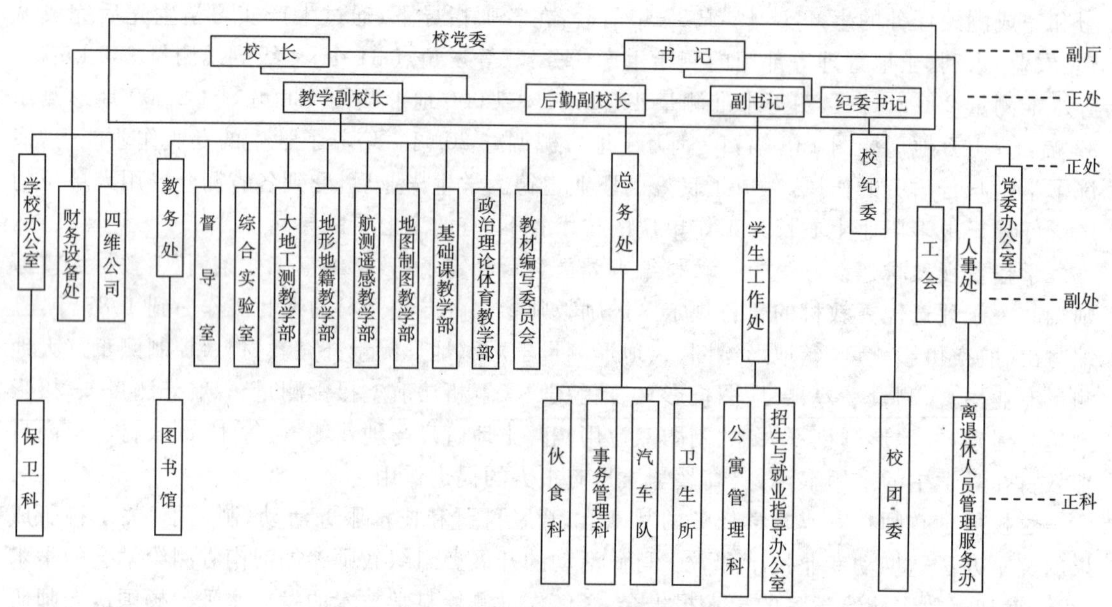

图 1.3　郑州测绘学校组织机构

1988 年国家测绘局批准学校开设地籍测量和地图制印两个专业。至此，学校已设控制测量（原大地测量）、工程测量、地籍测量、航空摄影测量、地图制图的和地图制印 6 个专业。经国家测绘局批准，将各专业科升格为副处级的教学部：大地工测教学部主管控制测量和工程测量两个专业，下设控制测量、工程测量和数字测图教研组；地形地籍教学部主管地籍测量专业，下设地形测量、地籍测量教研组；航测遥感教学部主管航空摄影测量专业，下设摄影、航测内业、航测外业和遥感教研组；地图制图教学部主管地图制图、地图制印两个专业，下设地图制图、地图制印、地理信息系统 3 个教研组；基础课教学部主管数学、语文、英语和理化教研组；政治理论体育教学部主管政治理论教研组和体育教研组。

设综合实验室将基础课和专业课的实验室进行统一协调和管理，最大限度地发挥实验室

① 许多部委所属的全国重点中专未定为副司局级单位，可见国家测绘局对郑州测绘学校的重视程度。

及其设备的效能，提高管理水平，保证各种实验课按计划开出；有利于对实验教师的管理，有计划地培养实验教师提高学历和实验教学水平。

设督导室主管教学检查和督导工作。根据各专业的教学计划、课程教学大纲和实践教学大纲、学期授课计划等教学文件，对各教学部及所属教研组的教学工作进行检查和评估；对考试试卷的命题和考试结果进行考查统计分析和评估；对各教学部的评教评学活动进行检查和评估，总结教师教书育人的成绩和先进事迹；定期向教学主管校长提交教学督导报告等。

设教材编写委员会常设机构，按“教材编审工作条例”、“教材编审原则”组织专业课、基础课各学科教材的编写和审查工作。按“关于评选优秀教材的暂行规定”组织优秀教材的评选，组织教材的校内印刷，推荐优秀教材出版发行。

设郑州四维测绘技术公司，在校长领导下的学校测绘技术服务中心，具有乙级测绘资质。可以承担控制测量、地形测量、工程测量、地籍测量、航空摄影测量、地图制图和地图制印等生产任务，以及承担测绘新技术开发和服务工作。公司实行企业化管理，自负盈亏。公司为测绘各专业生产实习承包工程任务，为教师提供测绘新技术开发和技术服务的工程项目，是学校形成测绘专业产教、产学结合的纽带。

设学生工作处，在党委主管学生工作副书记领导下，负责全校学生思想政治教育和学生管理工作；负责招生和毕业生就业指导工作。在改革开放、市场经济的条件下，面对上学交费、毕业自主择业的新形势，学生思想政治工作和学生管理工作要进行适应新形势的改革。端正毕业生的就业观念，为毕业生创造就业机会，是学生工作处的重要任务。

1995年3月，国家测绘局批准成立武汉测绘科技大学郑州函授教育辅导站，设在郑州测绘学校。学校派专人承担函授站学员、函授教学和教务管理工作，部分函授课程由学校教师担任。学校为武汉测绘科技大学在郑州和河南省的测绘本科和专科的函授高等教育作出了贡献。

3. 加强学校内涵建设提高办学水平

1987年学校被确定为全国重点中专学校以后，学校党委坚持以教学为中心，加强学校内涵建设，为达到1993年5月国家教委提出的省部级、国家级重点中专学校标准而努力。

1)加强专业建设和课程建设

(1)加强专业建设。①充分发挥各教学部组织机构的作用，做好教学部自身的思想建设，提高教学部负责人和教师对学校提出的“教学质量是学校生存的生命线”的认识，主动适应经济、社会发展和测绘科技进步对测绘中等技术人员的要求，巩固和完善原有专业，建设好新建的地籍测量和地图制印专业。②总结控制测量、工程测量、航空摄影测量和地图制图专业的办学经验，每一个教学循环都要修改补充和完善各专业教学计划；制订地籍测量与地图制印新专业教学计划；到1995年，制定出具有专业针对性、适用性和一定先进性的各专业教学计划，上报国家测绘局审批。③把教研组建设列为专业建设的重要工作。学科教研组是课程建设的实施者，是保证课堂教学和实践教学质量的基层组织，抓好教研组建设是提高教学质量的基本保证。④与综合实验室配合，改善测绘仪器装备水平和专业实验室设备，保证专业课程的实习质量；建设永久性教学实习基地，有组织教学、住宿和日常生活条件，保证各专业的测绘实习；与四维公司密切合作，创造生产实习条件。⑤在改革教学内容的基础上抓好专业教材建设，提高自编教材的质量，成熟教材争取公开出版发行。

搞好专业实习教材和实习实验指导书的编写工作，提高实习实验教学质量。⑥组织学习教育学，开展教学法研究和实验，总结优秀的教学成果。组织教师进行新技术开发、测绘技术服务和开展校内外的学术交流活动，把先进技术科研成果引进教学之中。⑦组织教学部内部的教学检查和评估活动，开展观摩教学交流教学经验，进行评教评学活动。⑧组织好专业教学实习和完成测绘生产任务的生产实习，按国家规范精度要求完成生产任务。组织好毕业设计，全面完成毕业生的理论联系实际和动手能力的培养。⑨按学校师资建设的要求，做好各教学部的师资培养工作，特别注重对中青年教师的培养，使他们在较短的时间内达到具有教学、科研、生产相结合能力的“双师型”教师。⑩组织教师学习邓小平建设有中国特色社会主义理论，学习党的教育方针和职业技术教育的方针政策，正确认识中等专业教育在中等职业技术教育中的地位和作用。

(2)课程建设是保证专业教学质量的基础。专业课的课程建设是学科教研组的中心工作，是教研组中每位教师的责任。课程建设主要抓好以下各项工作：①搞好课堂教学与实践教学是课程建设的首要任务，建立规范的备课制度是保证课程教学质量的关键环节。②在教学内容改革的基础上，编写任教课程的教材和实习实验指导书，是课程建设的重要基础工作。③装备任教课程必要的仪器设备，建立相应的实验室和实习基地，保证实践教学达到教学计划和实践教学大纲的要求。④形成典型的任教课程的学期授课计划，编辑本门课程的习题集和试题库，作为教学的基本材料，形成本门课程的特色。

2)加强教学管理和教学督导

学校党委要求全校教职工树立以教学为中心、教学质量第一的观念，把主要精力放在搞好教学上。1987年以后，测绘中专改招初中毕业生，学制四年，重新编制各专业的教学计划。扩大测绘中专教育服务面，决定招收委培生、进修生和自费生。加强教学管理和教学督导的具体措施主要是：

(1)教务处组织协调各专业教学部，根据生源情况、经济与社会发展和测绘技术进步的实际需要，编制中专四年制的控制测量、工程测量、地籍测量、航空摄影测量、地图制图和地图制印等专业的教学计划，编制相应的课程教学大纲和实践教学大纲等教学文件。每一个教学循环结束后，在总结经验基础上，对教学计划及相关文件进行修改、完善。

(2)教务处、督导室对新教学计划的执行情况进行调查研究，肯定成绩，找出问题，与各教学部研究修改和完善教学计划方案，使测绘各专业毕业生适应生产岗位的需要。

(3)制定教学质量检查的有关制度，抓好课堂教学和实践教学的质量检查工作。学校领导、教务处和督导室成员，有计划地到课堂听课，深入教室了解学生对教学的意见，掌握课堂教学与实践教学质量情况的第一手材料，评估综合教学质量。

(4)教务处、督导室和各教学部，组织评教评学活动，对教师的教学态度、教学效果进行检查；了解教师以学生为主体、对学生全面负责、教书育人情况。学校要求了解教师的综合教学水平和教学效果，以便于区分优秀教师、合格教师和不合格教师；对暂时不合格教师进行有的放矢的帮助，使其在较短时间内达到合格教师的水平。

(5)教务处对期中、期末考试进行统一组织和管理。各门课程的试题由各教学部统一组织命题，报教务处核准；编制试卷、组织考试由教务处统一计划和管理；实行考教分开的原则。由各教学部提出各门课程试卷的标准答案，组织相关教师分题判分；做到阅卷评分公开、公正、合理，认真评定学生的学习成绩，激发学生的学习积极性，使奖学金和优秀学生评选有可靠的学习成绩作依据。严格执行学生学籍管理、升留级制度和补考制度，保证在校生的学习质量和毕业生的综合质量。

(6)鼓励教师和实验教师充分发挥个人才干，全力搞好课堂教学和实践教学，发挥教师在教学过程中的主导作用和全面负责精神。执行“先进教师评选条件”和“教师工作量和超课时酬金发放规定”，表彰教师的先进事迹，促进教师提高学识水平和教学水平。

(7)学校定期召开教学例会。由主管教学的副校长报告教学检查评估情况、教学改革成绩、存在问题和改进措施。交流教学改革的经验，表彰取得成绩的先进教师、各教学部和教研组。建立学校教学管理、教学督导和质量评估规范化和制度化的管理体系。

3)加强测绘仪器设备与实验室建设

“七五”、“八五”期间，在国家测绘局大力支持下，学校投资300余万元，使学校的测绘仪器设备、实验室建设、现代化教学设备水平有了很大提高。

(1)购置了GPS接收机、全站仪、成套的数字化测图设备和软件、大幅面的自动绘图机、摄影测量全数字化设备及软件和地理信息系统软件，以及微机等，学校的现代测绘与信息仪器设备达到与测绘生产单位相当的水平，保证了各专业执行新教学计划的需要。

(2)基础课的物理、化学、电工与电子实验室，按教学计划要求实验设备齐全。例如，物理学的动量守恒定律等16项实验，化学的化学反应速率平衡等11项实验，其开出率均为100%。在原有的工程测量、航空摄影测量、地图制图各专业实验室基础上，新建了数字化成图实验室、数字化地图制图与地理信息实验室和全数字化摄影测量实验室，有力地支持新增现代测绘技术课程的实验教学需要。

(3)加强图书馆和现代教学设备建设。专用的图书馆楼，藏书16.7万册；设600 m^2、230个座位的学生阅览室，65 m^2、50座位的电子阅览室，74 m^2、50座位的多媒体阅览室。有144 m^2、100座位的视听室，150 m^2、84座位的语音室，200 m^2、100座位的投影教室；各班级均装有闭路电视教学系统，大大改善了教学、学习的条件。

4)重视实践教学培养岗位动手能力

动手能力培养是通过四年(或三年)的课堂实习、教学实习、毕业实习(生产实习)和毕业设计完成的。建立综合性的实习基地是保证实践教学质量的基础建设。在国家测绘局支持下，1993年在登封市的嵩山脚下建设一个固定实习基地，为参加实习的师生提供测绘内外业工作、学习和生活条件。可以进行等级控制测量、地形测量、地籍测量、部分工程测量、航测外业等实习，构成一个综合性的测绘实习基地。

学校通过四维公司为各专业联系承担测绘生产任务，把毕业实习与完成测绘生产任务结合起来，为毕业生创造在工程实践中锻炼动手能力的机会。例如，1988年3—7月，组织控制测量、工程测量、地籍测量专业的150余名师生，完成河南省宝丰县60 km^2 1∶1 000的从控制测量到地形测图的全部任务，提交250幅地形图，创造9万余元的经济收入。1989年10月，完成了漯河市源汇区、许昌市等地区的土地利用现状调查任务。1993年6、7月，86名师生参加郑州市房产调查工作等。在测绘生产和土地利用调查等活动中，按测绘生产单位作业标准要求，使学生牢固树立“质量第一”的观念，在作业中培养学生艰苦奋斗、不怕困难、吃苦耐劳的作风，在业务上养成“真实、准确、细致、及时”的严谨科学态度，树立遵守测量规范和技术要求的职业道德品质，保证测量生产实习成果达到质量要求。

学校为了使学生的毕业实习更贴近生产岗位的需求，提倡毕业生到生源省份测绘生产单位进行毕业实习。接收学生实习的单位与学校签定实习协议，生产单位对实习学生进行考查，有接受毕业生就业意向时，可与学校联系，待毕业后与毕业生和学校正式办理就业手续。这是促进毕业生就业的一项改革措施。

5)重视学生思想政治工作

1986—1995年的10年，贯彻"一个中心，两个基本点"的党的基本路线，引导青年学生学习马克思主义、毛泽东思想和邓小平建设有中国特色社会主义理论，进行爱国主义、集体主义、社会主义和劳动教育。通过政治理论课和德育课对学生进行社会主义经济与政治、人生观与世界观、法律与职业道德教育。通过在校期间的学习生活、校园活动和社会实践，进行革命纪律、革命传统和新时期精神文明教育，培养有理想、有道德、有文化、有纪律，具有艰苦奋斗的献身精神、有科学态度与创新意识的合格和较高水平的测绘专业中专毕业生。

(1)在党委主管学生工作的副书记领导下，建立由学生工作处统一负责、以班主任和班级辅导员(副科职以上干部担任)为骨干的学生思想政治工作体系。各教学部不再管理学生工作，以利于学生思想政治工作和管理工作的统一领导。

(2)由学生工作处协调共青团委和校学生会，组织各种技术竞赛、讲演与朗诵比赛、文体比赛等校园文化活动，陶冶学生情操，增长艺术才干。在组织各项活动中培养锻炼学生工作的骨干人才。1994年在全国定向越野锦标赛中获集体第二名。

(3)在学生中开展党团建设工作。学校党委重视在青年学生中进行党史、党章、党的知识教育，对共青团中先进团员进行为建设有中国特色社会主义而奋斗的理想教育，鼓励要求入党的积极分子"学雷锋争取做一名共产党员"。学校共青团委开展评选青年突击手、优秀团员活动，在学生中开展"学雷锋，创三好"活动。为学生接触社会加深对国情的认识，组织学生开展"三下乡"、为社会服务的"志愿者"活动，提高学生的社会责任感和爱国精神。由于开展各项活动得力，取得显著效果，校团委被评为郑州市共青团先进团委称号；一些班级团支部被评为郑州市先进团支部，多名同学被郑州市团市委评为青年突击手和优秀团干部。在学生中开展"学雷锋小组"活动，争做"四有"青年。

(4)学校党委重视在全校开展精神文明建设活动。从20世纪90年代开始把每年的三月定为"学校文明礼貌月"。动员全校教职工和学生参加学校建设的公益劳动，开展文明办公室、文明教室、文明食堂和文明宿舍活动，推动校风建设。学校被评为二七区"文明单位"、郑州市花园式单位。

(5)召开学生思想政治工作会议。自20世纪90年代起，学校党委每年召开学生思想政治工作会议，总结学生思想政治工作的成绩和经验，找出存在的问题和差距，提出改进的措施；交流班主任、辅导员工作经验，进行学生思想政治工作的学术讨论和研究。例如，"从严治校培养合格人才"(李文芝，聂子友)、"当代青年自我认识特征的哲学分析"和"当代青年转化的哲学分析"(崔纪安)等论文，都是针对学生思想政治工作从不同角度撰写的学术文章，对推进学生思想政治工作起到一定作用。

4. 制订各专业新的教学计划

"八五"末期，国家测绘局人事教育劳动司，要求学校在教学改革基础上，根据国家教委教职字〔1993〕8号文颁发的《普通中等专业学校目录》，测绘类的控制测量(代码011601)、地形测量(011602)、航空摄影测量(011603)、工程测量(011604)、矿山测量(011605)、地籍测量(011606)、海洋测量(011607)、地图制图(011608)、地图制印(011609)9个专业中，按教学计划的完善程度分期提出控制测量、航空摄影测量、地图制图、工程测量和地籍测量等专业的教学计划，待人事教育劳动司组织专家审定批准后，正式执行和推广。这里先介绍学校提交的控制测量、航空摄影测量和地图制图3个专业的教学计划。

1)控制测量专业教学计划介绍①

(1)培养目标。为我国社会主义现代化建设培养德、智、体全面发展的，掌握控制测量基本理论、方法和技能的应用型中等专业技术人才。

(2)专业方向和业务要求。本专业主要培养从事大地控制测量工作并能从事地形测量、工程测量、地籍测量等测绘工作的中等测绘技术人员。业务要求：

掌握地形测量和地图绘图的基本理论和技能，能从事大比例尺地形图测绘的技术工作；掌握数字化测图的基本方法。

掌握控制测量的基本理论和操作技能，能担任二等以下平面控制和水准测量的技术工作。

掌握误差理论和测量平差的原理与计算方法，能对小规模三角网、水准网、导线网进行平差计算，并能对测量成果进行分析处理和精度评定。

懂得空间大地测量的基本理论，熟练掌握GPS测量技术。

了解航空摄影测量的基本原理和方法；懂得地籍测量、工程测量的基本作业方法，能进行一般的地籍测量和工程测量。

掌握计算机的基本操作方法；懂得一门高级语言；能使用软件对控制测量和GPS测量成果进行平差等方面的计算；掌握一种汉字录入方法并能进行简单的编辑排版。

了解地理信息系统基本知识。

(3)学制与教学环节时间分配。招收全日制初中毕业生，学制四年。

教学环节时间分配：学生在校学习时间200周；入学教育3周(包括军训)；课堂教学119周(每周上课26～27课时，不超过28课时)，课堂教学约3 200课时(其中理论教学约2 750课时，实践课为450课时)；考试7周；教学实习6周，毕业实习17周，集中实践教学共23周(折合约920课时)；公益劳动7周；毕业教育1周；机动3周；假期37周。

理论教学与实践教学时间控制在如下的比例：

(理论教学时间)∶(实践教学时间)＝2 750∶(450＋920)≈1∶0.50

教学环节时间分配如表1.31所示，课程设置与教学进程计划如表1.32所示，实践教学安排如表1.33所示。

表1.31　教学环节时间分配

专业名称：控制测量　　　　学制：中专四年

学年＼教学周数＼项目	入学教育	课堂教学	考试	教学实习	毕业实习	公益劳动	机动	毕业教育	假期	合计	说明
一	3	32	2			2	2		11	52	入学教育含军训
二		37	2			2			11	52	
三		31	2	6		2			11	52	
四		19	1		17	1	1	1	4	44	
总计	3	119	7	6	17	7	3	1	37	200	以教学周数计

① 本教学计划和以后介绍的教学计划，由于批准后要正式执行和推广，全文收录。

表 1.32 课程设置与教学进程计划

专业名称：控制测量 学制：中专四年

序号	课程名称	按学期分配		教学时数			各学期教学周数与课程周课时数								说明
		考试	考查	课时总数	讲课	实习实验	Ⅰ 15	Ⅱ 17	Ⅲ 20	Ⅳ 17	Ⅴ 15	Ⅵ 16	Ⅶ 19	Ⅷ 17	
	一、文化基础课			1 792	1 734	58									占总课时 56.6%
1	经济·政治	Ⅱ	Ⅰ	64	64		2	2							
2	世界观·人生观	Ⅳ	Ⅲ	74	74				2	2					
3	职业道德		Ⅴ	30	30						2				
4	国情		Ⅵ	32	32							2			
5	法律	Ⅶ		38	38								2		含测绘法
6	体育		Ⅰ～Ⅶ	238	238		2	2	2	2	2	2	2		
7	语文	Ⅱ,Ⅲ	Ⅰ,Ⅳ	276	268	8	4	4	4	4					
8	英语	Ⅰ,Ⅲ,Ⅴ	Ⅱ,Ⅳ,Ⅵ	338	338		4	4	4	4	2	2			含专业英语
9	数学	Ⅰ,Ⅲ,Ⅳ	Ⅱ	414	414		6	6	6	6					含应用数学
10	物理学	Ⅰ	Ⅱ	160	130	30	5	5							
11	化学	Ⅱ	Ⅰ	128	108	20	4	4							
	二、专业基础课			474	324	150									占总课时 15.0%
12	电工学	Ⅳ	Ⅲ	112	92	20			3	3					
13	地形测量学	Ⅳ	Ⅲ	164	114	50			4	5					
14	地图绘图技术		Ⅲ,Ⅳ	74	34	40			2	2					
15	微机应用基础	Ⅴ	Ⅵ	124	84	40					4	4			含汉字录编
	三、专业课			533	373	160									占总课时 16.9%
16	测量平差	Ⅵ	Ⅴ	154	104	50					6	4			毕业考试课
17	控制测量	Ⅵ,Ⅶ		210	150	60						6	6		毕业考试课
18	空间大地测量技术	Ⅶ		95	75	20							5		毕业考试课
19	数字化测图	Ⅴ		74	44	30					5				
	四、相关专业课			365	285	80									占总课时 11.5%
20	工程概论		Ⅴ	60	50	10					4				
21	工程测量	Ⅵ		96	66	30						6			
22	地籍测量		Ⅶ	76	56	20							4		
23	航空摄影测量		Ⅶ	95	75	20							5		
24	地理信息系统概论		Ⅶ	38	38								2		
	课时总数			3 164	2 716	448	27	27	27	28	25	26	26		周课时数
							3	3	3	4	3	3	3		学期考试门数

表 1.33 控制测量专业实践教学安排

实习类别	序号	实习项目	学期	周数	说明
教学实习	1	地形测量实习	Ⅴ	5	结合生产
	2	微机操作实习	Ⅵ	1	
毕业实习	3	计算机在测量中的应用实习	Ⅷ	2	
	4	航空摄影测量实习	Ⅷ	2	
	5	地籍测量实习	Ⅷ	2	含数字化测图
	6	工程测量实习	Ⅷ	3	
	7	空间大地测量(GPS 定位)实习	Ⅷ	2	
	8	控制测量实习与毕业设计	Ⅷ	6	结合生产
		合 计		23	

(4)课程设置与要求。本专业开设 24 门课程。文化基础课 11 门：经济·政治，世界观·人生观，职业道德，国情，法律，体育，语文，英语，数学，物理学，化学；专业基础课 4 门：电工学，地形测量，地图绘图技术，微机应用基础；专业课 4 门：测量平差，控制测量，空间大地测量技术，数字化测图；相关专业课与测绘新技术 5 门：工程概论，工程测量，地籍测量，航空摄影测量，地理信息系统概论。各门课程的主要内容与要求：

经济·政治(70 课时)① 使学生了解商品经济及其规律，明确资本主义政治经济与我国

① 为课时基本控制数，在安排教学进程计划时允许有一定的变动。下同。

政治经济制度的本质区别，特别是要深刻理解我国的社会主义市场经济、党的社会主义初级阶段的基本路线，以及改革开放以来的重大路线、方针和政策。

世界观·人生观(70课时)　学习辩证唯物主义基本理论，使学生树立正确的世界观，坚持用马克思主义的立场、观点和方法观察问题、分析问题，并能用正确的世界观指导自己的人生观，坚持在社会主义现代化建设的实践中实现自己的人生价值和崇高理想。

职业道德(30课时)　使学生了解职业道德的基本知识，明确社会主义道德的主要内容和基本特征，重点学习测绘职业道德的基本要求，懂得道德修养的重要性，明确职业道德修养的途径和方法，为今后走上工作岗位打下良好的基础。

国情(32课时)　使学生了解祖国的壮丽山河、优秀文化和传统美德，正确认识我国的资源、环境、人口等方面的状况，以及面临的机遇和挑战，增强使命感和责任感。

法律(40课时)　学习宪法、民法、测绘法等法律制度，使学生明确我国社会主义法律的特点、本质和作用，进而增强法制观念，捍卫法律尊严，学会运用法律武器维护合法权益，自觉地学法、守法、用法，以适应社会发展的要求。

体育(240课时)　根据《国家体育锻炼标准》的要求进行教学。通过教学使学生掌握田径、球类、武术、游泳等一般体育的基本理论，锻炼身体的科学方法与基本技巧；培养学生的灵敏性和耐久力；适当向学生介绍运动卫生知识和运动外伤救护措施。提高学生的健康水平和身体素质。

语文(270课时)　通过教学和写作训练，使学生正确理解和运用祖国的语言文字，初步掌握语法、修辞、写作等文学基本知识；逐步提高观察、分析、归纳和理解的能力；能够阅读常见的读物和浅易的文言文；能写出较准确、通顺的文章(特别是应用文)；培养和提高学生的口头表达能力；学好普通话。

英语(340课时)　学习英语基本发音、语法和句型结构，掌握常用的词汇(2 000个单词以上)和部分专业词汇，着重培养学生的阅读能力，适当培养听写能力。在高年级开设测绘英语阅读课程，为学生阅读专业资料打下基础。

数学(400课时)　在初中数学知识的基础上，学习代数、三角、立体几何、空间解析几何、线性代数基础、多元函数微积分、幂级数、球面三角，以及旋转椭球面上重要曲线等测绘应用数学基础的内容。使学生掌握本学科所需数学的基本知识，具有基本运算能力、一定的逻辑思维和空间想象能力，为学习专业课和进一步学习现代科学知识打下基础。

物理学(150课时)　在初中物理知识的基础上，学习相当于普通高中的物理知识，重点讲授经典力学、电磁学和光学，了解热学、近代物理知识等。培养学生的实验技能和分析问题、解决问题的能力。

化学(120课时)　在初中化学知识的基础上，进一步学习无机化学、有机化学的基本概念、基本理论，培养学生的实验技能和分析问题、解决问题的能力。

电工学(100课时)　学习电工学基础知识，掌握发电机、变压器、电动机的工作原理，以及晶体管放大电路、整流、稳压电路、数字逻辑电路等基本知识；了解电网系统、计划用电、安全用电的基本常识。培养学生的实验技能和分析问题、解决问题的能力。

地形测量学(170课时)　学习地形测量的基本理论、基本知识和作业技术；熟悉普通水准仪、经纬仪、平板仪、测距仪、钢尺等仪器的基本结构、性能和使用方法；掌握小三角测量、导线测量、普通水准测量等图根控制测量及大比例尺地形图测绘的作业方法和技能。

地图绘图技术(80课时)　懂得地图绘图的基本知识,掌握地图绘图的要领和绘图工具的使用方法;学会仿宋体、等线体等汉字及阿拉伯数字的规范书写方法,能正确描绘地图符号;适当进行硬笔书法训练。

微机应用基础(130课时)　了解微机的基本结构和性能;掌握基本的DOS命令和操作方法;懂得BASIC语言及其程序设计方法;掌握一种汉字录入和编辑技术;能够使用应用软件进行平差等方面的计算;了解计算机在测绘领域的应用。

测量平差(160课时)　了解最小二乘原理和误差理论,理解中误差、权等基本概念;掌握条件平差、间接平差、附有未知数的条件平差、附有条件的间接平差等基本原理和计算方法;掌握条件平差、间接平差精度评定的理论和计算方法;能对小规模三角网、导线网、水准网进行平差计算和精度评定。

控制测量(220课时)　主要讲授二等以下控制网的布设原则、方案、选点、造标、埋石等的基本方法和要求;大地控制测量仪器(含测距仪)的基本结构、性能、使用方法和检校方法、外业观测;基本椭球测量理论、观测成果概算处理,高斯投影、坐标换带等基本理论。通过本课程学习和实习,使学生掌握二等以下平面控制测量、水准测量和三角高程测量的基本理论和作业技能,掌握控制测量概算方法,利用平差计算理论和技能,进行各类控制网的平差计算和精度评定。

空间大地测量技术(80课时)　主要讲授空间大地测量的坐标系统、时间系统、人造地球卫星运动规律、GPS星历、GPS信号、GPS定位原理和作业方法。使学生懂得空间大地测量的基本理论,熟练掌握GPS定位技术的作业方法和数据的内业处理。

数字化测图(70课时)　讲授数字化测图的基本原理和作业方法。使学生了解数字化测图的主要过程,初步掌握外业数据采集方法、绘制草图的要求,以及数据的计算机处理和成图的方法等。

工程概论(60课时)　讲授房屋建筑工程、路桥工程的基本知识。了解工业与民用建筑工程中总平面设计的过程,总平面与竖面的布置方式,墙、柱及基础的施工过程;了解公路、铁路的中线、坡度及路基的设计及施工方法,并对桥、涵的设计与施工有一定的了解;学习城镇规划的基本知识。

工程测量(100课时)　要求学生掌握勘察设计、施工、运营管理三阶段中的测量工作的内容、基本原理和作业方法;掌握线路工程测量的全过程;掌握工业与民用建筑施工测量方法和变形观测方法;初步掌握桥梁与地下工程的测量方法。

地籍测量(70课时)　讲授土地管理基本知识、地籍测绘外业调查、地籍控制测量、地籍图件测绘与编制、土地面积量算、地籍测量资料的管理与更新等内容。要求学生掌握地籍测量的全过程及其主要方法。

航空摄影测量(100课时)　学习航空摄影测量的基本知识,掌握航测外业像片控制、调绘和像片图测图作业方法。对立体测图的基本原理、电算加密、解析测图、正射投影技术及摄影测量自动化与数字化新技术有一定的了解。

地理信息系统概念(30课时)　介绍地理信息系统的基本知识,通过学习使学生对GIS的基本概念、软硬件环境,以及GIS的主要功能、数据处理和发展前景有概括的了解。

(5)实践教学安排。控制测量专业集中实践教学,分教学实习安排在第Ⅴ、第Ⅵ学期,毕业实习与毕业设计安排在第Ⅷ学期,如表1.33所列项目。

地形测量实习　在第Ⅴ学期进行，为期5周。以小三角测量、导线测量，以及普通水准测量和三角高程测量进行图根控制，采用经纬仪配合小平板仪或大平板仪进行大比例尺地形测图。使学生掌握从图根控制到测绘地形图的全过程的技术操作，以及地形图的接边、检查、整饰等全部工作。有测绘生产任务时，可完成测图生产任务。

微机操作实习　在第Ⅵ学期微机应用基础课结束后，安排1周的微机操作实习。对所学内容做较为全面的上机操作，学会编写简单的程序和应用软件进行操作。

计算机在测量中的应用实习　第Ⅷ学期毕业实习开始时，先安排2周计算机应用实习，使用平差计算软件进行平差计算和精度评定、数字化测图软件进行成图操作，提高计算机在测量作业中的应用水平。

航空摄影测量实习　在第Ⅷ学期安排2周的航测综合法实习，重点进行1∶1 000固定比例尺像片图测图。

地籍测量实习　第Ⅷ学期安排2周地籍测量实习。主要内容：地籍调查，用常规方法和数字化方法测绘地籍图，了解编制地籍图件和表报的基本要求和方法。

工程测量实习　第Ⅷ学期安排3周的工程测量实习：建立施工控制网及施工放样作业，进行线路纵横断面测量、线路各种曲线测设作业、隧道控制测量及其放样作业、水下地形测量及建筑物变形观测方法实习等。

空间大地测量(GPS定位)实习　第Ⅷ学期有2周的GPS定位测量实习：GPS控制网的设计，GPS接收机操作作业，观测数据的后处理工作；达到基本掌握GPS定位技术的目的。

控制测量实习与毕业设计　第Ⅷ学期有6周的控制测量实习与毕业设计，主要内容有：现代控制网(常规方法与GPS定位相结合，包括高程控制)的设计，实测三等光电测距导线测量和二等水准测量，手工进行观测成果的概算，使用计算机进行控制网平差计算和精度评定。有条件时结合生产任务进行实习。按毕业设计要求写出毕业实习技术总结或论文，并进行答辩。

教学实习与毕业实习及毕业设计，都单独进行技术考核，并给学生做出毕业实习与毕业设计的综合评语，记入学生成绩档案。毕业实习成绩不及格不能毕业。

(6)教学环节实施提示：

教学计划中各门课程计划课时数的总和为3 160。在课程设置与教学进程计划表1.32中，各门课程实际教学课时总和为3 164，讲课时数为2 716，实习实验课时数为448，集中实践教学23周相当于920课时。理论教学时间与实践教学时间之比：

$$2\,716:(448+920)\approx 1:0.50$$

达到中专四年制教学计划突出动手能力培养的要求。文化基础课占总课时数的56.6%，体现出加强基础知识教育的要求；专业基础课、专业课和相关专业课总课时数占43.4%，形成了以控制测量与空间测量技术为主体的专业能力，达到了培养目标业务能力的要求。

考虑到初中毕业生学习方法和接受能力的特点，第Ⅰ学期文化基础课教学应适当放慢进度，培养学生适应专业学校的学习方法，注意因材施教，保证教学质量。

课堂教学中，遇有较深的概念、理论知识和较复杂的计算公式推导，尽量采用现代直观教学手段，充分利用实习实验课时，安排一定的习题课和讨论课，引导学生建立概念、掌握理论知识实质和计算公式的应用，达到学以致用的目的。

认真组织好课堂实习，掌握各种测绘仪器的操作技术，练好基本功；按教学实习和毕业实习大纲组织各项实习，严格按技术规范进行作业，培养学生“认真、细致、准确、及时”完成任务的科学态度和良好的测绘工作职业道德。

严格考核学习成绩。第Ⅰ至第Ⅶ学期，各有一周的考试时间，每学期考试课为3～4门；考查课以平时作业、课堂练习和平时测验综合评定成绩。毕业考试科目为测量平差、控制测量和空间测量技术。

2)航空摄影测量专业教学计划介绍

(1)培养目标。为我国社会主义现代化建设培养德、智、体全面发展的，掌握航空摄影测量基本理论、方法和技能的应用型中等专业技术人才。

(2)专业方向和业务要求。本专业主要培养从事航空摄影测量工作并能从事地形测量、地籍测量等测绘工作的中等测绘技术人员。业务要求：

掌握地形测量和地图绘图的基本理论与技能，能从事大比例尺地形图测绘的技术工作；掌握数字化测图的基本方法；掌握控制测量的基本理论、基本知识和操作技能，能担任三等以下平面控制和二等以下水准测量的技术工作；掌握误差理论和测量平差的基本原理与计算方法，能对小规模三角网、导线网进行平差计算。

掌握摄影与空中摄影基本理论及摄影处理技能。

掌握航空摄影测量的基础理论和各种成图方法的系统概念；掌握航测外业的基本理论和操作技能；了解航空摄影测量仪器的一般结构、性能、作业方法和操作技能；了解航空摄影测量学科发展与遥感技术的基本知识。

掌握解析空中三角测量的基本理论和方法，了解数字摄影测量的基本原理和方法。

掌握计算机的基本操作方法，懂得一门高级语言并编写简单的程序，能使用应用软件对航测内业数据进行初步处理；掌握一种汉字录入方法并能进行简单的排版编辑。

掌握GPS定位的应用技术，了解测绘内外业一体化和地理信息系统的基本知识。

(3)学制与教学环节时间分配。招收全日制初中毕业生，学制四年。

教学环节时间分配：学生在校学习时间200周；入学教育3周(包括军训)；课堂教学119周(每周上课22～27课时，不超过28课时)，课堂教学约3 200课时(其中理论教学约2 750课时，实践课约450课时)；考试7周；教学实习6周，毕业实习(设计)17周，集中实践教学共23周(折合约920课时)；公益劳动7周；毕业教育1周，机动3周，假期37周。

理论教学与实践教学时间控制在如下的比例：

(理论教学时间)：(实践教学时间)＝2 750：(450＋920)≈1：0.50

教学环节时间分配如表1.34所示，课程设置与教学进程计划如表1.35所示，实习项目安排如表1.36所示。

表1.34　教学环节时间分配

专业名称：航空摄影测量　　　　学制：中专四年

教学周数 项目 / 学年	入学教育	课堂教学	考试	教学实习	毕业实习	公益劳动	机动	毕业教育	假期	合计	说明
一	3	32	2			2	2		11	52	入学教育含军训
二		37	2			2			11	52	
三		31	2	6		2			11	52	
四		19	1		17	1	1	1	4	44	
总计	3	119	7	6	17	7	3	1	37	200	以教学周数计

表1.35　课程设置与教学进程计划

专业名称：航空摄影测量　　　　学制：中专四年

序号	课程名称	按学期分配		教学时数			各学期教学周数与课程周课时数								说明
		考试	考查	课时总数	讲课	实习实验	Ⅰ 15	Ⅱ 17	Ⅲ 20	Ⅳ 17	Ⅴ 15	Ⅵ 16	Ⅶ 19	Ⅷ 17	
	一、文化基础课			1 792	1 734	58									占总课时55.7%
1	经济·政治	Ⅱ	Ⅰ	64	64		2	2							
2	世界观·人生观	Ⅳ	Ⅲ	74	74				2	2					
3	职业道德		Ⅴ	30	30						2				
4	国情		Ⅵ	32	32							2			
5	法律	Ⅶ		38	38								2		含测绘法
6	体育		Ⅰ～Ⅶ	238	238		2	2	2	2	2	2	2		
7	语文	Ⅱ,Ⅲ	Ⅰ,Ⅳ	276	268	8	4	4	4	4					
8	英语	Ⅰ,Ⅲ,Ⅴ	Ⅲ,Ⅳ,Ⅵ	338	338		4	4	4	4	2	2			含专业英语
9	数学	Ⅰ,Ⅲ,Ⅳ	Ⅱ	414	414		6	6	6	6					含应用数学
10	物理学	Ⅰ	Ⅱ	160	130	30									
11	化学	Ⅱ	Ⅰ	128	108	20	4	4							
	二、专业基础课			658	468	190									占总课时20.5%
12	电工学	Ⅳ	Ⅲ	112	92	20			3	3					
13	地形测量学	Ⅳ	Ⅲ	164	114	50			4	5					
14	地图绘图技术		Ⅲ,Ⅳ	74	34	40			2	2					
15	微机应用基础	Ⅴ	Ⅵ	124	84	40					4	4			含汉字录编
16	测量平差	Ⅵ	Ⅴ	124	94	30					4	4			
17	地貌学		Ⅴ	60	50	10					4				
	三、专业课			616	458	158									占基础课19.1%
18	控制测量	Ⅵ	Ⅶ	124	84	40						3	4		
19	摄影与空中摄影		Ⅴ	60	40	20					4				
20	基础摄影测量	Ⅴ,Ⅵ		140	110	30					4	5			毕业考试课
21	航空摄影测量外业	Ⅶ		114	84	30							6		毕业考试课
22	解析与数字摄影测量	Ⅶ	Ⅵ	140	110	30						4	4		毕业考试课
23	遥感与应用技术		Ⅶ	38	30	8							2		
	四、相关专业课			152	112	40									占总课时4.7%
24	地籍测量		Ⅶ	76	56	20							4		
25	GPS应用技术		Ⅶ	38	28	10							2		
26	数字化测图		Ⅶ	38	28	10							2		
	总　数			3 218	2 772	446	22	22	27	28	26	26	28		
							3	3	3	4	3	3	3		学期考试门数

表1.36　航空摄影测量专业实习项目安排

实习类别	序号	实习项目	学期	周数	说明
教学实习	1	地形测量实习	Ⅴ	5	常规方法
	2	微机应用操作实习	Ⅵ	1	
毕业实习	3	控制测量实习	Ⅷ	3	
	4	地籍测量实习	Ⅷ	2	含数字化测图
	5	解析摄影测量与数字摄影测量实习	Ⅷ	3	
	6	航测内、外业实习与毕业设计	Ⅷ	9	
		合　计		23	

(4)课程设置与要求。本专业开设26门课程。文化基础课11门：经济·政治，世界观·人生观，职业道德，国情，法律，体育，语文，英语，数学，物理学，化学；专业基础课6门：电工学，地形测量，地图绘图技术，微机应用基础[①]，测量平差，地貌学；专业课6门：控制测量，摄

① 以上11门文化基础课、4门专业基础课的课程内容、要求与计划课时数，与控制测量专业教学计划中相应课程的课程内容、要求与计划课时数相同，下面不再重复介绍。

影与空中摄影，基础摄影测量，航空摄影测量外业，解析摄影测量与数字摄影测量，遥感与应用技术；相关专业课3门：地籍测量，GPS应用技术，数字化测图。各门课程的主要内容与要求：

测量平差（120课时） 了解最小二乘原理和误差理论，理解中误差、权等基本概念；掌握条件平差、间接平差的基本原理和计算方法；掌握精度评定的概念和计算方法。

地貌学（60课时） 讲授地貌的形成与发展的基本规律，了解我国常见地貌的成因、类型特征和分布状况，以及在地形图上的正确表示方法。

控制测量（120课时） 了解精密经纬仪、测距仪、精密水准仪的基本构造、性能，能较熟练地使用仪器进行观测作业。掌握三、四等平面控制测量和二等以下水准测量的基本理论和作业技能，掌握控制测量概算方法和平差计算工作。

摄影与空中摄影（60课时） 了解一般摄影机的基本结构、原理、性能和使用方法；懂得彩色摄影及其摄影的基本原理和方法，了解空中摄影的特点；初步掌握航测内业摄影处理的原理、方法和技能。

基础摄影测量（120课时） 以航空摄影测量内业为主，讲授摄影测量的基础理论，使学生掌握航空摄影测量内业的基本原理及其生产过程的有关技能，了解近景摄影测量的基本知识。

航空摄影测量外业（100课时） 通过课堂教学和实习，使学生掌握航测外业测量的基本理论、基本技术和基本作业方法；掌握航测外业测量中控制点的布设、选点、刺点，像片的整饰和像片判读、调绘，以及外业工作的组织实施等。

解析摄影测量与数字摄影测量（140课时） 使学生了解电算加密几种方法和特点，掌握电算加密的生产过程；学习解析测图仪的原理和使用，了解正射摄影技术以及数字影像的获取、影像相关，了解摄影测量系统及数字地面模型的基本知识。

遥感与应用技术（40课时） 讲授电磁波和地物的波谱特性，了解遥感技术的基础知识，介绍遥感传感器、遥感图像的特征，初步了解遥感图像的处理方法；介绍遥感技术的应用，提高遥感技术重要性的认识，并与GIS的结合奠定一定的基础。

地籍测量（70课时） 讲授土地管理基本知识、地籍测量外业调查、地籍控制测量、地籍图件测绘、土地面积计算、地籍测量资料管理和更新等内容。使学生掌握常规地籍测量的全过程及其主要方法。

GPS应用技术（40课时） 主要讲授GPS测量的基本原理和外业与内业的作业方法，使学生了解GPS定位技术作业的全过程，掌握GPS技术在航测外业中的应用，对观测数据后处理有一定的了解。

数字化测图（40课时） 讲授数字化测图的基本原理和作业方法，使学生了解数字化测图的全过程，掌握三维数据与属性数据的采集方法，对使用数字化测图软件进行数据处理和成图方法有初步了解。

（5）实践教学安排。航空摄影测量专业集中实践教学，教学实习安排在第Ⅴ、第Ⅵ学期，毕业实习与毕业设计安排在第Ⅷ学期，各实习项目如表1.36所示。

地形测量实习 在第Ⅴ学期进行，为期5周。进行以小三角测量与导线测量为主的图根平面控制测量及普通水准测量，以经纬仪配合小平板仪或大平板仪施测1∶1 000地形图；使学生掌握从图根控制测量、大比例尺地形测图到地形图的质量检查和成果整理等全过程的操作技术。有条件时可结合生产任务进行实习。

微机应用操作实习　在第Ⅵ学期进行，为期1周。对微机应用基础课所学的内容进行全面地上机操作，学会编写简单的计算程序，掌握使用应用软件的技术。

控制测量实习　在第Ⅷ学期进行，为期3周。主要进行光电测距三等导线测量与二等水准测量作业，按有关规范要求进行观测，对观测成果进行手工概算和应用计算机进行平差计算。

地籍测量实习　在第Ⅷ学期进行，为期2周。进行地籍调查，测绘大比例尺地籍图(常规方法或数字化测图)，编制地籍图件和地籍报表，使学生初步掌握地籍测量的全过程。

解析摄影测量与数字摄影测量实习　在第Ⅷ学期进行，为期3周。了解解析测图仪的结构与测图原理，进行操作实习；掌握空中三角测量软件的使用；了解数字摄影测量的概念和有关软件的使用，进行实际操作练习。

航测内业、外业实习与毕业设计　在第Ⅷ学期进行，为期9周，是本专业重点实践教学项目。使学生了解航测内业的主要作业过程，进行仪器操作训练；掌握航测外业的主要技术要求和作业方法。在各项实习之前要进行课程设计，实习结束后要求学生写出实习总结报告，作为毕业设计进行答辩，并评定实习成绩。

教学实习和毕业实习均要进行单项实习考核，第Ⅷ学期的全部实习内容进行综合考核评定成绩，记入学生成绩档案。

(6)教学环节实施提示：

教学计划中各门课程计划课时数的总和为3 200。在课程设置与教学进程计划表1.35中，各门课程课时数之和3 218，理论教学为2 772课时，实习实验课时为446；集中实践教学为23周，相当于920课时。理论教学时间与实践教学时间之比为：

$$2\,772:(446+920)=2:0.986\approx1:0.49$$

达到中专四年制教学计划动手能力培养的要求。文化基础课时占教学总课时的55.7%，专业基础课、专业课和相关专业课占总课时44.3%。既强调了文化基础课的教学，又有利于形成航空摄影测量专业综合技术能力，达到培养目标的要求。

考虑到初中毕业生学习方法和理解能力的特点，第Ⅰ学期文化基础课教学应适当放慢教学进度，逐步达到中专正常教学强度，培养学生适应中专教学与学习特点。

在认真搞好课堂理论教学基础上，强化课堂实习、教学实习和毕业实习，测量操作和观测成果按国家规范要求，培养学生“真实、细致、准确、及时”完成任务的作风和优良的测绘工作职业道德。

航空摄影测量的概念与理论较深，仪器种类多、结构复杂，需要有较高的操作水平才能达到精度要求。因此，在课堂教学中要采用直观教具，在仪器实物现场采取教师边操作边讲解，最好利用现代教学手段进行直观教学；必要时安排一定的习题课、讨论课，保证课堂教学效果，提高教学质量。

严格考核学习成绩。第Ⅰ至第Ⅶ学期各安排1周的考试，每学期有3～4门课进行考试；以平时作业、课堂仪器操作和小测验，来评定考查课的学习成绩。教学实习和毕业实习通过考核评定成绩。毕业考试科目为基础摄影测量、解析摄影测量与数字摄影测量、航空摄影测量外业3门专业课。

3)地图制图专业教学计划介绍

(1)培养目标。为我国社会主义现代化建设培养德、智、体全面发展的，掌握地图制图基本理论、方法和技能的应用型中等专业技术人才。

(2)专业方向和业务要求。本专业主要培养从事地图制图工作，并能从事地图印刷、地形测量等技术工作的中等测绘技术人员。业务要求：

掌握地形测量的基本理论，能从事大比例尺地形图测绘的技术工作；了解航空摄影测量的基本原理和方法。

掌握地图清绘和刻绘的基本知识和技能，能担任地形出版原图的清绘和刻绘、蒙绘的技术工作。

掌握地图编绘的基本理论、基本知识和技能，经过短期生产实践，可以参加中、小比例尺地形图的编绘、连编带绘，以及专题地图的编绘、整饰、设计等工作。

掌握地图投影的基本理论，具有识别地图投影类型、选择使用地图投影计算成果和常用投影方法的计算能力。

懂得地图制版和印刷的基本原理、工艺流程及操作方法。

掌握计算机的基本操作方法，懂得一门高级语言，能使用计算机辅助制图应用软件；掌握一种汉字录入方法并能进行简单的编辑排版。

掌握计算机辅助地图制图的基本理论，了解机助地图制图所需的硬件设备，以及机助制图的生产作业过程。了解地理信息系统的基本知识。

(3)学制与教学环节时间分配。招收全日制初中毕业生，学制四年。

教学环节时间分配：学生在校学习时间 200 周；入学教育 3 周(包括军训)；课堂教学 120 周(每周 26～27 课时，不超过 28 课时)，课堂教学总计约 3 200 课时(其中理论教学 2 750 课时，课堂实践约 450 课时)；考试 7 周；教学实习 5 周，毕业实习 17 周，集中实践教学共 22 周(折合约 900 课时)；公益劳动 7 周；毕业教育 1 周；机动 3 周；假期 37 周。

理论教学与实践教学时间控制在如下比例：

$$(\text{理论教学时间})：(\text{实践教学时间})=2\,750：(450+920)\approx1：0.50$$

教学环节时间分配如表 1.37 所示，课程设置与教学进程计划如表 1.38 所示。

表 1.37　教学环节时间分配

专业名称：地图制图　　　　　学制：中专四年

学年 \ 教学周数 \ 项目	入学教育	课堂教学	考试	教学实习	毕业实习	公益劳动	机动	毕业教育	假期	合计	说　明
一	3	32	2			2	2		11	52	入学教育含军训
二		37	2			2			11	52	
三		32	2	5		2			11	52	
四		19	1		17	1	1	1	4	44	
总计	3	120	7	5	17	7	3	1	37	200	以教学周数计

表 1.38　课程设置与教学进程计划

专业名称：地图制图　　　　　学制：中专四年

序号	课程名称	按学期分配		教学时数			各学期教学周数与课程周课时数								说　明
		考试	考查	课时总数	讲课	实习实验	Ⅰ 15	Ⅱ 17	Ⅲ 20	Ⅳ 17	Ⅴ 19	Ⅵ 13	Ⅶ 19	Ⅷ (17)	
	一、文化基础课			1798	1740	58									占总课时 56.3%
1	经济·政治	Ⅱ	Ⅰ	64	64		2	2							
2	世界观·人生观	Ⅳ	Ⅲ	74	74				2	2					
3	职业道德		Ⅴ	38	38						2				
4	国情		Ⅵ	26	26							2			

续表

序号	课程名称	按学期分配		教学时数			各学期教学周数与课程周课时数								说　明
		考试	考查	课时总数	讲课	实习实验	Ⅰ 15	Ⅱ 17	Ⅲ 20	Ⅳ 17	Ⅴ 19	Ⅵ 13	Ⅶ 19	Ⅷ (17)	
5	法律	Ⅶ		38	38								2		含测绘法
6	体育		Ⅰ～Ⅶ	240	240		2	2	2	2	2	2	2		
7	语文	Ⅱ,Ⅲ	Ⅰ,Ⅳ	276	268	8	4	4	4	4					
8	英语	Ⅰ,Ⅲ,Ⅴ	Ⅱ,Ⅳ,Ⅵ	340	340		4	4	4	4	2	2			含专业英语
9	数学	Ⅰ,Ⅲ,Ⅳ	Ⅱ	414	414		6	6	6	6					含应用数学
10	物理学	Ⅰ	Ⅱ	160	130	30	5	5							
11	化学	Ⅱ	Ⅰ	128	108	20	4	4							
	二、专业基础课			554	428	126									占总课时17.4%
12	电工学	Ⅲ		120	100	20			6						
13	微机应用基础	Ⅳ	Ⅴ	178	128	50				6	4				
14	地理学		Ⅴ	64	56	8					4×16/				
15	地貌学	Ⅵ		64	56	8					/4×3	4			
16	地形测量	Ⅵ	Ⅴ	128	88	40					4	4			
	三、专业课			722	482	240									占基础课22.6%
17	地图绘图	Ⅶ	Ⅲ～Ⅵ	176	56	120			2	2	2	2	2		毕业考试课
18	地图整饰	Ⅴ		76	66	10					4				
19	地图投影	Ⅴ		76	56	20					4				
20	普通地图编制	Ⅵ,Ⅶ		147	117	30						4	5		毕业考试课
21	专题地图编制	Ⅶ		95	65	30							5		毕业考试课
22	地图制印		Ⅶ	95	85	10							5		
23	计算机辅助地图制图		Ⅶ	57	37	20							3		
	四、相关专业课			116	106	10									占总课时3.7%
24	地理信息系统概论		Ⅶ	38	38								2		
25	航空摄影测量		Ⅶ	78	68	10						6			
	周课时数						27	27	26	26	28	26	26		周课时数
	课时总数			3 190	2 756	434	3	3	4	3	3	3	4		学期考试门数

(4)课程设置与要求。本专业开设25门课程。文化基础课11门：经济·政治，世界观·人生观，职业道德，国情，法律，体育，语文，英语，数学，物理学，化学；专业基础课5门；电工学①，微机应用基础，地理学，地貌学，地形测量；专业课7门：地图绘图，地图整饰，地图投影，普通地图编制，专题地图编制，地图制印，计算机辅助地图制图；相关专业课2门：地理信息系统概论，航空摄影测量。各门课程的主要内容与要求：

微机应用基础(160课时)　了解微机的基本结构和性能，掌握基本的DOS命令和操作方法；懂得BASIC语言及其程序设计方法，懂得数据库原理及其应用；掌握一种汉字录入和编辑技术；能使用机助制图应用软件；了解计算机在测绘领域的应用。

地理学(60课时)　从地图制图需要的角度讲授相当高中阶段的普通地理知识和经济地理等知识。

地貌学(60课时)　讲授地貌形成与发育的基本规律，了解我国常见地貌成因、类型特征、分布状况，以及在地形图上正确表示方法。为正确表示地图和编绘各种地图、专题地图的地貌打下基础。

地形测量(140课时)　学习地形测量的基本理论、基本技术和作业过程；熟悉普通经纬仪、水准仪、测距仪、平板仪、钢尺等仪器的基本结构、性能和使用方法；掌握小三角测量、导线

① 以上11门文化基础课和专业基础课电工学，其课程内容要求及计划课时数，与控制测量专业教学计划中相应课程的内容与要求及计划课时数相同，下面不再重复介绍。

测量、水准测量等图根控制测量的内外业技术，以及大比例尺地形图测绘的作业方法和操作技术。

地图绘图(200课时)　讲授地图绘制的基本知识，掌握制图字体、地图符号、地形图绘图、刻图的基本功和工艺过程，以及各种绘图工具的使用修磨、保养方法；掌握清绘(刻绘、蒙绘)地形出版原图的操作技术和方法。

地图整饰(60课时)　了解地图整饰的基本内容和知识，掌握地图符号、色彩设计、地物与地貌主体表示法，以及掌握地图整体设计的基本技能。

地图投影(90课时)　讲授地图投影的基本理论与基本知识，掌握常用地图投影方法的条件、变形特点和规律，明确各类地图投影选择的基本原则，掌握常用地图投影的计算与应用。

普通地图编制(150课时)　讲授普通地图编制理论知识与方法；掌握地图分幅编号、图廓展绘、内容转绘、原图编绘、原图转绘的理论和方法，以及制图综合、编制准备工作的理论和方法。使学生了解地图编制全过程，掌握其基本技能。

专题地图编制(80课时)　讲授在地图上专业现象的表示方法，侧重自然、经济、特种地图内容的编制理论和方法。使学生了解并懂得各类专题地图的基本知识，掌握其编绘的方法和技能。

地图制印(100课时)　了解地图制版、印刷各工序的基本原理、工艺流程和作业方法；懂得地图制印与绘图(刻图)的关系，以及制作出版原图的要求，并掌握选择制印方案的基本知识。

计算机辅助地图制图(60课时)　在掌握微机应用技术的基础上，掌握机助制图的基本理论，了解机助地图制图所需的硬件和软件设备，了解机助制图的基本过程。

地理信息系统概论(30课时)　介绍地理信息系统的基础知识，使学生对GIS的基本概念、软硬件环境、GIS的主要功能、数据处理和发展前景有概括的了解。

航空摄影测量(100课时)　讲授航空摄影测量的基础知识，掌握航测外业像片控制、调绘和像片测图作业方法。对立体测图的基本原理、电算加密、解析测图仪、正射投影技术，以及摄影测量自动化与数字化的新技术有一定的了解。

(5)实践教学安排。地图制图专业集中实践教学，教学实习在第Ⅴ、第Ⅵ学期进行，毕业实习与毕业设计在第Ⅷ学期进行，各实习项目如表1.39所示。

表1.39　地图制图专业实习项目安排

实习类别	序号	实习项目	学期	周数	说明
教学实习	1	微机操作实习	Ⅴ	1	
	2	地形测量实习	Ⅵ	4	常规方法
毕业实习	3	地图制印实习	Ⅷ	2	
	4	机助制图实习	Ⅷ	3	计算机应用
	5	地图清绘实习	Ⅷ	5	
	6	普通地图编制实习	Ⅷ	4	
	7	专题地图编绘与设计实习	Ⅷ	3	
合计				22	

微机操作实习　微机应用基础课在第Ⅴ学期结束后，安排1周的操作实习，对所学课程内容进行较全面的上机操作，达到会编写简单的程序和应用各种计算与机助制图软件的能力。

地形测量实习　在第Ⅵ学期安排4周的实习。进行小三角测量和导线测量及水准测量的图根控制测量实习，采用经纬仪与小平板联合作业或大平板仪作业，施测1∶1 000地形图。

掌握地物、地貌各要素在地形图的正确表示方法;通过野外实习观察各种地貌类型特征及其变迁的规律,加深对地物、地貌综合表示的感性认识。

地图制印实习 在第Ⅷ学期安排2周实习。通过实习了解复照、翻版、分涂、制版、打样和印刷的一般过程和方法,懂得印刷对清绘出版原图的要求。

计算机辅助地图(机助)制图实习 在第Ⅷ学期安排3周实习。了解计算机辅助制图的基本过程,掌握计算机辅助制图软件的使用方法;了解地理信息系统的功能,以及地理信息系统软件的使用方法等。

地图制图综合技术毕业实习与设计 在第Ⅷ学期安排地图清绘实习5周,普通地图编制实习4周,专题地图编绘与设计实习3周。通过实习要求学生掌握地图清绘(刻绘、蒙绘)、编绘的综合技术和作业技能,基本达到地图编绘出版原图的成果水平。要求学生写出地图制图综合技术实习总结,作为毕业设计成果。

教学实习和毕业实习各项作业都要进行成绩考核,最后给出毕业实习的综合成绩,记入学生成绩档案。

(6)教学环节实施提示:

教学计划中各门课程计划课时数的总和为3 200。在课程设置与教学进程计划表1.38中的各门课程时数总和为3 190,课堂讲课总时数为2 756,课堂实习课时数为434;集中实践教学为22周(折合约900课时)。理论教学课时数与实践教学课时数之比

$$2\,756:(434+900)=2:0.97\approx1:0.48$$

达到中专四年制教学要求2∶1的规定。文化基础课的课时数占教学总课时的56.3%,专业基础课、专业课和相关专业课的课时数占教学总课时数的43.7%。强调了文化基础课的教学,也形成了地图制图专业的技术能力,达到了中专培养目标的要求。

考虑到初中毕业生学习方法和接受能力的特点,第Ⅰ学期文化基础课教学应适当放慢进度,培养学生适应专业学校的学习方法,注意因材施教,保证教学质量。

课堂教学中,遇有较深的概念、理论知识和较复杂的计算公式推导,尽量采用现代直观教学手段,充分利用实习实验课时,安排一定的习题课和讨论课,引导学生建立概念、掌握理论知识实质和计算公式的应用,达到学以致用的目的。

地图制图专业要特别强调学生手工绘图、编图的基本功训练,在此基础上进一步掌握计算机辅助制图技术,以适应现代地图制图技术不断发展的需要。在绘图、编图和地图印刷实习中,严格按规范要求作业,培养学生“真实、细致、准确、及时”完成任务的科学态度和良好的测绘工作职业道德。

严格考核学生的学习成绩。第Ⅰ至第Ⅶ学期,各有一周的考试时间,每学期考试课3~4门;考查课以平时作业、课堂实习和平时测验综合评定成绩。毕业考试科目为地图绘图、普通地图编制和专题地图编制。

5. 教师队伍的综合素质显著提高

1982年学校开学时,教师由各省测绘局和解放军测绘部队转业的测绘技术人员来校任教。1982年以来由各大学毕业的基础课和专业课具有本科学历的青年教师来校任教。1985年以后,由于缺少专业教师,从本校优秀毕业生(高中毕业生源)中选拔留校担任教师与实验教师。面对新建测绘专业师资队伍的实际情况,学校党委把师资队伍建设摆在学校基础建设重中之重,有的放矢地在教学实践中培养锻炼。经过5年多的努力,到1987年,教师中高

级和中级职称人数占教师总数的51.1%,初步形成了“双师型”教师队伍,达到了全国重点中专中级以上职称占教师总数50%的要求。学校党委认为,“七五”、“八五”的10年是学校师资队伍建设提高综合素质的最好时期,采取各种有针对性的措施,提高教师的学识水平、学历和学位水平、教学水平、科研与专业生产能力,建成综合素质较高、适应当代测绘中专教育及其发展需要的“双师型”教师队伍。

1)提高了教师学识与学历水平

学校为不具备本科学历的专业教师,创造条件通过本科函授等进修方式获得本科学历;鼓励具有本科学历的青年教师通过脱产或在职攻读硕士学位。考虑测绘和信息科学技术迅速发展的形势,结合教学改革需要,有计划地派出28名青年教师到有关大学的相关专业进修学习,或参加国家测绘局开办的专业培训班进修学习。在国家测绘局的关怀下,还选派4名优秀教师到国外进修学习,开拓视野。

2)提高了教师队伍的综合教学能力

“七五”、“八五”时期,在加强课程建设、专业建设目标的推动下,提倡教师开现代测绘技术新课和多担任教学任务;鼓励教师参加测绘各专业的教学实习和生产实习;要求教师对学生全面负责,努力做好学生思想政治工作,提高教书育人的能力。按学校制定的“教学工作量和超课时酬金发放规定”给教师以适当的物资鼓励,按“先进教师评选条件”每年评选先进教师,给教师以精神鼓励。1989年,李玉潮老师被评为河南省优秀教师;刘宝权同志被评为郑州市先进工作者;沈锦文、樊凯、赵中华老师被国家测绘局授予教学优秀奖。1990年,李玉潮老师被中宣部、国家教委表彰为优秀大学毕业生。1993年,李骏元、黄秀荣、茹良勤老师荣获国家测绘局教学优秀奖。1989年,学校被评为郑州市中专学校体育先进单位;1995年,学校基础课教学部、地形地籍教学部被国家测绘局评为教育先进单位。

3)教材建设取得显著成绩

“七五”、“八五”期间,除对1987年以前编写的17种教材进行修改补充形成新版教材外,根据新设工程测量、地籍测量和地图制印等专业教学的需要,以及各专业教学内容更新的需要,新编写了《控制测量实习指导书》、《工程测量学》、《工程概论》、《地形测量实习指导书》、《摄影与空中摄影》、《数字摄影测量》、《测量平差习题集》、《地籍测量》、《地籍测量实习指导书》、《数字化测图》、《土地管理学》、《电磁波测距》、《村镇规划》、《地图制印》、《地图制印实习指导书》和《计算机辅助地图制图》等17部教材。大大提高了自编教材在各专业教学中的覆盖面,体现出该校测绘各专业教学的特色。其中较成熟的教材《控制测量》(沈桂荣、吕安民)、《航空摄影测量外业》(赵中华)、《测绘应用数学》和《中专数学习题库》(王玉富)等10余种已公开出版发行。教材编审委员会充分运用“教材编审工作条例”、“关于评选优秀教材的暂行规定”等制度,促进教材建设并取得显著成绩。

4)科学研究水平显著提高

学校鼓励教师在完成教学任务基础上积极开展教学和科技学术研究,为教师参加学术交流活动创造条件。制定的“关于科研成果的奖励办法”,对激励教师投入科研活动起到推动作用。“七五”、“八五”期间教师撰写教学法研究、学生思想教育工作和专业学术研究论文40余篇。其中刊登在公开发行的《测绘通报》、《军事测绘》、《工程勘察》、《河南师范大学学报》等刊物上的论文20余篇如表1.40所示。青年教师田永革在矩阵理论方面研究的成果论文,学校创造条件使他参加有关的国际学术会议报告研究成果。河南省测绘学会大地测量专业委员会挂靠在学校，组织召开全省的大地测量学术研讨会。学校支持各专业教师带着研究成果论文参加省测绘学会召开的各专业的学术研讨会，学校是河南省测绘学会学术活动的先进集体。

表1.40　1985－1995年发表的部分论文统计

序号	论文名称	作者	时间	刊物	说明
1	关于自动安平水准仪的磁性误差	周纯玉	1985	测绘通报	
2	PC-1500机在控制测量中的应用	王有滨	1985	军事测绘	
3	用计算机寻找水准网、导线网的条件信息	杨国清	1987	测绘通报	
4	结点高程平差中的定权及平差方法	赵中华，王培义	1987	测绘通报	
5	矩阵方程AXB＝CYH的通解	田永革	1988	数学的实践与认识	
6	国家水准原点稳定性的初步分析	周纯玉	1988	测绘科技通报	
7	航测底片影像产生模糊现象的诸因素分析	秦光银	1989	工程勘察	
8	多结点环形导线网的等权分解平差	赵中华	1989	测绘通报	
9	谈海水深度基准面	王建礼	1989	地理知识	
10	从严治校培养合格人才	李文芝，聂子友	1989	高等教育	
11	Z80单板机在频率测试中的应用	朱孔军	1989	河南师范大学学报	
12	《大学语文》通假字辨析	张晓兵	1990	山东聊城师范学院学报	
13	关于分块矩阵广义逆的一个结果	田永革	1991	曲阜师范学院学报	
14	非奇分块矩阵的逆矩阵	田永革	1991	武汉测绘科技大学学报	
15	一种正弦等面伪圆柱投影族	张顺卿	1991	地图	
16	关于加强青年教师政治思想工作的思考	黄秀荣	1992	测绘政工研究	
17	用双频伪距和载波相位测量资料测定电离层延迟	李会青	1993	测绘遥感信息工程国家重点实验室年报	
18	关于中专学校开办第三产业的探索	黄秀荣	1994	测绘政工研究	
19	别自卑，中专生	卢学鸿	1994	中专天地	
20	溶剂极限对化学反应影响的探讨	姜丰梅	1995	河南农业大学学报	
21	题目、题材、主题	卢学鸿	1995	中专天地	

经过“七五”、“八五”10年的教学、科研和专业生产实践，教师综合素质的提高集中反映在教师职称结构的变化上。1990年，在91名教师中，有高讲9人、高工3人，计12人，占教师总数的13.2％；有讲师36人、工程师3人，计39人，占教师总数的42.9％；两者合计51人，占教师总数的56.1％。1995年，在100名教师中，有高讲16人，占教师总数的16.0％；讲师52人、工程师5人，计57人，占教师总数的57.0％；两者合计73人，占教师总数的73.0％。已经形成以“双师型”教师为主体的教师队伍。

在国家测绘局领导下，学校党委领导全校教职工于1987年10月被国家教委确定为全国重点中等专业学校。在此基础上，学校党委动员全校教职工，深化改革，办出特色，积极发挥中等专业学校在同类职业技术教育中的骨干作用，全面提高教学质量，取得显著成绩。

按1993年5月国家教委发出的《关于评选国家级、省部级重点普通中等专业学校的通知》精神，经河南省教委对学校教育工作进行全面检查评估，于1994年2月学校被定为河南省重点普通中等专业学校。到1995年，学校有教职工195人，其中教师100人，具有讲师及其以上职称的教师占教师总数的73.0％，在校学生达1 200人。10年来培养控制测量、航空摄影测量、地图制图、工程测量、地籍测量、地图制印等专业的毕业生2 816人。

1.5.3　南京地质学校测绘专业的建设与发展

“七五”、“八五”期间，南京地质学校党委认真贯彻《中共中央关于教育体制改革的决定》、《中国教育改革与发展纲要》精神，按原教育部1980年11月发出的《关于确定和办好全国重点中专学校的意见》和国家教委1993年11月召开的“全国普通中专教育改革与发展会议”的要求，领导学校各专业教师以教学为中心，深入进行教学改革，提高教学质量，进一步把学校办成有特色的全国重点中等专业学校，在中等职业教育中起骨干作用。测绘专业科做好教师思想政治工作，坚定测绘中专教育理念，主动适应国民经济发展对测绘中等技术人员的岗位需求，在深化教育改革中，巩固和发展原有专业，开办新专业，改善办学条件，提高教师综合素质，全面提高各专业教育质量，取得显著成绩。1993年被教育部确认为国家级重点中专学校。

1. 深化教学改革加强专业建设

1)坚持测绘中专教育定位

南京地质学校是全国最早建立测绘中等专业教育的学校，教师水平高，教学设备好，毕业生的质量高，是1980年首批全国重点中专，也是地质部所属的重点中专。1985年前后，许多部委所属的开设测绘专业的全国重点中专学校，先后经教育部批准改建为高等专科学校，测绘专业开始进行高等专科教育。南京地质学校仍是中专学校，教师们提高了在发展职业技术教育时期中等专业学校起骨干作用重要性的认识，坚持测绘中专教育定位，充满信心继续发扬测绘中专教育的优良传统，开办新专业，提高教学质量，培养出合格的较高水平的测绘各专业中专毕业生。

2)主动适应测绘中等专业技术人才的社会需求

1985年前后，地质勘查事业进行结构性的改革。地质部、冶金部等凡有地质勘查队伍的部门和单位，进行主专业缩编，附属专业和机构进行市场化经营。这就直接影响到地质部所属中专学校测绘专业毕业生的就业去向问题。测绘各专业的毕业生将面向地质勘查、专业测绘、城市规划和建设、国土资源开发与管理、工程建设勘察设计、工程建设施工、水利电力工程、交通运输工程等部门的测绘单位就业。因此，要对原有的地形测量、航空摄影测量和地图制图3个专业的专业设置、课程设置和课程内容进行力度较大的改革，还要开设社会需要的新专业，以适应市场经济条件下地质事业结构改革形势，促进测绘中专教育继续建设和发展。

3)深化教学改革加强专业建设

(1)地形测量专业向工程测量方向扩展。地形测量专业是每年招收初中毕业生进行四年制中专教育人数最多的专业。为扩展本专业毕业生的岗位适应面，在保证专业主干课地形测量、测量平差、控制测量等必要的课时数基础上，增加工程测量课的教学内容和实践课时数，开设土建工程概论课；在选修课中增设地面摄影测量、概率论与数理统计课，提高学生数理理论水平等。考虑到20世纪80年代初多数测量单位的实际技术水平，以常规测量技术为基础，形成了地形测量(工程测量)四年制的教学计划用于教学，取得了较好的教学效果。

(2)开设工程测量专业。1985年地质部教育司同意开设四年制工程测量专业，每年招收1～2班新生。最初，工程测量专业的教学计划是以常规测量技术为基础编制的。随着我国工程测量单位现代测绘技术的推广，学校购置了各种现代测绘仪器和装备，到1991年已逐渐形成包括计算机课、数字化测图、GPS定位技术、地理信息系统和遥感技术等在内的工程测量专业四年制新的教学计划，适应了20世纪90年代各测绘单位对工程测量专业毕业生的技术要求。

(3)恢复航空摄影测量专业教学。由于地质部门进行结构性改革，对航空摄影测量专业毕业生需求量减少，地质部教育司通知学校1985年停止航空摄影测量专业招生。恰在1985年以后的几年，城乡建设、工程勘察设计、交通工程勘察设计等部门的测绘单位，积极推广航测全能法和综合法测绘大中比例尺地形图技术，需要一定数量的航空摄影测量专业中专毕业生，学校又恢复了航空摄影测量专业教学，每年招一个班新生。由于航空摄影测量专业教学质量高，毕业生受到用人单位的欢迎。

(4)开设计算机制图专业。以常规技术为基础的地图制图专业，每年招新生一个班。由于计算机地图制图技术逐渐成熟，测绘科在20世纪90年代初筹建计算机制图专业，编制专业教学计划。1993年地图制图专业停止招生，开始招收计算机制图专业新生，每年一个班。以常规地图制图技术为基础，运用计算机技术培养新一代的地图制图中等技术人才，适应了地图制图技术发展的需要，1997年培养出第一批计算机制图专业的中专毕业生41人。

(5)开设地图印刷专业。20世纪90年代初期，对地图印刷人才的需求量较大。测绘科发挥地图制图专业教师与制印教学设备的有利条件，开设了地图印刷专业。按现代地图制印技术编制该专业三年制教学计划，1993年招生，1996年第一批43名毕业生走上工作岗位。

(6)开设计算机应用专业。由于测绘新技术的推广，许多测绘单位缺少计算机应用技术人才。经过对各测绘单位需要计算机应用人才技术水平的调查，编制计算机应用专业三年制中专教学计划，于1993年招生，1996年有50名毕业生走上工作岗位。

随着测绘人才市场对测绘各专业中专毕业生的需求变化，1989年航空摄影测量专业停止招生，1991年地形测量专业也停止招生。到1995年测绘科连续招生的专业有工程测量、计算机制图、地图印刷和计算机应用4个专业。每年招收各专业新生300人左右。

4)加强现代测绘仪器设备和实验室建设

为适应开设现代测绘技术内容课程和现代测绘技术新专业的教学、生产和科研的需要，学校千方百计筹划资金，于20世纪90年代购置一定数量的现代测绘仪器与有关设备，如表1.41所示。由全站仪、便携式计算机、数字化测图软件和自动绘图仪组成数字化测图作业系统，再加上数字化仪，建立了完整的数字化测绘实验室；GPS接收机及其后处理软件建立了GPS实验室；地图编辑出版系统软件、计算机辅助设计软件和数据库软件等，构成了计算机地图制图实验室，保证新建的计算机制图专业的教学、生产和科研的需要。还备有地理信息系统和遥感图像处理软件，建立GIS和RS实验室，供新开课的教学使用。由新购置的90台计算机组成的两个计算机实验室，可供地形测量、测量平差、控制测量等各课程进行平差计算，以及学生课外计算机操作练习使用。

为适应20世纪80年代后期和90年代初期航空摄影测量各种成图技术在各测绘生产单位广泛应用的需要，提高航空摄影测量专业教学水平和动手能力培养的质量，对立体坐标量测仪进行了数据采集装置的改造，使其成为综合法数字成图的主要仪器之一；购置了精密立体测图仪、正射投影仪，达到全能法航空摄影测量成图和制作正射投影图像的教学和生产能力。为办好地图印刷专业，到江苏省测绘局地图制印厂参观现代地图制印设备及其作业流程和地图制印产品，这是实践教学的重要环节。江苏省测绘局的航空摄影测量仪器设备和高质量的产品、地理信息系统和遥感技术的作业水平和产品，都是相应课程的重要参观实习基地，对提高教学质量起着不可或缺的作用。

表1.41　主要现代测绘仪器与设备统计

仪器名称	型号与规格	数量	说明
经纬仪	TDJ2E	10	
自动安平水准仪	DS32000	14	
全站仪	TC600(2″)，SET2000(2″)，301D(6″)	3	
GPS接收机	徕卡单频	3	GPSADJ软件

续表

仪器名称	型号与规格	数量	说明
数字化仪	3360A1 幅面	1	
数字化仪	Calcomp343600A1 幅面	1	
数字化测图软件		1	
HP 喷墨绘图仪	HP750CPLVSAD 幅面	1	
计算机		90	
地图编辑出版软件	MAPGIV5.0	1	
地图编辑出版软件	MAPCAD3.2	1	

2. 各专业教学计划介绍

1)工程测量专业教学计划介绍

为适应现代工程测量专业中等技术人员应具备的技术水平要求，以常规技术与现代测绘技术相结合，制订出工程测量专业教学计划。招收初中毕业生，中专四年制。

(1)培养目标。本专业培养为社会主义现代化建设服务，德、智、体全面发展，具有必需的文化科学知识，掌握工程测量与相关技术的基本理论、技术和技能，适应专业岗位需要的中等技术人员。

学生毕业后，主要去测绘、工程建设勘察设计、城市规划与建设、工程建设施工、土地资源管理、交通工程、水利水电工程、地质勘查、矿山建设与开发等部门，从事工程测量与相关技术的生产作业和技术管理等工作。

(2)毕业生的基本要求。具有马列主义、毛泽东思想和邓小平建设有中国特色社会主义理论的基础知识，坚持四项基本原则，爱祖国、爱人民、爱劳动，有艰苦奋斗、独立思考、实事求是和开拓创新精神，有一定的社会科学知识与文化素养，有健康的体魄，成为有理想、有道德、有文化、有纪律的社会主义的建设者。专业技术应达到：

了解土建工程、村镇规划、房地产等行业的基本技术及相关的规程知识，能看懂建筑物、构筑物的建筑和施工图纸，了解对其作测量保障工作应掌握的测量技术。

较熟练地掌握计算机应用技术，能编制一般的测量计算程序，初步掌握计算机绘图技术和数据库技术，能使用有关的软件为测量计算、计算机绘图和管理服务。

掌握地形测量的基本理论、技术和方法，较熟练地掌握经纬仪、水准仪、大平板仪、全站仪的操作技术；掌握图根控制测量外业和内业操作技术，用常规测图方法、数字化测图方法，测绘大中比例尺地形图、工业厂区现状图、地籍图，达到有关规范的技术要求。

掌握以常规的边角、导线等网形建立三、四等控制网的基本原理，能进行控制网的技术设计；掌握精密经纬仪、水准仪、测距仪等观测技术，能完成选、造、埋、观测等各项外业工作，以及使用有关的计算机软件进行概算和平差计算等与精度评定全部技术工作。

掌握 GPS 定位的基本原理与接收机的使用技术，了解 GPS 控制网设计的基本原理，能使用相应的软件进行观测数据后处理，获得 GPS 定位成果。了解采用常规方法和 GPS 定位方法建立控制网的技术特点与观测数据处理的基本方法。

了解航空摄影测量的基本原理、各种成图方法及使用仪器，重点掌握航测综合法测绘大比例尺地形图的基本原理、使用仪器和作业方法，能完成测图任务。

掌握工程控制网建立的基本原理和作业方法，能进行建构筑物施工放样和设备安装测量、线路勘测与施工测量、水电工程测量、地下工程测量，以及建构筑物沉降与变形观测等测量保障工作。

了解遥感技术、地理信息系统的基本概念和技术特点，及其在国民经济各部门和国防建设中的作用；了解其计算机软件配置及其应用功能。

了解测量工程的组织计划、技术管理等工作的基本内容，了解和掌握地形测量、控制测量和工程测量等技术规范的主要内容和精度要求，形成严格的质量观念。

(3)教学环节的时间分配。学生在校学习4年共203教学周。其中，入学与毕业教育各1周；课堂教学114周，考试8周，理论教学活动共122周；教学实习29周，毕业综合实习8周，集中实践教学共37周；公益劳动4周；机动4周；假期34周。教学环节的学年分布如表1.42所示。

表1.42　教学环节时间分配

专业名称：工程测量　　　　学制：中专四年　　　　1995年

学年＼教学周数＼项目	入学教育	课堂教学	考试	教学实习	毕业实习	课程设计	毕业设计	公益劳动	机动	毕业教育	假期	总计	说明
一	1	37	2					1	1		10	52	
二		36	2	2				1	1		10	52	
三		24	2	14				1	1		10	52	
四		17	2	13	8			1	1	1	4	47	
合计	1	114	8	29	8			4	4	1	34	203	

(4)课程设置与教学进程计划①。本专业课程设置分普通课、专业基础课、专业课和选修课四类。课程设置与教学进程计划如表1.43所示。

普通课7门。政治(210课时)，体育(228课时)，语文(224课时)，外语(205课时)，物理(166课时)，化学(92课时)；数学(404课时)含初等微积分、线性代数、概率与数理统计，构成测量专业必备的数学知识。普通课合计1 529课时，占总课时的49.8%。

专业基础课12门。电工与电子学(95课时)；计算机应用基础(127课时)讲授计算机基础知识，算法语言及编程技术，测量计算软件的使用技术等；地形测绘(233课时)将地形绘图与地形测量合成一门课，讲授两者的基本原理、基本技术和作业方法，形成地形测量完整的技术能力；土建概论与识图(51课时)；村镇规划(51课时)讲授村镇规划的基本原理、规划技术和方法的基本知识；房地产概论(40课时)讲授房地产行业的基本知识，房产测量的基本要求和方法等；数据库技术(40课时)讲授数据库的作用、数据库结构、建库编程技术和数据库软件的使用等；AutoCAD(60课时)讲授计算机绘图的基本原理、技术，以及绘图软件的功能与使用技术等；地籍测量(112课时)作为相关专业课安排的，讲授土地管理的基本知识，地籍测量的要求和特点，地籍图测绘技术等，形成专业技术能力；数字化测图(54课时)讲授数字化测图的概念、使用仪器与软件的功能，采集测点三维数据与其属性资料的要求，数据与资料的后处理与计算机成图作业的技术等；航空摄影测量(63课时)讲授航测基本原理、各种成图方法与相关仪器，数字摄影测量的概念、功能及其作用，重点使学生初步掌握综合法测制大比例尺地形图的技术和作业方法；企业管理概论(48课时)介绍企业管理的基本知识，侧重测量工程的设计、组织计划、质量控制、成果验收及工程总结等工作内容，了解有关测量规程的作业要求和精度指标等内容。专业基础课总课时数为974，占总课时数的31.8%。

① 课程内容一般不做介绍，新设课及主干课做简要说明。

表 1.43 课程设置与教学进程计划

专业名称:工程测量 学制:中专四年 1995 年

序号	课程名称	按学期分配		教学时数			各学期教学周数与课程周课时数								说明
		考试	考查	课时总数	讲课	实习实验	Ⅰ 18	Ⅱ 19	Ⅲ 19	Ⅳ 17	Ⅴ 10	Ⅵ 14	Ⅶ 9	Ⅷ 8	
	一、普通课			1 529	1 481	48									占总课时 49.8%
1	政治	Ⅲ	Ⅰ～Ⅶ	210	210		4		2	2	2	2	2		
2	体育	Ⅰ～Ⅷ		228	228		2	2	2	2	2	2	2	2	
3	语文	Ⅱ	Ⅰ，Ⅲ	224	214	10	4	4	4						
4	外语	Ⅱ	Ⅰ，Ⅲ	205	205		4	4	3						
5	数学	Ⅰ，Ⅳ	Ⅱ，Ⅲ	404	404		6	6	6	4					含高等数学
6	物理	Ⅰ	Ⅱ	166	140	26	5	4							物理试验考核
7	化学	Ⅰ	Ⅱ	92	80	12	3	2							化学试验考核
	二、专业基础课			974	777	197									占总课时 31.8%
8	电工与电子学	Ⅱ		95	80	15		5							
9	计算机应用基础	Ⅲ	Ⅳ	127	100	27			4	3					
10	地形测绘	Ⅲ，Ⅳ		233	173	60			6	7					含地形绘图
11	土建概论与识图	Ⅳ		51	41	10				3					
12	村镇规划		Ⅳ	51	41	10				3					
13	房地产概论		Ⅴ	40	40						4				
14	数据库技术		Ⅴ	40	30	10					4				
15	AutoCAD	Ⅴ		60	50	10					6				
16	地籍测量	Ⅵ		112	92	20						8			
17	数字化测图	Ⅶ		54	40	14							6		
18	航空摄影测量	Ⅶ		63	50	13							7		
19	企业管理概论		Ⅷ	48	40	8								6	
	三、专业课			463	383	80									占总课时 15.1%
20	控制测量学	Ⅴ	Ⅵ	216	176	40					9	9			含 GPS 定位技术
21	测量平差	Ⅵ，Ⅷ	Ⅶ	129	109	20						6	5		毕业考试课
22	工程测量学	Ⅶ，Ⅷ		118	98	20							6	8	毕业考试课
	四、选修课			130											
23	公共关系学		Ⅳ	(34)						(2)					必选 2 门课，以 100 课时计，占总课时 3.3%
24	遥感技术基础		Ⅷ	(48)										(6)	
25	地理信息系统		Ⅷ	(48)										(6)	
	必修课总课时			2 966	2 641	325	28	27	27	26	27	27	28	28	含选修课时数
	必修课＋必选课总课时			3 066			7	7	7	8	6	5	6	5	含选修课门数
							4	4	4	4	3	3	4	3	学期考试门数

专业课 3 门。控制测量学(216 课时)讲授常规方法建立三、四等控制网的基本原理、关键技术、外业全部作业，以及观测结果的概算与平差计算(采用计算器手算和计算机程序计算)；讲授 GPS 定位的概念、基本原理、接收机的构造与性能及作业技术，建立 GPS 控制网的基本理论等；讲授用常规方法和 GPS 定位相结合的形式建立控制网的作用和特点及其应用等。测量平差(129 课时)讲授最小二乘原理、误差理论及其应用，条件平差、间接平差、附有未知数的条件平差、附有条件的间接平差等的平差原理与方法及精度评定方法；讲授各种平差方法及精度评定，计算机程序的使用技术等。工程测量学(118 课时)讲授工程控制网建立原理和作业方法、建筑工程施工放样和设备安装测量、线路勘测与施工测量、地下工程测量及建构筑物沉降与变形观测等，形成专业技术能力。专业课总课时为 463，占教学计划总课时的 15.1%。

选修课 3 门。公共关系学(34 课时)以专著为教材进行教学；遥感技术基础(48 课时)介绍遥感技术的基本概念和技术特点，及其在科学研究、国民经济、社会发展和国防建设中的重要作用；地理信息系统(48 课时)介绍地理信息系统的基础知识，通过典型 GIS 软件了解其功能，及其在国民经济与社会发展中的重要作用和发展前景。选修课总课时为 130，必选 2 门课以

100课时计,占总课时的3.3%。

必修课22门总课时为2 966,其中讲课2 641、实习实验325;必修课与必选课的总课时为3 066。

(5)实践教学安排。工程测量专业教学实习和毕业综合实习项目如表1.44所示。各项实习的目的应达到毕业生专业技术能力要求。①第Ⅳ学期2周的计算机应用实习和第Ⅴ学期1周AutoCAD实习,使学生计算机编程、使用计算机软件技术、计算机绘图与数据库技术的操作水平达到一定的熟练程度。②第Ⅴ学期8周的地形测绘实习,可以结合生产任务进行全面的图根控制测量、用常规方法测绘大中比例尺地形图,达到掌握基本测绘技术的目的。③第Ⅵ学期5周的控制测量实习,使学生掌握以常规方法和GPS定位技术建立三、四等控制网的生产作业技术;精密经纬仪、水准仪、全站仪(测距仪)和GPS接收机的操作技术水平应有明显提高;使用计算机平差计算程序和GPS后处理计算程序进行控制网的平差计算和GPS定位计算,使学生基本掌握现代控制测量的新技术。④第Ⅶ学期1周的数字化测图实习,使学生初步掌握用全站仪记载形式或全站仪与便携式计算机联合作业形式,将野外采集测点三维数据和属性资料,进行计算机处理和自动绘图机成图的基本作业技术,形成数字化测图技术的完整概念。⑤第Ⅶ学期3周的地籍测量实习,其目的是使学生形成地籍测量的作业能力,创造条件用数字化测图技术进行地籍图或地籍图件的测绘,形成地籍数字化资料,供地籍管理数据库或GIS系统使用。⑥第Ⅶ学期4周的航空摄影测量实习,除进行各种成图方法使用仪器操作的航测内业实习外,重点进行综合法航测外业成图实习,形成航测大比例尺成图的作业能力。⑦第Ⅶ学期2周的测量平差实习,对典型控制网做手工(使用计算器)计算和使用平差计算程序用计算机进行计算,较熟练地掌握各种控制网平差计算和精度评定的技术。⑧第Ⅷ学期3周的工程测量实习,进行工程控制网的测设、建构筑物放样、设备安装定位、线路纵横断面测量和曲线测设、建筑物沉降与变形观测方法等操作实习,打下工程测量作业技术的基础。⑨第Ⅷ学期8周的毕业综合实习,创造条件结合测绘生产任务进行,使即将毕业的学生得到思想作风、各项测绘生产技术、遵守测量规范、团结协作精神、严谨的科学态度和测量工作职业道德等方面锻炼。在全面提高学生动手能力的基础上,因材施教,培养出一批有一定独立工作能力的毕业生,达到培养出合格的较高水平的工程测量专业中专毕业生的目标。

表1.44 教学实习与毕业实习项目

序号	实习项目	学 期	周 数	说 明
1	计算机应用实习	Ⅳ	2	
2	AutoCAD实习	Ⅴ	1	
3	地形测绘实习	Ⅴ	8	结合生产
4	控制测量(含GPS定位)实习	Ⅵ	5	
5	数字化测图实习	Ⅶ	1	
6	地籍测量实习	Ⅶ	3	
7	航空摄影测量(重点外业)实习	Ⅶ	4	
8	测量平差(控制网平差)实习	Ⅶ	2	使用平差计算程序
9	工程测量实习	Ⅷ	3	
10	毕业综合实习	Ⅷ	8	结合生产
	合 计		37	

10项教学实习和毕业实习共37周,以每周40课时计共1 480。本教学计划理论教学与实践教学之比为:

$$2\,641:(325+1\,480)=2\,641:1\,805\approx 1:0.68$$

即实践教学占理论教学的68.3%。这说明本教学计划十分重视实践教学动手能力培养,体现测绘中专教育的特色。

(6)工程测量专业教学计划的特点：

加强了计算机应用的理论与实践教学。在专业基础课中开设了计算机应用基础、数据库技术和 AutoCAD 3 门课，总课时为 227；又安排了 3 周的集中实习，并在以后的地形测量、控制测量、数字化测图、测量平差等课程的实习中运用计算机技术解决测绘技术问题。做到了学习与使用计算机 3 年不断线，使学生较为熟练地掌握计算机应用技术，为学生学习和掌握现代测绘技术打下良好的基础。

开设了现代测绘技术课。在专业基础和专业课中开设了数字化测图，在控制测量学中增加了 GPS 技术教学内容，在选修课中开设了遥感(RS)技术基础和地理信息系统(GIS)课，提高了工程测量专业毕业生掌握和了解现代测绘技术的能力，适应测绘生产单位技术岗位的需要。

对使用现代教学手段提出新要求。地形绘图与地形测量合为地形测绘，控制测量课增加 GPS 定位技术内容，航空摄影测量和新开的专业基础课与选修课等课时偏少，这就要求采用电视与多媒体等现代教学手段提高教学效率，保证教学质量。

与专业有关的专业基础课和专业课的课堂实习实验课时有所减少，但教学实习与毕业综合实习的周数有较大的增加，使实践教学对理论教学的比重有较大的提高。教学实习与毕业实习各项作业都进行考核，充分保证了动手能力培养的强度，提高了毕业生质量。

2)计算机制图专业教学计划介绍

为适应现代地图制图中等技术人员应具备的专业技术水平要求，以常规地图制图技术与计算机技术相结合，制订出计算机制图专业教学计划。招收初中毕业生，中专四年制。

(1)培养目标。本专业培养为社会主义现代化建设服务，德、智、体全面发展，具有必需的文化科学知识，掌握常规地图制图与计算机地图制图的基本理论、基本技术和技能，适应专业岗位需要的中等技术人员。

学生毕业后，主要去专业测绘、城市规划与建设、国土资源开发与管理、工程建设勘察设计、农业与林业资源开发与利用、交通运输工程勘察设计、地质勘查与矿山建设等部门，从事地形图的清绘与整饰、地图编绘、地图出版准备等技术作业，以及地图资料管理等工作。

(2)毕业生的基本要求。具有马列主义、毛泽东思想和邓小平建设有中国特色社会主义的基础知识，坚持四项基本原则，爱祖国、爱人民、爱劳动，有艰苦奋斗、独立思考、实事求是和开拓创新精神，有一定的社会科学知识与文化素养，有健康的体魄，成为有理想、有道德、有文化、有纪律的社会主义建设者。专业技术应达到：

初步掌握地形测量的基本原理，能使用普通测量仪器进行图根控制测量和大比例地形测图；了解航空摄影测量的基本原理、各种成图方法和使用仪器的基本知识。

掌握地图绘图的原理，熟练地进行地图清绘、刻图、地图整饰等作业；懂得地图制版与印刷的基本原理、工艺流程和操作方法。

掌握地图投影的基本理论，具有识别地图投影类型、选择实用的投影方法，以及进行投影计算和应用的能力。

掌握地图编绘的基本理论和作业方法，能承担普通地图和专用地图的编绘、整饰设计等作业，完成编绘任务。

掌握计算机应用技术，能使用有关的算法语言完成一般的编程工作；初步掌握计算机排版技术，能担任输录和编辑排版工作。

掌握计算机辅助设计的基本技术、CAD 的主要功能，使用有关的软件能进行计算机辅助设计作业。

掌握计算机地图制图的基本原理，了解计算机制图的硬件设备及有关的软件配套装置，较熟练地掌握计算机地图制图作业技术完成制图任务；了解数据库的建立原理，能使用有关的软件为建立地图数据库服务。

(3)教学环节的时间分配。学生在校学习 4 年共 202 教学周。其中，入学教育与毕业教育各 1 周；课堂教学 120 周，考试 8 周，理论教学活动共 128 周；教学实习 19 周，毕业综合实习 11 周，集中实践教学共 30 周；公益劳动 4 周；机动 4 周；假期 34 周。教学环节的学年分布如表 1.45 所示。

表 1.45　教学环节时间分配

专业名称:计算机制图　　学制:中专四年　　1993 年

学年 \ 教学周数 \ 项目	入学教育	课堂教学	考试	教学实习	毕业实习	课程设计	毕业设计	公益劳动	机动	毕业教育	假期	总计	说明
一	1	37	2					1	1		10	52	
二		38	2					1	1		10	52	
三		28	2	10				1	1		10	52	
四		17	2	9	11			1	1	1	4	46	
合计	1	120	8	19	11			4	4	1	34	202	

(4)课程设置与教学进程计划[①]。本专业课程设置分普通课、专业基础课、专业课和选修课四类。课程设置与教学进程计划如表 1.46 所示。

普通课 7 门。政治(188 课时)，体育(224 课时)，语文(224 课时)，数学(412 课时，含初等微积分)，英语(224 课时)，物理(184 课时)，化学(111 课时)。普通课合计 1 567 课时，占总课时 3 213 的 48.8%。

表 1.46　课程设置与教学进程计划

专业名称:计算机制图　　学制:中专四年　　1993 年

序号	课程名称	按学期分配		教学时数			各学期教学周数与课程周课时数								说明
		考试	考查	课时总数	讲课	实习实验	Ⅰ 18	Ⅱ 19	Ⅲ 19	Ⅳ 19	Ⅴ 15	Ⅵ 13	Ⅶ 10	Ⅷ 7	
	一、普通课			1 567	1 495	72									占总课时 48.8%
1	政治	Ⅱ,Ⅶ	Ⅲ～Ⅵ	188	188			2	2	2	2	2	2		
2	体育	Ⅰ～Ⅶ		224	224		2	2	2	2	2	2	2		
3	语文	Ⅱ	Ⅰ,Ⅲ	224	216	8	4	4	4						
4	数学	Ⅰ,Ⅲ	Ⅱ,Ⅳ	412	402	10	6	6	6	4					
5	英语	Ⅰ,Ⅲ	Ⅱ	224	224		4	4	4						
6	物理	Ⅰ	Ⅱ	184	150	34	6	4							进行试验考核
7	化学	Ⅱ	Ⅰ	111	91	20	3	3							进行试验考核
	二、专业基础课			859	525	334									占总课时 26.7%
8	地图绘图		Ⅱ～Ⅴ	269	100	169		3	4	4	4				
9	电工与电子学	Ⅲ		95	80	15			5						
10	地形测量学	Ⅳ		114	80	34				6					
11	地貌学	Ⅳ		76	60	16				4					
12	计算机应用基础	Ⅳ		95	65	30				5					
13	PASCAL 语言	Ⅴ		75	50	25					5				
14	电子排版技术		Ⅴ	60	30	30					4				

① 课程教学内容一般不作说明，新设课、重点课提出简要教学要求。

续表

序号	课程名称	按学期分配		教学时数			各学期教学周数与课程周课时数								说明
		考试	考查	课时总数	讲课	实习实验	Ⅰ 18	Ⅱ 19	Ⅲ 19	Ⅳ 19	Ⅴ 15	Ⅵ 13	Ⅶ 10	Ⅷ 7	
15	航空摄影测量学	Ⅴ		75	60	15					5				
	三、专业课			705	478	227									占总课时 21.9%
16	地图整饰	Ⅶ		70	56	14							7		
17	普通地图编制	Ⅵ	Ⅴ	168	110	58					6	6			毕业考试课
18	专题地图编制	Ⅶ，Ⅷ		85	55	30							5	5	
19	地图投影	Ⅵ		78	60	18						6			
20	地图制印	Ⅵ		78	50	28						6			
21	计算机辅助设计		Ⅵ	65	40	25						5			
22	计算机地图制图	Ⅷ	Ⅶ	112	72	40							7	6	毕业考试课
23	数据库技术		Ⅷ	49	35	14								7	
	四、选修课			(82)	(62)	(20)									占总课时 2.6%
24	机械制图		Ⅶ	(40)	(30)	(10)							(4)		
25	建筑制图		Ⅷ	(42)	(32)	(10)								(4)	
	必修课总课时			3 131	2 498	633	25	28	27	27	28	27	27	22	周课时数
	必修课＋选修课总课时			3 213			6	8	7	7	7	6	6	4	学期课程门数
							4	4	4	4	3	4	4	2	考试课门数

专业基础课 8 门。地图绘图(269 课时)讲授地图的基本知识与地图制图的任务；掌握制图字体、地图符号及其绘制、地形图的铅笔和着墨清绘技术、刻图的工艺技术，以及制图工具的使用与维护；掌握地图出版原图的操作技术和方法。电工与电子学(95 课时)。地形测量学(114 课时)讲授地形测量的基本原理，图根控制测量和大比例尺地形测量的理论、使用仪器和作业方法，能测出大比例尺地形图。地貌学(76 课时)讲授地貌的概念、我国地貌的分类及其特征、地貌绘图的基本知识，以及各种地貌在地图上的表示方法等，为地图绘图与编绘打下基础。计算机应用基础(95 课时)讲授计算机的基本结构、主要技术性能及其在计算机制图中的作用，计算机命令及其操作方法，BASIC 语言及其编程方法，结合测量计算和地图制图软件进行计算机操作。PASCAL 语言(75 课时)讲授该语言的基本特点、程序构成的基本规则，以及变量、运算符、运算规则和表达式等；讲解用 PASCAL 语言编制地图软件的应用技术，初步掌握其编程技术。电子排版技术(60 课时)讲授计算机排版技术的基本内容和操作方法，使学生掌握汉字录入技术和初步掌握编辑排版技术。航空摄影测量学(75 课时)讲授航空摄影测量的基本原理、各种成图方法及其使用仪器，重点讲解综合法测绘大比例尺地形图的技术和操作方法，了解航空摄影测量的地形图是地图制图重要的资料来源。专业基础课合计为 859 课时，占总课时的 26.7%；讲课为 525 课时，实习课为 334 课时，两者之比为 1∶0.64。

专业课 8 门。地图整饰(70 课时)讲授地图整饰的概念和作用，使学生初步掌握地图符号、地图色彩、地物与地貌立体表示等设计和方法，能完成地图整饰的作业任务。普通地图编制(168 课时)讲授普通地图编绘的概念、基本理论、内容和方法，掌握地图分幅、图廓展绘、地图内容转绘、原图编绘和地物与地貌的综合理论与方法，使学生了解地图编绘生产工艺全过程的基本技术。专题地图编制(85 课时)讲授自然地理、经济地理及地质调查等专用地图的编制理论、原则、表示方法等技术，完成编绘专题地图的任务。地图投影(78 课时)讲授地图投影的概念、各种投影方法的特点和数学基础，了解常用地图投影方法的条件、投影计算方法及展绘技术。地图制印(78 课时)讲授地图制版、印刷各工序的基本原理、制版与印刷设备功能、工艺流程与作业方法，了解地图原图制印前准备工作，具有选择制印方案的基本知识和实际操作能力。计算机辅助设计(65课时)主要讲授计算机辅助设计的基本概念,CAD的主要功能、操作环境、图形工作界面、基本操作方法等,绘制直线、图形等命令,文字注记选择及其编辑,辅助绘图工具及有关的管理方法等。计算机地图制图(112课时)主要讲授根据地图制图原理和地图编辑要求,利用计算机及其连接的输入、输出装置作为制图工具,通过数据库技术与图形数字处理方法,实现地图信息的获取、加工、编辑、显示,以人机结合方式输出地图等内容,使学生了解计算机地图制图系统必要的硬件与软件配置,初步掌握上机进行地图编辑的作业。数据库技术(49课时)主要讲授数据库系统的基本概念和功能、数据库结构、数据类型、数据库结构的创建和管理、数据库的各种计算功能,以及数据库操作技术和维护等,使学生初步掌握数据库的操作技术,并与计算机地图制图技术相结合形成作业能力。专业课合计为705课时,占总课时的21.9%;讲课478课时,实习227课时,两者之比为1∶0.47。

选修课2门。作为专业基础课的补充,设机械制图、建筑制图。机械制图(40课时)主要讲授机械制图的概念、基本原理和技术要求,机械构件的制图技术和方法,以及计算机辅助制图的方法等。建筑制图(42课时)主要讲授建筑制图的概念、基本原理和技术要求,建筑与施工图的绘制技术,以及建筑与施工图计算机绘图的方法等。

(5)实践教学安排。实践教学中的教学实习和毕业综合实习项目如表1.47所示,各项实习目的应达到毕业生技术能力要求。①第Ⅴ学期1周的地貌认识实习,使学生通过野外地形观察,认识各种地貌的特征,初步掌握区分山脊、山谷、鞍部、崩崖、滑坡、陡崖、冲沟等地貌形态的方法,认识地貌与地物结合关系,河流与地貌形成的关系等,为在地图上正确使用专用符号表示地貌与地物打下基础。②第Ⅴ学期的3周地形测量实习,主要进行普通经纬仪、水准仪和大平板仪等测绘仪器操作练习,进行平面与高程图根控制测量与大比例尺地形图测绘作业,使学生初步形成地形测量的能力。③第Ⅵ学期6周的地图清绘实习,主要进行地图原图的清绘、经纬度与方里线展绘,对地形原图进行整饰,全部作业成果达到有关技术规范的质量要求,是地图制图基本功训练的重要实习。④第Ⅶ学期的5周地图编绘实习,按普通地图与专题地图编绘要求,进行普通地图与专题地图的编绘作业,掌握编绘的技术要领和基本技术,能完成编绘地图任务。⑤第Ⅶ学期3周的地图制印实习,主要进行地图原图复照、翻版、分涂、制版、打样和印刷等操作实习,初步掌握各项操作方法,能印出地图。⑥第Ⅶ学期1周的计算机制图实习,让学生运用计算机辅助设计、数据库技术、计算机地图制图等技术,利用有关的软件,从地图资料输入、计算机制图作业到输出地图的全部操作实习,达到了解计算机制图的工艺过程和初步掌握计算机制图的基本技术。⑦第Ⅷ学期的11周地图制图综合实习,创造条件结合生产进行地图清绘、地图编绘和计算机制图等综合实习,按有关作业规范要求完成生产任务,使学生对本专业的业务有一个全面的了解,达到能用常规技术或计算机制图技术完成地图制图生产任务的目的。

表1.47　教学实习与毕业实习项目　1993年

实习类别	序号	实习名称	学期	周数	说　明
教学实习	1	地貌实习	Ⅴ	1	
	2	地形测量实习	Ⅴ	3	
	3	地图清绘实习	Ⅵ	6	
	4	地图编绘实习	Ⅶ	5	
	5	地图制印实习	Ⅶ	3	
	6	计算机制图实习	Ⅶ	1	
毕业实习	7	地图制图综合实习	Ⅷ	11	结合生产进行
合　计				30	

各项实习都进行操作技术考试与评定成绩。毕业综合实习要写出实习技术总结，与技术考核成绩一起评定毕业实习成绩。

7项集中实习共30周相当1 200课时。本教学计划理论教学课时与实践教学课时之比(不包括选修课)：

$$2\,498:(633+1\,200)=2\,498:1\,833\approx1:0.73,$$

即实践教学占理论教学的73.4%。说明教学计划重视对学生对动手能力的培养。

(6)实施计算机制图专业教学计划的提示：

本教学计划通过地图绘图、普通地图编制、专题地图编制、地图投影和地图整饰5门课程670课时的理论教学和实习，形成地图制图的理论基础和基本的作业能力；又以计算机应用基础、PASCAL语言、电子排版技术、计算机辅助设计、数据库技术和计算机地图制图6门课程456课时的理论教学和实习，形成计算机地图制图的作业能力。两类课程的教学课时比例为1：0.68，这说明在常规地图制图理论与实践教学基础上，能够达到计算机制图教学计划对毕业生专业能力的要求。

实施本教学计划有关计算机技术课的各种教材是专业教材建设的关键环节。在未编出适应中专教学用的教材之前，根据各门课的教学大纲选用适当的专科或本科教材，进行合理的删减是保证各门课程教学质量的重要因素之一，务必给予重视。

完成本教学计划的专业技术培养目标，要具有供计算机地图制图及有关技术的理论教学与实践教学的硬件与软件设备，还要备有遥感技术和地理信息系统等软件。要建立相应技术的专用实验室，保证形成计算机地图制图能力的理论与实践教学的需要。

承担本专业教学任务的教师，不仅要有水平较高的担任常规地图制图各门课程理论与实践教学的能力，而且要有掌握计算机制图有关课程理论与实践技术的能力，他们还应具有与计算机制图技术相关的计算机技术的开发能力，满足提高教学质量的需要。

计算机制图专业的开设，是原地图制图专业教学改革创新的成果。要在教学实践中不断总结经验，调整课程内容、课程设置和理论教学与实践教学比例，培养出合格的较高水平的计算机制图专业中专毕业生。

3. 产学结合取得显著成绩

测绘科强调组织好专业基础课和专业课的课堂实习，各项实习都要按实习指导书要求进行，为集中实践教学做好技术准备。地形测量与工程测量专业学生通过地形测量、控制测量、航测综合法成图、工程测量和地籍测量等实习的锻炼，在第Ⅷ学期8周毕业综合实习中，具备承担上述各项测量生产任务的能力。航空摄影测量专业学生，通过地形测量、控制测量、航测内业和航测外业实习，在第Ⅷ学期8周毕业综合实习时具有承担航测全能法成图和综合法成图的生产能力。地图制图专业学生通过地图清绘实习、地图编绘实习、计算机制图实习和地图制印实习，有能力在第Ⅷ学期11周的毕业综合实习中完成上述各项生产任务。

测绘科一贯重视测绘生产实习的组织领导、计划安排，摆正实习与生产的关系，抓住测绘作业的质量控制关，做好学生的思想政治、生活管理和安全工作，以保证按时、保质、保量地完成实习和测绘生产任务。由于测绘成果质量好，受到委托单位的好评，有较高的质量诚信度。正是由于这个原因，1986－1995年的10年中，测绘科各专业承担了控制测量、地形测图、航测成图、地图清绘与编绘、地图制印、工程测量等生产任务61项，经同类测绘任务合并后列入表1.48中。

表1.48　1986－1995年生产实习工程项目与创收统计

序号	年份	工程项目与工程量	项目数	收入/(万元)	说　明
1	1986	仪征市1∶1 000航测成图9.5 km^2	1	2.85	
2	1987	泰兴县及黄桥镇1∶1 000航测成图21.5 km^2	1	9.00	
3	1988	仪征市杨子江乙烯1∶1 000测图7.9 km^2	2	5.00	
4	1988	312国道苏昆段测量38.5 km	1	4.00	
5	1988	新生圩水下地形测量0.5 km^2	1	0.35	
6	1988	仪征化纤工程管线图清绘印刷49幅	1	3.97	
7	1989	宿迁市控制测量60 km^2，1∶1 000航测成图5 km^2及清绘	2	17.50	
8	1989	江都水利工程1∶1 000测图1.4 km^2	1	0.60	
9	1989	宜兴白泥场1∶2 000测图13 km^2及清绘	1	2.40	
10	1989	镇江1∶1 000编图16 km^2(64幅)	1	0.72	
11	1989	宜兴白泥场煤矿1∶5 000编图13km^2	1	0.40	
12	1990	徐州张集煤矿1∶2 000测图39km^2	1	6.00	
13	1990	吴江县松陵镇等1∶1 000航测成图31.5 km^2及清绘	4	22.87	
14	1990	镇江市编图10 km^2	1	0.55	
15	1990	仪征化纤工程管线图清绘印刷48幅	1	2.32	
16	1991	吴江县平望镇等1∶1 000航测成图25.3 km^2	3	14.55	
17	1991	吴江县松陵镇1∶5 000编图8 km^2	1	0.70	
18	1991	泰兴、北厍等1∶1 000测图6 km^2	2	3.00	
19	1991	下蜀地质剖面图测量	1	0.50	
20	1992	扬州1∶500航测成图40 km^2	1	18.00	
21	1992	扬州1∶500航测成图8 km^2	1	13.40	
22	1992	浦镇车辆厂1∶500测图	1	0.09	
23	1993	铜罗镇、松陵镇1∶1 000航测成图12 km^2	2	6.00	
24	1993	吴江县汾湖开发区测图30.5 km^2	1	15.25	
25	1993	泰兴河矢乡1∶1 000测图2.6 km^2	1	1.70	
26	1993	八都镇、七都镇等1∶1 000航测成图48.75 km^2	12	24.53	1992－1994年完成
27	1994	沈阳市郊区1∶1 000航测成图30 km^2	1	12.00	
28	1994	徐州市贾汪1∶1 000航测成图19 km^2	1	6.78	
29	1994	高淳武家咀1∶500测图0.3 km^2	1	1.00	
30	1994	溧阳县上黄等地1∶1 000测图11.7 km^2	1	11.70	
31	1994	南京市西善桥1∶1 000航测野外调绘90 km^2	1	2.55	
32	1995	溧阳市燕山区1∶1 000航测全能法成图13 km^2	1	16.90	
33	1995	溧阳市土管局1∶1 000测图7.85 km^2	3	6.90	
34	1995	南通市、上海市1∶500测图9.2 km^2	2	19.00	
35	1995	南京市八挂洲1∶1 000航测成图60 km^2	1	18.00	
36	1995	16 km^2 84幅清绘图及分色样图	1	1.15	
37	1995	苏州市河道测量GPS 34点	1	2.38	
38	1995	徐州测绘院1∶1 000航片纠正、加密152幅	1	3.04	
		合计	61	277.65	

从完成大量的测绘生产任务中，可以总结出以下成绩与经验：

(1)地形测量纸质测图完成：1∶500图9.8 km^2，1∶1 000图38.04 km^2，1∶2 000图19.0 km^2，共完成19项工程、72.59 km^2，创收72.59万元，占完成工程总数的26.2%。

(2)航空摄影测量完成综合法成图1∶500的8.0 km^2、1∶1 000的430.55 km^2，完成全能法成图13.0 km^2，共完成32项工程、451.55 km^2，创收177.97万元，占完成总工程量的64.1%。1986－1995年中，航测综合法成图占完成大比例尺地形测量任务的绝大部分，说明这一时期航测综合法成图在工程测量生产单位被广泛应用，而航测全能法成图的生产任务却较少。

(3)地图制图专业在10年中只承担了地形图清绘13.0 km^2、地图编绘31.0 km^2、地图清绘与印刷181幅等生产任务；共完成6项工程，创收7.44万元，占生产实习总工程量的9.8%。此外，还承担了纸质成图与航空摄影测量图的部分清绘任务。

(4)工程测量只承担国道测量38.5 km和地质剖面测量两项工程，占总工程量的3.3%。单列的控制测量任务有 60 km^2 的四等控制、34 点的河道 GPS 测量两项工程，占总工程量的 3.3%。大量的三、四等控制测量任务，包含在大面积的地形纸质测图与航测综合法成图的任务之中。

(5)地形测量与工程测量专业在毕业综合实习中，承担大量的纸质测图与航测综合法测图任务，控制测量与地形测量得到了充分实习的机会，使学生在完成测绘生产任务中提高了生产作业技术水平。工程测量与地籍测量生产任务少，需要在教学实习中认真组织各项实习操作，达到掌握工程测量与地籍测量操作能力的要求。

(6)航空摄影测量专业在毕业综合实习中，学生完成大量的综合法成图任务，但全能法成图及其他方法作业实习量很少。因此，在各项教学实习中应认真组织好航测内业实习，提高各项作业的操作水平，达到本专业培养目标的要求。

(7)地图制图专业在毕业综合实习中承担的地图清绘、地图编绘、地图制印等任务不多。因此，要在各项教学实习中进行充分的实践，使每个学生达到一定的独立作业能力。计算机制图技术必须在专项实习和综合实习中认真组织安排，使学生达到本专业毕业生应达到的专业技术要求水平。

(8)1986—1995 年的 10 年中，测绘科承担的 61 项测绘生产任务，大部分是为江苏省县乡镇用于城乡规划的控制测量与地形测量任务；一部分是为徐州、镇江、扬州、南通、南京等城市进行的控制测量与地形测量工程；还有一部分测绘生产任务是为工业企业、矿山、地质勘查和河道工程承担的测量任务；还为专业测绘单位徐州测绘院承担 152 幅 1∶1 000 航片纠正与电算加密任务，以及为远在沈阳市郊区完成 30 km^2 1∶1 000 航空摄影测量成图任务。这充分说明测绘科测绘生产实习成果的质量特别是航空摄影测量作业技术水平是很高的，取得专业测绘单位的认可，提高了南京地质学校测绘专业的社会知名度。

4. 教师队伍综合素质显著提高

1986—1995 年的 10 年中，测绘专业教师综合素质显著提高，促进测绘专业中专教育建设与发展。

1)形成以中青年教师为主体的“双师型”教师队伍

到 1990 年前后老教师相继离退休，把测绘科中专教育的优良传统作风传给年轻一代教师。20 世纪五六十年代的青年教师已成长为新时期中老年骨干教师。20 世纪 80 年代初期留校任教的青年教师，已获得本科学历，在专业理论教学与实践教学中逐渐成长起来成为教学中的重要力量。20 世纪 80 年代初期陆续来校任教的武汉测绘科技大学和同济大学等测绘专业本科学历的青年教师，经过教学、生产实践的锻炼，进修学习和攻读硕士学位(已有 4 名教师获硕士学位)，提高了专业学识水平，教学、科研、生产能力大为提高，成长为各专业教师的骨干力量。到 1990 年，测绘科 53 名教师中有高级讲师 9 人(占教师总数的 17.0 %)、讲师 29 人(占教师总数的 54.7%)，讲师以上教师占 71.7%，超过国家重点中专学校教师职称水平的要求，形成了以中青年教师为主体的“双师型”师资队伍。

2)提高了教师现代测绘与信息科学的理论与实践水平

为开办新专业和开设现代测绘与信息学科课程，测绘科有计划、分期分批地派有关教师到高等院校进行专项进修，培养承担数字化测绘、全球定位系统技术、地理信息系统技术、遥感技术、计算机辅助设计、数据库技术、计算机地图制图等课程的教师，承担计算机应用技术、地图印刷和计算机地图制图等专业主干课程的教学任务。通过教学实践逐渐掌握新开课的理论教学与实践教学能力，不断提高教学质量；在新专业教学上达到教学、科研、生产相结合的目标。

3)教师组织测绘生产实习能力大为提高

"七五"、"八五"期间测绘科在承担大规模、多专业测绘生产任务的情况下，锻炼了教师特别是青年教师进行各项生产作业的技术设计、组织实习与生产作业、进行学生思想政治与生活管理及安全工作，以及观测成果的质量控制等多方面的能力，形成较高水平组织测绘生产的教师队伍。

4)教材建设取得新成绩

进入20世纪90年代，新设专业教学需要，首先编出《工程测量》、《地籍测量》等教材。测绘新技术课程：数字化测图，GPS定位技术，地理信息系统，遥感技术，数据库技术，计算机辅助设计，计算机地图制图，以及地图印刷专业和计算机应用专业课程，其教材都是在教学实践中收集和选择材料，逐渐形成适应中专四年制教学需要的专用教材。先编写出教学讲义，经丰富补充后形成出版教材。编写这些教材的过程，就是提高中青年教师学识水平、教学水平和科研能力的过程。考虑到测绘中专教育将向高等职业技术教育发展，在修改补充原有教材和编写新技术教材时，做到使新编教材既适应中专四年制教学的需要，也适应招初中毕业生五年制的高职班教学的需要，扩大出版教材的适应面。1994－1995年，由地质出版社出版发行的《控制测量》(王文中，李玉宝等)、《测量平差》(庄宝杰主编)和《实用天文学》(庄宝杰主编)等教材，就是按上述要求编写的。

5)教师科研活动成果质量明显提高

在教学、专业基础建设、编写教材和专业生产任务繁重的形势下，许多教师结合新开课和新专业教学的需要，通过开展科研活动提高学识水平和科研能力，提出各学科的研究报告和学术论文40多篇。其中于1990－1995年，在公开发行的《测绘通报》、《测绘工程》、《地图》和《现代测绘》等刊物上，发表的有代表性的论文如表1.49所示。这些论文都有一定的教学指导、新技术应用和学术研究的创新意义，反映出作者的学识水平和科研能力有明显提高的趋势。通过理论教学、实践教学、编写教材和开展科研活动，涌现出一定数量的学科骨干、测绘专业的学术带头人，他们是测绘各专业建设、课程建设的骨干力量。

表1.49　1990－1995年发表部分论文示例

序号	论文名称	作者	刊物名称	发表时间	说明
1	挖掘航测三级精测仪的测图潜力	方子岩	铁道勘察	1990	
2	远距离地面摄影监测黏土型边坡滑动及其治理	方子岩	铁道勘察	1991	
3	数字求积仪精度检测与使用中有关问题的探讨	范国雄，戚浩平	测绘通报	1992	
4	拓普康GTS系列全站仪与PCE500电子手簿	劳永乐	现代测绘	1994	
5	数字测图中面状数据结构的探讨	蔡先华	现代测绘	1995	
6	航测机助测图有关问题探讨	方子岩	现代测绘	1995	
7	大地测量的发展及现状	沈学标	现代测绘	1995	
8	数字测图与GIS	方子岩	铁道勘察	1995	
9	GPS在城镇测量中不能完全取代常规仪器	沈学标	地矿测绘	1995	
10	树结构及其在多边形内点匹配中的应用	蔡先华	测绘工程	1995	
11	森林资源数字地图集的研制	蔡先华	地图	1995	

1986－1995年的10年中，南京地质学校①立足于中专教育，全面贯彻党的教育方针，落实"全国普通中专教育改革与发展工作会议"要求，以教学为中心，深化教学改革，在学校建设与

① 1986－1995年期间，先后担任学校校长、党委书记的有：校长蒋斯善，书记邓中和；校长褚桂荣，书记万兴华。

发展中取得很大成绩，发挥了中专学校在同类职业技术教育中的骨干作用。1991 年 10 月，江苏省教委专家与地矿部教育司领导，来校对学校全国重点中专的办学条件和成绩进行复评，给予较高评价与肯定。1993 年 6 月，江苏省教委复核组与地矿部教育司有关领导，按 1993 年 5 月国家教委发布的《关于评选国家级、省部级重点普通中等专业学校的通知》要求，对学校全国重点中专资格进行复核，在 11 个优化项目复核中给予充分肯定，确认学校为国家级重点中专学校。测绘科①在“七五”、“八五”期间，深化教学改革，进行了课程设置和专业的整合，开设了新专业，到 1995 年测绘科设有工程测量、计算机制图、地图印刷和计算机应用 4 个专业；10 年来培养出地形测量、航空摄影测量、地图制图和工程测量 4 个专业的合格中专毕业生 1 581 人，培训学员 44 人。毕业生分布在专业测绘、地质勘查、城市规划与建设、国土资源管理、水电工程和交通工程等部门，毕业生的岗位能力和工作表现受到用人单位的好评和欢迎。

1.5.4 武汉电力学校工程测量专业的建设与发展

“七五”、“八五”期间，武汉电力学校党委按 1987 年 8 月“全国中专教改座谈会”和 1993 年 11 月“全国普通中专教育改革与发展工作会议”对中等专业学校建设与发展的要求，落实《国务院关于大力发展职业教育的决定》中对中专学校提出的深化改革，办出特色，提高质量，积极发挥中等专业学校在同类职业技术教育中的骨干作用的要求。结合学校从 1986 年开始，测量、地质和物探等专业，由招收高中毕业生中专二年制，改为招收初中毕业生中专四年制学制变更的具体情况，主动适应水利电力工业建设与发展的需要，扩大学校的服务范围，动员全校教职工建设有特色、高水平的武汉电力学校，争取达到省部级和国家级重点普通中等专业学校标准。

1. 学校深化教育改革取得的成绩

学校提出主动适应水利电力建设和国民经济发展人才市场的需求，强调各专业要培养具有“职业岗位适应性”和“岗位技术能力实用性”强、综合素质较高的合格中专毕业生为学校教育目标。根据各专业科技发展水平，设置适用的传统技术和新技术课程，提高传统专业的现代化水平；以加强实践教学为突破口，推动整个专业教学改革和专业建设。深入各专业生产部门调查研究，确定各专业岗位技术与实践能力要求；结合中专四年制教育的具体情况，编制新的各专业的教学计划、课程教学大纲和实践教学大纲等教学文件，并在实践中不断调整、修改和完善。

学校党委组织各级干部和教师认真学习《教改决定》、《发展纲要》和在发展职业技术教育时期中等专业教育的方针政策；动员全校教职工和学生，为把学校建设成省部级、国家级中等专业学校，并为发展成为高等职业院校而努力。为实现上述目标，党委认为在新生源、新学制和新形势条件下，确立“坚定正确的政治方向，刻苦钻研的学习风气，实事求是的科学态度，艰苦朴素的生活作风，奋发进取的开拓精神”五句话的校风，要求全校教职工和学生，在教学、学习和工作过程中为形成优良校风和学风而共同努力。

1990 年年底，能源部党组作出关于“各学校学习临汾电力技工学校职业技术教育先进经验的决定”。结合 1991 年 1 月国家教委发出《关于开展普通中等专业学校教育评估工作的通知》中提出的：教育必须为社会主义现代化建设服务，教育必须与生产劳动相结合，培养德、智、体全面发展的社会主义建设者和接班人，作为学校办学水平和教育质量的标准。学校提出：

---

① 1986—1995 年，先后任测绘科主任、副主任和书记的有：主任熊天球，副主任王仁孔、庄宝杰，书记钮绳武；主任王仁孔，副主任江宝波，书记沈学标。

“学临汾，创一流，迎评估，上重点”的号召，在教师、职员和工人中开展“教书育人”、“管理育人”和“服务育人”的“三育人”活动，发扬学校在教育工作中的“严、细、爱”的传统作风，全面提高教学质量，向省部级和国家级重点中专努力。

为深入进行教学改革，1992 年学校成立教学改革领导小组。各专业派教师到水电部本校毕业生集聚的单位和有关的中专学校与职业技术学校进行调查研究，收集各专业岗位技术和能力需求的实际情况，学习办学先进学校的教改经验。通过调查研究，认为各专业都应加强基础科学知识教学，特别应加强计算机技术、外语教学；在突出实践教学的原则下合理确定理论教学与实践教学的比例关系，体现出中专教育的“职业岗位适应性”和“岗位技术能力实用性”强的特点，以此作为编制新教学计划的基本依据。

学校从 1993 年开始由中专教育向高等职业教育发展的探索。在“发电厂集控运行”、“电力系统电气运行”两个专业试办招初中毕业生的五年制高职班。1994 年又做出了拟建“工程测量与监理”专业五年制高职班的计划。根据需要开办了“计算机应用”、“财务会计”两个四年制中专专业。

1986—1995 年的 10 年中，学校集中精力加强学校的内涵建设。①全面建立了招收初中毕业生四年制各专业的中专教学体系。②所有专业都组织教师编写四年制中专的专业基础课和专业课教材，采取水利电力系统有关学校合编或本校独立编写等形式完成教材编写和出版任务。③在师资队伍建设方面，重点培养 30 岁以下的青年教师，采取到高校进修和报考硕士研究生等方式提高学识和学历水平；对青年教师的师德修养、课堂教学、基本技能、教育理论和班主任工作等五项进行考核，要求 5 年内达标；为教师开展科研活动和科技服务创造条件，鼓励教师参加省内和国家的学术交流活动，选派优秀教师到国外进行考察，提高教师队伍的学术水平。④“八五”期间，学校集中财力为各专业增加现代仪器装备，改善各专业实验室，特别是增加了大量计算机，建立一批“一体化实验室”，使各专业的仪器设备向现代化迈进了一大步。⑤与各专业有关的企事业单位建立广泛联系，以产学结合方式建立生产实习基地，为各专业组织学生生产实习创造了条件。⑥与省劳动厅有关部门合作，对学生进行专业岗位技能培训与考核，合格者由省劳动厅有关部门发工种岗位技能等级证书。应届毕业生要拿到专业毕业证书和岗位技能等级证书才能毕业，即实行毕业生“双证制”。

“七五”、“八五”期间，学校的教学质量大为提高，办学规模扩大了，由 1985 年在校学生 1 746 人，到 1996 年在校学生达 2 442 人。学校于 1988 年 12 月，被华中电管局和湖北省电力局评为“文明单位”；1991 年 1 月“全国职业技术教育工作会议”期间，被国家教委、国家计委、人事部、劳动部、财政部评为全国职业技术教育先进单位；1993 年，被能源部评为职业技术教育先进学校，被湖北省人民政府确定为省部级重点普通中等专业学校；1994 年，被电力工业部评为职业技术教育标兵学校，被国家教委确定为国家级重点普通中等专业学校；1995 年，被电力工业部评为部级双文明单位。

2. 工程测量专业教学改革的成绩

测量专业(原全称为水工勘测专业)是武汉电力学校最早开办的重点专业。从 1953 年招生到 1985 年的各个时期，共培养四年制、三年制、二年制中专毕业生 1 224 人，毕业生分布到全国各地水利电力勘测和建设部门，受到用人单位的欢迎，为学校赢得高质量中专毕业生的赞誉。1986 年中专学制由招收高中毕业生二年制改为招收初中毕业生四年制之时，为适应市场经济发展的需要，扩大测量专业的社会服务范围，将测量专业更名为工程测量专业。在学校深化教育改革的统一部署下，工程测量专业在专业建设等方面取得一定成绩。

(1)“七五”期间工程测量专业教学计划的形成。为使工程测量专业毕业生适应市场的需求，在制订工程测量专业教学计划时，组织教师对水利电力工程部门及城市建设、交通工程、工业建设等测绘单位进行了岗位技术要求的调查研究。“七五”期间各测绘单位在地形测量、控制测量和工程测量等方面仍然以传统技术为主体，引进了电子经纬仪、测距仪、自动安平水准仪等新型仪器，使工程测量专业技术总体水平向前推进一步。要求中专毕业生要掌握以三角网、测边网、边角网和导线网为主要构网形式的三、四等平面控制测量和高程测量；掌握以纸质测图和航测综合法测图为主的大比例尺地形图和城市与工业厂区现状图的测绘技术；掌握工程控制网的测设、建构筑物施工放样、设备安装、线路测量、竣工测量、地下工程测量和建构物沉降与变形观测等测量技术。要求毕业生掌握以上主要测量技术、观测数据处理等基本理论，胜任外业与内业技术工作，绘制精美的地形图，提交合格测量成果资料。以上述要求为基础，编制工程测量专业教学计划。

(2)“八五”期间编制新的工程测量专业教学计划。20 世纪 80 年代后期和 90 年代初期，我国测绘科学技术迅速发展。工程测量部门逐步引进了全站仪与数字化测绘技术、计算机数据处理及其应用技术、GPS 接收机与全球定位技术、地理信息系统及遥感等技术，工程测量部门广泛参与了土地资源管理与地籍测量工程，以及以地理信息系统技术为基础的建立各种数据管理系统，促进工程测量扩大专业服务面，向测绘与信息工程产业方向发展。工程测量专业教师经过实际调研，为适应工程测量岗位技术现代化的要求，采取以下措施修改工程测量专业教学计划：①坚持中专教学掌握必要的专业基础理论，重视实践教学的原则；贯彻“三个面向”的指导思想，拓宽与专业有关的基础知识面，主要专业课教学内容实现现代化，在知识结构上培养学生的创新思维和创新能力。②将原设的“算法语言”扩展为“计算机应用”课，增加课时；在基础外语课之外，增加专业外语选修课；加强计算机应用技术和外语阅读能力的培养。③调整课程设置，删去“天文测量”等课程，增设与工程有关的专业基础课“工程力学基础”；增加原“水利电力工程概论”课的内容，涵盖工民建的内容，更名为“工程概论”，增加课时数。④将原“电磁波测距”课扩展为“电子测绘技术”课，介绍各种电子测绘仪器的基本原理和技术性能；增设“数字化测图技术”课。⑤增设“地籍测量”课程；适当减少“摄影测量”课的课时，重点讲授航测综合法成图技术，该课更名为“摄影测量基础”。⑥在教学计划中设选修课，其中有“GPS 测量技术”、“自由网平差”、“测量仪器检修”、“专业外语”、“测绘经济与管理”、“测量法规概论”等课程。“地理信息系统技术”、“遥感技术”介绍性课程未列入教学计划中，拟在第二课堂新技术讲座中介绍。在原工程测量教学计划基础上，按上述安排进行修改，编制了新的工程测量专业教学计划，在教学过程又进行了补充和完善，最后形成 1995 年工程测量专业教学计划版本。

(3)编写和出版专业教材。工程测量专业教师老中青结合，编写四年制测绘专业各学科教材。1991－1992 年，由该专业教师主编、参编和主审的水利电力部教育司规划的中专测绘专业的教材有：《测量平差》、《工程测量学》、《控制测量学》和《摄影测量学》(由水利电力出版社出版发行)。“八五”期间，教师们参与了全国高等学校测绘类教学指导委员会主持的高职高专规划教材的编写工作，其中主编、参编和主审的教材有：《地形测量》、《测量平差》、《Visual Basic 测绘程序设计》、《全站仪测量技术》及《摄影测量基础》(由黄河水利出版社出版发行)。

(4)改善测量仪器装备和建立新实验室。在教学经费十分困难的条件下，学校为工程测量专业购置了 J_2 经纬仪、J_6 经纬仪、红外测距仪、全站仪和数量较多的台式计算机，以及测量控制网优化设计、各种平差计算与数字化测图及扫描数字化软件，基本解决教学需要的主要仪器设备。建立了测量专用的计算机室、数字化测图与扫描数字化实验室，对提高现代测绘技术动手能力培养起到很大的作用。

(5)在工程实践中培养学生动手能力。工程测量专业以教师与教学仪器设备为依托，经省测绘局考查工程测量专业生产实习测量工程规模和成果质量，颁发给工程测量专业丙级工程测量资质证书。利用工程测量资质证书承担工程建设单位的测量工程，为学生生产实习创造条件。1985 年承担三峡库区淹没土地测算工程任务；1986 年承担湖北宜昌热电厂管线测量任务；1987 年承担武汉钢铁公司 220 KV 输电线路测量任务；1993 年承担北海市合浦县城区 4 km^2 1∶500 地籍测量任务，经有关部门检查验收，工程质量评为良好；1994 年承担湖北省大冶至下陆 220 KV 输电线测量任务；1995 年承担 86517 部队管区的数字化测图任务等。通过生产实习的工程实践，大大提高了学生的测量生产操作能力，培养一批有一定独立作业能力的毕业生，使学生的思想作风、测量职业道德等方面得到锻炼和提高，增强毕业生的岗位适应能力。工程测量专业学生获 1988 年湖北省中专学校“测量课程知识和操作竞赛”的第一名。指导教师通过组织学生完成实习和生产两项任务，提高了测量工程技术水平，为一部分青年教师成长为“双师型”教师创造了条件。

(6)完成工程测量专业西藏班的教学任务。受西藏自治区、国家教委、国家民委和电力部委托，承担为西藏自治区培养工程测量专业中专毕业生的任务。1992 年工程测量专业西藏班学生 30 人入学，学员来自内地西藏班的初中毕业生。为西藏班学生专门编制了三年制的工程测量专业教学计划，安排思想政治工作能力强的教师担任班主任，安排教学质量高的教师担任该班的基础课、专业基础和专业课的教学任务。根据学生的接受能力和学习情况教师进行精心辅导，使学生学好理论知识；合理安排实践课教学和实习，培养学生的测绘技术操作能力。经过三年的努力于 1995 年送走了西藏班的 30 名毕业生，返回西藏地区从事测绘工作。

(7)形成较高水平的“双师型”教师队伍。工程测量专业教师在教学全过程中坚持“把传授知识与培养创新能力相结合，把实用的传统技术与现代测绘技术相结合，把理论教学与培养操作能力相结合”的教学原则，提高教师的教学、科研和专业生产相结合的能力，形成较高水平的“双师型”教师队伍。①提高教师的学历和学位水平及生产实践能力。10 年来，不具备大学本科毕业学历的青年教师(包括实验教师)达到了本科毕业学历；鼓励具有本科学历的青年教师攻读硕士学位；为适应现代测绘科技发展开设新技术课程的需要，有计划派中青年教师到高校测绘专业进修，提高专业学识水平；有计划地派中青年教师到技术装备水平较高的测绘单位进行调研、考察和参加实际作业，了解测绘单位的新技术推广使用的实际水平，以便使学校的教学与生产岗位技术水平接轨，达到学以致用的目的；了解各测量单位的技术革新与技术开发项目，使教师获得开展科研活动与技术服务合作项目。②继承与发扬工程测量专业教师教学的优良传统。1985 年前后，工程测量专业有教师近 20 人，到 1995 年一些高职称老教师相继离开了教学岗位，40 余年形成的“教书育人”对学生全面负责等传统作风仍然传承下来。20 世纪 80 年代初来校任教的青年教师已成长为高级或中级职称的教师。在职的 11 名教师中，有高级讲师 5 人、讲师 4 人和工程师 2 人，形成较高水平的“双师型”教师队伍，是工程测量专业具有较高教学质量的基本保证。③积极支持教师开展科研与学术交流活动。工程测量专业教师编写工程测量专业四年制中专教材，参加编写高职高专测量专业教材，是教学学术活动成绩。教师们在《测绘通报》、《测绘译丛》、《武测科技》、《电力勘测》等刊物上发表各专业论文 30 余篇,其中有20余篇论文在湖北省测绘学会各专业委员会和水电部的专业学术会议上宣读交流。在中国测绘学会测绘教育委员会组织的首届“测量学讲课比赛”中,参赛教师获三等奖。刘书清高级讲师任湖北省测绘学会第四、五、六届理事会理事兼工程测量专业委员会委员,任中国水利水电中专教研会勘测专业组组长;邹晓军高级讲师任中国水利电力中专教研会测量课程组副组长,任湖北省测绘学会科教委员会委员。

3. 加强学生的思想政治工作

在武汉电力学校,勘测科所属的工程测量专业被在校学生认为是艰苦专业,学生入学后有许多思想认识问题要解决。学校党委重视学生的思想政治工作,1986年成立在党委书记与校长领导下的“学生工作委员会”,教学副校长与党委副书记任正副主任;委员会成员由学生科、校团委、教务科和各专业科负责人参加,统一领导学生的思想政治教育和学生管理工作。各班级设班主任,由校长选拔任命,负责指导班级团支部、班委会工作,对班级学生全面负责。每位中层干部确定一个联系班,配合班主任工作,及时了解学生思想、学习状况,反映学生的意见和要求,加强学生与学校领导的沟通。学生的日常管理由学生科通过班主任实施;团委领导各班级的团支部,指导校学生会工作;学生党支部负责学生的党建工作。

(1)重视学生的入学教育。工程测量专业有针对性地进行学生的入学教育,重点内容有:①由专业负责教师介绍工程测量学科的研究对象和任务、现代测绘技术的成就,及其在社会主义建设中的作用和地位。②参观历年来学校和测量专业的教学成果展览和先进毕业生的事迹。③邀请学有成就的测量专业毕业生回校向新生介绍个人在生产实践中的成长经历,鼓舞新生努力学习,不怕困难,实现为国家建设作出贡献的个人理想。④请有成就的资深教师向新生介绍测量专业学生的成才之路,以本专业毕业生的不怕艰苦、钻研技术、坚定正确的政治方向取得成功的先进典型人物事例,鼓励新生端正学习态度,把精力集中在搞好学习上。向学生介绍测量专业理论联系实际、锻炼动手能力的学习特点,培养严肃认真、实事求是的科学态度和遵守规章制度的职业道德和作风。⑤通过军训提高学生的组织性和纪律性。

(2)进行遵守规章制度的教育。在对学生“全面负责,从严要求”的教育思想指导下,树立“五句话”校风,执行《中等专业学校学生守则》、《湖北省普通中等专业学校学生学籍管理规定》等规章制度;制定学校的《学生政治思想品德成绩评定办法》、《学生有关纪律考勤的规定》、《学生劳动课管理办法》和《学生公寓管理有关规定》等规章制度,对学生进行遵守纪律的教育,规范学生的行为,养成优良校风和学风,保持正常的教学秩序。

(3)以“两课”教育为主体的政治思想教育。以马克思主义哲学、政治经济学、中共党史、邓小平理论等内容进行政治理论课教学,以法律基础知识、思想品德修养课进行德品教学,培养学生的爱国主义、社会主义、集体主义思想意识。每周三下午进行一次党的方针政策和时事形势教育,促使学生关心国家大事。组织学生在假期和假日开展“三下乡”活动和社会服务活动,为学生创造接触社会的机会,了解国情和民情,增长社会实践知识与能力,激发学生建设社会主义现代化国家的责任感和使命感。

(4)在学生中开展评优活动。在学生中开展“学雷锋,创三好”活动;评选“先进班级、三好学生、优秀学生干部”;开展“五讲四美三热爱”活动,评选精神文明建设先进个人和先进集体,提高学校的精神文明建设水平。学校制定各项评选先进的奖励制度,鼓励学生在政治思想方面积极进取,在学习上努力钻研,培养团结互助、助人为乐的精神,形成良好的教学与学习环境,有利于学生健康成长。

(5)在实践教学中加强思想政治工作。工程测量专业教师抓住教学实习和生产实习的有利时机，以自己的表率行动，对学生进行热爱劳动、克服困难、遵守生产作业规范、遵守群众纪律和安全生产实习的教育，培养学生的职业道德意识。当学生看到自己的测量成果在水利电力工程建设、各种建设工程中发挥作用时，产生一种为国家建设事业贡献力量的自豪感和责任感，认识了工程测量专业技术在国民经济建设中的作用，增强了努力学好工程测量技术的决心和信心，巩固了专业思想。教师在教学实习与生产实习中与学生打成一片，同吃、同住、同劳动，以自己的模范行动感染着学生，建立起新的测量专业特有的师生关系。

(6)开展校园文化活动。学校团委和校学生会是校园文化活动的主要组织者。每年的"一·二九"组织学生高唱革命歌曲比赛，建立各种体育、文艺队伍，开展文体活动，学校被评为全国和湖北省中专体育活动先进单位。工程测量专业组织学生进行各种测量仪器操作竞赛，提高专业技术水平；组织测绘新技术讲座，邀请武汉测绘科技大学的著名学者来校作测绘新技术发展的专题报告，扩大学生的知识面，加深对现代测绘高新技术的认识。

(7)加强共青团建设和党建工作。共青团的组织建设重点是建立有一定组织和工作能力的班级团支部，成为班级思想政治工作和各项活动的核心；积极培养要求入团的学生达到共青团员标准，发展他们加入团组织。要求班级团支部积极支持班委会的工作，共青团员在学习上及各项活动中起模范带头作用，在班主任的指导下争取达到优秀团支部的标准。通过组织"爱国、爱党、敬业"的主题讲演比赛，进行"雷锋精神与时代精神"的大讨论；组织18岁青年学生举行"成人仪式"，在国旗下庄严宣誓，激励青年学生对国家和社会的责任感。学校团委利用假期组织团员和青年学生到革命老区大别山等地区，访问老红军、老革命，接受革命传统教育。由于学校团委工作成绩突出，受到共青团湖北省委、省高教工委等领导机关的表彰。学校党委举办"学生业余党校"，通过党委组织部和学生党支部组织业余党校的管理和教学活动。吸收积极要求入党的共青团员参加学习，进行党的路线、方针、政策教育，学习党章和党史，提高对中国共产党的认识。在参加业余党校学习的先进团员中选拔党的培养对象，要求他们在学习和学校的各项活动中起骨干带头作用。学生党支部把符合党员条件的先进学生及时发展入党。

(8)认真搞好毕业教育。"七五"期间，毕业教育的中心工作是动员毕业生认清国家建设事业发展的需要，服从组织分配到最需要的地区和岗位参加社会主义经济建设。当时，学校在部分地区招生，毕业分配常常是全国范围分配。工程测量专业由于平时的思想政治工作到位，绝大多数学生都表态服从国家的需要。工程测量专业往届有大量毕业生自愿到西藏、新疆、青海、甘肃和内蒙古等边远地区工作，在工作岗位上取得优异成绩的典型实例，在毕业教育中宣传毕业生有服从国家需要的优良传统，鼓舞毕业生向先进毕业生学习。在解决需要照顾的毕业生之后，毕业分配工作顺利圆满地完成。20世纪90年代初期，毕业分配工作开始由实行"供需见面，双向选择，适当调整"的办法，逐步转向"供需见面，自主择业"的就业办法。这时，毕业教育的侧重点是向学生介绍工程测量专业及相关专业用人单位的情况，正确估计自身的水平与适应岗位工作需要的实际能力，选择适当的单位面试争取被录用。为给毕业生创造就业机会，教师通过与产学结合单位的关系、与往届毕业生所在单位的关系等，推荐适应用人单位条件的毕业生前去面试，争取被录用。由于历届工程测量专业毕业生的良好表现，因此工程测量专业毕业生的就业率较高，在水利电力部门的各测绘单位的知名度较高。

4. 工程测量专业教学计划介绍

工程测量专业教学计划是根据"八五"期间教学改革方案形成的，经过教学实践不断修改和补充，编制成中专四年制工程测量专业教学计划 1995 年版本。

1)培养目标

本专业培养坚持社会主义道路，德、智、体诸方面全面发展，掌握必要的文化科学基础知识，掌握工程测量基本理论、基本技术和技能，具有较强实践能力的工程测量应用型中等技术人才。学生毕业后，主要去水利与电力工程建设、工程勘察设计、城市规划与建设、交通工程和土地利用与管理等部门，从事工程测量、地籍测量生产作业和技术管理等工作。

2)毕业生的基本要求

掌握马克思列宁主义、毛泽东思想和邓小平理论的基本知识，坚持四项基本原则，拥护中国共产党的方针、政策，热爱社会主义祖国；具有实事求是、理论联系实际的科学态度，有艰苦奋斗、勇于克服困难、热爱劳动、勤奋学习、遵纪守法和团结互助的良好品德，有社会主义民主与法治观念；有一定的社会科学、文化艺术知识和修养，学习一门外语，达到中专学生体育锻炼标准，身体健康；有以测绘技术为国家社会主义现代化建设贡献力量的信念，达到“四有”要求的社会主义事业的建设者。

在专业技术上要求：①掌握地形测量的基本理论、基本技术和方法，具有测绘大比例尺纸质地形图和数字化测绘地形图的能力。②掌握建立三、四等常规控制网的基本理论、内外业作业方法、观测数据处理和控制测量成果整理的能力；会使用 GPS 接收机进行控制点定位作业和观测成果后处理工作；了解建立包括 GPS 点在内的现代控制网的一般方法。③具有利用测量平差与数字化成图程序使用计算机进行观测数据处理和数字化成图的作业能力，有编写简单计算机程序的能力。④掌握工程制图技术，了解土木建筑工程施工与管理的基本知识，了解工程质量有关规程。⑤掌握工程建筑控制网建立的原理和方法、工程施工放样技术、设备安装和质量检查技术，掌握线路勘察与施工标定测量技术、地下工程测量技术，以及建构筑物变形观测的理论与方法等。⑥了解摄影测量基本原理、各种成图方法及使用的仪器，掌握综合法测绘大比例尺地形图的方法。⑦了解土地管理的一般知识，掌握地籍测量的基本要求、成图特点和成图技术。⑧了解测量法规，掌握工程测量主要的技术要求，了解测量经济管理的一般知识。

3)教学环节及其时间分配

教学计划 4 个学年共 202 教学周。各教学环节及其教学周数列入表 1.50 中。入学与毕业教育 2 周，理论教学即课堂教学与考试共 121 周，实践教学即课程设计、教学实习、毕业实习共 37 周，公益劳动 4 周，机动 4 周，假期 34 周。

表 1.50　教学环节时间分配

专业名称：工程测量　　　　学制：中专四年　　　　1995 年

学期 \ 周数 \ 项目	入学教育	课堂教学	考试	课程设计	教学实习	毕业实习	毕业设计	公益劳动	机动	毕业教育	假期	总计	说明
Ⅰ	1	17.5	1					1	0.5		4	25	入学教育含军训
Ⅱ		18.5	1		1				0.5		6	27	
Ⅲ		15.5	1		3			1	0.5		4	25	
Ⅳ		12.5	1		7				0.5		6	27	
Ⅴ		15.5	1		3			1	0.5		4	25	
Ⅵ		12.5	1	1	6				0.5		6	27	
Ⅶ		11.5	1	1	6			1	0.5		4	25	
Ⅷ		9.5	1	1		8			0.5	1		21	
合计	1	113	8	3	26	8		4	4	1	34	202	

4)课程设置与教学进程计划

课程设置分公共基础课、专业基础课、专业课和选修课。各类课程的设置、教学时数、各学期的教学周数、周学时数等,列入表1.51中。各类课程的设置简要介绍如下[①]:

表1.51 课程设置与教学进程计划

专业名称:工程测量　　学制:中专四年　　1995年

序号	课程名称	按学期分配		教学时数			各学期教学周数与课程周课时数								说明
		考试	考查	课时总数	讲课	讨论实验实习	Ⅰ 17.5	Ⅱ 18.5	Ⅲ 15.5	Ⅳ 12.5	Ⅴ 15.5	Ⅵ 12.5	Ⅶ 11.5	Ⅷ 9.5	
	一、公共基础课			1 357	1 209	148									占总课时43.4%
1	政治	Ⅰ～Ⅶ		207	207		2	2	2	2	2	2	2		
2	体育	Ⅰ～Ⅵ		184	184		2	2	2	2	2	2			
3	语文	Ⅱ	Ⅰ,Ⅲ	206	186	20	4	4	4						
4	外语	Ⅰ,Ⅲ	Ⅱ,Ⅳ	231	201	30	4	4	4	2					
5	数学	Ⅰ～Ⅲ		278	248	30	6	6	4						
6	物理	Ⅱ	Ⅰ	181	131	50	4	6							物理实验考核
7	化学		Ⅰ	70	52	18	4								
	二、专业基础课			1 100.5	772.5	328									占总课时35.2%
8	地形绘图		Ⅱ,Ⅲ	105	45	60		4	2						
9	地质地貌基础		Ⅲ	62	52	10			4						
10	地形测量	Ⅲ,Ⅳ		155.5	101.5	54			6	5					操作技术考核
11	工程制图		Ⅳ,Ⅴ	109	53	56				5	3				
12	工程数学	Ⅳ		75	67	8				6					
13	测量平差	Ⅳ,Ⅴ		152.5	114.5	38				6	5				
14	工程力学基础	Ⅴ		93	83	10					6				
15	计算机应用	Ⅵ	Ⅴ	152.5	92.5	60					5	6			计算机技术考核
16	电工与电子学基础		Ⅵ	75	55	20						6			实验技术考核
17	工程概论	Ⅶ	Ⅵ	121	109	12						6	4		
	三、专业课			529	373	156									占总课时16.9%
18	控制测量	Ⅴ,Ⅵ		152.5	102.5	50					5	6			操作技术考核
19	电子测绘技术		Ⅶ	57.5	37.5	20							5		
20	地籍测量	Ⅶ		57.5	43.5	14							5		
21	摄影测量基础	Ⅶ		69	49	20							6		
22	工程测量	Ⅶ,Ⅷ		135.5	97.5	38							6	7	
23	数字化测图技术	Ⅷ		57	43	14								6	
	必修课学时总数			2 986.5	2 354.5	632									
	四、必选课			142.5	110.5	32									占总课时4.5%
	必选课(一)		Ⅷ	57	43	14								6	
	必选课(二)		Ⅷ	47.5	37.5	10								5	
	必选课(三)		Ⅷ	38	30	8								4	
	必修课+选修课			3 129	2 465	664	26	28	28	28	28	28	28	28	
		课程门数					7	7	8	7	7	6	6	5	
		考试门数					4	5	5	5	5	4	5	2	
		考查门数					3	2	3	2	2	2	1	3	
	选修课名称(学时数)	自由网平差(57),测量仪器检修(57);GPS测量技术(47.5),测量法规概论(47.5);测绘经济与管理(38),专业外语(38),公共关系(38),美育(38)													

(1)公共基础课。政治课按国家教委颁发的中专政治课教学大纲授课,包括马克思主义哲学、政治经济学、中共党史、邓小平理论、法律基础知识,以及思想品德与道德修养等内容;体育、语文、外语(英语)、数学、物理、化学等课程按中专教学大纲授课,其中数学课按测量教学需

① 课程的授课内容一般不作说明,必要时作以简要介绍。

要增加必要的内容，物理课加强光学部分的教学内容。公共基础课合计学时数 1 357，占总学时的 43.4%。

(2)专业基础课。地形绘图、地质地貌基础和地形测量 3 门课构成完整的地形测量技术课程，成为工程测量专业的专业基础技术。工程制图、工程力学基础和工程概论 3 门课形成土木建筑工程的基本概念和一般技术，有利于测量技术为工程建设服务。工程数学课主要讲授线性代数和概率统计，为测量平差及控制测量教学作好数理知识准备。电子与电工学基础讲授交流与直流电路、晶体管电路、集成电路等基本功能及其特性和应用等。测量平差讲授测量误差的基本理论、直接平差、条件平差及附有未知数的条件平差、间接平差及附有条件的间接平差，以及控制网平差的精度估计及误差椭圆的概念与计算方法等，为测量观测数据处理作好数理知识准备。计算机应用课讲授计算机基本知识与操作、DOS 与 Windows 操作系统，学习一、二种计算机语言，初步掌握编程能力，掌握平差计算程序的使用技术，进行观测数据的处理。专业基础课合计学时数 1 100.5，占总学时的 35.2%。

(3)专业课。控制测量讲授在国家控制网基础上建立三、四等控制网和工程专用控制网的基本原理、外业作业技术，以及高斯投影的基本原理、控制网的概算和平差计算；讲授二、三等水准测量与三角高程测量；具有使用计算机进行平差计算，获得控制测量成果的能力。电子测绘技术讲授电子经纬仪、电子水准仪、测距仪和全站仪的基本结构与作业的基本原理及其功能，掌握其操作方法。地籍测量讲授土地管理的基本知识、地籍测量的基本要求及其特点，掌握地籍测量的外业及内业工作方法和提交成果资料的规范要求等。摄影测量基础讲授摄影测量的基本原理、各种成图方法及其使用的仪器，重点讲授综合法成图控制点联测、像片判读、调绘方法及综合法成图的作业方法等。工程测量讲授建筑施工控制网的建立原理与方法、水利电力工程施工和设备安装测量的特点及施工测量的技术设计与精度分析、线路勘测与施工测量、地下工程测量及建构筑物变形观测的原理与方法等。数字化测图技术讲授数字化测图仪器设备及其成图的基本原理，初步掌握电子图板、电子手薄的作业方法，形成数字化测图的初步能力。专业课合计 592 学时，占总学时的 16.9%。

(4)选修课。自由网平差讲授秩亏自由网平差的基本理论与几种秩亏平差的解法，了解拟稳平差基本概念及其在变形分析中的应用。测量仪器检修课讲授普通经纬仪、水准仪的结构、常见的故障及其维修方法和仪器的检测方法等。GPS 测量技术讲授全球定位系统的基本原理、GPS 接收机功能和操作及后处理方法，以及常规方法与 GPS 相结合建立控制网的作用及其应用等。测量法规概论课讲授工程测量规范中常用的作业方法与相应的精度指标，介绍《测绘法》的主要内容及测绘工程技术人员的职业道德规范等。测绘经济与管理讲授测量工程的勘测设计、组织计划、工程成本、技术管理、质量检查与控制的一般方法，使学生形成测绘工程管理的一般概念。专业外语课指导学生专业外文资料阅读，讲解翻译方法和要领，提高学生的专业外文资料的阅读能力。公共关系课讲授公共关系的基本特征、公共关系的基本原则与工作模式及组织结构，以及公共关系的职责等，提高毕业生的社会交往能力。美育课主要介绍美学的基本概念，审美的基本原则，提高毕业生的审美能力，培养美好的情操和树立正确审美观。每位学生至少从选修课中必选 3 门课程，计 142.5 学时，占总学时的 4.5%。

必修课的总学时为 2 986.5，必修课与必选课的总学时为 3 129，其中讲课 2 465 学时、实习实验 664 学时，分别占总学时的 78.8%和 21.2%。

5)实践教学安排

工程测量专业教学计划强调实践教学,共安排37周如表1.52所示。按各门课程的教学大纲要求进行实习。最后一项毕业实践(8周),可有两种选择:其一是进行包括GPS定位测量、数字化测图实习在内的控制测量、工程测量、地籍测量等综合实习,由于实习时间较长,可结合生产任务进行生产实习,最后以实习技术总结代替毕业设计;其二是选择部分项目进行实习,重点做毕业设计,理论联系实际解决具体技术问题。两种选择都要进行毕业答辩并评分,在毕业实习中穿插进行综合技术考核并打分评级,作为专业技术考核发证的依据。

表1.52　实践教学项目及其进程

序号	项目名称	Ⅰ	Ⅱ	Ⅲ	Ⅳ	Ⅴ	Ⅵ	Ⅶ	Ⅷ	说明
1	地形绘图综合练习		1							
2	地形图根控制测量实习			2						
3	地质地貌认识实习			1						
4	地形测量综合实习:从图根测量到测图				7					可结合生产进行
5	工程制图实习					1				
6	测量平差计算实习					1				
7	计算机操作实习					1				
8	计算机平差计算软件操作实习						1			
9	控制测量网形优化设计实习						1			
10	控制测量综合实习;三、四等控制网建立实习						5			可结合生产进行
11	地籍测量实习							2		
12	摄影测量实习:重点综合法成图实习							2		
13	工程建筑认识实习							1		
14	工程测量课程设计							1		
15	工程测量放样与曲线测设实习							1		
16	工程施工控制网、变形观测控制网设计								1	
17	毕业实践:结合生产进行综合性实习、毕业设计								8	GPS与数字化测图实习
	合　计		1	3	7	3	7	7	9	共37周
	课堂实习664学时,相当于664/40=16.6周 实践教学总周数为53.6周									

6)有关教学计划的说明

1995年版的工程测量专业教学计划是深入进行教学改革的成果,体现传统测量技术与现代测量技术的结合,把传授知识和培养能力结合起来,突出中专测绘教育的特点:①课堂理论教学2 465学时,课堂实习664学时,集中实践教学37周相当于37×40=1 480学时,实践教学合计2 144学时,则理论教学与实践教学学时数之比为1∶0.87≈1∶0.9,强调了实践教学。②分布在各学期的物理实验、地形测量技术、计算机技术、电子与电工实验和控制测量技术都进行操作技术考核,最后在毕业实践中还有综合性的技术考核,采取这些措施的目的是为实行毕业生“双证制”进行试点。③实践教学项目表1.52中的实习项目可操作性强,实施这个计划可培养出动手能力较强的工程测量专业中专毕业生。

“七五”、“八五”期间,工程测量专业培养出四年制中专毕业生409人,统一分配或自主就业,在全国各地的水利电力勘测与建设、城市建设、土地管理、交通工程等单位,从事第一线的测绘与技术管理工作。由于思想作风好,岗位适应性强,工作“上手”快,有一定的“后劲”和创新精神,受到用人单位的欢迎,许多毕业生在较短时间内成长为所在单位的技术和管理工作的骨干。工程测量专业始终是学校教学质量高的重点专业。

1.5.5　黄河水利学校工程测量专业的建设与发展

“七五”、“八五”期间,学校在1980年被确定全国重点中专学校的基础上,深化教学改革,主动适应社会主义市场经济与社会发展对水利勘测事业中等技术人才的需要，改革原有专业，建立需要的新专业，发挥学校在水利勘测与建设事业中等专业教育中的骨干作用，为学校由中等专业教育向高等职业技术教育发展作出努力。

学校重视测绘教育的建设与发展。1986 年 3 月，将工程测量教研室改建为工程测量专业科(刘志章、罗自南先后任科主任)。设测量学、控制测量与平差、工程测量、航测等教研室；设普通测量仪器、精密测量仪器和电子测量仪器室。有专业教师 19 人、实验教师 5 人。工程测量专业由招收高中毕业生学制二年，改为招初中毕业生学制四年。根据黄委会对工程测量中专毕业生的要求和当时工程测量生产部门的技术水平，制定四年制的教学计划、课程教学大纲等教学文件，组织课堂理论教学和实践教学。

1. 加强工程测量专业建设

“七五”、“八五”期间，重点是加强工程测量专业建设。从统一招生、不交学费、毕业统一分配工作，转变为统一招生、交费学习、毕业时双向选择、自谋就业，这就要求毕业生具有较为广泛的岗位适应能力。因此，工程测量专业必须适应测绘人才市场的需要，不断地进行课程设置和教学内容的改革。随着测绘科学新技术在各测绘单位的推广和应用，在工程测量教学计划中增设了数字化测绘技术、GPS 定位技术课程；加强计算机基础知识和应用技术的教学，培养学生用计算机进行观测数据平差计算和精度评定的作业能力。20 世纪八九十年代，城市规划和土地管理部门急需地籍测量与土地管理方面的技术人才，在教学计划中增设了地籍测量课程，使毕业生具有更广泛的岗位适应性；还增加了地理信息系统和遥感技术课程，使学生对 3S 测绘新技术有一个初步的了解。为适应课程设置和教学内容改革，加强了专业教材建设工作。在自编与联合编写出版教材方面投入了较大的力量，更新了主要专业课教材的内容。与有关学校测绘专业合作，编写出版了:《测量学》(刘志章、范广武主编)，《水利水电工程测量(3)》(刘志章主审，黄德普参编)，《工程测量学》(刘志章主编，罗自南参编)，《摄影测量学》(张克敏主编，朱承祜参编)，《控制测量学》(郭绍村主审)，《测量平差》(王翰长主审)等教材。与开设新技术课程相适应，学校对工程测量专业的新仪器、新设备给予较大的投资，先后增添了全站仪、数字化测图成套设备、GPS 接收机、地理信息系统实训软件、计算机数据处理系统软件等，以及增加数量较大的计算机，大大改善了教学设备条件，使教学仪器设备与测绘生产单位基本接轨。

2. 提高课堂教学质量

工程测量专业以教学为中心，在课程建设上下工夫，带动各门专业课提高教学质量。测量平差、控制测量、地形测量等各门传统专业课分别增加了现代测量平差技术、边角网与 GPS 定位技术、数字化测绘技术等新内容，使每门课程的传统技术与新技术相结合，构成新的课程内容体系。明确了各门课程在形成工程测量专业的知识与能力结构方面所担负的任务。课程建设的主要内容有:编写本门课程的新教材；建立与教材相适应的习题集和试题库；形成本门课程中重点课、难点课的教学方法教案；拟定与教材内容相配套的课堂实习与实验项目，并编写出实习与实验指导书等。

通过教研组进行专业课的阶段性集体备课和教研活动，交流教学经验，规定课堂教学统一的要求；强调教师的个人备课，写出有个人教学特色的教案；精心组织课堂教学，根据教学内容的不同，运用启发式、讨论式等教学方法，坚持“少而精”原则讲好课；认真批改作业和实习及实验报告，了解学生掌握知识和操作能力；加强课外辅导，了解学生，与学生交流，建立良好的师生关系;公开、公正地评定学生的学习成绩,形成良好的学风、教风。要求每位教师在教学过程中体现以学生为主体,以教师为主导,把教书育人贯彻到教学活动的全过程,全面提高教学质量。工程测量专业科组织各门课程典型内容的观摩教学,开展教学法研究和交流教学经验。1992 年 9 月,在河南省测绘青年教师讲课观摩与教改研讨会上,陈琳老师的“测量平差”示范课获得一等奖。

3. 在工程实践中培养学生动手能力

多年来,工程测量专业始终坚持在工程实践中培养学生测绘操作动手能力。对于四年制的工程测量专业中专毕业生而言,二年级进行地形测量教学实习,三年级进行控制测量与地形测量生产实习,四年级进行控制测量、地形测量、地籍测量和工程测量的综合性生产实习。有三次测绘实践的锻炼机会,充分体现了测绘中专教育在培养第一线各行业测绘技术人员的优势。“七五”、“八五”期间,工程测量专业学生在教师指导下,在进行控制测量的基础上,完成了表 1.53 中所示的地形测量、地籍测量、城市规划测量、河道工程测量和土地调查等测绘任务。地处开封市的黄河水利学校工程测量专业,通过测量生产实习为郑州市、地县级城市及工程部门服务,“淮阳县土地利用调查”获得河南省土地管理局 1990 年科技成果二等奖,在省内有较大的影响。在测绘工程实践中,通过完成测绘生产任务,培养了学生完成测绘生产任务的动手能力,增强了学生以测绘技术为社会主义建设服务的信心,提高了学生学好专业的积极性。通过生产实习提高了教师特别是青年教师组织和领导测量生产的能力,是培养“双师型”教师的重要途径。生产实习的测绘成果符合国家规范要求,满足委托单位的需要,建立起委托单位与工程测量专业产学结合协作关系,不断获测量生产任务。

表 1.53　1986－1996 年生产实习工程项目统计

序号	工程项目	委托单位	时 间	说 明
1	登封道遥谷 1∶500 地形测图	嵩山风景区管理局	1986.7	
2	尉氏电厂 1∶500 地形测图	开封市城建局	1987.7	
3	洛阳市地籍测量	洛阳市城建局	1988.8	
4	洛阳市李闽炼油厂地籍测量	洛阳市炼油厂	1988.9	
5	洛阳汝州机械厂 1∶500 地形测图	汝州机械厂	1989.9－10	
6	河南淮阳县土地利用调查 1 436 km^2	淮阳县土地管理局	1989.9－10	获省土管局科技二等奖
7	洛阳龙门煤矿地籍测量	龙门煤矿	1989.10	
8	洛阳石化炼油厂厂区测量	洛阳石化炼油厂	1990.5	
9	龙声公园 1∶1 000 地形测图	南阳市城建局	1990.6－7	
10	南阳市 1∶1 000 地形测图	南阳市城建局	1991.5－8	
11	郑州市二七区地籍测量	郑州市建委	1992.4－5	
12	铁塔公园 1∶1 000 地形测图	开封市园林处	1992.6－7	
13	河南永城 1∶2 000 规划图测绘	永城土管局	1992.9	
14	金堤河河道测量(Ⅰ－Ⅱ期)	金堤河管理局	1994.3－7	
15	小清河、支脉河河道测量	山东省水利厅	1996.9－10	

4. 鼓励教师开展教学研究与技术服务活动

1980 年全国中等专业教育工作会议以后,要求全国重点中专学校的教师参加有关教学与专业科研的学术活动,达到讲师水平。从政策上把中专教师培养成教学、科研、生产相结合的“双师型”教师。学校鼓励教师开展教学研究与教学改革试验,进行专业新技术开发和服务活动。工程测量专业教师深入了解测绘生产部门推广和应用测绘技术的水平;调研各部门工程建设对测量技术保障的要求;研究工程测量专业教学计划与教学内容,是否适应工程测量生产岗位的需要,写出有关教学改革论文。例如“工程测量的发展动态”(刘志章,杨中华),“工程测量专业毕业生的知识结构”(靳祥升),“谈测量教学的一些做法”(陈琳),以及“建立教学、生产、服务三结合机制"(刘志章,杨中华)等多篇论文,刊登在《水利职业技术教育》等刊物上。在1987年召开的"全国中专测绘教育改革研讨会"上介绍了学校的"工测教育改革状况"受到与会各中专学校测绘专业代表的好评。结合教学与专业生产的需要撰写出:"GPS测量及其应用"(刘志章)、"测量实习结合生产的体会"(黄德普)、"数学课与工程测量专业课的结合"(靳祥升)、"转点极坐标标定法圆曲线测设在金堤河工程测量中的应用"(杨中利)等多篇论文,刊登在《长江水利教育》与《黄河水利教育》等刊物上。

工程测量专业教师发挥技术特长,开展新技术开发和服务活动。如表1.54所示,为企事业单位进行建筑物、构筑物的沉降与倾斜观测,提供科学的数据,以便采取必要的安全措施,体现工程测量专业为地方所需的测量技术保障服务。开展测量技术服务活动,提高工程测量专业办学的知名度,对与地方企事业单位建立产学合作机制,形成产、学、研的办学模式有重要意义。

表1.54　1986－1993年科技服务项目

序号	工程项目	委托单位	时间	科研成果	参加教师
1	开封铁塔变形观测	开封市园林处	1986－1988	研究报告	刘志章,周建郑,杨中华等6人
2	开封市相国寺商场沉降观测	开封市防空办	1988	研究报告	罗自南,靳祥升等
3	省第一监狱烟囱变形观测	省一监狱	1990.5－6	研究报告	罗自南,周建郑等
4	钢材大厦沉降观测	钢材大厦	1991.6	研究报告	罗自南,靳祥升,周建郑等
5	李囤石化炼油厂烟囱倾斜观测	洛阳炼油厂	1993.4	研究报告	罗自南,靳祥升,李聚方等

"七五"、"八五"期间,工程测量专业科面对国民经济迅速发展和测绘科学技术不断进步的形势,在学校的领导下,通过加强专业建设、课程建设、提高课堂教学质量、强化动手能力培养,以及建立"教学、科研、生产"相结合的"双师型"师资队伍等,使工程测量专业科成为具有较高水平的测绘中专教育能力。1986－1998①年共招收初中毕业生四年制工程测量专业学生619人,毕业生在水利水电、城市建设、交通运输、国土资源管理和工业企业等部门从事测绘工作,受到用人单位的欢迎。

1.5.6　长春地质学校工程测量专业的建设与发展

20世纪80年代初期,地质矿产部所属的地质勘探队伍进行了结构性的调整。部属各地质学校测绘专业的毕业生逐步面向为地质、冶金、石油、城建、交通、农林水等各部门的测绘单位服务。学校的地形测量专业在教学内容上逐渐向上述服务对象方向改革,1988年经地质部教育司批准,将地形测量专业改为工程测量专业,招初中毕业生,学制四年。

"七五"、"八五"期间,学校贯彻《中共中央关于教育体制改革的决定》,明确中等专业学校沿着中等职业教育的办学方向发展,发挥中等专业学校在中等职业技术教育中的骨干作用。工程测量专业主动地适应经济和社会发展的需要,随着我国测绘科学技术的进步与发展,工程测量专业的教学内容和培养模式必须适应测绘人才市场对工程测量专业人才的需求,才能使毕业生有较高的就业率。学校要求各专业按国家教委1991年发布的《关于开展普通中等专业学校教育评估工作的通知》精神,为建设省部级和国家级重点中专学校而努力。工程测量专业主要做了以下各项工作。

① 1998年学校改为黄河水利职业技术学院,工程测量科升格为测绘工程系,进行测绘高等职业技术教育。

1. 不断完善工程测量专业教学计划

工程测量专业教学计划，是由原地矿部教育司所属各地质学校测量教师参加的测量专业教学指导委员会于1988年制定的。经过一、二个教学循环后，对原教学计划中的课程设置和教学内容进行了改革，以适应测绘技术进步和测绘人才市场的需要。

(1)国土资源管理部门急需地籍测量与土地管理的测绘人才，开设了地籍测量与土地管理课程，使工程测量专业毕业生增加了岗位技术服务能力。

(2)1990年前后，各测绘单位较广泛地采用航测综合法进行大比例尺地形测量。调整摄影测量课的教学内容，加强了航测综合法成图的理论教学和实践教学的强度，使学生有一定的综合法大比例尺成图的操作能力。

(3)开设GPS测量的基本原理、方法和后处理课程，适应各测绘单位在1990年以后普遍采用的现代定位测量方法，改变了工程控制测量的传统理论和方法。

(4)开设数字化测绘技术课程，适应1990年以后各测绘单位逐渐采用的以全站仪、计算机与数字化测图软件为主要工具的数字化测图技术的岗位需要，改变了传统的地形测图方法。

(5)加强计算机基础知识和应用的教学。在测量平差的观测数据处理中引进各种测量平差计算和精度评定的程序；要求学生熟练掌握数字化测图软件的使用；介绍地理信息系统和遥感技术的基本概念，扩大学生对计算机技术在现代测绘技术中重要作用的认识，提高学生掌握计算机技术的积极性。数字化测绘技术、3S现代测绘技术在各测绘单位迅速推广，标志着工程测量技术已发展到一个新阶段，为使学生更好地掌握这些新技术，充分掌握计算机技术及其应用，在教学中计算机的应用三年不断线。

2. 全力提高课堂教学质量

高水平的课堂教学，是传播知识和掌握技术的基本手段，工程测量专业教师特别重视提高课堂教学质量这一环节。1987年前后，学校加强教学管理，以教学为中心，以提高课堂教学质量为突破口，各专业教师要求在教学中落实“五认真”。

(1)认真备课。根据专业教学计划和课程教学大纲，编制课程学期授课计划，经教研组讨论通过后由教务处批准执行。教研组对每门课程进行阶段性集体备课，个人写好教案，没有教案不准上课，落实好备课的要求。

(2)认真讲课。精心组织课堂教学，把握重点和难点内容，充分设计、利用现代教学手段，贯彻“少而精”的原则，进行启发式、讨论式教学；重点课组织试讲，交流教学方法和课堂组织艺术。

(3)认真辅导。教师在加强课后辅导中，注意运用“抓两头，带中间”的方法。对学习有潜力的学生，进行扩大知识面的指导；对学习有困难的学生，重点进行辅导，解决学习中的具体困难，增强学好课程的信心；保证大多数学生按教学大纲的要求消化所学的知识。

(4)认真批改作业。教师认真批改作业和实习报告，了解学生掌握知识与技术的情况，搞清教学中存在的个性和共性问题，以便改进课堂教学和采取必要的集体辅导措施。

(5)认真考核学习成绩。认真搞好平时学习成绩、期中与期末成绩考核。对学生的课外作业、专题作业和实习报告，都按规定标准做好成绩记录，构成平时成绩的基础资料；期中、期末考试题，由教研组统一命题，教务处批准，由教务处统一组织考试；由教研组制定统一评分标准，教师分题评分；做到公开、公平、合理，客观地反映学生的学习成绩。

工程测量专业每学期都组织“评教评学”活动。召开教师与学生座谈会，主要听取学生对教师和专业教学活动的意见和建议，密切师生关系，创造一个教学相长的教学环境和氛围，形成良好的学风和教风，师生共同努力提高教学质量。

3. 重视实践教学培养专业技术动手能力

重视提高实践教学的质量，训练学生的专业技术动手能力，形成岗位技能，保证毕业生有较高的就业率。在专业基础课和专业课的教学时数内，练就“能写一手好字”、“能画一幅好图”，具有熟练的仪器操作和计算机应用的能力是测绘工作者的职业基本功。在传统测绘技术和现代测绘技术交替的时代，这两项技术将会长期起作用。

(1)与测绘单位和各级政府管理部门建立产学结合的合作关系。工程测量专业组织学生进行测量生产实习，1986—1994 年完成的测量生产任务如表 1.55 所示。为吉林省、辽宁省、黑龙江省和内蒙古自治区各市县和工程部门完成了控制测量、地形测量、工程测量等生产任务，解决了用图单位的急需，为学生在工程实践中进行实习创造了训练动手能力的机会，也得到了一定的经济收入，有力地支持了实践教学的经费来源。完成测量生产任务的实习，成果符合国家测量规范标准，才能取得生产管理部门的信任，建立产学合作关系，保证测量生产任务的来源。

表 1.55　1986—1994 年完成测量生产任务统计

序号	时间	工程项目	工作量	说明
1	1986	吉林省柳河县城 1：1 000 地形测图	12 km^2	平板测图
2	1987	吉林省九台县城 1：1 000 地形测图	12 km^2	平板测图
3	1988	吉林省德惠县城 1：1 000 地形测图	12 km^2	平板测图
4	1988	吉林省浑江金钢砂厂电厂 1：2 000 测图	6 km^2	平板测图
5	1988	内蒙古伊尔施水电站 1：1 000 地形测图	10 km^2	平板测图
6	1988	鸡西—牡丹江高压送变电线路测量	142 km	线路测量
7	1988	吉林省公主岭天然气管道测量	40 km	管线测量
8	1988	辽宁盘锦高升水源给水工程测量	48 km	管线测量
9	1988	辽宁鞍山汤河水源工程测量	40 km	管线测量
10	1989	辽宁大连引碧工程测量	40 km	管线测量
11	1992	吉林油田孤店子地区三维地震勘探网测量	156 km^2	勘探工程测量
12	1994	吉林省苇顶子硅灰石矿区 1：1 000 测图	4 km^2	平板测图

(2)精心组织测量生产实习。搞好生产实习的关键性工作是：① 选好测量生产实习带队的教师是完成实习和生产两项任务的关键环节。带队教师要有丰富的教学和组织测量生产经验，有组织技术设计、实习与生产管理、思想政治工作、后勤管理工作的能力。在生产实习中，要注意培养青年教师担任生产实习带队教师的能力。②以班级为基础建立实习分队，选择有能力的教师担任队的指导教师；选拔学习成绩好、有一定的操作能力、责任心强、在学生中有威信和善于团结同学的学生担任实习组长。③做好全队和各班级分队的生产与实习两项任务的进度计划和质量要求；各分队指导教师要向各小组长和全体学生讲清楚测量生产任务、阶段性实习和生产进度、各项作业的精度要求，以及成果整理的要求等，让参加生产实习的学生都明确任务和要求，保证作业质量。④每项生产作业开始之前，都要以分队为单位进行现场教学，教师做示范操作，讲清保证作业精度的要领，使每个学生都了解生产实习项目的要求。在现场教学中要进行该项生产实习的思想动员，提出人身和仪器安全措施，保证实习和生产的安全。⑤强化作业前的技术训练，以作业组为单位，按该项作业技术操作和质量要求进行小组协同技术操作演练，达到技术要求的小组才能进行正式作业。⑥教师现场指导。要求学生对当天的观测记录和成图，做到“站站清、日日清”，教师要进行复查，发现错误和不合格成果及时重测，保证成果质量，培养学生严格遵守作业规范的职业道德。⑦组织学生进行测量成果检查验收。

生产作业完成后，组织学生按规范要求进行成果与成图整理。在此基础上教师组织学生进行成果与成图的互相检查，培养学生按规范要求发现问题的能力；然后在教师指导下对成果成图进行内外业检查，并做出检查记录，作为成果与成图质量评定的依据。⑧教师以身作则，与学生打成一片，以吃苦耐劳、认真负责、重视测量成果质量和严格的科学态度影响学生；关心学生生活与生产安全，安排和计划生产任务时要留有余地，注意劳逸结合，在工程实践中建立起新型师生关系。师生艰苦奋斗、克服困难完成测量实习任务的精神，多次受到学校领导的表扬，成为工程测量专业教师的典型作风。

(3)建立测量操作技术考核制度。学生在校学习阶段有3次实习机会。二年级进行以地形测量为主要内容的教学实习，按生产实习形式编队，按国家规范要求进行实习，重点在于训练测绘基本功。三年级进行控制测量、地形测量的生产实习，在测量工程条件下培养学生的作业操作能力和理论联系实际解决实际技术问题的能力，形成比较完整的测量工程概念和完成生产任务的技术手段。四年级的毕业综合性生产实习，根据生产任务情况完成控制测量、地形测量、地籍测量和工程测量等生产任务，对学生进行全面的专业技术训练，使相当多的学生具有一定的独立工作能力。每次实习都要对学生进行技术考核，作为评定实习成绩的重要依据。①仪器操作技术考核：自愿结合两人一组，进行经纬仪、水准仪操作技术考核，观测、记录轮流进行，按观测时间与成果精度及记录质量评定成果等级。②测量计算成绩考核：统一发给计算资料，按计算所需时间、计算正确性、成果的整洁度评定成绩；参考实习中的计算成果水平综合评定计算能力的成绩。③地形测图的综合考核，是在实习作业中轮流操作时进行各项技术考核的，按立尺、观测操作、绘图和修图等操作水平评定成绩。④工程测量、地籍测量的作业能力是在工程实测中进行考核的，观察学生在作业中表现和在小组作业中所起的作用评定成绩。⑤在生产实习的全过程，对学生进行综合能力评价，根据各单项成绩考核和在作业组中完成实习和生产任务中所起的作用，在实习中思想作风、团结协作、遵守纪律和作业规范、安全作业等方面的表现，以及实习总结报告的水平等，评定生产实习的综合成绩，并写出评语。1994年起，学校邀请省测绘局、省地矿局测绘大队的专家，对毕业生进行操作技术和小组作业技术考核，毕业生都通过了考核，发给考核合格证书。这项措施激励了学生进行技术训练的热情，奠定了实施毕业生“双证制”的基础。

4. 师资队伍建设的成绩

“六五”期间，专业教师中有：原专业老教师3人，从生产单位调入的教师4人；1977年前后从本校优秀毕业生中选拔8人留校任教；1982年以后，从武汉测绘科技大学、西安地质学院测绘专业、桂林工学院测绘专业等院校毕业的本科大学生7人来校任教，改变了教师队伍的学历结构。“七五”期间，鼓励不具备大学本科学历的青年教师，在完成教学任务的前提下，通过专业本科函授教育，到“八五”期间都取得本科毕业文凭，达到中专教师的学历要求。鼓励具有本科学历的青年教师攻读硕士学位，提高教师的学位水平。

“七五”、“八五”期间完成由地形测量专业向工程测量专业的转变，开设了一批现代测绘新技术课程；在提高专业课课堂教学质量方面狠下工夫，特别是青年教师通过了课堂教学关和学生思想政治工作关，能胜任2～3门课程的教学工作；在教育理论与教学方法的学习和实践方面有显著的进步，在生产实习中培养和锻炼青年教师担任组织和领导生产实习的能力，经过近10年的锻炼，现有的专业教师和实验教师都能独立地组织和领导各种测量工程的生产实习，保证测绘成果达到国家规范规定的质量要求。

十多年来教师自编和参编出版教材有《地形测量》、《控制测量学》、《测量平差》、《工程测量》等；发表教学法研究和专业新技术开发论文30余篇。到“八五”末期有13名专业教师，其中高级讲师3人、讲师7人、教师1人、实验师2人，已形成适应测绘中专教育需要的“双师型”教师队伍，使培养较高水平的工程测量专业毕业生有了师资保证。

“七五”、“八五”期间在学校的领导下，全校教职员工共同努力，于1994年被国家教委评审批准为国家级重点中等专业学校。工程测量专业在10年中，培养出合格的四年制工程测量专业毕业生517人，分配和自谋就业到全国各地的地质、冶金、城建、水利、电力、交通、铁路和工矿企业等部门的测绘单位工作，受到用人单位的欢迎。积20年的测绘教学经验，已经形成了自己的办学模式和风格。

1.5.7 阜新煤炭工业学校矿山测量专业的建设与发展

1979年开始统招高中毕业生源二年制的矿山测量专业中专生。这期间每年招新生一个班40人。二年制矿山测量专业使用本专业编制的表1.28、表1.29的教学计划。考虑到高中毕业生源文化水平高、接受能力强、学生年龄较大和有一定的独立思考能力等特点，除安排公共课、基础课和专业课外，安排了一定的增设课，如计算机应用、科技外语、航空摄影测量基础等课程。在理论教学基础上，完成一定生产任务的矿区地形测量、控制测量、矿井联系测量、生产矿井测量等专业实习，使理论教学与实践教学密切结合，培养出有一定独立工作能力和创新意识的矿山测量专业中等技术人员，受到煤矿建设与生产管理等测绘单位的广泛好评和欢迎。

1. 建立工程测量专业

1984年5月，学校划归东北内蒙古煤炭工业联合公司领导。1985年，矿山测量专业有教师12人，其中高级讲师3人、讲师5人、工程师1人，教师的专业学识和教学水平较高，有较丰富的专业生产经验，是一支合格的测绘中专教师队伍。1986年以后，矿山测量专业改为招收初中毕业生，学制四年。20世纪80年代的后期煤炭工业面临结构性的调整，东北内蒙古煤炭工业联合公司解体，学校划归辽宁省煤炭工业管理局领导。矿山测量专业的中专毕业生分配和就业遇到困难。为了改善这种局面，在四年制矿山测量专业教学计划中增设了地籍测量、工程测量、航空摄影测量等课程，使毕业生能有较为广泛的就业机会。还采取向河北、山西等省招定向委培生方式保证矿山测量专业毕业生的就业机会。学校决定于1994年停办矿山测量专业，改办工程测量专业，当年招收四年制中专生。1977－1993年，共招收二年制、三年制和四年制的矿山测量专业中专学生953人。毕业后分配到东北、内蒙古、华北等地区的煤矿或其他测量单位工作。对煤炭工业建设作出了应有的贡献。

在原矿山测量专业教学基础上，建立工程测量专业，按工程测量生产单位的实际技术水平，增加工程测量业务范围的课程，顾及矿山测量的技术需要，结合学校仪器装备水平，编制工程测量专业四年制中专教学计划组织教学工作。

2. 工程测量专业教学计划简介

1)培养目标

工程测量专业培养为社会主义建设事业服务，德、智、体诸方面全面发展，具有一定自然科学知识，掌握工程测量基本理论、基本技术和基本技能的中等技术人员。

学生毕业后，主要去专业测绘、城市建设、工程施工、矿山建设与开发、水利电力工程、交通工程、地籍测量与土地管理、地质勘探等部门，从事测绘生产与管理工作。

2)专业的基本要求

(1)熟练掌握经纬仪、水准仪、平板仪、测距仪等仪器的操作技术，掌握图根控制测量与大比例尺地形测量的外业与内业全部技术，按测量规范要求完成大比例尺地形测量任务。

(2)能进行三、四等控制测量(平面控制与高程控制)的一般技术设计，掌握选、造、埋外业工作，能完成观测任务和进行观测结果的概算、平差计算和精度评定，并完成成果整理工作。

(3)能担任地籍测量任务，并能进行土地调查工作；能担任航测综合法大比例尺地形成图作业。

(4)能进行建筑工程施工控制测量，掌握路线勘测和施工测量、建筑施工测量、地面与架空管线测量、矿山测量、建构筑物及地面变形与沉降观测等工程测量的基本原理与作业技术，达到工程测量规范的技术要求。

(5)能担任工程竣工测量和工业厂区现状图测量任务，能进行一般测量工作的管理。

(6)初步掌握一般测量仪器检验和校正技术，维护作业仪器的正常运转。

3)课程设置与教学进程安排①

课程设置分公共课、基础课、专业基础课和专业课。各类课程的科目、教学时数、课程教学进程等如表1.56所示。

表1.56　课程设置与教学进程计划

专业名称：工程测量　　　　学制：中专四年　　　　1995年

序号	课程名称	按学期分配		教学时数			各学期教学周数与课程周课时数								说明
		考试	考查	课时总数	讲课	实验实习	Ⅰ 15	Ⅱ 17	Ⅲ 18	Ⅳ 12	Ⅴ 20	Ⅵ 15	Ⅶ 9	Ⅷ	
	一、公共课			842	842	0									占总课时30.0%
1	政治	Ⅰ～Ⅶ		212	212		2	2	2	2	2	2	2		
2	体育	Ⅰ～Ⅵ		194	194		2	2	2	2	2	2			
3	语文	Ⅱ，Ⅲ	Ⅰ，Ⅳ	218	218		4	4	3	3					
4	外语	Ⅰ，Ⅲ	Ⅱ，Ⅳ	218	218		4	4	3	3					
	二、基础课			633	565	68									占总学时22.6%
5	物理	Ⅰ，Ⅱ		162	124	38	4	6							
6	化学	Ⅰ		75	61	14	5								
7	数学	Ⅰ～Ⅲ		300	300		6	6	6						
8	工程数学		Ⅳ	36	36					3					
9	计算机应用基础	Ⅴ		60	44	16					3				
	三、专业基础课			765	636	129									占总课时27.3%
10	画法几何与工程制图		Ⅱ，Ⅲ	104	104			4	2						
11	工程力学	Ⅳ	Ⅲ	90	90				3	3					
12	地形绘图		Ⅲ，Ⅳ	102	52	50			3	4					
13	地形测量	Ⅲ，Ⅳ		144	106	38			4	6					
14	采煤概论		Ⅴ	60	60						3				
15	测量平差	Ⅴ，Ⅵ		125	110	15					4	3			
16	工程地质	Ⅴ		80	70	10					4				
17	数据库基础应用		Ⅵ	60	44	16						4			
	四、专业课			562	512	50									占总课时20.1%
18	控制测量	Ⅴ，Ⅵ		140	116	24					4	4			
19	矿区摄影测量		Ⅳ	80	70	10					4				
20	工程测量	Ⅵ，Ⅶ		144	138	6						6	6		
21	地籍测量	Ⅶ		54	54								6		

① 这里只介绍课程设置与教学进程安排，以及实践教学安排。

续表

序号	课程名称	按学期分配		教学时数			各学期教学周数与课程周课时数								说明
		考试	考查	课时总数	讲课	实验实习	Ⅰ 15	Ⅱ 17	Ⅲ 18	Ⅳ 12	Ⅴ 20	Ⅵ 15	Ⅶ 9	Ⅷ	
22	仪器检修		Ⅶ	54	44	10							6		
23	测量规程	Ⅶ		45	45								5		
24	企业管理		Ⅵ	45	45							3			
25	美育(选修)			(27)	(27)								(3)		不记学时数
	学时总数			2 802	2 555	247	27	28	28	26	26	24	25		周学时数

(1)公共课设政治、体育、语文、外语,按四年制中专教学要求设课和安排学时数,公共课学时数为842,占总学时2 802的30.0%。

(2)基础课设物理、化学、数学、工程数学、计算机应用基础等课程,课程学时数分配,考虑了工程测量专业数学知识的需要。基础课学时数为633,占总学时的22.6%。

(3)专业基础课的设置,各门课程教学时数,按其形成专业技术需要程度分别对待。例如,地形绘图102学时、地形测量144学时,两者合计246学时,占专业基础课学时数765的32.2%。考虑测量平差对专业课数据处理的重要性,安排125学时。设与工程有关的画法几何与工程制图、工程力学课;设与采煤生产有关的采煤概论、工程地质课。重视计算机技术在建立测量数据库方面的应用,开设数据库基础应用课。专业基础课为765学时,占总学时的27.3%。

(4)专业课设置重点在控制测量、工程测量,辅以矿区摄影测量和地籍测量,形成以工程测量为主体的专业能力。开设航测综合法测制大比例尺地形图的矿区摄影测量和地籍测量与土地管理这两门课程,在一定程度上增加了毕业生就业岗位选择的机会。还设置了测量规程、企业管理与仪器检修课程。专业课的总学时为562,占总学时的20.1%。

选修的美育课(27学时)不计算在总学时之内。公共课与基础课之和占总学时的52.6%,强调了基础科学知识的教学;专业基础课与专业课之和占总学时的47.4%,形成工程测量专业的基本理论和基本技术的培养。

4)实践教学安排

根据本专业培养目标与对毕业生的专业基本要求,在理论教学的基础上,安排如表1.57所示的课程设计、教学实习、毕业实习(生产实习)和毕业设计。

表1.57 实践教学项目

序号	实习与设计项目	周数	学期	说明
1	地形测量实习:图根控制测量与大比例尺地形测量	6	Ⅳ	教学实习
2	地质与采煤实习	2	Ⅴ	教学实习
3	控制测量课程设计:三、四等控制测量技术设计	1	Ⅵ	网形设计及精度估计
4	仪器检修实习:经纬仪、水准仪、平板仪检校	1	Ⅶ	教学实习
5	控制测量实习:三、四等平面控制与相应的高程控制	6	Ⅶ	教学实习或结合生产
6	工程测量课程设计:施工控制或贯通测量技术设计	1	Ⅶ	网形设计及精度估计
7	工程测量实习:路线测量,施工测量,矿井测量等	5	Ⅷ	教学实习
8	毕业实习:控制测量,地形测量,工程测量综合生产	8	Ⅷ	生产实习
9	毕业设计:工程实际技术问题或选题进行设计	5	Ⅷ	理论联系实际,综合分析
	合　计	35		课堂实习折合247/26=9.5周

(1)地形测量教学实习,完成图根控制测量(光电测距导线、小三角测量及四等水准测量和间接高程测量)和大比例尺地形测量的全部外业与内业工作,达到国家测量规范的精度要求;使地形绘图与地形测图技术得到较全面的锻炼,为后续专业课学习打下基础。

(2)安排地质与采煤实习,以现场调查和参观为主,获得一定的感性知识。

(3)控制测量课程设计,主要内容是三、四等控制网建立的技术设计,可选择边角网、导线网等控制形式,结合工程实例进行网形设计、精度预计,做出外业及内业工作计划等。

(4)仪器检修实习,主要对经纬仪、水准仪、平板仪,在教师指导下进行检修作业,获得实践经验,掌握各种仪器检查和改正技术;了解测距仪的构造和测距基本原理,初步掌握测距仪的检验方法,以保证其正常的工作状态。

(5)控制测量实习,结合实习场地或工程项目,进行三、四等控制网建立的全面实习。可采用三角网、边角网或精密导线网等形式,进行外业选、造、埋,角度观测,二、三等水准测量或三角高程测量;内业观测成果平差计算、精度评定和成果整理等全部作业。第Ⅶ学期进行 6 周的实习,如有工程任务可结合生产进行实习。

(6)工程测量课程设计主要内容:施工控制网的技术设计;路线中心线曲线与坡度设计及测设方法选择;矿山测量近井点测量技术设计,以及贯通测量精度预计等。

(7)工程测量实习的主要内容有:建立施工控制网点,施工测量;路线勘测施工的纵横断面测量,路线中心线标定测量,土方工程计算等;露天矿和生产矿井测量等。

(8)毕业实习(生产实习)根据生产任务情况,在控制测量基础上,进行城市或矿区的地形测量、地籍测量,承担建筑施工测量、露天矿或生产矿井测量,以及勘探工程测量等生产任务。8 周的生产实习是达到工程测量专业业务能力的关键教学环节。

(9)毕业设计可自选在测量生产实习中遇到的技术问题或者选择为毕业设计提供的课题进行设计。理论联系实际解决具体的测量技术问题,是对毕业生综合能力较全面的考核。通过毕业论文答辩获得毕业设计成绩。

表 1.57 的实践教学项目与教学计划中课程设置科目密切结合,在理论教学基础上通过实践教学能够达到毕业生专业技术基本要求的目标。

1994 年停办矿山测量专业转设工程测量专业,按新教学计划进行教学工作,仍坚持理论教学与实践教学相结合的办学特色,办好工程测量专业。在煤炭工业结构性调整过程中,为解决生源问题,主要以与生产企业联合、用委托培养形式招收新生,占新生的 2/3;1995 年全部是委托招生,又开设了地籍测量专业,当年招委托生 44 名。

1.5.8　甘肃煤炭工业学校矿山测量专业的建设与发展

1. 建设矿山测量专业

学校设采矿工程、机械化采煤、矿井建设、地质勘探、机械制造等专业,是一所综合性的煤炭工业学校。1987 年设矿山测量专业,属地矿专业科领导。设测量教研组,有专业教师 4 人、实验教师 1 人。新建矿山测量专业,学校投入一定的资金装备测量仪器有:J_2 级经纬仪 12 台,J_6 级经纬仪 30 台,S_3 级水准仪 30 台,小平板仪 30 台套,大平板仪 10 台套,光电测距仪 2 台,激光扫描仪 2 台,陀螺经纬仪 4 台,基本满足课堂教学和生产实习的需要。

1987 年招收第一届高中毕业生源的矿山测量专业学生 54 人,中专学制二年半;1992 年、1994 年分别招收高中毕业生源的矿山测量专业学生 42 人、45 人,中专学制二年。西北地区煤矿建设与生产管理缺乏矿山测量中等技术人才。招高中毕业生年龄大、体力好,文化水平较高,二年制教学周期短,培养中等技术人才见效快,毕业生工作能力强,受到用人单位欢迎。结合西北地区煤矿建设与生产管理工作的实际水平,以及测量单位的测绘仪器装备和技术水平,制订二年制的矿山测量专业教学计划。

2. 中专二年制矿山测量专业教学计划简介

1)培养目标

矿山测量专业培养有社会主义觉悟,德、智、体诸方面全面发展,具有一定文化基础知识,掌握矿山测量基本理论、基本技术和基本技能的中等技术人员。

学生毕业后,主要在西北地区的煤矿建设与开发、地质勘探、工程建设等部门从事矿山测量与工程测量的生产作业与技术管理工作。

2)毕业生的基本要求

热爱社会主义祖国,拥护共产党领导,掌握马列主义、毛泽东思想和邓小平理论的基础知识;有振兴中华的理想,有为社会主义现代化建设贡献力量和为人民服务、艰苦奋斗精神;有民主和法制观念,有实事求是的科学态度,遵纪守法,有良好的职业道德;有一定的文学和美学修养,学习一门外语,达到中专毕业生体育锻炼标准,身体健康。

毕业生专业技术的基本要求:

(1)熟练掌握经纬仪、水准仪、平板仪、测距仪和陀螺经纬仪等测绘仪器的操作技术,能完成作业任务;有一定的普通测量仪器检修能力。

(2)能独立进行图根控制测量和大比例尺地形测图的外业和内业的全部工作,达到规范要求的成图质量标准。

(3)能进行矿区三、四等控制测量的技术设计,外业选、造、埋和观测作业,内业观测数据处理,按规范要求上交控制测量成果。

(4)能进行联系测量、贯通测量的技术设计和施测工作,具有露天矿、生产矿井测量的作业能力;了解建井测量与井巷工程知识,能进行工程施工的测量保障工作。

(5)能绘制三维矿山井巷图;了解岩石移动与采空区沉降的基本知识,能进行沉降观测;了解"三下"采煤等方面的知识与技术。

(6)有一定的煤矿开采和生产管理的基本知识,了解矿山测量在煤矿生产和管理中的作用和地位,了解组织矿山测量生产作业和测量保障工作的要求,掌握矿山测量作业生产安全规程,保证安全生产作业。

3)教学环节与课程设置及教学进程框架

矿山测量专业二年制教学计划的教学环节时间分配如表 1.58 所示。在校学习共计 95 周:入学教育(包括军训)和毕业教育 3 周;课堂教学与考试共 57 周;教学实习、生产实习(毕业实习)和毕业设计共 17 周;公益劳动 3 周;假期 15 周。理论教学与实践教学合计为 74 周,包括入学与毕业教育在内教学活动共 77 周。

表 1.58　教学环节时间分配

专业名称:矿山测量　　　　学制:中专二年(高中生源)　　　　1992 年

学期＼教学周数＼项目	入学教育	课堂教学	考试	教学实习	生产实习	课程设计	毕业设计	公益劳动	机动	毕业教育	假期	合计	说明
Ⅰ	2	14	1	1				1			5	24	入学教育含军训
Ⅱ		15	1	1	3			1			5	26	
Ⅲ		16	1	1	2			1			5	26	
Ⅳ		8	1		3		6			1		19	
合计	2	53	4	3	8		6	3		1	15	95	

课程设置与教学进程计划框架如表 1.59 所示。课程设置分基础课、专业基础课和专业课

三类。由于学生是高中毕业生源,基础课的教学时数较少,从专业的需要数学课安排112学时;基础课学时数为372,占总学时数1 452的25.6%。专业基础课设置与形成专业能力密切相关的普通电工学、测量绘图、采煤概论和煤矿地质,共333学时,占总学时的22.9%。专业课设置以测量平差、地形测量、控制测量、生产矿井测量、建井测量为主要课程,辅以岩石移动与三下采煤、企业管理和测量仪器检修等课程,学时数为747,占总学时的51.5%。设课少而精,突出重点达到矿山测量专业基本理论、基本技术的教学目标。

表1.59 课程设置与教学进程计划框架

专业名称:矿山测量　　　　学制:中专二年(高中生源)　　　　1992年

序号	课程名称	按学期分配		教学时数			各学期教学周数与课程周学时数				说明
		考试	考查	总数	讲课	实习实验	Ⅰ 14	Ⅱ 15	Ⅲ 16	Ⅳ 8	
	一、基础课			372							占总学时的25.6%
1	政治、美育			69			1	1	2	1	
2	体育			77			1	1	2	2	
3	英语			58			2	2			
4	数学			112			8				
5	电算			56			4				
	二、专业基础课			333							占总学时的22.9%
6	普通电工学			98			7				
7	测量绘图			90				6			
8	采煤概论			70			5				
9	煤矿地质			75				5			
	三、专业课			747							占总学时的51.1%
10	地形测量			120				8			
11	控制测量			123				5	3		
12	测量平差			128					8		
13	生产矿井测量			152					6	7	
14	建井测量			80					5		
15	测量仪器检修			56						7	
16	企业管理			56						7	
17	岩石移动与三下采煤			32						4	
	学时总数			1 452							
	周学时数						28	28	26	28	

4)实践教学安排

实践教学分为认识实习、教学实习、毕业实习(生产实习)和毕业设计等。各类实习和设计项目的主要内容等列入表1.60中。采煤方法、煤矿地质实习属于认识实习,对为煤矿建设和开采服务的矿山测量技术人员,了解煤矿地质构造和采煤工艺过程及煤矿井巷工程建设是非常必要的。地形测量、控制测量实习都要按有关规范进行技术操作,达到规范要求的成果质量。生产矿井测量是矿山测量技术人员的日常测量作业,在进行各项实习作业中一定要达到有关规范的精度要求。毕业实习全面锻炼毕业生的测量操作能力,达到毕业生的专业技术基本要求。毕业设计是毕业生理论联系实际解决具体技术问题的综合能力训练,毕业设计课题由学生在毕业实习中收集,也可在教师提供的课题中选择;在第Ⅳ学期安排5周的设计和1周答辩时间,可见教学计划对毕业设计的重视程度。在教师指导下,进行课题研究,使用计算机进行必要的计算,得出相应的结论,写出毕业设计论文。使毕业生受到较全面的专业理论联系实际、一定的分析问题能力和撰写技术论文等方面训练,提高毕业生的综合质量。

表1.60 实践教学项目安排

序号	实习项目与主要内容	周数	学期	说明
1	采矿认识实习：到煤矿进行采煤方法及井巷工程参观实习	1	Ⅰ	
2	煤矿地质实习：到矿区进行煤矿地质观察实习	1	Ⅱ	
3	地形测量实习：图根控制测量与大比例尺地形测图	3	Ⅱ	按规范要求作业
4	控制测量实习：三、四控制测量外业、内业实习	1	Ⅲ	按规范精度要求作业
5	生产矿井测量实习：联系测量、井下生产测量实习	2	Ⅲ	
6	毕业实习：控制测量、地形测量，生产矿井测量综合实习	3	Ⅳ	
7	毕业设计：收集生产中的问题或选择课题进行毕业设计	5	Ⅳ	
8	毕业答辩：展示毕业论文成果，进行答辩，评定成绩	1	Ⅳ	组成毕业答辩评审组

3. 加强学生思想政治工作

学校和矿山测量专业教师特别注重学生的思想政治工作。开展“学雷锋，学英雄”和“爱矿山，做主人”活动，以“走出校门，服务社会”的精神进行爱国主义和为社会主义现代化建设贡献力量的教育。宣传毕业生扎根西北，到边远地区新疆和西藏从事测绘工作取得成绩的先进毕业生事迹，坚定学生学好测绘技术为西北地区煤炭工业发展贡献力量的信心。1990年10月，在华亭矿区实习的矿山测量班师生，在矿区突发火灾的危险时刻，奋不顾身地抢救人民财产的表现，受到矿区人民群众的赞扬。《甘肃工人报》以“灵与火的考验”为标题全面报道了救火过程的表现，引起了广泛的社会影响。有效的学生思想政治工作提高了学生的思想觉悟，许多学生积极要求加入共青团；先进的共青团员提出参加共产党的申请。学校党组织加强共青团和党建工作，青年学生勤奋学习、积极进取，形成良好的学风。学校成立了“思想政治工作研究会”，定期召开“学生思想政治工作”和“教职工思想政治工作”研讨会，把教书育人、管理育人和服务育人落到实处。

4. 加强专业建设

1987年矿山测量专业成立以来，测量教研组教师重视专业建设。组织教学法研究和试验，认真搞好理论教学，总结课堂教学经验，提高教学质量。选择适用的专业教材，编写必要的补充教材，保证教学需要。认真组织课堂实习、教学实习、毕业实习和毕业设计，抓好实践教学这个培养中专生动手能力的关键教学环节，与有关矿山和测绘单位建立产学协作关系，创造生产实习的机会。学校为加强各专业动手能力培养，于1995年成立“职业技术考核委员会”，对学生进行职业技术培训、考核和认证工作。矿山测量专业开展测量员、绘图员职业技术培训，经考核合格颁发岗位技能证书，有利于毕业生选择就业岗位。

自1987年成立矿山测量专业到1995年，共招高中毕业生源二年制中专生141人；1995年因社会需要开设了招初中毕业生工程测量专业四年制中专生45人，制订四年制工程测量专业教学计划进行教学工作。矿山测量专业毕业生多数分配到甘肃省三大矿务局和地方煤矿从事测绘工作，一部分毕业生自愿到青海、新疆等地区矿山工作，缓解了当地矿山测量人员短缺问题。1995年学校成立地质测量科，矿山测量与工程测量两个专业归地测科领导。经过矿山测量专业8年的教学实践，教师的专业学术、教学经验和组织专业生产的能力大为提高，4名专业教师有2人评为讲师、1人评为工程师、1位评为助理讲师。培养的矿山测量专业毕业生，工作态度好，理论联系实际动手能力较强，受到用人单位的广泛好评。

1.5.9 发展职业教育时期测绘中专教育的回顾

1986－1995年的10年，正值我国发展国民经济第七、第八个五年计划期间。郑州测绘学校、南京地质学校测绘科、武汉电力学校工程测量专业、黄河水利学校工程测量专业等7所学校测绘中专教育建设、发展取得的成绩，代表着我国测绘中专教育到1995年前后的教育水平，是新中国测绘中专教育发展、建设的最好时期。

1)发挥了在测绘中等职业教育中的骨干作用

《教改决定》与《发展纲要》指出，调整中等教育结构，大力发展职业教育，以发展中等职业技术教育为重点，发挥中等专业学校的骨干作用。职业教育是现代教育的重要组成部分，是工业化、现代化的重要支柱。开办测绘专业的中专学校，在“七五”、“八五”期间，以教学为中心，大力加强内涵建设，提高教学质量，主动适应社会主义市场经济测绘人才市场的需求，完善传统专业，开办新专业，在中等测绘职业技术教育中起骨干作用。这7所中专学校大多数中专办学历史较长，领导班子较强，测绘专业教师教学水平较高，办学条件较好，许多学校已建成国家级和省部级重点中等专业学校。这些学校不但是测绘中等职业技术教育的骨干教育资源，而且是由测绘中专教育向测绘高等职业技术教育发展最具条件的学校。

2)测绘中专教育全面提高教育质量

1985年前后，测绘中专教育由招收高中毕业生二年制，改革为招收初中毕业生四年制。“七五”期间，控制测量、工程测量、矿山测量、航空摄影测量和地图制图等专业教学计划中的课程设置与教学内容，仍是以传统测绘技术为主，以介绍测绘新技术为辅的原则编制的。“八五”期间，各学校加强了测绘新仪器、新设备和新技术的投资力度，购置了测距仪、全站仪、GPS接收机、数字化测图设备、精密立体测图仪等现代测绘仪器设备，增加数量较多的计算机及其测量平差、GIS、RS等软件，大大改善了现代测绘技术装备水平。开设了地籍测量、土地管理、地图制印、计算机地图制图和计算机应用等专业。测绘各专业教学计划的课程设置和教学内容，已由实用的传统测绘技术和现代测绘与信息技术相结合构成。培养的中专毕业生适应各专业的岗位工作需要，保证毕业生具有较高的就业率，受到用人单位的广泛好评。

3)编写出版适应现代测绘中专教育需要的新教材

在传统的控制测量、测量平差、地形测量、工程测量、航空摄影测量、地图制图等教材中，增加了现代测绘技术的新内容，使各种教材的传统技术和现代技术有机地结合起来，改革了各门课程的教学内容，编写出测绘新专业的教材。郑州测绘学校、南京地质学校测绘科等，编写了《数字测绘技术》、《GPS定位测量》、《地理信息系统》、《遥感技术》、《地籍测量》、《土地管理学》、《计算机地图制图》、《地图制印》、《数字摄影测量》等新技术课程需要的教材，有些教材已出版发行，供测绘各专业新教学计划教学使用。

4)测绘专业中专教师的科研能力明显提高

由于教师的学历水平和学识水平的提高，在教学实践中积累了较丰富理论教学与实践教学经验，教学科研与专业技术科研能力逐步提高。各学校测绘专业教师在《测绘通报》、大学《学报》、《测绘工程》、《地图》、《工程勘察》、《现代测绘》、《军事测绘》等公开发行的刊物发表许多教改论文和科研成果文章。其中“非奇分块矩阵的逆矩阵”(《武汉测绘技术大学学报》)、“关于自动安平水准仪的磁性误差”(《测绘通报》)、“树结构及其在多边形内点匹配中的应用”(《测绘工程》)、“远距离地面摄影监测黏土型边坡滑动及其治理”(《铁道勘察》)和“从严治校培养合格人才”(《高等教育》)等，在当时是具有较高水平的科研论文。

5)实践教学质量显著提高

各学校加大测绘仪器投资的力度，重点购置了全站仪、GPS接收机、数字化测绘仪器设备，大量增加了计算机的数量及其测量平差、地理信息系统、各种数据库和管理系统软件与硬件配置,建立测绘新技术实验室。在加强现代测绘技术理论教学的基础上,提高了现代测绘仪器操作实习的教学水平,使学生在传统测绘技术与现代测绘技术相结合的训练水平上大大提高了一步。南京地质学校测绘科、郑州测绘学校、黄河水利学校等测绘各专业,充分利用产教与产学结合形式,组织规模较大、作业项目较多的测绘生产实习。在工程实践中培养测绘各专业学生实践动手能力,培养出一批有一定独立工作能力的测绘各专业毕业生,适应了测绘生产部门岗位技术工作的需要,毕业生的就业率高,受到用人单位的欢迎。

6)建立起以中青年教师为主体的"双师型"教师队伍

到 1995 年,所介绍的开办测绘中专教育的 7 所学校,测绘专业教师中高级职称占全部专业教师的 16.5%,中级职称占 56.0%,讲师与工程师及其以上职称的占 72.5%。各学校测绘专业教师,顺利地实现了新老教师交替,已建立起以中青年教师为主体较高水平的"双师型"教师队伍。为由测绘中专教育向高等职业技术教育发展,奠定了师资力量的基础。

§1.6　教育结构调整发展高等职业教育时期的测绘中专教育 (1996－2000)

1.6.1　测绘中专教育在教育体制改革和结构调整中的发展方向

1. 由测绘中专教育向测绘高等职业教育发展

1996 年 6 月,国家教委、国家经贸委和劳动部联合召开了"第三次全国职业教育会议"。会议指出,职业教育是我国教育事业的重要组成部分,在社会主义现代化建设中发挥了重要作用。中等职业学校学生毕业以后,可以进一步深造学习,接受高等职业教育,也可以进入其他大学或接受成人高等教育。这表明,职业技术教育体系内部有初等、中等和高等职业教育的连续性;职业教育与普通高等教育也具有相互沟通的连续关系,这就为广大接受职业教育的青年学生提供了广阔的深造学习机会。积极发展高等职业教育,是经济社会发展和教育自身发展对高等职业教育提出的迫切要求。

国家教委于 1997 年 10 月召开了"全国高等职业教育教学改革研讨会",总结了发展高职教育的经验,分析高职教育教学工作的形势和任务,研究加快高职教育改革的步伐和办出高职教育特色问题,加速了高等职业教育的建设和发展。高等职业教育利用现有的教育资源,对高等专科学校、职业大学、独立建制的成人高校和重点中等专业学校等,采取"三改一补"方针,逐步改建为职业技术学院办学形式的高等职业教育。

1998 年前后,随着教育体制改革的深入,国家把中央部委直属的高等院校和中等专业学校,除部分划归教育部直管外,都改为由院校所在的省市自治区及其教育主管部门领导。独立建制的测绘学校和设测绘专业的中专学校,大多数已转为由地方教育主管部门领导。自 1996 年开始的第九个五年计划期间,从事测绘中专教育的所有学校,都在加强学校建设,改善办学条件,深入进行教学改革,适应测绘人才市场的需要开办新专业,提高教学质量,培养出较高水平的测绘各专业的中专毕业生。1998 年前后,在所在省市自治区教育主管部门领导和统一规划下,开办测绘中专教育的大多数国家级和省部级重点中等专业学校,面临通过"三改一补",逐步改建为高等职业技术院校,由测绘中专教育向测绘高等职业技术教育发展。

2. 发展高等职业教育的指导思想与办学方针

国家教委于1995年8月召开"高等职业教育座谈会"。当时全国已有职业大学88所，在校学生10万人；有57所高等专科学校、45所成人高校、10所中专(高职班)参与高等职业教育的试点。经过试点，总结经验，结合我国发展高等职业教育的客观实际情况，形成了发展高等职业教育的指导思想、方针政策和方法等原则意见。

发展高等职业教育的指导思想是：改革高等教育结构，主动适应科技进步与经济、社会发展的需要，培养生产服务第一线需要的高等实用人才；要有利于中、高等职业教育的衔接和沟通，促进中等职业教育的发展；实行在一定范围内自由择业，拓宽专业领域，积极引导高职毕业生到基层、农村工作；坚持多渠道筹措办学经费；充分利用现有教育资源，通过改革调整专业方向、培养目标，进行改组、改制来发展高等职业教育，一般不新建学校。

发展高等职业教育的方针是：统筹规划，合理布局，面向基层，办出特色，积极试点，逐步规范。充分考虑不同地区、不同行业的实际，分区规划，分类指导。

1994年全国教育工作会议之后，高等职业教育大体有7种形式：普通高等专科学校(当时全国有300多所)、高职试点专科学校、独立建制的成人高校、职业大学、职业技术学院、初中毕业四套五办的专科高职班和中等专业学校内的高职班。招生对象主要是普通高中毕业生，部分是中等职业学校毕业生和相当高中文化程度的从业人员。高中毕业生和中等职业学校毕业生，学制2～3年；初中毕业生为5年。1997年10月"全国高等职业教育教学改革研讨会"后，根据"三改一补"原则，对前述7种形式的院校进行调整，积极发展高等职业教育。

3. 贯彻两次全国教育工作会议精神

1)进一步落实教育优先发展战略，全面贯彻党的教育方针

1994年6月，中共中央、国务院召开了第二次"全国教育工作会议"。会议的主要任务是：以邓小平建设有中国特色社会主义理论和党的基本路线为指导，贯彻党的十四大和十四届三中全会精神，进一步落实教育优先发展战略，动员全党全社会认真实施《中国教育改革和发展纲要》，为实现20世纪90年代我国教育改革和发展的任务而奋斗。

会议指出，邓小平同志反复强调教育在社会主义现代化建设中的重要地位和作用；实现现代化，科学技术是关键，基础在教育，要尊重知识，尊重人才。教育要面向现代化，面向世界，面向未来，要全面地正确地执行党的教育方针，端正方向，真正搞好教育改革，使教育事业有一个大的发展，大的提高。加快培养社会主义现代化建设人才，提高全民族的思想道德和科学文化素质，是贯彻党的基本路线的必然要求，是坚持党的基本路线一百年不动摇的必然要求。只有把教育搞上去，才能从根本上增强我国的综合国力，才能在激烈的国际竞争中取得战略主动地位，才能保证我们国家的长治久安。

加强党对学校的领导，实行党委领导下校长负责制的高等院校，党委对重大问题进行讨论并作出决定，同时保证行政领导人充分行使自己的职权。要针对改革和建设过程中出现的新情况、新问题，不断加强和改进学校的思想政治工作和政治课教育。要加强对学生进行马列主义毛泽东思想基本理论特别是邓小平同志建设有中国特色社会主义理论的教育，加强党的基本路线教育，加强爱国主义、集体主义和社会主义思想教育。引导和帮助学生树立正确的世界观、人生观、价值观，打下学习理论的基础，确立为建设有中国特色社会主义而奋斗的正确方向。

2)实施科教兴国战略,全面推进素质教育

1999年6月,中共中央、国务院召开了第三次“全国教育工作会议”。会议主要议题是,动员全党同志和全国人民,以提高民族素质和创新能力为重点,深化教育体制和结构改革,全面推进素质教育,振兴教育事业,实施科教兴国战略,为实现党的十五大确定的社会主义现代化建设宏伟目标而奋斗。

必须全面贯彻党的教育方针,坚持教育为社会主义、为人民服务,坚持教育与社会实践相结合,以提高国民素质为根本宗旨,以培养学生的创新精神和实践能力为重点,努力造就“有理想、有道德、有文化、有纪律”的,德育、智育、体育、美育等全面发展的社会主义事业建设者和接班人。教育是知识创新、传播和应用的主要基地,也是培养创新精神和创新人才的摇篮。思想政治教育,在各级各类学校都要摆在重要地位,任何时候都不能放松和削弱。思想政治素质是最重要的素质,不断增强学生和群众的爱国主义、集体主义、社会主义思想,是素质教育的灵魂。

要根据需要和可能,采取各种形式发展高等教育,特别是社区性质的高等职业教育,扩大现有普通高校和成人高校的招生规模,尽可能满足人民群众接受高等教育的要求。必须转变那种妨碍学生创新精神和创新能力发展的教育观念、教育模式,特别是教师单向灌输知识,以考试分数作为衡量教育成果的唯一标准,以及过于划一呆板的教育教学制度。要下工夫造就一批真正能站在世界科学技术前沿的学术带头人和尖子人才,以带动和促进民族技术水平与创新能力的提高。这不仅是教育界的责任,也是全党全社会的战略性任务。教育同经济、科技、社会实践越来越紧密的结合,正在成为推动科技进步和经济、社会发展的重要力量。在我国社会主义初级阶段,教育作为经济、政治、文化建设的基础工程,不仅要为现代化建设提供人才和智力储备,而且要直接参与各方面的建设事业,为推动各项建设事业作出贡献。要继承中华民族的优良传统,在全社会大力弘扬尊师重教的良好风尚。要为教师多办实事,切实保障教师合法权益,努力改善教师的待遇。要大力加强教师队伍的建设,不断优化队伍结构和提高队伍素质。

作为中专教育一部分的测绘中专教育,在“九五”期间面对新的发展机遇,贯彻两次全国教育工作会议精神,全面贯彻党的教育方针,推进素质教育,在教育体制和结构改革与调整中,建设和发展测绘中专教育,向测绘高等职业教育方向发展。

1.6.2 “九五”期间开设测绘专业的中专学校加强内涵建设的主要任务

开设测绘中专教育的学校多数是省部级和国家级重点中专,“九五”期间面临由测绘中专教育向高等职业教育发展的机遇。因此,各学校的领导和教师,要提高对国家实施科教兴国战略、调整教育结构、发展职业教育重要意义的认识,学习《中华人民共和国职业教育法》和国家对发展高等职业教育有关方针政策和规定,明确高等职业教育的性质、培养目标,以及高等职业教育特色的内涵,从而总结出本学校由测绘中专教育向高等职业教育发展在“九五”期间加强内涵建设的主要任务,做好向高等职业技术学院发展的条件准备。

1. 掌握职业教育的方针政策和有关规定

学校领导、教师和管理人员,都要认真学习《职业教育法》,掌握职业教育的方针政策和实施职业教育的法律规定。《职业教育法》规定:“实施职业教育必须贯彻国家教育方针,对受教育者进行思想政治教育和职业道德教育,传授职业知识,培养职业技能,进行职业指导,全面提高受教育者的素质。”“职业学校教育分为初等、中等、高等职业学校教育。初等、中等职业学校教育分别由初等、中等职业学校实施；高等职业学校教育根据需要和条件由高等职业学校实施，或者由普通高等学校实施。其他学校按照教育行政部门统筹规划，可以实施同层次的职业学校教育。”《职业教育法》规定：“接受职业学校教育的学生，经学校考核合格，按国家有关规定，发给学历证书。学历证书，作为职业学校毕业生的凭证。”按国家教委发展职业教育的有关规定，中等专业学校属于中等职业技术教育学校，在中等职业技术教育中发挥骨干作用；高等职业技术教育，由校名为职业技术学院实施。

2. 明确高等职业教育的性质、培养目标及相关教育互通关系

(1)高等职业教育的性质。高等职业教育是在高中阶段教育基础上实施的职业技术教育，是职业教育的高层次，是高等教育的组成部分。实施高等职业教育的学校名为职业技术学院，既有高校“学院”，又有职业的性质，跨高等教育与职业教育两个范围。

(2)高等职业教育的培养目标。高等职业教育培养目标表述为：高等职业教育培养能够坚持社会主义道路、德智体美诸方面都得到发展的，具有必要的基础理论知识、实用的专业理论知识和较强实践能力的生产、建设、管理、服务第一线的高等实用人才。引导和鼓励毕业生到生产建设的基层和农村就业，为社会主义现代化建设服务。招收高中毕业生，学制三年；招收初中毕业生，学制五年。

(3)职业教育与普通高等教育的互通关系。为发展职业教育，国家制定有利于职业教育毕业生的深造互通关系政策。中等职业技术学校的毕业生可以考入高等职业技术学院，也可以考入普通高等院校学习深造；高等职业技术学院的毕业生，可以按“专升本”的方式考入普通高等院校或考入高等成人院校接收本科教育。这就为接受职业教育的青年学生创造了继续学习深造的广阔前程。

3. 探讨高等职业教育的特色

高等职业教育的特色，是与高等专科教育的比较中显示出来的。“高等职业教育的本质特征体现在培养目标和培养模式上。”因此，要把两种教育的性质、培养目标加以比较分析才能找出高等职业教育的特色。

1)高等职业教育与高等专科教育的比较

高等职业教育与高等专科教育，在教育性质、培养目标、毕业生的综合水平和毕业生的服务去向等方面既有相同之处，也有一定的差别：①两种教育都是在高中教育基础上实施三年制的高等教育；②前者进行的是“高等职业技术教育”，后者进行的是“高等工程专业教育”；③高等职业技术教育培养“高等实用人才”，高等工程专科教育培养“获得工程师初步训练的高级工程技术应用性人才”；④两种教育培养的毕业生都面向生产第一线，而高等职业技术教育特别强调面向基层和农村就业。从上述的比较中可以认为，两种教育是同一层次的高等教育；从毕业生的综合水平来看，高等职业技术教育毕业生，在基础与专业理论知识的深度与广度方面比高等专科毕业生略低一些，但在专业实践能力方面要比高等专科毕业生强一些。

2)测绘高等职业技术教育的特色

测绘高等职业技术教育是教育结构调整改革的新鲜事物，尚没有成熟的办学经验。从探索的角度认为，测绘高等职业技术教育培养“测绘高等实用人才”，其特色主要体现在：基础理论教学要以应用为目的，以必需、够用为度，不严格要求理论知识的系统性，以掌握要领强化应用为教学重点；专业理论教学不追求较深理论公式的严密推导，强调教学内容的针对性、现代性和实用性，建立保有一定“后劲”的专业理论基础；突出实践性教学，在工程实践中训练学生的专业技术动手能力，培养具有一定创新和创业素质的高等实用人才。为了实现上述目标，学校领导、教师和教学管理人员要转变教育思想，树立高等职业技术教育的观念。培养适应高等职业技术教育需要的“双师型”教师队伍；编制具有高职教育特色的测绘专业教学计划、课程教学大纲、专业实践教学大纲等教学文件；编写和出版具有高职教育特色的基础课、专业基础课和专业课教材；按产、学、研模式进行理论教学和实践教学，培养出合格的较高水平的测绘专业高等实用人才。

4. 以《高等职业学校设置标准(暂行)》为目标建设学校

2000年3月15日教育部发布的《高等职业学校设置标准(暂行)》是高职办学基础条件要求。高等职业技术教育要按这个标准建设学校。

(1)设高等职业学校，必须配备具有较高政治素质和管理能力、品德高尚、熟悉高等教育、具有高等学校副高级以上专业技术职务的专职校(院)长和副校(院)长，同时配备专职德育工作者和具有副高级以上专业技术职务、具有从事高等教育工作经历的系科、专业负责人。

(2)设置高等职业学校必须配备专、兼职结合的教师队伍，其人数应与专业设置、在校学生人数相适应。在建校初期，具有大学本科以上学历专任老师一般不少于70人，其中副高级专业技术职务以上的专任老师人数不应低于本校专任老师总数的20%；每个专业至少配备副高级专业技术职务以上的专任老师2人，中级专业技术职务以上的本专业的“双师型”专任老师2人；每门主要专业技术课程至少配备相关专业中级技术职务以上专任教师2人。

(3)设置高等职业学校，必须有与学校的学科门类、规模相应的土地和校舍，以保证教学、实践环节和师生生活、体育锻炼与学校长远发展的需要。建校初期，学生平均教学、实验、行政用房建筑面积不得低于20平方米；校园占地面积一般应在150亩左右(此为参考标准)。必须配备与专业设置相适应的必要的实习实训场所、教学仪器设备和图书资料。适用的教学仪器设备的总值，在建校初期不能少于600万元；适用图书不能少于8万册。

(4)课程设置必须突出高等职业学校的特色。实践教学课时一般应在教学计划总课时的40%左右(不同科类专业可做适应调整)；教学计划中规定的实验、实训课的开出率在90%以上；每个专业必须有相应的基础技能训练、模拟操作的条件和稳定的实习实践活动基地。

(5)建校后首次招生专业数应在5个左右。

(6)设置高等职业学校所需基本建设投资和正常教学等各项工作所需的经费，须有稳定、可靠的来源和切实的保证。

(7)新建高等职业学校应在4年内达到以下基本要求：①全日制在校生规模不少于2 000人；②大学本科以上学历的专任老师不少于100人，其中，具有副高级专业技术职务以上的专任老师人数不低于本校专任老师总数的25%；③与专业设置相适应的教学仪器设备的总值不少于1 000万元，校舍建筑面积不低于6万平方米，适用图书不少于15万册；④形成具有高等职业技术教育特色的完备的教学计划、教学大纲和健全的教学管理制度。对于达不到上述基本要求的学校，视为不合格学校进行适当处理。

(8)位于边远地区、民办或特殊类别的高等职业学校，在设置时，其办学规模及其相应的办学条件可以适当放宽要求。

(9)自本标准发布之日以前制定的高等职业学校有关设置标准与本标准不一致的，以本标准为准。

5. 加强学校的基础和教育内涵建设

“九五”期间测绘学校和开设测绘专业的中专学校，都在按《关于评选国家级、省部级重点普通中等专业学校的通知》的要求，加强学校基础条件和教育内涵建设，主动适应测绘科技发展和经济建设的需要，深入进行教学改革，努力提高办学水平，全面提高教学质量和办学效益，创造条件由测绘中专教育向高等职业教育发展。

(1)深化教学改革，完善原有专业和创办新专业。“七五”、“八五”期间，各学校进行测绘专业的教学改革，使传统的地形测量、控制测量、航空摄影测量、地图制图等专业向现代测绘技术靠近了一大步，同时还创办了计算机制图、地图制印、地籍测量、计算机应用等新专业；有些学校还建立了测绘岗位技术培训教育体系，试行毕业生的“双证制”。但是，由于新的教学计划实施时间较短，在课程设置、教学内容等方面还需要总结经验完善教学计划。一些师资力量雄厚、教学设备齐全的学校，遵照教育为社会主义建设服务的方针，主动适应人才市场的需要，拟试办“工程测量与施工”、“地理信息系统”、“图文信息处理”等新专业，扩大测绘专业的社会服务面。

(2)加大教学仪器设备投资，改善办学条件。对于各学校普遍设置的工程测量专业而言，足够数量的台式微机、笔记本电脑、全站仪、GPS接收机、自动绘图仪、扫描数字化仪，以及与数字化测绘技术、地理信息系统及遥感技术配套的硬件与软件设备，是投资的重点。建立相应的实验室，以便使数字化测绘技术、“3S”技术在工程测量及其他专业的教学中，既有理论教学又为学生创造实习和动手能力锻炼的机会。

(3)加强测绘各专业新教材建设。选择和编写符合课程教学大纲要求的教材是专业建设的重要基础工作。由于教师教学经验的不断丰富、专业学识与科研能力的提高，“九五”期间是编写专业新教材的最好时机。在教材内容选择上，突出中专教育的针对性、现代性和实用性。最大限度地提高新学科教材的覆盖面，形成测绘中专现代专业教材体系。

(4)创造条件，在工程实践中培养学生动手能力。在测绘中专各专业的教学计划中都比较充分地安排了各门专业课的实践教学，也安排了综合性的实践教学。但是，对某些学校而言，真正承担测量生产任务的生产实习仍显不足。不带着测绘生产任务的实习，缺少完成任务的积极性，实战气氛不浓，学生和老师的责任感不强，测绘技术操作能力的培养也受到影响。为教师和毕业生创造在生产实践中培养动手能力的机会，提高毕业生的综合素质水平，充分体现了测绘中专教育的特色。

(5)加强教学与专业科研活动，培养高水平的师资队伍。当前，各学校的测绘专业“双师型”教师队伍已基本形成，把教师队伍中副高职人数增加到全体专任教师总数20%～25%以上的要求，对于一些中青年教师较多的学校，还要做很大的努力。①积极开展中专教学理论与实践的研究和试验；开展由测绘中专教育向高等职业技术教育转变制定专业教学计划、课程设置与教学大纲、实践教学大纲的研究，以及测绘高等职业技术教育特色等方面研究；总结测绘中专毕业生在测绘生产部门的作用与成才途径的经验等；写出有水平的教学科研成果论文发表在公开发行的刊物上，优秀论文申报省部级教学成果奖。②积极鼓励教师特别是中青年教师，结合专业开展新技术开发和测绘科技服务活动，进行科技攻关获得解决测绘生产实际问题的科研成果，在测绘生产中应用，科研论文发表在公开发行的测绘刊物上。③积极推荐优秀的专业教材出版发行，供给同类学校和测绘职工培训使用，扩大中专教材使用范围。④为教师特别是中青年教师创造参加学术活动的机会，提高学术水平，有计划地培养学术带头人和学科骨干。

(6)全面推进青年学生的素质教育。教师树立推进全面素质教育观念，培养学生的创新精神和实践能力。在市场经济条件下，学生入学交费，毕业自主择业，中等专业学校青年学生思想政治教育有许多新的特点。抓好政治理论、德育和时事政策教育。加强对学生进行马列主义毛泽东思想和邓小平理论教育，进行中国近代史、现代史、我国优秀文化传统和革命传统教育；加强新时期党的基本路线教育，增强青年学生的爱国主义、集体主义和社会主义思想是素质教育的灵魂。引导学生树立正确的世界观、人生观和价值观，把坚持正确的政治方向的素质教育贯穿到学校教育的全过程之中。努力造就“有理想、有道德、有文化、有纪律”的，德育、智育、体育、美育全面发展的社会主义事业的建设者和接班人。学校党委建设适应新形势的学生思想政治工作的体制，动员各级干部、教师和管理人员，把教书育人、管理育人和服务育人落到实处，使全体教职工树立起“学生思想政治素质是最重要的素质”观念。重视毕业生的就业指导工作，搞好毕业生就业的思想政治工作，提高毕业生的就业率，既关系到毕业生的就业和发展前途，更关系到该专业在人才市场的竞争中“以质量求生存，以声誉求发展”的目标能否实现的大事。

(7)加强党委对学校工作的全面领导。①加强学校领导班子自身建设。领导班子成员要具有较高的政治素质，熟悉中专和高等职业教育的方针政策和管理机制，主要领导成员要具有副高级以上专业技术职务。②配备专职德育工作的负责人和学生思想政治工作机构；选配具有副高级以上专业技术职务、有丰富教学经验的系和专业及教学管理机构的负责人。③组织教师和教学管理干部，深入学习中等职业和高等职业教育的方针政策、培养目标、毕业生的基本规格要求；总结四年制中专教育教学管理经验，做好中专教育向高职教育转变的教学准备。④在党委领导下，基层党组织发挥监督保证作用。加强在青年学生中党的建设工作，把符合共产党员标准的优秀共青团员吸收到党内来，对培养“四有”新人与水平较高的中专毕业生具有重要意义。

1.6.3 “九五”期间郑州测绘学校的建设与发展

1996 年 3 月，国家测绘局党组任命李玉潮为副校长。1997 年 6 月，国家测绘局党组任命李玉潮为代校长、贾承清为党委副书记主持党委工作、吴开来为纪委书记、李骏元和高明汉为副校长。1998 年 1 月，学校召开“中共郑州测绘学校第一次党员大会”，选举产生党委会和纪律检查委员会。中共郑州市委批复了党员大会选择结果。国家测绘局党组任命李玉潮为校长、贾承清为党委书记、朱凤喜为纪委书记，组成新一届党政领导班子。面对进一步办好测绘中专教育，适应测绘与信息科学发展对人才的需求，学校党委提出，全面贯彻党的教育方针，以教学为中心，提高教学质量，坚持“立足行业，面向全国，内涵发展，质量取胜”的办学指导思想。在省部级重点中专的基础上，通过加强学校内涵建设，深入进行教学改革，加强专业建设，加大现代测绘仪器和实验室的投资力度，加强学生动手能力培养，承担国家测绘局“中等测绘专业人才培养模式研究”的测绘科技发展基金项目，开展测绘职业技术培训与鉴定工作，建立较高水平的师资队伍，全面推进素质教育，培养较高水平的合格测绘中专毕业生；加强学校领导班子和干部队伍建设，提高办学效益等，为把学校建设成国家级普通中等专业学校而努力，为使学校由测绘中专教育发展为高等职业教育做好各项准备工作。

1. 加强学校内涵建设全面提高教学质量

"九五"期间学校在原有的控制测量、工程测量、航空摄影测量、地图制图、地图制印、地籍测量等各专业基础上，设了土地管理、计算机应用两个新专业，共8个专业。以教学为中心，加强学校的内涵建设，全面提高教学质量，按国家级重点中等专业学校的要求建设好学校。

1)深入进行教学改革加强专业建设

在开展"普通中等专业学校测绘类部分课程计划改革研究"①的基础上，应国家测绘局人事教育劳动司要求，起草编制中专四年制的控制测量、航空摄影测量、地图制图、工程测量和地籍测量5个专业的教学计划，上报人事教育劳动司。经该司组织有关专家审定通过。国家测绘局人事教育劳动司于1996年11月29日发文，将上述5个测绘类专业教学计划印发给有关开办测绘中专教育的学校参照执行。本校按这5个专业教学计划组织各专业的理论教学和实践教学。还编制了地图制印、土地管理和计算机应用3个专业的新教学计划。各有关教学部根据各专业新教学计划编制新的课程教学大纲和实践教学大纲；修改、完善和编写与新教学计划的课程教学大纲配套的新专业教材，促进专业建设与课程建设在原有基础上再提高一步。

2)加强测绘类各专业教材建设

充分发挥"教材编写委员会"专设机构组织各专业教材编写工作的作用。1982－1990年，是学校专业教材编写的起步阶段，编写出10余种教材；1991－1995年是教材编写的提高阶段，修改原教材和编写新教材12种，其中有10种教材出版发行；1996－2000年，专业教师的学术水平大为提高，教学经验不断丰富，特别是一批中青年教师成长起来，成为高级讲师和讲师的中坚力量，是编写新技术课程教材和修改完善原有教材的重要成员，专业教材编写工作已进入成熟阶段。这一时期考虑测绘新技术的发展和推广情况，修改或新编了以下各种教材：《控制测量学》，《测量平差》，《地形测量学》，《地形测量实习指导书》，《地形绘图》，《地貌学》，《地图整饰》，《航空摄影测量学》，《航空摄影测量外业》，《航空摄影测量与遥感》，《GPS测量定位技术》，《基础摄影测量》，《土地管理与地籍测量》等。自1982年建校以来，已经编写近40种各专业教材，5部专著，出版教材14种，基本上形成了学校自编测绘类各专业的教材体系，自编教材的覆盖面达90％以上，教材建设取得显著成绩。以"教材编审工作条例"和"关于评选优秀教材的暂行规定"，推动各专业教材的编写和评选优秀教材，保证了各专业的教学需要。

3)加大现代测绘仪器装备和实验室建设的投资力度

在国家测绘局的大力支持下，"九五"期间投资360余万元使现代测绘仪器装备和实验室仪器设备达到了现代化水平，仪器设备的总投资达1 040万元。主要仪器设备的种类、型号和数量如表1.61所示。用这些仪器设备装备了计算机、工程测量特种仪器、测量内外业一体化数字测图、常规航测仪器、数字摄影测量与遥感、计算机地图制图与地理信息系统、GPS定位技术等实验室。各实验室的现代测绘与信息科学仪器设备达到了较高水平，充分满足了课堂实习、教学实习、生产实习和科研的需要，为培养较高水平动手能力的各专业毕业生创造了条件。

---

① "普通中等专业学校测绘类部分课程计划改革"即"普通中等专业学校测绘类部分教学计划改革"，为学校的教学改革科研课题。

表 1.61　主要测绘仪器设备统计

序号	仪器设备名称	型号与规格	数量	说明
1	精密经纬仪	T_4、T_3、TT_{26}	11	含主要仪器设备
2	电子经纬仪	DT_{20ES}	2	
3	J_2 级经纬仪	T_2、J_2、010 等	67	
4	J_6 级经纬仪	J_6、020、TMA 等	199	
5	测距仪	$Elta_{-4}$、DI_{-20} 等	10	
6	全站仪	SET2c、GTS_{-335N} 等	32	
7	GPS 接收机	徕卡 RTK530	1	44.8 万元一套
		索佳 GSSI	1	22.5 万元一套
		中海达 HD_{82004}	6	
8	精密水准仪	Ni002、Ni007、Ni004、N_3	9	
9	S_2 级水准仪	NA_2、S_{3c}	25	
10	S_3 级水准仪	DS_3	144	
11	陀螺经纬仪	JT_{-15}、JT_{-60}	2	
12	激光铅直仪		1	
13	激光扫平仪	JP_{-1}	1	
14	激光经纬仪		1	
15	测深仪	SDH_{-13A}	1	
16	大平板仪	PG_3、K_6	49	
17	自动绘图仪	HP_{-750c}	1	8.0 万元
18	扫描仪		1	8.2 万元
19	精密立体测图仪	B8S，HCT_{-2A}	5	每台 8～12 万元
20	正射投影仪		1	40 万元
21	纠正仪	HJ_{-3}、HJ_{-24}	3	每台 8～15 万元
22	立体坐标量测仪	HCZ_{-1}	2	
23	多倍仪	$HTD2_{-1}$	4	
24	投影仪	日立、明基等	26	
25	数字摄影测量系统	JX-3	1	33 万元
		JX-4、VirtuoZo NT	9	每台 10～12 万元
26	全数字摄影测量软件	JX-4 升级版等	21	
27	GIS 与数字化测绘软件	MapGIS、MapInfo、MapED 等	22	
28	测量平差软件	NFSB、CASS4.0、CASS7.0	6	
29	管理软件		8	
30	台式计算机		645	
31	求积仪	KP_{-94}、KP_{-80}	14	

4)加强教学管理与教学督导提高教学质量

学校提出“以质量求生存，以发展求效益”的办学理念，其关键环节是以教学为中心、采取有效措施提高教学质量。在教学副校长领导下，教务处与各教学部协调加强教学管理、教师管理；督导室加强教学督导，促进各专业和学科提高教学质量。

(1)各教学部和专业的学期工作计划呈交教学副校长审阅同意后存放在教务处和督导室备查，作为在主管校长领导下检查和评估各教学部和专业学期工作的依据。

(2)各教学部和专业根据教学计划和课程教学大纲与实践教学大纲，拟定的课程学期授课计划要报给教务处，作为检查和督导各门课程教学进度、教学质量的依据。

(3)主管校长和教务处、督导室有关人员，定期或随机到课堂听课，检查课堂教学情况；有针对性地组织各教学部间的公开教学，并进行讲评，促进提高课堂教学质量。

(4)教务处与督导室定期召开学生座谈会，了解学生对学校工作、教师的教学工作和教书育人情况，以及对学生工作的意见和建议。重点请学生进行评教活动，激发学生关心学校教育工作，提高学习的积极性，改善和密切师生关系。充分发挥以学生为主体、以教师为主导的教学思想在提高教学质量中的作用。

(5)各教学部、专业和学科教研组的各种教学活动，都要有出席人员、活动内容、有关决定等方面的记录，作为考查执行工作计划和完成教学工作任务的依据。

(6)任课教师都要认真填写教学日志(包括实习与实验课)、课外辅导登记记录，作为检查任课教师教学工作的依据之一。

(7)教务处和督导室实时检查实习实验课、教学实习、生产实习(毕业实习)和毕业设计的执行情况，并进行实习成果和效果的评估，作为总结实践教学质量的依据。

(8)严格学生学习成绩考核。各门课程考试试题由教学部提出报教务处审核，逐步建立学科试题库制，实行考评分开。判卷要做到公平、公开，客观评价学生学习成绩。严格执行补考规定、升留级制度和毕业审核制度，保证毕业生质量。

(9)进行教师教学工作量的统计和核算，执行"教学工作量和超课时酬金发放规定"；按"教师年度工作业绩评价办法"的规定，收集教师的业绩和表现，为评选先进教师做好有关资料准备。落实学校有关奖励教学第一线人员的政策规定，激发教师搞好教学工作，提高教学质量，体现"以质量求生存，以发展求效益"的办学理念。

(10)在主管校长领导下召开教学例会。教务处、督导室将收集到的各教学部、专业和教研组的教学管理、教学工作、教学质量、教书育人先进事例，以及教学中存在的问题和改进方法等情况写成报告，作为教学例会的基础材料。教学例会由各教学部和实验教师，以及与教学有关的管理人员参加，主管校长作会议主题报告，进行教学经验交流。该例会是以教学为中心，发动教师和教学管理人员提高教学质量的教学研究和教学改革活动的重要会议。

5)进行实践教学改革加强动手能力培养

(1)充分发挥学校四维测绘技术公司在承包各种测量工程任务方面的作用，根据四维公司承包测绘工程的具体要求，由有关的专业通过毕业生产实习完成测量生产任务。在工程实践中锻炼学生的测绘生产作业能力，取得实习和完成测量生产任务的双丰收。例如：1999年3－6月，完成河南省永城市新老城区的航空摄影测量生产任务；承担黄河水利委员会的数字化测图任务；2000年，承担昆明市5.5 km^2 的1∶500地形图修测任务；承担银川市南环高速公路32 km的带状图测绘任务等。分配给有关的专业，通过毕业生产实习，按国家规范要求完成生产任务。

(2)提倡毕业生自主联系到生源省测绘单位进行毕业实习。毕业生自主联系有接收该生意向的测绘单位，由学校有关专业与该单位签定毕业生实习协议。毕业生参加接收单位的生产作业，实习结束时由接收单位写出实习表现评语，作为评定实习成绩的依据。若接收单位同意接受毕业生就业时，再与学校和毕业生本人签定接受协议，待学生毕业后到单位报到。这个办法将毕业实习与就业单位挂钩，使毕业生提前进入生产作业状态，创造就业机会。

(3)充分利用实验室和实习基地组织毕业实习。对没有测绘生产任务的毕业班级，充分利用具有优良装备的各实验室和能进行各种测量实习的嵩山测量实习基地组织毕业实习。①控制测量、工程测量、地籍测量各专业，以及航测外业实习，按测量生产组织形式，根据实习大纲要求，按国家测量规范的精度要求进行各项作业，根据测量规范要求进行测量成果检查验收并提交合格的测量成果，达到锻炼毕业生作业能力和培养优良作风的目的。②航测内业、地图制图、地图制印等专业的实习，充分利用校内实验室仪器设备，按毕业实习大纲和各专业作业规范要求，在教师指导下进行实习，争取达到相应测量成果的质量要求。这些专业还可以到河南省测绘局有关的测绘院进行参观实习，了解航测内业(数字摄影测量系统)、计算机地图制图与地理信息技术、现代地图制印设备与工艺及产品质量，以及4D产品的生产工艺过程等。增加现代测绘与信息技术知识，对毕业生将会有很大帮助。③土地管理专业的毕业实习，除组织地形测量、地籍测量外业实习，要设法参加土地调查实践作业，到土管理部门进行土地管理数据库操作、土地管理资料整理与更新、土地资料管理的有关规定等方面的参观实习，争取参加实际作业，对提高土地管理专业毕业生的质量大有好处。④计算机应用专业的毕业实习，充分利用学校计算机实验室的设备和测量各专业的成图和计算软件，进行计算机应用的操作训练和编程技术的培养，达到该专业的培养目标。

2. 完成编制新专业教学计划任务

按国家测绘局人事教育劳动司的要求，编制控制测量、航空摄影测量、地图制图、工程测量和地籍测量5个专业的新教学计划，报该司待批准和推广。前3个教学计划已在表1.31～表1.33、表1.34～表1.36和表1.37～表1.39中介绍。现介绍工程测量、地籍测量两个专业的新教学计划。

1)工程测量专业教学计划介绍

(1)培养目标。为我国社会主义现代化建设培养德、智、体全面发展的，掌握工程测量基本理论、方法和技能的应用型中等专业技术人才。

(2)专业方向和业务要求。本专业主要培养从事工程测量工作并能从事控制测量、地形测量、地籍测量等测绘工作的中等测绘技术人员。业务要求：

掌握地形测量和地形绘图的基本理论和技能，能从事大比例尺地形图测绘技术工作；掌握控制测量的基本理论、基本技术和操作技能，能担任三等以下平面控制和二等以下水准测量等技术工作；掌握误差理论和测量平差的基本原理与计算方法，能对小规模三角网、水准网、导线网进行平差计算。

懂得房屋建筑工程、路桥遂道工程、水利工程等的基本知识，能够识读和绘制一般的工程图；掌握工程测量的基本理论、基本技术和操作技能，能担任工程勘测、施工放样、设备安装和变形观测的技术工作。

了解航空摄影测量的基本原理和方法；懂得地籍测量的基本要求和作业方法，能进行一般的地籍测量工作。

掌握计算机基本操作方法，懂得一种高级语言；能使用应用软件对控制测量、工程测量成果进行平差等方面的计算；掌握一种汉字录入方法，能进行简单的编辑排版。

了解测绘内外业一体化概念，掌握数字化测图的基本方法；掌握全球定位系统定位技术及其应用；了解地理信息系统的基本知识。

(3)学制与教学环节时间分配。招收全日制初中毕业生，学制四年。

教学环节时间分配：学生在校时间200周；入学教育3周(包括军训)；课堂教学119周(每周上课25～27课时，不超过28课时)，课堂教学约3 200课时(其中理论教学约2 750课时，实践教学450课时)；考试7周；教学实习6周，毕业实习17周，集中实践教学共23周(折合920课时)；公益劳动7周；毕业教育1周；机动3周；假期37周。

理论教学与实践教学时间控制在如下比例：

(理论教学时间)：(实践教学时间)＝2 750：(450＋920)≈2：1

教学环节时间分配如表1.62所示，课程设置与教学进程计划如表1.63所示。

表1.62　教学环节时间分配

专业名称:工程测量　　　　学制:中专四年

学年＼教学周数＼项目	入学教育	课堂教学	考试	教学实习	毕业实习	公益劳动	机动	毕业教育	假期	合计	说明
一	3	32	2			2	2		11	52	入学教育含军训
二		37	2			2			11	52	
三		31	2	6		2			11	52	
四		19	1		17	1	1	1	4	44	
总计	3	119	7	6	17	7	3	1	37	200	以教学周数计

表1.63　课程设置与教学进程计划

专业名称:工程测量　　　　学制:中专四年

序号	课程名称	按学期分配		教学时数			各学期教学周数与课程周课时数								说明
		考试	考查	课时总数	讲课	实习实验	Ⅰ 15	Ⅱ 17	Ⅲ 20	Ⅳ 17	Ⅴ 15	Ⅵ 16	Ⅶ 19	Ⅷ 17	
	一、文化基础课			1 792	1 734	58									占总课时56.3%
1	经济·政治	Ⅱ	Ⅰ	64	64		2	2							
2	世界观·人生观	Ⅳ	Ⅲ	74	74				2	2					
3	职业道德		Ⅴ	30	30						2				
4	国情		Ⅵ	32	32							2			
5	法律	Ⅶ		38	38								2		含测绘法
6	体育		Ⅰ～Ⅶ	238	238		2	2	2	2	2	2	2		
7	语文	Ⅱ,Ⅲ	Ⅰ,Ⅳ	276	268	8	4	4	4	4					
8	英语	Ⅰ,Ⅲ,Ⅴ	Ⅱ,Ⅳ,Ⅵ	338	338		4	4	4	4	2	2			含专业阅读
9	数学	Ⅰ,Ⅲ,Ⅳ	Ⅱ	414	414		6	6	6	6					含应用数学
10	物理学	Ⅰ	Ⅱ	160	130	30	5	5							
11	化学	Ⅱ	Ⅰ	128	108	20	4	4							
	二、专业基础课			598	418	180									占总课时18.8%
12	电工学	Ⅳ	Ⅲ	112	92	20			3	3					
13	地图绘图技术		Ⅲ,Ⅳ	74	34	40			2	2					
14	地形测量学	Ⅳ	Ⅲ	164	115	50			4	5					
15	微机应用基础	Ⅴ	Ⅵ	124	84	40					4	4			
16	测量平差	Ⅵ	Ⅴ	124	94	30					4	4			
	三、专业课			592	432	160									占总课时18.6%
17	控制测量	Ⅵ,Ⅶ		140	100	40						4	4		毕业考试课
18	数字化测图		Ⅵ	64	44	20						4			
19	工程测量学	Ⅵ,Ⅶ		160	120	40						4	5		毕业考试课
20	地籍测绘		Ⅶ	76	56	20							4		
21	航空摄影测量学	Ⅶ		95	75	20							5		
22	GPS应用技术		Ⅶ	57	45	20							3		
	四、相关专业课			203	163	40									占总课时6.3%
23	工程制图		Ⅴ	75	45	30					5				
24	工程概论	Ⅴ		90	80	10					6				
25	地理信息系统概论		Ⅶ	38	38								2		
	总课时数			3 185	2 747	438									
	周课时数						27	27	27	28	25	26	27		
	考试门数						3	3	3	4	3	3	3		

(4)课程设置与要求。本专业开设25门课程。文化基础课11门:经济·政治,世界观·人生观,职业道德,国情,法律,体育,语文,英语,数学,物理,化学;专业基础课5门:电工学,地图绘图技术,地形测量学,微机应用基础①,测量平差;专业课6门:控制测量,数字化测

① 以上11门文化基础课、4门专业基础课的课时数与讲授内容,与控制测量专业教学计划的相应课程相同,在此不再重复介绍。

图，工程测量学，地籍测绘，航空摄影测量学，GPS应用技术；相关专业课：工程制图，工程概论，地理信息系统概论。各门课程的主要内容与要求：

测量平差（120课时） 了解最小二乘原理和误差理论，理解中误差、权等基本概念；掌握条件平差、间接平差的基本原理和计算方法，掌握精度评定的概念和计算方法。

控制测量（140课时） 掌握三、四等平面控制测量和二等以下水准测量的基本理论和作业技能，掌握控制测量概算方法。了解控制测量仪器（含测距仪）的基本构造、性能和基本原理，能较熟练地使用仪器。

数字化测图（60课时） 讲授数字化测图的基本原理和作业方法，使学生了解数字化测图的工艺过程，初步掌握外业数据采集方法和数据的计算机处理及成图基本技术。

工程测量学（170课时） 掌握勘测设计、施工放样、工业企业运转三阶段测量保障工作的基本要求和作业方法，能运用控制测量、地形测量、测量平差和工程识图等知识，解决工程建设中的实际测量问题，能根据设计图纸制定放样方案，计算放样数据。掌握立交桥的设计、施工测量方法，掌握各种工程竣工图、工业厂区现状图的测绘方法和要求；掌握线路工程测量的带状地形图、中心线纵横断面图、中心线测设及线路施工等测量的方法；掌握工业与民用建筑、桥涵工程、水利工程、地下工程等测量方法及建构筑物的变形观测；初步掌握各项工程测量精度计算的基本方法，掌握电子经纬仪、陀螺经纬仪、激光经纬仪、激光扫描仪、激光铅直仪和测深仪等使用方法。

地籍测量（80课时） 讲授土地管理基本知识、地籍面积量算、地籍控制测量、地籍图件测绘、地籍测量资料的管理与更新等内容，使学生掌握常规地籍测绘的主要方法和全过程。

航空摄影测量学（100课时） 讲授航空摄影测量基础知识，掌握航测外业像片控制、调绘和像片图测图作业方法；对立体测图基本原理、电算加密、解析测图仪、正射投影技术，以及摄影测量自动化与数字化新技术有一定了解。

GPS应用技术（60课时） 讲授GPS测量基本原理和外业与内业作业方法，了解GPS定位测量的全过程；掌握GPS定位测量在工程控制测量中的应用，能进行GPS观测数据后处理工作。

工程制图（70课时） 掌握绘制、识读一般建筑工程施工图的基本知识和技能。讲授几何制图的基本方法和一般组合体三视图的识读方法，掌握建筑工程总平面图、施工图的识读能力及其绘制的方法，了解道路桥梁工程图及其他工程图的识读与绘制方法。

工程概论（80课时） 讲授房屋建筑、水利、道桥、地下等工程的基本知识。了解工业与民用建筑工程总平面图设计过程，总平面与竖面布置方式；基础、墙柱施工技术；了解路桥工程中线的平面、纵横断面的设计方法，以及隧道位置的选择，路桥隧道施工的基本知识；了解各种水工建筑物布设方式及其施工知识；了解城镇规划的基本知识，以及城镇道路、给排水工程及其施工的基本知识等。

地理信息系统概论（30课时） 介绍地理信息系统的基本知识，使学生了解地理信息系统的基本概念、软硬件环境，以及地理信息系统的功能、数据处理及在国民经济和社会发展中的作用和前景。

（5）实践教学安排。工程测量专业集中实践教学，分教学实习安排在第Ⅴ、Ⅵ学期共6周，毕业实习安排在第Ⅷ学期共17周，总计23周。实习项目与其周数如表1.64所示。

表 1.64　工程测量专业实践教学安排

实习类别	序号	实习项目	学期	周数	说明
教学实习	1	地形测量实习	Ⅴ	5	
	2	微机操作实习	Ⅵ	1	
毕业实习	3	航空摄影测量实习	Ⅷ	2	
	4	微机应用实习	Ⅷ	2	
	5	地籍测量实习	Ⅷ	2	
	6	控制测量实习	Ⅷ	5	
	7	工程测量实习和毕业设计	Ⅷ	6	
		合　计		23	

地形测量实习　在第Ⅴ学期进行，为期 5 周。以小三角测量、普通导线测量、普通水准测量与三角高程测量为主要内容的图根控制测量；以经纬仪配合小平板仪或大平板仪等方式进行 1∶1 000 比例尺的地形图测绘，完成 40 cm×40 cm 的一幅地形图。使学生掌握图根控制测量的外业和内业操作技术，提交图根控制测量成果；掌握大比例地形图测绘技术，按规范要求完成测绘地形图的任务。

微机操作实习　安排在该课程讲完的第Ⅵ学期实习，为期 1 周。对所学内容集中上机操作实习，掌握编写简单的程序，掌握各种应用软件的使用。

航空摄影测量实习　安排在毕业集中实习的第Ⅷ学期，为期 2 周。主要进行 1∶1 000 固定比例尺的像片图测图作业，掌握像片图测图技术。

微机在测量中的应用实习　利用计算机，使用各种平差计算软件，数字化测图软件，控制测量、地籍测量、工程测量等各种作业软件，上机进行操作实习。掌握软件的使用方法和技术，为以下各项实习做观测数据处理的准备。实习在第Ⅷ学期，为期 2 周。

地籍测量实习　安排在第Ⅷ学期，为期 2 周。在地籍调查基础上测绘地籍图和有关的图件，掌握大比例尺地籍图的测绘方法(包括数字测图)，进行有关地籍资料的采集，达到地籍测量与图件的质量要求。

控制测量实习　安排在第Ⅷ学期，为期 5 周。进行三、四等三角(边角)网、导线网测量(包括 GPS 定位)及二、三等水准测量和相应等级的三角高程测量，实施外业观测与内业观测数据处理。如有测量生产任务可进行生产实习。

工程测量毕业实习和毕业设计　安排在第Ⅷ学期，进行为期 6 周的实践教学。实施线路工程测量、河道纵横断面测量、隧道工程测量设计与实测、水下地形测量、工程施工放样和建构筑物变形观测等实习。若有测量生产任务则进行生产实习。实习结束后，编制实习技术总结，进行毕业答辩。

教学实习、毕业实习(生产实习)的每个实习项目都进行个人技术考核，毕业答辩评定成绩，写出综合评语，记入学生成绩档案。毕业实习成绩不及格不能毕业。

(6)教学环节实施提示：

课堂教学中，遇有理论较深、计算复杂的教学内容，可安排一定数量的讨论课、习题课；专业操作内容可在课堂实习时进行现场教学或放专题作业录像带，加强直观性教学。

习题课、课堂实习课，按教学计划安排，加强动手能力训练，各项仪器操作按规范从严要求；教学实习、毕业实习从实战出发，培养理论联系实际的能力，进行严格训练；完成的测量成果要求做到“真实、细致、准确、及时”，培养良好的作业作风。

考虑到初中毕业生学习方法和接受能力的特点，第一学期课堂教学的进度可以适当放慢一些；注意培养学生适应中专教学特点的能力，形成相应的学习方法。

工程测量专业是实践性较强的专业，要强调直观教学和现场操作，充分利用各种电化教学和多媒体教学手段，取得事半功倍的效果。

在第Ⅰ至第Ⅶ学期末，各有1周的考试时间。每学期考试课3～4门；考查课成绩以平时作业、小测验分数和课堂实习考核成绩综合评定。毕业考试课程为控制测量、工程测量，于第Ⅶ学期末进行。

2)地籍测量专业教学计划介绍

(1)培养目标。为我国社会主义现代化建设培养德、智、体全面发展的，掌握地籍测量基本理论、基本技术和技能的应用型中等专业技术人才。

(2)专业方向和业务要求。本专业主要培养从事地籍测量工作并能从事控制测量、地形测量、工程测量等测绘工作的中等测绘技术人员。业务要求：

掌握地形测量和地图绘图技术的基本理论和技能，能从事大比例尺地形图测绘工作；掌握控制测量的基本理论、基本技术和技能，能担任三等以下平面控制和二等以下水准测量与三角高程测量技术工作；掌握误差理论和测量平差的基本原理与计算方法，能对小规模三角网、水准网和导线网进行平差计算和精度评定。

掌握地籍调查的基本要求和技术方法；掌握地籍图件测绘的基本理论和成图方法；了解建立地籍资料数据库的作用和建库的基本方法及使用功能。

了解航空摄影测量的基本原理、使用仪器和成图的基本方法；懂得一般工程的工程测量的基本作业方法，能进行一般的工程测量工作。

掌握计算机的基本操作方法，懂得一种高级语言；能使用相关软件对地籍测量成果和资料进行计算机处理；掌握一种汉字的录入方法，并能进行简单的编辑排版。

掌握GPS接收机的操作技术和后处理工作；了解地理信息系统的基本知识与应用前景；了解测绘工作外业与内业一体化技术的应用，掌握数字化测图的基本方法，进行地形图与地籍图件的数字化测图。

(3)学制与教学环节的时间分配。招收全日制初中毕业生，学制四年。

教学环节时间分配：学生在校学习时间200周；入学教育3周(包括军训)；课堂教学119周(每周25～27课时，不超过28课时)，课堂教学约3 200课时(其中理论教学约2 750课时，实践课约450课时)；考试7周；教学实习6周，毕业实习17周，集中实践教学共23周(折合约920课时)；公益劳动7周；毕业教育1周；机动3周；假期37周。

理论教学与实践教学时间控制在如下的比例：

(理论教学时间)：(实践教学时间)＝2 750：(450＋920)≈2：1

教学环节时间分配如表1.65所示，课程设置与教学进程计划如表1.66所示。

表1.65　教学环节时间分配

专业名称：地籍测量　　　　学制：中专四年

学年＼教学周数＼项目	入学教育	课堂教学	考试	教学实习	毕业实习	公益劳动	机动	毕业教育	假期	合计	说明
一	3	32	2			2	2		11	52	入学教育含军训
二		37	2			2			11	52	
三		31	2	6		2			11	52	
四		19	1		17	1	1	1	4	44	
总计	3	119	7	6	17	7	3	1	37	200	以教学周数计

中国地图集

ZHONGGUO DITUJI

表 1.66　课程设置与教学进程计划

专业名称：地籍测量　　　　学制：中专四年

序号	课程名称	按学期分配		教学时数			各学期教学周数与课程周课时数								说明
		考试	考查	课时总数	讲课	实习实验	Ⅰ 15	Ⅱ 17	Ⅲ 20	Ⅳ 17	Ⅴ 15	Ⅵ 16	Ⅶ 19	Ⅷ 17	
	一、文化基础课			1 792	1 734	58									占总课时 56.1%
1	经济·政治	Ⅱ	Ⅰ	64	64		2	2							
2	世界观·人生观	Ⅳ	Ⅲ	74	74				2	2					
3	职业道德		Ⅴ	30	30						2				
4	国情		Ⅵ	32	32							2			
5	法律	Ⅶ		38	38								2		含测绘法
6	体育		Ⅰ～Ⅶ	238	238		2	2	2	2	2	2	2		
7	语文	Ⅱ，Ⅲ	Ⅰ，Ⅳ	276	268	8	4	4	4	4					
8	英语	Ⅰ，Ⅲ，Ⅴ	Ⅱ，Ⅳ，Ⅵ	338	338		4	4	4	4	2	2			含专业阅读
9	数学	Ⅰ，Ⅲ，Ⅳ	Ⅱ	414	414		6	6	6	6					含应用数学
10	物理学	Ⅰ	Ⅱ	160	130	30	5	5							
11	化学	Ⅱ	Ⅰ	128	108	20	4	4							
	二、专业基础课			644	454	190									占总课时 20.2%
12	电工学	Ⅳ	Ⅲ	112	92	20			3	3					
13	地图绘图技术		Ⅲ，Ⅳ	74	34	40			2	2					
14	地形测量学	Ⅳ	Ⅲ	164	114	50			4	5					
15	微机应用基础	Ⅴ	Ⅵ	170	120	50					6	5			含汉字录编，数据库
16	测量平差	Ⅵ	Ⅴ	124	94	30					4	4			
	三、专业课			586	442	144									占总课时 18.3%
17	控制测量	Ⅶ	Ⅵ	140	100	40						4	4		毕业考试课
18	土地经济学	Ⅴ		44	36	8					3				
19	土地资源调查与评价		Ⅴ	46	38	8					3				
20	土地管理学	Ⅴ		80	72	8						5			毕业考试课
21	数字化测图		Ⅴ	60	40	20					4				
22	地籍测绘	Ⅵ，Ⅶ		140	100	40						4	4		毕业考试课
23	工程测量学		Ⅶ	76	56	20							4		
	四、相关专业课			172	142	30									占总课时 5.4%
24	航空摄影测量学		Ⅶ	96	76	20							5		
25	GPS 应用技术		Ⅶ	38	28	10							2		
26	地理信息系统概论		Ⅶ	38	38								2		
	总课时数			3 194	2 772	422									
	周课时数						27	27	27	28	26	28	25		
	考试门数						3	3	3	4	3	3	3		

(4)课程设置与要求。本专业共开设 26 门课程。文化基础课 11 门：经济·政治，世界观·人生观，职业道德，国情，法律，体育，语文，英语，数字，物理学，化学；专业基础课 5 门：电工学，地图绘图技术，地形测量学[①]，微机应用基础，测量平差；专业课 7 门：控制测量，土地经济学，土地资源调查与评价，土地管理学，数字化测图，地籍测绘，工程测量学；相关专业课 3 门：航空摄影测量学，GPS 应用技术，地理信息系统概论。各门课程的主要内容与要求：

微机应用基础(160 课时)[②]　讲授微机的基本结构和性能，DOS 命令及其操作方法，BASIC 语言及其程序设计方法，数据库理论及其应用；掌握一种汉字录入和编辑技术；了解计

---

① 以上 11 门文化基础课、3 门专业基础课的课时数和讲课内容与控制测量专业教学计划的相应课程相同，在此不再重复。

② 微机应用基础(160 课时)，而在课程设置与教学进程计划表的课时数为 170，在排课程进度时有一定的出入，下同。

算机在测绘领域的应用,使用有关的计算机程序能够进行平差计算及有关的操作。

测量平差(120学时) 讲授最小二乘原理和误差理论、中误差与权等基本概念,条件平差、间接平差的原理及其计算方法;掌握上述平差方法进行各种测量观测值的处理,完成平差计算和精度评定的任务。

控制测量(140课时) 讲授三、四等平面控制测量及二等以下水准测量的基本原理和基本技术,以及控制测量概算理论和方法;了解精密经纬仪、水准仪、测距仪的基本构造及性能,较熟练地掌握这些仪器的使用,并达到测出合格成果的操作能力;运用测量平差知识,完成控制测量观测成果的概算和数据处理任务。

土地经济学(40课时) 在政治经济学知识的基础上,讲授土地经济学的基本概念、原理,以及地租、地税等基本理论,为学习土地管理学打下经济学基础。

土地资源调查与评价(50课学) 讲授土地资源学的基本概念、基础知识和原理,掌握土地资源调查方法与评价规章,为从事土地资源调查与评价工作打下基础。

土地管理学(含土地法规,80课时) 讲授土地管理的基本知识,我国现行的土地管理制度、土地登记、权属管理和土地法规等知识,以及国内外各种土地管理制度。在学习土地经济学、土地资源调查与评价和土地管理学的基础上,形成土地调查与管理的初步能力。

数字化测图(60课时) 讲授数字化测图的基本原理、使用的仪器设备和软件以及作业方法,使学生了解数字化测图作业程序,初步掌握数字化测图地物、地貌三维数据及属性资料采集方法,运用成图软件进行计算机数据处理,利用自动绘图机成图的基本技术,建立起数字化测图的完整概念。

地籍测绘(120课学) 讲授地籍测绘的基本知识,地籍图件测绘的要求和方法,地籍面积计算,地籍资料的整理、管理与更新,以及数字化测绘技术在地籍测绘中的应用;介绍地籍数据库的建立与应用等。使学生掌握地籍测绘的主要要求、作业方法,建立地籍测绘的完整概念,形成一定的工作能力。

工程测量学(100课时) 讲授工程勘察设计、施工建设、生产营运管理三阶段中测量保障工作的内容、基本原理和作业方法,了解各种工程测量的任务和工作内容;重点掌握工业与民用建筑施工测量、线路与桥梁工程测量、地下工程测量等的作业方法,能承担上述工程测量的一般工作;了解建构筑物变形观测的目的、基本作业方法等。

航空摄影测量学(100课时) 讲授航空摄影测量的概念、基本原理、各种航空摄影测量仪器及成图的基本方法,如立体测图的基本原理、电算加密、解析测图仪、正射投影技术、摄影测量自动化与数字摄影测量新技术等;主要讲授航测外业像片控制、调绘、测图等作业方法,使学生掌握综合法航空摄影测量像片成图的方法并能担任该项作业。

GPS应用技术(60课时) 讲授GPS定位测量的概念、基本原理,以及GPS接收机的操作方法和数据采集;掌握GPS定位技术在控制测量、地籍测量和工程测量中的应用;对GPS接收数据的后处理工作有一定的了解。

地理信息系统概论(30课时) 介绍地理信息系统GIS的概念、基础知识,以及该项技术在测绘与信息产业中的应用与作用,使学生了解地理信息系统硬件与软件的配置的一般知识、GIS的主要功能与数据处理的一般知识,以及该项技术的发展前景。

(5)实践教学安排。地籍测量专业集中实践教学,分教学实习安排在第Ⅴ、Ⅵ学期,毕业实习(毕业设计)安排在第Ⅷ学期,如表1.67所示。

表1.67 地籍测量专业实践教学安排

实习类别	序号	实习项目	学期	周数	说明
教学实习	1	地形测量实习	Ⅴ	5	
	2	微机操作实习	Ⅵ	1	
毕业实习	3	微机应用实习	Ⅷ	2	地籍数据库应用
	4	控制测量实习	Ⅷ	3	
	5	工程测量实习	Ⅷ	3	
	6	航空摄影测量实习	Ⅷ	2	
	7	土地资源调查与评价实习	Ⅷ	2	
	8	地籍测绘实习与设计	Ⅷ	5	含数字化测图
		合 计		23	

地形测量实习　在第Ⅴ学期进行为期5周的实习。以小三角测量、导线测量，以及普通水准测量和三角高程测量为主要内容的图根控制测量；采用经纬仪配合小平板仪或大平板仪进行大比例尺地形测图。使学生掌握从图根控制测量到测绘地形图的外业和内业全部观测、计算、测图、修图与整饰的作业，以及质量检查与验收，打下测绘技术作业能力的基础。

微机操作实习　在第Ⅵ学期微机应用基础课结束后，进行1周的微机操作实习。掌握简单的程序设计技术，掌握汉字输入及编辑排版技术，实习有关软件的操作技术，达到较熟练地掌握计算机操作技术的目标。

微机应用实习　在第Ⅷ学期毕业实习开始时，先安排2周的微机应用实习。使用有关软件进一步进行控制测量平差计算、数字化测图等微机操作实习，提高熟练程度；特别注意熟悉数据库技术，使用地籍测绘数据库软件进行资料处理实习，初步掌握地籍测量数据库操作技术。

控制测量实习　在第Ⅷ学期安排3周控制测量实习，为工程测量、航空摄影测量与地籍测量实习做好基础控制测量技术准备。进行三四等三角测量、电磁波测距、导线测量和二三等水准测量的外业操作和内业观测数据处理实习，建立控制测量完整概念，初步掌握外业、内业操作技术。

工程测量实习　第Ⅷ学期安排3周工程测量实习，实习主要内容是：建筑工程场地的施工控制测量；建筑物与构筑物标定元素的计算，放样方法的选择和放样点测设及质量检查；线路中心线标定(直线与各种曲线的测设)，中心线的纵横断面测量等。掌握建筑工程施工的一般测量保障技术。

航空摄影测量实习　第Ⅷ学期安排2周航空摄影测量实习，主要进行1∶1 000固定比例尺像片图测绘，初步掌握综合法成图的基本作业方法。

地籍测量实习与设计　在第Ⅷ学期为期2周的土地资源调查评价实习之后，进行5周的地籍测量实习与设计，按设计进行地籍调查、地籍控制测量、实测地籍图件，进行地籍资料整理、编制报表，建立地籍管理数据库等作业。通过实习较全面地掌握地籍测量的要求、地籍管理规程，能担任地籍测量与地籍管理岗位工作。

对每个实习项目都进行考核，实习结束时进行毕业设计和答辩。实习成绩记入学生成绩档案，实习成绩不及格不能毕业。

(6)教学环节实施提示：

注意初中毕业生到专业学校学习，教学方法和学习强度一时不能适应，第一学期教学进度可适当放慢一些。注意培养学生适应专业学校的学习方法，注意因材施教，激发学生学好基础课和专业课的积极性。

在教学中,遇到较深的理论概念、较复杂的公式推导和计算示例等,可适当安排讨论课、习题课,解决教学中的疑难问题。强调建立概念、掌握基本理论和基本技术的重要性。

认真搞好基础课的实验课和专业基础课与专业课的实习课,加强实验基本功训练和专业课仪器设备操作技能训练,使计算机操作和各种仪器操作达到一定的熟练程度。在实验与实习操作中培养学生树立"真实、细致、准确、及时"完成作业任务的良好作风。

在课堂教学中,充分利用电化教学和多媒体设备,取得事半功倍的效果;仪器操作进行现场教学,让学生掌握正确的操作方法。

考试与毕业考试。在第Ⅰ～Ⅶ学期期末,各有1周的学期考试,考试课为3～4门。考查课以平时作业、课堂实验实习和平时测试等成绩,来评定该门课程的考查成绩。毕业考试科目为控制测量、土地管理学和地籍测绘3门课程。

3. 开展测绘中专教学计划改革与测绘高等职业教育的探讨研究

1)进行中等专业学校测绘类专业教学计划改革的研究

根据国家教委1993年颁发的《普通中等专业学校目录》中,测绘类的控制测量、航空摄影测量、地图制图、工程测量和地籍测量5个专业,编制出新的教学计划,上报国家测绘局人事教育劳动司审批。为完成这项任务,立项开展了"普通中等专业学校测绘类部分专业教学计划研究"①,在研究论文的基础上编制出控制测量、航空摄影测量、地图制图、工程测量和地籍测量5个专业教学计划送审稿,经人事教育劳动司组织有关专家评审通过。该司于1996年11月29日发文,供开办测绘中专教育的中等专业学校参照执行。学校按经国家测绘局批准的5个专业教学计划组织专业教学,体现了实施专业教学改革的新成果。这项研究成果被河南省教委评为1997年中等专业学校优秀教学成果一等奖。

2)开展测绘高等职业教育研究

"九五"期间,国家发展中等职业教育和高等职业教育。在这一形势下提出了"关于发展我国测绘高等职业教育的探讨"②课题进行研究。这项研究成果的主要内容如下:

(1)发展测绘高等职业教育是必然趋势。21世纪初叶,我国测绘与信息科学技术必将迅速发展。以3S技术和4D产品为代表的现代测绘与信息产业,将需要大批受高等教育、作业能力较强的实用性技术人才。"九五"期间,原来开办测绘专科教育的高等院校停止了测绘专科教育;开办测绘专科教育的高等专科学校,多数先后并入或合并成高等院校,已进行测绘本科教育;只有少数开办测绘专科教育的学校转为高等职业教育(高职高专教育)。解决培养测绘实用性高级技术人才的有效办法是,充分利用高等职业教育的"三改一补"政策,将开办测绘中专教育的重点普通中等专业学校升格为高等职业技术学院,培养"高等实用型测绘技术人才"。武汉测绘科技大学成人教育学院的测绘专科函授教育,仍然是培养成人高级应用性测绘技术人才的重要教学资源,为在职的测绘中专毕业生提高学历水平起着重要作用。

(2)测绘高等职业教育的特色。高等职业教育与高等专科教育培养的毕业生,是高等教育中同一层次而在掌握理论知识和实践能力等方面又有一定差别的高等技术人才。毕业生都在

---

① 原项目名称为"普通中等专业学校测绘类部分专业课程计划研究",为统一名称,将"课程计划"改为"教学计划"。参加项目研究的有王宝富、李骏元、刘小波(国家测绘局人事教育劳动司副司长)。

② 参加项目研究的有王玉富、李骏元和刘小波。

生产、建设、管理等第一线岗位服务。高等职业教育培养的毕业生，既不是"本科压缩型"，也有别于专科毕业生。测绘高等职业教育对于普通测绘高等专科教育的具体差别和特色，有待于在测绘高等职业教育的实践中探讨和总结经验，在统一认识的基础上形成测绘高等职业教育的模式。目前，测绘教育工作者普遍认为，测绘高等职业教育培养的毕业生，在基础和专业理论方面稍弱于专科毕业生，而在专业动手能力和岗位适应性方面强于专科毕业生，即在专业实践能力方面具有一定优势。

(3)发展测绘高等职业教育的途径。根据"九五"期间我国普通高等专科学校和普通中等专业学校的测绘专科和中专教育的具体情况，利用高等专科学校和重点中等专业学校的测绘专业教育资源，通过"三改一补"改建为高等职业技术学院进行高职教育。测绘高等职业教育有以下几种办学形式：①经教育主管部门批准，开办测绘专科教育的高等专科学校改办高等职业技术学院，进行测绘高等职业技术教育。②经教育主管部门批准，将开办测绘中专教育的国家级(省部级)重点中等专业学校改建为高等职业技术学院，既可开办测绘高等职业技术教育，又可保留测绘中等职业教育。③经教育主管部门批准，开办测绘中专教育的重点中等专业学校，与有测绘专业的高等院校或高等职业技术学院联合开办测绘专业高职班，进行高等职业技术教育；或招初中毕业生开办"3＋2"测绘专业高职班，进行高等职业技术教育。

4. 承担测绘科技发展基金项目研究

学校为满足国民经济与社会发展对中等测绘专业人才的需求，提高学校的教学质量和办学水平，在校长李玉潮主持下提出"中等测绘专业人才培养模式的研究与实践"课题。1999年5月，国家测绘局以国测国字〔1999〕7号文，将"中等测绘专业人才培养模式的研究与实践"列为国家测绘局测绘科技发展基金项目(项目编号98026)，项目负责人李玉潮。组成项目研究领导协调组：李玉潮(组长)，刘小波(副组长)，李骏元，王玉富(主笔)[①]。1999年7月项目研究启动，2001年12月完成项目研究，2002年通过国家测绘局验收。项目研究中间成果为教育部编制2000年9月发布的《中等职业学校专业目录》中测绘类专业划分提供了依据；项目研究中间成果的"测绘职业教育发展方向的探讨"论文，参加了2000年第三届海峡两岸测绘发展研讨会[②]，并进行宣读。2003年这项研究成果获全国测绘科技进步三等奖。

项目组重视项目研究之前的调查研究工作。由项目组成员与学校有关领导和资深教师组成的4个调研小组，分赴西南、西北、华中、东北等地区14个省区测绘局和有关测绘单位及学校进行调查研究。经调研收集到的主要材料有：测绘单位的任务与测绘仪器装备水平，测绘与信息工程任务的来源，各测绘单位对应用型技术人员的需要量和岗位技术要求，测绘单位对中专毕业生的评价，测绘生产单位对中专学校测绘教育发展的建议，在岗的测绘专业中专毕业生对学校的意见和建议等。

项目组在调查研究基础上，了解了测绘生产单位对测绘中专与中职专业技术人员需求量与技术能力要求，结合本校与其他学校的测绘类专业教学经验，进行本项目5个专题研究。

---

① 项目研究组成员还有：郑殿军，杨晓明，薛雁明，赵长安，郭长忠，王继正，刘译慧，茹良勤。

② 论文作者 李玉潮、李骏元、王玉富，论文在会上宣读并收入论文集；此论文2001年2月16日，发表在《中国测绘报》上。

1)中等测绘职业教育专业的划分[①]

1993年原国家教委颁布的《普通中等专业学校专业目录》中测绘类分9个专业:控制测量、地形测量、工程测量、地籍测量、矿山测量、海洋测量、航空摄影测量、地图制图和地图制印。作为培养生产一线作业人员的中等职业技术教育,“专业设置必须在适应我国当前经济发展和劳动力市场需要的基础上,适当超前,考虑未来经济发展和职业划分的需求”。根据调查材料进行综合研究,建议测绘中等职业教育专业划分为以下3个专业:

(1)测量工程技术专业。将原测绘类的控制测量、地形测量、工程测量、地籍测量、矿山测量和海洋测量6个专业,整合为专业涉及面较宽的测量工程技术专业。若有些为特定产业服务培养测绘作业人员时,可设专业方向。例如,测量工程技术专业(矿山测量专业方向)、测量工程技术专业(地籍测量专业方向)等。上述6个专业的专业基础课、专业课和相关专业课大体相同,只要加强专业方向课的内容与课时数,或增设有关的相关专业课即可达到专业方向的培养目标。

(2)航空摄影测量专业。这个专业主要是为省区测绘局航空摄影测量与遥感测绘院培养航空摄影测量应用型作业人员;有些业务部门如铁路勘测、农林规划设计、水利勘察规划设计等,也有航空摄影测量与遥感作业人员需求。

(3)地图制图与地理信息专业。将地图制图、地图制印两个专业,以及地理信息系统专业,整合为地图制图与地理信息专业。若重点培养某一专业作业人才时,也可设专业方向加以解决。这个专业用人单位主要是测绘局系统和区域地质勘察部门等。

建议测绘类中等职业教育设3个专业,适用于郑州测绘学校。多数设测绘教育专业的中等专业学校(职业技术学院),可将原工程测量专业改为测量工程技术专业,在课程设置和教学内容上按扩展专业面和扩大服务范围的要求进行适当安排。

2)中等职业教育测绘类专业培养目标与课程设置

依据教育部2000年9月印发的《中等职业学校专业目录》,在资源环境类中将测绘类专业分为测量工程技术、地图制图与地理信息和航空摄影测量3个专业[②],以及中等职业技术教育“培养生产一线的作业(操作)人员”的目标,提出了以上3个专业的培养目标与课程设置框架的建议。待这个框架的建议被采纳后,再制订3个专业的教学计划,供有关学校参考。

——测量工程技术专业

专业编码:0213。

专业名称:测量工程技术(重点建设专业)。

培养目标:本专业培养测量工程技术的作业人员。

建议修业年限:3～4年。

业务范围:本专业毕业生主要面向国土资源与管理、城建、铁路、公路、水电、地勘、矿山、石油及工程建设等部门,从事控制测量、地形测量、工程测量、地籍测量、房产测量、矿山测量、海

---

① 在项目研究过程中,承担了中等职业教育“测绘类专业划分、专业培养目标与课程设置”论文的起草任务。经过征求有关学校意见,报国土资源部和国家测绘局审阅,送报教育部。被教育部于2000年9月印发的《中等职业学校专业目录》中,在资源环境类中的测绘类专业划分采纳。经国家测绘局国土测绘司科技处同意,项目研究题目不变,培养目标、课程设置等按中等职业教育要求阐述。

② 采用了项目组中等职业教育“测绘类专业划分”的建议。

洋测量等测绘工作。

毕业生应掌握的知识和应具备的技能：

(1)掌握控制测量、地形测量的基本理论知识，能从事城市、工程的大比例尺地形测量的平面与高程控制及测图工作。

(2)掌握测量平差的基本知识与计算方法，能对三角网、导线网、水准网进行平差计算。

(3)掌握 GPS 定位技术，掌握数字化测图技术。

(4)能识读工程设计与施工图，了解施工工程的基本知识。

(5)掌握工程建筑施工放样的基本方法，掌握建构筑物变形观测基本知识和观测方法。

(6)了解地籍测量、房产测量、矿山测量及海洋测量的基本知识和作业方法。

(7)能够熟练地使用计算机进行数据处理和图形的编辑处理。

专业教学的主要课程：地形测量，测量平差基础，控制测量，数字化测图，GPS 定位技术，工程识图，工程概论，工程测量，地籍测量等。

实践教学的主要项目：地形测量实习，控制测量实习，数字化测图实习，GPS 数据采集与后处理实习，工程测量实习，水下地形测量实习，地籍测量实习。

专业方向举例：测量工程技术专业(地籍测量专业方向)，测量工程技术专业(矿山测量专业方向)，测量工程技术专业(房产测量专业方向)等。

——地图制图与地理信息专业

专业编号：0214。

专业名称：地图制图与地理信息。

培养目标：本专业培养地图制图与地理信息系统数据库的操作人员。

建议修业年限：3 年。

业务范围：本专业毕业生主要面向国家与省区测绘系统，以及公安、国土资源、环保、城建、水利、交通、地质勘探等部门，从事地图制图与地理信息系统数据库的数据采集、编录操作等工作。毕业生应掌握的知识和应具备的技能：

(1)掌握地理、地貌的基本知识。

(2)具有一定的美工基础和地图绘制的基本技能。

(3)掌握地图编制的基本原理、基本方法，具有编制普通地图、专题地图和制作立体地图模型的能力。

(4)掌握地理信息系统的基本知识，能进行相关数据的采集、编录等数据库建立与管理等工作。

(5)能熟练地使用计算机进行地图编制与地理信息系统软件的操作。

专业教学的主要课程：地理学，地貌学，地图绘制与整饰，地图编制，数字化制图，地理信息系统基础，地图制印。

实践教学的主要项目：地貌认识实习，普通地图编制实践，专题地图编制实践，地理信息系统软件使用实习，地图制版印刷实习。

专业方向举例：地图制图与地理信息专业(地理信息专业方向)，地图制图与地理信息专业(地图制印专业方向)。

——航空摄影测量专业

专业编号：0215。

专业名称:航空摄影测量。

培养目标:本专业培养航空摄影测量的作业人员。

建议修业年限:3～4年。

业务范围:本专业毕业生主要面向国家与省区测绘部门、大城市、国土资源、环保、农林、水利、铁路与公路勘测等部门,从事航空摄影测量工作。毕业生应掌握的知识和应具备的技能:

(1)掌握地形测量的基本知识和技能,能从事大比例尺地形图测绘工作。

(2)掌握GPS定位技术和航空摄影测量外业相片控制、调绘的作业方法。

(3)掌握摄影与空中摄影的基本知识,具有相片处理和影像质量评定的技能。

(4)掌握航空摄影测量的基本知识与作业方法,能够熟练使用数字摄影测量软件测绘各类数字地图。

(5)了解遥感技术的基本知识及其应用。

(6)具有熟练使用计算机处理图像的基本能力。

专业教学的主要课程:地形测量,GPS定位技术,摄影与空中摄影,基础摄影测量,航空摄影测量外业,解析空中摄影测量,数字摄影测量,遥感技术基础。

实践教学主要项目:地形测量实习,GPS数据采集与处理实习,摄影与相片处理实习,相片控制与外业调绘实习,解析摄影测量实习,数字摄影测量实习。

3)测绘类专业课教学内容改革及教材建设探讨

1990年前后,各学校编写出版了测绘各专业的教材用于教学。这些教材是把测绘的传统技术和现代技术相结合,基本满足了各学校测绘中专教育的需要。现在的任务是由测绘中专教育转向测绘中等职业教育,测绘类的测量工程技术、地图制图与地理信息、航空摄影测量3个专业,其培养目标是相应专业的实用型作业员,与测绘中专培养应用型技术员有所区别。因此,由测绘中专教育转向测绘中等职业教育,专业课教学内容需要进行改革,要编写适应测绘中等职业教育的教材。

(1)中等职业学校测绘类专业课程改革的原则。按教育部颁发的《面向21世纪深化职业教育改革的原则意见》精神,职业教育是在学好必要的基础文化课知识基础上,打好扎实的专业知识基础,要十分重视过硬的职业技能训练;制订达到专业培养目标的教学计划,合理配置基础文化课、专业基础课、专业课和必要的选修课,编制适应培养目标要求、达到业务范围和专业技能标准的课程教学大纲和实习实验大纲,编写相应的专业教材。测绘中等职业教育3个专业的教材,既要反映实用的传统测绘技术,更要重点反映现代测绘与信息技术的数字化测图、全球定位系统、地理信息系统、遥感、全数字摄影测量和计算机地图制图等技术。要转变教育观念,适应测绘中等职业教育要求,搞好课堂理论教学,强调实践教学,加强理论与实践教学指导;坚持以学生为主体,以教师为主导,激发学生学习的积极性,培养较高水平的实用型作业人员。

(2)主要专业课教学内容与教材建设的设想。根据上述测绘中等职业教育的培养目标和课程教学内容改革的原则要求,提出3个专业主要专业课教材内容的设想。

地形测量学(普通测量学)　是测绘类3个专业的专业基础课,是测绘各种常规仪器和现代仪器的基本作业训练、测绘基本计算和基本测图技术训练的课程。主要内容有:地形测量学的基本概念和任务;地形图的概念和用途;经纬仪、水准仪、平板仪等常规仪器与现代仪器测距仪、电子经纬仪、全站仪的基本构造与操作技术;以光电测距导线(包括量距导线)为主,以小三角测量(主要是边角网,线形锁不作重点)为辅的平面图根控制测量;以普通水准测量为主,以间接高程测量为辅的图根高程控制测量；大比例尺纸质测图（大平板仪与测距仪联合测图，全站仪记载测图）的外业与内业技术及其精度要求；数字化测图硬件与软件配置及外业与内业成图的全部作业技术与要求，掌握内外业一体化测绘技术；地图扫描数字化作业技术及其要求等。与测绘中专教材的区别，主要在专业理论内容阐述的深度和广度上，但要特别强调作业能力的培养和训练。

控制测量学（大地测量学）　在地形测量学教学内容的基础上，讲授国家等级平面控制测量和高程控制测量的基本理论、基本技术和外业与内业的操作技能，最后提交合格的控制测量成果。主要内容有：参考椭球面、大地水准面、高斯投影面的基本概念，即控制测量（大地测量）基准面的选择；在国家基本控制下，城市控制网、工程控制网等建立的基本概念和原理；控制测量使用的精密经纬仪、精密水准仪、精密测距仪（全站仪）的构造和使用，并熟练掌握操作技术；三角（边角）测量、精密导线测量的外业选、造、埋、角度观测，精密水准测量；外业观测成果的整理，平面控制测量的概算，为控制网平差计算做好准备；GPS定位测量的概念和基本原理，GPS接收机及其操作使用，GPS数据后处理技术及其成果使用；三角测量与GPS测量相结合控制网在城市和工程控制网建立中的应用等。GPS定位测量可以另设一门课程。在测绘中等职业教育中控制测量学教材的深度与广度应适当掌握。

测量平差　是地形测量、控制测量、工程测量、航空摄影测量等所有测量观测数据处理的理论与计算的基础，是测量工程技术、航空摄影测量等专业的基础技术课。主要讲授测量误差来源与误差传播的基本概念和理论；直接平差、条件平差、间接平差等基本平差方法的原理、平差值计算方法和精度评定的方法；减少手工表格计算，使用计算机利用有关平差程序进行计算和精度评定（不涉及编程问题），掌握使用平差计算程序进行平差计算。

工程测量学　是测量工程技术专业的主干专业课之一。该专业涵盖了原测绘中专的地形测量、工程测量、地籍测量、矿山测量和海洋测量等6个专业，但不能在工程测量学教材中包括上述的全部内容。新编工程测量教材，设想以为工程、工业和建筑工程服务的测量技术为主线，是在学生了解施工图和工程建设基本知识的基础上，包括施工控制网建立、工程和建筑施工放样、工业设备安装、工业和民用管线、路桥工程、现状图与竣工图测绘，以及建构筑物变形观测等方面的测量工作。专业性较强的测量工作，如矿山测量、水工测量、海洋测量等，可以在工程测量教材中有所介绍，根据专业方向的不同，可编写专门教材，单独设置课程进行教学。

地籍测量　在工程测量生产单位，地籍测量工作是经常遇到的，是测量工程技术专业的毕业生必须掌握的专业课之一。该课程应包括：地籍测量的基本知识，地籍调查工作内容，地籍控制测量，地籍图件测绘的要求和方法，地籍资料的整理、管理与更新，以及数字化地籍图测绘等。使学生掌握地籍测量技术，形成地籍测量的作业能力。如果培养地籍测量专业方向应用型人才，其主要专业课要配有土地经济学、土地调查与评价、土地管理学，还应设房地产测量等课程，形成较为完整的土地管理与地籍测量的专业能力。

航空摄影测量教学内容　航空摄影测量是该专业的主干专业课程。传统上将航空摄影测量学分为航空摄影测量外业（控制、调绘、测图）和航测内业（内业成图）。设想，仍将航空摄影测量教学内容分为航测外业和航测内业两大部分，航测外业的作业方法基本上沿用传统方式，教学内容改革变动不会很大，而航测内业的作业方式基本上被数字摄影测量技术所取代，教学内容要有较大的变动。航测内业教材改革的基本思路是，将其教学内容分为《航空摄影测量基础》与《数字摄影测量》两册。《航空摄影测量基础》内容主要包括摄影测量的基本原理、模拟摄影测量的基本思想和作业方法与作业过程；通过该课程的教学，培养学生立体观察、立体测图的基本能力，为后续的《数字摄影测量》的学习打下必要的基础。《数字摄影测量》分为解析摄影测量与数字摄影测量两部分。解析摄影测量是以纯数学的方法，完成从像片到地形图的转换，由于航空摄影测量成图方法已由过去的模拟摄影测量通过解析摄影测量过渡到全数字摄影测量，教材中这部分内容不再像过去以空三加密为主要目的，而是使学生了解解析与数字摄影测量的数学思想和从模拟到数字的转换原理。数字摄影测量教学内容主要包括影像数据的输入、转换调整、DEM采集、DOM生成、等高线生成、景观图生成、测图、截图输出及符号库的操作与修改等。中等职业教育航空摄影测量专业的毕业生，最终是要掌握结合具体的应用软件完成全数字摄影测量成图作业的任务。航空摄影测量专业应开设遥感技术课程和地理信息系统课程。

地图制图教学内容　由于计算机制图技术的发展，手工绘图和编图基本上不再用于生产作业。作为地图制图与地理信息专业，应使学生了解和掌握地图制图的基本概念、基本理论与基本技术，因此应设“地图制图基础”这门课程。地图投影、普通地图编绘和专题地图编绘的理论、方法及应用，仍然是作业人员必须掌握的知识和能力，应单独设课，进行必要的手工作业训练。本专业的主干课是数字化制图（计算机地图制图）和地理信息系统技术。目前适用于测绘中等职业教育的这类教材，需要根据培养目标和业务要求进行编写。训练毕业生熟练掌握这两门技术，才能上岗作业，达到本专业的培养目标。

计算机技术在测绘工程中应用　应该作为测绘类各专业的重要基础技术课开设。在讲授计算机技术的基本知识基础上，掌握其基本操作技术，运用平差计算软件进行平差计算，掌握数据库、计算机图形处理和图像处理技术及计算机成图技术等。由于专业的不同，要求掌握上述技术种类和水平也有所不同。

公共专业基础技术课的处理　测量工程技术与航空摄影测量专业的地理信息系统概论课，主要介绍地理信息系统的基本知识，硬件与软件的配置，及其在测绘与信息工程技术、国民经济与社会发展中的应用等。测量工程技术专业的航空摄影测量课，在介绍航空摄影测量的传统技术与现代技术基础上，重点介绍航测外业的作业原理、作业内容和方法，以适应航空摄影测量综合法成图在工程测量中应用的需要。地图制图与地理信息专业的航空摄影测量教学内容，在介绍航空摄影测量基础知识基础上，重点介绍航空摄影测量现代技术及其作业方法，以便与计算机地图制图技术相衔接。各专业共同专业基础技术课教材，需要另行编写，以适应教学的需要。

（3）教材建设中应注意的问题。①避免不必要的重复。注意在《地形测量学》中介绍的内容，如测量基准面的选择、坐标系、高程系、角度观测方法、水准测量方法、一般测量计算方法等，在《控制测量学》、《工程测量学》和《地籍测量》等教材中不必重复。相同或相近的作业技术内容，按教材使用的先后次序，有一个明确的分工。不同专业的相同专业基础课教材按课程教学大纲要求编写，保证教学的需要。②教材编写中强调“一切依据规范”的概念，各种测量观测成果都要符合该成果的测量规范的精度要求，在教材的实践操作部分应加入这方面的内容。③教学内容的作业方法要与测量生产实际相结合，体现测绘职业技术教育教材的应用性、时效性。对测绘信息技术新进展、新仪器、新方法也应作一定的介绍，体现出教学内容的先进性。④测绘中等职业技术教育是培养测绘各专业的实用型作业人员，与测绘中专教育培养中等技术人员是有一定差别的。如何在各专业教材编写的取材、深度与广度、理论阐述与实践作业的要求上体现出这种差别，有待于在编写教材的实践中深入研究。

(4)加强职业技能训练。测绘中等职业教育的毕业生应具有比较熟练的职业技能，具有一定的创新精神和创业能力。达到这样的目标，必须在工程实践中加强动手能力训练，这是中等职业技术教育的特点之一。为此，将测绘各专业的主要专业课和专业基础课的总课时数、课堂实习课时数、课程结业实习的周数列入表1.68之中。供编写专业教材和制定专业教学计划参考。

表1.68　主要专业基础课与专业课教学实习及结业实习时间配置

课程名称	适用专业	总课时	实习课时	结业实习时间(周)	说　明
地形测量(普通测量)	各专业	120～160	40～60	3～5	地图制图与地理信息专业可取下限
控制测量	测量工程技术、航空摄影测量	120～160	40～60	3～5	航空摄影测量专业可取下限
GPS定位技术	测量工程技术、航空摄影测量	40～60	10～20	1～2	航空摄影测量专业可取下限
数字化测图	测量工程技术、航空摄影测量	60～80	20～30	2～3	航空摄影测量专业可取下限
工程测量	测量工程技术、航空摄影测量	100～140	30～40	3～4	航空摄影测量专业可取下限
地籍测绘	测量工程技术、航空摄影测量	90	30	2～3	不包括数字化地籍测绘
航空摄影测量基础	航空摄影测量	140	40		可不安排结业实习
航空摄影测量外业	航空摄影测量	140	40	5	结业实习可以和毕业综合实习合并
解析与数字摄影测量内业	航空摄影测量	140	40	6	结业实习可以和毕业综合实习合并
航空摄影测量	非航空摄影测量专业	80～90	20～30	2～3	地图制图与地理信息专业以内业为主，测量工程技术专业以外业为主
地图制图基础	地图制图与地理信息	180	80		可不安排结业实习
专题地图编制	地图制图与地理信息	80	30	1～2	结业实习可以与毕业实习合并
数字化制图	地图制图与地理信息	100	40	1～2	结业实习可以与毕业实习合并
GIS应用技术	地图制图与地理信息、航空摄影测量	60～80	20～30	1～2	航空摄影测量专业可取下限
计算机基础	各专业	120	50～60		不安排结业实习
计算机应用	各专业	40～80	10～30	1～2	不同专业根据需要安排时间和内容

4)测绘类各专业实验室建设方案

根据现代测绘仪器和技术水平，考虑专业培养目标的要求，列出了测绘各专业的实验室主要仪器设备。

——测量工程技术专业实验室

(1)普通测量实验室仪器设备。①普通经纬仪(J_6级)及测角附件；②普通水准仪(S_3级)及水准测量工具；③大平板仪及测图附件与工具等；④距离丈量用的钢卷尺及量距工具；⑤条件允许时配备测距仪或全站仪，使图根控制测量与测图作业现代化。

(2)工程测量实验室仪器设备。①工程控制网与精密工程放样仪器有：J_2级经纬仪，全站仪，S_3级水准仪等；②工程所用特种仪器设备：测深仪，激光经纬仪，激光铅直仪，激光扫平仪，陀螺经纬仪，六分仪，管线探测仪，近景摄影测量成套仪器，手持式测距仪等。

(3)控制测量实验室仪器设备。①高精度经纬仪：T_3与T_2类型的经纬仪，电子经纬仪；②测距仪及全站仪；③高精度水准仪：$S_{0.5}$级水准仪(电子水准仪)，S_1级水准仪(Ni007类型)；④GPS接收机(单频、双频静态及实时动态的RTK GPS接收机设备)。

(4)内外业一体化测图实验室仪器设备。①数字化测图仪器：全站仪，便携式计算机，有关的数字测图软件，采集数据内业处理所用计算机，自动绘图仪等；②地图数字化仪器设备：数字化仪，扫描仪，有关的数字化软件如矢量化软件等；③附有各种外业与内业测量一体化作业专业软件的袖珍计算机、电子手簿和掌上电脑等设备。

——航空摄影测量专业实验室

(1)摄影与摄影处理实验室仪器设备。照相机(光学机械型)，显影罐，印相机，紫光印相机，上光机，密度分割仪，放大机，显影、定影盘，截切刀，天平等有关工具。

(2)基础摄影测量实验室仪器设备。①纠正与镶嵌仪器和设备：纠正仪，压平玻璃，纸镇，100 cm 钢尺，手术刀及橡胶滚等；②立体测图仪器设备：多倍仪，精密立体测图仪，绘图仪，解析测图仪(带解析空三加密软件)，正射投影仪等。

(3)数字摄影测量实验室仪器设备。SGI 工作站，$P_{Ⅲ}$ 以上计算机，普通扫描仪，航片扫描仪，Photo 型彩喷(A3 幅面)，能满足打样图需要的滚筒式彩喷，200 万像素数码相机，600 万像素数码相机，过塑机，影像库光盘若干；图像处理与测图软件：Photoshop、"我形我速"等图像处理软件，测图软件(JX_{4A}、VirtuoZo NT 等)，自动空三加密软件，DEM、DOM 生成与多影像无缝镶嵌软件，影像配准软件，城市三维测量软件，地图编辑软件等。

(4)航测外业实验室仪器设备。航测综合法成图外业的像片控制测量、像片调绘和测图使用的测量仪器(与控制测量及地形测量使用的仪器相同)；航空像片(至少含 3 条航线，每条航线 5 片以上)刺点、调绘、清绘等有关工具。

——地图制图与地理信息专业实验室

(1)普通制图实验室仪器设备。常用刻图仪器，绘(刻)图桌，绘图所用方眼尺，常用绘图工具及地图制图、地图编绘、地图整饰的有关资料。

(2)数字化制图实验室仪器设备。①计算机：教师所用微机($P_{Ⅳ1000}$/256M/40G/17″)，学生所用微机($P_{Ⅲ800}$/128M/10G/17″以上)；②制图及有关软件：MapGIS，网络版，AutoCAD，Photoshop，Corel DRAW 等；③绘图等仪器：A0 幅面黑白扫描仪，A4 幅面彩色扫描仪等；④实验室计算机连接局域网，有关软件及时更新换代。

(3)地理信息系统实验室仪器设备。图形工作站，微机($P_{Ⅲ800}$/128M/20G/17″)；有关软件：MapInfo，ARC/INFO，MapGIS，可按需要选用其他软件；扫描仪、绘图仪等可与数字化地图实验室共用；计算机连接局域网。

——外业实习场地建设

测量工程技术专业的外业实习场地，需要具备：①进行三四等三角(边角)测量、GPS 定位、精密导线测量、各等级水准测量的条件(有国家平面与高程控制点供联测使用)；②进行大比例尺地形测图的条件；③进行施工控制网的建立和施工测量的条件(路线测量等)；④进行地籍测量的条件；⑤进行地貌实习的条件；⑥实习场地应有山、河流、交通线路、少量居民区等地形地物和现成的航片；⑦具备教学、食舍、交通和必要的活动条件，成为长久性的实习基地。施工测量、建构筑物变形观测等，与有关单位合作另建立实习场地。

航空摄影测量外业实习，可利用实习场地的航片进行控制联测、调绘和测图实习。地图制图与地理信息专业利用实习场地进行地貌认识实习。

5)测绘类专业学生综合素质培养的研究

测绘类中等职业教育毕业生(中专毕业生)应具有哪些素质，如何进行素质教育，怎样评价素质教育成果，学校应结合测绘用人单位对毕业生的素质要求和学校多年教育工作经验，提出学生素质教育的基本框架。

(1)测绘中等职业教育毕业生的综合素质。①掌握扎实的专业知识基础和良好的专业技能，胜任专业岗位工作和具备一定的相关专业工作能力，有以专业技术为社会主义现代化建设服务的理想和信念，具有稳定的专业思想和献身精神。②有一定的分析问题与理论联系实际解决具体技术问题的能力，努力学习，钻研技术，具有一定的自学能力、创新意识和创业能力，有适应岗位变化和继续深造学习的能力。③有助人为乐、团结协作、虚心学习的良好品德，有不怕困难、知难而上、严谨敬业的优良作风和科研态度。④掌握马克思列宁主义、毛泽东思想、邓小平理论的基本知识和“三个代表”重要思想，树立科学的世界观、人生观和价值观，有社会主义民主和法治观念，组织性和纪律性强。⑤具有一定的哲学、经济学、文学、艺术等社会科学知识和修养，有一定的参与社会交往和服务的能力，具有分辨是非的判断力，能抵制错误思想和言行。⑥具有语言、文字的表达能力，在群体中有一定的亲和力，有稳定的心理素质和健康的体魄。

(2)培养学生综合素质的措施。在学校党委领导下，由负责学生思想政治工作的副书记和教务副校长牵头，组建学生工作委员会，成立学生工作处，全面负责学生思想政治工作，组织政治理论、德育和时事政策教育，负责学生管理工作。全面推行素质教育的具体措施主要有：①设班主任与班级辅导员(选择副科职以上干部担任)，实行班级学生工作负责制，指导班级团支部和班委会工作，搞好班级学生思想政治工作。②通过政治理论课、德育课和时事政策教育课，使学生掌握马列主义、毛泽东思想、邓小平理论及“三个代表”重要思想，增强爱国主义、集体主义和社会主义思想观念，确立正确的世界观、人生观和价值观，提高社会主义民主和法制观念，提高道德素质。③进行学好测绘技术为祖国社会主义现代化建设服务的思想教育，把培养认真负责、实事求是的科学态度、努力钻研技术、创新意识等优良品质教育，贯穿到教学的全过程；体现以学生为主体、以教师为主导的教学观念，发挥教书育人、管理育人和服务育人的整体作用，培养合格的较高水平的毕业生。④充分利用课堂实习、教学实习和毕业实习(生产实习)有利时机，对学生进行爱护国家财产和仪器设备的教育，在作业中培养认真负责、遵守规范和严谨的科学态度，在实习小组的集体作业中培养团结协作、互相支持的集体主义思想，培养严肃认真和质量第一的观念，在工程实践中造就思想好、作风硬、肯吃苦、勇挑重担的测绘技术作业员的优良品质。⑤对学生进行树立远大理想的教育。介绍在岗毕业生先进事迹和优异成绩，使学生学有榜样，增强成才的信心，树立良好的学风和校风。⑥加强共青团的思想建设和组织建设，发挥共青团员在学生中的模范带头作用。开展“学雷锋，创三好”活动，培养优秀团员、优秀学生干部。⑦学校党委在学生中开展党建工作，组织学生业余党校，对要求入党的先进青年进行党章、党的基本知识和党员先进模范带头作用的教育，进行党史教育。对积极要求入党的先进青年学生进行考核，把符合党员标准的青年学生吸收入党。⑧发挥共青团和学生会在组织第二课堂、校园文化体育活动和精神文明建设活动的积极作用，组织学生参加校园人文社科、文学艺术、文娱体育等各种竞赛活动，增长才干，陶冶情操。组织学生参加社会“志愿者”、“三下乡”活动，使教育与社会实践相结合，深入了解国情，增强学生热爱祖国、服务社会的责任感，培养“四有”新人。

(3)关于学生素质的评价。毕业生综合能力评价的主要项目：①专业生技术综合能力。主要以各学年的各门课程的考试成绩、毕业考试成绩、教学实习和毕业实习(毕业设计)的成绩与评语，以及毕业时获得的毕业证书和职业技能证书的等级来评价。②组织协调与社会活动能力。以平时参与班级、团支部、校级组织活动能力的表现，在教学实习、毕业实习、社会活动中的表现与取得成果的水平来定性评价。③思想作风和政治态度的表现。通过政治理论课、德育课、时事政策、法律课的学习态度和成绩，参加社会活动和精神文明建设活动的表现，党团员的先锋模范作用，获得各种奖励的成绩等，进行综合评价。④综合表达能力。通过语言交流，撰写论文和文学作品，参加文化艺术活动和参加社会宣传活动等，进行综合评价。⑤心理素质与健康素质。通过集体活动和实习小组集体作业中团结互助的表现，开展批评与自我批评的态度，处理集体利益与个人利益的关系，遵守纪律和关心集体等表现，来综合评价心理素质；以体育运动考试或考查的成绩，参加体育运动的特长和运动水平，体育运动获奖情况等，来综合评价学生的健康素质。

(4)素质教育成绩的评价方法。①开展学生自我评价。按学校制定的素质教育综合能力评价项目和标准，让学生进行自我评价，并总结出自己的优点和不足，明确个人的努力方向，获得继续努力的动力。②由任课教师和有关管理教师，按综合能力评价项目和标准对学生进行评价；由班主任考虑各方评价意见，进行综合归纳，确定对学生的综合能力评价。③实行社会评价。建立毕业生信息反馈制度，与用人单位建立协作关系。请用人单位填写毕业生素质和综合能力表现评价表，征求对学校教学工作和学生思想政治工作的建议和意见。

6)项目研究的实践效果

1999年5月，“中等测绘专业人才培养模式的研究与实践”被国家测绘局批准列入测绘科技发展基金项目。1999年7月项目研究正式启动，2001年9月完成项目5个专题研究。学校在项目研究过程中，边出研究成果边实践，取得的主要实践成果有以下各项。

(1)“中等职业教育测绘类专业划分”被教育部采纳。本项目研究的第一个专题“中等测绘职业教育专业的划分”、第二个专题“中等职业学校测绘类专业培养目标与课程设置”的研究成果，被教育部有关部门采纳，作为测绘类专业划分的依据。在2000年9月，教育部印发的《中等职业学校专业目录》中，将测量工程技术、地图制图与地理信息、航空摄影测量3个专业列入资源环境类，并将测量工程技术专业定为重点建设专业。

(2)项目研究第三个专题“测绘类专业课程教学内容改革及教材建设探讨”的实践成果。根据中等职业教育测绘类专业课程改革的原则、主要专业课教学内容与教材建设的设想，已编写出的教材有：《地形测量学》，“九五”规划教材，由测绘科技专著基金资助，测绘出版社于2001年9月出版；《数字测图(内外业一体化)》，由测绘科技专著基金资助，测绘出版社于2001年9月出版；《测量平差基础》，经全国高等学校测绘类教学指导委员会审定，由哈尔滨地图出版社于2001年8月出版；《控制测量》、《工程测量》、《地图制图基础》和《航空摄影测量基础》等教材正在修改完善之中准备出版；《GPS定位技术》、《计算机辅助地图制图》、《数字摄影测量》等教材，已印出内部教材正在试用，待修改完善后再行出版。

(3)建立起现代仪器设备的重点实验室。根据项目研究第四个专题提出的“测绘类各专业实验室建设方案”，建起了按150人3个班学生配备的测量工程技术专业的4个实验室；按50人1个班学生配备的航空摄影测量专业4个实验室；按50人1个班配备的地图制图与地理信息专业3个实验室。到1999年底，重点建成了用现代测绘仪器与信息技术设备装备起来的内外业一体化测图实验室、全数字摄影测量实验室和数字化制图与地理信息实验室，使各专业课实验室的配套效应达到较高的水平，满足测绘中专与中等职业教育动手能力培养的需要。学校的基础课实验室按工程类中等专业学校教学需要装备起来，使教学计划中规定的各学科试验开出率达到100%。对学校的野外实习基地加强管理，保证各项实习按计划进行，为师生提供实习中的学习和生活条件的保障，发挥实习基地培养学生专业操作能力的作用。

(4)学生综合素质培养的实施。本项目研究第五个专题“测绘类专业学生综合素质培养的研究”，是按《关于全面推进素质教育、深化中等职业教育教学改革的意见》中有关学生综合素质培养的经验，提出综合素质教育的框架。“九五”期间学校的教学工作和学生思想政治工作就是按综合素质培养框架全面推进的。取得的教育效果，集中体现在 2001 年测绘各专业毕业生、在 2000 年 12 月“毕业生供需洽谈会”上，毕业生就业合同签约率达 90%，毕业生受到用人单位广泛欢迎。

“中等测绘专业人才培养模式的研究与实践”项目研究成果，为设测绘类专业的中等职业学校，提供了有实用价值的专业建设和组织教学工作的参考资料。本项目研究成果，是郑州测绘学校建校以来承担最重要的省部级测绘教育科研成果。2002 年通过国家测绘局验收，2003 年获得全国测绘科技进步三等奖。

5. 发挥学校办学潜力开展测绘职业技术培训与鉴定工作

1)建立测绘职业技能鉴定站

经国家测绘局同意，学校向国家劳动与社会保障部申请测绘职业技能鉴定资格。2001 年 7 月 31 日，国家劳动与社会保障部批复(劳社培就司函〔2001〕53 号)，同意在郑州测绘学校设立测绘行业特有工种职业技能鉴定站，授予学校测绘职业技能鉴定资格。学校对本校学生和各测绘生产单位的技术工人进行测绘职业技能培训和职业技能鉴定，合格者颁发职业技能合格证书。不仅有利于学校推行毕业生“双证制”，也为各测绘生产单位技术工人的技术培训和职业技能鉴定创造了条件。同时，加强了学校与测绘单位联系和合作，提高了学校在测绘生产单位的影响力。

2)承担测绘职业技能培训教材的编写任务

国家测绘局人事教育劳动司、职业技能鉴定指导中心决定，组织编写测绘类职业技能培训教材。2000 年 4 月，将这项任务交给“中等测绘专业人才培养模式的研究与实践”项目组完成。根据要求，项目组对测绘类的测量基础(地形测量)、大地测量、工程测量、地籍测量、航空摄影测量、地图制图 6 个工种职业技能培训教材编写大纲进行论证，落实了教材编写任务。各种培训教材的主要内容与适应工种简介如下。

测量基础　主要包括：测量学基础知识，大地椭球面与参考椭球面概念，高斯投影概念，测量坐标系；地形图分幅编号；测量上常用角度、长度、面积等度量单位；程序型计算器的使用，测量仪器及其使用、保养和检校；普通经纬仪与角度测量，普通水准仪与水准测量，钢尺量距，视距测量，电磁波测距仪与测距，全站仪的作业技术；测量误差基本知识，等精度与不等精度观测，精度评定，误差传播定律概念；平面控制测量，三角高程测量，电磁波测距导线测量，平板仪测量；大比例尺地形图测绘，内外业一体化数字地形图测绘；测绘资料的保密。本教材适用于地形测量与其他测量工种的基础技术培训。

工程测量　本教材包括工程控制测量与工程施工测量两部分。主要有：精密经纬仪、精密水准仪及全站仪；工程平面控制测量与高程控制测量及其平差计算；特种施工测量仪器激光经纬仪、激光铅直仪、激光扫平仪和陀螺经纬仪；施工放样与设备安装测量，线路工程测量，地面与地下管线测量，工业与建筑工程测量，水工测量，水下地形测量，矿山测量，建构筑物变形测量等。本教材适用于工程控制测量工与工程测量工。

地籍测量　主要内容有：土地管理基本知识；航空摄影测量基本知识；地籍要素调查；地籍平面与高程控制测量；地籍要素测量，地籍图测绘，面积量算；数字化地籍图测绘等。本教材适用于地籍测绘工。

大地测量　本教材包括三角测量、水准测量、GPS 测量三大部分，主要内容有：选点、造标、埋石，国家等级的三角测量与精密导线测量、高程测量；控制测量成果的概算；GPS 定位测量等。本教材适用于三角测量工、水准测量工和GPS测量工。

航空摄影测量　本教材分航外控制测量、航外调绘和航内立体测图三大部分，主要内容有：像片控制测量，像片判读、调绘与测图及航内立体测图等。本教材适用于航测外业控制测量工及航外调绘工。

地图制图　本教材分普通地图制图和数字化地图制图两部分。主要内容有：地图清绘，地图制图数学基础；地图编绘，专题地图编绘；地图印刷；计算机基础知识；数字化地图制图；地理信息系统。本教材适用于地图清绘工和数字化制图工。

以上6种测绘职业技能培训教材，涵盖了《国家职业技能鉴定规范》中测绘行业19个工种的12个主要工种。其余7个工种，如航测内业照相、加密、地图编绘、测绘仪器修理等工种，人数相对较少，暂时未编写培训教材。上述6种培训教材，由项目研究组成员分工担任主编、副主编和执行主编与编辑。到2001年6月，《测量基础》、《工程测量》、《地籍测量》和《地图制图》4本教材，已由哈尔滨地图出版社出版。当年全国已有19个省测绘单位使用这些教材，对4 000余人进行测绘职业技能培训。其余2种教材已基本脱稿，正在加工编辑之中。

3)成立国家测绘局测绘职业技术教育培训基地

国家测绘局决定在学校建立国家测绘局测绘职业技术教育培训基地。2002年10月12日，国家测绘局副局长常志海、财务司司长李永雄、人事司副司长刘小波，以及河南省国土厅、测绘局有关领导，出席了国家测绘局测绘职业技术教育培训基地成立和挂牌仪式。常副局长指出，国家测绘局将郑州测绘学校作为全国测绘大系统中的一员，密切关注学校的建设和发展，和郑州测绘学校共建测绘职业技术教育培训基地，是国家测绘局人才战略的重要组成部分。按照国家测绘局的要求，培训基地的主要任务是：为测绘生产一线培养和输送掌握现代测绘技术的中等专业技术人才，承担测绘生产作业人员的专业技术培训及岗位培训，开展测绘成人教育与职业技能鉴定培训等。

1995年国家测绘局批准在学校设武汉测绘科技大学函授辅导站，到2000年已经运作了5年。学校设专人负责函授教学管理、学员管理，利用学校设备和教师资源承担部分教学任务，为函授站在郑州市和河南省的教学工作作出了贡献。由于教学与学员管理和教学质量较高，函授站被评为先进函授站，王继正同志被评为“成人教育先进工作者”。

6. 建设高水平的师资队伍

从1982年招生到1995年，经过了近15年的测绘中专教育实践，讲师以上职称的教师已从1985年占全校教师的44.6%上升到73.0%，形成了以“双师型”教师为主体的师资队伍。“九五”期间进一步提高高级职称教师的比例，主要做法如下。

1)提高教师的学识水平和专业技术水平

根据新制订的各专业教学计划中课程设置和教学内容改革的需要，选派专业教师到测绘高等院校进修，学习现代测绘和信息科学的新理论与新技术，提高专业学术水平。学校与武汉测绘科技大学于2000年联合举办“测绘科学与技术研究生班”，有23名教师参加学习，其中大部分教师攻读硕士学位，逐步改变教师的学历结构。为提高教师的专业技术水平，有计划地派教师到各省测绘局的测绘院和各业务部门的生产单位，进行调查研究或参加作业。加强教师与生产单位的联系，使学校的理论教学和实践教学与测绘生产单位的岗位技术要求相一致。

2)重视提高教师的理论教学与实践教学能力

加强教学管理与教学督导，发挥各教学部的教学组织与管理的作用，强调提高教师理论教学与实践教学质量。组织教学部内部和全校性的观摩教学，组织典型课教学竞赛，以及评教评学活动，把教师的主要精力吸引到搞好教学提高教学质量上。执行《教学工作量和超课时酬金发放规定》，鼓励教师多上课、上好课。按《教师年度工作业绩评价办法》对教师一年的各方面教学工作给予评价；按《先进教师评选条件》评选学校的先进教师进行表彰。"九五"期间，贾承清被评为国家测绘局优秀教育工作者、全国"测绘奖章"获得者；茹良勤被评为国家测绘局系统优秀教育工作者、郑州市优秀共产党员、郑州市优秀教师和获郑州市优秀青年教师园丁奖；杨国清获河南省优秀教师、郑州市优秀教师称号；李骏元获郑州市杰出青年教师园丁奖；徐家荣被评为郑州市优秀教师；王军德被评为郑州市教委先进教育工作者；宋巧玲、杨国清、郑建成、王秀杰、黄勇、聂晓霞等多名教师获得全国、河南省的中专与中职教师讲课竞赛、教案评比、教学优秀论文等单项竞赛优胜奖。

3)鼓励教师开展教学科研与教改实践活动

"九五"期间，对于"普通中等专业学校测绘类部分专业教学计划研究"，除作者外，有许多专业教学部负责人和专业教师参加5种新教学计划的编制、各门课程教学大纲和实践教学大纲的拟定等大量工作，有利于测绘中专教育质量的提高。

开展"关于发展我国测绘高等职业教育的探讨"研究，提高了教师对高等职业教育在国民经济建设和社会发展中的地位与作用、性质与培养目标，以及建设高等职业教育院校的办法与政策的认识，为学校由测绘中专教育向高等职业教育发展做了思想准备。

承担国家测绘局1999年测绘科技发展基金项目"中等测绘专业人才培养模式的研究与实践"任务，以校长为首，有校级、中层专业干部和专业教师11人作为项目研究组成员，还有一些校级、中层干部和专业教师参加项目调研与研究的工作，以及项目研究所涉及的专业教材编写等工作。在60余位专业教师中有近半数教师参与5个专题研究工作，是学校20年来进行的中等测绘专业人才培养理论研究和实践参加人数最多教学改革活动。中等测绘职业教育研究的部分成果被教育部采用，研究成果的实践推动了学校由测绘中专教育向中等职业教育转变。

4)鼓励教师编写教材与开展专业科研活动

从1982年招生开学以来到1995年近15年中，累计编写各专业教材和基础课教材40余种，专业教材的覆盖面达90%，"九五"期间编写出版了一些测绘新技术教材和基础课教材。例如：1999年由中国大地出版社出版的《航空摄影测量与遥感应用技术基础》(李玉潮)、《村镇规划》(李雅麟)，1997年河南科学技术出版社出版的《物理》(王秀杰)，1998年气象出版社出版的《化学》(郑建成、姜丰梅)，2000年气象出版社出版的《化学》(郑建成)等。"中等测绘专业人才培养模式的研究与实践"项目研究中，以项目研究组成员为主编写出版的测绘类专业《地形测量学》、《数字测图(内外业一体化)》、《测量平差基础》等10种主干教材；为国家测绘局职业技能鉴定指导中心编写出版了测绘职业技能培训教材。"九五"期间，在90余人教师中有80余人次参加各种基础课和专业课教材的编写出版工作。

在教师学识和科研水平不断提高的基础上，积极开展基础学科、专业学科的科研活动，写出大量的专题论文与科研成果论文。其中，在公开出版发行的刊物(CN编号的刊物)上刊出了如"方位投影切与割变形特征探讨"、"测绘中专教育面临着挑战与对策"、"RTK GPS用于森林资源固定样地调查研究"等如表1.69所列的部分论文，在一定程度上代表了学校基础课与专业课教师的科研能力和学识水平。

表 1.69　1996－2000 年公开刊物上发表的部分论文

序号	论文名称	作者	刊物名称	时间
1	方位投影切与割变形特征探讨	张顺卿	地图	1996
2	德国的环境机构与环境状况	贾刚达	中州环境	1996
3	效率优先,兼顾公平	黄秀荣	中州纵横	1996
4	1980 年国家大地坐标系与地形图数学基础变换	张顺卿	中国科学技术文库	1997
5	F0-17 自动送 α、β 机构微机控制系统的设计与实践	刘　霞	河南电子技术	1997
6	微机在焊接系统中的应用	刘　霞	河南电子技术	1997
7	测量学教改的一点看法	赵长安	测绘信息与工程	1998
8	浅谈情绪对田径全能运动比赛的影响	王成乐	高校田径	1998
9	单拉伸 PET 模的熔融与结晶的研究	姜丰梅	郑州大学学报	1998
10	用于世界地图的椭圆双曲线椭圆	张顺卿	地图	1999
11	论教师自身素养提高的重要性	聂晓霞	美与时代	1999
12	体育教学改革研究	高国印	河南大学学报	1999
13	测绘中专教育面临的挑战与对策	李玉潮	中国测绘	1999
14	RTK GPS 用于森林资源固定样地调查研究	郭学林	林业资源研究	2000
15	积累——创造	钟　琼	航空普教	2000

5)创造条件鼓励教师参加学术交流活动

学校为教师参加各种学术交流活动创造条件。有 60 余名专业教师为河南省测绘学会会员,学校是中国测绘学会的团集会员。有 10 余名教师分别担任中国测绘学会理事、测绘教育委员会副主任,国土资源部职业教育指导委员会委员,河南省测绘学会副理事长、大地测量专业委员会主任(挂靠单位)、航测遥感专业委员会副主任、测绘教育委员会委员、科普委员会委员和测绘咨询委员会委员等职务。组织教师参加中国测绘学会和河南省测绘学会的学术交流活动。"测绘职业教育方向的探讨"论文,于 2000 年 12 月在香港召开的"第三届海峡两岸测绘发展研讨会"上宣读并收入大会论文集。组织教师参加郑州市、河南省和全国的测绘教育教学讲课竞赛、中专基础课讲课竞赛、中专教案评比竞赛等活动,取得良好的成绩。学校是河南省测绘学会学术活动先进单位,在河南省和郑州市的测绘界有一定的影响。在国家测绘局支持下,学校选派 5 名优秀教师到国外进行学术交流和专业进修,了解国际测绘技术与测绘教育的发展水平,学习先进的专业技术。

到 2000 年学校教师队伍建设已走过近 20 年的历程,师资队伍逐步成长起来。表 1.70 列出了学校教职工、教师、专业教师和实验教师的变化情况。教师保持 100 人以内,高级职称和中级职称教师有明显的增加趋势。2000 年具有高级职称的教师占教师总数的 29.8%,中级职称教师占 48.9%,两者合计中级以上职称的教师占 78.7%,超过国家级重点中专对教师职称结构的要求(超过了初建高等职业院校应具有副高职以上技术职称教师不低于教师 20%,建校 4 年内应内达到不低于 25%的要求)。有了这样高水平的师资队伍,是培养合格较高水平测绘中专毕业生的基本保证,是实现"以质量求生存,以发展求效益"办学理念的基础。学校已经具备从测绘中专教育向高等职业教育发展的师资条件。

表 1.70　教职工人数、教师与实验教师职称变化统计

类别/人数 时间	教职工总数	教师人数										实验教师人数					说明
		教师总数	高级职称			中级职称			初级职称		专业教师人数	实验教师人数	高级高师	中级中师	初级助师	实验员	
			高讲	高工	%	讲师	工程师	%	助讲	%							
1985	183	83	1		1.2	33	3	43.4	46	55.4	60	10		6	3	1	
1987	206	99	7	4	11.1	37	3	40.4	48	48.5	69	11	1	6	3	1	
1990	205	91	9	3	13.2	36	3	42.8	40	44.0	65	11	2	4	3	2	
1995	195	100	16		16.0	52	5	57.0	27	27.0	69	8	1	5	1	1	
2000	171	94	27	1	29.8	43	3	48.9	20	21.3	59	8		3	5		

7. 全面推进素质教育培养较高水平的测绘中专毕业生

"九五"期间，学校全面贯彻党的教育方针，以教学为中心，全面推进素质教育，以培养学生创新精神和实践能力为重点，使学生德、智、体、美全面发展，成为较高水平的测绘中专毕业生。要求教师树立思想政治素质是最重要素质的观念。对学生进行爱国主义、集体主义和社会主义教育，培养学生团结协作精神、社会责任感、敬业精神和职业道德观念；在市场经济条件下培养创新精神、自主就业和艰苦创业的能力。为培养综合素质较高的毕业生，学校一直把学生思想政治工作摆在学校一切工作之首的位置。按"测绘类专业学生综合素质培养的研究"中提出的"培养学生综合素质的实施办法、关于学生素质的评价、素质教育成绩的评价方法"开展全面素质教育，取得很好的效果。

做好毕业生就业指导工作。由于学校与各省测绘局系统和各业务部门测绘单位保持联系，往届毕业生在用人单位有良好的表现，毕业生就业机会的社会基础较好。由招生与就业指导办公室与各专业教学部协作，指导学生根据自己主观条件与客观需求合理选择就业方向，争取较高的就业率。2000年12月学校组织的"2001届毕业生供需洽谈会"，有40多家测绘生产和管理单位与会，测绘各专业毕业生的签约就业率达96%。2001年12月召开的"2002届毕业生供需洽谈会"，有50余家测绘单位参加，各专业毕业生的总量供不应求。高水平的就业率提高了郑州测绘学校办学声誉和社会影响力。学校获得由省人事厅、教育厅、劳动与社会保障厅和省经济贸易委员会联合表彰的"河南省职业教育先进集体"称号，并获得"1999－2002年河南省大中专毕业生就业工作'促进毕业生就业'工作优秀单位"奖励；学校招生与就业指导办公室主任赖学军获"河南省大中专毕业生就业工作先进工作者"奖励。

学校推行全面素质教育，贯彻"思想政治素质是最重要的素质"精神，每年召开思想政治工作会议，进行经验交流，明确阶段性的工作任务和努力目标，表彰先进，把全面推进素质落到实处。执行《郑州测绘学校思想政治工作目标责任制》，使学生思想政治工作规范化和责任化。学生工作处在学校领导下组织协调学生思想政治工作和负责学生全面管理工作成绩突出，1996年被国家测绘局评为教学管理工作先进单位。

8. 加强学校领导班子和干部队伍建设提高办学效益

学校实行党委领导下的校长负责制，党政分工协作。为加强党政领导班子勤政廉政建设，实行学校重要决策规范化和程序化，党委制定《干部选拔任命工作程序暂行规定》、《党风廉政责任制实施办法(暂行)》、《工程招标及设备购置工作程序暂行规定》等规章制度，强化了各级负责干部的服务意识、责任意识、全局意识和法制观念。学校中层党政和教学管理干部的选拔和任用，按《郑州测绘学校人事管理制度改革暂行方案》执行，实行定编、定岗、定职、定责，通过民主程序、组织考核实行聘任制。聘任的干部群众满意，干部本人工作积极性高、责任心强、工作效率高。为提高领导班子成员和中层干部党的教育方针政策和学校管理水平，党委每年举办两次副科级以上干部政治理论学习班。学习《中共中央关于教育体制改革的决定》和《中国教育改革与发展纲要》两个文件中，有关教育体制改革与结构调整和发展职业教育的方针政策论述。学习《中华人民共和国职业教育法》，明确我国中等职业教育和高等职业教育的地位、作用和任务；明确中等专业学校在中等职业教育中的骨干作用，以及重点中等专业学校通过"三改一补"升格建立高等职业教育的方针政策。通过领导干部的思想统一、步调一致，带动全校教职工和学生以教学为中心，全面提高教学质量，为建成国家级重点中等专业学校而努力。

为发动全校教职工关心学校的建设和发展、对学校的重要决策发扬民主和进行监督、集中教职工的智慧办好学校，在党委领导下，通过工会每年召开一次“教代会”，审议“学校工作报告”、“学校财务工作报告”及“工会工作报告”，对学校出台的重大举措进行评议，对教职工切身利益的重要决定征求意见，对副科级以上干部进行评议等。做到了校务公开、住房分配公开、招生工作公开、职称评定公开和推荐评选先进公开，发挥了教职工关心学校工作的积极性，促进各级各部门负责干部增强了责任心和使命感，大大提高了学校各项工作的效率，促进了学校办学效益的提高。学校工会以出色的工作成绩获得河南省模范职工之家的称号，被郑州市总工会评为工会红旗单位。

从 1978 年建校、1982 年招生开学到 2000 年，经过 22 年的努力，共培养出测绘类 8 个专业和 2 个相关专业的毕业生 4 841 人(见表 1.71)。毕业生分布在全国各省市自治区测绘局系统和各业务部门的测绘生产和管理单位，受到用人单位的广泛好评和欢迎。

表 1.71 郑州测绘学校毕业生统计

专业 / 毕业生数 / 时期	控制测量	航空测量	地图制图	工程测量	地籍测量	地图制印	土地管理	计算机应用	合计	说明
1982—1985		39	40						79	
1986—1990	198	671	315	208					1 392	财会专业毕业 38 人
1991—1995	86	267	299	396	257				1 305	财会专业毕业 42 人，建筑专业毕业 39 人
1996—2000	75	178	306	642	329	84	142	190	1 946	
总计	359	1 155	960	1 246	586	84	142	190	4 722	其他专业 119 人，共培养 4 841 人

经过 22 年的建设与发展，学校的办学条件大为改善、办学效益显著提高，其有关的统计数据如表 1.72 所示。1985 年：只开设 3 个专业，在校生 520 人，教职工 183 人、职生比 1∶2.8，教师 83 人、师生比 1∶6.3，毕业生 79 人，仪器设备投资额 413 万元；到 2000 年：设有 8 个专业，在校生 1 611 人，教职工 171 人、职生比 1∶9.4，教师 94 人、师生比 1∶17.1，各专业毕业生共计 4 841 人，仪器设备累计投资 1 040 万元，生均投资额 6 456 元。

表 1.72 郑州测绘学校办学成绩与效益统计

项目 / 数量 / 时间	在校生数	教职工数	职生比	教师人数	师生比	专业名称	毕业生累计数	仪器设备投资累计数(万元)	生均投资(元)	说明
1985	520	183	1∶2.8	83	1∶6.3	大地(控制)、航测、制图	79	413	7 942	
1995	1 200	195	1∶6.2	100	1∶12.0	控制、航测、制图、工测、地籍、制印	2 776	713	5 942	
2000	1611	171	1∶9.4	94	1∶17.1	控制、航测、制图、工测、地籍、制印、土管、计算机	4 841	1 040	6 456	

9. 郑州测绘学校成为国家级重点中等专业学校

1999 年 12 月，河南省教委办学水平评估复查组，按教育部《国家级重点中等专业学校条件》和《普通中等专业学校办学水平评估指标体系》，对学校自 1993 年命名为省部级重点中等专业学校以来的办学情况进行复查评估。复查评估的评价主要内容如下：

有一个好的领导班子，重视教职工队伍建设。学校在国家测绘局领导下，实行党委领导下的校长负责制。校领导班子配备合理，成员学历、职称较高，有朝气，素质好。领导成员熟悉学校工作，忠于党的教育事业，坚持四项基本原则，全面贯彻党的教育方针，具有强烈的事业心和责任感，团结务实，开拓进取，深受教职工的信任，多次受到主管部门的表彰。中层干部队伍结构比较合理，实行竞争上岗，工作能力较强。教职工实行聘任制，进行严格考核。教师队伍整体素质高，有丰富的理论教学经验，实践能力强，有较高的科研能力，教学科研成果成绩显著。在 104 名专兼职教师中，有 88 名教师先后参与编写教材 40 余种，出版发行 14 种，出版学术专著5部，撰写论文300余篇，完成省部级教育科研技术成果6项。

办学指导思想明确，取得优异成绩。自1993年被命名为省部级重点中等专业学校以来，在国家测绘局的重视支持下，该校领导带领全校师生牢牢坚持“立足行业，面向全国，内涵发展，质量取胜”的办学指导思想，不断深化教学改革，拓宽专业设置和办学层次，办学规模稳步扩大，办学条件逐年改善，办学质量和效益明显提高。自1978年建校20多年来，为全国测绘系统培养中专学历教育毕业生近5 000人。在全国测绘系统生产单位中，有半数以上基层领导及技术骨干是该校毕业生，为国家测绘事业和经济发展作出了积极贡献。

办学设施完善，育人环境好。审定办学规模1 600人，目前在校生1 611人。校园占地与校舍建筑面积与办学规模相适应。各种教学、生活设施比较齐全；图书馆面积充足，藏书比较丰富，学生与教师阅览条件好；实验教学设备完备，教学实习与实习基地设施完善，实验、实习开出率高；体育场地宽敞，各种体育器材配套齐全。该校特别重视现代化教学技术设施建设，投资力度大，发展起点高，计算机数量充足、档次高，多媒体电子阅览室和校园网(局域网)设施比较完善。

学校管理工作制度完善，管理规范。坚持以法治校原则，各项工作有章可循。学校经费来源渠道畅通，财务管理较为规范。服务性工作社会化管理，减轻学校负担，方便学生生活。教学、行政、学生、图书、档案等方面实行计算机管理，提高了工作效率和管理水平。学校民主管理好，每年召开一次教代会，共商学校改革发展大计，充分发挥教职工代表参政、议政和监督作用，增强学校的凝聚力。

教育质量和办学效益全面提高。学校坚持“以质量求生存，以发展求效益”的指导思想，始终把提高教育教学质量放在第一位。教学工作规范，骨干专业建设成效突出。积极适应新知识、新技术(3S技术)进步和经济发展对测绘技术人才的需要，及时调整专业结构，增设新专业。1989年，在全国率先试办地籍测量专业，先后派5名教师赴德国学习，该专业1992年被国家教委列入测绘中专专业目录。1996年拟订的“普通中等专业学校测绘类部分专业教学计划”，通过国家测绘局鉴定颁布实施，被河南省教委评为优秀教学成果一等奖。学校重视实践教学专业动手能力培养，建立工程测量、航空摄影测量和地图制图3个骨干专业，以及具有国内一流水平的内外业一体化数字化测图、全数字摄影测量、数字地图制图和地理信息系统实验室。通过四维测绘技术公司为学生生产实习承担测绘工程任务，为河南省十几个县、市完成1 000多公里的导线测量与水准测量任务。鼓励教师进行专业科研和卓有成效的教育教学科研活动。实行严格、规范的教学管理和师资管理，为教学质量的提高提供了可靠保证。

该校是中国测绘学会的团体会员。河南省测绘学会大地测量专业委员会挂靠在学校。有10余人分别担任中国测绘学会理事、测绘教育委员会副主任，国土资源部职业教育委员会委员，河南省测绘学会副理事长、大地测量专业委员会主任、航空摄影测量与遥感专业委员会副主任，以及测绘教育、测绘科普、测绘技术咨询等委员会的委员等职务。有不少校级领导和教师及优秀学生，受到国家测绘局及地市级以上主管部门的表彰和奖励。

该校始终把握社会主义办学方向，坚持把德育放在首位。制定了“‘九五’期间精神文明建设规划”，建立了比较完善的德育工作体系，队伍健全，内容翔实。教书育人、管理育人、服务育人活动深入开展；学生自我管理、自我教育、自我服务活动的作用发挥比较充分；教师师德建设和班主任队伍建设成效明显。校园文化丰富多彩，学生德、智、体、美全面发展。毕业生思想素质、身体素质好，学业成绩优良，动手能力和实干精神强，合格率、就业率高，深受用人单位好评。

学校多次被地方政府评为社会治安综合治理先进单位、花园式单位、省工会系统模范职工之家，不少处室被国家测绘局评为教育先进集体。学校教职工人数、结构比例与在校学生人数相适应，经济效益和社会效益同步提高。学校在行业和地方的中等专业教育的骨干示范作用和社会影响比较显著。

复评组认定：国家测绘局郑州测绘学校的办学水平达到A级。

2000年3月30日，教育部办学水平评估专家组，对学校的办学水平进行了抽查。同年6月8日，教育部评出的国家级重点中专名单在《中国教育报》上公布。郑州测绘学校被评为国家级重点普通中等专业学校，实现了“九五”期间学校建设的目标。

1.6.4 南京地质学校测绘中专教育向高等职业教育发展

1997年10月，“全国高等职业教育教学改革研讨会”明确了高等职业教育的性质、培养目标及其在社会主义建设中的作用和地位。重点中等专业学校采取“三改一补”方式可以改建为职业技术学院形式的高等职业教育。在这种形势下，学校党委[①]决定，在提高原有中专各专业教学质量和办学水平基础上，主动适应测绘人才市场的需要而开办新专业，在中等职业教育中起骨干作用。同时，利用学校是国家级重点中专学校的条件，发挥学校测绘专业办学潜力，申请教育主管部门批准试办招初中毕业生五年制的高等职业教育班。在实践中探索高等职业教育的办学规律，总结教学经验，促进学校由中等专业教育向高等职业教育发展。

1. 全面提高测绘中专教学质量开办新专业

学校深化教学改革，挖掘办学潜力，适应测绘工程、地质勘查事业和社会发展对中专技术人才的需要，将原有7个专业调整、发展为20余个适用专业。学校确定工程测量、计算机地图制图和岩土工程为骨干专业，进行重点专业建设。“九五”期间测绘科[②]开设工程测量、计算机地图制图、印刷技术、计算机应用等专业；1997年增设了土地管理与地籍测量专业，1999年又增设了地理信息系统专业。测绘科有两个学校骨干专业，新设和转型的3个专业。搞好新设和转型专业的教学计划、课程教学大纲、实践教学大纲等教学基础建设，保证新设专业的教学质量，培养出合格的水平较高的各专业中专毕业生。

1）建设工程测量骨干专业

从1985年开设工程测量专业开始，经过10年的专业建设，以1995年工程测量专业教学计划（表1.42、表1.43、表1.44）为基础进行教学。在计算机应用课、控制测量课、测量平差课、工程测量课中，增加新技术的教学内容，丰富“3S”技术和数字化与扫描数字化测绘新技术的教学内容。增加了物理、化学课实验技术考核，增加了地形测量操作技术、测量平差计算能力的单项技术考核，加强了基本技术动手能力培养。继续通过完成测绘生产任务的综合毕业实习，在工程实践中培养学生的专业技术动手能力，使毕业生适应专业岗位技术要求。5年培养工程测量专业毕业生302人。

2）建设计算机地图制图骨干专业

随着计算机地图制图技术的完善，为提高教学质量，1998年在1993年该专业教学计划

---

① 20世纪90年代先后任学校领导的有：校长褚桂堂、书记万兴华，校长兼书记庄宝杰。

② 测绘科主任王仁礼、副主任江宝波、书记沈学标。

(表1.45、表1.46、表1.47)基础上进行适当调整。增设60课时的计算机图像处理、49课时的地图设计两门课程;在选修课中,撤销了40课时的机械制图,将专业课中的数据库技术改为42课时的选修课;强调基本技术动手能力培养,增设了化学、物理实验单项技能考核。该专业通过1993—1997年完整的教学循环,积累了一定的新专业教学和建设经验。将传统的地图制图专业丰富的教学经验在计算机地图制图新专业条件下合理运用,总结出新专业的教学经验,提高新专业的理论教学与实践教学水平,成为学校的骨干专业。值得注意的是,必须落实该专业的地貌、地形测量教学实习,为地图制图建立基础概念;抓好地图清绘、地图编绘手工绘图基本功训练;充分利用学校设备搞好地图制印实习,初步掌握地图制印技术;通过计算机地图制图教学实习真正掌握计算机制图技术,保证毕业生质量。在地图制图毕业综合实习时,争取结合生产任务进行实习作业。"九五"期间共培养168名毕业生,在专业测绘及测绘工程部门就业。

3)建设印刷技术专业

测绘科开办的中专三年制地图制印专业,到1996年有43名毕业生到地图制印单位就业。由于印刷业发展较快,为扩大该专业的服务范围,将该专业改为中专三年制的印刷技术专业,每年招生1～2个班。在总结地图制印专业教学经验的基础上,根据印刷技术专业岗位技术要求的特点,制订了1998年印刷技术专业三年制的教学计划①,培养适应印刷前图文处理、照相制版、打样、印刷等岗位需要的中级技术人员。由原地图制图专业中的地图制印技术课,扩展为三年制的地图制印专业,再发展为印刷技术专业,要求专业课教师必须掌握印刷技术专业中主干专业课的基本原理、基本技术和基本技能,有指导专业操作实习和生产作业的能力,保证专业课的教学质量;具有专业技术训练的必要仪器设备,从而保证印刷技术专业毕业生的质量。该专业1997年招生,2000年有140名毕业生,就业形势较好。"九五"期间,地图制印和印刷技术两个专业共培养毕业生312人。

4)提高计算机应用专业的教学质量

"九五"期间,计算机应用专业增加招生数量,1996年开始,每年招生3～4个班,150～200人。培养计算机设备系统安装、调试、操作和维护工作,掌握微机文字处理、一般性程序设计、微机软件应用,以及掌握测绘与企事业基层单位的技术管理等工作的中级计算机专业技术人员。根据上述的专业技术要求,制订计算机应用专业教学计划、课程教学大纲和实践教学大纲。为保证毕业生的质量,在原教学计划的基础上,增加了新技术的教学内容。加强了微机原理与调试、各种汇编与高级语言及程序设计、计算机接口技术、数据库及工具软件应用等知识的理论教学内容;重视计算机各项技术操作能力的训练,使学生达到专业培养目标的要求。到2000年共培养出计算机应用专业毕业生518人,成为测绘科毕业生人数较多的专业,毕业生就业率较高,受到用人单位的欢迎。

5)开办土地管理与地籍测量新专业

20世纪90年代,国家开展土地资源调查、规划和管理工作。各省市地县土地规划管理部门和城市规划建设部门,以及测绘生产单位,需要大量的土地管理与地籍测量中级技术人员。测绘科于1997年开办土地管理与地籍测量新专业,招收初中毕业生,学制四年,每年招新生

① 印刷技术专业教学计划在后面介绍。

1个班。培养掌握土地利用规划、土地经济、土地资源管理、土地法规等基本理论知识，掌握地形测量(数字化测绘技术)、控制测量(GPS定位技术)、摄影测量、工程测量、地籍测量的基本理论与技术并有较强地籍测量作业能力的中级技术人员。制订该专业的教学计划、课程教学大纲和实践教学大纲，开展教学工作。重视培养土地资源规划、管理等学科的教师，胜任理论教学与实践教学工作；发挥测绘专业教师的教学专长，保证该专业的教学质量，培养出合格的较高水平的土地管理与地籍测量专业的中专毕业生。2001年首批学生毕业。

6)开办地理信息系统新专业

20世纪90年代后期，地理信息系统技术广泛用于测绘生产部门、企事业和政府管理部门，需要地理信息系统和各类计算机管理系统的操作中级技术人员。测绘科在计算机地图制图与计算机应用两个专业教学实践的基础上，于1999年开办招收初中毕业生、四年制的地理信息系统专业。培养掌握地理信息数据采集、数据编辑和地理信息系统管理的基本理论与技术，具有较强系统管理操作技术能力的中级技术人才。在编制该专业教学计划的课程设置中，注意以下各点。

(1)普通课和公共性专业基础课的设置，与计算机制图专业(及计算机应用专业)基本相同，以保证具有高中文化课水平，有利于为后续课程学习打下基础。

(2)在专业基础课中，重视测绘类与地理学课程的设置。设有地形测量(数字化测绘)、测量平差、控制测量(GPS定位技术)、摄影测量及地理学等课程，使学生掌握地形、地物三维信息采集方法的基本概念，培养一定的作业能力，有利专业主干课能力的形成与提高。

(3)在专业基础课中强调计算机应用能力的培养。设计算机语言及程序设计、网络技术、数据库技术和多媒体技术等课程，形成较强的计算机应用的作业能力。

(4)专业课设有计算机图形处理、计算机图像处理、地理信息系统原理与数据管理、GIS制图与空间分析、地理信息生产管理及遥感图像处理等课程，形成一定的专业主干课理论知识与应用技术。

(5)选修课设有城市规划与信息管理系统、土地规划与信息管理系统等，讲授一些地理信息系统的应用技术。

(6)实践教学的实习项目主要有：计算机应用操作实习，地形测量纸质测图与数字化测图实习，控制测量(GPS定位)实习，计算机图形与图像处理实习，计算机网络和数据库实验与操作实习，地理信息工程实习，最后进行毕业综合实习。

专业教师具有所设课程丰富的教学经验，有设备齐全的测绘仪器，有装备良好的实验室，安排充分的课堂实习和集中的教学实习及毕业实习，保证了本专业的教学质量，培养出合格的较高水平的地理信息系统专业毕业生。到2003年有第一届毕业生。

2. 印刷技术、土地管理与地籍测量专业教学计划简介

1)印刷技术专业教学计划(1998年版)简介

(1)招生对象与学制。招收初中毕业生，全日制三年。

(2)培养目标。印刷技术专业培养为社会主义现代化建设服务，德、智、体、美全面发展，掌握印刷技术基本理论、基本技术和基本技能，具有开拓精神和较强职业能力，适应生产一线岗位需要的应用型中级技术人员。

(3)岗位目标与业务要求。本专业在专业技术方面，培养掌握印前图文处理、照相制版、打样、印刷岗位技术的中级技术人员。毕业生的知识结构、能力结构和基本素质要求如下：

知识结构:具有达到岗位技术要求必须具备的普通文化知识,掌握岗位目标各项技术的专业理论知识,掌握岗位目标各项技术的专业技术知识,以保证理论联系实际的专业操作能力的养成。

能力结构:①计算机应用能力:了解计算机基础知识,掌握DOS和Windows基本操作,有使用文字处理软件进行文字处理的能力,英文录入速度150字符/分以上、汉字录入速度50字/分以上,获得计算机二级等级证书。②印前图文处理能力:掌握图文信息处理相关知识,掌握电子排版软件基本操作技术,能按要求的规格排出各种版式;掌握图像处理软件的使用,进行平面设计和制作出符合要求的作品。③照相制版能力:掌握图形、图像照相制版的一般理论知识、基本技术和操作方法,能独立操作照相制版仪器设备。④打样能力:掌握打样的一般理论知识、打样的基本技术和操作方法,能独立进行打样作业。⑤印刷能力:掌握平板印刷、丝网印刷的基本原理和基本技术,掌握印刷机的基本工作原理,并能进行正确操作。⑥印刷机械维护能力:掌握印刷机、打样机、制版机等印刷机械的基本原理,能进行日常机械的维护。⑦印刷企业管理能力:基本掌握印刷企事业各项管理工作的内容和方法,初步了解企业管理的理论知识,具有一定的印刷企业生产组织与经营管理知识。

基本素质:有良好的政治素质、思想品德、语言文字素养,具有一定的哲学、政治、经济、法律的基本理论知识,有良好的职业道德和健康的体魄,有参加社会活动和为人民服务的思想。学习一门外语,获得英语二级证书。

(4)教学环节时间分配。学生在校学习3年150周:入学教育1周;课堂教学92周,考试6周,理论教学共98周;教学实习5周,毕业综合实习14周,集中实践教学共19周;公益劳动3周;机动4周;毕业教育1周;假期24周。具体安排如表1.73所示。

表1.73　教学环节时间分配

专业名称:印刷技术　　　　学制:中专三年　　　　1998年

学年 \ 项目 \ 教学周数	入学教育	课堂教学	考试	课程设计	教学实习	毕业实习	毕业设计	公益劳动	机动	毕业教育	假期	总计	说明
一	1	36	2					1	2		10	52	以教学周数计
二		38	2					1	1		10	52	
三		18	2		5	14		1	1	1	4	46	
合计	1	92	6		5	14		3	4	1	24	150	

(5)课程设置与教学进程。本专业共开设26门课程,如表1.74所示。分别为普通课、专业基础课、专业课和选修课。

表1.74　课程设置与教学进程计划

专业名称:印刷技术　　　　学制:中专三年　　　　1998年

序号	课程名称	按学期分配		教学时数			各学期教学周数与课程周课时数						说明
		考试	考查	课时总数	讲课	实习实验	Ⅰ 17	Ⅱ 19	Ⅲ 19	Ⅳ 19	Ⅴ 14	Ⅵ 4	
	一、普通课			1 300									占总课时52.6%
1	经济·政治		Ⅱ,Ⅲ	76				2	2				
2	世界观·人生观		Ⅳ	38						2			
3	法律	Ⅴ		28							2		
4	体育	Ⅰ～Ⅴ		176			2	2	2	2	2		
5	数学	Ⅰ,Ⅲ	Ⅱ	254			6	4	4				
6	语文	Ⅱ	Ⅰ,Ⅲ	220			4	4	4				
7	物理	Ⅰ	Ⅱ	144			4	4					
8	英语	Ⅰ,Ⅱ	Ⅲ	220			4	4	4				

续表

序号	课程名称	按学期分配		教学时数			各学期教学周数与课程周课时数						说　明
		考试	考查	课时总数	讲课	实习实验	Ⅰ 17	Ⅱ 19	Ⅲ 19	Ⅳ 19	Ⅴ 14	Ⅵ 4	
9	化学	Ⅱ	Ⅰ	144			4	4					
	二、专业基础课			570									占总课时 23.0％
10	印刷概论		Ⅱ	76				4					
11	计算机应用基础	Ⅲ		95					5				
12	印刷化学	Ⅲ		76					4				
13	印刷材料学		Ⅳ	57						3			
14	印刷色彩学		Ⅲ	57						3			
15	印刷电工基础	Ⅳ		95						5			
16	印刷机械基础		Ⅳ	57						3			
17	机械制图		Ⅲ	57					3				
	三、专业课			529									占总课时 21.4％
18	电脑排版技术		Ⅳ	76						4			
19	照相排版和打样	Ⅳ		95						5			
20	平板印刷工艺原理	Ⅴ，Ⅵ		102							5	8	毕业考试课
21	印刷企业管理		Ⅴ	56							4		
22	印刷工艺设计		Ⅴ	56							4		
23	平版印刷机械	Ⅴ，Ⅵ		102							5	8	毕业考试课
24	计算机图像处理		Ⅴ	42							3		
	四、选修课			74									占总课时 3.0％
25	专业英语		Ⅴ	42							3		
26	丝网印刷技术		Ⅵ	32								8	
	必修总课时数			2 399			24	28	28	27	28	24	周课时数
	必修＋选修＝总课时数			2 473			6	8	8	8	8	3	学期课程门数
							4	4	4	3	4	2	考试课门数

普通课 9 门[①]：经济・政治，世界观・人生观，法律，体育，数学，语文，物理，英语，化学；普通课总课时数 1 300，占全部课时 2 473 的 52.6％。

专业基础课 8 门：印刷概论，计算机应用基础，印刷化学，印刷材料学，印刷色彩学，印刷电工基础，印刷机械基础，机械制图；专业基础课总课时 570，占全部课时 2 473 的 23.0％。

专业课 7 门：电脑排版技术，照相排版和打样，平板印刷工艺原理，印刷企业管理，印刷工艺设计，平板印刷机械，计算机图像处理。专业课总课时数 529，占全部课时数 2 473 的 21.4％。

选修课 2 门：专业英语，丝网印刷技术，选修课共 74 课时，占总课时数的 3.0％。

(6)实践教学安排。印刷技术专业实践教学安排如表 1.75 所示。教学实习：照相制版实习安排在第Ⅴ学期，为期 4 周；丝网印刷实习安排在第Ⅴ学期，为期 1 周。毕业实习为印刷技术综合实习，有条件时结合生产任务进行，安排在第Ⅵ学期，为期 14 周。各项实习都进行技术考核，毕业实习进行全面技术考核，学生提交实习总结，教师写出实习评语，记入学生成绩档案。

表 1.75　印刷技术专业实习项目安排

实习类别	序号	实习名称	学期	周数	说明
教学实习	1	照相制版	Ⅴ	4	
	2	丝网印刷	Ⅴ	1	
毕业实习	3	印刷综合实习	Ⅵ	14	结合生产
合计				19	

① 各门课程教学内容不作说明，下同。

2)土地管理与地籍测量专业教学计划(1998年版)简介

(1)招生对象与学制。招收初中毕业生，全日制四年。

(2)培养目标。本专业培养为社会主义现代化建设服务，德、智、体、美全面发展，掌握土地管理与地籍测量基本理论、基本技术和基本技能，有开拓精神和较强职业能力，适应专业一线岗位工作的应用型中级技术人员。

(3)岗位目标与业务要求。本专业培养毕业生的岗位目标是：掌握计算机应用技术，能进行计算机土地资源管理工作；掌握土地资源规划、利用和管理的基本理论和方法，以及土地管理法规，能从事土地与地籍管理执法工作；掌握地籍测量的基本理论和技术、测绘地籍图件方法(数字测绘)及地籍资料整理方法；能进行地形测量、控制测量(GPS定位)、摄影测量和工程测量工作。

毕业生的知识结构、能力结构和基本素质要求如下：

知识结构：具有达到本专业岗位目标必备的普通文化知识，掌握岗位目标各学科的基本理论知识和专业技术的基本知识，形成岗位技术的作业能力。

能力结构：①计算机应用能力：具有计算机应用技术的操作能力，掌握数据库技术、AutoCAD绘图技术，以及计算机土地管理系统的操作技术，要求学生获得计算机二级证书。②初步掌握土地资源调查、土地经济学基础概念，具有土地规划、利用和管理的初步能力和土地法规执法的一般能力。③地籍测绘和地籍管理能力：在各种测绘技术支持下，具有地籍测量、各种地籍图件(数字化测图)的测绘能力，具有从事地籍调查、地籍资料整理与更新，以及计算机地籍管理系统的作业能力。④各种测绘工程工作能力：能进行大比例尺地形测量(数字化测图)、城市或工程控制测量(GPS定位)、大比例尺航测综合法成图测量，以及各种工程测量，适应各测绘单位岗位技术工作的要求。

基本素质：有热爱祖国、为社会主义现代化建设贡献力量的良好政治素质；具有一定的哲学、政治经济学、语言文字、文化艺术的知识；有良好的思想品德，有团结协作、助人为乐和集体主义精神；有艰苦奋斗、克服困难努力完成任务的实干精神和责任感；学习一门外语，获得二级证书；有健康体魄，适应土地管理与地籍调查和测绘的外业和内业工作。

(4)教学环节时间分配。学生在校学习4年202周：入学教育1周；课堂教学114周，考试8周，理论教学共122周；教学实习26周，毕业综合实习10周，集中实践教学共36周；公益劳动4周；机动4周；毕业教育1周；假期34周。具体安排如表1.76所示。

表1.76　教学环节时间分配

专业名称：土地管理与地籍测量　　学制：中专四年　　1998年

学年＼教学周数＼项目	入学教育	课堂教学	考试	课程设计	教学实习	毕业实习	毕业设计	公益劳动	机动	毕业教育	假期	总计	说明
一	1	37	2					1	1		10	52	以教学周数计
二		35	2		3			1	1		10	52	
三		25	2		13			1	1		10	52	
四		17	2		10	10		1	1	1	4	46	
合计	1	114	8		26	10		4	4	1	34	202	

(5)课程设置与教学进程。本专业共设28门课程，如表1.77所示。分普通课、专业基础课、专业课和选修课。普通课7门：政治(经济·政治、世界观·人生观、法律、德育)，体育，数学(包括测绘技术需要的部分高等数学)，物理，化学，语文，英语；普通课总课时数1 546，占总课时数3 100的49.9%。

表 1.77 课程设置与教学进程计划

专业名称:土地管理与地籍测量　　学制:中专四年　　1998 年

序号	课程名称	按学期分配		教学时数			各学期教学周数与课程周课时数								说 明
		考试	考查	课时总数	讲课	实习实验	Ⅰ 18	Ⅱ 19	Ⅲ 19	Ⅳ 16	Ⅴ 12	Ⅵ 13	Ⅶ 10	Ⅷ 7	
	一、普通课			1 546											占总课时 49.9%
1	政治	Ⅲ	Ⅰ,Ⅲ~Ⅶ	212			4		2	2	2	2	2		
2	体育	Ⅰ~Ⅷ		228			2	2	2	2	2	2	2	2	
3	数学	Ⅰ,Ⅳ	Ⅱ,Ⅲ	400			6	6	6	4					
4	物理	Ⅱ	Ⅰ	166			5	4							实验技能考核
5	化学	Ⅰ	Ⅱ	92			3	2							实验技能考核
6	语文	Ⅱ	Ⅰ,Ⅲ	224			4	4	4						
7	英语	Ⅰ,Ⅱ	Ⅲ	224			4	4	4						
	二、专业基础课			973											占总课时 31.4%
8	电工与电子学		Ⅱ	95				5							
9	计算机应用基础	Ⅲ	Ⅳ	140					4	4					
10	数据库技术		Ⅴ	48							4				
11	AutoCAD		Ⅴ	48							4				
12	地形测绘	Ⅲ	Ⅳ	194					6	5					操作技术考核
13	土地法教程		Ⅴ	36							3				
14	土地资源学		Ⅳ	48						3					
15	土地经济学		Ⅳ	48						3					
16	土地利用规划	Ⅴ		60							5				
17	数字化测图	Ⅶ		60									6		
18	航空摄影测量	Ⅵ		78								6			
19	测量平差	Ⅵ	Ⅶ	118								6	4		
	三、专业课			436											占总课时 14.0%
20	土地管理概论	Ⅳ		48						3					
21	地籍管理	Ⅵ		65								5			毕业考试课
22	建设用地管理		Ⅷ	56										8	
23	控制测量学(含 GPS)	Ⅴ	Ⅵ	187							8	7			
24	地籍测量	Ⅶ		80									8		操作技能考核,毕业考试课
	四、选修课			204											必选 3 门课,占总课时 4.7%
25	美育		Ⅳ	32						2					
26	工程测量		Ⅷ	56										8	
27	遥感技术基础/公共关系学		Ⅶ	30/30									3/3		
28	土地信息系统		Ⅷ	56										8	
	必修总课时数			2 955			28	27	28	28	28	28	25	26	周课时数
	必选课时数			145			7	7	7	9	7	6	7	4	学期课程门数
	总课时数			3 100			4	4	4	3	3	4	3	1	学期考试门数

专业基础课 12 门:电工与电子学,计算机应用基础,数据库技术,AutoCAD,地形测绘,土地法教程,土地资源学,土地经济学,土地利用规划,数字化测图,航空摄影测量,测量平差;专业基础课总课时 973,占总课时的 31.4%。

专业课 5 门:土地管理概论,地籍管理,建设用地管理,控制测量学(GPS 定位),地籍测量;专业课总课时 436,占总课时的 14.0%。

选修课 4 门:美育,工程测量,遥感技术基础/公共关系学,土地信息系统;总课时为 204,必选 3 门课按 145 课时计,占总课时的 4.7%。

(6)实践教学安排。土地管理与地籍测量专业实践教学安排如表 1.78 所示。各学科教学实习列出 12 项,毕业综合实习 1 项,集中实习共 13 项。重视计算机应用基础和 AutoCAD 实习,而且其余各项实习中,都与使用有关平差计算、土地管理、数字测图、GPS 后处理等软件有关,需要提高计算机应用技术水平。因此,计算机应用和操作3年不断线,使学生具有较强计算机的作业能力。有关土地管理与地籍管理方面安排了土地资源学、土地利用与规划、地籍管理、建设用地管理4项实习,要与土地利用管理部门协作,达到学以致用的目的。在地形测绘(纸质测图)、控制测量(GPS定位)、航空摄影测量,以及数字化测图等测绘技术实习中,进行各种测量的基本技术训练,掌握综合测绘技术,将有利地支撑地籍测量的作业能力。通过地籍测量实习,掌握地籍调查、地籍图件的测绘、地籍资料的整理,提交出完整的地籍测量成果。在毕业综合实习中,利用10周时间,系统地组织实习,有条件时结合地籍测量生产任务进行地籍调查与地籍测量,带着生产任务的责任感完成任务,提交合格的地籍调查和地籍测量全部资料,使学生受到土地管理与地籍测量专业技术的全面锻炼。

表1.78 土地管理与地籍测量实践教学项目

序号	实习项目	学期	周数	序号	实习项目	学期	周数
1	计算机应用技术	Ⅳ	2	8	航空摄影测量(综合法)	Ⅶ	2
2	土地资源学	Ⅳ	1	9	测量平差	Ⅶ	2
3	AutoCAD	Ⅴ	1	10	地籍测量	Ⅶ	4
4	土地利用与规划	Ⅴ	1	11	数字化测图	Ⅶ	1
5	地形测绘(纸质测图)	Ⅴ	5	12	建设用地管理	Ⅷ	1
6	控制测量(GPS定位)	Ⅵ	5	13	毕业综合实习	Ⅷ	10
7	地籍管理	Ⅵ	1				
	集中实习总周数 36		16				20

3. 创办五年制测绘高等职业教育与高等专科教育

学校以国家级重点中专办学条件为基础,向教育主管部门申请创办测绘高等职业教育班。经地质部教育司批准,得到江苏省教育局的支持,于1997年开始先后创办了"工程测量与施工"、"计算机制图"和"图文信息处理"3个专业的五年制高等职业教育班。与此同时,学校与东南大学、南京化工大学联合开办了二年制和三年制的测绘类高等专科班,培养测绘高等专科应用性技术人才。

1999年,学校决定将测绘科分为测量科①和计算机制图科。测量科设中专工程测量、土地管理与地籍测量和高职工程测量与施工,以及专科工程测量、工程测量与施工、工民建与测量6个专业;计算机制图科设中专计算机制图、印刷技术、计算机应用和高职计算机制图、图文信息处理以及专科图文信息处理、计算机应用与网络工程7个专业。

1)创办五年制工程测量与施工专业高职班

1997年8月,测绘科创办招初中毕业生五年制工程测量与施工专业的高等职业教育班(简称高职班)。在中专四年制工程测量专业基础上,增设建筑工程与施工类的有关课程和教学内容。根据高等职业教育的培养目标,即培养生产、建设、管理、服务第一线的高等实用型人才,制订该专业的教学计划,以及课程教学大纲和实践教学大纲。该专业1997年、1998年、1999年各招1个班的新生。在教学实践中不断总结教学经验,调整教学计划,使其更加完善。到2002年该专业第一届高等职业教育班学生毕业。

2)创办五年制计算机制图专业高职班

1998年8月,测绘科在中专四年制计算机地图制图专业基础上,创办招收初中毕业生五年制的计算机地图制图专业高职班。根据高等职业教育培养高等实用型人才的要求,在适

① 测量科主任孔跃东、书记江宝波,计算机制图科主任蔡先华。

当加深基础与专业理论教学的深度和广度前提下，特别重视专业技术动手能力培养，制订专业教学计划，体现出高等职业教育的特点。该专业1998年、1999年各招收1个班的新生。在教学实践中积累高职教学经验，完善教育计划，到2003年培养出合格的计算机地图制图专业的第一届高职生毕业。

3)创办五年制图文信息处理专业高职班

计算机制图科于1999年8月创办，招收初中毕业生五年制的图文信息处理专业高职班，培养图文信息处理专业高等实用型人才。根据本专业培养目标的需求，制订出高职图文信息处理专业的教学计划等教学文件。1999年招收本专业的新生1个班，到2004年第一届高职生毕业。

4)开办测绘类与土建类的高等专科教育

测绘科发挥专业教师的技术专长，利用齐全的教学仪器设备，在1997年与东南大学联合创办"工程测量"专科班，招收原中专毕业生，学制二年。解决部分测绘专业中专毕业生提高现代测绘技术水平和作业能力及提高学历的要求。1998年又与东南大学联办招收高中毕业生学制三年的"工程测量"专科班。

1999年，测量科、计算机制图科与南京化工大学联办了"工程测量与施工"、"图文信息处理"、"计算机应用与网络工程"和"工民建与测量"4个专业的专科班；招高中毕业生，学制三年，于1999年8月开学，2002年7月毕业。

以上各专业的专科班，于2000年4月，因南京地质学校测量科、计算机制图科并入东南大学交通学院，只招收1届学生，将在校生带到交通学院，到毕业时停办。

4. 高职班各专业教学计划介绍

1)高职班工程测量与施工专业教学计划(1997年版)简介

(1)招生对象与学制。招收初中毕业生，全日制五年。

(2)培养目标。本专业培养为社会主义现代化建设服务，具有开拓精神和职业能力，德、智、体、美全面发展，掌握本专业必需的基础理论知识、实用的专业理论知识和较强的专业技能，适应一线岗位需要的工程测量与施工专业高等实用型技术人才。

(3)岗位目标和业务要求。培养能从事控制测量、地形图测绘、地籍测量、工程测量(建筑、交通、水电、市政、矿山与勘探等)和施工组织与管理等岗位需要的高等实用型技术人才。毕业生应具备如下的知识、职业能力与基本素质：

知识结构：具有工程测量与施工专业必备的普通文化基础理论知识，具有控制测量、地形测量、地籍测量、工程测量及建筑施工组织与管理岗位必备的基础理论知识，以及上述岗位必备的传统与现代的基本技术知识。

职业能力：①计算机应用能力。具有计算机应用方面的数据库、AutoCAD等知识，能胜任文字处理、数据库管理、编制一般计算机程序及计算机辅助制图等工作，要求学生获得计算机技术二级证书。②从事城市或工程控制测量能力。能进行三四等常规和GPS定位相结合的控制测量外业选、造、埋、观测工作，以及观测成果概算(GPS定位后处理)、平差计算与精度评定和提交控制测量成果等工作。③地形图测绘能力。具有用常规仪器进行纸质测图、数字化测图和航测综合法测绘大比例尺地形图的能力，有一定的独立工作能力，可担任项目负责人工作。④地籍测量能力。初步掌握地籍权属调查的要求和方法，能进行地籍控制测量与地籍图测绘工作，以及地籍资料的整理与统计工作，承担地籍测量资料计算机管理等工作。⑤工程测量能力。有进行工程控制测量、各种工程建设中的施工放样、设备安装、工程竣工测量，以及建构筑物变形监测等能力，并达到工程测量的精度要求；有一定的独立工作能力，承担项目负责人工作。⑥建筑施工管理能力。在具备建筑工程施工、施工现场管理、建筑工程概算等基本知识的条件下，能初步承担建筑工程现场的组织与管理工作。

基本素质：有热爱祖国、为社会主义现代化建设贡献力量的良好政治素质；有一定的哲学、政治经济学、语言文学、文化艺术等知识；有勤奋学习、努力工作、艰苦奋斗、克服困难、积极进取的优良品质；有团结协作、助人为乐的集体主义精神；有实事求是、严肃认真的科学态度；有认真执行测量技术规程、建筑施工质量规程的良好职业道德；有一定的创业精神和较好的岗位适应性；要求英语获得二级证书；有健康的体魄，胜任测量与施工岗位的工作需要。

(4)教学环节时间分配。学生在校学习 5 年 254 周：入学教育 1 周；课堂 140 周，考试 10 周，理论教学共 150 周；教学实习 38 周，毕业综合实习 10 周，集中实践教学共 48 周；公益劳动 5 周；机动 5 周；毕业教育 1 周；假期 44 周。具体安排如表 1.79 所示。

表 1.79　教学环节时间分配

专业名称：工程测量与施工　　学制：五年制高职　　1997 年 7 月

学年＼教学周数＼项目	入学教育	课堂教学	考试	课程设计	教学实习	毕业实习	毕业设计	公益劳动	机动	毕业教育	假期	总计	说明
一	1	37	2					1	1		10	52	以教学周数计
二		35	2		3			1	1		10	52	
三		27	2		11			1	1		10	52	
四		22	2		16			1	1		10	52	
五		19	2		8	10		1	1	1	4	46	
总计	1	140	10		38	10		5	5	1	44	254	

(5)课程设置与教学进程。本专业共设课 31 门，如表 1.80 所示。分公共课、专门课和选修课 3 个类型。公共课 8 门[①]：政治(经济・政治、世界观・人生观、法律、德育)，体育，语文，英语，数学，物理，化学，计算机应用基础；公共课总课时数 1 922，占总课时数 3 838 的 50.1%。专门课[②] 18 门：电工与电子学，地图绘图，土建工程概论与识图，数据库技术，地形测量学，AutoCAD，房地产概论，建筑施工组织，建筑工程概算，控制测量，测量平差，航空摄影测量，GPS 定位技术，数字化测图，地籍测量，工程测量，村镇规划，企业管理概论；专门课总课时数 1 717，占总课时的 44.7%。选修课 5 门：美育，地理信息系统概论，遥感技术基础，测绘仪器保养，公共关系；可任选 3 门课学习；选修课总课时数 199，占总课时的 5.2%。

表 1.80　课程设置与教学进程计划

专业名称：工程测量与施工　　学制：五年制高职　　1997 年 7 月

序号	课程名称	按学期分配		教学时数			各学期教学周数与课程周课时数										说明
		考试	考查	课时总数	讲课	实习实验	Ⅰ 18	Ⅱ 19	Ⅲ 19	Ⅳ 16	Ⅴ 17	Ⅵ 10	Ⅶ 14	Ⅷ 8	Ⅸ 19	Ⅹ 0	
	一、公共课			1 922	1 682	240											占总课时 50.1%
1	政治	Ⅲ	Ⅱ～Ⅶ	190	180	10		2	2	2	2	2	2				

① 各门课程教学内容不作说明，下同。

② 专门课包括通常的专业基础课和专业课。

续表

序号	课程名称	按学期分配		教学时数			各学期教学周数与课程周课时数										说明
		考试	考查	课时总数	讲课	实习实验	Ⅰ 18	Ⅱ 19	Ⅲ 19	Ⅳ 16	Ⅴ 17	Ⅵ 10	Ⅶ 14	Ⅷ 8	Ⅸ 19	Ⅹ 0	
2	体育	Ⅰ～Ⅸ		280	280		2	2	2	2	2	2	2	2	2		
3	语文	Ⅱ	Ⅰ,Ⅲ	243	223	20	4	4	5								
4	英语	Ⅰ,Ⅱ	Ⅲ～Ⅵ	396	356	40	4	4	4	4	4	4					
5	数学	Ⅰ,Ⅱ	Ⅲ,Ⅳ	417	387	30	8	6	5	4							
6	物理	Ⅱ	Ⅰ	166	116	50	5	4									Ⅱ学期技能考核
7	化学	Ⅰ		90	70	20	5										Ⅰ学期技能考核
8	计算机应用基础	Ⅲ,Ⅳ		140	70	70			4	4							Ⅲ学期技能考核
	二、专门课			1 717	1 055	662											占总课时44.7%
9	电工与电子学		Ⅲ	95	69	26			5								
10	地图绘图		Ⅱ	114	34	80		6									
11	土建工程概论与识图		Ⅳ	80	64	16				5							
12	数据库技术	Ⅴ		68	92	16					4						
13	地形测量学	Ⅳ,Ⅴ		215	115	100				6	7						Ⅳ学期技能考核
14	AutoCAD	Ⅵ		60	30	30						6					
15	房地产概论		Ⅴ	34	30	4					2						
16	建筑施工组织	Ⅴ		85	75	10					5						
17	建筑工程概预算	Ⅵ		60	40	20						6					
18	控制测量	Ⅵ,Ⅶ		176	96	80						8	8				
19	测量平差	Ⅶ,Ⅷ		132	72	60							6	6			毕业考试课，Ⅷ学期技能考核
20	航空摄影测量	Ⅶ		112	72	40							8				
21	GPS定位技术	Ⅷ		64	44	20								6			
22	数字化测图	Ⅷ		80	50	30								10			
23	地籍测量	Ⅸ		76	36	40									4		
24	工程测量	Ⅸ		152	82	70									8		毕业考试课
25	村镇规划	Ⅸ		57	41	16									3		
26	企业管理概论		Ⅸ	57	53	4									3		
	三、选修课			199	173	26											占总课时5.2%，任选3门
27	美育		Ⅴ	34	28	6					2						
28	地理信息系统概论		Ⅸ	57	53	4									3		
29	遥感技术基础		Ⅸ	38	34	4									2		
30	测绘仪器保养		Ⅷ	32	26	6								4			
31	公共关系		Ⅸ	38	32	6									2		
	必修总课时数			3 639	2 737	902	28	28	27	27	28	28	26	28	27		周课时数
	必修＋选修＝总课时数			3 838	2 910	928	6	7	7	7	8	6	5	5	8		学期课程门数
							4	5	3	3	4	4	4	4	4		学期考试门数

(6)实践教学安排。工程测量与施工专业强调动手能力培养，安排教学实习11项，合计38周，毕业综合实习10周，共48周。实习的具体项目如表1.81所示。其中，计算机应用操作实习，让学生熟练地掌握计算机操作技术，以及测量计算与绘图软件的使用。加强建筑施工工地现场实习，了解测量工作服务和技术保障的对象，对岗位工作特点有一个具体了解。地形测量纸质测图实习为期8周、控制测量实习为期5周，可以结合生产任务进行。数字化测图实习为期3周，在地籍测量实习时，可以进行数字化地籍图件测绘。GPS定位实习为期2周，在毕业综合实习中，以常规技术与GPS定位技术相结合，可进行现代控制测量生产实习。测量平差软件操作实习，为毕业综合实习做技术准备。毕业综合实习中，应注意安排建筑工程施工的现场施工组织与管理内容的实习，进行建构物施工放样实习，争取安排建构筑物变形观测控制网点布置与监测的实习，重视施工测量部分作业能力的培养，体现出本专业的特色。

表 1.81　工程测量与施工专业实习项目安排　1997年7月

实习类别	序号	实习项目	学期	周数	说明	实习类别	序号	实习项目	学期	周数	说明
教学实习	1	计算机应用操作	Ⅳ	3		教学实习	8	数字化测图实习	Ⅶ	3	
	2	建筑施工现场实习	Ⅴ	2			9	测量平差软件操作	Ⅶ	2	
	3	AutoCAD 实习	Ⅵ	1			10	地籍测量实习	Ⅹ	4	
	4	地形测量实习	Ⅵ	8	结合生产		11	工程测量实习	Ⅹ	4	
	5	控制测量实习	Ⅶ	5	结合生产	毕业实习	12	测绘工程综合实习	Ⅹ	10	结合生产
	6	航空摄影测量实习	Ⅷ	4							
	7	GPS 定位实习	Ⅷ	2		合计				48	

注：集中实习每周5天，每天8课时计，每周40课时，48周为1920课时。

集中实践教学48周相当于1 920课时，再加上课堂理论教学中的实习与实验902课时，实践教学的总课时数为2 822。本教学计划课堂理论教学课时数与实践教学课时数之比：

$$2\,737:2\,822\approx 1:1.03$$

即实践教学课时数略超过理论教学的课时数，体现高职教育突出实践能力培养的特点。

(7)高职工程测量与施工专业教学计划的特点。在中专四年制工程测量专业教学计划(表1.42、表1.43、表1.44)基础上，形成高职五年制工程测量与施工专业教学计划，两者比较，后者有如下主要特点：

增设建筑工程施工类课程。在专门课中增设了建筑施工组织(85课时)、建筑工程概算(60课时)，并将土建工程概论与识图课中专计划的51课时增加到80课时，形成了建筑工程施工的组织与管理能力，从而改变了专业名称。

适当增加了公共课教学内容。英语课由中专计划的205课时增加到396课时，数学课由中专计划的404课时增加到417课时。

增加了计算机应用技术教学内容。计算机应用基础由中专计划的127课时增加到140课时，数据库技术由40课时增至68课时。

增加测绘技术课程的教学力度。控制测量、地形测量学、测量平差、数字化测图、航空摄影测量、工程测量等课程的课时数，在高职计划中都有所增加，而且在精讲多练上下工夫，形成重点的专业技术岗位能力。

重视测绘新技术教学。数字化测绘技术、卫星定位(GPS)、地理信息系统和遥感，在高职教学计划中单列在专门课和选修课中，总课时数达239(实习58课时)，在教学内容的深度和广度上都比中专教学有所加强。

动手能力培养力度大为增强。中专四年制工程测量专业与高职五年制工程测量与施工专业教学计划中的总课时数、讲课数、课堂实习课时数及集中实习的周数，都列入表1.82中；两者的差数也列在表中。在增加772课时数中，讲课只增加169课时，而课堂实习增加了603课时。高职计划实践教学比中专计划多27个教学周。

表 1.82　教学计划课时与实习周数比较

序号	课时、周数 / 教学项目 / 教学计划	总课时数	讲课数	课堂实习数	集中实习周数	说　明
1	中专四年制工程测量专业	3 066	2 741	325	37	加上必选课100课时
2	高职五年制工程测量与施工	3 838	2 910	928	48	加上选修课时数
	(2)－(1)＝(差数)	772	169	603	11	

注：11周相当440课时，603课时相当16周。

高职教学计划基本体现了高职教学的要求：基础理论教学要以应用为目的，以必需、够用为度，强化应用为教学重点；专业理论教学强调教学内容的针对性、现代性和实用性；突出实践性教学在工程实践中训练学生的专业技术动手能力;培养理论联系实际、具有一定创新素质的高等实用型技术人才。

2)高职班计算机制图专业教学计划(1998年版)简介

(1)招生对象和学制。招收初中毕业生,全日制五年。

(2)培养目标。本专业培养为社会主义现代化建设服务,具有开拓精神和职业能力,德、智、体、美全面发展,掌握本专业必需的基础理论知识、实用的专业理论知识和较强的专业技能,适应一线高职岗位要求的计算机制图专业高等实用型技术人才。

(3)岗位目标和业务要求。培养毕业生的岗位目标是:了解地貌学,初步掌握地形测量、航测综合法成图技术;掌握地图绘图、地图投影、地图编绘、地图设计与印刷技术;掌握计算机应用、算法语言、计算机排版、编辑及图形与图像处理等技术;了解地理信息与遥感技术;掌握计算机地图制图技术的高等实用技术人才。

毕业生的知识、职业能力和基本素质要求如下:

知识结构:具有达到本专业岗位目标必备的普通文化科学知识,掌握岗位目标各学科的基本理论知识,掌握各学科传统与现代的基本技术知识,以保证理论联系实际,形成岗位技术的作业能力。

职业能力:①了解地形地貌形成的基本规律,有测绘大比例尺地形图和航测综合法成图的初步能力。②熟练地掌握地图绘图技术;能运用地图投影理论展绘地图经纬度网点;掌握普通地图与专题地图的编绘技术;能进行地图整饰与地图设计,做好地图印刷前的准备工作,并能进行地图印刷工作。③较熟练地掌握计算机使用,有编制计算机一般程序的能力,具有计算机排版与编辑的能力;利用相关的计算机软件,有进行数据库管理、图形与图像处理等能力,要求学生获得计算机二级证书。④了解地理信息系统与遥感技术及其应用。⑤在掌握上述各学科技术的基础上,具有从事计算机地图制图与一般管理岗位工作能力,并达到测绘生产单位质量要求标准。

基本素质:有热爱祖国、为社会主义现代化建设贡献力量的良好政治素质;有一定的哲学、经济学、语言文学、文化艺术的知识;有良好的思想品德与职业道德,有团结协作、助人为乐和集体主义精神;有实事求是和严谨的科学态度;有艰苦奋斗、克服困难努力完成任务的实干精神和责任感;有一定的创业精神和较好的岗位适应性;学习一门外语,获得二级证书;具有健康的体魄,适应本岗位的工作。

(4)教学环节时间分配。学生在校学习5年254周:入学教育1周;课堂教学139周,考试10周,理论教学共149周;教学实习31周,毕业综合实习18周,集中实践教学共49周;公益劳动5周;机动5周;毕业教育1周;假期44周。具体安排如表1.83所示。

表1.83 教学环节时间分配

专业名称:计算机制图 学制:五年制高职 1998年7月

学年 \ 教学周数 \ 项目	入学教育	课堂教学	考试	课程设计	教学实习	毕业实习	毕业设计	公益劳动	机动	毕业教育	假期	总计	说明
一	1	37	2					1	1		10	52	以教学周数计
二		36	2		2			1	1		10	52	
三		29	2		9			1	1		10	52	
四		26	2		12			1	1		10	52	
五		11	2		8	18		1	1	1	4	46	
总计	1	139	10		31	18		5	5	1	44	254	

(5)课程设置与教学进程。本专业共设课31门，分公共课、专门课和选修课3个类型，如表1.84所示。公共课8门[①]：政治(Ⅰ：世界观·人生观，Ⅱ、Ⅲ：经济·政治，Ⅳ：法律，Ⅴ、Ⅵ：邓小平理论，Ⅶ：职业道德，Ⅷ：就业指导)，体育，语文，数学，英语，物理，化学，计算机应用基础；公共课总课时数1 966，占总课时数3 690的53.3%。

表1.84　课程设置与教学进程计划

专业名称：计算机制图　　　学制：五年制高职　　　1998年7月

序号	课程名称	按学期分配		教学时数			各学期教学周数与课程周课时数										说明
		考试	考查	课时总数	讲课	实习实验	Ⅰ 18	Ⅱ 19	Ⅲ 18	Ⅳ 18	Ⅴ 16	Ⅵ 13	Ⅶ 13	Ⅷ 13	Ⅸ 11	Ⅹ 0	
	一、公共课			1 966	1 716	250											占总课时53.3%
1	政治	Ⅲ	Ⅰ,Ⅱ,Ⅳ～Ⅷ	256	246	10	2	2	2	2	2	2	2	2			
2	体育	Ⅰ～Ⅸ		278	278		2	2	2	2	2	2	2	2	2		
3	语文	Ⅱ	1,Ⅲ	220	200	20	4	4	4								
4	数学	Ⅰ,Ⅲ	Ⅱ,Ⅳ	402	372	30	6	6	4	6							
5	英语	Ⅰ,Ⅱ	Ⅲ～Ⅵ	408	368	40	4	4	4	4	4	4					
6	物理	Ⅱ	Ⅰ	166	116	50	5	4									Ⅱ学期实验考核
7	化学	Ⅰ	Ⅱ	92	72	20	3	2									Ⅰ学期实验考核
8	计算机应用基础	Ⅳ	Ⅲ	144	64	80			4	4							
	二、专门课			1 584	905	679											占总课时42.9%
9	电工与电子学		Ⅱ	95	69	26		5									
10	地貌学	Ⅲ		72	52	20			4								
11	地形测量学	Ⅳ		90	52	38				5							
12	航空摄影测量学	Ⅴ		80	62	18					5						
13	地图绘图		Ⅳ,Ⅴ	154	54	100				5	4						Ⅳ学期技能考核
14	电脑排版技术	Ⅴ		64	34	30					4						Ⅴ学期技能考核
15	工具软件	Ⅴ		64	36	28					4						
16	计算机图形处理		Ⅵ	65	35	30						5					
17	计算机图像处理	Ⅶ		65	33	32							5				
18	地图整饰	Ⅵ		65	33	32						5					
19	计算机语言	Ⅵ		65	45	20						5					
20	普通地图编制	Ⅶ	Ⅵ	104	49	55						4	4				Ⅵ学期技能考核
21	专题地图编制	Ⅸ	Ⅷ	85	47	38								3	3		
22	地图投影		Ⅶ	52	34	18							4				
23	印刷技术	Ⅷ	Ⅶ	117	67	50							4	5			
24	计算机地图制图	Ⅷ	Ⅶ	130	50	80							6	4			Ⅸ学期毕业考试课
25	地图设计	Ⅸ	Ⅷ	96	56	40								4	4		Ⅸ学期毕业考试课
26	地理信息系统概论		Ⅸ	66	46	20									6		
27	企业管理		Ⅸ	55	51	4									5		
	三、选修课			178	136	42											必选3门课，以140课
28	美育		Ⅴ	32	26	6					2						时计。占总课时3.8%
29	遥感技术		Ⅷ	52	42	10								4			
30	公共关系学		Ⅷ	39	33	6								3			
31	数据库技术		Ⅸ	55	35	20									5		
	必修课总课时			3 550	2 621	929	26	29	24	28	27	27	27	27	25		周课时数
	必选课总课时			140	110	30	7	8	7	7	8	7	7	8	6		周课程门数
	总课时数			3 690	2 731	959	4	4	4	3	4	3	3	3	3		学期考试课门数

专门课19门：电工与电子学，地貌学，地形测量学，航空摄影测量学，地图绘图，电脑排版技术，工具软件，计算机图形处理，计算机图像处理，地图整饰，计算机语言，普通地图编制，专题地图编制，地图投影，印刷技术，计算机地图制图，地图设计，地理信息系统概论，企业管理；

① 各门课程教学内容不作说明，下同。

专门课总课时数1 584,占总课时的42.9%。

选修课4门:美育,遥感技术,公共关系,数据库技术;4门课的总课时数为178,必选课3门的总课时数以140计,占总课时的3.8%。

(6)实践数教学安排。计算机制图专业强调动手能力培养,安排各学科实习9项,共49周。实习具体项目及学期分布与实习周数如表1.85所示。各种专业技术实习之前,在第Ⅲ学期安排1周的计算机应用实习,以便在各项专业技术实习中应用计算机技术。第Ⅳ学期为期1周的地貌实习,在典型地貌形成地区进行现场观察,了解地貌成因的基本知识,掌握各种地貌构形的特点,以及典型地貌类型,以便于在地形图上按一定的规则和符号表示它们。测量教学实习在第Ⅴ学期安排3周,以常规地形测量作业为主,兼顾航测综合法测图实习。通过第Ⅵ学期6周的地图清绘实习,熟练地掌握地图绘图、地图整饰技术;通过第Ⅷ学期的地图编绘实习,掌握地图投影、普通地图编绘和专题地图编绘技术,达到手工作业生产水平。通过第Ⅸ学期4周的地图印刷实习,初步掌握地图设计、地图印刷前的技术准备工作和地图打样、印刷操作技术。第Ⅶ学期进行6周计算机图文综合实习,为地图编绘的图文排版等做技术准备,也为计算机地图制图做好技术准备。第Ⅸ学期进行为期4周的计算机地图制图实习,是本专业骨干课现代技术的重要实习,利用地图制图专用软件,掌握计算机地图制图基本技术并做出成果。第Ⅹ学期为时18周的毕业实习,要求各项实习达到职业能力要求的技术操作水平,如果可能,在地图清绘、地图编绘和计算机地图制图实习中完成一定数量生产任务,并经地图设计和印刷,生产出合格的地图产品。

表1.85 计算机制图专业实习项目安排

序号	实习项目	学期	周数	序号	实习项目	学期	周数
1	计算机应用实习	Ⅲ	1	6	地图印刷教学实习	Ⅸ	4
2	地貌实习	Ⅳ	1	7	计算机图文综合实习	Ⅶ	6
3	测量教学实习	Ⅴ	3	8	计算机地图制图实习	Ⅸ	4
4	地图清绘教学实习	Ⅵ	6	9	毕业实习	Ⅹ	18
5	地图编绘教学实习	Ⅷ	6		实习总周数		49

在课堂教学中的实习实验达959课时,49周集中实习相当于1 960课时,教学计划全部实习实验的课时数达2 919。理论教学课时数与实践教学课时数之比为:

$$2\,731:2\,919\approx1:1.07$$

显示了五年制高职计算机制图专业重视实践教学、培养较强的职业技术能力的特点。

(7)高职计算机制图专业教学计划的特点。将中专四年制计算机制图专业教学计划(表1.45、表1.46、表1.47)与高职五年制计算机制图专业教学计划比较,后者有以下主要特点:

加强了公共课教学。政治课由中专计划中的188课时,增加到256课时,做到政治课教学4年不断线,突出了邓小平理论的教学力度,增加了就业指导课。加强了英语课教学,由中专计划的224课时增加到408课时,提高了高职毕业生的英语水平。

提高了计算机应用技术教学内容的深度与广度。将计算机应用基础课列入公共课,课时由中专计划的95课时增加到144课时,增加的课时多用在实习课中;在高职计划的专门课中增加了计算机图形处理(65课时,实习30课时)、计算机图像处理(65课时,实习30课时)、工具软件(64课时,实习30课时)等课程。

增加了专门课的门数并强调动手能力培养。增设了地图设计课(96课时,实习40课时);增加了计算机地图制图的教学课时数,增加的课时投入到实习课中达到80课时;增加了印刷技术的课时数;增设了地理信息系统概论和遥感技术(选修课内)课,扩大了本专业的知识面。

高职毕业生的理论知识水平与实践能力都高于中专毕业生。中专教学计划设25门课程,理论教学2 498课时,其理论教学与实践教学课时数之比为1∶0.73。高职教学计划设31门课,理论教学2 731课时,其理论教学与实践教学课时数之比为1∶1.07。

3)高职班图文信息处理专业教学计划(1999年版)简介

(1)招生对象和学制。招收初中毕业生,全日制五年。

(2)培养目标。本专业培养为社会主义现代化建设服务,具有开拓精神和职业能力,德、智、体、美全面发展,掌握本专业必需的基础理论知识、实用的专业理论知识和较强的专业技能,适应一线高职岗位要求的图文信息处理专业高等实用型技术人才。

(3)业务要求与基本素质。

知识结构:具有印刷岗位所必需的普通文化知识,具有计算机图形处理与图像处理、文字信息处理、图文印刷前期处理等各项技术工作所必需的基本理论知识,及其专业技术知识。

职业能力:①计算机应用能力。掌握计算机基本知识和熟练Windows操作系统,使用常用文字处理软件进行汉字录入达到60字/分、英文录入150字符/分以上;能编制一般的计算机程序,获得计算机二级证书。②计算机图形处理能力。以常用的计算机图形处理软件,能熟练地进行图形设计和绘制,掌握图形处理设备的使用方法。③计算机图像处理能力。以常用的计算机图像处理软件,较熟练地进行图像设计、制作和处理,掌握图像处理设备的使用方法。④文字信息处理能力。在熟练地掌握中西文录入软件的基础上,能熟练地运用WORD软件编辑系统、WPS文本编辑系统和方正、华光排版等软件,进行文字修饰处理,进行各种复杂表格、数学公式、化学公式、插图等各种复杂版的排版能力。⑤平面设计能力。在掌握有关平面设计基本理论和技术的基础上,能把图形设计与二维设计的基本元素和基本原理结合起来,掌握图形设计的字体、版式、公式、图标、符号、象形图、招贴画、书封、购物袋和广告等方面的设计能力;有一定的视觉辨别思考能力;掌握评价作品的评价指南和评价方法。⑥掌握在制版、打样、印刷等设备性能与基本知识的基础上,具有进行作业操作的能力,并做出成果。

基本素质:有热爱祖国、为社会主义现代化建设贡献力量的良好政治素质;有一定的哲学、经济学、语言文字、文化艺术的知识;有良好的职业道德,有团结协作、助人为乐和集体主义精神;有实事求是、严谨的科学态度;有艰苦奋斗的实干精神和责任感;有一定的创业精神和较好的岗位适应性;获得英语二级证书;具有健康的体魄,适应本岗位的工作。

(4)教学环节时间分配。学生在校学习5年254周:入学教育1周;课堂教学142周,考试10周,理论教学共152周;教学实习28周,毕业实习18周,集中实践教学46周;公益劳动5周;机动5周;毕业教育1周;假期44周。具体安排如表1.86所示。

表1.86 教学环节时间分配

专业名称:图文信息处理　　学制:五年制高职　　1999年6月

教学周数 项目 / 学年	入学教育	课堂教学	考试	课程设计	教学实习	毕业实习	毕业设计	公益劳动	机动	毕业教育	假期	总计	说明
一	1	37	2					1	1		10	52	以教学周数计
二		35	2		3			1	1		10	52	
三		31	2		7			1	1		10	52	
四		27	2		11			1	1		10	52	
五		12	2		7	18		1	1	1	4	46	
总计	1	142	10		28	18		5	5	1	44	254	

(5)课程设置与教学进程。本专业设课33门,分公共课、专门课和选修课3类,如表1.87所示。

表1.87　课程设置与教学进程计划

专业名称:图文信息处理　　　学制:五年制高职　　　1999年6月

序号	课程名称	按学期分配		教学时数			各学期教学周数与课程周课时数										说明
		考试	考查	课时总数	讲课	实习实验	Ⅰ 18	Ⅱ 19	Ⅲ 18	Ⅳ 17	Ⅴ 16	Ⅵ 15	Ⅶ 16	Ⅷ 11	Ⅸ 12	Ⅹ 0	
	一、公共课			1 987	1 747	240											占总课时58.0%
1	政治	Ⅲ	Ⅱ,Ⅳ～Ⅶ	202	192	10		2	2	2	2	2	2				
2	体育	Ⅰ～Ⅸ		278	278		2	2	2	2	2	2	2	2	2		
3	语文	Ⅱ,Ⅳ	Ⅰ,Ⅲ,Ⅴ	238	218	20	4	4	4	3	3						
4	数学	Ⅰ,Ⅲ	Ⅱ,Ⅳ	420	390	30	6	6	6	5							
5	英语	Ⅰ,Ⅱ,Ⅵ	Ⅲ～Ⅴ	408	368	40	4	4	4	4	4	4					
6	物理	Ⅱ	Ⅰ	166	116	50	5	4									Ⅱ学期技能考核
7	化学	Ⅰ	Ⅱ	90	70	20	5										Ⅰ学期技能考核
8	计算机应用基础	Ⅳ	Ⅲ	140	70	70			4	4							
9	写作基础		Ⅵ	45	45							3					
	二、专门课			1 264	808	456											占总课时36.9%
10	电工与电子学	Ⅲ		90	70	20		5									
11	色彩学		Ⅲ	54	34	20			3								
12	美术基础		Ⅳ	51	21	30				3							
13	摄影艺术		Ⅳ	51	31	20				3							
14	电子排版技术		Ⅴ	64	34	30					4						Ⅴ学期技能考核
15	数据库技术	Ⅴ		64	40	24					4						
16	计算机图形处理	Ⅴ		80	40	40					5						Ⅴ学期技能考核
17	程序设计语言	Ⅵ		75	45	30						5					
18	出版概论		Ⅵ	60	50	10						4					
19	印刷原理	Ⅶ	Ⅵ	124	84	40						4	4				毕业考试课
20	计算机图像处理	Ⅶ		80	40	40							5				Ⅶ学期技能考核
21	多媒体技术		Ⅶ	80	50	30							5				
22	字体设计		Ⅶ	48	32	16							3				
23	网络技术与信息传递	Ⅷ		55	35	20								5			毕业考试课
24	印刷工艺设计		Ⅷ	55	45	10								5			
25	图文组版技术	Ⅷ		77	51	26								7			
26	计算机硬件维护	Ⅸ		60	40	20									5		
27	三维动画设计与制作	Ⅸ		60	34	26									5		
28	图文处理新技术		Ⅸ	36	32	4									3		
	三、选修课			175	155	20											占总课时5.1%
29	美育		Ⅷ	22	22									2			
30	专业英语阅读		Ⅶ	48	38	10							3				
31	公共关系学		Ⅷ	33	33									3			
32	企业管理		Ⅸ	36	36										3		
33	市场营销		Ⅸ	36	26	10									3		
	必修课总课时			3 251	2 555	696	26	27	25	26	24	24	24	24	21		周课时数
	必修＋选修＝总课时			3 426	2 710	716	6	7	7	8	7	7	7	6	6		学期课程门数
							4	4	4	3	3	3	3	3	3		考试课门数

公共课9门[①]:政治(Ⅱ:世界观·人生观,Ⅲ、Ⅳ:经济·政治,Ⅴ、Ⅵ:邓小平理论、法律,Ⅶ:职业道德),体育,语文,数学,英语,物理,化学,计算机应用基础,写作基础;公共课课时总数为1 987,占总课时数3 426的58.0%。

专门课19门:电工与电子学,色彩学,美术基础,摄影艺术,电子排版技术,数据库技术,计

① 各门课程教学内容不作说明,下同。

算机图形处理，程序设计语言，出版概论，印刷原理，计算机图像处理，多媒体技术，字体设计，网络技术与信息传递，印刷工艺设计，图文组版技术，计算机硬件维护，三维动画设计与制作，图文处理新技术；专门课课时总数为1 264，占总课时的36.9%。

选修课5门：美育，专业英语阅读，公共关系学，企业管理，市场营销；选修课课时总数为175，占总课时的5.1%。

(6)实践教学安排。图文信息处理专业强调动手能力培养，安排各学科实习11项，共46周。具体的实习项目如表1.88所示。重点进行计算机应用技术实习，掌握数据库技术、文字处理技术、计算机图像与图形处理、计算机制图、三维动画设计和计算机维护技术等，以及计算机组版和印刷技术。形成以计算机技术支撑的具有现代技术水平的图文信息处理与出版印刷技术的高等实用型技术人才。

表1.88　图文信息处理专业实习项目安排

实习类别	序号	实习名称	学期	周数	说明	实习类别	序号	实习项目	学期	周数	说明
教学实习	1	计算机认识实习	Ⅲ	1			7	印刷实习	Ⅷ	5	
	2	计算机应用实习	Ⅳ	2			8	组版实习	Ⅸ	3	
	3	数据库设计	Ⅴ	3			9	三维动画设计	Ⅸ	3	
	4	文字处理	Ⅵ	4			10	计算机维护实习	Ⅸ	1	
	5	计算机制图	Ⅶ	3		毕业实习	11	综合性全面实习	Ⅹ	18	
	6	图像处理	Ⅷ	3		合计				46	

本专业课堂教学内的实习实验课时数为716，集中实践教学46周，相当于1 840课时，两者合计为2 556课时。理论教学与实践教学课时数之比为

$$2\ 710:2\ 556\approx1:0.94$$

接近1比1的水平。

(7)高职图文信息处理专业教学计划的特点。本专业教学计划与四年制中专印刷技术专业教学计划相比，有以下主要特点：

加强文化基础课教学。政治课教育由中专142课时，增加到202课时，包括5项教学内容。英语课由中专计划的220课时，增加到高职计划的408课时，而且在选修课中又设专业英语阅读课48课时，总计达456课时。数学课由中专计划的254课时增加到高职计划的420课时。计算机应用基础课由中专计划的95课时，增加到高职计划的140课时。语文课在高职计划中增设了写作基础45课时。

强调了计算机应用技术基础理论与作业能力的培养。增设了数据库技术、计算机图形处理、多媒体技术、三维动画设计与制作、计算机硬件维护等课程，使本专业在计算机技术支撑下成为现代技术水平的专业。

强调了图文信息处理专业技术人员的职业艺术素质和设计能力的培养。增设了色彩学、美术基础、摄影艺术，以及出版概论、字体设计、图文组版技术等课程。

弱化了印刷机械方面的课程与知识，强化了出版印刷前组织与准备工作的教学内容，从提高现代化印刷技术质量方面下工夫。

高职图文信息处理专业培养的高等实用型技术人才，更加适应现代地图编辑出版印刷和普通印刷业的岗位工作需要，有更加广泛的人才市场适应性。

5．产学结合加强动手能力培养

1)成立"北极测绘院"为测量生产实习承揽测量工程任务

以学校测绘专业教师和测绘仪器装备为依托，以测绘专业教师多年形成的生产实习的指

导能力和测绘成果的质量声誉为技术保证，成立“北极测绘院”，获得了国家测绘局颁发的甲级测绘单位资质证书。面向江苏省和周边省市地区的测绘生产单位、企事业单位和管理部门，承揽测绘与信息工程任务和新技术开发研究项目，为学生生产实习和教师进行科技开发服务提供测量任务和科研项目。承揽的测量生产任务，按甲方的技术要求，下达给测量实习队负责教师，全权负责测量生产实习任务的质量保证。测量实习队在完成测量实习大纲规定的实习任务基础上，优质、按时地完成测量生产任务。1996—1998 年，测绘专业科承担了如表 1.89 中所示的 14 项各种类型的测绘生产任务，创造了 131.0 万元的经济收入。

表 1.89 1996－1998 年生产实习工程量统计

序号	年份	工程项目与工程量	项目数	收入(万元)	说明
1	1996	常州市新区 1：1 000 航测外业调绘，20 km^2	1	7.0	
2	1996	安徽省亳州控制测量与像控 70 km^2，1：1 000 调绘 15 km^2	1	19.0	
3	1996	仪征市地籍控制测量 10 km^2，地籍测量 2 km^2	1	11.8	
4	1996	溧阳市旧县等 6 镇 1：1 000 航测成图	1	6.0	全能法成图
5	1996	吴江青云等 3 镇 1：1 000 平板测图	1	4.8	
6	1996	连云港市 1：500 航测成图，2 km^2	1	1.8	全能法成图
7	1997	南京市禄口镇 1：1 000 平板测图，8 km^2	1	7.5	
8	1997	江苏宜兴市地籍控制测量，12 km^2	1	5.0	
9	1997	宁波市鄞县 1：1 000 平板测图，1.4 km^2	1	2.1	
10	1997	南京市东郊 1：1 000 像控及调绘，44 km^2	1	11.0	
11	1998	江浦—乌镇线路测量，15 km^2	1	6.0	
12	1998	浙江桐庐县中山 1：500 平板测图，6 km^2	1	9.0	
13	1998	宁杭调整公路 1：2 000 平板及航测成图，30 km^2	1	10.0	
14	1996—1998	上海测绘院等 10 单位 GPS D 级、E 级点测量约 600 个	1	30.0	
		合 计	14	131.0	

2）精心组织测量生产产实习

工程测量、土地管理与地籍测量和高职班工程测量与施工等专业，一般有 3 个较长的集中实习期间：一是地形测量实习（第Ⅴ、Ⅵ学期，为期 5～8 周）；二是控制测量实习（第Ⅵ、Ⅶ学期，为期 5 周）；三是航空摄影测量、地籍测量与工程测量实习（一般在Ⅶ、Ⅷ和Ⅹ学期，经适当调剂可以进行 10 周左右的实习时间）。当有测绘生产任务时，可根据生产任务的种类、任务量、完成任务的时间等，适当调整教学进程计划，承担生产实习任务。带着测绘生产任务进行实习，提高了教师与学生完成实习与生产任务的责任感。总结多年组织测绘生产实习的成功经验，为培养肯干、会干、能干的“三干人才”而努力。精心组织领导测绘生产实习的主要做法有以下几点：

(1)使学生建立测绘生产实习任务的整体概念。在指导教师对生产任务地区进行踏勘的基础上，掌握有关的测量起始数据及其精度评定资料，做好测绘生产任务的技术设计、生产实习的进程计划，做好实施细则和作业的质量标准，提出测绘成果验收的标准和质量评定标准；根据测绘任务特点做好现场教学计划和具体要求；特别要制定实习和生产中的人身、仪器安全规定，必须人人遵守。指导教师在带领学生进行现场踏勘的基础上，按完成生产任务的规范要求和技术细则的规定，指导学生进行生产任务的技术设计，做出工程进度计划和质量保障要求等，使学生建立起较为完整的测绘生产作业概念，通过工程实践形成岗位生产能力。

(2)树立测绘生产成果质量第一的观念。教师和学生在测量生产实习中牢牢地树立了测绘成果质量第一的观念，保证测绘成果质量，树立了测量生产实习成果质量信誉，才能获得生产单位委托的测绘生产任务。各项作业成果不合格时，必须及时返工重测，教师必须严格要求。学生的生产实习成绩要与其作业成果的质量挂钩。

(3)重视现场教学。生产实习承担的测绘任务多种多样,要完成实习和生产两项任务必须进行有针对性的现场教学。①明确生产任务和精度要求,必须掌握的测绘技术和应遵守的测量规范。②明确实习小组的任务和各项作业达标要求,其中包括个人应达到的操作技术水平,实习小组集体应达到的成果质量标准。③教师进行典型示范操作,必要时预先训练好典型示范作业的样板实习小组,起示范作用,让学生和实习小组学有样板。④进行实习成绩考核。通过笔试和单兵教练进行个人实习成绩考核打分;通过实习小组作业考核了解其协同作业能力,作业不达标的小组不能进行生产作业,促进实习小组提高集体作业水平,保证测绘成果质量。

(4)把住生产作业成果的质量检查关。①指导教师要重视开始作业的第一次现场技术指导工作,给学生留下必须遵守和应达到的技术要求的深刻印象,发现问题及时指导纠正。②要求实习小组在作业时,测角、测水准必须做到站站清,地形测图时做到点点清、片片清和站站清,纸质测图时要现场绘好地物和地形,数字化测图时要绘好标准的草图。③指导教师要对当日或阶段性测绘成果进行检查,有问题尽早处理和纠正,避免重大的返工重测。

(5)注意培养尖子学生。一般在5人实习小组中至少要发现和培养2名综合素质好、作业能力强的尖子学生。他们实习目的明确,思想作风好,有克服困难完成任务的信心,操作技术好,工作认真负责,能团结同学共同搞好小组工作,得到同学的支持,正副实习组长应具备这些素质。他们是完成实习和测绘生产任务的基本保证力量,他们是培养“肯干、会干、能干”的“三干”毕业生的带头人。有了这些尖子学生的带头作用,就能使大多数学生成为达到“三干”能力要求的毕业生。

(6)严把测绘成果检查验收关。生产实习测绘成果检查验收,是整个实习中的测绘成果质量评定阶段。对控制测量、地形图和其他测绘成果检查验收,一般经过4道关口:①小组对控制测量成果、地形图进行自检,发现问题进行修改、补测,达到规范要求。②进行小组之间的互检,提高对质量检查的重视,组间相互学习、取长补短,发现问题及时解决。③由指导教师代表测量队进行队检。对控制测量成果全面检查核对,按规定的标准进行定量和定性评定。让学生观看对地形图进行室内图面检查,圈出有问题区域的疑问;有选择地设站进行图面实测检查,对检查点的高程差数与平面位置差数进行逐点记录,最后计算出图面平均高程差值、平均平面位置差值,作为图面的数值精度参考数据;再根据图面绘图水平、整饰水平等最后评定地形图的定量与定性等级。指导教师进行的队检,是保证测绘成果质量的现场教学,对学生形成测绘成果质量第一观念有很大的促进作用。④生产单位或测绘质检部门,按工程使用的测量规范要求进行检查验收,按测量生产部门的要求对测绘成果进行质量评级。检查验收质量评级的结果,是对学生生产实习成果的正式评价。

3)加强短线工程项目的实习安排

从“七五”、“八五”和“九五”完成的生产实习工程项目种类来看(表1.48、表1.89),短线工程项目如工程测量工程、地籍测量工程,以及数字化测图等方面的任务偏少,在生产实习中未能得到充分的实习机会。因此,在工程测量、工程测量与施工、土地管理与地籍测量等专业的专项教学实习中,要按实践教学计划精心组织该项目的实习,使学生达到能进行独立作业的技术水平,保证专业主干课程的作业技术达到岗位培养目标要求的水平。

6. 全面推进素质教育

面对测绘类专业分三年制与四年制中专教育、五年制高职教育和三年制的大学专科教育,学生思想状况出现新情况、新问题,工作的复杂性和难度增加。因此,要以改革精神和更加人性化的态度，以细心、耐心和关心学生全面成长的精神做好学生的思想政治工作。

1)实行辅导员与班主任全面负责的学生工作机制

将20世纪80年代实行的学生工作科负责制，改革为在党委领导下建立“辅导员办公室”，实行辅导员与班主任全面负责制。发挥马列主义与德育教研室在政治教育、德育教育和法制教育方面的主力军作用；动员全校教师发挥教书育人、管理干部管理育人、服务人员服务育人的经常性思想教育与管理教育作用；由学校党政领导干部对学生进行党和国家方针政策的时事报告教育；发挥共青团和学生会组织校园文化体育活动和参加社会公益活动的作用，构成全面的学生思想政治工作和管理工作体系，推进全面素质教育。

2)推进全面素质教育的措施

(1)抓住素质教育的切入点。宣传改革开放以来我国社会主义现代化建设取得的成就，国家实力的增强，国际地位的提高，人民生活的改善；以学校由中专教育向高等职业教育发展的形势，把学生的个人前途和命运与祖国的发展联系起来，进行爱国主义、集体主义和社会主义核心价值观的教育。引导学生努力成为“有理想、有道德、有文化、有纪律”的社会主义建设者和接班人。在学校期间要学好专业本领，争取成为一名合格的水平较高的中专和高职毕业生。

(2)继承和发扬学校的光荣传统校风。宣传南京地质学校的前身是中国人民解放军华东军区测绘学校，有光荣的解放军传统作风。经过近50年的努力，学校形成了“团结紧张，艰苦创业，勤奋学习，严守纪律，生动活泼”的校风。在校风精神的鼓舞下，50年来培养出大批“肯干、会干、能干”的测绘专业“三干”人才，在祖国各个时期的测绘生产、教学、科研活动中发挥了重要作用。大力宣传大批20世纪50－70年代的中专毕业生，在建立全国天文大地控制网、参与我国边界测绘工作、参与测定珠峰高度和西部高原地区测绘工程、参加国家基本地形图测绘，以及在全国地质勘探、工程建设、城市建设、农林水工程建设等方面作出的贡献。他们中间的多数人成长为高级工程师，成为专家、教授，有的成为国家测绘局、地质矿产部及省一级局的领导干部。宣传改革开放以来，测绘中专毕业生在祖国现代化建设中贡献力量，党和国家为他们的成长和创业提供了良好的机会。南京地质学校历届的测绘专业毕业生，以自身的良好表现在我国测绘界有较高声誉，以此来鼓舞在校学生努力学习、力争成才。

(3)严格要求，进行优良作风的养成教育。对处在高中基础文化教育阶段的中专生和高职生来说，在生活管理、学习管理和纪律管理等方面进行严格要求，养成优良思想作风是全面推进素质教育的重要措施之一。以辅导员办公室为主，由团委、学生会配合，有班主任参加，建立量化管理和评优制度，是促进学生遵守中等专业学校学生守则和学校的生活、学习、纪律和学籍管理制度的有效方法。①建立早操、课间操、早自习、晚自习和晚就寝的量化检查制度。②建立教室、学生宿舍、班级公共分担区文明整清的量化检查制度。③严格执行考场的规章制度，严格执行由考试成绩、操行表现、实习成绩等因素决定的升留级制度和准予毕业制度。④在学生中开展“学雷锋，创三好”活动，建立奖学金、三好学生评定制度，建立优秀团员和优秀学生干部评选制度。⑤鼓励和奖励参加社会活动的先进学生，培养为社会服务的责任感和献身精神。辅导员和班主任及任课教师，要主动关心学生成长，对学生全面负责。了解学生学习、生活和思想上存在的问题，特别要关怀家庭经济困难的学生，解决他们的实际问题，对学生真诚的关心和帮助，促进学生健康成长。

(4)开展丰富多彩的校园文化活动和社会活动。团委及学生会合作，有计划地组织学生丰富多彩的校园文化体育活动，开展第二课堂的文艺、文学、音乐、美术、历史、社会科学等讲座；

组织专项体育运动队伍开展校内和校际竞赛，每年召开春秋全校运动会；组织英语讲演、诗歌朗诵、小说报告会等活动；组织有测绘类专业特点的仪器操作、计算机编程等技术竞赛；组织革命歌曲"金秋歌会"，参观革命纪念馆进行革命传统教育；组织学生参加社会上的"志愿者"活动和"三下乡"活动，增强服务社会的责任感。

3)重视引导毕业生就业工作

学校非常重视学生招生和就业工作，成立招生分配就业办公室，统管招生和就业工作。充分利用学校历年来毕业生综合素质好、受用人单位欢迎的优势，向用人单位推荐毕业生就业；从在测绘生产和管理部门工作的老毕业生处获取各单位用人信息，推荐毕业生就业；动员毕业生自己主动联系就业单位。通过各种办法，每年测绘各专业毕业生的签约就业率达到95%以上，树立起南京地质学校测绘专业毕业生质量好的信誉。

7. 建设高水平的师资队伍

"九五"期间，测量科、计算机制图科35名教师，分别担任中专6个专业、高职3个专业、专科5个专业的多学科与多层次的繁重教学任务。在认真搞好理论教学的同时，要组织各专业的测量教学实习和规模较大的毕业测量生产实习，以及各专业的实验室教学实习和毕业实习，抓好全面的实践教学；编写大量的各新建专业的有关学科教材；开展教学与专业科技研究和技术开发活动；编制新建中专、高职、专科各专业的教学计划。在教学改革与创新、由测绘中专教育向高等职业教育升级的过程中，教师们以极大的热情、科学的态度和负责精神完成教学、科研和测绘生产任务。在多学科、多层次的教学实践中，进一步提高了教师的综合教学水平，在建设一支适应高等职业教育高水平师资队伍的实践中取得很大成绩。

1)培养适应高职教学需要的师资队伍

培养适应高等职业教育需要的师资队伍，是"九五"期间测量科和计算机制图科师资培训的重要任务。在新建的中专、高职和专科近10个专业中，土地管理、土地经济学、土地利用规划、建筑施工组织、建筑预算概论、地图设计、三维动画设计与制作、图文组织技术等30余门的新设课程，绝大多数是教师们不熟悉的学科技术。有计划地组织任课教师到有关高等院校的系和专业进修学习，到有关生产和管理部门实践学习，提高适应所设高职专业有关学科的教学能力，保证了高职教学工作的需要。

2)开展测绘类中等职业教育和高等职业教育的教材编写出版工作

测绘类新建的中专专业和高职与专科教育的专业基础课和专业课教材，有的可以选择现已出版的有关教材代用，有些特殊需要的学科教材，必须按课程教学大纲编写出适应专业教学计划培养目标要求的教材，开课前都要印好教材，保证教学的需要。通过1～2个教学循环，在总结经验的基础上形成定型学科教材，再考虑出版问题。测绘专业几十年来编写出版了数量较多的中专教材，如表1.90所示。南京地质学校测绘科、计算机制图科，是开办测绘中专教育学校编写出版发行测绘类各专业教材较多的学校之一，对我国测绘中专教育专业教材建设作出了应有的贡献。

表1.90　测绘专业历年编写主要出版教材统计

时　间	教材名称	说　明
1960年前后	测量学、大地测量、测量觇标建造、测量平差和计算、摄影学、地形绘图、航空摄影测量、地图制图、地图编制、地图制印	适用于三年制、四年制中专教学用
1980—1990	地形测量、控制测量(上册)、大地测量(上册)、大地测量(下册)、地形绘图、地图制印、地图投影、航空摄影测量(综合法)	新编四年制中专教材

续表

时间	教材名称	说明
1995年前后	工程测量、控制测量、测量平差、地籍测量、土地管理、计算机制图、印刷技术、实用天文学	适用新专业中专四年制教学用及专著
2000年前后	控制测量、测量平差、地形测绘、摄影测量学、地籍测量、数字化测图、GPS定位、测量学	受教育部委托，编写中等职业教育国家规划教材，2003年中国建筑出版社出版

3)开展科学研究和技术服务活动

“九五”期间测绘专业教师在有繁重的理论教学和实践教学任务压力之下，仍然积极开展教学与专业技术科研和技术服务活动，在公开发行的测绘科技刊物上刊出部分科研成果和论文24篇，如表1.91所示。发表了现代测绘科技研究成果的论文“GPS网中起算点坐标精度对基线解算影响的探讨”、“GPS水准高程拟合精度的分析”、“利用MapGIS制作数字地形图”等，这些成果与论文标志着测绘专业教师在“九五”期间达到的学识水平和科研能力。

表1.91 1996－2000年发表部分论文示例

序号	论文名称	作者	刊物名称	发表时间	说明
1	培养新型制图专业人才势在必行—南京地质学校计算机制图专业介绍	姜 佐，王宁萍	现代测绘	1996	
2	城镇地籍管理信息系统的分析与研究	王鸣飞	现代测绘	1996	
3	加强能力培养—谈“控制测量学”课堂教学改革	沈学标	现代测绘	1996	
4	圆锥投影的应用和PASCAL语言计算程序	姜 佐	南京师大学报	1996	自然科学版
5	GPS测量成果的统计分析	沈学标	地矿测绘	1996	
6	导线点密度设计及均匀性检验	李玉宝	地矿测绘	1996	
7	GPS网中起算点坐标精度对基线解算影响的探讨	吴向阳，王鸣飞	地矿测绘	1996	
8	测绘技术教育未来发展方向探讨	范国雄	地矿测绘	1997	
9	地籍测量野外作业中的几个问题	颜 平	地矿测绘	1997	
10	兖州市GPS控制测量的精度分析	沈学标等	地矿测绘	1997	
11	应用GPS技术快速建立河流控制网	吴向阳	地矿测绘	1997	
12	新形势下地图投影向何处去	姜 佐	地图	1997	
13	单线河流的绘制算法	蔡先华	测绘通报	1997	
14	GPS网中已知点坐标正确性的检核	吴向阳	测绘通报	1997	
15	MCAI地图编制课件的应用探讨	武 利	现代测绘	1998	
16	Wild200S用于航测像点控制联测	吴向阳	地矿测绘	1998	
17	航空摄影测量新的发展及应用	方子岩	地矿测绘	1998	
18	GPS水准高程拟合精度的分析	沈学标	测绘通报	1998	
19	利用MapGIS制作数字地形图	郑天栋	现代测绘	1999	
20	谈计算机辅助编制城市交通游览图	王宁萍	现代测绘	1999	
21	论GPS网二维与三维平差相结合的必要性	吴向阳	地矿测绘	1999	
22	课程综合化初探	沈学标	中国地质教育	2000	
23	提高GPS水准高程拟合精度的探讨	沈学标	地矿测绘	2000	
24	溧阳城镇独立坐标转换方法的探讨	吴向阳	地矿测绘	2000	

4)专业教师指导测绘生产实习能力大为提高

经过“七五”、“八五”和“九五”15年指导测量生产实习的工程实践锻炼，“七五”期间来校任教的测绘专业青年教师都成长起来，成为教学和指导测绘生产的骨干力量——“双师型”教师。在这15年中，经过指导控制测量(GPS定位测量)、地形测量(数字化测图)、地籍测量、航测全能法成图和大规模的综合法成图、公路测量、河道测量、地质测量、地图清绘、地图编绘，以及与工程建设有关的测量等工程实践，使他们受到全面的测绘工程作业的锻炼，测绘生产实习的全面组织领导能力大为提高，领导学生优质地完成75项测绘工程生产实习任务，测绘成果和学生的作业能力受到委托单位的好评。

南京地质学校测绘专业教师已成为“教学、科研、生产相结合”的高水平的中专与高等职业教育的师资队伍。表1.92说明15年来各阶段测绘专业教师职称结构的分布状况,反映出师资队伍建设的成长历程。

表1.92　南京地质学校测绘科教师人数与职称分布状况

教师 / 人数,% / 时期	专业教师数	副教授,高讲		讲师		教师		助讲		说明
		人数	%	人数	%	人数	%	人数	%	
1985前后	56	4	7.2	18	32.1	16	28.6	18	32.1	讲师以上22人,占39.3%
1990—1995	53	9	17.0	29	54.7			15	28.3	讲师以上38人,占71.7%
1996—2000	35	15	42.9	17	48.6			3	8.5	讲师以上32人,占91.5%

8. 测绘专业从中专、高职教育到高等本科教育50年的发展历程

1952年5月,在中国人民解放军华东军区测绘学校的基础上,成立了南京地质学校,隶属地质部。学校经过近50年的发展与建设,测绘中专教育先后设大地测量、地形测量、航空摄影测量、地图制图、计算机制图、地图制印、印刷技术、工程测量、土地管理与地籍测量、计算机应用和地理信息系统11个专业。到2000年,培养出各专业毕业生如表1.93所示的8 007人(含40名专科毕业生)。毕业生遍布祖国各地的地质、测绘和城市与工程建设部门,从事测绘生产一线工作,为国家的社会主义现代化建设和测绘信息产业的发展作出很大贡献。

表1.93　南京地质学校测绘各专业毕业生统计

专业 / 人数 / 时间	中专毕业生									测量专科	培训学员数							总计
	大地测量	地形测量	航空摄影测量	地图制图	工程测量	地图制印	计算机制图	计算机应用	合计		师资培训	测量培训	航测培训	编绘培训	制印培训	制图函授	合计	
1953—1957	568	572	100	314					1 554		51						51	
1958—1969	757	291	542	658					2 248									
1973—1976		194							194			83		41			124	
1977—1985		644	165	239					1 048			92	128	251	28		499	
1986—1995		540	139	454	408				1 541	40						44	44	
1996—2000				82	302	312	168	518	1 382									
合计	1 325	2 241	946	1 747	710	312	168	578	7 967	40	51	175	128	292	28	44	718	8 725

注:中专各专业毕业生总数为7 967人,专科毕业生为40人,中专与专科毕业生总数为8 007人。

"九五"期间,随着国家重点发展中等职业技术教育,同时发展高等职业技术教育,学校以国家级重点中等专业学校的优势,经教育主管部门批准,于1997年、1998年、1999年相继开办了工程测量与施工、计算机制图、图文信息处理3个高等职业教育班。测绘专业由中专教育向高等职业教育迈出了扎实的一步。

在教育结构调整改革中,南京地质学校于2000年4月并入东南大学。其中,测量科、计算机制图科与东南大学交通学院的测量教研室及南京交通高等专科学校港航系测量教研室合并,组建东南大学交通学院测绘工程系。于2001开始进行测绘工程专业的本科教育。至此,南京地质学校测绘专业历届教师,经历了从测绘中专、高职到大学本科教育的50年历程。

1.6.5　武汉电力学校工程测量专业由中专教育发展为高等职业教育

"九五"期间,在教育结构调整发展高等职业教育的形势下,学校党委认为,以学校是国家级全国重点中等专业学校的办学条件,利用"三改一补"政策,可以使学校由中等专业教育向高等职业教育发展。为此,采取以下措施。

(1)组织干部和教师学习有关高等职业教育的法规、方针和政策。学习1994年9月1日实施的《中华人民共和国职业教育法》,明确职业教育的地位、作用和任务,以法律规定的形式

推进学校的中等和高等职业教育发展的进程。学习1996年6月召开的"第三次全国职业教育会议"精神,以及1997年召开的"全国高等职业教育教学改革研讨会"中总结的发展高职教育的经验、对高职教育发展形势的分析,以及加快高职教育发展的方针、政策等。

(2)明确高等职业教育的培养目标与特点。使干部、教师明确"高等职业教育是在高中阶段教育的基础上实施的职业技术教育,是职业教育的高层次,为建设、生产、服务等第一线岗位培养高等实用人才。"有别于高等专科教育培养"受到工程师初步训练的高级工程技术应用性人才"。高职教育招高中毕业生学制三年,招初中毕业生学制五年,毕业发高职教育文凭,国家承认其学历。

(3)由中等专业学校向高等职业技术学院方向努力。学校早在1993年就组织"发电厂集控运行"、"电力系统电气运行"两个专业试办高职班,取得高职教育的办学经验。在新的形势下,学校提出"创职教特色,办示范学校"为近期学校的建设与发展目标,要求各专业做好开办高职教育制订教学计划等准备工作。测绘专业首先做了开办工程测量专业招初中毕业生五年制高职班教学计划的准备工作。

"九五"期间,工程测量专业认真提高中专四年制教学质量,做好开办工程测量专业三年制中专的准备,加强专业建设,特别加强现代测绘仪器装备和现代化测绘实验室建设,提高现代测绘信息技术的教学水平,培养出合格的水平较高的工程测量专业毕业生,准备迎接测绘高等职业教育的教学任务。

1. 修订中专四年制、制订中专三年制和高职五年制工程测量专业教学计划

1)修订工程测量专业中专四年制教学计划

1998年电力部教育主管部门要求,修订工程测量专业中专四年制教学计划。工程测量专业中专四年制教学计划1995年版(表1.50、表1.51、表1.52),经过一个教学循环试验,基本情况良好。随着工程测量专业教学设备的改善,有些现代测绘技术的理论教学和实践教学尚待加强和改进。首先对全国主要水电勘测设计院、各水利电力工程局、城市勘测院和工程部门的测绘单位的工程测量中专毕业生岗位技术要求进行调查,调查的意见集中起来主要有如下几个方面:

(1)在掌握常规经纬仪、水准仪、平板仪操作技术的基础上,要掌握电子经纬仪、电子水准仪、测距仪、全站仪操作技术,以及使用电子平板进行数字化测图技术的仪器操作技术及其后处理技术。

(2)掌握计算机或掌上电脑应用技术,能使用各种平差计算软件进行观测数据的处理,初步掌握数据库技术,进行一般的计算机管理工作和计算机绘图技术。

(3)掌握地形测量、测量平差、常规控制测量与GPS定位技术,形成完整的城市与工程控制网的建立和地形测量(包括数字化测图)能力,作为工程测量及其他测量的技术支撑。

(4)加强工程测量课程的教学力度,增加现代工程常用的测量保障技术,克服毕业生工程测量技术操作能力不强的弱点。掌握地籍测量技术,特别是地籍图件测绘、地籍资料调查和统计整理技术,能胜任地籍测量工作。适当加强摄影测量教学内容,在强调综合法成图技术的同时,适当增加数字摄影测量技术的教学内容。

(5)重视毕业生的全面素质教育。生产作业单位欢迎:①热爱本职工作,责任心强,敢于承担工程并能完成任务;②勤奋好学,有一定的开拓精神,吃苦耐劳,善于与同志团结合作;③严格遵守技术操作规程,有良好的职业道德,测绘成果质量观念强;④遵守纪律,服从领导,能积极提出合理化建议,有一定的创新精神;⑤在市场经济条件下,毕业生有较好的心理素质和岗位环境的适应性,有健康的体魄适应测绘工作。

根据调查收集的意见,对1995年版本教学计划的修改和补充有以下各点:

(1)加强计算机应用课的教学力度,增加数据库技术课程,扩大计算机技术在测绘与信息技术中应用的知识面,为后续课程应用计算机技术打下基础。

(2)将GPS定位技术课从选修课转到必修课,在选修课中增加地理信息系统概论、遥感技术概论。

(3)由于摄影测量技术已进入数字摄影测量时代,对航空摄影测量课的教学内容进行现代化的改革。增加数字摄影测量工作站的教学内容,形成一定的仪器操作能力。

(4)加强工程测量、地籍测量教学实习的组织工作,保证实习项目落实,加强操作技术训练,达到岗位技术要求。

(5)在教学过程中,坚持推进全面素质教育,根据工程测量专业的技术和工作特点,培养学生具有良好的思想作风,进行"有理想、有道德、有文化、有纪律"的教育。在测绘工程实践中加强动手能力培养,适应岗位技术的需要。

根据学校工程测量专业的服务对象、测绘仪器条件及其他基础条件,有的放矢地修订教学计划,达到最好的教学效果。

2)制订工程测量专业中专三年制教学计划

按电力部教育主管部门要求,由于工程测量专业中级技术人员短缺,需加快人才培养,制订工程测量专业中专三年制教学计划。结合生产部门的岗位需要,编制该教学计划应掌握的原则:

(1)专业培养目标与四年制同专业的培养目标基本一致[①]:培养坚持社会主义道路,德、智、体、美全面发展,掌握必要的科学文化基础知识,掌握工程测量基本理论、基本技术和作业技能,具有实践能力的工程测量应用型中等技术人才。学生毕业后,主要去测绘部门生产一线从事测绘生产与技术管理工作。

(2)由于学制缩短一年,文化基础课课时数依一定比例有所减少,但与测量专业密切相关的数学课课时数应给予适当考虑。

(3)与形成专业能力密切相关的专业基础课,地形测量、测量平差、计算机应用技术、工程数学、电工与电子基础和工程概论等课程的课时数,应与四年制教学计划中相应课程的教学时数基本相近。

(4)专业课控制测量(包括GPS定位)、工程测量、摄影测量、数字化测绘技术和地籍测量等的课时数,应与四年制教学计划中相同课程的课时数相近(或通过选修课达此目的),以保证专业主干课形成的中专三年制工程测量专业的基本理论与基本技术达到岗位技术的要求。

(5)由于学习年限的缩短,实践教学的周数相应减少。与形成工程测量专业技术能力有关课程的课程设计、教学实习项目不能缺项,特别是计算机应用实习、地形测量实习(数字化测图)、测量平差实习、控制测量实习(GPS定位)、工程测量等实习应重点安排,保证主专业技术动手能力培养达到岗位技术要求。

---

① 以工程测量专业中专四年制教学计划(表1.50、表1.51、表1.52)为蓝本。

(6)政治课与体育课的课时数随着学制的缩短相应的减少。在有限的政治课时的教学中,要保证规定的政治理论与德育课特别是邓小平理论教学内容按规定要求完成教学任务。使政治理论、德育和时事政策教育课成为推进全面素质教育的核心课。

按上述原则编制工程测量专业三年制教学计划,在校学习147周,设课22门(其中选修课6门,任选2门),总课时数2 310(理论教学1 862,实习实验448),集中实习28周。理论教学与实践教学之比:1 862∶1 568≈1∶0.84,达到了工程测量专业岗位技术的基本要求。

3)制订工程测量专业五年制高等职业教育教学计划

1998年,电力部教育主管部门要求工程测量专业制订工程测量专业五年制高职教学计划。经专业教师深入学习高职教育的任务、培养目标和特点,结合工程测量岗位技术要求的实际情况,确定编制该教学计划的原则有以下各点:

(1)明确培养目标。高职教育与高等专科教育一样,是我国高等教育的组成部分,是职业教育的高层次教育。招收初中毕业生五年制的高职教育与招收高中毕业生三年制高职教育的培养目标相同,对于本专业而言,就是培养测绘生产、管理、服务第一线岗位的工程测量专业高等实用型技术人才。

(2)在教学计划中安排专业理论教学的深度与广度应掌握以下原则:文化基础理论教学以应用为目的,以必需、够用为度,以掌握要领强化应用为教学的重点;专业理论教学要体现高职教育的针对性、实用性和一定的先进性。具体地说,专业基础理论知识面和水平应高于中专四年制同专业的程度,在专业理论知识的系统性、全面性方面略低于高等专科教育的程度。

(3)强调专业技术的实践教学。结合初中毕业生在五年长学制教育下,要培养适应专业技术的学习方法,训练独立思考能力,养成一定的自学能力。在文化基础知识、专业理论知识和技术学习中,在各学科的实践教学中,培养责任心、科学态度、实事求是精神和克服困难完成任务的良好作风。在教学计划中要求各学科课程设计、教学实习和生产实习的动手能力,达到培养目标中岗位技术能力的要求,要强于专科毕业生。

(4)全面推进素质教育。五年制的高职教育,学生在校学习期间恰是形成正确的世界观、人生观和价值观的重要时期。要进行爱国主义、集体主义、社会主义核心价值观教育,进行革命传统教育、邓小平中国特色社会主义理论教育,培养具有高尚的职业道德和遵纪守法的品质、综合素质较高的本专业高职毕业生。

2. 高职工程测量专业五年制教学计划介绍

1)招生对象与学制

招收初中毕业生,学制五年。

2)培养目标

本专业培养为社会主义现代化建设服务,德、智、体、美全面发展,具有创新精神,掌握本专业必需的文化科学知识、实用的专业理论与技术知识、较强的专业技能,适应生产、建设、管理一线岗位需要的工程测量专业高等实用型技术人才。

学生毕业后,主要到水利、电力、城市建设、工程建设、土地管理等部门,从事工程测量与其他测绘工作的设计与生产、技术管理等工作。

3)毕业生的基本要求

掌握马列主义、毛泽东思想和邓小平理论的基本原理,热爱社会主义祖国,坚持四项基本原则和党的基本路线,锻炼成为“有理想、有道德、有文化、有纪律”的社会主义建设者;具有热爱劳动、艰苦奋斗、勇挑重担的优良作风，实事求是、独立思考、认真负责的科学态度；具有勤奋学习、追求进步、勇于创新、克服困难的良好品质；有团结协作、助人为乐、谦虚好学的精神，有一定的自学能力和钻研精神；学习一门外语，能阅读本专业的文献资料；有一定的社会科学知识和文化艺术修养，有健康的心理素质和体魄，适应工程测量岗位工作。

在专业理论与技术方面应达到：

(1)掌握地形测量原理与技术，能独立进行纸质测图与数字化测图，以及质量控制和成果检查验收工作。

(2)掌握城市与工程三、四等控制测量(GPS定位)的技术设计、外业观测、内业概算与平差计算及精度评定的基本原理和作业方法，完成控制测量生产任务，上交合格成果。

(3)掌握建筑施工控制网的建立、施工放样、设备安装、路线测量、管线测量、地下工程测量、监测控制网建立与观测等工程测量的基本原理和作业方法，有一定的解决工程测量技术问题的能力。

(4)掌握摄影测量的基本原理，了解传统航空摄影测量仪器的性能，掌握航空摄影测量综合成图的作业方法，了解数字摄影测量的基本原理及数字摄影测量工作站的作业方法和成图过程。

(5)能进行地籍调查和地籍图件的测绘，以及地籍资料的整理等工作。

(6)能较熟练地使用各种平差计算、数字化成图、GPS定位后处理等软件进行作业，达到输出正确成果的水平。

(7)了解工程建设与施工的主要工程内容，读懂工程建设与施工图，并根据施工图计算施工测量的标定数据和确定测量保障的施测方法，完成施工测量任务。

(8)初步了解测绘组织计划和经营管理知识，有做工程设计、技术总结报告的能力。

(9)有一定的新技术开发、自学和知识更新的能力。

4)教学环节时间分配

学生在校学习5年共254周：入学教育2周(含军训)；课堂教学124周，考试10周，理论教学共134周；实践教学63周；公益劳动与机动10周；毕业教育1周；教学活动每学期21周，共计210周；假期44周。具体安排如表1.94所示。

表1.94 教学环节时间分配

专业名称：工程测量　　学制：高职五年制　　1998年

项目 周数 学期	入学教育与军训	课堂教学	考试	实践教学	公益劳动机动	毕业教育	教学活动周数	假期周数	合计	说明
Ⅰ	2	16	1	1	1		21	4	25	
Ⅱ		18	1	1	1		21	6	27	
Ⅲ		15	1	4	1		21	4	25	
Ⅳ		11	1	8	1		21	6	27	
Ⅴ		15	1	4	1		21	4	25	
Ⅵ		11	1	8	1		21	6	27	
Ⅶ		13	1	6	1		21	4	25	
Ⅷ		12	1	7	1		21	6	27	
Ⅸ		13	1	6	1		21	4	25	
Ⅹ			1	18	1	1	21		21	
合计	2	124	10	63	10	1	210	44	254	

5)课程设置与教学进程

课程设置与教学进程计划如表1.95所示。

表 1.95 课程设置与教学进程计划

专业名称:工程测量 学制:高职五年制 1998 年

序号	课程名称	按学期分配		教学时数			各学期教学周数与课程周课时数										说明
		考试	考查	课时总数	讲课	讨论实验实习	Ⅰ 16	Ⅱ 18	Ⅲ 15	Ⅳ 11	Ⅴ 15	Ⅵ 11	Ⅶ 13	Ⅷ 12	Ⅸ 13	Ⅹ 0	
	一、公共基础课			1 284	1 248	36											占总课时 37.0%
1	政治	Ⅰ～Ⅸ		248	248		2	2	2	2	2	2	2	2	2		
2	体育	Ⅰ～Ⅷ		222	222		2	2	2	2	2	2	2	2			
3	语文	Ⅱ	Ⅰ,Ⅲ	196	196		4	4	4								
4	外语	Ⅰ,Ⅲ	Ⅱ,Ⅳ	218	218		4	4	4	2							
5	数学	Ⅰ～Ⅲ		264	264		6	6	4								
6	物理	Ⅱ	Ⅰ	136	100	36	4	4									Ⅱ学期实验技能考核
	二、专业基础课			1 240	850	390											占总课时 35.7%
7	地形绘图		Ⅰ	96	30	66	6										
8	工程制图		Ⅱ,Ⅲ	138	68	70		6	2								
9	地质地貌基础		Ⅲ	60	52	8			4								
10	地形测量	Ⅲ,Ⅳ		156	106	50			6	6							Ⅲ学期操作技能考核
11	工程数学		Ⅳ	66	66					6							
12	测量平差	Ⅳ,Ⅴ		156	116	40				6	6						
13	计算机应用	Ⅳ,Ⅴ	Ⅷ	206	110	96				4	6			6			Ⅴ学期技术考核
14	电工与电子基础		Ⅴ	90	70	20					6						
15	工程力学基础	Ⅶ	Ⅵ	122	122							4	6				
16	工程概论	Ⅷ	Ⅶ	150	110	40							6	6			
	三、专业课			748	512	236											占总课时 21.5%
17	控制测量	Ⅴ,Ⅵ		156	110	46					6	6					Ⅴ学期操作技能考核
18	地籍测量	Ⅵ		44	34	10						4					
19	工程测量	Ⅵ,Ⅶ		157	117	40						6	7				
20	摄影测量	Ⅷ	Ⅶ	137	97	40							5	6			
21	数字化测绘技术		Ⅷ	48	30	18								4			
22	GPS 测量技术	Ⅸ		78	50	28									6		
23	自由网平差	Ⅸ		52	30	22									4		
24	测绘仪器检修常识	Ⅸ		52	20	32									4		
25	专业外语		Ⅷ	24	24									2			
	四、选设课			200	112	88											占总课时 5.8%
26	选修(1)		Ⅵ	44	34	10						4					任选 4 门课
27	选修(2)		Ⅸ	52	26	26									4		
28	选修(3)		Ⅸ	52	26	26									4		
29	选修(4)		Ⅸ	52	26	26									4		
	必修课时总数			3 272	2 610	662	28	28	28	28	28	28	28	28	28		周课时
	总课时数			3 472	2 722	750	7	7	8	7	6	7	6	7	7		学期课程门数
							4	5	5	5	5	5	4	4	4		学期考试课门数
							3	2	3	2	1	2	2	3	3		学期考查课门数
	选设课程名称	美育修养(44);地理信息系统概论(52);遥感技术概论(52);测绘经济与管理(52);测绘法规概论(52);环境工程概论(52)															

本专业共设课 29 门。分公共基础课、专业基础课、专业课和选设课 4 种类型。公共基础课 6 门[①]:政治(马克思主义哲学、毛泽东思想概论、邓小平理论、形势与政策、法律、德育),体育,语文、外语、数学、物理;公共基础课总课时数为 1 284,占总课时数 3 472 的 37.0%。

专业基础课 10 门:地形绘图,工程制图,地质地貌基础,地形测量,工程数学,测量平差,计算机应用,电工与电子基础,工程力学基础,工程概论;专业基础课总课时数 1 240,占总学时数

① 各门课程不作具体说明,下同。

的35.7%。

专业课9门：控制测量，地籍测量，工程测量，摄影测量，数字化测绘技术，GPS测量技术，自由网平差，测绘仪器检修常识，专业外语；专业课总课时数748，占总课时的21.5%。

选设课4门(4个选项)：可在美育修养(44)、地理信息系统概论(52)、遥感技术概论(52)、测绘经济与管理(52)、测绘法规概论(52)、环境工程概论(52)中选修；其总学时数按200计，占总学时的5.8%。

6)实践教学安排

如表1.96所示，全部集中的操作练习、课程设计、教学实习(生产实习)等共安排了21项。所有技术性的课程全部安排了练习或实习，其中突出重点安排的有：计算机使用练习、各种软件操作及综合实习有3次共4周；地形测量内容(包括数字化测图)的实习3次共11周，有进行生产实习的条件；摄影测量实习2次共4周；工程测量设计、实习，以及自由网平差变形监测网设计与监测实习2次共6周；地籍测量实习3周。

表1.96　高职工程测量专业五年制实践教学安排

学期	学期实习周数	项目序号	项目名称	实习周数	项目序号	项目名称	实习周数	项目序号	项目名称	实习周数
Ⅰ	1	1	地形绘图综合实习	1						
Ⅱ	1	2	工程绘图实习	1						
Ⅲ	4	3	地质地貌认识实习	1	4	地形图根控制测量实习(1)	3			
Ⅳ	8	5	计算机操作实习(1)	1	6	测量平差计算实习(1)	1	7	地形测量综合实习(2)(结合生产)	6
Ⅴ	4	8	计算机平差计算软件操作(2)	1	9	测量平差计算实习(2)	1	10	控制网优化设计与观测实习(1)	2
Ⅵ	8	11	地籍测量实习	3	12	控制测量综合实习(2)	5			
Ⅶ	6	13	工程建筑认识实习	1	14	工程测量设计与施工放样	4	15	摄影测量仪器操作实习	1
Ⅷ	7	16	计算机综合实习(3)	2	17	摄影测量综合实习	3	18	数字化测图实习	2
Ⅸ	6	19	GPS定位实习	2	20	自由网平差与变形网控制	2	21	测量仪器检校与维护	2
小计	45			13			19			13
Ⅹ	18	毕业综合实习(结合生产)：控制，地形(数字化)，地籍，工测，航测等实习；选设课实习；技术考核；毕业设计与答辩								
合计	63									

经第Ⅹ学期的18周毕业综合实习和毕业设计，可承担一定量的测绘工程任务进行生产实习，还有机会对实习不足的测量项目进行补充实习，达到综合动手能力较高的水平。选出有一定开发和创新内容的毕业设计项目组织毕业生进行毕业设计，培养毕业生创新能力。组织好毕业设计的答辩和成绩评定工作，以及对毕业生综合操作能力的考核。

本专业教学计划的集中实践教学63周，相当理论教学1 890课时①，课堂教学实习实验课时为750，两者合计为2 640课时。理论教学课时与实践教学课时之比为

$$2\,722 : 2\,640 \approx 1 : 0.97$$

说明实践教学与理论教学的课时数达到1∶1的水平(这个比例较为保守)。本教学计划突出了实践教学，体现了高职教育培养的高等实用型人才动手能力强的特点。

7)工程测量专业五年制高职教学计划的比较分析

以工程测量专业中专四年制教学计划(1995年版，表1.51)为蓝本，将高职教学计划的

① 以每周实习5天，每天实习8小时，每周为40小时(课时)，63周为2 520课时；若每天实习以6小时(即每天的课时数)计，每周实习为30课时，63周为1 890课时；取用后一种算法比较保守。

表 1.95 与其相比较，探讨高职教学计划是否符合培养工程测量专业高等实用型技术人才目标的要求。

(1)与形成工程测量专业理论和技术能力有关的计算机应用课、与工程建设有关的理论课、形成测绘技术基本理论与实践能力的地形测量与测量平差课，都增加了课时数或保持相当的课时数，打下了培养高职水平毕业生的基础理论与基本作业能力的基础。

(2)主干专业课控制测量、工程测量、摄影测量、GPS 测量技术、自由网平差等课程的课时数，多数课程有较多的增加，有的持平，只有地籍测量与数字化测绘技术的课时数有所减少，但形成专业主干课的综合理论与技术水平比中专教学计划有较大的提高，达到了高职教学计划应具备的水平。

(3)必修课和选设课相结合的综合效应，使现代测绘技术的覆盖面较广，使传统测绘技术与现代测绘技术有机地结合起来，体现了高职教学计划、课程设置和教学内容具有针对性、应用性和一定的先进性特点。

(4)高职教学计划集中实践教学 63 周(中专四年制教学计划为 37 周)，其中单项课程实习 21 项 45 周，又设 18 周的毕业综合实习、毕业设计及技术考核项目，对较全面地培养毕业生理论联系实际分析和解决技术问题能力、全面掌握工程测量主干技术作业能力方面达到了高职教育的培养目标。

(5)有待于提高公共基础课即文化科学知识教学的课时数。五年制的高职教育与四年制的中专教育学生文化课知识的起点是相同的。要使五年制高职教育达到“在高中阶段教育基础上实施的职业技术教育，是职业技术教育的高层次”的目标，高职教学计划中的公共基础课教学时数要高于四年制中专相应课程的教学时数。在本教学计划中，只要从潜力较大的实践教学周数中调剂一些课时，就可以解决这一不足。

表 1.97　主要测绘仪器设备

序号	仪器名称	型号	台数	说明
1	精密经纬仪	T_3	3	
2	精密经纬仪	T_2	2	
3	精密经纬仪	010B	5	
4	红外测距仪	DI_{1000}	2	
5	全站仪	进口，国产	19	
6	精密水准仪	Ni004，Ni007	4	
7	经纬仪	J_2	2	
8	经纬仪	J_6	29	
9	水准仪	S_3	15	
10	测深仪		1	
11	垂线观测仪		1	
12	活动觇板		2	
13	纠正仪	SEG-1	1	
14	多倍投影测图仪		2	
15	立体坐标量测仪		2	
16	精密立体测图仪	A_{10}	1	
17	全数字摄影测量系统	VirtuoZo	2	
18	GPS 接收机	静态	1套	
19	GPS 接收机	动态	1套	

3. 工程测量专业由中专教育发展为高等职业教育

1)加强测绘仪器与现代实验室建设

“九五”期间，学校重视工程测量专业建设，在资金紧张的情况下为工程测量专业投资购置了一批 J_6 级经纬仪和进口及国产的全站仪、GPS 接收机、精密立体测图仪、全数字摄影测量系统工作站等现代仪器和设备，使工程测量专业主要的仪器设备形成如表 1.97 所示的比较齐全的系列。

从普通经纬仪、水准仪到精密经纬仪，从电磁波测距仪到全站仪，从普通航测仪器到精密立体测图仪和全数字摄影测量系统，以及动态和静态的 GPS 接收机，满足了各门课程理论教学和实践教学以及生产实习完成各种测绘任务的需要。建立起相应的现代测绘技术实验室，为教师进行教学和测绘新技术科研创造了有利的实验条件。

2)提高中专四年制工程测量专业的教学质量

1998 年开始按修订后的工程测量专业四年制教学计划执行。由于测绘仪器设备的改善，适当调整了一些主干专业基础课和专业课的设置与教学内容，加强了现代测绘仪器在教学中的应用，使整个教学内容提高了现代测绘技术水平。

(1)加强了计算机应用技术的教学力度。在增加计算机基础知识和算法语言教学的基础上，增加数据库技术教学，加强测绘计算等作业软件的使用实习，提高了学生用计算机技术解决测量技术问题的能力。

(2)加强了数字化测图技术的教学。由于有一定数量的全站仪，使数字化测图技术的理论课有直观教具；实习课学生能动手进行地形、地物测点三维数据的采集，实地绘草图，内业使用数字化测图软件进行计算机处理和使用绘图机输出地形图。学生有了数字化测图的全部作业概念，并进行实际操作，提高了数字化测图技术的教学质量。

(3)提高了GPS测量技术的教学水平。由于有了GPS接收机，在理论教学上直观地进行了静态和动态GPS接收机基本理论和适用范围的教学。在课堂实习中，学生可以进行GPS接收机的接收作业和后处理作业，从而建立了完整的GPS定位测量的概念、工作程序，直观地看到了测量成果精度及应用的作用，从根本上丰富了GPS测量技术课的教学内容。

(4)改革了摄影测量课的教学内容。由于增加精密立体测图仪和全数字摄影测量系统工作站的现代航空摄影测量仪器设备，结合摄影测量技术在水电勘察设计部门测绘单位广泛使用状况，较系统地介绍航测全能法、分工法和综合法成图技术，重点学习综合法大比例尺成图技术。增强了使用全数字摄影测量系统工作站和航摄像片进行数字化成图的一般理论和操作技术的教学内容，使摄影测量课向现代化技术前进了一步。

(5)丰富了传统测绘技术的教学内容。由于装备了全站仪、GPS接收机等现代测量设备，使控制测量的测边网、边角网和导线网的教学内容丰富起来，可以进行实地作业，提高了教学质量；使工程测量中工程控制网的建立方法更加多样化；施工放样点的测设，可以利用全站仪的转角测距法、边交会法和角度交会法，视作业环境灵活运用，而且可提高测设点位的精度；有GPS接收机，可以建立常规技术与GPS定位技术相结合的控制网，在工程测量带状和线状测量时，利用GPS定位技术进行控制测量十分方便、精度较高。

3)开办中专工程测量专业三年制教育

1999年，按教育主管部门要求，开办招初中毕业生工程测量专业中专三年制的教育，招收1个班新生。按1998年制订的工程测量专业中专三年制教学计划组织教学工作。由于有四年制中专工程测量专业教学的丰富经验，工程测量专业仪器装备的改善，中专三年制的专业教学质量，特别是学生动手能力的培养，有了充分的保证。

4)提高实践教学质量

中专四年制、三年制工程测量专业的实践教学各门技术课程都有专项集中实习时间，可操作性强。由于现代测绘仪器设备的增加，各项实习学生都有动手进行仪器操作实习的机会，实习质量有了保证。在四年制工程测量专业毕业综合实习中，注意安排完成测绘任务的生产实习。为空军某部营区进行数字化地形测图；完成长江荆江大堤(湖北省松滋县段)堤防测量；为武汉电力学校综合大楼、图书馆楼进行变形监测；完成黄石西塞山电厂一期工程场地测绘任务等。这些测量工程成果质量均经过省级验收部门、设计院检查验收单位验收，质量优良。学生受到工程实践的锻炼，作业技术水平大为提高，有的毕业生具有一定的独立工作能力。

5)推进全面素质教育

“九五”期间，毕业生就业问题使学生的思想政治工作面临新的挑战。推进素质教育，解决学生实际的思想问题是工作的重点。

(1)请学有成就的毕业生做成长报告。老毕业生介绍测绘专业在社会主义现代化建设特别是水利电力建设中的作用,实事求是地介绍在水电工程部门、城市与工程建设部门需要测绘人才的实际情况;介绍中专毕业生在工作岗位上锻炼成长的体会,通过个人努力和单位培养,有继续教育提高学历和专业进修的机会;在实际工作中埋头苦干、努力完成任务、团结协作共同进步,就有在思想政治上、专业技术上成长的机会,成为本单位的政治工作和专业技术工作骨干。测绘专业毕业生的就业机会多,能否顺利就业的关键是个人思想政治觉悟和实际表现、学习成绩和专业技术水平及在学校学习中的综合能力评价,以及个人对就业选择的态度。这种类型的报告会和座谈会有利于学生增强学好专业的信心,明确中专毕业生的成才之路,安定学生努力学习、积极上进的情绪,在学生中起着很好的作用。

(2)增强主管学生工作教师和班主任及任课教师人人做学生思想政治工作的责任感。教师在教学和管理的全过程对学生全面负责,关心学生的学习、生活、思想成长,要特别关注解决经济困难学生的实际问题。与学生平等地交流对校、社会上各种问题的看法,引导学生向"有理想、有道德、有文化、有纪律"的方向努力,成长为社会主义事业的建设者。学生对教师的信任,是有效的思想政治工作的基础。

(3)严格要求、严格管理,养成良好的学风和校风。工程测量专业各班的班主任和任课教师,按学校党委要求,在教学的全过程中进行"坚定正确的政治方向,刻苦钻研的学习风气,实事求是的科学态度,艰苦朴素的生活作风,奋发进取的开拓精神"五句话校风教育。教师在教学全过程中施以"严、细、爱"的传统教风,促进学生努力学习、严守纪律、积极进取、争做优秀的三好学生;在各种专业实习中教育学生严格遵守规范,生产优秀的实习成果,使毕业生受用人单位欢迎。

(4)积极开展第二课堂活动。工程测量专业积极组织学生参加校园文娱、体育、文学、艺术和社会"三下乡"、"自愿者"活动。根据本专业特点组织第二课堂活动,开设测绘与信息工程现代"3S技术及其应用"、"计算机CAD绘图在测绘中的应用"等讲座课;开办"工程预算员"、"工程施工员"证书培训班;开办"计算机维修"知识讲座,并组织维修活动小组。组织学生参加湖北省测绘学会的新技术报告会,听取院士等专家的学术报告。在假期,组织自愿参加测绘生产勤工助学活动,既锻炼了学生测绘技术作业能力,为生产建设服务,又使学生得到一定的经济收入。

(5)认真做好毕业生的就业指导工作。教师向熟悉的测绘单位了解用人单位岗位需求的信息;通过早期毕业生特别是担任测绘生产单位领导责任的毕业生,了解单位接收测绘专业毕业生的信息等,及时向毕业生发布就业情况。安排有经验的教师开设就业指导课,重点讲解正确的就业观念,指导学生找到与自身条件相适应的就业单位。克服好高骛远、单纯重视经济收入和在大城市就业的片面思想,树立到测绘生产第一线、到需要测绘技术人员的地方去就业,再以自己的扎实努力求得发展。经过学校、教师和毕业生自身的努力,毕业时可达80%以上的签约就业率。就业率的提高,对稳定在校生的情绪、激发学生学好本专业的信心有十分重要的作用。"九五"期间,工程测量专业中专四年制的毕业生达283人。

6)形成高水平的师资队伍

工程测量专业教师在"九五"期间修订了工程测量专业中专四年制教学计划,制订了工程测量专业中专三年制教学计划用于教学;研究和探索编制了工程测量专业五年制高等职业教育教学计划。研究了中专教育与高职教育的区别，为本专业由中专教育升格为高职教育做了教育思想和教学基础文件的准备，对工程测量专业的建设与发展具有很大的推动作用。

工程测量专业的几代教师在四十多年的教学过程中，随着测绘科技进步和对中专毕业生质量要求的提高，按不同时期的教学计划和课程大纲要求编写出版了多种测绘专业教材。其中，于20世纪90年代初期，主编、主审和参编出版了《测量平差》、《工程测量》、《摄影测量》等专业教材。"九五"期间，为高职工程测量专业着手编写测量平差、地形测量、Visual Basic测绘程序设计、全站仪测量技术、摄影测量基础等教材，在"十五"期间使用和出版。

专业教师开展教学科研和专业技术开发活动。"九五"期间在《测绘通报》、《武测科技》、《电力勘测》等刊物上发表各类论文30余篇。专业教师参加水电部教研会、湖北省测绘学会等学术研究活动。刘书清（高级讲师）任中国水利水电中专教研会的勘测专业组组长、湖北省测绘学会理事（第四、五、六届）及工程测量专业委员会委员；邹晓军（高级讲师）任中国水利水电中专教研会水电建设委员会委员及专业测量课组副组长、湖北省测绘学会理事（第七、八届）及工程测量专业委员会委员。专业教师在历次各类学术研究会上发表论文20余篇，成为学术研究的积极参加单位。

从1953年建立水工勘测（简称测量）专业，1986年改为工程测量专业直到2002年，从事测绘中专二年制、三年制和四年制教育50年。"七五"、"八五"期间，专业教师最多时有28人。由于老教师先后离退休，每年招收新生一般为1个班，专业教师在职人数有所减少，到2000年专业教师有11人。1982年前后来校任教的青年教师成长起来，成为"双师型"的骨干教师，其中有副教授3人、高级讲师4人、讲师2人、工程师2人，成为一支以中青年教师为主体的学术水平较高、教学经验丰富、有一定科研能力和较高专业生产技术水平的中专教师队伍，为从事高等职业教育做好了准备。

7）工程测量专业由中专教育发展为高等职业教育

1996年12月，学校被湖北省人民政府授予"湖北省职业教育先进集体"称号。1999年，学校与武汉水利电力大学以联合办学方式试办高等职业教育，先开设"电力系统电气运行"、"火力发电厂运行"等4个高职专业。2000年，设立"工程测量与监理"、"工程造价管理"等10个专业高职教育。经湖北省教育厅"高等职业技术学校"考查评审，学校综合评价列为第一名。2002年4月，湖北省政府批文"同意在武汉电力学校的基础上建立武汉电力职业技术学院"。2002年秋季，工程测量与监理专业招收高中毕业生进行三年制的高等职业教育。中专工程测量专业和高职工程测量与监理专业属建设工程系（主任邹晓军）领导。测量专业实现了由测绘中专教育发展成为高等职业技术教育的目标。

制订招收高中毕业生三年制的工程测量与监理高职教育计划，具有以下特点：①公共基础课是在高中毕业生的基础上，按高职教育要求设置文化基础课程及其课时数；②专业基础课和专业课设课科目、各门课程的课时数与高职五年制工程测量专业教学计划的基本相同；③增加了建设监理概论（56课时）、工程管理与控制（56课时）、工程预算基础（52课时）、施工技术与施工组织（56课时）等与监理有关的工程类课程，形成了专业名称中"监理"的理论与技术课程，培养了相应的工作能力。教学计划中设置了专业技术、社科及文化艺术等选修课和任选课，给学生以自主选修有关课程的机会。

测绘专业进入了中专工程测量专业三年制与四年制、高职工程测量与监理专业三年制等不同层次的3种学制新的教育阶段。

4. 测绘中专教育50年取得的成绩

50年来，测量专业在各个时期共培养出中专毕业生1 917人，还培养出测绘职工中专毕业生83人，总计2 000人，如表1.98所示。这些毕业生分赴全国各地的水利水电工程、水利水电勘察设计、城市建设、交通运输、工程建设等部门的测绘与施工单位，从事测绘生产和技术管理工作，为社会主义建设作出了贡献。在长期的工作实践中锻炼，多数毕业生成长为工程师。许多毕业生经过再教育获得专科、本科毕业学历，有一些人获得硕士和博士学位，成长为高级工程师，不少人担任基层单位的领导干部、水利水电设计院一级的党政领导干部。

表1.98 测量专业毕业生统计

时间	中专毕业生数	职工中专毕业生数	合计	说明
1954—1957	176		176	
1958—1962	576		576	
1963—1970	155		155	
1971—1976	45		45	
1977—1985	273	83	356	
1986—1995	409		409	
1996—2002	283		283	
合计	1 917	83	2 000	

1.6.6 黄河水利学校工程测量专业由中专教育发展为高等职业教育

"九五"期间，黄河水利学校党委贯彻"第三次全国职业教育会议"精神，在进一步提高中专教育质量、改善办学条件基础上，创造条件从中专教育向高等职业教育方向发展。深入学习1997年"全国高等职业教育教学改革研讨会"总结的高职教育经验，认清高职教育的发展形势，进一步明确了高职教育的任务。1998年3月，经教育主管部门评估审查通过，黄河水利学校改建为黄河水利职业技术学院，开始从事高等职业技术教育。

1. 工程测量专业由中专教育发展为高等职业教育

在原工程测量专业科的基础上成立测量工程教研室，设普通测量仪器室、精密测量仪器室、电子测量仪器室、航测仪器室，隶属环保与建筑工程系，进行工程测量专业中专和测量工程专业（高职高专）教育。2001年11月，学院进行系（部）机构调整，成立测绘工程系①，设工程测量教研室和地理信息系统教研室，并设基础实验室和专业实验室。2002年，增设地理信息系统专业（高职高专）。该系在校学生达387人。有教师12人，其中副教授（高级讲师）3人、讲师6人、助教3人。制订1998年开设的高职测量工程专业教学计划、课程教学大纲和实践教学大纲；编制2002年新开设的地理信息系统专业（高职高专）教学计划、课程教学大纲和实践教学大纲等教学文件，承担测绘工程系的两个高职专业建设的繁重任务。

2002年，高职测量工程专业被教育部批准为国家级专业教学改革试点专业。制订测量工程专业教学改革试点方案，其中包括：教学改革试点专业建设的目标与指导思想；试点专业建设的基本思路和主要内容；测量工程专业教学改革试点教学计划，以及保证教学改革试点专业建设的措施等。争取经过5年的努力，使测量工程专业成为该类专业的全国示范专业。

2. 高职测量工程、地理信息系统专业教学计划要点

1）高职测量工程专业教学计划要点介绍

（1）招生对象与学制。高职测量工程专业招收高中毕业生，学制三年。

（2）培养目标。本专业培养为社会主义现代化建设服务，德、智、体、美全面发展，掌握必需

① 系主任杨中利，副主任靳祥升、周建郑。

的基础科学知识、实用的专业理论与专业技术知识，有较强的专业技能，具有一定创新意识的测量工程专业高等实用型技术人才。

学生毕业后，主要面向专业测绘、水利电力工程、交通工程、城市建设与规划、地质勘查与矿山开发、国土资源管理部门的测绘单位，从事生产一线的测绘工程技术与管理工作。

(3)课程设置的主要学科。本专业课程设置分必修课、选修课两大类。必修课有：

公共基础课设：政治（马克思主义哲学原理、毛泽东思想概论、邓小平理论概论、思想道德修养、法律基础），体育，英语，高等数学，物理学，化学，大学语文，计算机操作技术等。

专业基础课和专业课设：地形绘图，地形测量，计算机语言（Visual Basic，2000 年起用 C ++语言），数据库原理及应用，测量平差，电子速测技术，控制测量，工程测量等。

选修课分限选课和任选课。限选课设工程制图、计算机制图、摄影测量、地籍测量与土地管理、数字化测图、GPS 测量技术、地理信息系统等；任选课设遥感技术、工程概论、城市规划原理、工程监理概论、环境学概论等。

(4)实践性教学安排。所有带有操作性的基础课程、专业基础课和专业课，都安排一定课时的实习实验作业。计算机及专业基础课和专业课还安排一定周数的集中操作、课程设计和教学实习，提高操作动手能力。主干专业课安排综合毕业实习（生产实习）和毕业设计，使学生将所学到的各学科知识与技术有机结合起来，形成专业动手能力，以适应本专业高职高专岗位工作的需要。毕业设计将学生学习的理论知识、掌握的操作技术与实习中遇到的实际测绘技术问题联系起来，在研究解决这些问题的过程中，提高分析问题、发挥创造性思维的能力。通过综合毕业实习进行技术能力考核，通过毕业设计答辩评定毕业设计成绩，培养出水平较高的测量工程专业高职毕业生。

2)高职地理信息系统专业教学计划要点介绍

(1)招生对象与学制。高职地理信息系统专业招收高中毕业生，学制三年。

(2)培养目标。本专业培养为社会主义现代化建设服务，德、智、体、美全面发展，掌握必需的基础科学知识、实用的专业理论与专业技术知识，有较强的专业技能，具有一定创新意识的地理信息系统专业高等实用型技术人才。

学生毕业后，主要面向测绘信息产业、城市规划与设计、土地利用与管理、环境工程与管理、社会发展与人口管理、水利水电勘察与设计、交通运输与管理、企业经营与管理、房地产经营与管理、政府信息管理等部门，从事地理信息系统产品的利用与开发，以及承担系统运作、服务、资料更新和系统维护等一线工作任务。

(3)课程设置的主要学科。本专业课程设置的分类与测量工程专业相同，公共基础课的设置也与测量工程专业相同。该专业的专业基础与专业课、限选课与任选课介绍如下：

专业基础课有：应用测量学，地理学概论，地图与地图绘制，摄影测量学，线性代数，概率论与数理统计，VC 程序设计与应用，计算机制图（CAD），数据库原理与应用，数据结构等。

专业课与专业限选课有：地理信息系统原理与方法，基础地理信息获取，GIS 分析与设计，GIS 应用与开发，数字模型与空间分析，GPS 原理与应用，地籍测量与土地管理系统，遥感技术，工程测量，专业英语等。

任选课有：网络地理信息系统，虚拟现实技术，网页设计技术，城市规划原理，土地规划与管理，数字地球导论等。

(4)实践教学安排。本专业的各类课程，主要是由工程数学类、测绘传统技术和现代技术、计算机技术及各种信息技术等构成的。由于计算机和各种测绘仪器装备齐全，只要配备有关的软件系统，所有课程的操作实习、课程设计、教学实习和毕业综合实习，以及毕业设计等都可以顺利实施。通过各种实习，掌握地理学基本概念，掌握测量学中各种测绘技术的基本操作，可以了解和掌握地理信息三维数据的来源和采集方法，对地理信息系统专业的学生来说这些基本概念和基本技术是非常重要的。开设的计算机技术、地理信息系统主干课程，都安排了集中操作和教学实习时间；在毕业设计中，安排有关地理信息技术的应用开发项目，使毕业生形成解决地理信息系统工程项目的能力。

表 1.99 主要测绘仪器设备统计

序号	仪器名称	数量	总价(万元)	说 明
1	天宝 GPS 动、静态接收机	3	75	3 台套
2	尼康全站仪	6	42	
3	蔡司电子水准仪	1	6	
4	数字化测绘成图系统	5	20	5 台套
5	美国 A0 幅面工程扫描仪	1	9	
6	瑞士 T_3 精密经纬仪	4	28	
7	瑞士 T_2 精密经纬仪	11	55	
8	蔡司精密经纬仪	4	12	
9	日本精密经纬仪	2	4	
10	J_2 型经纬仪	20	20	
11	J_6 型经纬仪	80	32	
12	国产精密水准仪	5	4	
13	S_3 型水准仪	100	10	
14	摄影测量成套设备	10	15	
15	GIS 实训系统	30 端口	60	
16	多媒体设备	1 套	15	
17	普通计算机	50	25	
18	专用计算机	25	15	
	合 计	358	447	358 件套

3. 加强专业建设保证教学质量

1)提高现代测绘仪器装备水平

“九五”期间，学校重视对测绘专业现代测绘仪器设备的投资，购置了质量较高、数量较多的先进 GPS 接收机、全站仪、高精度电子水准仪、数字化测图系统、大幅面工程扫描仪、摄影测量成套设备和 GIS 实训系统等现代测绘与信息工程仪器设备。加上原有测量仪器构成了种类齐全的测绘与信息工程配套的仪器设备，其主要仪器设备如表 1.99 所示。在现有中等专业学校和高等职业技术学院中，从仪器的质量和数量都是位于前列的。这些仪器装备建立了普通测量实验室、摄影测量实验室、工程测量实验室和地理信息系统实验室，各实验的条件如表 1.100 所示。测绘与信息工程仪器装备的总价值达 447 万余元。保证了中专工程测量、高职测量工程及地理信息系统等专业基础课、专业课、选修课课堂实习和测绘生产实习对测绘仪器的需求，也为教师进行专业科技研究和技术服务创造了有利的条件。

表 1.100 实验室建设情况

实验室名称	面积(m^2)	仪器价值(万元)	说明
普通测量	80	15	实验人员 1 人
摄影测量	120	15	实验人员 1 人
工程测量	240	293	实验人员 2 人
地理信息系统	90	69	实验人员 1 人
合 计	530	392	实验人员 5 人

“九五”期间，中专和高职测量专业在搞好课堂理论教学的基础上，认真组织课堂实习，进行各学科仪器操作实训，提高操作技术水平；有计划地组织各学科的教学实习，特别是现代测绘技术数字化测图、GPS 定位、GIS 操作等实习，提高操作能力，为生产实习做好技术准备。在生产实习中先后完成了封丘—兰考段黄河断面测量、开封市清明上河园 1∶1 000 地形图测绘、故县水库水下地形测量等生产任务。使学生受到测绘生产技术操作的训练，了解测绘生产的组织管理知识，锻炼了克服困难完成任务的作风，体会到了测绘工作的科学性和严格遵守技术规程的职业道德，提高了毕业后岗位工作的适应能力。

2)提高中专工程测量专业的教学质量

“九五”期间，中专工程测量专业在校生班级和人数较多，是教学工作的主要方面。以教学为中心，提高教学质量，全面推进素质教育，加强动手能力培养，是中专教学工作的主要任务。由于测绘现代仪器及常规仪器数量的增加，使数字化测绘、GPS 定位测量、地理信息系统和其他课程理论教学的直观性及实践教学的操作能力大为提高。促进传统测绘技术与现代测绘技术在各门课程中有机结合起来，提高专业基础课和专业课的综合教学质量，促进“九五”期间工程测量专业中专毕业生的岗位工作能力有明显的提高。

3)保证高职测量工程专业的教学质量

测绘工程系教师根据高等职业教育的任务和培养目标的要求，在制订教学计划时掌握：基础理论教学以应用为目的，以必需、够用为度；在专业理论与技术的教学内容上要有针对性、实用性和一定的前瞻性；加强实践教学环节，实践教学的课时数应占较大比重，使学生受到较好的专业技术训练，具有较强的职业岗位适应性，体现高职教育的特点。由于初办高职专业，选择现已出版的高等专科测绘专业适用教材或本科的适用教材代用进行教学。强调按教学计划、课程教学大纲要求，在个人充分备课的基础上组织教研室有关教师集体备课，提高任课教师的备课水平，保证理论教学的质量。由于测绘工程系的测绘仪器装备水平高、数量充足，讲师以上的专业教师多，教学、科研和组织测绘生产实习的能力较强，精心组织高职学生的课堂实习、教学实习和生产实习，保证了传统测绘技术和现代测绘技术动手能力培养的质量。到2001年，已有高职测量工程专业第一届毕业生。总结一个教学循环高职教育的教学经验，积累各门课程的教学经验和教学内容材料，逐渐形成和编写适应本专业教学需要的教材。

4. 建设适应高等职业教育的教师队伍

培养适应测绘高等职业技术教育的教学、科研和生产相结合的教师队伍，是测绘工程系“九五”期间的主要任务之一。

1)编写出版测绘专业教材

随着教师教学水平和科研能力的提高，适应测绘科学技术发展的形势，考虑到测绘生产单位对中专和高职毕业生岗位技术水平要求的提高，进行教学内容更新，编写新的专业教材势在必行。“九五”期间和2000年左右，专业教师合作编写出版教材5部，如表1.101所示。数量较多的教师参加教材编写活动，有助于教师整体学识水平和科研能力的提高，有利于“双师型”教师队伍的建设。

表1.101　编写出版专业教材统计

序号	教材名称	主编	主审	参编人员	说明
1	水利工程测量	罗自南	黄德普，曹万顺	陈　琳，杨中华，赵　杰，靳祥升，纪　勇，杨中利，李聚方，周建郑	西安地图出版1996
2	水利工程测量自学考试大纲	赵　杰	曹万顺	纪　勇，李聚方	西安地图出版1996
3	摄影测量学	刘广社		赵　杰	2000年
4	测量学	靳祥升	王乃中	杨中利，杨中华，陈　琳，李聚方，周建郑	2001年
5	建筑工程测量技术	周建郑		王付全等	武汉理工大学出版社2002

2)开展教学研究和技术服务活动

专业教师结合中专与高职教学和课程内容改革开展实验研究，撰写教学改革成果论文。选择测绘科学发展和技术革新的课题进行研究，写出研究论文；根据某些测绘工程成果进行质量与精度分析，写出探讨性论文。1996－2001年，专业教师发表的主要教研成果和科研论文如表1.102所示。其中“测量工程专业教学改革实施方案”是“高职测量工程专业教育部批准为专业教学改革试点专业建设”的指导性论文，是组织5年教改试点专业建设活动的依据，其目标是将该专业建设成为国家级高职示范专业。这篇论文获得河南省教学改革成果优秀奖(证书编号豫教2001)。专业教师开展技术服务活动，先后完成了“开封电视塔变形观测”的研究报告(靳祥升、许为民、李聚方、陈琳)、“淮河医院烟囱变形观测”的研究报告(罗自南、李聚方等),解决了委托单位的技术鉴定难题。“黄河小浪底工程建筑中的测量监理”论文,具有较强的参考价值。

表 1.102 1996－2001 年发表教学与科研论文统计

序号	论文名称	作者	时间	刊出刊物	说明
1	四种平差方法函数模型的比较	靳祥升	1996	黄河水利教育	
2	测边交会坐标计算方法的探讨	黄德普	1996	教学与研究	
3	GPS 测量定位技术与教学	周建郑	1997	黄河水利教育	
4	电子水准仪的发展及应用	越　杰	1998	水利水电测绘科技论文集	
5	无定向附合导线的测量计算方法	周建郑	1999	黄河水利职业技术学院学报	以下简称《学院学报》
6	谈全球卫星导航定位系统	靳祥升	1999	河南大学学报	
7	开封电视塔变形观测	李聚方,陈　琳	2000	学院学报	
8	小浪底工程变形观测及数据分析	李聚方	2000	华北水利电电学院学报	
9	注重测量实验课实践教学提高学生动手能力	靳祥升,纪　勇	2000	职业技术教育	
10	黄河下游 1∶1 万地形图航测成图方法探讨	李聚方,王　玲	2001	学院学报	
11	黄河小浪底工程建筑中的测量监理	杨中华,陈　琳	2001	焦作工学院学报	
12	开封城市规划管理信息系统及其应用	杨中华	2001	学院学报	
13	高职测量工程专业教学改革探讨	孙五继,靳祥升	2001	学院学报	
14	采用已知边长计算坐标及程序编制	靳祥升,王　琴	2001	学院学报	
15	黄河干流 GPS 网的布设与精度分析	周建郑	2001	测绘通报	
16	测量工程专业教学改革实施方案	孙五继等 5 人	2001	河南省教研优秀奖	杨中利,靳祥升,李聚方,纪　勇

3)积极参加测绘学术活动

学院和测绘工程系积极为专业教师参加测绘学术活动创造条件。一些专业教师被选为河南省测绘学会专业委员会委员:杨中华为地理信息系统专业委员会委员、副主任,靳祥升为大地测量专业委员会委员,周建郑为工程测量专业委员会委员,赵杰为科普委员会委员,刘广社为航空摄影测量专业委员会委员。杨中华参加“2002 郑州国际卫星定位、地理信息新技术展示及省测绘学会学术年会”,有 3 篇论文在会上交流。

表 1.103 测量专业中专招生(毕业生)统计

时　间	中专生类别	人数	说　明
1951－1952	干部中专班测量	60	一年制
1953－1957	调干中专班测量	32	三年半制
1954－1966	三年制中专生测量	119	间断招初中毕业生
1974－1976	中专三年、二年半测量		工农兵学员人数不详
1975－1977	中专航测班二年制	40	工农兵学员
1977－1986	工测中专三年、二年制	507	统招高中毕业生源
1987－1998	工测中专四年制	619	统招初中毕业
合　计		1 377	(不完全统计)

5. 测绘中专教育 50 年取得的成绩

从 1951 年黄河水利专科学校(黄河水利学校前身)设一年制的测量专业开始,到 2001 年黄河水利高等职业技术学院设测绘工程系,测量专业走过了 50 年的发展与建设历程。在学校党组织领导下,贯彻党的教育方针,经过几代专业教师的共同努力,培养出如表 1.103 所示的 1 377 名测量专业中专毕业生。这些毕业生,在黄河水利勘测和工程建设部门,为治黄水利工程建设、城市建设、交通工程、土地资源管理作出了贡献,在实践中成长为各部门的技术骨干、基层单位的领导者。学校的测绘教育,从中专工程测量专业发展成设有测量工程、地理信息系统两个专业的高等职业教育,走上了新的发展阶段。

1.6.7 长春地质学校工程测量专业由中专教育发展为高等职业教育

学校根据 1996 年“第三次全国职业教育会议”发展职业教育,以中等职业教育为重点,发挥中等专业学校在职业教育中的骨干作用,同时注重发展高等职业教育的精神,首先办好学校的中专教育，提高教学质量，改善办学条件，为向高等职业教育发展做好充分准备。1997年"全国高等职业教育教学改革研讨会"明确了全国重点中专学校可通过"三改一补"方式，经教育主管部门批准，改建为高等职业技术学院办学形式的高等职业教育。学校抓住这一机遇，向建成高等职业技术学院而努力。

1. 学校由中专教育发展为高等职业教育

1996年，地质矿产部进行高等院校结构调整。将部属的长春地质学校并入长春科技大学(原长春地质学院)。1997年，为扩大办学专业设置的范围，学校更名为长春工程学校；之后，在长春科技大学领导下，学校改建为长春科技大学工程技术学院。1999年开始招收高中毕业生，进行工程测量专业三年制的高等职业教育。2001年，长春科技大学工程技术学院与长春科技大学一起并入吉林大学，学院更名为吉林大学应用技术学院，成立了测量工程系(主任恽耀文)。该系有专业教师13人，其中高级讲师3人、讲师7人、助理讲师1人、实验师2人，承担中专与高职两个层次的工程测量专业教学任务。

2. 加强专业建设适应从测绘中专教育向高等职业教育的转变

1)增加现代测绘仪器改善办学条件

"九五"期间，学校为工程测量专业购置了4台全站仪、一套3台GPS静态接收机和8台自动安平水准仪，与原有测绘仪器一起改善了测绘仪器装备条件。①全站仪与便携式微机相结合构成数字化测图作业系统，给学生以进行操作实习的机会，能进行完整的数字化地形测绘和地籍图作业，提高了这两门课的教学质量。②使用全站仪为学生进行边角网、测边网和导线网控制测量创造了条件。③有了GPS接收机，能进行GPS控制点定位测量和后处理作业，让学生认识到GPS定位技术的本质和在现代控制网建立中的重要作用。④利用全站仪进行工程施工控制网的建立和施工放样，不仅速度快而且精度高，通过学生实地操作掌握这门技术。

2)保证工程测量专业三年制中专的教学质量

为加速对工程测量专业中专毕业生的培养，适应测绘人才市场的需要，"九五"期间开设工程测量专业三年制的中专教育。从1988年开设工程测量专业四年制中专教育以来，已经积累了8年该专业的教学经验。以四年制工程测量专业教学计划为蓝本，编制三年制工程测量专业的教学计划注意了以下各点：

(1)适当减少公共基础课的课时数。为保证初中毕业生源受到高中基本科学知识的教育，公共基础课设置的门数与四年制教学计划相同；根据对工程测量专业知识和能力形成的作用大小，适当减少各门基础课的教学时数，以保证后续专业基础课和专业课教学的顺利进行。

(2)充分保证主干专业基础课和专业课。计算机应用技术、地形测量(数字化测图技术)、测量平差、工程识图与工程概论、控制测量(GPS定位技术)、摄影测量、地籍测量、工程测量等课程，要保持足够的课时数；有些课程必须适当减少课时数，也要保证该门课程的教学质量。

(3)适当减少集中实习的时间。由于学制的缩短，集中实习的时间要减少。对形成工程测量专业主干技术能力的计算机应用技术、地形测量(数字化测图技术)、控制测量(GPS定位技术)、工程测量等课程的集中教学实习时间要给予保证，适当安排地籍测量与航测综合法成图的教学实习时间，尽可能安排一定周数的毕业综合实习(生产实习)。

(4)适当安排一定数量的选修课。为扩大学生的专业知识面，提高综合素质水平，设置地理信息系统概论、遥感技术概论、测量规范概论、测绘组织与管理等课程。

(5)工程测量三年制教学计划，在教学实践中做到：①教学中做到精讲、多练，保证教学的质量。②理论教学的重点是引导学生掌握理论公式的概念和应用。③精心组织实践教学。做好实习计划和要求，按技术作业规范标准进行实习，达到规范规定的精度要求，加强教师示范操作和现场指导，对作业成果严格按规范要求检查验收；加强组织性和纪律性锻炼，培养学生克服困难完成任务的作风，以规范的技术要求考核评定实习成绩。

(6)总结工程测量三年制教学工作经验。1996 年招生，1999 年第一届三年制工程测量专业中专生毕业，完成一个教学循环。总结 3 年来教学计划在实施中的经验，进行教学计划的修订工作。工程测量专业三年制中专教育，从 1996 年到 1999 年共培养毕业生 154 人，毕业生就业率高，受到用人单位的欢迎和好评。

3)做好工程测量专业高职教育的准备

工程测量专业组织教师学习高等职业教育的性质、任务和有关的办学方针政策。通过学习，明确了高等职业教育培养适应生产、建设、管理、服务第一线的高等实用型技术人才。理论教学与实践教学的特点：基础理论教学知识应以应用为目的，以必需、够用为度，以掌握要领、强化应用为教学的重点；专业课理论教学要强调针对性和实用性，并具有一定的先进性。加强实践性教学环节，尤其是专业课的实践训练，使高职毕业生具有较强的岗位技术动手能力，实践教学在教学计划要占较大比重。

教师们认为，高职教学计划要有服务对象的针对性。本学院培养的工程测量专业高职毕业生，主要去专业测量、工程建设、城市建设、路桥工程、地下工程、地质勘查、矿山开发和土地资源管理等部门的测绘生产单位。因此，要在对这些测绘生产单位进行岗位技术工作要求调研的基础上，归纳出高职(专科层次)技术人员岗位技术要求，作为教学计划中公共基础课、专业基础课、专业课和选修课的课程设置依据。使所设课程构成实用的传统测绘技术和现代测绘技术相结合，有针对性、实用性和一定先进性的专业教学计划。

教学计划中要体现全面推进素质教育思想及其内容。全面贯彻党和国家的教育方针，以培养学生的创新精神和实践能力为重点，努力造就“有理想、有道德、有文化、有纪律”的社会主义建设者和接班人。在教学计划对毕业生的要求中，要包括思想素质要求，强调对学生进行爱国主义、集体主义和社会主义的核心价值观教育。在政治课中强调进行马克思主义哲学原理、毛泽东思想概论、邓小平理论概论、法律基础和形势与政策的教育，树立为建设中国特色社会主义、为祖国富强而努力奋斗的理想和决心。

4)建设适应高职教学需要的师资队伍

测量工程系把培养适应高职教学需要的“双师型”教师队伍作为“九五”期间专业建设的重要任务认真抓好。主要做了以下各项工作：

(1)提高教师的学识和学位水平。1980 年前后不具备本科学历的青年教师都获得本科学历。根据教学工作的需要，要求青年教师任两门以上课程的教学工作，有计划地派青年教师到大学进修。鼓励青年教师攻读硕士学位，有 3 名获得硕士学位，有两名教师在职攻读博士学位。教师学识水平和学位水平的提高，促进了理论教学水平和科研能力的提高。

(2)在高职教学实践中提高教学水平。1999 年招收高中毕业生进行工程测量专业三年制高职教育。由于刚建专业，一般选用现有出版的高等专科或大学本科教材暂时代用，按教学计划和课程教学大纲选择教学内容；在个人“吃透”教材、备课的基础上进行集体备课，确定课堂教学的重点和难点内容，保证理论教学的质量。针对高中毕业生的具体情况指导课堂实习和实验，按实习指导书要求进行操作实习，按实习大纲要求组织指导好教学实习；创造条件完成测量任务的生产实习。承担黑龙江省佳木斯市1∶500的6 km^2 的平板仪测图、长春市高新技术区1∶2 000的4 km^2 数字化测图任务进行生产实习时。在教师指导下，高职生掌握作业技术较快、测量成果质量好，经专业人员检查都符合规范要求。通过生产实习使高职生认识了工程测量专业在国家建设中的作用，巩固了专业思想。教师取得了组织和指导高职生进行生产实习的经验。高职毕业生的毕业设计，根据收集到和拟定的毕业设计课题，选择熟悉这些课题和有类似科研项目的教师担任指导教师。对毕业设计的进度、成果论文撰写的质量提出具体要求，教师进行中间成果的检查和评估，促进和鼓励学生积极完成毕业设计任务。组织有外请专家和本系教师参加的毕业设计答辩委员会，考查毕业生毕业论文水平和评定答辩成绩。到2003年，已有两届工程测量专业高职生毕业，取得了高职教学工作的成套经验。

(3)开展教学与专业技术科研活动。测绘工程系鼓励教师进行中专与高职测绘教育教学方法和教学理论研究，在实践中提高教学质量；鼓励教师开展测绘科技研究活动，提高科研能力。"九五"以来，在东北三省多次召开的测绘与信息技术研讨会上获得优秀论文奖："平差系统的可靠性分析与探讨"(夏自进，恽耀文)，"城镇地籍测量方法与管理"(史大起)，"红石水电站1∶1 000数字地形图施测暨山区大比例尺数字地形图测绘研究"(史大起，冯国强)，"测绘高等职业技术教育如何适应测绘市场需求"(史大起，刘子侠)等多篇论文。获得吉林大学2001年教学成果奖的有："控制测量教学系列软件"(参研者冯国强，秦友)获教学成果一等奖，"测绘工程专业人才培养模式的研究与实践"(恽耀文第二作者)获教学成果二等奖。"CASS 4.0在导线测量粗差定位中的应用"(刘子侠)发表在《自然灾害学报》上。这些论文结合高职教育的教学与专业生产技术的实际，对提高教师的教学理论与实践水平、促进测绘技术研究与专业生产密切结合、提高高职教学的综合水平有很大的促进作用。

3. 高职工程测量专业教学计划介绍

1)招生对象与学制

本专业招收高中毕业生，学制三年。

2)培养目标

本专业培养拥护党的基本路线，为社会主义现代化建设服务，德、智、体、美全面发展，掌握本专业必需的基础理论知识、实用的专业理论知识和扎实的专业技术和职业能力，适应生产、管理、服务第一线岗位需要的工程测量高等实用型技术人才。

学生毕业后，主要去专业测绘、工程建设、城市建设、路桥工程、地下工程、地质勘查、矿山开发和土地资源管理等部门的测绘生产单位，从事测绘生产设计计划、技术作业和管理等工作。

3)毕业生的基本要求

热爱社会主义祖国，拥护党和国家的方针政策，懂得马列主义、毛泽东思想和邓小平理论的基本原理，具有爱国主义、集体主义和社会主义思想的优良品质；具有实事求是、艰苦奋斗、勇挑重担、克服困难、完成任务的优良作风，有团结协作、助人为乐、遵守纪律、严守规章制度的优良职业道德，具有一定的创新意识和创业精神，有一定的社会科学、文学艺术的修养，有稳定的心理状态和健康的体魄，适应岗位工作的需要。在专业技术能力方面要求：

(1)掌握经纬仪、水准仪、平板仪的操作技术，掌握测距仪、全站仪、GPS接收机等现代测绘仪的操作技术，达到作业精度要求。

(2)掌握地形测量的基本理论和技术，较熟练地掌握平板仪测图和数字化测图生产作业技术。

(3)掌握三、四等城市与工程控制网建立的基本理论和方法(常规控制测量与GPS定位技术相结合),有一定的控制网设计能力,较强的外业作业能力和进行观测数据处理的能力。

(4)掌握工程测量的基本理论,能进行工程控制网的设计和施测、建构筑物测设(放样)、房产测绘技术、路桥与管线工程测量、地下工程施测,以及建构筑物变形与沉降监测等工程测量工作。

(5)能进行航测综合法大比例尺成图测绘工作,进行地籍调查和地籍图测绘等工作。

(6)较熟练地掌握计算机操作技术,使用各种平差计算软件进行平差计算和精度评定作业,进行GPS定位后处理作业,以及使用软件进行数字化成图作业与掌握计算机制图技术。

(7)了解地理信息系统技术的一般原理及其在测绘与信息工程及国民经济发展中的应用知识。

(8)了解工程建设与施工的基本知识,有工程设计图与施工图的识图能力,有根据施工图设计施工放样方案和计算标定数据的能力。

(9)具有一定的测绘成果质量检查验收知识和测绘生产组织计划管理知识。

(10)外语与计算机应用能力达到学院对高职毕业生的统一要求标准。

4)教学环节时间分配

学生在校学习3年共152周:入学教育1周;课堂教学88周,考试5周,理论教学共93周;教学实习18周,毕业实习5周,毕业设计8周,集中实践教学共31周;机动3周;毕业教育1周;假期23周。具体安排如表1.104所示。

表1.104 教学环节时间分配

专业:工程测量　　学制:高职三年　　1998年

学年与学期 \ 项目 周数		入学教育	课堂教学	考试	课程设计	教学实习	毕业实习	毕业设计	公益劳动	机动	毕业教育	假期	合计	说明
一	Ⅰ	1	17	1						1		5	25	以教学周数计
	Ⅱ		16	1		6						4	27	
二	Ⅲ		21	1								5	27	
	Ⅳ		14	1		7						4	26	
三	Ⅴ		20	1						1		5	27	
	Ⅵ					5	5	8		1	1		20	
合计		1	88	5		18	5	8		3	1	23	152	

5)课程设置与教学进程

本专业共设课34门,如表1.105所示。分公共基础课、专业基础课、专业课和选修课。

表1.105 课程设置与教学进程计划

专业名称:工程测量　　学制:高职三年　　1998年

序号	课程名称	按学期分配		教学时数			各学期教学周数与周学时数						说明
		考试	考查	学时总数	讲课	实习实验	Ⅰ 17	Ⅱ 16	Ⅲ 21	Ⅳ 14	Ⅴ 20	Ⅵ 18	
	一、公共基础课			1 027	828	199							占总课时39.6%
1	体育	Ⅱ	Ⅰ	66	8	58	2	2					
2	英语	Ⅰ,Ⅱ		198	198		6	6					
3	政治理论	Ⅲ,Ⅳ		105	105				3	3			
4	大学语文	Ⅰ		51	51		3						
5	高等数学	Ⅰ,Ⅱ		168	168		6	4					
6	普通物理与实验	Ⅱ		64	44	20		4					
7	计算机科学基础	Ⅰ,Ⅱ		132	72	60	4	4					
8	数据库基础	Ⅲ		84	42	42			4				

续表

序号	课程名称	按学期分配		教学时数			各学期教学周数与周学时数						说明
		考试	考查	学时总数	讲课	实习实验	Ⅰ 17	Ⅱ 16	Ⅲ 21	Ⅳ 14	Ⅴ 20	Ⅵ 18	
9	线性代数	Ⅱ		48	48			3					
10	概率与数理统计	Ⅱ		48	48			3					
11	电子电工	Ⅲ		63	44	19			3				
	二、专业基础课			673	390	283							占总课时25.9%
12	地形绘图		Ⅰ	68	14	54	4						
13	测量学	Ⅰ,Ⅱ		149	85	64	5	4					
14	测量平差	Ⅲ		126	88	38			6				
15	工程概论与识图		Ⅲ	84	42	42			4				
16	C语言程序设计	Ⅳ		56	28	28				4			
17	土地管理与地籍测量	Ⅴ		60	36	24					3		
18	航测与遥感	Ⅳ		70	50	20				5			
19	测绘法规与管理		Ⅴ	60	47	13					3		
	三、专业课			604	386	218							占总课时23.3%
20	控制测量	Ⅲ		126	82	44			6				
21	数字化测图		Ⅳ	56	30	26				4			
22	工程施工测量	Ⅳ		84	54	30				6			
23	工程建筑变形测量	Ⅴ		80	54	26					4		
24	精密工程测量	Ⅴ		40	26	14					2		
25	GPS测量原理与应用	Ⅳ		56	40	16				4			
26	房产测绘		Ⅴ	40	20	20					2		
27	AutoCAD		Ⅲ	42	20	22			2				
28	地理信息系统		Ⅴ	80	60	20					4		
	必修课合计			2 304	1 604	700							
	四、选修课			292	206	86							占总课时11.2%
29	测绘新技术		Ⅴ	40	20	20					2		
30	测量程序应用		Ⅳ	56	20	36				4			
31	建筑工程概算		Ⅴ	60	50	10					3		
32	施工土方测量与计量		Ⅴ	40	20	20					2		
33	城镇规划概论		Ⅴ	40	40						2		
34	海洋测量		Ⅳ	56	56					4			
	必修与选修课总数			2 596	1 810	786	30	30	28	34	27		周课时数
							5	8	5	5	3		学期考试课门数

公共基础课11门[①]:体育(66),英语(198),政治理论(马克思主义哲学、毛泽东思想概论、邓小平理论、法律基础、思想道德,105),大学语文(应用文、技术报告、行政公文等,51),高等数学(169),普通物理与实验(64),计算机科学基础(132),数据库基础(84),线性代数(48),概率与数理统计(48),电子电工(63)。公共基础课总课时数为1 027,占总课时数2 596的39.6%。

专业基础课8门:地形绘图(68),测量学(149),测量平差(126),工程概论与识图(84),C语言程序设计(56),土地管理与地籍测量(60),航测与遥感(70),测绘法规与管理(60)。专业基础课总课时数为673,占总课时的25.9%。

专业课9门:控制测量(126),数字化测图(56),工程施工测量(84),工程建筑变形测量(80),精密工程测量(高精度工程控制网的建立,高精度距离、水准、定位测量方法及仪器,三维工业测量与近景摄影测量,40),GPS测量原理与应用(56),房产测绘(40),AutoCAD(42),地理信息系统(80)。专业课总课时数为604,占总课时的23.3%。

① 各门课程教学内容不作说明,必要时作简要介绍,下同。

选修课 6 门：测绘新技术(介绍测绘与信息工程领域的最新技术成果及其应用情况，如数字地球概念、全数字摄影测量系统、测绘技术外业与内业一体化作业系统、数字扫描测绘系统等，40)，测量程序应用(56)，建筑工程概算(60)，施工土方测量与计算(40)，城镇规划概论(40)，海洋测量(56)。选修课总课时数为 292，占总课时数的 11.2%。

必修课的总课时数为 2 304，必修课加选修课即总课时数为 2 596，讲课总时数为 1 810，课堂实习总时数为 786。

6)实践教学安排

工程测量专业实践教学安排如表 1.106 所示。

表 1.106　工程测量专业实践教学安排　　1998 年

序号	实习项目	实习周数	学期						说　明
			Ⅰ	Ⅱ	Ⅲ	Ⅳ	Ⅴ	Ⅵ	
1	地形测量实习	6		6					实训基地
2	控制测量实习	4				4			岔路河实训基地
3	航空测量实习	3				3			岔路河实训基地
4	工程测量实习	5						5	岔路河实训基地
5	毕业综合实习	5						5	结合生产
6	毕业设计	8						8	
		31		6		7		18	

(1)地形测量实习。进行 6 周的图根控制测量、平板仪或经纬仪(全站仪)记载测绘地形图，进行地形图的检查、验收，达到上交成果要求；有条件时可结合生产进行。

(2)控制测量实习。进行 4 周的控制网的布网设计、选点、观测，内业概算及平差计算作业；进行 GPS 定位测量及其后处理工作；掌握传统与现代技术的基本方法。

(3)航空测量实习。进行 3 周的航测综合法测图，外业像片控制联测、调绘，以及像片测图作业等实习。

(4)工程测量实习。进行 5 周的施工现场的参观、建筑方格网的测设、建构筑物的测设、路线测量的纵横断面测量、路线中心线的直线及各种曲线的测设，以及建构筑物变形与沉降观测等。通过实习对工程测量的主要作业有一个较为完整的认识，形成一定的专业能力。

(5)毕业综合实习。争取承担测绘生产任务，组织毕业生在工程实践中全面培养岗位技术动手能力。在实习中，注意安排数字化测图作业和地籍测量作业，以增强毕业生的岗位技术适应性。有条件时，可将毕业生送到测绘生产单位进行作业锻炼。

(6)毕业设计。8 周的毕业设计是对高职毕业生检查其综合能力和专业教学质量的重要教学环节。①拟定毕业设计选题。由于是初建专业，由教师收集与现时生产技术密切相关、毕业生经过努力又能解决的测量生产技术开发项目，供学生选择；也可以由学生自选课题经指导教师同意作为毕业设计选题。②将技术内容相近的课题编组，由对这些课题有研究的教师担任指导教师，进行具体指导和对毕业设计中间成果进行检查。③毕业设计论文制定统一的格式，交指导教师评阅并提出修改意见。④测绘工程系组成由校外专家和系内教师参加的毕业论文评审委员会，接受毕业生论文答辩，并进行评审给出成绩。

毕业设计课题示例。①编制计算机专题程序。利用 C 语言或其他语言，以地理信息系统技术为基础，编制各种管理系统的计算机程序，并写出有关的操作细则作为毕业设计论文。②进行城市或工程控制网的优化设计：选择工程对象，设计专业控制的网形布设比较方案，按现有的测量平差程序进行各方案工程重要部位的点位精度和相对点位精度估计，按工程要求和有关规范提出被选最优方案的理由，并写出相应的论文。③工程测量有关问题的设计。选择某种铁路中心线曲线测设方法的精度分析；施工控制网形设计的精度分析；监测网的布设及其精度分析；某一工程施工测量的实施方案、工程计划和施工组织等全套计划任务书。

7）工程测量专业教学计划的特点

（1）实践性教学比例较高。集中实践教学为31周，相当于930课时，课堂教学内的实习总课时为786，两者之和为1 716课时。理论教学1 810课时与实践教学课时数之比

$$1\,810 : 1\,716 \approx 1 : 0.95$$

高于高等专科学校工程测量专业教学计划实践教学的比例。

（2）教学计划中的主干课设置恰当。教学计划设置的主干课有：英语，大学语文，高等数学，普通物理与实验，计算机科学基础，线性代数，概率与数理统计，测量学，控制测量，测量平差，数字化测图，工程测量（工程施工测量、工程建筑物变形观测、精密工程测量），GPS测量原理与应用，土地管理与地籍测量，航测与遥感和地理信息系统等课程。与一些高等专科学校工程测量专业教学计划中的主干课学科相当[①]，而且大多数课程的教学时数比专科教学计划相同课程的时数多，多出的课时数用于课堂实习中，加强了课堂的实践教学。

（3）该教学计划将工程测量课分解成3门课开课，总学时为204，这比一些专科学校工程测量教学计划中工程测量课的时数多了25%～50%。突出专业主课的教学内容，有利于形成岗位技术较强的能力和适应性。

（4）教学计划中，应按高等学校政治理论课和体育课的教学要求，增加课时数，安排在两年中进行教学较为适当。

4. 30年测绘中专教育取得的成绩

在学校党委领导下，从1973年创办测绘专业到1999年的27年测绘中专教育实践中，通过强有力的学生思想政治工作、较高水平的理论教学与充分的实践教学相结合，在测绘生产实践中训练学生的动手能力，培养出合格的水平较高的中专毕业生。经过两代测绘专业教师的共同努力，培养出如表1.107中所示的1 700名中专毕业生。这些毕业生分布到全国25个省市自治区各部门的测绘单位，从事生产一线的测绘技术作业和管理工作。许多毕业生通过继续教育提高了学历，在长期的实践中成为各单位的技术骨干，有些担任各省区地矿测绘院和省市测绘院或基层测绘单位的党政和技术的领导工作，为社会主义现代化建设作出了应有的贡献。

表1.107　中专毕业生统计

年份	学制	中专毕业生	职工中专毕业生	说　明
1973－1976	二年	234		工农兵学员
1977－1978	二年半	127		代培学员
1979－1982	二年	335		高中毕业生源
1983－1985	三年		108	职业中专
1983－1995	四年	742		初中毕业生源
1996－1999	三年	154		初中毕业生源
合　计		1 592	108	1 700

学校是1980年第一批全国重点普通中等专业学校和1994年国家级重点普通中等专业学校。1998年发展为高等职业技术学院（后改为高等应用技术学院），1999年开办招收高中毕业生工程测量专业三年制的高职教育，成立了测量工程系，到2002年已有两届52名高职生毕业。经过30年的努力，由测绘中专教育发展成为高等职业技术教育，是学校测绘专业取得可喜成绩的标志。测量工程系为我国测绘高职教育作出了新的贡献。

① 参阅连云港化工高等专科学校、哈尔滨测量高等专科学校的工程测量专业教学计划表2.14、表2.31。

1.6.8 阜新煤炭工业学校测绘专业由中专教育发展为高等职业教育

1. 测绘中专教育发展为高等职业教育

学校划归辽宁省煤炭工业管理局领导后，1994 年调整专业服务对象，停办矿山测量专业，开设中专四年制的工程测量专业；1995 年又开设中专四年制的地籍测量专业。1996 年，学校更名为阜新工业学校，进一步调整专业设置，发展与工业和工程有关的专业，学校得到了发展，被确定为辽宁省重点中等专业学校。

1999 年，学校与位于阜新市的辽宁工程技术大学联合开办高等职业技术教育，首批招收高中毕业生三年制的工程测量专业高职班。同年 12 月，学校并入辽宁工程技术大学，成立辽宁工程技术大学职业技术学院。2000 年学院进行组织机构调整，成立建设工程系，测绘专业归其领导，将专业更名为测绘技术与管理专业。有专任教师 6 人，其中教授 1 人、副教授 4 人、讲师 1 人，教师中博士、硕士学位各 1 人，其余都是学士学位。"九五"期间测绘专业进行中专工程测量、地籍测量和高职工程测量、测绘技术与管理等专业两个层次的测绘教育。2000 年，测绘技术与管理专业被辽宁省教育主管部门确定为高等职业教育教学改革试点专业。

2. 努力提高测绘中专教育质量

工程测量专业按 1995 年制订的工程测量专业教学计划(表 1.56、表 1.57)组织教学工作。由于当时学校没有全站仪、GPS 接收机等现代测绘仪器设备，在教学计划中没有开设数字化测绘技术、GPS 定位技术等现代测绘技术课。

地籍测量专业教学计划是专门制订的。其中的公共课、基础课的设置与工程测量教学计划相似。在专业基础课和专业课的基本技术部分的设课与工程测量教学计划相似，着重增设了土地经济、土地资源利用和管理、城市用地管理等课程，特别增加了地籍测量的教学内容及计算机地籍管理系统等课程，形成地籍测量专业岗位工作的技术能力。由于仪器设备的因素，原计划中也未开设现代测绘技术课程。

"九五"期间，学校为测绘专业购置了全站仪、测距仪、陀螺经纬仪和高精度光学经纬仪等仪器，再加上成立职业技术学院后，缺少的 GPS 接收机等教学仪器可以从大学的测绘工程系仪器中调用，解决了所有因测绘仪器不足给教学工作带来的困难。两个专业均调整了课程设置，增设了数字化测绘技术、GPS 定位技术及地理信息系统概论等现代测绘与信息工程课程。

工程测量与地籍测量两个专业，在重视课堂理论教学提高教学质量的基础上，特别重视实践教学的实施，按各学科专项实习大纲要求组织集中的教学实习和课程设计；积极创造条件承担测绘生产任务，组织学生进行生产实习。例如，在教师指导下，先后完成了伊敏河测区 1∶5 000 地形图测绘、山东省胶州市地下管线调查与测绘、山东省胶州市数字城市建设工程数据采集工程、苏州吴江市城镇地籍测量工程、大连市金州区土地利用现状数据库更新调查等工程任务。通过生产实习的工程实践，锻炼了学生各种生产作业的操作能力，培养了克服困难完成实习和生产任务的好作风。通过生产实习技术考核和理论联系实际的毕业设计及答辩，提高了两个专业毕业生的综合质量。1994－1998 年，培养出中专工程测量专业毕业生 238 人、中专地籍测量专业毕业生 44 人。

3. 为测绘高等职业教育的建设与发展打好基础

为搞好测绘高等职业教育，提高专业教师对高等职业教育的性质、培养目标，及其在国民经济建设中的地位和作用的认识；深入研究高等职业教育的教学原则，以及教学模式和办学特点。通过对高等职业教育有关文件的学习，教师们明确了，高职教育为社会主义现代化建设和社会发展培养生产、建设、管理、服务一线的高等实用型人才。招收高中毕业生学制三年，初中毕业生学制五年。高职教育在编制教学计划时应注意掌握：基础理论教学以应用为目的，以必需、够用为度；在专业理论与技术的教学内容上要有针对性、实用性和一定的前瞻性；加强实践性教学环节，实践教学的课时数应占较大比重，使学生受到较好的专业技术训练，具有较强的职业岗位适应性，以产教结合、产学结合的模式组织高职教学工作。

1999年，结合当时我国测绘科技水平和测绘生产单位推广测绘新技术的实际情况，编制了招高中毕业生工程测量专业三年制的教学计划，组织第一批工程测量专业高职班教学。选择适用的高等专科和本科教材，删繁就简进行教学工作。要求教师按照教学计划和课程教学大纲要求，掌握高职理论教学原则，精心备课，保证理论教学质量；按实践教学大纲要求组织课堂实习和教学实习，保证实践教学质量。

2000年，将工程测量专业改为测绘技术与管理专业，扩展专业范围，该专业被确定为“辽宁省高职教学改革试点专业”，编制了测绘技术与管理专业的教学计划。结合学院的办学条件与专业教师综合水平，制定了“教学改革试点专业建设实施方案”，其中包括：“教学改革试点专业建设的目标与指导思想”，“试点专业建设的基本思路和主要内容”，“搞好教学改革试点专业建设的措施”等。在学院党委和主管院长领导下开展了试点专业建设的教学活动。每学期、每学年都要总结评估试点专业按“实施方案”执行的情况、取得的成绩和存在的问题，以及改正和完善的措施。积累试点专业建设的资料，接受辽宁省教育主管部门的中期评估检查和最后的评估验收。

到2000年，学院已有工程测量、测绘技术与管理两个高职专业在校生学习。测绘专业教师发挥中专教育时期测绘教学工作的优良传统教风，在重视学生思想政治工作基础上，努力提高理论教学质量，重视实践教学，千方百计组织测量生产实习，提高高职学生在工程实践中的动手能力。先后组织完成了呼伦贝尔市额尔古纳旗地籍测量工程与土地勘察工程、锦州市古塔新区地籍测量工程和辽宁省开原市1：5 000地形图测量工程等。在高职教学实践中不断积累教学经验，积累编写实用高职教材的资料，开展教学与专业技术科研活动，提高专业教师高职综合教学水平。

4. 高职测绘技术与管理专业教学计划简介

1）招生对象与学制

招收高中毕业生，学制三年。

2）培养目标

本专业培养为社会主义现代化建设服务，德、智、体、美诸方面全面发展，掌握必需的文化科学基础理论知识、实用的专业理论知识与技术，具有较强的计算机应用、专业技术与职业动手能力，适应现代测绘与信息工程技术要求的测绘技术与管理高等实用型人才。

学生毕业后，主要到专业测绘、勘察设计、工程与城市建设、交通工程、水利电力工程、地质勘查、矿山开发与建设、土地资源利用与管理等部门的测绘单位第一线，从事测绘工程设计、生产作业和技术管理等工作。

3）毕业生的基本要求

拥护党和国家的路线、方针和政策，懂得马列主义、毛泽东思想和邓小平理论的基本原理，具有爱国主义、集体主义和社会主义的政治素质；有实事求是、理论联系实际的科学态度；有艰苦奋斗、克服困难、勇挑重担的优良作风；有团结协作、遵守纪律、严守专业技术规章制度的良好道德品质；有一定的自学能力和创新精神；有一定的社会科学、人文与艺术修养；有外语“听、说、译、写”的初步能力，取得公共外语三级考试合格证书；有稳定的心理素质和健康体魄，达到大学生体育标准，适应岗位工作的需要。

业务规格要求：

(1)有较强的计算机应用能力，使用平差计算、数字化测图、GPS定位等软件能进行观测数据处理等作业，能编制一般的计算机程序，以及能进行计算机制图与数据库管理作业，获得计算机等级考试二级证书。

(2)掌握常规的与数字化地形图测绘理论与技术，有独立组织地形测量作业的能力。

(3)掌握工程与城市控制网建立的基本理论，能运用常规方法与GPS定位方法进行建立现代控制网的外业和内业工作，达到规定的精度要求。

(4)能进行土地与地籍调查，掌握地籍图件的测绘技术，能进行地籍资料更新、土地规划与利用工作。

(5)掌握建筑场地控制测量、建构筑物施工放样的基本理论和技术，能进行管线、路桥、地下工程等测量的技术设计和作业，能进行建构筑物的沉降与变形观测及观测数据的处理与分析。

(6)了解航空摄影测量与全数字摄影测量的基本原理、操作技术，以及在测绘与信息工程中的应用；了解地理信息系统的基本原理、软硬件配置，以及在测绘与国民经济管理和社会发展中的应用。

(7)有一定的测绘生产组织与管理、编制作业计划、拟定生产技术总结报告的能力。

(8)有一定的理论联系实际进行技术服务、技术开发和创新的能力。

(9)有较强的自学能力，以及接受继续教育的基础知识。

4)课程设置与学期课时安排

本教学计划必修课设27门(总课时为1 662)，选修课3门(总课时106)，合计总课时数为1 768。必修课分职业基础课、职业技术课和职业技能课3类。本专业的主干课有：测量学基础，测量平差原理，控制测量，地籍测量，工程测量学，数字化测图，GPS应用，GIS应用，测绘管理概论和土地规划与利用等。所设课程与教学课时数学期分配如表1.108所示。

表1.108　课程设置与学期安排

专业名称：测绘技术与管理　　　　学制：三年制高职

序号	课程名称	考核方式		教学时数				教学时数学期安排						说　明
		考试	考查	课时总数	讲课	实习	上机	Ⅰ	Ⅱ	Ⅲ	Ⅳ	Ⅴ	Ⅵ	
	一、职业基础课			632	602		30							占总课时35.8%
1	毛泽东思想概论			26	26			26						
2	马克思主义哲学			26	26				26					
3	邓小平理论概论			26	26					26				
4	思想道德修养			26	26						26			
5	体育			116	116			28	24	30	34			
6	英语			168	168			56	52	60				
7	高等数学(理工类)			120	120			70	50					
8	线性代数			28	28			28						

续表

序号	课程名称	考核方式		教学时数				教学时数学期安排						说明
		考试	考查	课时总数	讲课	实习	上机	Ⅰ	Ⅱ	Ⅲ	Ⅳ	Ⅴ	Ⅵ	
9	概率与数理统计			36	36				36					
10	计算机应用基础			60	30		30	60						
	二、职业技术课			540	342	81	117							占总课时 30.5%
11	数据库基础及应用			72	40		32		72					
12	测量学基础			108	68	40		84	24					
13	计算机绘图			60	30		30			60				
14	计算机程序设计			60	30		30			60				
15	测量平差原理			85	60		25				85			
16	控制测量			85	60	25					85			
17	测绘管理概论			40	30	10						40		
18	土建工程概论			30	24	6						30		
	三、职业技能课			490	334	136	20							占总课时 27.7%
19	地籍测量			60	40	20				60				
20	数字摄影测量			48	28	20				48				
21	数字化测图			42	17	25				42				
22	GPS应用			51	30	21					51			
23	专业英语			34	34						34			
24	工程测量学			105	75	30					85	20		
25	GIS应用			60	40		20					60		
26	科技写作			40	30	10						40		
27	土地规划与利用			50	40	10						50		
	必修课总课时			1 662	1 278	217	167							
	四、选修课			106	86	20								占总课时 6.0%
28	大学语文			30	30			30						
29	普通物理			36	26	10		36						
30	城乡规划概论			40	30	10						40		
	总课时数			1 768	1 364	237	167	9	7	8	7	7		学期课程门数

(1)职业基础课10门[①]:毛泽东思想概论,马克思主义哲学,邓小平理论概论,思想道德修养,体育,英语,高等数学(理工类),线性代数,概率与数理统计,计算机应用基础。职业基础课总课时数为632,占总课时数1 768的35.8%。

(2)职业技术课8门:数据库基础及应用,测量学基础,计算机绘图,计算机程序设计,测量平差基础,控制测量,测绘管理概论,土建工程概论。职业技术课总课时数为540,占总课时数的30.5%。

(3)职业技能课9门:地籍测量,数字摄影测量,数字化测图,GPS应用,专业英语,工程测量学,GIS应用,科技写作,土地规划与利用。职业技能课总课时数为490,占总课时数的27.7%。

(4)选修课3门:大学语文,普通物理,城乡规划概论。选修课总课时数106,占总课时数的6.0%。

5)实践教学安排

测绘技术与管理专业集中实践教学安排如表1.109所示。

---

① 课程授课内容一般不作说明,下同。

表 1.109　测绘技术与管理专业集中实践教学安排

序号	实习项目名称与内容	实习周数	学期实习周数						说　明
			Ⅰ	Ⅱ	Ⅲ	Ⅳ	Ⅴ	Ⅵ	
1	地形测图：图根控制与大比例尺测图	7		7					可结合生产任务进行
2	控制测量：边角网、导线网、高程网布设	4					4		
3	建筑控制测量：建筑方格网的布设	3					3		
4	GPS定位：GPS控制网布设	2					2		
5	工程测量：各种专项工程测量	5						5	
6	毕业实习：结合测绘生产任务进行	6						6	可结合生产任务进行
7	毕业设计：结合技术开发项目进行毕业设计	5						6	
	合　计	33		7			9	17	

(1)地形测图实习。建立以电磁波测距(全站仪测距)导线、水准测量为主的图根平面与高程控制测量；用常规方法进行大比例尺地形测图，进行地形图的检查与验收。第Ⅱ学期7周的实习可结合测绘生产任务进行。

(2)控制测量实习。第Ⅴ学期进行4周的三、四等控制测量精度要求的边角网、导线网、精密水准测量和三角高程测量的外业实习，以及内业进行观测数据的平差计算和精度评定，提交控制测量的合格成果。

(3)建筑控制测量实习。在第Ⅴ学期，根据大型工程(工业)施工场地的地形、区域大小、建筑物分布状况和放样精度要求，进行建筑方格网的网形设计、选择标定施测方法和施测精度要求，进行主轴线标定、主格网点标定和方格网点的最后测定。进行3周实习。

(4)GPS定位实习。在第Ⅴ学期，根据建立GPS控制网的原理，设计GPS控制网，进行GPS网的选点、点的定位观测与后处理，以及进行GPS网的平差和精度估计，两周完成实习任务。

(5)工程测量实习。在第Ⅵ学期，进行为期5周工程测量以下各种作业实习：工程放样数据的计算和放样点的测设；架空、地面和地下管线测量；铁路(公路)中心线标定，纵横断面图测量，道路中心线上各种曲线的测设；地下工程贯通测量的设计与精度预计；建构筑物沉降与变形监测网的建立及其精度预计，进行建构筑物沉降与变形监测等。

(6)毕业实习。第Ⅵ学期，结合测绘生产任务进行为期6周的生产实习；精心安排数字化测图、地籍测量等实习项目，生产实习中进行个人技术操作考核。

(7)毕业设计。收集测绘生产单位具有技术开发和革新意义课题，由毕业设计指导委员会提出供学生选择的毕业设计课题，也可以由学生自选课题进行毕业设计。指导教师对学生毕业设计进行指导，并对全过程负责。最后进行毕业设计论文答辩、评定成绩。

6)测绘技术与管理专业教学计划课程设置与实践教学安排的特点

(1)重视实践教学，显示高职教学特色。集中实践教学共33周，相当990课时；在课堂教学中的实习课时为404，两者合计为1 394课时；理论教学的课时总数为1 364。理论教学与实践教学的比例为

$$1\,364:1\,394\approx1:1.02$$

两者在1∶1的水平上。如果加上教学计划中的入学与毕业教育(2周60课时)、军训(2周60课时)和公益劳动(2周60课时)，理论教学与广义的实践教学课时之比将达到1∶1.54。说明本教学计划重视社会实践与专业职业动手能力的培养，体现了高职教育的特点之一。

(2)加强计算机应用能力教学。设计算机应用基础(60)、计算机绘图(60)、计算机程序设

计(60)、数据库基础及应用(72)等 4 门课共 252 课时[1]。其中上机实习达 122 课时,使计算机应用的基础理论与实践得到较为充裕的学习和锻炼机会。再加上计算机技术在地形测量、测量平差、控制测量、数字化测图、GPS 应用、地籍测量、数字摄影测量、工程测量和 GIS 应用等课程中的应用,使计算机应用技术的学习和使用 3 年不断线。

(3)主要基础课教学课时数够用。高等教学、线性代数和概率与数理统计 3 门课的课时数为 184,与高等专科学校工程测量专业相应课程的教学课时数持平,满足了后续课测量平差、控制测量等课程教学的需要。基础英语与专业英语两门课的课时数为 202,比专科学校工程测量专业同类课的课时数少一些,但可以基本保证英语教学达到一定的“听、说、译、写”的能力。

(4)常规主干课保证了高职教学质量。测量学基础、测量平差原理、控制测量、地籍测量和工程测量的课时数,都比各高等专科学校工程测量专业的同样课程的课时数略多一些,而多出的部分大多放在课堂实习课中。

(5)现代测绘与信息工程主干课的教学课时数有保证。数字化测图、GPS 应用、GIS 应用等课程的课时数,略多于专科学校工程测量专业相应课程的课时数,同时有现代测绘仪器使学生能得到充分实习的机会。特别是开设了 48 课时的数字摄影测量的新课,使航测课教学内容跟上了现代发展的步伐。

(6)重视测绘及有关岗位的管理课教学。开设了测绘管理概论、科技写作、土建工程概论、土地规划与利用和选修课城乡规划概论等课程,是从测绘工程管理和相关岗位管理增加知识面考虑而开设的。科技写作能力是做好管理工作需要的基本素质,也是现时高职学生职业能力的弱点,需要进行有针对性培养。

(7)给学生留有较多的自学时间。高等专科教育三年制教学计划的课时总数一般掌握在 2 100 课时左右。本教学计划的课时总数为 1 768,讲课课时数为 1 364,实习与上机课时数为 404。要求任课教师必须做到认真备课,在理论教学上做到“精讲”,在实践课上做到“多练”。余下的 300 左右课时,学生可以自学,培养独立思考和探求新知识的能力。

(8)教学计划中,有待改进的是要增加政治理论教学各门课程和体育课的课时数,有利于保证政治理论课教学质量和达到大学生体育锻炼标准。

5. 测绘中专教育 45 年取得的成绩

阜新煤炭工业学校始建于 1956 年,到 2001 年测绘教育走过 45 年的发展建设历程。45 年来,在学校党组织领导下,贯彻党和国家的教育方针,从矿山测量专业到工程测量专业,经过几代专业教师的努力,培养出中专毕业生 1 435 人(参阅表 1.110,“文化大革命”前的毕业生数无法统计),学校已发展为辽宁工程技术大学职业技术学院,开办招收高中毕业生的工

表 1.110　中专毕业生与高职招生统计

时间	中专毕业生			高职招生		说　明
	矿山测量	工程测量	地籍测量	工程测量	测绘技术与管理	
1972—1976	200					工农兵学员三年制
1977—1979	120					高中生三、二年制
1980—1993	833					
1994—1998		238	44			
1999				25		2002 年毕业
2000					33	
2001					29	
2002					42	
合计	1 153	238	44	25	104	中专毕业生 1 435 人

注:1961—1966(1970)的毕业生已无资料可查。

① 高等专科学校工程测量专业教学计划中的同类课程教学课时数一般为 151～173。

程测量专业、测绘技术与管理专业三年制的高等职业技术教育，走上测绘高等教育的行列。广大中专毕业生分布到东北3省、内蒙古自治区、华北和西北广大地区，为我国煤炭工业的发展和各部门建设需要，在矿山测量、工程测量第一线岗位上作出了应有贡献。毕业生在实践中锻炼成长为技术、管理工作的骨干，许多人成为工作单位的党政和技术领导干部。在测绘高职教育的新阶段，测绘技术与管理专业，在学校党政领导下，在建设工程系组织下，经过5年的试点专业建设，争取成为辽宁省高职教育的示范专业。

1.6.9 "九五"期间甘肃煤炭工业学校矿山测量专业的建设与发展

"九五"期间，地测科设有矿山测量与工程测量两个专业。1998年，招收高中毕业生源矿山测量专业二年制中专生37人。1999年，工程测量专业四年制中专生45人毕业。2000年，招收初中毕业生测量工程技术专业三年制中专生16人。中专三年制的测量工程技术专业是教学改革新建的试验性专业。其改革的要点是：把传统的矿山测量专业与工程测量专业的主干课结合起来，加强计算机应用教学，增加现代测绘技术数字化测图、GPS定位等课程；加强动手能力培养，增加测量专业技术培训与考核、测量岗位技能培训与考核，合格者发给相应的证书；教学计划中各门课程理论教学与实践教学实行学分制。

1. 测量工程技术专业教学计划简介

1)招生对象与学制

本专业招收初中毕业生，学制三年。

2)培养目标

本专业培养为社会主义现代化建设服务，德、智、体、美诸方面全面发展，具有高中文化基础知识及实用的专业基本理论、基本技术及基本技能的测量工程技术中级技术人才。

学生毕业后，主要在西部地区的煤矿建设与开发、城市建设、工程施工、地质勘查、交通工程、土地资源开发等部门的测绘单位，从事第一线的测绘生产作业与技术管理等工作。

3)毕业生的基本要求

热爱社会主义祖国，拥护共产党领导，懂得马列主义、毛泽东思想和邓小平理论的基本知识；有振兴中华的理想，有为人民服务、艰苦奋斗的精神，有民主与法制观念；有实事求是的科学态度，有遵纪守法、严守测绘规章的良好品德；有一定的社会科学、人文与艺术知识和修养；有稳定的心理素质和健康的体魄，适应测量工程岗位工作。

对毕业生专业技术的要求：

(1)熟练地掌握常规测绘仪器和矿山测量专业仪器操作技术，了解GPS接收机的功能，会使用全站仪进行作业，掌握常规仪器一般维护技术。

(2)了解煤炭资源矿山地质、矿山开发和煤炭矿井生产的概貌，为煤炭资源开发建设服务打下基础。

(3)能独立进行图根控制测量、大比例尺地形测图和地籍图测量，能用数字化测绘技术进行地形图与地籍图测绘工作。

(4)能用常规方法进行城市及矿山三、四等平面与高程控制测量的外业和内业工作；了解GPS接收机进行定位测量工作；了解使用常规和GPS定位方法建立控制网的基本方法。

(5)掌握生产矿井测量的联系测量、贯通测量及掘进与回采作业时的各种测量工作的原理和方法；了解井巷工程测量工作内容和方法；了解"三下"采煤知识和岩层移动与地表沉降的基本原理,能进行岩移和沉降观测。

(6)能进行工程控制网的建立测量工作,掌握建构筑物施工放样、各种路线曲线测设、架空与地面及地下管线测量、工程竣工图测绘等工程测量工作。

(7)能编制一般的测量计算机程序,掌握各种测量平差的计算机程序使用方法,能进行数字化测图、GPS 定位的计算机处理工作,初步掌握计算机绘图技术。

(8)掌握常用测量技术工作的规范要求,掌握矿山测量与工程施工的安全规定,能编写测量生产作业计划和生产技术总结。

(9)学习一门外语,有一定的阅读和翻译本专业外文资料的初步能力。

(10)获得测量技术培训与考核合格证书,获得测量员、绘图员岗位技能培训与考核合格证书,经考试合格获得毕业证书,学生才能毕业。

4)教学环节时间分配

本专业在校学习 3 年共 156 教学周。其中:入学教育(含军训)2 周;课堂教学 86 周,考试 6 周,共 92 周;教学实习 10 周,毕业实习 5 周,实践教学共 15 周;技能培训 4 周;公益劳动 6 周;毕业教育 1 周;假期 36 周。理论教学、实践教学和技能培训共 111 周。具体的学期分配如表 1.111 所示。

表 1.111　教学环节时间分配

专业名称:测量工程技术　　　　学制:中专三年　　　　2000 年

周数 项目 / 学期	入学教育	课堂教学	考试	教学实习	毕业实习	课程设计	毕业设计	技能培训	公益劳动	机动	毕业教育	假期	合计	说明
Ⅰ	2	16	1						1			6	26	入学教育含军训
Ⅱ		18	1						1			6	26	
Ⅲ		16	1	2					1			6	26	
Ⅳ		13	1	5					1			6	26	
Ⅴ		15	1	3					1			6	26	
Ⅵ		8	1		5			4	1		1	6	26	
合计	2	86	6	10	5			4	6		1	36	156	

5)课程设置与教学进程计划

本专业设课 25 门,必修课 20 门,选修课 5 门。设课学科与各学期的教学进程如表 1.112 所示。

表 1.112　课程设置与教学进程计划框架

专业名称:测量工程技术　　　　学制:中专三年　　　　2000 年

序号	课程名称	按学期分配		教学时数			学分	各学期教学周数与课程周学时						说　明
		考试	考查	学时总数	讲课	实习实验		Ⅰ 16	Ⅱ 18	Ⅲ 16	Ⅳ 13	Ⅴ 15	Ⅵ 8	
	一、文化基础课			1 052			65							占总课时 47.3%
1	德育			156			10	2	2	2	2	2		
2	体育与健康			160			10	2	2	2	2	2		
3	语文			194			12	4	4	2	2			
4	英语			194			12	4	4	2	2			
5	数学			204			13	6	6					
6	物理			72			4	4						
7	计算机应用基础			72			4		4					
	二、专业基础课			402			25							占总学时 18.1%
8	工程制图			72			4		4					
9	地形制图			96			6			6				

续表

序号	课程名称	按学期分配		教学时数			学分	各学期教学周数与课程周学时						说明
		考试	考查	学时总数	讲课	实习实验		Ⅰ 16	Ⅱ 18	Ⅲ 16	Ⅳ 13	Ⅴ 15	Ⅵ 8	
10	采煤概论			48			3			3				
11	煤矿地质			48			3			3				
12	测量平差			78			5				6			
13	BASIC 语言			60			4					4		
	三、专业课			659			40							占总学时 29.6%
14	地形测量与工程测量			148			8			6				
15	控制测量			78			5				6			
16	生产矿井测量			112			7				4	4		
17	地籍测量			107			7					5	4	
18	数字化测图			60			4					4		
19	测量仪器检修			90			5					6		
20	GPS 定位测量			64			4						8	
	必修课总学时数			2 113			130	22	26	26	24	27	12	
	四、选修课			304			19							至少选 7 学分课程
21	专业英语			64			4						8	占总课时 5.0%
22	AutoCAD			64			4						8	
23	建井测量			64			4						8	
24	岩层与地表移动			64			4						8	
25	企业管理			48			3						6	
	必修与选修课总学时			2 417			149							
	必修与必选课总学时			2 225			137	22	26	26	24	27	26	

(1)文化基础课 7 门[①]:德育(马克思主义哲学概论、毛泽东思想概论、邓小平理论概论、思想道德等),体育与健康,语文,英语,数学(补充测量课必需的内容),物理,计算机应用基础。文化基础课总课时数为 1 052,占总课时数 2 225 的 47.3%。

(2)专业基础课 6 门:工程制图,地形制图,采煤概论,煤矿地质,测量平差,BASIC 语言。专业基础课总课时数为 402,占总课时数的 18.1%。

(3)专业课 7 门:地形测量与工程测量,控制测量,生产矿井测量,地籍测量,数字化测图,测量仪器检修,GPS 定位测量。专业课总课时 659,占总课时的 29.6%。

表 1.113 专题讲座计划

讲座专题	各学期学时分配						学时总数	说明
	Ⅰ	Ⅱ	Ⅲ	Ⅳ	Ⅴ	Ⅵ		
行为规范	4	2					6	
生理卫生	2	2					4	
心理健康	4	4	2	2	2	2	16	
法律法制	4	4	2	2	2	2	16	
就业指导				4	4	4	12	包括就业信息
合 计	14	12	4	8	8	8	54	

(4)选修课 5 门:专业英语,AutoCAD,建井测量,岩层与地表移动,企业管理。选修课总课时 304;学生必选 7 个学分的两门课程学习即 112 课时,占总课时的 5.0%。

第二课堂活动。为推进素质教育,在教学计划外举办专题讲座,利用课余时间有计划的安排如表 1.113 所示的专题内容。聘请有专长的教师担任主讲,学生自主选择听课。

6)实践教学安排

实践教学分 4 类:一是德育教育实践教学,共 9 周;二是专业实践教学,共 15 周;三是职业技能培训与考核,共 4 周;四是选修职业技能培训与考核共 3 周。必修实践教学共 28 周,具体

① 课程内容一般不作介绍,必要时简要说明。

安排如表1.114所示。实践教学必须获得28个学分。

表1.114　实践教学项目安排

序号	实践教学项目	周数	学分	周数学期分配						说　明
				Ⅰ	Ⅱ	Ⅲ	Ⅳ	Ⅴ	Ⅵ	
	一、德育实践教学	9	9	3	1	1	1	1	2	必修
1	入学、军训、毕业教育	3	3	2					1	
2	公益劳动	6	6	1	1	1	1	1	1	
	二、专业实践教学	15	15			2	5	3	5	必修
3	地质认识实习	1	1			1				
4	矿井认识实习	1	1			1				
5	地形测量实习	3	3				3			
6	控制测量实习	2	2				2			
7	生产矿井测量实习	3	3					3		
8	毕业综合实习	5	5						5	
	三、职业技能培训与考核	4	4						4	必修
9	测量技能培训与考核	3	3						3	
10	绘图员技能培训与考核	1	1						1	
	四、选修职业技能培训与考核	3	3						3	选修
11	测量员技能培训与考核	2	2						2	
12	放线员技能培训与考核	1	1						1	
	必修实践教学周数	28	28	3	1	3	6	4	11	
	必修与选修实践教学周数	31	31	3	1	3	6	4	14	

7)毕业生的学分要求

测量工程技术专业毕业生，在理论教学方面要获得137个学分，在实践教学方面要获得28个学分，合计165个学分；获得毕业证书、测量技能考核合格证书、绘图员技能考核合格证书，3证齐全才能毕业。

8)测量工程技术专业教学计划的特点

这个教学计划从西部地区加速培养测绘技术人员的目标出发，以传统的测绘技术与现代测绘技术相结合的途径，用三年制的产教结合和产学结合的教学模式，培养测量工程技术专业中等技术人才。特别是教学计划中在理论教学基础上进行集中的德育和专业技术实习后，实施测量技能、绘图员技能培训与考核并发合格证书，强调了动手能力培养。

2. 加强专业建设提高综合教学水平

“九五”期间测量教研组以教学为中心，进行工程测量专业四年制中专与矿山测量专业二年制(高中生源)中专教学工作，送走了两届毕业生。进行了测量工程技术专业三年制中专的教学改革，以教学创新精神搞好新专业的教学工作。加强现代测绘技术数字化测图、GPS定位测量新开课的备课和教学准备，保证新设课的教学质量。1997年成立了测量职业技术与技能考核小组，在完成测量实习任务之后进行各项技术和技能培训与考核，推动毕业生加强专业技术主动练习，提高岗位技能。实行毕业证、测量技能合格证和绘图员技能合格证的3证齐全才能毕业的政策，提高了毕业生的岗位技术能力，成为合格的水平较高的中专毕业生。

专业教师积极开展教学理论学习，进行教学法研究和实践，取得较好的研究成果。在公开发行的《中国教育研究》、《煤炭职业技术教育》、《成才之路》等刊物上发表论文有：“中职现代教育技术管理初探”(何沛锋)，“中职教育需要不断更新观念”(何沛锋)，“提高实习质量培养学生动手能力”(南有禄)，“多媒体教学在中职教育中的作用”(南有禄)等。

教师在测绘教学实践中不断积累教学素材，总结教学经验，选择适应现实测绘各学科教学需要的内容，参加各种专业教材的合作编写工作。教师参加编写的出版教材如表1.115所示的5部。此外,参加全国教育科学规划领导小组办公室批准的国家重点课题"信息化进程中的教育技术发展研究"(批号:AYAO10034)的子课题"现代远程教育网络教学模式与实践探索"研究(参加者南有禄)。

表1.115 编写出版教材统计

序号	教材名称	作者	任务分工	出版社	出版时间	说明
1	测量习题集	赵兴武	参编	煤炭工业出版社	1990	
2	建筑工程测量学	南有禄	参编	中国矿大出版社	1999	
3	矿山测量	何沛锋	副主编	中国矿大出版社	2000	
4	地形测量学	南有禄	参编	河南人民出版社	2001	
5	矿图	南有禄	副主编			待出版

1987年建立矿山测量专业以来,测量教研组承担矿山测量专业、工程测量专业和新开设的测量工程技术专业的教学改革任务。在教学实践中不断丰富了教学经验,提高了理论教学水平,提高了指导各专业测量生产实习的能力,教学科研和编写教材的能力不断提高。到2000年,有5名教师,其中高级讲师1人、讲师2人、工程师1人和实验师1人,形成了水平较高的"双师型"教师集体。

3. 测绘中专教育取得的成绩

测量教研组在学校和专业科的领导下,1987年到2000年共培养出矿山测量与工程测量中专毕业生223人(参阅表1.116)。这些毕业生在西北地区的煤炭工业、工程建设、城市建设、交通工程、地质勘查等部门的测绘单位工作。他们思想作风和业务能力的表现受到用人单位的好评和欢迎。一些毕业生自愿到西藏、新疆等边远地区工作,表现出为社会主义现代化建设服务很高的责任感和事业心。

表1.116 各专业招生(毕业生)人数统计

序号	年份	矿山测量	工程测量	测量工程技术	合计	说 明
1	1987	54			54	高中生源,二年半制
2	1992	42			42	高中生源,二年制
3	1994	45			45	高中生源,二年制
4	1995		45		45	初中生源,四年制
5	1998	37			37	高中生源,二年制
6	2000			16	16	初中生源,三年制
	合计	178	45	16	239	毕业生223人

甘肃煤炭工业学校2000年被确定为国家级重点普通中等专业学校。2001年,学校成立资源与环境工程专业科,把测绘专业改为"地质测量专业",招初中毕业生,学制三年,培养地质勘查与测量复合型中等技术人才,以适应西北地区中等技术人才的需要。

1.6.10 发展高等职业教育时期测绘中专教育的主要成绩

1996—2000年发展高等职业教育时期,开办测绘中专教育的学校大力加强内涵建设,改善办学条件,以教学为中心,提高教学质量,按《关于评选国家级、省部级重点普通中等专业学校的通知》要求建设好学校。到2000年所介绍的7所开办测绘中专教育的学校,全部成为国家级或省部级重点普通中等专业学校。其中有5所学校经所在省区教育主管部门批准,由中等专业学校升格为高等职业技术学院,从测绘中等专业教育转为测绘高等职业教育。这一时期各学校测绘专业教育取得如下的主要成绩。

1)增设测绘与信息工程新专业

各学校测绘中专教育为适应测绘人才市场的需求,都在改革原有各测绘专业的课程设置与教学内容。郑州测绘学校研究编制的控制测量、工程测量、航空摄影测量、地图制图和地籍测量5个专业的新教学计划，通过专家评审，国家测绘局人事教育劳动司于1996年11月发文，供开办测绘中专教育学校参照执行。郑州测绘学校、南京地质学校测绘科根据本校的办学条件和社会需求，分别开设了地图制印、计算机应用、计算机地图制图、土地管理与地籍测量、地理信息系统等四年制的中专新专业。到2000年，我国测绘中专教育总共开设了测绘传统专业与新专业12个，标志着我国测绘中专教育为适应国民经济建设不断发展的需要，在培养测绘中级技术人才方面作出很大贡献。

2)编写出版测绘中等职业教育的专业教材

“九五”期间，各学校测绘专业都在修改原有教材，编写新开课程的教材。郑州测绘学校、南京地质学校测绘科，积极编写新设专业各门课程的新教材，保证新专业教学的需要。郑州测绘学校承担“中等测绘专业人才培养模式研究与实践”项目，南京地质学校测绘科受教育部委托，两校分别编写出版了《地形测量》、《测量学》、《控制测量》、《摄影测量学》、《地籍测量》、《数字化成图》和《GPS定位》等课程的中等职业教育教材。这些教材代表着20世纪90年代末测绘传统技术与现代技术相结合教材的水平，反映出测绘中等职业教育的质量。

3)测绘仪器的装备水平大为提高

“九五”期间，各学校为提高测绘专业的现代仪器装备水平，在办学经费紧张的情况下加大了投资力度。增加了常规测绘仪器的数量和提高精度水平，重点增加了全站仪、测距仪、GPS接收机、高精度经纬仪与水准仪、数字化测图仪器设备和台式计算机，满足了工程测量等专业的实践教学需要。设有多专业的郑州测绘学校、南京地质学校测绘科，以及黄河水利学校与武汉电力学校，还装备了RTK GPS定位系统、电子与数字水准仪、精密立体测图仪、正射投影仪、数字摄影测量系统、GIS实训系统、自动绘图仪、扫描数字化仪，以及地理信息系统及各种应用数据库软硬件配置等。常规测绘仪器与现代测绘仪器装备已经达到大型测绘生产部门的水平，为各专业的实践教学和教师科研活动创造了良好的条件。

4)教师的科研能力达到较高水平

“九五”期间，各学校专业教师积极开展教学与专业技术科研活动。专业教师的许多科研成果论文在《测绘通报》、《测绘工程》、《地图》、《中国测绘》、《现代测绘》和各高等院校的学报等公开出版的刊物上发表。有些成果论文有较高的实用价值，代表着测绘中专教师20世纪90年代后期的科技开发能力的水平。郑州测绘学校于1999年承担的国家测绘局科技基金项目“中等测绘专业人才培养模式的研究与实践”，是测绘中专教师首次承担省部级的教育科研项目。研究结果提出了关于测绘中等职业教育专业划分为测量工程技术、航空摄影测量、地图制图与地理信息3个专业的方案，被教育部2000年9月公布的《中等职业学校目录》采纳；研究成果还提出了3个专业的培养目标、课程设置，各专业的课程教学内容与教材建设，各专业实验室建设，测绘类各专业学生综合素质培养等方案和措施；总结了该校在实施研究成果方案和措施中取得的成绩。这项研究成果获得2002年全国测绘科技进步三等奖。

5)形成测绘中专教育高水平的“双师型”师资队伍

“九五”期间，各学校通过提高原有各测绘专业的教学质量，开设新的测绘与信息专业，教师的专业学识水平和教学水平大为提高；编写中专新专业各门课程的教材，为测绘中等职业教育编写出版教材；通过专业技术科研和教育科研取得许多有价值的成果；专业教师的综合教学水平显著提高，促进了教师专业技术职称的提高。7所学校测绘专业教师(含有关基础课教师)176人中有:高级讲师与高级工程师62人,占35.2%;讲师与工程师88人,占50.0%;两者合计150人,占85.2%。具有副高职职称的教师比例,已经超过了《高等职业学校设置标准(暂行)》中要求——新建高职学校副高职教师占20%的比例、建校4年内达到25%的比例。测绘中专教育的专业教师已形成高水平的"教学、科研、测绘生产三结合"的"双师型"师资队伍,为由测绘中专教育向高等职业教育转变做好了教师准备。

6)由测绘中专教育向高等职业教育发展

"九五"期间,在发展高等职业教育的形势下,1997－2000年前后,经学校所在省区教育主管部门批准,先后有南京地质学校、武汉电力学校、黄河水利学校、长春地质学校和阜新工业学校由中等专业学校升格为高等职业技术学院,由测绘中专教育发展为高等职业教育。有些学院仍保留原有的测绘中专教育。郑州测绘学校、甘肃煤炭工业学校正在向高等职业教育发展的努力之中。

新中国测绘中专教育从1949年起,经过50年的发展建设,到2000年前后,多数学校的测绘中专教育已经步入到测绘中等职业与高等职业教育阶段。本书中的"第一章新中国的测绘中等专业教育",通过我国各个历史时期测绘中专教育发展建设的史实,以及有代表性的测绘学校与中专学校测绘专业的发展建设具体的史料,较全面地总结了新中国测绘中专教育取得的成就、经验和值得思考的问题,为21世纪初叶我国测绘中等职业与高等职业教育的建设发展提供有益的借鉴。

§1.7 测绘职工中等专业与高等专科教育[①]

国家测绘局恢复建制以后,于1975年前后,黑龙江测绘局、陕西测绘局、四川测绘局,以及各省、自治区测绘局先后恢复建制或组建。当时,全面开展测绘生产、科研和经营管理,急需增加大地测量、工程测量、航空摄影测量、地图制图和地图制印等专业的中级与初级技术人才和管理人才。为开展测绘生产,经国家计委和各省、自治区计委批准,各测绘局都招收了大批上山下乡知青、复员转业军人等青年工人参加测绘工作。为使这些青年工人尽快适应第一线的测绘生产和管理工作,要对他们进行政治思想与测绘工作事业心、组织纪律与工作作风、测绘岗位操作技能的培训,提高青年工人的综合素质。各省区测绘局经国家测绘局和地方教育主管部门批准,先后开办了测绘职工技工学校,分期分批地进行一年左右的青工培训。

1981年2月22日,公布了《中共中央、国务院关于加强职工教育工作的决定》。在《决定》精神指导下,经国家测绘局和地方教育主管部门批准,各省区测绘局单独或几个测绘局联合创办测绘职工中等专业学校。在青年职工中经考试招收学员,培养测绘各专业二年制或三年制的中专毕业生,有些测绘局还开办了测绘专科教育。20世纪八九十年代,测绘系统和国民经济各业务部门,为满足国民经济发展对测绘中等技术人员的需求,测绘职工中等专业教育蓬勃发展,对缓解中等测绘技术人员的短缺,促进测绘事业的发展起到了积极作用。

1.7.1 职工教育的办学方向、政策和要求

《中共中央、国务院关于加强职工教育工作的决定》指出,"建设四个现代化的社会主义强

① 为介绍方便,将少量的测绘职工专科教育,放在测绘职工中专教育中介绍。

国，需要一支有社会主义觉悟、有科学文化知识、有专业技术和经营管理经验的职工队伍，需要有一大批又红又专的专门人才。”“现代经济发展史充分证明，企业职工科学文化水平的高低，在很大程度上决定了企业经营管理水平的高低、劳动生产率的高低和生产发展速度的快慢。现代化企业的主要标志是具有较高科学技术水平，而这种科学技术水平只有通过职工系统的学习才能掌握。”《决定》中关于职工教育的办学方向、政策和要求主要有以下几点：

(1)各级党政领导和所有厂矿企业、事业单位的党委、行政、工会、共青团都要十分重视职工教育。各级政府要把职工教育纳入国民经济和国民教育计划的轨道，要使职工教育列入长远规划和年度计划，并且要把它作为一项经常性的重要工作办好。要克服那种办学无任务、教学无要求、经费无标准、物质条件无保证的现象。各主管部门要像布置生产和工作任务那样，布置教育任务，并把发展职工教育成绩的大小，作为对领导干部和企事业单位进行考核的一项重要内容，作为评比先进单位的一项重要条件。

(2)职工教育的基本内容：在政治方面，教育职工有共产主义理想，提高广大职工的社会主义觉悟；树立主人翁责任感，培养高度的事业心，爱护国家财产，敢于和贪污浪费现象作斗争；加强劳动纪律，克服落后思想和不良作风，不断发挥职工的积极性、主动性和创造性。在文化科学知识方面，使现有初中毕业文化程度的职工，三分之一达到相当于高中或中专毕业的水平；使现有高中或中专程度的职工，有相当一部分达到大专水平。现有大专程度的技术人员和管理人员，也应订出学习计划，掌握新科学技术和现代经营管理知识。

(3)要因地制宜，广开学路，提倡多种形式办学。职工教育要逐步做到正规化，做到任务明确、要求具体、制度严格、进度合理、成效显著。可以由一个企业单独举办或几个企业联合开办职工学校。职工教育除主要由企事业单位开办外，还要发动业务部门、教育部门、群众团体等社会各方面力量积极办学。要充分利用电视、广播、函授等手段，开办广播电视大学、函授大学、夜大和区域性的职工夜校。

(4)各级各类职工教育都应制订教学计划，明确培养目标与达到目标的标准。建立严格的考试制度，考试合格的发给文凭，作为晋级和安排工作的根据之一。职工学完中等专业或高等学校的课程，考试及格者，承认其学历，并与全日制院校同类专业的毕业生享受同等的工资待遇。他们的工作由本单位本系统根据需要适当安排，或报请上一级主管部门统一调配。

(5)建立一支以专职为骨干与兼职相结合的教师队伍。要选调那些能胜任教学的职工和技术人员，担任专职或兼职教师。专业技术人员和普通学校的教师，到职工学校兼课，给予合理的报酬。国家分配大学毕业生时，也要分配一部分人到职工学校当教师。要给教师更多的进修机会，普通高等学校和各地的教师进修学校，应当吸收一部分职工学校的教师进修。在晋级、调资、奖励和福利方面，企业中的教师和科室技术人员要一视同仁，地区性职工学校的教师要和普通学校的教师享受同等待遇。职工学校教师的职称，可以参照普通学校教师的职称来评定，也可以按技术职称来评定。对成绩显著的教师和职工，要及时给予表扬和奖励，以提高他们的事业心和责任感。

(6)要勤俭办学，认真解决必要的办学条件。国务院责成财政部会同有关部门，制定《关于职工教育经费管理和开支标准的暂行规定》。企业职工教育的经常费用，大体可按工资总额的百分之一掌握使用，在企业成本中开支。建立必要的职工教育基地，由企业内部调剂挖潜，挤出一部分教学用房。新建企业，在设计时就要考虑职工教育必要设施的建设。

(7)普通高等学校和中等专业学校都应当承担一定的在职培训任务，在保证完成招生任务的原则下，为在职人员进修开设专门的班级。这种班级要适应成人学习的特点，适当精简课程内容与学时，可以采取学分制，便于职工通过较长时间学习，达到一定的学业水平。

(8)加强对职工教育的领导，建立和健全专职机构。各级党委、政府、工会、共青团、妇联和科协等要共同努力，按照"加强领导，统一管理，分工负责，通力协作"的原则，改进领导管理体制。①建立全国职工教育管理委员会，作为国务院指导全国职工教育工作的机构。它的任务是，讨论制定职工教育的重大方针、政策，统一规划，并检查执行情况，协调各方面工作。②国务院各部委，主管本系统的职工教育工作，制定和落实规划，解决办学中的实际问题，健全本系统职工教育机构，开展职工教育。③教育部负责综合研究指导职工学校的教育行政和教学业务工作，制定有关的政策，编审教材，培训师资，办好电视、函授、业余大学及职工进修班和地区性职工学校。④各省、市、自治区人民政府要成立职工教育管理委员会，充实、加强原有的工农教育委员会。委员会设办事机构，配备必需的专职工作人员，负责日常工作。⑤基层企事业单位，在党委统一领导下，由行政负责主管本单位的职工教育工作，充分发挥工会、共青团等有关部门的作用。大中型企业要设职工教育的专职机构，小企业要有专人负责。

1.7.2 黑龙江测绘局的测绘职工中专与专科教育[①]

黑龙江测绘局1981年开始申办测绘职工中等专业学校。局党委决定采取"边筹备、边申办、边办学"的思路加快学校建设。经国家测绘局同意，1983年4月由黑龙江省政府批准，成立了黑龙江测绘局职工中等专业学校，后更名为哈尔滨测绘职工中等专业学校，面向东北三省测绘系统招生，进行三年制的测绘中专教育。学校在正规化建设中取得显著成绩，被教育主管部门评为职工中专优秀办学学校。1991年以联合办学形式开办测绘专科教育。该校还承担武汉测绘科技大学东北地区函授站的教学管理任务。学校已成为东北地区测绘职工教育的中心，办学20年为东北地区三省测绘局及其他测绘部门，培养大批测绘中专与专科毕业学员。

1. 创办哈尔滨测绘职工中等专业学校

黑龙江测绘局自1974年8月恢复建制以后，经国家计委批准，先后招收上山下乡和生产建设兵团知识青年、复转军人等青年工人1 100余人。为使青年工人尽快到大地测量、航空摄影测量、地图制图和地图制印等生产第一线工作，举办了各专业的短期培训班，进行政治思想、组织纪律、测绘事业心和测绘职业道德的教育，以及各专业基本技术和操作技能培训。随着测绘生产的发展、测绘科学技术的进步，各专业急需具有中专水平的技术人员到生产第一线顶岗作业和进行管理工作。1980年7月局党委决定，自办测绘职工中等专业教育，着手办学的各项准备工作。1981年2月，公布了《中共中央、国务院关于加强职工教育工作的决定》，更坚定了自办测绘职工中专学校的决心，由主管局长刘树林和政工干部陈进汕、技术干部朱金本组成学校筹建领导小组。于1981年春，向国家测绘局、黑龙江省政府教育主管部门呈报创办测绘职工中等专业学校的申请，积极进行办学用房、教学设备等办学条件的筹备工作。选调周光楹同志，按预定设航空摄影测量内业、航空摄影测量外业和地图制图3个专业，开办二年制中专

---

① 以黑龙江测绘局哈尔滨测绘职工中等专业学校为例，介绍测绘职工中专与专科教育办学取得的成绩与经验。

教育,进行学校办学规章制度、专业教学计划、课程教学大纲,以及基础课、专业基础课和专业课教材选择等准备工作。局领导从武汉测绘学院、黑龙江大学等高校新毕业来局工作的本科毕业生中选派到学校任教,组成了老中青相结合的教师队伍。

当获得国家测绘局和省教育主管部门支持办学的意向后,局领导决定于1981年年底开始招生工作。第一期拟设航空摄影测量内业、航空摄影测量外业和地图制图3个专业。招收黑龙江测绘局、吉林省测绘局和辽宁省测绘局,以及其他测绘单位的在职青年工人,通过考试选拔入学,3个专业各设一个班,共招收学员115人,为加快人才培养暂定为中专二年制。1982年1月5日,3个专业按中专二年制各专业教学计划开始上课。在教学实践中发现,这些学员名义上是初中毕业生,实际上基础知识达不到初中毕业水平,必须加强基础课教学,补上初中的文化课知识才能按教学计划进行中专的教学。学校请示局领导决定,调整教学计划,由二年制改为三年制以保证首批中专毕业学员的质量。

1983年4月,黑龙江省政府批准学校开办,校名定为黑龙江测绘局职工中等专业学校。局党委任命了学校的负责人:张树荣任副校长负责党务工作;周光楹任副校长负责学校全面工作,侧重抓教务工作;陈继昌任副校长负责行政后勤工作;之后,任王培志为副校长接行政后勤工作。1984年2月,在省教委协调下,学校在地方的主管部门变更为哈尔滨市政府教育委员会[①],1984年6月,学校名称更改为哈尔滨测绘职工中等专业学校。学校享有成人中等专业教育的有关政策的规定,面向东北三省招生。1984年9月,学校增设了天文大地测量专业,招收一个班30名学员,列为第一期学员。1984年11月,局党委任周光楹为校长,1985年8月任王培志为总支书记。至此,学校领导班子健全,设教务科、行政科、政工科、学生科,以及基础教研室、专业教研室等6个科室。学校有教职工31人,干部与教师29人,专职教师23人,具有工程师职称的11人。1984年12月,召开哈尔滨测绘职工中等专业学校成立开学暨第一期3个专业学员毕业典礼,宣告哈尔滨测绘职工中等专业学校成立,欢送第一期航测内业、航测外业和地图制图中专毕业学员回到原测绘局各单位的工作岗位。

2. 建立教学与学员管理规章制度

学校贯彻党的教育方针,按国家测绘局和黑龙江测绘局对办好测绘职工中专教育的要求,为达到国家规定的职工中等专业教育质量标准,制定教学与学员管理的规章制度,把学校逐步建成正规化的测绘职工中等专业学校。

哈尔滨测绘职工中等专业学校暂行规章制度

为加强教学组织与管理,保证学校正常的教学秩序和组织纪律,以教学为中心,提高教学质量,培养又红又专的测绘中等技术人才,建立以下各项规章制度,简介于下。

1)教学工作制度

(1)教学计划。根据测绘局各专业岗位对中等技术人员基础科学知识、专业基本理论、基本技术和基本技能的要求,达到职工中等专业教育的质量标准,结合在职测量青年工人的实际情况,编制各专业二年制、三年制中专教学计划。经学校主管部门批准的专业教学计划,必须遵照执行。①在教学实践中发现教学计划需要修改或补充时,应由教研室研究提出修改或补

① 当时中央部委主管的中等专业学校,都归市教委主管。

充意见，经教务科审核，由学校批准方能实施。②课程的学期授课计划，由任课教师根据专业教学计划与课程教学大纲编制，经教研室审核，报教务科批准方能执行。

(2)备课制度。教师要钻研业务，吃透教材，结合学员实际情况进行备课，写好教案，没有教案不得上课。提倡教研室集体备课，研究各门课程阶段性的教学内容，以及重点、难点的教学方法等，安排课堂实习，保证各门课程的实习顺利进行。

(3)课堂教学要求。课堂教学(包括课堂实习)是教学的基本形式，在教学中要体现以学员为主体，以教师为主导的教学理念。教师要做到在认真备课的基础上，认真讲课、认真辅导、认真批改作业和认真评定学生的学习成绩。进行教学法研究和实验，进行启发式、讨论式教学，引导学员主动地学习和培养学员自学能力。教师要按课表准时上课，漏课视为教学事故；特殊情况需要调课时，要经教研室同意、教务科批准方可执行。教师要注意自己的语言行为，处处起表率作用；虚心听取学员的意见和要求，不断改进教学工作，教学相长，教书育人。

(4)实习制度。课堂实习、教学实习和生产实习，是测绘各专业中专教育的重要环节和培养学员动手能力的基本途径，必须认真、有组织、有计划地搞好。①结合专业培养能力的需要，组织教学实习，形成一定的作业能力；承担与专业相关的测绘生产任务，在工程实践中培养专业作业能力和一定的独立工作能力。②实习中，学员要服从领导、听从指挥，自觉遵守劳动纪律和现场的规章制度，认真执行作业规范，保证成果质量，爱护测绘仪器和设备，做到安全学习和生产。③在实习中，组织好学员实习成绩的考核和评定；组织学员进行实习总结，写出在思想作风、理论联系实际解决实际技术问题和生产作业能力等方面的收获和心得体会，形成实习报告。教师要认真评阅学员的实习报告，结合技术考核标准，评定实习综合作业成绩。④实习指导教师在实习结束时要提交实习总结报告：实习任务的技术设计，实习作业进程计划和实施情况，实习和生产相结合的情况，测量成果的精度和综合质量评定结果，实习的主要收获、经验和存在问题，改进教学实习和生产实习的建议等。

(5)教学检查制度。在主管教学工作的校长领导下，组织教务科与教研室负责人，有计划地对各门课程的教学质量、教研室的工作进行检查。①教务科与教研室每学期对教师的教案进行1～2次检查和评比，检查结果向全校教师公布。②教研室组织教师互相听课，教务科组织全校性的观摩教学；教学主管校长和教务科长，每周至少要随机听4节课，检查教师课堂教学情况。③教务科对各教研室的各门课程学期授课计划执行情况进行检查，对未能按计划进行教学活动的课程，要查明原因，提出补救和改进的措施。④教研室在期中和期末要组织任课教师进行教学的自我总结和检查，汇总后写出教研室的教学情况检查报告；教务科根据教学检查收集到的材料，以及各教研室教学检查上报材料，汇总成全校期中与期末教学质量检查分析报告，上交教学主管校长，并在全校教师会议上报告和讲评，以促进教学质量的提高。

(6)评教评学制度。评教评学是总结教学经验、改进教学方法、提高教学质量、密切师生关系、促进教师教书育人的有效方法。①教研室每学期要组织1～2次学员座谈会，征求学员对教师和教研室教学工作的意见，主要内容有：教师的教学态度，对学员全面负责的情况；课堂教学方面的意见，辅导、批改作业和实习报告方面的意见；学习成绩考核和考试方面的意见；改进教学方法和发挥学员学习主动性方面的意见等。②教务科与学生科每学期要召集1～2次学员大会，讲评的主要内容：学员的学习态度，德、智、体全面发展的基本情况；刻苦学习、独立思考、学习成绩优秀、思想进步、积极参加各项活动先进学员的表现；学员中存在的问题和提出改进的要求等。以表扬为主，适当引导，促进学员共同进步和提高。

(7)成绩考核制度。①学员学习成绩考核分为平时考核和期末考试。课堂提问、小测验、课外作业、实习操作与实习报告记分等,是平时考核的主要方法;期末考试根据课程性质、形成专业能力的不同,可采取闭卷考试、开卷考试两种形式;技术能力考核,可通过课程设计、教学实习和生产实习考核办法进行成绩评定。②期末考试课程的试题,由教研室命题,经教务科批准,由教务科准备试卷,统一组织考试;监考教师要认真负责,对不遵守考试纪律已构成事实者,以不及格论处,情节严重者给予相应的纪律处分。③教师评阅试卷要按预先拟定的评分标准打分,做到公平合理,有错必改,考试成绩以100分制记入学员成绩册;对考试不及格只给一次补考机会,因故不能参加考试者,必须预先经过班主任同意、教务科批准,给予补考机会;无故不参加考试者,按不及格论,情节严重的给予必要的处分。④学员操行的评定,一学期一次,由班主任征求有关教师和同学的意见,依据平时考核资料汇总,由班主任写出鉴定,经学生科审核后发给学员。

2)学员管理制度

(1)学籍管理。根据教育部(79)教专字004号文《关于试行“中等专业学校学生学籍管理的暂行规定”的通知》精神,结合学校具体情况作如下规定:①入学和注册。学员必须持录取通知书和规定的证件,按规定日期到校办理入学手续;特殊情况不能按时报到者,须有单位证明,事先向学校申请获准,但不得超过开学后两周,否则按自动退学处理,无故逾期不报到者取消入学资格;学员入学三个月内发现有不符合规定条件者,经调查属实,退回原单位;每学期开学时,学员必须按规定日期注册,因故不能按时注册必须请假,否则按旷课处理。②补考、退学、毕业与肄业。学员在期末考试、考查中,有3门课以内(含3门课)不及格者,准予在下一学期开课前补考一次,补考后仍有3门课不及格,跟班学习有困难,劝其退学;学期考试、考查或各学期累计不及格课程在4门以上者,不予补考,劝其退学;学期、学年连续进行教学的课程,若同一课程各学期考试连续不及格,则累计计算不及格课程门数;学完教学计划规定的全部课程(包括实习和毕业设计),经考试或考查及格,准予毕业,发给相应专业的中专毕业证书;各学期考试、考查课程累计3门以内(含3门)不及格者,准予补考一次,补考及格后发给毕业证书,补考不及格者发给肄业证书,持肄业证书的学员可在一年内申请补考,及格后补发毕业证书。

(2)学员守则。学员在学校学习期间,要明确学习目的,提高思想觉悟,把自己锻炼成为合格中专毕业生。①热爱社会主义祖国,拥护中国共产党的领导,努力学习马列主义、毛泽东思想、邓小平理论和党的路线、方针、政策,关心国家大事。②热爱测绘事业,刻苦钻研,培养自学能力,努力提高文化科学知识水平,学好专业测绘的基本理论、基本技术和基本技能。③自觉遵守国家法规和学校的规章制度,注重品德修养,维护社会公德。④服从领导,尊敬师长,团结同学,互助友爱。⑤热爱劳动,关心集体,爱护国家财产。⑥坚持体育锻炼,积极参加社会公益活动和校园文体活动。⑦发扬艰苦朴素精神,作风正派,勇于开展批评与自我批评,敢于向不良现象作斗争。⑧注意公共和个人卫生,积极参加精神文明建设活动。

(3)教室规则。①学员必须自觉遵守课堂纪律,不得迟到、早退,保持课堂肃静。②上课注意听讲,积极思考,做好笔记;教室内及实习实验中严禁吸烟。③按时上自习课,认真复习和预习功课,积极完成当天作业;上课、自习时间一律不接电话、不会客。④保持教室、实验室的清洁卫生,爱护公物和设备,无故损坏公物和设备者,要按价赔偿。⑤建立教室值日制度,负责打扫卫生、关好门窗及关闭电灯等。

(4)考勤与请假制度。①学员上课、自习、实习实验及各种集体活动均实行考勤,因故不能参加者必须请假;未经请假或超过假期者,均以旷课论;对旷课学员除扣发相应的工资外,还要给予批评教育,情节严重的将给予必要的纪律处分;一学期累计旷课达两周者,给予记过处分,情节严重者,令其退学。②班长填写考勤报告表,记录学员出缺席情况;任课教师上课时填写教学日记,记录学员出缺席情况;每月底由班主任教师进行学员出缺席统计,向全班公布,将统计结果报校部备案。③旷早自习按一节课计算,旷晚自习按两小节课计算,旷 8 节课按一天计算。④学员病事假待遇:根据龙测(75)18 号文精神,病假按《中华人民共和国劳动保险条例》第十三条规定执行;事假按龙测(75)43 号文执行;婚丧假在 3 个工作日内的,工资照发。

此外,还建立了宿舍管理制度、卫生管理制度,以及班主任值周制度。由班主任轮流值周,代表学校指导、检查和监督各项制度的执行,组织各项检查评比活动,公布评比结果,提出改进意见;组织当周全校性的集体活动,记录值周日志,总结值周工作,做好交接班工作。

3)学员奖励条例(试行)

第一条,根据教育部关于中等专业学校暂行工作条例的规定,为表彰先进、鼓励进步,对德、智、体诸方面有优秀表现的学员给予奖励,特制定本条例。

第二条,奖励分“先进班级”、“三好学员标兵”、“三好学员”和“优秀学员干部”。

(1)思想政治活动、学习成绩、遵守纪律、文体卫生等方面有突出成绩的班级,经评选授予“先进班级”称号。

(2)德、智、体诸方面有突出表现的学员,经评选授予“三好学员标兵”称号。

(3)德、智、体诸方面有优秀表现的学员,经评选授予“三好学员”称号。

(4)学习成绩优良,在担任社会工作中,积极主动,成绩突出的学员干部授予“优秀学员干部”称号。

第三条,对先进集体和先进个人的表彰,坚持以精神鼓励为主,物质奖励为辅的原则;发给奖状和适当的奖品或奖金。

第四条,先进集体、先进个人的评选办法:

(1)“先进班级”在各班学年工作总结的基础上,由教务科、学生科会同有关部门进行联评推荐,经学校批准。

(2)“三好学员标兵”由班级评选推荐,班主任同意并上报其德、智、体诸方面的详细突出材料,经学生科审查,学校批准。

(3)“三好学员”、“优秀学员干部”由班级评选,班主任同意后报学生科审查,学校批准。

第五条,凡被学校批准的“三好学员标兵”、“三好学员”和“优秀学员干部”的有关资料,装入本人档案。

4)学员处分条例(试行)①

第一条,根据教育部关于中等专业学校暂行条例和中专学籍管理制度暂行规定的要求,制定本条例。

第二条,为维护社会公德、学校纪律,保持良好的教学秩序,对违反学员守则及校内规章制度,情节严重或比较严重者,给予一定的处分,以达到“惩前毖后,治病救人”的目的。

① 对有的条文原稿略有改动。

第三条，处分分校内批评和纪律处分（包括警告、记过、留校察看、开除学籍）两类。

第四条，凡犯有下列行为之一者，经学生科批准，给予校内通报批评。

(1)一学期旷课累计超过6天者。

(2)违反学员守则，考试作弊，不听劝阻者。

(3)违反学员守则，影响校内学习、生活秩序，或有不当行为，不听劝阻者。

(4)违反学员守则，无端顶撞老师，辱骂他人，不听劝阻者。

(5)违反学员守则，损坏公共财物者。

(6)违反学员守则，影响公共卫生情节严重者。

(7)犯打架错误情节较轻，认识态度较好者。

第五条，有下列行为之一者，经校务会议讨论通过，视所犯错误的性质和严重程度给予记过或留校察看处分。

(1)一学期旷课累计超过12天者。

(2)犯有第四条所列的(2)～(7)项之一的错误，情节严重，有较大影响者。

(3)受到通报批评后仍无悔改表现者。

第六条，犯有下列行为之一者，经校务会议讨论通过给予开除学籍处分。

(1)一学期旷课超过12天，经教育仍无悔改表现者。

(2)违反学校纪律和规章制度，经教育后无悔改表现者。

(3)受留校察看处分，经教育一年内仍无悔改表现者。

第七条，受纪律处分的学员（开除学籍者除外）有显著进步表现，经本人申请，班主任同意，经校务会议讨论通过，可以撤销处分；撤销处分后，其有关材料可以从学员档案中撤出，存入学校文书档案中，并作以必要的说明。

3. 制订专业教学计划

根据黑龙江测绘局和其他省测绘局生产第一线岗位对中等技术人员的要求，决定首期招收航空摄影测量外业（航测外业）、航空摄影测量内业（航测内业）和地图制图3个专业的学员。考虑到应招学员都有3～5年的实践经验，为加快人才培养确定为中专二年制。1988年以后设置的工程测量、航空摄影测量和地图制图3个专业，学制为三年。

1)二年制中专航测内业、航测外业和地图制专业教学计划简介

(1)培养目标。本校培养为社会主义建设事业服务，德、智、体诸方面全面发展，适应测绘技术现代化作业需要的航空摄影测量内业、航空摄影测量外业和地图制图专业的中等技术人才。

(2)毕业学员的基本要求。①热爱社会主义祖国，拥护中国共产党领导，认真学习马列主义毛泽东思想，树立辩证唯物主义和历史唯物主义观点，自觉遵守纪律，维护社会主义法制，全心全意为人民服务。②掌握本专业所需的文化基础知识，掌握本专业基础理论、基本技术和基本技能，具有初步分析解决实际问题的能力，了解本专业生产技术管理知识，在生产中能逐步发挥骨干作用。③身体健康，能适应野外测绘生产工作需要。

(3)教学环节、课程设置与教学过程。3个专业中专二年制教学计划的教学环节周数如表1.117所示，共计104个教学周。各专业的课程设置及其教学进程如表1.118所示。课程设置，考虑了以下几点：①在初中毕业文化程度基础上，基础课以高中文化课为主要内容，增设了测绘各专业所需的高等数学、光学和电工电子等基础课程；体育课，考虑到青年工人锻炼身体的特点，

由体育教师组织课外体育活动为主；3个专业的基础课相同，共1 166学时，分别占各专业总学时的51.4%、51.9%和52.3%，体现出重视基础课教育的理念。②为学好专业课作好知识准备，以及学员毕业后发展的需要设置了必要的专业基础课，其分别占总学时的25.7%、27.2%和19.4%。③设置形成专业能力的主要专业课，本着少而精的原则，保证重点课的教学时数，达到专业培养目标的要求；专业课的学时分别占总学时的22.9%、20.9%和28.3%。④第一学年有1周的集中实习，第二学期有5周的集中实习；尽量安排生产实习，以培养学员完成生产任务的作业能力。此外，在专业基础课和专业课的教学时数内还安排一定学时的课堂实习与实验，对于有一定实践经验的测绘青年工人来说，在二年制的中专教育中这样安排是适当的。

表1.117　航测外业、航测内业、地图制图专业教学环节周数统计　　1982年

学年	入学教育	课堂教学	考试	实习	机动	假期	总周数	说明
一	1	41	2	1	3	4	52	
二		37	2	5	2	6	52	
合计	1	78	4	6	5	10	104	

表1.118　航测外业、航测内业、地图制图专业课程设置与教学进程

学制：中专二年　　1982年

序号	课程名称	航测外业					航测内业					地图制图					说明
		学期	Ⅰ	Ⅱ	Ⅲ	Ⅳ	学期	Ⅰ	Ⅱ	Ⅲ	Ⅳ	学期	Ⅰ	Ⅱ	Ⅲ	Ⅳ	
		周数/学时	21	20	19	18	周数/学时	21	20	19	18	周数/学时	21	20	19	18	
	一、基础课	1 166					1 166					1 166					
1	政治	156	2	2	2	2	156	2	2	2	2	156	2	2	2	2	
2	语文	164	4	4			164	4	4			164	4	4			
3	外语	156	2	2	2	2	156	2	2	2	2	156	2	2	2	2	
4	数学	168	8				168	8				168	8				
5	高等数学	274		8	6		274		8	6		274		8	6		
6	光学	84	4				84	4				84	4				
7	电工与电子学基础	164	4	4			164	4	4			164	4	4			
8	体育																体育活动
	二、专业基础课	582					612					432					
9	地形绘图	166	6	2			166	6	2								
10	自然地理											126	6				
11	普通测量	196		6	4		118		4	2		118		4	2		
12	地貌学						72				4	116		2	4		
13	测量平差	148			4	4	148			4	4						
14	电算知识	72				4	108				6	72				4	
	三、专业课	520					470					630					
15	航测外业	114			6		38			2							
16	航测内业	150		2	2	4	396		5	8	8	148			4	4	
17	物理测距	72				4											
18	控制测量	148			4	4											
19	地图投影											72				4	
20	地图编制											302		4	6	6	
21	地图制印											72				4	
22	业务组织计划	36				2	36				2	36				2	
	课程门数	16	7	8	8	8	15	7	8	7	7	16	7	8	7	8	
	周学时数		30	30	30	26		30	31	28	28		30	30	28	28	
	总学时数	2 268					2 248					2 228					

2)中专二年制教学计划在实施中的调整

1981年年底招生，1982年1月开学的航测外业、航测内业和地图制图3个专业，上课后发现绝大多数学员虽然有初中毕业文凭，但不具备初中毕业生的文化程度，必须补上初

中的文化知识才能按拟定的教学计划实施中专教育。经学校提出，局领导批准，将3个专业的学制由二年改为三年。增加的学习时间，主要补上初中各门文化课；适当调整原3个专业教学计划中的授课时数，增加了6周的集中实习，加强动手能力培养，保证3个专业毕业学员达到中专毕业应具备的技术水平。1985年招收的第二期3个专业的学员128人，1988年招收第三期3个专业的学员118人，都是按调整后的3个专业三年制教学计划进行教学工作的。

3)航测内业课程教学大纲简介

通过航测内业课程教学大纲的内容介绍，可以看出测绘职工中专教育设课和课程内容选择上的一些特点，及其对保证教学质量的作用。教学计划时数396，考试4、讲课262、课堂实习120、机动10。

第一章　绪论　(学时2，讲课2，实习0)

航空摄影测量学的任务和发展；航空摄影测量成图过程。

第二章　摄影与晒印　(学时42，讲课24，实习18)

摄影的一般工作过程；摄影机和航空摄影；感光材料；滤光片及安全灯光；摄影原理；航空像片；透光缩小和反光缩小。

第三章　航空像片的几何特性　(学时24，讲课12，实习12)

中心投影及其特征；航空像片上的特征点、特征线和特征面；航空像片的内方位元素及外方位元素；像点和地面相应点的坐标关系；航空像片的比例尺；像点位移和方向偏差。

第四章　航摄像片纠正与像片平面图的编制　(学时38，讲课30，实习8)

纠正的概念；光学机械纠正；SEG-1型纠正仪及其检校；对点纠正；HJ-24纠正仪；E4纠正仪简介；像片平面图的制作。

第五章　立体摄影测量的基本理论　(学时32，讲课26，实习6)

立体像对和立体模型；航摄像对的相对定向元素和绝对定向元素；立体测图的坐标关系式；上下视差、左右视差和高差公式；像对外方位元素对左右视差的影响；相对定向元素与上下视差的关系；模型变形；各种物理因素及地球表面弯曲对像点点位的影响。

第六章　立体量测仪测图　(学时52，讲课30，实习22)

概述；立体量测仪的基本构造；立体量测仪校正机件的构造和作用原理；立体量测仪的鉴定；像片定向原理；立体量测仪作业。

第七章　分带投影转绘　(学时12，讲课8，实习4)

分带投影转绘原理；单摄影器构造和检校；分带摄影转绘的作业过程；变换光纠正原理在分带转绘中的应用和离心问题。

第八章　多倍投影测图仪　(学时64，讲课42，实习22)

多倍投影测图仪的基本思想；多倍投影测图仪的构造及其检校；在多倍仪上进行立体观察和量测的方法；相对定向；模型连接和绝对定向；碎部测图。

第九章　精密立体测图仪测图　(学时54，讲课32，实习22)

概述；B8S测图仪构造及其检校；主距架和线性缩放仪的变换；B8S测图仪的作业过程；TA电子绘图桌(不讲)；Topocart地形测图仪的构造及其检校；Topocart地形测图仪的作业过程；A-10精密立体测图仪简介。

第十章　在全能仪器上作空中三角测量(补充教材)　(学时8，讲课8，实习0)

概述；在全能仪上作空中三角测量的条件和过程；准备工作；作业。

第十一章　解析法空中三角测量　（学时 38，讲课 32，实习 6）

像点坐标系统改正；单航带法的基本原理；航带法区域网；独立模型法区域网；解析空中三角测量的精度问题。

第十二章　电算加密的生产作业　（学时 8，讲课 8，实习 0）

基础知识；选刺点；坐标仪和像片量测；数据准备和上机操作。

第十三章　航空摄影测量新技术介绍　（学时 8，讲课 8，实习 0）

航测内业专业原中专二年制的教学计划中，总学时为 2 248，其中基础课 1 166 学时、专业基础课 612 学时、3 门专业课 470 学时。主专业课航测内业安排 396 学时，集中大量学时以便达到航测内业专业技术水平必需的理论知识与作业能力。航测内业课程教学大纲的内容、讲课学时和实习课学时的安排，有利于达到这个培养目标，体现了该教学大纲的以下特点：

(1)教学内容密切结合黑龙江测绘局、吉林省测绘局、辽宁省测绘局等单位航空摄影测量生产部门仪器设备的装备水平和生产作业的实际要求，使学员学到的理论知识与掌握的作业能力与各生产部门的实际需要一致，教学的针对性强，这一点是普通中专航空摄影测量专业很难做到的。

(2)教学内容包括了各测绘局正在作业中使用的常规航空摄影测量仪器和当时各种先进的精密立体测图仪，以及以计算机为工具的现代航空摄影测量理论和操作技术，体现了航测内业教学既结合生产实际又具有先进性。

(3)大纲中安排 396 学时的课堂教学中，理论教学 262 学时，主讲教师都是 20 世纪五六十年代航空摄影测量专业本科毕业的工程师和高级工程师，在教学中理论联系实际，结合学员水平进行启发式教学，讲课质量有保证；安排 120 学时的实习，可以利用专业队的设备，在专业工程师和熟练技术人员指导下，学员动手操作仪器进行作业，实习质量与效果有可靠保证。这些优越的条件是普通中专学校航空摄影测量专业很难做到的。理论教学占教学时数的 66.2%，实习占 30.3%，即实习占教学时数的 1/3 左右，这对于有 3～5 年测绘生产实践经验的青年工人来说，既强调了理论教学的重要性，又注意了专业实践能力的培养。

4)工程测量、航空摄影测量、地图制图各专业三年制教学计划的课程设置框架

学校根据各测绘局对中等技术人员的需要，于 1984 年 9 月，开办一期天文大地测量专业。1988 年以后，主要招收工程测量、航空摄影测量和地图制图 3 个专业的学员，学制三年。参考南京地质学校和哈尔滨冶金测量学校测绘专业的教学计划，结合职工中专教育的特点，拟定出上述 3 个专业教学计划的课程设置框架如表 1.119 所示。这套教学计划的课程设置框架适用具有初中毕业文化程度、有 3 年左右实践经验的测绘青年工人学员。各专业设基础课、专业基础课和专业课 17～19 门，总学时在 2 500 左右；设集中实习 600 学时，相当于 20 个教学周。在重视理论教学的同时，把动手能力培养仍放在重要位置，基本达到了普通测绘中专的教育水平。1990 年后，按测绘科学技术进步和新技术推广需要，增加了数字化测绘技术、GPS 定位技术和地理信息系统和遥感技术课程，使教学内容与生产实际密切结合，达到学以致用的目的。

表 1.119　工程测量、航空摄影测量、地图制图专业课程设置框架

学制：中专三年　1987 年

工程测量专业			航空摄影测量专业			地图制图专业		
序号	课程名称	课时数	序号	课程名称	课时数	序号	课程名称	课时数
	一、基础课	861		一、基础课	861		一、基础课	861
1	马克思主义基础	84	1	马克思主义基础	84	1	马克思主义基础	84
2	人生与道德	42	2	人生与道德	42	2	人生与道德	42
3	语文	147	3	语文	147	3	语文	147
4	体育	126	4	体育	126	4	体育	126
5	英语	126	5	英语	126	5	英语	126
6	数学	252	6	数学	252	6	数学	252
7	物理	84	7	物理	84	7	物理	84
	二、专业基础课	903		二、专业基础课	924		二、专业基础课	777
8	地形绘图	189	8	地形绘图	126	8	地形绘图	231
9	电工电子学	168	9	电工电子学	168	9	制印化学	126
10	BASIC 语言程序设计	126	10	BASIC 语言程序设计	126	10	BASIC 语言程序设计	126
11	工程数学	210	11	工程数学	210	11	球面三角学	42
12	测量平差	126	12	测量平差	126	12	摄影测量	84
13	摄影测量	84	13	普通测量	84	13	普通测量	84
			14	地貌学	84	14	地貌学	84
	三、专业课	756		三、专业课	735		三、专业课	756
14	地形测量	252	15	摄影与空中摄影	105	15	地图整饰	84
15	工程测量	252	16	航空摄影测量学	336	16	地图制印	126
16	像片调绘与测图	126	17	解析空中三角测量	84	17	地图编制	378
17	控制测量	126	18	航测外业	126	18	地图投影	84
			19	遥感基础	84	19	遥感与机助制图	84
	教学总课时数	2 520		教学总课时数	2 520		教学总课时数	2 394
	毕业实习、毕业设计	600		毕业实习、毕业设计	600		毕业实习、毕业设计	600
	总课时数	3 120		总课时数	3 120		总课时数	2 994

5）教材的选择

文化基础课教材，主要选择职工中专统编教材，不足部分如高等数学、工程数学等由教师自编教材；航测外业、航测内业和地图制图的专业教材，选用解放军测绘学院中专部的相应各专业的教材。新设的工程测量、航空摄影测量专业，选用解放军测绘学院中专部、南京地质学校测绘科和哈尔滨冶金测量专科学校的出版教材，不足部分由学校教师编写。

4. 建设正规化的职工中等专业学校

测绘局党委决心"一定要办好测绘职工中等专业学校"。在筹建学校的过程中，为学校提供 1800 多平方米的办学用房。要求局属各部门、各测绘院，为学校提供必要的教学测绘仪器和装备，提供必要的实习实验条件和办学经费，保证教学正常运行；配备了学校的各级干部，特别重视师资队伍建设，为学校正规化办学创造了基本条件。局党委要求学校干部教师按《中共中央、国务院有关加强职工教育工作的决定》办好测绘职工中等专业学校。学校按局党委批示精神，贯彻党的教育方针，把《中共中央、国务院关于加强职工教育工作的决定》中提出"职工教育要尽量逐步做到正规化，做到任务明确、要求具体、制度严格、进度合理、成效显著"的要求落到实处。从学校成立时起，党政领导和教职工就把坚定正确的政治方向放在学校一切工作的首位，以教学为中心，以保证教学质量为重点，组织学校教学和管理工作。学校领导深入管理科室、教研室和学员班级，在教学组织与管理、加强教研室工作、加强师资队伍建设、抓好理论教学与实践教学、做好学员思想政治工作等方面狠下工夫。

1）强化教学组织与管理

学校党政领导以身作则，要求政工科、教务科、学生科和行政科负责人和全校教职工，都要

树立以教学为中心、以保证教学质量为重点的办学理念。严格执行"哈尔滨测绘职工中等专业学校暂行规章制度"，把其中的教学管理、学员管理、学员奖励条例和学员处分条例落到实处。教务科要与教研室密切配合，认真执行各专业的教学计划、课程教学大纲，检查课堂教学与实践教学质量，组织好学员学习成绩的考核，组织好评教评学活动，了解学员在学习中遇到的困难和存在的问题，根据教学的实际情况调整教学计划、课程教学大纲和教材，有效地保证新办学校逐步提高教学质量。学生科与教务科及班主任教师配合，认真搞好学员思想教育和学员管理工作，严格执行各项管理制度，引导学员积极上进，端正学习态度，参加"创三好"活动，表彰优秀学员，对有一些缺点和错误的学员进行正面引导，使学员集中精力主动自觉地搞好学习。要求教师对学员全面负责，教书育人，培养出合格的中专毕业学员。

2)重视师资队伍建设

测绘局党委始终重视学校的师资队伍建设。1981 年筹建校时，选调 20 世纪五六十年代大地测量、航空摄影测量、地图制图等专业大学本科毕业的资深工程技术人员 9 人到学校任教，成为专业教师的骨干力量；从黑龙江大学、哈尔滨医科大学和铁路工程学校聘请教学经验丰富的 9 位基础课教师到校任教，形成了专兼职相结合的师资队伍。1982 年、1985 年，先后两次从来局工作的武汉测绘科技大学、黑龙江大学、哈尔滨师范大学、哈尔滨体育学院等高校的本科毕业生中，选调测绘各专业，以及数学、中文、英语、哲学、物理和体育等专业的 13 名青年教师到学校任教，在全校 32 名教职工中，已有老中青本科毕业的 23 名专职教师，其中有 10 名左右的工程师，是一支学历、学识和技术水平较高的中专专职教师队伍。

由于是从技术岗位选调的和大学新毕业的教师，教学理论水平和教学经验都有待提高，学校鼓励教师进行教学法研究与实验，开展观摩教学；组织青年专业教师在老教师带领下参加测绘生产实践，提高专业技术水平和指导专业生产实习的能力。鼓励教师特别是青年教师，在完成教学任务的前提下，开展教学和专业技术科研活动，以及编写教材。先后编写出的教材与专著和发表的科研成果论文如表 1.120、表 1.121 所示，其中经济数学教材是由 1982 年与 1984 年大学毕业的青年教师撰写的，供文史经类职工中专教学使用。这些教材和论文多数是由 1982 年以来大学毕业的青年教师撰写的。

表 1.120　教材与专著统计

序号	作者	教材与专著名称	应用情况
1	周光楹	测绘光学基础	多所院校使用教材
2	王莉莉	地图编制	测绘系统使用教材
3	沈安生，张立芳	经济数学(上、下册)	哈尔滨市职业中专文史经类教材
4	杨锡琴	测绘技术干部岗位知识能力手册	国家测绘局测绘经济与管理研究所采用

表 1.121　教学与专业科研成果论文统计

序号	作者	研究成果论文名称	发表刊物或会议
1	栾丽杰	关于三角高程定数方法的设想	黑龙江测绘
2	林　海	利用矢量差积方法实现图形要素的基本操作	黑龙江测绘
3	沈安生，周光楹	测绘成人教育改革应注意的一个方面——加强非智力因素的培养	测绘行业教育发展战略研讨会论文
4	沈安生，郑志坤	提高教学质量 保证人才培养	黑龙江成人教育
5	林　海	通过教学改革 促进学校整体改革	黑龙江测绘
6	郑志坤	谈测绘职工中专的专业设置与学校发展	中国测绘
7	田永军	浅谈《测量学》教学中学员动手能力的培养	黑龙江测绘
8	宫秋艳	上好体育课的点滴体会	黑龙江成人教育
9	陈　实，于庆国	浅谈地籍测量管理	黑龙江测绘
10	陈　实	测绘规划应用	黑龙江测绘
11	王英群	从黑龙江局的实际看强化职工教育的必要性	测绘报社《测绘内参》
12	张延波	"MAM-1"自动定量衡量器	92'全国科技成果展交会上获银奖

学校重视提高教师的学历与学识水平，据1988－1991年不完全统计，有1人攻读硕士学位，有11人接受过一年至一年半的进修学习，有6人接受过半年以下的学习和专项培养，涉及的专业和学科有测绘各专业、英语、德育、计算机，以及学校管理、教育学理论和师资短期培训等。

学校重视教师的思想政治工作，组织教师学习党中央、国务院有关职工教育工作的文件，提高从事职工中专教育的责任感；要求教师加强对学员全面负责，尽到教师教书育人的职责，把培养合格中专毕业学员作为自己努力的目标。局党委关怀和重视教师的进步和成长，通过学校党总支的培养和个人的努力，有6名教师加入了中国共产党。

1988年成立了以主管局长为主任，有局科教处、学校校长和资深教师参加的测绘职工中专学校教师中级职务评审委员会。按职称评审规定，将一批具有讲师、工程师任职资格的中青年教师晋升为讲师或工程师。一部分具有工程师职称的教师，通过局职称评审晋升为高级职称。到20世纪90年代初，学校已建成由高级职称、大部分中级职称和少量初级职称组成的教师队伍，成为建设正规化职工中等专业学校的基本力量，也为学校开办测绘专科教育做好了师资准备。

3)加强教研室建设

教研室是执行教学计划、课程教学大纲、实践教学大纲和编制学期授课计划的基层单位，组织教师完成课堂教学、课堂实习、教学实习、生产实习和毕业设计等教学任务；组织教师学习政治理论、教育学理论和进行教学法研究；组织教师观摩教学，开展评教评学活动；组织教师编写有关的教材和开展科研及技术开发活动。搞好教研室工作的关键，是选择学识、技术和教学水平较高，有高度责任感，善于团结同志的教师担任教研室的负责人。学校的主要负责人深入教研室与教师共同研究搞好教研室工作的办法和措施，定期对教研室工作进行检查和指导，改进教研室的工作，其核心是不断提高教学质量，在哈尔滨市教委组织的职工中专学校教学质量评估中取得了较好成绩。

4)认真搞好实践性教学

学校重视基础课的实验室建设，物理实验室、电工电子实验室的设备保证了实验教学的需要。便携式和台式计算机的数量保证教学和测绘生产的需要。常规和精密经纬仪、水准仪，测图用的平板仪，满足教学和测绘生产的需要。数字化测绘仪器、GPS接收机，专用的航测仪器与地图制图专业用的制印设备，利用有关测绘院的设备进行实习和生产实习作业，仪器设备的齐全和指导教师技术水平较高，是测绘局开办测绘职工中专教育的优势。

学校重视在测绘工程实践中培养学员的整体工程组织工作概念、独立作业能力、观测成果质量控制能力和测绘成果的检查验收能力等。因此，从第一期学员开始就组织学员进行毕业生产实习。1984年下半年在教师指导下学员完成了松嫩测区1∶1万立测法测图8幅、综合法测图8幅的国家测绘任务，成果达到良好的标准。通过生产实习使学员受到生产技术、思想作风和独立工作能力等全面的锻炼，达到了中专毕业学员的综合技术能力要求，保证了第一期学员的质量，受到各学员原单位的好评。从1990年到1995年，学校组织的测绘生产实习任务统计如表1.122所示，可以看出工程测量专业、航空摄影测量专业学员在教师指导下，为各地区用常规方法、数字化测绘和航空摄影测量等技术手段，完成了多项地形测量、地籍测量生产任务。通过生产实习既培养了学员的操作技术，又锻炼了青年专业教师组织和指导生产实习的能力。

表 1.122 生产实习完成测绘生产任务示例

年份	测绘生产任务	成果质量评价
1990	哈尔滨市香坊区 1∶500 地籍测量 1 km^2	优质成果
1991	克山县 13 个乡镇 1∶1 000 地籍测量 6 km^2	优质成果
1992	完成大庆地区 1∶5 万航测更新测图 4 幅	良级标准
	吉林省珲春市解析法 1∶500 航测地籍图 4 km^2	优质成果
1993	完成北京市通县地区 1∶500 公路带状图 25 km	优质成果
	吉林省安图县明月镇 1∶500 地籍测量 6 km^2	优质成果
1995	长春市全数字化 1∶500 地籍测量 3.67 km^2	优质成果
	吉林省安图县二道白河镇全数字化 1∶500 地籍测量 12 km^2	优质成果

实践教学设备方面尚有不足的是，缺少电化教学设备和语言教学设备，在现代化教学手段方面有待改进。

5)加强学员的思想政治工作

测绘职工中专学校的学员在职带薪学习，大多数学员珍惜接受正规的中专教育机会，努力学好本领，成为一名测绘专业的技术人员；也有一些学员就是为拿到中专文凭而来的，学习不够努力；还有些学员存在一定的自由散漫作风，不习惯于学校学习纪律约束，有的学员不遵守纪律，不文明行为时有发生。为了做好学员的思想政治工作采取以下主要措施：

(1)建立思想政治工作体系。在党总支领导下，建立由学生科、团委、班主任和任课教师齐抓共管的学员思想政治工作体系。学生科主管全面工作，班主任会同任课教师关心学员的学习、工作和生活，鼓励学员政治上进步，积极参加“创三好”活动，体现对学员全面负责、教书育人的教育理念。

(2)进行学习目的教育。在入学教育和经常性的思想教育活动中，学校领导宣讲党中央、国务院决定，强调职工教育的重大意义，测绘局开办中专教育，就是适应测绘科学技术现代化和测绘生产发展的需要，把青年工人逐步培养成合格的中等技术人才，促进测绘科技事业的发展，满足国家经济建设和国防建设的需要。请测绘局的老干部、学有成就的工程技术人员，介绍测绘战线艰苦奋斗、钻研技术，取得成就的先进事迹。引导学员树立为测绘事业发展而努力学习、迅速成才的信心。绝大多数学员端正了学习目的，较快地步入学校的学习生活轨道。

(3)加强纪律和法制教育。针对学员思想行为方面的问题，学校坚持正面教育原则，进行纪律和法制教育，同时按学校的有关纪律规定和奖惩办法，保持学校的正常教学秩序。对犯有错误的学员进行耐心的说服教育，启发他们进行自我批评主动检查错误，根据他们对错误的认识程度和错误性质给予适当处分。执行纪律做到有理、有利、有节，收到了良好效果。

(4)开展“学雷锋，创三好”和精神文明建设活动。在学员中进行学习目的、遵纪守法教育的同时，大力宣传开展“学雷锋，创三好”和精神文明建设活动。把三好学员标准具体分解成36 项，定出量化和定性标准，便于学员参考标准做出自己努力争取的行动规划。定出学校和班级精神文明建设的行动规划，动员全校教职工和学员共同努力建设正规化的文明中等专业学校。在 1984 年第一期毕业的 115 名学员中，有 3 名学员被评为“三好学员标兵”，12 名学员被评为“三好学员”，一名被评为“优秀学员干部”。在 1990 年毕业的第三期 118 名学员中，有 6 名学员被评为“三好学员标兵”，20 名学员被评为“三好学员”，6 名被评为“优秀学员干部”。在精神文明建设活动中，由于全校教职工和学员的共同努力，1986 年学校被黑龙江测绘局评为精神文明建设先进单位；1988 年又被评为局精神文明建设标兵单位，对形成学校良好的校风和学风，起着积极的推动作用。

(5)教师对学员全面负责。许多教师在教学活动中对学员全面负责,涌现出一些教书育人的先进教师。中年讲师黎元淑担任航测外业专业班的班主任(学生科科长),关心全班40多名学员,起早贪黑与学员打成一片,把业余时间都倾注在班级工作上。学员有病她做病号饭送到学员床前;有思想问题,她跟学员谈心,热情帮助;为了帮助学员克服缺点,她主动进行家访取得家长的全力配合;她配合班干部组织全班学员参加各种公益活动,增强集体主义思想和劳动观点。学员都说"黎老师是我们的好班主任"。由于她在思想政治工作和精神文明建设活动中的突出成绩,于1982年被评为省直机关"五讲四美"活动积极分子。

6)学校通过哈尔滨市教委的联合检查评估

从1982年第一期航测外业、航测内业和地图制图3个专业115名学员入学开课,到1990年设置了大地测量、工程测量和航空摄影测量等共6个专业,招收了黑龙江测绘局(主要生源单位)、吉林省测绘局、辽宁省测绘局等单位的490名学员。学校的党政及中层管理机构组织健全,各项管理规章制度齐全,各专业的教学计划和课程教学大纲适合培养目标要求,理论教学与实践教学质量不断提高,重视学员思想政治工作,师资队伍建设成绩显著。

1990年10月,省市教委召开职工中专教学水平评估检查工作会议,学校被列为哈尔滨市评估检查的五所试点学校之一。局领导重视,成立了以校长为组长的自检评估小组,学校积极认真、实事求是地做好自我检查评估,按学校领导班子建设、教学管理、师资队伍建设、理论教学与实践教学质量、学员思想政治工作、后勤管理、办学基础条件建设等近百项自检量化项目进行自检打分评估。1990年12月,市教委组织的联合检查组对学校的自检评估材料进行现场核实检查,通过了学校的自检量化评估(最后得分:89.3216),被评为职工中专优秀办学学校。

5. 开办测绘专科教育

1988年,国家教委发布了《关于促进成人高等教育联合办学的意见》;考虑到学校已具备一定的办学基础,特别是教师的教学、科研、生产的综合水平已大为提高,具有高工、高讲和讲师职称的教师较多,有能力承担测绘专科教育的主要基础课、专业基础课和专业课的教学任务。经局领导同意,学校与近邻黑龙江省建筑职工大学(专科层次教育)达成联合开办测量工程专业专科教育的意向。1990年,经测绘局向省教委呈报联合开办测量工程专业专科教育的申请,很快得到省教委的批准和支持。同年10月,做好了测量工程专业专科教学计划、21门课程的教学大纲,选好了有关的教材,准备了教室和有关的教学设备,配备了各门课程的教师。1991年,通过成人高等教育统一考试,招收第一批28名测量工程专业专科学员,以联合办学方式开始了测绘专科教育。从1991年开始,学校每年根据生源情况,既轮换招收工程测量、航空摄影测量和地图制图专业的中专学员,又招收测量工程专业的专科学员,直到1997年的招生情况如表1.123所示。1995年在校的中专与专科学员达到最

表1.123　中专与专科招生人数及在校生数统计

时间	招生人数		在校人数	说　明
	中专	专科		
1982	115		115	
1983			115	未招学员
1984	30		145	
1985	128		159	
1986			159	未招学员
1987	42		171	
1988	118		160	
1989	57		217	
1990			175	未招学员
1991	53	28	138	
1992	40	17	138	
1993	28	18	184	
1994	114	53	270	
1995	40	49	302	
1996	38	14	272	
1997	35	17	229	
合计	838	196		

高值 302 人。

1990 年，黑龙江测绘局将武汉测绘科技大学东北地区函授站转到学校管理，校长兼任函授站站长，设专职人员管理函授本科和专科的教学和学员管理工作。为学校培养的中专毕业和专科毕业学员，创造了通过函授教育提高学历的机会。

1995 年，局党组任命沈安生为校长兼武汉测绘科技大学东北函授站站长，任命杨锡琴为党总支书记；之后又相继任命林海为副校长、王英群为总支副书记，并调整了中层科室的负责人，一批中青年教师走上了学校党政和科室的领导岗位。

“九五”期间，各测绘局大力推广数字化测绘技术、全球定位系统、地理信息系统和遥感技术，以及在此基础上的“4D”产品。需要提高测绘技术人员的计算机应用技术水平，经测绘局同意，在省教委支持下，学校与北京空军指挥学院协商，于 1998 年，联合开办“计算机应用”大专函授班，具有中专和高中毕业学历的技术人员 72 人报名参加学习，2000 年经考试毕业，为测绘局培养了一批适应测绘新技术推广需要的有专科水平的计算机应用人才。

6. 测绘职工中专与专科教育的主要成绩和经验

1997 年，黑龙江测绘局在调查各有关测绘局职工中专与专科教育生源状况的基础上，考虑国家测绘局有关职工教育的改革与转向的决策，局党委决定，1997 年招收最后一批职工中专和专科学员，到 2000 年中专和专科在校学员全部毕业后，学校停办。

哈尔滨测绘职工中等专业学校 20 年发展和建设的历程，为黑龙江测绘局、吉林省测绘局、辽宁省测绘局和其他测绘部门，从在职的青年工人中通过成人教育考试招收学员，培养出大批测绘各专业的中专与专科毕业学员，为提高在职职工学历和技术水平，促进测绘科技进步和测绘事业发展，作出了很大的贡献。

1)测绘职工中专与专科教育的主要成绩

(1)培养了大批职工中专与专科学历的测绘技术人才。从 1982 年 1 月开学到 2000 年在校学员全部毕业，共培养航测外业、航测内业、地图制图、大地测量、工程测量和航空摄影测量等 6 个专业的中专毕业学员 838 人，测量工程专业专科毕业学员 196 人，计算机应用专业函授专科毕业学员 72 人，总共培养 1 106 名中专与专科测绘技术人才。此外，还承担武汉测绘科技大学东北地区本科和专科函授站的教学组织和学员管理任务。

(2)建成优秀的正规化职工中等专业学校。在测绘局党委领导下，经全校教职员工 10 年的共同努力，贯彻《中共中央、国务院关于加强职工教育工作的决定》，以教学为中心，以保证教学质量为重点，加强学校内涵建设，到 1990 年被哈尔滨市职工教育主管部门评估为优秀办学学校，实现了学校正规化建设的目标。在此基础上，以联合办学形式，先后开办了测量工程专业专科教育和计算机应用专业专科函授教育，发挥了学校办学潜力。

(3)建成“双师型”教师队伍。黑龙江测绘局党委不仅选调高学历、高技术水平的工程技术干部到学校任教，而且多次从到测绘局工作的 20 世纪 80 年代初各高校毕业的大学生中选派多人到学校任教，形成高学历、老中青相结合的教师群体。在老教师的带领下，经过 20 年的教学、科研和专业生产锻炼，到 1995 年，中青年教师中有高级工程师 9 人、高级讲师 7 人、讲师与工程师 15 人在学校任教，形成以中青年教师为主体的“双师型”教师队伍。局党委重视从德才兼备的中青年教师中选拔干部，先后有 3 名中青年教师担任校级领导职务，有 10 位中青年教师担任学校中层科室的负责人。学校停办后，所有的教职工都按各自的专长和工作能力，安排到局的新岗位工作。

(4)为各测绘局培养一批中高级技术和管理人才。学校培养的1 100余名中专和专科毕业学员,回到原单位在各自的岗位上努力工作发挥积极作用,绝大多数毕业学员成为岗位上的骨干力量。许多人经过继续教育和工作实践的锻炼逐步成长为基层单位的技术骨干和领导干部。据2002年的调查,有50余人担任各测绘局或测绘院的科级职务,20多人担任各测绘局的正副处级职务或测绘院的正副院长,有几位毕业学员担任局长助理或副局长的职务,为改变黑龙江测绘局、吉林省测绘局和辽宁省测绘局的在职职工学历结构、专业技术职称结构,以及提高职工思想与技术综合素质等方面作出了应有的贡献。

2)测绘职工中专与专科教育的主要经验

(1)局党委的重视和支持是办好测绘职工中专和专科教育的保证。局党委决心自力更生开办测绘职工中等专业学校,派主管局长和得力干部筹建学校;选调老中青技术人员组成以大学本科学历为主体的教师队伍;调配学校办学用房、教学仪器设备、建立实验室,以及号召局属各测绘院为学校教学实习和生产实习创造条件;选任得力的学校党政领导干部,组建教学管理和行政管理机构;在经费困难的情况下,为学校筹划办学经费。局党委要求学校贯彻党的教育方针,按党中央、国务院有关加强职工教育工作的决定精神办学,以高度的责任感为建设正规化的测绘职工中专学校而努力。局党委要求学校一定要搞好教职工的思想政治工作,发挥教师在学校教育中的主导作用,对学员全面负责,教书育人。要求学校结合青年工人学员的特点,培养合格的中专毕业学员,把学校建设成正规化的职工中等专业学校。

(2)加强学校内涵建设,走正规化建校之路。积20年办学经验,必须树立加强学校内涵建设的办学观念,走正规化学校建设之路。①师资队伍建设是学校基础办学条件建设,要建设一支具有本科学历、老中青相结合、以中青年教师为主体的教师群体;重视基础课教师的配备,在教学、科研和专业生产实践中,提高学识和教学水平,逐步形成高、中、初级职称搭配合理的“双师型”教师队伍。②要制定好与测绘各专业生产实际相结合,具有科学性、针对性、应用性和一定的先进性的教学计划和课程教学大纲,以及专业实习大纲,形成基本的教学文件;在教学实践中,根据测绘科技进步、学员具体情况进行适当调整和改进,达到培养目标的要求。③在搞好课堂教学的基础上,一定要重视实践教学的组织和实施,在专业生产实习的实践中培养学员的动手能力,对有一定实践经验的青年工人学员要培养出技术水平更高的中等技术人员。④建立起完善的教学管理和学籍管理制度,使教学过程的各个环节都有章可循,按章办事,强化制度管理,保证正常的教学秩序,保证教学质量。⑤学校党政领导以身作则,一丝不苟地抓教学、抓管理、抓师资队伍建设、抓学员德育教育,把以教学为中心的指导思想变为带动全校教职工进行学校正规化建设的实际行动;深入教师与学员,了解和掌握教学动态,改革教学内容和方法,促进教学质量的提高;用职工中专学校评估标准检查学校的工作,找出差距,提出改进措施,为学校的正规化建设而努力。

(3)把学员的思想政治教育放在首位。职工中专学校的学员是在职职工,带薪学习,思想状况有其特殊性,要把学员的思想政治教育放在首位。①进行学习目的教育,提高学员对党中央、国务院关于加强职工教育,对青年工人进行学历教育重要意义的认识,提高从事测绘事业、为发展我国测绘科学技术和为国民经济建设服务的责任感。②通过政治课教学、时事政策宣讲,进行爱国主义、社会主义、集体主义,以及民主与法制教育;树立遵守公共道德和测绘工作职业道德观念;成长为勤奋学习、不怕困难、努力钻研、有远大理想的青年。③加强学校各项组织纪律和学员学籍教育,让学员明确应该做什么,不应该做什么,保持正常的教学秩序;坚持对学员正面引导管理，对不遵守纪律的不良行为，在说服教育的基础上要执行有关的纪律和制度。④开展学雷锋创“三好学员”活动，以优秀学员的事迹带动全体学员刻苦学习、努力成才；开展精神文明建设活动，形成良好学风和校风。⑤思想政治工作的基本力量是教师，教师对学员必须做到全面负责、以身作则、教书育人，形成良好的育人环境。

1.7.3 陕西测绘局的测绘职工培训与职工中专教育①

陕西测绘局1975－1986年期间，先后招收上山下乡知识青年和复员军人近千名青年工人，进入测绘职工队伍。为适应测绘生产的需要，测绘局决定，由各测绘大队负责分期分批地进行岗前三个月的培训。培训的主要内容有：政治思想教育，树立测绘事业心；组织纪律和测绘职业道德教育；按所在测绘大队的专业性质，进行专业基础知识和基本操作技术训练。

1. 成立陕西测绘技工学校

经国家测绘局和陕西省政府批准，于1978年7月成立了陕西测绘技工学校，校址设在测绘局院内。当年设航空摄影测量专业，招收一个班学员；1979年增设大地测量和地图制印两个专业。学员由社会技工学校统一招生考试，从生源地陕西、新疆、宁夏、甘肃、四川、黑龙江等省入学，毕业后回生源省测绘局工作。

建校初期有教职员工9人，其中教师6人；教职员工逐年增加，到1982年达52人，专业教师与专业结构的比例比较合理，基础课语文、物理、体育等课程教师聘请外校教师担任。

学校的培养目标：测绘技工学校培养有社会主义觉悟的，德、智、体全面发展的测绘技术工人。开设的课程分基础课和专业课。基础课有：政治、语文、数学、物理、体育5门；专业课有：地形绘图、地形测量、控制测量、航空摄影测量、大地测量和地图制印等，按3个专业的不同，选设其中的有关课程。学员在校学习为三年。学校重视实践教学，除在课堂教学时间内安排实习外，各专业还安排3个月的集中生产实习，使学员达到能熟练掌握本专业技术操作的要求。毕业学员有较强的理论联系实际动手能力，分配到生产单位很快成为本专业的生产骨干力量。

学校1983年7月停止招生。从1978年学校成立到1983年共招收学员321人，其中为国家地震局、黄河水利委员会、山西省地质局测绘队等单位代培学员22人。此外，还为11个省、区测绘局举办了一年制的测绘技工培训班，有163名学员结业。

2. 开展青年工人的“双补”教育

国家测绘局指示，从1979年起，每年抽出10％的青年工人进行脱产培训。1981年2月，公布了《中共中央、国务院关于加强职工教育工作的决定》，陕西测绘局决定，成立局和各测绘大队的职工教育委员会，组织领导青工文化补课和专业技术补课（简称“双补”教育）。全局选调专职教师40人、兼职教师102人、管理干部31人，每年拨经费20万至24万元。文化补课，要求全体青工参加，集中编班，业余上课，补完后统一考试，达到初中毕业合格为止。专业技术补课，每年按青工总数的10％进行补课，自愿报名，组织推荐，表现优秀者优先；脱产学习一年，集中分专业编班，以理论课为主，辅以实习，经考试达到初级技术人员应知应会标准者，发给结业证书。

---

① 根据《陕西省测绘志》417～418页，“西安测绘职工中等专业学校”材料编辑成文。

专业技术补课,各专业补课班的划分及其课程设置如下:

大地测量外业:政治,语文,数学,物理,地形图识图,普通测量,水准测量,测量平差基础,天文测量,重力测量和物理测距。

航空摄影测量外业:政治,数学,地形绘图和航空摄影测量外业。

航空摄影测量内业:政治,语文,数学,物理和航空摄影测量内业。

地图制印:地貌学,普通测量,航测内业基础知识,地图编制,地图整饰和地图制印。

测绘仪器制造:机械制图,机械数学,金属材料与切削基础,机械基础,机床夹具设计,机械制造工艺和测绘仪器。

全局的青工"双补"教育于1984年年底提前一年结束。文化补课考试合格者1 020人,占应补课人数的91.6%;专业技术补课考试合格者912人,占应补课人数的84.4%。在"双补"教育中,全局评选出先进集体9个、优秀教师29人、优秀学员64人;陕西测绘局、陕西省第一测绘大队、西安地图出版社被评为陕西省职工教育先进单位,吕翰均、高俊、罗朝玺分别被评为陕西省职工教育优秀教师、优秀学员和先进工作者。

3. 成立西安测绘职工中等专业学校

在《中共中央、国务院关于加强职工教育工作的决定》精神指导下,陕西测绘局决定进行职工中等专业教育。经国家测绘局和陕西省高等教育局批准,于1983年7月,在陕西测绘技工学校的基础上建立西安测绘职工中等专业学校。面向国家测绘局系统的各省、区测绘局在职青年职工招生,适当招收石油、地震、地质矿产、水利电力、城市建设等部门测绘单位的在职青年职工。培养有社会主义觉悟,德、智、体全面发展的,具有测绘专业理论知识和实际操作技能的中等技术人才。毕业后回到原部门和单位工作。

学校开设天文大地测量、航空摄影测量、地图制图专业,1987年又增设了工程测量和地籍测量专业。由成人高考统一招生,学制三年。1989年时,学校有教职工67人,其中专职教师30人,任课教师(含兼职教师)中具有高级职称的占38.2%、中级职称的占26.5%、初级职称的占35.3%;大多数教师是测绘专业大学本科学历,来自各测绘生产和研究单位,有较高的理论水平和丰富的实践经验。1983－1989年,共招收各专业学员423人。1989年春,举办一届测绘中专"专业证书"班;又与西安矿业学院联合开办测绘专科"专业证书"班,有48名学员,学期一年。1989年在校学员达195人。

学校开设的课程分为基础课、专业基础课和专业课。基础课有:政治,语文,数学,物理,英语,体育等。专业基础课有:地形图绘制,工程制图,BASIC语言,摄影与航空摄影,制印化学,土地经济学,土地法规等。专业课有:地形测量,测量平差,控制测量,工程测量,地籍测量,大地测量,天文测量,重力测量,航空摄影测量,解析空中三角测量,调绘与制图,遥感技术,地图编制,地图整饰,地图投影,地图制印等。基础课为各专业公共必修课;专业基础课和专业课,视专业的不同选择有关的课程。根据测绘局各专业的技术要求和培养目标,制定出各专业的教学计划,以及各门课程的教学大纲。各专业开设的课程一般不少于16门,总学时为2 700左右,还安排了3个月的集中生产实习时间。

学校组织专业学识水平高、实践经验丰富和有一定教学水平的教师,根据教学计划和课程教学大纲的要求,编写出14种教材和讲义:初等数学,地形绘图,地形测量,水准测量,测量平差与概算,天文测量,重力测量,算法语言基础,航测外业,航测内业,摄影化学,解析测图与正射投影技术,地图投影,制印化学等。在国家测绘局主持下,学校还主编了《航空摄影测量(外业)》、《调绘与制图》两本出版教材,在测绘系统内部发行。

在测绘局支持下,学校有各种测绘仪器130余台件:Wild T_4 万能经纬仪,T_3、T_2、T_1、蔡司010、KDM-2等类型各种精度的经纬仪33台;Ni004、HA_{-1}、Ni007、NA_{-2} 等精密水准仪和普通水准仪39台;重力仪4台,平板仪14台,500 m和5 000 m红外测距仪各1台;航测内业仪器有坐标展点仪、PSK-1坐标量测仪各1台,18 cm×18 cm和23 cm×23 cm像幅坐标量测仪3台,多倍仪和投影转绘仪各6台,地形立体量测仪14台。电子计算机室有IBM型机1台、苹果-Ⅱ型机4台、PC-1500型机5台。

学校以教学为中心,坚持理论教学与实践相结合的教学原则。在理论教学中有实习课,训练学员测绘仪器操作能力;集中3个月的生产实习,提高学员的综合实践作业能力。在各届毕业学员的生产实习中,完成了国家标准《1∶50万比例尺地形图图式》样图绘制、延安姚店测区7 km² 的控制测量和1∶1 000地形测图、甘肃省皋兰县黄河小峡区水电站坝址地形测图、贵州水城1∶1 000平板仪测图等测量任务。在教师指导下,学员按国家有关测量规范的规定在作业中进行质量控制,教师严把质量关,所测绘的成果都达到了质量标准要求。

学校鼓励教师开展科研和新技术开发活动。1985－1986年,学校承担了国家测绘局下达的"地图投影软件包"课题,由张家立、吴新夏、殷书成、白贵霞四位教师完成。1987年4月通过专家鉴定认为,研究成果具有投影项目比较齐全、分层清楚、程序结构逻辑判断正确、软件适应性强、计算操作简便等优点,达到国内先进水平。此外,学校教师在测绘学术会议和测绘刊物上发表学术论文11篇。

学校培养的中专各专业毕业学员回到原省、区测绘局和其他测绘单位工作。1983－1989年期间毕业的282名学员在全国各省、区分布的状况如表1.124所示。学校不仅为陕西测绘局培养测绘各专业的中等技术人员,而且为全国各省、区测绘局和其他测绘单位培养了测绘中等技术人员。测绘职工中专教育的服务面很大,这是西安测绘职工中等专业学校办学的一大特点,成为以西北地区为主的测绘职工教育中心。

表1.124 1983—1989年毕业学员分布统计

省、区名	人数	省、区名	人数	省、区名	人数	省、区名	人数	说明
陕西	93	湖南	13	湖北	6	河北	2	总计282人
新疆	25	贵州	11	福建	5	山东	2	
甘肃	19	内蒙古	10	江西	5	山西	2	
云南	18	安徽	10	江苏	5			
青海	16	四川	9	宁夏	5			
吉林	13	浙江	9	辽宁	4			

1.7.4 四川测绘局的测绘职工中专教育①

四川测绘局为培训青年工人掌握测绘专业基本技术,于1978年9月,在绵阳成立了四川省测绘技术工人学校。为从在职青年工人中培养测绘中等技术人员,经国家测绘局和四川省高教局批准,测绘局决定在原技工学校基础上,成立成都测绘职工中等专业学校,属于四川测绘局建制。1986年学校迁往成都龙泉驿,建有2 300 m² 多的教学楼及其他配套设施。

成都测绘职工中等专业学校的招生和教学工作,接受四川省教育委员会和四川省招生办

① 根据《四川省测绘志》.成都:成都地图出版社,1997,360页:"成都测绘职工中等专业学校"材料编辑成文。

公室的领导和监督。学校有教职工27人，其中高级工程师2人、工程师5人、讲师3人。学校先设航测内业、航测外业和大地测量3个专业，学制二年；之后又设工程测量、航空摄影测量和地图制图3个专业，学制三年。学校面向西南地区各省区测绘局招生。学校有精密立体测图仪，各种精度的经纬仪、水准仪等测绘仪器43台（件）。根据各测绘局生产实际需要和中等专业教育应达到的知识水平，编制各专业的教学计划。三年制中专的课程分公共基础课、专业基础课和专业课3类。公共基础课有：政治，语文，英语，数学，物理和体育等课程。专业基础课有：电子技术基础，BASIC语言，地形绘图，地貌学，测量平差，摄影与空中摄影等课程。专业课有：地形测量，控制测量，工程测量，航空摄影测量，解析空中三角测量，地图制图，地图编制，地图投影，制印化学和测绘企业管理等课程。按专业的质量不同，在教学计划中开设上述有关的专业基础课和专业课。在课程的理论教学中，针对青年工人学员的特点，进行启发式教学，贯彻少而精的原则，保证教学质量。除安排课堂实习进行各专业的仪器操作实习和基本作业方法的实习外，还集中时间安排测绘生产实习，提高学员专业技术的综合作业能力，培养出合格的测绘专业中专毕业学员。

学校是全国正规的测绘职工教育基地之一，是西南地区的测绘职工教育中心。从1983年到1989年，已毕业航测内业、航测外业和大地测量专业二年制中专学员3个班93人；招收工程测量、航空摄影测量和地图制图3个专业6个班186名学员，已毕业47人。与此同时，承担了四川省第三测绘大队等单位137名青年职工的文化课和专业技术知识的补课和培训任务。1988年，为四川测绘局举办了英语提高班。1989年，为龙泉驿区劳动服务公司举办两期就业培训班，培训待业青年126人。

1.7.5　各省、区测绘局的测绘职工培训与职工中专和专科教育[①]

1. 广东省国土厅的测绘职工培训与国土测绘职工中专教育[②]

1979年3月，广东省测绘局开办测绘技术培训班，由局科教处负责，有教师4人。第一期培训班学制为一年，学员43人，1980年1月毕业。设数学、地形测量、航空摄影测量、地貌学和制图学等课程。1980年3月至1981年7月，招第二期学员42人（包括湖北测绘局的18人），学期一年半。1981年9月至1983年1月，招第三批学员37人，学制一年半，在原有课程基础上增加了工程测量学。

经广东省人民政府办公厅批准，于1983年3月成立了广东省测绘职工中等专业学校。首任校长韦国城，有教师10人，设工程测量、航空摄影测量、地图制图3个专业，学制分二年制和三年制。设课分基础课、专业基础课和专业课3类。基础课有：政治，语文，英语，数学，物理，化学和体育。专业基础课有：算法语言，地形绘图，地貌学，测量平差。专业课有：地形测量，控制测量，工程测量，航空摄影测量，地图制图与测绘企业管理等课程。根据测绘局各专业的业务需要和学员具体情况，在保证毕业学员质量条件下制定3个专业的教学计划，以及各门课程的教学大纲，选设有关专业的专业基础课和专业课。除理论教学内设课堂实习外，集中时间安排各专业的生产实习，使毕业学员在理论知识与专业作业能力达到中等技术人员的水平。

---

① 根据20世纪八九十年代各省、区《测绘志》中的有关材料编辑成文。

② 广东省测绘局于1985年6月改为广东省国土厅。

1983 年 9 月，第一届招收学员 54 人，学制为二年；其中，工程测量专业 29 人，航空摄影测量专业 13 人，地图制图专业 12 人，1985 年 7 月毕业。1984 年 9 月，第二届招收工程测量专业学员 53 人，三年制，1987 年 7 月毕业。1985 年 9 月，第三届招收学员 59 人，其中工程测量专业 27 人、航空摄影测量专业 17 人和制图专业 15 人，学制三年，1988 年 7 月毕业。

1985 年 6 月，省测绘局改为省国土厅，其测绘管理职能未变，将国土规划、土地管理等方面的测绘业务纳入了统一的测绘管理之中，使测绘管理增加了新的内涵和任务。1987 年 9 月，经主管部门批准，学校更名为广东省国土与测绘职工中等专业学校；同年 9 月，增设土地管理专业。此外，学校办过两期地图制图培训班（学习 3 个月），培训学员 74 人；办两期测绘中级技术培训班（学习 5 个月），培训学员 84 人；办一期国土培训班（学习 3 个月），培训学员 29 人。

1983—1988 年，培养出各专业测绘与国土技术培训学员 225 人，测绘中级技术培训学员 74 人，各专业中专毕业学员 166 人，总计 465 人。

2. 广西壮族自治区测绘局的测绘职工中专教育

经自治区教育厅批准，广西壮族自治区测绘局在局内测绘工人培训班（学习一年）的基础上改建成广西测绘局职工中专班，设工程测量与航空摄影测量两个专业，学制三年。1985 年 7 月，经自治区人民政府批准，成立广西壮族自治区测绘职工中等专业学校。学校归自治区测绘局领导，基本建设投资、师资、办学经费均由自治区测绘局自行解决。要求按国家中等专业教育的规定进行教学，学制三年。从各测绘单位具有初中文化程度的青年职工中招收学员；学习期满，考试合格，发给中专毕业证书，国家承认其学历，享受中专毕业生待遇，回原单位工作。

1984 年 8 月，招收航空摄影测量专业学员 44 人，工程测量专业学员 42 人；1985 年 8 月，增设地图制图专业，招收学员 32 人。学校不是每年招全部专业的新学员，而是根据实际需要交替招收学员。自治区编制委员会批准学校教职工定编 33 人，办学规模 200 人。学校按中专教学要求和测绘局对各专业中等技术人员的综合技术要求，编制各专业教学计划。课程分公共基础课、专业基础课和专业课 3 类。公共基础课有：政治，语文，英语，数学，物理，化学，体育等。专业基础课有：电子技术基础，BASIC 语言，地形绘图，地貌学，测量平差，摄影与空中摄影等。专业课有：地形测量，航空摄影测量，解析空中三角测量，地籍测量与土地管理，工程测量，地图编制，地图投影，地图制印等。航空摄影测量与地图制图专业教学计划的总学时数为 2 520 学时，工程测量专业总学时数为 2 598 学时。

1985 年，学校有教职工 12 人，教师与技术人员 9 人，行政人员 3 人，教师中有高级工程师 3 人、工程师 3 人、助理工程师 1 人、技术员 1 人。配备测绘仪器和教学设备 200 多台（件），价值 25 万余元。主要仪器有：经纬仪 17 台，水准仪 13 台，大平板仪 12 台，小平板仪 9 台，红外测距仪 1 台，微型电子计算机 15 台。校内设 4 间实验室，供基础课和专业基础课开展实验使用；在校外有 2 个野外测量实习场地，可供控制测量、地形测量、地籍测量、航测外业和工程测量实习使用。航测内业、地图制图的内业实习，由航测内业队、地图制印队给予安排和指导，满足了实验和实习的教学需要。

3. 湖北省测绘局的测绘职工中专教育

湖北省测绘局于 1979 年成立湖北省测绘训练班（位于武昌鲁巷街民院路），1981 年改为湖北省测绘局测绘专业学校。1984 年，经湖北省人民政府批准，在该学校的基础上成立湖北省测绘职工中等专业学校。1985 年教职员工 19 人，其中有工程师 7 人、助理工程师 3 人、其他工作人员9人。除文化基础课外，设测绘专业课有：地形绘图，地形测量，测量平差，控制测量，工程测量，航空摄影测量，地图制印等课程。学制三年，到1985年共开设22个班，培养了测绘中专毕业学员816人。

4. 河南省测绘局的测绘职工中专教育

河南省测绘局重视测绘职工中等专业教育，1982年，经河南省政府批准成立河南省测绘职工中等专业学校。该校是河南省最早一批职工中等专业学校之一。担负全省测绘行业职工继续教育和职业技能鉴定培训及机关事业单位技术工人等级培训等任务。

学校有教职工20多人，其中有博士研究生1人、高级讲师3人、讲师7人、助教5人。先后设工程测量、地籍测量、房产测量、地图制印、土地管理、数字化测图、计算机应用等专业，学制三年。建校以来，共培养11届中专毕业生600余人；各类测绘技术工人岗前培训和岗位等级鉴定培训5 100余人。为河南省测绘局和全省测绘单位的测绘职工培训教育和测绘职工中等专业教育作出很大贡献。

5. 山西省测绘局的华北测绘职工大学专科教育①

1978年前后，山西省、河北省、内蒙古自治区等测绘局生产一线，缺少具有测绘专业专科水平的技术人员，组织测绘生产和管理工作。当时，尚没有正规院校测绘专业大专毕业生到测绘局工作。需要测绘局自力更生，挖掘技术人员潜力，创造办学条件，从青年职工中选拔学员培养专科水平的技术人员。

1978年，由山西省测绘局牵头，与河北省测绘局、内蒙古自治区测绘局合作，联合筹办“七二一”测绘职工大学，培养大专水平的测绘各专业技术人才。办学师资、管理干部、教学条件等事项由各测绘局协商解决，学校设在太原市。学校拟设航空摄影测量、地图制图和工程测量3个专业。从各测绘局招收具有高中毕业文化程度及同等学历的在职青年职工，统一考试入学，专科学制三年，毕业后回原工作单位，享受大专毕业生待遇。首批招收航空摄影测量专业专科学员67人，于1979年2月开学；1980年、1982年相继招收地图制图与工程测量专业专科学员入学开课。

1980年10月，学校经山西省人民政府批准，并将校名改为华北测绘职工大学；教育部于1982年6月批准备案，学校成为国家承认独立建制的测绘职工高等学校。1982年3月，学校由山西省测绘局主办。

学校贯彻1981年2月公布的《中共中央、国务院关于加强职工教育工作的决定》精神，做到对职工教育工作提出的组织健全、任务明确、要求具体、制度严格、进度合理、成绩显著等要求，办好测绘职工专科教育。1982年学校有教职工9人，到1989年教职工达48人，其中教师28人，有副教授4人、讲师8人、助教14人、教员2人；先后聘请武汉测绘科技大学、太原工业大学及山西省测绘局的教师和工程技术人员14人为兼职教师，满足了测绘各专业和相关专业专科各门课程的教学需要，保证了专科教育的教学质量。

根据20世纪80年代初测绘科技发展水平和各测绘局生产技术岗位对专科技术人才的理论与技术水平的要求，编制航空摄影测量、地图制图和工程测量等专业的教学计划。在教学实践中不断总结经验，改革课程设置和教学内容。1984年以后，参照武汉测绘科技大学专科教

① 根据山西省测绘志《测绘教育》有关材料编辑成文。

育相同专业的教学计划，结合测绘局实际技术水平和发展趋势，编制新的教学计划进行教学，使专科各专业教学计划具有针对性、实用性和一定的先进性，提高了教学质量。基础课教学，采用中央广播电视大学专科教育基础课教学科目和教材，收看电大讲课，学校组织辅导，参加电大统一考试，取得基础课的学习成绩。各专业的专业基础课和专业课，采用武汉测绘科技大学相应课程的教材，由学校组织理论教学和实践教学，组织期中、期末和毕业考试。为加强实践动手能力培养，除安排课堂实习与实验外，安排10周的专业生产实习和10周的毕业设计。各门课程考试及格，生产实习成绩合格，毕业设计通过，才能毕业获得相应的专科毕业证书。学校制定学生管理、教学管理、行政管理和学员思想政治工作等规章制度，保证正常教学秩序，创造良好的教学与学习环境，保证专科教育质量。

学校设有物理电工、化学、测量和摄影测量等实验室，设有专门的微机房，各测绘院的作业队是各专业的实习实验基地。设有闭路电视系统和电教设备，保证教学的需要；有藏书2万余册的图书馆，订阅了200余种期刊杂志，供学员学习和阅览，满足学员课外阅读社科、文学、艺术和科技书刊的需要。

随着学校办学经验的不断丰富，挖掘学校的办学潜力，适应培养测绘管理人才及有关单位对建筑学、城市规划人才的需求，从1983年开始分别招收测绘经济管理、建筑学和城市规划3个专科新专业学员。到1985年已发展有6个专科专业的成人高校。随着测绘科学技术的发展，测绘新理论、新技术在各测绘局生产作业中推广使用，学校的课程设置与教学内容进行了相应的改革。1987年前后，在工程测量专业增设了土地管理与地籍测量、GPS定位技术，在地图制图专业增设了计算机制图等课程，扩展了测绘作业范围和提高了新技术教学水平。

华北测绘职工大学从1979年开学到1989年，有10年的专科办学经验。招收学员的生源遍及华北、东北、西北和西南12个省市自治区测绘局，以及煤炭、地质勘探、水利、水电等测绘部门。共培养6个专业442名专科毕业学员，其各专业毕业学员年度分布状况如表1.125所示。这些毕业学员回到原工作单位，逐渐成为各单位的技术与管理工作的骨干，许多人成为本单位的党政和技术管理的负责干部。

表1.125　华北测绘职工大学历年毕业人数统计

专业＼人数＼毕业年份	1982	1983	1984	1985	1986	1987	1988	1989	1990	合计	说明
航空摄影测量	67			37		35		25		164	1979开始招生
地图制图		31				30				61	1980开始招生
工程测量				35			41			76	1982开始招生
测绘管理					35		31			66	1983开始招生
建筑学						20				20	1984开始招生
城市规划							35	20		55	1985开始招生
合计	67	31		72	35	85	107	45		442	

对缓解当时缺少大学专科科技人员的困难起了很大作用，为各测绘局和有关测绘部门培养了一批技术与管理干部，取得了省级测绘局开办测绘职工专科教育的显著成绩和宝贵经验。

6. 河北省测绘局的测绘职工中专与专科教育

20世纪70年代后期，山西省测绘局、河北省测绘局和内蒙古自治区测绘局联合开办专科层次的华北测绘职工大学。河北省测绘局先后有两批学员41人入校学习，毕业后回到原单位工作，成长为省测绘局各基层单位的技术骨干。

省测绘局为从青年工人中培养测绘中等技术人员，经省教育厅批准，于1984年12月成立了河北省测绘职工中等专业学校。学校从全省测绘、城建、水电、地质、煤炭、石油和冶金等部门，从事测绘工作两年以上的在职青年职工中实行专业对口招生，学制三年。当年开设了航空摄影测量专业，第一批学员49人。主要专业课有：地形绘图，测量学，摄影与空中摄影，航空摄影测量，解析空中三角测量等课程。1986年增设了地图制图专业，1987年、1988年又增设了两期工程测量专业班。为全省各测绘单位培养了一批测绘中等技术人员。

省测绘局急需培养测绘外业技术工人，经省劳动人事厅批准，于1988年9月在省测绘职工中专学校举办测绘技术工人培训班，招收应届高中毕业生26人，学期一年。主要专业课有：地形绘图，测量学，误差理论与测量平差，航测外业等课程。毕业后分配到省测绘局外业队工作。

7. 山东省测绘局的测绘职工培训与职工中专教育

山东省测绘局重建后，从生产建设兵团、下乡知青、留城学生中招收青年工人300余人，需要进行思想教育和专业技术培训后上岗。培训班每期4个月，专业教育以地形测量为主。由省测绘局、驻鲁测绘部队、山东农学院的技术人员和教师任教，结业后编入省测绘局各测绘队工作，许多人经过继续教育和实践锻炼，成长为技术骨干和大队、中队负责人。

1980年，山东省测绘局受华东地区7省(市)测绘局(处)(江苏、山东、安徽、浙江、江西、福建和上海市)和国家测绘局的委托，举办华东地区测绘技术培训班，学制一年。招收各测绘局有两年以上测绘专业实践经验的青年工人学员，经考试入学，分航测内业、航测外业、地图制图专业。专业课的设置和教学内容，参考相应专业的测绘中专水平设置。学习期满考试合格，发给结业证书，承认其达到中专水平。山东省测绘局负责航测内业(办3期)、航测外业(办1期)的培训，1984年1月停办。共培训学员170人，其中山东测绘局学员40人。结业后学员回原单位工作，很快成长为各单位的技术骨干。

1989年，经山东省教育厅批准，省测绘局与山东农业大学联合开办工程测量“专业证书”班，共培养工程测量中专“专业证书”班结业学员55人。

8. 江苏省测绘局的测绘职工培训与职工中专教育

江苏省测绘局建立于1975年6月。建局后青年职工迅速增加，为提高青年职工的文化水平和专业技术素质，参与筹划华东地区6省1市测绘局(处)联办测绘职工技术培训班。先后在山东、浙江、安徽等省测绘局开办航测内业、航测外业和地图制图专业一年制的培训班。教学计划与开设课程及教学内容，与相应专业的中专教育相近。学习期满经考试合格，发给结业证书，承认其达到中专水平。省测绘局先后选送75名在职青年工人学员参加学习，收到显著效果。

省测绘局为培养各专业的中等技术人员，先后委托南京地质学校测绘专业、郑州测绘学校代培大地测量、地形测量、航空摄影测量、地图制图、地图制印等专业的中等技术人员。派出130名青年职工接受正规的中等专业教育，获得中专毕业资格。对提高省测绘局在职青年职工的技术水平起到重要作用，他们都逐步成长为各专业的骨干力量。

9. 辽宁省测绘局的测绘职工培训与职工中专教育

辽宁省测绘局成立后，在全国职工教育工作会议精神推动下，按中央文件精神和国家测绘局的要求，全面开展职工教育工作。要求局属各测绘单位，按中央要求对青年工人进行文化补课和专业技术补课的“双补”教育。1982－1985年，全局应参加文化补课的青工320人，补课合格的266人，占83.1%；应参加专业技术补课的青工344人，补课合格的253人，占73.5%。

提高了青年工人的文化和专业技术水平,促进了测绘生产的发展。

省测绘局重视从青年工人中培养中等技术人员。利用国家测绘局、黑龙江与陕西测绘局的中专教育资源,以代培方式培养所需的测绘各专业中等技术人员。1982—1985 年代培的中等专业学员数量、专业和代培学校如表 1.126 所示。

表 1.126 1982—1985 年委托培养中专技术人员统计

年度	培养总数	各专业培养人数					委托学校
		航测外业	航测内业	地图制图	大地测量	工程测量	
1982	14	4	5	5			哈尔滨测绘职工中专
1984	4			4			西安测绘职工中专
1984	6				6		哈尔滨测绘职工中专
1984	2			2			郑州测绘学校
1985	14				14		哈尔滨测绘职工中专
1985	1					1	武汉测绘科技大学
总计	41	4	5	11	20	1	

省测绘局鼓励青年职工通过多种教育形式提高学历水平和专业技术水平。1982—1985 年间,脱产培训(一年以上)学员 75 人,测绘职工中专毕业学员 41 人,函授大学本科(专科)学员 5 人,电大学员(专科)6 人,职大学员(专科)7 人,夜大学员(专科)1 人,脱产进大学进修 1 人和武汉测绘科技大学函授 11 人,总计有 147 人在不同的学校接受中专、专科和本科教育。对已具有大学本科、专科和中专学历的学员,给他们创造条件参加阜新矿业学院、东北工学院、沈阳建筑工程学院等高校开办测绘新技术培训班学习机会,以及聘请上述高校的专家教授到测绘局办专题讲座等学术活动,更新测绘理论知识和接受测绘新技术,对提高技术人员的科研水平与新技术推广和应用起到很好的促进作用。

1.7.6 各业务部门勘测单位的测绘职工培训与职工中专教育

1979 年 4 月,国务院对国民经济进行整顿,恢复工农业生产,国民经济明显好转。作为经济建设先行的中央和地方业务部门所属的勘测单位,缺少大量的勘测技术人员,特别是生产第一线岗位急需的初级、中级测绘技术人员。地质、冶金、煤炭、水利电力、交通、铁道、城市和工程建设等部门,都挖掘本部门各单位的办学潜力开展职工技术培训。特别是 1981 年 2 月,《中共中央、国务院关于加强职工教育工作的决定》公布以后,各部门由一般测绘技术培训转向测绘职工中等专业教育。普通中等专业学校和高等学校的测绘专业,在测绘职工培训和职工中专教育工作中起着很大作用。各业务部门勘测单位开办测绘职工中专教育的较多,仅就其中的一些学校予以介绍①。

冶金部山东地质技工学校 经冶金部批准,山东省冶金地质勘探公司于 1979 年 7 月建立该校。学校设测量、地质、钻探等专业,测量教研组有专业教师 7 人。学员来自冶金部地质局各省勘探公司的在职职工、待业知识青年,设技工班、中专班,学制二、三年。开设相当于高中的基础课,测绘专业课有地形绘图、地形测量、测量平差、控制测量、勘探工程测量、航空摄影测量和遥感技术等。采用南京地质学校测绘专业的有关教材和武汉测绘学院的《测量学》、《测量平差基础》等教材。1980 年开始招生,已毕业的技工和中专学员 200 人,回原单位工作或由主管部门分配工作。

① 主要由各省《测绘志》中收集的资料,经编辑成文。

冶金部中南冶金地勘探公司技工学校、职工中等专业学校　经冶金部批准于1979年建校，两个校牌，一套领导班子和组织机构。学校设测量专业中专班，1985年有教师8人，其中工程师3人、助工1人、技术员4人。生源来自中南各省冶金地质勘探公司的在职职工。测量专业中专共培养5期学员，毕业183人。

冶金部保定冶金职工勘察学院　1980年，经冶金部批准，在原冶金勘察“七二一”大学（专科层次）的基础上建院（专科层次）。设测绘、工程地质、水文地质和钻探4个专业。从全国各冶金勘察研究院招收各专业的在职职工，学制三年。1982年、1988年招收两届工程测量专科学员，毕业学员40人，回各原单位工作。

广州市城建职工中等专业学校　1973年建校，设测量教研组，有教师4人，开办测量专业班，到1979年共办5期，学制二年，从在职职工中招收学员。设文化基础课；专业课主要有：地形绘图，地形测量，测量平差，控制测量，工程测量和航测基础知识；安排野外测量生产实习，培养学员动手能力。共毕业测量专业学员119人。1979年停止招生，学校于1984年由广州市城建职工大学接收。

广东省地矿局测绘大队“七二一”大学（中专层次）　该校建于1976年8月，设测量专业班，有专业教师7人。1976年8月测量专业班招收学员25人，学制二年。设文化基础课；主要专业课有：地形制图，地形测量，测量平差，控制测量，地质工程测量等课程。1978年8月测量专业学员毕业。

上海市城市规划局中等专业班　1985年办测绘专业班，招收应届高中毕业生，学制二年，每两年招一次新生，共办5期，测绘专业中专毕业生148人。教学计划、课程教学大纲、课堂教学与实习实验，都由上海市测绘研究院组织实施。毕业生大部分到上海市测绘研究院工作，少数到城建系统测绘单位工作。

铁道部第二勘测设计院职工中等专业学校　1983年经省、部教育局批准建校。设铁路、航空摄影勘察、地质、桥隧等专业，招收在职职工，学制三年。上述4个专业都开测量课程。铁路专业的专业课除开设铁路选线、设计和铁路工程课外，主要是相当于工程测量专业的课程；航空摄影勘察专业主要是航空摄影测量的专业课和与铁路选线有关的专业课。1980—1987年，上述4个专业共培养192名中专毕业学员。

北京市189中学“城市测绘职工高中班”　1987年，北京市测绘研究设计院利用职业高中的办学资源，与北京市189中学协作开办三年制的城市测绘职业高中班（相当中专学历）。教学计划、课程教学大纲、教材、教学仪器、专业教师等由测绘院负责安排和组织实施；教学实习和生产实习也由测绘院安排。到1995年共办4期，毕业生110人，分配到北京市测绘院和市直其他测绘单位工作，受到用人单位的欢迎。这一创举是培养测绘中等技术人员的新途径，利用高中的教学条件，特别是文化基础课教学的良好条件及学生思想政治工作体系，配以由测绘院负责的专业教育紧密结合，培养出的城市测绘中专水平的毕业生，其理论与实际作业能力有较强的针对性、适用性，因而受到用人单位的欢迎和好评。

1.7.7　普通中专与专科学校在测绘职工培训与职工中专教育中的作用

按《中共中央、国务院关于加强职工教育工作的决定》中要求，“普通高等学校和中等专业学校都应当承担一定的在职培训任务，在保证完成招生任务的原则下，为在职人员进修开设专门的班级。这种班级要适应成人学习的特点，适当精简课程内容与学时，也可以采用学分制，以利职工通过较长时间的学习，达到一定的学业水平。”中央部委和地方业务部门所属的普通中专和专科学校，在测绘职工技术培训和测绘职工中专教育中发挥很大作用。例如：

南京地质学校测绘科 从1971年、1972年恢复招生时起，就为解放军水文部队、地质部地质勘探公司和地方测绘单位，开办短期或一年期的地形测量、航空摄影测量、地图编绘和地图制印等专业培训班，到1989年共办各专业培训班13期次，培养学员718人。1980年开始，受南京市测绘研究院、江苏省测绘局等单位委托，代培地形测量、航空摄影测量、地图制图等专业的中专学员百余人。该校是为各业务部门和勘测单位培养测绘技术人员和中专毕业学员较多的学校之一。

哈尔滨测量高等专科学校 从1972年恢复招收时起，冶金部教育司就给学校下达开办在职职工中专班的教学任务。招收有8年测绘工作经验(都是1964年高中毕业生)的在职测工学员，学制一年的控制测量中专班32人；有3年以上测绘工作经验的在职测工，学制二年的地形测量专业中专班学员54人。他们于1973年、1974年分别毕业，回原单位工作，受到好评。从1975年开始，为冶金部地质局各勘探公司、石油部大庆石油开发设计研究院及各地区的石油管道局、各大中城市的测绘研究院、冶金部各勘察研究院、黑龙江省冶金局、黑龙江测绘局、黑龙江省地矿局等部门和勘测单位在职职工，开办一年制、二年制的地形测量、工程测量、矿山测量和地图制图等专业的培训班(学历水平由推荐单位确定)，共培养结业学员1 067人。这批学员大部分都获得了中专毕业资格认定。由于采取理论教学与实践教学并重的原则，学员动手能力较强，受到委托部门和单位的好评。

本溪冶金高等专科学校测绘专业 从1975年到1988年，为冶金部矿山司所属的矿山测绘单位、辽宁地区测绘单位，开办地形测量、矿山测量、工程测量专业的短期、一年制、二年制培训班，共培养结业学员246人。这些在职学员通过专业培训，在黑色冶金矿山建设的测绘工作和生产矿井测量中，以及其他测绘部门发挥很大作用。

昆明冶金高等专科学校测绘专业 从1972年恢复招生以来，为云南省各有色金属矿山、交通工程建设部门及其他测绘单位，开办多次矿山测量、地形测量及工程测量专业在职职工培训班。1985—1987年，开办工程测量二年制的专科班，招收具有高中文化程度的在职职工23人。为云南省各测绘单位培养中专与专科在职技术人员作出贡献。

长春地质学校测绘专业 从1973年10月创建地形测量专业以来到1985年，为辽宁、黑龙江、山西、内蒙古和河北等省的地质局勘探公司，代培在职职工地形测量专业中专学员127人。1983年和1985年，为吉林省和新疆维吾尔自治区的地质局勘探部门培养两届职工地形测量专业中专班，共毕业学员108人。学校共培养在职职工中专毕业学员235人，这些学员绝大多数都成长为各单位的技术骨干力量。

武汉电力学校测量专业 1981年、1982年，为水电总局开办4届测绘职工中专班，招收初中文化程度的在职职工，学制三年半，有83名职工中专学员毕业，回原单位工作受到好评。

郑州测绘学校 于1984年前后，为江苏省测绘局和吉林省测绘局委托代培大地测量、航空摄影测量、地图制图等专业的中专毕业生，直接为测绘生产部门培养测绘中等技术人才，受到用人单位的欢迎。

上海市城市建设工程学校 1988年与上海市规划局合办城市工程测量中专班，招收高中毕业生，学制二年。1990年毕业33人，分配到市规划局和上海市测绘研究院工作。

第2章　新中国的测绘高等专科教育

新中国成立后，作为高等教育组成部分的高等专科教育，由于历史的原因，前30年处于不稳定状态，时起时落。1978年党的十一届三中全会以来，普通高等专科教育和成人高等专科教育出现了新局面。1983年全国高等教育工作会议和1985年公布的《中共中央关于教育体制改革的决定》，提出"着重加快高等专科教育发展"的方针，使普通高等专科教育和成人高等专科教育得到较快的发展。在这一形势下，测绘高等专科教育在20世纪八九十年代，得到了较快的发展。由高等院校开办的普通测绘高等专科教育、高等专科学校开办的普通测绘高等专科教育和成人高校(包括函授、夜大)开办的测绘高等专科教育，培养了大批专科层次的测绘高级应用性技术人才，为社会主义现代化建设、国防建设和测绘信息产业的发展作出了应有的贡献。

§2.1　新中国成立初期与"一五"时期的测绘专科教育

(1949.10－1957)

2.1.1　新中国成立初期高等专科教育的基本方针政策与规定

1950年6月教育部召开了第一次全国高等教育会议，同年7月政务院批准了这次会议提出的《高等学校暂行规程》、《专科学校暂行规程》、《关于实施高等学校课程改革的决定》，以及《关于高等学校领导关系的决定》；同年8月，政务院又提出了《关于改革学制的决定》。这一系列的规程和决定，标志着新中国高等教育制度的初步建立。

《高等学校暂行规程》中指出："中华人民共和国高等学校的宗旨为，根据中国人民政治协商会议共同纲领第五条规定，以理论与实际一致的教学方法，培养具有高级文化水平，掌握现代科学和技术成就，全心全意为人民服务的高级建设人才"。在《专科学校暂行规程》中提出的办学宗旨则是："以理论与实际一致的教学方法，培养掌握现代科学和技术成就，全心全意为新民主主义建设服务的专门技术人才。"从以上本科与专科教育的办学宗旨，可以看出两者在培养人才层次上的差别。根据《关于改革学制的决定》，大学和专门学院修业年限以3～5年为原则(师范学院修业年限为4年)，招收高级中学及同等学校毕业生或同等学历者，入学年龄不作统一规定；专科学校修业年限为2～3年，招收高级中学及同等学校毕业生或同等学历者，入学年龄不作统一规定。各高等学校需设专修科，修业年限为1～2年，招收高级中学及同等学校毕业生或同等学历者，入学年龄不作统一规定。

《关于实施高等学校课程改革的决定》中强调，学校开设课程应按照国家建设的实际需要，在系统的理论知识基础上，实行适当的专门化，根据精简原则，有重点的设置课程。学校应有计划地加强师资队伍建设，培养新的师资是实施课程改革、提高教学质量的关键。用科学的观点和方法编写教学需要的教材，是实行课程改革的重要条件，是保证系和专业建设及提高教学质量的基础建设，必须摆在重要位置抓好。加强教学与实际相结合，高等学校应与政府各业务部门及其所属企业建立密切的联系。高校教师与上述部门的生产、科研单位建立业务配合关系,有组织、有计划地组织学生实习和参观,作为教学的重要内容。政府各业务部门为有效地培养国家建设人才,把协助学校的教学、科研和实习,作为自己部门本身业务的构成部分。对于学生实习,各业务部门负有与教育部门共同的领导责任。

1953年,政务院成立高等教育部,主管高等教育和中等专业教育。1953年10月,政务院颁布的《关于修订高等学校领导关系的决定》中,强调高等教育部必须与中央人民政府有关业务部门密切配合,有步骤地对全国各高等学校实行统一与集中的领导。高等教育部对全国高等学校的方针政策、建设计划(学校的设立或变更、院系和专业设置、招生任务、基本建设和财务计划等)、重要的规章制度(财务制度、人事制度)、教学计划、教学大纲、教材编审、生产实习等事项,进一步地统一掌握起来。综合性大学、与几个业务部门有关的多科性高等院校由高教部直接领导;为某一业务部门或主要为某一部门培养科技干部的高等院校,委托中央有关部门、大行政区或省市人民政府管理。

2.1.2 解放军测绘学院的测绘专科教育①

中华人民共和国成立前夕,设在沈阳市的东北民主联军总司令部测绘学校,于1949年2月,在招收大地测量专业、航空摄影测量专业本科和中等科学员的同时,招收了大地测量专业专科学员70名、航空摄影测量专科学员82名。

1950年1月,学校改编为中国人民解放军测绘学校,时称军委测绘学校。该校面向全军培养高级、中级测绘科技人才,并担任测绘技术干部的培训任务。1950—1952年,除招收大地测量、航空摄影测量和地图制图各专业的本科和中等科学员外,还招收了二年制的大地测量专业专科学员142名、航空摄影测量专业专科学员75名,共计217名。这时的军委测绘学校,已经成为大地测量、航空摄影测量、地图制图3个专业的本科、专科和中等科3种学制的军事测绘学校。

1953年7月,军委测绘学校升格为中国人民解放军测绘学院。同年11月从沈阳迁院到北京新院址,成为全军培养测绘科技人才的高等军事院校。学院设天文大地测量、航空摄影测量、地图制图等3个系、8个专业,贯彻"正规办校"方针,参加全国统一考试录取本科、专科和中等科学员。1953—1957年的"一五"期间,根据总参测绘局和全军部队建设的需要,在招收各专业本科和中等科学员的同时,招收了航空摄影测量专科学员113名、军师测绘主任班(专科)学员208名,共招收专科学员321名,是全国高等院校中招收和培养专科层次的高级测绘技术人员较多的院校之一。

2.1.3 各高等院校的测绘专科教育

新中国成立初期和"一五"期间,国家经济建设急需数量众多的高级测绘科技人才。当时,上海同济大学设测量系,开办传统的测绘各专业的本科教育。还有一些高校,利用土木工程系测量教师和仪器设备条件,开办测量专业,为加快高级测量科技人才培养,进行测绘专科教育,形成测绘专科教育的发展形势。开办测绘专科教育的高等学校有:

同济大学测量系 新中国成立后测量系设工程测量、航空摄影测量和天文测量3个专业,

---

① 解放军测绘学院的测绘专科教育,将在"第3章武汉测绘科技大学、解放军测绘学院的中专与专科教育"中作专门介绍,本章按历史时期作简要介绍。

进行本科生和研究生教育。1950年开设二年制的测量专修科，到1956年共毕业专科生276人。

清华大学测量专业　1952年，土木系测量教研室开设测量专业，招收五年制本科生60人，并招收二年制专修科学生60人。1954年专修科学生毕业后，学校内部进行院系调整，撤销了测量专业，本科三年级学生转入同济大学测量系学习。

南京工学院测量专业　经院系调整后南京工学院土木系于1952年开设测量专业，招收二年制的测量专修科学生，共办3期，培养测量专业专科毕业生270人。

华南工学院测量专业　1952年该院建筑工程系设测量专业，招收二年制的测量专修科学生，共办3期，培养测量专业专科毕业生331人。

天津大学、浙江大学、青岛工学院测量专业　这3所高等学校从1952年开办二年制的测量专修科，分别办了3期，总计培养出350余名专科毕业生。

山东农学院测量专业　该院水利系早在1950年6月就开办了二年制的测量专修科，招37名学生，于1952年毕业。之后，因院系调整，水利系并入华东水利学院，测量专业停办。

重庆建设工程学院测量专业　该院土木系设测量教研室，于1952—1953年设测量专业专修班，招收1期学生100人，毕业后停办。

从1950年到1956年，各高等院校开办的测量专业专修科，据不完全统计，共培养专科毕业生1 424余人。从1952年起，全国高等学校分期分批进行院系调整，测量专业本科和专科教育都有较大的变动。

2.1.4　武汉测量制图学院成立

1952年至1957年，全国高等院校进行了有计划、分步骤地院系调整。调整前全国有高等院校211所，其中普通大学49所、独立学院91所、专科学校71所。通过院系调整解决高等院校类型结构不合理、院校规模小、学校地区分布不合理和人才培养层次比例不合理等问题。院系调整执行“以培养工业建设人才和师资为重点，发展专门学院，整顿和加强综合大学”的方针，仿照苏联高等学校的类型，调整我国高等教育类型结构。高等院校分为综合性大学（设文理学科）和专门学院（工、农、医、师范、财经、政治、艺术、语言、体育等学科分别设置）两种，为了适应国家对专门人才的需要，保留一些专科学校。

1955年1月，高等教育部委托同济大学主持召开全国高校土建、水利类共同课程统一教学大纲审定会议。其间，举行了全国高等测绘教育经验交流座谈会，有中科院学部委员（现在的中科院院士）夏坚白、陈永龄、王之卓，以及叶雪安、陈健、纪增爵等教授参加。会上，建议创建一所为国民经济建设服务的测绘高等学校，由夏坚白教授将建议书转呈高等教育部。同年6月初，国务院决定筹建武汉测量制图学院，由同济大学、青岛工学院、天津大学、南京工学院和华南工学院等5所院校的测量系或测量专业合并组建。撤销青岛工学院，以其基础课、基础技术课、公共课师资和行政干部为基础，并入上述5所院校的测绘专业的大部分师资和教学仪器设备，在武汉市建立学院。经过充分准备，武汉测量制图学院于1956年9月1日开学。设工程测量、天文大地测量、航空摄影测量和地图制图4个系，学制五年。有在校学生1 766人（各院校并入的本科学生894人，其中包括同济大学1953年、1954年入学的本科生；新招收的各专业新生872人），教师162人（其中，教授13人——含3位学部委员，副教授17人，讲师44人，助教88人），还随同济大学合并来测绘专业硕士研究生6人。

武汉测量制图学院的成立，基本上结束了在普通高等院校中开办的测绘专科教育。当时，

1953年开办矿山测量专业的北京矿业学院，1956年开办矿山测量专业的中南矿冶学院，都只有本科教育。到第一个五年计划结束的1957年，我国主要为经济建设服务的测绘教育已基本形成高等本科和中等专业两种教育模式。

§2.2 教育革命与国民经济调整时期的测绘专科教育

(1958—1966.5)

1958—1966年，随着国家政治经济形势的发展和变化，教育事业经历了“大跃进”与调整提高时期执行《高教六十条》等各个阶段。这一时期，为国民经济建设服务的测绘专科教育有一些起步，但未能得到发展。

2.2.1 解放军测绘学院的测绘专科教育

学院贯彻党的教育方针，按全国第七次军校会议精神，有计划、有步骤地进行正规化训练，“多快好省”地培养“又红、又专、又健”的国防测绘技术军官。根据总参测绘局和各军兵种对测绘技术人才的实际需求，培养高级、中级测绘技术人才，近期以大力培养专科、中等科技术人员为主，以适应全军部队建设的需要。1958—1961年招收大地测量专业专科新学员327人、航空摄影测量专业专科新学员118人、地图制图专业专科新学员41人、海道测量专业专科新学员32人、领导干部班学员13人，总计招生531人。1962年贯彻“调整、巩固、充实、提高”的八字方针，在普通高等学校和中等专业学校执行《高教六十条》的时候，军事院校贯彻全军第九次院校会议精神，执行“院校工作条例”。重新明确“以教学为中心”的指导思想，处理好教学与测量生产、科研的关系，提高教学质量。本科五年制，专科与中等科三年制，编制新的教学计划和课程教学大纲。由于1962年以后的几年处于国民经济调整时期，全国普通高等院校和中等专业学校都相应地减少了招生数量，军事院校也有相应措施。1964年以后，贯彻毛泽东在春节教育座谈会上讲话精神，进行教学改革。虽然有诸多因素的影响，解放军测绘学院从1962年到1965年仍招收了航空摄影测量专业46人、地图制图专业100人、海道测量专业73人三年制专科新学员，共219人。解放军测绘学院“向全军开门”，既培养本科又培养专科和中等科层次的测绘技术军官，为国防测绘建设和全军各军兵种测绘勤务保障服务，体现了“教育为无产阶级政治服务”的党的教育工作方针。从1958年到1966年，共招收测绘技术和测绘管理各专业专科学员750人，是坚持测绘专科教育招收专科生最多的高等院校。

2.2.2 武汉测绘学院及其他院校的测绘专科教育

1958年8月，武汉测量制图学院由高等教育部领导划归由国家测绘总局领导，同年12月，更名为武汉测绘学院(院长夏坚白，党委书记毛远耀)。在全国“大跃进”形势下，国家测绘总局系统、全国工程勘察设计部门和建设施工部门，急需大量的高级应用性测绘技术人才。为适应这一形势的需求，学院首先在工程测量系开办二年制的工程测量专科专业，于1958年招收专科生3个班121名新生。学院大力贯彻“教育为无产阶级政治服务，教育与生产劳动结合”的教育工作方针，教师与学生打破正常教学秩序，大搞测量生产劳动，开展教育革命。1960年首批专科学生毕业时，恰遇国家困难时期，1961年贯彻调整国民经济的八字方针，减少高校招生数量，武汉测绘学院的专科教育只办一届就停办了。

此外,1958 年成立的阜新煤矿学院,进行矿山测量专业本科教育,也进行该专业的专科教育。焦作矿业学院 1961 年设矿山测量和地形测量两个四年制的本科专业,还开办了大地测量专业二年制的专修科。1962 年执行《高教六十条》,只保留了矿山测量专业本科,学制由四年改为五年。

全国工科类高等院校在贯彻《高教六十条》以后,基本上停办了专科教育,普通高等院校的测绘专科教育到此也就停办了。

2.2.3　哈尔滨冶金测量专科学校的测绘专科教育

在"大跃进"形势下,一些由中央各部委和地方教育主管部门领导的重点中等专业学校,经高教部批准,升格为专科学校。其中有的专科学校由测绘中专教育转向测绘专科教育。

1958 年 10 月,原哈尔滨冶金测量学校升格为哈尔滨冶金测量专科学校。保留原地形测量专业三年制中专教育,创办工程测量专业三年制的专科教育。按冶金部教育司要求,1959 年 9 月首先开办工程测量专业专科师资班,为冶金部系统院校培养急需的测量课师资,学员大多数是冶金院校和企事业单位选送的有实践经验的测量专业中专毕业生。1960 年招收高考统一招生的高中毕业生,三年制工程测量专业,到 1964 年专科生全部毕业,共培养 142 人。在贯彻八字方针和执行《高教六十条》的形势下,经冶金部批准撤销了专科,仍改为哈尔滨冶金测量学校,集中力量办好四年制的地形测量专业中专教育。

§2.3　"文化大革命"时期的测绘专科教育

(1966.5—1976.10)

1969 年 1 月解放军测绘学院被撤销。1970 年 1 月,原军委办事组批准总参党委重建中国人民解放军测绘学校,校址设在武汉测绘学院内(此时,武汉测绘学院已没有在校学生)。1970 年 9 月开学,主要招收一年制的大地测量、航空摄影测量、地图制图等专业的中专学员。1972 年招收上述 3 个专业二年制专科学员 144 人。1975 年开始招收 3 个专业的三年制本科和一年半学制的中专学员,到 1977 年为止。学员主要来自全军测绘部队的作业组长、分队长等技术骨干,为部队培养测绘技术保障干部。

普通高等院校恢复招生后,同济大学于 1973 年重设了测量专业。开始招测量专业的专科生(学制分二年制、二年半制和三年制),共办 4 期,培养专科毕业生 165 人。

武汉测绘学院于 1970 年 10 月被撤销,1973 年重建。1974 年开始招收大地测量、航空摄影测量、地图制图、光学测绘仪器、电子测绘仪器、计算机技术等专业的三年制本科工农兵学员。1975 年,举办一期由各省测绘局选送的在职技术人员一年制的航测外业进修班(相当专科)。1976 年 10 月以前,多数高等院校没有恢复测绘专科教育。

§2.4　恢复高考与整顿提高时期的测绘专科教育

(1976.10—1985)

1976.10—1985 年,是我国教育战线"拨乱反正"、整顿提高的重要时期。1977 年秋季,在全国范围进行了"文化大革命"后第一次考试招收高等学校和中等专业学校的新生;1978 年春，高等学校和中等专业学校迎来了考试入学的大学生和中专生。从此，我国的高等教育走上了新的发展和建设阶段。测绘高等专科教育，迎来了新中国成立以来的发展和建设时期。

2.4.1 关于高等专科教育的方针政策和办学指导思想

1978年4月，教育部召开全国教育工作会议。邓小平在开幕式上的讲话指出，教育事业必须同国民经济发展的要求相适应，要求“必须认真研究在新的条件下，如何更好地贯彻教育与生产劳动相结合的方针”，更好地服务社会主义建设。1978年11月，党中央发出《关于落实党的知识分子政策的几点意见》，强调做好复查和平反冤假错案，要充分信任、放手使用知识分子，努力改善知识分子工作和生活条件。中央的“拨乱反正”政策，从政策和思想上激励和动员广大教师投身到新时期高等教育事业上来。

1978年12月，党的十一届三中全会确定了解放思想、开动脑筋、实事求是、团结一致向前看的方针，果断地停止使用“阶级斗争为纲”口号，开始全面地、认真地纠正“文化大革命”中和以前的“左”的错误。全会作出从1979年起，把全党工作重点转移到社会主义现代化建设上来的战略决策。1980年1月，教育部召开教育工作会议。会议在总结我国教育事业发展的历史经验与教训基础上，提出教育领域贯彻党中央“调整、改革、整顿、提高”方针的措施。明确了高等教育要贯彻“质量第一”、“稳步发展”的方针，要求切实抓好师资队伍、各种教材和仪器设备三项基本建设，并提出了八项工作任务。同年5月，中共中央书记处对高等教育的指示中提出，改革高等教育结构，“发展高等教育也必须坚持两条腿走路方针，多种形式办学”，要认真研究如何创造条件办好投资少、见效快的电视大学和函授大学。

党的“十二大”以后，党中央和国务院多次研究教育事业，尤其是高等教育的问题。1983年4月，国务院批转教育部、国家计委《关于加速发展高等教育的报告》的批示中提出，“要采取多种形式，开辟新的门路，调动各方面的积极性，继续贯彻‘两条腿走路’的方针；要在扩大高等教育规模的过程中，根据国家‘四化’建设的需要，调整改革高等教育的内部结构，增加专科和短线专业的比重；要分层次规定不同的质量要求，同时抓紧重点学校和重点专业的建设；要把今后四五年的发展，加以统筹规划，全面安排，使招生人数持续上升，防止大起大落，造成困难和浪费。”同年5月全国高等教育工作会议以后，教育部于1984年发布了《关于高等工程专科教育层次、规格和学习年限调整改革问题的几点意见》。这一系列有关普通高等专科教育和成人高等专科教育的办学方针政策和有关规定，促进了高等专科教育的发展和建设。

1985年5月15日，党中央、国务院召开改革开放以来的第一次全国教育工作会议。5月27日中共中央公布了《中共中央关于教育体制改革的决定》[①]。在关于高等教育改革中，强调高等教育的结构，要根据经济建设、社会发展和科学进步的需要进行调整和改革。改变高等教育科类比例不合理的状况，加快社会急需的财经、政法、管理类薄弱系科和专业的发展，扶持新兴、边缘学科的成长。改变专科、本科比例不合理状况，着重加快高等专科教育的发展，也要改进和加强成人教育和广播电视教育。这就从党和国家发展高等教育的方针政策上，确立加快发展高等专科教育的办学方向。测绘高等专科教育是由高等院校、高等专科学校开办的测绘

① 《中共中央关于教育体制改革的决定》简称《教改决定》，下同。

专科教育，以及各院校附设的成人测绘专科教育等多种形式组成的。

1977 年全国普通高等院校有 404 所，到 1983 年达到 805 所。1983 年高校本科和专科招收新生 39.1 万人，在校本专科学生 120.68 万人。1985 年，全国普通高校（包括高等专科学校）达 1016 所，当年招本专科新生 61.92 万人，本专科在校学生达 170.31 万人。9 年来高等学校数量、招生人数和在校学生的增加，主要是由于高等专科学校招专科生人数的增加实现的。

2.4.2　高等院校的测绘专科教育

解放军测绘学院　1978 年 1 月 15 日，中央军委命令，中国人民解放军测绘学校改为中国人民解放军测绘学院。学院贯彻党的十一届三中全会精神，认真落实中央军委《关于办好军队院校的决定》，以"调整、改革、整顿、提高"方针为指导，以教学为中心，搞好教学和训练工作，在新形势下办好测绘学院。面向全军，为总参测绘局和各军兵种培养各层次、不同需要的测绘科技人才。1978 年，学院参加全国统一高考招收四年制各专业的本科学员和二年制的中等科学员。根据各军兵种测绘保障工作的需要，1982 年开办测绘参谋、军事地形教员两个专科专业教育，学员来自部队有实践经验的测绘骨干人员。1985 年，开始招收大地测量、航空摄影测量两个专业的二年制专科学员。1977－1985 年，培养各专业专科毕业学员 276 人，代培专科毕业学员 509 人，共培养专科毕业学员 785 人。

武汉测绘科技大学[①]　武汉测绘学院于 1985 年更名为武汉测绘科技大学。从 1984 年开始举办高等专科教育，首先招收工程测量、航测外业、光学仪器修理与维护 3 个专业的专科生。工程测量专业学制二年半，其余两个专业学制为二年，共招收 124 名新生。1985 年专科扩大到各种类型的测绘干部专科班、计算机应用与维护、工业与民用建筑等专业，共招生 263 人。1985 年学校本科和专科招生总数为 728 人，专科生占招生总数的 36.1％；而测绘专业专科招生 231 人，占招生总数的 31.7％，可见学校在发展普通高等测绘专科教育的方面做了很大努力。学校 1980 年重设函授部，1983 年开始招五年半制的工程测量、航空摄影测量、大地测量和地图制图 4 个专业的本科函授生。1984 年开始将测绘类函授教育的重点转向三年制的各专业的专科教育。1984 年招收测绘各专业专科函授生 419 人，1985 年招收成人脱产测绘专科学员 107 人，以后几年函授专科招生逐年扩大，呈现发展趋势。

海军大连舰艇学院海洋测量系　1978 年开设海道测量和海图制图两个本科专业，并设专科教育，培养这两个专业的专科毕业学员 100 余人。与此同时，学院开办了本科和专科函授教育，培养出专科函授毕业学员 530 人。

长安大学测量系　在原西安地质学校基础上，于 1978 年建成本科院校西安地质学院，设测量系。以后学院更名为长安大学。1980 年原测量专业中专生全部毕业后，于 1983 年开始面向全国，高考招收三年制测量专业专科学生，每年招新生 1～2 个班，到 1985 年共招专科生 155 人。此间，测量系举办"测量、航测提高班"，由全国六省、区地质局选送测绘专业的工程师、助理工程师、技术员，参加为期 1 年的学习，有 47 人参加培训，为地质系统提高在职测绘工

---

① 武汉测绘科技大学的测绘中专与专科教育，将在"第 3 章武汉测绘科技大学、解放军测绘学院的中专与专科教育"作专门介绍，本章按历史时期作简要介绍。

程技术人员的业务水平作出贡献。

河海大学测绘工程系 该系的前身是勘测系，于1984年、1985年招两届工程测量专业专科生，培养出专科毕业生60人。1986年开始招收工程测量本科生。

北京建筑工程学院工程测量专业 1977年，在原北京建筑工程学校基础上改建为北京建筑工程学院。将原中专测绘专业升格为工程测量本科专业，1977年开始招四年制的本科学生。1985年开始，在招本科生的同时，招收二年制的专科学生，进行工程测量高等专科教育。

吉林大学地球探测科学与技术学院测量工程系 1985年开始为地矿部物探局和吉林省测绘局培养测绘专业在职技术人员大专生。

河北理工大学测绘工程专业 1984年设矿山测量专业，1985年招矿山测量专业二年制专科生30人，"七五"期间仍坚持测绘专科教育，专业更名为工程测量专业。

石油大学(华东)工程测量专业 原北京石油学院，1969年迁到山东省东营市，改名为华东石油学院，后更名为现用名。测量教研室有教师和实验技术人员13人。1985年设石油工程测量专业，通过高考招收三年制的专科生一个班，为石油勘测与石油工业建设培养测绘高级应用性人才。

2.4.3 高等专科学校的测绘专科教育

从20世纪80年代起，中央各部委办局和省市地方政府，从办学条件较好的重点中专中，选拔一批学校升格改建为高等专科学校。这批新建的专科学校中，有一些学校开办了测绘专科教育，逐渐形成了高等工程专科学校测绘专科教育体系。

连云港化工高等专科学校工程测量专业 1980年7月，经教育部批准，原连云港化工中等专业学校(始建于1958年)改建为连云港化学矿业专科学校，隶属化学工业部，后改为现用校名。学校设有化工、机电、计算机、建筑工程等20余个专业，是一所为化学工业建设服务规模较大的专科学校。1985年设工程测量专业，成立工程测量教研室(主任夏国声副教授)，教师中有1名副教授、3名讲师、6名助教；建立起普通测量实验室、工程测量实验室和测量计算室，有各种类型测绘仪器135件套。根据化学工业的资源勘察、矿山建设与开采、化工企业的施工建设和社会上所需要的工程测量人员必须掌握的基础理论、专业知识和专业技能，制订专科三年制的教学计划、课程教学大纲和各项实习大纲；做好教材与各项教学管理的准备工作。于1986年招收首届工程测量三年制专科学生38人，开始了测绘高等专科教育，成为化学工业系统唯一培养高级应用性测绘技术人才的学校。

长沙工业高等专科学校工程测量专业 1984年，经教育部批准，原长沙冶金工业学校改建为长沙有色金属专科学校，属中国有色金属工业总公司领导，以后经教育部批准改为现用校名。学校以高等专科教育为主，保留原中专教育。1985年，将原中专矿山测量专业改为专科工程测量专业，当年招收新生一个班37人，开始了测绘专科教育。根据有色金属资源勘察、矿山建设和开采、有色金属工业企业建设，以及社会上对工程测量专科人才的需求状况，按1984年教育部颁发的《关于高等工程专科教育层次、规格和学习年限调整改革问题的几点意见》精神，制订工程测量专科三年制的教学计划、课程教学大纲和实践教学大纲，加快完成从中专矿山测量专业向工程测量专业专科教育的转变。"七五"期间工程测量专业进入全面建设阶段，加强师资队伍、测绘仪器设备和实验室建设，以及与有色工业测绘部门建立产学研相结合的合作关系，保证专科教学质量的逐步提高。为使工程测量专业的毕业生适应测绘人才市场的需要，扩大专业适应面，对工程测量专业的专业培养方向、教学内容、方法等进行了力度较大的改革，取得显著的效果。

哈尔滨测量高等专科学校　1985年1月，经教育部批准，在原哈尔滨冶金测量学校基础上改建为哈尔滨冶金测量专科学校，学校属冶金工业部领导。1985年4月，冶金部任命姜召宇为学校党委书记、沈迪宸为校长、顾建高为党委副书记、姜立本和高忠林为副校长。学校将原中专工程测量、航空摄影测量、地图制图及工业企业财务会计专业全部改为三年制的专科，在校生为1 000人的规模。后经国家教委批准学校更为现用名称。根据冶金工业建设和发展对测绘高级应用性技术人员的专业基础理论、基本技术和基本技能的要求，以及1984年冶金部颁发的《关于修订冶金高等工程专科（三年制）教学计划的原则规定》，制订出工程测量、航空摄影测量、地图制图3个专业的教学计划，以及各门课程的教学大纲、实习大纲等教学文件；准备各专业所用的教材；制定教学管理和专科学生管理规章制度。1985年7月，在完成原定的中专4个专业招生计划的同时，招收了工程测量专业一个班的专科新生40人，开始了测绘高等专科教育。1986年开始，3个测绘专业和财会专业全部招收三年制的专科新生，测绘3个专业每年招生200余人。学校党委领导全校教职工，贯彻《中共中央关于教育体制改革的决定》精神，总结1959－1964年开办工程测量和数学专科教育的经验，发挥老教师在测绘专科教育中的骨干作用，带动中青年教师办好新时期的测绘各专业专科教育。

本溪冶金高等专科学校工程测量专业　1985年1月，经教育部批准，原本溪钢铁学校升格为本溪冶金专科学校，学校规模3 000人，属于冶金工业部领导，后经国家教委批准更为现用校名。从1985年起，由中专矿山测量专业改为工程测量专业三年制专科。1985年仍按原计划招收两个班的矿山测量专业中专生，又招收一个班的工程测量专业专科生32人。根据冶金黑色金属矿山建设和开发、工程与工业建设、城市与交通建设等对工程测量专科人才的需求，按冶金部颁布的《关于修订冶金高等工程专科（三年制）教学计划的原则规定》，编制工程测量专业教学计划、课程教学大纲和实习大纲等教学文件，准备专科教材，制定各种教学管理制度，开展工程测量专业专科教育。1986年开始，每年招收工程测量专科生两个班80人。学校加强工程测量专业教师的队伍建设，增加专业仪器设备和实验室建设投资；专业教师加强与黑色金属矿山和冶金建设部门的联系，开展教学、科研和生产相结合活动，对提高工程测量专业的教学质量起到很大的促进作用。

昆明冶金高等专科学校工程测量专业　1985年，经云南省政府批准（学校属云南省政府领导），原昆明冶金工业学校升格为云南矿冶专科学校，后经国家教委批准更为现用校名。从1985年起，学校将中专矿山测量专业升格为工程测量专业三年制专科。根据云南省和西南地区矿山建设与开发、冶金工业建设、城市和道路建设等工程需要测绘高级应用性人才的实际情况，按教育部有关制订高等专科教育教学计划的规定，编制具有为地方服务特色的工程测量专业教学计划、课程教学大纲和实习大纲等教学文件，做好教材、教学管理制度等教学准备工作。1985年，招收在职技术人员工程测量专科班学员23人，开始测绘高等专科教育。1986年，通过高考招工程测量专科班学生37人，同时招收中专工程测量专业1个班51名新生。该学校是云南省和西南地区唯一开办测绘高等专科教育的学校。

§2.5 加强高等专科教育时期的测绘专科教育

(1986－1995)

1986－1995年，是我国发展国民经济的第七、第八个五年计划期间。在《中共中央关于教育体制改革的决定》、《中国教育改革和发展纲要》的指引下，形成了有中国特色的高等专科教育的方针政策和有关的规定，高等院校、高等专科学校和成人高等院校的测绘专科教育得到了较快的发展。国家教委通过批准高等工程专科学校测绘专业的"教学改革试点专业"建设，带动了测绘专科教育质量的普遍提高，培养出受到工程师初步训练的测绘高级应用性技术人才，迎来了我国测绘专科教育建设和发展的最好时期。

2.5.1 普通高等专科教育的办学方针政策及有关规定

1. 高等专科教育办学方针政策及有关规定的形成

1987年10月党的"十三大"，制定了党在社会主义初级阶段建设有中国特色社会主义的基本路线："领导和团结全国各族人民，以经济建设为中心，坚持四项基本原则，坚持改革开放，自力更生，艰苦奋斗，为把我国建设成为富强、民主、文明的社会主义现代化国家而奋斗。"高等专科教育必须为"一个中心，两个基本点"党的新时期基本路线服务，培养符合改革开放和国民经济建设需要的专科层次的高级应用性技术人才。

国家教委对高等专科教育的性质、地位、作用和发展方针，对普通高等专科教育的培养目标、培养规格、修业年限、培养模式和特色，以及对专科教育与本科教育、普通专科教育与成人专科教育、专科教育与中专及高等职业教育的关系等问题，进行了深入的调研，争取有一个明确统一的认识。经过调研认为，我国工业生产和工程建设中，需要大批能够把科研成果、产品设计变为现实生产力和实际产品的"桥梁型"工程师或"应用型"工程师。这类人才是我国工程技术人才结构中非常重要而又缺乏的一部分。不仅现在，就是生产技术水平发展到很高程度的时候，仍然会大量需要这类人才。他们是改变我国工业生产工艺与管理水平落后状态、提高产品质量和工程质量、提高劳动生产率的一个关键因素。培养"桥梁型"或"应用型"工程师，也就是培养高级应用性技术人才，是我国高等工程专科教育的主要任务。

高等工程专科教育培养的专科毕业生，应具有一定的基础理论知识，较强的专业知识；在工作岗位上手快，适应性强，具有较强的实践动手能力，善于解决工程实际问题，有一定的生产组织与经营管理能力；有良好的职业道德和优良品行。这样，就会受到用人单位的欢迎，就有高等专科教育和专科毕业生的社会地位。

20世纪80年代以来，随着国民经济建设事业的发展，高等专科教育有了较快的发展。据统计，1982年，全国普通高等专科学校有190所，招生8.4万人，在校学生22万人；1988年，全国普通高等专科学校增加到400余所，招生人数为28.4万人，在校学生增加到68万人。专科在校生占高等院校全部在校生总数，由1982年的19%上升到1988年的34%。成人高等教育方面，在1 399所成人高等院校中有86万学员，专科学员占94%。

1988年10月，国家教委举办有70余所高等工程专科学校负责人参加的、历时一个月的高等专科教育研讨班。对高等专科教育的办学方针、性质、地位、作用，以及培养目标、培养规格、培养模式和特色等问题进行研讨，求得认识上的基本统一。在此基础上，国家教委于

1989年提出了《关于加强普通高等专科教育工作的意见(征求意见稿)》、《普通高等学校工程专科教育的培养目标和毕业生的基本要求(修改稿)》等文件。在此期间,还形成了《普通高等学校制订工程专科教学计划的原则规定》、《普通高等学校工程专科专业设置暂行规定》等文件的修订稿或征求意见稿。

1990年11月,国家教委召开了全国普通高等专科教育座谈会。这是新中国成立以来第一次由国家教育行政部门召开的、专门研究高等专科教育工作的全国性会议。会上,国家教委负责人作了《关于加强普通高等专科教育工作的几个问题》的报告。会议明确提出了普通高等专科教育的办学指导思想,今后一段时间内的工作方针,加强普通高等专科教育应采取的政策措施;会议还交流了普通高等专科教育的办学经验。会后,国家教委于1991年1月颁发了《关于加强普通高等专科教育工作的意见》,同年3月又印发了《普通高等学校工程专科教育的培养目标和毕业生的基本要求(试行)》、《普通高等学校制订工程专科专业教学计划的原则规定(试行)》两个文件,使高等专科教育和高等专科学校建设有章可循。

2. 关于加强普通高等专科教育工作的意见

国家教委于1991年1月颁发的《关于加强普通高等专科教育工作的意见》共13条,其主要内容是:

(1)普通高等专科教育是在普通高中教育基础上进行的专业教育,培养高等应用性专门人才。它同本科教育、研究生教育一样,都是我国普通高等教育体系中不可缺少的重要组成部分。普通高等工程专科教育的毕业生,主要去工业、工程第一线,从事制造、施工、运行、维修、测试等方面的工艺、技术和管理工作。

(2)我国经济建设和社会发展需要高等专科教育培养大批高等应用性专门人才。当前普通高等专科教育要基本稳定规模,把工作的重点放在改善办学条件、深化改革、提高教学质量上。近5年的后期,某些科类的普通高等专科教育可根据实际需要有适当发展。

(3)各类普通高等专科学校都要根据国家的需要,安于其位,努力办好专科教育,为社会主义现代化建设作出自己应有的贡献。各类普通高等专科学校,一般情况下都应称为某某"高等专科学校"。凡没有达到《普通高等学校设置暂行条例》中高等专科学校标准的,不予公布,并对学校继续进行整顿。

(4)现有独立设置的普通高等专科学校是专科教育的骨干,要在努力改善现有办学条件的基础上,把工作的重点放到办出专科和本校特色,提高教育质量上来。本科院校举办普通专科专业要经过上级主管部门批准。学校必须认真研究所办专科专业在培养目标、培养模式、教学方针、教学内容等方面与本科专业的重大区别,遵循专科教育的规律,精心制订教学计划,认真组织教学活动,大力加强实践教学环节,加强理论与实际的联系,培养合格的专科人才。那种把不合格的本科生转为专科生处理的办法是不当的,必须终止。

(5)各类普通高等专科教育必须坚持社会主义的办学方向;认真贯彻执行教育为社会主义建设服务,与生产劳动相结合,德、智、体诸方面都得到发展的方针;始终把坚定正确的政治方向放在学校一切工作的首位,把培养社会主义建设者和接班人作为根本任务。坚持不懈地向学生进行爱国主义、社会主义、集体主义和自力更生、艰苦奋斗的思想教育及革命传统教育。培养学生树立起面向基层、服务基层,向群众学习,向实践学习和踏实、实干的作风。要加强党对学校工作的领导,重视和加强政工队伍建设,充分发挥广大教师教书育人的积极作用。要严格学校管理,端正校风、学风,形成良好的育人环境。

(6)普通高等专科教育的修业年限,定为2～3年。其中,工程、医药、政法类专科教育的基本修业年限定为3年。为了加强对专科专业设置的宏观管理,国家教委将制定各科类普通高等专科教育的基本专业目录和普通高等学校专科专业设置暂行规定。

(7)普通高等专科教育的教学要突出理论知识的应用和实践动手能力的培养。基础理论的教学要以应用为目的,以必需、够用为度,以掌握概念、强化应用为教学的重点。专业课的教学内容要加强针对性和实用性。加强各种实践性教学环节,实践教学(尤其是专业实践教学)环节要在教学计划中占有较大的比重,使学生受到较好的专业训练和实践动手能力的培养。专科教材,是反映专科特色的重要方面。国家教委和有关部委将有领导、有组织、有计划地抓好专科教材建设。在5年内,首先解决专科教材的有无问题,然后再经若干年的努力,形成特色明显的专科教材体系。

(8)各普通高等专科学校要在主管部门的支持下,努力争取社会用人部门参与承担专科人才的培养工作,包括:参与制订专业教学计划,选派有丰富实践经验和一定学术水平的人员到学校兼课,优惠提供教学仪器设备,提供社会实践和生产实习场所,参与评估学校的办学水平,协助开展专科教育教学改革的试点工作等。

(9)积极开展科学技术工作,是普通高等专科学校为社会主义现代化建设服务的一项重要任务,对提高教师的学术水平和实践能力起着十分重要的作用。要根据本校的实际与可能,在以教学为主的前提下,有领导、有组织地开展好这项工作。科技工作应以科技成果推广和科技服务为主。有条件的学校,应结合地区和行业的特点,因地制宜开展应用研究和技术开发工作。科技工作要注意与教学工作相结合,为提高教育质量服务。学校主管部门要为高等专科学校开展科学研究工作给予必要的支持。

(10)为了保证普通高等专科教育的基本培养质量,推动高等专科学校的教学建设和教学改革,有关教育主管部门和学校要根据《普通高等学校教育评估暂行规定》,逐步开展普通高等专科教育的教育评估工作。各高等专科学校要对校内的工作进行经常性的自我评估。国家教委将有重点地选择若干所高等专科学校组织进行教育检查或评估。有关教育主管部门,要切实加强对其所属普通高等专科教育的领导和管理,在此基础上,重点办好1～2所带头的、示范性的高等专科学校。

(11)我国高等专科教育,从20世纪50年代到70年代后期的近30年中,一直处于大起大落的不稳定状态,加上国家对高等专科教育的投入长期不足,使得现有大多数专科学校的办学条件差。为此,各地各办学部门应增加专科教育的投资,切实改善专科学校的办学条件。着重充实和改善专科教学的仪器设备,加强实验室建设,保证基础课和专业课有较高的实验开出率。每所学校都要建立能基本满足实践教学要求的校办工厂;与经常接受实习的企事业单位建立教育、科研、生产的联系,建立起相对稳定的校外实习基地。应逐步提高专科生年度事业费综合标准。各类专科生的年度事业费综合标准一般应和同类本科生的标准取齐,所需款项应由原拨款渠道解决。

(12)从事专科教育工作的教师应具有较高的学术水平和较丰富的专业实践经验。专科教师队伍建设的重点是要提高教师的专业实践能力。各学校要努力创造条件,有计划地安排教师到生产第一线和工作现场,参加社会主义建设实践。抓紧抓好青年教师培养工作,对他们的思想、工作和生活既要热情关心,又要严格要求,帮助他们提高思想政治水平,过好教学关、实践关,使他们尽快成长起来。专科教师的基本任务是教学,实践教学所占比率较大,进行科学技术工作的重点与本科不同，国家教委将在认真研究、总结普通高等专科学校首批教师职务评聘工作的基础上，根据有关条例，制定切实可行的职务评聘工作的措施办法，把专业实践能力作为专科教师尤其是青年教师职称评审与职务晋升的重要业务条件。研究适合专科学校特点的教师职务评审组织和办法，激励广大专科教师教书育人、提高专业实践能力、参加技术开发与技术推广工作的积极性，提高教师队伍素质。

(13)为提高普通高等专科教育的生源质量，选择部分专科学校进行招生制度改革试点：与一般本科院校同批录取；接收中学保送生；招收具有实践经验的高中文化水平(含中专、职业高中)的在职职工和在乡青年入学。

3. 高等工程专科教育的培养目标和毕业生的基本要求

国家教委于1991年3月公布的《普通高等学校工程专科教育的培养目标和毕业生的基本要求(试行)》内容如下：

1)培养目标

普通高等工程专科教育培养能够坚持社会主义道路的，德、智、体诸方面全面发展的，获得工程师初步训练的高级工程技术应用性人才。

学生毕业后主要去工业、工程第一线，从事制造、施工、运行、维修、测试等方面的工艺、技术、管理及一般设计工作。

2)毕业生的基本要求

(1)具有坚定正确的政治方向，热爱祖国，拥护共产党的领导，坚持社会主义道路，有社会主义民主、法制观念，拥护党和国家的路线、方针、基本政策，关心国内外大事，对资产阶级自由化和其他错误思潮有辨别和抵制能力。

(2)懂得马克思列宁主义、毛泽东思想的基本原理，了解我国基本国情，理解社会主义初期阶段与建设有中国特色社会主义的理论，积极参加社会实践，能同工农结合，具有理论联系实际、实事求是的科学态度。

(3)具有建设“四化”、振兴中华的理想，有为人民服务、艰苦奋斗、实干创新和集体主义精神，受到初步的国防教育和训练，热爱劳动，勤奋学习，遵纪守法，具有社会主义事业心、责任感与良好的道德品质。

(4)掌握为达到本专业培养目标所必需的基本理论知识，较强的实用专业知识，一定的相关工程技术、技术经济和管理知识。

(5)具有为达到本专业培养目标所必需的制图、运算、实验、测试、使用计算机等基本技能及较强的基本工艺操作技能，有分析解决本专业一般工程实际问题的能力和自学能力。

(6)学习一门外语，具有阅读和翻译本专业外文资料的初步能力。

(7)了解体育运动的基本知识，掌握科学锻炼身体的基本技能，养成锻炼身体的习惯，达到国家大学生体育合格标准，身体健康。

(8)具有良好的文化修养、心理素质及一定的美学修养。

4. 高等工程专科教育制订专业教学计划的原则规定

国家教委于1991年3月公布的《普通高等学校制订工程专科专业教学计划的原则规定(试行)》内容如下：

普通高等学校教学计划(以下简称教学计划)是实现专业培养目标、安排教学内容、组织教学活动的总体设计和实施计划，在执行国家的政策、法令、计划的前提下，高等学校依据《普通高等学校工程专科教育的培养目标和毕业生的基本要求(试行)》和本规定,统一制订本校各专科专业的教学计划。教学计划的内容应当包括:专业的具体培养目标和规格要求;课程设置、教学环节及其时间分配;教学进度表;必要的说明。

1)制订教学计划的基本原则

(1)面向经济建设,从实际出发。教学计划的制订,要从国情出发,主动适应我国现阶段生产力总体水平较低,不同地区不同领域的技术水平很不平衡的现状,侧重针对广大中小型企业的需要和大型企业提高工艺水平的需要;要充分体现高等专科教育针对性、实用性较强的特点;要遵循人才成长及高等工程专科教育人才培养工作的客观规律。

(2)德、智、体诸方面全面发展。德育、智育、体育是人才培养的有机组成部分,坚持德、智、体全面发展的人才观是主动适应社会主义经济建设及科学技术发展的需要。根据国家教委的有关要求,教学计划应安排必要的马克思主义理论教育课程、思想政治教育课程、公益劳动、军事训练和必要的体育教育时间。在教学计划的业务教育方面,从课程设置、教学内容、教学环节、教学方法到教学过程的组织安排,都要切实把握使学生获得工程师的初步训练这一基本培养要求。

(3)妥善处理基础理论与专业知识的关系。教学计划中的课程可分为公共课、基础课和专业课。课程设置与课程内容,要切实符合各专业培养目标和毕业生的基本要求。基础理论教育以应用为目的,以必需、够用为度,以掌握概念、强化应用为教学重点。专业课教学内容要加强针对性和实用性。根据需要应开设一定的选修课。

(4)妥善处理理论与实践、知识与能力的关系。教学计划的制订,要从各地、各校及各专业的具体情况出发,在安排好理论知识教育的同时,重点加强习题课、实验、实习、课程设计、毕业设计等实践教学环节,注重应用性、工艺性及综合性的实践教学,使学生有针对性地获得较为系统的基本技术训练和专业技术训练。要把传授知识和培养能力有机结合起来,将能力培养贯穿在教学过程的始终,特别注重培养学生分析解决工程实际问题的能力。

(5)整体优化。教学计划的安排,应结合各校各专业的具体情况,妥善处理好客观需要与实际可能、德智体诸方面、理论与实践、知识与能力、教与学等方面的关系,建立合理的知识能力结构,努力做到整体优化,力求在规定的修业年限内取得人才培养的最佳效果。

(6)妥善处理改革发展与相对稳定的关系。教学计划的制订,要注意汲取和发展近年已取得的教学改革成果,同时也要注意保持教学计划的相对稳定性。计划一经确定,就要严格执行,至少在一个周期内不作大的变动。重大改革要经国家教委批准。

2)制订教学计划的具体意见

(1)普通高等工程专科教育的修业年限定为3年。

(2)学生在校时期约150周,其中假期22~25周,最后一年只放寒假。

(3)教学计划课内总学时安排2 100学时左右。

(4)各类课程学时占课内总学时的控制数:公共课占20%左右,基础课占50%~55%,专业课占25%~30%,计划选修课占课内总时数5%左右为宜。

(5)实践教学环节包括:实验课,习题课,实习,课程设计,毕业设计,公益劳动,军事训练等。一般占教学活动总周数的三分之一以上。

2.5.2　贯彻《中国教育改革和发展纲要》

1.《中国教育改革和发展纲要》的基本精神

1993年2月,党中央和国务院发布了《中国教育改革和发展纲要》①。《发展纲要》确定了到20世纪末我国教育改革与发展的基本目标和任务,是指导我国20世纪90年代乃至21世纪初教育改革和发展、建设有中国特色社会主义教育体系的宏伟纲领。

《发展纲要》指出,在新的形势下,教育工作的任务是:遵循党的"十四大"精神,以建设有中国特色社会主义理论为指导,坚持党的基本路线,全面贯彻教育方针,面向现代化,面向世界,面向未来,建立适应社会主义市场经济体制和政治、科技体制改革需要的教育体制,更好地为社会主义现代化建设服务。建设有中国特色社会主义教育的原则:第一,教育是社会主义现代化建设的基础,必须坚持把教育摆在优先发展的战略地位;第二,必须坚持党对教育工作的领导,坚持社会主义办学方向,培养德、智、体全面发展的建设者和接班人;第三,必须坚持教育为社会主义现代化建设服务,与生产劳动相结合,自觉地服从和服务于经济建设这个中心,促进社会的全面进步;第四,必须坚持教育的改革开放,努力改革教育体制、教育结构、教学内容和方法,大胆吸收和借鉴人类社会的一切文明成果,勇于创新,敢于试验,不断发展和完善社会主义教育制度;第五,必须全面贯彻党和国家的教育方针,遵循教育规律,全面提高教育质量和办学效益;第六,必须依靠广大教师,不断提高教师政治和业务素质,努力改善他们的工作、学习和生活条件;第七,必须充分发挥各级政府、社会各方面人民群众的办学积极性,坚持以财政拨款为主,多渠道筹措经费;第八,必须从我国国情出发,根据统一性和多样性相结合的原则,实行多种形式办学,培养多种规格人才,走出符合我国各地区实际的发展教育的路子。

《发展纲要》明确规定,坚持党对学校的领导,加强学校党的建设,是全面贯彻党的教育方针,加快教育改革和发展,全面提高教育质量的根本保证。学校党组织要认真贯彻"十四大"精神,用建设有中国特色社会主义理论教育全体党员和教师员工,深入研究学校改革和发展中的重大问题,坚持改革的正确方向。实行党委领导下的校长负责制的高等学校,党委要对重大问题进行讨论并作出决定,同时保证行政领导人充分行使自己的职权。

2. 贯彻《中国教育改革和发展纲要》的措施

1994年6月,中共中央、国务院召开全国教育工作会议。这是改革开放以来由中央召开的第二次全国教育工作会议。会议的目的是动员全党全社会认真实施《中国教育改革和发展纲要》,为实现20世纪90年代我国教育改革和发展的任务而奋斗。

1)《关于〈中国教育改革和发展纲要〉的实施意见》的要点

全国教育工作会议之后,1994年7月,国务院颁布了《关于〈中国教育改革和发展纲要〉的实施意见》②。《实施意见》中有关高等专科教育的主要内容如下:

(1)教育发展目标明确了各级各类教育结构调整的总体构想。即以9年义务教育为基础,办好普通高中,大力发展职业教育和成人教育,适当发展高等专科教育,努力提高本科教育的质量和水平。

---

① 《中国教育改革和发展纲要》简称为《发展纲要》,下同。

② 《关于〈中国教育改革和发展纲要〉的实施意见》简称《实施意见》,下同。

(2)高等教育要走内涵发展为主的道路,使规模更加适当,结构更加合理,质量和效益明显提高。到2000年全国普通高等学校和成人高等学校本专科在校生达到630万人左右,其中本科生180万人,专科生450万人。18~21岁年龄人口入学率上升到8%左右。

(3)深化高等教育体制改革,建立政府宏观管理、学校面向社会自主办学体制。高等教育逐步实行中央和省、自治区、直辖市两级管理,以省级政府为主的体制。通过立法,明确高校的权利和义务,扩大学校办学自主权,使学校真正成为面向社会自主办学的法人实体。

(4)增加教育投入,国家财政对教育的拨款,是教育经费的主渠道,必须予以保证。各级政府要树立投资是战略性投资的观念,合理调整投资结构,在安排财政预算时,优先保证教育的需求并切实做到《发展纲要》提出的"三个增长"。

(5)积极推进高等学校招生收费和毕业生就业制度改革,逐步实行学生缴费上学,大多数毕业生自主择业制度。1997年大多数学校按新制度运作,2000年基本实现新旧体制转轨。

(6)认真贯彻教育方针,深入进行教学改革,努力提高教育质量。要进一步转变教育思想,改革教学内容和教学方法,克服学校不同程度存在的脱离经济建设和社会发展需要的现象。高等教育要重点发展应用性学科和专业,适度发展新兴学科、边缘交叉学科,稳定和提高基础学科;努力培养高层次复合型人才;合理调整学科和专业设置,拓宽专业面,优化课程结构,改革课程内容和方法,注重素质和能力的培养,增强学生对社会需要的适应性。

(7)高等学校要加强教师的继续教育,提高教师队伍的整体素质,平稳实现20世纪90年代教师队伍的新老交替。为了提高教师的教学和学术水平,有条件的高等学校可对教学任务较重的副教授以上教师实行学术休假制度。大力培养中青年骨干教师,重视从国内外吸引优秀人才充实教师队伍,积极实施"跨世纪人才工程",大力提倡高校教师与企业、研究院(所)和实际工作部门的专家进行交流。提高教师的待遇和社会地位,改善教师的住房条件。各级领导必须确立依靠广大教职工特别是教师办好学校的思想,充分调动教师的积极性和创造性。

2)加强学校的德育工作

1994年8月,中共中央颁布了《关于进一步加强和改进学校德育工作的若干意见》①。学校德育工作事关民族未来的思想道德水准和精神风貌,是学校教育极其重要的组成部分,党和政府一直高度重视。《德育工作意见》主要解决的问题是:学校德育如何适应加快改革开放和社会主义建设,建立和发展社会主义市场经济体制新形势的要求,努力培养跨世纪的"四有"人才。《德育工作意见》分析了德育工作面临的形势和任务,把重点放在如何改进德育工作方面。其主要内容如下:

(1)以邓小平建设有中国特色社会主义理论为学校马克思主义理论教育的中心内容。这是新时期加强和改进学校德育工作的首要任务和根本措施。

(2)深入持久地进行爱国主义、集体主义和社会主义思想教育。高等学校的爱国主义教育,要以国内外形势及党和国家重大方针政策为主要内容,对学生进行生动、现实的国情教育;要对学生进行以集体主义为核心的价值观教育;要对学生进行坚持党的领导和社会主义道路的教育。

(3)要开展中华民族优良道德传统的教育。

---

① 《关于进一步加强和改进学校德育工作的若干意见》简称为《德育工作意见》,下同。

(4)加强实践环节。教育与生产劳动相结合，是坚持社会主义教育方向的一项基本措施。各级各类学校都要把组织学生适当参加一定的物质生产劳动作为一门必修课，列入教学计划，统筹安排。高等学校要把社会实践纳入教育、教学计划。

(5)推动思想政治教育的科研和学科建设。要把思想政治教育作为人文社会科学的重点学科加强建设。要培养和造就一批德育专家、教授和理论家。

(6)加强德育队伍建设。要优化队伍结构，建设一支专兼结合、功能互补、信念坚定、业务精湛的德育队伍。积极支持和发展“双肩挑”的制度。

(7)保证经费投入，改善物质条件。德育是教育事业的重要组成部分，教育行政部门和学校要合理规定德育方面的经费投入科目，列入预算，切实保证。学校要为德育工作提供必要的场所与设备，不断改善条件，优化手段。

2.5.3　高等院校的测绘专科教育

1. 武汉测绘科技大学的测绘专科教育

表 2.1　1986－1995 年本科与专科招生统计

时期＼招生数＼类别	招生总数	本科招生数	专科招生数	测绘专科招生数	说明
1986－1990	3 663	2 406	1 257	820	
1991－1995	6 191	4 035	2 156	1 035	
合　计	9 854	6 441	3 413	1 855	

充分利用学校各系各专业教学条件的优势，1984 年、1985 年启动了测绘各专业的专科教育之后，在 1986－1990 年的“七五”期间全面开办了各专业二年制的专科教育。开办工程测量、航测外业、地图制图、印刷技术和计算机科学及应用等 7 个测绘及其相关专科专业；还开办了工业与民用建筑、机械设计及制造、城镇建设、应用电子技术等 4 个专科专业，总共设 11 个专业。“七五”期间各系各专业的本科和专科招生总数、本科招生数、专科招生数和测绘类专科招生数列入表 2.1 中。专科招生 1 257 人，占本专科招生总数的 34.3%；本科生与专科生之比为 1.91∶1；测绘类专科招生 820 人，占本专科招生总数的 22.4%。

1991－1995 年的“八五”期间，学校扩大了本科生和专科生的招生规模，学校办学规模从 1991 年本专科招生总数的 764 人，增加到 1995 年的 1 602 人，5 年的本专科招生总数达 6 191 人。测绘及其有关专业招生的有工程测量、土地管理与地籍测量、地图制图、印刷技术、计算机科学及应用、计算机应用与维护等 6 个专业；专科招生的还有工业与民用建筑、房屋建筑工程、机械设计与制造、电子技术、包装技术、市场营销和涉外英语文秘等 7 个专业，共 13 个专科专业。各项招生的人数也列入表 2.1 中。“八五”期间，专科招生 2 156 人，占本专科招生总数的 34.8%，本科生与专科生之比为 1.87∶1，测绘类专科招生 1 035 人，占招生总数的 16.7%。10 年来学校招收测绘类专科生的总数为 1 855 人，是学校培养普通测绘专科层次技术人员最多的时期。

表 2.2　1986－1995 年成人教育本科与专科毕业生统计

时期＼毕业人数＼类别	本科人数	专科人数	小计	说明
1986－1990	248	1 138	1 386	
1991－1995	496	2 295	2 791	
合　计	744	3 433	4 177	

从 1980 年重建函授部，1988 年发展为成人教育中心，到 1992 年经国家测绘局批准成立武汉测绘科技大学成人教育学院。函授测绘高等教育，从 1984 年把重点转向测绘各专业的三年制专科教育以来，测绘专业函授学员大增。通过函授本科、专科教育，成人脱产专科教育，夜大学教育，以及专业证书班(相当专科)教育，10 年来培养的本科和专科毕业学员人数列入表 2.2 中，共培养各专

业专科毕业学员 3 433 人，其中大部分是测绘各专业的毕业学员。武汉测绘科技大学成人教育学院，为全国测绘教育、科学研究、生产部门培养了大批在职的测绘本科和专科高级应用性的技术人才，为国家经济建设和测绘信息产业的发展作出了很大贡献。

2. 解放军测绘学院的专科教育

“七五”期间，学院贯彻《中央军委关于院校教育改革的决定》，根据第十三次全军院校会议精神，以“面向现代化、面向世界、面向未来”的“三个面向”为指针，为国防现代化建设服务。加强教育训练的正规化建设，以培养适应部队革命化、现代化、正规化建设需要的合格测绘科技人才。以本科教育为基础，带动专科、中等科、士官等各层次教育，提高教学质量；发展研究生教育和提高研究生教育水平，建立起完整的军事测绘教育体系。在教学改革中，根据部队测绘保障的需要，专科教育设大地测量、航空摄影测量、地图制图、军事工程测量、指挥管理、测绘参谋和军事地形等专业。学院根据测绘部队和各军兵种在职测绘技术人员的要求，发展测绘各专业的函授专科教育，还为地方单位代培测绘各专业的专科学员。“七五”期间，学院的专科毕业学员、函授和代培的专科毕业学员人数列入表 2.3 中，共培养了 973 名专科毕业学员。

表 2.3　1986－1995 年测绘专科毕业学员统计

类别 人数 时期	学院专科	函授专科	代培专科	小计	说明
1986－1990	502	391	80	973	
1991－1995	349	537	544	1 430	
合　计	851	928	624	2 403	

“八五”期间，学院党委认真贯彻军委新时期的军事战略方针，把学院的办学方向和教学改革目标，统一到全面提高人才培养训练质量上来，以适应部队建设的需要。学院党委提出以建设有中国特色的社会主义理论为指导，以新时期军事战略方针为依据，坚持“三个面向”和军委的办学方针，以教学为中心，以科研为先导，优化教员队伍，强化质量控制，提高办学效益，努力形成具有学院特色的办学体系和风格，培养适应新时期军事战略方针和部队建设需要的新型合格人才，努力把学院建设成为全军一流的专业技术院校。“八五”期间，专科设大地测量、军事工程测量、航测内业、航测外业、地籍测量与管理、地图制图、地图制印、地理信息管理、作战测绘保障、地图管理和测绘电子仪器等 11 个专业。“八五”期间，函授专科教育有较快地发展，设工程测量与地籍管理、计算机技术、制图与制印、航空摄影测量、工程测量和地理信息管理等 6 个专科专业，招专科函授学员 537 人。此间，学院还为地方单位代培测绘专业的专科学员。“八五”期间学院专科毕业学员、函授专科毕业学员和代培专科毕业学员人数，也列入表 2.3 中。从 1986 年至 1995 年的 10 年中，学院培养了专科学员 851 人、函授专科学员 928 人、代培专科毕业学员 624 人，共培养专科学员 2 403 人，对国防建设和经济建设作出了新贡献。

3. 长安大学测量系

测量系 1986 年继续开设专科教育，1986 年、1987 年每年招 2 个班新生，1988 年招 4 个班新生，1989 年招 1 个班新生，共招专科生 287 人。从 1986 年开始招四年制的工程测量本科生，每年招 1～2 个班新生，形成测量专科和工程测量本科教育并行的状况。1988 年测量系开设测绘干部专科班、土地测量与管理干部专科班和测量制图专业证书班（相当于专科），共培养学员 121 人。在进行专业理论教学的同时，强调对专科和本科学生的动手能力培养。通过生产实习完成 1∶1 000、1∶2 000 地形测量 31 km^2、1∶5 000 地形测量 16 km^2，还完成航测外业 1∶1 万测图 32 幅、航测内业测图 1∶1 000 和 1∶5 000 百余幅。使专科毕业的学生理论联系实际、动手能力较强，1983－1995 年共培养专科毕业生 563 人，受到用人单位的欢迎。“九五”

期间进行测绘专业本科教育。

4. 北京建筑工程学院测量工程专业

1977年建院，设工程测量专业，招四年制本科生。1985年开始招工程测量专业二年制专科生。1985年、1986年、1987年、1989年4年中，共招4个班专科生132人。1990年，工程测量专业更名为测量工程专业。1990年、1993年、1994年和1995年，又招4个班的专科生，120余人。1995年测量工程专业有测量专业教师10人，其中教授1人、副教授6人、讲师2人，助教1人，实习教师4人都是工程师。从1985年到1997年，共培养测量工程专业专科毕业生252人。

5. 河北理工大学测绘工程专业

1985年开始招矿山测量专业二年制专科生，1986年至1988年仍招二年制矿山测量专业专科生；1989年改为招三年制的矿山测量专业专科生，每年招一个班新生。1990年将矿山测量专业改为工程测量专业，每年仍招1个班新生；1993—1995年每年招2个班新生。1996年，工程测量专业开始招四年制本科学生，并将专业更名为测绘工程专业。自1985年到1995年，共招收专科生420余人。毕业生分配到河北省属矿山、勘察设计等部门的测绘单位。

6. 山东建筑材料工业学院博山分院工程测量专业

1983年开始招收四年制中专工程测量专业学生。1987年成立了控制测量和普通测量两个教研室及测量实验室，增加了教师人数和测绘仪器设备。1988年开始招收三年制工程测量专业专科学生，每年招新生35～40人，进行测绘专科教育。与此同时，仍招工程测量专业的中专生。1992年中专停止招生。1993年开始招收四年制工程测量专业本科生，每年招新生40人左右。到1995年这段时间，工程测量专业有中专、专科和本科3个层次的测绘教育。截至1995年中专生全部毕业之时，共培养工程测量专业四年制中专毕业生453人。

博山分院工程测量专业，是国家建材总局为建材系统培养工程测量专业专科和本科高级应用性测绘科技人才的基地。毕业生分配到建材系统的工业企业、勘察设计、工程建设和非金属矿建公司等部门，从事测绘生产、技术开发和管理工作。就工程测量专科教育而言，其专业教育计划必须体现为这个目标服务的针对性和实用性。下面介绍招高中毕业生专科三年制工程测量专业1988年的教学计划。[①]

1)培养目标与毕业生的基本要求

本专业培养有社会主义觉悟的，德、智、体全面发展的，为社会主义“四化”建设服务的高级应用性工程测量技术人才。

学生经过在校3年的培养，初步树立无产阶级世界观，热爱社会主义祖国，能够坚持四项基本原则，服从国家需要，成为有理想、有道德、有文化、有纪律的为“四化”建设献身的生产第一线测绘工程技术人才。掌握一定的基础理论知识、较强的专业应用理论知识和基本技能，以及相关的科学知识和生产管理知识，获得助理工程师的基本训练[②]。

2)专业方向与业务要求

本专业主要培养面向建材工业、城市建设等方面的勘察设计、工程施工建设、道路工程、地

① 收集到的高等院校工程测量专业专科教学计划少，为便于与高等专科学校同类教学计划比较研究，特介绍本教学计划。

② 当时对专科毕业生的技术级别的要求。

质工程和非金属矿山开发和建设等需要的工程测量高级应用性技术人员。主要的业务要求如下：

(1)掌握三、四等控制测量的理论和技术，能进行城市、工程建设和矿区控制测量的内外业工作及组织生产作业和管理工作。

(2)较熟练地掌握地形绘图和大中比例尺地形测量的内外业全部理论和技术，能独立完成生产作业任务，了解地形图在勘察设计、工程建设、城市建设、地质勘查和矿山开发建设中的作用和用途。

(3)掌握工程测量的基本理论知识，能进行工程建设施工放样、道路工程、地质工程与矿山建设与开采等方面的工程测量工作，进行各种工程的竣工测量及建构筑物变形监测。

(4)初步掌握控制测量、地形测量、工程测量等测绘工程的勘察、技术设计、生产组织和管理工作的基本知识和一定的实践能力，具有一定的技术革新能力。

(5)达到使用外语阅读和翻译专业资料的初步能力；达到大学生体育锻炼标准，身体健康。

3)专业教学计划安排

工程测量专业教学计划的教学环节时间分配列入表 2.4 中，课程设置与教学进程计划列入表 2.5 中，实践教学项目安排列入表 2.6 中。

表 2.4　教学环节时间分配

专业：工程测量　　　　学制：专科三年制　　　　1988 年

项目 学期	入学教育	军训	课堂教学	考试	课程设计	教学实习	生产实习	毕业设计	公益劳动	机动	毕业教育	假期	合计	说明
Ⅰ	1	1	17	2								4	25	以教学周计
Ⅱ			16	2					1			6	25	
Ⅲ			13	2		6						4	25	
Ⅳ			18	2					1			6	27	
Ⅴ			15	2			6			1		4	28	
Ⅵ			9	1				8			1		19	
合计	1	1	88	11		6	6	8	2	1	1	24	149	教学总周数 119

表 2.5　课程设置与教学进程计划

专业：工程测量　　　　学制：专科三年制　　　　1988 年

序号	课程名称	教学时数			各学期教学周数与课程周学时数						说　明
		课时总数	讲课时数	实习实验	Ⅰ 17	Ⅱ 16	Ⅲ 13	Ⅳ 18	Ⅴ 15	Ⅵ 9	
	一、公共课	540	540								
1	中国革命史	66	66		2	2					
2	马克思主义基本理论	62	62				2	2			
3	形势与政策	34	34		2						占总学时 22.0%
4	法学基础	58	58			2	2				
5	体育	128	128		2	2	2	2	2		
6	英语	192	192		3	3	3	3	3		
	二、基础课	822	700	122							
7	高等数学	198	198		6	6	6				
8	物理学	148	108	40		6	4				
9	工程数学	78	78				6				
10	工程力学	108	90	18				6			占总学时 33.5%
11	算法语言	68	48	20	4						
12	电工学	90	70	20					6		
13	工程制图	68	68		4						
14	地形绘图	64	40	24		4					

续表

序号	课程名称	教学时数			各学期教学周数与课程周学时数						说明
		课时总数	讲课时数	实习实验	Ⅰ 17	Ⅱ 16	Ⅲ 13	Ⅳ 18	Ⅴ 15	Ⅵ 9	
	三、专业课	930	698	232							
15	地形测量	166	136	30	6	4					
16	测量平差	160	130	30			4	6			
17	控制测量	160	126	34			4	6			
18	电磁波测距	75	55	20					5		占总学时 38.0%
19	工程测量	75	55	20					5		
20	矿山测量	96	66	30					4	4	
21	微机应用	144	100	44					6	6	
22	测量仪器学	54	30	24						6	
	必修课合计	2 292	1 938	354	29	29	33	25	31	16	平均周学时 27.2
	四、选修课	159	159								
23	摄影测量	48	48			3					
24	采矿概论	39	39				3				占总学时 6.5%
25	地质概论	36	36					2			要求全部选修
26	建筑概论	36	36							4	
	总合计	2 451	2 097	354	29	32	36	27	31	20	周学时数
					8	9	10	7	7	4	周课程门数

——公共课设置

中国革命史、马克思主义基本原理、法学基础等课程，按政治理论教育统一要求进行教学；形势与政策课，按党的十一届三中全会以来党的方针政策，以及党的“十三大”建设有中国特色社会主义理论与新时期“一个中心，两个基本点”的基本路线为主要内容组织教学。

体育　以大学生体育锻炼标准为基础，讲授体育运动知识和运动技能，养成体育锻炼的良好习惯，使学生具有健康体魄。

英语　按高等专科学校英语教学大纲要求进行教学，要求学生通过专科英语等级考试，具有一定的听、说、译的能力，为进一步提高英语水平打下基础。

——基础课设置

高等数学　讲授函数及图形、数列及函数的极限、函数的连续性、导数与微分、导数应用、曲线与曲面积分、微分方程等内容。

工程数学　讲授线性代数基础、概率论与数理统计，以及球面三角等内容。

物理学　讲授力学、电磁学、分子运动和热力学基础、振动和波、物理光学，以及近代物理知识等，配合理论教学进行物理实验。

工程力学　讲授静力学、运动学、动力学、拉、压、剪、扭弯、复合、交变应力、稳定、静不定支荷作用等基本理论及其运算，了解机械运动和受力分析的理论基础。

电工学　讲授电机、电器、电工原件等基础知识，晶体、整流、放大、振荡、脉冲数字电路的原理等知识及其一般应用。

工程制图　讲授点、线、面的投影和画法，机械制图的基本理论，零配件及装配图的绘制技术，一般建筑和工艺图的绘制技术等，使学生掌握绘制机械和工程图的基本方法，以及识图能力。

地形绘图　讲授地形绘图的基本知识，掌握地形图中地物符号与地形地貌表示方法和绘图技术，掌握地形图绘制工具的使用和维护，为掌握地形测图技术打好基础。

算法语言　讲授计算机基本知识、BASIC 语言，达到自编程序进行计算机运算的能力。

——专业课设置

地形测量　讲授地形测量概念及其在测绘学中的作用和地位，常用经纬仪、水准仪、平板仪、测距仪的使用和维护，平面和高程图根控制测量的内外业，纸质测绘地形图的基本方法，测量成果和地形图的质量控制措施，地形图在工程上的使用等。

测量平差　讲授误差理论和最小二乘原理，直接平差、间接平差、条件平差和分组平差，以及近代平差的基本原理和方法，侧重在控制测量观测数据处理和工程测量精度设计及精度评定方面的应用。

控制测量　讲授控制测量的概念及其在测量工程方面的应用，精密经纬仪、精密水准仪、测距仪的操作技术和仪器的检校，采用边角网、导线网等形式建立城市与工程三、四等平面和高程控制网的基本原理、技术和作业方法，各种控制测量观测数据的处理和质量控制等；介绍全球定位系统的概念和定位原理，及其在控制测量中的发展前景。

电磁波测距　讲授电磁波测距的基本原理和测距方法，重点在于使用仪器能进行正确的操作，达到测距精度，对测距仪能进行一般的维护。

工程测量　讲授建筑工程测量中工程控制网的建立，建构筑物施工标定测量工作，设备安装测量，建筑工程管线测量，竣工测量和建构筑物的变形监测，道桥工程测量等。

矿山测量　讲授矿山控制网的建立（包括近井点）、井上下联系测量、贯通测量、露天矿开采测量、生产矿井测量、剥离量与采矿量和储量管理知识、岩石移动与沉陷观测，以及矿山测量图的绘制等。

微机应用　讲授编制微机程序的理论和方法，结合编制测量计算程序教学，提高编制测量计算程序的水平；训练使用各种平差计算和控制网优化设计程序进行微机操作，达到生产作业水平；安排 144 学时，有 44 学时的上机操作实习，可以使实际操作达到较熟练的程度。

测量仪器学　讲授经纬仪、水准仪、平板仪的基本结构、仪器性能、光学原理以及检校和维护保养知识；讲解测距仪、陀螺经纬仪等光机电的基本结构及其仪器构造原理等知识，重点在于正确使用和维护。

——选修课设置

摄影测量　介绍航空摄影测量的概念和基本原理、各种成图方法和专用仪器设备，重点介绍综合法测绘大比例尺地形图的方法，及其在工程测量中的应用；介绍地面摄影测量的概念和基本原理及作业方法等。

建筑概论　介绍土木建筑工程及其施工建设的基本知识、建筑工程施工图的识图和应用，以利于用测量技术为建筑工程施工服务。

地质概论　介绍地质与地质勘查的概念和基本任务，认识常见的矿物和岩石，了解地质勘查工程中的槽探、井探、坑探、物理探矿和钻探的作用及其测量工作，在编绘地质图中测量工作的重要性等。

采矿概论　介绍非金属矿山资源开采中的矿山建设和建材资源的采矿方法、设备和经营管理工作的知识，以及采矿过程中的安全措施等。

——实践教学项目安排

教学计划中安排的教学实习、生产实习和毕业设计项目及内容列入表 2.6 中。①地形测量实习的任务是：在教师指导下进行控制网加密测量和图根平面及高程控制测量，进行大比例尺地形测图，对测量成果和地形图进行质量检查和评定，按国家测量规范要求进行验收；全面锻炼学生的仪器操作和解决具体技术问题的能力。②测量生产实习的任务是:在教师和现场技术人员共同指导下,在充分实习的基础上,完成三、四等控制测量内外业工作,进行观测数据处理,提交控制测量成果;完成地形图测绘生产任务,或者进行建筑工程施工测量、道桥工程施工测量,以及矿山测量等;使学生在完成测量生产任务过程中,受到思想作风、测量技术操作能力的全面锻炼。③毕业设计,首先深入有关测绘生产部门学习和了解测绘生产情况,收集技术革新要解决的问题和项目,以及有关的材料等;结合测绘单位的技术革新项目,或按某项测绘工程任务控制网技术设计等项目,进行毕业设计,写出毕业设计论文;经答辩委员会评定合格的方能毕业。

表 2.6　实践教学项目

序号	实习项目与内容	学期	周数	说明
1	地形测量实习:控制加密和图根控制测量,大比例尺测图	Ⅲ	6	教学实习
2	测量生产实习:三、四等控制测量,地形测量或工程测量	Ⅴ	6	完成生产任务
3	毕业设计:生产部门收集资料,进行工程控制网技术设计	Ⅵ	8	结合实际工程
4	课堂教学中的实践课:354 学时折合 13 周		13	
合计	实践教学总周数		33	占教学总周数 27.2%

4)教学计划的特点

这个工程测量专业三年制专科教学计划的针对性很强,培养的工程测量专科毕业生是为全国建材工业系统的工程建设、道路工程和矿山建设与开发服务。教学计划的主要特点是:

(1)普通高等专科教育的数学、工程数学、物理、电工、工程力学、算法语言等基础课设置较全面,为学生在数理科学与计算机技术知识方面打下较为广泛的基础,给学生提高学历水平、接受再教育创造一定的有利条件。

(2)专业课设置针对性强。作为测绘工程技术基础的地形测量、测量平差、控制测量和电磁波测距等课程的课时安排较多,讲授的内容较全面,安排的课堂实习较充分,课堂教学效果、仪器操作训练和使用计算机进行各种测量计算能力培养将能取得较好成绩,为后续课工程测量、矿山测量学习打下较好基础。

(3)将为工程建设服务的测量课分为工程测量和矿山测量两门课开设,总时数为 171 学时,两门课共安排 50 学时的课堂实习,理论教学与实践教学都是较为充分的。分开设课表明,重视建筑材料矿山建设和开采测量技术人员的培养,兼顾工程建设测量技术人员的培养,使专科毕业生有较宽的就业选择机会。

(4)教学计划基本上反映了 20 世纪 80 年代中后期,建材工业系统各测绘单位的仪器装备和测绘技术水平,以传统测绘技术为主,毕业生可以适应当时的测绘工作。算法语言和微机应用两门课程总学时为 212,对提高学生计算机编程能力和使用各种计算机程序进行测量计算有利。

(5)教学计划尚待改进的有:适当调整专业课课时数,应考虑将数字测绘技术、全球定位系统技术、地理信息系统技术等单列设课;将微机应用课适当向前调整,更利于与算法语言课衔接,再与专业课的测量计算相配合,将发挥更大的作用;集中教学实习、生产实习和毕业设计的周数偏少,应调整到占全部教学周数的 30%以上为好。

10 年来工程测量专业加强专业建设,重点搞好师资队伍建设;在教学实践中不断修改和完善专业教学计划,使其跟上我国工程测量现代技术水平;建立了控制测量、地形测量和工程测量的教学实习基地,与测绘生产部门建立密切的协作关系,为测绘单位进行技术开发服务，获得生产实习任务。抓好课堂实习和教学实习，组织好测量生产实习，先后为潍坊、淄博、新泰等12个厂矿进行测量工程设计，通过生产实习完成测量生产任务；为山东省13个县进行了首次地籍调查和地籍测量，使各届专科毕业生受到完成三、四等控制测量、各种比例尺地形测图、地籍测量和各项工程测量的作业锻炼，提高了测量技术操作水平，对培养合格的专科毕业生起到了重要作用。“七五”、“八五”期间，培养出150多名工程测量专业专科毕业生。

2.5.4 高等专科学校的测绘专科教育

“七五”、“八五”期间，各高等专科学校有明确的办学方向，加强了学校建设。有些部委领导的高等专科学校新开办了测绘专科教育，原已开办测绘专科教育的学校，深入地进行了教学改革，制订了有特色的教学计划，较好地体现测绘专科教育针对性和实用性、培养高级应用性测绘技术人才、为社会主义建设服务的宗旨。

1. 南京交通高等专科学校工程测量专业

该校的前身是成立于1951年的南京航务工程学校。1978年经教育部批准升格为南京航务工程专科学校，1992年经国家教委批准更为现用校名。学校是交通部直属高等专科学校。1987年设工程测量专业，有专业教师11人，其中副教授1人、讲师6人、助教4人，实验技术人员3人(有1人是工程师)。1987年招三年制专科生1个班，1988年到1995年每年招2个班专科生，到1995年共招生510人。根据《普通高等学校工程专科教育的培养目标和毕业生的基本要求(试行)》，结合交通部门测绘工作的特点制订工程测量专业教学计划。除一般工程测量专业应设的课程外，在专业基础课和专业课中，开设了交通工程设计概论、交通工程施工、交通工程监理、港口工程测量、航道工程测量等具有交通行业特色的课程。使学生毕业后适应交通工程、港航工程、路政勘察设计和施工等工程测量工作。工程测量专业在教学中坚持产、学、研相结合的办学思路，在提高理论教学质量的基础上，从交通和港务等勘察设计和工程部门获得测量生产任务，组织学生进行测量生产实习，在完成测量生产任务中加强动手能力培养，提高学生的思想政治品质、理论联系实际等综合素质。由于培养学生业务定位恰当，毕业生受到用人单位的欢迎，很快成长为各测绘单位的技术骨干。学校鼓励中青年教师进修，提高学识水平和学位水平；鼓励教师开展科学研究活动，结合交通、港务工程实际开展测绘科技服务活动，密切了与交通和港务及勘察设计部门的产、学、研协作关系，体现了教育与生产劳动相结合，教育为社会主义建设服务的办学方针。学校重视现代测绘仪器装备的投入，装备有GPS接收机1套、全站仪5台、数字化测深仪2台等先进仪器和常规测绘仪器设备，保证了教学和测量生产实习的需要。工程测量专业是交通部所属院校中唯一培养测绘高级应用性技术人员的专业，毕业生的就业率高，受到学校和教育主管部门的重视。

2. 长春建筑高等专科学校工程测量专业

该校的前身是长春建筑工程学校，建于新中国成立初期，1980年被教育部公布为全国重点中等专业学校。隶属冶金工业部，之后划归中国有色金属工业总公司领导。1984年经教育部批准建成长春建筑高等专科学校。20世纪80年代后期，建筑工程及其结构的现代化发展，要求掌握现代测绘技术和仪器的建筑工程测量人员为各种类型的建筑工程施工服务。学校在调研的基础上，经申请，获中国有色金属工业总公司教育局批准，于1992年设立专科三年制的工程测量专业。有测绘专业教师7人(1位副教授)，在生产实习时聘请现场工程师担任指导教师。学校投入40余万元购置电子经纬仪、全站仪、激光经纬仪和E-500便携式计算机，教学仪器设备达到了当时吉林省同类测绘生产单位的仪器装备水平，保证了教学需要。工程测量专业1992年开始招生，每年招一个班40人左右。根据国家教委《关于加强普通高等专科教育工作的意见》、《普通高等学校工程专科教育的培养目标和毕业生的基本要求(试行)》，结合为建筑行业服务的特点，编制工程测量专业教学计划。工程测量专业教学计划介绍于下。

1)培养目标与毕业生的基本要求

工程测量专业培养能够坚持社会主义道路，德、智、体诸方面全面发展，获得工程师初步训练，主要为建筑工程行业服务的高级应用性工程测量技术人才。

学生毕业后，主要去建筑工程勘察设计、施工等部门，从事勘察设计、建筑工程施工等测量技术的设计、施测和管理等工作。

学生经过3年的培养，具有坚定正确的政治方向，热爱祖国，拥护共产党的领导，关心国内外大事，懂得马列主义、毛泽东思想基本原理和建设有中国特色社会主义理论；具有建设"四化"、振兴中华的理想，有为人民服务、艰苦奋斗的优良品质，具有社会主义的事业心和责任感。掌握本专业培养目标所必需的基础理论知识、较强的实用专业知识、一定的相关工程技术和技术管理知识。掌握本专业培养目标所必需的制图、运算、使用计算机、仪器操作和测绘生产作业能力。学习一门外语，具有阅读和翻译本专业外文资料的初步能力。具有良好的心理素质和一定的人文知识修养。达到大学生体育运动合格标准，身体健康。

2)专业方向和业务要求

本专业毕业生的业务能力要求：

(1)掌握建立工程与城市三、四等平面及高程控制网的原理，进行外业和内业工作，提交出合格的测量成果。

(2)较熟练地掌握大中比例尺地形测量的全部业务工作，图根控制测量、地形测图、地形图的质量检查等都能达到国家规范要求。

(3)掌握工程建设场地施工控制网建立的原理和方法，掌握建构筑物施工放样、设备安装等测量工作，能进行建筑工程竣工测量和建构筑物变形监测等。

(4)能担任道桥工程的施工测量、工业与城市管线工程测量；能担任土地资源调查、地籍测量和土地管理工作。

(5)能担任上述各项测量工程的技术设计、测量作业计划制定、测量质量控制，以及撰写测量工作总结报告等。

3)教学计划安排[①]

教学计划中的教学环节时间分配列入表2.7中，课程设置与教学进程计划列入表2.8中，实践教学项目列入表2.9中。这个教学计划是在1992年制订的教学计划基础上，经实践过程进行修改形成的。

(1)公共课设置。马克思主义原理、中国革命与特色理论、品德与法律等课程，按高等院校统一要求的教学内容设置。体育、外语课，按高等专科学校教学要求设置。

---

① 课程设置，只介绍表征本教学计划特点的课程内容，其他课程内容从略。

表 2.7　教学环节时间分配

专业:工程测量　　学制:专科三年　　1995 年 7 月修订

学期	入学教育	课堂教学	考试	课程设计	教学实习	生产实习	毕业设计	公益劳动	机动	假期	毕业教育	合计	说明
Ⅰ	1.5	15	1					1	1	5		24.5	以教学周计
Ⅱ		13	1		7					4		25	
Ⅲ		19	1	1					1	5		27	
Ⅳ		8	1	1	1	10		1		4		26	
Ⅴ		15	1	1	2			1		5		25	
Ⅵ		8	1	1	1		8		1		1	21	
合计	1.5	78	6	4	11	10	8	3	3	23	1	148.5	

表 2.8　课程设置与教学进程计划

专业:工程测量　　学制:专科三年　　1995 年 7 月修订

序号	课程名称	按学期分配		教学时数						各学期教学周数与课程周学时数						说明
		考试	考查	课时总数	分项时数					Ⅰ	Ⅱ	Ⅲ	Ⅳ	Ⅴ	Ⅵ	
					讲课	实验	习题	课内设计	现场教学	15	13	19	8	15	8	
	一、公共课			467	467											占总学时的 22.2%
1	马克思主义原理	Ⅰ,Ⅱ		55	55					2	2					
2	中国革命与特色理论	Ⅲ,Ⅳ		54	54							2	2			
3	品德与法律	Ⅰ～Ⅳ		55	55					1	1	1	1			
4	体育	Ⅰ～Ⅳ		109	109					2	2	2	2			
5	外语	Ⅰ,Ⅱ	Ⅲ～Ⅴ	194	194					4	4	2	2	2		
	二、基础课			561	481	34	46									占总学时的 26.7%
6	高等数学	Ⅰ,Ⅱ		140	134		6			6	4					
7	工程数学	Ⅰ,Ⅱ		95	91		4			3	4					
8	微机与程序设计	Ⅱ		63	29	34					5					
9	工程制图		Ⅰ	75	65		10			5						
10	测量绘图		Ⅱ	50	34		16				4					
11	力学与结构	Ⅲ	Ⅳ	138	128		10					6	3			
	三、专业课			934	762		70	76	26							占总学时的 44.4%
12	地形测量	Ⅰ,Ⅱ		140	122		12		6	6	4					
13	测量平差	Ⅲ,Ⅳ		108	100		8					4	4			
14	建筑施工技术与预算	Ⅴ	Ⅵ	138	104		4	30						6	6	
15	控制测量	Ⅲ,Ⅳ		124	103		6	15				4	6			
16	工程测量	Ⅴ		90	76		6		8					6		
17	地籍测量		Ⅳ	48	48								6			
18	测量经济管理		Ⅵ	32	32										4	
19	摄影测量	Ⅵ		48	28		16		4						6	
20	城镇规划	Ⅴ		60	35		6	15	4					4		
21	房屋建筑	Ⅲ		114	94			16	4			6				
22	数据处理	Ⅵ		32	20		12								4	
	必修课合计			1962	1 710	34	116	76	26	29	30	27	26	18	20	平均周学时 25
																课内实践 252 学时
	四、选修课			208	186		22									
23	测量法规		Ⅵ	16	16										2	
24	CAD 技术应用		Ⅴ	60	38		22							4		
25	地理信息系统		Ⅵ	16	16										2	
26	工程建设监理		Ⅴ	8	8										1	
27	公共选修课		Ⅲ,Ⅳ	108	108							4	4			任选,双休日上课
	要求选修课时			140												占总学时的 6.7%
	总课时数			2 102						8	9	9	9	5	7	周课程数
										29	30	31	30	22	25	周总学时数
										7	8	7	5	3	2	学期考试门数
										1	1	2	4	3	4	学期考查门数

(2)基础课设置。高等数学和工程数学(线性代数、概率与数理统计)课,为满足测量平差和各门专业课教学的基础理论需要而设置。力学与结构课,是为建筑工程服务的测量技术人员应具备的基础理论知识而设立。微机与程序设计课,为学生掌握计算机基础知识和具有计算程序设计能力而设立的,为后续专业课中数据处理课和选修课中的 CAD 技术应用课作知识准备。工程制图课,讲授建筑工程制图的原理和画法,为学生认识和使用建筑设计与施工图打下基础。测量绘图课,主要讲授地形图上地形、地物的表示方法及其符号绘制技术,为地形测图、地籍测量作基本技术准备。

(3)专业课设置。地形测量、测量平差和控制测量 3 门专业课,是工程测量高级应用性技术人员必须掌握的技术,是经典测绘学中主要的理论基础、技术基础和技能基础,是学好工程测量、地籍测量、摄影测量必须具备的知识条件,因此是工程测量专业的主干课程。设建筑施工技术与预算、城镇规划、房屋建筑等课程,是使学生了解和掌握这些课程的基本知识和技术,以及如何利用测量技术更好地为建筑工程服务,在保证建筑工程质量方面起重要作用。本专业的主课工程测量,讲授建筑工程控制网的建立、建筑施工测量、设备安装测量、道桥施工测量、城市与工业厂区管线测量、工程竣工图测绘和建构筑物变形监测等。地籍测量课,在地形测量基础上讲授地籍管理方面对测量的特殊要求、测绘地籍图的技术,以及土地资源管理方面的技术和法规;地籍测量技术是工程测量专业毕业生的一个可以选择的专业方向。摄影测量课,讲授航空摄影测量基本原理、各种测绘地形图的方法和专用仪器,重点介绍综合法成图技术和作业方法,及其在工程测量中的应用。数据处理课,讲授测量观测数据的平差计算和精度评定,使用计算程序进行计算的技术和方法,每个学生必须掌握这项技术才能适应现代测量技术工作要求。测绘经济管理课,主要介绍测量工作组织计划、测量工程技术设计与工程预算,以及测量工程的质量保证措施等。

(4)选修课设置。测量法规课,主要介绍城市测量规范和工程测量规范中,有关控制测量、地形测量、地籍测量,以及各种工程施工测量方面的作业方法、精度要求、成果整理要求的规定等。CAD 技术应用课,讲授计算机绘图原理和技术,进行计算机绘图实习,掌握绘图技术。地理信息系统课,介绍地理信息系统的概念和在信息产业的应用,只是一般性的介绍。工程建筑监理课,介绍保证工程质量的法规和检查工程质量的方法,以及监理人员对工程质量的责任等;建筑施工部门的测量技术人员,对工程质量负有重要责任,因此,开设这门课程非常必要。公共选修课,是学校为各专业学生开设的人文、艺术、社会科学等门类的选修课,由学生自由选择。选修课总计 208 学时,要求学生必选 140 学时的课程。

(5)实践教学项目。如表 2.9 所示,图根控制测量教学实习,在掌握普通经纬仪、水准仪和测距仪操作技术的基础上,以测距导线测量和水准测量为主的图根控制测量实习。地形测量教学实习,从图根控制测量开始,到完成大比例尺地形测图和地形图质量检查的全部内外业作业,达到城市地形图测绘的精度要求。控制测量教学实习,按三、四等控制测量精度进行水平角、垂直角,以及三等水准测量和电磁波测距仪测距实习,观测精度和记录应达到规范要求。测量生产实习,在教师和现场技术人员指导下,承担控制测量、地形测量或地籍测量的生产任务,在搞好各项作业实习的基础上,按国家规范要求完成生产任务,经测量主管部门检查验收。工程测量实习重点是建构筑物的施工放样测量工作,以及道路和管线施工测量,第Ⅴ学期以实习为主,第Ⅵ学期以施工现场作业为主。

表 2.9　实践教学项目

实习项目				设计项目			
序号	实习内容	学期	周数	序号	设计内容	学期	周数
1	图根控制测量教学实习	Ⅱ	1	1	房屋建筑设计	Ⅲ	1
2	地形测量教学实习	Ⅱ	6	2	控制测量布网设计	Ⅳ	1
3	控制测量教学实习	Ⅳ	1	3	施工图预算	Ⅴ	1
4	测量生产实习，完成测量生产任务	Ⅳ	10	4	施工组织设计	Ⅵ	1
5	工程测量现场实习	Ⅴ	2	5	毕业设计	Ⅵ	8
6	工程测量现场实习	Ⅵ	1				
7	课堂教学实习实验 252 学时折合		10				
	合计		31		合计		12

注：实践教学总计 43 周，占总教学周 117 的 36.8%。

课程设计。安排 1 周的控制测量布网技术设计，即控制网的优化设计，巩固所学的控制网建立的理论和控制网精度估计理论和计算方法。安排房屋建筑设计、施工图预算、施工组织设计，使学生了解和掌握建筑工程和施工方面的技术，更好地用测量技术为工程建设服务。

毕业设计。到测绘生产单位、工程建设施工单位和土地管理部门实习和收集资料，可选择城市与工程控制测量技术设计、建筑工程控制网技术设计、大型工程施工测量与设备安装测量、大型建构筑物变形监测、道桥工程施工测量，以及土地管理与地籍测量等课题，以实际工程为依托进行毕业设计。运用测量工程的基本理论与技术，解决工程实际问题，撰写出毕业论文。独立完成一项技术设计，可反映其学习成绩的综合水平。经毕业论文答辩委员会评议合格才能毕业，优秀毕业论文给予奖励。

4）教学计划的特点

(1)打好基本测量理论和实践技术基础，给地形测量、测量平差、控制测量和摄影测量安排了较充分的理论教学和实践教学课时和集中实习时间，为学好后续地籍测量与工程测量打下了较坚实的基础。

(2)为使学生了解和掌握建设工程及其相关知识和技术，给建筑施工技术与预算、城镇规划和房屋建筑等课程安排了较充裕的课堂教学时数及课程设计时间，使工程测量专业毕业生用测量技术更好地为建设工程服务。

(3)工程测量课突出建筑工程、道桥工程、管线工程的工程控制、工程放样、设备安装，以及建构筑物变形监测等测量原理与技术，而且在第Ⅴ、Ⅵ学期共安排 3 周的实习，使学生得到实际的作业锻炼；学完地形测量、控制测量、地籍测量课程，使本专业的毕业生可以在城市勘察测绘院、建筑工程设计院、建筑工程施工部门和土地管理部门寻求就业机会。

(4)教学计划中，从工程测量专业主要为建筑工程施工建设服务这一角度出发，没有强调数字化测绘、GPS 定位等新技术。考虑工程测量专业技术的完整性，应适当增加现代测绘技术课程和教学内容。

学校和工程测量专业教师，在搞好课堂教学基础上，重视组织完成测量生产任务的实习。利用学校在建筑工程界的声誉和测绘专业教师在吉林省测绘界的学术影响力，获得承担测绘生产任务的机会。几年来先后承担延吉市小营地区 4 km^2 的 1∶1 000 地形测量、前郭尔罗斯旗城区 5 km^2 的 1∶500 地籍测量等多项任务。在教师和现场技术人员的共同指导下，学生进行了控制测量、地形测量和地籍测量等生产实习。按相应的国家规范要求进行作业，延吉小营地区 1∶1 000 的 16 幅地形图，经延吉市规划勘测设计院检查验收，全部符合规范要求；前郭尔罗斯旗地区 5 km^2 的 1∶500 的 80 余幅地籍图、大量宗地图和打印的各种统计资料，经松原市地籍调查检查验收委员会检查，认为全部符合地籍测量规范要求，予以验收。通过完成测量生产任务的实习，学生受到了思想作风、测绘技术操作能力和理论联系实际的综合锻炼，提高了毕业生的综合质量。教师在组织测绘生产实习中，提高了按国家测量规范组织和指导测绘生产的能力，密切了与测绘生产部门的协作关系，在建设"双师型"师资队伍和产学研相结合的办学模式方面向前迈进了扎实的一步。

3. 长春工业高等专科学校测绘工程专业

学校的前身是冶金工业部所属的长春冶金地质学校。1980年学校是教育部公布的全国重点中等专业学校。1985年，经教育部批准，改建为长春冶金地质专科学校，1992年经国家教委批准更名为现用校名。1986年，学校的测量教研室，为东北三省矿山举办一年制的在职测量技术人员提高班。1990年，矿山测量技术人员短缺，地质技术人员供大于求，学校决定将地质专业1个中专班改为测量专业（在地质专业的教学中，已经学完地形测量与矿山测量课），再学一年测量专业课，按测量专业中专毕业分配工作。为开办测绘工程专业专科教育，学校加强测绘专业教师的培养，鼓励青年教师攻读测绘专业硕士学位，到高校测绘专业进修。投入资金购置精密经纬仪、精密水准仪、测距仪、全站仪和计算机，建立测量专业实验室和计算机室。1994年，开始招收三年制矿山地质与测绘工程专业专科学生，为矿山建设和地质勘查培养地质与测量兼备的高级应用性技术人才。这个专业的选择是根据矿山建设和地质勘查的实际需要确定的，而且能充分发挥学校地质专业专科教育水平高的优势，与测绘专业相结合，培养出复合型技术人才。在制订教学计划、课程教学大纲、选择专业教材等方面，没有现成的模式可以参考，全靠专业教师在教学实践中探索，逐步形成自己的教学模式。在公共课和基础课教学中，抓住高等数学（包括工程数学）、外语和计算机技术3门关键性课程，加大教学和辅导力度，为其他后续课的学习打好基础。在矿山地质和测绘工程的主课方面，在上好理论课基础上，搞好地质与测量教学实习和测量生产实习，加强学生的动手能力培养，在理论联系实际的实践中增长才干，既提高了专业技术水平，又锻炼了思想作风。第一届矿山地质与测绘工程专业专科生42人毕业后，被分配到全国各地的矿山和地质部门从事测绘工作。1997年，开始招测绘工程专业三年制专科学生。

4. 本溪冶金高等专科学校工程测量专业

1985年改建高等专科学校后，即将原中专矿山测量专业改建为专科三年制工程测量专业。当年招1个班的专科生，1986年起招2个班的专科生。根据当时我国工程测量和矿山测量生产单位测绘技术与仪器装备水平，结合冶金工业建设与黑色冶金矿山建设开发的实际需要，制订出工程测量专业的教学计划。随着"七五"期间我国测量技术现代化水平不断提高，现代测绘仪器广泛应用，对原教学计划进行过修改和补充，课程设置和教学内容也进行了改革，使教学跟上测绘生产单位技术发展的水平。1991年1月，国家教委颁发了《关于加强普通高等专科教育工作的意见》，3月又印发了《普通高等学校工程专科教育的培养目标和毕业生的基本要求（试行）》。以这些文件精神为依据，考虑到"八五"期间我国工程测量生产单位对3S技术和数字化技术应用的水平，顾及专科毕业生技术水平的定位是"获得工程师初步训练的高级工程技术应用性人才"，对教学计划又进行修订，形成了1995年的工程测量专业教学计划。工程测量专业教学计划简介于下。

1）培养目标与毕业生的基本要求

本专业培养坚持社会主义道路的，德、智、体诸方面全面发展的，获得工程师初步训练的工程测量高级应用性技术人才。学生毕业后去工程建设和矿产资源开发等部门的生产第一线，从事勘察设计、建筑工程施工、矿山建设与开采、城市建设与土地资源利用的工程测量技术设计、施测和工程管理等工作。

毕业生热爱祖国，拥护共产党领导，有社会主义民主和法制观念，关心国内外大事，懂得马列主义、毛泽东思想基本原理和建设有中国特色社会主义理论；积极参加社会实践，具有理论联系实际、实事求是的科学态度；有为人民服务、艰苦奋斗、实干创新和集体主义精神，勤奋学习，遵纪守法，有社会主义的事业心和责任感，有良好的道德品质。掌握达到工程测量专业培养目标所必需的基本理论知识、较强的专业知识、一定的相关工程技术知识，以及技术经济和管理知识。具有本专业所必需的制图、运算、测绘仪器操作、使用计算机等基本技术和进行测量作业能力，有分析解决一般工程实际问题的能力和自学能力。学习一门外语，有阅读与翻译本专业外文资料的初步能力。掌握体育运动的基本技能，达到国家大学生体育合格标准，身体健康。有良好的文化修养、心理素质，以及社会人文知识。

2)业务能力要求

工程测量专业毕业生在业务能力上应达到：

(1)掌握三、四等控制网建立的常规方法和GPS定位的基本原理与技术；能使用精密经纬仪、全站仪、测距仪、精密水准仪和GPS接收机进行平面和高程控制测量外业工作；掌握观测数据处理的基本理论，使用计算机和相应的平差计算软件，进行平面和高程控制测量的数据处理和精度评定。

(2)掌握地形测量和地籍测量的基本原理和方法；能独立进行平面和高程测图控制测量；掌握地形图与地籍图的纸质测图作业方法及其质量控制要求；掌握大比例尺地形图和地籍图的数字化测绘方法，以及内业计算机成图作业；了解地形图扫描数字化的操作技术和方法。

(3)掌握建筑工程施工区域工程控制网的建立原理和方法；能进行工程场地平整测量工作；掌握施工放样作业方法和精度要求，能进行设备安装和检验的测量工作；掌握建构筑物变形监测的原理和施测方法等。

(4)能进行线路工程测量的勘测，铁路、公路工程施工和桥涵工程测量，以及城市和工业厂区的管线工程测量等。

(5)能进行矿山控制网的建立、近井测量和矿井定向测量；掌握贯通测量的基本原理与作业方法，以及井巷施工测量；能担任露天和地下采矿的生产测量工作，以及采剥量与储量管理工作。

(6)初步掌握编制测量计算的计算机程序设计的原理和方法；能够较熟练地使用各种测量平差、测量成果管理、数字化成图等软件；能使用GPS软件进行控制点定位计算和平差计算；利用GIS软件进行测量数据管理，使用办公软件编制测量成果和技术总结报告等。

(7)了解控制测量、地形与地籍测量和工程测量的技术设计、生产计划和组织，以及按测量规范进行质量检查的工作内容。

3)教学计划的安排[①]

教学计划的教学环节时间分配列入表2.10中，课程设置与教学进程计划列入表2.11中，

① 教学计划中的课程设置，仅作简要介绍。

实践教学项目列入表 2.12 中。把理论教学集中安排在第一、二学年的 4 个学期中，将实践教学集中安排在第三学年的Ⅴ、Ⅵ学期中。

表 2.10　教学环节时间分配

专业：工程测量　　学制：专科三年制　　1995 年 6 月

学期	入学教育	军训	理论教学	考试	认识实习	教学实习	生产实习	毕业实习	毕业设计	机动	毕业教育	假期	合计	说明
Ⅰ	1	2	14	1						3		5	26	以教学周计
Ⅱ			20	1								4	25	
Ⅲ			16	1	3	1						5	26	
Ⅳ			17	1	1	1						4	24	
Ⅴ							21					5	26	
Ⅵ								10	8	1	1		20	
合计	1	2	67	4	4	2	21	10	8	4	1	23	147	教学总周数 116

表 2.11　课程设置与教学进程计划

专业：工程测量　　学制：专科三年　　1995 年 6 月

序号	课程名称	按学期分配		教学时数					各学期教学周数与课程周学时数						说　明
		考试	考查	课时总数	讲课	实验	上机	课堂练习	Ⅰ 14	Ⅱ 20	Ⅲ 16	Ⅳ 17	Ⅴ 21	Ⅵ 20	
	一、公共课			442	442										占总学时的 31.5%
1	哲学		Ⅰ	28	28				2						
2	毛泽东思想概论		Ⅰ	24	24				2/12						
3	邓小平理论概论	Ⅲ		32	32						2				
4	思想道德修养		Ⅱ	20	20					1					
5	法律基础		Ⅱ	20	20					1					
6	体育		Ⅰ～Ⅳ	134	134				2	2	2	2			
7	外语	Ⅰ～Ⅳ		184	184				3	3	3	2			* 专业主干课，下同
	二、基础课			490	376	12	82	20							占总学时的 35.0%
8	高等数学	Ⅰ，Ⅱ		102	102				3	3					*
9	计算机基础	Ⅰ		56	28		28		4						*
10	C 语言程序设计	Ⅱ		60	30		30			3					*
11	线性代数	Ⅱ		40	30			10		2					*
12	概率与数理统计		Ⅱ	40	30			10		2					
13	测量学基础	Ⅲ		64	52	12					3				*
14	测量平差基础	Ⅲ		64	52		12				4				*
15	地理信息系统		Ⅲ	32	20		12				2				
16	地籍管理		Ⅲ	32	32						2				
	三、专业课			340	256	32	52								占总学时的 24.2%
17	数字测图原理与应用	Ⅳ		51	25		26					3			*
18	数字地籍测量	Ⅳ		51	25		26					3			*
19	控制测量	Ⅳ		51	41	10						3			*
20	GPS 测量原理及应用	Ⅳ		51	41	10						3			*
21	工程测量	Ⅳ		102	90	12						6			*
22	专业外语	Ⅳ		34	34							2			*
	必修课合计			1 272	1 074	44	134	20	16	17	18	24			Ⅴ、Ⅵ学期为实践课
									6	8	7	8			课程门数
									3	4	4	7			考试门数
															课内实践 252 课时
	四、选修课			206											必选课不少于 130 学时
23	道路勘测		Ⅲ	48							3				必选课
24	工程法规与合同管理		Ⅱ	32						2/16					必选课
25	科技写作		Ⅱ	10						1					必选课，11 周起上课
26	图书文献检索		Ⅰ	10					1/10						必选课
27	形势教育		Ⅰ	14					1/10						必选课
28	健康教育		Ⅰ	10					1/10						

续表

序号	课程名称	按学期分配		教学时数					各学期教学周数与课程周学时数						说明
		考试	考查	课时总数	讲课	实验	上机	课堂练习	Ⅰ 14	Ⅱ 20	Ⅲ 16	Ⅳ 17	Ⅴ 21	Ⅵ 20	
29	军事理论		Ⅰ,Ⅱ	34					1	1					
30	影视鉴赏		Ⅰ	10					1/10						
31	人文素质教育		Ⅰ	10						1/10					
32	音乐鉴赏		Ⅱ	10						1/10					
33	公共关系学		Ⅱ	10						1/10～20					
34	就业指导		Ⅲ	8							1				必选课,9～16周上课
	必选课时			130	130										占总学时9.3%
	总课时数			1 402	1 204										

(1)公共课设置。哲学、毛泽东思想概论、邓小平理论概论、思想道德修养和法律基础等课程,按统一规定要求,使用统一教材。体育课按专科教学大纲授课。外语课(英语)按专科教学大纲授课,在专业课中又开设专业外语课,使外语课综合教学效果达到对毕业生外语要求的目标。

(2)基础课设置。高等数学、线性代数、概率与数理统计(共182学时),构成专业课的数学理论基础。计算机基础、C语言程序设计课,为测量计算程序设计、顺利使用计算机平差计算程序、进行数字化计算机成图和学习地理信息系统知识打下基础,使计算机在课堂教学和各种测量实习应用中3年不断线。测量学基础课,讲授经典测量学内容,为测量仪器操作、地形测图训练打好基础。测量平差基础,为专业课的观测数据处理打好理论基础,使用计算机程序进行平差计算和精度评定。地理信息系统课,扩大学生测绘与地理信息产业的知识面,为将来遇到测量信息管理系统、地籍信息管理系统管理工作打下一定基础。地籍管理课,讲授地籍管理知识和法规,可与专业课数字地籍测量课构成地籍测量与土地管理方面的技术基础。

(3)专业课设置。数字测图原理与应用课,主要讲授数字化地形测量的原理、施测方法和计算机成图软件的使用与成图技术,用计算机成图操作;数字地籍测量课,讲授利用数字化测图方法进行地籍测量的具体作业技术和有关要求,并上机操作实验。控制测量课,讲授采用三角网、边角网、导线网等经典方法建立平面控制,以及采用水准测量和三角高程测量方法建立高程控制的理论、技术和方法;GPS测量原理及应用课,讲授利用GPS接收机接收定位卫星信号,经计算机处理确定待定点位置和高程,建立控制网的理论和方法。这两门课构成建立现代工程和城市控制测量的应用新技术。工程测量课,讲授工程控制网建立、施工场地整平测量、施工放样测量、设备安装测量、城市与工业管线测量、建构筑物变形监测,以及露天和井下开采的矿山测量等内容,与选修课中的道路勘测课,一起构成工程测量课程体系,形成工程测量的作业能力。为加强外语教学,设专业外语课,形成测绘专业外文资料的初步翻译能力。

(4)选修课设置。设12门选修课程,其中必选课为道路勘测、工程法规与合同管理、科技写作、形势教育等,不少于130学时,其余课程由学生任选学习。

(5)实践教学项目。如表2.12所示,第Ⅲ学期在开测量学基础课之后,设3周的认识实习,是组织学生参观测绘生产单位及其作业情况和测量成果展示,使学生了解工程测量专业是干什么的、生产出哪些测量成果、在工业建设和国民经济发展中的作用和地位如何。第Ⅲ学期1周的测量实习,主要进行测量学的基本测量仪器操作训练和地形测量纸质测图实习。第Ⅳ学期的认识实习,是组织学生前去与各门专业课有关的测绘单位、建筑工地和矿山进行专业测量作业参观学习。第Ⅳ学期1周的测量实习,主要是对控制测量仪器、GPS接收机等进行操作实习，对工程放样工作进行操作实习，为第Ⅴ学期的生产实习做准备。第Ⅴ学期10周的地形测量或地籍测量生产实习，根据生产任务的要求可采用白纸测图或数字化测图；8周的控制测量生产实习，就生产任务要求，可采用常规方法或GPS测量方法进行生产实习；3周的工程测量生产实习，可在施工现场或矿山进行。第Ⅵ学期10周的毕业生产实习，从控制测量、地形（地籍）测量到工程测量，进行综合性的生产实习作业，进一步进行生产实践锻炼，同时收集毕业设计课题的有关资料。第Ⅵ学期的毕业设计，可选择控制网（GPS网）、数字化测图、工程测量的个别问题和GIS等课题进行毕业设计和答辩。加上课堂教学的实习实验课折合10.5周实践教学，总计实践教学为55.5周，占总教学周数的47.8%。

表2.12　实践教学项目

序号	项目名称及内容	学期	周数	说　明
1	认识实习：参观测绘生产单位及其作业和生产成果	Ⅲ	3	
2	测量实习：地形测量仪器操作，地形测图实习	Ⅲ	1	
3	认识实习：建筑工地、矿山现场参观实习	Ⅳ	1	
4	测量实习：控制测量仪器操作与观测，工程放样实习	Ⅳ	1	
5	地形测量生产实习：图根控制，白纸测图，数字化成图生产	Ⅴ	10	
6	控制测量生产实习：完成三、四等平面与高程控制测量内外业生产	Ⅴ	8	包括GPS测量
7	工程测量生产实习：建筑工地或矿山进行施工测量或生产矿井测量	Ⅴ	3	包括露天矿
8	毕业生产实习：从控制测量、地形测量到工程测量进行全面实习	Ⅵ	10	收集毕业设计资料
9	毕业设计：控制网（GPS）、数字成图及GIS等课题设计	Ⅵ	8	选题进行毕业设计
10	课内实践教学周数：198课时折合10.5周实践教学		10.5	周平均课时18.8
	合计		55.5	占教学总周数的47.8%

4）教学计划的特点

（1）教学计划中未设物理学、化学、电子学等理科课程，集中课时放在与测绘专业有直接关系的基础课上。与测绘有关的基础课及专业课的课时普遍较少，因此，要精心备课，做到讲课少而精，采用现代化教学手段，利用专题电教片等完成容量较大的课堂教学任务。

（2）教学计划中某些基础课和专业课分配的课时数偏少，必修课的总课时为1 272，加上必选课的130学时，教学总时数为1 402。这比《普通高等学校制订工程专科专业教学计划的原则规定（试行）》中，最高课时限制数2 100课时少600余课时，也只有这样才能把第Ⅴ、第Ⅵ学期计划为全部是实践教学时间。这就形成Ⅰ、Ⅱ、Ⅲ学期周课时在16～18之间，Ⅳ学期周学时为24，平均周学时为18.8。这个教学计划在第一、第二学年，给学生以较多的自学时间，有利于消化容量较多的课堂教学内容。

（3）第三学年两个学期全部是实践教学，共5个实践教学项目。不仅需要精心组织和周密地计划安排，而且需要学校和工程测量专业，同工程建设部门、矿山有密切的产学研协作关系，并得到这些单位对教学的大力支持，才能按计划安排这些项目的参观实习、生产实习和毕业设计。这项教学改革的目的，是让学生在较全面而集中的测绘工程实践中，进行各种测量作业的动手能力训练，增长才干，积累测绘工作经验；锻炼思想品德和培养职业道德，养成克服困难完成任务的作风；获得理论联系实际、解决具体技术问题的能力，培养学生的创新精神，体现专科毕业生的特色。

（4）教学计划从基础课和专业课设置，到实践教学安排，突出了测绘科学新技术的学习和应用。在学习掌握测量学和控制测量传统理论和技术的基础上，强调了学习和掌握GPS定位技术、数字化测绘技术和地理信息系统技术，使本专业的毕业生能适应20世纪90年代我国工程测量部门对高级应用性测绘技术人员的要求，这是这个教学计划的特色。

“七五”、“八五”期间，为提高教学质量采取的措施。

1)加强师资队伍建设和改善办学条件

“七五”、“八五”期间，学校重视测绘专业教师队伍建设，吸收测绘专业本科毕业生和研究生来校任教，创造条件选派青年教师到高校测绘专业进修和攻读硕士学位。鼓励教师学习教育学理论、进行教学法研究和试验，提倡开展科学研究活动，组织教师编写出版专业教材，派教师深入建筑工地和矿山进行测绘生产状况调研，要求老中青教师在搞好课堂教学基础上搞好测量专业生产实习，全面提高教学质量。经过10年的努力，到1995年有12名专业教师，其中教授1人、副教授5人、讲师4人、助教2人，有3人具有硕士学位；形成了符合测绘高等专科教育需要的“双师型”教师队伍，保证了工程测量专业的教学质量不断提高。

10年来，学校投入了大量资金，购置现代测绘仪器，建立起工程测量实验室、GIS实验室和专用计算机室。主要仪器设备有：J_1、J_2和J_6级光学经纬仪85台，电子经纬仪12台，光电测距仪2台，Leica与Nikon等厂的全站仪10台；S_1、S_3水准仪40台，Leica数字水准仪1台；Trimble5700、Ashtech GPS接收机各一套，每套2台；Epson Stylus Pro10000和Hp Designjet 800型绘图仪各1台。为各实验室配备了各种测量控制网平差计算、数字化测图、扫描数字化和地理信息系统(GIS)等方面的计算机软件。这些仪器和实验室设备，较好地满足了工程测量专业现代技术教学和生产实习的需要，也为教师开展科研活动和测绘技术服务创造了有利条件。

2)建立产学研相结合的专科教育模式

(1)搞好课堂教学与课外辅导。执行新的工程测量专业教学计划，许多课程课时少，每堂课的教学容量大，要取得好的教学效果，要求教师必须做到认真备课、做好利用现代教学手段的计划，使课堂教学生动活泼，以启发式的形式调动学生的积极性，达到课堂教学计划规定的目标。由于周课时少，学生有较多的自主学习时间，要因人而异地引导学生进行自学，加强课后辅导，解决学生的疑难问题；提供参考资料，发挥学生的潜力，培养创新精神。端正学生的学习目的，把培养学生实事求是的科学态度融入到整个学习过程之中，发挥教师教书育人的作用。

(2)建立与测量生产部门的协作关系。本溪冶金高等专科学校是本溪市钢铁工业区唯一的普通高等专科学校，许多毕业生分布在钢铁公司、冶金建设公司、矿山建设公司和城市建设等部门的领导岗位。由于学校历年生产实习成果质量好，受到各单位的欢迎，建立协作关系基础好，使工程测量专业每年都能获得测量生产实习的任务。这一时期，通过完成本溪市石桥子开发区、大连市金州开发区等地的大比例尺地形测量，以及本溪市土地利用现状调查与测绘任务，使学生从完成控制测量、地形测量、地籍测量等生产任务过程中，进行了常规与GPS控制测量、纸质测图与数字化测图等作业的锻炼，提高了操作水平，得到了理论联系实际、解决具体技术问题的实践机会。学生们从完成测量生产任务的成果，看到了工程测量在国民经济建设中的作用。由于工程测量专业教师的业务水平较高，在协作中可为测量生产部门进行技术开发和技术服务，这种产学研协作关系成为测绘专科教育培养较高质量毕业生的重要保证。

3)加强教材建设和开展科研活动

工程测量专业受冶金部教材编审委员会之托，1986年组织长沙工业高等专科、昆明冶金高等专科和连云港化工高等专科等学校召开矿山测量专科教材编写会议，研究当时的矿山测量专科培养目标、各门课程教学大纲，以及各门专业课教材编写的分工计划。学校工程测量专业负责主编《矿山测量》教材，由冶金工业出版社出版发行。1990 年后，各专科学校都进行了适应测绘人才市场需要的教学改革，课程设置有较大的变化。工程测量专业教师编写出适用于新教学计划的新教材，如数字化测图原理及应用、数字地籍测量等，供教学需要。通用性较强的课程，暂时采用本科教材删繁就简使用，逐步编出新的教材。

由于学校开办矿山测量专业中专和专科教育较早，教师们了解冶金矿山测量生产技术水平和质量控制状况。冶金部矿山司，于 1991 年下达给学校工程测量专业编制“冶金矿山测量规范”和“冶金矿山测量图式”的科研任务。在吴永义教授主持下，多名教师参加调研和编写工作，于 1993 年完成了编制任务。冶金部行文颁布了《冶金矿山测量规范》和《冶金矿山测量图式》，于 1993 年 3 月 1 日起在全国冶金系统矿山执行，并授权由本溪冶金高等专科学校负责解释。这项成果获 1993 年冶金部科技进步四等奖。工程测量专业教师结合矿山测量和工程测量生产中遇到技术问题，开展科研活动为生产单位解决实际技术难题。在《测绘通报》、《工程勘察》等刊物上发表“论地下导线误差分析理论与实践的矛盾”、“第二类平均值的精度”、“贯通测量误差分析总论”等论文 50 多篇。

“七五”、“八五”期间，工程测量专业专科教育进行了力度较大的改革，课程设置、教学内容、教学安排等方面做了探索和试验。为工程测量专业毕业生掌握现代测绘仪器及现代工程测量的基本理论、基本技术和基本技能创造了有利条件，使毕业生具有较强的岗位适应能力。10 年来培养 500 余名工程测量专业专科毕业生，受到用人单位的欢迎。

5. 昆明冶金高等专科学校测量工程专业

1985 年学校改建为专科学校，当年招收在职技术人员工程测量专业专科班学员；1986 年开始，通过高考每年招工程测量专业三年制专科学生 1 个班 40 人左右。同年制订的工程测量专业教学计划，控制测量在传统内容基础上，加强了边角网、导线网新技术内容，介绍 GPS 的新技术；工程测量加强了工程控制测量、施工测量、设备安装测量、变形监测等内容的理论和技术的深度和广度；增加了地籍测量及土地管理课，介绍数字化测绘技术。在教学改革的基础上，于 1994 年将工程测量专业改为测量工程专业。

学校重视测量工程专业建设，在原有测绘仪器设备基础上，购置了 8 台全站仪，改变了控制测量、地形测量和工程测量的仪器装备水平，保证了课堂教学和测量生产实习的需要。测量工程专业教师积极参加冶金部教育司组织的测绘专科教材的编写工作，分工主编《误差理论与测量平差》，参编《地形测量学》和《矿山控制测量》，1992 年由冶金出版社出版发行。通用性较强的教材，如《工程测量》使用本科教材，按课程教学大纲删繁就简用于教学。没有现成教材的新增课程，由教师编写教材用于教学。教师开展测绘新技术研究和为测量生产部门进行技术开发服务，发表研究成果“边角网平差新方法及其应用”等论文 20 余篇。1995 年，测量工程专业有 9 名专业教师，其中教授 1 人、副教授 4 人、讲师 4 人[①]，都成长为“双师型”专科教师。

测量工程专业重视课堂教学，要求教师认真备课、认真讲课；精心组织课堂实习和实验，搞好各种测绘仪器操作实习，练好基本功；加强课后辅导和批改作业，为提高专业课教学质量作出努力。在测绘专科教育中注重实践教学，在校内外的测量实习基地进行地形测量和控制测量的教学实习；发挥学校测绘专业教师和测绘生产单位与矿山有密切协作关系的优势，每年能

① 青年教师都是 1982 年、1983 年测量专业毕业的本科生。

获得各种类型的测绘生产任务。组织学生进行控制测量、地形测量、地籍测量、工程测量与矿山测量的生产实习，在实践中提高测量技术水平，锻炼克服困难完成任务的思想作风，掌握工程师初步训练的测绘技能。通过生产实习（毕业实习），学生对测量工程专业的业务范围、在国民经济建设中的作用等都有了进一步的认识；通过生产实习接触测绘生产单位，收集测绘生产中的技术革新项目和有关材料，为毕业设计作准备。测量工程专业学生通过毕业设计，写出理论与实践相结合的毕业设计论文，从总体上反映出测量工程专业专科毕业生的质量。

"七五"、"八五"期间，共招收三年制专科生 420 人（同期，还招工程测量专业中专生 140 人）。毕业生分配或自主择业到云南省和西南地区测绘单位工作，就业率高，受到用人单位的欢迎。

6. 连云港化工高等专科学校测量工程专业

该校 1985 年设工程测量专业，1986 年招第一批三年制专科学生 38 人，以后每年招 1 个班新生。1986 年制订的工程测量专业教学计划，主要是为化工部所属工程建设和化工资源矿山建设和开采方面服务的。如矿山测量、采矿工程、岩石与地表移动等课程和内容较多，为工程建设方面服务的工程测量课程的内容偏少。1986－1993 年 130 余名毕业生，大多数分配到化工部所属的化工原料矿山和大型化工企业从事矿山测量或工程测量工作。

进入 20 世纪 90 年代，江苏省和连云港市的国家级和省级基本建设工程大量开工，三亚至同江国道高速公路、连霍国道高速公路、连云港核电站工程和大量的城市建设工程及土地开发管理工程，需要众多的工程测量高级应用性技术人才。工程测量专业主动适应经济建设对测绘技术人才的需要，将工程测量专业改为测量工程专业，对原有的教学计划进行了力度较大的改革，到 1995 年形成了测量工程专业相对稳定的教学计划。扩大了为工程建设的服务面，开设了现代测量技术的新课程，使培养的毕业生更好地为社会主义建设服务。测量工程专业教学计划①介绍于下。

1）培养目标与毕业生的基本要求

测量工程专业培养具有社会主义觉悟的，德、智、体诸方面全面发展的，获得工程师初步训练的高级测量工程技术应用性人才。

学生毕业后，主要去工程建设、城市建设、土地管理与开发、地质勘查与矿山建设及开发等部门，从事测量工程的技术设计、生产作业、技术开发和生产管理等工作。

对毕业生的基本要求：热爱祖国，拥护党和国家的路线、方针、政策；懂得马克思列宁主义、毛泽东思想的基本原理，理解建设有中国特色社会主义理论，有社会主义民主和法制观念，积极参加社会实践，具有理论联系实际、实事求是的科学态度；具有建设"四化"、振兴中华的理想，有为人民服务、艰苦奋斗、实干创新和集体主义精神，勤奋学习，热爱劳动，遵纪守法，具有社会主义的事业心和责任感，以及良好的道德品质。掌握达到本专业培养目标必需的基础理论知识、较强的实用专业理论知识、一定的相关工程知识，以及技术经济和管理知识。掌握达到本专业培养目标所必需的制图、运算、测绘仪器操作、使用计算机，掌握测绘生产所必备的技术与技能。学习一门外语，具有阅读和翻译本专业外文资料的初步能力。掌握体育锻炼的基本技能，达到大学生体育合格标准，身体健康。具有一定的社会人文知识及文化修养，有良好的心理素质。

① 对测量工程专业教学计划作简要介绍。

2)业务能力要求

测量工程专业毕业生在业务能力上应达到：

(1)掌握建立三、四等精度的工程和城市常规平面及高程控制网的基本原理、外业和内业技术工作，以及 GPS 控制测量原理及外业与内业技术。

(2)掌握大中比例尺地形测量纸质测图和数字化测图的外业和内业技术，以及地籍测量与土地管理技术；了解摄影测量和遥感的基本知识，及综合法像片测图与数字测图在地形测量中的应用。

(3)了解土木工程施工知识、城市规划与房地产管理知识，用测绘技术为建筑工程和房地产管理服务。

(4)掌握建筑工程、道桥工程和地下工程等工程测量的基本理论、施测技术和设备安装测量技术，保证工程施工按设计要求进行。

(5)掌握建构筑物变形观测原理和监测技术。

(6)初步掌握测绘数据库技术和地理信息系统技术及其应用，为利用计算机技术进行新技术开发打下初步基础。

(7)了解现代精密工程测量的发展概况，了解以计算机技术为基础的控制网优化设计的原理和相应软件的使用技术，以及海洋工程测量技术等。

(8)了解和初步掌握测量规范中的各项作业技术规定，以及测绘工程的组织、计划和管理工作的内容等。

3)教学计划的安排[①]

测量工程专业学生在校期间总计为 145.5 周。各教学环节时间分配如表 2.13 所示，课程设置与教学进程计划如表 2.14 所示。课堂教学安排在Ⅰ、Ⅱ、Ⅲ、Ⅳ、Ⅴ学期，第Ⅵ学期全部是生产实习、课程设计和毕业设计。

表 2.13　教学环节时间分配

专业：测量工程　　学制：专科三年制　　1995 年 6 月

学期	入学教育	课堂教学	考试	课程设计	实习	毕业设计	公益劳动	机动	毕业教育	假期	合计	说明
Ⅰ	1.5	16	1							4	22.5	以教学周计
Ⅱ		18	1				1			7	27	
Ⅲ		14	1		4		1			4	24	
Ⅳ		16	1		3			2		6	28	
Ⅴ		18	1				1	2		4	26	
Ⅵ				2	9	6			1		18	
合计	1.5	82	5	2	16	6	3	4	1	25	145.5	教学总周数 111

表 2.14　课程设置与教学进程计划

专业：测量工程　　学制：专科三年　　1995 年 6 月

序号	课程名称	按学期分配		教学时数				各学期教学周数与课程周学时数						说　明
		考试	考查	课时总数	讲课	实习实验	讨论作业	Ⅰ 16	Ⅱ 9/9	Ⅲ 8/6	Ⅳ 8/8	Ⅴ 9/9	Ⅵ 17	
	一、公共课			539	521		18							占总学时的 27.0%
1	马克思主义哲学原理		Ⅰ	51	45		6	3×15						

① 教学计划中的课程设置只作简要说明。

续表

序号	课程名称	按学期分配		教学时数				各学期教学周数与课程周学时数						说　明
		考试	考查	课时总数	讲课	实习实验	讨论作业	Ⅰ 16	Ⅱ 9/9	Ⅲ 8/6	Ⅳ 8/8	Ⅴ 9/9	Ⅵ 17	
2	毛泽东思想概论		Ⅲ	40	34		6			2/3				
3	德育		Ⅰ,Ⅱ	68	68			2	2					
4	邓小平理论概论		Ⅴ	60	54		6					3		
5	体育		Ⅰ~Ⅳ	112	112			2	2	2	1			
6	实用英语	Ⅰ~Ⅳ		208	208			4	3	3	3			
	二、基础课			781	631	150								占总学时的 39.1%
7	高等数学	Ⅰ	Ⅱ	132	132			6	4/					
8	工程数学	Ⅱ		81	81				4/5					
9	普通物理	Ⅲ		44	38	6				4/2				
10	电子技术		Ⅱ	63	51	12			4/3					
11	计算机基础	Ⅰ		64	32	32		4						
12	计算机语言	Ⅱ		70	30	40			4					
13	地形测量学	Ⅰ	Ⅱ	109	65	44		4	3/2					
14	测量绘图		Ⅱ	45	43	2			/5					
15	测量平差	Ⅲ		66	66					6/3				
16	土木工程概论		Ⅳ	40	34	6					3/2			
17	摄影测量与遥感			40	32	8					/5			
18	城市规划与房地产管理		Ⅴ	27	27							3/		
	三、专业课			478	342	136								占总学时的 23.9%
19	测绘管理		Ⅲ	30	30					/5				
20	控制测量	Ⅳ		72	52	20					4/5			
21	测量程序设计与应用	Ⅳ		48	28	20					3			
22	土地管理与地籍测量	Ⅳ		40	32	8					5/			
23	道桥与建筑工程测量	Ⅴ		72	50	22						4		
24	地形测量数字化		Ⅴ	45	23	22						5/		
25	测绘数据库		Ⅴ	27	13	14						/3		
26	GIS 原理与应用	Ⅴ		45	35	10						3/2		
27	地下工程测量	Ⅴ		36	28	8						/4		
28	工程建筑物变形观测		Ⅴ	27	17	10						3/		
29	卫星大地测量		Ⅴ	36	34	2						/4		
	必修课合计			1 798	1 494	286	18	25	26	17/18	19/19	21/20		
	四、选修课			300	262	38								至少选修 200 学时
30	形势教育			50	50									必选课
31	工程识图		Ⅲ	24	24					/4				
32	CAD 技术		Ⅲ	32	16	16				4/				
33	工程监理		Ⅳ	32	32						2			
34	控制网优化设计		Ⅳ	32	22	10					/4			
35	测量仪器学		Ⅳ	24	12	12					3/			
36	测量法规		Ⅳ	16	16						2/			
37	海洋工程测量		Ⅴ	27	27							3/		
38	精密工程测量		Ⅴ	18	18							/2		
39	专业英语		Ⅴ	45	45							2/3		必选课
	必选课时数			200										占总学时的 10.0%
	总课时数			1 998				25	26	21/22	26/25	26/25		周学时数
								7	9	8	11	12		学期课程门数
								4	3	3	4	3		学期考试门数

(1)公共课设置。马克思主义哲学原理、毛泽东思想概论、邓小平理论概论和德育课，按统一要求的教材进行教学。体育课按专科教学大纲进行教学。实用英语课与必选课专业英语共

253学时，构成英语教学3年不断线，达到加强英语教学使学生具有初步阅读和翻译专业英文资料能力的目标。

(2)基础课设置。基础课设置高等数学、工程数学(线性代数、概率论与数理统计)、普通物理和电子技术课程。计算机基础、计算机语言课，以及在专业课设置的测量程序设计与应用课，为测量平差与所有专业课观测数据处理及进行程序设计打下基础，为在专业课中开设测绘数据库、GIS原理与应用课创造条件，使计算机技术的学习及应用3年不断线。测量绘图、地形测量学课程，使学生掌握常规测量仪器的操作技术、测图控制测量和纸质测绘地形图的原理和技术。开设摄影测量与遥感课，使学生了解航空摄影测量的基本原理和成图方法及专用仪器，重点介绍综合法测图在工程测量中的应用，介绍遥感技术在现代信息产业中的作用和发展前景等。设土木工程概论、城市规划与房地产管理课程，使学生了解土木工程设计、施工及其质量控制的基本知识；了解城市建设中的规划设计知识、房地产管理中的有关规章制度，以及房产测量工作的内容和规则。

(3)专业课设置。控制测量课，讲授用常规方法(边角网、导线网)建立三、四等精度的城市和工程平面与高程控制网的原理、技术及方法；卫星大地测量课，讲授用GPS技术建立城市与工程控制网的理论、技术及方法。通过这两门课程使学生掌握现代控制网建立的理论和技术。设置土地管理与地籍测量课，使学生在掌握地形测量技术基础上，掌握地籍测量的基本要求和方法，以及土地资源管理的有关规程。地形测量数字化课，主要讲授以现场采集地物、地形三维数据和属性资料，用计算机成图技术进行地形测量与地籍测量的技术和方法。将通常的工程测量学课程，分解为道桥与建筑工程测量、地下工程测量和工程建筑物变形观测3门课程。测绘数据库、GIS原理与应用课，体现了测量工程专业技术人员与信息产业密切相关。测绘管理课，与选修课中所设的测量法规(测量规范)课一起，使学生了解测量工程的踏勘规划、技术设计、施工组织计划，形成测量工程技术和管理工作的整体概念。

(4)选修课设置。形势教育课(双周1次，每次1学时)为必选课，与政治理论课、德育课组成学生政治思想教育课体系。海洋工程测量课，是为连云港市海洋工程建设服务而设立的。控制网优化设计课，讲授常规控制网优化设计理论和使用优化设计软件进行计算机优化设计技术，并介绍GPS控制网优化设计的理论和方法。精密工程测量课，介绍现代精密工程测量工程示例，以及如何利用现代测绘仪器设备、计算机和相应的软件组成一体化测量系统达到超高精度的目标(±0.1 mm)，例如三维无接触测量系统等。工程识图课，讲授工程设计图识图的基本知识，以便于学生看懂设计图纸，为工程放样服务。CAD技术课，让学生掌握计算机绘图技术。工程监理课，让学生了解保证工程施工质量的控制手段和有关的规章制度及法规，以便从施工放样质量和测量检测施工精度的角度保证工程质量。

(5)实践教学项目安排。测量教学实习与生产实习项目和内容列在表2.15中。所有需要加强动手能力培养的课程，在其课时内都安排了课堂实习。表2.15中的工程控制网优化设计和工程测量技术设计，都要结合具体工程项目进行。毕业设计的课题选择可有两种形式，一是学生在毕业实习中收集到技术革新和技术开发项目，二是拟定的毕业设计课题自主选择；有专项课题指导教师进行指导，毕业论文经答辩委员会评议合格后才能毕业，对优秀论文予以奖励。政治课的社会实践活动为1.5周。实践教学总计39.5周，占总教学111周的35.6%(不包括入学和毕业教育、公益劳动等项目)，符合高等工程专科制订专业教学计划原则规定的要求。

表 2.15 实践教学项目

类别	序号	项目名称及内容	学期	周数	说明
实习	1	大比例尺地形测量教学实习：图根控制，纸质测图	Ⅲ	4	
	2	三、四等控制测量教学实习：常规控制测量外业和内业	Ⅳ	3	
	3	测量工程实习或生产实习：结合生产任务进行	Ⅵ	5	包括 GPS 测量，数字测图
	4	毕业生产实习：综合测量生产实习，收集毕业设计资料	Ⅵ	4	
	5	课堂实习实践 304 学时，折合 14 周		14	平均周学时 21.6
		小 计		30	
设计	6	工程控制网优化设计：结合实际工程进行	Ⅵ	1	
	7	工程测量技术设计：结合实际工程实例进行	Ⅵ	1	
	8	毕业设计：按选择课题进行	Ⅵ	6	
		小 计		8	
	9	政治课社会实践活动：Ⅰ、Ⅲ、Ⅴ各学期 0.5 周，双休日活动		1.5	
		总 计		39.5	占教学总周数的 35.6%

4）教学计划的特点

（1）在公共课、基础课、专业课与选修课中，做到实用英语与专业英语教学 3 年不断线；计算机基础、计算机语言、测量程序设计与应用、地形测量数字化和 CAD 技术等课程的教学与实践 3 年不断线。这对提高学生英语水平，培养学生具有较强的计算机应用能力，并在测量专业课中得到广泛的应用，起着重要作用。

（2）在地形测量、测量平差、摄影测量与控制测量教学的基础上，将工程测量课程分为道桥与建筑工程测量、地下工程测量、海洋工程测量和工程建筑物变形观测 4 门课开设，突出了测绘技术为各类建筑工程服务的特点，而且开设了土地管理与地籍测量课，起到了为毕业生拓宽专业方向的作用。

（3）由于计算机技术教学基础好，将 20 世纪 90 年代我国工程测量部门普遍采用的数字化测绘技术，GPS、GIS 和 RS 即 3S 技术，列入教学计划之中，体现了教学计划在测绘技术方面的先进性，使毕业生到工作岗位上具有较为广泛的适应能力。

（4）为测量工程专业学生安排土木工程概论、城市规划与房地产管理、工程识图和工程监理等相关工程类课程是必要的，扩大学生的工程类课程知识面，有利于发挥其主动性，用测绘技术为工程建设服务。

（5）在选修课中设控制网优化设计、精密工程测量课是适当的。扩大测量工程的知识面和了解测量工程发展方向；深化测量控制网建立的理论，以及使学生掌握优秀的控制网优化设计软件进行优化设计，对引导学生钻研测量工程新技术，培养他们的创新精神起着一定的作用。

全面提高测量工程专业教学质量抓好以下各项工作。

1）建设"双师型"的师资队伍

为提高专科教学质量，保证毕业生达到培养目标要求，学校提出"建设一支师德高尚，教育观念新，改革意识强，具有较高教学水平和较强实践能力的'双师型'师资队伍"。

（1）给青年教师压教学工作担子，在老教师帮助下通过课堂教学和指导实习过好教学关，在较短时间内能担任 1～2 门课程的教学任务。

（2）分期分批派青年教师到测绘生产部门参加测绘工程实践锻炼，提高各项测绘技术的作业水平，了解测绘单位的测绘仪器装备、生产技术、工程管理和测绘成果质量控制等实际水平和状况，使专业教学与测绘单位的技术实际密切结合起来。

（3）鼓励青年教师攻读硕士学位，派青年教师参加助教进修班学习和短期进修学习，掌握测绘新技术，逐步提高教师的学位水平和学术水平。

(4)鼓励教师开展测绘技术研究和新技术开发活动，与测绘生产部门建立技术协作关系，承担新技术研究和开发服务。积极支持老中青教师相结合，编写新技术课程教材，满足教学需要。支持教师发表科研学术论文，参加专业学术交流会。

(5)要求教师积极开展学生思想政治工作，以自己的模范行动影响学生，对学生全面负责，指导学生的学习方法，在实践教学中培养学生发扬克服困难完成任务的精神。

(6)积极支持教师学习教育学，进行教学法研究和实验，总结教学经验，写出教学改革成果论文，将教改成果论文与科研成果论文同等看待。测量学课被评为学校的优秀课程。

(7)学校贯彻党的知识分子政策，为教师创造良好的成长环境，努力做到"以事业留人，以情感留人，以待遇留人"，为教师解决许多具体问题，发挥教师在教学中的主导作用；把德才兼备的中青年教师提拔到教研室、实验室、专业和系的领导岗位，发挥他们的积极作用。

1995年有专业教师14人，其中副教授3人、讲师6人、助教5人，有2人考取硕士研究生，先后有6人参加研究生课程进修学习，形成了"双师型"教师队伍。

2)加强专业基础建设

(1)编写专业课教材与配备教学辅助课件。为适应测量工程专业教学计划所设专业课教学需要，编写急需的新设专业课教材《道桥与建筑工程测量》、《数字化测图技术》、《GIS原理与应用》，由学校印刷供教学使用；有些课程暂用原有教材，待逐步编写新教材。专业教师参编了《测量学实用教程》、《测量学》、《城市土地管理》等出版教材。摄制了《经纬仪、水准仪检校》电教片，引进一批测量专业课教学录像带，以及CAI计算机辅助教学课件，提高了专业课教学手段的现代化水平，有助于教学质量的提高。

(2)加强教学实习基地建设。为保证专业课课堂实习质量与教学实习质量，在原有教学实习场地基础上，进一步完善教学实习基地建设。①在占地280亩的校园内，建立有埋设固定标志的水平角观测场地、电磁波测距场地、归心投影实习场地、测距导线(普通水准测量)实习场地；在教学大楼楼顶平台，设立有固定标志的精密角度观测与GPS定位观测场地。②控制测量实习基地，利用连云港市郊区的城市控制测量网点，进行优化选择组成控制测量实习网，用常规边角网和GPS定位技术测出相应成果，经数据处理后，得出三、四等控制测量成果的参考数据，供学生实习时检校。③在实习控制网区域内，划定地形测量实习区域，设置测图加密控制点埋石标志；与当地政府签定实习基地协议书，使测量标志得到保护，为地形测量教学实习提供较好的作业条件。④摄影测量实习基地在江苏省测绘局的支持下，获得连云港市内以学校为中心区域的最新航摄像片资料，开展野外航空摄影测量像片调绘实习及综合法成图实习。

(3)建立测绘新技术实验室。学校在原测量工程实验室和计算机室的基础上，又新建以下各实验室：①数字化测图实验室，设有全站仪5台、便携式计算机5台，彩色喷墨绘图仪、数字化仪、扫描数字化仪及数字化成图用计算机等设备。采用便携机数字化测图软件系统进行地形图测绘作业，保证数字化地形图、地籍图的教学和生产实习的需要；实验室还可进行地形图扫描数字化实习和生产作业。②全球定位系统实验室，设有测地型GPS接收机一套(4台)并附有动态RTK技术设备，还有导航型GPS接收机5台，多媒体微机10台。可供学生进行GPS控制测量教学实习、生产实习及教师进行科研活动。利用GPS及RTK设备，可进行工程测量和地形图及地籍图的教学实习与生产实习。③地理信息系统实验室，设有多媒体微机多台，配有图形工作站1台，备有ARC/INFO地理信息系统软件、矢量扫描数字化软件、CAD软件及各种数据库软件等。可供学生进行地理信息系统与应用课的实习和CAD绘图实习之用，为教师科研与技术开发提供有利工具。④摄影测量与遥感实验室，引进测绘生产部门退役的解析测图仪和模拟式其他测图仪器，进行数字化设备改造，为学生进行摄影测量实习或进行航空摄影测量像片数字化测图实习之用。引进遥感像片及相应的解读软件，为学生提供遥感技术参观实习创造条件。

3)建立产学研相结合的教学模式

(1)与测绘管理和生产部门建立产学研协作关系。学校及测量工程专业，与连云港市土地管理局、连云港市测绘院、建港指挥部、交通部三航五公司、连云港市锦屏磷矿和大沟磷矿等单位，建立产学研相结合的协作关系，得到这些单位的大力支持。专业教师与有关单位合作进行科学研究和新技术开发，为生产服务；各单位为测量工程专业提供各种类型的测量生产任务，通过学生生产实习完成测绘任务，为经济建设服务。

(2)开展为生产服务的科研活动。测量工程专业教师结合各管理和生产部门科学研究和生产的需要，独立或合作立项开展科研活动。例如，“连云港市测绘管理信息系统研究”、“基于3S森林虫害动态监测与防治信息系统的研究”、“连云港市规划管理信息系统研究”、“工程测量平差计算信息综合软件包开发”、“连云港碱厂产品结构优化研究”等多个项目的研究成果，经有关部门的鉴定后，用于管理部门、生产部门和教学，取得很好的社会效益和经济效益。通过这些科研项目，带动教师进行教学法和科研项目研究，有关研究成果多篇论文发表在《江苏测绘》、《测绘工程》等刊物上，提高了教师队伍的学术水平和研究能力。

(3)组织测量生产实习，培养学生动手能力。测量工程专业每年都组织学生进行测量生产实习，按国家测量规范要求完成生产任务。1990年到1995年完成的生产任务项目，从表2.16中可以看出，在教师指导下进行了较大规模的大比例尺地形测量、地籍调查与地籍测量、城市与工程控制测量、矿山工程测量等。在各种测绘工程实践中，锻炼学生的测绘技术操作能力，了解完成各项测绘工程任务的技术设计、组织计划、施工过程、测量成果的质量检查验收等；在完成测量生产实习任务的过程中，培养了克服困难、团结互助、完成任务的优良作风，建立起遵守测量规范、保证测量成果精度的质量意识。使绝大部分学生具有一定的理论联系实际、解决具体技术问题能力，让学生体会到，通过测量生产实习完成各种测绘工程任务，直接为国家经济建设服务所带来的成就感，增强了学好专业为社会主义建设服务的信心和责任感。

表2.16　1990－1995年测量工程专业测绘技术服务完成工程项目统计

序号	工程项目	完成时间	序号	工程项目	完成时间
1	空军白塔埠场站15 km^2 地籍调查与地籍测量	1990.8	11	赣榆县定口镇7 km^2 地籍测量	1993.2
2	连云港岗埠农场14 km^2 1∶2 000地形测量	1991.1	12	锦屏19号风井－470 m井段陀螺定向	1993.7
3	东海县第二自来水厂规划管线5 km^2 地形测量	1991.5	13	锦屏磷矿－180 m井段陀螺定向	1993.8
4	新浦磷矿近井控制网布测	1991.7	14	连云港市开发区10 km^2 地形测量	1993.10
5	新浦磷矿－100 m、－140 m中段陀螺定向测量	1991.8	15	连云港机场导航台扩建测量	1994.2
6	锦屏镇酒店村地籍测量	1992.3	16	锦屏磷矿四期工程地下导线水准验收复测	1994.4
7	山东新泰市四等控制测量	1992.5	17	连云港花果山乡3 km^2 地形图修测	1994.5
8	赣榆县地籍测量试点	1992.6	18	灌云县西部3 km^2 1∶1 000地形测量	1994.6
9	山东新泰市6 km^2 地籍测量	1992.8	19	灌云县东部2 km^2 1∶1 000地形测量	1995.5
10	灌云县杨集镇地籍测量试点	1992.11	20	三亚、同江国道连云港段GPS控制网布设	1995.5

(4)成立专业测量队。为了更加有计划、有序地组织测量生产，发挥教师各方面的技术专长，为经济建设服务，测量工程专业于1995年成立了东堡测量队。以专业教师为主要技术依托，将教学与测量生产密切结合起来，假期组织学生勤工俭学参加测绘生产，既提高了教师组

织测绘生产的领导能力,又为学校创造一定的经济收入。

(5)建立技术考核制度。学校与连云港市劳动局技术考核部门,联合组织工程测量工(初级)的技能培训、考核和鉴定工作。测量工程专业要求,学生在毕业之前要通过工程测量技术考核标准,统一进行"测、算、绘"3项技术考核,达标后发给合格证。没有通过考核的学生不能参加毕业设计和论文答辩。

(6)搞好毕业设计,提高毕业生综合能力。测量工程专业重视组织毕业生进行在学校学习的最后一项综合性实践教学——毕业设计。安排教学水平高,有一定科研能力和成果的教师担任毕业设计的指导教师。指导教师对毕业设计选题、检索参考文献、中期成果检查、毕业论文撰写等环节都要给予具体指导。学生在测量生产实习中收集到的测量技术革新和技术开发项目,可选作毕业设计的选题;也可对控制网(GPS网)优化设计、数字化测绘技术、工程建筑放样和设备安装测量的精度分析、测量平差的程序设计、各种测量数据库和管理系统设计及变形监测网的技术设计等选作毕业设计题目。要求学生在充分查阅有关资料和现有成果的基础上,利用各个专项实验室设备,开展学习、探索和研究,发挥创新精神,把研究成果写成论文,通过毕业论文答辩。

(7)鼓励学生在校期间积极参加科研活动。测量工程教研室建立了学生科研活动奖励基金,对学生科研活动的优秀成果论文、毕业设计的优秀论文予以奖励,而且资助出版印刷。推荐参加连云港市测绘学会组织的学术研讨会,有两名学生的论文在学术研讨会上获奖。

4)新时期学生思想政治工作

学校党委全面贯彻党的教育方针,把坚定正确的政治方向放在首位,结合学校的实际情况,党委采取以下各项措施,加强学生思想政治工作。

(1)建立德育工作党委领导、校长负责的机制。由党委副书记、教务副校长共同主抓"两课"教育和学生思想政治工作,建立党政工团齐抓共管、政工干部与班主任专兼职相结合、发挥共青团和学生会组织作用的学生思想政治工作队伍。思想政治工作基层领导在专业系,工作重点在班级,政治辅导员和班主任在学生思想政治工作中起着第一线的重要作用。

(2)提出"三全"育人要求。学校党委动员全校教职工共同努力搞好学生思想政治工作,提出"全员育人,全过程育人,全方位育人"的"三全"育人要求。全员育人就是,教师要教书育人,干部和教学管理人员要管理育人,后勤工作人员要服务育人;全过程育人就是,学生在学校接受教育和学习期间,教师要对学生全面负责,把思想政治工作做到各个教学环节之中,让学生健康成长;全方位育人就是,不论在教学过程中,还是在学生管理、教学管理和后勤服务过程中,都要按专科教育培养目标的要求关心学生成长,做好学生的思想政治工作。

(3)由党委副书记和教务副校长负责,以邓小平建设有中国特色社会主义理论作为学校马克思主义理论教育的中心内容,深入地进行爱国主义、集体主义和社会主义思想教育。爱国主义教育要以国内外形势、党和国家重大方针政策及国民经济建设的成就为主要内容,对学生进行坚持党的领导和社会主义道路的教育,在学生中开展中华民族优良道德传统的教育。强调社会实践和劳动教育,坚持教育与生产劳动相结合,是坚持社会主义教育方向的基本措施。

(4)在青年学生中加强党的建设工作。在党委领导下,发挥系党组织和学生党支部的作用,在共青团员中发现和培养要求入党的积极分子,进行党的历史、执政党的历史责任和党章教育,端正入党动机,把符合共产党员标准的先进共青团员发展到党组织中来。做到"一年级有党员,二年级班班有党员,三年级有党小组",发挥学生党员在广大学生群体中的模范带头作用。在青年学生中搞好党的建设工作，是高等专科学校培养社会主义事业的建设者和接班人的重要任务。要求入党的青年学生占学生总数的40%左右，学生党员占学生总数的3%以上，三年级毕业班党员数量较多，达到毕业生的10%左右。

(5)抓好学校的精神文明建设。学校要把形成良好学风和校风，作为精神文明建设认真抓好。在教职工和学生中开展“爱国、爱校、爱专业、爱师、爱生、爱自己”的“六爱”活动，密切教职工和学生的良好关系，创造一个有利于学生学习成长的育人环境。在学生中开展评选三好学生、优秀团员、优秀班团干部、优秀党员活动，鼓励先进，培养学生奋发图强精神。发挥共青团组织和学生会在开展校园文化活动中的组织和推动作用，开展文体活动，组织百人合唱团、国旗下成人宣誓仪式、“爱我中华”读书等活动，激发青年学生爱国热情，增强社会责任感和使命感。结合专业特点组织各种形式和内容的技术竞赛、演讲和朗诵比赛，既活跃校园生活，又提高和展示学生的技术和才华，受到学生的欢迎。学校获得省级文明单位、省级校风建设达标学校、省党的建设和思想政治教育先进高校等称号。

(6)发挥教师教书育人的作用。测量工程专业教师，把爱国主义、集体主义和社会主义教育，融入课堂教学、课堂实习、课外辅导、教学实习、生产实习和毕业设计的教学全过程之中。学生在教师指导下进行基本技术训练，师生关系密切，教师以热爱专业、认真教学、热情辅导、关心学生在学习与思想上健康成长的实际行动，引导学生把坚定正确的政治方向放在首位，受到学生的爱戴和尊敬。在教学实习特别是生产实习中，教师以身作则、克服困难，不怕苦、不怕累，给学生以很大鼓舞。在指导学生生产实习中，严格执行测量技术规范，认真进行示范操作，解决学生实习中的具体技术问题，受到学生的欢迎。教师教育学生团结协作、注意仪器和人身安全、保证测量成果质量，引导学生养成不怕困难、艰苦奋斗、奋发图强的优良作风，培养学生实事求是、勤于思考与创新精神，使学生在学习上、掌握测量技术本领上和思想作风上达到测量工程专业的培养目标。测量工程专业教师，把“六爱”要求落实到专业教学的全过程，在测量工程专业建设、教学改革和学生思想政治工作方面取得显著成绩，测量工程教研室被学校评为优秀教学单位。

通过测量生产实习，学生看到自己测绘的地形图、地籍图和各种测绘成果直接为国民经济建设服务，更加热爱所学专业，增强了学好专业的信心。实践表明，测量生产实习和毕业设计是进行爱国主义、集体主义和社会主义思想教育的有利时机。“七五”期间，测量工程专业毕业生愉快服从国家分配，到全国建材系统各单位工作；“八五”期间，逐步实行毕业生与用人单位双向选择自主择业，许多毕业生放弃在江苏的就业机会，自愿到西部地区工作。

7. 长沙工业高等专科学校工程测量专业

1985年从原中专矿山测量专业改建为三年制工程测量专业专科教育，进行了一系列专业建设。经过“七五”、“八五”10年的努力，工程测量专业成为国家教委批准的高等工程专科教育工程测量专业教学改革试点专业，测量专业教研室两次被评为湖南省教育战线的先进集体。

1)工程测量专业的教学改革

1985—1990年，每年招收工程测量专业专科生1个班35人左右，这期间还先后招收初中毕业四年制工程测量专业中专生3个班105人；1991年开始，工程测量专科每年招收新生2个班85人左右。1985—1990年，工程测量专科教育是针对有色金属工业建设和矿山开发需要而制订的教学计划，毕业生由有色金属工业总公司统一分配就业，大多数分配到有色金属建设公司、勘察设计院和有色金属地质勘查和矿山从事测绘工作。

1987年经学校调查，地、县级城市和乡镇需要既能进行工程勘察设计和施工建设测量，又能担任城镇规划设计工作的复合型技术人才。面对测绘、城镇规划及工程建设对工程测量人才的大量需求，学校决定从1990年开始进行工程测量专科教学改革，探索建立工程测量专业（测量及城镇规划方向）的教学模式，培养测量与城镇规划复合型高级应用性技术人才，采取以下各项措施：

(1)调整专业教师组成。为适应城镇规划专业方向课程的教学需要，引进建筑工程、城市规划等专业毕业的本科生和研究生来校任教；选派测量专业青年教师到高校建筑工程、城市规划专业进修，使这些青年教师成长为复合型的专业教师。

(2)做好教师和学生的思想政治工作。讲清专业教学改革的目的和意义，提出工程测量专业（测量及城镇规划方向）三年制专科教育的培养目标和毕业生的基本要求，取得教师和学生对这项专业教学改革的支持。

(3)制订工程测量专业（测量及城镇规划方向）教学计划。关键是安排好原教学计划因增加城镇规划方向而增加的基础课和专业课的设置；编写课程教学大纲和实践教学大纲。建立与城镇规划专业方向有关的实验室，保证新教学计划顺利实施。

1990－1993年，在学校领导下，经工程测量教研室教师的共同努力，专业教学改革试点班学生顺利毕业。毕业生在毕业实习和毕业设计中，不但掌握了工程测量基本理论、基本技术和基本技能，而且在参加湖南省澧县县城的规划设计工作中取得很好成绩，获该县建委的好评。通过3年的专业教学改革实践表明，工程测量专业向城镇规划方向拓宽是可行的，培养的毕业生可以达到成为工程测量与城镇规划复合型的高级应用性技术人才的目标。

在工程测量专业（测量及城镇规划方向）教学改革取得初步成绩的基础上，通过中国有色金属工业总公司教育司，向国家教委申报高等工程专科专业教学改革试点专业，进一步探索培养工程测量与城镇规划复合型人才的办学模式。

2)工程测量专业（测量及城镇规划方向）教学改革试点方案①

1993年秋，国家教委、有色金属工业总公司教育司和湖南省教委组成专家组，按国家教委公布的《关于做好普通高等工程专科教育专业教学改革试点工作的意见》中的有关要求，对学校申报的工程测量专业（测量及城镇规划方向）为试点专业的办学条件、建设试点专业的目标及采取的措施等进行评估。最后，国家教委批准该专业为普通高等工程专科学校首批教学改革试点专业。

为搞好试点专业建设，在学校党委领导下，成立以教务副校长为首的教学改革试点专业领导小组，组成由专业课、公共课、基础课教师参加的教学改革综合教研室，按教改方案和专业教学计划组织全部教学活动。

(1)专业教学改革的指导思想。工程测量试点专业教学改革的指导思想是：全面贯彻党的教育方针，按普通高等专科教育办学方针及有关规定，结合社会主义现代化建设和市场经济对专科人才实际需求状况，转变教育观念，重视基础理论教学，突出实用专业理论与技术知识，加强专业技术能力培养，注重学生的综合素质养成教育，把工程测量试点专业办成具有特色的测绘高等专科专业，培养出工程测量与城镇规划复合型的高级应用性技术人才。

---

① 简要介绍工程测量专业教学改革试点方案的内容，以下简称工程测量试点专业。

(2)教学改革的预期目标。通过教学改革试点专业建设,加速培养专业教学需要的“双师型”教师队伍,编制出具有先进水平的专业教学计划、课程教学大纲和实践教学大纲;编写和选择专业教学需要的教材,加强专业实验室建设;探索产学研相结合的专科办学模式,提高专科教育的综合水平,争取达到工程测量试点专业专科教育示范专业水平。在全校推广工程测量专业教改试点经验,带动各专业的教学改革和专业建设,提高全校的教学水平,把学校建设成有特色的高等工程专科学校。

(3)教学改革与试点专业建设的基本思路。为搞好试点专业建设,达到专业培养目标,教学改革的基本思路:①由教学改革领导小组牵头,组织参加教学改革试点专业建设工作的干部和教师,认真学习国家教委公布的《关于加强普通高等专科教育工作的意见》、《普通高等学校工程专科教育的培养目标和毕业生的基本要求(试行)》等有关文件,贯彻国家教委《关于做好普通高等工程专科教育专业教学改革试点工作的意见》中有关试点专业建设的要求,完成教学改革试点专业建设任务。②在试点专业建设中,把坚定正确的政治方向放在教学工作的首位,按高等专科教育培养受到工程师初步训练的高级应用性技术人才这一总体目标,坚持教育与生产劳动相结合、德智体诸方面都得到发展的方针,遵循高等专科教育人才培养的基本规律,组织理论教学和实践教学,达到培养目标的目的。③把握高等专科教育的教学要突出理论知识的应用和着重动手能力培养的特点;基础理论教学要以专业应用为目的,以必需、够用为度;专业课理论与技术教学内容要有针对性和实用性,加强实践教学环节,突出动手能力培养,建立产学研结合的教学机制。④从专业建设全局出发,与测绘生产部门、工程建设单位、城镇规划设计部门建立产学研相结合的协作关系;发挥教师专长,开展科学研究和技术开发活动,为测绘生产和规划设计等部门服务;从测绘生产和规划设计部门获得生产任务和参加规划设计的实践机会,为学生创造在工程实践中培养动手能力的条件,并完成一定的测量生产和规划设计任务。⑤始终坚持理论教学与实践训练相结合,传授知识与培养能力相结合,政治理论教育与日常思想政治工作相结合;加强测绘技术操作与规划设计有关的技能训练,坚持外语训练和计算机技术训练3年不断线。⑥为加强测量基本技能训练,同湖南省测绘局合作,对学生进行测量等级工考核,凡达到三级以上测工标准的学生,毕业时发给专科毕业证书和测量等级工证书,即实行双证毕业制,未达到测量等级工考核标准的不能毕业。⑦学校加大对试点专业建设的投资力度,改善专业办学条件,努力使测绘与规划仪器设备达到测绘生产与规划设计单位的先进水平,保证教学、测量生产实习与规划设计实践的需要。⑧加强对教学改革试点专业建设的领导,发挥教师在教学改革和试点专业建设中的主导作用和学生的主体作用;教改领导小组,每学期、学年对教改计划实施情况及学生学习效果进行调研和检查,作出相应的总结和提出改进要求;建立教改奖励基金,对在教学改革和试点专业建设中做出成绩的教师、优秀的科研成果和教学研究成果论文,以及学习成绩优异的学生进行奖励。经过5年的努力争取教学改革试点专业,经国家教委评审获得示范专业的命名。

(4)专业方向与知能结构。

专业方向。试点专业毕业生,掌握从事工程测量技术工作的基本理论、基本技术和基本技能,了解与建筑工程相关的知识,具有一定的城镇规划设计能力,成为工程测量与城镇规划复合型的高级应用性工程技术人才。毕业后,主要去城市测量、工业与民用建筑工程、矿山建设与开采、道桥工程、土地管理与地籍测量等部门,从事测量工程技术设计、生产作业、技术管理等工作,以及到城镇规划设计部门从事城镇勘察与规划设计等工作。

知识结构。毕业生具有中国革命史、社会主义建设、哲学、法律等社会科学基础理论知识，受到思想品德、大学体育教育，在掌握基础英语之后又受到专业英语教育；掌握专科教育应具备的高等数学、工程数学、应用物理、计算机基础等基础理论与应用知识，掌握与专业有关的测量平差、测量绘图、光电测距、工程制图等理论与应用技术；掌握地形测量、控制测量、工程测量、地籍测量和城市规划等骨干专业课的理论与技术，了解与专业相关的房屋建筑工程、城市道路与交通、城市给排水等学科知识；为扩大学生的知识面，以选修课开设计算机应用、工程概算、城市建设史，技术经济与管理、城市环境、房地产管理、摄影测量与现代测绘技术等课程，增强毕业生的岗位适应能力。

技能结构。较熟练地掌握测量绘图、工程制图的绘制技术和工程施工图的识图能力；熟练地掌握各种测量仪器的操作技术，达到三级以上测工的操作技能，对测量仪器能进行检验、校正，保持仪器正常使用状态；具有使用计算机进行各类观测数据处理、地形绘图和规划设计的技能；了解建筑工程施工基本技术，具有运用测量技术为其服务的技能。

能力结构。能承担工程建设、矿区建设和城市建设三、四等平面和高程控制测量内外业全部工作；掌握大中比例尺地形测量内外业工作；能承担地籍测量的内外业工作，有土地利用及其信息管理的初步能力；能承担建筑工程、工业厂区建设、矿山及地下工程、道路工程、水电工程等施工测量与设备安装的测量工作；具有城镇一般性总体规划、控制性详细规划及工业厂区规划设计的初步能力；有编制测量计算程序、新技术开发和推广测绘新技术的初步能力；有阅读和翻译专业外文资料的初步能力；有测量工程的技术设计、编制施测计划、组织实施与质量控制和编制技术总结的初步能力；有检索研究资料和自学的能力。

3)工程测量专业教学改革试点专业教学计划

(1)培养目标。工程测量专业(测量及城镇规划方向)培养能坚持社会主义道路的，德、智、体诸方面全面发展的，获得工程师初步训练的工程测量与城镇规划设计复合型高级应用性工程技术人才。学生毕业后，主要去测绘、工业与民用建筑工程、矿山建设与开采、道桥工程、水利电力工程、土地管理与地籍测量和城镇规划设计等部门，从事测量工程技术设计、生产作业、技术管理，以及城镇勘察与规划设计等工作。

(2)毕业生的基本要求。热爱祖国，拥护共产党领导，坚持社会主义道路，拥护党和国家的路线、方针和政策，关心国内外大事；懂得马列主义、毛泽东思想的基本原理及建设有中国特色社会主义理论，积极参加社会实践，有理论联系实际、实事求是的科学态度；有建设“四化”、振兴中华的理想，有为人民服务、艰苦奋斗、实干创新和集体主义精神；勤奋学习，遵纪守法，具有社会主义事业心、责任感和良好的道德品质。掌握达到专业培养目标所必需的基本理论知识，较强的实用专业知识，一定的相关工程技术、技术经济和管理知识；具有达到专业培养目标所必需的制图、运算、实验、使用计算机与测绘仪器操作和规划设计等技能；学习一门外语，具有阅读和翻译专业资料的初步能力；具有一定的社会与人文知识，良好的文化修养、心理素质；了解体育运动的基本知识，达到国家大学生体育合格标准，身体健康。

(3)教学环节时间分配。教学计划中各教学环节时间分配如表2.17所示。学生在校学习3年共147周，其中：入学教育(包括军训)与毕业教育3周；教学活动总计为116周，其中课堂教学与考试86周，各项实践教学30周；公益劳动没有专设时间，含在生产实习中。在课堂教学中实习实验的课时数371，折合实践教学为16.3周，实践教学总计为46.3周。实践教学占教学活动总周数的39.9％。

表 2.17　教学环节时间分配

专业：工程测量专业（测量与城镇规划方向）　　学制：专科三年　　1993 年 4 月

学期	项目 / 周数 / 时间	入学毕业教育	教学周数 课堂教学	考试	教学实习	生产实习	课程设计	毕业设计	小计	公益劳动	机动	假期	合计	说明
Ⅰ	1993 年 9 月 9 日至 1994 年 2 月 18 日	2	15	1					16		2	4	24	以教学周数计
Ⅱ	1994 年 2 月 19 日至 1994 年 9 月 2 日		20	1					21			7	28	
Ⅲ	1994 年 9 月 3 日至 1995 年 3 月 2 日		16	1	5				22			4	26	
Ⅳ	1995 年 3 月 3 日至 1995 年 8 月 31 日		10	1		7	1		19			7	26	
Ⅴ	1995 年 9 月 1 日至 1996 年 2 月 22 日		13	1	1		6		21			4	25	
Ⅵ	1996 年 2 月 23 日至 1996 年 6 月 28 日	1	7		5			5	17				18	
	合计	3	81	5	11	7	7	5	116		2	26	147	

(4)课程设置与教学进程计划[①]。根据教学改革试点方案关于毕业生的知识结构、技能结构和能力结构的要求，课程设置与教学进程计划如表 2.18 所示。各门课程实行学分制，必修课与必选课总计为 131 学分。

表 2.18　课程设置与教学进程计划

专业：工程测量（测量与城镇规划方向）　　学制：专科三年　　1993 年 4 月

序号	课程名称	按学期分配 考试	考查	教学时数 课时总数	分项时数 讲课	实验	习题讨论	上机	各学期教学周数与课程周学时数 Ⅰ 15	Ⅱ 20	Ⅲ 16	Ⅳ 10	Ⅴ 13	Ⅵ 7	学分	说明
	一、公共课			500	466		34								31	占总课时的 23.5%
1	思想品德修养	Ⅰ		30	30				2						2	
2	法律基础	Ⅳ		30	30							3			2	
3	哲学原理	Ⅱ		60	60					4×15					4	
4	中国革命史	Ⅲ		32	32						4×8/				2	
5	社会主义建设	Ⅲ		32	32						/4×8				2	
6	体育	Ⅰ～Ⅳ		112	112				2	2×15	2	2			6+1	加权学分，下同
7	英语	Ⅰ～Ⅲ		204	170		34		4	4	4				12	
	二、基础课			665	509	21	95	40							41	占总课时的 31.2%
8	计算机基础	Ⅰ		60	40			20	4						4	
9	高等数学	Ⅰ	Ⅱ	132	112		20		6	6×7/					6+2	
10	工程数学	Ⅱ		65	50		15			/5×13					4	
11	应用物理	Ⅱ		80	55	15	10			4					5	
12	工程制图		Ⅰ	90	80		10		6						6	
13	测量绘图		Ⅱ	60	40		20			3					4	
14	测量平差	Ⅲ		96	80		16				6				6	
15	光电测距		Ⅳ	40	30	6	4					4			2	
16	微机应用		Ⅵ	42	22			20						6	2	
	三、专业课			775	594	110	71								47	占总课时的 36.4%
17	地形测量	Ⅰ，Ⅱ		120	84	32	4		4	3					4+4	
18	控制测量	Ⅲ，Ⅳ		120	80	30	10				5	4			5+2	
19	工程测量（Ⅰ）	Ⅳ		60	40	15	5					6			4	
20	工程测量（Ⅱ）	Ⅴ		65	45	15	5						5		4	
21	地籍测量与国土管理	Ⅱ		40	30	8	2			2					2	
22	房屋建筑工程概论	Ⅲ，Ⅳ		120	105	10	5				5	4			5+2	
23	城市规划原理	Ⅴ		78	70		8						6		5	
24	城市道路与交通	Ⅴ		65	55		10						5		4	
25	城市给水与排水	Ⅴ		65	55		10						5		4	
26	城镇规划实例分析		Ⅵ	42	30		12							6	2	

① 有关课程教学内容，只作简要介绍。

续表

序号	课程名称	按学期分配		教学时数					各学期教学周数与课程周学时数						学分	说明
		考试	考查	课时总数	分项时数				Ⅰ 15	Ⅱ 20	Ⅲ 16	Ⅳ 10	Ⅴ 13	Ⅵ 7		
					讲课	实验	习题讨论	上机								
	必修课合计			1 940	1 569	131	200	40	28	27	26	23	21	12	119	平均周学时22.8
四、选修课				396	342		54								22	必选课190课时
27	dBASEⅢ		Ⅱ	40	30		10			2					2	△必选课，下同
28	工程概算		Ⅲ	48	40		8				3				3	
29	城市建设史		Ⅳ	40	36		4					4			2	
30	城市环境概论		Ⅳ	40	36		4					4			2	
31	技术经济与企业管理		Ⅴ	52	46		6						4		3	△
32	专业英语		Ⅴ	39	33		6						3		2	△
33	城市测量规范		Ⅴ	39	33		6						3		2	△
34	摄影测量		Ⅵ	28	24		4							4	2	
35	现代测绘新技术		Ⅵ	28	28									4	2	
36	房地产开发与管理		Ⅵ	42	36		6							6	2	
	选修课周学数									2	3	8	10	14		
	总学时数			2 336	1 911	131	254	40	28	29	29	31	31	26	141	
	必选学时数			190											12	占总课时的8.9％
	必修加必选课总学时数			2 130											131	
									6	7	7	5	4			学期考试课门数
									1	3	1	3	3	5		学期考查课门数

——公共课设置

思想品德修养、法律基础、哲学原理、中国革命史和社会主义建设等课程，按国家教委及有关部门对高等专科教育德育课的规定设课，教学内容有统一要求。体育课按专科体育课大纲授课，英语课按专科英语课大纲授课。

——基础课设置

高等数学、工程数学(线性代数、概率论与数理统计)、应用物理、计算机基础等基础理论与基础技术课。

工程制图　讲授画法几何及投影制图的基本原理与方法，各种建筑图的表达方式，达到绘制和阅读建筑施工图、设备施工图的要求。

测量绘图　讲授测绘字体、地形图符号和地形图的绘制技术，达到掌握地形图、地籍图清绘、复制和缩放等技术。

测量平差　讲授误差理论及直接平差、条件平差、间接平差，精密导线平差，三角网、测边网与边角网平差，高程网平差与误差椭圆等，掌握各种平差方法的基本理论、平差计算方法及运用计算机进行平差计算的技能。

光电测距　讲授电磁波测距仪测距的基本原理、使用方法，测距成果的处理，测距仪的检测，以及测距仪测距误差分析等。

微机应用　讲授计算机语言编程及计算机图形学基本技术，初步掌握测量计算软件开发的能力。

——专业课设置

地形测量　讲授普通经纬仪、水准仪和平板仪的结构，仪器的使用与检查校正；地形测量的基本概念，图根平面与高程控制测量，大比例尺地形测图等各项技术的基本原理与作业方法，以及精度要求和质量检查等。

控制测量　讲授精密经纬仪、水准仪的构造、使用和检查校正，控制测量的概念，三、四等平面与高程现代控制网(边角网)建立的基本原理,外业各项作业和要求,观测成果处理的理论和方法,精度要求和质量检查等。

工程测量(Ⅰ)　讲授建筑工程、道路桥梁工程、水电工程等施工测量与设备安装测量技术,以及建构筑物变形观测的原理与方法等。

工程测量(Ⅱ)　讲授以矿山测量与地下工程为对象的地面控制测量、井上下联系测量、贯通测量原理及精度预计和作业方法,露天与地下开采测量工作,储量与开采量管理,以及岩石与地表移动等。

地籍测量与国土管理　讲授土地调查及土地权属、位置、数量、利用等调查要求,地籍图根控制测量与地籍图的测量方法与特殊要求,以及地籍统计报表要求和地籍管理的法规和方法等。

房屋建筑工程概论　讲授民用、工业、公共建筑物的基本结构,建筑设计的基本原理,结构设计和施工的基础知识等。

城市规划原理　讲授城市各构成要素及其布局、居住区详细规划、园林绿地规划、旧城改造、城市中心广场规划等的基本原理和规划设计方法等。

城市道路与交通　讲授根据城市类型、自然地理环境、交通运输特点、城市规模与发展、原有交通布局等因素,进行城市道路与交通网设计的原理与方法。

城市给水与排水　讲授城市给排水管网建立的基本知识,给排水管网布设与敷设方法等。

城镇规划实例分析　介绍典型城镇规划设计例案,培养对城镇规划设计的综合分析和设计的初步能力。

——选修课设置

设选修课10门共396学时(24学分),要求学生选修190学时(12学分)。选修课有:

dBASEⅢ　讲授数据库的建库技术,数据库有关操作命令和表格打印等基本知识,完成5个基本实验。

专业英语　讲授测绘工程与城市规划设计的专业资料翻译技巧,训练阅读和翻译专业资料的初步能力。

工程概算　讲授工程建设项目的材料消耗、工时消耗、施工组织和工程费用概算的有关知识,以及工程预算的编制方法和要求。

城市建设史　介绍城市发展形成过程,各种制约城市发展的因素,以及城市规划设计在不同阶段的要求和特点等。

城市环境概论　讲授城市环境与生态关系,城市环境与城市规划的关系,各种影响城市环境的因素,以及城市环境控制和保护措施等。

技术经济与企业管理　讲授技术经济分析和企业管理的基本原理和方法,用于测绘技术与城镇规划设计技术管理中的实际问题等。

城市测量规范　以城市测量规范为主要参考资料,介绍控制测量、地形测量、地籍测量、道路与管线测量及各种工程测量的内外业技术要求、精度限制及质量检查要求等。

摄影测量　讲授航空摄影测量的概念和基本原理,各种摄影测量成图方法和仪器,重点介绍大比例尺地形测量航测综合法成图的基本原理和作业方法。

现代测量新技术　介绍现代测绘学发展概况,卫星定位、地理信息系统和遥感技术在测量工程中的应用,数字化测绘技术在地形测量中的应用,精密工程测量发展概况,以及测量数据库的建立等。

房地产开发与管理　介绍房地产管理的一般知识，有关政府的法规等。

(5)实践教学安排。实践教学，由课堂教学中的实习实验与习题课、课程设计、测量教学实习与生产实习、工程建设与城镇规划设计认识实习、城镇规划设计实习、毕业实习和毕业设计构成，实践教学项目如表2.19所示。学生必须获得30学分。其中，测量生产实习将要完成哪些测量生产任务项目，要根据当时获得测量生产任务而定。毕业实习选择工程测量生产任务和城镇规划设计任务进行，工程测量生产任务由学生在教师指导下自己组织完成；而城镇规划设计实习，主要是参与到规划设计部门的规划设计任务之中，边学习、边工作，培养规划设计的初步能力。毕业设计的课题，一种是来源于学生在毕业实习中收集的技术革新课题；另一种是根据测量工程与城镇规划设计的新技术和新方法，拟定的毕业设计选题，由学生选择，在教师指导下进行毕业设计。在毕业设计实践中锻炼逻辑思维和创新能力，以及撰写学术论文和技术报告的能力，提高毕业生的综合质量。学生所学各门课程考试和考查全部及格获得131学分，各项实习成绩合格获得30学分，测绘技能考核达到三级以上测工技能标准取得合格证书，才能获得工程测量专业(测量及城镇规划方向)高等专科毕业证书。

表2.19　实践教学项目

序号	实践教学名称	内容与要求	学期	周数	学分	说明
1	测量教学实习	通过大比例尺地形测图，训练测图与绘图能力	Ⅲ	5	5	
2	测量生产实习	通过完成测量生产任务，进行等级控制测量、地形地籍测量、线路测量、施工测量的基本技能训练	Ⅳ	7	7	
3	认识实习	对城镇组成要素、建筑工程现场、城镇规划设计工作等进行参观实习，建立感性认识	Ⅴ	1	1	
4	毕业实习	参与工程测量与城镇规划的生产与设计，收集有关毕业设计的资料	Ⅵ	5	5	
5	控制测量课程设计	进行区域性控制网的图形设计，进行建立方法的选择、精度估计，编制测量工程设计任务书	Ⅳ	1	1	
6	城镇规划课程设计	在小区地形图上，设计小区总体规划图，编写设计说明	Ⅴ	4	4	
7	道路交通课程设计	规划设计小型城镇道路交通网，设计道路标准，编写道路交通网设计说明书	Ⅴ	1	1	
8	给排水课程设计	水管类型与工程设计，编写设计说明	Ⅴ	1	1	
9	毕业设计	进行工程测量的专题研究，撰写论文；或进行城镇规划设计，编写设计书，培养学生综合能力	Ⅵ	5	5	
10	课堂教学内的实习	课堂教学内的实习实验371学时，折合16.3周		16.3		平均周学时22.8
合　计				46.3	30	

(6)试点专业教学计划的说明。工程测量试点专业教学计划是1993年4月制订的。本专业主干课地形测量、控制测量、工程测量和城市规划原理等内容，是根据20世纪90年代初期，测量生产单位广泛采用的测绘新仪器、新技术，规划设计部门已开始采用计算机辅助设计技术条件确定的。试点专业建设期为5年，第一个3年教学循环完成之后，在总结教学经验的基础上，结合实际对原教学计划进行调整，将把更新的测绘与规划设计新技术纳入相应专业课的教学内容之中。

4)加强师资队伍建设

由中专矿山测量专业向专科工程测量专业转变，保证专科教育的教学质量，提高专业教师的学术水平、科研能力和工程测量生产能力是当务之急。选派中青年教师到测绘本科院校单科和多科进修；到测绘生产单位参加测绘工程实践，了解测绘生产技术水平和测绘产品的现状；鼓励教师开展科研活动，提高科研水平；组织教师编写专科教学需要的教材；开展教学理论与教学法研究，总结专科教学经验和教学成果。1992 年，工程测量专业有教师 17 人(另有 1 位外聘教师)，其中副教授与高级工程师 7 人、讲师与工程师 9 人、助教 1 人；另有实验教师 3 人，是工程师或实验师，形成了“双师型”的专科师资队伍。1990 年开始进行工程测量专业(测量及城镇规划方向)教学改革试点，学校重点引进建筑工程、城市规划和工程测量专业毕业的本科和研究生来校任教。1993 年国家教委批准该专业为教学改革试点专业，“八五”期间引进建筑工程与城市规划专业教师 4 人、工程测量专业教师 5 人。与此同时，派出中青年教师 6 人进修建筑工程、城市规划学科，进修工程测量学科的 2 人，逐步形成了保证试点专业教学需要的师资力量。此间有 5 名老教师退休，补充了 9 名青年教师，实现了新老教师的平稳交替。

5)加强专业办学条件建设

学校加大了测绘新仪器、专业实验室建设和实习基地建设的投资力度。购置精密经纬仪、精密水准仪、测距仪和全站仪等现代测绘仪器。充实专业用计算机室，建立工程测量专业实验室，配备了专用计算机和相应的软件；建立了城市规划设计实验室，配备了专用计算机和规划设计软件，保证了教学实习之用。建立了校内光电测距导线网，供图根控制测量实习用；利用校内人防工程巷道，建立模拟矿井上下联系测量、巷道导线测量实习场地，供矿山测量课实习使用；在校内主楼平台上，建立起有棚的 160 m^2 角度观测实习场地，可全天候地进行角度观测实习；在校址附近建立起 2 km^2 的三、四等控制测量实习基地，供平面与高程控制测量实习使用；在长沙市北部水渡河地区，建立 15 km^2 地形测量实习基地，布设了四等平面和高程控制网点，供各种比例尺地形测量实习使用。

6)坚持产学结合加强动手能力培养

1985 年改建工程测量专业专科教育，学校重视与测绘单位、厂矿企业和地县市有关部门建立协作关系，承担各种测量生产任务，组织学生进行生产实习。1988－1995 年，工程测量专业与湖南省湘阴县城市建设与规划部门进行多年合作，完成城区控制测量 60 km^2，进行 1∶1 000 市区与郊区地形测图 35 km^2。参加生产实习的教师与学生顶着六、七月的高温天气，克服市区建筑物密集、流动障碍物影响作业的种种困难，在规定的时间内完成测量生产任务。经湖南省测绘局质量监测站检查，认为控制测量成果优良，地形图图面清晰、美观，取舍合理，图面数字精度较高，符合城市规范要求，大部分地形图为优良级产品，控制测量成果与地形图全部验收，可供城市规划建设使用。湘阴县城建与规划部门对测量成果非常满意，双方多年的合作关系得到了巩固，该部门成为工程测量专业(测量及城市规划)的校外实习基地。这次测量工程的成果在湖南省高等院校科研成果展览会上受到奖励，为学校赢得了荣誉。

1992 年工程测量专业一个毕业班，在教师带领下承担桥口铅锌矿地下 3 km 引水工程管道工程测量任务。这是一项投资 200 万元为矿山引水的较大基建项目，从河床水下引入点到矿山入水点，要进行精密贯通测量设计和测量施工，作业精度要求较高。在教师指导下，学生进行踏勘与选线，进行工程设计、贯通控制测量及贯通施工测量的精度预计，编制施工计划和工程进度计划，以及施工组织等，学生都非常认真。教师按国家测量规范精度标准对每项作业都进行检查，不合精度立即返工重测。在严格的测量要求和严密的施工组织之下，学生们顺利完成了任务。测量工程经检查验收，管道工程完工，将河水引入矿山后，矿山领导非常满意，师生们感到自豪。

学校在对专科毕业生的跟踪调查中看到，工程测量专业 1 位毕业生，到工作岗位后就承担株洲化工厂区测量工程任务。工业厂区建构筑物密集，架空、地面和地下管线错综复杂，测量精度要求高。由于该生在学校生产实习中受到锻炼，大胆承担了这项任务，最后完成了工业厂区现状图测绘工作。是学校产学结合的测量生产实习培养了他承担测量工程任务的能力和完成任务的信心。专科教育在传授知识的同时必须努力培养能力，只有在工程实践中，学生才能把知识与技能有机地结合起来，实现这一教学目标。

产学结合的教学实践，不仅培养了学生的综合能力，也锻炼了教师承担测量生产任务、城市规划设计任务的能力，提高了各种测绘与规划设计任务的技术设计、生产组织、指导生产作业、生产实习中学生管理和思想政治工作的能力。总之，产学结合教学模式是培养"双师型"专科教师的有效途径。

2.5.5　哈尔滨测量高等专科学校的建设与发展

根据冶金部对高等专科学校建设与发展的总体要求，结合学校办学条件的实际，学校党委决定，从1986年到1990年的"七五"期间，学校要完成由中专教育向高等专科教育的转变，基本建成高等专科教育体系；再经过1991－1995年"八五"期间的努力，把学校建成具有较高水平的师资队伍、较完善的教学设备，以测绘工程类专业为主的多学科、教学质量较高和具有学校特色的高等专科学校。为实现这一目标，在学校党委领导下，全面贯彻党的教育方针，按国家教委《关于加强普通高等专科教育工作的意见》要求，动员全校教职工和学生，经过10年的扎实努力完成学校建设的光荣任务。

1．"七五"、"八五"期间学校高等专科教育建设的主要任务

1)"七五"期间高等专科教育建设的主要任务

学校有从事测绘中等专业教育30余年的丰富经验，还有1958－1964年6年的测绘专科教育经历，有测绘专业较好的办学条件，有教学综合水平较高的师资队伍和学校管理工作队伍，有保证教学质量的教学管理体系，所有这些都是办好测绘专科教育的有利条件。"七五"期间完成由中等专业教育向高等专科教育的转变，基本建成高等专科教育体系。主要任务如下：

(1)学习和掌握高等专科教育的办学方向。在学校党委领导下，组织领导班子成员和全校教职工，认真学习和掌握党和国家有关高等专科教育的指导思想、方针政策，逐步认识高等专科教育的基本规律、办学模式、教学内容和教学方法，转变原有中等专业教育观念，适应高等专科教育要求，树立高等专科教育意识，明确专科教育的地位和社会作用，跟上高等专科教育的发展形势。

(2)建立专科教育管理机构。逐步建立起适应高等专科教育需要的党政管理、教学管理、学生思想政治工作和后勤管理等机构，机构设置和人员编制要做到精干、高效。

(3)制订出高等专科教育的各种教学文件。根据教育部(84)教高二字010号文《关于高等工程专科教育层次、规格和学习年限调整改革问题的几点意见》、冶金部(84)冶教高字第047号文《关于修订冶金高等工程专科(三年制)教学计划的原则规定》等文件精神，制订出工程测量、地图制图、航空摄影测量和工业财务会计等专业的专科教学计划，以及课程教学大纲和实习实验大纲等教学文件。在教学实践中不断总结经验，修改和完善教学计划等教学文件，以保证培养出符合专科培养目标与毕业生基本要求的毕业生。

(4)编写具有专科特色的专业教材。根据高等工程专科教育的培养目标、专业教学计划和课程教学大纲的要求，按"三个面向"的指导思想，编写出有专科特色的专业课教材和特殊需要的基础课教材。工程测量专业及有出版条件的其他专业教材，要加快编写速度，保证教材质量，争取早日公开出版发行。

(5)加强实验室和实习基地建设。建立满足专科教育要求的实验室，要特别加强基础课物理、化学、电子学、计算机、外语语音和电化教学等实验室建设，按要求开出各门基础课的实验项目，提高现代化教学手段的使用水平。测绘专业各实验室和测绘仪器设备，以增加现代新仪器为重点，争取学校的测绘仪器水平与大型测绘生产单位的仪器设备基本相当。巩固与各测绘生产单位的合作关系，以保证测绘各专业生产实习任务的来源。

(6)加强图书馆和资料室建设。加大投资力度，提高图书馆管理人员的素质，使图书馆综合服务功能逐步满足高等专科教育的需要。建立教师阅览室和专业资料室，为教师的科研和专业生产服务，为搞好各专业的毕业设计提供较充实的参考文献。

(7)建立高等专科教育管理制度。建立符合高等专科教育办学要求的行政管理、教学管理、学生成绩考核与学籍管理、后勤管理等规章制度，使教学活动和各项管理有章可循，建立良好的学风和校风。

(8)加强师资与管理队伍建设。采取有效措施，把中等专业教育型的教师与管理队伍，迅速培养成适应高等专科教育需要的“双师型”教师和教育管理队伍。提高教师的学历水平和教学水平，使教师队伍中具有讲师以上职称的达到50%以上(考虑教师中新老交替的因素)，专业教师在指导测绘生产作业能力上达到测量工程师水平的接近50%，提高管理干部中级以上专业技术职称人员的比例。要求教师和管理干部人人做思想政治工作，对学生全面负责，做到教书育人和管理育人。

(9)开展科学技术和教学理论与方法研究。在没有专职科研编制的情况下，鼓励教师在保证教学工作的基础上，发挥个人技术专长开展科学技术研究活动，鼓励教师进行教学理论与教学方法创新实践，提高教师队伍的综合素质。在教学、科研和专业生产中，发现、培养教学与科研骨干和学术带头人，把培养的重点放在中青年教师上。

(10)开展多层次教育。在重点建设和发展普通高等专科教育的同时，适当保留中等专业教育，开办社会急需的新的中专专业，保持学校中专毕业生具有较高质量的特点。开办函授专科教育，给有关专业的中专毕业生创造提高学历的机会。

(11)建立适应专科教育的学生思想政治工作体系。发扬学生思想政治工作的优良传统，结合专科学生的特点，按高等工程专科教育培养目标和毕业生的基本要求，逐步形成专科教育的思想政治工作体系，把坚定正确的政治方向放在一切工作首位。

(12)加强领导班子自身建设，按《关于党内政治生活的若干准则》要求，实行党委领导下的校长负责制，掌握高等专科教育规律，成为团结奋进、勤政廉政和开拓创新的领导集体。认真贯彻知识分子政策，以身作则，带领教职工完成基本建成高等工程专科教育体系的任务。

2)“八五”期间建成测量高等专科学校的主要任务

“八五”期间，贯彻《中国教育改革和发展纲要》精神，坚持社会主义的办学方向，认真贯彻执行教育为社会主义建设服务，与生产劳动相结合的方针，把培养社会主义建设者和接班人作为根本任务。进一步提高已有各专业的教学质量和学校的管理水平，主动适应国家建设对专科工程技术与管理人才的需求，积极稳妥地开办新专业，扩大办学规模，提高办学效益，建立教学、科研、生产相结合的专科教育模式，把学校建成以测绘工程为主，测绘工程、工程管理与财经管理相结合有自己特色的高等专科学校。

(1)加强主干课程建设。为提高公共课、基础课和专业课的教学水平,提高综合教学质量,选择社会主义建设(邓小平理论)概论、高等数学、英语、测量平差、测量学、控制测量、工程测量、地形绘图、航空摄影测量和财务会计为主干课,进行重点建设,带动其他课程建设。主干课建设的要求是:①贯彻"基础理论的教学要以应用为目的,以必需、够用为度,以掌握概念、强化应用为教学的重点。专业课的教学内容要加强针对性和实用性。"制定出具有先进性的课程教学大纲、实习和实验大纲;②编写出符合课程教学大纲要求,反映本课程最新理论、技术和管理水平的公开出版教材或学校出版教材;③有经多次教学实践表明行之有效的学期课时授课计划或教学实施方案;④有本课程的教学质量检查的听课评语记录、学生座谈记录、考试成绩分析材料等教学质量的考核材料;⑤有本门课程教学法研究、教学改革等成果论文,并获省部级或学校的奖励;⑥在校际间或同类课程评估中,以及同类课程统一考试中成绩领先。

(2)加强专业建设。加强现有的工程测量、航空摄影测量、地图制图及财务会计与基建会计等专业建设,特别加强工程测量重点专业建设,带动各专业提高建设水平。重点专业建设的主要标志是:①有符合《普通高等工程专科教育的培养目标和毕业生的基本要求(试行)》、《普通高等学校制订工程专科专业教学计划的原则规定(试行)》要求,较为先进的专业教学计划、课程教学大纲、实践教学大纲等教学文件;②有符合专科教学需要,反映现代学术、技术和管理水平的公开出版教材或校内出版教材;③按专业教学计划落实了课堂实验与实习、课程设计、教学实习、生产实习和毕业设计等实践教学,并取得良好成绩;④教师有较为突出的教学科研和专业技术科研成果及学术论文,在生产或专业教学中推广,并在公开发行的刊物上发表,有的成果或论文获得省部级奖励;⑤教师中形成公认的学科和学术带头人,初步形成教学和学术梯队;⑥教师和学生的思想政治工作取得较为明显的效果,教师为人师表、教书育人成绩显著;⑦专业教学改革和管理工作取得较好成绩;⑧专业毕业生思想作风好,理论联系实际动手能力强,岗位适应性强,毕业生就业率高。

(3)积极稳妥地扩展新专业。根据冶金工业建设和社会经济发展的需要,拟建立测绘自动化(以航空摄影测量专业为基础,以数字化技术为主)、土地管理与地籍测量等测绘类专业;建立与测绘工程技术密切相关的工业总图设计与运输、房地产经营与管理、工业与民用建筑等工程类专业;以财会专业为基础,新建涉外会计、财务审计等财经管理类专业。逐步扩大学校规模,提高办学效益,达到专科学校在校生 2 000 人规模的要求。

(4)加大仪器设备、实验室、体育设施、图书馆的投资力度,改善教学条件。重点投资用在增加现代测绘仪器(GPS、全站仪等)、计算机、现代语音和电化教学方面,扩大图书馆为教学服务的能力,改善体育设施和提高体育训练经费,保证基础课、专业课实验开出率达标。

(5)积极开展科学研究活动。鼓励教师和科技人员在完成教学任务和本职工作的条件下,开展教学研究和科技研究与开发活动。在没有科研编制的情况下,由教务处一位副处长负责科研组织工作,学校拿出一定的科研基金资助科研项目实施;鼓励教师申报冶金部科研有偿资助基金项目和承担测绘生产部门的技术开发项目;成立测绘研究所,抽调中青年测绘专业骨干教师兼任研究人员,推动测绘新技术研究和开发。"八五"期间争取在教学研究和各专业技术创新研究方面取得较好的成绩。鼓励教师参加全国和省级测绘学会的学术活动,办好国内发行的《哈测专学报》和国内外公开发行的《测绘工程》期刊,为发表学术论文和科研成果,扩大学校在测绘界的学术影响创造条件。

(6)加强师资队伍建设。利用每年的增员和离退休人员指标,引进本科和研究生学历的青年教师来校任教。鼓励青年教师通过本科函授教育、在职硕士和博士研究生教育提高学历和学位水平。到“八五”末期，争取正副教授教师占专任教师总数的20%以上，讲师以上的教师占60%以上。促进教师队伍年轻化，顺利实现新老教师的平稳过渡。

(7)建立产学研结合的办学模式。建立测绘工程、工程管理、财经管理各系的厂(院)校协作委员会，实现各专业的教学、科研、生产相结合的专科办学模式。邀请测绘院所、工程建设单位、工业企业、财经部门的有关专家，参与教学计划、教学工作、生产实习和毕业设计的研究、指导和答辩等活动；争取各合作单位为教师提供技术开发的科研项目，为学生提供生产实习的任务，使学校的科研成果为测绘生产、工程建设和财经管理服务。

(8)严格控制人员编制。深入进行学校党政、教学管理机构的改革，适应专科教育不断发展的需要。严格控制人员编制，扩展专业，合理增加机构，不增加总编制，需要的干部和人员由学校内部调剂。提倡双肩挑干部，使人员编制严格控制在290人左右。

(9)改善和加强新形势下的学生思想政治工作。在改革、开放和社会主义市场经济新形势下，学生思想政治工作的着重点是，加强和改进学生的德育教育，努力培养跨世纪的“四有”人才。强化学生思想政治工作体系建设，在政治理论、德育和法制课堂教学、时事形势教育，以及党、团建设等思想政治工作方面狠下工夫；在学校精神文明建设方面作出显著成绩，形成良好的学风和校风。

(10)加强学校党政领导班子的思想建设。把工作的重点放在贯彻《中国教育改革和发展纲要》和《关于加强普通高等专科教育工作的意见》的要求上。安于高等专科教育，以领导班子的团结奋进、勤政廉政的实际行动，加强和改善党的领导，带动全校教职工和学生，以改革和创新精神，在“八五”期间把学校建成以测绘类专业为主，有自己特色的多学科的高等专科学校。

2. 建设高等专科教育管理机构提高办学效益

根据冶金部教育司对新建专科学校党政管理机构组成的要求，结合学校具体情况，本着精干、高效原则，到1990年形成如图2.1所示的学校管理机构。大部分一级单位的负责人都由具有专业技术职称的教师和技术干部担任，每个部门干部指数少，工作效率高。

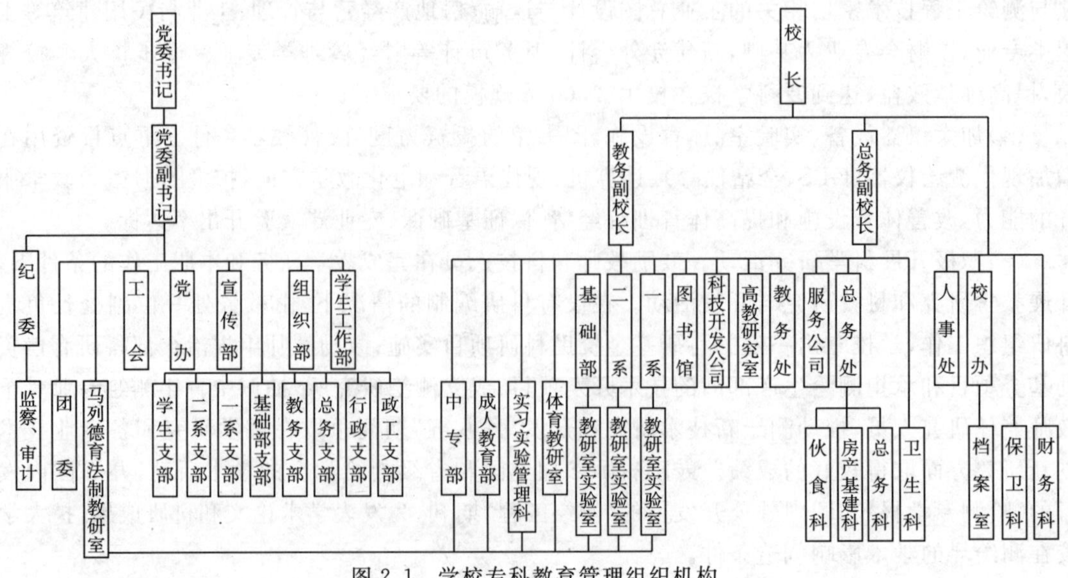

图2.1　学校专科教育管理组织机构

1990 年学校设工程测量、航空摄影测量、地图制图 3 个测绘类专业,还设财务会计和基本建设会计两个财经类专业。考虑在校学生的多少和管理方便,设工程测量专业为一系,航空摄影测量、地图制图、财务会计和基本建设会计等专业为二系,所有基础课教研室归基础部领导;马列德育法制教研室归党委和教务副校长双重领导,体育教研室归教务副校长领导。设中专部负责中专各专业的教学工作,设成人教育部负责专科函授和专业证书班教育。设高教研究室负责专科教育理论与实践调查研究,组织教学与科研成果研讨和评选,组织招生和毕业生调查,负责编辑出版《测绘工程》、《哈测专学报》等。教务处在教务副校长领导下,负责组织与协调全校的教学活动,开展科研活动,与人事处共同负责教师的培养工作。图 2.2 为教学部门的组织机构。

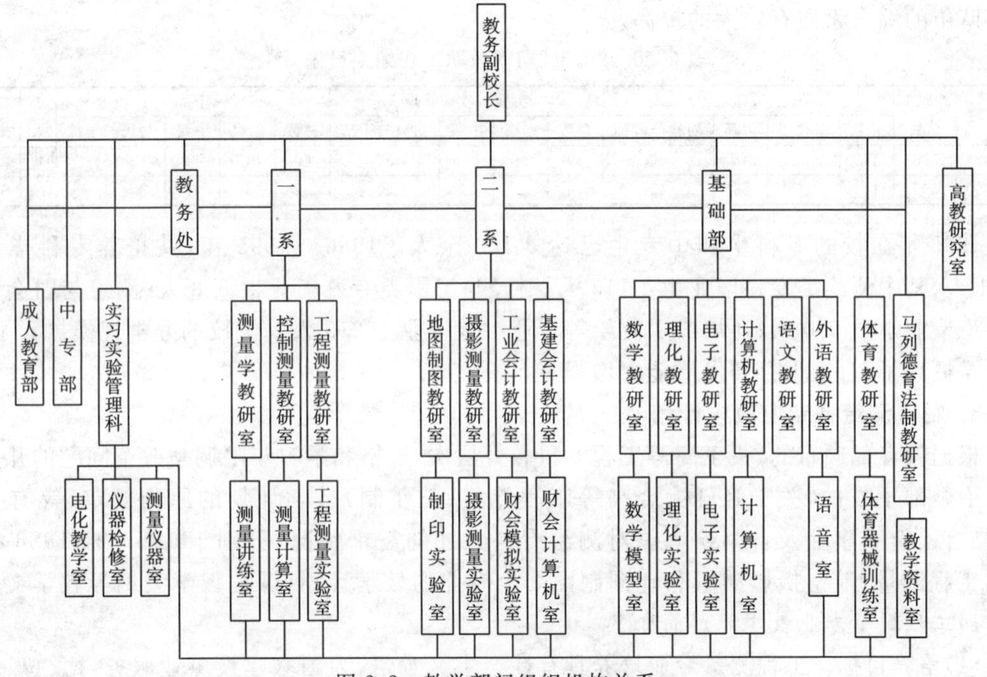

图 2.2　教学部门组织机构关系

图 2.1、图 2.2 表明,到 1990 年学校基本建成了专科教育体系。"七五"期间,每年招各专业新生 300 人左右,其中测绘类专业 150～180 人、财会类专业 120～150 人,在校学生近 900 人。培养出专科毕业生 642 人,其中测绘类专业毕业生 435 人、财会类专业毕业生 207 人;培养测绘类专业证书班(相当专科)学员 191 人、财会类专业证书班学员 197 人。总共培养专科毕业生(包括证书班毕业生)1 030 人,达到了专科教育的预期目标。

1991－1995 年的"八五"期间,学校积极稳妥地扩展社会急需技术人才的专业。经冶金部批准,开办"测绘自动化"、"计算机应用与维护"、"工业总图设计与运输"、"工业与民用建筑"以及"房地产经营与管理"等专业;以财务会计类专业为依托,开办"涉外会计"和"财务审计"专业。新建各专业在"八五"期间先后招收新生。在专业设置的新形势下,学校进行了教学机构建制的调整:测绘工程系,设工程测量、航空摄影测量、地图制图、测绘自动化和计算机应用与维护 5 个专业,建立了测绘研究所;工程管理系,设工业总图设计与运输、工业与民用建筑及房地产经营与管理 3 个专业;经济管理系,设财务会计(电算化)、基本建设会计、涉外会计和财会审计 4 个专业;基础部统管所有基础课教研室和实验室。普通高等专科教育机构形成三系一部的格局，测绘工程系是学校的骨干系，工程测量专业是重点专业，财务会计（电算化）专业也是重点专业。

10年来，坚持走加强学校内涵的建设之路，以教学为中心，通过各种途径提高教师、管理干部和工人的素质，达到全面提高教学质量和管理及服务水平的目的。"七五"期间引进大学本科毕业生和硕士研究生青年教师及急需的中年教师53人，在调整教师队伍年龄、学历结构，以及教师与管理人员的职称结构方面取得显著效果。表2.20表明，1986－1990年的5年内教职工总数未变，对教师进行合理分流，专任教师增加2人，吸收一批中青年教师，大学本科和专科毕业的教辅人员增加5人，管理干部减少8人。教师中副教授、讲师职称的人数明显增加，占教师总数的62.3%；教辅和管理干部的副高级和中级职称人员也有所增加，整个教师和干部队伍的综合素质有较大的提高。

表2.20　"七五"期间教职工在编人员统计

年度	教职工总数	教师				实验与教务管理				干部				工人	工厂农场
		总数	副教授	讲师	助教与教师	总数	副高	中级	初级与干部	总数	副高	中级	初级与干部		
1986	293	112	5	48	59	39		7	32	60	1	14	45	69	13
1990	293	114	15	56	43	44	2	12	30	52	1	20	31	70	13

1995年在校的专科生和中专生已达2 100余人。1986－1995年，共培养专科毕业生2 491人，其中测绘类专科毕业生1 113人、财经与工程类专科毕业生878人、测绘与财会专业证书班毕业学员500人；还培养了测绘等专业中专毕业生219人。学校的办学规模扩大了，办学效益提高了，自主生存和发展能力增强了。

3. 制订测绘各专业教学计划

根据教育部颁布的《关于高等工程专科教育层次、规格和学习年限调整改革问题的几点意见》、冶金部下发的《关于修订冶金高等工程专科（三年制）教学计划的原则规定》等有关文件，结合冶金企事业及各测绘单位对测绘专科人才的需求状况，分别于1985年、1986年制订出工程测量、航空摄影测量和地图制图3个专业的教学计划、课程教学大纲等教学文件。

1）工程测量专业教学计划简介①

（1）培养目标。工程测量专业培养具有社会主义觉悟，为国家建设事业服务，德、智、体诸方面全面发展，受到助理工程师基本训练的高级应用性工程测量技术人才。学生毕业后，主要到冶金企事业测绘单位和其他测绘部门，从事勘察设计、工程建设施工与设备安装、地质勘查、矿山建设与国土开发、城市建设、农林水工程、交通运输及国防工程等方面的工程测量的技术设计、生产作业和技术管理等工作。

（2）毕业生的基本要求。热爱社会主义祖国，拥护中国共产党的领导，拥护党和国家的方针政策，关心国家大事；懂得马克思列宁主义、毛泽东思想的基本原理，有社会主义民主与法制观念，积极参加社会实践，有理论联系实际、实事求是的科学态度；具有艰苦奋斗、勇于克服困难、热爱劳动、勤奋学习、遵纪守法、团结互助的良好品德，服从国家需要，为社会主义现代化建设服务。掌握本专业培养目标所必需的基础理论知识，具有较强的专业应用理论知识、一定的相关科学与经济技术管理知识；具有本专业必须掌握的仪器操作、绘图、

① 这是1986年，以测绘传统技术为主，比较有代表性的工程测量专业教学计划，对计划中的课程设置作了必要的说明。

计算机处理测量数据和解决一般测绘技术问题的能力，有一定的自学能力。学习一门外语，具有翻译本专业文献资料的初步能力；具有查阅文献资料、编制工程技术设计、技术总结的初步能力；有一定的文化修养和良好的心理素质；掌握体育锻炼的基本技能，达到国家大学生体育合格标准，身体健康。

(3)业务范围。在国家基本控制网(平面与高程)基础上，加密或独立建立三、四等及高精度工程控制网，进行技术设计、施测、观测数据处理、精度与质量分析、技术管理等工作；为各种工程建设的勘察设计和城市建设提供地形测绘资料，进行大中比例尺的地形图测绘(纸质测图或摄影测量成图)、清绘和地图整饰，对所测地形图进行质量检查和精度评定；进行工业企业厂区现状图测绘，为企业的改扩建提供厂区三维空间地形、地物、管线等资料；进行各种工程竣工图测绘，作为企业或工程开工运营管理的基本依据；进行工程或工业厂区的精密施工控制网的建立，按工程设计图纸进行建筑物、构筑物施工标定及施工质量检查，进行工业设备安装测量与安装质量检测；进行铁路、公路建设的各项测量工作，地质勘探测量与矿山建设的井巷工程及生产矿井测量；为工业设备、建构筑物、山体滑坡、采空沉降区建立变形与沉降监测控制网和进行监测及其数据处理分析等。

(4)教学环节及其时间分配。教学计划3个学年共150个教学周，各教学环节及其教学周数分配列入表2.21中。理论教学与实践教学为120周。

表2.21　教学环节时间分配

专业：工程测量　　　　学制：专科三年　　　　1985年7月

学年	入学教育	军训	理论教学	考试	教学实习	生产实习	毕业实习	课程设计	毕业设计	公益劳动	机动	毕业教育	假期	合计	说　明
一	1	1	36	2						1			9	50	以教学周数计
二			24	2	6	9				1	1		9	52	
三			19	2			8	4	8		1	1	5	48	
合计	1	1	79	6	6	9	8	4	8	2	2	1	23	150	

(5)课程设置与教学进程计划。课程设置分公共课、基础课、技术基础课、专业课和选修课。各类课程的设置、教学时数及授课学期的周学时分配，列入表2.22中。各门课程一般不说明。选修课安排8门，共238学时，要求学生至少选修4门150学时左右。选修课设置简要说明如下。

表2.22　课程设置与教学进程计划

专业：工程测量　　　　学制：专科三年　　　　1985年7月

序号	课程名称	按学期分配		教学时数				一学年		二学年		三学年		说　明
		考试	考查	总时数	其中 讲授	实习实验	课程设计	Ⅰ 16周	Ⅱ 20周	Ⅲ 13周	Ⅳ 11周	Ⅴ 19周	Ⅵ 20周	
								周学时分配						
	一、公共课			(511)	(352)	80	(79)							占总时数21.2%
1	政治经济学、哲学	Ⅱ，Ⅳ	Ⅰ，Ⅲ	120	110		10	2	2	2	2			
2	共产主义思想品德教育		Ⅰ～Ⅴ	(79)	(40)		(39)	(1)	(1)	(1)	(1)	(1)		不占学时
3	体育		Ⅰ～Ⅳ	120	40	80		2	2	2	2			
4	外语	Ⅰ，Ⅲ	Ⅱ，Ⅳ	192	162		30	4	4	2	2			
	二、基础课			427	357	26	44							占总时数20.9%
5	高等数学	Ⅰ，Ⅱ		144	124		20	4	4					
6	线性代数	Ⅰ		56	50		6	3.5						
7	概率论及数理统计		Ⅱ	60	52		8		3					
8	普通物理	Ⅱ，Ⅲ		119	91	18	10		4	3				

续表

序号	课程名称	按学期分配		教学时数				一学年		二学年		三学年		说明
		考试	考查	总时数	其中			Ⅰ 16周	Ⅱ 20周	Ⅲ 13周	Ⅳ 11周	Ⅴ 19周	Ⅵ 20周	
					讲授	实习实验	课程设计	周学时分配						
9	化学		Ⅰ	48	40	8		3						
	三、技术基础课			648	498	86	64							占总时数31.7%
10	测量学	Ⅰ,Ⅱ		144	116	20	8	4	4					
11	地形绘图		Ⅰ,Ⅱ	72	22	40	10	2	2					
12	光学		Ⅲ	52	40	8	4			4				
13	电子学	Ⅳ	Ⅲ	107	89	10	8			4	5			
14	测量平差	Ⅲ,Ⅳ		107	99		8			4	5			
15	工程制图		Ⅳ	44	24		20				4			
16	工程概论	Ⅴ		57	57							3		
17	程序设计语言	Ⅲ		65	51	8	6			5				
	四、专业课			386	332	26	28							占总时数18.9%
18	控制测量学	Ⅳ,Ⅴ		120	98	12	10				4	4		
19	工程测量学	Ⅴ		114	96	8	10					6		
20	摄影测量学	Ⅴ		114	100	6	8					6		
21	工业企业管理		Ⅴ	38	38							2		
	合计			(1 972) 1 893	(1 539) 1 499	218 218	(215) 176	(25.5) 24.5	(26) 25	(27) 26	(25) 24	(22) 21		
	五、选修课			238										
22	汉语与写作			40				2.5						1～12周上课,下同
23	测量仪器学			24					2(1～12)					
24	天文定位			33							3			
25	微型计算机原理			39						3				
26	观测数据处理			38								2		
27	光电测距			22							2			
28	控制网建立的个别问题			26								2(1～13)		
29	工程测量新技术讲座			16									4(1～4)	
	必选课时数			150										占总时数7.3%
	课时总数			2 043				27	27	29	29	23	4	学期周学时数
								10	10	10	10	8	1	学期课程门数
								4	4	4	4	4		学期考试门数

汉语与写作　为提高汉语阅读和写作能力而设的选修课,以撰写生产组织计划、技术总结报告和科研成果论文所必需的写作基础知识为教学的主要内容。

测量仪器学　使学生进一步了解测绘仪器构造原理与各种仪器结构特点,便于有效地进行测绘仪器的检查改正,保持仪器良好的工作状态;还介绍现代测绘仪器电子经纬仪、光电测距仪、全站型经纬仪的功能、基本构造、使用方法及保养等。

天文定位　为解决远离国家基本控制网地区,建立独立控制网时需要测定经纬度和方位角而设的选修课。主要内容有天文坐标系以及时的概念,天体任意时角法测定测站经纬度和天文方位的方法,北极星大距法测定天文方位角的方法等。训练使用天文年历和星图、精密经纬仪与时表,进行测定测站经纬度和天文方位角的实习。

微型计算机原理　为加深学生对台式计算机和PC-1500型便携式计算机原理的认识,更有效地使用计算机而开设本选修课。使学生进一步掌握微型计算机的功能,为将来测绘生产和科研服务打下一定的基础。

观测数据处理　为深入学习现代平差理论、观测值及其误差统计检验理论和方法的学生开设的选修课。主要内容有正态分布,假设检验,矩阵的迹,二次型分布;误差的基本概念、精度衡量类型及指标，广义误差传播规律，数据处理的数学模型及其分类；满秩问题的平差及性质，秩亏问题的平差与性质及其附加条件的处理，基准问题及其变换；随机模型误差，Helmert验后估计，边角网平差的方差分量估计；系统误差的发现方法，附加参数的处理方法及其对原参数的影响和有关的检验；粗差的数学模型，单个粗差和多个粗差的检验与探测方法等。本课程内容较深，有一定数理基础的学生参加学习较为有利。

光电测距　使学生进一步了解光电测距的基本原理，光电测距仪的类型，光电测距仪测距观测成果的处理，典型光电测距仪 AGA-116、$DI_{1000}+T_{1000}$ 电子速测仪及其使用；光电测距仪的误差分析及其检验与测距精度鉴定等。

控制网建立的个别问题　主要介绍高精度控制网优化设计概念、优化设计的分类，数学模型的建立与解算等较新的测量理论问题；介绍利用我校教师研制的控制网优化设计计算机软件系统、各种控制网优化设计方法和所提供的精度分析的应用；介绍独立网、加密网与自由网使用优化设计软件的效果；介绍全球定位系统在控制网建设中的应用及其发展前景等。

工程测量新技术讲座　本课程以专题讲座形式介绍：现代测绘学的概念及工程测量学在测绘学中的作用与地位，工程测量学与测绘相关学科的关系；数字化测绘技术在大比例尺地形图测绘、工业厂区现状图测绘中的应用与发展前景；GPS、GIS、RS，即“3S”技术在工程测量的应用及其发展前景，以及三维工业测量系统在工程测量中的应用等。

(6)实践教学项目安排。工程测量专业实践教学，通过课堂实习与实验、教学实习、生产实习、课程设计、毕业实习和毕业设计，完成理论联系实际和动手能力的培养，使学生在工程实践中达到助理工程师应具备的技术能力的基本要求。实践教学项目及内容如表2.23所示。实践教学占教学活动120周的40.1％。

表2.23　实践教学项目及内容

序号	项目名称及内容	学期	周数	说　明
1	地形测量教学实习：4周的图根平面与高程控制测量，大比例尺地形测图和质量检查验收；2周的将测好的地形图进行清绘、整饰，全面完成地形测量任务	Ⅲ	6	9、10月进行
2	完成测绘生产任务的生产实习：测区等级控制测量，1∶500～1∶5000地形测图，控制测量成果和地形图(城市或厂区地形图)的质量检查验收	Ⅳ	9	5～7月进行按国家规范验收
3	毕业实习：三、四等控制测量(测边网、边角网)内外业全面作业；大型冶金企业施工与设备安装测量参观实习；大比例尺航测综合法成图实习；城市工程与路线测量实习等。收集毕业设计的课题与资料	Ⅵ	8	4、5月进行遇有任务进行生产实习
4	课程设计：进行三、四等城市或工程控制网的技术设计，选择三角网、测边网和边角网进行网形设计，实测方案设计，进行精度估计和优化设计，编写工程任务书等。为毕业实习做好技术准备	Ⅵ	4	3月进行
5	毕业设计：选择测量平差、控制测量、工程测量，地形测量与摄影测量的实用新技术题目，在教师指导下进行专题研究，写出研究成果论文，由校内外专家组评审和论文答辩，最后评定毕业设计成绩	Ⅵ	8	5月底至7月初进行
6	理论教学中的实习实验：实习实验及课程设计总时数314，折合实践课13.1周		13.1	平均周学时24
	实践教学周数合计		48.1	

(7)工程测量专业教学计划的特点。为完成培养目标和达到对毕业生的基本要求，以及保证掌握业务范围的理论与技术技能方面注重了以下各点：①课堂教学总计2 043课时(不包括思想品德课)，公共课占21.2％，基础课占20.9％，技术基础课占31.7％，专业课占18.9％，选修课7.3％，体现了加强基础和技术基础理论课的教学力度。在教学活动的120周中，实践教学48.1周，占总教学周数的40.1％，超过教学计划规定占1/3的标准。②教学计划重视外语教学，根据学生高中学习的语种不同分别进行英语、俄语和日语教学。

加强3种外语的课外辅导，鼓励学生参加3种外语的专科水平的统一测试，奖励通过大学本科四级考试的学生。③加强计算机使用能力训练。一年级地形测量计算全部使用电子计算器，要求学生熟练掌握。二、三年级主要使用台式计算机和便携式计算机进行测量平差、控制测量等计算，使学生计算机操作达到熟练程度。奖励通过大学本科计算机二级考试的学生。④技术基础课测量学与测量平差，以及专业课控制测量学、摄影测量学和工程测量学，都以反映20世纪80年代中期的我国测绘科技水平为主要内容。当时的新仪器、新技术通过选修课测量仪器学、观测数据处理、控制网建立的个别问题、工程测量新技术讲座等课程加以介绍。为有学习潜力的学生提供深入学习测绘新技术和新理论创造有利条件，扩大学生的专业知识面。

2)航空摄影测量专业教学计划简介

(1)培养目标[①]。航空摄影测量专业培养具有社会主义觉悟，为国家建设事业服务，德、智、体诸方面全面发展，受到助理工程师基本训练的高级应用性航空摄影测量技术人才。学生毕业后，主要到冶金企事业测绘单位和勘察设计、工程建设、地质勘察、矿山建设与国土开发、城市建设、农林水工程、交通运输及国防工程等测绘部门，从事航空摄影测量的技术设计、生产作业和技术管理等工作。

(2)业务范围。能担任航空摄影像片纠正作业，解析空中三角测量各种平差计算作业；初步掌握全能法成图的仪器操作，完成生产作业任务；初步掌握微分法成图的仪器操作，完成生产作业任务；较熟练地掌握综合法成图的仪器操作，能独立完成航空摄影测量外业像片控制测量、像片判读及外业调绘，以及资料整理工作，完成综合法大比例尺测图任务。能完成地形测量的图根加密测量、大比例尺纸质测绘地形图、清绘、接图和整饰任务。经过一定的锻炼能担任航空摄影测量生产组织与技术管理工作。

(3)教学环节及其时间分配。教学计划3个学年共150个教学周。各教学环节及其教学周数分配列入表2.24中。理论教学与实践教学为120周。

表2.24　教学环节时间分配

专业：航空摄影测量　　学制：专科三年　　1986年7月

学年	入学教育	军训	理论教学	考试	教学实习	生产实习	毕业实习	课程设计	毕业设计	公益劳动	机动	毕业教育	假期	合计	说　明
一	1	1	36	2						1			9	50	
二			28	2	11					1	1		9	52	
三			15	2		4	8	4	8		1	1	5	48	
合计	1	1	79	6	11	4	8	4	8	2	2	1	23	150	

(4)课程设置与教学进程计划[②]。航空摄影测量专业的课程设置分公共课、基础课、技术基础课、专业课和选修课。各类课程的设置，充分考虑到现代航空摄影测量与遥感技术的发展水平，及其在工程部门测绘单位的应用范围，使学生在掌握当前航空摄影测量技术的同时，为今后的技术发展和进步留有储备。各门课程的设置、教学时数及授课学期的周学时进程计划，列入表2.25中。

① 航空摄影测量专业毕业生的基本要求，与工程测量专业毕业生的基本要求表述相似不再重复。

② 与工程测量专业相同的课程均未作课程内容的说明。

表 2.25　课程设置与教学进程计划

专业:航空摄影测量　　学制:专科三年　　1986 年 7 月

序号	课程名称	按学期分配		教学时数				一学年		二学年		三学年		说明
		考试	考查	总时数	其中			Ⅰ 16 周	Ⅱ 20 周	Ⅲ 13 周	Ⅳ 11 周	Ⅴ 19 周	Ⅵ 20 周	
					讲授	实习实验	课程设计	周学时分配						
	一、公共课			(541)	(340)	100	(101)							占总时数 23.3%
1	政治经济学、哲学	Ⅱ,Ⅳ	Ⅰ,Ⅲ	130	112		18	2	2	2	2			
2	共产主义思想品德教育		Ⅰ~Ⅴ	(79)	(40)		(39)	(1)	(1)	(1)	(1)	(1)		不占课时
3	体育		Ⅰ~Ⅳ	130	30	100		2	2	2	2			
4	外语	Ⅰ,Ⅲ	Ⅱ,Ⅳ	202	158		44	4	4	2	2			
	二、基础课			369	303	16	50							占总时数 18.6%
5	高等数学	Ⅰ,Ⅱ		144	120		24	4	4					
6	线性代数	Ⅰ		56	48		8	3.5						
7	概率论及数理统计	Ⅱ		50	42		8		2.5					
8	普通物理	Ⅱ,Ⅲ		119	93	16	10		4	3				
	三、技术基础课			594	407	102	85							占总时数 30.0 %
9	电子学	Ⅲ	Ⅳ	84	69	10	5			4	2			
10	程序设计语言		Ⅲ	78	56	10	12			6				
11	测量学	Ⅰ	Ⅱ	144	102	22	20	4	4					
12	地形绘图		Ⅰ	64	14	50		4						
13	地貌学		Ⅱ	50	42		8		2.5					
14	测量平差	Ⅳ	Ⅲ	87	61		26			3	3			
15	控制测量	Ⅲ	Ⅳ	87	63	10	14			3	3			
	四、专业课			458	346	78	34							占总时数 23.1%
16	航空摄影测量学	Ⅳ,Ⅴ		180	134	40	6				6	6		
17	航空摄影测量外业	Ⅳ		48	32		16				3			
18	摄影与摄影处理		Ⅳ	48	26	18	4				3			
19	解析空中三角测量	Ⅴ		56	46	6	4					4		
20	非地形摄影测量	Ⅴ		56	46	6	4					4		
21	遥感	Ⅴ		42	34	8						3		
22	测绘管理		Ⅴ	28	28							2		
				(1 962)	(1 396)	296	(270)	(24.5)	(26)	(26)	(27)	(20)		
	合计			1 883	1 356	296	231	23.5	25	25	26	19		
	五、选修课			130										
23	航测自动化			30								3		1~12 周上课,下同
24	航测仪器使用与维修			30								3		
25	微机原理			30						3				
26	汉语与写作			40				3						
	必选课时数			100										占总时数 5%
	学时总数			1 983				26.5	25	28	26	25		学期周学时数
								9	9	10	10	8		学期课程门数
								4	5	5	5	4		学期考试门数

——公共课

政治经济学与哲学、共产主义思想品德教育、体育、外语各门课程的教学内容以及学时数与工程测量专业教学计划基本相同。

——基础课

高等数学、线性代数、概率论及数理统计、普通物理等课程的内容、课时安排等,与工程测量专业教学计划基本相同。

——技术基础课

电子学、程序语言设计两门课程的教学内容、要求与工程测量专业相应课程大体相同,课时数略有增减。测量学、地形绘图课的教学内容、要求、课时数，与工程测量专业教学计划安排相同，是本专业基础理论和动手能力培养的关键课程。控制测量课，要求掌握在三、四等控制网点下，进行平面和高程加密控制测量的理论和方法，为像片联测服务。测量平差课讲授平差理论的基本内容与方法，为平面与高程控制加密测量的平差计算，以及解析空中三角测量打下理论基础。地貌学课程介绍地貌学概念，各种地貌演变形成的基本规律和特征，以便在各种航空摄影测量仪器下观察地貌立体成像，进行地貌测图。

——专业课

航空摄影测量学　讲授航空摄影测量的概念、基本知识及原理，摄影测量的全能法、微分法和综合法成图的原理、使用仪器和作业方法，各种主要航空摄影测量仪器的构造原理、操作技术，航空摄影测量像片的纠正原理、使用仪器和作业技术等。

航空摄影测量外业　主要内容有像片与地面控制点联测的方法与观测数据处理，像片判读与野外调绘的基本知识和作业方法，以及像片测图的基本理论和作业方法，加强外业操作能力的培养，形成一定的作业能力。

解析空中三角测量　主要内容有单航线法及航线法区域网解析空中三角测量的基本原理和方法，介绍独立模型法区域网、光线束法区域网平差理论与方法。

摄影与摄影处理　介绍摄影及摄影机原理与结构，摄影材料及其测定，摄影处理的基本原理与方法；航空摄影设备、摄影方法及航摄像片的质量评定。

非地形摄影测量　主要介绍近景摄影测量基本理论、方法和使用仪器，及其在工业生产、建构筑物变形、古建筑物保护等方面的测量与监测的应用。

遥感　介绍遥感技术的概念和基本知识，以及遥感技术在工农业生产、国土资源勘查与开发、环境监测与灾害预报及救灾方面的应用等。

测绘管理　主要内容有测绘生产经营和管理工作的基本知识，摄影测量在工程测量行业中的地位与作用，摄影测量的生产组织、实施、质量控制、成果利用等管理知识，请测绘生产部门的管理工程师担任教学工作。

——选修课

汉语与写作、微机原理课程，教学内容与工程测量专业相应课程的内容基本相同。

航测仪器使用与维修　讲授如何保证各种航空摄影测量仪器正常作业，如何发现航空摄影测量仪器的故障，怎么进行维修和检测的技术知识。该课程请有实践经验的检测工程师任教。

航测自动化　介绍计算机技术与数字化技术在航空摄影测量的各种仪器和作业方法中得到的应用；以模拟和解析理论为基础的航空摄影测量测绘技术，向由计算机为平台的数字化航空摄影测量测绘技术方向发展我国所取得的成就；航测自动化在像片上对三维地形、地物数据的采集，将对地理信息系统的数据采集带来巨大的影响等知识。

以上 4 门选修课共 130 学时，学生必选 100 学时 3 门课程学习。

(5)实践教学项目安排。航空摄影测量专业实践教学，通过课堂实习、教学实习、生产实习、课程设计、毕业实习和毕业设计，完成理论联系实际和动手能力的培养，使学生在实践中达到助理工程师应具备的技术操作能力的要求。实践教学的项目和内容如表 2.26 所示。实践教学占教学活动 120 周的 44.8%。

表2.26　实践教学项目及内容

序号	项目名称及内容	学期	周数	说　明
1	地形测量教学实习：从图根控制测量到大比例尺地形测图的全部外业、内业工作，进行全面操作实习；进行地形图的拼接、清绘、整饰，及检查验收，为航测成图打下绘图基础	Ⅲ	6	9、10月进行
2	航测外业教学实习：进行航测外业像控点平面和高程控制测量，刺点、测定、像片判读及调绘实习作业	Ⅳ	5	7月进行
3	航测外业生产实习：完成航测外业像控点的刺点、测定、像片判读及调绘生产任务，完成综合法测图	Ⅴ	4	9月进行
4	航测内业毕业实习：进行像片纠正、解析空中三角测量加密处理、全能法测图、微分法测图，做出成果，初步掌握航测内业各种测图的作业能力	Ⅵ	8	3、4月进行
5	课程设计：带着选择的课程设计课题，参观黑龙江测绘局航测队，了解全部生产工艺过程、成图的成果水平。在此基础上进行课程设计课题的研讨，解决具体技术问题	Ⅵ	4	5月进行
6	毕业设计：选择毕业设计课题，在教师指导下，查阅资料，进行理论研究和上机操作，得到成果，写出论文。经校外专家和教师组成的评审委员会答辩评审，给出成绩	Ⅵ	8	6、7月进行
7	课堂教学中的实习实验：教学计划中的实习实验、课程设计总学时为427，折合18.8周		18.8	周平均课时22.7
	实践教学周数合计		53.8	占教学活动120周44.8%

(6)教学计划的特点。航空摄影测量专业教学计划，为完成培养目标和毕业生的基本要求，以及保证掌握业务范围的理论与技术技能，注意以下特点：①体现了加强基础课和技术基础课的教学力度，重视实践教学。在课堂教学的总学时1 983中，公共课占23.3%，基础课占18.6%，技术基础课占30.0%，专业课占23.1%，选修课占5.0%，基础课与技术基础课之和占48.6%。在教学活动的120周中，实践教学53.8周，占44.8%。②考虑到为工程与建设服务的测绘单位，航空摄影测量技术人员不仅能胜任航空摄影测量本身的业务，而且有承担基本测绘工作如控制测量、地形测量任务的机会。因此，在技术基础课中特别注意加强测量学、地形绘图、控制测量等课程的教学力度，这不仅为培养航空摄影测量技术能力打好基础，而且为航空摄影测量技术人员扩大工作适应性创造条件。③教学计划在学习和掌握航空摄影测量的全能法、微分法、综合法的成图理论、使用仪器和作业方法基础上，重点培养学生能胜任综合法测绘大比例尺地形图的作业能力，在实践教学中加强这方面动手能力的培养。④学校从精密立体测图仪、纠正仪到各种成图的仪器设备具全，基本保证了教学和生产实习的需要。黑龙江测绘局航测大队是航空摄影测量专业的实习基地，他们航空摄影测量仪器设备齐全，生产组织先进，作业技术水平高，使学生能看到我国航空摄影测量技术人员生产出高质量的成果，大大增强了学生学好航空摄影测量技术的信心和责任感。

3)地图制图专业教学计划简介

(1)培养目标①。地图制图专业培养具有社会主义觉悟，为国家建设事业服务，德、智、体诸方面全面发展，受到助理工程师基本训练的高级应用性地图制图技术人才。学生毕业后，主要到冶金企事业测绘单位和其他测绘部门，从事勘察设计、工程建设、地质勘察、矿山建设、国土开发、城市建设与规划、农林水工程、交通运输与国防工程建设等方面的地图制图技术设计、生产作业和技术管理等工作。

(2)业务范围。本专业毕业生应掌握地图投影的基本理论与方法；掌握地形图与各种专用地图的绘制、清绘、拼接、整饰等作业的原理和方法，达到能出成品的技术水平；掌握地图编绘

① 地图制图专业毕业生的基本要求，与工程测量专业毕业生的基本要求表述相似不再重复。

的基本理论和方法，能从事地质图和其他专用地图的编绘作业，达到生产合格产品的技术水平；掌握各种地图的复照、制版、印刷的基本理论、设备性能、工艺方法和操作技能；了解计算机辅助制图的基本原理，掌握自动绘图设备的作业方法。掌握经纬仪、水准仪及平板仪操作，能进行图根控制测量和大比例尺地形测图；了解航空摄影测量全能法、微分法和综合法成图的基本知识和作业方法，以及航空摄影测量成图的工艺过程等。

(3)教学环节及其时间分配。教学计划3个学年共150个教学周。各教学环节及其教学周数分配列入表2.27中。理论教学与实践教学为120周。

表2.27　教学环节时间分配

专业：地图制图　　　　学制：专科三年　　　　1986年7月

学年	入学教育	军训	理论教学	考试	教学实习	生产实习	毕业实习	课程设计	毕业设计	公益劳动	机动	毕业教育	假期	合计	说明
一	1	1	36	2						1			9	50	以教学周数计
二			24	2	6	9				1	1		9	52	
三			19	2			11	4	5		1	1	5	48	
合计	1	1	79	6	6	9	11	4	5	2	2	1	23	150	教学总周数120

(4)课程设置与教学进程计划。地图制图专业的课程设置分公共课、基础课、技术基础课、专业课和选修课。各门课程的设置、教学时数及授课学期的周学时进程计划，列入表2.28中。

表2.28　课程设置与教学进程计划

专业：地图制图　　　　学制：专科三年　　　　1986年7月

序号	课程名称	按学期分配		教学时数				一学年		二学年		三学年		说明
		考试	考查	总时数	其中 讲授	实习实验	课程设计	Ⅰ 16周	Ⅱ 20周	Ⅲ 13周	Ⅳ 11周	Ⅴ 19周	Ⅵ 20周	
								周学时分配						
	一、公共课			(511)	(328)	90	(93)							占总时数21.4%
1	政治经济学、哲学	Ⅱ，Ⅳ	Ⅰ，Ⅲ	120	110		10	2	2	2	2			
2	共产主义思想品德教育		Ⅰ～Ⅴ	(79)	(40)		(39)	(1)	(1)	(1)	(1)	(1)		
3	体育		Ⅰ～Ⅳ	120	30	90		2	2	2	2			
4	外语	Ⅰ，Ⅲ	Ⅱ，Ⅳ	192	148		44	4	4	2	2			
	二、基础课			406	334	28	44							占总时数20.1%
5	高等数学	Ⅰ，Ⅱ		144	120		24	4	4					
6	线性代数	Ⅰ		56	48		8	3.5						
7	球面三角	Ⅲ		39	33		6			3				
8	物理学	Ⅱ，Ⅲ		119	93	20	6		4	3				
9	化学	Ⅰ		48	40	8		3						
	三、技术基础课			387.5	297.5	50	40							占总时数19.2%
10	电子学	Ⅲ		78	66	8	4			6				
11	程序设计语言		Ⅲ	58.5	44.5	8	6			4.5				
12	地貌学		Ⅱ	50	40		10		2.5					
13	测量学	Ⅰ，Ⅱ		144	100	24	20	4	4					
14	航空摄影测量	Ⅴ		57	47	10						3		
	四、专业课			673	391	186	96							占总时数33.3%
15	地图投影	Ⅳ		66	50		16				6			
16	地形绘图		Ⅰ～Ⅳ	240	60	150	30	4	4	4	4			
17	地质绘图		Ⅴ	57	47		10					3		
18	地图编制	Ⅳ，Ⅴ		120	80	20	20				4	4		
19	地图整饰		Ⅴ	38	28		10					2		
20	地图制印	Ⅴ		76	60	16						4		
21	专题地图编制	Ⅴ		38	28		10					2		
22	测绘管理		Ⅴ	38	38							2		
				(1977.5)	(1350.5)	354	(273)	(27.5)	(27.5)	(27.5)	(21)	(21)		
	合计			1898.5	1310.5	354	234	26.5	26.5	26.5	20	20		

续表

序号	课程名称	按学期分配		教学时数				一学年		二学年		三学年		说明
		考试	考查	总时数	其中			Ⅰ	Ⅱ	Ⅲ	Ⅳ	Ⅴ	Ⅵ	
					讲授	实习实验	课程设计	16周	20周	13周	11周	19周	20周	
								周学时分配						
	五、选修课			153										
23	汉语与写作			40				2.5						1～12周上课,下同
24	自然地理基础			43							4			
25	计算机辅助制图			30							3			
26	地图新技术			20								1		
27	遥感			20								1		
	必选课学时数			120										占总时数6.0%
	学时总数			2018.5				29	26.5	26.5	27	22		学期周学时数
								10	9	9	9	10		学期授课门数
								5	4	4	3	4		学期考试门数

——公共课

政治经济学与哲学、共产主义思想品德教育、体育和外语课,其内容、要求、课时安排与工程测量专业基本相同。

——基础课

高等数学、线性代数、物理学和化学等课程的教学内容、要求、课时安排,与工程测量专业相应课程基本相同。

球面三角　主要介绍球面三角学的基本概念,球面三角形解法,以及球面直角坐标系等知识。本课程为地图投影准备数学基础。

——技术基础课

电子学　主要内容有直流电路、交流电路、电路暂态分析,常用半导体器件,放大电路、振荡电路、脉冲数字电路等,侧重于本专业的应用。

程序设计语言　主要介绍BASIC语言,进行程序设计训练,侧重于解算线性方程组,地图投影计算及机助制图的程序等。

地貌学　介绍地貌学的概念,各种地貌形成演变的基本规律,中国地貌的基本特征等。

测量学　教学内容有地形测量的基本概念,经纬仪、水准仪、平板仪和测距仪的使用及检查校正,图根平面和高程(水准测量)控制测量及数据处理,大比例尺地形图测绘及地形图清绘与整饰等。要求掌握地形测量的基本操作,能完成测图任务。

航空摄影测量　使学生了解航空摄影测量成图的基本概念,全能法成图、微分法成图和综合法成图的基本原理、使用仪器、作业要求及成图的工艺过程等。使学生了解测量学讲述的纸质测图与航空摄影测量成图,是地形图测绘的不同手段和方法,为地图制图提供各种比例尺图源,进行加工再生产成为满足各种需要的地图。

——专业课

地图投影　主要讲授地图投影的概念,地图投影的分类;重点介绍圆锥投影、方位投影、圆柱投影的概念、理论和投影变形;高斯—克吕格投影,百万分之一地图投影等。

地形绘图　为本专业手工绘图的基本训练骨干课程。主要内容有地形绘图仪器的选择、使用和维修;绘图字体、地形图符号的书写与绘制,及其在地形图上的运用;地形图的清绘,地形图的刻绘,地形图生产工艺过程等。

地质绘图　在相应比例尺的地形图上,用地质人员编绘地质及勘探工程成果要素的符号,由制图人员编绘成地质图,是地质勘查报告中的重要资料。介绍地质学、岩石学、矿产学的基本知识及其地质特征的符号表示;介绍绘制地质图的技术要求、基本方法和工艺过程等;进行地质图编绘的作业训练等。

地图编制　讲述由较大比例尺地形图,根据某种需要,编绘成较小比例尺地形图的基本理论与工艺过程和方法。主要内容有地图编绘的综合理论与综合要求和方法,地图编绘技术,地图编辑的理论与技术,训练地图编绘的动手能力等。是本专业主要专业课之一。

地图整饰　主要讲述地图的内容与表现形式,色彩的应用,地貌的主体表示,地图上的注记、线划、符号的设计,以及图名、花边的设计等。

地图制印　主要讲授地图原图复照、制版、印制的基本原理、设备和工艺方法,使学生初步掌握复照、制版、打样和印制的操作方法。

专题地图编制　主要讲授自然地理、经济地理、交通运输、城市建设等专题地图的编制要求、内容和方法,以及编制地图集的要求和工艺过程等。

测绘管理　主要讲授地图制图作业单位的生产组织、生产计划、生产技术管理及质量控制等有关规定和要求,以及保证优化生产作业的措施等。

——选修课

安排5门课程,共153学时;要求学生选择4门120学时左右。简要说明如下:

汉语与写作　为提高汉语写作能力而设,以撰写生产组织计划、技术总结报告和科研成果论文所必需的写作基础知识为教学内容。

自然地理基础　介绍自然地理的基本概念和内容,扩大学生地理学知识面,有利于地图编绘与专题地图的编制。

计算机辅助制图　介绍以CAD为主要内容的计算机辅助绘图技术,掌握计算机地图制图软件的使用。有上机实习操作。

地图新技术　介绍在经典地图制图学基础上,在计算机技术支持下,采用GIS、RS和GPS,促进地图制图学现代化的进展情况及实际应用情况等。

遥感　介绍遥感技术概念和基本知识,以及遥感技术在地图制图中应用与发展前景等。

(5)实践教学项目安排。地图制图专业实践教学,通过课堂实习、教学实习、生产实习、课程设计、毕业实习和毕业设计,完成理论联系实际和动手能力的培养,使学生在实践中达到助理工程师具备的技术能力。实践教学的项目和内容如表2.29所示。实践教学占教学活动120周的46.5%。

表2.29　实践教学项目及内容

序号	项目名称及内容	学期	周数	说　明
1	地形测量教学实习:进行图根平面与高程控制测量、大比例尺地形图测绘,进行地形图检查验收,将测出的地形图进行着墨清绘、整饰,完成全部的地形图测绘工作	Ⅲ	6	9、10月进行
2	地图制图生产实习:为工测专业生产实习地形测图用的图板展绘方里线、经纬线、图廓点,为测出的地形图进行清绘、整饰,达到生产要求;承担测绘单位的各种比例尺地形图清绘、地形图刻图、编绘任务。要求达到绘图作业员水平	Ⅳ	9	5～7月进行
3	毕业实习:承担测绘单位的地形图清绘、地图编绘、地形图刻图等生产任务,进行全面地图制图专业技能培训	Ⅵ	11	4～6月进行
4	课程设计:进行地图制版、印刷的设计与实习,利用学校设备进行实际操作;到黑龙江测绘局制图大队、地图出版社参观地图制图全部工艺过程和生产过程,为毕业设计作准备	Ⅵ	4	3月进行

续表

序号	项目名称及内容	学期	周数	说　明
5	毕业设计：从地图制图理论、工艺和新技术的毕业设计题目中，选择课题作毕业设计研究项目，在教师指导下进行试验研究和作业，写出研究论文。经校内外专家教师毕业答辩委员会的答辩考核，评出毕业设计成绩	Ⅵ	5	6～7 月进行
6	课堂教学中的实习实验、课程设计 498 学时，折合 20.8 周		20.8	平均周学时 24
	实践教学总周数		55.8	占总教学周数 46.5%

(6)教学计划的特点。①本教学计划培养的地图制图技术人才，与从事国家基本地图绘制、编绘、出版制印人员的服务对象不同，是为工业与工程建设、地质勘查、矿山建设与开采、国土资源利用与开发、城市建设等测绘单位培养的从事地图制图工作专科层次的技术人员。专业教学的重点是，在掌握地图投影、地图绘制等基本理论和技术的基础上，重点掌握大中比例尺地形测图、地形图清绘与整饰、地形图复制与制印等技术，以及地质图、规划图、城市地图与各种专用地图的编绘等技术，体现了培养人才的针对性和应用性特点。②教学计划在保证基础理论和专业理论教学的基础上，强调地图绘图的工艺技术培养。公共课占教学总学时 2 018.5 的 21.4%，基础课占 20.1%，技术基础课占 19.2%，专业课占 33.3%，选修课占 6.0%。在 120 个教学周中，实践教学有 55.8 周，占教学周数的 46.5%。这就充分保证了地图制图专业的专科毕业生既有一定的理论知识又具有较强的作业技术能力。③地图制图专业技术人员技术水平的高低，表现在专业理论知识水平和手工绘图工艺水平的高低，以及专业生产技术设计和组织工作能力上。20 世纪 80 年代中期，地图制图专业仍然是传统的手工技术和工艺占主导地位。教学计划中注意到了计算机技术、地理信息系统、遥感和全球定位系统在地图制图生产过程的应用，开设了有关的选修课，这对于毕业生今后的技术进步和发展打下一定的基础。④在实践教学中，把到黑龙江测绘局制图大队和地图出版社参观实习列入实践教学项目之中，是很重要的教学活动。制图大队的主要业务是编绘国家基本地形图、编辑绘制经济地理及其他专用地图集，为国民经济各部门和国防建设服务。学生可以看到作业人员的操作技术、编绘成果及其质量，以及地图制图整个生产工艺流程，对本专业生产与技术水平有个全面的认识。对地图出版社的参观实习，使学生了解地图制印设备、地图制印的生产工艺过程、制印技术人员在地图生产过程中的作用，以及生产出各种地图和地图集的成果质量，使学生对地图制印生产有个全面的了解。

4)各专业教学计划的实施情况

工程测量专业于 1985 年招第一批专科新生 1 个班 40 人，1986 年起每年招新生 3 个班 120 人左右。1988 年第一批工程测量专业毕业生 40 人，被分配到全国冶金工业系统的勘察设计院、冶金建设公司、地质勘察局等部门，由于毕业生表现良好受到用人单位欢迎。1985 年工程测量教学计划已经实施了 3 年，完成了一个教学循环。在总结 3 年教学经验基础上，考虑到我国现代测绘技术的发展和工程测量部门测绘仪器和新技术的应用形势，对 1985 年工程测量教学计划的课程设置和教学内容进行了改革。例如，删去了化学、光学两门课程，在专业课中开设地籍测量；将工程概论课分为工程力学、建筑施工和房屋建筑 3 门课，加强了工程类课程的强度；选修课中除保留光电测距课外，其余的各门课程改换为测量程序设计、空间大地测量、控制网优化设计、专业外语(英语)和建筑经济等课程，实践教学也做了适当调整，形成 1988 年工程测量专业教学计划。1991 年，国家教委公布了《关于加强普通高等专科教育工作的意见》、《普通高等学校工程专科教育的培养目标和毕业生的基本要求(试行)》和《普通高等学校制订工程专科专业教学计划的原则规定(试行)》等 3 个高等专科教育的指导性文件。在1988 年工程测量教学计划实践经验的基础上,计算机技术在测量工程中的应用,数字化测绘技术、全球定位系统、地理信息系统等,在教学计划中设课,形成了工程测量专业 1991 年教学计划。测绘工程系对该教学计划进行进一步的修改和完善,形成了 1994 年工程测量专业的教学计划。

作为学校重点专业的工程测量,1993 年被黑龙江省教委确定为省高校重点建设专业。根据国家教委《关于做好普通高等工程专科教育专业教学改革试点工作的意见》精神,学校决定,以 1994 年工程测量专业教学计划为基础,向国家教委申请工程测量专业教学改革试点专业。

地图制图专业和航空摄影测量专业于 1986 年开始招专科生,每届各招 1 个班 30 人左右。根据测绘部门的专业人才需求状况确定招生计划,至 1990 年两个专业分别招收 3 届专科生,航空摄影测量专业培养出 98 名专科毕业生,地图制图专业培养出 90 名专科毕业生。至此,这两个专业暂停招生。根据测绘人才市场需要,学校以数字化测绘技术和航空摄影测量数字化技术为基础,开设了测绘自动化专业;根据各测绘部门对计算机应用技术人才的需要,开设计算机应用与维护专业。这两个新专业于“八五”期间开始招生,测绘工程系“八五”期间共有 3 个专业招生。

4. 工程测量专业教学改革试点方案

学校于 1994 年初向国家教委呈报“工程测量专业为国家教委专科教学改革试点专业”的申请。同年 4 月 14～16 日,国家教委教学改革试点专业考察专家组,对学校测绘工程系工程测量专业的办学条件进行全面考察。专家组认为:工程测量专业有 40 余年的教学经验,坚持教学与测量生产相结合,教学改革成果突出,是省高校重点建设专业;教学改革目标明确、起点高,师资力量强,教学和科研成果水平较高;测量生产实习成果突出,探索教学、科研、生产相结合教学模式方向好,有特色;教学改革试点条件具备,学校领导重视,教师与学生积极性高,学校与冶金部教育司教改投入有保证。专家组综合意见:“工程测量专业符合试点专业条件,积极向国家教委推荐”。国家教委于 1994 年 6 月批准工程测量专业为“国家教委高等工程专科专业教学改革试点专业”。

在党委领导下,学校成立以教务副校长为首的工程测量专业教学改革领导小组,组建了包括公共课、基础课、专业课教师在内的教改综合教研室,开展教学改革试点专业建设工作。

1)教学改革试点专业建设的目标与指导思想

工程测量专业教学改革试点专业建设的预期目标是:通过试点专业建设,推动测绘工程系各专业的教学改革,加强师资队伍、教材、实验室和专业实习基地建设,进一步探索教学、科研、生产相结合的专科教学模式,培养适合市场经济发展和国家建设需要的测绘工程高级应用性技术人才,把工程测量专业建成全国高等工程专科教育的示范专业。推动测绘工程系和全校各系各专业的教学改革和专业建设,把学校建成教学质量高、有特色的高等专科学校。

教学改革试点专业建设的指导思想:认真贯彻《中国教育改革和发展纲要》的精神,按《关于加强普通高等专科教育工作的意见》和《普通高等学校工程专科教育的培养目标和毕业生的基本要求(试行)》规定,结合市场经济条件下对工程测量高级应用性技术人才的专业技术、思想作风、职业道德品质和岗位适应性的要求,进行工程测量专业的教学改革;转变教育观念,重视基础理论教学,突出应用性专业理论与技术教学,把实用的传统测量技术与现代测量新技术结合起来，在产学结合的工程实践中加强动手能力训练，培养出有较高综合素质的工程测量专业高级应用性技术人才。

2)试点专业建设的基本思路和主要内容

工程测量专业教学改革试点专业建设的基本思路是：始终把坚定正确的政治方向放在专业建设和培养学生的首位，坚持教学与测绘生产劳动相结合，促进德、智、体诸方面全面发展；遵循专科教育特点，基础理论教学以应用为目的，以必需、够用为度，专业理论与技术教学要有针对性、实用性和一定的先进性；教材与教学内容改革应保持实用的传统技术和现代技术有机结合，使教学具有现代测绘技术水平；加强计算机技术和外语教学力度，强调测绘技术操作能力训练；探索在教学、科研、生产相结合的专科教学模式中，培养出综合素质较高的工程测量专业专科毕业生。

教学改革试点专业建设的主要内容：

(1)建设一支热爱高等专科教育事业，适应我国测绘技术发展水平和高等教育改革形势，胜任测绘专科教学、科研和生产，结构合理，具有“双师型”素质的师资队伍。

(2)通过教学改革试点专业建设，优化课程体系和教学内容，探索符合专科教学规律的人才培养模式，经过5年左右试点专业建设实践，形成工程测量专业示范性的教学计划，达到培养出具有较高素质的高级应用性测绘技术人才的目标。

(3)在试点专业建设中，组织老中青教师编出工程测量专业公开出版与校内使用的教材，以及与专业有关的其他教材，使工程测量专业专科教材配套率达到较高水平。

(4)加大试点专业建设的投资力度。增加现代测绘仪器设备，改造测绘传统技术实验室，新建现代测绘技术实验室，加强公共课、基础课实验室建设，保证公共课、基础课和专业课实习与实验达到高水平的开出率；建立现代化教学手段的教学室，提高课堂教学的现代水平；增加测绘类及相关学科的馆藏新图书的数量，建立测绘专业资料室，为学生课程设计、毕业设计，以及教师开展科研活动创造检索有关资料的方便条件。

(5)在教学改革中，积极开展科学研究和新技术开发活动。在观测数据处理、数字化测绘技术、扫描数字化技术、GPS技术应用、GIS技术研究、各种数据库与管理系统的建立等方面，争取获得较高水平的研究成果和应用软件，用于教学和转化为测绘生产力，为测绘生产部门服务；开展教学理论和教学法研究，开展德育教育研究，写出研究论文。

(6)建立校院(勘测院、设计院、测绘院等)协作组织，探索产学研相结合的教学模式，使专业生产实习有可靠的任务来源，为教师科研与新技术开发找到合作单位，给邀请测绘生产与科研单位的有关专家参与学校教学改革创造有利条件，体现教育为社会主义建设服务、教育与生产劳动相结合的方针。

(7)建立教学管理制度和质量评估体系。完善新形势下的教学、师资、学籍、学生管理等规章制度，建立教师教学质量、科研成果、教学科研成果、实习实验指导工作质量和教书育人成绩的评估办法和制度，提高测绘工程系和工程测量专业的整体教学管理水平。

(8)建立新形势下学生思想政治工作和德育教育的体制。探索培养“四有”人才的有效途径，开展毕业生就业指导工作，总结对学生进行世界观、人生观、价值观和正确就业观念教育的经验，提高就业率。

3)搞好教学改革试点专业建设的措施

(1)在党委领导下，加强教学改革领导小组对试点专业建设工作的全面领导，定期检查教学改革综合教研室的教学工作，组织协调好学校有关部门对试点专业建设工作的支持。

(2)在冶金部教育司的支持下，学校筹集必要的资金，支持试点专业建设的基础性设备投资和教学改革必要的经费开支。

(3)测绘工程系做好全系教师和学生的思想政治工作，积极支持试点专业建设；协调好试点专业与非试点专业、试点班级与非试点班级的配合与协作关系；动员参加试点专业建设的教师与试点班级学生，积极认真地搞好试点专业建设的各项工作。

(4)在教务副校长领导下，组织教改领导小组成员、教务处和测绘工程系，每学期对试点专业的教学及各方面工作进行检查、总结和评估，肯定成绩，找出差距，改进工作；在试点专业建设的中期、结束时，接受国家教委专家组检查评估。

(5)建立试点专业各项工作的激励机制，奖励在教学改革中取得突出的教学成果、科研成果、生产实践成果的教师；奖励取得优异学习成绩和社会实践成绩的学生；奖励配合试点专业建设工作有突出成绩的教职工等。

5. 工程测量专业教学改革试点专业教学计划①

1)培养目标与毕业生的基本要求

(1)培养目标。工程测量专业培养能够坚持社会主义道路的，德、智、体、美全面发展的，获得工程师初步训练的高级测绘工程应用性技术人才。

学生毕业后，主要去测绘、勘察设计、工业建设、城市建设、交通工程、水利水电工程、矿山建设、地质勘查、土地管理和国防建设等部门，从事测绘工程的技术设计、生产作业和生产管理等工作。

(2)毕业生的基本要求。热爱祖国，拥护中国共产党领导，坚持社会主义道路，拥护党和国家的路线、方针、政策，有社会主义民主与法制观念，关心国内外大事；懂得马克思列宁主义、毛泽东思想的基本原理，理解建设有中国特色社会主义理论，具有理论联系实际、实事求是的科学态度；有建设“四化”、振兴中华的理想，有为人民服务、艰苦奋斗、实干创新和集体主义精神；热爱劳动，勤奋学习，遵纪守法，具有社会主义事业心、责任感与良好的道德品质。掌握本专业培养目标所必需的基础理论知识，具有较强的专业应用理论知识与技术，以及一定的相关科学、技术经济和管理知识；具有本专业培养目标必须掌握的仪器操作、计算、绘图、计算机应用技能，有分析解决本专业一般技术问题的能力和一定的自学能力。学习一门外语，具有阅读与翻译本专业外文资料的初步能力；具有检索文献资料、编制工程技术设计与技术总结的初步能力；有一定的社科、文化、人文知识和美学修养，有良好的心理素质；掌握体育锻炼的基本技能，达到大学生体育合格标准，身体健康。

2)毕业生的知能结构

(1)知识结构。具有马克思主义哲学、毛泽东思想与邓小平理论、法律基础、文学、心理学等人文社科知识，受到思想品德、外语和大学生体育教育；具有高等数学、工程数学、测量平差(最小二乘原理)、电子电工技术、计算机基础与应用等基础科学知识；掌握地形测量、控制测

---

① 工程测量专业教学改革试点教学计划，是以1994年工程测量专业教学计划为基础进行教学的；到1997年，经过一个教学周期实践，进行修改和补充，形成1997年工程测量专业教学改革试点教学计划；经同年国家教委专家组对试点工作中期检查给予肯定后，又进行了修改形成1999年版的试点专业教学计划。

量、地籍测量、摄影测量与遥感、工程测量等专业理论与技术，以及全球定位系统、地理信息系统、数字化测绘等现代测绘与信息技术知识；了解建筑工程、道桥工程、城镇规划、工程力学、企业管理等与测量专业相关的工程技术与管理等知识。

(2)技能结构。掌握普通经纬仪、水准仪、平板仪以及精密经纬仪、现代水准仪、测距仪、全站仪、GPS接收机等的操作技能，以及测绘仪器一般的检校、测试技能；掌握控制测量外业与内业操作及计算、地形与地籍测量外业与内业操作和绘图、摄影测量仪器使用、工程测量施工测设与设备安装作业等技能；掌握使用各种计算机软件进行测量数据处理、数字化成图与扫描数字化、地理信息系统与各种数据库系统等的操作技能。

(3)能力结构。能承担用常规和GPS技术进行三、四等平面与高程控制测量的技术设计、外业施工与观测、内业观测数据处理、精度分析与质量评定等工作；掌握大中比例尺地形图与地籍图测绘(纸质测图、数字化测图、航测综合法成图)的外业与内业技术，及其质量检查与精度评定等工作；能进行工业企业厂区现状图与工程竣工图测绘，提供三维空间地形、地物、地上与地下管线等资料，为企业改扩建与经营管理提供图纸依据；掌握各种工程建设的施工控制测量、工程建构筑物放样、各种构件与设备安装及其质量检查的测绘工作；能进行城市建设、水利水电工程、地质勘查、矿山建设与生产矿井(地下工程)、国防建设工程等测量工作；由于掌握一定的计算机技术、数字化测绘技术、GPS技术和地理信息技术，有转向地理信息工程技术方向发展的潜在能力。

3)教学环节时间分配

教学计划中的各教学环节时间分配列入表2.30中。3年在校期间共146周。其中，思想素质教育有入学教育2周(包括军训)，公益劳动2周，毕业教育1周，总计5周；理论教学分配在Ⅰ～Ⅴ学期共77周，考试5周，总计82周；实践教学有教学实习17周，生产实习8周，课程设计2周，毕业设计7周，总计34周；第Ⅵ学期全部是实践教学活动。教学活动总计116周。

表2.30　教学环节时间分配

专业:测量工程　　　　学制:专科三年　　　　1999年6月

学期	学期起止日期	入学教育	理论教学	考试	教学实习	生产实习	课程设计	毕业设计	公益劳动	毕业教育	假期	合计	说明
Ⅰ	9.15～2.28	2	15	1					1		5	24	入学教育包括军训
Ⅱ	3.01～8.31		19	1					1		5	26	本表以教学周数计
Ⅲ	9.01～2.28		13	1	7						5	26	
Ⅳ	3.01～8.31		12	1		8					5	26	
Ⅴ	9.01～2.28		18	1			2				5	26	
Ⅵ	3.01～7.05		0		10			7		1		18	
合计		2	77	5	17	8	2	7	2	1	25	146	

4)课程设置与教学进程计划

教学计划的理论教学分必修课、限选课和选修课3类。必修课由公共课、基础课和专业课组成。限选课是为学生选择专业方向而设的；拟到专业测绘单位从事测绘工作的可选择测量工程模块A，拟到建筑工程部门从事测绘工作的可选择建筑工程模块B；限选课安排在第Ⅴ学期授课，以利于学生临毕业前选择就业方向。选修课由列入教学计划内的任选课及不在教学计划内的公共选修课(学校为各专业开办的选修课)组成。必修课、限选课和任选课的课程设置与教学进程计划列入表2.31中，总学时为1 913。

表 2.31　课程设置与教学进程计划

专业:测量工程　　　　　　学制:专科三年　　　　　　1999 年 6 月

课程序号	课程名称	开课学期	教学时数						各学期教学周数与课程周学时数						说明
			总学时	讲课	讨论	实验	习题	上机	Ⅰ 15	Ⅱ 19	Ⅲ 13	Ⅳ 12	Ⅴ 18	Ⅵ 18	
	一、公共课		781	647	29	60		45	17	16	12	6			占总时数 40.8%
1	马克思主义哲学原理	Ⅰ	45	42	3				3						
2	毛泽东思想概论	Ⅱ	38	34	4					2					
3	邓小平理论概论	Ⅲ	52	40	12						4				
4	思想道德修养	Ⅱ	38	32	6					2					
5	法律基础	Ⅲ	26	22	4						2				
6	外语	Ⅰ～Ⅳ	236	176		60			4	4	4	4			
7	体育	Ⅰ～Ⅳ	118	118					2	2	2	2			
8	国防教育	Ⅰ	15	15					1						
9	计算机应用基础	Ⅰ	75	50				25	5						
10	计算机语言与程序设计	Ⅱ	76	56				20		4					
11	大学语文	Ⅰ,Ⅱ	62	62					2	2/16					
	二、基础课		564	421		42	64	37	11	9	12	6			占总时数 29.5%
12	高等数学	Ⅰ	90	72			18		6						
13	工程数学	Ⅱ	76	62			14			4					
14	测量学	Ⅰ,Ⅱ	102	72		30			3	3					
15	地形绘图	Ⅰ,Ⅱ	68	40			28		2	2					
16	电子电工技术	Ⅲ	52	40		12					4				
17	测量平差	Ⅲ,Ⅳ	89	78			4	7			5	2			
18	计算机信息管理系统	Ⅲ	39	29				10			3				
19	计算机辅助设计基础	Ⅳ	48	28				20				4			
	三、专业课		324	242		52	6	24				12	10		占总时数 17.0%
20	地籍测量与土地管理	Ⅳ	48	38		6		4				4			
21	数字化测绘	Ⅳ	48	38				10				4			
22	控制测量	Ⅳ,Ⅴ	84	60		22	2					4	2		
23	工程测量	Ⅴ	72	52		16	4						4		
24	GPS 测量技术	Ⅴ	36	24		8		4					2		
25	地理信息系统	Ⅴ	36	30				6					2		
	必修课合计		1 669	1 310	29	154	70	106	28	25	24	24	10		
	四、测量工程模块 A		144	122		10		12					8		占总时数 7.5%
26	摄影测量与遥感	Ⅴ	72	62		10							4		
27	面向对象程序设计	Ⅴ	36	30				6					2		
28	多媒体与网络技术	Ⅴ	36	30				6					2		
	必修课＋模块 A 合计		1 813	1 432	29	164	70	118	28	25	24	24	18		
	五、建筑工程模块 B		144	132		4	8						8		占总时数 7.5%
29	工程制图与识图	Ⅴ	54	46			8						3		
30	建筑工程基础	Ⅴ	54	50		4							3		
31	道桥工程概论	Ⅴ	36	36									2		
	必修课＋模块 B 合计		1 813	1 442	29	158	78	106	28	25	24	24	18		
	六、任选课		132	132								2	6		
32	城镇规划	Ⅴ	36	36									2		
33	工程力学基础	Ⅴ	36	36									2		
34	企业管理	Ⅳ	24	24								2			
35	专业外语	Ⅴ	36	36									2		
	必选课时数		100	100											占总时数 5.2%
	模块 A 总时数		1 913	1 532	29	164	70	118	28	25	24	26	24		平均周学时 25.4
	模块 B 总时数		1 913	1 542	29	158	78	106	28	25	24	26	24		

(1)公共课。有 11 门课(781 学时):马克思主义哲学原理,毛泽东思想概论,邓小平理论概论,思想道德修养,法律基础,外语(分英语、日语、俄语),体育,国防教育,计算机应用基础,计算机语言与程序设计,大学语文。

(2)基础课。有8门课(564学时):高等数学,工程数学,测量学,地形绘图,电子电工技术,测量平差,计算机信息管理系统,计算机辅助设计基础。

(3)专业课。有6门课(324学时):地籍测量与土地管理,数字化测绘,控制测量,工程测量,GPS测量技术,地理信息系统。

(4)限选课。测量工程专业方向模块A有3门课(144学时):摄影测量与遥感,面向对象程序设计,多媒体与网络技术;建筑工程专业方向模块B有3门课(144学时):工程制图与识图,建筑工程基础,道桥工程概论。

(5)任选课。有4门课(132学时):城镇规划,工程力学基础,企业管理,专业外语(英语),由学生必选100学时课程。

(6)公共选修课。不列入教学计划,周六上课,由教务处排定统一授课时间表,全校各专业共用,学生自己选课。开设课程有:应用写作,公共关系,心理学,摄影,中国历史与中国文化概论,讲演口才,西方哲学,文献检索,绘画与欣赏,当代诗歌与写作,影视欣赏,音乐欣赏,运动与保健,中外小说名著欣赏,技术经济,国际经济与政治,就业指导等课程或讲座。

5)实践教学项目安排

实践教学由课内实习实验、测量教学实习、测量生产实习、课程设计和毕业设计构成,项目安排如表2.32所示。实践教学合计48.8周,占教学活动116周的42.1%。第Ⅲ学期的地形测量教学实习,使用平板仪测图或经纬仪记载测图等方法进行地形测图作业,练好测绘的基本功,测绘成果达到国家规范要求。第Ⅳ学期的测量生产实习,要完成测量生产任务;控制测量课教学任务没有全部完成,进行现场教学,保证生产作业顺利进行;根据生产任务情况进行地形测量或地籍测量;让学生从控制到测图的生产全过程得到实践锻炼,对生产作业的技术设计、生产组织、作业要求和精度标准、成果检查验收等有一个全面了解,形成完整的测量生产概念和实施过程,使学生测量生产作业能力有一个较大的提高。在生产实习中,对学生的思想作风、艰苦奋斗精神、集体协作精神、严谨的科学态度、遵守测量规范、遵守群众纪律等素质培养起着重要作用。第Ⅵ学期的控制测量实习、工程测量实习、航空摄影测量实习、数字化地图或地籍图测绘实习,在于提高学生各项作业能力;若遇有测绘生产任务,结合完成生产任务进行上述各项实习,使学生在工程实践中提高各项作业的技术水平。参加课程设计、毕业设计的指导教师,由对设计项目有研究成果的教师担任,有效地保证设计指导工作的质量,让学生在各项设计中,较好地得到理论联系实际解决具体问题的锻炼。

表2.32　实践教学项目

序号	项目名称及内容	学期	周数	说明
1	地形测量教学实习:测图控制及大比例尺地形测图	Ⅲ	7	
2	测量生产实习:完成从控制测量到地形测量的全部生产任务	Ⅳ	8	按国家规范作业
3	控制测量实习:常规控制测量与GPS控制测量全面实习	Ⅵ	3	
4	工程测量实习:路线测量、工程控制网测量、施工放样等测量实习	Ⅵ	3	
5	航空摄影测量实习:摄影测量各种仪器、大比例尺综合法成图实习	Ⅵ	2	
6	数字化地形图或地籍图测绘实习:外业采集三维数据,计算机成图	Ⅵ	2	
7	理论教学中的实践课时376,折合实践教学14.8周		14.8	
	实习周数合计		39.8	
8	课程设计:测量控制网优化设计,专项测量程序设计	Ⅴ	2	
9	毕业设计:学生收集的技术开发课题或从毕业设计课题中选择课题设计	Ⅵ	7	
	设计周数合计		9	
	实践教学周数合计		48.8	占教学活动42.1%

6)素质教育的途径

根据人才培养目标及毕业后技术岗位要求,毕业生的素质可归纳为思想道德素质、文化素质、业务素质和身心素质四个方面。在3年的专科教育中,养成学生"四个素质",除有教学计划中的课堂教学、实践教学、入学与毕业教育及公益劳动外,还有学校和测绘工程系组织的一系列活动。这些活动主要有:党团建设活动,学雷锋创"三好"及有关的社会公益活动,学校精神文明建设、学风和校风建设活动,校园文娱和体育活动,组织讲演、歌咏、外语讲演、朗诵等比赛;测绘工程系组织的计算机程序设计、测绘专项技术比赛和测绘新技术讲座活动,学校组织的假期社会实践活动,测绘工程系组织的假期测量生产活动;学校组织的评选各级三好学生、优秀党团员、优秀学生干部、优秀社会实践学生等活动,学校组织的时事政策教育活动等。

7)试点专业教学模式探索

试点专业教学计划的实施,试验与探索有一定创新意义的教学改革,主要有以下几个方面:

(1)专业培养的"一主两选式"。在工程测量专业理论教学中,由公共课、基础课、专业课组成的必修课为专业理论教学的主体;此外,又提供测量工程专业方向模块A和建筑工程专业方向模块B,由学生任选其一的学习方式。面向测绘专业人才市场需要,为学生根据自身条件选择专业方向创造就业机会提供了条件,提高了学生学习的目的性和积极性。如果在第Ⅴ学期将两个模块课程,在授课时间表上排开不发生冲突,这为有学习潜力的学生在选择一个模块学习之外,又可学习另一模块的课程,扩大了专业面,为培养专业面宽的人才提供了机会。

(2)能力培养的产学结合式。在搞好课堂理论教学的基础上,认真搞好测量生产实习是取得能力培养效果的最佳途径。因此,培养技能和能力必须走教学与测量生产劳动相结合即产学结合之路。发挥教师有科研能力为测绘生产部门开展科技服务的优势,争取测绘部门参与测绘工程系教学改革并为生产实习提供测量生产任务,建立学校与各测绘生产部门产学研相结合的协作关系是测绘专科教育的有效教学模式,也是产学结合式能力培养的可靠保证。

(3)创新人才培养的导师式。哈尔滨测量高等专科学校在全国25个省市自治区招生,每年有大量本科分数线以上的新生入学。这些学生基础好,有较好的学习潜力,发挥测绘工程系教师科研能力较强的优势,从二年级开始,吸收学生参加教师科研项目的研究活动。学生自愿报名,经过考核选拔,入选学生自愿选择教师的科研项目,课余时间在教师指导下参与项目研究。在教师指导下,进行参考文献检索和有关理论学习,培养计算机应用能力,在项目研究过程中培养逻辑思维和探索创新能力。到毕业时,这些学生中的大多数都具有一定的科研能力,有的取得可喜的科研成果,学校把他们推荐给有关的测绘研究和生产部门,受到用人单位欢迎。

8)试点专业教学计划的特色

(1)人才培养目标的岗位化。根据国民经济建设对测绘工程高级应用性人才的需求,在编制教学计划时,考虑了工程测量专业毕业生所具有的知识、技能和能力结构,面向专业测绘工程与建筑工程测绘部门的需要,从课程设置、实践教学的安排上,毕业生可以适应测绘、勘察设计、工业建设、城市建设、交通工程、水利水电工程、矿山建设、地质勘查、土地管理和国防建设等测绘单位的岗位需要。人才培养目标岗位化的趋势明显,因此,毕业生的岗位适应较强,受到用人单位的欢迎。

(2)人才培养规格的素质化。在教学计划中所列的毕业生的基本要求,按人才素质可归纳为思想道德素质、文化素质、专业素质和身心素质四个方面。通过教育计划安排的思想素质教学环节、必修课、限选课、任选课、公共选修课，以及由学校和测绘工程系组织的党团建设活动、精神文明建设、学风和校风建设、校园文化与体育、社会实践、学雷锋创“三好”活动等，把专科学生的素质教育放在重要位置，而且是3年不断线地抓好，这对毕业生“四个素质”的养成起着重要作用。

(3)课程体系的整体优化。根据培养目标的“三个结构”和“四个素质”要求，在课程设置上追求整个优化。建立以地形测量、控制测量、工程测量能力培养为主线，以计算机应用能力、外语应用能力培养为两翼，配以现代测绘新技术课程，构成专业教学课程的主体；辅以测量工程与建筑工程专业方向模块课，以及在教学计划内的任选课，构成为达到培养目标课程设置体系实现整体优化，为毕业生创造了较为广泛的就业选择机会。

(4)创新人才培养的具体化。发挥专业教师学术水平和科研水平较高的优势，选拔有学习潜力和钻研精神的学生，参加教师的科研项目开展科研活动，进行导师式培养创新人才，做到培养专科拔尖人才责任具体化，是测绘工程系试点专业教学改革培养模式的创新之举。这项措施受到学生的欢迎，得到指导教师的支持，获得学校和国家教委专家组的肯定。

6. 建立适应高等专科教育的师资队伍

经过10年的努力，学校引进了测绘、财会、建筑工程、计算机和基础课等专业的大学本科毕业生和研究生90余名青年教师来校任教，使青年教师成为专任教师队伍的主要成分。加速培养青年教师过好教学、生产和学生思想政治工作关，提高综合教学能力；有计划地提高教师的学历和学位水平；在教师中开展教学科研和专业技术科研活动，提高科研水平；各专业教师经过生产实践的锻炼，提高了组织和指导专业生产实习的能力等。使整个教师队伍达到了高等专科教育对教师的基本要求。1995年全校专任教师121人的职称与年龄结构状况如表2.33所示。

表2.33　1995年教师职称与年龄结构统计

职称 人数、% 年龄段	教师数量	%	教授		副教授		讲师		助教		教师		说明
			人数	%	人数	%	人数	%	人数	%	人数	%	
34以下	79	65.3			2		38		22		17		
35～45	17	14.1			10		6		1				
46～55	12	9.9			8		4						
56以上	13	10.7	2		9		2						
合计	121	100.0	2	1.7	29	24.0	50	41.3	23	19.0	17	14.0	
平均年龄	30.3		59.0		48.0		35.3		25.2		23.1		

教师中教授与副教授占25.7%，讲师占41.3%，助教与教师占33.0%，讲师以上的教师占67.0%。实现了“八五”期间教师中讲师以上职称人数占60%以上的目标。从表2.34中可以看出，教师的平均年龄比“七五”期间年轻了7岁，副教授平均年轻了8岁，讲师年轻了9岁，教师中高级职称的人数显著增加了。其中，在1991年和1993年，测绘工程系有3位青年教师破格晋升副教授，当时的年龄都在33岁以下。教师队伍各级职称的年轻化，标志着学校师资队伍已经顺利地实现了新老交替，师资队伍建设已进入一个新的发展阶段。

表2.34　1990年、1995年教师职称与年龄结构比较

职称 人数、平均年龄 时间	教师总数	平均年龄	教授		副教授		讲师		助教		教师		说　明
			人数	平均年龄	人数	平均年龄	人数	平均年龄	人数	平均年龄	人数	平均年龄	
1990	114	37.0			15	55.9	56	44.5	41	27.5	2	26.0	
1995	121	30.3	2	59.0	29	48.0	50	35.3	23	25.2	17	23.1	

1)培养青年教师过好教学关

10年来测绘工程系引进大地测量、工程测量、航空摄影测量与遥感、地图制图和计算机科学等专业的大学本科毕业生17人来学校任教。在老年教师的帮助下,通过助课阶段的备课、试讲、听课、辅导、批改作业、指导课堂实习和教学实习等环节的锻炼,初步掌握一门课程的主讲教师应该掌握的课程内容和教学过程各环节的教学能力,在教学实践中不断提高教学水平,过好教学关。在助教任职阶段,争取能够担任两门相近课程的教学任务;参加本专业的测量生产实习,达到能独立组织和指导测量生产实习、按国家规范完成测量生产任务的能力;能胜任班主任工作,做到教书育人;初步达到专科教师"双师型"要求。学校组织全校性的青年教师"课堂教学竞赛",评出一、二、三等奖,给予精神和物质奖励;组织评选"教学质量优秀奖",评选"优秀班主任",评选年度的先进教育工作者,并将有突出成绩者推荐参加哈尔滨市和黑龙江省先进教育工作者评选。在培养青年教师成为"双师型"教师的过程中,教学做到"五认真",在测量教学实习与生产实习中与学生同吃、同住、同劳动,以高度的责任感、熟练的操作技术、严格遵守测量规范、关心与爱护学生的师生关系,带领学生克服困难完成测量生产任务。在教学的各个环节,教师始终以自身的模范行动影响学生,保持住测绘专业教师优良的传统作风。

2)提高教师的学历与学术水平

学校重视教师的知识更新,由系、教务处和人事处,有计划分期分批地派教师到大学测绘有关专业进修或参加测绘新技术学习班更新专业知识,提高学术水平,适应测绘专科教学的需要。不具备测绘专业本科学历,创造条件为这些青年教师(包括实验老师)通过武汉测绘科技大学函授本科教育获得本科学历。有8人分别获得工程测量、航空摄影测量和地图制图本科函授毕业证书和学士学位,达到了专科教师的学历水平。有5名实验教师获得了武汉测绘科技大学函授专科毕业证书,达到了专科实验教师的学历要求;有2名实验教师获得武汉测绘科技大学函授本科学历。学校鼓励具有本科学历的青年教师攻读测绘专业硕士学位,"七五"期间有4名青年教师获得硕士学位,有3名青年教师获得助教进修班结业证书(学完硕士研究生的基本课程);"八五"期间又有4名青年教师获得硕士学位,有3名青年教师成为在读博士研究生。在30余名专业教师中,具有硕士学位的青年教师占20%。

3)开展教学科研活动

学校重视提高教师、教辅和教学管理人员的高等教育理论水平,有计划地邀请哈尔滨师范大学教育学专家做高等教育学系列讲座,学习高等教育学专著,从理论上认识高等专科教育的基本理论和规律。要求各系部结合教学实际,立项进行教学法、课程建设、专科人才培养实践等各项研究。学校成立以教务副校长为首的、由教务处与高教研究室及系部负责人和资深教师参加的学术委员会,审定学校一级的教学科研项目。每年对教学科研论文和成果进行评议,评出学校的教学科研成果一、二、三等奖。鼓励教师参加黑龙江省、冶金部和全国高教教学改革研讨会,并将优秀成果向黑龙江省教委和冶金部教育司推荐,参加省部级教学成果奖评审。"七五"与"八五"期间测绘工程系教师先后获省部级教学成果奖的论文如表2.35所示。学校宣布,教学科研成果论文与科技成果论文同等看待,作为教师、教辅和教学管理人员职务晋升和各种评优的依据之一。

表 2.35　“七五”、“八五”期间教学成果获奖统计

序号	教学成果论文名称	作者	评奖单位	等级
1	坚持完成测量生产任务实习培养应用性测绘技术人才	邵自修，姜立本，王振忠	黑龙江省优秀教学成果	一等奖
2	产学结合培养应用性人才	张　勇，段贻民，雷国华等	黑龙江省优秀教学成果	二等奖
3	测量学课程的教学改革与课程建设	李金平，李云飞，李素荣等	冶金部优秀教学成果	三等奖
4	深化教学改革提高学生测量程序设计水平	杨泽运，魏旭东，邵自修等	冶金部优秀教学成果	三等奖
5	通用试题库设计	黑志坚，郭应启，李秀海等	冶金部优秀教学成果	三等奖
6	产学结合在工程环境中培养应用性人才	雷国华，段贻民，谢伦华	冶金部优秀教学成果	二等奖

4)重视测绘专科教材的编写和出版

作为学校重点的测绘工程系，省高校重点建设专业的工程测量专业，经过10年的努力，通过全国测绘教材编审委员会、冶金部高校教材编审委员会的审查和推荐，先后由测绘出版社、冶金工业出版社和哈尔滨地图出版社公开出版发行10种如表2.36所示测绘专科教材；表2.37所示的由校内印刷的8种测绘专科教材和习题集，基本上构成了测绘专科各专业教材系列，是测绘工程系重要的基础建设成绩。在编写测绘专业教材过程中，既发挥了中老年教师的骨干作用，又培养了青年教师编写专业教材的能力。《测量控制网优化设计》一书是青年副教授周秋生的专著，被全国测绘教材编审委员会推荐为测绘高等院校教材，获全国测绘优秀教材二等奖；《工程测量》一书获全国测绘优秀教材二等奖；《控制测量》获黑龙江省优秀教材二等奖。《测绘专业外语》(英语)是测绘出版社出版的第一本测绘专业英语教材，被测绘专业本科和专科教学采用。通过编写测绘专业教材提高了一大批青年教师的学术水平和编写教材的能力，也为这些教师晋升专业技术职称积累了教学与学术成果材料。

表 2.36　公开出版测绘专科教材统计

教材名称	作者姓名	出版社
测量控制网优化设计	周秋生专著	测绘出版社
地形测量学	王运昌主编	冶金工业出版社
控制测量	杜永昌主编	冶金工业出版社
工程测量	邵自修主编	冶金工业出版社
大比例尺地形图绘制	李世林，宋英华编著	测绘出版社
测绘专业外语	曲建光编著	测绘出版社
摄影测量学	王世俊，马凤堂	测绘出版社
地籍测量与地籍管理	马天驰副主编	哈尔滨地图出版社
测量学	李岚发主编	哈尔滨地图出版社
测量平差	黑志坚主编	哈尔滨地图出版社

表 2.37　校内印刷测绘专科教材统计

讲义名称	作者姓名
地形绘图	王文福主编
计算机图形学	周秋生专著
测量程序设计	扬泽运编著
地形图测绘自动化	赵　波专著
GPS 测量	郭应启主编
地形测量学习题集	李素荣主编
测量仪器与实验	王运昌主编
工程测量习题集	魏旭东主编

5)积极开展测绘科研活动

专科学校没有专职科研编制。学校重视在教师和实验教师中开展科研和技术服务活动，提出在保证教学需要的前提下，大力开展科研和技术服务，逐步培养一批以中青年教师为骨干的科研力量，将取得的科研成果转化为测绘生产力并更新教学内容。

(1)设立校内科研基金。学校决定由教务处一名副处长配一名教务员主抓科研工作。1987年，学校设立“科研基金”。由教师提出选题，经系部推荐，由校学术委员会评审立项，给予一定科研资助经费。这一措施激发了教师特别是测绘工程系教师投入科研活动的积极性。1988年由高教研究室组织的“教学改革与科学研究成果”优秀论文评选，收到论文80余篇，其中教学研究论文占20%、教学改革论文占40%、科研成果论文占30%。其中“摄影测量与大地测量三维联合平差”(王晏民)获中国测绘学会青年作者优秀论文奖；“一个机助优化设计系统的建立”(周秋生)获全国大型建筑变形与施工测量学术会议优秀论文奖；“顾及起

始数据误差影响的精度评定公式"(黑志坚)受到中国测绘学会大地测量专业委员会学术会议专家的好评。学校每年组织一次优秀教学与科研论文评奖活动,有力地推动了科研活动的开展。

(2)建立测绘研究所。测绘工程系从青年教师中选拔3名科研骨干,在保证完成教学任务情况下集中精力开展科研活动,于1990年成立测绘研究所,任命了正副所长。学校投资几十万元购置高档微机、大幅面数字化仪、平板式绘图仪和近景立体摄影相机等设备。凡有科研项目的教师可以进所进行研究活动,带学生进行项目研究的师生也可以进所从事研究工作,测绘研究所已成为测绘工程系科研项目的研究中心。测绘研究所在20世纪90年代锻炼出一批青年教师科研骨干力量,出了一批当时比较先进和前沿性的科研成果和测绘科技实用软件;通过导师式,在每届毕业生中都培养出一批有一定科研能力的创新型人才。

(3)鼓励教师申报冶金部有偿资助科研项目。冶金工业部教育司为推动部属高校教师开展科研活动,设立"有偿资助科研基金",学校鼓励教师申报。经本人申报,系部初审报学校学术委员会评审后,由学校报部教育司。"八五"期间经教育司评审立项的全校有22项,资助金额40.35万元,其中测绘工程系有如表2.38所列的17项,资助金额34.35万元。这些科研项目都是当时数字化测绘技术、观测数据处理、控制网优化设计、地图扫描数字化技术、地理信息技术和摄影测量理论与技术要解决的现代技术问题,到1995年前后都通过了冶金部专家组的鉴定和验收。其中有一些较为突出的科研成果:①1992年年初,冶金部组织包括武汉测绘科技大学和黑龙江测绘局的专家在内的专家组,对"测量控制网计算机辅助优化设计系统的研制"(周秋生)进行鉴定认为:评价控制测量网质量的指标体系、各种修改方案导出的实时处理方法、定义影响系数来分析观测值对质量指标的影响作用等具有创新性和独创性;所设计的优化设计软件包具有适应广泛、修改方案灵活、系统可靠、操作方便等特点,属于国内首创,达到国际先进水平。1993年,俄罗斯远东科学院两位大地测量与地球动力学家来学校访问,看了作者演示后说,我们看到过世界各国许多控制网优化设计软件,这个软件是最好的,真正的国际水平。这个成果获黑龙江省自然科学优秀论文二等奖。有8个院校和生产单位采用这套软件,用于教学、科研和生产,获得广泛好评。②冶金部组织的专家组对"利用摄影测量技术获取微观三维信息"(孙立新与东北大学金属物理系合作)成果进行鉴定。与会专家一致认为:该课题是一项跨学科的应用技术研究,对电镜影像以摄影测量理论实现了在微机条件下观测立体图像,获取了三维信息;该成果不仅具有较高的理论价值,而且在生物、医学、材料、石油、化工、地质等领域有良好的推广前景;该成果属国内首创,处于国际领先地位。以这一成果撰写的论文"一套基于微机的电子显微镜数字影像三维摄影测量系统",于1992年8月被选为在美国华盛顿召开的国际摄影测量与遥感协会(ISPRS)第十七次大会的"最佳青年论文"奖,孙立新在大会上作了论文报告,成为当时亚洲唯一获此殊荣的作者。《中国测绘报》在创刊号上对孙立新获奖作了专门报导,认为是中国青年测绘学者在该权威组织中得到的最高荣誉。这项成果获冶金部科技进步三等奖。③"基于共角条件的摄影测量严密平差研究"(王晏民)一文,在摄影测量理论上的创新性,被中国科学院院士、武汉测绘科技大学名誉校长、我国摄影测量权威专家王之卓教授,收录在"近期我国摄影测量科技研究进展"的摄影测量学国家报告中作以介绍。这篇论文被1992年8月在美国华盛顿召开的国际摄影测量与遥感协会(ISPRS)第十七次大会选为报告论文,作者前去作了报告。

表2.38　冶金部有偿资助科研项目统计

序号	项目名称	负责人	经费(万元)	说　明
1	利用摄影测量技术获取微观三维信息	孙立新	2.5	
2	测量控制网计算机辅助优化设计系统的研制	周秋生	0.7	
3	用轻型飞机获取像片测制大比例尺地形图的研究	沙肃行	2.0	
4	基于共角条件的摄影测量严密平差研究	王晏民	2.2	
5	城市总体规划系统	王延亮	2.0	
6	基于便携机 AutoCAD 城市测绘系统	周耀东	2.0	
7	地籍测量数据处理系统	赵　波	2.0	
8	基于 Windows 的地图扫描矢量化系统设计	孙立新	2.4	
9	高质量制图输出系统	王延亮	2.0	所有项目均进行鉴定或验收
10	微机 Windows 地理信息系统数据结构与编辑系统的研制	王晏民	2.4	
11	全程航测像片及地形原图的数字化成图系统的研制	马俊海	2.2	
12	控制测量数据采集及自动处理系统的研制	周秋生	2.4	
13	可独立于地理信息系统的数字制图	王晏民	2.25	
14	GIS 二次开发接口的研制	赵　波	1.9	
15	智能理论在遥感基础研究方面的应用	孙立新	2.0	
16	变比例尺投影软件系统	王延亮	1.7	
17	基于 GIS 数据结构的电子平板	周秋生	1.7	
			34.35	

6)创造条件参加学术交流活动

学校各级管理人员中原测绘专业教师、现任测绘专业教师和实验教师，共有60余人参加中国测绘学会及其各专业委员会、冶金部的勘察与矿山测量专业委员会和黑龙江省测绘学会及其各专业委员会的学术活动。在各学术组织任职的有：中国测绘学会理事1人，测绘教育委员会副主任1人，工程测量分会副主任1人，大地测量、测绘仪器、测绘经济管理等专业委员会委员各1人；全国特种精密工程测量研究中心理事2人；全国测绘教材编审委员会委员1人；冶金工业部勘察技术情报中心委员1人，中国冶金学会矿山测量专业委员会委员1人；黑龙江省测绘学会理事5人、副理事长2人，测绘教育、工程测量专业委员会主任各1人(这两个专业委员会挂靠在学校)，大地测量、摄影测量与遥感、工程测量、地图制图、测绘仪器、测绘科普、测绘经济管理等各专业委员会副主任各1人，各专业委员会委员多人。本校是黑龙江省测绘学会学术活动的积极组织单位，也是积极参加学术活动的较大的会员群体。

(1)在校内组织学术交流活动。测绘工程系自1986年开始，每年都组织教师科研成果报告会。由科研成果作者向与会的教师和学生介绍科研成果，传播新技术、新方法。教师的科研成果在学生中产生特别积极的影响。测绘工程系以省测绘学会工程测量专业委员会的名义，在学校多次召开测绘新技术交流会，请全省及邻省各测绘单位工程技术人员参加，教师的优秀科研成果在会上交流展示，起到宣传和推广作用，扩大了学校的影响。该系还邀请武汉测绘科技大学的大地测量和测量平差专家教授来校讲学，有大量省内外测绘工作者来听课，收到非常好的效果。测绘教育委员会在学校多次召开测绘教育成果和经验交流会，哈尔滨建筑工程学院、东北林业大学、东北农业大学等高校，以及哈尔滨测绘职工中等专业学校、齐齐哈尔铁路工程学校等中专，都派代表参加交流会进行教学经验交流。学校承担中国测绘学会测绘教育专业委员会在学校召开年会暨测绘教育学术研讨会，来自全国几十位高等院校的测绘专家、教授进行测绘教学改革经验交流，为测绘教师提供了很好的学习机会，也扩大了学校测绘工程系教学改革成果的影响。

(2)支持教师参加国内外的学术交流。①学校千方百计筹集学术出差经费，支持入选学术会议论文的作者参加学术交流会议。由黑龙江省测绘学会牵头召开的历次东北三省测绘学会的学术交流会上，测绘工程系教师的科研论文都有数篇被选为报告论文和优秀论文。教师通过学术交流既学习了各测绘单位的先进学术成果，又宣传了学校的科研成果，扩大了学校在东北三省测绘界的学术影响力。②学校教师参加中国测绘学会及其各专业委员会召开的学术会议，学校为参加工程测量、大地测量、摄影测量与遥感、地图制图、测绘仪器、测绘科普、测绘经济管理等学术会议入选论文作者提供学术出差经费。教师学习先进测绘科学技术和展示自己科研成果，在1989—1995年各种学术会议上作报告，并获优秀论文奖的如表2.39所示。③在学校经费十分紧张的情况下，学校为被入选参加国际测绘学术会议的论文作者(表2.40)筹集出国参加学术会议的数万元经费，使他们有极其难得的机会观察和了解高水平的国际学术会议程序和做法，学习世界各国测绘专家的学术成就，带回珍贵的论文资料，供测绘工程系其他教师学习参考。这3位青年教师已于1991年和1993年，分别被黑龙江省人事厅高级职称评审委员会破格晋升为副教授。当时他们都是30岁或30刚出头的青年讲师。

表2.39 参加全国性测绘学术会议获奖论文

作者姓名	论文题目	说明
周耀东，王延亮，马俊海	HP-300机航道测量自动化成图系统的研制	上海，工程测量分会学术会议
周耀东，王延亮，马俊海	基于便携机AutoCAD城市测绘系统	厦门，工程测量分会学术会议
段贻民	顾及起始数据误差影响的放样点精度预计	石家庄，工程测量分会学术会议
黑志坚	附有联系参数的分组逐次平差	烟台，大地测量学术会议
周秋生	一个机助设计系统的研制	武汉，精密工程测量学术会议
周秋生	自动化测量平差系统设计	武汉，精密工程测量学术会议
王延亮，周秋生，赵　波	数字地籍测绘系统DJC	哈尔滨，工程测量分会学术会议
孙立新，王晏民	ARC/INFO系统数据文件结构分析	哈尔滨，工程测量分会学术会议
孙立新，梅凤田	地图扫描矢量化系统MapScan	哈尔滨，工程测量分会学术会议

表2.40 参加国际学术会议的论文

作者	论文题目	会议地点	获奖情况
孙立新	利用BC2解析测图仪处理扫描电子显微镜像法	瑞士	
孙立新	设计基于微机的数字近景摄影测量系统的可行性	澳大利亚	
孙立新	非测量用像片的解析编图系统	澳大利亚	
孙立新	一套基于微机的电子显微镜数字影像三维摄影测量系统	美国	最佳青年论文奖
王晏民	大地测量与摄影测量联合平差系统研究	中国	
王晏民	基于共角条件的摄影测量严密平差研究	美国	
王晏民	地理信息系统的数据结构与编辑系统的研制	中国	
周秋生	多点计时法定向数据自动采集和处理	美国	

7)创办《学报》和《测绘工程》期刊

创办《哈尔滨测量高等专科学校学报》(简称学报)。学校已由单一的测绘专业发展为测绘工程、经济管理、建筑工程等多学科、多专业的高等专科学校。各系部教师的职称结构、学术水平等发生了很大变化，教学和科学技术研究成果数量大增、质量提高，具备了开办学校学术刊物的基本条件。在原《高教研究》的基础上，1989年经黑龙江省新闻出版局批准，《哈尔滨测量高等专科学校学报》获得了国内报刊准印证——CN(G)黑文第084号批文，定为半年期刊物，在国内公开发行[①]，为学校教师、科技干部和党政管理干部提供了一个发表科研成果、教学与管理经验的正式园地。

创办《测绘工程》科技期刊。学校测绘专业有40余年的办学历史，专业教师的教学、科研

① 《学报》编辑部主编谭维兴，副主编张雁芬、马怀岐，责任编辑王克黎。

水平较高，有数量较多的科研成果，在全国测绘界有一定影响。学校与全国设测绘专业的高等院校和中等专业学校有广泛的联系，通过中国测绘学会及其各专业委员会、黑龙江省测绘学会及各专业委员会，与省内和全国测绘专家学者有较多的交往，具有组织测绘期刊稿件的有利条件，有学校办测绘期刊的经费支持，具备创办测绘期刊的基本条件。由学校办刊申请，冶金部教育司支持，冶金部科技司定名为《冶金测绘》向国家科委申报批准。1992 年年初，国家科委批准《冶金测绘》为国内公开发行的科技季刊，统一刊号为 CN23-1333/TE，由学校主办，冶金部科技司主管，于 1992 年 9 月创刊，向全国发行。征集全国高校、科研院所、生产单位测绘专家及研究生的测绘新理论、新技术和新方法论文。由于刊出的文章选材好，加工编辑水平较高，差错少，该刊受到测绘界读者和专家的好评。1994 年冶金部科技司同意申报《冶金测绘》更名为《测绘工程》，由国家测绘局科技司进行刊名国际检索推荐，国家科委于 1995 年 1 月批准《测绘工程》为国内外公开发行科技季刊，国内统一刊号为 CN23-1394/TF，国际期刊统一编号为 ISSN1006-7949。在陈俊勇、宁津生、高俊院士和许多测绘专家支持下，《测绘工程》刊出的文章学术水平较高，内容丰富，做到科研、教学、生产并重，很有特色，被评为黑龙江省优秀科技期刊，受到测绘界的欢迎①。

测绘工程系教师"七五"与"八五"期间，先后在《测绘通报》、《测绘工程》、《地图》、《电脑》、《东北测绘》和《学报》上发表各种论文 70 余篇，在一定程度上反映测绘工程系教师特别是中青年教师的教学和科研综合能力。

8)以系党支部为核心搞好教师思想政治工作

测绘工程系成立时教师党支部有党员 9 人，在党委领导下，他们以身作则，坚持原则，有责任感，带领党员和全系教师很好地完成学校的教学和各项工作任务，发挥了基层党支部的监督和保证作用。按党委要求，系党支部的重要任务之一，是组织教师坚持搞好周三的政治理论与时事政策学习。认真学习党和国家有关高等教育的方针政策、"一个中心，两个基本点"党在新时期的基本路线，明确高等专科教育的培养目标。动员党员教师在教书育人方面做出成绩，把整个系的教学、科研、生产各项工作任务完成好。

党支部按党委要求认真执行党的知识分子政策，重视在老中青教师中发现和培养党的积极分子，组织要求入党的教师参加党委组织的党课学习。10 年来发展 5 名中老年教师入党，他们都是要求入党十多年或几十年的高职称骨干教师；有 9 名青年教师入党，他们是教学、科研和生产的骨干，有的成长为校级或中层领导干部。测绘工程系教师有半数是党员，每年都有党员被评为学校的优秀党员；许多教师被评为学校的"教学质量优秀奖"和"教书育人"先进教师。青年副教授周秋生获"宝钢高等院校优秀教师"奖；老教师邵自修教授(曾任系主任、全国测绘教材编审委员会委员、省测绘学会理事、获政府特殊津贴)被评哈尔滨市劳动模范；老教师杜永昌副教授(曾任系副主任、高教研究室主任、获政府特殊津贴)被评为哈尔滨市劳动模范、冶金工业部劳动模范；控制测量教研室被评为哈尔滨市先进集体；测绘工程系党支部是学校的先进党支部。

党委为加强各系党的工作，特别是加强学生中党的建设工作，于 1994 年决定将系的党支

---

① 1992—2000 年，先后担任《测绘工程》编委会主任有姜立本、顾建高，主编有沈迪宸、周秋生，副主编有张雁芬、侯建国。

部升格为党总支，分设教师党支部和学生党支部。由主抓学生思想政治工作的系副主任担任学生党支部书记，使系的学生党建工作、团总支、学生管理工作浑然一体，有机地结合起来。在系党总支领导下，系的教师和学生的思想政治工作和党建工作统一了步调。

9）基本建成适应测绘专科教育的师资队伍

到1995年测绘工程系教师与实验教师的职称和年龄结构如表2.41所示。教师中副教授以上的14人，占教师总数的41.2%；副教授的平均年龄为47.8岁，而7名青年副教授的平均年龄为39岁，形成年轻一代高职称群体，他们是年轻教师中教学、科研和生产的骨干力量，是现代测绘学科的带头人。讲师占近56%，平均年龄在34.5岁，是年轻一代的“双师型”教师，是“九五”期间有希望晋升副教授的师资后备力量。助教只有1位，也就是说讲师以上教师占97.0%[①]。实验教师60%以上是具有测绘各专业本科或专科学历的青年工程师，他们都能组织和指导本专业的大型测量、航空摄影测量、地图制图生产实习，有的是科研和技术服务的骨干。测绘工程系作为学校骨干系、省高校重点专业，已被国家教委批准为“高等工程专科专业教学改革试点专业”，基本建成适应测绘高等专科教育的师资队伍。

表2.41　1995年测绘工程系教师职称与年龄结构统计

职称 / 人数、% / 年龄段	教师数量	教授		副教授		讲师		助教		实验教师数量	高工		工程师		助工		说明
		人数	%	人数	%	人数	%	人数	%		人数	%	人数	%	人数	%	
25以下	1							1		1					1		
26～30	5					5				2					2		
31～35	9			1		8				3			3				
36～40	6			4		2				1			1				
41～45	5			2		3				1			1				青年副教授年均39岁
46～50	1					1											
51～55	1			1													
56～60	5			5													
60以上	1	1															
合计	34	1	2.9	13	38.3	19	55.9	1	2.9	8			5	62.5	3	37.5	教师与实验教师42人
平均年龄		62.0		47.8		34.5		23.0					36.2				延聘教授1人

7. 加强基础建设改善办学条件

“七五”期间学校完成由中专教育向高等专科教育的转变。“八五”期间在基础建设下工夫，重点是改善办学条件的基建工程、图书馆及各专业实验室和实习基地建设。除基本建设费外，筹集220万资金加强图书馆、基础课和各专业课实验室、实习基地建设。

1）建成综合教学楼和扩建学生宿舍

冶金部给学校基本建设投资重大项目是建设综合教学楼。1992年7 000 m^2综合教学楼建成，改善了学校的办学条件。设有6个能容纳120人的阶梯教室，扩大了图书馆和各专业实验室的用房面积，从根本上解决了多年未解决的教学条件不达标的难题。1993年、1994年相继扩建了近4 000 m^2学生宿舍，为扩大专科各专业招生在校生达到2 000人规模创造了条件。

2）加强图书馆建设

图书馆由原来的700 m^2用房，搬到综合教学楼扩大到2 200 m^2用房。设有藏书馆、学生自习室、借阅部、采编室和期刊阅览室；为方便教师备课和查阅资料，设有社科类、自然科学类、

---

① 1991年，7 000 m^2综合教学楼投入使用后，改小班上课为大班上课，专业教师数量充足，未引进测绘专业青年教师。

工程类和工具书类阅览室；设有规模较大的测绘工程类图书与资料室。馆藏图书 20 万册，有 400 余种报刊杂志供师生阅览。测绘工程类图书与资料室，有新中国成立以来出版的各种测绘类图书；有中国测绘学会、黑龙江省测绘学会、冶金学会组织的各种测绘学术会议的论文资料；有国内外公开发行或国内发行的中文测绘科技期刊 60 余种（主要是各省测绘学会出版的刊物）；有俄文、德文、英文、日文等各种测绘期刊 8 种；有根据中外测绘期刊编制的大量论文卡片，供教师与测绘各专业学生进行科研和毕业设计时查阅资料。图书馆有副高职、中级和初级职称的馆员，有 3 名图书馆专业的本科毕业生。图书馆的服务和管理水平较高，在全省高校图书馆评估中，获得专科学校“图书馆管理水平较高”的评价。

3）加强基础课实验室建设

为提高基础课教学质量，提高基础课实验开出率，增加物理实验室、电子电工实验室设备投资，争取实验开出率达到百分之百；新建材料力学和工程力学实验室，保证工程类专业基础理论课的教学需要。扩大计算机中心实验室规模，保证各专业计算机基础教学学生上机和课余上机的需要。扩大外语教学的语音教学室，建立语音校内广播设备，使学生在早、晚自习时间能收听到外语播音。提高电化教学设备的编辑和制片水平，建立有 120 人座位的电教室。加强体育教学设施建设，建立联合器械训练室、体操训练室、乒乓球室等设施，保证球类教学与课外活动需要的球类用品的供应，保证冬季体育课以滑冰为主的冰鞋、冰刀的需要。注意对学校田径和球类运动队的训练，给予一定的投资，保持省内高等专科学校运动会成绩位于前列的水平。经高等院校体育教学的考核和评估，学校的体育教学质量和设施属于较好学校之列。

4）加强测绘专业实验室和实习基地建设

（1）装备现代测绘仪器，调整实践教学组织机构。学校投入大量资金装备 GPS 接收机一套、SET 等系列的全站仪、自动安平水准仪和电子水准仪、自动绘图仪及大量的高档计算机，使测绘工程系仪器装备达到较先进的测绘生产单位的水平，保证了测量生产实习和教师科研的需要。为了有效地组织实践教学和生产实习，把测量仪器室、测绘仪器检修室及实验教师整合成立测绘中心，归测绘工程系领导。由测绘工程系按各专业教学计划统一安排实践教学和各专业的生产实习，充分发挥技术力量和测绘仪器资源的效能。

（2）建立现代测绘技术实验室。根据测绘各专业课程改革和工程测量试点专业教学计划中设课的需要，建立以下现代测绘技术实验室：①观测数据处理实验室，计算机使用本系教师研制的测量控制网计算机辅助优化设计和控制测量数据采集及自动处理软件，进行各种形式控制网的优化设计及各种控制测量数据平差计算和精度分析实习和生产作业。②数字化测绘与扫描数字化实验室，计算机使用本系教师研制的数字化测绘地形图和地籍图软件，配以自动绘图仪进行数字化成图实习和生产作业；地图扫描数字化也使用本系教师研制的扫描数字化软件进行实习和生产作业。③测绘自动化实验室，用改装后的立体坐标量测仪采集数据，以计算机为平台，用数字化测绘或航测数字化软件及自动绘图仪成图进行作业。④地理信息系统实验室，引进美国 ARC/INFO 原版地理信息系统软件，还有本系教师研制的土地管理系统等软件供学生实习之用。⑤全球定位系统实验室，引进日本 GSSLA 型 GPS 接收机一套 3 台，进行全球定位测量实习与观测数据处理。

（3）进一步建设好教学实习和生产实习基地。通过与各测绘单位建立校院合作机制，黑龙江测绘局的地理信息工程院（原航测大队）、地图出版社（原地图制图大队）和黑龙江基础地理信息中心等单位，是航空摄影测量、测绘自动化、地图制图及计算机应用与维护等专业的教学实习基地。各专业学生在实习或参观中,可以看到国内一流设备、一流技术和一流生产成果,是形成专业生产技术整体概念不可或缺的学习机会。大庆油田开发设计研究院,每年都委托测绘工程系完成一定的测绘生产任务(包括各种比例尺地形测图、航测成图、工业厂区现状图测绘及工程测量等),不仅是测绘工程系重要的生产实习基地之一,而且是科研和新技术开发的重要合作单位。佳木斯测绘院、长春市开发区测绘院等测绘单位,多年来一直支持测绘工程系测量生产实习,使实践教学有了可靠的生产任务来源。

8. 建立产学研结合的专科教育模式

1985年学校改建专科后,更加重视测绘专科教育的实践性教学。学校邀请黑龙江测绘局各测绘院、大庆油田开发设计研究院、哈尔滨市勘察测绘研究院、黑龙江省城市规划设计院、冶金工业部沈阳勘察研究院、佳木斯市测绘院、吉林省延边土地局等10余个单位,成立校院(测绘院)合作委员会。由学校主要领导牵头,定期召开联席会议,研讨建立教学、科研、生产相结合的专科教育模式。

1)测绘生产与科研单位参与教学和教学改革

学校邀请各有关测绘生产和科研单位的专家,参加测绘工程系的工程测量、航空摄影测量和地图制图等专业教学计划的研讨,征求他们的意见,使各专业教学计划和培养目标更贴近测绘生产和科研单位的需要。聘请黑龙江测绘局及其他单位的专家为学校师生作测绘新技术的学术报告;聘请大地测量、工程测量、摄影测量和地图制图的生产管理专家,担任各专业测绘经济管理课程的主讲教师,使这门课程的教学更具有针对性和实用性的效果;聘请主管工程师与技术干部,参加生产实习的技术指导工作,与学校指导教师一起保证在搞好实习的基础上,按国家规范完成测绘生产任务;聘请各专业的有关专家参加专科学生毕业答辩委员会及答辩评审工作,提高评审工作的质量。

2)为测绘工程系提供测量生产实习任务

由于测绘工程系历年测量生产实习,都能保质、保量、按时地完成任务,取得委托单位的信任,每年都获得测量生产任务组织学生生产实习。1986—1995年的10年中,有各种比例尺地形测量(包括控制测量、纸质测图或数字化测图)、航测成图,以及控制测量与工程测量和土地利用调查等如表2.42所示的40项工程,绝大多数的1∶500和1∶1 000大比例尺地形图,根据清绘后的地形图进行了扫描数字化,生产出数字化地形图软盘;需要清绘的地形图,在教师指导下由地图制图专业学生完成。

表2.42 1986—1995年生产实习测绘工程项目统计

序号	测绘工程项目	工程项目数	工程总量	工程收入(万元)	说明
1	1∶500地形测量	6	26.9 km^2	20.0	所有工程全部验收合格
2	1∶1 000地形测量	13	139.0 km^2	71.0	
3	1∶2 000地形测量	5	124.0 km^2	21.8	
4	1∶5 000地形测量	3	115.3 km^2	22.6	
5	1∶1 000航测调绘	2	32.0 km^2	4.3	
6	1∶5 000航测调绘	2	480.0 km^2	10.6	
7	1∶1 000航测解析测图	2	73.0 km^2	67.0	
8	1∶5 000航测解析测图	2	700.0 km^2	15.6	
9	墩化县四等控制测量	1	60.0 km^2	4.0	
10	旅顺市管线测量	1	50.0 km	1.0	
11	857农场土地利用调查	2	2 960.0 km^2	11.4	
12	哈尔滨市四等水准测量	1	500.0 km	4.0	
	合计	40		253.3	

大庆油田开发设计研究院多年来为测绘工程系提供 1∶500～1∶5 000 地形测量、1∶1 000～1∶5 000 航测调绘等大量的测量生产任务；绥化市规划局将该市的城市控制网改造与 1∶1 000 城市地形测量 27.3 km^2 任务委托给测绘工程系完成；吉林省延吉市将 1∶1 000 与 1∶5 000 大面积航测解析法成图任务分年委托给测绘工程系完成；哈尔滨市勘察测绘院、黑龙江省与吉林省各地市县、哈尔滨飞机制造公司(1∶500 工业厂区现状图 8 km^2 测量任务)等单位和部门，将各种类型的测量任务委托给测绘工程系，使学生在多样性的测绘工程环境中锻炼各种测绘技术操作技能，培养出一大批有一定独立工作能力的工程测量、航空摄影测量和地图制图专业的毕业生。在指导学生完成测量生产任务的过程中，使近 20 位 1985 年前后来校任教的青年教师，基本达到测量专业工程师的水平，1990 年前后晋升讲师，成为"双师型"教师。

"七五"与"八五"期间，完成测量生产任务的实习共创收 250 余万元。扣去测量生产实习全部的作业成本，还有结余，纳入学校的创收基金，作为改善办学条件、购置现代测绘仪器及实验室设备投资经费，提高了学校自主办学的能力。

3)开展合作科研与现代测绘技术开发活动

测绘工程系发挥教师有科研与新技术开发能力的优势，与各测绘单位和有关管理部门合作，按合作投资方要求进行研究和开发工作，成果经鉴定符合要求由双方共享。"七五"与"八五"期间合作科研项目如表 2.43 所示，共 19 项，科研经费 71.2 万元。所有项目都按合同要求完成任务，有些成果取得了较好的科研价值和经济效益。

表 2.43　"七五"与"八五"期间合作科研项目统计

序号	项目项目	合作单位	经费(万元)	说　明
1	HP-300 机航道图自动化绘图系统	黑龙江省航道局	1.1	所有合作项目都按计划完成交付使用
2	大型综合仓近景摄影测量变形监测	鞍钢建设公司	8.0	
3	水文地质勘探图的自动测绘	黑龙江省水文勘测院	1.5	
4	GEOMAP 与 GEOCOMP 系统资源共享研究	大庆油田设计院	3.5	
5	城市总体规划计算机辅助设计系统	黑龙江省城市规划院	4.7	
6	地形图 CAD 数字化系统	大庆油田设计院	4.0	
7	数字化测绘系统	黑龙江测绘局	3.5	
8	数字地籍测绘软件研制	吉林省延边土地局	8.0	
9	地形图数字化软件研制	山东省龙口规划局	6.0	
10	扫描矢量化软件研制	南京市测绘院	3.8	
11	1∶25 万地貌及水系版扫描矢量化	国家基础地理信息中心	5.0	
12	地形图扫描矢量化系统 MapScan	黑龙江测绘局	2.5	
13	测绘软件的升级与完善	大庆油田设计院	2.8	
14	供水线路测绘软件研究	大庆供水勘测院	1.8	
15	铁路地籍管理系统	图们铁路局	2.5	
16	城乡土地管理系统	吉林墩化土地局	1.5	
17	哈尔滨市土地管理系统	哈尔滨市土地局	1.0	
18	城市数字化测绘系统	吉林市测绘院	4.5	
19	长春开发区测绘软件包	长春市开发区	5.5	
合计			71.2	

"HP-300 机航道图自动化测绘系统"(周跃东等)是与黑龙江省航道局合作，将德国进口的 SUSY-30 自动测深系统与陆地测量提供的数据组合起来，在 HP-300 机上开发一套机助成图软件，完成数据传输、处理、水下河床模型生成、航道地形图输出等功能。经黑龙江省航道局组织的鉴定，达到合同要求，予以验收。这项成果在航道测量自动化、提高作业效率方面发挥了重要作用，填补了省内空白，在引进同类的自动测深系统配套技术方面处于领先地位。

“数字化测绘系统”(周秋生等)是与黑龙江测绘局合作项目。是针对当时全国测绘行业从模拟测绘向数字测绘转化而研制的数字化测绘软件,解决了数据采集、传输、存储、处理、图表生成、输出等问题;构建了数字化测绘的基础框架;制定了数据基本格式、符号编码和作业方式及流程;开发出平差计算、数据处理、数字地面模型、图形生成、报表输出等基本软件模块;通过大量生产实践逐步完善,形成一套功能齐全的“数字化测绘软件包”。除黑龙江测绘局测绘院使用外,还被许多测绘单位采用,取得很好的社会效益。这项成果获 1995 年全国工程测量分会学术会议优秀论文奖,又获黑龙江省自然科学优秀论文二等奖。

“地形图扫描矢量化系统 MapScan”(孙立新等)是与黑龙江测绘局合作开发的。在国家测绘局国家基础地理信息中心举办的全国扫描数字化软件测试中排名第一。被国家基础地理信息中心选为全国 1∶25 万地理信息库数字化采集推荐的“扫描矢量化软件”。包括全国 14 个省市自治区测绘局在内的 30 多个测绘单位,采用这套软件进行扫描数字化作业,收到非常好的社会效益和经济效益。

“城市总体规划计算机辅助设计系统”(王延亮等)是与黑龙江省城市规划院的合作项目。在微机上基于 AutoCAD 图形平台,是集规划设计、绘图、统计于一体的,实用、高效、易于被规划设计人员接受的系统。通过建设部组织的专家鉴定,被全国 20 余个城市规划部门采用,获黑龙江省城乡建设科技进步二等奖。

“数字地籍测绘软件研制”(周秋生、赵波等)是与吉林省延边土地局合作开发的项目,针对地县级土地管理部门进行地籍测量所遇到的种种技术问题而研制的,经过延边地区多个县市地籍测量实践考验证明效果良好,被全国 20 多家测绘生产单位采用,转让软件数十套,取得良好的社会效益和经济效益。

4)成立测量工程公司

利用学校测绘专业教师技术力量与学校测绘仪器装备的优势,成立测量工程公司,开展日常性的测绘生产活动。公司获得国家测绘局颁发的甲级测量工程资质证书,从测量教师和实验教师中选派公司负责人和主要技术人员,开展承担测绘工程任务。公司独立承包各种测绘工程任务,为测绘工程系联系学生测量生产实习的测绘工程任务;吸收教师参加临时性的测量工程作业,特别是在假期为教师和学生安排测量工程服务项目。公司在教务副校长领导下独立核算经营,工程收入扣除生产经营费用,划归学校创收资金。测量工程公司与测绘工程系在产学研结合方面保持相互支持和合作的关系,教师与公司技术人员可调整轮换上岗。

9. 教职工的思想政治工作

1)认真学习党和国家的路线、方针、政策

在党委理论学习中心组周六半日学习的带动下,教师和管理干部坚持周三半日政治时事和理论学习。学习《中共中央关于教育体制改革的决定》、中共中央《关于社会主义精神文明建设指导方针的决议》、党的“十三大”提出的“一个中心、两个基本点”的党的基本路线、《关于加强高等专科教育工作的意见》和《中国教育改革和发展纲要》等党和国家的路线及有关教育改革和高等专科教育的办学方针与政策等。使每位教职工都要牢记,“普通高等专科教育必须坚持社会主义的办学方向,认真贯彻执行教育为社会主义建设服务,与生产劳动相结合,德、智、体诸方面都得到发展的方针,始终把坚定正确的政治方向放在学校一切工作的首位,把培养社会主义建设者和接班人作为根本任务。坚持不懈地向学生进行爱国主义、社会主义、集体主义和自力更生、艰苦奋斗的思想教育及革命传统教育。”承担起教育工作者的历史责任。

2)加强教职工党建工作

学校教职工特别是教师积极要求入党的人数较多。党委要求各系部和各部门的党支部加强对要求入党的积极分子进行培养;党委组织党课学习班对党员和要求入党的教职工进行党的基本知识、建党理论和共产党员标准的教育。各党支部及时把符合共产党员标准、考核得到群众好评的积极分子吸收入党。“七五”与“八五”期间,教职工中共有41人入党,教师29人,其中9人是具有副高职职称的中老年教师。新党员占教职工总数的14.1%,教师新党员占教师总数的24.0%。这些新党员中多数是青年教师和党政与教学管理人员,他们都是学校教学、科研、生产和管理工作的骨干。

3)建立教职工思想政治工作制度

根据高等专科教育的办学方向、培养目标对教职工特别是教师提出的要求,学校党委召开教职工思想政治工作会议,研究制定了《关于加强教职工思想政治工作的意见》、《教职工思想政治表现、工作业绩考核办法》、《教师“教书育人”工作条例》和《关于加强实习(教学实习、生产实习、毕业实习)中学生思想政治工作的意见》等4个文件。全面确定了教职工思想政治工作的基本任务、内容、措施、组织领导和工作责任,明确了教职工思想政治工作表现和工作业绩的考核办法。每年都评选出“教书育人”先进教师、“教学质量优秀奖”获得者、先进教育工作者和优秀共产党员等先进人物。先后产生了哈尔滨市劳动模范4人,黑龙江省优秀教师3人,冶金工业部先进教育工作者2人,冶金部劳动模范1人,全国优秀教育工作者1人。

10. 新时期的学生思想政治工作

“八五”期间,执行高校上学收费,毕业生国家不包分配,由“供需见面、双向选择”逐步过渡到毕业生自主择业的重大改革。在这种新形势下,学生思想政治工作面临许多新问题,学生思想政治工作必然会有新内容、新方法,具有明显的时代特征。

1)开展学生思想政治工作研究

学校党委每年召开学生思想政治工作会议,党政负责人、中层干部、党支部负责人、系部主任和负责学生工作的干部、工会负责人、共青团委和系团总支负责人、辅导员和班主任、教研室负责人等参加会议。党委书记作会议主题报告,主管副书记作思想政治工作总结发言,有典型经验介绍,进行经验交流讨论,最后进行会议总结。思想政治工作会议,成为探讨学生思想政治工作方法、探索新时期学生思想政治工作的有效途径。会议提出一批思想政治工作经验和成果的优秀论文推荐参加黑龙江省、冶金部和全国高校思想政治工作经验交流会,有的被选为会议的优秀论文。

2)建立学生思想政治工作机制

“七五”和“八五”期间,学生思想政治工作在党委领导下,建立由党委书记、校长负责,主管副书记和教务副校长齐抓共管的学生思想政治工作体系。

(1)加强精神文明建设。贯彻1986年9月党的十二届六中全会作出的《关于社会主义精神文明建设指导方针的决议》精神,学校建立以党委书记为主任的精神文明建设委员会,常设机构设在党委宣传部。向全校教职工和青年学生宣传《决议》,阐述社会主义精神文明建设的战略地位和根本任务,树立和发扬社会主义的道德风尚,加强社会主义民主、法制、纪律教育。结合学校具体情况,制定和实施文明学校的建设措施;开展了文明科室与教室、文明食堂、文明寝室活动,建立起学校的文明环境。1987年9月,学校获得黑龙江省精神文明单位称号。

(2)成立学生工作委员会。在党委领导下成立学生工作委员会,由主管副书记任主任,教务副校长任副主任，统筹领导学生思想政治工作。党委设学生工作部，与教育行政机构的学生工作处是一套人员，在学生工作委员会领导下，负责全校招生与毕业分配和就业指导、学生管理和学生思想政治工作。通过学生处的组织协调，由各系的学生工作机构组织实施，形成由各级党组织、各系学生工作机构、共青团、学生会、辅导员、班主任和任课教师组成的学生思想政治工作体系，深入地进行爱国主义、集体主义和社会主义思想教育。对学生进行以集体主义为核心的价值观教育；进行坚持党的领导和社会主义道路的教育；培养学生的劳动观点、克服困难和艰苦奋斗精神；陶冶高尚的道德情操，具有健康的审美观念和审美能力。

3)加强学生党建工作

中共中央关于加强高校党建工作的重心是吸收优秀大学生加入党组织，把大学生培养成又红又专的合格人才。专科学生在学校学习时间短，加强学生党建工作采取以下措施。

(1)抓好党的积极分子队伍建设。学生党支部从新生入学对要求入党的学生进行了解和考查。在学习、工作和各项活动中考查他们的表现。党委要求，在党建工作中对党的积极分子要做到“早发现，早培养，早发展”。首先要做好“早发现”。

(2)建立业余党校。1987年，党委成立了学生业余党校，党委书记任校长，组织部主抓教学组织工作。由学生党支部推荐要求入党的积极分子参加学习，接受党的基本知识、党建理论、党史、执政党的地位和先进党员事迹的教育。完成这一阶段学习后，经过考核再选拔一些表现突出的积极分子参加业余党校研讨班学习。对入党动机、党员的基本条件、共产党员的历史责任、党的组织纪律等涉及世界观、价值观等问题进行研讨，端正入党动机，做一名合格的共产党员。

(3)建立考核制度。对基本具备共产党员条件的积极分子，由学生党支部提名，党委组织部逐一考核。在学生所在班级和系征求同学意见，向任课教师和班主任征求意见，由组织部提出考核评估意见。组织部与学生党支部找被考核学生谈话，肯定成绩，提出不足和努力方向，使要求入党的学生有明确的努力方向。

(4)发展新党员坚持一个“严”字。对具备党员标准的积极分子，既要看本人表现，又要尊重群众意见，高度重视发展对象民意调查考核的结果。严把党员标准关，把学习成绩好，工作表现突出，善于团结同学，有自我牺牲精神，受同学拥护的优秀共青团员吸收入党。

(5)对预备党员教育突出一个“高”字。党委要求对新入党的预备党员进行“新起点”、“新征途”的继续教育，在学习、工作和各种活动中提出高标准、严要求，起党员模范带头作用。党支部和入党介绍人对新党员的表现要负责到底，使他们成为思想入党的好党员。

为加强学生党建工作，党委于1994年将各系的党支部升格为党总支，分设教师党支部、学生党支部，由负责学生工作的系副主任担任学生党支部书记。1995年3个系共吸收新党员40余人，给积极要求入党的青年学生以极大的鼓舞。做到了一、二年级有新党员，三年级学生毕业后，学生党支部仍有学生党员，学生党员在学生中的模范带头作用明显地表现出来。10年来，共发展学生党员139人，他们都是各届优秀毕业生。专科学校共青团员占在校学生的90%，有60%～70%的团员提出入党要求，高等专科学校学生党建工作是学生思想政治工作中极其重要的组成部分。

4)组织学生与省长面对面交流

1985年9月，黑龙江省委宣传部提出的《关于建立省委常委、副省长与高等学校固定联系点的建议》。省委指出，领导干部与高等学校建立固定联系点，是深入贯彻教育体制改革精神，发展教育事业的一个好办法。通过与各级各类学校建立联系点，进一步加强对教育工作的领导，保证教育体制改革的顺利进行。学校是安振东副省长的联系点。

1985年11月18日，安振东（九三学社中央副主席）副省长来学校与师生首次见面。应学生要求出席了有200余人参加的座谈会。请安副省长就改革开放以来黑龙江省和全国社会主义经济建设取得的成绩、物价和人民生活等师生关心的问题进行座谈。安副省长从主管全省工业交通生产的角度介绍了黑龙江省和全国经济建设取得成就的情况，也实事求是地讲了存在的问题。师生们感到安副省长谈话亲切、真实，实事求是讲解各种问题，使师生受到一次难得的形势和党与国家方针政策的教育。这次座谈会是建校30多年来第一次由省级领导到学校与师生座谈，受到师生极为热烈的欢迎。

安副省长任职期间与学校联系的5年多时间里，每年的元旦都到学校与学校领导同志会面，向师生拜年。了解学校办学情况，过问学校办学中遇到什么困难，设法帮助学校解决问题。安副省长知道寒假期间有些学生（大部分是贫困学生）留在学校，春节期间他不通知学校，直接到学生宿舍和食堂给留校学生拜年，使全校学生体会到省领导同志对大学生的关怀，密切了政府领导与大学生的关系。

5)“警校共建”文明学校

黑龙江省政府警卫连与学校开展“警校共建”文明学校活动已有10年的历史。1985年学校改建专科后，每年新生入学的军事训练课都由警卫连干部战士担任教官。干部战士与班级学生打成一片，认真讲解军事知识，进行队列操练，严格要求达到动作规定，培养不怕苦、不怕累的顽强精神，加强了学生的组织性、纪律性。

每年的3月5日是发表毛泽东“向雷锋同志学习”题词的纪念日。学校的许多班级邀请警卫连武警干部和战士参加“向雷锋同志学习”座谈会，交流学雷锋苦练军事本领和学雷锋创“三好”的经验。每逢国庆、元旦等大型庆祝活动，团委和学生会都邀请警卫连干部战士参加，同台演出文娱节目。“一二·九”革命歌曲竞赛，是学校历年来革命传统教育的大型活动，届时会邀请警卫连干部战士同台演唱革命歌曲。“警校共建”文明学校活动丰富多彩，成为学生思想政治工作和精神文明建设不可或缺的组成部分。学校被评为哈尔滨市“警校共建”标兵。

6)发挥“关工委”的作用

1992年学校党委决定成立哈尔滨测量高等专科学校关心下一代工作委员会（简称“关工委”）。由曾任学校党委书记、校长和负责学生工作的老教师担任该组织的主任、副主任，委员由离退休老干部与老教师、现职主管学生工作的领导同志和教师组成。“关工委”的主要工作内容和活动如下：

(1)了解学生思想状况。邀请和组织离退休干部和教师，深入班级与学生交朋友，了解他们的学习、工作和思想面貌，了解他们存在的困难和对学校教学及各方面工作的意见，向学校党委提出学生思想政治工作方面的建议。

(2)辅导学生学习政治理论。组织政治理论水平较高的老干部、老教师，参加学生自发组织的“哲学”、“毛泽东思想”和“邓小平理论”等学习小组的活动，在与学生共同学习中，交流学习心得，给予帮助和指导，提高学习水平和效果。

(3)进行革命传统、理想和前途教育。组织参加过抗日战争、解放战争和抗美援朝战争的老同志，进行革命传统教育；组织新中国成立前参加革命工作的老干部，对学生进行中华人民共和国伟大成就的爱国主义教育；组织学有成就、在学生中有影响的老教师，对学生进行理想、专科生如何成才和美好前途的教育；邀请长期从事学生工作的老教师，介绍学校中专和专科毕业生在社会主义建设事业中做出的成绩，以及个人成长的基本经验；邀请有突出成绩的毕业生，回校介绍毕业后在工作岗位上取得的成绩，以及个人成长经历。

(4)为毕业生作就业指导。邀请有丰富专业教学经验、熟悉专业人才需求状况的老教师，作就业指导工作。向即将毕业的学生宣传在社会主义市场经济环境下，毕业生应具备的思想政治、专业技术、工作作风、团队精神和品德素质等条件，以及创新能力和广泛的岗位适应能力。利用一些老教师的专业联系，为优秀毕业生推荐就业岗位，受到毕业生和用人单位的欢迎。

7)发挥共青团和学生会的积极作用

共青团委和学生会是学校精神文明建设任务的基层组织者和执行者，把爱国主义、集体主义和社会主义教育任务与组织同学参加社会实践、校园文体活动、专业技术竞赛等结合起来，开展第二课堂活动，是学生思想政治工作中不可缺少的重要内容。

(1)组织学生参加社会实践活动。组织学生参加改善教学环境的建校劳动，建设文明校园，参加社会服务志愿者活动，参加社会公益性劳动、抗洪救灾等活动，开展"三下乡"社会活动。学校被团省委评为"三下乡"活动先进单位。

(2)组织学生开展学雷锋"创三好"、"创先进"活动。每年都评出学校的"三好"学生；有15个班级团支部被哈尔滨市团市委命名为先进团支部称号；有2个班级被评为省高校先进集体；有一个班级被评为全国高校先进集体；有4名学生荣获冶金部宝钢奖学金；一名学生获全国高校"三好"学生称号。推动了"勤奋、上进、实践、创新"的学风和"团结文明、刻苦勤俭、奋发有为、开拓创新"的校风建设。

(3)开展体育运动，推动精神文明建设。共青团委与学生会配合体育教研室，搞好学校田径和球类运动队的训练、管理和思想政治工作。多年来，学校田径队在省高校运动会和冶金部高校运动会上获得专科学校团体冠亚军的好成绩，每届运动会都获得运动队精神文明奖，参加运动会的师生队伍也获得精神文明奖。运动队的优异体育成绩，推动了群众性体育运动的开展。

(4)开展校园文化活动。组织大学生百人合唱团，在省市大学生歌咏比赛中获得好成绩；组织丰富多彩的校园文化节，展示学生的文艺才能，活跃校园生活；组织传统的"一二·九"革命歌曲竞赛活动，省市电视台多次进行专题报导。

(5)组织专业技术竞赛活动。结合各系各专业基本技术训练的要求，组织"测绘杯"水准测量竞赛、"财会杯"珠算技术竞赛、"建筑杯"计算机工程制图技术竞赛。组织全校性的计算机程序设计竞赛、英语讲演比赛等活动。这些活动吸引很多同学参加，受到同学的广泛欢迎。

8)解决学生关心的实际问题

(1)增强专科学生成才的信心。根据冶金部教育司面向全国的招生计划，每年从25个左右省市自治区招收600余名专科新生。有相当一部分学生高考成绩在本省本科录取分数线以上，这部分学生由于没被大学本科学校录取，到专科学校学习情绪不稳定。许多学生认为，专科学校学习将来没有好的前程，存在学习积极性不高的问题。增强专科学生成才的信心，就成为对新生思想工作的重点。聘请在学生中有影响的老教师，介绍高等专科教育培养高级应用性人才和毕业生的基本要求；介绍专科毕业生在工作岗位上成长为工程师，经过继续教育成长为高级工程师等一系列国家的技术政策和规定，阐述专科毕业生的成才之路，增强学生学好本领努力成才的信心。以学校历届中专和专科毕业生成才的典型示例说明问题，收到较好的效果。向学生介绍学校的办学条件，教师的学术水平、科研成果，学校的优良学风和社会对学校毕业生的评价，以及各专业毕业生就业率高的实际情况，使学生了解专科毕业生成才的基本规律和个人努力方向，激发起学生努力学习的积极性。

(2)关心家庭经济困难学生的成长。学生大部分来自全国各地乡镇和农村，一部分学生家庭经济比较困难。1992年实行上学交费的规定以后，这部分学生感到很大的经济压力。学校及时制定对家庭经济困难学生给予补助的规定，制定比较高的奖学金制度，鼓励学生争取获得奖学金。要求各系负责学生思想政治工作的辅导员、班主任、任课教师和团支部，关心家庭经济困难学生的学习和成长，妥善解决他们的困难，使他们感受到党和政府的关怀，以及学校、老师和同学对他们的支持。

(3)鼓励学生学好本领提高就业竞争能力。在社会主义市场经济条件下，专科教育必须适应人才市场的需求。使学生明白，要把坚定正确的政治方向放在首位，掌握一定的基础理论和专业理论知识和技术，要有很强的专业技术实践能力，要有较广泛的专业适应性，要有一定的创新能力和解决实际技术问题的能力，才能体现专科毕业生的优势。在搞好专业能力培养的基础上要求学生提高外语和计算机能力。规定专科毕业生必须通过专科外语和计算机水平测验达标要求，否则不能毕业。鼓励学生通过本科外语四级、计算机二级测试，对通过本科外语六级、计算机三级测试的学生给予特别奖励。据1990－1995年的统计，在外语和计算机教研室教师的精心指导下，毕业班本科外语四级通过率达25％～30％，最好的班级达48％；本科计算机二级通过率达40％左右；有些学生获得了外语六级、计算机三级合格证书。这两项测试成绩排在全省20余所高等专科学校的前列。获得本科外语四、六级测试证书和本科计算机二、三级测试证书的毕业生，在选择就业单位时增强了竞争力。

(4)抓好毕业教育工作。毕业教育工作的主要内容有：①进行就业指导。邀请了解专业就业形势、熟悉毕业生就业思想动态的老教师，引导学生正确对待就业选择。客观估计自己的就业条件，不能盲目地追求就业单位的经济效益，要从实际出发，发扬从基层工作做起的实干精神，在实践过程中追求个人特长发展，减少毕业生就业的盲目性。②积极联系就业单位。学生处和各系的学生工作机构，充分利用与以往毕业生分配接收单位的关系，为毕业生广开就业门路，有计划地组织校内“供需见面会”；有选择地组织毕业生参加社会上组织的“供需见面会”，创造就业签约机会。③为毕业生推荐就业岗位。发动学校与企事业单位有密切联系的教师，发挥他们在专业上有广泛联系的条件，根据毕业生的特长把他们介绍给有关单位，经接收单位考核签约。由于学校各专业毕业生的质量较高，毕业生就业工作到位，主动找学校联系接收毕业生的单位较多，专科毕业生的就业率居全省专科学校的前列。特别是测绘工程系的毕业生，毕业前的录用签约率达90％～95％，列省内所有高校毕业生就业率的前列。

1992年、1993年，冶金工业部相继任命：哈尔滨测量高等专科学校党委书记姜立本(1988年10月任校长)，校长王振忠(1988年10月任副校长)，副书记、副校长顾建高，副校长张勇、仲崇俭。

学校经过“七五”、“八五”期间10年的建设，已从始建专科时的工程测量、航空摄影测量、地图制图和财务会计等4个专业，发展成有测绘工程、财经管理、工程管理3个系和基础部，设有工程测量、航空摄影测量、地图制图、测绘自动化、计算机应用与维护、财务会计、工业总图设计与运输等12个专科专业，还设有成人专科教育部和中等专业教育部，建成以测绘工程为主，工管结合,多学科、多专业、多层次办学的高等专科学校,在校生达 2 100 人。继 1994 年测绘工程系工程测量专业成为国家教委专科教学改革试点专业之后,1995 年财经管理系财务会计(电算化)专业,又被国家教委批准为专科教学改革试点专业。学校是黑龙江省文明单位,学校党委被中共哈尔滨市委授予哈尔滨市先进党组织称号。学校由于工程性质的专业较多,经国家教委批准,于 1994 年 7 月更名为哈尔滨工程高等专科学校。10 年来,共培养各专业中专与专科毕业生 3 625 人,其中中专毕业生 1 134 人、专科毕业生 2 491 人;测绘各专业中专毕业生 764 人、专科毕业生 1 416 人。

§2.6 高等教育体制与结构改革时期的测绘专科教育

(1996－2000)

1996－2000 年的"九五"期间,高等教育贯彻《中国教育改革和发展纲要》中提出的"努力改革教育体制、教育结构、教育内容和方法",实施《中华人民共和国高等教育法》,贯彻《中共中央、国务院关于深化教育改革全面推进素质教育的决定》,使高等教育改革和发展进入一个新阶段。高等专科学校在改革中,迎来了一些专科学校被本科院校合并,一些专科学校之间合并升为本科院校,由专科教育逐步转向本科教育。到 2000 年前后,大多数本科院校停止了测绘专科教育;多数开办测绘专科教育的高等专科学校升为本科院校后,由测绘专科教育转向本科教育。昆明冶金高等专科学校在教育部[①]和云南省政府支持下,发展高等职业技术教育。2000 年前后,测绘专科教育已逐步转向高等职业技术教育的建设和发展新阶段。

2.6.1 高等教育改革有关专科教育的方针政策和法令

1. 高等教育体制改革的方针政策

《中国教育改革和发展纲要》指出,"高等教育体制改革,主要是解决政府与高等学校、中央与地方、国家教委与中央各业务部门之间的关系,逐步建立政府宏观管理、学校面向社会自主办学的体制。""进一步确立中央与省(自治区、直辖市)分级管理、分级负责的教育管理体制。中央要进一步简政放权,扩大省(自治区、直辖市)的教育决策权和包括对中央部门所属学校的统筹权。"1994 年 7 月,国务院颁布的《〈中国教育改革和发展纲要〉的实施意见》中指出,"高等教育逐步实行中央和省、自治区、直辖市两级管理,以省为主的体制。通过立法,明确高等学校的权利和义务,扩大学校办学自主权,使学校真正成为面向社会的法人实体。"

1996 年 8 月召开的高等教育管理体制改革工作座谈会,在总结经验的基础上,形成了"共建、调整、合作、合并"的高等教育管理体制与结构改革的"八字方针"。"共建"就是将部委所属高校实行与地方政府共同建设、共同管理,淡化高校单一隶属关系,加强省级政府统筹管理,将条块分割的机制转变为条块有机结合的机制。"调整"就是对在一个区域内的高等教育设置或科系、层次设置不合理的情况,根据需要,从实际出发,有步骤地进行高校布局结构和院系的调整。"合作"就是学校之间开展教学、科研、后勤、管理等方面的合作,资源共享,优势互补。"合并"是联合办学的最高形式,就是为了提高教育质量和办学效益,发挥学科优势互补和规模效

① 1998 年 3 月国家教委改为教育部。

益，因地制宜地对某些院校进行实质性融合，实现人、财、物、教学、科研五个方面的统一。

2. 加速高等教育的改革

1)积极稳步发展高等教育

21 世纪以高新技术为核心的知识经济将占主导地位，国家的综合国力和国际竞争能力将越来越取决于教育发展、科学技术和知识创新水平，教育将始终处于优先发展的战略地位。积极稳步发展高等教育，除少数关系国家发展全局以及行业性很强需要由国家有关部门直接管理的高等学校外，绝大多数高等学校由省级政府管理或者以地方为主与国家共建。高等专科学校划归所在省区政府管理，多数学校以不同形式合并为本科院校。

积极发展高等职业教育。除对现有高等专科学校、职业大学和独立设置的成人高校进行改革、改组和改制，并选择部分符合条件的中等专业学校改办发展高等职业教育外，部分本科院校可以设立高等职业技术学院。挑选 30 所现有学校建设示范性职业技术学院。允许职业技术院校的毕业生经过考试接受高一级学历教育。

2)实施面向 21 世纪教学内容和课程体系改革

高等教育改革，教学改革是核心。教学改革中，教学内容和课程体系改革是重点。国家教委提出《面向 21 世纪教学内容和课程体系改革计划》(简称《改革计划》)的总体目标是："改革教育思想和教育观念，改革人才培养模式，实现教学内容、课程体系、教学方法和手段的现代化。"

3)加强素质教育和劳动教育

为了全面贯彻党的教育方针，培养全面发展的专门人才，针对当时高等学校教育中人文素质教育薄弱的状况，必须加强大学生文化素质教育。1995 年 7 月，国家教委印发的《关于开展大学生文化素质教育试点工作的通知》指出，加强大学生文化素质教育，就是要使大学生在学好本专业的同时，具备专业以外的人文社会科学、自然科学及文化艺术有关的基础知识和基本修养，使专业人才具有较高的文化素质。充分利用国内外优秀文化成果对大学生进行文学艺术修养教育，开出大学生应读、应知、应看的名著、名曲、名画、名剧的目录，组织学生课外阅读、欣赏活动；开展丰富多彩的校园文化活动，诸如大学生艺术节、大学生电影节、高校歌咏比赛和校园文明建设等活动。在总结经验的基础上，教育部起草了《关于加强大学生文化素质教育的若干意见》，培养师资队伍，开展理论与实践研究，使这项工作持久深入地发展。

在现代经济和技术迅速发展的形势下，教育与生产劳动相结合在内容、方法上应该有所发展和创新。第一，专业生产劳动的内容和项目，应密切使培养的学生具有与国民经济发展和生产技术进步相适应的水平，使大学生在工程和生产实习中得到锻炼。第二，强调在大学生参加专业生产劳动，完成一定生产任务中，达到育人的目的。第三，产学研结合教育是由学校与产业部门(包括科研机构)共同培养人才的教育模式，是贯彻教育与生产劳动相结合的一种重要形式。邀请企业技术人员到学校兼任教学工作，企业为学校提供实习基地，学校与企业合作进行科学研究和技术开发，共同研制新产品等。第四，在教学计划中加强实践环节教学安排，建设好实验室和校内外实习实验基地，为大学生创造动手能力培养的物质条件。第五，开展大学生的社会实践活动，组织大学生参加"青年志愿者"活动，到农村开展扶贫、扫盲和科技下乡活动，了解广大农村的实际情况，受到群众工作的锻炼，提高为人民服务的思想觉悟。

3. 加强和改进高等学校的德育工作

1995 年 11 月 23 日，国家教委发布《中国普通高等学校德育大纲(试行)》(简称《德育大纲》)。《德育大纲》由总则、德育目标、德育内容、德育原则、德育途径、德育考评、德育实施7个部分构成。《德育大纲》以马列主义、毛泽东思想和邓小平理论为指导,总结过去,立足当前,面向未来,与中学德育相衔接,注重科学性、系统性和可操作性。旨在全面贯彻教育方针,全面提高教育质量,加强和改进高校德育工作,建立全方位德育格局,形成全员德育意识,增强德育整体效果,提高德育水平,建立和完善有中国特色的社会主义高等学校德育体系。《德育大纲》强调,实施德育大纲必须加强领导,必须有健全的领导体制、专门的组织机构、得力的队伍、完善的规章制度和必要的经费与物质保证。

1998年4月和6月,根据党中央指示,教育部会同中央宣传部先后发出《关于普通高等学校开设〈邓小平理论概论〉课的通知》和《关于印发〈关于普通高等学校"两课"课程设置的规定及其实施工作的意见〉的通知》。对高等学校以邓小平理论"三进"为主要任务的"两课"教学改革和课程建设作出新的部署,决定在大学本科开设"马克思主义哲学原理"、"马克思主义政治经济学原理"、"毛泽东思想概论"、"邓小平理论概论"、"思想道德修养"、"法律基础"、"形势与政策"7门课程;文科专业还要开设"当代世界经济与政治"课。要求全国所有普通高等学校从1998年秋季开学后开设"邓小平理论概论"课;其他几门课程,凡具备条件的高校要在1998年秋入学的新生中开始实施,全国所有高校原则上都要在1999年秋季入学的新生中开始实施。

4.《中华人民共和国高等教育法》中关于高等教育的基本制度

1998年8月29日,第九届全国人大常委会第四次会议通过了《中华人民共和国高等教育法》(简称《高等教育法》),决定自1999年1月1日起实施。

《高等教育法》总结了新中国成立以来,特别是改革开放以来高等教育改革和发展的经验。从我国社会、经济、文化及高等教育的实际出发,借鉴外国高等教育发展的有益经验,把我国高等教育长期发展过程中形成的科学的教育思想和教育观念、所取得的成功经验通过法律的形式固定下来,并且运用法律规范解决高等教育改革和发展过程中出现的种种问题,促进和保障我国高等教育的改革和发展。

1)高等教育的任务

《高等教育法》总则中规定:"高等教育的任务是培养具有创新精神和实践能力的高级专门人才,发展科学技术文化,促进社会主义现代化建设。""高等教育必须贯彻国家的教育方针,为社会主义现代化建设服务,与生产劳动相结合,使受教育者成为德、智、体等方面全面发展的社会主义事业的建设者和接班人。"

2)高等教育的基本制度

"高等教育包括学历教育和非学历教育。高等教育采用全日制和非全日制教育形式。国家支持采用广播、电视、函授及其他远程教育方式实施高等教育。"

"高等学历教育分为专科教育、本科教育和研究生教育。高等学历教育应当符合下列学业标准:

(1)专科教育应当使学生掌握本专业必备的基础理论、专业知识,具有从事本专业实际工作的基本技能和初步能力。

(2)本科教育应当使学生比较系统地掌握本学科、专业必需的基础理论、基本知识,掌握本专业必要的基本技能、方法和相关知识,具有从事本专业实际工作和研究工作的初步能力;……。"

"专科教育的基本修业年限为二至三年,本科教育的基本修业年限为四至五年,……。非全日制高等学历教育的修业年限应适当延长。高等学校根据实际需要，报主管的教育行政部门批准，可以对本学校的修业年限作出调整。”

“高等教育由高等学校和其他高等教育机构实施。大学、独立设置的学院实施本科及本科以上教育。高等专科学校实施专科教育。经国务院教育行政部门批准科学研究机构可以承担研究生教育的任务。其他高等教育机构实施非学历高等教育。”

“接受高等学历教育的学生，由所在高等学校或者经批准承担研究生教育任务的科学研究机构，根据其修业年限、学业成绩等，按国家有关规定，发给相应的学历证书或者其他学业证书。接受非学历高等教育的学生，由所在高等学校或者其他高等教育机构发给相应的结业证书。结业证书应当载明修业年限和学业内容。”

3)高等学校的学生

“高等学校的学生应当遵守法律、法规，遵守学生行为规范和学校的各项管理制度，尊敬师长，刻苦学习，增强体质，树立爱国主义、集体主义和社会主义思想，努力学习马克思列宁主义、毛泽东思想、邓小平理论，具有良好的思想品德，掌握较高的科学文化知识和专业技能。”“高等学校学生的合法权益，受到法律保护。”

“高等学校的学生应当按照国家规定缴纳学费。家庭经济困难的学生，可以申请补助或者减免学费。”“国家设立奖学金，对品学兼优的学生、国家规定的专业的学生以及到国家规定的地区工作的学生给予奖励。”“国家设立高等学校学生勤工助学基金和贷学金。对家庭经济困难的学生提供帮助。获得贷学金及助学金的学生，应当履行相应的义务。”

“高等学校的学生在课余时可以参与社会服务和勤工助学活动，但不得影响学业任务的完成。高等学校应当对学生的社会服务和勤工助学活动给予鼓励和支持，并进行引导和管理。”“高等学校学生可以在校内组织学生团体，学生团体在法律、法规规定范围内活动，服从学校的领导和管理。”

“高等学校的学生思想品德合格，在规定的修业年限内完成规定课程，成绩合格或者修满相应的学分，准予毕业。”“高等学校应当为毕业生、结业生提供就业指导和服务。国家鼓励高等学校毕业生到边远艰苦地区工作。”

5. 贯彻《中共中央、国务院关于深化教育改革全面推进素质教育的决定》

1999 年 6 月 13 日，颁布了《中共中央、国务院关于深化教育改革全面推进素质教育的决定》(简称《素质教育决定》)。于 1999 年 6 月 15 日至 18 日在北京召开了改革开放以来的第三次全国教育工作会议。会议的主题是，动员全党同志和全国人民，以提高民族素质和创新能力为重点，深化教育体制和结构改革，全面推进素质教育，振兴教育事业，实施科教兴国战略，为实现党的“十五大”确定的社会主义现代化建设宏伟目标而奋斗。

1)全面推进素质教育

《素质教育决定》指出，“实施素质教育，就是全面贯彻党的教育方针，以提高国民素质为根本宗旨，以培养学生的创新精神和实践能力为重点，造就‘有理想、有道德、有文化、有纪律’的、德智体美等全面发展的社会主义事业建设者和接班人。全面推进素质教育，要面向现代化、面向世界、面向未来，使受教育者坚持学习科学文化与加强思想修养的统一，坚持学习书本知识与投身社会实践的统一，坚持实现自身价值与服从祖国人民的统一，坚持树立远大理想与进行艰苦奋斗的统一。”全面推进素质教育，要坚持面向全体学生，为学生全面发展创造相应的条件。必须把德育、智育、体育、美育等有机地统一在教育活动的各个环节中。

《素质教育决定》对德育、智育、体育、美育和劳动教育分别提出具体要求：①必须更加重视德育工作，以马克思列宁主义、毛泽东思想和邓小平理论为指导，按照德育总体目标和学生成长规律，确定不同学龄阶段的德育内容和要求，在培养学生的思想品德和行为规范方面，要形成一定的目标递进层次。高等学校要进一步加强邓小平理论“进教材、进课堂、进学生头脑”工作。进一步改进德育工作的方式方法，寓德育于各学科教育之中，加强学校与学生生活和社会实践的联系，讲究实际效果，克服形式主义倾向。②智育工作要转变教育观念，改革人才培养模式。高等教育要重视培养大学生的创新能力、实践能力和创业精神，普遍提高大学生的人文素质和科学素质。③学校要树立健康第一的指导思想，切实加强体育工作，使学生掌握基本运动技能，养成坚持锻炼身体的良好习惯。④要尽快改变学校美育工作薄弱的状况，将美育融入学校教育全过程。高等学校应要求学生选修一定学时的包括艺术在内的人文学科课程。开展丰富多彩的课外文化艺术活动，增强学生美感体验，培养学生欣赏美和创造美的能力。⑤要从实际出发，加强和改进对学生的生产劳动和实践教育，使其接触自然，了解社会，培养热爱劳动的习惯和艰苦奋斗的精神。高等学校要加强社会实践，组织学生参加科学研究、技术开发和推广活动以及社会服务活动。利用假期组织志愿者到城乡支工、支农、支医和支教。

2)建设全面推进素质教育的教师队伍

《素质教育决定》强调，建设高质量的教师队伍，是全面推进素质教育的基本保证。要把提高教师实施素质教育的能力和水平作为师资培养、培训的重点。要在大、中、小学培养一批高水平的学科带头人和有较大影响的教书育人专家，造就一支符合时代要求、能发挥示范作用的骨干教师队伍。要建立优化教师队伍的有效机制。高等学校依法自主聘任教师，吸引优秀人才从教。要促进教师合理流动。

3)加强领导开创素质教育新局面

《素质教育决定》强调，全面推进素质教育是党和政府的重要职责，必须转变观念，切实加强党和政府的领导；要努力采取措施，切实加大教育投入，逐步实现国家财政性教育经费支出占国民经济生产总值4%的目标。自1998年起至2002年的5年中，提高中央本级财政支出中教育经费所占的比例，每年提高1个百分点。在非义务阶段，要适当增加学费在培养成本中的比例。要重视社会用人制度对实施素质教育的导向作用，改革用人制度，继续改革大、中专毕业生就业制度。要进一步加强学校党的工作，充分发挥党员在实施素质教育中的模范带头作用。

2.6.2 高等院校的测绘专科教育

1. 武汉测绘科技大学的测绘专科教育

1996年，专科教育改为三年制，有6个专业招专科生276人，其中测绘类2个专业招生87人。1997年年底，武汉测绘科技大学通过“211工程”建设项目立项论证，集中精力办好本科教育和研究生教育，专科教育的专业数和招生人数逐年减少，到1999年只有1个测绘类专业招专科学生32人，2000年停止专科招生。“九五”期间共招专科生737人，其中测绘类专科生296人，如表2.44所示。专科各专业在校学生毕业后，学校结束了普通专科教育。自1984年

表2.44 “九五”期间本专科招生人数及专科专业数统计

招生人数 年份 项目	1996	1997	1998	1999	合计	说明
本专科招生总数	1 600	1 483	1 652	2 082	6 817	
本科招生人数	1 324	1 229	1 477	2 050	6 080	
专科招生总数	276	254	175	32	737	
测绘类专科招生人数	87	93	84	32	296	
专科专业总数	6	5	6	1		
测绘类专业数	2	2	3	1		

开办专科教育以来，武汉测绘科技大学共培养二年制和三年制的测绘类专科生 2 627 人。

表 2.45 “九五”期间成人教育毕业生统计

毕业生数 年份 项目	1996	1997	1998	1999	2000	合计	说明
本科毕业生	44	23	55	46	114	282	
专科毕业生	305	388	728	538	477	2 436	

武汉测绘科技大学成人教育学院“九五”期间，坚持测绘本科和专科函授、脱产测绘本科和专科教育。先后设工程测量、摄影测量与遥感、测量工程、地图制图、印刷技术、土地管理与地籍测量和测绘管理等专业，有本科教育，重点在专科教育。函授、成人脱产学习、专升本、夜大等教育形式，不断提高教学质量，严把课堂教学、批改作业、考试成绩等关口，保证了本科和专科毕业生的质量。“九五”期间成人教育本科、专科毕业生人数如表 2.45 所示。2 436 名专科毕业生中绝大部分是测绘类专业毕业生。1984—2000 年，成人教育学院共毕业测绘类专业本科毕业生 1 026 人，加上 1966 年以前的毕业生 531 人，总共培养本科毕业生 1 557 人；1984—2000 年，培养专科毕业生（包括专业证书班）5 869 人，加上 1966 年以前毕业的专科生 130 人，总共培养专科毕业生 5 999 人，其中测绘类各专业专科毕业生 4 620 人。武汉测绘科技大学成人教育学院毕业的测绘本科和专科毕业生遍布全国测绘系统、高等院校、中等专业学校、各部委和地方的测绘生产部门及科研院所，为提高在职测绘技术人员的学历水平和科技水平，为我国测绘信息产业的发展作出很大贡献。

2. 解放军测绘学院的专科教育

1996—2000 年的“九五”期间，学院认真落实总部《贯彻〈“九五”期间军队建设计划纲要〉，深化院校教学改革的意见》精神，按照《军事测绘工作“九五”计划》要求，以把学院建成教学和科研两个中心为目标，不断深化教学改革，努力完成各项学院建设任务。学院党委认为，要紧紧围绕培养合格军事测绘人才，必须解放思想，转变教育观念，以部队建设对军事测绘人才的需要为依据，形成学院的“军事测绘人才培养目标与培养模式”。与测绘专科教育有关的工作采取以下各项措施。

（1）以重点学科建设为龙头，带动学科、专业新体系建设。以“摄影测量与遥感”、“地图制图学与地理信息工程”两个全军重点学科和全军重点实验室“军事测绘工程实验室”建设为龙头，形成完备的军事测绘教育体系。根据《军事院校学科专业目录》，将本科 11 个专业调整为 6 个，专科 11 个专业调整为 8 个，扩大了专业面，提高了本科、专科各专业毕业学员的适应性。

（2）编制出各层次、各专业的新教学计划、课程教学大纲，形成了新的学科和专业教育体系。“九五”期间，按新的课程设置和课程教学大纲编写出各层次各专业教材 127 部，保证了教学的需要。

（3）重视一线教学质量控制，全面提高教学质量。召开教学形势分析会，总结阶段性的教学工作经验，分析解决教学中存在的问题。建立教学质量检查和评估的教学督导组，对教学过程起到“督”、“导”作用。对各层次学员坚持奖励和激励机制，认真执行《学员学习层次升降制度》、《学习优异奖、进步奖制度》等。5 年来，有 27 名专科学员升入本科学习，13 名中等科学员升入专科学习。

（4）面向部队需要，大力开展函授教育。学院重视测绘部队和各军兵种部队广大在职测绘技术干部，要求开办测绘本科和专科函授教育的愿望，“九五”期间扩大了函授教育招收学员规模。根据需要，新开设了“数字地图制图与出版”、“指挥自动化工程”、“测绘勤务保障”等专业。加强了函授教育力量，规范了函授教育的质量保证体系，保证了函授本科和专科毕业学员的质量。

表 2.46 1946－2000 年专科毕业学员统计

项目 毕业人数 时期	学院专科毕业生	函授专科毕业生	代培专科毕业生	合计	说 明
1946－1985	1 702		509	2 211	
1986－1990	502	391	80	973	
1991－1995	349	537	544	1 430	
1996－2000	722	665	546	1 933	
合计	3 275	1 593	1 679	6 547	

“九五”期间，学院本部测绘各专业专科毕业学员 722 人，函授测绘各专业专科毕业学员 665 人，为地方代培测绘各专业专科毕业学员 546 人，列入表 2.46 中；“九五”期间共培养专科毕业学员 1 933 人。解放军测绘学院从 1946 年 5 月成立到 2000 年，历经 55 年的发展，建设成为教学和科研两个中心高水平的军事测绘院校。始终坚持测绘中等科和专科教育，各时期培养的专科测绘技术人才数列入表 2.46 中。共毕业专科学员 6 547 人，为各个时期的国防建设和经济建设作出了很大贡献。

3. 河北理工大学测绘工程专业

1985 年开始设矿山测量专业，招二年制专科生，1989 年改为三年制专科；1990 年将矿山测量改为工程测量专业仍招三年制专科生。1985－1995 年共招专科生 420 余人，1998 年专科生全部毕业，在这期间还培养成人测绘专业专科学员 90 人，共培养测绘专科毕业生 510 人。1996 年开始招工程测量本科生两个班，1998 年该专业改为测绘工程专业，进行本科教育。

4. 山东建筑材料工业学院博山分院工程测量专业

1988 年设工程测量专业，招三年制专科生 1 个班。1993 年开始招四年制本科生每年 1 个班。这时工程测量专业有未毕业的中专生、专科生和本科生 3 种学制的在校生达 320 人。1997 年专科停止招生，只招本科生。1988－1996 年共招专科生 216 人，1999 年全部毕业，工程测量专业全部进行本科教育。1998 年，山东建筑材料工业学院博山分院与淄博师范专科学校合并成立淄博学院。2000 年工程测量专业，招本科生 80 人。有测绘专业教师 10 人，其中副教授 7 人、讲师 2 人、助教 1 人。

2.6.3 高等专科学校的测绘专科教育

开办测绘专业的高等专科学校大多数是中央部委所属的学校。“九五”期间按“共建、调整、合作、合并”的高等教育管理体制改革方针，各学校先后划归所在省人民政府统筹管理。根据所在省的情况，多数高等专科学校进行了结构调整，合并或并入本科院校。测绘专科教育逐步转向本科教育。只有少数学校转为高等职业教育。测绘专科层次的技术人才，转向由高等职业技术学院培养。

1. 南京交通高等专科学校工程测量专业专科教育及其发展

“九五”期间工程测量专业每年招 2 个班新生。根据数字化测绘、GPS 定位、地理信息系统等现代测绘技术在交通和港航工程中的应用，工程测量专业进行教学内容改革，调整工程测量专业教学计划，加强在测绘工程实践中培养学生动手能力，使毕业生适应交通和港航工程建设的需要。加强专科教育理论和实践研究，“测量学教学改革”成果论文（陈燕燕、高成发）1999 年获江苏省高等教育改革二等奖。为适应教学需要，编写出版测绘专业专科教材 8 部；教师开展科学研究活动，与测绘生产部门合作承担科研课题 30 项；发表科研论文和教学成果论文 50 余篇。到 2000 年，测绘专业有教师 15 名，其中副教授 4 人、讲师 7 人，具有硕士学位的教师 3 人。工程测量专业形成了产、学、研相结合的教学模式。从 1987 年到 2000 年共培养工程测量专科毕业生 800 余人。由于培养目标和教学要求定位恰当，毕业生分布在各省市交通局、港航管理局、路政设计研究院及大型交通建设工程部门从事测绘技术和管理工作,受到用人单位欢迎。工程测量专业历年来是学校就业率最高的专业,受到学校的重视。许多毕业生成长为各单位的骨干技术力量,有些毕业生走上领导岗位,工程测量专科教育取得很大成绩。

南京交通高等专科学校划归江苏省人民政府领导后,2000 年并入东南大学交通学院,由原东南大学交通学院测量教研室、原南京交通高等专科学校港航系测量教研室、原南京地质学校测绘科与制图科合并,组建东南大学交通学院测绘工程系。2001 年开始招四年制本科生,进行测绘本科与专科教育。

2. 长春建筑高等专科学校与长春工业高等专科学校的测绘专科教育及其发展

长春建筑高等专科学校工程测量专业 1992 年建立,当年招 1 个班新生。主要按建筑工程类测量工作的需要,面向城市建设、道桥工程、土地管理等方面测量工作的要求,制订三年制工程测量专业教学计划。到 1995 年第一届工程测量专业学生毕业,已完成一个完整的教学循环。考虑到毕业生的就业岗位群对测量新技术应用的现状,调整了原教学计划中的课程设置和教学内容。增加数字化测绘技术、GPS 定位技术和地理信息系统技术课程,适当增加土地管理和地籍测量的内容。"九五"期间教学重点放在提高课堂教学质量、加强在工程实践中培养学生动手能力,提高毕业生的综合素质。鼓励教师进行教学法研究,"结合生产任务组织测量专业实习的研究和实践"为省教委立项的教学研究课题,通过吉林省高教学会、吉林省教育科学院组织的有吉林省测绘学会专家参加的鉴定会认为:课题研究内容全面,其实践效果突出,达到同类院校的先进水平,是一项优秀的科研成果,具有一定的理论价值、实用价值和推广价值。由王仲锋、姜春元副教授主持,有 3 位青年教师参加的这项教学科研项目,对提高工程测量专业教学综合水平起着推动作用。由王仲锋副教授主持的"用主成分估计求解秩亏自由网的研究"和"导线网方差分量估计的综合研究",分别于 1998 年、2000 年通过由吉林省测绘局组织的专家鉴定,均被评价为国内先进水平。师资队伍建设在产、学、研相结合上迈进了扎实的一步。"九五"期间,专业教师加强工程测量专业学生的思想政治工作,通过现代测量技术的教学和测量生产实习完成工程任务的实践,使学生认识到测量工作对社会主义建设事业的贡献,克服了怕苦、怕累的思想;工程测量专业毕业生就业率高,提高了学生学好工程测量技术的积极性。1992－2000 年,工程测量专业培养 4 届 150 名毕业生走上工作岗位,分别在建筑工程、路桥工程、城市建设、土地管理等部门工作。他们既掌握工程测量技术,又懂得工程建筑施工和管理,很快成为工程测量技术骨干,约有 1/3 的毕业生从事工程管理工作,有的毕业生在较短时间内成长为项目经理。工程测量专科教育获得较好成绩。

长春工业高等专科学校测绘专科教育开始于 1994 年。首批招收矿山地质与测绘工程专业三年制专科生 1 个班 42 人。该班学生于 1997 年毕业,就业率很高,受到矿山、地质勘查、工程建设和城市建设部门的欢迎。1997 年开始在全国各省市招测绘工程专业三年制专科生。教学计划按工程建设、城市建设、路桥工程、水利水电工程、矿山建设与地质勘查及土地管理等部门工作要求制订。基础理论教学以必需、够用为度,以应用为教学重点;专业理论与技术教学强调针对性和实用性,注意课程设置适当拓宽专业面;强调数学、外语和计算机技术三大主课教学,为学生打好基础,不仅在学校学习,而且在今后工作中长期起作用。把地形测量、控制测量、工程测量、地籍测量作为主要专业课。在教学内容上引入 GPS 定位技术、地理信息系统和数字测绘技术;在计算机技术上加强使用计算机程序进行测量计算能力的培养;在仪器操作上强调熟练地掌握各种精度的经纬仪、水准仪、测距仪、全站仪和 GPS 接收机的操作；强调组织测量生产实习，在工程实践中培养动手能力、锻炼优良思想品质和测量生产的组织工作能力。教师认真搞好教学工作，做到教书育人，深入到学生中去，帮助学生解决学习和思想方面的问题，建立良好的师生关系，提高毕业生的综合素质。1994－2001 年，共招收矿山地质与测绘工程专业和测绘工程专业专科生 8 个班，共计 303 人。毕业生遍布全国各地的测绘生产部门，受到用人单位的好评。

隶属中国有色金属工业总公司的长春建筑高等专科学校和隶属冶金工业部的长春工业高等专科学校，于 1998 年先后以中央部委与吉林省人民政府共建，由吉林省人民政府管理为主，划归吉林省人民政府管理。2000 年 6 月，吉林省人民政府决定，长春建筑高等专科学校、长春工业高等专科学校、长春水利电力学校合并成立长春工程学院。在学院国土资源系设测绘工程专业，2002 年开始招收测绘工程专业四年制本科学生，进行测绘专业本科教育。

3. 本溪冶金高等专科学校工程测量专科教育及其发展

1998 年，学校由冶金工业部主管划归辽宁省人民政府主管。本溪市高等职业专科学校和本溪市师范高等专科学校先后并入该校，建立新的本溪冶金高等专科学校。工程测量专业按 1995 年制订的新教学计划(见表 2.11)进行专科教学组织工作。在教学中重视按国家教委和中宣部对德育教育的新规定，组织政治理论与德育课教学；认真搞好高等数学、线性代数、概率与数理统计、计算机基础、C 语言程序设计等基础课，以及测量学基础、测量平差基础、地理信息系统和地籍管理等专业基础课教学；改进教学方法，上好数字测图原理与应用、数字地籍测量、控制测量、GPS 测量原理及应用、工程测量等专业课；重视公共英语课教学，把专业英语列入专业课，以此两门课培养专业英语的阅读和翻译能力。教学计划中各门课程的教学时数比一般学校同类专业同种课程的时数少，因此任课教师必须认真备课，做到精讲和引导学生进行课后自学，达到消化教材内容和掌握知识的效果。

实践教学强调“测、绘、算”三大技术操作能力的培养和训练。抓好以 GPS 定位技术和边角网测量技术为主要手段的现代测量控制网建立的基本技术训练；抓好以施工测量与道桥工程测量、地下工程测量为主的工程测量技术训练；掌握以纸质测图技术为基础的数字地形图与地籍图测绘技术；掌握计算机及其应用技术，具有使用控制网优化设计、测量平差计算、工程测量一体化等计算机软件进行各种测量计算和绘图的能力。最终目的是培养出获得工程师初步训练、能够担负起岗位工作任务的专科层次的工程测量高级应用性技术人才。几年来，在教师带领下，相继完成了本溪 1∶1 万土地利用数据库建设的 800 km^2 地区的野外调绘和信息调查任务，为建设数据库做了大量的基础信息调查，创造了 50 万元的经济收入；为本溪市完成了 8 km^2 的数字地籍图测量任务；为内蒙古的多个城市，使用 GPS 定位技术进行城市控制网改造和扩建工程，为城市建设提供新的更加精确的控制测量成果。学生在生产实习中得到“测、绘、算”三大基本技术能力的锻炼，毕业生的动手能力强，思想作风好，受到用人单位的欢迎。

几年来，工程测量专业教师，在教学方法、教学内容和课程设置等方面进行改革。在辽宁省教育厅有 2 项教学科研项目，其中“高等工程专科学校工程测量专业教学体系改革的研究”成果，获省高等教育教学改革成果二等奖。教师进行教学科研和测量技术科研，在各种学术交流会和公开出版的测绘刊物上发表论文 30 多篇。2000 年，工程测量专业有教师 12 人，其中教授 2 人、副教授 6 人、讲师 2 人、助教 2 人，4 名教师具有硕士学位，两名教师正在攻读博士学位。

2004 年，经教育部批准，本溪冶金高等专科学校改建为辽宁科技学院。同年开办了测绘工程专业四年制本科教育，每年在辽宁省招生80人左右；三年制工程测量专业专科每年在全国招生120人左右，学院测绘教育进入了本科和专科两种学制的教育时期。

原本溪冶金高等专科学校1948年建校，1952年设三年制矿山测量专业中专教育，到1987年共培养矿山测量专业中专毕业生2 480人，3个月以上培训班毕业学员246人。1985年学校改建为高等专科学校，设三年制工程测量专业专科教育，到2004年共培养工程测量专业专科毕业生1 020人。50余年共培养普通中专和专科测绘专业毕业生3 500人，为我国冶金工业的建设与发展，为国民经济建设及测绘信息产业的发展作出了较大贡献。

4. 长沙工业高等专科学校工程测量专业专科教育及其发展

1993年国家教委批准工程测量专业（测量及城镇规划方向）为普通高等工程专科学校首批专业教学改革试点专业，按试点专业教学计划（表2.18）进行教学，到1996年有第一批试点专业班学生毕业。这批毕业生在全国各地特别是湖南省的测绘、工程建设、城市建设、土地管理等部门从事测绘工作，在城市规划勘察设计部门从事测绘和城镇规划工作，由于劳动态度好、岗位适应性强，受到用人单位欢迎。

试点专业教学计划执行一个完整的教学循环，在总结经验的基础上，对1993年制订的试点专业教学计划进行了适当修改和调整。根据1995年11月国家教委发布的《中国普通高等学校德育大纲（试行）》精神，调整了德育课设置，开设马克思主义哲学原理、毛泽东思想概论、邓小平理论概论、法律基础、思想道德修养等课程。在专业课方面，增设了GPS定位技术、地理信息系统和数字化测绘等新技术，加强工程类、规划类课程的内容，加强计算机应用及数据库等技术内容，使试点专业教学计划适应现代测绘技术和规划设计技术的进步和发展需要。

“九五”期间工程测量专业（测量及城镇规划方向）每年招新生两个班80人左右，到1999年共招专科生343人。为搞好试点专业建设，每个学期和每个学年都按试点专业建设方案进行检查和评估，总结经验，改进教学工作，保证培养的毕业生达到试点专业的培养目标和毕业生的基本要求。

1998年，在高等教育体制改革中，学校与同属于中国有色金属工业总公司领导的中南大学合并，工程测量专业并入中南大学测绘与国土信息工程系。由于学校合并，工程测量专业（测量与城镇规划方向）教学改革试点未经国家教委专家组进行试点专业建设评估和验收，无果而终。当时在校的工程测量专业专科生毕业后，结束了测绘专科教育。

长沙工业高等专科学校自1971年开设矿山测量专业，到1985年共培养二年制中专毕业生858人（包括高中毕业二年制中专生547人），1986—1995年培养四年制中专工程测量专业毕业生105人，共培养中专毕业生963人；1985—1999年共招三年制工程测量专业专科生987人，2002年全部毕业，完成测绘专科教育的历史任务。

5. 连云港化工高等专科学校测量工程专业专科教育的建设与发展

学校1985年开办三年制工程测量专业专科教育，1994年改为测量工程专业，1995年形成体现现代测绘技术的测量工程专业教学计划（表2.14）。“九五”期间按这个计划进行教学，每个教学循环结束，在总结经验基础上进行课程设置、教学内容的适当调整，以适应测绘专业岗位群对专科层次技术人才不断变化的要求。1998年7月，学校由化工部领导划归到江苏省人民政府领导。为适应江苏省对测量工程高级技术人才的需求，与本科院校联合开办了测绘工程专业本科教育。由于江苏省需要培养地理信息工程方面的高级应用性技术人才，于1999年开办了地理信息数据采集与处理专业三年制专科教育，并被教育部批准为高等专科学校专业教学改革试点专业。“九五”期间，测绘高等专科教育得到了发展。

1)测量工程专业的建设与发展

“九五”期间，测量工程专业在执行表2.14的教学计划中，努力提高教学质量，在专业建设上采取的主要措施是：

(1)提高教师的综合教学水平。要求教师做到掌握本学科的现代测绘理论和技术，突破传统教学内容、方法和手段，提高课堂教学质量。为每位教师配备1台计算机，进行课堂设计，通过多媒体、投影、网上教学、播录像等现代手段合理组织课堂教学，保证了教学过程的知识性、先进性和趣味性，受到学生的好评。

(2)加强专业教材建设。一是根据教学计划和课程教学大纲选好代用教材，保证教学需要；二是发挥教师业务专长编写适用教材，满足教学需要；三是编辑和制作辅助性教材电教片和多媒体教学软件等。“九五”期间，先后编写出版了《测量学实用教程》、《测量学》、《城市土地管理》等教材，编写印出了学校内部教材《数字化测图技术》、《道桥与建筑工程测量》；摄制完成《经纬仪、水准仪检校》，开发了《多媒体测量学》教学软件和《图像处理》网络教学系统。

(3)加强测量工程专业实践教学力度。“九五”期间，从表2.47中可以看出每年都指导学生完成一定数量的测量生产任务，在产学结合上体现了为地方经济建设服务的作用。从灌云县城市与城郊地形测量纸质测图到数字化测图的变化过程，反映出经济发展需要现代测绘技术为其服务的事实。学生通过测量生产实习在测绘技术和思想作风上都得到锻炼。1997年开始，学生毕业实习可以在省内外自己联系实习单位，由学校主管系和专业与接收实习单位签定合作实习协议，保证实习质量和实习时间，使学生在毕业前即可接触生产岗位，实习结束后经毕业设计、考核，毕业后再进行毕业生派遣。测量工程专业99级毕业班36名学生中，有20名学生在省内外联系到实习单位，开创了毕业实习与毕业设计和毕业生选择就业单位相链接的试点，取得一定效果。

表2.47　1996－2000年测量生产实习工程项目统计

序号	工程项目	完成日期	说明
1	灌云县城郊1∶1 000地形测量	1996.5	
2	连云港市云台区地籍测量	1996.8	5 km^2
3	灌云县城区地形测量	1997.6	1 km^2
4	连云港市花果山乡规划测量	1997.10	
5	连云港化学矿产勘探测量	1997.10	
6	连云港市变更地籍测量		1997－2000年
7	连云港市新消区数字化地籍测量	1997.7	3 km^2
8	连云港市南城镇数字化地籍测量	1998.4	3 km^2
9	灌云县城区地形图修测	1998.5	1 km^2
10	连云港市丁字路一高渠道线路测量	1998.5	10 km^2
11	同江至三亚高速路连云港段二等水准测量	1998.8	
12	灌云县数字化地形测量	1999.4	4 km^2
13	东海县规划地形测量	1999.5	20 km^2

(4)进行“测绘技术与人才市场信息”宣传。测量工程专业教师，系统搜集现代测绘科技新理论、新技术、新仪器的发展进步情况，了解测绘生产部门和与专业有关单位需要测量工程技术人才的信息等。将这些信息和资料编辑成“测绘高等教育动态”、“测绘新知识、新技术介绍”、“测绘新仪器介绍”等报导专栏，受到学生的欢迎。举办测绘知识竞赛，吸引众多学生参加。推动了学生学好专业技术的积极性，为学生毕业选择就业方向作了精神准备。

(5)开展科研活动提高教师的学术水平。学校通过有计划地派教师在职或脱产到大学相关专业进修，鼓励青年教师攻读硕士学位，参加研究生班学习研究生基础课程，有2人考取硕士研究生，6人参加研究生班学习，2人取得研究生同等学历。学校鼓励教师开展科学研究活动，“九五”期间承担的部分合作科研项目如表2.48所示。为地方政府管理部门进行与3S技术有关的项目研究，体现教育为社会主义建设服务的方针，提高了测量工程专业在地方经济建设中的作用和地位,带动了师资队伍学术水平的提高,1996年以来教师在各种测绘刊物上发表科研成果论文40多篇。1位青年教师被选为江苏省优秀青年骨干教师,1位教师被学校首批选为学术带头人。特聘中国矿业大学郭达志教授(博士生导师)重点指导研究"3S"技术方向,与学校的教学改革和新专业建设方向一致。测量工程专业教研室教学与科研成绩突出,被评为学校的优秀教师群体。

表2.48 "九五"期间教研、科研项目统计

序号	项目名称	主持人	立项日期	说明
1	建筑类高工专能力培养模式研究	周立,蔡群	1996	化工部鉴定通过
2	连云港市测绘管理信息系统研究	周立	1996	连云港市规划局鉴定通过
3	连云港遥感专题图的研究	周立	1996	
4	基于3S森林公害动态监测与防治信息系统研究	周立	1996	徐州林业技术指导站鉴定
5	数字化地形测量模拟仿真信息系统研究	吴海清	1997	连云港市规划局鉴定
6	连云港市规划管理信息系统研究	周立	1997	连云港市规划局鉴定

学校划归江苏省人民政府领导后,坚持教育为江苏省和连云港市的国民经济建设服务。根据测量工程专业教师的综合教学水平、教学设备和实验室条件,已具备开办测绘工程专业本科教育的能力。学校向省高等教育主管部门提交了"关于我校设置测绘工程专业(本科)的可行性报告",与连云港工学院合作设置测绘工程专业本科教育。通过江苏省教育厅高等学校基础教学实验评估,合格。2000年招收了第一届测绘工程专业本科新生,按制订的测绘工程专业本科教学计划开始了本科教育。

2)创办地理信息数据采集与处理新专业

对江苏省、连云港市及其他有关省市进行地理信息系统岗位群的岗位职责或任务状况及人才需要进行调查研究,调研结果提出创办"地理信息数据采集与处理专业"。按其岗位职责或任务,地理信息数据采集与处理专业的毕业生,应具备地理信息采集能力、数据编辑能力和地理信息的管理能力,确定培养目标。编制了新专业的教学计划(草案)等教学文件。聘请来自地理信息系统工作第一线的15位专家组成新专业建设的顾问委员会,对建设新专业的办学条件、教学计划(草案)及有关的教学文件进行审查和评议;最后通过了顾问委员会的审定,同意创建地理信息数据采集与处理三年制专科新专业。学校按国家教委《关于做好高等工程专科教育第四批专业教学改革试点工作的意见》精神,向教育部申报地理信息数据采集与处理专业为专业教学改革试点专业。教育部于1998年批准了该专业为高等工程专科教育专业教学改革试点专业。学校建立了地理信息系统教研室、专业教学改革综合教研室,加大了地理信息系统实验室、数字化地形测量模拟实验室、数字摄影与遥感实验室和GPS卫星定位与导航实验室的投资力度,完善各实验室的设备。制定教学改革试点专业建设方案和教学计划等一系列教学文件。于1999年招收了第一届试点班新生38人,开始新建专业的专科教育。江苏省人民政府教育厅将该专业定为高等工程专科教育特色专业。

3)教学改革试点专业建设方案

(1)教学改革试点专业建设的预期目标。地理信息数据采集与处理专业①教学改革试点专业建设的预期目标是:加速本专业的建设步伐,推动地理信息系统及相关学科师资队伍建设,达到本专业"双师型"教师要求;加速专业教材建设,形成本专业的专科适用教材体系;加大

① 以下简称为"地理信息专业"。

专业实验室建设的投入，满足教学和教师科学研究的需要；与地理信息技术应用单位和有关管理部门，建立产学研相结合的合作关系，形成本专业的校外实习和技术服务基地；在教学改革试点专业建设实践中，逐步形成较为适用、完善的教学计划，探索"地理信息专业"专科层次高级应用性人才的培养模式，培养出适应21世纪初叶国民经济和社会发展需要的高级应用性地理信息工程技术人才。经过5年的努力，将本专业建成具有特色的高等工程专科地理信息数据采集与处理示范专业。

(2)教学改革试点专业建设的指导思想。在学校党委领导下，全面贯彻党的教育方针，按《关于加强普通高等专科教育工作的意见》和《普通高等学校工程专科教育的培养目标和毕业生的基本要求(试行)》，结合国民经济和社会发展对地理信息工程技术人才规格的要求，制定专业教学计划等教学文件。突出专科教育培养人才的针对性和应用性，以创新精神组织教学，以培养学生的创新能力和动手能力为重点，把坚定正确的政治方向放在教学工作的首位，进行全面的专业建设，培养合格的毕业生。在教学改革试点专业建设过程中，锻炼出专业教学水平较高、科研能力较强、指导地理信息工程实践水平较高的"双师型"师资队伍。

(3)教学改革试点专业建设的基本思路。为搞好试点专业建设，达到预期目标，教学改革试点专业建设的基本思路是：①在学校党委领导下，以主管教学工作的副校长为首成立教学改革领导小组，负责试点专业建设的全面组织领导和督促检查工作，保证按"试点方案"完成任务。②建立教学改革综合教研室，将担任试点班公共课、基础课和专业课教学任务的教师组织起来，按教学改革方案和教学计划要求进行教学活动。③做好参加试点专业建设的教师、教辅人员、教学管理人员和学生的思想政治工作。讲清试点专业建设的目的和意义，明确试点专业建设的要求，要动员试点班学生积极投入试点专业建设的学习中来，达到专业培养目标的要求。④在新专业的教学中要突出专科教育理论知识的应用和实践动手能力培养的特点，发挥教师在教学活动中的主导作用和学生的主体作用，把传授知识和培养能力有效地结合起来，体现专科教育的特点。⑤在新专业教学过程中始终坚持把坚定正确的政治方向、加强思想政治工作放在首位；把政治理论和德育教学与日常思想政治工作密切结合起来，加强学生学习目的和个人理想前途的教育，建立起正确的价值观，做到德、智、体、美全面发展，成为社会主义事业的建设者和接班人。⑥编写出具有本专业特色的各门课程的教材，恰当地选择专科层次地理信息及与其有关课程的教材内容，使教材具有先进性、针对性和适用性。⑦加大试点专业建设的投入力度，改善办学条件，充实与新建专业有关的实验室现代化设备和优秀的软件。⑧地理信息专业与采用地理信息系统技术的测绘、城市规划与建设、土地管理、农林水利工程、政府管理部门建立技术合作关系，发挥教师的技术优势为各业务部门服务，为学生安排地理信息工程实习。⑨建立试点专业各项工作的激励机制。奖励在试点专业建设中取得突出成绩的教学研究成果、专业技术科研成果和生产实践成果的教师；奖励学习成绩优异和社会实践活动成绩突出的学生和优秀毕业生；奖励配合试点专业建设工作做出突出成绩的教职工。⑩教学改革领导小组对每学期的期中与期末和年度的教学各项工作进行检查评估，总结经验，找出差距，改进工作，作出检查评估报告；完成一个教学循环后，应按试点专业建设方案进行全面的总结、检查和评估；做好接受教育部、省教育厅专家组试点专业建设中期检查评估的准备；5年后，争取达到高等工程专科教育示范专业的标准。

(4)专业的知识、能力、素质结构。本专业培养为测绘、工程建设、城市规划与建设、农林水工程、土地管理、国土资源开发、工企管理等部门服务的具有地理信息数据采集、数据编辑和地理信息管理的基础理论和实践能力(简称“三大能力”)的高级应用性技术人才。为达到上述培养目标,本专业的知识、能力和素质结构为:

知识结构。具有马克思主义哲学原理、毛泽东思想、邓小平理论、法律基础、思想道德修养和形势政策等社会科学知识;掌握高等数学、电工与电子学、计算机基础、英语和体育等基础理论知识;掌握以计算机技术为基础的软件工程、网络、多媒体、图形图像处理、数据库等技术知识;掌握现代测量平差、经典地形测量、数字化测绘、地图扫描数字化、大地测量、GPS 定位与导航、摄影测量基础与遥感、地图制图等学科知识,以及地理科学基础知识;掌握 GIS 原理及数据管理、GIS 制图与空间分析、地理信息生产管理、管理信息生产管理等理论与技术知识;具有本专业服务对象建筑工程、城市建设与规划、环境工程与灾害、土地管理与国土资源开发、工企管理、统计等科学知识及信息管理技术;掌握专业英语,了解与本专业相关的数字地球、4D 数字产品制作等知识与技术,以及经济、人文和艺术等知识。

能力结构。掌握各种测绘仪器及 GPS 接收机的操作技术,有进行控制测量、纸质地形测图、采集地形与地物三维空间信息数据与属性信息实施数字化测图的能力;具有一定的航空摄影像片与遥感图像判读分析和数据采集的能力;初步掌握地图编绘技术,具有地图扫描数字化采集地图信息数据的能力;掌握计算机应用技术,具有使用各种软件进行测量平差计算、制图、数字化成图作业,以及使用地理信息系统软件进行数据采集、处理、分析、管理和应用的能力;学习一门外语,有阅读和翻译专业外文资料的初步能力;有检索参考文献和自学能力,有一定的地理信息技术某些软件开发的能力;了解地理信息工程流程、组织、管理及质量控制标准,有一定的编制分项工程组织计划和技术总结的能力。通过理论学习与实践,掌握地理信息如图 2.3 所示的“三大能力”技术。

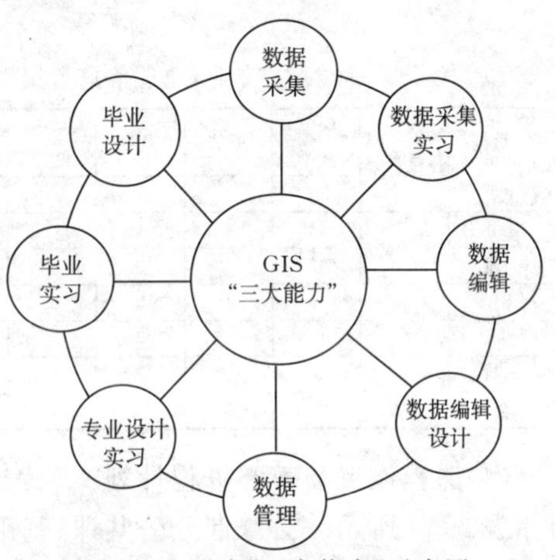

图 2.3　形成“三大能力”示意图

素质结构。以邓小平理论为指导,有正确的政治方向,热爱社会主义祖国,有集体主义和团结协作精神;有勤奋学习、刻苦钻研、认真负责、实事求是的科学态度;有虚心诚恳、明礼诚信、遵纪守法、遵守职业道德的优良品质;掌握地理信息工程的基本理论和本专业要求的“三大能力”以及相关的科学知识,有一定的技术创新能力;有克服困难完成工作任务的优良作风,以及承受工作环境变化的良好心理素质;有一定的经济、人文、艺术方面的修养和健康的体魄。

4)地理信息数据采集与处理试点专业教学计划

(1)培养目标。地理信息数据采集与处理专业培养能够坚持社会主义道路,德、智、体、美诸方面全面发展,掌握地理信息数据采集、数据编辑和地理信息管理的基本理论与技术,获得工程师初步训练的高级应用性工程技术人才。学生毕业后,主要去测绘、工程建设、城市规划与建设、交通与港航工程、环境工程、农林水工程、土地管理与国土资源开发、工业企业等部门,从事地理信息系统工程技术作业、软件开发和技术管理等工作。

(2)毕业生的基本要求。本专业毕业生,热爱祖国,拥护共产党领导和党与国家的路线、方针和政策;懂得马列主义、毛泽东思想基本原理和邓小平建设中国特色社会主义理论,积极参加社会实践，有理论联系实际、实事求是的科学态度；有建设“四化”、振兴中华的理想，有为人民服务、艰苦奋斗、实干创新和集体主义精神；勤奋学习，团结协作，遵纪守法，具有社会主义事业心、责任感和良好的道德品质。掌握达到专业培养目标所必需的基础理论知识，具有较强的专业实用理论与技术、一定的相关学科知识与技术，以及管理知识；掌握达到本专业培养目标所必需的测绘仪器操作和生产技术，具有使用计算机及其各种软件进行计算、制图及地理信息工程生产作业的能力；学习一门外语，具有阅读和翻译专业资料的初步能力；有一定的社会与人文知识和艺术修养，有良好的心理素质；了解体育运动基本知识，达到大学生体育合格标准，身体健康。

(3)教学环节时间分配。教学计划中各教学环节时间分配如表2.49所示。学生在学校学习3年共145.5周，其中：入学和毕业教育2.5周，课堂教学和考试82周，实习、课程设计和毕业设计30周，教学活动总计为112周，公益劳动3周，机动4周，假期24周。

表2.49　教学环节时间分配

专业：地理信息数据采集与处理　　学制：专科三年　　1998年6月

学期	入学教育	课堂教学	考试	实习	课程设计	毕业设计	公益劳动	机动	毕业教育	假期	合计	说明
Ⅰ	1.5	14	1	1						4	21.5	以教学周计
Ⅱ		14	1	4			1	2		6	28.0	
Ⅲ		15	1	3			1	2		4	26.0	
Ⅳ		13	1	5	1					6	26.0	
Ⅴ		16	1	2			1			4	24.0	
Ⅵ		5		7	1	6			1		20.0	
合计	1.5	77	5	22	2	6	3	4	1	24	145.5	

(4)课程设置与教学进程计划①。为达到专业培养目标要求，编排了课程设置教学进程计划如表2.50所示。必修课分公共课、基础课和专业课三部分。公共课包括马克思主义哲学原理、毛泽东思想概论、邓小平理论概论、法律基础、思想道德修养、实用英语和体育等7门课程，共520学时。基础课包括高等应用数学、计算机基础、电工与电子学、计算机语言、统计原理等高等学校基础课；软件工程、网络技术、多媒体技术等计算机应用技术课；以及测绘学类的测量仪器操作技术、地形测量技术、测量平差基础、大地测量学基础、地图制图等专业基础技术课，共设13门课程，总学时为711。专业课包括GIS原理及数据管理、GIS制图与空间分析、地理信息生产管理、管理信息生产管理等主专业课，与主专业课密切相关的图形图像处理技术、数据库技术等计算机技术课，以及综合地理、GPS定位与导航、数字化地形测量技术、摄影测量技术、地图数字化技术、遥感图像处理等现代测绘技术课程，共12门课，总学时为524。选修课设10门课程，包括形势政策、4D数字产品制作技术、专业英语、数字地球概论、城镇规划与管理信息系统、环境工程与灾害学、国土管理与土地信息系统、地理信息数据标准化、市政设计与土木工程、资源开发与管理等课程，总学时为332，其中必选课时数为220学时。必修课加必选课的总学时为1 975。公共课占总学时的26.4%，基础课占36.0%，专业课占26.5%，必选课占11.1%。达到了加强基础科学知识、保证专业理论与技术的需要、扩大知识面的要求。

① 课程设置与教学进程计划表中的课程内容不作说明。

表 2.50　课程设置与教学进程计划

专业:地理信息数据采集与处理　　学制:专科三年　　1998 年 6 月

序号	课程名称	按学期分配		教学时数				各学期教学周数与课程周学时数						说明
		考试	考查	课时总数	讲课	实习实验	课外学时	Ⅰ 7|7	Ⅱ 7|7	Ⅲ 7|8	Ⅳ 7|6	Ⅴ 8|8	Ⅵ 5	
一、公共课				520	498		22							占总课时 26.4%
1	马克思主义哲学原理		Ⅰ	50	42		8	3						
2	毛泽东思想概论		Ⅲ	40	30		10			2				
3	邓小平理论概论		Ⅴ	60	56		4					3|4		
4	法律基础		Ⅳ	26	26						2			
5	思想道德修养		Ⅰ	35	35			2|3						
6	实用英语	Ⅰ～Ⅳ		210	210			4	3	3	3			
7	体育	Ⅰ～Ⅳ		99	99			2	2	2	1			
二、基础课				711	546	165								占总课时 36.0%
8	高等应用数学	Ⅰ	Ⅱ	140	140			6	4					
9	计算机基础	Ⅰ		63	30	33		5|4						
10	电工与电子学		Ⅰ	56	46	10		4						
11	计算机语言	Ⅱ		70	40	30			5					
12	地形测量技术	Ⅱ		49	37	12			4|3					
13	测量仪器操作技术		Ⅱ	49	33	16			4|3					
14	大地测量学基础	Ⅱ		49	37	12			3|4					
15	测量平差基础	Ⅲ		52	42	10				4|3				
16	软件工程		Ⅲ	30	26	4				2				
17	网络技术	Ⅲ		45	31	14				3				
18	地图制图	Ⅲ		45	31	14				3				△(专业主干课,下同)
19	统计原理		Ⅲ	30	30					2				
20	多媒体技术		Ⅳ	33	23	10					3|2			
三、专业课				524	383	141								占总课时 26.5%
21	图形图像处理技术	Ⅲ		60	45	15				4				
22	综合地理		Ⅳ	39	33	6					3			△
23	数据库技术		Ⅳ	39	29	10					3			△
24	GPS 定位与导航	Ⅳ		39	29	10					3			△
25	数字化地形测量技术	Ⅳ		39	25	14					3			△
26	摄影测量技术	Ⅳ		52	40	12					4			△
27	GIS 原理及数据管理	Ⅴ		64	44	20						4		△
28	GIS 制图与空间分析	Ⅴ		32	24	8						|4		△
29	地理信息生产管理		Ⅴ	32	24	8						4|		△
30	管理信息生产管理		Ⅴ	32	24	8						|4		△
31	地图数字化技术	Ⅴ		32	22	10						|4		
32	遥感图像处理	Ⅴ		64	44	20						4		△
	必修课小计			1 755	1 427	306	22							
四、选修课				332	296	36								
33	形势政策			50	50									必选课
34	4D 数字产品制作技术		Ⅵ	40	30	10							8	
35	专业英语		Ⅴ	48	48							3		
36	数字地球概论		Ⅴ	32	32							4|		
37	城镇规划与管理信息系统		Ⅵ	35	29	6							7	
38	环境工程与灾害学		Ⅵ	32	26	6						4|		
39	国土管理与土地信息系统		Ⅵ	30	24	6							6	
40	地理信息数据标准化			25	21	4							5	
41	市政设计与土木工程		Ⅴ	24	22	2						3|		
42	资源开发与管理		Ⅴ	16	14	2						|2		
	必选课时数			220										占总课时 11.1%
	总学时数			2 087										
	必修课＋必选课时数			1 975										
	周学时数							26	25|24	25|24	25|24	29	26	
	考试门数							4	5	6	5	4		

(5)实践教学安排。根据教学计划的课程设置,教学改革试点专业建设方案中有关毕业生能力结构的要求,安排计算机技术及应用、各项测绘技术、地理信息工程技术、社会实践活动,以及课程设计、毕业实习和毕业设计等实践教学项目,如表2.51所示。集中实践教学合计为34周。教学计划中课堂教学的实习实验课时数总计为328学时,折合12.6周;实践教学的总周数为46.6周,占教学计划中教学活动112周的41.6%,达到了实践教学占全部教学活动总周数1/3以上的要求。

表2.51　实践教学项目

分类	序号	实践项目名称	各学期周数安排						说明
			Ⅰ	Ⅱ	Ⅲ	Ⅳ	Ⅴ	Ⅵ	
实验、实习、实践	1	计算机操作实验	1						
	2	测量仪器操作实习		1					
	3	控制测量实习		1					
	4	地形测量实习		2					
	5	地形图编绘实习			1				
	6	图形图像处理实验			1				
	7	计算机网络实验			1				
	8	数字化测图实习				2			
	9	摄影测量实习				2			
	10	GPS定位导航实习				1			
	11	地图数字化实习					2		
	12	GIS实习						4	
	13	毕业实习						3	
	14	社会实践		2	2				
	15	政治理论课实践							课外进行
设计	1	数据库设计				1			
	2	GIS课程设计						1	
	3	毕业设计						6	
各学期实验、实习、实践、设计合计			1	6	5	6	2	14	合计34周
课堂教学中实习实验328学时折合12.6周									总计46.6周

(6)教学计划的特点。①专业培养目标定位恰当。地理信息数据采集与处理专业作为三年制的专科教育,培养掌握地理信息数据采集、数据编辑和地理信息管理基本理论与技术的高级应用性技术人才的定位是恰当的。本专业培养的地理信息工程技术人才具有专科教育针对性、应用性的特色,与本科培养的地理信息系统专业受到工程师基本训练的高级应用性科技人才是有区别的。②重视地理信息工程专业的支撑学科和技术的教学。计算机技术与应用、测绘学科与遥感技术和地理学科,是GIS专业的三大支撑。试点专业教学计划,在保证主专业地理信息技术教学的前提下,重视计算机技术与应用、测绘学科与遥感技术、地理学科等的理论教学和实践教学,对保证本专业实现"三大能力"的培养目标起着不可或缺的作用。③在教学计划的基础课和专业课中,进行测量仪器操作技术、传统地形测量技术、数字化地形测量技术、测量平差基础、大地测量学基础、GPS定位与导航、摄影测量技术、遥感图像处理、地图制图和地图数字化技术等课程的理论教学和实践教学,不仅是对主专业地理信息工程技术的有力支撑,而且基本形成了测绘工程技术体系,在一定程度上体现出测量专业的技术能力。这就使本专业毕业生在就业岗位选择或工作岗位变动时具有较强的岗位适应能力,提高了毕业生的综合技术素质。

5)实施试点专业教学计划的措施

(1)加速培养本专业的"双师型"教师。①培养学科带头人。通过专业进修、攻读研究生学位、担任主要专业课教学任务,重点培养中青年教师成为教学骨干。②鼓励教师参加地理信息工程实习指导工作，派教师到生产单位和有关管理部门参加地理信息工程作业，掌握地理信息工程作业部门的技术，逐步胜任地理信息工程实习指导工作。③鼓励教师承担地理信息工程的科研任务和技术开发的合作项目，提高教师工程实践能力。④引进高层次的本专业教师，聘请专家教授为兼职或客座教授，提高本专业的教学、科研水平。

(2)抓好专业教材建设。编写新专业的专业基础课和专业课教材是试点专业建设的重要任务。按教学使用教材的先后顺序和教材内容多少排出完成编写的时间，力争保证教学的需要。招生后已经编写完成的教材如表 2.52 所示。暂时未编出的教材，选择现已出版的本科或专科教材，删繁就简使用，按课程教学大纲组织教学。争取在第一个教学循环的三年内，基本完成本专业专科教材编写任务。

表 2.52　教材编写成果统计

序号	教材名称	主编	完成时间
1	地形测量技术	周　立	1999.6
2	大地测量学基础	周　立	1999.11
3	大地测量仪器操作技术	周　立	1999.12
4	地图数字化技术	周　立，王亮绪	2000.1
5	数字测图技术	吴海海	2000.2
6	地理空间信息科学英语教程	张德利	2000.6
7	图形图像处理(网络教学系统)	王亮绪	2000.8
8	地形测量技术(多媒体教材)	郑武臣	2000.10

(3)采用新教学法与教学手段。根据基础课和专业课的课时少、教学内容信息量大的特点，课堂教学要贯彻少而精原则，引导学生精读教材和教学参考资料，加强自学能力的培养。精心组织理论教学与课堂实习实验有机结合，提高理论联系实际的能力。引进北京大学 CityStar 地理信息系统可视化教学软件，计算机辅助教学软件(CAI)，以及清华大学 EPSW 电子平板 DAI 进行数字化测图技术教学等，在提高教学质量方面取得良好效果。

(4)加大实验室投资力度，增加现代仪器装备。在原有已建立的数字化测绘实验室、全球定位系统实验室、地理信息系统实验室和摄影测量与遥感实验室基础上，加大投资力度，完善本专业教学与科研需要的仪器设备。重点装备地理信息系统实验室：以多媒体 586 微机更换原有计算机，引进图形工作站 1 台；添置 A3 数字化仪 40 台，A1 扫描仪 1 台和 A3 扫描仪 2 台；新购置 A0 彩色喷墨绘图仪 1 台，A3 彩色喷墨打印机 2 台；引进矢量扫描软件、CAD 软件和数据库软件等。摄影测量与遥感实验室，在改造模拟测图仪和解析测图仪使其用于航摄像片和遥感图像采集数据，保证学生实习需要的基础上，后期建立全数字摄影测量系统，使该实验室具有现代摄影测量与遥感技术实习、科研和专业生产的能力。

(5)建立产学研相结合的办学模式。本专业与用人单位和服务对象单位建立产学研良好的协作关系。专业教师主动到这些单位和部门进行新技术应用与开发服务，学生去实习要承担一定的生产和作业服务。聘请地理信息工程单位的专家到学校参与教学改革、任课，指导实习和毕业设计等教学活动，促进试点专业建设。

1999 年招收试点专业第一批学生 38 人，经过三年试点专业建设的教学实践，到 2002 年第一批学生毕业。总结一个教学循环的试点专业建设经验，肯定成绩，找出差距，进一步搞好试点专业建设。但由于院校合并，试点专业建设未坚持到 5 年，没有最终结果。

2002 年 8 月，江苏省人民政府决定连云港化工高等专科学校与淮海工学院合并组成新的淮海工学院。学院设空间信息科学系①，开办测绘工程、地理信息系统、海洋技术 3 个本科专业和地理信息数据采集与处理专科专业，进入了测绘高等教育的新阶段。原连云港化工高等

① 先后任系负责人的有：系主任、书记焦明连，系主任周立。

专科学校于1985年开办三年制工程测量专业专科教育,2000年合作开办四年制测绘工程专业本科教育;1999年开办地理信息数据采集与处理专业,被教育部批准为高等工程专科教育专业教学改革试点专业,被江苏省教育厅确定为江苏省高等教育特色专业。到2002年共培养测绘类专科毕业生436人,毕业生到化学工业、测绘、城市建设、国土管理与资源开发、建筑工程、交通与港航工程、水利电力工程、地质勘查和冶金工业等部门从事测绘与信息工程工作,毕业生受到用人单位好评。

2.6.4 哈尔滨工程高等专科学校[①]及其测绘工程系的建设与发展

1998年9月,哈尔滨工程高等专科学校由中央与地方共建,以地方管理为主,由冶金部所属转为黑龙江省属,由省教委管理。学校全面贯彻党的教育方针,主动适应现代化建设对专科技术人才的需求,增设新专业,适当扩大办学规模,提高办学效益;以测绘各专业为骨干,进一步办好测绘工程、财经管理、建筑工程、信息工程等各学科专业相结合的普通高等专科教育;适当发展中等专业和成人专科教育;把学校建设成具有较高办学水平、较高教学质量、有自己特色的高等工程专科学校。

1."九五"期间学校的建设与发展

1)加强教学机构和学科专业建设

经过高等专科和中等专业技术人才需求状况调查,结合学校办学条件,开办需求量较大的新专业,调整原有学科和专业,教学机构和专业设置如下。

(1)测绘工程系[②]。先后设5个专业和2个专业方向:测量工程(原工程测量),摄影测量(测绘自动化专业方向),地图制图(印刷工程专业方向),土地资源管理(原土地管理与地籍测量),地理信息工程。

(2)财经管理系。先后设2个专业和4个专业方向:会计学(原工业企业财务会计专业,设财务会计电算化、基本建设财务会计、涉外会计、财务审计4个专业方向),资产评估。

(3)建筑工程系(原工程管理系)。先后设6个专业:总图设计与运输工程(原工业总图设计与运输),城镇与厂矿规划,房屋建筑工程,房地产开发与物业管理,工程造价,建筑施工与工程测量(三年制高职)。

(4)信息工程系。以测绘工程系的计算机应用与维护专业为基础,于"九五"期间新设系的建制。设有4个专业:计算机科学与技术,信息管理与信息系统,网络技术,计算机通信技术(三年制高职)。

(5)基础部。统管高等数学、物理、电子、计算机、语文与外语等教研室及相应实验室的教学领导和组织管理工作,与各系进行紧密地教学配合,全力提高基础课学科的教学质量。组织学生进行外语和计算机等级考试,提高毕业生外语和计算机水平;除要求毕业生达到专科的外语和计算机等级考试通过外,鼓励学生通过本科的外语四、六级考试,以及通过本科的计算机二、三级考试,取得良好的效果。

---

① 经国家教委批准,哈尔滨测量高等专科学校于1994年7月更名为哈尔滨工程高等专科学校。

② 1985—2000年,先后任测绘工程系主任的有邵自修、王振忠、季斌德、沙肃行、汤海、段贻民、王晏民,任系副主任的有杜永昌、雷国华、马俊海、谢伦华、德国民,任党支部或党总支书记的有陈德浩、蒋宝成、郭树东。

(6)马列主义与德育教研室。由党委负责学生思想政治工作的副书记(副校长)直接领导。按中共中央、国务院有关高等学校政治理论与德育教育的规定,组织马克思主义哲学原理、毛泽东思想概论、邓小平理论概论、法律基础、思想道德修养和形势与政策6门课程的教学工作,以及相应的社会实践活动,达到高等学校《德育大纲》规定的要求。

(7)体育教研室。由教务副校长直接领导。按高等专科学校体育教学大纲组织体育教学工作,负责组织和训练学生田径和球类运动队,组织和指导学生课外体育锻炼,以及进行校际体育竞赛活动,强调进行体育精神文明建设。

(8)专科成人教育部。先后开设测绘专业证书班、财会专业证书班(脱产学习),设工程测量、工业与民用建筑、财务会计、房地产开发与经营管理、计算机应用与维护等5个专业的专科函授教育。

(9)中等专业教育部。先后开设招收高中毕业生源二年制的中专建筑施工与工程测量、工业企业会计、工程概算、工程测量等4个专业;招收初中毕业生源三年制的中专现代文秘、物业管理两个专业;招收初中毕业生源四年制的中专计算机硬件与维护专业;招收初中毕业生源"3+2"高职网络技术、房地产开发与物业管理两个专业。共开设中专7个专业、高职(相当专科)2个专业。

2)适当扩大办学规模

到2000年普通高等专科教育设4个系、23个专业和专业方向;中专部设7个专业和2个高职专业。学校历年在全国20多个省市自治区招生。根据各省对专科和中专各专业人才需求状况,调整招生专业和招生名额,使日后学生毕业时有较好的就业机会。例如,1999年专科13个专业在全国19个省市自治区招生640人。测绘工程系的测量工程、土地资源管理和地理信息工程3个专业招生160人;财经管理系2个专业招生120人;建筑工程系5个专业招生240人;信息工程系3个专业招生120人。中专部招生320人,主要生源来自黑龙江省和山东省;"3+2"高职2个专业招生80人。全校共招专科、中专与高职新生1 040人。到2000年,在校的专科、中专与高职学生达2 800人,超过了国家教委规定专科学校在校生不低于2 000人的要求。

学校在新设系、增加专业和适当扩大招生的情况下,严格控制教职工的人员编制,到2000年在编教职工只有282人,比1990年的293人减少了11人。利用离退休减员名额,主要引进具有大学本科和研究生学历的人才来校任教,以及担任教学管理及其他技术工作。新建系和增设的专业,有些课程师资不足,利用在哈尔滨高校的教师资源,从哈尔滨工业大学、哈尔滨工程大学、哈尔滨商业大学等高校聘请教学水平高的教师任课。他们来校任课,保证了新建专业和新开课程的教学质量,受到学生的欢迎。严格控制人员编制,使学校的教职工与在校学生之比即职生比达到1∶10,实现了原冶金工业部教育司对高等学校职生比的要求,提高了学校的办学效益。

3)全面提高教职工的综合素质

(1)提高教师的学位和职称水平。测绘工程系和财经管理系,现职教师中的副教授和讲师人数较多。建筑工程系和信息工程系,大多数是青年教师。青年教师的首要任务是过好课堂教学、实践教学和学生思想政治工作关。在此基础上鼓励他们攻读硕士学位和博士学位,有7人在攻读博士学位,还有57人在攻读硕士学位(包括实习指导教师、教学管理与政治工作人员)。从表2.53中可以看出,2000年教师的职称水平与1990年相比有较大的提高。在

129 名教师中，教授、副教授共 53 人，占教师总数的 41.1%；讲师 35 人，比 1990 年 56 人有所减少，许多人已晋升为副教授，讲师占教师总数的 27.1%；讲师及其以上职称的教师占教师总数的 68.2%；助教和教师 41 人，占教师总数的 31.8%。达到了原冶金工业部教育司对高等专科学校“九五”期间师资队伍建设的教师职称水平的要求。为促进师资队伍综合素质的提高，1998 年在全校各专业教师中遴选出学科带头人 3 名、学术骨干 9 名；到 2000 年，有 3 名教授享受政府特殊津贴，有 4 名教授、副教授获得“宝钢奖教金”，1 名教授获黑龙江省优秀科学技术工作者称号；所有这些学术骨干和获奖者都是 40 岁左右的教授和副教授，他们是 1982 年以来各专业毕业的大学本科生和研究生教师，已成长为师资队伍中新一代的骨干力量。

表 2.53　1990 年、2000 年教职工人数及职称统计

年度	教职工总数	教师					实验与教务管理					干部与行政管理					工人		
		总数	教授	副教授	讲师	助教与教师	总数	正高	副高	中级	初级与干部	总数	正高	副高	中级	初级与干部	总数	技师	中高级工
1990	293	114		15	56	43	44		2	12	30	52		1	20	31	83		83
2000	282	129	3	50	35	41	48	2	8	21	17	50	3	7	33	7	55	9	46

(2)提高实验教师与教学管理人员的综合素质。经过 10 年的培养，各系和专业的实验教师由原来的专科学历，绝大多数已提高到本科学历，部分实验教师在攻读本专业的硕士学位，培养出一批高级工程师和工程师，他们是组织实践教学的骨干力量。为提高教学管理、科研管理和高教研究工作水平，提拔具有高级职称的系部主任或拔尖教师担任教务处、科研处正副处长（双肩挑干部），吸收教育学等专业毕业的大学本科和研究生学历的人员充实教务管理队伍，鼓励原有工作人员达到本科学历和攻读硕士学位。到 2000 年，实验教师与教学管理人员中有：教授、研究员 2 人，副教授、副研究员及高级工程师 8 人，以上两类人员占全体 48 人的 20.8%；讲师、工程师、助理研究员等中级职称 21 人，占全体人员的 43.8%；两者合计占全体人员的 64.6%。教务处、科研处、高教研究室、图书馆、教学设备管理等方面的工作质量和效率显著提高。

(3)提高党政干部的管理水平。学校主要党政领导干部中，有教授、研究员各 1 人，副教授、副研究员 3 人；中层负责干部绝大多数是副高职专业技术人员。2000 年与 1990 年相比，干部综合素质有较大的提高，促进了学校的政治工作、行政管理和后勤管理水平的显著提高。

(4)提高工人队伍的文化和技术水平。根据工作需要，鼓励具有高中学历的中青年工人，分批分期地通过成人教育渠道获专科或本科学历；鼓励一部分岗位技术水平较高的高级工，通过专业技师的培训和考核；鼓励初级工工人，提高岗位技术水平晋升中高级工。把获得专科或本科学历的中青年工人，根据需要调配到教务、行政、后勤等管理岗位，进行岗位培养，提高岗位专业技术水平。利用冶金部人事司每年拨给的工人转干指标，按有关条件规定，经学校考核、冶金部批准，有 14 名工人转为干部编制。到 2000 年，这些转为干部编制的工人，已成长为工程师与助理工程师、会计师与助理会计师、馆员与助理馆员等专业技术人员。2000 年全校工人编制，有技师 9 人、高中级工人 46 人。服务性岗位上的工人，由学校劳动服务公司领导的定期签约的合同工人来担任。

表 2.54 显示，1990 年全校教职员中级以上职称的 106 人，占全体教职员工 210 人的 50.5%，没有正高职人员。2000 年全校教职员中级以上职称的 162 人，占全校教职员 227 人的 71.4%，其中有教授和研究员 8 人，副教授、副研究员、高级工程师由 18 人增加到 65 人，副高职以上人员占全校教职员的 32.2%。

表2.54　1990年、2000年教职员职称分布比较

年度	教职员总数	正高		副高		中级		初级		说明
		人数	%	人数	%	人数	%	人数	%	
1990	210			18	8.6	88	41.9	104	49.5	中级以上占50.5%
2000	227	8	3.6	65	28.6	89	39.2	65	28.6	中级以上占71.4%

4)教学改革取得好成绩

(1)测量工程专业被教育部授予"高等工程专科示范专业"称号。于1997年7月,国家教委委托黑龙江省教委组成专家组,对工程测量专业教学改革试点专业建设进展情况进行中期考核和评估。考核评估认为:试点专业建设体现出专科特色、时代特色和专业特色,教学改革试点专业建设方案实施良好。又经过两年的试点专业建设,于1999年11月,教育部专家组来学校对测量工程专业教学改革试点专业建设进行考核验收。经考核认为,完成了教学改革试点专业建设方案的目标,教育部行文授予哈尔滨工程高等专科学校测量工程专业"高等工程专科示范专业"称号。

(2)财务会计(电算化)专业被教育部授予"高等工程专科示范专业"称号。1995年年初,学校向国家教委呈报了"财务会计(电算化)专业教学改革试点"申请。1995年5月,国家教委专家组到学校进行考察和评估之后,国家教委批准财务会计(电算化)专业为教学改革试点专业。1998年11月,教育部专家组对试点专业建设进行了中期检查和评估认为,执行"财务会计(电算化)专业教学改革试点专业建设方案"情况良好。又经过两年试点专业建设的努力,2000年11月,教育部专家组对财务会计(电算化)专业教学改革试点专业建设检查验收,认为试点专业建设成果符合原国家教委《关于做好普通高等工程专科教育专业教学改革试点工作的意见》要求,教育部授予财务会计(电算化)专业为"高等工程专科示范专业"称号。

(3)中等专业教育通过省教委的检查评估。1985年学校改建专科后,学校仍坚持测绘等中专教育。成立了中等专业教育部(简称中专部),任命了负责人,成立了党支部,成为相对独立的办学实体。"九五"期间,先后增设了工程预算、物业管理、计算机硬件与维护等专业;又增设了"3+2"网络技术、房地产开发与物业管理两个高职专业;在校学生达到1 000人。由于学校教学设备齐全、各专业师资水平高,中专教学组织、学生思想政治工作有力,学生学习目的明确,学习努力,整体教学质量较高,继承和发扬了学校中专教育动手能力较强的特点,毕业生就业率高,受到用人单位的欢迎。建立中专部的10余年来,共培养二年制(高中生源)、三年制和四年制各专业中专毕业生近2 000人。2000年1月,黑龙江省教委专家组,对学校中专部的办学条件、教学管理、学生管理、教学设备利用、各专业基础课和专业课师资配备、学生思想政治工作、学生学习成绩、实习实验与动手能力培养、学生招生与毕业生就业、学生的综合素质等,进行全面的检查和考核。专家组认为:中专部专业设置和教学改革与社会对中专人才的需求相适应,教学质量较高,培养的学生就业率高,受到用人单位欢迎;中专部以学校普通专科教育的教学设备和师资为依托,由中等职业教育向高等职业教育发展,符合职业教育发展方向;对中专部在学校领导下,取得中专办学质量和效益的成绩,给予充分肯定和较高的评价。

(4)德育和"两课"教育通过检查评估。学校党委根据1995年11月国家教委发布的《中国普通高等学校德育大纲(试行)》的要求,加强和改进学校的德育工作。党委加强了对学生工作委员会的领导,在各系由负责学生工作的副主任担任学生党支部书记,健全了学生思想政治工

作体系。由党委主管学生工作的副书记直接领导的马列主义与德育教研室，按1998年4月教育部、中央宣传部发出的《关于普通高等学校开设〈邓小平理论概论〉课的通知》和《关于印发〈关于普通高等学校"两课"课程设置的规定及其实施工作的意见〉的通知》要求，结合学校的实际情况，于1998年秋季开学时开设了马克思主义哲学原理、毛泽东思想概论、邓小平理论概论、思想道德修养、法律基础和形势政策（通过周三形势政策报告完成）等6门课程，并把这些课程纳入各专业教学计划中。利用双休日和假期组织学生"三下乡"和青年志愿者服务活动，了解社会、为工农群众服务，培养热爱祖国、热爱人民的思想感情。"九五"期间，党委加强了在学生中的党建工作，进行党章、党的建设理论和如何做一名共产党员的教育，把符合共产党员标准的先进大学生吸收入党。5年共发展学生党员319人，是吸收新党员最多的5年。2000年9月，省高校工委宣传部负责人和德育工作专家，对学校德育工作的领导体制、专门机构、师资和政治辅导员队伍建设、德育工作的物质保障、"两课"开设情况和教学效果、学生思想政治工作及"两课"的社会实践活动等进行了全面检查和考核，认为学校的德育工作和"两课"教育符合中央有关规定要求精神，给予"优秀"的评价。

5）由高等专科教育向本科教育发展

1996年1月，国家教委高教二司（主管专科教育）、冶金部教育司和省教委有关负责同志来学校视察专科教育办学情况。对学校由主要是测绘类专业专科教育，发展成以测绘类专业为主的多学科、多专业、多层次办学的高等专科学校，以及在师资队伍建设、教学仪器设备、实验室与实习基地建设、教学管理与教学质量、学生思想政治工作和学生管理、毕业生的高就业率等方面取得的成绩给予肯定。1996年1月，学校被中共黑龙江省委和黑龙江省人民政府再次命名为省级文明单位。1996年6月，黑龙江省委组织部、宣传部、高校工委，授予学校党委为黑龙江省普通高等学校先进党委称号。1998年4月，冶金工业部宣布：顾建高为学校党委书记，白玉为党委副书记，董勤、李岚发、仲崇俭为党委委员；学校行政领导成员：代校长顾建高，副校长白玉、李岚发、仲崇俭、黄双林。组成学校新一届党政领导班子。

1998年9月、10月和1999年1月，主管全省文教工作的省委副书记、副省长和省教育厅的主要领导，先后3次来学校视察指导工作，全面了解学校党政工作和教学工作，以及学校的建设和发展情况。1999年11月，教育部专家对学校办学情况进行全面的视察和评估。2000年3月，教育部批准哈尔滨工程高等专科学校与黑龙江交通高等专科学校合并，成立黑龙江工程学院，进行本科教育。2000年6月，经教育部、省教育厅批准，测量工程、地理信息工程和财务会计3个专业，在完成原计划招收专科生基础上，于2000年秋季招收第一批180名本科生，其他专业于2001年开始招收本科生。从此，学校由高等专科教育向普通高等本科教育发展。

2. 测绘工程系调整专业结构建立新专业

"九五"期间，继续办好社会需求量较大的测量工程专业，暂停地图制图、摄影测量、测绘自动化等3个专业的招生，决定开设土地资源管理专业、地理信息工程专业。1997年做好两个专业的教学计划和教学准备工作，1998年开始招生，1999年对教学计划进行了修改和补充定稿。

1）地理信息工程专业教学计划简介

（1）培养目标。地理信息工程专业培养能够坚持社会主义道路，德、智、体、美诸方面全面发展，掌握地理信息工程基本理论与技术，获得工程师初步训练的高级应用性工程技术人才。

学生毕业后，主要去测绘、工程建设、城市规划与建设、国土资源开发与管理、交通运输、环境工程、水利电力工程建设等行业和部门，从事地理信息工程技术作业、软件开发和生产技术管理等工作。

(2)毕业生的基本要求。本专业毕业生，热爱祖国，拥护共产党领导，懂得马列主义、毛泽东思想和邓小平理论基础，关心国内外大事，积极参加社会实践，有建设“四化”、振兴中华的理想，有为人民服务、艰苦奋斗、实干创新和集体主义精神，勤奋学习，遵纪守法，具有社会主义事业心、责任感和良好的道德品质。掌握高等数学、工程数学、电子学、计算机科学的基本理论和应用技术；掌握地理学、国土规划、资源分析与评价、信息论等基本理论和知识；掌握经典地形测量、观测值误差处理、土地管理与地籍测量等理论与技术，以及数字化测图三维空间信息数据和属性信息采集的能力；掌握数据库原理、数据结构、计算机图形学、影像信息处理学、信息系统设计、数字图像处理和地理信息系统的理论与技术；了解遥感技术、城市规划、系统工程、模式识别、多媒体与网络技术，形成具有地理信息工程专业的基本理论、基本知识和基本技术的人才。学习一门外语，具有翻译本专业资料的初步能力；具有一定的社会科学、人文和艺术知识和修养；掌握收集、检索科学文献资料的基本方法，具有一定的撰写技术设计与总结报告、学术论文和参与交流的能力；达到大学生体育运动标准，身体健康；具有良好的心理素质和职业道德。

(3)教学环节时间分配。教学计划中各教学环节时间分配如表 2.55 所示。学生 3 年在校学习期间共 146 周，其中：入学和毕业教育 3 周，课堂教学与考试 82 周，各种实习、课程设计、毕业设计等实践教学 33 周，公益劳动(社会实践)3 周，假期 25 周。第Ⅵ学期全部为实践课。

表 2.55　教学环节时间分配

专业：地理信息工程　　学制：专科三年　　1999 年 6 月

学期	学期起止日期	入学教育	理论教学	考试	教学实习	生产实习	课程设计	毕业设计	公益劳动	毕业教育	假期	合计	说明
Ⅰ	9.15～2.28	2	15	1					1		5	24	入学教育包括军训
Ⅱ	3.01～8.31		17	1	3						5	26	本表以教学周数计
Ⅲ	9.01～2.28		16	1			3		1		5	26	
Ⅳ	3.01～8.31		14	1	2		3		1		5	26	
Ⅴ	9.01～2.28		15	1	3		2				5	26	
Ⅵ	3.01～7.05		0		10			7		1		18	
		2	77	5	18		8	7	3	1	25	146	

(4)课程设置与教学进程计划[①]。根据专业培养目标和毕业生的基本要求，设必修课 29 门，计 1 779 课时；设选修课 6 门，计 223 课时，其中必选课 3 门，约 130 课时，必修课与必选课合计为 1 909 课时。还设社科、人文、艺术等任选课，未列入教学进程计划表内，由教务处统一设课，供各专业学生任意选课，每周六上课。表 2.56 中的公共课有 11 门，共 799 课时，占必修课与必选课之和 1 909 课时的 41.9%；基础课有 11 门，共 596 课时，占 31.2%；专业课有 7 门，共 384 课时，占 20.1%；必选课有 3 门，约 130 课时，占 6.8%。未列入表 2.56 中的形势与政策课，在周三下午以报告或讲座形式进行。每学期考试课不超过 4 门，其余为考查，考试课程在学期开学时公布。要求毕业生必须通过省专科实用外语统考，计算机必须通过省专科水平测试。鼓励学生通过本科外语四、六级考试和计算机二、三级考试。

① 课程设置及其教学内容不作说明。

表 2.56　课程设置与教学进程计划

专业:地理信息工程　　　　学制:专科三年　　　　1999 年 6 月

课程序号	课程名称	开课学期	教学时数						各学期教学周数与课程周课时数						说明
			总学时	讲课	讨论	实验	习题	上机	Ⅰ 15	Ⅱ 17	Ⅲ 16	Ⅳ 14	Ⅴ 15	Ⅵ 0	
	一、公共课		799	665	31	60		43	17	16	12	6			占总时数 41.9%
1	马克思主义哲学原理	Ⅰ	45	40	5				3						
2	毛泽东思想概论	Ⅱ	34	30	4					2					
3	邓小平理论概论	Ⅲ	64	52	12						4				
4	思想道德修养	Ⅱ	34	28	6					2					
5	法律基础	Ⅲ	32	28	4						2				
6	外语	Ⅰ～Ⅳ	244	184		60			4	4	4	4/13			△(专业主要课程,下同)
7	体育	Ⅰ～Ⅳ	124	124					2	2	2	2			
8	国防教育	Ⅰ	15	15					1						
9	计算机应用基础	Ⅰ	75	50				25	5						
10	计算机语言与程序设计	Ⅱ	68	50				18		4					△
11	大学语文	Ⅰ,Ⅱ	64	64					2	2					
	二、基础课		596	484		51	27	34	11	11	10	6			占总时数 31.2%
12	高等数学	Ⅰ,Ⅱ	94	80			14		4	2					△
13	工程数学	Ⅱ	68	60			8			4					
14	地理学	Ⅰ	45	40			5		3						
15	地形图测绘与应用	Ⅰ	60	40		20			4						
16	模拟电子与数字电子	Ⅱ	85	60		25				5					
17	信息论	Ⅲ	32	32							2				
18	微机原理	Ⅲ	32	26				6			2				
19	数据库原理	Ⅲ	32	22				10			2				△
20	数据结构	Ⅲ	64	56				8			4				△
21	计算机图形学	Ⅳ	42	32				10				3			△
22	资源分析与评价	Ⅳ	42	36		6						3			
	三、专业课		384	294		30	4	56			3	9	14		占总时数 20.1%
23	观测值误差处理	Ⅲ	48	38			4	6			3				
24	土地管理与地籍测量	Ⅳ	42	34		8						3			
25	影像信息处理学	Ⅳ	42	30		12						3			△
26	信息系统设计	Ⅳ	42	32				10				3			△
27	数字图像处理	Ⅴ	75	55				20					5		△
28	地理信息系统	Ⅴ	75	55				20					5		△
29	国土规划	Ⅴ	60	50		10							4		
	必修课合计		1 779	1 443	31	141	31	133	28	27	25	21	14		
	四、选修课		223	189		22		12				2	13		
30	遥感	Ⅴ	45	39		6							3		
31	城市规划	Ⅴ	45	37		8							3		
32	系统工程	Ⅳ	28	28								2			
33	专业外语	Ⅴ	30	30									2		
34	模式识别	Ⅴ	45	37		8							3		
35	多媒体与网络技术	Ⅴ	30	18				12					2		
	必修课＋选修课时合计		2 002	1 632	31	163	31	145	28	27	25	23	27		
	必修课时数		130												必选 3 门课,占 6.8%
	必修＋必选课时合计		1 909												学习最低课时数
	学期课程门数								9	9	9	8	8		必修课＋选修课门数

(5)实践教学安排。地理信息工程专业的毕业生,主要面向测绘、城市规划与建设、国土资源开发和土地利用管理以及政府地理信息管理等部门。因此,实践教学注重地形图与地籍图的纸质测绘和数字化测绘,形成三维数据采集与属性信息采集能力。在了解和掌握地理信息技术应用部门的作业情况下,在调查实习和课程设计基础上,进行 GIS 工程实践实习,形成 GIS 工程的实践能力;再通过毕业设计,提高理论联系实际解决 GIS 具体工程设计、软件开发

和实际作业能力，达到培养目标的要求。表2.57的实习和设计项目总计为47.7周，占数学活动总计115周的41.5%，超过了教学活动总周数的1/3。

表2.57　实践教学项目

分类	序号	项目名称及内容	学期	周数	说明
实习	1	地形测量实习，从图根控制测量到大比例尺纸质制图	Ⅱ	3	
	2	土地与地籍管理实习	Ⅳ	2	到有关部门实习
	3	地形图与地籍图数字化实习	Ⅴ	3	
	4	资源调查实习	Ⅵ	2	到有关部门实习
	5	城镇国土规划实习	Ⅵ	3	到有关部门实习
	6	GIS工程作业实习	Ⅵ	5	
	7	理论教学中的实践课时339，折合339/23＝14.7周		14.7	
		合计		32.7	
设计	1	数据库设计	Ⅲ	3	
	2	信息系统设计	Ⅳ	3	
	3	GIS课程设计	Ⅴ	2	
	4	毕业设计	Ⅵ	7	
		合计		15	
		总计		47.7	

2）土地资源管理专业教学计划简介

（1）培养目标。土地资源管理专业培养能够坚持社会主义道路，德、智、体、美诸方面全面发展，掌握土地资源开发利用和管理基本理论与技术，获得工程师初步训练的高级应用性工程技术人才。学生毕业后，主要去测绘、城市规划与建设、农林及水利工程建设、国土资源开发利用和管理等部门，从事土地规划勘察设计测量、地籍测量、城市规划设计与建设测量、国土资源开发利用测量的第一线生产作业，进行土地资源信息管理及有关管理信息系统的开发，以及土地资源利用执法管理等工作。

（2）毕业生的基本要求。本专业毕业生，热爱祖国，拥护共产党领导，懂得马列主义、毛泽东思想和邓小平理论基础，关心国家大事，积极参加社会实践，有建设"四化"、振兴中华的理想，有为人民服务、艰苦奋斗、实干创新和集体主义精神，勤奋学习，遵纪守法，具有社会主义事业心、责任感和良好的道德品质。掌握高等数学、工程数学、计算机科学等基本理论与应用技术；掌握自然地理及与专业有关的城镇规划、房地产金融等基础知识与技术；掌握控制测量（GPS技术）、地形测量、地形绘图、测量平差、摄影测量与遥感、地籍测量，以及数字地形图测绘等基本原理、作业技术，形成本专业的生产能力；掌握计算机信息管理系统、计算机辅助设计基本原理和应用技术，形成计算机规划设计、土地信息系统软件开发的作业和管理能力；掌握城镇土地估价、房地产经营管理，以及土地经济学、土地资源评价、土地利用规划、土地管理和土地法学等基本理论、法规和行政条例，形成土地资源规划、管理和执法的能力。了解建设用地管理、建筑工程识图、建筑工程概论、建设用地测量，以及面向对象程序设计、多媒体与网络技术应用等相关知识和技术。学习一门外语，具有翻译本专业资料的初步能力；具有一定的社会科学、人文和艺术知识与修养；掌握收集、检索科学文献资料基本方法，具有一定的撰写技术设计与总结报告、学术论文和参与交流的能力；达到大学生体育运动标准，身体健康；具有良好的心理素质和职业道德。

（3）教学环节时间分配。教学计划中各教学环节时间分配如表2.58所示。学生在校学习3年共146周，其中：入学和毕业教育3周，课堂教学与考试84周，教学实习、生产实习、课程设计和毕业设计共31周，公益劳动3周，假期25周。第Ⅵ学期全部为实践课。

表 2.58　教学环节时间分配

专业:土地资源管理　　　　　　学制:专科三年　　　　　　1999 年 6 月

学期	学期起止日期	入学教育	理论教学	考试	教学实习	生产实习	课程设计	毕业设计	公益劳动	毕业教育	假期	合计	说明
Ⅰ	9.15～2.28	2	15	1					1		5	24	入学教育包括军训
Ⅱ	3.01～8.31		19	1					1		5	26	本表以教学周数计
Ⅲ	9.01～2.28		15	1	4				1		5	26	
Ⅳ	3.01～8.31		12	1		8					5	26	
Ⅴ	9.01～2.28		18	1	2						5	26	
Ⅵ	3.01～7.05		0		3		7	7		1		18	
		2	79	5	9	8	7	7	3	1	25	146	

(4)课程设置与教学进程计划[①]。根据专业培养目标和毕业生的基本要求,设必修课 33 门,计 1 735 课时;设选修课 8 门,计 276 课时,其中必选课 4 门约 140 课时;还设社科、人文、艺术等任选课,未列入教学进程计划表内,由教务处统一设课,供各专业学生任意选课,每周六上课。必修课与必选课合计为 1 875 课时。表 2.59 中的公共课设 10 门,共 743 课时,占必修课与必选课总课时 1 875 的 39.6%;基础课设 13 门,共 638 课时,占 34.0%;专业课设 10 门,共 354 课时,占 18.9%;必选课设 4 门,约 140 课时,占 7.5%。未列入表 2.59 中的形势与政策课,在周三下午以报告或讲座形式进行。每学期考试课不超过 4 门,其余为考查课,考试课程在学期开学时公布。要求毕业生必须通过省专科实用外语通考,计算机必须通过省专科水平测试。鼓励学生通过本科外语四、六级考试和计算机二、三级考试。

(5)实践教学安排。土地资源管理专业的毕业生,主要面向测绘、城市规划与建设、国土资源开发利用和管理等部门。因此,在掌握基础理论、专业理论与技术的基础上,在实践能力上侧重:较熟练地掌握控制测量、地形测量、地籍测量、摄影测量与遥感的传统技术和现代技术,形成担任各种测绘任务的能力;掌握土地规划设计技术和形成完成具体设计任务的能力;掌握土地信息系统的软件开发和管理的技术和能力;达到本专业培养目标的要求。实践教学也是按照这一思路安排的,实习与设计项目如表 2.60 所示。实践教学为 44.4 周,占教学活动 115 周的 38.6%。由于测绘工程系教师与黑龙江测绘局各测绘院、哈尔滨市土地规划局,以及黑龙江省、吉林省土地规划管理局所属各地县土地管理和测绘部门有广泛联系,为各单位完成了数量较多地籍测绘、土地规划和土地资源管理信息系统软件开发任务,被各部门广泛用于生产与管理当中。因此,学生的地籍测量生产实习、土地规划设计、土地信息管理系统设计等实践教学,得到各有关单位的大力支持,再加上有较高水平工程实践能力的教师作指导,可以保证实践教学的质量。

表 2.59　课程设置与教学进程计划

专业:土地资源管理　　　　　　学制:专科三年　　　　　　1999 年 6 月

课程序号	课程名称	开课学期	教学时数						各学期教学周数与课程周课时数						说明
			总学时	讲课	讨论	实验	习题	上机	Ⅰ 15	Ⅱ 17	Ⅲ 16	Ⅳ 14	Ⅴ 15	Ⅵ 0	
	一、公共课		743	612	20	60		51							占总时数 39.6%
1	马克思主义哲学原理	Ⅰ	45	43	2				3						

① 课程设置及其教学内容不作说明。

续表

课程序号	课程名称	开课学期	教学时数						各学期教学周数与课程周课时数						说　明
			总学时	讲课	讨论	实验	习题	上机	Ⅰ 15	Ⅱ 17	Ⅲ 16	Ⅳ 14	Ⅴ 15	Ⅵ 0	
2	毛泽东思想概论	Ⅱ	38	34	4					2					
3	邓小平理论概论	Ⅲ	60	54	6						4				
4	思想道德修养	Ⅱ	38	34	4					2					
5	法律基础	Ⅲ	30	26	4						2				
6	计算机应用基础	Ⅰ	75	50				25	5						
7	计算机语言与程序设计	Ⅱ	76	50				26		4					△(专业主要课程,下同)
8	体育	Ⅰ～Ⅳ	122	122					2	2	2	2			
9	外语	Ⅰ～Ⅳ	244	184		60			4	4	4	4			△
10	国防教育	Ⅰ	15	15					1						
	二、基础课		638	501		50	46	41							占总时数34.0%
11	高等数学	Ⅰ	90	72			18		6						△
12	工程数学	Ⅱ	76	62			14			4					
13	测量学	Ⅰ,Ⅱ	83	55		28			3	2					△
14	地形绘图	Ⅰ	30	20			10		2						
15	自然地理	Ⅱ	38	38						2					
16	地籍控制测量	Ⅲ	45	33		10		2			3				△
17	测量平差基础	Ⅲ	45	37			4	4			3				
18	摄影测量学	Ⅲ	45	37		6		2			3				△
19	土地资源遥感技术	Ⅲ	45	37		6		2			3				△
20	计算机信息管理系统	Ⅲ	45	30				15			3				
21	计算机辅助设计基础	Ⅳ	36	20				16				3			
22	房地产金融	Ⅳ	24	24								2			
23	城镇规划原理	Ⅳ	36	36								3			
	三、专业课		354	314		26		14							占总时数18.9%
24	地籍测量学	Ⅳ	48	36		8		4				4			△
25	数字地形图测绘	Ⅳ	36	26		4		6				3			
26	房地产经营管理	Ⅳ	36	36								3			
27	土地经济学	Ⅴ	36	36									2		
28	土地管理学	Ⅴ	36	36									2		△
29	土地资源评价	Ⅴ	36	32		4							2		
30	土地利用规划	Ⅴ	36	30		6							2		△
31	土地法学	Ⅴ	18	18									1		
32	土地信息系统	Ⅴ	36	32				4					2		△
33	城镇土地估价	Ⅴ	36	32		4							2		
	必修课合计		1 735	1 427	20	136	46	106	26	22	27	24	13		
	四、选修课		276	234		16		26							
34	建设用地管理	Ⅴ	36	36									2		
35	GPS原理及应用	Ⅳ	24	14		6		4				2			
36	建设用地测量	Ⅴ	36	30		6							2		
37	建筑工程识图	Ⅴ	36	36									2		
38	建筑工程概论	Ⅴ	36	32		4							2		
39	面向对象程序设计	Ⅴ	36	30				6					2		
40	多媒体与网络技术应用	Ⅴ	36	20				16					2		
41	专业外语	Ⅴ	36	36									2		
	必修课＋选修课时合计		2 011	1 661	20	152	46	132	26	22	27	26	27		
	必选课时数		140												必选4门课,占7.5%
	必修＋必选课时合计		1 875												学习最低课时数
	学期课程门数								8	8	9	9	14		必选课＋选修课门数

表 2.60　实践教学项目

分类	序号	项目名称及内容	学期	周数	说　明
实习	1	地形测量教学实习，图根控制与大比例尺地形纸质制图	Ⅲ	4	基地内作业
	2	地籍测量生产实习，从控制测量到数字地籍图测绘	Ⅳ	8	完成生产任务
	3	土地管理实习，到土地管理部门及实验室实习	Ⅴ	2	
	4	摄影测量实习，摄影测量仪器操作及综合法成图实习	Ⅵ	2	
	5	遥感实习，参观黑龙江测绘局遥感作业，实验室实习	Ⅵ	1	
	6	理论教学中的实践课时 308，折合 308/23＝13.4 周		13.4	平均周课时 23
		实习周数合计		30.4	
设计	1	土地规划设计，参观土地部门设计工作，做具体项目设计	Ⅵ	4	
	2	土地信息系统设计，选择应用项目进行软件编程设计	Ⅳ	3	
	3	毕业设计，选择土地管理与地籍测量应用项目进行设计，写出论文	Ⅴ	7	
		设计周数合计		14	
		实践教学总周数		44.4	

3. 测量工程专业[①]建成“高等工程专科示范专业”的主要成绩

1)教学改革取得显著成绩

根据测量工程专业教学改革试点专业建设的主要内容，测绘工程系和试点专业建设综合教研室的教师们，在教学改革实践中对重点课程建设、现代教学管理、产学研专科教学模式探索、教师队伍建设、学生德育与党建工作、高职高专人才培养等教学理论和实践问题进行了实验与研究，写出了教学、思想政治教育等方面的论文(表 2.35、表 2.61)。“九五”期间在冶金工业部教育司、黑龙江省教委、黑龙江省思想政治科研等部门的优秀论文评审中，上述各方面的论文分别获得一、二、三等优秀成果奖。

表 2.61　“九五”期间教学、思想政治工作成果奖统计

序号	成果名称	作　者	年份	评选单位与奖项	等级	说明
1	工程测量试点专业教学改革研究与实践	段贻民，雷国华，王晏民等	1998	冶金部优秀教学成果	一等奖	
2	加强师德建设是培养跨世纪人才的关键	郭树东	1998	黑龙江省优秀教学成果	一等奖	
3	测量平差课程建设	黑志坚，周秋生，李秀海等	1999	黑龙江省教育科研成果	二等奖	
4	地形绘图能力培养模式的建立与实践	王文福	1999	黑龙江省优秀教学成果	二等奖	
5	建立科学的德育评估体系	郭树东	1999	黑龙江省思想政治科研	一等奖	
6	面向新世纪的高校学生党建工作思路	郭树东	1999	黑龙江省高校党建成果	二等奖	
7	高职高专人才培养方案研究与实践	段贻民等	2000	黑龙江省优秀教学成果	一等奖	

2)科学研究活动取得新进展

1998 年学校划归黑龙江省领导后，作为专科学校向省科技厅、教育厅申请科研立项，由于不了解学校教师的科研水平遇到了困难。经两厅对测绘工程系教师已取得的科研成果水平的调查和了解，争取到了参与一项省级攻关项目研究，两个课题获得教育厅的资助，两个项目列入教育厅科研计划指导项目(表 2.62)。虽然项目不多、经费资助较少(学校以科研基金名义另给予支持)，但在省科技厅、教育厅取得科研立项的突破，为今后学校科研工作的开展打下了良好的基础。使测绘工程系的科研工作参与黑龙江省的农业信息管理系统开发、高空气象研究、土地资源管理系统开发和信息工程应用技术项目开发的领域，初步纳入了为黑龙江省科学技术发展服务的轨道。

① 原为工程测量专业，后改为测量工程专业，书稿中已用过的专业名称未加改动。

表2.62　“九五”期间省科技厅、教育厅科研立项统计

序号	项目名称	负责人	经费(万元)	说明
1	黑龙江省农业信息GIS的开发	孙立新	0.6	
2	由GPS测量数据推算大气水气含量	曲建光	0.8	
3	基于GIS的土地管理系统	王延亮	0.4	
4	人工神经网络及其在空间决策支持系统中的应用	赵　波	1.0	
5	数字化土地测量与管理系统	周秋生	1.0	
			3.8	经费总数

3)科技开发服务取得新成绩

“九五”期间，为黑龙江省公路局、黑龙江省农垦总局、黑龙江测绘局的有关测绘院、哈尔滨市测绘院、齐齐哈尔市测绘院和鞍山钢铁设计院等单位，开发出如表2.63中所示的地理信息工程与数字化测绘及管理系统项目软件。委托单位都是重要的测绘、设计单位和专项业务管理部门，开发的软件系统规模大、用途广，研制的责任重大。说明委托单位对测绘工程系教师在这些领域开发能力的信任。

表2.63　“九五”期间合作科研项目统计

序号	项目名称	负责人	参加人	合作单位	经费(万元)	说明
1	1∶75万电子地图制作研究	王延亮	黄　明	黑龙江省公路局	3.0	
2	城市数字测绘	王延亮	周秋生，赵　波	齐齐哈尔市测绘院	3.3	
3	数字化地形地籍测绘系统	周秋生	王延亮，赵　波	黑龙江测绘局	2.5	
4	厂矿数字化测绘系统	周秋生	王延亮，赵　波，马俊海	鞍山钢铁设计院	2.0	
5	掌上线路测绘系统	赵　波	周秋生，王延亮	黑龙江测绘局	1.0	
6	工程测量工具软件包	周秋生	王延亮	哈尔滨市测绘院	0.6	
7	农垦土地勘测与管理系统	王延亮	黄　明，周秋生，赵　波	黑龙江省农垦总局	3.5	
					15.9	经费总数

4)在工程实践中培养学生的动手能力

“九五”期间，学校重点增加了各种类型的全站仪、档次较高的计算机，以及地理信息系统和土地资源管理系统教学需要的软件，改善各实验室的设备条件，保证测量工程、地理信息工程和土地资源管理3个专业的教学实习、生产作业和教师科学研究的需要，使实验室建设达到了新水平。在校院(测绘院等)合作单位的支持下，每年都有如表2.64中所示的两项以上的测绘工程为学生提供生产实习的机会。使学生在现代测量控制网的建立与改造、数字化地形与地籍测图、地形图扫描数字化作业、中比例尺地形图修测、部分工程测量等方面，得到进行实际操作的锻炼机会，使毕业生具有较强的测绘岗位适应性。通过生产实习为各测绘单位按时、保质、保量地完成了测绘生产任务。特别是为哈尔滨市等5个城市的航空港建设，提供了数字三维地形图资料和三维立体净空图，受到机场、设计和建设单位的好评。

表2.64　1996－2000年完成测量生产任务统计

序号	工程名称	时间	测绘面积(平方千米)	工程收入(万元)	说明
1	佳木斯市城市控制网改造与1∶500地形测图	1996	48.0	80.0	原图扫描数字化
2	大庆油田1∶2 000地形图修测	1996	64.0	15.2	
3	延吉市1∶500地籍测量	1996	1.4	5.0	数字化测量
4	黑龙江省5个航空站净空测量(三维立体图)	1996	30.0	13.0	数字化测量
5	佳木斯市1∶500地形测图	1997			续1996年工程
6	吉林省乾安县1∶500地籍测量	1997	5.0	14.0	数字化测量
7	长春市经济开发区1∶500地形测图	1998	3.0	10.0	数字化测量
8	大庆油田航空像片控制测量	1998	300.0	6.0	

续表

序号	工程名称	时间	测绘面积（平方千米）	工程收入（万元）	说明
9	长春市经济开发区 1∶500 地形测图	1999	6.0	10.0	数字化测量
10	大庆油田 1∶5 000 地形图修测	1999	250.0	15.4	
11	贵州省松桃县 1∶1 000 地籍测量	1999	2.5	11.2	数字化测量
12	吉林市吉化住宅区 1∶500 地籍测量	1999	3.0	3.0	
13	长春市大成玉米公司 1∶500 地籍测量	1999	2.0	7.0	数字化测量
14	吉林省经济开发区 1∶1 000 地形测图	2000	11.0	22.0	数字化测量
15	长春市经济开发区 1∶500 地形测图	2000	10.0	10.0	原图扫描数字化
				221.8	总工程费

5)形成高水平的测绘专科教育师资队伍

“九五”期间，测绘工程系有教师和实验教师 36 人，其中具有硕士学位的 5 人，攻读博士学位的 4 人，还有 9 人攻读硕士学位。到 2000 年，如表 2.65 所示，在 27 位教师（有 3 位原是本系教师，后调出任职的兼职教师）中，有教授 5 人、副教授 17 人、讲师 1 人和助教 4 人；在 9 位实验教师中，高级工程师 3 人、工程师 3 人和助理工程师 3 人。教授占教师 27 人的 18.5%，副教授占 63.0%，讲师占 3.7%，助教师占 14.8%；正副教授占 81.5%。2000 年与 1995 年教师状况相比，正副高职人数显著增加，其平均年龄大大降低，顺利实现了新老教师的过渡，形成了以高职称教师为主体的中青年教师队伍。测绘工程系的教师和实验教师，绝大多数都具备组织、领导和指导较大规模测绘生产实习的能力，善于做思想政治工作和管理工作。

表 2.65 1995 年、2000 年测绘工程系教师与实验教师统计

年度	教师总数	教师人数	教授		副教授		讲师		助教		实验教师人数	正高职		高工		工程师		助工		说明
			人数	年均	人数	年均	人数	年均	人数	年均		人数	年均	人数	年均	人数	年均	人数	年均	
1995	42	34	1	62.0	13	47.8	19	34.5	1	23.0	8					5	36.2	3	26.3	
2000	36	27	5	43.2	17	40.2	1	50.0	4	25.8	9			3	42.7	3	32.3	3	29.0	

注：2000 年教师中包括 3 名兼职教师；由于有 9 名教授、副教授退休，教师人数减少。

测绘工程系教师编著出版和校内印刷了测量工程专业专科配套教材和实习指导书 18 种。在没有专职科研编制的情况下，以测绘研究所为中心，教师们一边从事教学工作，一边进行科学研究和技术开发服务活动，承担了冶金部科研有偿资助、省科技厅和教育厅科研课题 22 项，技术开发合作服务项目 7 项，以及教学科研和思想政治工作科研任务多项。除获奖科研论文、优秀教学成果奖论文外，1996—1999 年的 4 年中，测绘工程系教师在《测绘通报》、《测绘工程》、《地图》、《东北测绘》（原黑龙江测绘）、《中国冶金教育》、《哈尔滨工程高等专科学校学报》等国内外公开发行的刊物上，发表各种论文 105 篇。

学校支持测绘工程系教师参加中国测绘学会、黑龙江省测绘学会等学术团体的学术活动。“九五”期间，担任中国测绘学会及其各专业委员会职务的有：中国测绘学会名誉理事 1 人、理事 2 人①，测绘教育委员会委员 2 人，工程测量分会副主任 1 人，以及大地测量、摄影测量与遥感、地图学与地理信息系统、矿山测量、海洋测绘、测绘仪器、测绘经济管理和测绘科普等专业委员会委员各 1 人。全国高等学校测绘类教学指导委员会委员与全国特种精密工程测量研究中心理事各 1 人。担任黑龙江省测绘学会及其专业委员会职务的有：黑龙江省测绘学会理事

① 其中 1 人是以有突出成绩的青年测绘科技工作者被选为理事的。

5人,副理事长1人,副秘书长1人,工程测量专业委员会主任、测绘教育委员会主任各1人,各专业委员会委员多人。

6)创新人才培养取得显著成绩

教学改革试点专业建设计划中,把导师式培养创新人才列为专业人才培养的探索项目。在1992年开展这项活动的基础上,于1994年启动的试点专业建设中将该项目活动列入到教学计划之内。采取的办法是:①选聘具有科研与技术开发能力并有研究成果,以及现有科研与技术开发项目的教师为指导教师。②按指导教师培养学生的人数、工作量的大小和研究项目的水平,记入指导教师的教学附加工作量,按有关规定给予报酬。③以自愿报名、公开选拔和考核的方式吸收学员,每年有约20名学生入选,学员必须在正课学习上取得优良成绩才能入选。坚持课余时间学习有关的专业理论和上机作业,在学习和研究过程中进行考核,采取淘汰制。④学员每个活动日要记工作日志,记录学习和研究内容、工作进展及取得的阶段性成果,以便进行学习成绩和研究成果的考核和评估。⑤指导教师记录每位被指导学员的学习情况、研究项目的进展情况,给予学员具体指导情况,以及学员独立思维和创新能力表现情况等,作为对学员进行综合评价的依据。

要求学员熟练地掌握最新的计算机语言、数据库、网络技术、计算机图形学、CAD、CAM等技术;指导教师还要根据个人特点和研究项目需要,安排必须学习和掌握的计算机和信息技术的内容,实施因材施教。要求学员主动到社会上寻找技术服务项目,进行动手能力锻炼。例如,有些学员分别完成了"佳木斯肉联厂固定资产管理系统"、"汽车修配厂零件管理系统"、"电脑销售行业进、销、存系统"等软件开发服务项目,受到用户的好评,也使学员受到"实践"的锻炼。在教师指导下,许多学员完成了有一定水平如表2.66中的科研成果;一部分学员撰写如表2.67所示的科研成果论文,发表在公开发行的刊物上。

表2.66　部分学员完成的科研成果

学生姓名	成果名称	指导教师
陈　朝,张文斌	基于VB的可视化符号设计系统	王晏民,黄　明
陈　政	城市三维立体测绘系统研究	王延亮
李　锋	MapScan系统从16位到32位	孙立新
赵庆权	CPCAD升级的ADS编程	王延亮
孙　科	MapInfo的开发与应用	黄　明,王延亮
窦玉洪,谢延峰	基于ACAD14测绘系统的ARX编程	梅风田,王延亮
孙立民	MapInfo与ACAD的图形转换	黄　明
荣　幸,程娇敏	测量观测程序设计软件包	周秋生
苏铁英	机场净空高障碍图的辅助制作系统	王延亮,马俊海
丰文意	变形观测数据处理系统	周秋生

表2.67　部分学员公开发表的学术论文

学生姓名	论文题目	刊物名称
曲晓华	五笔字型输入出错规律的研究	中文电脑
陈品祥	用C语言读写出DWG文件	电脑
陈品祥	地籍图邻宗地信息的搜索	黑龙江测绘
苏铁英	机场图净空高和障碍图制作	测绘工程
王宝山	用等高线求水域体积	测绘工程
刘乾忠	GIS数字化方法	哈尔滨工程高专学报
孙立民	DXF矢量图的纠正	东北测绘
陈　朝,张文斌	GIS建库系统设计	东北测绘

从1995年至2000年,通过导师式培养了一批在测绘工程与信息工程方面有一定创新能

力的专科毕业生。这些学生在测量生产实习中，协助教师解决生产中的技术问题。例如，在贵州省进行数字地籍测量时，参加科研活动的学生现场编程，解决了宗地调查和地籍测量时界址点编号不统一的问题。在毕业设计中，这些学生协助指导教师解决同学们在编制计算机软件中遇到的困难问题，提高了毕业设计的质量，受到学生和指导教师的好评。毕业后到工作岗位，这些毕业生很快成长为单位的新技术骨干。例如：工程测量专业试点班首届1997年毕业生孙科，分配到四川省泸州规划设计院工作，他的基础知识扎实、外语水平高，一到单位就被委以GIS的负责人，具体落实由世界银行贷款的泸州市综合GIS项目；他一边到成都中科院山地研究所学习，一边制定工作规范、收集资料，使项目很快走上轨道，得到单位领导、山地所专家和同行的好评。工程测量专业毕业生李怀东，精通C语言，在程序加密、文件转换、图像处理和软件包装方面有较多的研究，1995年毕业被分配到黑龙江测绘局基础地理信息中心工作，为单位完成了大量难度较大的技术开发任务；他研制的彩色图像扫描矢量化软件，技术起点高，构思巧妙，实用性强，工作效率高，被该局5个生产部门采用，是制作1∶5万国家基础图库的主要软件。工程测量专业毕业生李学友，分配到首钢设计院测绘处工作，在Microstation上开发了微机版的测绘系统，成为该处的主要工作软件；他先后考入中国测绘科学研究院的硕士研究生和解放军信息工程大学测绘学院的博士研究生，他1998年研制的正射影像处理系统，推广到全国17个省级测绘局使用。

导师式培养创新人才，经过5年多的努力，培养出百余名具有一定科研和技术开发能力的测绘专科毕业生，平均每届毕业生中有20余人，占毕业生的13%左右。只要有一支具有较高教学水平和较强科研与技术开发能力的教师队伍，调动一部分专科学生扩展知识面、开展科研活动的积极性，可以把有学习潜力的部分学生培养成具有一定创新能力的人才。

7）测量工程专业成为“高等工程专科示范专业”的评价

按国家教委高教司〔1997〕76号文，黑龙江省教委受国家教委委托，于1997年7月15～16日，派专家组对测绘工程系工程测量专业教学改革试点工作进行了中期实地考查。通过听取学校有关领导汇报，观摩课堂教学与实验教学，参观实验室和教学设备及教学成果展览，召开教师、学生座谈会，查阅教学改革试点专业建设的有关资料，专家组做出以下评价①。

（1）学校主管部门和学校领导高度重视教学改革试点工作。试点经费足额到位。教学改革试点工作列入党政工作要点，以教务副校长为首的教改领导小组工作到位，坚持以试点专业建设为龙头，带动全校各专业的教学改革和专业建设。党政领导亲临教学和生产实习现场，对教学改革试点方案的实施、修改和优化，及时做出决策，保证试点专业建设顺利进行。

（2）教学改革试点方案实施情况良好。针对测绘技术发展、工程测量专业应用领域服务面扩大和对工程测量专业专科层次人才技术要求提高的情况下，试点专业建设面向市场经济，转变教育思想，重视理论教学，突出知识应用，密切产学结合，强化技能训练，注重素质教育。调整了教改方案和教学计划，整体优化后的人才培养方案方向正确、思想清晰、目标明确、可操作性较强，对工程测量专业而言有明显的时代特色和专科特色，达到了本专业专科层次技术人才“应知、应会、应是”的要求，基本实现了自编的出版和自印专业教材对专业课的覆盖，教学改革优秀成果论文获冶金部教学成果二、三等奖。

---

① 原文较长，仅作扼要介绍。

(3)测绘仪器设备和实验室建设步伐快。投资50余万元加快现代测绘仪器GPS接收机、全站仪等购置和现代技术实验室建设。各实验室使用的软件，绝大多数是采用教师为各测绘生产部门研制的先进成果装备起来的。从测绘仪器装备到实验室设备条件，使地形测量、控制测量和工程测量三大能力培养有了物质保障。

(4)重视科研工作。1994年以来，本专业教师获冶金工业部有偿资助科研立项10余个课题，与测绘生产和管理部门的科技开发合作项目10余个。科研项目经冶金部专家组鉴定，多项获得国际先进、国内领先水平，有一项获冶金部科技进步三等奖。合作技术开发项目，数字化测绘技术、扫描数字化、土地管理系统等成果，被各合作单位用于生产和管理，转化为测绘生产力，取得很好的技术效果和经济效果，受到用户的好评。

(5)初步建立起教学、科研、生产三结合的专科人才培养机制。使用教师自编的出版和自印教材进行教学；教师完成的科学研究成果及时引进教学，促进教学内容技术现代化；利用教师科研水平高的优势，以导师式形式培养创新人才。利用厂校(校院)合作形式为测绘单位进行技术服务，又从测绘单位获得大量的测绘生产实习任务。使学生在强烈的工程环境中，实现了知识向能力的转化，培养了学生吃苦耐劳、实事求是、精益求精的优良作风和科学态度。在产学研的教育实践中，提高了教师的教学、科研水平和工程实践能力，加快了教师学术梯队和“双师型”教师队伍的建设步伐。

(6)重视教学管理和学风建设。试点专业综合教研室实施试点专业教学计划和教改方案进展顺利。建立了教研室例会制度，学期初有布置、学期中有检查、学期末有总结，建立了教学质量监控制度。由于教学改革成绩突出，综合教研室被评为黑龙江省教委先进教研室。为加强试点班的学风建设，任课教师结合教学内容进行素质教育；生产实习中建立临时党支部，加强思想工作和党建工作。由于试点班学生学风好，被学校命名为先进班级，全校唯一的一名宝钢奖学金获得者就在试点班。学生计算机与外语统考通过率、生产实习和毕业设计成绩，以及毕业生就业情况和在工作岗位上的表现，都说明试点班的教学质量较高。

(7)师资队伍建设工作成绩显著。一批中青年教师在教学改革试点专业建设过程中努力提高教学质量，积极开展科研和技术开发服务活动，涌现出一些中青年学术带头人和一批学科与专业骨干，先后有16位中青年教师获得教学质量优秀奖或讲课比赛奖。一大批中青年教师胜任测量生产实习的组织、领导和指导工作，形成了“双师型”的专科教师队伍。

(8)为确保工程测量专业实现建成全国高等工程专科学校示范性专业的目标，对后期的专业教改试点工作提出以下建议：①组织任课教师开展教育思想观念的学习和讨论，探索具有中国特色和时代特征的高等专科教育思想，进一步深化本专业人才培养模式的改革。②进一步细化培养目标，完善基本素质教育的具体要求，建立全方位的素质教育体系，动态优化人才培养方案。③进一步深化教学内容改革的同时，加大教学方法和教学手段改革的力度；进一步完善教学、科研、生产相结合的人才培养机制，不断完善创新人才培养模式；总结效果突出的教学改革成果，不断向国家级教学成果奖标准努力。

测绘工程系根据专家组中期考查评估意见，按调整后的教学改革试点专业建设方案和教学计划，进行试点专业建设工作。经过两年的努力，试点专业建设取得很大进步，总结出一些成功的经验(表2.35、表2.61)。1999年11月，教育部专家组来学校对测量工程专业教学改革试点专业建设进行考核验收。经考核认为，在学校领导下，达到了测量工程专业教学改革试点专业建设的预期目标，予以验收。教育部行文，授予哈尔滨工程高等专科学校测量工程专业“高等工程专科示范专业”称号。测绘工程系完成了测量工程专业教学改革试点专业建设任务。

4. 建校以来测绘中专与专科教育的主要成绩

从1953年到2000年，哈尔滨工程高等专科学校走过了48年的发展建设历程。1953年建校时，1 000名学生办学规模和140名教职工、单一地形测量专业的哈尔滨测量学校，经过近半个世纪的发展建设，到2000年在校学生2 800人、教职工282人，设有测绘工程、财经管理、建筑工程、信息工程4个系和基础部，以及中专部与成人教育部，建成测绘类专科为骨干，以工为主，工管结合，多学科、多专业、多层次办学的高等工程专科学校。48年来，学校在各个发展阶段共培养测绘、财会等专业的中专毕业生(包括培训结业生)10 278人，培养测绘、财经、工程、信息工程等各专业专科毕业生(包括专业证书班与成人教育)6 488人，共培养毕业生(结业生)16 766人(表2.68)。

表2.68　1953－2000年哈尔滨工程高等专科学校毕业生统计

专业类别 / 人数 / 教育层次	测绘类各专业	测绘专业证书	测绘函授	测绘培训	测绘类小计	矿冶类专业	中级师资	数学师资	财会类各专业	工程类各专业	信息类各专业	财会专业证书	函授各专业	各专业小计	总计	说明
中专	7 090			1 067	8 157	379	165		1 577					2 121	10 278	
专科	2 308	279	80		2 667			188	1 682	1 078	207	197	469	3 821	6 488	
合计	9 398	279	80	1 067	10 824	379	165	188	3 259	1 078	207	197	469	5 942	16 766	

48年来，培养出地形测量、地形制图、摄影测量、矿山测量、工程测量和建筑施工与工程测量等各专业的中专毕业生(二年制、三年制和四年制)7 090人，控制测量、地形测量、地形制图和工程测量培训结业生(一年制、二年制)1 067人，工程测量、地图制图(地图制印)、摄影测量、测绘自动化、土地资源管理和地理信息工程等各专业专科毕业生2 308人，专业证书班与成人教育测绘专科毕业生359人，共培养测绘类中专与专科毕业生(结业生)10 824人(表2.69)。

表2.69　1953－2000年测绘中专与专科教育培养人才统计

教育层次	测绘中专教育												测绘专科教育										总计	说明
	毕业生							培训生					毕业生							成人教育				
专业 / 人数 / 时期	地形测量	地形制图	摄影测量	矿山测量	工程测量	建筑施工与工测	小计	控制测量	地形测量	地形制图	工程测量	小计	工程测量	地图制图	摄影测量	测绘自动化	土地资源管理	地理信息工程	小计	测绘专业证书	工测函授	小计		
1952－1966	3 037	84					3 121	63				63	142						142				3 326	到1970
1971－1976	552						552		273		48	321											873	
1977－1985	764	202	156	183	771		2 076		97	208	235	580											2 656	
1986－2000		103	82		431	725	1 341				103	103	1 720	90	98	115	69	74	2 166	279	80	359	3 969	
合计	4 353	389	238	183	1 202	725	7 090	63	370	248	386	1 067	1 862	90	98	115	69	74	2 308	279	80	359	10 824	

1.6万余名各专业的中专和专科毕业生，奔赴各省市自治区，为祖国的社会主义建设事业贡献青春和智慧，为我国的测绘与信息产业的发展和进步作出了很大贡献。经过实践锻炼和继续教育，他们中的许多人成长为各行各业的技术专家和教授，有相当一部分人走上了各部门和单位的党政领导岗位。一个有近半个世纪办学历程的中等专业学校发展成高等工程专科学校，突显出为国家教育事业，特别是测绘中专与专科教育事业所作出的贡献。

2000年秋，哈尔滨工程高等专科学校将以黑龙江工程学院名义，开始进行测绘、财经等各专业的普通高等院校的本科教育。

2.6.5 昆明冶金高等专科学校及其测量工程专业高等职业教育的建设与发展①

“九五”期间，昆明冶金高等专科学校党委(党委书记李永康，校长夏昌祥)紧贴云南省和西部地区社会主义现代化建设和经济发展的需要，抓住国家大力发展高等职业教育的历史机遇，经过充分准备，从1998年开始，在高等专科教育的基础上，进行高等职业教育的改革、改组、改制和补充，向高等职业教育方向建设和发展。由于云南省政府的重视，1999年学校被列为云南省首批高等职业教育试点学校，并顺利通过了省教委组织的“云南省普通高等院校教务管理工作合格评价”。2000年，学校所设的24个高职专业首批全部通过云南省教育厅和云南省高等教育评估事务所组织的高等职业教育办学资质评价，成为云南省首批合格的高职院校。2001年被教育部确定为国家重点建设示范性高等职业院校。

1. 建设与发展高等职业教育的指导思想和措施

“九五”期间，学校党委领导全校教职工，立足云南、面向西部，坚定地走办好高等职业教育之路，把学校的办学目标定位在：为云南省和西部地区培养高素质的高等实用型技术人才，把学校建成云南省领先、国内一流的国家重点示范高等职业院校。

1)建设与发展高等职业教育的指导思想

学校党委领导全校教职工，提高对高等职业教育在社会主义现代化建设中发挥重要作用的认识，转变教育思想，利用高等工程专科办学的丰富经验和有利条件，集中精力办好高等职业教育，抓住机遇，加快发展；加大实验室和实训基地建设的投入，以加快师资队伍建设步伐为重点，以教学和育人为中心，以强化规范办学和依法治校为手段，以质量求生存，以特色求发展，积极开拓人才需求市场，形成产学研相结合的办学模式；既注重学校规模、结构、质量和效益的协调发展，又注重学生知识、技能、素质和个性的协调发展；大力培养云南省和西部地区经济社会发展需要的高素质的高等实用型技术人才；力争把学校建成为本省领先、国内一流的国家重点示范高等职业院校。

2)培养目标和培养模式

“高等职业教育的本质特征体现在培养目标和培养模式上”。高等职业教育各专业培养能够坚持社会主义道路的，适应云南和西部地区经济与社会发展需要的，德、智、体、美诸方面全面发展的，既具有必要的基础理论知识和实用的专业理论知识，又具有较强实践能力的生产、建设、管理、服务第一线的，能够“下得去、用得上、留得住、上手快”，具有初步创新精神和职业能力的高等实用型技术人才。通过理论教学和实践教学并重，以培养能力为核心，以产学研相结合的办学模式，在工程实践和社会实践中培养专业能力，达到培养目标的要求。

3)高等职业教育的办学理念

学校党委提出办好高等职业教育的理念是：全校教职员工牢固树立“以质量求生存，以特色求发展”的观念；依法治校，以德治校，从严治校，规范办学；以人为本，教书育人，为人师表，

---

① 作为由高等专科教育向高等职业教育转变的典型介绍，是根据“昆明冶金高等专科学校简介”(2002年7月，该校“招生就业简介”)、“高职教育一面旗——写在昆明冶金高等专科学校建校五十周年之际”(2003年11月3日《云南日报》报道，转刊于“昆明冶金高等专科学校1952－2002校友录”上)和学校提供的“测量工程专业教学改革试点专业建设”等材料和论文，经整理和编辑成文的。

敬业爱生；以学生为主体，以教师为主导，“一切为了学生，为了一切学生，为了学生的一切”；在创建国家重点示范高等职业院校的实践中，教职员工共同遵循“创新、创造、创业、创效”的“四创”校训，不断创出高等职业教育的新成就。

4）建设和发展高等职业教育的总体工作思路

紧紧围绕努力办出有特色的国家重点示范高等职业院校这个中心任务，确定“一、三、六总体工作思路”。

（1）抓住一个机遇。抓住国家发展高等职业教育的机遇，在教育部和云南省政府的大力支持下，把握创建国家重点示范性高职院校的契机，加速学校的建设和发展，为国家“西部大开发”战略服务。

（2）坚持三条方针。①坚持以教学和育人为中心的方针；②坚持依法治校、以德治校、从严治校和规范办学方针；③坚持着力培养高素质创新性高等实用型人才的方针。

（3）采取六项措施。①加速教育思想观念的转变；②加强师资队伍建设；③加紧规范化管理工作；④加快教学改革步伐；⑤加大人才市场的开拓力度；⑥加大实验室和实训基地的建设投入。

5）建设示范性高等职业院校的措施与成绩

1998—2001年，经过3年的高等职业教育试点，在云南省政府的大力支持下，学校抓住机遇，加速发展，取得很大成绩。1998年专科教育时期，在校生2 000余人、10个专业、办学资产2 000余万元、计算机300余台；到2001年高职办学时期，发展到在校生5 000余人、27个高职专业、办学资产7 000余万元、计算机1 000余台。

（1）新建了13 000余平方米的新式学生公寓和8 000余平方米的新教学大楼，建成了“四位一体”的80余间具有多媒体网络电视辅助教学系统的教室，改善了办学的基础条件，扩大了办学规模。

（2）以教育部批准的测量工程专业、环境工程专业和电气工程及其自动化专业的产学结合教学改革试点专业建设为龙头，推动全校各专业进行深入地教学改革和专业建设。

（3）建立起云南省高校一流的现代测绘技术中心、电子电工实训中心等为代表的实验和实训基地，进行学生的专业动手能力培养。

（4）学校的师资队伍综合教学水平较高，办学基础设施不断改善，教学质量不断提高，学校已发展成为云南省高职院校中在校生规模最大、开办的高职专业数量最多、办学声誉好、有特色的高职院校，2001年，被教育部确定为国家重点建设示范性高等职业院校。

学校为进一步深化教学改革，全面提高教学质量和办学水平，聘请中国工程院院士、原武汉测绘科技大学校长、武汉大学博士生导师宁津生教授为昆明冶金高等专科学校顾问；聘请大地测量学家、武汉大学博士生导师陶本藻教授和各学科的高校知名专家教授，以及各学科专业生产与管理部门的专家为学校的客座教授。这有力地改变了师资队伍的组成，大大提高了师资队伍的教学、科研、生产的综合能力。

2. 深化教育改革，构建高等职业教育的教学管理和教学体系

1）改革教学管理体系

按学校提出的依法治校、以德治校、从严治校和规范办学的指导思想，改革和构建适应高等职业教育的教学管理体系，主要做到“八个到位”。

（1）思想认识到位。全校教职员工要牢固树立高等职业教育以教学和育人为中心，把教学工作作为学校工作的主旋律，教学管理工作是学校各项管理的重中之重。

(2)机构调整到位。①调整了学校学术委员会、"两课"教育领导小组等校级机构。②调整和新建了测绘与冶金工程、环境与市政工程、机械与电气工程、建筑与艺术设计、计算机与信息工程、管理工程、经济与工商管理、外语等8个系,以及公共课、社会科学、体育、中专等4个部,形成"八系四部"的教学体系。③设立了教务处、科研处、招生就业处、督导室、技能鉴定办公室、实训中心、成人教育中心,组成"三处两室两中心"的教学管理体系。④设立和规范了各系部的教研室、各处室等基层单位,使教学和教学管理机构落到实处。

(3)各级领导责任到位。确定各系、部、处、室和中心的负责人,明确岗位领导职责;校级领导明确了分工负责的部门,以及基层的联系点,便于了解情况和做好细致的工作。

(4)规章制度制定到位。根据高职教学管理、学生管理、行政管理等各方面工作的需要,制定了160余项规章制度,实行规范化管理,有效地提供一个良好的教学环境。

(5)调动教师积极性的政策制定到位。为有利于建立高职教育需要的师资队伍,学校制定了一系列调动教师特别是一线教师积极性的政策,鼓励教师积极承担教学任务,在教学中起主导作用,勇于承担教学、专业技术科研与技术开发任务,稳定教师队伍。

(6)教学仪器设备投资到位。学校为改善各专业的实验室、实验中心和实训中心的仪器设备,投入大量资金,重点建立起云南省领先、同类院校一流的现代测绘技术中心、电子电气实训中心、环境工程实训中心等培养专业能力的基地。

(7)抓重点工作到位。学校狠抓教风、学风和校风建设,创造良好的育人环境;根据高职教育的培养目标和教学模式,抓好制订高职各专业教学计划、课程教学大纲和实践教学大纲的工作,构建高职教学体系;抓好高职各专业学科教材的建设工作,逐步形成有特色的高职教材体系;抓好教育部批准的3个教学改革试点专业建设、4个学校重点专业建设和6个特色专业建设,带动全校的专业建设;着力抓好师资队伍建设,形成适应高职教学需要的"双师型"教师队伍等各项工作。

(8)学制、招生和毕业制度改革到位。①实行招生的"多生源制":三年制高职生既招高中毕业生,又招职高、中专和技校毕业生(三校生);五年制高职班招初中毕业生。②实行"学分制"和灵活的"弹性学制",适应特殊情况的学生和用人单位的需要。③实行"双定生"制度,为艰苦行业定向培养高职人才,为边远贫困地区定向培养急需的高职人才,这些学生在学习时享受全免学费待遇。④实行毕业"双证书"制,毕业生既要取得高等职业教育毕业证书,又要取得专业技能资格证书才能毕业。⑤实行"预就业制":为广开就业机会,有利于用人单位选拔人才,毕业实习或毕业设计时学生可以选择接收单位,按单位岗位或技术开发要求进行毕业实习或毕业设计,便于用人单位对学生进行考核,确定预接收名单,与学校签定有关协议;学生经毕业考试、毕业设计答辩合格,取得毕业证书和专业技术资格证书后,再办毕业生就业手续到用人单位报到。

2)构建高职教学体系

学校抓住以内部体制改革为重点,推进高等职业教学体系的建设。

(1)进行高职专业建设。以原有的高等工程专科的专业为基础,根据高职教育的培养目标和教学模式,改造为相应的高职专业;根据人才市场的需要,结合学校的师资和办学条件,开设新的高职专业。总结高等专科教育的成功经验,创造性地运用在高职专业的建设之中,搞好教育部批准的教学改革试点专业建设、学校重点专业建设和特色专业建设,推动全校各高职专业的建设。

(2)制订高职专业教学计划。根据高职教育的培养目标和办学模式,按专业用人单位岗位群对高职技术人员专业技术的能力要求，确定毕业生的知能结构，找出支撑知能结构的基础与专业知识点和技能点，构建基础理论与专业理论教学和实践教学内容框架，确定合理的教学环节和课程设置结构，制订包括公共课、基础课、专业课、专业选修课、任选课和实践教学在内的高等职业教育专业教学计划。

(3)改革教学内容。根据教学计划中本门课程设置的目的和要求，确定高职毕业生应知、应会、应能的理论知识和专业技术，把本门课程传统实用的理论与技术，以及现代的理论与技术有机地结合起来，构成本门课程的基本理论与基本技术体系。在内容深度与广度的选择上掌握：基础理论内容以应用为目的，以必需、够用为度；专业理论与技术，要有针对性、实用性；实践性教学内容以培养能力为目的等原则。依据上述要求，编制各门课程的教学大纲和实践教学大纲。

(4)抓好高职教材建设。各系各专业积极组织业务水平较高的老中青教师编写高职专业配套教材。较成熟的教材争取出版发行，可供同类学校使用；不够成熟的教材，先印制成册供本校教学使用，待修改完善后争取出版发行；暂时不能编写的教材，可采用相应课程的现有本科或专科教材，按课程教学大纲要求删繁就简代用，争取早日编写出高职专用教材。

(5)重视课程建设。高职课程建设是高职专业建设、试点专业建设、学校重点专业和特色专业建设的关键环节。课程建设的主要内容：编写出版具有先进性、实用性的高职专用教材；形成一套课程理论教学基本方法和有效手段；建立一套与理论教学相配套的实践教学方案和实施办法；总结出激励学生主动学习、因材施教、以教师为主导的教书育人的教学经验；建立一套能比较客观地评价学生学习成绩的课程试题库，以及教学效果的评价体系；进行教学理论和教学方法实验研究，有质量较高的教学科研成果；教师具有一定的专业科研与技术服务的能力与成果，成为本门课程教学综合水平较高的“双师型”教师。

(6)加强实验室、实训中心和实训基地建设。高职教育的特点是理论教学和实践教学并重，以培养能力为核心，实践教学的内容与理论教学密切结合，但又有一定的独立性。因此，建立教学仪器设备先进和齐全的实验室、实训中心，以及能进行工程实践的实训基地，是完成动手能力培养任务的物质保证。在现有财力的条件下，进行精心计划和设计，使各种实验、实训设备发挥最大的教学效果。

(7)加强德育工作。学校贯彻国家教委发布的《中国普通高等学校德育大纲(试行)》，对学生进行爱国主义、社会主义、集体主义和劳动教育，建立学生思想政治工作体系。贯彻教育部、中央宣传部1998年先后发出的《关于普通高等学校开设〈邓小平理论概论〉课的通知》和《关于印发〈关于普通高等学校“两课”课程设置的规定及其实施工作的意见〉的通知》，开设“马克思主义哲学原理”、“毛泽东思想概论”、“邓小平理论概论”和“思想道德修养”、“法律基础”、“形势与政策”等6门课程，强调邓小平理论“三进”和“三个代表”重要思想的教育。加强学生的党建工作和共青团、学生会工作。组织学生参加社会实践活动和“三下乡”活动，对学生毕业后面向基层、面向生产管理第一线就业、为社会主义建设服务进行教育。组织学生参加校园文化体育活动，使学生在德、智、体、美诸方面都得到发展。

(8)探索高等职业教育模式。根据高等职业教育的培养目标，通过理论教学与实践教学并重，以培养能力为核心的教育思路，构建高职教学课程设置与实践教学内容体系。探索以产学、产教结合的形式，在生产实践中培养高职毕业生的思想素质和专业能力的具体方法，总结教学经验和规律，完善“教学、科研、生产相结合”的高等职业教育模式。

(9)建立新型的师生关系。在教学过程中,以学生为主体、以教师为主导,教书育人、为人师表、敬业爱生,在一切为了学生的教育理念指导下,教师以教学相长的态度,主动与学生建立新型的师生关系。①认真搞好理论教学和实践教学,主动辅导学习有困难的学生,特别是"三校生"、"双定生"在基础课和外语课学习中遇到的困难,使学生共同提高和进步。②引导学生发挥学习的主动性和积极性,在学好各门课程的基础上,加强外语学习和掌握计算机基本知识和有关技术,全面通过专科水平的外语和计算机考试,争取通过本科水平的外语和计算机考试。③指导学生德、智、体、美诸方面全面发展,不但要学好公共课、基础课、专业课、专业选修课,而且要尽量多学一些社科、人文、文学、艺术等公共选修课,提高综合素质。④在教学过程中,把思想政治工作融入所有的教学活动中,以为人师表的模范行动影响学生,促进学生坚定正确的政治方向,鼓励学生面向基层、面向生产管理第一线,学好本领,以优异的成绩获得高职毕业证书和专业技能资格证书,为云南省和西部大开发服务。⑤发现、鼓励和培养有学习潜力的学生,在课余时间参加力所能及的科学研究活动,培养他们的创新能力;对学习成绩优秀,又有继续深造愿望的学生,帮助和鼓励他们参加"专升本"考试,接受本科教育。

(10)建立教学质量评估体系。为判断系部、专业、课程和实践教学的组织管理水平和教学质量,建立相应的教学评估体系。评估体系的项目、内容和评估手段,做到教学管理人员和教师人人皆知。评估通过考核打分、教师与学生问卷调查和民主评议等方式进行。根据评估的结果,对部门和教师及教学管理人员做出的成绩给予相应的奖励。

(11)加强师资队伍建设。师资队伍建设的着重点是:①树立办好高等职业教育的观念,适应高等职业教育教学工作的需要,做好各项教学工作,在教学过程中起主导作用。②鼓励教师攻读硕士、博士学位和有计划地进行专业技术进修,提高专业或学科的理论水平和现代科学技术水平。③通过课堂教学实践提高教学水平,进行高职教学方法的试验研究,获得有价值的教学研究成果,达到讲师以上的教学水平。④分期分批派教师到专业对口的生产管理或工程部门进行岗位技术实习和调研,提高自身的技术作业能力,了解现代科技在生产、管理和工程部门的应用情况和发展趋势,了解和掌握专业工程师应达到的理论知识和专业能力水平,与工程技术人员合作进行科技开发服务。⑤带领学生在生产实习和工程设计与施工实习中,增长组织领导、计划管理、指导生产作业、进行思想政治工作、生产与工程质量控制等方面的能力,达到工程师水平。⑥承担科研和技术服务项目的研究和开发,将取得的成果在实践中转化为生产力,取得一定的经济效益和社会效益。⑦鼓励教师特别是中青年教师编写高职教材和学术著作,发表教学成果论文和科研论文,提高教师队伍的教学水平和学术水平,为教师积累学术成果,培养德才兼备的"双师型"教师。

1998年学校开始进行高等职业院校建设,经过4年的努力,到2001年,全校550余名教职工中,具有专业技术职称的人员有400余人;教师占全校教职工的60%,其中具有正副高级职称的120人,中级以上职称的占教师总数的85%;有60余人在攻读硕士或博士学位;有学术带头人16名,专业带头人26人,骨干教师78人,"双师型"教师148人。

3. 测量工程专业教学改革试点专业建设方案

昆明冶金工业学校1985年升格为昆明冶金高等专科学校后,将中专矿山测量专业改建为专科三年制的工程测量专业,1994年该专业更名为测量工程专业。在"八五"期间专业教学改革的基础上,"九五"期间学校进行了力度很大的教学改革,探索高等职业教育培养高等实用型测绘技术人才的办学模式。经学校申请,教育部于1998年6月批准测量工程专业为产学结合教学改革试点专业。学校把测量工程专业教学改革试点专业建设列入学校教学改革专业建设的重要项目，经过5年的试点专业建设，力争把测量工程专业建设成全国高等职业教育的示范专业。

1)试点专业建设的预期目标和指导思想

测量工程专业教学改革试点专业建设的预期目标是：通过试点专业建设，按“一平台、多模块”的教改方案，以产学结合的办学途径，培养高职测量工程专业高等实用型技术人才，为云南省和西部地区国民经济建设服务。总结理论教学和实践教学并重、以培养能力为核心的高职专业教学经验，推动学校各专业的教学改革。在校企合作的条件下，积极开展教师的科学研究和专业技术开发服务活动，培养出教学、科研、生产相结合适应高等职业教育需要的“双师型”教师队伍。经过5年的努力，把测量工程专业建设成为全国高等职业教育的示范专业。

教学改革试点专业建设的指导思想是：以《中国教育改革和发展纲要》提出的“大力发展职业教育”和国家有关发展高等职业教育的方针政策为指导，全面贯彻党的教育方针，以“三个面向”为指针，提高对高等职业教育在国民经济建设中重要作用的认识，转变教育思想，按学校党委关于建设与发展高等职业教育指导思想的要求，集中精力搞好测量工程专业教学改革试点专业建设。做好参加试点专业建设的教师和学生的思想动员工作；在学校测量专业教学指导委员会和测量专业教学改革实施领导小组的领导下，在教改实践中不断总结经验，找出差距，丰富和完善教改方案，达到教学计划培养目标的要求，探索出培养测量工程专业高等实用型技术人才的教育模式。

表2.70　测量专业教学指导委员会成员

姓名	职称或职务	工作单位	说明
宁津生	院士、教授	武汉大学	学校顾问、客座教授
陶本藻	教授	武汉大学	学校客座教授
方源敏	教授	昆明理工大学	客座教授
李志荣	测绘处处长	昆明市测绘处	客座教授
胡超滇	总工	昆明市测绘处	客座教授
夏昌祥	教授	昆明冶金高等专科学校	校长
赵文亮	副教授	昆明冶金高等专科学校	副校长，专业教师
叶加冕	教授	昆明冶金高等专科学校	系主任，专业教师
王育军	副教授	昆明冶金高等专科学校	系副主任

2)试点专业建设的主要任务

学校成立有国内测绘界知名专家教授、地方测绘管理部门的专家、学校领导和系负责人参加的测量专业教学指导委员会(成员如表2.70所示)，对测量工程专业的总体建设、教学改革试点专业建设、师资队伍建设、现代测绘技术中心和实训地基地建设、教师的科研和技术开发活动，以及产学结合办学途径等各方面进行论证、咨询和指导。成立以主管副校长为首的测量工程专业教学改革实施领导小组，对试点专业建设进行全面领导。

教学改革试点专业建设的主要任务是：

(1)做好教师和学生的思想动员工作。让测量工程专业的教师和学生明确，进行教学改革试点专业建设是探索高职测量工程专业教育模式的创新实践，其目标是为云南省和西部地区培养适应西部大开发需要的高等实用型测绘技术人才。调动教师和学生参加教学改革试点专业建设的积极性，为经过5年把测量工程专业建设成为全国高职示范专业而努力。

(2)确定教学改革方案。根据高等职业教育的培养目标，结合云南省和西部地区对测量工程专业高职高专层次技术人才的需求状况，在广泛调查和征求测绘生产部门专家意见的基础上，确定“一平台、多模块”的教学改革方案，以及实施这个方案的基本思路。

(3)构建理论教学与实践教学框架和制订专业教学计划。根据高职层次测量工程专业的培养目标，按“一平台、多模块”的教改方案及其基本思路，构建理论教学与实践教学的框架，进而制定高职测量工程专业教学计划及其课程教学大纲与实践教学大纲等教学文件。

(4)编写高职高专教材。根据教学计划中的课程设置,编写高职高专测量工程专业教材是一项具有开创性的专业基础建设工作,是教学科研的重要内容之一,是体现教师教学和学术水平的标志性成果,是提高教师综合水平的实践过程。分轻重缓急,争取5年内完成编写出版测量工程专业主要的配套教材任务。

(5)建立现代测绘技术中心。为了实现以培养能力为核心的目标,在完善与充实传统测绘仪器设备的基础上,跟踪现代测绘技术和仪器设备的应用和发展,建立现代测绘技术中心是试点专业建设的重要项目;其目标是达到省内高职院校同类专业实验室的一流水平、国内的先进水平。在原有校内外实训基地基础上,充实完善实训基地的功能,使其适应现代测绘技术课堂实习和教学实习的需要。

(6)加强校企合作机制的建设。主动与测绘生产和管理部门及需要测绘技术保障的企业建立校企合作机制。邀请有关专家参与教学改革和试点专业建设,与测绘生产与管理部门及有关企业合作进行测绘新技术开发,承担测绘生产部门和企业提供的测绘工程任务,为产学结合的办学途径创造有效的支持。

(7)开展科研活动。在完成教学任务的基础上,提倡开展教学理论和实践研究,总结出优秀的教学研究成果;进行现代测绘技术研究与新技术开发,把优秀科研成果转化为生产力;把优秀成果引入到教学之中,更新教学内容;重视总结在工程实践中培养学生动手能力和提高专业综合技术水平的经验和成果;鼓励教师发表学术论文,为教师参加校内外的学术交流活动创造条件。

(8)总结高职学生思想政治工作经验。测量高等职业教育的目标是培养面向生产、管理、服务第一线的高等实用型测绘技术人才。教育毕业生面向基层、到第一线服务,是做好学生思想政治工作的重要任务。探索在教学和学习过程中体现“以学生为主体,以教师为主导”的教学理念,总结在教学的全过程中教师对学生全面负责、教书育人、为人师表等方面的先进经验。

(9)建立教学质量检查和评估体系。面对理论教学与实践教学并重、以培养能力为核心的高职教学原则,要建立一套相应的教学质量评估体系,包括:理论教学的考试评分办法,实践教学的成绩考核办法,教师的理论与实践教学质量、科研成果水平、思想政治工作成绩等评估办法,教研室工作和测量工程专业工作的评估办法等。还要建立一套高职毕业生综合成绩评估办法,以便对总体培养质量进行定量与定性评估。

(10)总结教学改革试点专业建设经验。根据教学改革试点专业建设的总体方案,按分解的学年计划和学期计划,进行学期和学年教学工作检查,按各项评估办法进行定量和定性评估,肯定成绩、找出差距、总结经验,提出改进工作的具体意见和措施。评选出在教改中取得显著成绩的教师、学习成绩优秀的学生和支持教改工作的先进单位和个人。认真积累教学改革试点专业建设的总结资料和数据,为教育部、省教育厅对教学改革试点专业建设的中期检查评估、最后检查验收做好充分准备。

3)*教学改革方案及其基本思路*

为了使培养目标定位恰当,对云南省现阶段的专业测绘、有色金属工业、磷化工工业、公路工程、水利水电工程、城市规划与建设、土地利用与管理、国土资源开发、工企管理等部门的测绘单位,进行了测绘岗位群技术水平及其对高职高专毕业生的测绘专业技术能力需求的调查。并与各测绘单位的专家座谈,征求测量工程专业教学改革方案的意见。经反复论证,确定了“一面对,一主线,一突出;两体系,两兼顾,多方向灵活办学”即“一平台、多模块”的教学改革方案。

一面对　面对测绘工程与需要测绘技术保障服务的基层岗位群,培养高职高专层次的高等实用型测绘技术人才。

一主线　以使学生具有较扎实的基础理论与专业理论知识、较强的专业技术能力和优良的思想品德为标志的综合素质培养为主线。

一突出　突出专业技能达标训练和工程技术应用能力的培养为目标。

两体系　根据测量工程专业的培养目标与毕业生的基本要求，构建相互联系又相对独立的理论教学与实践教学体系。

两兼顾　理论教学与实践教学并重；基础理论教学以必须、够用为度，专业理论教学要有针对性、实用性和一定的先进性；强化实践教学，以培养专业能力为核心；做到理论教学与实践教学二者兼顾。

多方向灵活办学　主动适应人才市场对高职高专测绘技术人才能力的要求，构建一个具有测量工程专业特征的理论与实践教学平台，作为专业人才培养的基础；选择应用广泛、就业机会多的专业测绘、测量与土地管理、测量与矿业开发、测量与工程施工、测量与城乡规划等5个专业方向模块，组成测量工程专业完整的教学体系，形成“一平台、多模块”的教学改革方案。这一方案扩展了测量工程专业毕业生的服务面。

测量工程专业教学改革试点专业建设，就是探索和总结“一平台、多模块”教学改革方案与产学研相结合办学模式结合，构成高职培养测量工程专业高等实用型技术人才教育模式的成果和经验。

4. 构建测量工程专业理论教学与实践教学框架

根据高等职业教育的培养目标，结合测量工程专业教学改革方案所确定的本专业培养目标和毕业生的基本要求，构建测量工程专业的理论教学与实践教学框架。

1)培养目标与毕业生的基本要求

(1)培养目标。测量工程专业培养能够坚持社会主义道路，适应云南省和西部地区经济建设需要，掌握必需的基础与专业理论知识和工程实践技术，有初步的创新精神和创业能力，德、智、体、美诸方面都得到发展的，高等实用型测绘技术人才。学生毕业后，主要去测绘、工程建设、土地利用与管理、城市规划与建设、矿业开发、交通工程、农林与水利电力工程、工业企业等部门的基层第一线，从事测绘工程和各行业测绘保障的技术设计、生产作业和管理等工作。

(2)毕业生的基本要求。本专业毕业生，热爱社会主义祖国，拥护共产党领导和党与国家的路线、方针、政策，懂得马列主义、毛泽东思想、邓小平理论的基本知识，有理论联系实际、实事求是的科学态度，有民主与法制观念；有建设“四化”、振兴中华的理想，有为人民服务、热爱劳动、艰苦奋斗、集体主义、团结合作、实干创新的精神，勤奋学习，遵纪守法，具有建设社会主义的事业心、责任感和优良的道德品质。掌握达到培养目标所必需的基础理论知识、较强的实用专业理论与技术、相关的学科知识及管理知识；掌握专业能力要求所必需的测绘仪器操作和生产作业技术、相关学科的应用技术，以及使用计算机及其有关软件进行计算、制图、测图与信息管理的作业能力；具有编制工程设计规划、总结报告和组织生产的初步能力；学习一门外语，有阅读和翻译专业资料的初步能力。有一定的经济、管理、历史地理、人文、文学、艺术和美学等社会科学知识和修养；有适应环境变化、克服困难、奋发自强的良好心理素质，以及一定的社会实践能力；掌握体育运动的基本知识，达到大学生体育运动标准，身体健康。

2)毕业生的知识、能力和素质结构

(1)知识结构。①专业基础平台知识点：马列主义、毛泽东思想、邓小平理论的基本知识，法律基础、思想道德修养、形势与政策("三个代表"重要思想)等知识,大学语文、英语、计算机文化基础、体育等知识;高等数学、工程数学(线性代数、数理统计)、计算语言与程序设计、CAD技术应用、数据库技术、建筑工程制图等知识;地形绘图、测量平差、地形测量、控制测量、地籍测量、工程测量、全球定位系统(GPS)技术及应用、地理信息系统(GIS)技术及应用、地理信息管理概论、测绘工程管理及专业英语等知识。②专业测绘方向知识点:现代测绘应用技术,数字化成图,变形观测,观测数据处理。③土地管理方向知识点:土地管理学,土地规划学,土地经济学,建筑用地管理。④矿业开发方向知识点:采矿工艺学,矿山地质,矿山测量,地表与岩石移动。⑤工程施工方向知识点:建筑工程预算,土力学与地基基础,钢筋混凝土结构,施工组织与管理。⑥城乡规划方向知识点:美术与色彩,区域规划概论,城镇规划原理,城镇规划设计,建筑设计及表现。

(2)能力结构。专业基础平台教学形成的能力:通过高等数学和工程数学的学习,为专业理论与相关学科理论和技术学习打下数理基础,形成自学与继续教育的能力;具有使用计算机和有关的软件进行测量平差计算、工程制图与计算机辅助设计、数字化测图、GPS定位后处理、各种数据库管理操作、地理信息管理操作等能力;掌握各种经纬仪、水准仪、平板仪、测距仪、全站仪和GPS接收机的操作技术,有进行城市与工程控制测量(包括GPS定位技术)、地形测量、地籍测量等工程的内外业工作及质量控制和成果检查的技术工作能力;有建立施工控制网、施工放样、设备安装、路线测量、工业厂区现状图与工程竣工图测量等技术能力;掌握一定的GIS的应用技术,有进行地理信息管理的初步能力;有进行测量工程设计、组织生产作业、质量控制和检查、编写技术总结报告等初步能力;有阅读和翻译本专业外文资料的初步能力。测量技术与专业测绘方向知识与技术相结合,形成从事专业测绘工作的能力;测量技术与土地管理方向的知识与技术相结合,形成从事地籍测量与土地管理专业的能力;测量技术与矿业开发方向的知识与技术相结合,形成从事矿山测量专业的能力;测量技术与工程施工方向的知识与技术相结合,形成从事工程测量与工程施工专业的能力;测量技术与城乡规划方向的知识与技术相结合,形成从事工程测量与城乡规划专业的能力。

(3)素质结构。以马克思列宁主义、毛泽东思想、邓小平理论及形势与政策等为主要内容的"两课"是德育教育的主体,通过入学与毕业教育、军训、公益劳动、党团建设活动、"三下乡"等社会活动,使学生受到爱国主义、社会主义、集体主义、了解国情和为人民服务的教育,树立正确的政治方向,使毕业生具有良好的政治思想与道德素质。掌握测量工程专业的实用理论与技术,与各专业方向知识与技术相结合,使毕业生具有为专业测绘、土地管理、矿业开发、工程施工、城乡规划等测绘技术保障岗位服务的能力素质。通过必修课和选修课的学习,发挥学生个性特长,具有一定的经管、史地、人文、文学、艺术和美学等文化素质。通过测量生产实习和工程实践和锻炼,增强热爱劳动、克服困难、团结协作、面向基层和艰苦奋斗的精神,有良好心理素质和健康体魄。使本专业毕业生在生产、管理、服务的第一线具有"下得去、用得上、留得住、上手快"的优秀品质。

3)构建测量工程专业的课程设置与实践教学框架

根据培养目标分解的毕业生知识、能力和素质结构,以及"一平台、多模块"的教改方案,按理论教学与实践教学并重,以培养能力为核心的原则,构建测量工程专业课程设置与实践教学框架,如表2.71所示。

表 2.71 测量工程专业课程设置与实践教学框架

选课类型	课程分类 专业方向	课程名称	实践教学安排	说明
测量工程专业技术平台必修课	公共课	1.马克思主义哲学	课程1～6,是以"两课"为主要内容的德育教育,其实践活动包括:入学、毕业教育,军训,公益劳动,精神文明建设活动,自愿者活动,"三下乡"等社会活动,校园文化活动,党团建设活动等,达到提高思想政治素质的目的	德育教育三年不断线;形式与政策教学包括形势政策报告教育
		2.毛泽东思想概论		
		3.邓小平理论概论		
		4.法律基础		
		5.思想道德修养		
		6.形势与政策		
		7.大学语文	应用文写作,培养拟定技术报告和学术论文的能力	
		8.英语	强化教学与辅导,达到通过专科英语统考水平	
		9.计算机文化基础	培养动手能力,与课程13配合,通过专科计算机统考	
		10.体育	达到大学生体育锻炼标准	
	基础课	11.高等数学	作业与习题课	
		12.工程数学	作业与习题课	
		13.算法语言及程序设计	上机操作,进行程序设计的课程设计	计算机学习三年不断线
		14.CAD技术应用	掌握软件操作,进行CAD课程设计	
		15.数据库技术	掌握数据库设计原理,进行数据库课程设计	
		16.地形绘图	掌握地形绘图技术,进行地形绘图课程设计	
		17.建筑工程制图	掌握工程制图技术,掌握计算机辅助制图技术	
		18.测量平差	掌握平差计算原理与平差软件使用技术,进行平差计算课程设计	
		19.专业英语	与基础英语结合,达到翻译专业资料水平	英语学习三年不断线
	专业课	20.地形测量	掌握经纬仪、水准仪、平板仪、测距仪、全站仪的操作技术;通过教学实习,形成控制测量、地形测量、地籍测量、工程测量作业能力,通过生产实习完成上述作业的各项任务	这4门课程的"测、算、绘"是本专业的三大基本功,必须掌握
		21.控制测量		
		22.地籍测量		
		23.工程测量		
		24.GPS技术及应用	掌握GPS接收机作业技术和后处理技术,在生产中应用	
		25.GIS技术及应用	掌握GIS软件使用技术,进行专题课程设计	
		26.地理信息管理概论	结合具体管理系统,进行课程设计	
		27.测绘工程管理	进行测绘工程的课程设计	
专业方向模块限选课	专业测绘	1.现代测绘应用技术	3S技术、4D技术,到省测绘局参观学习;通过课堂、教学实习掌握数字测图技术,用于地形、地籍图生产作业;进行变形控制网课程设计、变形观测实习;进行控制网的优化设计,掌握各种平差计算的软件使用	与专业技术平台结合,形成专业测绘技术能力
		2.数字化成图		
		3.变形观测		
		4.观测数据处理		
	测量与土地管理	1.土地管理学	到土地管理部门进行土地管理、土地规划、土地经济的参观实习和实际作业,按典型项目进行土地规划课程设计;掌握建筑用地管理条例,到经济开发区现场参观土地利用实习	与专业技术平台结合,形成地籍测量与土地管理专业能力
		2.土地规划学		
		3.土地经济学		
		4.建筑用地管理		
	测量与矿业开发	1.采矿工艺学	进行岩石、矿物课堂实习,地质构造现场实习,采矿工艺现场参观实习;进行近井点、联系测量、贯通测量、生产矿井测量实习;进行井巷工程现场参观实习;进行地表及岩石移动参观实习	与专业技术平台结合,形成矿山测量专业能力
		2.矿山地质		
		3.矿山测量		
		4.地表与岩石移动		
	测量与工程施工	1.建筑工程预算	按建筑工程预算规程,进行典型工程预算课程设计、土力学与地基基础实验室实验、现场参观实习、钢筋混凝土结构现场参观实习、施工组织管理现场参观实习,做典型工程课程设计	与专业技术平台结合,形成工程测量与工程施工专业能力
		2.土力学与地基基础		
		3.钢筋混凝土结构		
		4.施工组织与管理		
	测量与城乡规划	1.美术与色彩	进行美术与色彩课程设计;到城市规划部门参观实习,按典型工程进行城镇规划课程设计;到建筑设计部门参观实习,做建筑工程课程设计;重点形成城镇规划设计的初步能力	与专业技术平台结合,形成工程测量与城乡规划设计专业能力
		2.区域规划概论		
		3.城镇规划原理		
		4.城镇规划设计		
		5.建筑设计及表现		
任选课程	教务处设课	经管、人文、文学、艺术、美学等课程	参加选修课实践活动和校园文化活动,提高文化素质	
毕业实践	综合能力考核	毕业实习	组织测量与专业方向的工程实践综合性实习或生产	考核毕业实习成绩
		毕业设计	结合测量与专业方向选题进行毕业设计,撰写毕业论文	毕业答辩评定论文成绩
		职业技能考核	进行职业技能考核,合格者发职业技能证书	实行"双证书"毕业制

(1)课程设置的分类。表 2.71 中，将课程设置分为：测量工程专业技术平台必修课，其中设公共课、基础课和专业课；专业方向模块限选课，其中有专业测绘、测量与土地管理、测量与矿业开发、测量与工程施工、测量与城乡规划；任选课(由教务处根据全校各专业的需要设定)；毕业实践项目等。各门课程名称、实践教学的重点内容，以及相关的几门课程形成综合技术能力的实践教学内容，都表述在表中的相应位置。在说明栏中，还列出了德育教育、英语与专业英语学习、计算机应用技术学习与应用三年不断线的要求，以及测量技术与各专业方向知识与技术相结合所形成的新的专业能力。

(2)课程教学内容的确定。公共课教学内容(教材)，按教育部和有关部门的规定要求进行教学，一般使用高职高专的统编教材。基础课的教学内容，既要达到高职高专应该达到的高等数学、工程数学等课程的水平，又要满足专业课及后续课程教学的需要；与专业课有密切关系的基础课的教学内容，要根据专业课教学的需要，并考虑有关课的连续性来确定教学内容，体现基础课的针对性和应用性原则。专业课教学内容的选择，从云南省和西部地区测绘技术的实际水平出发，既要考虑测绘技术服务岗位群对高职高专技术人员能力的要求，又要把实用的传统技术和现代测绘与信息技术有机地结合起来，适当采用代表发展趋势的新技术。专业方向限选课的内容，按专业课教学内容选择的原则确定。任选课的教学课目及其内容，由教务处根据全校各专业任选课的需要而定，重点是经管、史地、人文、文学、艺术和美学等课程。根据课程内容、课程在形成培养目标中的作用，在统一协调下确定各门课程的课时数，编制出课程教学大纲，作为编写教材和教学的依据。

(3)实践教学的安排。实践教学包括课堂实习实验、教学实习、生产实习(工程实践)、毕业实习，以及课程设计和毕业设计。课堂实习实验主要是各种测绘仪器操作实习，以及计算机与仪器软件、信息技术软件的实习实验。表 2.71 中列出了各门课程的主要实习或课程设计中的内容，以及几门相关课程形成一定技术能力的教学实习、生产实习的内容。毕业实习是以测量与各专业方向，选择实用的工程课题或生产任务进行的综合性实习。毕业设计可以选择测量工程专业技术平台的专题，也可以到各拟就业单位选择该单位需要解决的技术问题作为毕业设计课题。根据上述内容制定实践教学大纲，做出具体计划安排。理论教学的周数与实践教学周数之比，达到 1∶1 较为适宜。实践教学在教师、实验教师和特聘的协作单位工程技术人员指导下，在现代测绘技术中心、校内外实训基地，以及校企协作的实训基地进行。

(4)编制专业教学计划。测量工程专业教学计划表，根据表 2.71 编制，主要包括教学环节时间分配表、教学日历表、课程设置与教学进程计划表、实践教学项目表，以及有关的说明等。由于测绘科学技术不断发展，各测绘生产部门现代测绘技术应用范围不断扩大，各专业方向的技术水平也不断提高，因此，测量工程专业技术平台和专业方向模块中的课程设置和教学内容，随着各届试点班教学循环的实践，在总结经验的基础上都可能发生变化，要进一步优化教学计划。试点班学生，通常在二年级时根据自身条件与专业就业信息，以及“双定生”的情况，选择专业方向。如果某专业方向少于 20 人，这个专业方向将被取消，把学生分流到其他的专业方向学习。因此，每届专业教学计划中开设哪些专业方向，要在第二学年学生选择专业方向后才能确定。根据《高等教育法》的有关规定，试点专业教学计划由测量工程专业制定，专业教学改革实施领导小组同意，学校批准并向上级领导部门备案即可执行。

5. 建立现代测绘技术中心

建立现代测绘技术中心(以下简称中心)是测量工程专业教学改革试点专业建设的一

项重要任务，是实现理论教学与实践教学并重，以培养能力为核心的教学指导思想的物质和技术保证。学校重视该中心的建设，把它纳入学校专业基础建设的重要项目，给予重点投资。测量专业教学指导委员会和邀请的各测绘管理与生产部门的专家，对现代测绘技术中心的建设计划、实践教学的任务和功能、组织机构设置、测绘仪器与设备的配置、管理与运作等方面，提出许多建设性的意见和有关的论证，对中心的建设起到指导作用。在教学改革实施领导小组的领导下，从1998年到2003年现代测绘技术中心建成，学校累计投入170余万元的资金，使中心的资产达到209万元。现代测绘技术中心于1999年获云南省教育厅高校"双基合格实验室"称号，2003年获云南省高校"示范性实验室"称号。2003年10月，在学校召开的"中国测绘学会测量学教学研讨会"上，到会的全国32所高校测绘教育委员会委员，参观了现代测绘技术中心，了解了中心的实践教学功能，对中心的建设给予很高评价。

1)现代测绘技术中心的组织机构与仪器装备

在主管副校长领导下，设学校实训中心。现代测绘技术中心隶属于学校实训中心，委托测绘与冶金工程系管理。在新建的教学楼安排800 m^2 的实验室用房，建起了综合仪器室、数字化成图室；在新教学楼的楼顶平台上建起了风雨实验室；在校内设有测绘实训基地；在校外建有4个供测量教学实习用的实训基地；与测绘生产及有关单位合作建立4个产学合作协议测绘实训基地。现代测绘技术中心的组织机构与管理关系如图2.4所示。

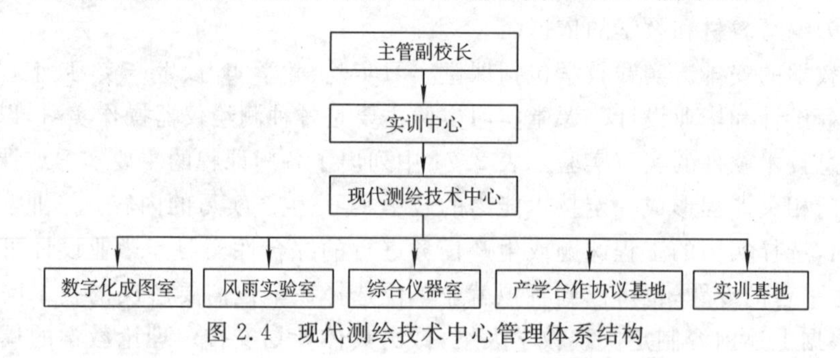

图2.4 现代测绘技术中心管理体系结构

(1)综合仪器室。实施对中心的所有仪器设备的管理。中心的主要仪器设备如表2.72所示。其中，Leica各型全站仪8台；GPS接收机3台套；测距仪1台；精密经纬仪$T_3$1台，J_2级光学经纬仪和电子经纬仪19台，J_6级经纬仪33台，经纬仪总共53台；Leica电子精密水准仪2台，S_1级水准仪4台，S_3级水准仪25台，水准仪总共31台；平板仪7台；专用计算机30台，笔记本电脑2台。还有绘图仪、数字化仪、扫描数字化仪、缩放仪、测试仪、求积仪、打印机、计算器等多种设备和工具。仪器室要保证测量工程专业和其他有关测绘类课程的课堂实习、教学实习和生产实习测绘仪器的发放和验收，以及测绘仪器设备的检验和维修，保证仪器处于正常使用状态。中心的实验教师担任实习指导工作。发挥仪器室检修仪器的能力，为社会上测绘单位承担仪器检修服务工作。

(2)数字化成图室。有近30台台式计算机(其中有1台万能T200服务器)和2台笔记本电脑，有7套数字化测图软件系统、地籍测量系统和地图矢量化软件系统，有大幅面的绘图仪、数字化仪、扫描仪，形成了数字化地形测图、地籍测图，以及地图扫描数字化的作业能力。备有测量数据处理软件、GPS观测数据后处理软件、CAD绘图软件，为学生提供测量平差计算、GPS定位数据后处理和CAD作业的条件。备有MapInfo、ARC/INFO地理信息系统软件，为新建的地理信息应用技术专业和信息管理技术提供了实验条件,也为教师科研活动创造了良好环境。数字化成图室的所有计算机通过服务器与校园网联通,为学生和教师检索图书资料提供了方便,加强了中心与外界的联系。

表 2.72 主要测绘仪器与设备

仪器名称	精度与型号	数量	说明
全站仪	Leica TC905(2″)	1	全站仪共8台
	Leica TC702(2″)	2	
	Leica TC305(2″)	5	
GPS接收机	阿什泰克静态	3	
	手持GPS	2	
测距仪	DI_5(红外)	1	
经纬仪	精密经纬仪 T_3	1	经纬仪共53台
	J_2级: T_2	1	J_2级经纬仪共19台
	TDJ_2	1	
	TDJ_2E	7	
	$TD\text{-}J_2$	6	
	J_2-1	4	
	J_6级: $EFDI/J_6$	1	J_6级经纬仪共33台
	TDJ_6	12	
	J_6	20	
水准仪	电子水准仪 Leica NA3003	1	水准仪共31台
	电子水准仪 Leica $NA_2+GMP_3$3003	1	
	S_1级: DS3200	2	
	NA_1	1	
	NA_2	1	
	S_3级: DZS_3等	25	
平板仪	$PGS\text{-}X_2$, PG_3-X_2	7	
绘图仪	$HP500\text{-}B_0$	1	
数字化仪		1	
扫描仪	A0FSS8300等	2	
缩放仪	RESS	1	
测试仪	917	1	
计算机	联想P4等	30	
笔记本电脑	IBM R62C等	2	
打印机	HP50004	1	
求积仪	KP-90N	1	
计算器	FX-3800P等	105	
对讲机	GP885等	24	
对中杆	GSSL	1	
望远镜	8×30	3	

(3)风雨实验室。在新教学楼顶平台上建起风雨实验室,可以进行各种类型的全站仪、经纬仪、水准仪、平板仪的操作实习,以及GPS接收机的操作实习;进行各种仪器的检验改正实习,不受天气变化的影响。除课堂实习外,在课余时间有计划地对学生开放,提供提高各种仪器操作水平的机会。

(4)学校实训基地。校内测绘实训基地可以进行平面与高程控制测量(GPS定位)、纸质地形测图与数字化测图、工程施工放样等工程测量的实训作业。学校自建的校外实训基地有4个,其中昆明市荷叶山实训基地(1994年建),可进行控制测量(GPS定位)、地形测量与地籍测量(包括数字化测图)和工程测量等教学实习;其余的3个实训基地也可进行上述各种测量作业实习,包括53公里实训基地(1994年建,还可进行公路勘测综合实习)、白鱼口实训基地(1998年建,还可进行公路综合勘测实习)和江川大少咀实训基地。

(5)产学合作实习基地。学校和测绘生产、测绘管理及有关部门,签定校企合作协议,建立测绘生产实习基地，为学校提供测绘生产任务或工程实践任务。已经建立起云南省测绘局、昆明市勘察测绘研究院、个旧市城建局等测绘生产实习基地。

(6)成立专业测量队。以现代测绘技术中心实验教师与专业教师的技术力量和测绘仪器装备为依托，经云南省测绘局审批，成立了具有国家乙级测绘资质的测量队。对外承担控制测量、地形与地籍测量、工程测量、矿山测量等工程，组织学生和教师参加测绘生产工程实践，以优质的测绘成果为经济建设服务。

(7)开展测量工种职业技能鉴定。现代测绘技术中心与国家155职业技能鉴定所合作，对毕业前的学生实施各级测量工种职业技能鉴定，合格者发职业资格证书。现已具备对校内和校外开展地形测量、地籍测量、工程测量等近10个测绘类工种的初、中、高级工职业技能培训和鉴定工作。

2)现代测绘技术中心的师资组成

现代测绘技术中心有专职实验教师5人，其中副教授(高级工程师)1人、高级实验师1人、工程师1人、实验师1人、助理实验师1人。测量工程专业的14名专业教师是中心的兼职教师。聘请了武汉大学、昆明理工大学的客座教授，以及云南省测绘局、云南省测绘工程院、昆明市勘测规划测绘研究院、西南有色昆明勘测设计院、中国有色昆明勘察院等单位的教授级高工和高工共14人为中心的校外兼职教师，参加教学改革和实践教学活动。与高等院校和测绘部门建立了密切的合作关系。

3)现代测绘技术中心的自身建设与规范化管理

现代测绘技术中心承担测量工程专业和新建的地理信息应用技术专业的课堂实习、教学实习、生产实习和工程实践，以及课程设计与毕业设计等实践教学工作，还承担公路与城市道路、建筑工程、基础工程、造价工程、市政工程、资源工程等专业的测量学与测量相关课程的课堂实习和教学实习的指导任务，组织9个专业20余班级的各种类型的实践教学。因此，必须提高实验教师的教学水平，加强中心的自身建设，建立起一套行之有效的标准化实训体系和规范化管理制度，才能保证实践教学质量。

(1)提高实验教师的学识水平和教学水平。要求实验教师掌握测量工程专业和地理信息应用技术专业的实践教学大纲规定的教学内容和作业技术，达到既能讲课又能指导生产实习与工程实践，完成测绘生产任务和工程实践任务，成为“双师型”教师。对不具备本科学历的青年教师，要取得本科学历；鼓励青年教师攻读硕士学位。派青年教师到测绘生产单位和地理信息工程单位进行实习，提高各项作业的技术水平和管理能力。派教师到高等院校专业进修提高理论水平，进行知识更新，跟上现代测绘技术的发展步伐，特别要提高地理信息系统工程有关课程的理论与实践水平，办好该专业为“数字云南”工程服务。学校对实验教师队伍建设十分重视，在进修学习、攻读学位、评选先进、职称评审和课时津贴等方面与专业教师享受同等待遇，这样调动了实验教师研究业务、搞好实践教学工作的积极性，稳定了实验教师队伍。中心一名教师攻读硕士学位，4名教师被评为“双师型”教师。

(2)建立标准化的实践教学体系。①中心建立课堂实验标准化、教学实习工程化实训体系，确保实践教学的质量，完成以培养能力为核心的教学任务。重视常规技术的应用，突出现代测绘新技术、新方法的掌握，使毕业生既能适应一般测绘岗位的需要，又能适应测绘新技术岗位的工作要求。②根据专业教学计划及课程教学大纲要求，制定课程实验实习大纲和专业生产实习大纲。努力做到按测量工程专业和专业方向的“订单培养”和“零培养使用”[①]要求进行能力实训，使毕业生到工作岗位后即可独立进行基本技术作业，达到适应岗位需要的目标。在实习过程中，做到实习内容标准化、操作技术标准化、考核方式与内容标准化，保证实习质量。专项测量生产实习，做到测绘技术方案设计、组织作业和管理、现场测绘作业质量控制与成果整理，严格执行有关的国家或行业规范，全面进行工程化管理。强调测绘传统技术和新技术的“测、算、绘”的三大能力培养。③为了实现上述目标，中心编写出《地形测量课堂实验指导书》、《控制测量课堂实验指导书》、《工程测量课堂实验指导书》，以及《控制测量综合实习指导书》、《地形测量综合实习指导书》、《公路勘测综合实习指导书》等实验与实习教材。各专业各门与测绘有关的课堂实验或实习、各类专项综合实习，都要按“实验指导书”和“实习指导书”的要求进行。④为考核学生的实验与实习成绩，制定了“标准化课堂实习考核办法”、“测量主干课程教学实习考核办法”和“毕业实习考核办法”，做到实验与实习成绩考核的标准化、规范化和公开化。

(3)建立规范化管理制度。中心的实验教师，除严格执行学校制定的“实验主任工作职责”、“实验员工作职责”和“学校教学事故、非教学事故认定办法”等有关规定外，还建立了中心的规范化管理制度：①学生实验守则；②仪器设备丢失赔偿制度；③仪器设备管理制度；④精密仪器和贵重设备管理办法；⑤工作档案管理制度；⑥安全检查制度；⑦学校有关实验人员管理制度和实验基本信息收集制度。认真执行这些制度，确保中心的账、物、卡相符率达100%，实现仪器设备及实验实习过程的规范化管理，有利于对学生进行爱护仪器设备、安全生产作业的教育。

(4)总结实践教学经验。中心教师不断积累实践教学经验，拟定出“测量专业校园内实习基地规划与建设”、“测量专业实践教学标准化考核体系研究”、“测量工程专业实习标准化研究”和“测量专业产学结合教学改革研究”等课题，向学校呈报教改科研课题进行专项研究。总结出行之有效的成功做法和经验，提高中心的教学水平和建设水平。使中心的现代测绘仪器装备与地理信息软硬件设备，不仅为学校的测绘与地理信息教学服务，为教师的科学研究服务，而且创造实验室资源共享的条件，向兄弟院校和社会测绘单位开放，为云南省测绘与信息产业服务。

4)现代测绘技术中心的实践教学

在测量工程专业教学改革试点专业建设中，中心与课堂理论教学密切配合，按各门课程的实践教学大纲，相对独立地组织专业基础课和专业课的课堂实习实验、教学实习、生产实习或工程实践。

(1)组织专业实践教学。为保证测量工程专业实践教学按教学计划正常进行，按每个学生每年145元标准拨给实践教学用品经费。中心为9个专业、20个班级，开出课堂实习实验48项，组织专项设计和综合性实习18项。利用校内实训基地和风雨实验室，在实验教师和任课教师共同指导下，进行各种测绘仪器的使用、检验、单项作业实习：普通经纬仪、精密经纬仪与电子经纬仪使用及角度观测，普通水准仪、精密水准仪与电子水准仪的使用及水准测量，平板仪的使用及平板仪作业，测距仪、全站仪的使用及其观测作业，GPS接收机作业等；进行图

① “订单培养”即一般通称为“定向培养”；“零培养使用”即到工作岗位后，不用培训即可上岗工作。

根控制测量与地形图或地籍图测绘，建筑物放样、曲线测设、管线测量等；使用计算机以及相应的软件进行各种观测值的平差计算和观测数据后处理，完成单项测量实习任务。在校外的实训基地进行高精度的城市或工程控制网（包括 GPS 定位）建立的外业与内业全面教学实习；按工程要求组织大中比例尺地形测量或地籍测量实习，以及数字化地形或地籍图测绘实习；组织公路勘测综合实习和精密工程建筑物标定实习，必要时进行矿山测量实习等工程测量内容的实习；在数字化成图实验室组织程序设计、CAD 技术、数据库技术、测量数据处理、GIS 技术、GPS 数据后处理以及数字化成图的全部内业实习。在教师指导下，各种实习按实验与实习指导书的要求标准进行，综合性测量实习的作业精度按相应的国家规范要求进行，严格要求实施工程化管理，达到培养"测、算、绘"三大能力的目标。

表 2.73　1996－2000 年承担的部分测量工程项目

序号	工程名称	工程来源	说明
1	泸西县小城镇规划测量	委托	完成
2	临沧至祥云段二级公路带状地形测图	委托	完成
3	宾川县农田水利规划测量	委托	完成
4	孟连县农田水利规划测量	委托	完成
5	江川县前卫镇规划测量	委托	完成
6	路南石林风景区地形测绘	委托	完成
7	昆明市三环路"8.9"立交桥用地数字测图	委托	完成
8	昆明市东三环白沙河立交桥选址数字地形图测量	委托	完成
9	配合昆明测绘勘察研究院完成 40 km^2 昆明城市基础地理信息数据入库任务	产学合作	完成

（2）测量队在产学结合办学中的作用。①通过具有乙级测绘资质的测量队，承担校企合作单位和其他测绘生产与管理部门的测绘工程任务，在教学计划中的生产实习期间或假期组织教师和学生进行生产实习完成测绘生产任务。试点专业建设以来，承担的部分测量生产任务如表 2.73 所示。在教师和现场测绘技术人员指导下，以国家测量规范或行业测量规范为依据，按测量队工程管理模式组织学生进行测绘生产实习。使学生受到城市或工程控制网建立（包括 GPS 定位测量）、常规地形测量和数字化地形测量、与工程和规划有关的测量，以及与地理信息工程有关工程任务的锻炼，让学生了解和掌握工程技术设计、生产组织、作业成果的质量控制、测量成果和成图的检查验收、提交测量成果等全部的测绘生产过程，培养一批有一定独立作业能力的毕业生；在工程实践中，使学生受到团结协作、克服困难、遵守规范完成测量生产任务的思想作风锻炼。②通过具有乙级测量资质的专业测量队所完成的测量及成图成果，经有关部门检查验收合格，具有国家承认的成果保存和工程使用效力，体现学生生产实习为国家建设作出的贡献。③在测量队承接校企合作单位及测绘生产部门与管理部门的测绘及地理信息工程任务中，深入了解了这些部门的技术装备和生产技术水平，以及对专业人才的需求状况，为测量工程专业教学改革试点专业建设，提供了密切结合测绘与地理信息产业实际，进行教学内容改革，优化培养专业人才目标等有价值的信息。提交的测量成果质量优良，密切了校企合作关系，提高了测量工程专业教学质量和毕业生质量的社会信任度，为毕业生就业率的提高创造了条件。④测量队在与测绘部门交往中，了解了这些部门在新技术开发方面急需解决的问题，为测量工程专业教师发挥专业技术优势、主动开展科技服务合作创造了条件；了解测绘单位技术人员和专业工人对提高专业技术和操作水平的愿望，为中心提供专业技术培训信息，扩大职业技能鉴定的服务面。

（3）开展职业技能鉴定服务。经云南省劳动和社会保障厅批准，中心与第 155 国家职业技能鉴定所合作，对测绘类地形测量、地籍测量、工程测量等近 10 个工种，进行初级、中级、高级工职业技能培训和职业技能鉴定，合格者颁发相应等级的职业技能证书，持证上岗有效。①2002 年，对测量工程专业 90 名将毕业的学生进行职业技能鉴定，70 人获得工程测量高级工职业技能证书，23 人获得地籍测量高级工职业技能证书，7 人获得地形测量高级工职业技能证书。说明试点专业的毕业生在专项技术操作方面，达到了动手能力培养的目标。中心还为建筑工程专业学生进行职业技能鉴定，有1人获得工程测量高级工职业技能证书，27人获得工程测量中级工职业技能证书。②中心开展为外单位进行职业技能鉴定服务。国土资源职业技术学院学生有19人获得工程测量高级工职业技能证书；交通职业技术学院学生有19人获得工程测量高级工职业技能证书，59人获得工程测量中级工职业技能证书。

6. 试点专业建设的阶段性成果

1）师资队伍素质提高

测量工程专业有专职教师14人，实验教师5人，共19人。暂不具备本科学历的实验教师通过专升本取得本科学历。新到校任教的青年教师，要到测绘生产或信息工程产业部门实习锻炼一年，提高专业技术水平和生产作业管理能力，以适应高职教学的需要。鼓励青年教师攻读学位，有3名教师攻读博士学位，4名教师攻读硕士学位。派中青年教师到测绘与信息产业部门调研学习，了解现代测绘技术应用状况和生产作业水平，促进测绘与地理信息教学与生产作业实际密切结合。鼓励教师进行教学法研究和实践，总结出优秀的教学成果。编写出高职高专专业教材10余种，使自编教材所占比例有较大的提高。派骨干教师到武汉大学测绘学院、同济大学测量系专业进修；派学术带头人到澳大利亚以访问学者身份研修学习。教师承担省部级科研任务2项，省教育厅科研立项2个课题，校企合作技术开发13项，学校立项的科研项目10项，取得多项有价值的应用成果，在各种刊物上发表论文60余篇。有84%的教师（包括实验教师）参加科研和技术开发活动，教师队伍的学术和科研水平显著提高。专业教师中有教授1人、副教授6人、讲师3人、助教4人。经学校考核评审，全部19名教师中有17人为“双师型”教师，测量教研室是多年的学校和省冶金系统的先进教研室。

2）专业教材建设取得新成绩

在启动试点专业建设的1998年，根据当时高职测量工程专业可选用教材的实际情况，拟定以“引进为主，自编为辅，合理取舍，优化结构”的原则选用专业教材。在试点专业建设过程中，组织老中青教师协作进行专业教材编写工作。从高职教育的培养目标出发，将实用的传统技术和现代测绘技术有机地结合起来，编写出高职测量工程专业各学科教材。到2002年已经编写出版和印出的教材如表2.74所示。随着试点专业建设教材数量的增加，专业教材的选用以“自编教材为主，引进教材为辅”的原则确定，逐步形成高职测量工程专业教材系列，成为教学改革试点专业建设的重要成果之一。

3）教学改革取得新进展

（1）加强教学的组织和管理。按课程教学进度计划表，认真编制教学方案，填写教学日志，教研室设专人管理教学资料和档案。教研室定期进行教学总结，建立各门课程成绩考核的统计分析、教学质量分析制度，肯定成绩，找出差距，研究改进办法。组织观摩教学，交流教学经验，帮助青年教师提高教学水平，保证测量工程专业各门课程的教学质量不断提高。

表2.74　测量工程专业教师编写教材统计

序号	教材名称	主编	参编	教材类型	出版社	说明
1	土木工程测量	赵文亮	张东明，吕翠华	高职高专	科学出版社	
2	公路工程测量		刘光伟	高职高专	科学出版社	
3	公路勘测设计	徐宇飞		高职高专	科学出版社	
4	地形测量	赵文亮		高职高专	黄河出版社	
5	数字测图技术	徐宇飞		高职高专	黄河出版社	
6	测量程序设计		张东明	高职高专	黄河出版社	
7	土木工程测量		张东明，肖建虹	本科		待印刷
8	测量平差基础	肖建虹	吕翠华	高职高专	学校印刷	
9	测量平差程序设计	吕翠华	肖建虹	高职高专	学校印刷	
10	测量数据处理	张东明		高职高专	学校印刷	
11	数字成图	郭昆林	徐宇飞，罗荫生	高职高专	学校印刷	

(2)改进教学方法。考虑到高职学生生源有高中毕业生、三校生和初中毕业五年制学生的多样性特点,课堂教学实施因材施教的原则,采用启发式、分析式的教学方法,引导学生思考、探索,培养创新性思维能力。在教学活动中,强调教师备好课、讲好课,组织好课堂讨论、课后辅导,提倡学生互帮互学活动,发挥教师在教学全过程中的主导作用,培养有特长的学生,促进学生个性化发展。

(3)采用现代教学手段。利用地形测量、控制测量等课程的录像带进行直观式教学,利用教师研制出的"GPS应用技术"、"土木工程测量"、"数字测图"、"地理信息系统原理与方法"等多门课程的多媒体课件进行教学,取得良好效果。充分利用电子经纬仪、全站仪、电子水准仪的自动化观测系统,以及数字化测图、CAD技术与数据库、地理信息系统、观测数据处理系统等软件,在实习场地或实验室联网进行直观操作教学。

(4)改革考试方法。理论教学各门课程的考试以笔试为主,实行考教分离,建立试题库,由主管考试部门随机组合试卷。以"地形测量"、"测量平差"两门课为试点,分别建立试题库。阅卷采用教师分题阅卷制,保证阅卷评分的公正性。实践教学成绩考核,按中心制定的"标准化课堂实习考核办法"、"测量主干课程教学实习考核办法"、"毕业实习考核办法"执行,使学生对理论教学考试和实践教学考核同样重视。

(5)实践教学改革效果好。以中心实验教师为主体,与专业任课教师共同按课程实践教学大纲要求,组织标准化的课堂实习和教学实习,实行规范化管理和标准化成绩考核,在培养学生操作技术和综合作业能力方面取得很好的效果。充分利用中心的常规和现代测绘仪器设备,使学生在掌握现代测绘技术方面得到了较全面的锻炼。2002年测量工程专业试点班90名学生,全部获得工程测量、地籍测量和地形测量的高级工职业技能证书。测量生产实习和工程实践,以测量队的名义承担生产任务和工程项目,按国家有关规范组织作业,严格要求,实行工程化管理,测量成果和工程作业质量符合规范要求,既达到了培养学生完成工程任务的能力,又生产出合格的产品,实现了实践教学的培养目标。

4)科学研究与学术交流活动成绩显著

1998年启动试点专业建设以来,教师承担省部级科研课题2项,省教育厅科研立项2个,与厂矿企业合作进行科研与新技术开发共13项,如表2.75所示。"中—葡合作缓倾斜矿体采矿方法研究"(主持人叶加冕)获云南省科学技术三等奖,"云锡马矿塘子凹松散花岗岩巷道掘进支护试验研究"获云南省科技进步三等奖。这些科研和新技术开发项目,密切结合厂矿生产实际,为厂矿解决新技术应用的具体问题,把科研成果直接转化为生产力,提高了教师和厂矿技术人员的科技开发水平,密切了校企合作关系。

表2.75 省部级校企合作部分科研项目统计

序号	项目名称	项目来源	说明
1	中—葡合作缓倾斜矿体采矿方法研究	科技部、省科技厅	云南省科技三等奖
2	测量专业产学结合教学改革研究	教育部	1998—2003年,在研
3	地下矿山井巷计算机辅助设计系统研究	省教育厅	完成,待鉴定
4	矿产资源性资产评价系统模型研究	省教育厅	在研
5	云锡马矿塘子凹松散花岗岩巷道掘进支护试验研究	校企合作	云南科技进步三等奖
6	云锡马矿地测采综合CAD应用系统研究	校企合作	云锡公司科技进步一等奖
7	云锡老厂成本核算及内部银行系统设计	校企合作	完成
8	云锡研究设计院采矿方法专家系统(ES)研究	校企合作	完成
9	云南二建安装公司物资管理系统软件设计	校企合作	完成
10	云锡松矿CAD系统推广应用项目	校企合作	云锡公司"松矿奖"

续表

序号	项目名称	项目来源	说明
11	云锡老矿采矿方法智能图形设计系统(IGDS)研究	校企合作	完成
12	云锡马矿塘子凹矿床资源现状与发展规划研究	校企合作	在研
13	数字地质方法在云锡塘子凹矿段地质储量计算与矿石品位动态管理中的应用研究	校企合作	在研

“矿山深孔给向仪”研制成功,用于井巷工程和生产矿井巷道掘进打深孔指向作业,已销售20余台,获“春城杯”小发明三等奖。在学校科研与教改立项的有10项,其中有:“测量试点专业产学结合教学改革研究与实践”(徐宇飞、朱永生、叶加冕等,获科研、教改成果一等奖),“测量试点专业‘校内测量实习基地’建设”(张东明、太自刚、李明等,获科研、教改成果二等奖),“测量试点专业‘测量数据处理’课程建设”(张东明,获科研、教改成果三等奖),“测量试点专业‘数字化测图’课程建设”(徐宇飞、郭昆林、罗荫生,获科研、教学成果三等奖)。教师们在国际学术会议、国内学术会议和《地矿测量》、《矿产开发与研究》、《昆明理工大学学报》、《爆破》、《有色金属》、《云南测绘》及《昆明冶金高等专科学校学报》等刊物发表“Informatization and sustain nable development of mining industy (YE Jia－mian, ISM 12th International Congress)”与“地下矿综合CAD系统开发中的信息模型构建”(叶加冕)、“高速公路设匝道中线定位”(徐宇飞)、“迭代法在测量平差中的应用”(张东明)、“GPS高程测量中大地水准面差距的计算”(李晓桓)、“制图综合递减速指数分布模型建立”(李云普)、“全站仪测边交会精度分析”(肖建红)等62篇科技与教改论文。“测量工程专业一平台多模块培养模式探索”(赵文亮)及其他教学改革研究成果和论文,对测量工程专业教学改革试点专业建设的教学改革方案及其基本思路的形成起着重要的作用。测量工程专业教师的教学、科研与生产相结合的能力有显著的提高,已经形成了综合素质较高的高职师资队伍。

学校为测量工程专业教师参加国内和国际学术会议创造条件。派教师参加全国高校冶金工程学术会议、全国测量学教改研讨会、全国MIS学术研讨会、第十二届国际矿山测量大会,在会上发表论文进行学术交流。派教师以观察员身份出席“东南亚测绘协会第十八届理事会”(昆明),到香港理工大学等高校考察及学术交流,参加在中国台湾召开的“两岸矿业发展研讨会”,接待香港测量师协会到学校测量工程专业参观考察并进行交流。

5)试点专业建设取得成果

1998年测量工程专业教学改革试点专业建设启动后,每年招收2个试点班新生80～90人,按试点专业教学计划进行理论与实践教学。2002年试点班90名应届毕业生理论教学考试全部通过,获得了高职毕业证书。实践能力抽样考核,仪器操作优良率达80%;专业工程综合能力考核优良率为61%。获得工程测量职业技能高级工证书的70人、地籍测量职业技能高级工证书的23人、地形测量职业技能高级工证书的7人。应届毕业生90人全部获得“双证书”,按学校规定为高职合格毕业生。毕业时双向选择签约就业率达89.4%,2002年年底全部就业。“双定生”即为艰苦行业和为边远贫困地区培养的定向生,在学校学习期间享受免交学费的待遇,都获得了“双证书”,毕业后全部就业。“双定生”制度受到教育部有关部门的重视,认为具有高职教育面向基层、面向老少边穷地区办学特色,值得推广。

试点班2001年、2002年两届毕业生,由于专业理论知识较扎实、作业能力较强、劳动态度和思想作风好,受到用人单位欢迎。云南省测绘局每年接收测量工程专业毕业生10余人,在工作岗位上作业能力强、思想作风表现好,受到各部门的好评。学校与云南省测绘局建立起密切的协作关系，成为测量工程专业永久性的生产实习基地。试点班学生到昆明市勘察测绘研究院实习，能完成生产任务，受到好评；测绘院将数字化图库资料向测量工程专业开放，将昆明市三环路立交桥等地区数字化测绘任务交给测量工程专业学生生产实习完成，密切了校企关系。以测量队名义承担厂矿、生产和管理部门测绘工程任务，测量工程专业教师承担校企合作的科研与技术开发任务，使校企合作的产学结合办学方式发展到新阶段。在几年的试点专业建设实践中，探索“一平台、多模块”教改方案与校企合作，发展为产学研结合办学方式，已经取得测量工程专业高职办学模式的初步成果。

7. 建校以来测绘中专与专科教育的主要成绩

昆明冶金高等专科学校的前身，是建于1952年的云南省个旧矿业技术学校，1954年迁到昆明市，校名改为昆明有色金属工业学校，隶属于重工业部(后为冶金工业部)。1954年开设中专矿山测量专业，招初中毕业生，学制三年。1980年学校是全国重点中专。1985年，经云南省政府批准，学校升格为云南矿冶专科学校，1992年经国家教委批准更名为昆明冶金高等专科学校。1985年将中专矿山测量专业升格为工程测量专业三年制专科，统招高中毕业生进行测绘专科教育，1994年专业名称改为测量工程专业。1998年学校由高等专科教育向高等职业技术教育转变。2001年被教育部确定为国家重点建设示范性高等职业院校。1998年6月，教育部确定测量工程专业为产学结合教学改革试点专业，开始了测量工程专业教学改革试点专业建设。到2002年，学校在近50年中，培养三年、四年制矿山测量、工程测量专业中专毕业生26个班1 092人；培养工程测量与测量工程专业专科毕业生18个班714人。学校共培养测量专业中专与专科毕业生1 806人[①]，是云南省培养测绘专业中专和专科毕业生最多的学校。这些毕业生分布在云南省和西部地区的测绘、冶金矿山和冶金建设、工程建设、城市规划与建设、土地利用与管理、交通工程、农林与水利电力工程、工业企业和测绘教育等部门，为社会主义现代化建设作出了很大贡献。

---

① 按“昆明冶金高等专科学校1952—2002校友录”统计的数据，不包括各时期测量专业培训学员。

第3章　武汉测绘科技大学、解放军测绘学院的中专与专科教育

武汉测绘科技大学①和解放军测绘学院②，是我国两所以培养研究生与本科生为主的测绘高级科技人才的高等院校。两所院校开办了测绘各专业的中等专业和高等专科教育，50年来为国家社会主义经济建设和国防建设培养了大批应用性高级和中级测绘科技人才。测绘高等院校开办测绘中专与专科教育，与普通中等专业学校、高等专科学校开办测绘专业教育相比，在教学组织和管理、师资队伍资源、各专业办学条件等方面有许多不同，有其各自的特点。因此，研究总结这两所院校测绘中专和专科教育的成绩和经验，可以全面地反映我国测绘中专与专科教育的办学形式和特色。

§3.1　武汉测绘科技大学测绘中专与专科教育的发展、建设与成绩

武汉测绘科技大学是国内外知名的以培养博士、硕士研究生和本科生为主的规模最大的测绘高等院校。为适应国家社会主义建设和测绘与信息产业的发展和需要，学校在发展的不同时期开办了测绘各专业的普通中等专业和高等专科教育，还开办了成人测绘专科和函授专科及中专教育。培养出测绘类各专业中专毕业生760人、函授航空摄影测量中专毕业生620人，合计1 387人；培养出测绘类各专业普通专科毕业生2 627人、函授专科毕业生4 620人，合计7 247人，测绘专科教育取得了突出的成绩。

3.1.1　测绘中专教育的发展、建设和成绩

1957年，国家测绘总局决定在武汉测量制图学院开办测绘中等专业教育。1958年国家测绘总局以国测白字第779号文、国测陈字第1008号文和国测陈字第1123号文，决定由学院开办定名为“武汉测量制图学院附设中等技术科”的测绘中专教育。设航空摄影测量专业和制图专业，在校学生规模为1 500人，学制为三年，生源由湖北省（以后扩大到其他省、区）解决。1958年秋招收航空摄影测量专业第一批学生1个班36人，开创了武汉测量制图学院的中等专业教育。1959年招收航空摄影测量专业2个班98人、制图专业2个班105人。1964年按国家测绘总局意见，因地形测图工作需要，中等技术科增设了地形测量专业，培养以地形测量外业为主的中等技术人员。同时，中等技术科改为中等专业部，简称中专部。

---

① 2000年8月，教育部宣布，武汉大学、武汉测绘科技大学、武汉水利电力学院和湖北医科大学四校合并，组建新的武汉大学。为照顾测绘界的传统称谓，文中仍沿用武汉测绘科技大学校名。

② 2000年，原解放军测绘学院的全称为解放军信息工程大学测绘学院，为照顾测绘界的传统称谓，文中仍沿用解放军测绘学院院名。

1. 中专部的机构设置与教学组织和管理

中专部是武汉测绘学院的一个教学组织单位，在学院党政统一领导下组织实施测绘中等专业教育。中专部设党支部（书记洪涛、副书记陈树声）和行政正、副主任（陈文彦、余长兴），负责领导党、政两个办公室和6个教学研究室，如图3.1所示。由中专部编制各专业的教学计划、课程教学大纲、教学实习与生产实习大纲等教学文件，经学院审查，报国家测绘总局教育司批准后执行。中专部的教育经费预算，经学院审核，上报国家测绘总局批准单列下拨给学院，由学院财务处统一管理。中专部有专职教师和职工66人。党支部对中专部执行党的教育方针、政策，按教学计划组织教育工作，起着保证监督作用；做好教职工和学生的思想政治工作，组织教职工认真学习党的方针政策，抓好教职工队伍的职业道德和思想作风建设，完成教学任务；对学生进行时事和政策教育，开展爱国主义、社会主义、集体主义、热爱劳动和革命传统教育，解决学生思想上、学习上、生活上遇到的困难和问题，关心学生健康成长。中专部主任组织教学管理、学生管理、后勤保障、教学实习与生产实习等工作，保证教学按计划进行。在理论教学和实践性教学中，可以充分利用学院的基础课和专业课的教师资源，使用学院的测绘仪器、基础课和专业课实验室及其设备、图书馆和资料室，以及宿舍、食堂等后勤保障等，这是中专部办学的优势。

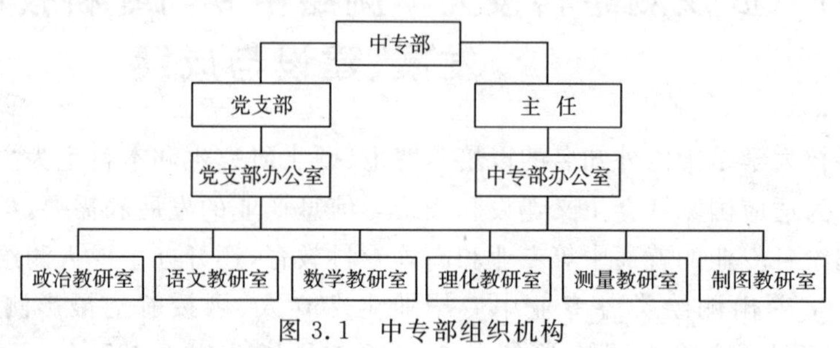

图3.1　中专部组织机构

2. 专业设置与专业教学计划

1958年到1961年，航空摄影测量、制图两个专业都是中专三年制。1962年经国家测绘总局和湖北省教育厅批准，中专改为四年制，1960年入学的中专学生都改为四年制。1964年开设中专四年制地形测量专业。

1）航空摄影测量专业教学计划介绍

（1）培养目标与业务要求。培养学生具有爱国主义和国际主义精神，具有共产主义道德品质，拥护共产党领导，拥护社会主义，愿意为社会主义事业服务、为人民服务，逐步培养学生的工人阶级的阶级观点、劳动观点、群众观点、辩证唯物主义观点。具有相当高中程度的数学、物理、化学及普通文化科学知识，掌握本专业所必需的基本理论知识、专业技能和一定的生产组织管理知识，成为德、智、体全面发展的航空摄影测量专业中等技术人才。专业技能达到：掌握各种航测外业测绘技术、纸质测图的操作技能；了解整个航测成图的作业工序，掌握航测内业的主要作业方法；掌握三、四等控制测量外业及一般测算工作。

（2）课程设置及教学计划说明。①为了使学生具有相当高中的普通文化科学知识及健康的体魄，为专业课学习打好基础，政治课安排7个学期，在一、二学年学完数学、物理、化学，一至三学年都开语文、外语（外语课当时未执行）、体育3门普通课。②地形绘图课共开7个学期，使学生受到较长时间的绘图技术训练。③地形与控制测量学安排的教学时数也较多，第Ⅳ

学期结束后，有6周地形测量实习；第Ⅳ学期有3周控制测量实习，以达到学生操作熟练、理论巩固，能独立进行控制测量，并对纸质测图的全过程有更全面的了解。④航空摄影测量学共学5个学期，使学生了解航测成图的各种方法，并能掌握航测外业的全部工作和内业各种成图方法及主要作业工序；在第Ⅳ学期安排了5周综合法像片测图，第Ⅴ学期有4周综合法内业实习，第Ⅵ学期有5周综合法单片测图实习。⑤为配合专业课的需要，在第Ⅴ、Ⅵ、Ⅶ学期开设了自然地理与地貌学、制图学、业务组织与计划等课程，并安排了实习或作业。⑥第Ⅷ学期有6周的航测立体(分工法和全能法)测图内业实习、14周航测分工法外业与控制测量生产实习，通过这些训练使学生毕业时在指导教师带领下达到能完成生产任务的作业水平。再经过2周的毕业考试，最后评定学生的学习成绩。

表3.1为教学环节时间以周为单位的分配表，表3.2为课程设置与教学进程计划表，表3.3为教学实习与生产实习项目表。从表3.2中可以看出，四年制航空摄影测量专业教学总学时为3 254，讲课为2 131学时，占总学时的65.5%；课堂实验、实习和作业为1 123学时，占总学时的34.5%。专业课的总教学时数为1 670，占总学时的51.3%，说明普通课与专业课之比接近1∶1。专业课理论教学时数为915，占其总时数的54.8%，课堂实习和作业的时数为755，占总时数的45.2%。这些数据再加上表3.3中列出的各项教学实习和生产实习，说明了中等专业教育在加强理论教学的基础上，重视理论与实践相结合教育，加强学生动手能力培养，使毕业生成为既有一定的理论知识，又能完成专业作业的中等技术人员。

表3.1　教学环节时间分配

专业：航空摄影测量　　　学制：中专四年制　　　1963年9月

学年	理论教学	考试	教学实习	生产实习	生产劳动	公益劳动	假期	合计	说明
一	38	4				2	8	52	以教学周计算
二	28	3	11		1	1	8	52	
三	26	2	14			2	8	52	
四	18	4	6	14	1	1	2	46	
总计	110	13	31	14	2	6	26	202	

表3.2　课程设置与教学进程计划

专业：航空摄影测量　　　学制：中专四年制　　　1963年9月

序号	课程名称	按学期分配			课时数				各学期教学周数与课程周学时数								说明
		考试	考查	毕业考试	总时数	讲课	实验实习	课程作业	Ⅰ 18	Ⅱ 20	Ⅲ 18	Ⅳ 10	Ⅴ 14	Ⅵ 12	Ⅶ 18	Ⅷ	
	一、普通课				1 584	1 216	368										
1	政治	Ⅱ,Ⅳ,Ⅵ,Ⅶ	Ⅰ,Ⅲ,Ⅴ		220	200	20		2	2	2	2	2	2	2		第Ⅷ学期教学实
2	语文	Ⅰ,Ⅲ,Ⅴ	Ⅱ,Ⅳ,Ⅵ		318	218	100		4	3	3	4	4	3			习6周、生产实习
3	体育		Ⅰ～Ⅵ		158	10	148		2	2	2	2	1	1			14周
4	数学	Ⅰ～Ⅳ			394	334	60		8	6	5	4					
5	化学	Ⅰ,Ⅱ			94	94			3	2							公益与生产劳动
6	物理	Ⅰ,Ⅱ			210	170	40		5	6							共8周，分散安排
7	外语		Ⅲ～Ⅶ		190	190					4	3	2	2	2		在实习中进行。
	二、专业课				1 670	915	695	60									
8	地形绘图		Ⅰ～Ⅶ		422	80	342		4	4	4	4	4	4	3		
9	地形与控制测量学	Ⅱ～Ⅶ		8	512	331	181			4	6	6	6	6	6		
10	自然地理与地貌学	Ⅴ,Ⅵ		8	142	110	32						5	6			第Ⅷ学期毕业考
11	航空摄影测量学	Ⅲ～Ⅶ		8	414	274	140				5	6	6	6	6		试2周
12	制图学	Ⅶ			126	90		36							7		
13	业务组织与计划		Ⅶ		54	30		24							3		

续表

序号	课程名称	按学期分配			课时数				各学期教学周数与课程周学时数								说明
		考试	考查	毕业考试	总时数	讲课	实验实习	课程作业	Ⅰ 18	Ⅱ 20	Ⅲ 18	Ⅳ 10	Ⅴ 14	Ⅵ 12	Ⅶ 18	Ⅷ	
	合计				3 254	2 131	1 063	60	28	29	31	31	30	30	29		周学时数
	总百分比%				100.0	65.5	32.7	1.8	7	8	8	8	8	8	7		周课程数
	专业课百分比%				100.0	54.8	41.6	3.6	4	5	4	4	4	4	4	3	学期考试门数
									3	3	4	4	4	4	3		学期考查门数

表 3.3 教学实习与生产实习项目

专业:航空摄影测量　　学制:中专四年制　　1963 年 9 月

序号	实习项目名称	学期	周数	说明
1	1∶5 000 地形测量	Ⅳ	6	教学实习
2	1∶1 万航测综合法像片平面测图	Ⅳ	5	教学实习
3	1∶2.5 万航测综合法内业实习	Ⅴ	4	教学实习
4	三、四等三角测量及水准测量实习	Ⅵ	3	教学实习
5	地貌实习	Ⅵ	2	教学实习
6	1∶2.5 万航测综合法单片测图	Ⅵ	5	教学实习
7	1∶2.5 万航测立体(分工法与全能法)测图内业实习	Ⅷ	6	教学实习
8	航测分工法外业与控制测量生产实习	Ⅷ	14	完成生产任务

2)制图专业教学计划简介

制图专业四年制教学计划中,培养目标的思想政治、知识与专业水平和健康要求的表述,与航空摄影测量专业培养目标的表述相似。就教学计划中的专业技术要求、课程设置、教学环节时间分配、课程设置与教学进程及教学实习与生产实习安排等方面作一简要介绍。

(1)制图专业毕业生的业务要求。掌握大、中比例尺地图的编绘工作;具有地图制印工艺的基本理论知识,初步掌握一般的操作方法;初步掌握纸质测绘地形图的作业方法,对控制测量与航空摄影测量有一般的了解。

(2)课程设置。普通课及各门课程的教学时数,与航空摄影测量专业基本相同。制图专业的技术基础课有:地形绘图,中国经济地理,自然地理与地貌学,地形与控制测量学,航空摄影测量学。制图专业的专业课有:地图编绘,数学制图,地图制印,地图整饰。

制图专业的教学环节时间分配如表 3.4 所示,课程设置与教学进程计划如表 3.5 所示。从表 3.5 中可以看出,制图专业教学总学时 3 332,讲课 2 161,占 64.9%;课堂实验和实习 1 171,占 35.1%。制图专业基础与专业课总学时 1 735,讲课 942,占 54.3%;实习实验 793 学时,占 45.7%。再加上表 3.6 的 7 项教学和生产实习 42 周,制图专业理论与实践相结合的动手能力培养是相当充分的,完全可以达到培养目标规定的毕业生技术要求。

表 3.4 教学环节时间分配

专业:制图　　学制:中专四年制　　1963 年 9 月

学年	理论教学	考试	教学实习	生产实习	生产劳动	公益劳动	假期	合计	说明
一	38	4				2	8	52	以教学周计算
二	28	3	11		1	1	8	52	
三	36	4	2			2	8	52	
四	10	3	9	20	1	1	2	46	
总计	112	14	22	20	2	6	26	202	

表 3.5 课程设置与教学进程计划

专业:制图　　　　学制:中专四年制　　　　1963年9月

序号	课程名称	按学期分配			课时数				各学期教学周数与课程周学时数								说明
		考试	考查	毕业考试	总时数	讲课	实验实习	课程作业	Ⅰ 18	Ⅱ 20	Ⅲ 18	Ⅳ 10	Ⅴ 14	Ⅵ 12	Ⅶ 10	Ⅷ	
	一、普通课				1 597	1 219	378										
1	政治	Ⅱ,Ⅳ,Ⅵ,Ⅶ	Ⅰ,Ⅲ,Ⅴ		224	204	20		2	2	2	2	2	2	2		第Ⅷ学期教学实习5周、生产实习15周
2	语文	Ⅰ,Ⅲ,Ⅴ	Ⅱ,Ⅳ,Ⅵ		314	214	100		4	4	3	3	3	3			
3	体育		Ⅰ～Ⅵ		168	10	158		2	2	2	2	1	1			
4	数学	Ⅰ～Ⅳ			394	334	60		8	6	5	4					
5	化学	Ⅰ,Ⅱ			94	94			3	2							公益与生产劳动共8周,分散安排在实习中进行
6	物理	Ⅰ,Ⅱ			210	170	40		5	6							
7	外语		Ⅲ～Ⅶ	193	193	193					3	3	2	3	2		
	二、专业基础与专业课				1 735	942	793										
8	地形绘图	Ⅶ	Ⅰ～Ⅵ		448	80	368		4	4	4	4	4	4	4		
9	中国经济地理	Ⅱ			80	62	18			4							
10	自然地理与地貌学	Ⅲ,Ⅳ			168	128	40				6	6					
11	地形与控制测量学	Ⅲ～Ⅴ			321	231	90				6	8	7				第Ⅷ学期毕业考试2周
12	航空摄影测量学	Ⅵ	Ⅶ		142	104	38							6	4		
13	地图编绘	Ⅴ～Ⅶ		8	295	195	100						7	6	6		
14	数学制图	Ⅴ			76	46	30						4				
15	地图制印	Ⅵ,Ⅶ		8	125	85	40							5	4		
16	地图整饰		Ⅶ		80	11	69								8		
	合计				3 332	2 161	1 171		28	30	31	32	30	30	30		周学时数
	总百分比%				100.0	64.9	35.1		7	8	8	8	8	8	7		周课程数
	专业课百分比%				100.0	54.3	45.7		4	5	4	4	4	4	4	2	学期考试门数
									3	3	4	4	4	4	3		学期考查门数

表 3.6 教学实习与生产实习项目

专业:制图　　　　学制:中专四年制　　　　1963年9月

序号	实习项目名称	学期	周数	说明
1	1∶5 000出版原图清绘实习	Ⅳ	4	教学实习
2	1∶5万地形图与四等控制测量实习	Ⅳ	5	教学实习
3	地貌实习	Ⅳ	2	教学实习
4	像片调绘实习	Ⅵ	2	教学实习
5	地图制印实习	Ⅶ	3	教学实习
6	1∶10万出版原图清绘实习	Ⅶ	6	教学实习
7	地图编绘教学与生产实习	Ⅷ	20	生产实习

3)地形测量专业教学计划的扼要说明

(1)地形测量专业毕业生应达到:掌握大比例尺纸质测图的图根控制测量和各种测图方法的原理与操作技能;掌握航测外业测绘地形图的原理、方法和技术,了解航测内业成图的主要方法;掌握三、四等控制测量的基本原理及初步设计知识,以及选、造、埋、观测和计算的技术。

(2)地形测量专业的课程设置。普通课与制图专业基本相同。专业技术基础课主要有:地形绘图,自然地理与地貌学,航空摄影测量学;专业课有:测量学(地形测量的全部内容),控制测量学,航空摄影测量外业。

(3)地形测量专业教学实习和生产实习的项目。教学实习:1∶2 000地形测量(6周),1∶1万航测外业(6周),航空像片调绘(4周),地貌实习(2周),航测内业(4周),控制测量(6周);生产实习:为地形测量生产作业,从控制测量到纸质测图或航测外业测图的全部作业(14周),完成一定的生产任务。

(4)地形测量专业的教学环节时间分配如表3.7所示。课程设置与教学进程计划中的总课时数、普通课与专业课的课时分配在此略去。

表3.7 教学环节时间分配

专业:地形测量 学制:中专四年制 1963年9月

学年	理论教学	考试	教学实习	生产实习	生产劳动	公益劳动	假期	合计	说明
一	38	4				2	8	52	以教学周计算
二	27	3	12		1	1	8	52	
三	30	2	10			2	8	52	
四	18	4	6	14	1	1	2	46	
总计	113	13	28	14	2	6	26	202	

3. 师资队伍建设

中专部领导认识到,办好中专部,关键是要建立起担任基础课和专业课教学任务水平较高的专职教师队伍。教师应具备较深厚的专业课理论水平和较强的实践能力,还应具有测绘专业技术革新的科研能力。师资队伍建设,采取以下措施:

(1)在学院的大力支持下,由学院的基础课和各专业系,抽调一些有较高学识水平和较丰富教学经验的基础课和专业课教师,到中专部任教并成为各教研室的学科带头人。

(2)在国家测绘总局的支持下,从总局所属测绘单位抽调有一定理论基础、有丰富专业实践经验的测绘技术人员来中专部任教,他们在较短时间就能适应中专教学工作,是实践性教学的中坚力量。

(3)从学院有关专业的优秀本科毕业生中选拔教师调入中专部任教。这些青年教师思想基础好,服从党和国家的需要到中专教学岗位工作,专业理论知识扎实,政治热情高,工作责任心强,积极上进,很快适应教学工作。在有丰富教学经验、生产实践经验教师的指导下,认真钻研教学计划、课程教学大纲、实习大纲,以及所用的教材;通过随班听课、集体备课、撰写备课笔记和试讲等方式进行锻炼和准备,创造条件让青年教师早日过好课堂教学关和锻炼指导实习课的能力。要求青年教师在搞好教学工作的同时担负起学生思想政治工作任务,担任班主任工作,发挥青年教师共青团员和共产党员在思想政治工作的先锋模范作用。分期分批派青年教师到测绘生产单位进修学习,提高他们的专业技术水平和生产作业组织领导能力。青年教师需要提高专业理论知识水平,可在学院相关系进行在职单科进修或脱产进修。青年教师经过一、二个教学循环的锻炼,可以成长为能胜任课堂教学、指导教学实习及生产实习合格的中专教师。

4. 教材建设

为国家测绘总局所属测绘生产单位培养航空摄影测量和制图专业的中等技术人员,有其特殊要求。培养航空摄影测量中等技术人员,主要是以航测成图方法施测中比例尺的国家基本地形图为主;制图专业主要是以编绘和印制中小比例尺的国家基本地图为主,以及比例尺较大的经济、工业、城市、农林、水利、矿产、地质等专用地图的编绘等。所以,这两个专业教材必须做到有针对性,培养的毕业生能满足国家测绘总局各测绘单位的需要。

根据教学计划的培养目标和毕业生的业务要求,编写课程教学大纲,是决定教材内容的依据。从学生的文化水平出发,编写出的专业教材应达到理论性与实践性的统一、系统性与适用性的统一、科学性与通俗性的统一、现势性与前瞻性的统一,具有中等专业教育特点的教材。编写教材时,参考了办学时间较长、教师水平较高、教学经验较丰富的中专学校测绘专业有关教材，结合本专业的特点拟定教材编写内容提纲，组织教材编写工作。

以教学经验较丰富的中老年教师为主，吸收青年教师参加教材编写工作，在教材编写过程中发挥各自的特点和专长，把编写教材的过程运作成提高专业学术水平、深入钻研教材内容、合理取舍、体现中专教育特点的学习和研讨过程，达到提高专业教学能力的目的。由于两个专业急需多种专业教材，中专部以现有中专教材无法替代的学科教材作为重点，先安排编写，分出轻重缓急，再逐步编写出各专业的适用教材。在这一思想指导下，首先编写出地形与控制测量学、航空摄影测量学、制图学、自然地理与地貌学和业务组织与计划等教材，保证了主要专业课教学的需要，之后再编写地形测量专业的主要专业教材和其他专业课教材。中专部编写出版中专各专业教材，保证了教学需要。

5. 抓好课堂教学

为保证课堂教学质量，采取以下措施：

(1)搞好教研室工作。选好教研室负责人和各门课程的带头人，按课程学期授课计划和课程教学大纲要求，在个人备课基础上搞好集体备课；确定课时内讲课内容的重点、难点，讲课的基本方法和教具的使用；讲课中提出启发性思考题和总结性思考题的内容和运用技巧；课堂总结和布置课后作业的内容等。有计划地组织课前试讲，对试讲进行评议，帮助青年教师提高课堂教学艺术和控制课堂进程的能力，提高课堂教学质量。

(2)组织教育理论学习和教学法研究。中专部有计划有选择地进行观摩教学，邀请老中青教师就各门课中的典型课进行集体观摩，并组织讨论研究，评价课堂教学成功和不足之处，使主讲教师和观摩教师都受益，共同提高教学水平。组织教育学理论学习，请专家作教育学理论讲座，提高非师范院校毕业教师的教学理论水平。

(3)贯彻以教学为中心的思想。要求教师在教学全过程中发挥主导作用，做到认真备课、认真讲课、认真辅导、认真批改作业、认真考核学生的学习成绩。与学生进行学习、思想等方面交流，建立教学相长的亲密关系；虚心倾听学生的意见和要求，建立新型的师生关系。

(4)建立教学质量检查制度。教研室内教师互相听课作听课记录，不同教研室之间的教师互相听课作评估记录，教学检查组听课作检查评估记录，构成课堂教学水平的定性评估材料。检查教师的备课笔记(讲稿)、抽查批改学生作业本的记录、分析各种考试评分成绩等，可作为教学质量定量评估的参考。召开学生座谈会，让学生对教师的课堂教学、课后辅导、批改作业、与学生的交流和思想政治工作进行评议，并把这些意见整理出来反馈给教师，作为教师改进教学工作的参考。有效的教学质量检查评估活动，对鼓励教师认真搞好教学工作、提高教学质量有很大的推动作用，对青年教师迅速成长也是一种有效的激励。

6. 加强实践性教学

中专部对航空摄影测量、制图和地形测量3个专业学生的实践性教学非常重视。利用学院测绘仪器设备的优越条件，由有测绘生产经验的教师指导，抓住各门专业课的课堂实习(包括课外实验室开放)、阶段性的教学实习、毕业前的综合性生产实习三部分实践环节，锻炼学生掌握各专业测绘仪器的使用、各种作业的操作方法和技术质量要求，以及进行各项作业的生产组织、质量检查等基本要求，从而了解本专业的测绘生产计划和组织生产的全过程，这对学生认识了解本专业、掌握本专业的测绘技术、加强动手能力培养很重要。教学计划中安排占专业课总教学时数45%左右的课堂实习(包括作业)，27、28周的教学实习和14、15周生产实习，这是保证各专业毕业生达到中等技术人员业务能力的关键教学环节。

（1）认真组织课堂实习。在专业课计划内的课堂实习，多数是了解掌握各种仪器设备的性能和操作技术。每个实习项目开始之前要向学生发"实习指导书"；在实习作业之前教师要认真讲解使用仪器的注意事项和安全措施，实习作业时教师要先作示范操作；在学生操作中要检查学生作业情况并及时指导；在练习中要求学生逐步达到国家规范的精度要求；实习后写出实习报告上交指导教师，作为评估实习成绩的参考资料。一个单元教学结束后，对仪器操作水平等项目应进行考核测定。如水准仪、经纬仪一个测站的观测作业，从设站、观测、记录的操作时间、观测精度、记录质量等方面进行定量考核，督促学生达到合格要求，培养学生的基本作业能力。

（2）组织好教学实习，培养学生专项作业能力。航空摄影测量专业的1∶5 000地形测图、1∶1万航测综合法像片测图、三等与四等控制测量实习；制图专业的1∶1万地形测图；地形测量专业的三等与四等控制测量、大比例尺地形测量、航测像片调绘等实习，都是外业工作。因此，指导教师必须做好有关的实习计划。选任有专业生产经验的教师担当负责人，青年教师担任实习指导教师。要做好实习的技术设计、实习使用仪器工具计划、实习作业技术细则、技术操作成果的精度要求和检查验收规定，以及学生实习总结要求和实习成绩的评定办法等。对经纬仪、水准仪、平板仪等仪器的操作，必须达到国家规定的精度要求，每项记录必须按规定记全、算准，各种限差检查必须合格，否则重测。像片调绘、平板仪测图必须做到点点清、站站清、片片清、当日清，保证质量。指导教师要以自己的模范职业行为和高度负责精神及严格的科学态度来引导学生，提高学生学习与作业的积极性，在团结互助、共同协作下测出好的成果，完成实习任务。在教学实习过程中锻炼学生克服困难、团结协作的工作作风，培养严谨的科学态度及对测量任务和成果的责任感，逐步形成良好的职业道德，为最后的生产实习做好技术、思想作风的准备。教学实习中，应对仪器操作技术、内业计算和绘图技术进行定量考核，对实习总结报告评分，给每个学生写出教学实习的综合评语。

（3）确保各专业生产实习成果质量。航空摄影测量、制图和地形测量各专业的生产实习，都是由中专部教师和特聘测量生产单位有丰富生产经验的工程技术人员担任指导教师，在指导教师带领下完成一定的专业测绘生产任务。例如，1960年航空摄影测量专业两个班百余学生到山西晋城煤矿进行矿区地形测量生产实习。在中专部有生产经验教师领导下，组成教师和矿山技术人员的联合指导组，指导学生进行矿区基本控制测量、测图控制及施测矿区地形图。在矿区实习锻炼了学生吃苦耐劳精神，锻炼了各种仪器的操作技能，按测量规范要求完成生产任务。提高了学生的综合作业能力，有相当一部分学生具有一定的独立工作能力，取得了良好的实习效果。1964年制图专业在国家测绘总局支持下，进行"模拟制图生产实习"。选定了毕业实习任务，特聘总局一分局（陕西测绘局）制图队的两位有丰富生产经验的技术人员进行指导地图编绘和地形图清绘任务，都按总局一分局制图队的技术细则要求进行作业。学生作业的成果经检查符合要求，达到了制图生产实习的目的，使该届制图专业毕业生树立起能够担任制图生产任务的信心。

（4）测绘各专业的生产实习。把必须完成生产任务的压力转化为教师和学生搞好实习的动力，通过实习在提高学生作业水平的基础上完成一定的生产任务，并达到国家规范规定的质量标准。保证生产实习测绘成果的质量，是生产实习得以实现的前提。既使学生技术水平和作业能力提高，又保质保量地完成测绘生产任务，使即将毕业的学生受到测绘专业中等技术人员的基本训练，达到培养目标的要求。教师特别是青年教师，通过生产实习指导工作，对提高测绘专业生产的技术设计水平、组织计划实施能力、指导生产实践的动手能力、保证测绘成果质量控制能力、生产实习学生管理与思想政治和安全工作能力等有很大帮助，是成为一名优秀中专教师不可缺少的生产实践锻炼机会。

7. 加强学生的思想政治工作

中专部学生的思想政治工作，在党支部领导下与政治教研室结合，设各专业年级政治指导员，多数政治课教师兼任政治指导员。每个班级设班主任，在任课教师中聘任，由年级政治指导员协调各班主任的工作。中专部建立共青团总支，每班设共青团支部。各班设班委会，中专部设学生会，学生会在团总支指导下组织开展中专部的文娱、体育及其他校园活动。1958年建立中专部航测班，新生入学时，时逢“大跃进”时期；1960年国民经济遇到暂时困难，粮食定量供应，生活困难；1961年开始执行党中央的“调整、巩固、充实、提高”的八字方针，国民经济、人民生活开始好转。这一时期学生思想政治工作任务艰巨，学生的思想反映多种多样，重点进行爱国主义、社会主义、集体主义和劳动教育，坚定在党中央领导下能够克服困难的信心教育。1962年贯彻《高教六十条》，强调以教学为中心，改中专三年制为四年制，二、三年级在校学生改为四年制，学生服从调整，表现出很高的觉悟。之后学校新建了四年制的地形测量专业，狠抓提高教学质量，学生学习积极性大为提高。毕业生服从国家分配到祖国需要的地方去，中专部形成了良好的学风和校风。

1963年3月5日，毛泽东“向雷锋同志学习”的题词在《人民日报》发表，学生中向雷锋同志学习，做好人好事，开展“学雷锋，创三好”活动，把学雷锋的政治热情引导到搞好学习上。开展学习毛主席著作活动，在学生中组织学习毛主席著作经验交流会，评选学习毛主席著作积极分子。随着国际政治形势的发展和变化，在青年学生中进行“备战、备荒、为人民”教育，增强青年学生的国防观念。在教学中把军事训练列入教学计划，向解放军学习，加强组织性、纪律性教育，发扬“三八”作风，在学生中收到很好的效果。

1964年2月，贯彻毛泽东在“春节座谈会”(教育座谈会)上的讲话精神。在教学上贯彻“少而精”的原则。在强调阶级斗争的政治形势下，1966年5月中共中央发出了《中共中央通知》即《五·一六通知》，“文化大革命”开始，中专部停止招生。

8. 测绘中专教育的成绩和经验

武汉测绘科技大学中专部诞生于1958年，先后开设了航空摄影测量、制图和地形测量3个专业。到1966年“文化大革命”开始，共招生办学9年。“文化大革命”期间，1970年学生全部离校，同年10月学院被撤销，中专部前后共13年。由于种种因素，学校未能达到办学时计划的1 500名的学生规模。中专部在国家测绘总局的关怀下，在学院的领导下，克服各种困难，共招收1 017名学生(表3.8)。为国家培养出三年制、四年制3个专业的中等技术人员近760名[①]。毕业生听从组织分配，到工作岗位很快适应工作条件，成为测绘技术岗位的骨干力量。

表3.8　中专部历年各专业招生人数统计

年份	学制	航空摄影测量		地图制图		地形测量		总计	说明
		班数	人数	班数	人数	班数	人数		
1958	三	1	36					36	
1959	三	2	98	2	105			203	
1960	四	2	78	3	133			211	制图3个班为春季招生
1961	四	1	28	1	25			53	

① 1961年国民经济调整时期，中专教育进行调整，在校学生人数有变动，出现毕业生人数减少的现象。

续表

年份	学制	航空摄影测量		地图制图		地形测量		总计	说明
		班数	人数	班数	人数	班数	人数		
1962									未招生
1963	四	2	71	1	45			116	
1964	四	1	43	2	75	2	67	185	
1965	四	1	43	2	83	2	87	213	
1966									未招生
合计		10	397	11	466	4	154	1 017	

中专部13年的中等专业教育取得的主要成绩和经验有：

(1)在培养近800名中专毕业生的过程中，培养和锻炼一支测绘中等专业教育需要的教学、科研和生产相结合的，教学水平较高的师资队伍；锻炼出一支组织领导测绘中专教育，善于进行教学管理、学生管理、行政管理和思想政治工作的干部和学校管理人员队伍。

(2)在教学实践过程中，逐步修改完善了航空摄影测量、制图和地形测量3个专业的四年制教学计划、课程教学大纲等教学文件，编写出版了一批测绘中专各专业学科的教材。

(3)武汉测绘学院开办中专教育，充分利用雄厚的教师资源、完备的测绘仪器设备、齐全的实验室条件、现成的专业实习基地，节省了大量建设独立中专学校的资金，中专部成立就得以正式开展教学工作，这是其他形式测绘中专教育很难办到的。

(4)中专部近800名毕业生，在测绘及国营工业等部门经实践锻炼和继续教育的发展，到20世纪80年代许多毕业生成为测绘单位的领导干部和技术骨干，有的毕业生成为第一批登上珠穆朗玛峰的健儿。他们中间有的成长为研究员、大学教授，还有一些毕业生成长为国营大厂的厂长、书记和总工等领导干部。这说明四年制中专毕业生基本上学完了主要高中文化课，专业课理论知识的深度和广度也比三年制中专生要强，为提高学历的继续教育打下一定的基础。更重要的是中专毕业生思想稳定、工作态度扎实，克服困难的作风顽强，虚心学习、团结同志协作精神好，在实际工作中能经受住各种考验而成长起来，成为社会主义建设事业的有用人才。

3.1.2 普通测绘高等专科教育的发展、建设与成绩

1956年学院成立后，为满足测绘事业发展急需应用性高级测绘技术人才的要求，于1958年建立第一个专科专业——工程测量专业二年制专科。1962年执行《高教六十条》，没有再招收专科学生。1970年10月学院因“文化大革命”被撤销。1973年8月重建武汉测绘学院时，设工程测量、大地测量、航空摄影测量、地图制图、光学测绘仪器、电子测绘仪器6个系，招收三年制的本科工农兵大学生，也办过一年制的测绘技术干部专修班。1983年4月，国务院批转教育部、国家计委《关于加速发展高等教育的报告》中提出，“在扩大高等教育规模过程中，根据国家四化建设的需要，调整改革高等教育内部结构，增加专科和短线专业的比重”。学院根据这一精神，于1984年开办普通高等专科教育。

1. 测绘高等专科教育发展建设概况

1984年首批开办了工程测量、航测外业、光学仪器修理与维护3个专业的专科教育，工程测量专业学制为二年半，其余两个专业学制为二年，共招新生124人。1985年5月，中共中央公布的《中共中央关于教育体制改革的决定》中指出，“高等教育的结构，要根据经济建设、社会发展和科技进步的需要进行调整和改革”，“改变专科、本科比例不合理状况，着重

加快高等专科教育的发展”。1985年，招收7个专业的二年制专科新生263人：航测外业60人，光学仪器维修29人，民族测绘班30人，工程测量干部班34人，测绘干部班43人，工业与民用建筑32人，计算机科学及应用35人，其中测绘专业和与测绘有关的专业共6个班231人。

学校根据中央调整高校内部结构，改变专科与本科学生不合理的比例，加速发展专科的精神。从1986年起到1995年，以较快的速度发展专科教育，先后有16个专业招收专科学生。如表3.9所示，每年都有7～10个专业招收专科生，其中测绘类和与其相关的有3～6个专业招专科生。这10年中，专科招生数与本专科招生总数之比在25%～43%，而测绘类专业专科生与专科学生总数之比在28%～39.0%。在办好各专业专科教育中，测绘专业的专科教育占有较大的比重。测绘及与测绘技术有关的专科专业有工程测量、航测外业、光学仪器维修、计算机应用与维护、土地管理与地籍测量、地图制图和印刷技术等7个专业。表3.9的统计数据表明，测绘专科教育在专科教育中的比重是较大的。1996年武汉测绘科技大学通过“211工程”预审，学校以本科教育为基础，重点向研究生教育转移，逐年减少专科教育的招生专业和招生人数，到1999年基本上结束了高等专科教育。1996年以前的专科基本上是二年制，1996年以后改为三年制。开办专科教育的17年，从平均意义上讲，专科招生人数与全校招生总数之比为24.9%，专科招生人数是本科招生人数的33.1%，测绘类专科招生人数是专科招生总人数的56.4%。学校各专业的专科教育活动都归各专业所属的系、部与本科教育统一安排，充分利用学校的教学资源加速各专业专科高级应用性科技人才培养，贯彻中央关于高等院校教学结构调整的指导思想，取得了显著的效果。

表3.9　武汉测绘科技大学历年本、专科招生相关数据统计

序号	招生数 年份 项目	1958	1984	1985	1986	1987	1988	1989	1990	1991	1992	1993	1994	1995	1996	1997	1998	1999	合计
1	本专科招生总数	793	544	728	722	710	819	706	706	764	1 119	1 345	1 361	1 602	1 600	1 483	1 652	2 082	18 736
2	本科招生数	672	420	465	479	474	466	494	493	540	630	789	879	1 197	1 324	1 229	1 477	2 050	14 078
3	专科招生总数	121	124	263	243	236	353	212	213	224	489	556	482	405	276	254	175	32	4 658
4	测绘类专科招生数	121	124	231	180	167	212	131	130	133	269	311	205	117	87	93	84	32	2 627
5	专科招生专业数	1	3	7	7	7	8	7	8	7	8	9	10	10	6	5	6	1	
6	测绘类专科专业数	1	3	6	5	5	6	4	5	4	5	5	4	3	2	2	3	1	
7	3/1(%)	15.3	22.8	36.1	33.7	33.2	43.1	30.0	30.2	29.3	43.7	41.3	35.4	25.3	17.2	17.5	10.6	1.5	
8	4/3(%)	100.0	100.0	87.8	74.1	70.8	60.1	61.8	61.0	59.4	55.0	55.9	42.5	28.9	31.5	36.6	48.0	100.0	

注：1958年、1984－1999年共17年，专科招生总数与本、专科招生总数的百分比为24.9%；专科招生总数与本科招生数的百分比为33.1%；测绘类专科招生数与专科招生总数的百分比为56.4%。

2. 测绘类专科教学计划介绍

1)工程测量专业专科二年制教学计划介绍

(1)培养目标。工程测量高等专科教育，培养坚持社会主义道路的，德、智、体全面发展的，获得工程师初步训练的工程测量高级工程技术应用性人才。学生毕业后主要到测绘部门或国民经济工业与工程建设、城乡建设、国土矿产开发、勘察设计、水电工程、农林业等部门，从事工程测量及其他测绘工作的技术设计、生产作业、生产技术管理等工作。

(2)毕业生的基本要求。懂得马列主义、毛泽东思想基本原理，邓小平建设中国特色社会主义理论；热爱祖国，拥护共产党的领导，有社会主义民主、法制观念，有理论联系实际、实事求是的科学态度，有为人民服务、艰苦奋斗、热爱劳动和集体主义精神；勤奋学习，遵纪守法，有社会主义事业心和责任感，有实干创新意识和良好的职业道德品质。掌握达到本专业培养目标所必需的基础理论知识、较强的工程测量专业理论知识、一定的相关工程技术及管理知识;具有达到本专业培养目标所必需的测绘仪器操作、制图与绘图、计算、使用计算机等基本技能,以及较强的测绘生产操作能力,有分析解决本专业一般工程实际问题的能力和自学能力;学习一门外语,具有阅读和翻译本专业外文资料的初步能力。达到大学生体育合格标准,身体健康;具有良好的心理品质和文化修养。

(3)教学环节时间安排。二年制工程测量专业4个学期的教学环节时间安排如表3.10所示。2周的入学教育,理论教学与考试68周,课程设计、教学实习和生产实习10周,教学活动共78周;1周的毕业鉴定与毕业教育,公益劳动1周,假期13周,全部教育活动95周。

表3.10 教学环节时间分配

专业:工程测量　　　　学制:二年制大学专科　　　　1990年

学期	项目 周数 日期	入学教育	课堂教学	考试	课程设计	教学实习	生产实习	毕业设计	公益劳动	机动	毕业鉴定	学期小计	寒暑假	总计	说明
Ⅰ	1990.9—1991.2	2	17.5	1.5								21	3	24	以教学周计算
Ⅱ	1991.2—1991.7		14.5	1.5		4						20	6	26	地形测量教学实习4周
Ⅲ	1991.8—1992.1		18.5	1.5					1			21	4	25	
Ⅳ	1992.2—1992.7		11.5	1.5	2		4				1	20		20	控制网设计、工程控制设计各1周
合计		2	62	6	2	4	4		1		1	82	13	95	以控制测量为主的生产实习4周

(4)课程设置及教学进程。二年制课堂教学62周,周学时控制在26学时以内,给学生以较多的自学时间。表3.11中有19门必修课和1门必选课。公共课4门,是根据高等专科教育公共课统一要求安排的,共270学时。基础课3门,是根据工程测量专业需要设置的,共246学时。技术基础课的设置是考虑形成工程测量专业基本理论、基本技术和基本技能的需要设立的;测量学和地形绘图是培养学生基本测绘仪器操作能力、测绘各种比例尺地形图,以及地形图在工程设计中的应用所必需的课程,是测绘技术的基本养成教育;土地管理与地籍测量是在测量学的基础上,为国土合理开发与利用、进行土地市场化运作而新设的一门课程,是工程测量专业技术人员需要掌握的测绘和管理技术;测量平差、数理统计在测量中应用,是所有测量观测数据处理和精度检验的理论基础,是必须掌握的技术基础课;工程制图、土建力学基础,为使工程测量专业毕业生了解和掌握工程制图和看懂施工图纸,了解土建结构设计的基本知识和原理而设立的,以便于更好地为工程服务;总计为490学时。专业课设置的重点在控制测量学(Ⅰ)、控制测量学(Ⅱ、Ⅲ)和工程测量学。控制测量学(Ⅰ)主要介绍控制网建立的基本原理和作业技术,现代电子经纬仪、自动安平水平仪、电子水准仪,以及电磁波测距仪、全站仪在作业中的使用;控制测量学(Ⅱ、Ⅲ)侧重于全球定位系统(GPS)控制网的建立原理和技术,大型建筑工程施工精密控制网的建立原理及技术,特种工程和地下工程精密控制网的建立原理与技术,以及变形与沉陷观测控制网的建立原理与技术等,这部分内容的讲授深度和广度是与同专业中专教学内容有较大区别的。20世纪90年代以来,摄影测量学的全能法精密立体测图和综合法测图,在大比例尺勘察设计地形图测绘中被广泛采用,特别是摄影测量数字化测图技术用于生产,把摄影测量学作为工程测量专业的专业课是恰当的。在掌握土建工程概论的情况下,可以更好地利用工程测量技术为工业和工程建设服务。专业课总计为460学时,必修课的总学时为1466。选修课设地形图数字化测绘概论、测量平差程序设计,都是计算机技术在数字化测图和控制测量观测数据处理方面的应用,属于现代测绘新技术,学生要任选其一进行学习并考试。

表 3.11　课程设置及教学进程计划

专业:工程测量　　　　学制:二年制大学专科　　　　1990 年

序号	课程名称	按学期分配教学时数					一学年		二学年		说明
		考试	考查	总时数	讲课	实践	Ⅰ 17.5	Ⅱ 14.5	Ⅲ 18.5	Ⅳ 11.5	
							周学时分配				
	一、公共课			270							
1	中国社会主义建设	Ⅰ		70			4				占总学时的 18.4%
2	大学生思想修养		Ⅲ	20					2		
3	英语	Ⅰ,Ⅱ		120			3	4			
4	体育		Ⅰ,Ⅱ	60			2	2			
	二、基础课			246							占总学时的 16.8%
5	高等数学	Ⅰ,Ⅱ		150			5	5			
6	线性代数		Ⅱ	36				4×9/			
7	程序设计语言	Ⅰ		60			4				
	三、技术基础课			490							占总学时的 33.4%
8	测量学	Ⅰ,Ⅱ		130			4	4			
9	地形绘图		Ⅰ	50			3				
10	测量平差	Ⅱ,Ⅲ		100				/6×5	6×11/		
11	工程制图		Ⅱ	50				3			
12	数理统计在测量中应用	Ⅲ		50					3		
13	土建力学基础	Ⅲ		70					4		
14	土地管理与地籍测量		Ⅲ	40					2		
	四、专业课			460							占总学时的 31.4%
15	控制测量学(Ⅰ)	Ⅱ		80				5			控制网建立的基本原理
16	控制测量学(Ⅱ、Ⅲ)	Ⅲ,Ⅳ		140					4	5	工程控制测量及变形观测
17	摄影测量学	Ⅲ,Ⅳ		90					/4×10	4	
18	工程测量学	Ⅳ		90						7	
19	土建工程概论	Ⅳ		60						5	
	合计			1 466			25	26	21	21	周学时数
	五、选修课										
	地形图数字化测绘概论	Ⅳ		30						2	选修课必须任选一门
	测量平差程序设计	Ⅳ		40						3	

(5)实践教学安排。实践教学分课堂实习(在该门课程教学时数内的实习)、课程设计、教学实习和生产实习。地形测量、地形绘图、控制测量、工程测量等课程,都安排一定课时的仪器操作实习和作业实习。1 周控制测量课程设计,主要是控制网技术设计;1 周工程测量课程设计,主要是建筑或工业厂区、地下精密工程控制网技术设计,以及变形监测控制网的技术设计等;4 周测量学教学实习,完成从图根控制测量到大比例尺地形测量的全部作业任务;利用 4 周时间,进行城市或工业厂区控制网建立的生产实习,掌握控制测量全部工程技术,还要进行工程测量有关内容的实习。

工程测量专业二年制专科教育的教材,基本上采用同专业的本科教材,根据专科课程教学大纲要求,结合学生具体情况,删繁就简,合理使用。

2)印刷技术专业专科三年制教学计划简介

(1)培养目标。印刷技术高等专科教育,培养坚持社会主义道路的,德、智、体全面发展的,获得工程师初步训练的印刷技术高级工程技术应用性人才。学生毕业后主要到地图制印、印刷装潢企业单位,从事印刷工艺设计、生产、技术管理和产品开发工作,也可到有关技术院校和研究单位从事教学、研究和管理工作。

(2)毕业生的业务要求[①]。掌握达到本专业培养目标所必需的基础理论知识、较强的印刷原理与印刷机械设备的专业理论知识、一定的相关技术知识和管理知识；具有本专业培养目标所必需的地图及其他印刷品生产工艺设计、现代制版印刷、装帧设计等基本作业技能，有分析解决本专业一般实际问题的能力，有一定的进行产品开发的能力；学习一门外语，具有阅读和翻译本专业外文资料的初步能力；具有一定文化和美学修养，以及良好的心理素质；达到大学生体育合格标准，身体健康。

(3)教学环节、课程设置及教学进程安排。三年制印刷技术专业6个学期的教学环节时间安排如表3.12所示。课程设置及教学进程计划如表3.13所示。本专业必修课为27门。公共课共6门，加强了思想修养、法律和中国特色社会主义理论教育；基础课4门，结合专业需要设化学课；技术基础课类7门，包括计算机技术与印刷技术有关的印刷机械、印刷材料、印刷概论等基本理论基础；专业课类10门，侧重于现代地图制印技术的理论、技术和方法等，保证培养的制印高级技术人才能胜任现代印刷技术发展水平的需要。为扩大学生的知识面，提供了6门选修课，学生从中选择4门课程学习(120课时)。必修课与必选课之和为1695学时。为有更多自学时间的学生又提供5门任选课，以扩展学生的知识面和专业能力。从表3.12、表3.13的课程设置的门数、教学时数、教学实习与生产实习的周数，可以体现出印刷技术三年制专科教学计划重视理论教学，更强调实践教学。

表3.12　教学环节时间分配

专业：印刷技术　　　　学制：三年制大学专科　　　　1996年

学期	周数/项目 日期	入学教育	课堂教学	考试	课程设计	教学实习	生产实习	毕业设计	公益劳动	机动	军训	毕业鉴定	学期小计	寒暑假	总计	说明
Ⅰ	1996.9—1997.2	1	15	2							3		21	4	25	以教学周计算
Ⅱ	1997.3—1997.7		16	2										8	26	
Ⅲ	1997.8—1998.1		17	2					1				20	4	24	
Ⅳ	1998.2—1998.7		15	2		3							20	8	28	
Ⅴ	1998.8—1999.1		15	2		4			1				22	4	26	
Ⅵ	1999.2—1999.7					6	10			1		1	18		18	
合计		1	78	10		13	10		2	1	3	1	119	28	147	

表3.13　课程设置及教学进程计划

专业：印刷技术　　　　学制：三年制大学专科　　　　1996年

序号	课程名称	按学期分配		教学时数			一学年		二学年		三学年		说明
		考试	考查	总时数	讲课	实践	Ⅰ 15.5	Ⅱ 16	Ⅲ 17	Ⅳ 15	Ⅴ 15	Ⅵ 16	
							周学时分配						
	一、公共课			450									占总学时的26.5%
1	大学生思想修养		Ⅰ	30			2						
2	法律基础		Ⅱ	30				2					
3	马列主义原理	Ⅱ		60				4					
4	中国社会主义建设	Ⅰ		60			4						
5	英语	Ⅰ，Ⅱ		200			6	6					
6	体育		Ⅰ，Ⅱ	70			2	2					
	二、基础课			340									占总学时的20.1%
7	高等数学	Ⅰ，Ⅱ		140			6	4					
8	线性代数	Ⅱ		30				2					
9	概率统计	Ⅲ		44					3				
10	普通化学	Ⅰ，Ⅱ		126			4	4					

① 毕业生的政治理论水平、思想作风和品质要求，与工程测量专业毕业生要求相同。

续表

序号	课程名称	按学期分配		教学时数			一学年		二学年		三学年		说明
		考试	考查	总时数	讲课	实践	Ⅰ 15.5	Ⅱ 16	Ⅲ 17	Ⅳ 15	Ⅴ 15	Ⅵ 16	
							周学时分配						
	三、技术基础课			380									占总学时的22.4%
11	计算机基础语言	Ⅰ		70			4						
12	微机应用		Ⅲ	70					4				
13	机械制图		Ⅲ	60					4				
14	印刷机械基础		Ⅳ	50						3			
15	印刷概论		Ⅱ	40				2					
16	印刷色彩学	Ⅲ		40					3				第Ⅳ学期制版、晒板、打样教学实习3周
17	印刷材料学	Ⅳ		50						3			
	四、专业课			405									占总学时的23.9%
18	文字排版		Ⅳ	50						3			
19	地图制图学概论		Ⅳ	40						3			
20	地图制印工艺设计		Ⅴ	30							2		
21	制版原理与工艺	Ⅲ		45					3				
22	晒版原理与工艺	Ⅳ		30						2			第Ⅴ学期印刷实习4周
23	电子分色	Ⅴ		50							3		
24	印刷原理与工艺	Ⅴ		50							3		第Ⅵ学期文字排版、图像处理实习6周
25	丝网印刷		Ⅴ	30							2		
26	彩色印前处理		Ⅳ	40						3			第Ⅵ学期印刷生产实习10周
27	桌面印刷		Ⅴ	40							3		
	必修课合计			1 575			28	26	17	17	13		周学时数
	五、选修课			180									
28	摄影艺术			30						2			
29	信息记录材料			30						2			选修课6门，必选4门120学时，占总学时的7.1%
30	企业管理			30						2			
31	装帧设计			30					2				
32	特种印刷			30							2		
33	印刷新技术讲座			30							2		
	六、任选课			150									
34	企业财务管理			30							2		
35	专业英语			30							2		
36	美术概论			30				2					自主选修，不占学时
37	彩色图像处理应用软件			30							2		
38	写作			30							2		

3)二年制专科与三年制专科教学计划的比较和分析

将部分测绘类二年制专科与三年制专科教学计划，按必修课数、选修课数、任选课数、总学时、集中实践教学周数等要素进行比较，统计出表3.14，可得出如下分析结果：

表3.14　部分测绘类二年制与三年制专科教学计划要素比较

学制	专业名称	必修课数	选修课		任选课数	总学时＝必修＋必选	集中实践周数	说明
			门数	必选数				
二年	工程测量	19	2	1		1 506＝1 466＋40	10	二年制专科平均总学时为1 450；三年制专科平均总学时为1 880
二年	土地管理与地籍测量	22	2	1		1 450＝1 420＋30	10	
二年	地图制图	20	5	3	3	1 416＝1 316＋100	18	
二年	印刷技术	20	3	2		1 430＝1 370＋60	12.5	
三年	印刷技术	27	6	4	5	1 695＝1 575＋120	23	
三年	计算机应用与维护	23	9	6		2 065＝1 765＋300	17	

(1)二年制专科工程测量、土地管理与地籍测量、地图制图、印刷技术等专业，教学计划中的必修课数为19～22门；而三年制专科印刷技术和计算机应用与维护等专业的必修课数为23～27门，说明三年制专科的基础理论和专业理论知识较为宽厚。

(2)三年制专科提供选修课数及其必选课数、任选课数，比二年制专科要多，这就为学生选修社科、人文知识，以及扩大专业相关知识面创造了有利条件，使学生的综合素质培养获得更有利的条件和机会。

(3)三年制专科教学计划的平均总学时为 1 880，二年制专科教学计划的平均总学时为 1 450，前者比后者多 430 学时；三年制专科实践教学平均为 20 周，而二年制专科为 13.1 周，前者培养学生动手能力的强度比后者大，突出了专科教育的特点。

(4)三年制印刷技术专业专科教学计划的表 3.12、表 3.13 的执行情况是：课内总学时为 1 695，公共课占 26.5%，基础课(包括技术基础课)占 42.5%，专业课占 23.9%，必选课占课内总学时的 7.1%；实践教学环节总周数为 30(未包括课内的实验、实习和习题课等)，是教学活动总周数 118 周的 25.4%。可以认为三年制印刷技术专业教学计划，各类课程的比例是基本符合高等工程专科教育计划制订的要求的。该计划课内教学时数较少，给学生留有较充分的自学时间，为发展个性教育创造了条件。

3. 测绘高等专科教育的成绩和经验

学院从 1958 年开始办工程测量专业二年制专科教育，由于历史的原因专科教育停办。党的十一届三中全会和党的“十二大”以后，根据国务院和教育部“调整改革高等教育内部结构，增加专科和短线专业比重”精神，1984 年首先从测绘类专业举办二年制专科教育，1985—1995 年专科教育的专业扩大到 16 个，其中测绘类专业有 7 个。每年招生的专业和招生人数如表 3.15 所示。总共培养测绘类普通专科毕业生 2 627 人，其中三年制专科毕业生 296 人，二年制专科毕业生 2 331 人。为测绘系统各单位、国民经济建设各部门和各类院校测绘专业培养大批测绘高级应用性科技人才，为社会主义建设事业和测绘科学技术发展作出很大贡献。

表 3.15　测绘与相关专业历年专科招生统计

年份／招生数／专业	1958	1984	1985	1986	1987	1988	1989	1990	1991	1992	1993	1994	1995	1996	1997	1998	1999	合计	说明
工程测量	121	20		33			28	30	29	37	65	66	40			22		491	
航测外业		66	60	50	30	27												233	
光仪维修		38	29															67	有＊号的专业，基本上属于工程测量专业
＊测绘(民族)班			30															30	
＊工测干部班			34			30												64	
＊测绘干部班			43	37	28	21												129	
计算机应用与维护			35				61	26		78	96	66	42	60	57	34	32	587	
土管与地籍				30	31	34	25	26	33	36	66	42						323	
地图制图				30	31	33		25	31	32	30							212	
印刷技术					47	67	17	23	40	86	54	31	35	27	36	28		491	
合　计	121	124	231	180	167	212	131	130	133	269	311	205	117	87	93	84	32	2 627	

开办高等专科教育的经验：

(1)认真贯彻《中共中央关于教育体制改革的决定》中，有关“改变专科、本科比例不合理状况，着重加快高等专科教育的发展”精神，抓住国民经济发展和测绘科技进步对各专业专科层次测绘高级应用性科技人才急需的时机，有计划、适时地开办了各专业的测绘专科教育。在 1985—1999 年期间，培养了各专业的高等专科人才，取得了突出的成绩，表 3.9 和表 3.15 具体总结了所取得的成绩。

(2)充分利用学校各系部本科专业的师资、测绘仪器和实验室、实习基地等办学条件，举办了各系有关专业的专科教育，是投入少、见效快、教学质量高的好办法，有其进行测绘专科教育的优势。由于学校有本科、硕士研究生和博士研究生教育，学校的学风、教风、校风好，科研成果水平高，国内外学术交流活动频繁，给专科学生指引出毕业后继续努力进行再教育的方向，对专科毕业生综合素质的养成起着一般高校和专科学校无法起到的激励作用。

(3)发展高等专科教育，1991－1995年的“八五”期间达到高峰，1992年本科招生与专科招生人数之比为1∶0.78，专科招生总数与测绘类专科招生人数之比为1∶0.55。20世纪90年代中期，学校进入“211工程”基础建设阶段，执行重点高校以本科教育为主，“人才培养层次重心上移”的有关精神，加强研究生教育，适当减少普通高等专科教育，重点发展成人专科教育。1996年开始，普通高等专科教育招生的专业和人数逐渐减少。

3.1.3　成人测绘专科教育的发展、建设与成绩

武汉测绘科技大学从1957年成立函授部，到1970年因“文化大革命”和学院被撤销而停办。1973年重建武汉测绘科技大学，1980年学院重设函授部，到2000年已发展、建成以测绘本科和专科教育为主体的多层次、多形式、多学科、多规格的成人教育学院。前后34年的成人教育经历了曲折的发展历程，取得了很大成绩和丰富的经验。尤其是成人测绘教育，从1980年到2000年，在6 895人本科和专科毕业生中，专科毕业生为5 869人，其中测绘及与其相关专业的专科毕业生4 620人。武汉测绘科技大学成人教育学院，把众多在职的测绘中等技术人员，培养成具有专科或本科学历的高级应用性测绘科技人才。

1. 测绘函授教育的回顾

1956年9月武汉测量制图学院成立不久，院长夏坚白教授(中国科学院学部委员)亲自安排筹办函授教育事宜，得到高等教育部和国家测绘总局的支持。学院于1957年成立了测绘教育函授部(主任郭懋英，副主任钱冰)，设工程测量、航空摄影测量、大地测量和地图制图4个专业，本科学制六年。1957年当年开始招生，到1966年各年招收本科函授生数量如表3.16所示，共招本科函授生2 784人。从1959年开始，开设了16门次课程的函授选课生，为期一年的单科函授生，前后共招收1 557名学员(包括1980年的112名)。1960年还招收一届三年制的航空摄影测量中专函授生627名。在学院党政领导和各系部的支持下，由各系部的教研室配备教学水平较高的教师担任函授教学任务，有一支相对稳定的函授教师队伍。在全国测绘单位较集中的9个城市设函授站(一般设在省测绘局或大型勘察测绘单位)，定期开展面授和辅导、收批作业和进行考试等教学活动。函授部坚持“严格要求，质量第一”的原则，在函授教育组织管理、教学工作上取得一定成绩和经验。由于函授本科教育学制太长，1960年湖北省函授教育工作会议要求，将学制从6年改为5年；1964年国家测绘总局指示，从63级开始函授本科学制由5年缩短为4年。由于1958年开始“大跃进”，各种政治运动频繁，坚持正常函授学习十分困难，到1966年“文化大革命”开始，函授教育停止。本科函授毕业生1963、1964、1965三届共185人。“文化大革命”以后，对1966年以前在册的各届函授生，按已修业的年限和国家有关政策，认定了346名本科和130名专科毕业生(列在表3.16中的1966栏内)，补发了相应毕业证书。这就是说，本科总计2 784名函授生中，只有531人获得本科毕业证书、130人获得专科毕业证书，获得毕业证书的共有661人，函授毕业生通过率为23.7%。

表 3.16　1957－1966 年测绘各专业函授招生与毕业生统计

人数 年份 项目	1957	1958	1959	1960	1961	1962	1963	1964	1965	1966	1980	合计	说明
函授本科生	127	261	329	872		576		167	178	274		2 784	
函授本科选课生			(555)	(846)					(44)		(112)	(1 557)	
函授中专生				(627)								(627)	
函授本科毕业生							29	81	75	346		531	
函授专科毕业生										130		130	

注：1966 年栏内的 346 名本科毕业生是根据国家政策因“文化大革命”影响按已学年限认定的，不足本科规定年限的认定 130 名专科毕业生。

2．建立完整的成人教育体系

1973 年武汉测绘科技大学重建，1980 年重设函授部（主任郭懋锳），试办了 3 门课程的单科函授，招函授本科选课生 112 人。1983 年开始设学制五年半制的工程测量、航空摄影测量、大地测量和地图制图 4 个专业的本科函授教育，共招函授生 300 人。在全国 6 个大行政区和校本部设 7 个函授站。实行统一规章制度、统一招生、统一教学计划、统一教材和教学进程、统一考试，即“五统一”的管理模式；坚持“严格要求，质量第一”函授教育的传统原则。由于本科函授学习年限长，学员在职长期坚持学习有许多困难，为满足众多在职测绘中专毕业生希望通过函授教育提高学历的要求，测绘函授教育逐渐转向以三年制专科教育为主，本科教育的招生比例便逐年减少。1984 年，函授部（主任余长兴，副主任范良季）招测绘各专业专科函授生 419 人。1985 年在专业设置、教育形式等方面，跳出函授教育的框框，增设其他测绘类和非测绘类专业，举办测绘干部专修科和成人脱产专科班。1988 年以函授部为基础，设立成人教育中心（主任余长兴，副主任范良季、陈明）。在教学主管校长领导下，负责归口协调、管理各种形式和各种层次的函授和成人教育，执行行政管理和教学组织与管理的双重任务。成教中心下设办公室、函授科、培训科、成人教育教研室和《武测函授》期刊编辑部。1989 年开办测绘专业证书班（相当于专科教育）；建立夜大学，招收夜大学员，开展多种形式的继续教育。到 1991 年年底，成人教育中心已形成函授、成人脱产班、干部专修班、专业证书班、夜大学，以及各种培训班的多形式、多层次、多学科、多规格的成人继续教育体系。1992 年 5 月，国家测绘局批准武汉测绘科技大学建立成人教育学院（院长兼党总支书记陈恒禄，副院长兼副书记陈明；1998 年，院长兼党总支书记陈明，副院长刘予嵩、夏启年）和国家测绘局继续教育中心，为副厅局级单位，两个机构一套班子。成人学院设办公室、函授部、培训部、成人教育教研室、《测绘成人教育》编辑部。1997 年 8 月，国家测绘局决定在武汉测绘科技大学设国家测绘局党校、国家测绘局管理干部学院。两单位的日常工作由武汉测绘科技大学成人教育学院承担，不另设机构。确立了武汉测绘科技大学成人教育学院成为国家测绘局系统较高层次和规格的职工培训基地。

3．以测绘专科为主的成人教育特色、成绩和经验

（1）实行成人学历教育与非学历教育并举，形成多形式、多层次、多学科和多规格的成人教育体系。学历教育以专科教育为主，包括本科、专业证书班、自学考试、第二专科专业、以专科为起点的“专升本”、委托代培教育等；在专业设置上，以工程测量、摄影测量与遥感、大地测量、测量工程、地图制图、印制技术、土地管理与地籍测量、测绘管理等测绘类专业为主干，增设了城市规划、工业民用建筑、房地产经营与管理、应用电子技术、机械设计与制造、计算机应用与维护、计算机及应用（高级文秘）和计算机及应用（财会）等专业；在教育层次和规格方面，测绘类专业以专科为主，设本科、专业证书班、测绘干部专修班、测绘劳模班等专科教育；在教育的形式方面，测绘类专业设函授本科、"专升本"、专科，以及成人教育（脱产学习）专科和本科，其他专业有函授、夜大学、自学考试和专项代培等形式的专科教育。非学历教育，根据国家测绘局及各省测绘局对党政干部、各级测绘技术人员的培训要求，以及全国测绘与勘察设计单位和院校对测绘高新技术培训要求，按不同学员条件和教学内容，开办不同形式和规格的培训班和研讨班。为全国测绘系统举办局长级高层次的研讨班；为各测绘与勘察设计单位举办大队长（处长）级的岗位培训和高新技术学习班；受国家教委委托，为培养新世纪学术带头人，举办"3S"集成理论、方法及应用的高级研讨班；举办各种新技术培训班等。办学任务与目的明确，收到很好的效果。成人教育学院这种办学模式，既起到了国家测绘局党校和管理干部学院的作用，又培养出大批升为专科和本科学历的在职测绘和其他工程技术人员，使众多各层次的干部和技术人员受到政治理论、管理科学、测绘及其他科学技术的继续教育。

（2）加强教学管理，强化质量意识，保证教学质量。学院设函授、成人全日制、夜大学、自学考试等形式的专科、本科学历教育。按不同的办学形式加强教学管理，保证教学质量。学院与分布全国的测绘专业和其他学科函授站建立紧密的教学联系，实行"五统一"管理；对函授站工作干部进行上岗培训，定期召开函授站工作人员、函授站教师研讨会，交流经验，统一要求，保证按函授教学计划进行面授、交批作业和考试。要求专科、本科函授学员遵守交批作业和考试制度，严格执行升留级制度，保证了函授教学质量。成人全日制、夜大学和自学考试等教学形式，都建立相应的教学管理制度，贯彻"严格要求，质量第一"原则，保证毕业学员的质量。武汉测绘科技大学成人教育学院因各专业的本科、专科毕业生在用人单位的表现，被公认为教学质量较高的学院。1992年，国家教委授予武汉测绘科技大学"全国普通高校成人高校先进单位"称号；"七五"、"八五"、"九五"时期，成人教育学院被国家测绘局授予"全国测绘系统教育工作先进集体"称号；1997年，成人教育学院的函授教育、夜大学教育，经专家评估后，被湖北省教委表彰为"优良学校"。

（3）加强各类学员思想政治工作，培养高级应用性测绘科技人才。成人教育学院领导，深入全国测绘系统，以及各地区的勘测、测绘生产部门和院校等单位，了解"六五"至"九五"期间在职测绘科技人员的培养规划，摸清有进修学习提高学历水平愿望的测绘科技人员的实际情况和想法，贯彻国家发展专科教育的政策，在保持本科教育的同时，大力发展专科教育。在表3.17中可以明显看出，1984年开始，各种形式的专科教育招生数量都呈现增加趋势，总计招收专科学员8 782人，而同时期的本科招生人数为2 696人，共招收入学员11 478人。成人教育学院有关负责人，到学员集中的单位反映学员学习情况，征求学员单位对成教学院教学工作的意见，争取单位领导对学员学习的支持。学院根据学员的学习成绩、完成作业和学习总体表现，开展评选先进学员活动，激发学员努力学习的积极性。1988年毕业的学习成绩好的本科学员，获得了作学士学位论文的机会，1989年这批学员的许多人，不仅拿到了本科毕业证书，而且获得了学士学位证书。自1983年到2000年，武汉测绘科技大学成人教育学院共培养出各专业本科毕业生1 026人、专科毕业生5 456人、专业证书班毕业生413人，总计6 895人。加上"文化大革命"前的本科和专科毕业生661人，武汉测绘科技大学成人教育学院，从1957年到2000年共培养专科和本科毕业生7 556人，其中测绘各专业专科毕业生4 620人。1960年招收过一届航空摄影测量专业中专函授生627人。1980年以来，还举办各种层次、各种规格的研讨班、培训班186期，接受培训人员达6 140人次。

表 3.17　成人教育招生与毕业生统计

项目			1966	1980	1983	1984	1985	1986	1987	1988	1989	1990	1991	1992	1993	1994	1995	1996	1997	1998	1999	2000	合计	说明
成人教育招生数	函授教育	本科	(2 784)		300		531	212	133	121	45	31		37	25	39	24	25	29	39	35	27	1 653	“文化大革命”前本科招生（2 784）未计算在内
		专升本													27	21	39	25	86	116	153	367	834	
		专科				419		23	232	326	267	380	455	512	516	617	342	449	289	368	430	476	6 101	
		合计			300	419	531	235	365	447	312	411	455	549	568	677	405	499	404	523	618	870	8 588	
	夜大教育	专升本																			36	103	139	
		专科									17	31	21	33	81	91	71	76	76	75	88	117	777	
		合计									17	31	21	33	81	91	71	76	76	75	124	220	916	
	成人脱产教育	本科																				70	70	
		专科					107										182	145	217	260	246	238	1 395	
		干部专科						37	25	33													95	
		专业证书									255	159											414	
		合计					107	37	25	33	255	159					182	145	217	260	246	308	1 974	
	招生总数				300	419	638	272	390	480	584	601	476	582	649	768	658	720	697	858	988	1 398	11 478	
成人教育毕业生数		本科	(531)							1	244	3	141	155	84	86	30	44	23	55	46	114	1 026	“文化大革命”前毕业生未计算在内
		专科	(130)						143	476	227	62	397	195	441	382	697	305	388	728	538	477	5 456	
		专业证书									151	79	183										413	
		中专	(627)																					
		合计	(1 288)						143	477	622	144	721	350	525	468	727	349	411	783	584	591	6 895	

7 000 余名本科和专科毕业生，以及大量接受过各种培训的测绘技术干部，有的继续深造，获得硕士、博士学位；有的经过测绘教学、科研和生产实践锻炼，许多人成长为正副教授、正副研究员；有的人在科研与生产实践中，成长为教授级高级工程师和高级工程师；有些人成为测绘局、高等院校、科研单位和生产部门的党政领导干部。武汉测绘科技大学成人教育学院30余年的办学历程，为我国国民经济各系统、各部门培养的高级应用性测绘科技人才，对我国测绘科技与信息产业的进步和发展，对测绘教育事业的发展，对测绘与信息技术为社会主义现代化建设服务所取得的成就，发挥很大的作用。

§3.2　解放军测绘学院测绘中专与专科教育的发展、建设与成绩

解放军测绘学院的前身是1946年在长春建校，校址迁在沈阳的中国人民解放军测绘学校。1953年7月19日，中央军委电令，将中国人民解放军测绘学校改为中国人民解放军测绘学院。同年11月18日，学院由沈阳迁到北京。到2000年，解放军测绘学院经历了55年的曲折发展、建设的历程，始终坚持以本科教育为基础，带动专科与中等科（中专）教育，为国防现代化建设作出很大贡献。从1946年建校起，到2000年的55年中，培养出测绘中等科毕业学员11 400余人、专科毕业学员6 500余人。学院在测绘中等专业和高等专科教育方面有其特色，所取得的成就和经验值得总结。

3.2.1　解放战争时期的解放军测绘学校(1946－1949)

1946年5月5日在长春成立东北民主联军总司令部测绘学校，学校迁到哈尔滨，8月1日正式开学，之后学校设在黑龙江省勃利县城，称勃利测校。学校在战争中诞生，为解放战争需要培养军事测绘技术人员，还肩负印制军事地图的重任。学校办学的指导思想是，“教育直接为解放战争服务”，毕业学员分配到作战部队担任见习参谋或测绘员做测绘保障工作。沈阳解

放后，1948年11月底学校迁至沈阳，更名为东北军区测绘学校。1946－1949年，在战争中培养测绘技术人员411人。

1948年4月，制图队学员76人入学（中等科即中专）；6月地形队（中等科，航测外业）91名学员入学。1949年2月至11月，相继有大地测量专业专科70人、训练班（相当中等科）47人，以及航空摄影测量专科（航测专科、地形测量专科）82人、训练班（相当航测中等科）112人入学。1948－1949年，共有专科152人、中等科326人入学。为提高教学质量，学校积极聘任测绘专家来校任教；加强思想政治工作，加强教学管理；在进行理论教学的同时，加强实践性教学。结合军事测绘任务的需要承担测绘生产任务，为学员创造理论联系实际、进行测绘作业的实践机会，在教学与测绘生产相结合方面做出了成绩。

3.2.2　新中国成立初期的解放军测绘学校(1950－1953.7)

1950年1月17日，中央军委电令，将东北军区测绘学校，改编为中国人民解放军测绘学校，归属中央人民政府人民革命军事委员会总参谋部建制，由东北军区代管。改编后的测绘学校，当时称军委测绘学校。此外，还有华东军区、中南军区、西南军区测绘学校。

1)明确办学要求

1950年6月全军召开第一次测绘工作会议。“会议”对测绘人才培养和建设好测绘学校提出要求。

(1)在我军现有条件下，集中力量办好军委测绘学校，待有条件时根据需要再设分校。

(2)要正规办学，设专修部、大学部和研究部，分别培养初级、中级和高级测绘技术人才。专修部（相当中专）招收初中毕业生，大学部招收高中毕业生；研究部学员集中少数有测绘学识经验的人员，聘请专家指导，研究学术、改进业务。

(3)专业教育分为大地测量系、地图制图系、测图系（航空摄影测量）。

(4)解决教员途径，采取各军区抽调、招聘专业教员和申请派苏联专家。

(5)教学内容和教材编写由学校具体确定。

(6)补充测绘仪器、资料，建设实验室。

(7)学员来源，抽调部队测绘员轮训，招收地方初中和高中毕业生，抽调干部业务进修。

学校贯彻全军第一次测绘工作会议精神，派专人到南方各地聘请测绘专业教员；确定本科四年制（招高中毕业生）、专修科二年制（招高中一年或初中毕业生入学）、训练班学制一年（相当于中专，招初中文化程度人员入学）；制定大地测量、地图制图、航空摄影测量等专业的教学计划；编写各专业本科、专科及中等科的适用教材；建立各种教学管理制度；组织各专业各层次的学员完成军事和国家建设的测绘任务，培养学员独立作业能力，达到理论联系实际的目的。1950年、1951年，在刘述文副校长领导和教员指导下，完成了北京地区二等和三等大地控制测量任务，这是我军首次进行正规的大规模大地控制测量作业；为本溪地区完成大面积的1：2 000地形测量任务；为国防建设需要完成大面积的1：5 000地形测量任务，完成多个空军机场的测绘任务。

1950年12月，周恩来批准该校于1951年用招生办法吸收知识分子。同年，朱德为测绘部队题词“努力建设人民的测绘事业”，为我军测绘工作指明方向，鼓舞全军测绘战士为建设人民的测绘事业而奋斗，大大推进了测绘学校的正规化建设。

2)开展教学和训练工作

1952年4月,全军测绘工作整编会议决定,撤销各军区测绘学校并入军委测校。由军委测绘学校负责培养全军高、中级测绘技术人才,学校根据这一决定开展一系列工作。

(1)明确教育方针和目的。为适应现代化、正规化国防军建设,测绘祖国版图,学校担负训练全军具备良好政治素质的高、中级测绘技术人才的任务。为此规定:用马列主义、毛泽东思想教育学员,提高其阶级觉悟,使其具有爱国主义和国际主义精神、为人民测绘事业服务的思想,养成人民解放军高贵品质和优良作风。培养我军高级测绘技术人才(本科、专修科)达到理论与实践并重,能组织领导测绘作业任务,并能解决一定的理论问题;中级人才(中等科)要求能实际作业,并懂业务中的初步理论。

(2)确定学制和规格。学校共分4个专业系,即大地测量、航空摄影测量、地图制图和地形测量;分3个层次即本科、专科和中等科。本科和专科招收高中毕业生或同等学历的知识青年;中等科招收初中毕业生或同等学历的知识青年。本科学制为四年、专科二年、中等科二年零一个月。新生入伍进行10周军政教育,为了学习苏联先进技术,最后半年专学俄文。

(3)充实教师队伍。当时教员已达144人,其中教授1人、副教授12人、讲师26人、助教38人、中等科教员67人,指导实习的教员35人。

(4)教学中贯彻学用一致原则。围绕树立革命人生观和为人民测绘事业奋斗到底的精神进行政治教育。技术教育紧密结合国家实际需要,以教学与承担国家测绘任务相结合的方法进行。在教学内容上,精减不必要的课程,重点以实用为主;编写教材,既要照顾理论系统性又要通俗实用;教学方法上强调直观形象教学,结合外业边讲边做。给学员分配足够的自习时间,培养学员独立学习能力。

(5)修订教学计划。教学时间分配:每年52又1/7周,其中教学为44周、节假日1又2/7周、寒暑假4又2/7周、机动2又4/7周。每周教学安排44小时,党日4小时,机动及其他6小时。军政课、基础课、技术课的比例为:政治16.7%,军事3.8%,文理34%,技术25.9%,实习19.6%。

(6)建立教学制度。教员有教课时数规定,课堂教学有教学方法规定,教学小组有工作要求规定;学员有成绩考核制度,教员有业绩考核制度;学员要独立思考、互相帮助。另外还建立了内外业实习的各项制度和各专业(大地测量、航空摄影测量、地图制图、地形测量)实习暂行规定等。

(7)编写教材。为适应培养各层次测绘技术人员的急需,编写出适应各专业本科、专科和中等科教学需要的教材。数理课的教材主要采用现有的通用教材;测绘专业方面的教材全部由学校教师分工编写,克服人员少、任务重的困难,既要组织教员上好课,又要编好教材,还要组织力量审核教材,以保证教材质量。

1950—1952年,学校大地测量、航空摄影测量、地图制图和地形测量各系,招收专科学员217人、中等科学员1 106人,以及地图制图专业培训学员92人。新中国成立后,国家要进行全国天文大地控制网的建设工程,还要进行国家基本地形图的测绘(主要是航测成图)和各种用途的地图编绘和制印工程。这些规模巨大的测绘任务,由国家测绘总局和总参测绘局分工担任。作为为总参测绘局培养测绘技术人才的军委测绘学校,不仅要培养具有本科学历的高级测绘技术人才,而且要培养大量在测绘生产第一线作业的专科和中等科技术人才,才能承担起各项测绘工程任务。3年来,军委测绘学校贯彻正确的办学方针,在教学计划、教学管理、师资队伍建设、专业建设、教材建设、教学与测绘生产相结合，以及参加全国高校统一招生等方面取得很大成绩。

1951 年 4 月，周恩来批准新校址选定在北京，批准新校舍的基建工程。1952 年，华东军区测绘学校、中南军区测绘学校、西南军区测绘学校的 383 名学员并入军委测绘学校。学校开设大地测量、航空摄影测量、地图制图、地形测量、政治、文理等 7 个系。

3.2.3　北京测绘学院的建设和测绘中专与专科教育(1953.7－1969)

1953 年 7 月 19 日，中央军委电示，中国人民解放军测绘学校升格为中国人民解放军测绘学院。同年 11 月 18 日，学院由沈阳市迁到北京市学院东路 3 号新院址，通称北京测绘学院。从 1953 年到 1966 年，学院贯彻党的教育方针，坚持中央军委提出的办学方向，适应国家经济建设和国防建设的需要，学院建设和德、智、体培养全面发展，具有军人素质的测绘高、中级技术人才取得显著成绩。

1."一五"期间学院的建设和测绘中专与专科教育(1953－1957)

北京测绘学院根据第三次全国军校会议精神，贯彻"正规办校"方针，学习苏联先进测绘科学技术和教学经验，明确以教学为中心的指导思想，在原军委测绘学校的基础上全面开展学院建设。1953 年学院设 3 个系、8 个专业：天文大地测量系，分天文测量、大地测量、重力测量和大地计算 4 个专业；航空摄影测量系，分航空测量(航测内业)、地形测量(航测外业)2 个专业；地图制图系，分制图和地图制印 2 个专业。1954 年 7 月，学院明确提出：本科学制四年，招高中毕业生，培养工程师；专科学制二年，招高中毕业生，培养高级技术员；中等科学制二年，招初中毕业生，培养中级技术员。根据总参测绘局和全军部队建设的需要，确定各系的本科、专科和中等科的招生名额，参加全国统一招生录取学员工作。

从 1953 年开始，学院学习苏联先进测绘科学技术和教学经验，制订各层次、各专业的新教育计划，修改教学内容，鼓励教学和学术上的创新；贯彻理论联系实际的教学原则，改进教学方法，推广直观教学，在搞好课堂教学基础上，推广课堂讨论，使学员生动、主动地学习；正确运用"五级分制"评分方法，开展课堂提问、书面测验，采取考试编班、期中考试、学年考试、毕业考试等方法促进学员努力学习；建立补考制度、升留级制度，保证毕业生的质量。此外，学院还把翻译苏联测绘院校教材作为重要任务抓好，在编写新教材中吸收苏联先进的测绘技术。

为提高教学质量，学院加强教研室建设，采取以下措施：①提高对教研室是教学"基本作战单位"的认识，教学质量很大程度上取决于教员的教学态度；② 积极学习苏联先进经验和不断改进教学方法，通过教研室组织实施，提高教学质量是教研室的中心工作；③ 进一步加强教研室工作的计划性、主动性，组织教员制订课程教学计划，通过集体备课统一教学内容，检查教学笔记，实行课前试讲和互相听课制度，促进教学水平的提高；④ 建立教研室工作和教学业务研究例会制度，实行教研室主任负责制，使教研室工作有计划、有执行、有检查，会议有记录，工作有总结，定期向上级报告，接受上级检查，使教研室工作达到预期的要求；⑤ 开展教学方法研究，根据课程的具体情况把教学活动分为课堂讲课、课堂讨论、习题课、操作实习课 4 种形式，强调学生自学与加强课外辅导相结合，在教学中贯彻少而精原则、突出重点，启发学员独立思考，培养动手能力；⑥ 把学习苏联先进测绘科学技术及编写本科、专科、中等科适用新教材作为教研室基础建设的重要任务抓好，做到理论与实践相结合、技术与政治相结合，使编写的教材符合培养我军测绘高级、中级技术人才的需要。

1953 年是学院建设上的一个转折点。学院在学员入学条件、培养目标和规格、教学计划和教学内容、教学方法和实践性教学组织实施、教学管理制度的建设等方面，已经走上正规化的高等院校的轨道。1953 年在校学员 1 569 人，分 36 个教学班，其中本科 9 个班 325 人，专科 6 个班 255 人，中等科 21 个班 989 人。

1954 年，贯彻第四次全国军校会议精神，“继续大力、全面地学习苏联”，贯彻“一切以教学为中心”、“提高质量，稳步前进”的教学指导方针，为建设一个正规化的测绘学院，培养国防测绘高级、中级人才而努力。有苏联顾问来学院工作，建议修改各系各专业的教育计划。学院在教学中吸收苏联先进测绘科学技术。本科和专科训练中，要求学员达到独立作业、组织领导作业、运用理论解决实际问题的能力。中等科训练中，要求达到具有初步理论知识、能独立担任实际作业的能力，课程内容讲得细一些。教学作业训练要严格执行作业细则，一切操作须切实按细则、规范、图式、兵要地志的规定进行。全院要进行正规化的养成教育，认真执行各项条令规定，干部必须以身作则，严格规章制度，严格军人仪表，从教学、内业到外业都要按规定执行。根据国防建设需要，总参谋部批示在测绘学院增设“军、师测绘主任专修班”。对全军各部队的测绘主任（包括各军兵种的测绘业务干部）进行培养（相当专科教育），以提高我军正规化、现代化作战所需要的测绘勤务干部的业务水平。主要学习地形测量、军事地形、军事测绘勤务、地图编制等课程，1955 年开学。学院 1954 年在校学员达 47 个教学班，2 030 人。

从 1955 年起，全部采用新教育计划、教学大纲，以及苏联的最新教材、细则、规范等内容；认真贯彻“理论联系实际”与“学以致用”原则，逐步实行政治教育与思想教育相结合、军事教育与养成教育相结合、专业理论讲授与实习实验相结合、教材与细则规范相结合、内业与外业相结合，强调“真实、细致、准确、及时”作风的养成。对教学组织领导进一步加强，建立了校历、教学进程表，以及学年、学期、月份工作计划和专题性计划（如考试等），体现“一切以教学为中心”精神，保证教学工作顺利实施。采用口试进行考核，全面了解学员掌握知识的程度，促进教学质量不断提高；毕业考试实行“国家考试”办法（进行全面的口试），保证毕业学员的质量。提高师资水平，制订教师培养计划，通过邀请苏联顾问报告、派教师到兄弟院校进修、派教师到测绘作业部队参加作业，以及在教师中开展科学研究活动，全面提高教师的教学、科研、测绘作业水平，以适应不断提高教学质量的需要。学院加强对教学与训练的全面领导，政治思想工作、教学检查、物质保障等深入到主要教学环节，保证各项教育任务顺利完成。按全国文教会议精神和军事测绘事业需要，学院将本科改为五年制、专科和中等科改为三年制，增设研究生班。创办的军师测绘主任班开学。为培养担任本科教学任务的教师开办了师资研究班。实行了“中等科教学过程及实施原则”和“成绩考核办法”，实施“教师工作量和教学工作日制度”。

1956 年年初，学院党委重视贯彻党中央“关于知识分子问题的决议”和周恩来“关于知识分子问题的报告”精神，肯定知识分子特别是高级知识分子，在为培养国防测绘技术人才作出的贡献。知识分子在政治上、思想上、工作上和生活作风上都有根本的转变。在政治上信任，在教学领导工作上委以重任，关心他们的思想进步，发挥他们在学院建设上的积极性，不少知识分子要求入党、参军，表示争当红色专家。知识分子中有 1 人任副院长、3 人任系主任、10 人任教研室主任，教师中有 2 名教授、10 名副教授、36 名讲师、48 名教员和 6 名助教，他们在学院教学管理和各系科的教学中发挥重要作用。党委教育全体干部和学员认清高级知识分子对学院建设和发展的重要贡献和历史作用，树立“尊师重教”的风气。动员广大知识分子响应党的号召向科学进军，为提高学院的测绘科技水平而努力。

贯彻全国第六次军校会议"办好学校，提高训练质量"精神，学院制订了本科五年制、中等科三年制的教育计划。中等科教育计划的要点：

(1)理论教学：第一学年为27周，第二学年为29周，第三学年为20周，合计为76周。

(2)复习考试：第一学年、第二学年各为5周，第三学年为3周，合计为13周。

(3)教学实习：第一学年、第二学年各为9周，第三学年为15周，合计为33周。

(4)国家考试：第三学年为4周。

(5)节假日及机动：第一学年、第二学年各为3周，第三学年为4周，合计为10周。

(6)寒暑假：第一学年、第二学年各为6周，第三学年为1周，合计13周。

(7)各类课程时数比例：政治课占总学时的10.7%，基础课占14%～18%，专业技术课占52%～67%，军事课占7%，机动占1.3%。

1957年学院未招收新学员。1953—1957年的5年中，学院在正规化建设方面取得很大成绩，取得了一些办学经验。5年共招收航空摄影测量与测绘主任班专科学员321人以及大地测量、航空摄影测量、地图制图中等科学员1 182人。

从1948年开始分设本科、专科和中等科直到1957年，专科毕业学员532人(包括112名军师测绘主任班学员)、中等科2 122人，还另有92名短期培训学员结业，为总参测绘局和各军区、军兵种输送大批高、中级测绘技术人员，对"一五"期间的国防建设作出了应有的贡献。学院党委贯彻党的教育方针和军事院校的办学方向，在实践中提高了学院领导管理能力，提高了教师的教学、科研和测绘作业水平；建立起一整套各专业的本科、专科和中等科的教学计划、教学大纲等教学文件，编写出适用的教材；建立起适应我军正规化建设需要的政治思想工作和军事养成教育的规章制度，以及教学管理、学员管理等制度，在学院正规化建设方面取得显著成绩。20世纪50年代初期，解放军测绘学院编写出版的专科、中等科各专业的测绘教材，被众多中等专业学校测绘专业选作教材或重要的教学参考书。

2."大跃进"时期的学院建设和测绘中专与专科教育(1958－1961)

1958年，学院党委贯彻毛泽东提出的党的教育方针，按全国第七次军校会议精神，制订学院五年训练(建设)规划，有计划有步骤地进行正规化训练，"多快好省"地培养"又红、又专、又健"的国防测绘技术军官。要求全院人员在整风基础上，以鼓足干劲、力争上游的精神，想尽一切办法搞好教学、提高教学质量。加强师资队伍建设，重视和抓好教材建设，加强科学研究工作；加强教学制度建设，全面提高教学管理水平。学院根据总参测绘局和各军区、军兵种对测绘技术人才的实际需求，一方面为总参测绘局培养国防建设需要的高级、中级测绘技术人才，一方面为各军区、军兵种培养实战急需的测勤保障技术干部，保证部队建设的需要。通过调查研究，提出培训测绘领导干部、测绘参谋(测勤)、空军航测技术人员、军事地形教员等计划，受到总参领导的重视和批准，学院在为国防建设和各军兵种的作战测绘保障培养各层次测绘技术人才方面迈出新的一步。

学院的教育工作指导思想是，在党的领导下，坚决贯彻教育为无产阶级政治服务，教育与战备生产劳动和科学研究相结合，培养有共产主义觉悟的、有军事测绘技术的、为国防和经济建设服务的又红又专又健的劳动者。在教学上，以执行测绘生产战备任务的方式为国防建设和社会主义建设服务。大地测量系教员、学员承担广大地区的大地控制测量和军控加密测量任务；航空摄影测量系承担西南部分地区的1∶5万和1∶2.5万300余幅地形图的航测内业任务；地图制图系承担部分地区数百幅地图的清绘和编绘任务。测绘生产任务地区广，任务量偏大。

与此同时，提出在教学改革方面要“大破大立”，以群众路线方法修改教学计划、教学大纲，重编教材，重新制订各科教学制度等；在科研方面提出“人人有革新，事事有创造”，提出献礼计划等。提出的教学改革任务难以完成，一些“左”的倾向带来的负面影响开始显露。

1958年12月，中共中央转发的《教育部党组关于教育问题的几个建议》中指出，在贯彻党的教育工作方针中，产生了某些劳动时间过长，忽视教学质量的现象。要求安排劳动要与教学结合，教师主要劳动是教学，要保证学校的教学质量。学院了解各系担任测绘生产任务的紧迫性，以及任务量与教学的矛盾，逐步加以调整解决这些矛盾。

1959年，学院进一步明确，测绘教育要“向全军开门”，在培养总参测绘局需要的大地测量、航空摄影测量、地图制图高级测绘技术人才的同时，为全军各军、兵种培养测绘保障技术人才。中等科以上规格的学员来源，以现职军官、军士为主，并招收部分青年学生，短训班学员主要是现职军官。1959年国防部批准在测绘学院建立海道测量系，分海道测量、海道制图两个专业，设本科（五年制）、中等科（海道测量专业四年制，海道制图专业三年制）、速成班（一年制）和干部轮训班。为加速测绘领导干部（专科）、测绘参谋（中专）、军事地形教员等的培养，增设速成系（或称工程测量系）。为及早完成现代化国防测绘工作，为特种部队和尖端科学研究提供保障，必须培养各类测绘技术军官，近期以培养专科、中等科技术人员为主。

1958年到1961年，学院除大地测量、航空摄影测量、地图制图和海道测量4个系招收本科、专科、中等科学员外，还开设了测绘领导干部班（专科）、测绘参谋班与测绘勤务班（中专）、总参测勤短训班、军事地形教员班（短训）、空军测绘集训队（短训）等。1960年开始扩大了各系各专业专科和中等科的招收学员数量。1958—1961年，正规招生（学历教育）：除本科外，专科531人，中等科1 100人，还招收培训学员272人。

总结1958年以来的工作，考虑本科教育需要，加强专科和中等科技术人员的培养，保证了国防测绘建设和各军兵种作战测绘保障对测绘技术人才的需要。1958—1961年，培养出专科学员140人、中等科学员586人、培训学员271人。教师、学员在教学改革中思想意识、党的观念、劳动态度等方面都得到锻炼和提高；在测绘专业生产劳动完成国防测绘任务中，教员和学员的操作技术水平和测绘生产组织能力得到了提高。

1959年在教学中贯彻“少而精、短而少”原则。把这一原则不适当地推广到教学领域各方面，以“大破大立”建立新的教学体系，以“增、砍、压、合”方式解决教材和教学内容问题，建立“一条龙”的教学体系等作法是欠妥的。在学习苏联先进的测绘技术和教学经验方面取得的成绩是主要的，但提出学习苏联的口号存在绝对化的问题，产生一些片面性，不利于发挥教师和学员的主动性和创造精神。实践表明，把“以生产带教学”绝对化，承担过大的测绘生产任务不利于保持正常的教学秩序。批判资产阶级教育思想和学术思想中，受“左”的思想影响较大，在一定程度上伤害了知识分子的感情。

3. 贯彻军队“院校工作条例”时期的教育改革和测绘中专与专科教育(1962—1969)

1)贯彻军队“院校工作条例”

1961年，高等学校和中等专业学校按《高教六十条》的要求进行调整和整顿，逐步恢复了正常教学秩序。学院党委根据全军第九次院校会议精神和军队“院校工作条例”，重新明确了学院“以教学为中心”的指导思想，迅速恢复和建立正常教学和训练秩序。明确了学院的任务和培养目标：以教学为主，提高教学质量；正确处理教学与测绘生产劳动的关系；加强师资队伍建设，加强科学研究工作；加强党对学院工作的全面领导；用毛泽东思想指导教学和训练工作。

"院校工作条例"是我军军事院校办学经验的系统总结，是毛泽东思想在军事院校建设中的运用，是全军院校工作共同的基本法典。动员干部、教师学习"院校工作条例"，掌握其精神实质，联系学院的教学实际，解决具体问题，发扬学院的光荣传统和好的做法，制订思想政治工作、教学工作、管理工作的新计划和新制度，把学院工作提高到一个新水平。

(1)坚定正确的政治方向，用毛泽东思想指导教学和学习，培养又红又专的高级和中级测绘技术人才，为国防建设和经济建设服务。

(2)按本科五年制、专科三年制和中等科三年制，在总结正反两个方面经验的基础上，编制各系、各专业不同教育层次的教学计划、课程教学大纲；编制教研室工作计划，建立教学质量评估和检查方案。

(3)明确培养目标和规格：本科学制五年，完成工程师的基本训练；中等科学制三年，完成中级技术员的基本训练。教学时间分配：全年52周，教学时间40.2周，寒暑假6周，劳动3.3周，机动1周，固定节假日1.5周。各类课程比重：本科(专科)，政治10%、军事3%、基础与专业技术87%；中专科，政治15%、军事5%、基础与专业技术80%。

(4)全面正确理解在教学中贯彻"少而精"原则，在保证基础理论和专业理论知识的科学性、系统性、完整性和应用性基础上，做到语言简练和准确、论证清楚；编写出既满足现时需要又有一定前瞻性的新教材；在课堂教学上要做到"精讲多练、削枝强干"，提高课堂教学质量。

(5)坚持教学与生产劳动相结合，加强实践性教学、动手能力培养，达到理论联系实际、提高解决实际技术问题能力的目的。

(6)发挥教师在教学、科研、测绘生产中的积极性和主导作用。在教师指导下，使学员生动活泼主动地学习。鼓励学员自学，提倡互帮互学，培养独立钻研精神。

(7)加强教师队伍建设。通过研究班培养高水平的中青年教师，努力形成教学、科研、测绘专业生产三结合的又红又专的教师队伍；保证教师把主要精力用在教学和科研方面，每周5/6的时间即不少于40个小时用在教学和科研活动上；教师中的教学干部，参加非教学活动每周不超过半天。

(8)开设研究班。培养领导干部和尖子人才，从优秀青年教师和技术干部中选拔学员。

(9)抓作风培养。严谨治学，教师言传身教；在学员中树立刻苦读书风气，培养"真实、细微、准确、及时"的作风，养成"踏踏实实、雷厉风行、认真完成教学和学习任务"的优良作风。

1962—1966年，全国高等学校和中等专业学校处于调整时期，招生人数普遍偏少。这一时期各系各专业招专科学员219人、中等科学员522人，还招了军事地形教员培训班学员23人。1963年招研究生班学员14名，培养具有硕士学位的高级测绘科技人才。1965年3月，军委办公会议决定，海道测量系(海道测量、海道制图专业)由海军接收，海军建立"航海保证学校"，校址设在浙江省江山，已招收的学员转到该校学习。

2)贯彻"春节座谈会"讲话精神开展教学改革

1964年2月，毛泽东在教育座谈会(后被称为"春节座谈会")上指出："教育方针路线是正确的，但是办法不对。我看教育要改变。""学制可以缩短。"同年7月在对哈尔滨军事工程学院一学员谈话时指出：阶级斗争是你们的一门主课，应该去农村搞"四清"，去工厂搞"五反"。学院对教学改革采取以下措施：

(1)培养规格。对学员总的要求是培养思想红、作风硬、理论深、技术精、身体健的军事测绘干部。要求本科学员理论与技术都要过硬；中等科学员主要是实际作业技术过硬，并具有必要的专业理论知识。

(2)缩短学制。本科由五年改为四年半,中等科由三年改为二年半。对基础理论课(数、理、化)的内容选择,应考虑学员将来发展的需要,删减与本专业关系不密切的课程和内容。

(3)招生方向。招收新学员逐渐转向以军内招生为主,本科学员除从地方招收高中毕业生外,吸收优秀作业员入校深造;中等科外业班选调服役一年以上的优秀测绘战士入学,增加中等科的招生数量;研究生班学员从优秀青年教师和技术干部中选拔。

(4)各专业适当细化。大地测量系本科分天文大地测量、天文重力测量、计算机3个专业;中等科设大地测量、天文测量两个专业。航空摄影测量系本科分航测内业和航测外业两个专业;中等科分航测内业、航测外业和工程测量3个专业。地图制图系本科分地图编绘、地图制印两个专业;中等科分地图绘图、地图制印(对口重点训练)两个专业。专业细化后,可使教学内容少而精,针对性强,学制可相应缩短。

(5)新学员入学后,先下连队当兵(一般一年),然后正式开学上课。组织干部、教师和学员参加农村"四清"运动,接受阶级斗争教育。

1966年5月,"文化大革命"开始。学院于1966年6月和全国高等院校与中等专业学校一起停课"闹革命"。

1966年全国高等学校和中等专业学校没有招收新生。1965年以前入校的各届各系、各专业的本科、专科和中等科学员,分别于1967年、1968年毕业离开学院。1962—1968年,共毕业:专科学员701人,中等科学员1 231人,结业培训学员23人。

中国人民解放军测绘学院,在中央军委、总参谋部领导下,贯彻党的教育方针、军事院校办学指导思想,在军事院校正规化建设中,从1946年到1968年走过了22年的发展历程。学院为国防测绘建设、国防科学研究、全军各军兵种测绘勤务保障,培养大量的高级、中级测绘科技人才。设有研究生、本科、专科、中等科等学历教育,以及专项测绘保障的培训教育;建立了天文大地测量、航空摄影测量、地图制图、海道测量、速成等系的教育建制和近20个专业;成为一所在院学员2 000人左右规模的测绘高等军事院校。到1968年共培养专科毕业学员1 373人、中等科毕业学员3 939人、各类培训结业学员386人,积累了丰富的测绘中等专业和高等专科教育经验。1966年6月学院开始了"文化大革命",到1968年学院的各系、各专业学员全部毕业离校。1969年1月19日,中国人民解放军测绘学院被撤销。

3.2.4 重建解放军测绘学校和测绘中专与专科教育(1970—1977)

1970年1月30日,原军委办事组批准总参党委重新组建中国人民解放军测绘学校。校址设在被撤销的武汉测绘学院,测绘专业技术干部(教员)主要从原北京测绘学院和武汉测绘学院教师中选用。学校设3个部、7个学员队(教员编在学员队中)。筹建组提出,要重新组建一所新型的、革命化的、抗大式的、用毛泽东思想统帅一切的中国人民解放军测绘学校。学校任命原解放军测绘学院熊介等47名同志为测绘学校教员,总参批准原武汉测绘学院教师周忠谟等19名同志参军任学校教员。

1)按"教育实施方案"开展教学与训练工作

1970年7月公布"教育实施方案"的要点:

(1)第一期开办4个实验队,其中航测内业队、制图队9月开学,航测外业队、大地测量队12月开学。

(2)航测内业、航测外业、制图3个队学制定为一年,大地测量队学制为一年三个月。

(3)招收的学员主要是测绘部队的作业组长、分队长等技术骨干,通过学习和训练掌握相关专业的基础理论知识,具有实际作业能力,达到能组织生产作业的水平(中等科水平)。

(4)设置政治、军事、专业技术和劳动四类课程;全年教学时间为290天,政治课105天,军事课10天,专业技术课160天,劳动课15天;实行"开门办学",采用单元式教学、启发式教学法,教学与生产任务相结合。

(5)教学内容的选择:政治课主要是阶级教育,党的优良传统、形势政策教育;军事课主要是射击、投弹和军事管理;劳动课主要是集体参加建设劳动;专业技术课按"干什么学什么"的原则,各专业设一门主课。如:大地测量专业设数学、误差知识,二、三、四等三角测量,三、四等水准测量;航测内业设数学、地形测量和航测外业知识,把航测内业按成图方法分成全能法、微分法和综合法小组,每组重点学习一种方法;航测外业设数学、绘图技术、航测外业技术和航测内业知识;制图专业设数学、地貌学、地形测图和地形图编绘。

根据"教育实施方案",建立:大地测量学员队(一队),教员有熊介、张守信、朱华统等11人;航测内业学员队(三队),教员有王大平、武风祥、肖国超等8人;航测外业学员队(四队),教员有潘时祥、庄久昌、李汉如等14人;地图制图学员队(六队),教员有刘耀珍、王家耀、郑治权等14人。根据培养目标和教学内容要求,以领导、教员和学员三结合形式,按"大破大立"精神,编写出多套政治性、科学性、实践性都强的适用教材,保证教学需要。建立起相应的教学和训练管理制度。强调在教学中政治挂帅,要求教员与学员同吃、同住、同学习即实行"三同";在教学中执行毛泽东的"十大教学法",突出启发式,能者为师。到1970年7月底,总参、总政、各军区、各军兵种,选送的大地测量专业学员103名、航测内业与航测外业专业学员143人、制图专业学员85人报到。学校重建后迎来了第一批学员331人,迈出了学校建设的重要一步。

2)制定"五年训练规划"

学校在制定"五年训练规划"时,面向全军测绘部队和各军兵种部队服务,为部队培训测绘参谋人员、军事地形教员,以及与部队建设有关的测绘技术人员。除办好中级班(相当中等科),还要开办二年制的高级班(相当于专科)。计划加强师资队伍建设,培养具有现代测绘技术高水平的中青年教师,为开办本科教育和开展科学研究创造条件。1971年开始招收测绘勤务等各项培训学员,1972年开设了测绘各专业的专科教育。1973年,许多原测绘学院时期的教师调回学校,加强了教学特别是科研力量,开始承担技术创新的科研项目,在空间摄影测量及现代测量数据处理方面开展卓有成效的研究工作。由于学校建设与教育规模扩展的需要,教师队伍不断扩大,1973年教师总数达153人。其中,天文大地测量方面有熊介、张守信、何旭东、张良琚、李钟明等35人,航空摄影测量方面的有潘时祥、王大平、戴勇书、李汉如等52人,地图制图方面有高俊、王家耀、李国藻、郭树桂、郑治权、严勉等32人,数理化基础课方面有党诵诗、徐星浩、赵恩芝等13人,无线电和外语方面有刘小千、汪迺栋等3人,政治教育方面有汤克明等7人,军体及其他方面教员11人。为培养高水平教师开办教师进修班,选拔优秀青年教师脱产进修。

3)提出办学方向建议

根据国防测绘建设、现代军事科学研究、现代武器装备测绘保障的需要,学校党委根据中央军委、总参测绘局的指示精神,在上报的新编制方案中,有关办学方面的建议有:

(1)将中国人民解放军测绘学校改建为中国人民解放军测绘学院。

(2)测绘教育学制分二级,办三年制的大学本科,一年半制的中专。

(3)教员应分级别,如主任教员、教员、助理教员,或称教授、副教授、讲师、助教。

(4)根据新的学制,应组织力量编写出适应现代测绘科学技术发展和培养高级、中级测绘技术人才需要的本科和中专教材。

(5)在搞好教学工作的同时,培养高水平中青年教师,抓紧开展现代测绘技术的科研创新活动,撰写科研成果论文,翻译国外测绘科技资料提供科研参考,争取获得好的科研成果,提高教师队伍的学术水平。

1975年开始招收大地测量、航空摄影测量、地图制图3个专业的三年制本科生入学。1976年、1977年分别招收了上述3个专业的本科和中等科新生入学。大地测量专业还分别招了重力测量、人卫测量和大地计算3个专业方向的本科学员。与此同时,还招入了测绘参谋、军事地形教员、"三防"技术等培训学员。1976年学校颁布试行编制,明确了学校的组织机构,设校、部(系)、队三级管理制,教育培训以三年制本科学员为主,兼顾专科与中等科教育。

1975年7月,学校由武汉迁到郑州新校址。教学用房短缺,教学设备不足,各种教学与训练条件较差,干部、教师、学员克服困难仍坚持教学、学习和训练。

1976年10月初,"文化大革命"结束。学院干部、教员以很高的政治热情投入教学和科学研究工作中去。学校恢复北京测绘学院时期的优良传统作风和行之有效的教学、训练管理制度,在新形势下创建新的制度和规定,在提高教学质量方面狠下工夫。迁校后,学校的测绘仪器设备薄弱,积极向总参测绘局申报增加大地测量(人卫测量、天文测量、重力测量等仪器和电子计算机)、航空摄影测量(现代全能测图仪、微分法和综合法成图仪器)、地图制图(现代制印设备)等仪器设备,为办好学校、提高教学质量、改善科学研究手段做好物质基础准备。

从1970年重建学校到1977年的8年中,建立起大地测量、航空摄影测量、地图制图3个系,开设了大地测量、人卫测量、重力测量、计算机、航测内业、航测外业、地图编绘、地图制印等9个专业。先后招收各专业本科学员、专科学员、中等科学员,招收培训学员,招收了3名研究生;开办了二年制的教师进修班,有10名学员结业;还开办了天文测量、重力测量、航测电算等9个学习班,培养了323名学员。8年来共招收各专业专科学员144人、中等科学员1 384人、培训学员524人。在教学与测绘生产相结合中,完成国家大地测量控制点120个、航测内业成图95幅、航测外业成图30幅、编绘地图和刻图51幅。为国防测绘建设、各军兵种测绘保障和国防科研测绘保障,培养出新一代测绘高级、中级技术人才,为新的测绘学院的建立做了干部、教师等人才和管理体系的准备。

3.2.5　郑州测绘学院的建设发展和测绘中专与专科教育(1978－2000)

1978年1月15日,中央军委(78)军字第8号命令,原中国人民解放军测绘学校改为中国人民解放军测绘学院(对外称郑州测绘学院)。任命张戈为院长、田偃波为政委等院级领导干部。从此,学院进入新的建设发展时期。

1."拨乱反正"、整顿提高时期的学院建设和测绘中专与专科教育(1978－1985)

1)采取积极措施重建学院

学院党委执行《关于落实党的知识分子政策的几点意见》等一系列党中央有关"拨乱反正"的方针政策,认真落实中央军委全会《关于办好军队院校的决定》,学院的重建工作采取以下的措施：

(1)学院贯彻以教学为中心，全院同志都要树立为教学服务的思想，保证教学、科研任务的完成；坚持德、智、体全面发展方针，加速培养又红、又专、又健的军事测绘技术人才，为国防建设服务。

(2)修订原有的三年制本科教学计划，制订新的四年制本科和二年制中等科教学计划、课程教学大纲，突出军事测绘特点，面向全军，向总参测绘局和全军各军兵种输送测绘技术干部。做好 1978 年全国统一高考本科和中等科招收新学员的准备工作。

(3)认真搞好本科和中等科各专业教材的编写工作，吸取国内外测绘科技的新理论、新技术和新方法，使新编教材既适应当前教学需要，又有一定前瞻性，为今后的发展留有余地。

(4)根据国防建设和全军各军兵种测绘保障的需要，制订今后 3 年、5 年的专业建设和各专业招生计划，学院以培养高级测绘技术人才为主，中等技术人才培养应满足部队的需要；加强师资队伍建设，做好师资队伍建设的 3 年、5 年规划；大力开展科学研究，满足国防建设对现代测绘科学技术保障能力的需要，做好 3 年、8 年科研发展规划。

(5)建立和健全教学管理、思想政治工作等制度，拟定测绘仪器装备、实验室建设规划，从物质条件上保证教学和测绘生产作业以及科学研究的需要，要特别加强人卫测量、卫星摄影测量、计算机等先进技术装备的引进，形成实际测量作业能力。

(6)落实党的知识分子政策，将学有专长的原测绘学院教师调回学院；按国务院和中央军委的有关政策，恢复和评审提升教师的职务名称及确定技术等级，提高教师的待遇，激励教师从事教学和科学研究的积极性。已恢复唐昌先、周祥甫、吴忠性 3 名教授，马大锜、李钟明、党诵诗等 8 名副教授，高俊、熊介、钱曾波等 39 名讲师的职称。

(7)加强教学的组织领导工作，强化各专业学科的教学研究室建设，开展教育学和教学法研究。强调教师在课堂教学、指导实习和测绘生产中的主导作用，增强教师在培养学员过程中的责任感；要求教师进行集体备课，写好教课计划，进行试讲，加强课后辅导，引导学员主动学习，全面提高教学质量。

(8)认真搞好教学与测绘生产相结合，通过完成适量的国防测绘生产任务，为学员创造理论联系实际、提高动手能力的作业机会，达到学以致用和理论与实际统一的目的。

1978 年迎来了“文化大革命”后第一批经过国家统一考试录取的大地测量、航空摄影测量、地图制图 226 名本科学员和 154 名中等科学员，还招收了测绘参谋和测绘教员培训学员 82 名。1979 年开始招收军事工程测量专业的本科和中等科学员及图库管理培训学员，开创了郑州测绘学院建设的良好开端。

为推动学员刻苦学习，检查教学和学习效果，学院重新制订“学员学习成绩考核制度”。每学期设考试课 2～4 门，其余为考查课；考试采用闭卷方式或口试方式，口试采用抽签准备和答辩方式进行。考试课程按百分制评分，60～74 分为及格，75～89 分为良好，90～100 分为优秀。考查课、毕业实习、毕业设计，按优秀、良好、及格和不及格四级评定成绩。此外，还制订了补考、升级、留级、退学，以及免修课程、“优等生”和“上等生”的确认和评定制度。

在新专业建设方面迈出了可喜的一步。1978 年大地测量系招收了人卫测量专业本科学员；1980 年将 1979 年入学的航空摄影测量专业本科学员改为卫星摄影测量专业；1979 年地图制图系，招收了制图自动化专业本科学员，为国防测绘现代化做了培养高级技术人才的准备。提高了教学质量，通过对本科和中等科学员 3 340 人次的考试成绩进行分析得出：优秀占

36.7%，良好占 50.1%，及格占 12.0%，不及格占 1.2%。1980 年学院的在校生已达 1 100 余人。1978－1987 年，增加了招生专业，扩大了招生规模，大地测量、航空摄影测量、地图制图、工程测量、指挥管理、测绘参谋、军事地形教员和军事地理等专业招专科学员 522 人，大地测量、航空摄影测量、地图制图、工程测量、地图管理和测绘勤务等专业招中等科学员 2 236 人，招收测绘参谋、军事地形、图库管理和地图管理等 6 个干部培训班学员 563 人。

2)制定“五年工作规划”加速学院建设

1981－1985 年是发展国民经济第六个五年计划时期。军委、总参首长强调指出，把学院建设摆到战略位置上来抓，是在新的历史条件下，建设现代化、正规化革命军队的必由之路，是关系到未来反侵略战争胜负的战略问题。学院制定 1981－1985“五年工作规划”，其要点有：

(1)指导思想。认真贯彻全军第十一次院校会议精神，坚持从实际出发、实事求是原则，围绕常规测绘、武器测绘保障和战时测绘保障“三大任务”，突出军事测绘特点，面向全军，努力办好现有专业，特别要积极办好新专业。坚持以教学为中心，为教学服务，积极开展科学研究工作，适当结合劳动，正确处理教学与其他各项工作的关系，努力把学院办成名副其实的重点军事测绘高等院校。

(2)主要任务。学院主要任务是培训本科(四年制)、专科(二年制)、中等科(二年制)军事测绘技术人员，培训军师测绘参谋、院校军事地形教员等，以及各专业的研究生。为此，必须在搞好常规测绘训练基础上，有计划地学习先进测绘科学技术，利用现代人造卫星、航天、遥感、计算机和信息技术的最新成果充实和改造现有专业，积极开设新专业，培养各专业学员，满足军事测绘三大任务的需要。

(3)全面贯彻党的教育方针。贯彻德、智、体全面发展的教育方针，提高教学质量，培养合格的军事测绘人才。为此应做到：①正确处理红与专的关系，使学员树立远大理想，明确奋斗目标，掌握过硬的测绘技术本领，做到又红又专。②正确处理理论与实际的关系，既要加强基础理论和测绘专业理论教学，又要突出军事测绘保障的特点，重视部队的实际需要。③正确处理教学与生产的关系，适当结合测绘生产，对提高教学质量、锻炼干部、增加社会财富具有重要作用；必须在理论教学基础上进行生产实践，使学员提高实际作业能力，加深对理论的理解。④正确处理教学与科研的关系，教学与科研结合，不仅提高师资的学术水平，进而可促进教学水平和教学质量的提高，推动学院科研工作的深入开展，取得较好的科研成果；在具体操作上既要积极进取又要力所能及，做到既有利于教学又有利于科研。

(4)以教学为中心，组织各项工作为教学服务。学院是一个整体，都要为完成教学任务、多出人才和快出人才而积极工作。采取有效措施，加强思想政治工作，加强教学管理，加强实验室和实验场建设，做好后勤保障工作，保证教学和科研工作顺利进行。

(5)加强师资队伍建设，形成教学、科研、生产相结合的高水平的师资队伍。做好教师的思想政治工作，明确知识分子是军队干部队伍中的重要组成部分，教师是办好学院的主力军，动员广大教师在教学、科研、生产和培养学员过程中发挥主导作用。表彰优秀教师，宣传先进教师在教学、科研中取得的成绩。制定“教师培养规划”和“科研工作规划”，搞好专业技术职称的评审工作，努力实现教授、副教授和讲师等高职称教师的年轻化，以适应不断提高教学质量和科研水平的需要，建设一支又红又专的教师队伍。

(6)加强党对教学工作的领导。转变领导作风，深入基层，深入群众，实行面对面的领导。在党的“十二大”精神指引下，认真贯彻“全面而系统地、坚决而有秩序地、有领导有步骤地实行改革"的方针，认真贯彻中央军委批转的《关于加强军队院校建设的报告》，实现"六五"期间学院建设"五年工作规划"的目标。

3)开展干部培训和函授教育

在学院建设和教育训练中，按中央军委"院校训练一定要面向实际，面向部队，始终把军队建设和未来反侵略战争的需要，作为教学改革、开展学术和科学研究、提高教学质量的重要前提"的要求，作为教学改革的基础。学院贯彻这一办学精神，除进行大地测量、航空摄影测量、地图制图和军事工程测量各系的本科、专科和中等科，以及硕士研究生教育训练外，根据全军各军兵种测绘保障的需要，1980—1985年陆续开设了测绘参谋(专科)、军事地形教员(专科)、地图管理(中专)等军事测绘干部班，还开办了测绘参谋等6个干部短期培训班。

为便于分散在全军各部队具有中专毕业学历的测绘技术干部，在不离职情况下有接受测绘技术教育的机会，学院于1985年开办了测绘函授教育，设立了学院函授部(有10名工作人员)。函授设本科学制五年和专科学制三年。1985年首先从专科函授开始招生，当年招收大地测量专业函授学员87人，除在本学院设函授站外，又在天津、西安、昆明和乌鲁木齐设函授站。利用学院的教学资源，聘请教师担任函授教学任务，编写专用的函授讲义，组织面授工作及函授作业批改，还要组织函授集中面授和考试等工作。1986年拟扩大函授教育专科专业设置，开始招收航测内业、航测外业、地图编绘和工程测量等专业函授学员。为给在测绘保障作业第一线的初级技术人员，有一个在岗学习进修获得中专学历的机会，学院开办中专大地测量、航测内业、航测外业、地图编绘、地图制印和地图管理等6个专业的自学考试教育。开办自学考试中专教育和函授专科教育，使学院测绘教育训练更广泛地面向基层测绘技术人员，受到基层测绘技术人员的欢迎。

4)深入进行教学改革

1981年以来，学院加强本科教育训练，1982年获得天文大地测量、航空摄影测量和地图制图3个专业的学士学位授予权。1979—1985年先后招硕士研究生48人。1981年，总参批准24位讲师晋升为副教授。根据第十二次全军院校会议精神，"全面而系统地、坚决而有秩序地"进行教育改革。首先在教学内容、学员的知识和能力结构方面着手进行改革：①对教学计划进行调整，普及电子计算机教学，全院各班级都开设电子计算机程序设计课程；②加强外语教学，提高外语教学起点，提高外语教学质量；③以新理论、新技术、新方法更新教材和教学内容，本科要开设新技术1～2门选修课；④改进教学方法，培养学员自学能力和分析问题、解决问题能力，采用电化教学手段提高教学信息量，提高教学效果。

完善教学管理、教师管理和科研管理制度，实施了"教员教学工作量制度"、"科学研究组织与管理暂行规定"、"学员学业考核办法"、"毕业设计及论文答辩规则"、"外业实习组织实施细则"和"教员进修规定"等新制度。使学院的教学训练管理和办学水平有了显著的提高，实现了学院"五年工作规划"的基本目标。

2."七五"期间的学院教学改革和测绘中专与专科教育

1986—1990年是发展国民经济第七个五年计划时期。1986年5月5日是学院建院40周年。学院根据第十三次全军院校会议精神，以"教育面向现代化、面向世界、面向未来"的指导方针，贯彻《中央军委关于院校教育改革的决定》，从学院的实际出发，着眼未来，制订"学院1986—1990培训规划"，制订学院的教育改革计划。改革的重点是根据新时期学院完成"三大任务"的方针，调整专业设置，拓宽专业面，建立教学、科研、生产相结合的训练体系，加强教育训练的正规化建设，以培养适应军队革命化、现代化、正规化建设需要的德、智、体全面发展的合格人才。

1)拓宽专业建设，开展国内外学术交流

从1978年学院重建到1987年的10年中，学院开设了大地测量、人卫大地测量、航空摄影测量、航天摄影测量、地图制图、地图制图自动化、地图制印、军事工程测量、指挥自动化地形保障、指挥管理、测绘参谋、军事地形教员、军事地理、地图管理、测绘勤务及应用数学等16个专业；还将开设测绘电子仪器、军事遥感等专业，到1989年全部招收学员。1986年，按中央军委杨尚昆副主席视察学院时指示，学院要实行对外开放，与国内高等院校进行教学和学术交流，参加国内有关测绘科技方面的学术会议，参加国际测绘学术会议，邀请外籍专家学者来学院讲学，组织国际学术交流会议，外派留学生或访问学者，以便学习国内外的先进测绘科学技术和科研成果。近年来，有180人参加21个全国性学术组织；有98人次参加51个国内外的学术会议，提交72篇学术论文；在各类学术刊物发表论文125篇；在40年院庆的学术会议上发表论文68篇。编著研究生、本科、专科和中等科教材120余种。完成科研120项，获得国家发明二等奖、国防科工委重大科技二等奖、全军科技进步一等奖等38项，建立起人造卫星观测站、天文台和电子计算机中心，参与国家联网观测和科研任务。建立起一支有教授与副教授33人、讲师111人的270人政治和业务素质较高的教师队伍，形成了教学和科学研究梯队，担任研究生、本科、专科、中等科和各专业培训的教学任务，保证较高的教学质量。

2)深化教学改革的措施

“七五”期间，学院以“三个面向”为指导，贯彻《中央军委关于军队院校教育改革的决定》(以下简称《军委教改决定》)，提出了学院《关于贯彻军委院校教育改革决定的实施方案》。明确了学院教学改革的指导思想和奋斗目标。以教学为中心，为“三大任务”服务，总结教学改革经验，坚持从实际出发，力争在1996年学院建院50周年之际，把学院建设成为现代化、正规化的军事测绘教育训练基地和科学研究中心，培养出高质量的军事测绘人才，使学院成为军内外、国内外有影响的测绘高等院校。

“七五”期间教学改革主要做好以下各项工作：

(1)建立完整的测绘教育体系。1986年，经国务院批准，获得地图制图和摄影测量与遥感两个专业的博士学位授予权。至此，学院形成博士与硕士研究生、大学本科、大学专科、中等科与士官[①]等多层次的军事测绘教育体系。充分发挥学院的办学条件和测绘各专业的教育资源，为“三大任务”服务，培养全面发展的新型军事测绘人才。重点提高本科和中等科的教学质量，认真抓好博士与硕士研究生、专科与士官人才培养，全面提高教育质量。

(2)调整专业设置，适应军事测绘发展的需要。在总结多年来教学经验基础上，适应新形势，超前做好人才培养工作，本着积极慎重的态度，适当拓宽专业面，更新常规专业，增设新专业，调整了原有的专业。所设专业以本科(含专科)教育为基础，中等科和士官教育实行专门化培训，研究生教育按专业研究方向培养。调整后设大地测量系、摄影测量与遥感系、地图制图系(增设地图数据库及应用专业)、指挥管理系(新设军事地理与军事地形学、指挥自动化工程等专业)。

---

① 士官学员，是由部队从测绘勤务士官中选送来院学习的学员，学制二年，相当中专水平。

(3)改革教学内容，完善课程设置体系。针对学院多层次、多学科、多专业的教学特点，着手理顺各专业课程设置体系的建立。在各门课程的知识结构上，注重打好基础，拓宽专业知识面。在教学内容的选择上，本着“三舍”、“三取”原则进行调整。舍去不适用的、不符合部队实际的和过时的内容，取用正在广泛应用的传统技术、新理论与新技术及新方法和具有未来发展趋势的内容。按调整后的课程内容，同一门课程由于教育层次的不同，要编写出新的课程教学大纲和与其配套的新教材。

(4)进行教学方法改革，提高教员的教学水平。要求各系、教研室和教学管理部门开展教学法研究，进行教学法改革创新试点，系和学院组织不同规模的教学观摩和教学经验交流会。在不同层次学员的教学中，总结启发式、学导式的教学经验；注重总结学员自主学习与培养能力的教学经验；召开一定范围的学员座谈会，了解对教员教学方法方面的意见和建议，对提高教员的教学水平和教书育人责任感有很大的促进作用。组织撰写教学改革成果和教学方法改革理论研究论文，开展教学理论与实践的经验交流活动，表彰在教学改革和教学法研究和实践中做出成绩的教员和先进集体。

(5)改革成绩考核方法，严格学籍管理，保证毕业学员质量。学院制订了《关于建立试题库的若干要求》，提出了建立课程试题库的任务、目标，为教学评估奠定了基础。根据课程类型的不同，采取平时课堂提问考核记分、撰写专题小论文记分、开卷考试(考能力)记分、理论课闭卷考试记分等记分形式。各种考试方式的成绩以不同的比例记入个人课程成绩册，可以较全面地了解学员学习成绩，调动了学员学习的积极性。为统一考核记分标准，学院建立了“标准记分办法”，其中将国家、军队对本科生进行的某些课程的等级考试，如外语和计算机等级考试成绩，归入学员成绩档案中，激发了学员学习的积极性，使学院等级考试的通过率大为提高。为保证毕业学员的质量、促进学员勤奋学习，学院制定了《关于实行学员层次升降办法的暂行规定》，在学员中引起很大反响，对调动学员学习积极性起到了很大作用。

(6)建立教学质量检查和评估体系，提高综合教学质量。这个体系包括10个教学主要环节和方面的评估标准，着重建立教研室、学院教学管理工作的质量评估标准。制定了与评估方法相配套的一整套评估表格，使各项评估指标得到了分解和量化。这套评估体系的可操作性强，实施后有较好的信度和较强的说服力，为加强教学质量评估工作提供了较好的方法和手段。学院院长主持并进行教学质量检查。通过抽查教案、听课、抽查学生作业、检查考试，以及召开学员座谈会等形式，重点检查中青年教员的授课情况和学员队教学管理情况。检查结束，学院总结讲评，对先进单位、先进个人通报表扬，促进了全院教学工作和教学质量进一步地提高。

(7)开展教育理论和教学规律的学习和研究，提高教学管理水平。为提高教员、教学管理人员对教育理论和教学规律学习研究的重视，提高学院综合办学水平，学院下发了《关于在教员和教学管理干部中开展教育理论学习和考核的通知》，要求全体教员和教学管理干部积极参加教育理论学习，并对中青年教员和教学管理干部进行考核。组织教育学、现代管理学专题讲座。理论联系实际写出学习心得和教学管理论文，刊登在学院出版的《教学研究》刊物上，优秀的教学研究成果论文给予奖励。“建立良性循环机制，形成教学、科研、生产体制”教学成果，获全军优秀教学成果一等奖。

(8)加强研究生教育的组织领导，培养高质量的博士和硕士。“七五”期间，学院以本科教育为基础，积极发展和加强研究生教育，已经开展了2个专业的博士和6个专业硕士研究生的教学活动。制定了《各学科专业攻读硕士学位的培养方案》、《研究生工作手册》来规范研究生教育。1987年开始招博士研究生，为加强博士生培养工作成立了博士生指导小组。研究生教育带动着教员学术和教学水平的提高，副教授以上职称的教员有48人次任研究生课程，占研究生任课教员的58%。聘请外籍教师任研究生外语课，在河南省研究生英语统考中优良率达78%，排名河南省高校的前列。在1988年河南省首届研究生工作会议上，学院被评为"研究生教育先进集体"。

(9)加强教材编写与出版工作。"七五"期间，面对专业调整和进行教学内容的改革，编写适应新的课程教学大纲的不同教育层次的教材工作任务十分艰巨。据不完全统计，共编写印刷各专业、各教学层次的教材250部，其中公开出版发行的教材18部，满足了各层次教学的需要，这是学院建设和教学改革的重要成绩之一。

(10)加强函授教育领导，提高函授教育质量。"七五"期间学院函授专科教育有较大发展，函授专科已设工程测量、地图编绘、航测内业、航测外业等6个专业，在册学员由600人发展到近1 000人，成为学院教学工作中一项重要任务。在全国各地已建立起11个函授站，函授部在学院领导下，制订了招生、教学管理、成绩考核及毕业学员成绩认定等制度，保证函授毕业学员的质量。1989年11月，全军测绘函授教育会议在学院召开，重点是加强函授教育的质量控制，进行严格筛选，保证函授毕业学员的质量。学院函授部按会议精神，制定提高函授教学质量的方案和措施，修改一系列函授教育工作的规章制度，对函授教育的健康发展和教学质量的提高，起到保证作用。

3)教育训练取得显著成绩

"七五"期间，学院每年计划内各层次学员在校人数达2 000人；函授专科在册学员已由600人增加到近千人；此外还有为地方代培的专科学员达300余人。摄影测量与遥感、地图制图专业招收博士研究生，大地测量、航空摄影测量、地图制图等专业招收硕士研究生；大地测量、军事工程测量、航空摄影测量(包括航测内业、航测外业)、地图制图、地图制印等专业，招收本科、专科和中等科学员；新开设的指挥自动化地形保障专业招收本科学员，指挥管理、测绘参谋、军事地理等专业招收专科学员；地图管理、测绘勤务等专业招收士官学员，还招收测绘管理等方面的培训学员。"七五"期间，共招收各专业专科学员581人、中等科学员364人、士官学员379人、培训学员145人，合计招收专科及其以下学员1 469人。

3."八五"期间的学院办学指导思想和测绘中专与专科教育

1)明确新时期办学指导思想

1991—1995年的"八五"期间，学院在总参测绘局和军训部领导下，认真贯彻军委新时期的军事战略方针，把学院的办学方向和教学改革目标，统一到全面提高人才培训质量上来。学院党委提出新形势下的学院办学指导思想是：以建设有中国特色社会主义理论为指导，以新时期军事战略方针为依据，坚持"三个面向"和军委的办校方针，全面落实"一个服务，两个适应"的办学指导思想，以教学为中心，以科研为先导，优化教员队伍，强化质量控制，改善办学条件，提高办学效益，以本科教育为基础，研究生教育为龙头，带动专科与中等科教育，努力形成具有学院特色的办学体系和风格，培养适应新时期军事战略方针和部队建设需要的新型合格人才，努力把学院建设成为全军一流的专业技术院校。

在学院新时期办学指导思想指引下，学院的教学改革、教育培训和科研工作的基本思路是：以培养打赢现代技术特别是高新技术条件下局部战争需要的合格人才为教学改革的基点；以系统配套的教学内容改革为重点；以重点学科建设为龙头，以学术梯队建设为主线，稳定教员队伍，全面提高教员素质；以加强教学质量控制为中心，提高管理水平，逐步建立科学的管理机制；以建立竞争机制为突破口，充分调动全体人员的积极性；以提高教学水平和办学效益为目标，建立科研课题来源的多渠道、组织研究多形式的科研管理机制，使学院的教育训练和科学研究迈上一个新台阶。根据这一思路制定了"训练改革三年规划"、"教员业务培训三年规划"、"教员队伍学历结构优化三年规划"、"教材建设三年规划"、"关于选拔和培养学科带头人暂行办法"等一系列配套的制度和措施，把创建一流院校的目标具体化，增强了可操作性，便于有步骤、分阶段抓好落实，使深化教学改革、提高科研水平的总体设计得到进一步优化。

2)学院教育的主要任务

"八五"期间，学院在教学改革、教员队伍建设和提高科研水平等方面的主要任务：

(1)加强与部队共建，优化人才培养模式。学院领导多次带队到测绘部队、总参测绘研究所、总参测绘技术信息总站和各军兵种有关单位，进行各层次测绘科技人才状况的调研。探讨测绘科技人才培养的专业方向，现代前沿科学技术人才的需求状况，各层次科技人才培养的规格，使学院的培养计划和培训目标适应新时期军事战略方针和部队建设的需要。学院与部队和科研单位，建立互惠互利和有效的协作关系，有利于提高人才培养的质量。经过调研和协商，确立了培养"政治觉悟高，军事观念新，理论基础厚，综合能力强，熟悉测绘仪器装备，胜任高新技术条件下测绘保障"人才的总目标。

(2)加强学科和专业建设，培养满足新时期需要的合格人才。在人才需求调研和认真论证的基础上，提出了"调整、充实、合并、改造原有专业"的方案。调整和充实常规专业，加强高新技术专业，新设新型交叉专业。调整以本科教育为基础的教学机构设置，专科、中等科与士官专业设置如图3.2所示。从图3.2中可以看出，专科教育设12个专业，中等科教育设8个专业，士官教育设6个专业。学院重视函授教育，根据部队建设的需要，函授本科设2个专业(图3.3)，函授专科设6个专业。学院以本科教育为基础，向上有利于硕士和博士研究生教育的发展和提高，向下带动专科、中专和士官教育教学质量的提高。

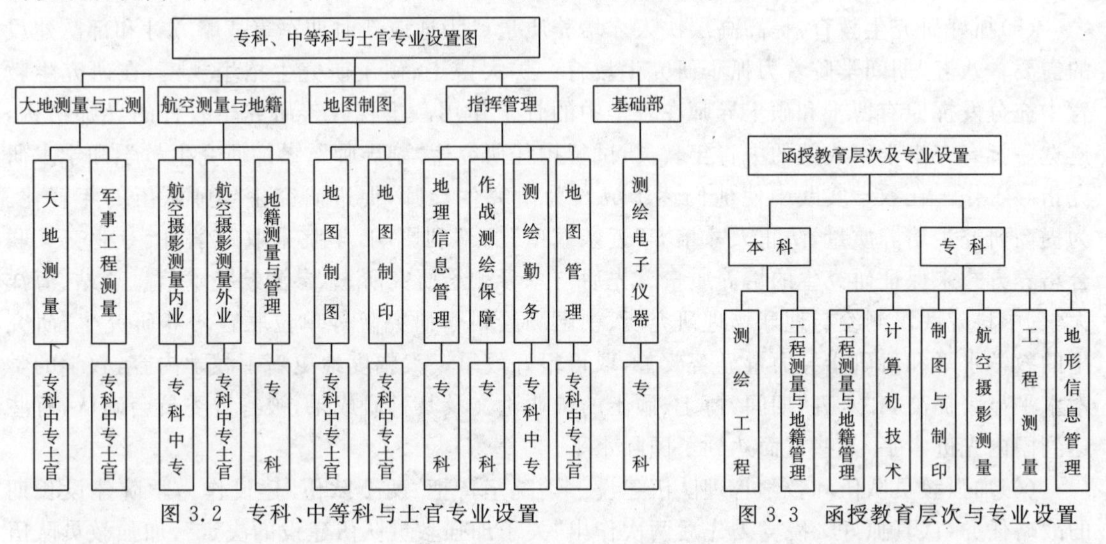

图3.2　专科、中等科与士官专业设置　　图3.3　函授教育层次与专业设置

(3)更新教学内容，加强教材建设。根据新专业建设的需要，专业教学计划、课程教学内容

都要更新。本着“稳定基础，突出主干，拓宽横向，加强实践，全面发展”的原则，对学院各层次教育的46个专业教学计划进行了全面修订。增加了各层次教育的计算机和外语教学的比重，拓宽了各层次教学特别是本科教学的知识面，增加了高新技术内容。本着“理顺关系，优化内容，区分层次，突出特点，精心编制”的原则，修编了400多门课程的500多份教学大纲。学院优选教材编撰作者，投资经费，“八五”期间编写出体现高新技术、反映测绘科学前沿、代表未来发展、突出军事测绘技术特色的各层次教材和专著189部，公开出版49部，3部教材获全国测绘科技图书二等奖，较好地保证了各层次教学的需要。

(4)强化教学环节的质量控制，提高人才培养质量。学院采取以下各项措施：①坚持把教学经验丰富、教学效果好、学术水平高的教员，放在本科和其他层次课程教学的第一线；坚持备课和试讲制度，新课程开课前要进行试讲，新教员上讲台前要进行试讲，评议合格后方可授课。在课堂教学中注意发挥老教员的传帮带作用，帮助青年教员过好教学关。②加强学员的动手能力培养，形成好学风。在教学训练中强调理论联系实际，加强学员动手能力训练。实践课指导教员都具有大学本科学历和较丰富的实践作业能力，这就有力地保证了实践教学的指导质量。在实践课中，强调严格认真、实事求是的科学态度，培养克服困难完成任务的优良作风和学风。学院制订了“关于进一步加强学员作风培养的意见”，促进了课堂教学和实践课优良作风的养成。③加强考核管理，表彰优秀学员。抓好学习成绩考核工作，继续强调抓好考试命题工作，坚持集体命题、统一评卷制度，逐步推广课程试题库建设和加强考务室建设。抓好考场纪律，确保考试质量，培养学员的良好考风和学风。建立严格的升留级制度，较好地保证了毕业学员的质量。制定了“学员学习层次升降制度”、“试读生制度”、“学习优异奖、进步奖制度”和“免试推荐应届本科生攻读硕士学位研究生制度”，鼓励学员努力学习、全面发展。几年来，有一些学员被列入试读生，13名学员升入高一层次学习，9名本科毕业学员推荐免试攻读硕士学位，83名学员获得学习优异奖、进步奖。④坚持教学质量检查，搞好课堂教学质量评估。在总结经验基础上，进一步完善课堂教学质量评估体系，提高教学质量评估结果的可信度，促进教学质量的提高。在新设专业和开新课的情况下，坚持对系、教研室和教员进行教学质量评估，对提高学院的综合教学水平有很大促进作用。

(5)抓好研究生教育，提高高层次人才培养质量。为适应新时期军事战略方针和部队建设的需要，“八五”期间学院着力抓了研究生教育。扩大博士、硕士研究生招生规模，在研究生教育中充分发挥原有博士和硕士导师在教学中的骨干作用。重视改善研究生教育的导师结构，遴选一批有突出学术成就的中青年教员，试行担任研究生“副导师”，参加研究生教学和学术研究指导工作。在教学实践中使他们逐步成长为研究生导师，促进研究生导师队伍的年轻化。为提高研究生培养质量，防止人才培养“近亲繁殖”的不利影响，学院采取跨学科、专业交叉联合培养方式来保证研究生的培养质量。先后与总参测绘研究所、总参测绘技术信息总站、海洋大学、中科院武汉测绘与地球物理研究所、中国测绘科学研究院等单位联合培养研究生，研究生的教学水平和科研指导力量显著改善，取得很好效果。大幅度地更新了教学内容，教学的学术水平显著提高。“八五”期间，博士、硕士的毕业论文及其科研成果，被答辩委员会确认，有些达到国内先进水平，某些方面达到了国际水平。

(6)加强教员队伍和教学管理队伍建设。学院坚持把“两个队伍”建设作为学院建设长期的战略任务，认真抓好。院党委先后两次作出“关于加强教员队伍建设的决定”，加强教员队伍建设的做法有：①搞好教员业务培训，提高教员业务素质。根据“教员业务培训三年规划”，重点加强现代数学、计算机技术、外语及学科前沿知识的培训,先后组织 9 个学习班,受训教员达 580 多人次;选送到其他大学进修的 50 人次,选派出国进修的 9 人次;选送 62 名青年教员攻读硕士学位,22 名青年教员攻读博士学位。②加强学术梯队建设,努力造就一批年轻的学科带头人。制定"选拔和培养青年教员学术骨干试行办法",鼓励青年教员业务拔尖,建立"学科骨干人才库",进行重点培养,动态管理,为他们创造较好的教学、科研、生产实践条件,培养新一代学科带头人。"八五"期间,有 2 名教员被国家教委、国务院学位委员会分别授予"全国高教先进工作者"、"作出突出贡献的中国硕士学位获得者"和"全国优秀青年科技工作者"称号。有 22 名教员享受政府特殊津贴。在 1994 年全国测量学讲课比赛中获得全部的一等奖。③选拔一批中青年教员走上教研室领导岗位。学院对 20 个教研室、实验室的领导成员调整时,选拔一批德才兼备的青年教员担任领导工作,有 90%的教研室、实验室领导是青年教员,使他们在实践中增长才干。按"重点培养、大胆使用、德才兼备"的原则,选拔 35 岁以下的青年教员参加高级职称评审,最年轻的副教授 27 岁,最年轻的教授 36 岁。④重视教育理论研究和总结教学经验。以教育理论为指导,总结教学和教学管理经验,同等看待撰写教育研究成果论文与科学技术成果论文。"八五"期间,编辑出版《教学研究》刊物 21 期,刊出论文 600 余篇。其中"加强研究生思想教育,培养高层次合格人才"和"建立教学质量优化控制机制,实现管、教、学、用良性循环"两项研究成果,分别被评为 1993 年全国优秀教学成果一、二等奖。

(7)科学研究工作取得显著成绩。提高对科学研究重要性的认识,以优异的科研成果为国防建设和发展军事测绘科学服务。密切结合部队高新技术建设的需要和国家重点科研课题,承担高新技术和前沿性的科研任务。如"现代地壳运动和地球重力场的研究与应用"等 4 项国家基础性研究项目,并逐步向空间定位、数字摄影测量、图形图像工程、军事测绘数据库、军事地理信息系统等项目开展攻关研究。"八五"期间承担科研任务 120 项,其中领导机关的科研任务 58 项,国家自然科学基金和重点开放实验室及协作课题 62 项。通过鉴定的成果 51 项,2 项达到国际领先水平,21 项达到国际先进水平,31 项获得国家和军队科技进步奖。这些科研成果的应用,取得很好的科学和经济效益。"八五"期间,开展广泛的学术交流活动,参加各种学术会议 700 余人次,发表学术论文 1 014 篇,其中参加国际会议 28 次,在国际刊物上发表论文 25 篇。出版《解放军测绘学院学报》23 期、《军事科技》7 期,刊出论文 360 余篇。"八五"期间取得的科研成果和通过参加学术交流活动,提高了学院在国内外测绘科学界与教育界的知名度。

3)扩大招收学员规模

"八五"期间,学院根据人才培养需要,适当扩大了招收学员的规模。博士和硕士研究生、本科学员,以及中等科与士官学员的招收数量,比"七五"期间招收学员数有明显增加。加快了函授专科教育的发展,还为地方招收相当数量的专科学员。"八五"期间,共招收各专业专科学员 420 人、函授专科学员 678 人、中等科学员 740 人、士官学员 535 人、培训学员 295 人,合计招收专科及其以下各专业学员 2 668 人。

4."九五"期间的学院深化教学改革和测绘中专与专科教育

1996—2000 年的"九五"期间,学院认真落实总部《贯彻〈"九五"期间军队建设计划纲要〉,深化院校教学改革的意见》精神,按照《军事测绘工作"九五"计划》要求,以把学院建成教学和科研两个中心为目标,不断深化教学改革,努力完成各项建设任务。

以部队建设对军事测绘人才的需要为依据,形成学院的"军事测绘人才培养目标与培养模式”。为此，1996年、1999年，学院领导两次带队先后到各军兵种部队、科研院所、高等院校等50余个单位，进行测绘人才需求和培养模式的调研。在此基础上出台了“学院建设与发展三年规划”(1997—1999年)，促进教学改革更加深化，明确各项建设工作目标。“九五”期间，教学改革、重点学科建设和科学研究等主要做了以下工作。

1)加强重点学科建设，形成学科与专业新体系

学院十分重视“摄影测量与遥感”、“地图制图学与地理信息工程”两个全军重点学科建设，以及全军重点实验室“军事测绘工程实验室”建设。以此为龙头，跟踪军事测绘新技术发展，及时调整学院的学科和专业设置，形成现代军事测绘学科和专业的新体系，以适应新时期培养军事测绘科技人才的需要。1996年，经总部批准，学院设立了“测绘科学与技术”博士后科研流动站；先后获得了“测绘科学与技术”一级学科博士授予权，新增“大地测量”博士点，以及“印刷工程”和“作战指挥学”两个硕士点；形成较为完备的军事测绘研究生教育和学位授予体系。在专业调整中申报了“航空航天摄影测量”、“遥感图像信息工程”和“军事地理信息工程”3个新专业。根据总部下发的《军队院校学科专业目录》，将学院原有本科11个专业调整为6个专业，将原专科12个专业(见图3.2)调整为8个专业。1999年，按新的专业设置和专业规范，编制和修编新的专业教学计划，按专业教学计划中新的课程设置，编写课程教学大纲。以上标志着教学改革向深度发展前进了一大步，形成了新的学科和专业教育体系。

2)编写新教材，保证各层次教学需要

按新的课程设置及其课程教学大纲，组织教员编写和修编各层次的专业教材127部。其中公开出版发行教材20部(套)，5部教材被列为全国和全军“九五”重点教材，20部(套)教材获全国或全军优秀教材奖励，1部教材在英国公开出版发行。“九五”期间学院出了一批“精品”教材，各专业教材配套率较高，形成了新一代军事测绘教材体系，有力地保证了各层次教学和军内外测绘科技工作者的需要。

3)始终重视一线教学质量控制，全面提高教学质量

学院每学期都召开教学办公会，组织一次期中教学质量检查和评估。党委不定期召开教学工作形势分析会，总结教学工作状况，分析存在的问题和提出解决问题的措施。1996年建立了检查教学质量和教学评估的常设组织——教学督导组。教学督导组每年对85%一线教员的课堂教学进行评估，对提高教学质量起到了“督”、“导”作用。学院对各层次学员坚持奖励和激励机制，认真执行“学员学习层次升降制度”、“学习优异奖、进步奖制度”、“免试推荐应届本科毕业生攻读硕士学位研究生制度”和“试读生制度”。5年来，有27名专科学员升入本科学习，13名中等科学员升入专科学习，8名士官学员升入中等科学习，19名本科毕业学员免试攻读硕士研究生；经入学文化课复试，先后有400余名学员被列为试读生。严格执行考核制度和学籍管理制度，有一些学员由于成绩不合格，被按结业学员和肄业学员对待，保证了各层次毕业学员的质量。

4)加大高层次人才培养力度，提高研究生教育水平

随着军事测绘高新技术的迅速发展和广泛应用，全军对军事测绘高层次人才的需求数量大增。因此，加大高层次人才培养力度，搞好博士、硕士研究生教育是学院的重点教育任务。健全研究生教育和管理制度，先后制定了“攻读博士学位研究生管理制度”、“硕士研究生提前攻读博士学位研究生规定”、“研究生培养工作细则”；制定了“关于遴选、聘任博士生指导教师实施细则”。注重把好研究生培养过程关、学位论文答辩关，确保高层次人才培养质量。加强

研究生导师队伍建设，结合学科带头人培养，选拔45名综合素质好、学术造诣深、年富力强的教员进入导师队伍，并积极为导师创造教学、科研和进修的良好条件，全面提高导师队伍的素质、学术水平和教学能力。目前，研究生导师队伍的平均年龄不到40岁，硕士以上学位的占95%以上。

5）面向部队需要，大力开展函授教育

学院重视测绘部队和各军兵种部队广大在职测绘技术干部，要求开办本科和专科函授教育的愿望，扩大了函授教育招收学员规模。根据需要，新开设了“数字地图制图与出版”、“指挥自动化工程”、“测绘勤务保障”等专业。招收函授学员1 293人。使函授教育在学院测绘技术人才培养中已经占了重要地位。规范了函授教育的质量要求，确保了函授本科和专科毕业学员的质量。

6）实施“跨世纪人才工程”，加强教员队伍建设

1996年、1997年先后两次对青年教员学科骨干进行了公开述职答辩考核，促进青年教员提高学术水平和教学业务能力。1998年，在总结学科骨干培养经验的基础上制定了“测绘学院培养学科骨干工作实施细则”，进一步规范了青年教员学科骨干的培养工作。为提高教员队伍的整体学术水平和教学能力，制定了“教员队伍学历进修和业务培训三年规划”；为加大学科带头人的培养力度，2000年制定了“学科带头人培养方案”。目前，全院教员中，高职称教员比例由“八五”期间的33%上升为37%；具有研究生以上学历的教员比例，由“八五”期间的24%上升为38%；教员的平均年龄，由“八五”期间的41岁下降到38岁。

7）科学研究取得显著成绩

“九五”期间，学院坚持科学研究为教学服务、为部队服务、为国民经济建设服务的方向，拓宽了科研项目来源渠道，扩大科研服务范围，使科研经费大幅度提高，为开展科研工作创造了良好的条件。在数字测图系统、地理信息系统、数字地图技术、GPS定位技术、遥感信息处理、虚拟仿真技术等方面，开发出一大批满足不同要求的科研成果。在“模拟地形环境仿真系统”、“全国GPS一级网的研究和建立”等项目，取得突破性的重要成果。“九五”期间，学院承担300余项科研任务，其中国家“863”计划项目8项，国家自然科学基金项目5项，国家攀登计划项目2项，国家出国人员科研启动项目6项。在经过国家有关部门和军队鉴定的科研项目中，有11项达到国际先进水平，28项达到国内先进水平。共有80项科研成果获得国家和军队的科技进步奖，其中，国家科技进步二等奖1项，军队科技进步一等奖5项、二等奖18项、三等奖56项。“九五”期间，学院的现代测绘仪器装备、重点实验室设备、科研仪器设备有了很大改善，保证了各层次教学和科学研究的需要。学院重视学术交流活动，先后有72人次出国参加国际学术交流活动，有1 500人次参加国内400余次学术交流活动，在国内外学术刊物上发表论文1 700篇。

8）扩大办学规模，提高办学效益

“九五”期间，学院根据军队测绘科技人才培养的需要，增加了所有各层次教育的招收学员数量。以本科教育为基础，以研究生教育为龙头，带动专科与中等科教育，面向全军的需要，取得显著的成绩。共招收各专业专科学员748人，函授专科学员695人、中等科学员773人、士官学员633人，培训学员305人，合计招收专科及其以下学员3 154人。

3.2.6　解放军测绘学院55年测绘中专与专科教育取得的成绩

解放军测绘学院的前身，是成立于1946年5月的东北民主联军总司令部测绘学校，经

1953 年 7 月成立的北京测绘学院、1970 年 1 月重建的解放军测绘学校和 1978 年 1 月建立的郑州测绘学院，到 2000 年解放军信息工程大学测绘学院，历经 55 年的曲折发展、建设和壮大的历程。从一所为解放战争培养军事测绘技术干部的测绘学校，发展到由博士与硕士研究生、大学本科、专科、中等科、士官、测绘干部培训和函授教育组成的多层次、多学科测绘教育体系，成为教学和科研两个中心高水平的军事测绘院校。为新中国培养出大量各层次的军事测绘科技人才，其中，专科毕业学员 6 547 人、中等科毕业学员 11 447 人、士官毕业学员 1 406 人、培训结业学员 2 074 人，合计培养专科及其以下毕业与结业学员 21 474 人，对国家的经济建设和国防现代化建设作出很大贡献。

在研究和总结新中国测绘中专和专科教育的历史成就和经验中，可以清楚地看到解放军测绘学院，在 55 年中培养出各类大学专科毕业学员 6 547 人、中等科毕业学员 11 447 人，两者合计的毕业学员为 17 994 人。解放军测绘学院是全国测绘院校和测绘专业培养专科和中专毕业学员最多的院校。学院全面贯彻党的教育方针，执行中央军委关于军队院校的办学方针，以“三个面向”为指针，为国防建设服务，始终坚持研究生、本科、专科、中专、士官、函授和干部培训等多层次、多专业为一体的测绘教育，成为教学与科研两个中心完整军事测绘教育体系的测绘高等院校。积累了丰富的学院发展、建设的成功经验，在测绘中专和专科教育方面有其特色，所取得成就和积累的办学经验，成为新中国测绘中专和专科教育的典范。

第 4 章　新中国测绘中专与专科教育的成就、经验和思考

从 1949 年到 2000 年，随着我国政治经济和社会发展的各个阶段，测绘中专与专科教育走过了半个世纪的建设与发展历程。开办测绘中专与专科教育的中等专业学校、高等专科学校和高等院校，在中国共产党领导下，贯彻党和国家的教育方针与政策，经过 50 年的建设与发展，与时俱进，在学校与系科专业建设、测绘中专与专科教育的教学组织与管理，以及加强党对学校的全面领导等方面取得很大成绩，积累了丰富的办学经验。为国民经济、国防建设和测绘与信息科学技术的发展，培养出大量的中级、高级应用性测绘科技人才，为我国社会主义现代化建设和社会发展作出很大贡献。

新中国 50 年的测绘中专与专科教育成就与经验，特别是党的十一届三中全会以来的测绘中专与专科教育的成绩与经验，可供 21 世纪初叶测绘中等和高等职业技术教育参考和借鉴。分析本书材料，在肯定成绩、总结经验基础上，提出对一些问题的思考，达到专著的“资政、育人、存史”的目的。

§4.1　新中国测绘中专教育的主要成绩、经验和思考

4.1.1　测绘中专教育的主要成绩

1. 建立起新中国测绘中专教育体系，为发展专科与高职教育奠定基础

1)建立起新中国测绘中专教育体系

新中国测绘中专教育是由开办测绘中专教育的中等专业学校、高等专科学校、高等院校和测绘职工中等专业学校构成的。新中国测绘中专教育始建于解放军测绘学院前身，1946 年 5 月成立的东北民主联军总司令部测绘学校，1950 年 1 月改建为中国人民解放军测绘学校。

1951 年 8 月，周恩来总理提出，“根据现在的需要和将来的发展，中等专业学校由各业务部门或企业单位办理，教育部检查指导”。根据这一精神，地质部、重工业部(冶金部)、煤炭工业部、水利电力部、城市建设部、交通部、铁道部、国家测绘总局等部局开办了各专业类型的中等专业学校。其中，新中国成立初期与“一五”期间，南京地质学校、哈尔滨测量学校(哈尔滨冶金测量学校)、黄河水利学校、武汉电力学校、本溪工业技术学校、昆明有色金属工业学校、阜新煤矿学校、西安地质学校、重庆地质学校、南京建筑工程学校、焦作煤矿学校、呼和浩特城市建设工程学校和长春地质勘探学校等，开办了为国民经济建设服务的测绘各专业的中等专业教育，奠定了新中国普通测绘中专教育办学体系的基础。1958 年“大跃进”时期，武汉测绘学院中专部、北京煤炭工业学校、阜新煤炭工业学校、广东地质学校、广东热带植物学校及开滦矿区中等专业学校等，开办了测绘中专教育。

1972 年恢复招生时，长沙冶金工业学校、长春地质学校、长春冶金地质学校、北京建筑工程学校、昆明地质学校、广州有色金属工业学校等开办了测量或矿山测量专业，开办测绘中专

教育的学校增多。

1977 年到 1985 年的“拨乱反正”、整顿提高时期，高等院校与中等专业学校实行统考招生制度，迎来了测绘中专教育的发展阶段。1978 年 4 月成立的郑州测绘学校，是这一时期测绘中专教育发展的代表。山东建材工业学院博山分院、重庆市城市建设工程学校、甘肃煤炭工业学校、长沙工业学校、南宁有色金属工业学校、重庆煤炭工业学校、武汉市城市规划学校、湖北地质学校、武汉铁路桥梁学校、长江水利电力学校等，开办了测绘中专教育。至此，有 36 所普通中等专业学校开办了测绘中专教育①。

20 世纪八九十年代，测绘职工中等专业教育兴起。国家测绘局系统和各省测绘局，经各省教育主管部门批准创办了哈尔滨测绘职工中专校、西安测绘职工中专校、成都测绘职工中专校、广东国土与测绘职工中专校和华北测绘职工大学（测绘专科教育）等 10 余所从事测绘职工中专与专科教育的学校。冶金部、地矿部、铁道部等勘测单位和城市建设部门，也成立许多职工中专学校，设测绘职工中专班。测绘职工中专教育是普通测绘中专教育的补充，是测绘中专教育体系中的组成部分。

2）由测绘中专教育向高等专科与高等职业教育发展

1980 年 11 月，教育部发出《关于确定和办好全国重点中专学校的意见》的通知，公布了全国 239 所重点中专学校名单。其中，开办测绘中专教育的全国重点中专学校有 11 所。1985 年前后，由于发展高等专科教育的需要，根据重点中专学校的办学条件、师资力量，经学校主管部局和教育部批准，由中专学校升格为高等专科学校的有哈尔滨冶金测量学校、本溪钢铁学校、长沙冶金工业学校、长春冶金地质学校、昆明冶金工业学校、连云港化工中等专业学校等，这些学校由测绘中专教育转变为测绘高等专科教育（有些学校仍保留中专教育）；还有南京航务工程学校、长春建筑工程学校改建专科学校后，增设了测绘专业专科教育。这些学校进入测绘高等教育的行列，是测绘中专教育发展的一个显著标志。

1993 年 5 月，国家教委发出《关于评定国家级、省部级重点普通中等专业学校的通知》。1980 年已开办测绘中专教育被确定为全国重点中专的学校，相继被确定为国家级或省部级重点中专学校。“九五”期间，在发展高等职业教育的形势下，重点中等专业学校以“三改一补”方式，经学校主管部门批准改建为高等职业技术学院形式的高等职业教育，其中有：南京地质学校（后并入东南大学）、武汉电力学校、黄河水利学校、长春地质学校（并入吉林大学）、阜新煤炭工业学校（并入辽宁工程技术大学）等。这些高等职业技术学院建立了测绘工程系，进行测绘高等职业技术教育（有的学院保留中专教育），进入了测绘高等教育的行列，代表着测绘中专教育的发展方向。

50 年来，随着国家社会政治经济发展和变化，测绘中专教育走过了曲折发展的历程。在各个历史时期先后有近 40 所普通中等专业学校开办测绘中专教育，还有许多测绘职工中专学校和职工中专学校测绘职工中专班作补充，形成了新中国的测绘中专教育体系。一些重点中专学校升格为高等专科学校、高等职业技术学院，进行测绘高等专科和高等职业技术教育，充分显示了新中国测绘中专教育 50 年所取得的成绩。

---

① 36 所开办测绘中专教育的学校，是本书收集到的材料，会有遗漏的学校，因为中专学校变动很大，开办测绘中专教育的学校很难收集齐全，仅以此为基本数据。

2. 培养出大量经济建设与国防建设需要的测绘中专毕业生

从 1951 年到 2000 年，为经济建设服务的 36 所中等专业学校（包括升入专科和高职的学校），培养出地形测量、大地测量（控制测量）、航空摄影测量、地图制图、地图制印、工程测量、矿山测量、地籍测量（土地管理与地籍测量）、计算机地图制图、印刷技术、地理信息系统和计算机应用等专业普通中专毕业生，如表 4.1 所示的 41 195 人，平均每年向国家输送 824 名测绘中专毕业生。为说明重点中等专业学校测绘中专教育在培养中专毕业生中的作用，将毕业生超过 950 人的 12 所中专学校测绘专业毕业生人数列入表 4.2 中，总计培养毕业生 34 300 人，占全部毕业生的 83.3%。其中，南京地质学校测绘专业、哈尔滨工程高等专科学校（原哈尔滨测量高等专科学校）和郑州测绘学校，3 校共培养毕业生 19 821 人，占全部毕业生的 48.1%。

表 4.1　36 所普通中专学校测绘中专 50 年毕业生统计

时间 人数 项目	1951—1952	1953—1957	1958—1966(1970)	1971—1976	1977—1985	1986—1995	1996—2000	合计	培训人数	说　明
时间段年数	2	5	13	6	9	10	5	50		
测绘中专教育学校数	1	11	11	14	15	26	7			
36 所中专测绘中专毕业生数	60	5 143	9 826	2 652	7 940	10 770	4 804	41 195	2 030	不含测绘职业中专毕业生
年平均测绘中专毕业生数	30	1 029	756	442	882	1 077	961	824		

注：由本书收集到的学校统计的数据，虽然不是全部测绘中专毕业生人数，但有一定参考价值。

表 4.2　12 所学校测绘中专教育 50 年毕业生统计

时间 人数 项目	1951—1952	1953—1957	1958—1966—(1970)	1971—1976	1977—1985	1986—1995	1996—2000	合计	培训人数	说　明
时间段年数	2	5	13	6	9	10	5	50		
测绘中专教育学校数	1	7	7	10	11	10	6			
南京地质学校测绘科		1 554	2 248	194	1 048	1 581	1 382	8 007	717	测绘各专业毕业生，2000 年升本科
哈尔滨工程高等专科学校		1 050	2 071	552	2 076	764	577	7 090	1 067	测绘各专业毕业生，1985 年升专科
郑州测绘学校					79	2 697	1 946	4 722		测绘各专业毕业生，国家级重点中专
本溪冶金高等专科学校工程测量专业		300	900	400	720	160		2 480	246	1985 年升专科
* 西安地质学校测绘专业		370	1 349	172	211			2 102		测绘各专业毕业生，1978 年升本科
武汉电力学校测量专业		176	731	45	356	409	283	2 000		2000 年升高职
长春地质学校工程测量专业				234	614	571	281	1700		2001 年升高职
阜新煤炭工业学校矿山测量专业				200	120	833	282	1 435		1999 年升高职
黄河水利学校工程测量专业	60	151		40	507	619		1377		1998 年升高职
* 重庆地质学校测量专业		300	1 032					1 332		1966 年撤销测量专业
昆明冶金高等专科学校工程测量专业			516	49	387	140		1 092		1985 年升专科
长沙工业高等专科学校工程测量专业				216	642	105		963		1984 年升专科
12 所学校测绘中专毕业生总和	60	3 901	8 847	2 102	6 760	7 879	4 751	34 300	2 030	
年平均测绘中专毕业生数	30	780	680	350	751	788	950	686		

注：有 * 号者为在该省《测绘志》中提取的数据。

从 1950 年到 2000 年，解放军测绘学院培养出大地测量、航空摄影测量、地图制图、地图制印、地形测量、海道测量、工程测量、测绘勤务、测绘参谋、地图管理等专业的中等科（中专）毕业学员 11 447 人。海军大连舰艇学院海测系，于 1977－1985 年，培养海道测量、海图制图专业中专毕业学员 480 人。武汉测绘科技大学（原武汉测绘学院中专部）于 1958－1969 年，培养航空摄影测量、地图制图和地形测量等专业的毕业生 1 387 人。高等院校共培养测绘专业普通中专毕业生 13 314 人。表 4.3 列入了高等院校和中等专业学校（高等专科学校）培养测绘中专毕业生人数。测绘中专教育 50 年，为我国社会主义现代化建设与国防建设培养出 54 509 名普通中专毕业生，平均每年向国家输送 1 069 名中专毕业生。

表 4.3 新中国测绘中专教育 50 年毕业生统计

时间 / 人数 / 项目	1950—1952	1953—1957	1958—1966 (1970)	1971—1976	1977—1985	1986—1995	1996—2000	合计	士官人数	培训人数	说　明
时间段年数	3	5	13	6	9	10	5	51			
解放军测绘学院	1 109	2 122	1 817	1 059	3 277	1 297	766	11 447	1 406	2 074	
海军大连舰艇学院					480			480			
武汉测绘科技大学			1 387					1 387			含 627 名航测函授生
高校测绘中专毕业生合计	1 109	2 122	3 204	1 059	3 757	1 297	766	13 314			
36 所中专测绘中专毕业生	60	5 143	9 826	2 652	7 940	10 770	4 804	41 195		2 030	
测绘中专毕业生总数	1 169	7 265	13 030	3 711	11 697	12 067	5 570	54 509	1 406	4 104	不含测绘职工中专毕业生
年平均毕业生数	390	1 453	1 002	618	1 300	1 207	1 114	1 069			

20 世纪八九十年代，各省测绘局所属的 11 所测绘职工中等专业学校，以及各业务部门开办的 8 所测绘职工中专班，不完全统计约有 3 970 余名毕业生①，其中 3 500 余人是各省测绘局所属测绘职工中专校培养的。各省测绘局在较短时间内，从在职青年工人中选拔培养出大量的测绘各专业中专毕业生，对改变各测绘局的青年工人知识与技术结构、促进测绘与信息产业的发展起到积极作用。

3. 建立了适应测绘中专教育需要的师资队伍

新中国成立初期与“一五”期间，测绘中专教育缺少大学本科学历的专业教师，1954 年才有少量测绘专修科毕业的专业教师到各学校测绘专业任教。在这种情况下，教育主管部门允许各学校选拔测绘专业优秀中专毕业生留校任教。通过以老带新，在教学实践中提高教学水平，创造到大学进修等条件提高专业学识水平，通过指导生产实习提高专业生产技术和组织能力。到 1958 年前后，各学校基本上形成了适应测绘中专教学需要的师资队伍。第一代测绘中专教育的老教师，在培养青年教师成长方面起到了重要作用。

由于“文化大革命”影响，各学校专业教师流失，又没有大学本科毕业生补充专业教师队伍，再次出现专业教师不足的困难。1975—1980 年，有些学校从优秀的测绘中专毕业生中留校任教。由于 1980 年发布《关于中等专业学校确定与提升教师职务名称的暂行规定》，晋升讲师必须具备大学本科学历。因此，各学校除在教学实践中提高青年教师的教学能力外，对不具备大学本科学历的青年教师通过成人高等教育等途径，使他们获得本科学历，成为这一时期培养青年教师的特点。这期间，有工农兵学员测绘专业三年制大学本科毕业生到学校任教。

1982 年开始，有测绘专业四年制本科学历的青年教师到各学校任教。经过教学实践与学生思想政治工作的锻炼，参加生产实习的指导工作，参加教学法研究、专业教材编写、科技服务等活动，提高了综合教学水平，适应测绘中专教学的需要。鼓励具备本科学历的青年教师攻读硕士学位，提高学位水平。到 1990 年前后，这三部分青年教师成长起来，具备了晋升讲师或工程师的基本条件。以南京地质学校等 6 所开办测绘中专教育的全国重点中专学校测绘专业教师为例，具有高级讲师与高级工程师、讲师与工程师职称的教师，占专业教师总数的比例，

① 哈尔滨测绘职工中专学校毕业生 838 人是准确的，其余学校的数据都是从该校所在省《测绘志》中录用的，由于统计时间段的不同，这些数据仅作参考。

1985 年为 5.3%、39.7%，两者之和为 45.0%；1990 年为 14.2%、45.9%，两者合计为 60.1%。

1991—2000 年，各学校测绘专业都在提高教师的综合教学水平、建设高水平“双师型”教师队伍。中青年教师中硕士学位的人数增多，有些正在攻读博士学位。在编写现代测绘技术专业教材中，中青年教师起着重要作用；老中青教师的教学科研和专业科研成果显著增加，在公开出版的刊物上发表论文的数量大增；科技服务和指导大型测绘工程生产实习的能力提高。中青年讲师与工程师成为开设测绘新技术课程的骨干力量。许多中青年讲师与工程师具备晋升高级讲师与高级工程师的基本条件。仍以上述 6 所学校为例，这些学校已成为国家级、省部级重点中专学校，具有副高职、中级职称的教师占专业教师总数的比例，1995 年为 18.8%、57.0%，两者合计为 75.8%；2000 年为 31.4%、46.5%，两者合计为 77.9%。

50 年来，各学校测绘专业教师在党的教育下，把测绘中专教师特有的优良传统教风坚持下来、发扬光大。每位教师都经过班主任工作的锻炼，把学生思想政治工作放在教学的首位；积极参加学科教研组（室）工作，把集体备课、教学法研究和实践、编制专业教学计划等教学文件、编写专业教材和实习指导书、参加观摩教学和交流教学经验、进行政治理论学习等活动，看作是教师的职责；做到“认真备课、认真讲课、认真辅导、认真批改作业、认真考核学习成绩”的“五认真”；以熟练的示范操作、热心的指导、认真检查实习成果，与学生同吃、同住、同劳动的优良作风搞好测绘实习，培养学生的动手能力；在教学过程中对学生全面负责，教书育人，为人师表，这是培养合格的较高水平的测绘专业中专毕业生的基本保证。他们热爱测绘中专教育事业，坚守岗位，经过几代专业教师的努力，为国家培养大批测绘中专毕业生，对国家经济建设、国防建设作出很大贡献。

4. 制订典型的测绘中专专业教学计划和高职专业教学计划

1）新中国成立初期与“一五”期间的测绘中专专业教学计划

新中国成立初期与“一五”期间，为适应国民经济恢复和实施第一个五年计划的需要，开办测绘专业的中等专业学校设置了地形测量、矿山测量专业。中专三年制地形测量专业（测量专业）教学计划，是根据“一五”期间大规模工业厂区、工程建设、城市建设、铁路公路、农业与水利电力建设、地质勘探等测量的需要而制订的，设置了必需而实用的课程，编制了相应的课程教学大纲与实践教学大纲，组织教学工作。矿山测量专业教学计划，是根据开办矿山测量专业服务于金属矿山、煤炭工业、建材与化工原料矿山的不同，有针对性的制订专业教学计划。为地质部与国家测绘总局①所属区域地质勘查和国家基本控制测量和地形测量服务的大地测量、航空摄影测量、地图制图 3 个专业的中专三年制教学计划，是在地质部教育司组织有关学校参加下，参考苏联中专相应的专业教学计划，结合我国的实际情况制订的。地质部所属的中专学校测绘专业统一按这组教学计划及其课程教学大纲、实践教学大纲执行。以上各专业教学计划，奠定了“一五”期间测绘中专教育的教学体系。

2）贯彻《高教六十条》时期测绘中专专业教学计划

1961 年 9 月开始，贯彻《高教六十条》，“必须以教学为主，努力提高教学质量”。1963 年

---

① 国家测绘总局当时由地质部代管。总局有大量的大地测量、航空摄影测量和地图制图专业测绘队伍。地质部所属的南京地质学校、西安地质学校、重庆地质学校，相当数量的测绘各专业毕业生分配到国家测绘总局系统的测绘单位工作。

6月，高教部颁布《关于全日制中等专业学校教学计划的规定(草案)》，对中专培养目标、修业年限、课程设置、学时安排、劳动实习、计划审批权限等做出明确规定。各学校根据本校测绘专业服务对象的要求，以及新中国成立以来我国测绘科学技术发展情况，制订出四年制中专测绘各专业教学计划，以及相应的课程教学大纲和实践教学大纲，经学校的教育主管部门批准执行。各学校测绘专业采用1961年以来，我国出版的测绘中专教材进行教学，不足部分自编教材解决。至此，我国测绘中专教育建立起独立自主的测绘教学体系。

3)“文化大革命”中恢复招生时期的测绘中专专业教学计划

1971—1976年恢复招生，各学校招收工农兵学员进行二年制或三年制的测绘中专教育。根据学员文化水平状况和教育主管部门提出培养目标的要求，由学校自主制订专业教学计划。在理论教学的基础上，特别强调实践教学。由于工农兵学员有社会实践经验、年龄较大、思想觉悟较高、学习努力刻苦、掌握操作技术快、有一定的独立作业能力，所以成为合格的测绘专业毕业生。

4)恢复高考与整顿提高时期的测绘中专专业教学计划

1977年执行全国统一考试择优录取招生制度。部属和省属重点中专，招收高中毕业生源二年制的测绘各专业新生。各学校根据服务对象的不同，考虑高中毕业生源的特点，在公共课与基础课中加强了与提高专业课理论水平有关的外语、数学、电子电工、计算机基础、投影几何等课程的教学，适当提高了测量平差、控制测量等专业课的理论教学水平，制订出工程测量、地形制图、摄影测量、矿山测量等专业的二年制中专教学计划。多数学校采用结合20世纪80年代我国测量科技水平的自编教材进行教学，培养出7 000余人基础知识与专业理论知识水平较高、专业技术动手能力较强、到工作岗位“上手快、有后劲”、自学与思维能力较强的测绘各专业的中专毕业生。

5)发展职业教育时期的测绘中专专业教学计划

1986—2000年，是我国进行教育结构调整发展职业教育时期。重点发展中等职业教育，积极发展高等职业教育，中等专业学校在中等职业教育中起骨干作用。“七五”期间贯彻党的教育方针，教育必须为社会主义建设服务，教育与社会实践相结合，教育以“面向现代化、面向世界、面向未来”为指导思想。根据我国20世纪80年代末与90年代初测绘科学技术发展水平，编制新一轮的测绘各专业中专四年制教学计划。课程设置和教学内容以传统的测绘技术为主，介绍与引入现代测绘仪器和测绘新技术。引进PC-1500型便携式计算机和微机、光电测距仪、电子经纬仪和测量平差新理论等，使计算工具和平差计算理论现代化，在一定程度上提高了控制测量、地形测量、工程测量和航空摄影测量等课程教学内容的现代化水平。

1991—2000年，我国测绘科技水平迅速提高，全站仪、电子水准仪、GPS接收机等新仪器，数字化测绘、GIS、RS及全数字化摄影测量技术推广迅速。测绘中专教育适应测绘人才市场的需求，在改造原有传统专业的基础上，开办人才市场急需的测绘与信息工程新专业，扩大测绘中专教育的服务面。1995年前后，各中专学校制订出传统测绘技术与现代测绘技术有机结合的新一代的测绘各专业及相关专业的教学计划。其中由郑州测绘学校编制，经专家评审，由国家测绘局人事教育劳动司向开办测绘专业中专学校推荐的控制测量、航空摄影测量、地图制图、工程测量、地籍测量等5个专业教学计划；南京地质学校测绘科编制的计算机制图、印刷技术、土地管理与地籍测量等3个专业教学计划，代表着20世纪90年代中期我国测绘中专教育的专业设置、课程设置与教学内容及毕业生达到的专业技术水平。

6)升入高等职业教育的测绘专业教学计划

1998年开始,一些国家级和省部级重点普通中等专业学校开办了高等职业教育班或升格建成高等职业技术学院,这些学校的测绘专业由中专教育升格为高等职业教育。根据高等职业教育培养生产、建设、管理、服务第一线高等实用型人才的目标,以及测绘生产部门岗位技术的实际需要,各有关院校编制出招初中毕业生五年制高职工程测量与施工、计算机制图、图文信息处理、工程测量等专业的教学计划;编制出招高中毕业生三年制高职工程测量、测绘技术与管理及地理信息系统等专业的教学计划。这些专业教学计划在课程设置与教学内容上,体现了实用的传统技术与现代技术相结合,在基础科学知识、专业理论与技术知识水平上与同时期高等专科教育的教学计划相当,但在实践教学的时间安排上比高等专科教育要多一些,体现了高职教育培养高等实用型技术人才的特色。2000年前后,已有首批三年制测绘专业高职毕业生,就业率达到100%,受到用人单位的欢迎。

新中国测绘中专教育50年,从新中国成立初期与"一五"期间设有地形测量、矿山测量、大地测量、航空摄影测量和地图制图5个传统专业,到20世纪末发展到传统与现代技术相结合的11个专业,并设有高等职业教育7个现代测绘与信息工程专业,进入测绘高等教育阶段。这标志着我国测绘中专教育的发展水平和取得的成绩。

5. 编写出版测绘中专教育系列教材

新中国成立初期与"一五"期间,一部分开设测绘专业的学校,根据为本部门培养测绘中级技术人员的需要,制订教学计划的培养目标与课程设置,编写测量平差、地形测量、控制测量、地形绘图、工程测量和矿山测量等专业教材。地质部所属的地质学校测绘各专业,主要使用苏联中专相应专业的翻译教材进行教学,以自编教材为补充,一些开设测绘专业的学校也采取这种选用教材的方式。解放军测绘学院编写自印的中专各专业的教材,被许多学校测绘专业选用。

1958—1961年的教学改革,各学校已经形成了中专各门专业课程教材的基本框架。1961年执行《高教六十条》,把教材建设作为重点工作,高教部成立了高校和中专教材出版工作领导小组。按"先解决有无,再逐步提高质量"的原则,为出版中专教材创造条件。1961年,由中国工业出版社出版了南京地质学校、西安地质学校和哈尔滨冶金测量专科学校联合编写的《地形测量学》上下册,吸取了苏联中专教材的优点和新中国成立以来我国测绘科研成果,涵盖了地形测量专业的控制测量和地形测量的全部内容,被各学校测绘专业广泛采用。随后,各学校通过中国工业、测绘、地质、冶金、煤炭、水电等出版社出版了《大地测量》、《测量觇标建造》、《测量平差》、《测量学》、《地形绘图》、《航空摄影测量学》、《地图编制》、《地图制印》、《大地测量计算与平差》、《矿山测量》、《生产矿井测量》等教材,形成了我国测绘中专专业教材系列,保证了三年制、四年制测绘中专教学的需要,使测绘中专教育采用我国自己编写的出版教材进行教学。

1977年恢复全国统一考试招生,部属中专在全国范围择优录取高中毕业生源二年制的中专生。为提高教学质量,测绘专业教学适应我国测绘科技发展水平,各学校面临编写新的专业教材任务。1980年教育部公布了全国重点中专学校,各学校都把编写出版新教材作为建设重点中专的主要任务之一。地质部、冶金部、水电部等教育主管部门,大力支持各学校测绘专业编写出新教材。从1980—1990年各学校先后出版了《光电测距》、《大比例尺地形图绘制》、《地图投影》、《工程测量》、《水利工程测量》、《矿区控制测量》、《误差理论与应用》等新教材,形成了编写出版测绘中专教材的第二个高潮。这些教材以传统测绘科技内容为主，反映20世纪80年代以来各学科的新技术。由于采用光电测距仪、电子经纬仪、计算机及测量平差新理论，控制网建立、观测值平差计算方面的理论与实践有较大的改进；航空摄影测量广泛采用电算加密和精密立体测图仪，以及推广综合法航测成图，使航空摄影测量技术在地形测量与工程测量中得到广泛的应用；有些教材介绍了数字化测图、全球定位系统、地理信息系统、遥感技术等测绘新技术知识。

1991－2000年，现代测绘技术推广应用迅速。全站仪、数字化测绘技术、GPS定位技术、GIS和RS技术，以及全数字摄影测量系统，在测量生产部门被广泛采用。因此，必须进行教学内容改革，编写出版实用的传统技术与现代测绘技术有机结合的新教材，形成了第三次测绘中专教材编写出版高潮。以郑州测绘学校、南京地质学校测绘科、黄河水利学校和武汉电力学校工程测量专业为代表，先后编写出版了《控制测量》、《地形测量学》、《地形绘图》、《测量习题集》、《测量平差》、《测量平差习题集》、《航空摄影测量学》、《摄影与空中摄影》、《摄影测量与遥感》、《地图制图》、《地图投影》、《地图制印》、《计算机地图制图》、《地貌学》、《工程测量》、《水利工程测量》、《建筑工程测量技术》、《矿山测量》、《矿图》、《地籍测量》、《土地管理与地籍测量》、《城镇规划》、《电磁波测距》、《数字化测图》、《GPS定位技术》、《地理信息系统》、《遥感技术》、《数据库技术》、《计算机辅助设计》、《测绘应用数学》等新教材，形成了比较齐全的测绘中专教学需要的教材系列，展示着我国测绘中专教育的质量，是新中国测绘中专教育的重要成果之一。

由郑州测绘学校根据教育部2000年9月印发的《中等职业学校专业目录》，将测绘类专业分为测量工程技术、地图制图与地理信息、航空摄影测量3个专业。与上述3个专业配套，于2001年编写出版或即将出版的中等职业测绘类专业教材有《地形测量学》、《数字测图（内外业一体化）》、《测量平差基础》、《控制测量》、《工程测量》、《地图制图基础》、《航空摄影测量基础》、《GPS定位技术》、《计算机辅助地图制图》和《数字摄影测量》等。南京地质学校受教育部委托，由测绘科承担中等职业教育测绘类的《控制测量》、《地形测量》、《摄影测量》、《地籍测量》、《测量学》、《数字化测图》、《测量平差》和《GPS定位》等8种专业教材编写任务，于2003年由中国建筑出版社出版发行。这两所国家级重点普通中等专业学校，为中等职业教育测绘类专业教材建设作出了贡献。

6. 测绘仪器、实验室和实习基地建设保证实践教学需要

"一五"期间到1960年前后，各学校都重视投入资金购置测绘仪器和设备、建立实验室和测量实习基地。南京地质学校测绘专业和哈尔滨冶金测量学校，装备有：TT_{26}、T_3、T_2和其他型号秒级精密经纬仪，N_3、N_2、HA_{-1}型等精密水准仪，殷钢基线尺，保证了各等级控制测量和精密工程测量的教学和生产实习的需要；装备有数量较多的6″～20″级的光学经纬仪与普通经纬仪、各种类型的普通水准仪，以及各种类型的大平板仪和小平板仪，保证了地形测量和普通工程测量的教学和生产实习的需要；除精密立体测图仪外，各种航空摄影测量仪器齐全，保证了教学和教学实习的需要；装备有复照仪、缩放仪、打样机、植字机及其他地图制印设备，满足了地图制图专业的教学与实习的需要。南京地质学校的航空摄影测量与地图制图仪器设备齐全，有承担生产作业的能力。这两所学校测绘专业在校生多，仪器设备可以装备50～80个实习小组进行测量生产实习作业。黄河水利学校、武汉电力学校、本溪钢铁学校、昆明冶金工业学校等中专学校的测量专业，装备的经纬仪、水准仪、平板仪以及水工测量仪器和矿山测量仪器，都能满足教学与实习的需要，有些学校还装备有航空摄影测量仪器。

各学校测绘专业根据办学规模大小、服务对象的不同、仪器装备水平和教学需要，建立起测绘仪器讲练室（室内测绘仪器操作室）、工程测量实验室、各种航空摄影测量仪器实验室、各种地图制图仪器设备实验室、水工测量实验室、矿山测量实验室、地质地貌实验室，以及由对数表、手摇计算机和函数表装备起来的测量计算室，满足各学校的教学与实习的需要。

各学校重视控制测量、地形测量（工程测量）、矿山测量等实习基地建设。南京地质学校测绘专业和哈尔滨冶金测量学校，20 世纪 50 年代都在城市郊县建起了规模较大的供三、四等三角测量和大中比例尺地形测量（航测综合法成图）教学实习基地，保证多个班级控制测量与地形测量教学实习需要。其他学校也根据办学规模和教学需要建起了相应的教学实习基地。

20 世纪 80 年代初开始，各学校先后装备了电磁波测距仪、电子经纬仪、1″～2″级的光学经纬仪、激光测距仪、陀螺经纬仪、精密水准仪等仪器，以及装备了便携式 PC-1500 电子计算机和少量的微机，使测绘仪器和计算工具实现了初步更新换代。丰富了相关学科的教学内容，控制测量的边角网与导线网技术、地下定向技术、无觇板测距技术等得以推广。特别是计算机技术的应用，从根本上改变了测量平差计算工具，使现代测量平差与精度评定理论、观测值粗差判定剔出理论、各种控制网优化设计理论等得以推广，推动了测绘中专教育专业技术水平向前迈进了一大步，跟上了测绘生产单位新技术推广和发展的步伐。

20 世纪 90 年代，现代测绘仪器大量出现，我国现代测绘与信息工程理论与技术水平迅速提高。各学校千方百计筹集资金投入现代测绘仪器和装备的建设。到 2000 年前后，郑州测绘学校、南京地质学校测绘科、武汉电力学校工程测量专业、黄河水利学校工程测量专业等的现代仪器设备已达到较高水平。20 世纪 90 年代初，郑州测绘学校建立起规模较大的综合性的嵩山测绘实习基地，保证各学科教学实习的需要，是一处有代表性的测绘实习基地。这一时期，许多学校拥有各种型号的电磁波测距仪与全站仪、各种型号的精密水准仪和电子水准仪、静态与动态 GPS 接收机、数字化测图成套仪器设备、大幅面的自动绘图仪和扫描数字化仪、精密立体测图仪、正射投影仪、数字化摄影测量系统工作站、地理信息系统端口设备和数量较多的计算机，以及多媒体教学设备等。由这些现代测绘仪器设备及相应的软件为基础，各学校视教学与实验课的需要，建立起 GPS 定位、数字化测图与扫描数字化、现代摄影测量及遥感、地理信息系统和计算机等实验室；有些学校还建立了以陀螺经纬仪、激光铅直仪、激光经纬仪、测深仪等为主要设备的工程测量实验室。保证了现代测绘与信息学科的理论教学与实践教学的需要，并且为教师开展专业科学研究和技术服务创造了有利条件。这些现代测绘仪器及实验室，代表着我国测绘中专教育 2000 年前后的设备水平。

7. 形成了“教学、科研、生产相结合”的教学模式

开办测绘教育的各个中等专业学校，经过长期教学实践的探索，在“产教结合”、“产学结合”的基础上，形成了“教学、科研、生产相结合”的教学模式。

1）搞好理论教学的关键是加强学科教研组建设

在教务副校长、教务科（处）或测绘专业科的领导下，加强学科教研组（室）建设是提高教学质量的关键环节。学科教研组是实施教学计划、组织课堂理论与实践教学、进行教学法研究、促进教师对学生全面负责、引导教师进修学习和开展科研活动、提高教师政治思想水平和教育责任心、把党和国家教育方针政策落实到教学活动中的基层组织。因此，搞好学科教研组工作是关系提高教学质量、培养合格中专毕业生的关键措施。教研组的主要教学工作有：编制各门课程的学期授课计划，组织教师集体备课，组织观摩教学，检查教师的教学质量和教学反映，组织学生学习成绩考核和成绩评估，帮助青年教师提高教学水平，组织教师编写教材，组织教师政治理论与时事政策学习提高思想觉悟。选拔学识与教学水平高、科研能力强、组织测量生产实习经验丰富、善于团结同志、有组织工作能力和作风正派的教师担任教研组组长是搞好教研组工作的关键。

2)重视实践教学是测绘中专教育的特点

测绘中专教育的实践教学分课程设计、课堂实习、单科或综合性的教学实习、完成测绘任务的生产实习(毕业综合实习)和毕业设计。通过这一系列理论联系实际的训练，培养学生专业技术的动手能力，形成测绘中专培养目标的岗位技术能力。在教学计划课时内的课堂实习，按实习指导书要求进行，实习完成后写实习报告，教师批阅实习报告并进行讲评。某门课程完成后进行单项或综合性的教学实习，形成作业能力，实习结束提交实习报告，进行技术考核和评定实习成绩。按实践教学计划组织测量生产实习和毕业设计，培养学生理论联系实际解决实际技术问题的能力，是保证毕业生质量的重要措施。

20 世纪五六十年代，各学校测绘专业的测量生产实习任务，是由学校教育主管部门，按学校所属业务部局的国家测量生产任务下达给学校，由测量专业科组织专业教师和学生，按规定的时间、质量要求通过生产实习完成任务，实习经费是由教育主管部门下拨的。完成测量任务的生产实习，大大提高师生的积极性和责任感，在认真搞好实习的基础上优质地完成生产任务，为国家建设事业服务。在实习过程中培养了学生克服困难完成任务的优良作风，锻炼了专业技术能力，养成了良好的科学态度和遵守测量规范的职业道德，建立了测量成果质量第一的观念。

1972 年以后，测量生产实习任务是由各学校测绘专业自己联系，一般是有偿服务。在这一形势下，要求测绘专业与本部局有关测绘生产部门、社会上测绘单位建立协作关系，取得测绘生产单位的支持，以优质的测量成果支援生产单位完成测绘任务，达到互利双赢的效果。1985 年以后，在市场经济条件下，各学校测绘专业与省市级测绘院、城市勘测院、工程建设部门测绘单位、政府规划与土地资源管理等部门建立“产、学、研”协作关系，以学校优良的测量成果取得协作单位的信任，获得测量任务进行生产实习，也取得一定的经济效益。南京地质学校测绘科于 1986－1995 年的 10 年中，通过生产实习完成 60 余项各类测绘生产任务，取得创收 277 万余元的好成绩，于 1996－1998 年的 3 年中，生产实习又完成测绘生产任务 14 项，创收 131 万元，是测绘中专教育通过工程实践培养学生动手能力的典型代表。黄河水利学校工程测量专业、长春地质学校工程测量专业、郑州测绘学校各专业、武汉电力学校工程测量专业、阜新煤炭工业学校工程测量专业、甘肃煤炭工业学校测量专业等，都进行完成测绘任务的生产实习，在工程实践中培养学生专业技术动手能力。指导教师在组织大型测量生产实习完成实习与生产两项任务过程中增长才干，成长为“双师型”教师。完成测绘任务的生产实习，是新中国测绘中专教育培养学生岗位技术能力的重要途径，是测绘中专教育实践教学的特点。

3)开展教学与专业技术科研活动，提高教师的科研能力

1960 年，从事测绘中专教育的专业教师开展了专业科技研究活动。1961 年执行《高教六十条》，要求“教师在完成教学任务的前提下，积极参加科学研究。”激发了测绘中专教师开展科研活动的积极性。哈尔滨冶金测量学校的老中青教师在“矩阵平差的理论与方法”、“考虑起始数据误差两级线形锁的精度问题”、“考虑起始数据误差影响时多边形平差法、结点平差法任意

平差值函数权倒数与中误差计算"、"控制网精度的两点建议"、"分组平差求解公式"、"论法方程的几种分解法"等问题开展了研究，取得可喜成果，发表了有关的论文。

1980 年发布《关于中等专业学校确定提升教师职务名称的暂行规定》，为中专教师评定副教授（1986 年改为高级讲师）、讲师、助理讲师的教师职务。各级教师职务任职条件都有明确的学历和能力要求，除有教学水平和生产实践能力要求外，还必须具有出版的专业教材和公开发表的科研成果论文。这就促进了老中青教师参加专业教材编写出版工作、积极开展教学与专业技术科研和技术服务活动。"六五"期间，哈尔滨冶金测量学校专业教师在公开发行的刊物上、省和全国测绘学术会议上发表多篇学术论文。例如："工程控制网精度分析与最优化设计"（哈尔滨松花江公路大桥控制网设计），"导线近似平差的点位精度分析"（国内首创论文），"导线网相关平差"，"直接解误差方程的正交变化程序"，"关于测边网设计的几个问题"，"逆转点观测数据处理及精度评定的几点建议"（推荐参加国际矿山会议论文）等，都是那个时期与国家建设、测绘工程和教学密切相关的有代表性的论文。

"七五"、"八五"期间，各学校测绘专业教师，在开展教学与专业科研活动方面有较大进展。郑州测绘学校、南京地质学校测绘科、黄河水利学校工程测量专业及其他一些学校专业教师，发表了许多有关教学、专业科研和技术服务方面的论文和成果。例如："关于自动安平水准仪的磁性误差"，"国家水准原点稳定性的初步分析"，"从严治校培养合格人才"，"非奇分块矩阵的逆矩阵"，"一种正弦等面伪圆柱投影族"，"远距离地面摄影监测黏土型边坡滑动及其治理"，"数字求积仪精度检测与使用中有关问题的探讨"，"数字测图与 GIS"，"树结构及其在多边形内点匹配中的应用"，"开封铁塔变形观测"（研究报告）等。

"九五"期间，郑州测绘学校、南京地质学校测绘科、黄河水利学校工程测量专业及其他学校测绘专业教师，结合中等职业教育与高等职业教育的发展、测绘与信息技术的进步，进行了多方面教学与专业科技研究，取得一些可喜的成果。例如："测绘中专教育面临的挑战与对策"，"关于发展我国测绘高等职业教育的探讨"，"方位投影切与割变形特征探讨"，"RTK GPS 用于森林资源固定样地调查研究"，"圆锥投影的应用和 PASCAL 语言计算程序"，"导线点密度设计与均匀性检验"，"GPS 网中起算点坐标精度对基线解算影响的探讨"，"单线河流的绘制算法"，"利用 MapGIS 制作数字地形图"，"论 GPS 网二维与三维平差相结合的必要性"，"提高 GPS 水准拟合精度的探讨"，"小浪底工程变形观测及其数据分析"，"开封市城市规划管理信息系统及其应用"，"黄河干流 GPS 网的布设与精度分析"，"测量工程专业（高职）教学改革实施方案"（河南省教研优秀奖）等。

郑州测绘学校 1999 年承担国家测绘局科技发展基金"中等测绘专业人才培养模式的研究与实践"项目研究，进行了中等测绘职业教育专业划分、中等职业学校测绘类专业培养目标与课程设置、测绘类专业课程教学内容改革及教材建设探讨、测绘类各专业实验室建设方案、测绘类专业学生综合素质培养等 5 个子课题的研究，提出了具体的建议与方案。其中，中等测绘职业教育专业划分为测量工程技术、航空摄影测量、地图制图与地理信息等 3 个专业，被教育部有关部门采用，在 2000 年 9 月印发的《中等职业学校专业目录》中，在资源环境类测绘专业目录予以公布。这个项目研究是郑州测绘学校承担的正式省部级教育科研课题，对推动中等测绘职业技术教育的改革发展有很好的参考价值，是一项具有时代意义的教育科研成果，于 2003 年获得全国测绘科技进步三等奖。

在 50 年的测绘中专教育实践中，形成了测绘专业理论教学与专业技术实践教学的基本做法和丰富的经验，编写出版了适应现代测绘中专教育的系列教材，发表了大量的教学研究和专业技术研究及科技服务的论文和成果。正是因为有这些成果，才培养出大量的高级讲师和讲师及“双师型”教师队伍，形成了“教学、科研、生产相结合”的测绘中专教学模式，这也是培养合格的较高水平的测绘中专毕业生的保证，是新中国测绘中专教育的特色。

4.1.2　测绘中专教育的基本经验

回顾50年测绘中专教育的历程，在总结成绩的同时，更要分析取得成绩的基本经验，这些经验是新中国测绘中专教育的宝贵财富。

1. 党和国家正确的方针政策促进了测绘中专教育的发展

周恩来在1950年召开的全国高等教育会议上指出：“目前，大学还不能大量扩充与发展……。为了适应需要，可以创办中等技术学校。”1951年6月，教育部召开的第一次全国中等技术教育会议指出：“中等技术教育的基本方针任务是，根据新民主主义的教育政策，从国家实际需要出发，整顿和发展中等技术学校，以理论与实际一致的方法，培养大批具有一定文化、科学的基本知识，掌握现代化技术，身体健康，全心全意为人民服务的初、中等技术人才。”1954年6月，全国中等专业学校行政会议对中等专业教育的培养目标作出进一步的阐述：“中等专业教育应有计划地培养具有马克思列宁主义基础知识、普通教育的文化水平和基础技术知识，并能掌握一定专业，身体健康，全心全意为社会主义建设服务的中等专业干部。”同年11月，高等教育部颁布了《中等专业学校章程》，使我国的中等专业教育发展和中等专业学校建设走上了规范化的道路。由于地质部、冶金部、煤炭部、水电部、城建部等部局急需大量的测绘中等技术人才，于20世纪五六十年代在所属的中等专业学校内开办测绘中专教育或建立独立建制的测量学校，总计有近20所中专学校进行测绘中专教育，奠定了我国测绘中专教育的基础。党和国家把中专教育定位在培养“中等技术人才”、“中等专业干部”的目标上。在当时高等院校招生人数少的情况下①，对由于家庭经济条件不能上高中考大学的优秀初中毕业生（尤其农村的初中毕业生）来说，报考中等专业学校有很大的吸引力，使中等专业学校学生具有较好的综合素质。1956年高等院校院系调整后，基本取消了测绘专科教育。第一个五年计划期间，培养的5 200余名测绘中专毕业生，在大规模经济建设第一线从事测量保障服务，在国家建设中发挥了重要作用。

1961年，中等专业学校贯彻《高教六十条》，在调整的基础上，进行巩固、充实、提高，走上了正确建设与发展的轨道。1963年6月，颁发《关于全日制中等专业学校教学计划的规定（草案）》，对培养目标、修业年限、课程设置、学时安排、劳动实习、计划审批权限等都做出明确规定。开办测绘专业的中专学校做出了中专测绘各专业四年制的教学计划，按上述规定组织教学工作，全面提高了教学质量。到1966年5月开始“文化大革命”，停课“闹革命”。从1951年到1966(1970)年，共为国家培养15 000余名测绘各专业的中专毕业生。

1971—1976年，开办测绘中专教育的南京地质学校、哈尔滨冶金测量学校等8所中专，以及新办测绘中专教育的长沙冶金工业学校、长春地质学校等7所中专，都招收工农兵学员进行

---

①　第一个五年计划期间，5年内共招本科生54.3万人，平均每年招10.1万人；招中专生100.6万人，平均每年招20.1万人。

测绘中专教育，培养了近 2 700 名中级测绘技术人才。在各部门测绘生产第一线的工作证明，他们是受到用人单位欢迎的中专毕业生。

1979 年 11 月，经国务院批准，将下放到各省市原属中央部局领导的中等专业学校收归以部局为主的领导关系。1980 年 2 月发出《关于中等专业学校确定与提升教师职务名称的暂行规定》。同年 4 月，在全国中等专业教育工作会议上明确：中等专业教育是“在相当高中文化程度的基础上进行专业技术教育”，中等专业学校是“介于高中与大学之间的一种学校”。招初中毕业生源三年制，招高中毕业生源二年制。1980 年 11 月，发布《关于确定和办好全国重点中专学校的意见》的通知。重点中专的基本任务是：出人才，出经验，起骨干和示范作用。在全国 239 所重点中专中，开办测绘中专教育的有 11 所。由于国家进行大规模的经济建设，急需大量的测绘中级技术人才。原有开办测绘中专教育的学校开始招收高中毕业生源中专二年制测绘各专业新生。国家测绘局于 1978 年成立了郑州测绘学校，还有 10 所中专学校开办了测绘中专教育。到 1985 年前后，开办测绘中专教育的中专学校不完全统计已达 24 所。此外，还有正在兴起的测绘职工中等专业学校和职工中等专业学校测绘职工中专班近 20 个教学单位，是对普通测绘中专教育的有力补充，呈现出测绘中专教育蓬勃发展的局面。这一时期共培养出高中生源中专二年制测绘各专业毕业生 7 900 余人，以及数量较多的测绘职工中专毕业学员。

1985 年 5 月，党中央颁布了《中共中央关于教育体制改革的决定》，1993 年 2 月又颁布了《中国教育改革与发展纲要》。在这两个文件指引下，我国调整了中等教育结构，大力发展职业教育。发展职业技术教育要以中等职业技术教育为重点，发挥中等专业学校的骨干作用，同时积极发展高等职业技术教育。1991 年 1 月，国家教委发出《关于开展普通中等专业学校教育评估工作的通知》。1993 年 5 月，国家教委发出《关于评选国家级、省部级普通中等专业学校的通知》；同年 11 月召开的“全国普通中等专业教育改革与发展工作会议”上，肯定了“中等专业教育是符合中国国情的，是多、快、好、省地培养社会主义建设实用人才的好形式，也是我们要发展和大力提倡的一个重要教育领域。”上述各种文件和会议的精神，为中专学校测绘中专教育的建设与发展指明了方向。

1986—1995 年，从事测绘中专教育的学校，主动适应社会主义市场经济发展对测绘中专人才的需求，开办测绘与信息工程新专业，以“面向现代化、面向世界、面向未来”为指导，将适用的传统测绘技术与现代测绘新技术相结合，制订出测绘与信息工程各专业新的四年制中专教学计划。又经过 1996—2000 年“九五”期间的努力，郑州测绘学校、南京地质学校、武汉电力学校、黄河水利学校、长春地质学校、阜新煤炭工业学校和甘肃煤炭工业学校先后成为国家级、省部级重点普通中等专业学校。从 1986 年至 2000 年，各学校的测绘类专业培养出地形测量、大地测量（控制测量）、航空摄影测量、地图制图、地图制印、工程测量、矿山测量、地籍测量（土地管理与地籍测量）、计算机地图制图、印刷技术、地理信息系统和计算机应用等专业的中专毕业生 15 500 余人。这些毕业生的质量代表着 2000 年前后我国测绘中专教育的水平。

1996 年 6 月，国家教委等 3 部委召开“第三次全国职业教育会议”，明确了初等、中等、高等职业教育的性质、培养目标和办学特色等问题。1997 年 10 月，“全国高等职业教育教学改革研讨会”上，总结了发展高职教育的经验，研究加快高职教育改革的步伐，明确以现有的高等专科学校、成人高校、职业大学、职业技术学院、重点中等专业学校的教育资源，以改革、改组、改制和补充的原则即“三改一补”原则，建立高等职业技术学院形式的高等职业教育。1998 年前后，国家将中央部局直属的高等院校和中等专业学校，除部分教育部直管的高校外，都改由学校所在省市教育主管部门领导。经教育主管部门批准，国家级、省部级重点中专南京地质学校开办五年制测绘类高职班(2000年并入东南大学)，武汉电力学校、黄河水利学校、长春地质学校(并入吉林大学)、阜新煤炭工业学校(并入辽宁工程大学)都改建为相应名称的高等职业技术学院，成立了测绘工程系，由测绘中专教育发展为高等职业技术教育，代表着重点中等专业学校测绘专业的发展方向。

2. 加强党对学校工作的领导是测绘中专教育发展的保证

新中国成立初期与"一五"期间，中等专业学校实行校长负责制(学校党组织书记一般由校长兼任)。在校长领导下建立校务委员会，由副校长、中层管理干部、教学科主任、工会与共青团组织负责人、民主党派负责人、教研组(室)负责人、职工和学生代表参加。制定学校建设与发展规划，建立学校各项管理规章制度，对学校的重大问题进行决策。由校长分配给副校长和有关部门执行，并向校务委员会报告执行结果。由校长向学校主管部门提交年度工作计划与重大问题的决定请示报告，以及年度工作总结等。由校长领导全校教职员工执行党和国家中专教育方针政策和上级的指示。

1957年2月，毛泽东在《关于正确处理人民内部矛盾的问题》讲话中，提出党的教育方针："我们的教育方针，应该使受教育者在德育、智育、体育几个方面都得到发展，成为有社会主义觉悟的有文化的劳动者。"1958年9月，中共中央、国务院发出《关于教育工作的指示》，其中的核心内容是："党的教育工作方针，是教育为无产阶级政治服务，教育与生产劳动相结合；为了实现这个方针，教育工作必须由党来领导。"当时中等专业学校的党组织一般是党支部或党的总支委员会。在教职工和学生中，党的观念加强了，树立了党组织是学校工作领导核心的思想。

1961年9月，在高等院校和中等专业学校贯彻执行《高教六十条》。关于加强党的领导规定："高等学校实行党委领导下的以校长为首的校务委员会负责制。高等学校的党委会，是中国共产党在高等学校中的基层组织，是学校工作的领导核心，对学校工作实行统一领导。"中等专业学校的党组织，执行《高教六十条》关于加强党的领导的有关规定。领导学校在调整的基础上，巩固取得的成绩，充实学校的办学条件，制订中专四年制的教学计划，提高教学质量，使测绘中专学校和开办测绘中专教育的学校走上正确的发展轨道。

1976年10月，按党中央指示，撤销了学校"革委会"。经上级党委批准建立了学校党委会(或党总支委员会)，任命了党委书记和校长，建立了党政领导班子，实行党委领导下的校长负责制。按《关于党内政治生活的若干准则》建立领导班子民主集中制原则，进行党政分工，各就其位，各负其责，团结协作，建立起廉政、勤政的学校领导集体。在1977—1985年的"拨乱反正"、整顿提高时期，学校党委首先按党中央《关于落实党的知识分子政策的几点意见》，做好平反冤案、假案和错案，充分信任知识分子，发挥他们的积极性；组织教职员工特别是教师，学习党的十一届三中全会以来的党的方针政策、邓小平建设有中国特色社会主义理论。学校党委领导全校教职员工贯彻党的教育方针，以教学为中心，以全国重点中专条件为目标建设学校，把有理想、有道德、有文化、有纪律，具有测绘中等技术水平的社会主义建设者和接班人作为学校培养人才的目标。各学校党委都加强党的自身建设，要求党员在各项工作中起模范带头作用。各学校党委重视培养党的积极分子，把符合党员标准的老中青教师和职工吸收入党，特别是吸收一些老教师入党。党委重视学生的党建工作，吸收符合党员标准的优秀共青团员入党。在国民经济实行"调整、改革、整顿、提高"时期，各学校党委领导学校向建设全国重点中专学校方向努力。

在 1986－1995 年的“七五”、“八五”期间，各学校的党委领导全校教职员工在党的“十三大”提出的“以经济建设为中心，坚持四项基本原则，坚持改革开放”新时期党的基本路线指引下，贯彻《中共中央关于教育体制改革的决定》、《中国教育改革与发展纲要》精神，执行教育必须为社会主义建设服务的方针政策，主动适应当地建设和市场经济发展对测绘中级技术人才的需求。以“面向现代化、面向世界、面向未来”的思想为指导，开办新专业，制订测绘传统技术与现代技术相结合的专业教学计划，改善办学条件，提高教学质量。按国家教委发布的《关于开展普通中等专业学校教育评估工作的通知》、《关于评选国家级、省部级重点普通中等专业学校的通知》要求，带领各学校教职员工向建设国家级、省部级重点中等专业学校方向努力，在国家发展中等职业技术教育中，发挥了中等专业学校的骨干作用。成为新中国成立以来，测绘中专教育开设专业数量最多、制订专业教学计划现代性最强、编写出版测绘专业新教材最多、专业教师科研成果较为丰富、学生测绘生产实习完成任务最多、测绘各专业毕业生质量较高的测绘中专教育发展的最好时期。

“九五”期间，国家实施教育体制改革，原来属于中央部局的中等专业学校划归学校所在地区省区市教育主管部门领导。学校党委全面贯彻党的教育方针，坚持教育为社会主义、为人民服务，坚持教育与社会实践相结合，全面推进素质教育。以培养学生的创新精神和实践能力为重点，努力造就有理想、有道德、有文化、有纪律的德育、智育、体育、美育全面发展的社会主义建设者和接班人。各学校党委领导全校教职员工改善办学条件，建设高水平的教师队伍，提高教学质量，建设好测绘传统专业和新专业，在中等职业教育中发挥中专学校的骨干作用，郑州测绘学校、甘肃煤炭工业学校和原开办测绘中专教育的重点中专学校都建成为国家级或省部级重点中专学校。这些学校都具备由测绘中专教育升格为高等职业技术教育的条件。有些学校在地方教育主管部门的计划安排下，已进行测绘高等职业技术教育或改建为高等职业技术学院进行测绘高等职业技术教育，进入了测绘高等教育的行列。

新中国测绘中专教育 50 年的发展历程说明，开办测绘中专教育学校的主管部门，重视加强中专学校党组织建设，形成一个勤政廉政与党中央保持一致的学校领导班子。领导学校教职员工执行党和国家中等专业教育方针政策，全面贯彻党的教育方针，根据国家建设与社会发展的需要，发展测绘中专教育，在学校起到领导核心作用。学校党委的领导，是新中国测绘中专教育培养出大批符合时代要求较高水平的测绘中专毕业生，以及向高等专科与高等职业教育发展的基本保证。

3. 发挥老教师的骨干作用

新中国成立初期与“一五”期间，开办测绘中专教育的学校，具有大学本科和专科学历的测绘专业教师较少。南京地质学校测绘科、哈尔滨测量学校、黄河水利学校测量专业、西安地质学校测绘专业等部门的老教师，多数是民国时期中央陆地测量学校、同济大学测量系和其他大学毕业，以及新中国成立初期各大学毕业的教师。南京地质学校测绘专业有老教师 30 余人，哈尔滨测量学校有老教师 20 余人，各学校这些老教师是新中国测绘中专教育教学工作的骨干力量。这些老教师热爱新中国，拥护中国共产党的领导，诚心诚意地从事测绘中专教育事业。在学校的领导下，他们是制订第一代测绘中专专业教学计划的主要参与者，是第一批测绘中专专业教材(讲义)的主要撰写者，是各学校测绘专业科、测绘学科教研组(室)负责人的主要承担者，为 1953 年前后培养出新中国第一批为经济建设服务的测绘专业中专毕业生作出了贡献。

在当时测绘专业教师短缺的形势下，各高校毕业的专科生和各学校留校任教的优秀测绘专业中专毕业生，成为青年教师的主要来源。老教师在承担教学任务的同时，负责在教学实践中指导青年教师过教学关，指导青年教师在实践教学中过组织和指导测量生产实习关，指导青年教师专业技术学习提高专业学识水平，再加上学校有计划地送青年教师到大学进修培养，使这些青年教师很快成为适应测绘中专教学需要的合格教师。

1957年和1958年以后的政治运动和“大跃进”期间，一些老教师受到这样或那样的冲击，但他们相信党的知识分子政策不会改变。1962年前后编写出版的新中国第一批测绘中专专业系列教材，就是各学校以老教师为主与中青年教师相结合的成果，标志着新中国测绘中专教育进入使用自主编写的教材阶段。1961年9月以后，中等专业学校执行《高教六十条》，其中规定必须正确执行党的知识分子政策，调动一切积极因素，为社会主义的教育服务。1962年3月，在广州科学与文化座谈会上，周恩来的《论知识分子问题的报告》中，肯定我国知识分子的绝大多数已经属于劳动人民的知识分子，而不是资产阶级知识分子。使广大教师特别是老教师受到极大鼓舞。老教师在以教学为主，办好四年制测绘中专教育，提高教学质量等方面发挥积极作用。

1966—1976年的“文化大革命”中，教师特别是老教师，按“资产阶级知识分子”受到各式各样的冲击。1977年8月，邓小平在中央召开的科学与教育座谈会上为知识分子正名。他指出，我国的知识分子绝大多数是自觉自愿地为社会主义服务的。胡耀邦在1978年10月，代表党中央宣布：鉴于我国广大知识分子已经成为工人阶级的一部分，所以以往所执行的对知识分子的“团结、教育、改造”方针将不再适用。知识分子已真正成为从事脑力劳动的工人阶级的一员，是党的依靠力量。党中央的知识分子政策，焕发起广大教师特别是老教师在新时期搞好测绘中专教学工作的积极性。1977—1981年在培养不具备大学本科毕业学历的测绘专业青年教师工作中，老教师在中年教师协助下，再次发挥积极作用。这一时期，各学校党委加强了在知识分子中的党建工作，把多年要求入党、符合共产党员标准的老教师、中年教师吸收到党内，在广大教师中产生积极影响。各学校鼓励不具备本科学历的青年教师通过成人教育获得本科学历。包括1982年以来任教的大学本科毕业的专业青年教师在内，在他们成长为“双师型”教师的过程中，都得到过老教师的指导和帮助。

20世纪80年代末，新中国测绘中专教育第一代老教师先后离退休，离开了教学岗位。但在学校党组织领导下，新一代的老中青教师共同努力，几十年形成的加强学生思想政治工作、认真搞好专业理论教学、重视实践教学、对学生全面负责、教书育人的优良教风，仍在测绘中专教育中发扬光大。

4. 正确处理理论教学与实践教学关系提高教学质量

测绘中专教育50年的经验表明，处理好理论教学与实践教学的关系，采取有效的实践教学措施，才能提高教学质量，培养出受用人单位欢迎的测绘中专毕业生。处理好理论教学与实践教学的关系，重视实践教学在培养合格的较高水平测绘中专毕业生中的作用，是测绘中专教育的特点。

1）中专三年制地形测量与工程测量专业教学计划理论教学与实践教学的比例关系

1955年中专三年制地形测量专业教学计划，根据当时的测量科技水平和岗位技术的需要，设置公共课、基础课和专业课16门，总学时3 456，讲课2 557，课堂实习879，周学时为36，集中实习27周。理论教学与实践教学的比例1∶0.84。

1998 年中专三年制工程测量专业教学计划，根据测绘科技现代水平和岗位技术的需要，设置公共课、专业基础课、专业课和选修课 22 门，总学时 2 310，讲课 1 862，课堂实习 448，周学时 28，集中实习 28 周。理论教学与实践教学的比例 1∶0.87。

可以认为，中专三年制工程测量专业(地形测量专业与其相当)教学计划，理论教学与实践教学的比例采取 1∶0.85 是较为适当的，可以保证培养的毕业生综合素质较高。这个比例，可供三年制中等职业技术教育测量工程技术专业制订教学计划时参考。

2)高中生源二年制中专工程测量专业教学计划理论教学与实践教学的比例关系

1978－1985 年期间，中央部局所属的中等专业学校测绘专业招收高中毕业生源二年制中专工程测量专业的新生。中专二年制工程测量专业教学计划设公共课、基础课和专业课 13 门，总学时 1850，讲课 1367，课堂实习 483，周学时 30，集中实习 15 周。理论教学与实践教学的比例 1∶0.88。可见，高中生源中专二年制工程测量专业，在认真搞好理论教学的同时，仍特别重视实践教学，培养出理论水平较高、专业操作能力较强的中专毕业生。

3)地形测量与工程测量专业中专四年制教学计划理论教学与实践教学的比例关系

1963 年中专四年制地形测量专业教学计划设公共课、基础课和专业课 15 门，总学时 3 505，讲课 2 669，课堂实习 836，周学时 32，集中实习 34 周，理论教学与实践教学的比例为 1∶0.82。这个教学计划以较高的学时总数和实践教学的周数，培养了当时较高水平的中专毕业生。

1996 年中专四年制工程测量专业教学计划，以传统测绘技术与现代测绘技术相结合，设公共课、基础课、专业课和选修课共 25 门，总学时 3 185，讲课 2 747，课堂实习 438，周学时 27，集中实习 23 周。理论教学与实践教学的比例为 1∶0.494；另两个与此同类相同时期的工程测量专业教学计划的理论教学与实践教学的比例分别为 1∶0.591、1∶0.583。3 个比例数的平均值为 1∶0.556。这个比例数可以代表设有较多现代测绘与信息技术课程、在周课时 27～28、每周 5 天实习时间条件下，理论教学与实践教学的比例关系，可以培养出专业理论基础与操作技术能力较强的测绘专业中专毕业生。

5. 测绘中专教育专业建设的关键是抓好“三材”建设

测绘中专教育多年的经验说明，提高教学质量的重要措施是加强专业建设，加强专业建设的关键是抓好人才、教材和器材的“三材”建设。

1)抓好人才建设

抓好人才建设，就是要建设具有时代特征、适应测绘中专教育需要的“双师型”教师队伍。这些教师要具备和应做到：了解和掌握中专教育的方针政策和有关规定，在教学实践中贯彻党和国家的教育方针，把坚定正确的政治方向放在首位，推进素质教育，善于做学生思想政治工作，为人师表，教书育人，对学生全面负责；掌握测绘专业学科的理论知识与技术，能承担两门及两门以上学科的教学任务，有较丰富的理论教学经验，有组织和指导测绘生产实习的能力和专业技术，能较好地完成理论与实践教学的任务；具有编写实习指导书、学科专业教材的能力，具有一定的新技术开发、专业技术科研的能力并取得较好成果；了解和掌握教育学的基本原理和实用的教学方法，进行中专教学法研究并取得较好的教学改革研究成果；成为适应测绘中专“教学、科研、生产相结合”教学模式的高级讲师或讲师职称的“双师型”教师。

2)抓好教材建设

根据适应测绘科学技术发展水平与专业岗位技术要求的专业教学计划及课程教学大纲，

编写出各学科的专业教材，是测绘中专教育专业建设的重要任务，是提高和保证教学质量的关键因素。50 年的测绘中专教育，于 1960－1963 年、1990 年前后和 1996－2000 年三次编写测绘中专教材高潮所出版的测绘中专教育系列教材，保证了各时期测绘中专各专业教学的需要，反映了那个时期测绘中专教育的水平和教学质量，也在一定程度上标志着测绘各专业中专毕业生的综合质量。各开办测绘中专教育的学校，特别是国家级、省部级重点学校，都把编写出版专业教材作为专业建设的重点任务抓好。

3)抓好器材建设

开办测绘中专教育的学校，必须装备与专业教学计划、课程设置及实践教学大纲相配套的测绘仪器和设备，保证理论教学、实践教学训练学生专业技术操作能力的需要。南京地质学校测绘科、郑州测绘学校、黄河水利学校工程测量专业、武汉电力学校工程测量专业等，在各个时期都装备了与专业教学计划相适应的测绘仪器和设备，建立起与仪器设备对应的实验室、讲练室，保证了各个时期测绘各专业理论与实践教学的需要。特别是“八五”、“九五”期间，先后装备了新一代的常规测绘仪器、现代测绘与信息工程仪器和设备，不仅使传统学科教学内容现代化，而且根据测绘人才市场的需要，开设了新的测绘与信息工程专业，扩大了测绘中专教育的社会服务面，使测绘中专教育在专业设置、教学内容和培养学生专业技术操作能力方面，达到了测绘生产单位专业岗位技术要求。

6. 加强学生思想教育培养“三干”人才

开办测绘中专教育的学校，50 年来培养的毕业生受到用人单位的欢迎。主要原因是：各学校不论在任何时期，都把思想政治工作放在首位，以较高水平的理论教学为基础，在工程实践中培养学生专业动手能力，保证了测绘中专毕业生的质量，达到培养目标的要求。体现在毕业生的表现上就是具有肯干、会干和能干的“三干”能力。

在计划经济时期，学生思想政治工作在学校党组织领导下由主管校长负责，以学生科与班主任（辅导员）为主体负责学生管理和思想政治工作，发挥共青团组织在学生思想政治工作中的积极作用。宣传国家的社会主义建设成就，激发学生爱国热情，进行革命传统和革命理想教育。以爱国主义、集体主义、社会主义教育为主，把个人的理想和前途与祖国的前途和命运联系在一起。鼓励学生努力学习、遵守纪律，学好测绘本领为国家社会主义建设服务。毕业时响应党和国家的号召，服从国家分配，到祖国最需要的地方去，树立“祖国的需要就是我的自愿”观念，把青春献给祖国是每个青年学生的理想和信念。各学校测绘中专毕业生，绝大多数都愉快的服从组织分配，到工作岗位报到参加社会主义建设。许多毕业生主动要求到西藏、新疆、青海、内蒙古等边远地区工作，表现出很高的政治觉悟，受到用人单位的欢迎和好评。

改革开放以来，各学校党委重视学生思想政治教育工作，由主管学生工作的副书记（副校长）领导马列主义和德育教研室以及学生科（处）工作。许多学校成立了党委领导下的学生工作委员会，由副书记主持统管学生政治与德育教育及学生思想政治工作。对学生进行“以经济建设为中心，坚持四项基本原则，坚持改革开放”新时期党的“一个中心，两个基本点”的基本路线教育；以邓小平建设有中国特色社会主义理论为核心内容的政治理论教育，加强青年学生的德育、法制和时事政策教育。把坚定正确政治方向的素质教育，贯穿到学校教育的全过程，加强爱国主义、集体主义、社会主义的核心价值观教育，树立正确的世界观、人生观和价值观，培养学生创新意识和创业精神，努力造就有理想、有道德、有文化、有纪律、德智体美全面发展的社会主义建设者和接班人。在新的毕业生就业形势下，各学校成立了毕业生就业指导机构，进行学生自我评价意识、树立正确的就业观和选择就业方向的教育。由于国家进行大规模的经济建设，测绘专业中专毕业生就业环境好，就业率高，增强了学生学好测绘专业技术为国家建设服务的信心。测绘各专业中专毕业生在岗位技术能力、思想作风和工作态度等方面受到用人单位的广泛好评。

总结测绘中专教育培养合格的较高水平毕业生的经验是：有效的思想政治工作，较高水平的理论教学，重视在工程实践中锻炼学生的专业技术动手能力和优良的思想作风，培养出具有肯干、会干、能干的"三干"人才。

(1)肯干。就是有正确的政治方向，热爱测绘与信息工程事业，有为祖国社会主义现代化建设贡献力量的责任感，有积极进取的工作态度，有承担困难工作任务的勇气和完成任务的决心，有团结同志共同完成任务的优良品质和良好的测绘职业道德。

(2)会干。就是有专业岗位技术要求的能力，有一定的理论联系实际解决具体技术问题的能力，有制定工作计划、组织实施和管理，以及进行技术总结的能力，在技术岗位"上手"快、有一定的"后劲"，有自学和接受继续教育的能力，不断提高技术水平和独立工作能力。

(3)能干。就是有知难而上、不怕困难完成任务的精神，敢于承担重任，有一定的创新意识和开发新技术的闯劲，随着岗位工作的变化有较强的适应能力。

4.1.3　关于几个问题的思考

在总结测绘中专教育50年取得成绩和经验时，需要思考以下几个问题。

1. 学习苏联中专教学经验存在教条主义倾向

新中国成立初期与"一五"期间，学习苏联中专教学经验，在建立新中国测绘中专教学体系方面有较大的帮助。在学科委员会(学科教研组)建设、严格执行教学计划、理论教学的课堂教学环节，在重视实践教学的课堂实习、教学实习和生产实习等方面，学习了好的教学经验和方法，提高了教学质量。但是，在教学管理的14种统计表报、考核学生学习成绩的5级分制方法、苏联教育专家提出的要求等方面，不改动的照搬执行。把苏联中专教学经验绝对化的提法和做法是不科学的，脱离中国国情，没有起到积极作用。不允许有不同意见和看法，对提出意见的人在当时和以后的政治运动中受到批判，这种做法影响了教师特别是老教师进行教学改革、提出合理化建议的积极性。

2. "大跃进"推动教育大发展不符合教育发展的基本规律

1958年，在"大跃进"的推动下，形成全民大办教育的形势，造成教育大发展。下放教育的管理权，各级政府批准新办的中等专业学校遍地开花，无序发展。到1958年年底，中等专业学校由1957年的728所、在校生48.2万人，增加到2 085所、在校生达108万人。到1960年全国中专学校已发展到4 261所、在校生137.7万人、在校教职工21.54万人，这是国家财政经济无法支撑的规模。1961年1月，党和国家对国民经济实行"调整、巩固、充实、提高"八字方针，高等学校和中等专业学校执行《高教六十条》。对中等专业学校采取放慢步子、缩短战线、压缩规模、合理布局、提高质量、精减人员的原则。采取了1962年不招生、毕业生不分配工作留校补课，有些学校下放在校学生参加农业和工业劳动待机返回学校学习，以及下放教职工和撤销大部分中等专业学校等措施，达到缩小中专学校规模、减少在校生和教职工人员的目标。到1963年经调整后，全国有中等专业学校865所，在校生32.1万人，在教职工10.66万人。

"大跃进"推动教育大发展，不符合教育发展的基本规律，给教育战线特别是中等专业学校的建设与发展造成很大的损失。虽然在调整中中央部局所属的开办测绘中专教育的学校绝大多数被保留下来,但仍有如重庆地质学校测量专业和其他学校的测量专业被撤销。由于1963年以后的几年减少中专学校的招生额度,南京地质学校测绘科、哈尔滨冶金测量学校、西安地质学校测绘专业和武汉电力学校测量专业等4个单位,1963—1966年按正常招生规模计算,少为国家培养1 700余名测绘中专毕业生。

3. 频繁的政治运动对中等专业教育造成严重影响

从1956年9月党的第八次全国代表大会,到1976年10月"文化大革命"结束。在这我国社会主义建设宝贵的20年中,政治运动频繁,党的第八次全国代表大会的正确路线未能得到贯彻。在频繁的政治运动中,首先受到冲击的是广大教师特别是老教师,伤害了他们对党的感情。"文化大革命"中学校党政负责人,以及所谓的反动学术"权威"受到冲击和迫害;认为新中国成立以后的17年,在教育战线上资产阶级专了无产阶级的政,原有教师队伍的大多数世界观基本上是资产阶级的;把正确贯彻党的教育方针的《高教六十条》,硬说是教授治校、智育第一、业务挂帅。党的知识分子政策遭到严重破坏。学校长期停课"闹革命",学生中自由主义、无政府主义思想泛滥,影响一代青年学生健康成长。一些开办测绘中专教育的学校被撤销,一些中专学校的校舍被占作别用,有些学校的测绘仪器和教学设备遭到破坏,给中等专业教育造成极大的损失。"文化大革命"停课的6年中,按正常招生规模,开办测绘中专教育的学校,少培养6 000余名国家建设急需的测绘中级技术人才。频繁的政治运动,对中等专业教育、测绘中专教育及整个教育事业的建设与发展造成极其严重的影响。

§4.2 新中国测绘高等专科教育的主要成绩、经验和思考

新中国测绘高等专科教育是由测绘高等院校、普通高等院校测绘专科、高等专科学校测绘专科等教育资源构成的。从新中国成立初期到2000年,历经50年的曲折发展与建设历程,为国家经济建设、国防建设和测绘与信息科技发展,培养了25 000余名高级应用性测绘科技人才,取得很大成绩和办学经验,也有需要总结和思考的问题。

4.2.1 测绘高等专科教育的发展历程和取得的成绩

1. 解放军测绘学院50年始终坚持测绘专科与中等科教育取得显著成绩①

从1949年至2000年的50余年中,学院党委全面贯彻党的教育方针,执行中央军委和总参谋部有关高等军事院校的办学方针政策和规定,为"三大任务"服务②,以本科教育为基础,以研究生教育为龙头,带动专科、中等科、函授教育,以及士官和培训教育,把学院办成多学科、多层次,教学与科研两个中心,全军一流的军事测绘院校。50年来,在各时期培养各专业专科毕业学员6 547人、中等科毕业学员11 447人,两者合计17 994人,是我国培养专科和中专毕业生最多的院校。为国家和人民军队培养大量的高级应用性技术人才和中级技术人才,积累了测绘专科和中专教育的丰富经验。

---

① 解放军测绘学院的测绘专科与中等科教育是关联在一起的,因此一并介绍。

② "三大任务"即常规测绘保障、武器测绘保障、战时测绘保障。

2. 普通测绘高等专科教育的发展及取得的成绩

1)新中国成立初期与“一五”期间的测绘专科教育及取得的成绩

从 1950 年开始,同济大学测量系,以及清华大学、南京工学院、华南工学院、青岛工学院、天津大学、浙江大学、山东农学院、重庆建设工程学院等 9 所院校开办二年制的测量专修科教育。到 1956 年这 9 所院校共培养专科毕业生(后按本科毕业待遇)1 424 人,分配到高等院校和中等专业学校任教,或到有关科研院所和生产及管理部门工作。这些专科毕业生与同济大学测量系本科毕业生一起,是新中国培养的第一代获得测绘科学高等教育的科技人才,受到接收毕业生单位的热烈欢迎。经过全国高等院校院系调整,1956 年 9 月,武汉测量制图学院成立后,基本上取消了测绘高等专科教育。

2)1958—1966 年测绘专科教育

1958 年武汉测绘学院在工程测量系开设二年制的工程测量专科教育,招收 121 名新生,1960 年毕业。1959—1964 年,哈尔滨冶金测量专科学校,先后培养二年制测量专业师资班和三年制工程测量专业专科毕业生共 142 人。贯彻执行《高教六十条》,武汉测绘学院未再办测绘专科教育;哈尔滨冶金测量专科学校停办专科教育,更名为哈尔滨冶金测量学校。1958 年成立的阜新煤矿学院培养专科生 60 人,焦作矿业学院办过大地测量专业二年制专科教育。这个时期是测绘专科教育的低谷期。

3)1977—2000 年测绘专科教育的发展与取得的成绩

1977—1985 年,面临大规模的经济建设,急需受到高等教育的专门技术人才,党中央、国务院有关部门开始重视高等专科教育。1980 年 5 月,中共中央书记处对高等教育的指示中提出,改革高等教育结构,“发展高等教育也必须坚持两条腿走路方针,多种形式办学。”教育部于 1984 年发布了《关于高等工程专科教育层次、规格和学习年限调整改革问题的几点意见》、1985 年发布了《中共中央关于教育体制改革的决定》,促进了测绘高等专科教育的发展。

(1)武汉测绘科技大学测绘专科教育取得显著成绩。从 1984 年开始,招收测绘及相关专业的专科学生,最多时设工程测量、航测外业、土地管理与地籍测量、地图制图、印刷技术和计算机应用与维护等 6 个专业。招生最多的 1993 年达 311 人,到 1999 年共招测绘类专科生 2 506 人。加上 1960 年毕业的专科生,学校共培养测绘普通高等专科毕业生 2 627 人。2000 年停止专科招生。从 1966 年到 2000 年,学校成人教育学院培养测绘各专业函授专科毕业生 4 620 人。武汉测绘科技大学共培养测绘专科毕业生 7 247 人,成为我国培养专科毕业生最多的院校。

(2)高等院校测绘专科教育取得的成绩。从 1978 年至 1995 年,先后有海军大连舰艇学院、长安大学、河海大学、北京建筑工程学院、河北理工大学、石油大学(华北)、山东建材工程学院博山分院等高校的测绘工程系,开办了海道测量、海图制图、工程测量和矿山测量专业的专科教育。包括 1966 年以前高校培养的专科毕业生,各院校共培养出测绘普通高等专科毕业生 3 290 人,函授专科毕业生 620 人,合计为 3 910 人。

(3)高等专科学校测绘专科教育的发展与取得的成绩。1985 年前后,开办测绘中专教育的部分全国重点中等专业学校升格为高等专科学校。其中哈尔滨测量高等专科学校(后改为哈尔滨工程高等专科学校)、本溪冶金高等专科学校、长沙工业高等专科学校、昆明冶金高等专科学校、长春工业高等专科学校,由测绘中专教育转为测绘高等专科教育。南京交通高等专科学校、连云港化工高等专科学校和长春建筑高等专科学校等,先后增设了工程测量专业进行测绘专科教育。经过 15 年的建设和发展，哈尔滨工程高等专科学校设测量工程、摄影测量(及测绘自动化专业方向)、地图制图(及印刷工程专业方向)、土地管理与地籍测量、地理信息工程等专业，共培养各专业专科毕业生 2 667 人(包括 359 名函授生)。连云港化工高等专科学校设工程测量、地理信息数据采集与处理两个专业，其他 5 所专科学校设工程测量(或测量工程)专业，共培养测绘专科毕业生 4 409 人。15 年的高等专科教育的建设与发展，基本上形成了高等专科学校测绘专科教育的教学体系。

(4)测绘职工高等专科教育。1982—1997 年，哈尔滨测绘职工中专学校开办了工程测量专科和计算机应用函授专科教育，分别培养了毕业生 196 人和 72 人。山西省测绘局主办的华北测绘职工大学，培养了航空摄影测量、地图制图、工程测量、测绘经济管理等专业的专科毕业生 367 人。两校共培养测绘专科毕业生 635 人。

3. 50 年测绘专科教育为国家培养大批高级应用性测绘科技人才

50 余年来，各种教育资源在各个时期培养的测绘专科毕业生列入表 4.4[①]，共培养 25 415 名专科毕业生。其中，高等院校培养专科生 17 704 人(包括函授毕业生 6 833 人)，占全部毕业生的 69.7%；高等专科学校培养的毕业生 7 076 人，占 27.8%；测绘职工专科教育培养 635 人，占 2.5%。高等院校是培养测绘专科人才的主要教学力量，而高等专科学校测绘专科教育培养的毕业生占全部毕业生人数的近 1/3，已形成了一定规模的教学力量。这些毕业生在长期的测绘教育、科研和生产与管理的实践中成长起来，经过继续教育提高了学历和学位水平，成长为教授、专家、各单位的党政领导干部和技术骨干，对我国的测绘教育、科研和生产管理作出了很大的贡献。

表 4.4 测绘高等专科教育毕业生统计

时期 \ 人数 \ 分类 \ 院校	武汉测绘科技大学		解放军测绘学院		高等院校测绘专科		哈尔滨工程高专		专科学校测绘专科		职工教育测绘专科		分类合计		合计	说明
	毕业	函授	毕业	函授	毕业	函授	毕业	函授	毕业	函授	毕业	函授	毕业	函授		
1949—1952			211		37								248		248	
1953—1957			321		1 387								1 708		1 708	
1958—1966	121		750		60		142						1 073		1 073	统计到1969 年
1971—1976			144		165								309		309	
1977—1985	355		785		345	530							1 485	530	2 015	
1986—1995	1 855	2 702	1 475	928	1 296	90	1 113		2 022		412		8 173	3 720	11 893	
1996—2000	296	1 918	1 268	665			1 053	359	2 387		151	72	5 155	3 014	8 169	
合计	2 627	4 620	4 954	1 593	3 290	620	2 308	359	4 409		563	72	18 151	7 264	25 415	
总计	7 247		6 547		3 910		2 667		4 409		635		25 415			

4. 形成了高等专科学校测绘专科教育的教学体系

1985 年前后成立的开办测绘专科教育的高等专科学校，多数是由原开办测绘中专教育的中等专业学校改建而成的。经过 15 年的专科建设与发展，到 2000 年在测绘专科教育的专业建设、专业教学计划制订、编写出版测绘专科教材、实践教学、开展教学与测绘科技科研、专科生思想政治工作、建设高水平师资队伍和"教学、科研、生产相结合"的教学模式等方面，已经形成测绘专科教育的教学体系，具有高等专科学校测绘专科教育的特色。

1)制订典型的测绘专科教育专业教学计划

"七五"期间，测绘专科教育制订的工程测量、航空摄影测量和地图制图等专业的教学计

① 根据本书收集到的材料统计而成，可能不全，仅供参考。

划，基本上是以传统测绘技术为主，增加一些现代观测数据处理、测距仪、电子经纬仪和计算机技术等新内容，反映了那个时期的测绘技术水平。“八五”期间，随着测绘科学技术的发展，新型测绘仪器装备的出现，数字化测绘技术和“3S”技术的推广，新制订的工程测量等专业教学计划，体现了传统测绘技术和现代测绘技术相结合，反映了那个时期测绘技术的水平和对测绘专科技术人员岗位技术的要求。“九五”期间，随着测绘人才市场对专科技术人才岗位要求的需要，有的专科学校开设了地理信息工程、土地资源管理等专业，制订了地理信息工程专业、土地资源管理专业教学计划。这些专业的设置体现了教育为社会主义建设服务的方针。

2)进行测绘专科教学改革试点专业建设

国家教委为了提高高等专科教育的教学质量，加强高等专科学校建设，择优办学条件好的高等专科学校重点专业进行专业教学改革试点专业建设，树立专科示范专业，推动高等专科教育的建设与发展。学校领导班子较强、办学基础条件较好、教师综合教学经验丰富、专业教学质量较高的专业，由学校申请，经国家教委专家组考核评估通过，国家教委批准，才能被确定专业教学改革试点专业。选定的专业都是各专科学校的骨干专业，通过试点专业建设，经国家教委专家评估验收，成为同类专业的全国专科示范专业。

1994年6月，哈尔滨工程高等专科学校工程测量专业，被国家教委批准为专科教育专业教学改革试点专业。经过5年的努力，到1999年11月，教育部专家组对工程测量专业教学改革试点专业建设进行评估验收。经全面考核评估认为，达到了试点专业建设方案的预期目标，予以验收。教育部发文，授予哈尔滨工程高等专科学校工程测量专业(后改为测量工程专业)为“高等工程专科教育示范专业”称号。到2000年，这是高等专科学校测绘专科教育被教育部批准唯一的测绘专科教育示范专业。

1993年，长沙工业高等专科学校工程测量专业被国家教委批准为专业教学改革试点专业。制订了工程测量专业(测量及城镇规划方向)教学计划，按制定的程序进行试点专业建设。由于1998年学校并入中南工业大学，未进行教育部的考核、评估和验收，未获得正式的成果。

1998年，连云港化工高等专科学校的地理信息数据采集与处理专业，被教育部批准为专科专业教学改革试点专业，并为江苏省教育厅定为高等专科教育特色专业。按程序制定试点专业建设实施方案，制订了地理信息数据采集与处理专业教学计划，进行试点专业建设教学活动。学校于2002年8月与淮海工学院合并，成立新的淮海工学院，在原测绘专业基础上建立空间信息科学系，设测绘工程、地理信息系统、海洋技术3个本科专业，以及地理信息数据采集与处理专科专业。在合并学校的过程中，未经过教育部专家组的检查验收，试点专业建设未获得正式成果。

1998年，昆明冶金高等专科学校由高等专科教育向高等职业教育转变。1998年6月，经教育部批准，学校的测量工程专业为产学结合教学改革试点专业。学校制定了专业教学改革试点专业建设方案，明确了试点专业建设的目标和指导思想，编制了测量工程专业课程设置与实践教学的框架，定出了保证试点专业建设的措施，组织试点专业建设教学活动。将经过5年的努力争取测量工程专业达到高等职业教育示范专业标准。

以上4所高等专科学校测绘专业教学改革试点专业建设的教学计划，都具有各专业的针对性、先进性和实用性，代表着高等专科学校测绘专科教育的水平和质量，对正在发展中的测绘高等职业教育有一定的参考价值。

3)编写出版一批测绘专科教育的系列教材

1985年以后,高等专科学校测绘专科教育开办后,逐渐编写出适应测绘专科教育特点的专业教材。通过全国测绘教材编审委员会或全国高等学校测绘类教学指导委员会的评审与推荐,以及中央各部局教育主管部门的审批,出版了《地形测量》、《测量学》、《地形测量习题集》、《大比例尺地形图绘制》、《测量平差》、《误差理论与测量平差》、《控制测量》、《矿山控制测量》、《测量控制网优化设计》、《工程测量》、《摄影测量》、《地籍测量与土地管理》、《测量程序设计》、《数字测量技术》、《计算机图形学》、《GPS测量》、《土木工程测量》、《公路工程测量》、《公路勘测设计》、《测绘专业外语》等教材。一些新设的地理信息工程、地理信息数据采集与处理专业的教材,已经编写成校内讲义待出版发行。《测量控制网优化设计》、《工程测量》、《测绘专业外语》、《控制测量》等,被全国测绘教材编审委员会或全国高等学校测绘类教学指导委员会评为全国优秀测绘教材二、三等奖。

4)建立产学协作关系保证实践教学的需要

在市场经济条件下,各学校测绘专业主动与省市级测绘院、各省测绘局的测绘院、测绘生产部门和政府的勘察设计、规划管理部门,建立"产学结合"或"产、学、研结合"的协作关系;学校测绘专业教师与企事业单位合作进行新技术开发服务,企事业单位为学校学生生产实习提供测绘生产任务。例如,连云港化工高等专科学校测绘专业,在教师指导下学生于1990—2000年,完成各种测量生产任务33项;哈尔滨测量高等专科学校于1985—2000年,完成测量生产任务55项(创收476万元);昆明冶金高等专科学校测量工程专业于1996—2000年,完成各种测量生产任务9项。其他学校测绘专业也都组织完成测绘任务的生产实习。通过测量生产实习的工程实践,提高了测绘专科毕业生的综合质量,锻炼了一大批中青年教师成为组织领导测量专业生产实习的能手,成长为"双师型"专业教师。

"七五"至"九五"这15年来,各学校想方设法为测绘专科教学加大现代测绘仪器投资,装备了精密经纬仪与水准仪、全站仪、GPS接收机、数字化测图仪器设备、扫描数字化仪器、精密立体测图仪、数字摄影测量工作站和大量的计算机等现代测绘仪器设备。昆明冶金高等专科学校建立了现代测绘技术中心,装备了现代测绘仪器和设备,达到较高的水平。各学校根据专业教学的需要建立了工程测量实验室、控制测量与GPS定位实验室、数字化测图与扫描数字化实验室、摄影测量与遥感实验室、地理信息系统实验室,建立了全天候的测量观测室(或场地),建设了专用的教学实习基地。这既保证了课堂实习、教学实习和测量生产实习的需要,也为教师进行科研活动创造了条件。

5)教学、专业技术科研与合作科技开发服务取得显著成绩

各学校测绘专业重视开展测绘专科教育的教学方法、课程建设、专业建设、专科人才培养、学生政治思想工作、教师队伍建设等方面实验研究,总结出许多有价值的研究成果,获得了省部级优秀教学和政治工作成果一、二、三等奖。例如:"坚持完成测量生产任务实习培养应用性测绘技术人才"、"工程测量试点专业建设教学改革研究与实践"、"加强师德建设是培养跨世纪人才的关键"、"建立科学的德育评估体系"、"高职高专人才培养方案研究与实践"等论文获省部级教学、思想政治工作优秀成果一等奖;"产学结合在工程环境中培养应用性人才"、"测量平差课程建设"、"面向新世纪的高校学生党建工作思路",以及"测量学教学改革"、"高等工程专科学校工程测量专业教学体系改革的研究"等,获得省部级教学、思想政治工作优秀成果二等奖。

各学校的专业教师积极开展专业技术科研活动为各学校所在地区服务,承担专业科研任务。例如,哈尔滨测量高等专科学校承担冶金部有偿资助科研17项(资助经费30余万),参加中国测绘学会各专业委员会学术会议获奖论文9项,参加国际学术会议的论文8项,为黑龙江省科研立项5项。连云港化工高等专科学校测绘专业承担连云港市管理部门的科研课题6项。在这些科研成果论文中,“一套基于微机的电子显微数字影像三维摄影测量系统”,被1992年8月在美国华盛顿召开的国际摄影测量与遥感协会(ISPRS)第17次大会授予“最佳青年论文”奖。“基于共角条件的摄影测量严密平差研究”一文,被中国科学院院士、武汉测绘科技大学名誉校长王之卓教授选入“近期我国摄影测量科技研究进展”的摄影测量国家报告中作以介绍。“测量控制网计算机辅助优化设计系统的研制”成果,被部级鉴定认为:控制网质量的指标体系、修改方案处理方法、影响系数确定等具有创新性和独创性,属于国内首创、国际先进水平。1993年,俄罗斯远东科学院两位大地测量与地球动力学专家,参观了该系统的演示后说:我们看过世界各国许多控制网优化设计软件,这个软件是最好的,真正的国际水平。“中—葡合作缓倾斜矿体采矿方法研究”是科技部与云南省科技厅委托昆明冶金高等专科学校的科研项目,获云南省科技进步三等奖。

各学校测绘专业主动与本地区测绘院所、生产单位和规划设计管理部门开展合作科技服务活动,承担数量较多的技术开发研究项目,这对测绘教育与生产相结合、把测绘科研成果转化为测绘新技术生产力起到了推动作用,也为测绘教学增加新的内容。例如:以“产、学、研”相结合的形式,哈尔滨测量高等专科学校于1986—2000年,为东北及其他地区的测绘院所和生产部门合作承担26个科研项目,科研经费87万元;昆明冶金高等专科学校测量工程专业于1996—2000年,为云南省矿山及测绘生产部门承担了10余项科研任务。这些合作科研项目密切结合当时的测绘与信息工程新技术开发和解决生产实际问题,发挥了测绘专科学校教师的专长。例如:“地形图扫描矢量化系统MapScan”是与黑龙江测绘局合作开发的,在国家测绘局国家基础地理信息中心举办的全国扫描数字化软件测试中排名第一,选为全国1∶25万地理信息库数字化采集推荐的“扫描矢量化软件”,被包括14个省测绘局在内的30余个单位所采用,收到较好的社会效益和经济效益;“数字化地籍测绘软件研制”是与吉林省延边土地局合作开发的,由于使用效果良好,被延边地区和全国20余个测绘单位采用,转让软件数十套;“城市总体规划计算机辅助设计系统”是与黑龙江省城市规划院合作项目,通过了建设部专家鉴定,被全国20余个城市规划部门采用,获黑龙江省城乡建设科技进步二等奖;“云南马矿塘子凹松散花岗岩巷道掘进支护试验研究”解决矿山生产的关键问题,获云南省科技进步三等奖。

6)加强专科学生的思想政治工作

开办测绘专科教育的高等专科学校都建立在1985年前后改革开放的新时期。专科学校的学生思想政治工作在党委领导下,建立由党委书记、校长负责,主管学生工作的党委副书记和教务副校长齐抓共管的机制。成立学生工作委员会,设立学生工作处,选配班主任或辅导员,形成学生思想政治工作和管理工作体系。1985年以来,对学生进行的“以经济建设为中心,坚持四项基本原则,坚持改革开放”新时期党的“一个中心,两个基本点”的基本路线教育;以邓小平建设中国特色社会主义理论为核心,开设马克思主义哲学概论、毛泽东思想概论、邓小平理论概论,以及思想道德修养、法律基础和形势与政策等课程。在市场经济条件下,把思想政治教育和坚定正确的政治方向摆在学校工作的首位,全面推进素质教育。进行爱国主义、集体主义和社会主义核心价值观教育，树立正确的世界观、人生观和价值观，培养学生的创新意识和创业精神，造就有理想、有道德、有文化、有纪律的德智体美全面发展的社会主义建设者和接班人。学生思想政治工作着重以下几个主要方面。

(1)加强精神文明建设。以《关于社会主义精神文明建设指导方针的决议》为指导，树立和发扬社会主义道德风尚，进行民主、法制和纪律教育，抵制资本主义等腐朽思想的侵蚀，掌握社会主义大方向，促进学生精神面貌大变化，建设文明校园环境，许多学校被授予省市级文明学校。

(2)进行专科生成才之路的教育。测绘专业专科学生在高考被专科学校录取，有或多或少的自卑感。为解决学生中这类思想问题，迫切需要树立学习信心和成才之路的教育。邀请学术水平高在学生中有威信的教师，作测绘专科毕业生成才之路的讲座，介绍测绘专业在国家建设中的作用和地位，测绘与信息工程技术的现代化水平，以本校测绘中专和专科毕业生经实践锻炼、通过继续教育，获得本科学历、硕士与博士学位，成长为高级工程师和教授的示例，给学生以很大鼓舞。特别是邀请事业有成的本校中专与专科毕业生的典型报告，更加激励测绘专业专科学生学好专业的积极性和信心。帮助学生端正了学习态度，明确了学习目的，安心于测绘专业的学习，把学生培养成较高水平的专科毕业生。

(3)在专科生中加强党建工作。加强高校党建工作的重心，就是吸收优秀大学生加入党组织，把大学生培养成又红又专合格人才。在学生中建立要求入党的积极分子队伍，通过党委举办的业余党校，对党的积极分子进行党史、党建理论、执政党的地位和作用、党的纪律、共产党员的历史任务和模范带头作用的教育，把符合党员标准的积极分子吸收入党。专科学生90%为共青团员，要求入党的有60%～70%，做到班级有党员、专业和系设学生党支部。

(4)开展“学雷锋，创三好”活动。在专科生中开展“学雷锋，创三好”活动，培养全国、省市和学校级的“三好”学生；培养优秀团员、优秀学生干部，培养优秀班级，树立集体主义思想和积极进取精神；促进建立良好的学风和校风，培养出合格的较高水平的测绘专业专科毕业生。

(5)积极开展校园文化活动。校园体育、文艺、艺术、演讲、歌咏、戏剧、书法等文化活动，是培养社会科学、人文科学和美学的第二课堂活动。共青团组织、学生会是组织校园文化活动的主力军，是全面推进素质教育的主要力量。各学校都积极组织学生参加社会志愿者活动、“三下乡”活动及公益性社会活动，培养学生的社会活动能力和为社会服务精神。

(6)关心学生的健康成长。测绘专业的专科学生，相当部分是来自农村，家庭经济较为困难。学校、测绘专业和班级都关怀这部分学生存在的实际困难，通过各种办法帮助解决，使这部分学生安心学习，学好测绘专业技术，健康成长，将来为国家建设事业服务。

(7)积极进行毕业生的就业指导。20世纪90年代开始，实行入学交费、毕业生双向选择自主就业的改革。学生思想政治工作面对其中一个关键环节就是进行毕业生就业指导工作。测绘专业和专业教师承担着为毕业生收集测绘生产部门接受毕业生的信息任务，广开门路为毕业生创造就业选择的机会。进行正确自我评价、正确面对就业单位的选择指导，为毕业生创造就业机会。由于测绘专业社会需求量大，专科毕业生有劳动态度好、动手能力强等优势，各学校测绘专科毕业生就业率高，使测绘专业成为各学校受学生欢迎的专业。

7)建立高水平的测绘专科教育师资队伍

各学校测绘专业重视师资队伍建设。在老教师的帮助下，要求青年教师尽快通过测绘学科理论教学关，参加测量生产实习指导工作达到独立组织和指导生产实习的能力，担任班主任或辅导员做好学生思想政治工作，达到胜任测绘专科教育的工作水平。根据专业建设的需要，选派青年教师到大学进修测绘与信息工程新技术；组织老中青教师编写出版测绘专科教材，编写现代测绘与信息课程的新教材，中青年教师起着积极作用；组织老中青教师开展教学、专业技术和合作技术开发等科研活动，涌现出一批学有成就的中青年教师，成为学科和专业的学术骨干和带头人。创造条件和鼓励中青年教师攻读硕士学位。各学校已有 1/4～1/3 的教师获得硕士学位，有更多的青年教师是在读硕士生，每个学校都有硕士在职攻读博士学位的中青年教师，教师中的学位水平大为提高。经过 15 年测绘专科教育师资队伍建设，从部分专科学校测绘专业教师职称统计(表 4.5)中可以看到教师的职称与时俱进的变化情况。2000 年，哈尔滨工程高等专科学校、本溪冶金高等专科学校和昆明冶金高等专科学校，53 名专业教师中(不含实验教师)有正副高职教师 36 人，占教师总数的 67.9%，中级职称以上的教师占 79.2%。可以认为，高等专科学校测绘专科教育的专科教师已经是高水平的“双师型”师资队伍。这是一支以中青年教师为骨干的测绘专科教育师资队伍。

表 4.5　部分专科学校测绘专业教师职称统计

项目 / 人数与比例 / 时间	教师人数	正高职		副高职		中级		初级		副高以上占%	中级以上占%	说明
		人数	%	人数	%	人数	%	人数	%			
1985	83			7	8.4	32	38.6	44	53.0	8.4	47.0	5 所学校
1990	86	3	3.5	32	37.2	43	50.0	8	9.3	40.7	90.7	5 所学校
2000	53	7	13.2	29	54.7	6	11.3	11	20.8	67.9	79.2	3 所学校

8)建立测绘专科教育的“教学、科研、生产相结合”的教学模式

15 年来，各学校测绘专科教育始终把坚定正确的政治方向放在全部教学工作的首位，以积极有效的学生思想政治工作为基础；认真搞好基础理论和专业理论教学，使教学内容具有针对性、实用性和一定的先进性；重视课程设计、课堂实习、教学实习、测量生产实习和毕业设计等实践教学环节，培养学生的专业技术动手能力、理论联系实际解决具体技术问题的能力、一定的创新意识和自学能力，达到推进全面素质教育的目标。

各学校培养出一批高水平的测绘专业教师。主动适应测绘人才市场对专科毕业生专业技术的要求，在办好传统测绘专业基础上，开办现代测绘与信息工程新技术专业，编写出版一批适应现代测绘专科教育需要的教材，取得教学科研、专业技术科研和校企合作技术开发等项目的大量成果，涌现与培养一批学科和学术带头人。取得的科研成果解决了生产单位的新技术开发转化为测绘生产力的问题，这些科研成果和新技术应用软件又丰富了新技术教学内容，提高了教学内容的现代化水平。

高等专科学校测绘专科教育，在加强专业建设、师资队伍建设和开展科研的基础上，建立起“教学、科研、生产相结合”的教学模式，培养出大批合格的较高水平的测绘专业专科毕业生，受到用人单位的广泛好评。各学校的测绘专业都是该校的重点专业或骨干专业。

4.2.2　测绘高等专科教育的基本经验

1. 党和国家的正确方针政策是测绘高等专科教育发展的动力

新中国成立初期，国家进行国民经济恢复和执行发展国民经济的第一个五年计划，进行大规模的经济建设，急需加快培养大批受到高等教育的科技人才。1950 年政务院批准《专科学校暂行规程》和《关于实施高等学校课程改革的决定》等发展高等教育的方针政策和规定。1978 年 12 月，党的十一届三中全会后实施改革开放政策，国家急需大批高级工程技术人才投

身到社会主义现代化建设中去。党中央和国务院提出,“要在扩大高等教育规模的过程中,根据四化建设的需要,调整改革高等教育的内部结构,增加专科和短线专业的比重;要分层次规定不同的质量要求,同时抓紧重点学校和重点专业的建设。”1984 年,教育部发布了《关于高等工程专科教育层次、规格和学习年限调整改革问题的几点意见》。1985 年 5 月,公布了《中共中央关于教育体制改革的决定》,强调高等教育的结构,要根据经济建设、社会发展和科学进步的需要进行调整和改革。改变高等教育专科、本科比例不合理状况,着重加快高等专科教育的发展。这就从党和国家的方针政策上确立了加快发展高等专科教育的办学方向。测绘专科教育迎来了新中国成立以来发展建设的最好时期。

1990 年 11 月,国家教委召开了“全国普通高等专科教育座谈会”。这是新中国成立以来第一次由国家教育行政部门召开的,专门研究高等专科教育工作的全国性的会议。会后于 1991 年 1 月,国家教委公布了《关于加强普通高等专科教育工作的意见》。1991 年 3 月,国家教委又发布了《普通高等学校工程专科教育的培养目标和毕业生的基本要求(试行)》和《普通高等学校制订工程专科专业教学计划的原则规定(试行)》。这 3 个文件构成了高等专科教育建设和发展的指导性文件。这些文件中着重指出:普通高等专科教育是在普通高中教育基础上进行的专业教育,培养高等应用性专门人才;专科教育同本科教育、研究生教育一样,都是我国普通高等教育体系中不可缺少的重要组成部分。明确了高等专科教育和高等专科学校的办学方向和培养目标。

“八五”、“九五”期间,普通高等院校测绘专科教育,特别是高等专科学校的测绘专科教育,按上述 3 个文件精神,适应市场经济发展的需要,开办测绘传统专业和新技术专业,制订测绘传统技术与现代新技术相结合的专业教学计划,正确处理理论教学与实践教学的关系,建立了“教学、科研、生产相结合”的专科教学模式,培养出大批合格的较高水平的高级应用性测绘工程技术人才,毕业生的就业率高,受到用人单位欢迎。这 10 年,是测绘专科教育适应测绘人才市场要求,改善办学条件,建设高水平的师资队伍,全面提高测绘专科教育教学质量,测绘高等专科教育得到发展建设和取得显著成绩的时期。

2. 高等院校测绘专业是培养普通测绘高等专科人才的重要教学资源

新中国成立初期与“一五”期间,有 9 所高等院校开办了测绘专科教育;1958－1964 年,少数高等院校开办了测绘专科教育;1984－2000 年,有 8 所高等院校开办了测绘专科教育,特别是武汉测绘科技大学开办了 6 个专业的测绘专科教育,培养出大量的专科毕业生,成为高等院校测绘专科教育培养毕业生人数最多的高校。高等院校测绘专业设专科教育,有许多优越条件,教师资源丰富,教学仪器及实验室条件好,办学灵活,见效快,培养的毕业生知识面较宽。50 年来,武汉测绘科技大学培养普通测绘高等专科毕业生 2 627 人,其他高等院校培养普通测绘高等专科毕业生共 3 290 人,合计为 5 917 人[①]。普通测绘高等专科教育共培养专科毕业生 12 634 人,高等院校培养的毕业生占全部毕业生的 46.8%。高等院校测绘专业是培养普通测绘高等专科人才的重要教学资源。

3. 高等专科学校测绘专业是培养普通测绘高等专科人才的主要教学资源

1985 年前后建立的高等专科学校中,有哈尔滨工程高等专科学校、昆明冶金高等专科学

① 不含解放军测绘学院的专科毕业学员。

校、连云港化工高等专科学校等8所学校，设测绘专科教育。这些学校的测绘专业在学校党委领导下，按《关于加强普通高等专科教育工作的意见》等3个文件的要求，进行测绘高等专科教育，形成了具有各学校专科教育特色的"教学、科研、生产相结合"的教学模式，培养出大批合格的较高水平的测绘专业专科毕业生。哈尔滨工程高等专科学校培养出6个专业的普通测绘高等专科毕业生2 308人，昆明冶金高等专科学校等7所学校共培养出普通测绘高等专科毕业生4 409人，合计培养专科毕业生6 717人，占全部普通高等专科毕业生的53.2%。由此可见，高等专科学校测绘专业已经成为培养普通测绘高等专科人才的主要教学资源。

"九五"期间，贯彻《中国教育改革和发展纲要》精神，高等教育进行"共建、调整、合作、合并"的教育结构改革。中央部局所属的高等专科学校划归所在省区管理后，根据所在省区高教主管部门的统一规划，到2000年前后，这些高等专科学校的绝大多数通过并入本科院校或专科学校之间联合升格为本科院校，测绘专科教育变为本科教育(有的保留少量专科教育)。实际上，到2000年不仅高等院校停止了测绘专科教育，开办测绘专科教育的高等专科学校绝大多数已不存在，基本上停止了测绘专科教育。

唯有昆明冶金高等专科学校，于1999年被云南省列为首批高等职业教育试点学校，2001年被教育部确定为国家重点建设示范性高等职业院校。该校的测量工程专业，于1998年被教育部批准为产学结合教学改革试点专业，进行高职高专教育。2000年前后，进入培养测绘高等实用型人才的高等职业技术教育阶段。

4. 高等院校函授教育是培养测绘专科技术人才的重要补充

武汉测绘科技大学从1957年开始，设工程测量、大地测量、航空摄影测量、地图制图等4个专业，六年制的函授本科教育。"文化大革命"中断了函授教育，1983年恢复函授教育，1984年将函授教育重点转向三年制的专科教育。先后设工程测量、摄影测量与遥感、大地测量、地图制图、地图制印、土地管理与地籍测量等6个专业，到2000年共培养函授测绘类专业专科毕业生4 620余人。

解放军测绘学院于1985年开办五年制的测绘本科和三年制的测绘专科函授教育。测绘类专科先后设工程测量与地籍测量、航测内业、航测外业、地图制印、工程测量、地理信息管理等6个专业，到2000年共培养各专业函授专科毕业生1 593人。

开办测绘专业的高等院校、哈尔滨工程高等专科学校，从1977年到2000年，分别培养工程测量函授毕业生620人、359人，共计为979人。

自20世纪80年代以来，测绘高等院校、开办测绘专业的高等院校和专科学校，共培养测绘函授专科毕业生7 192人，成为我国测绘专科教育的重要补充。

2000年武汉测绘科技大学与武汉大学合并。武汉大学成人教育学院的测绘专科函授教育，解放军测绘学院的测绘专科函授教育，于21世纪初叶，在培养测绘专科科技人才方面一定能发挥积极作用。

4.2.3　关于高等专科教育的思考

1. "一五"期间取消高等工程专科教育影响测绘专科教育发展

新中国成立初期，国家恢复国民经济和实施第一个发展国民经济的五年计划，开始大规模的工农业建设，急需大量的高等科技人才。在发展高等院校本科教育的同时，重视了发展高等专科教育，1950年经政务院批准制定了《专科学校暂行规程》。1952年前后，同济大学测量系、清华大学、南京工学院等9所高等院校开办了二年制的测绘专修科，培养专科层次的高级测绘技术人才。1953年前后，高等院校在全国范围进行院系调整，仿照苏联高等院校的结构类型(苏联高校没有专科层次的教育)，调整我国高等院校的结构。当时的政策是，“高等教育以发展高等工科学校和综合大学的理科为重点，同时适当地发展农林、师范、医药和其他各类学校”。为提高教学质量，“决定将高等工业学校在两三年内逐步地从四年制改为五年制，逐步地取消两年或三年毕业的专修科”[①]。当时，为适应国家对专门人才的需要，保留一些专科学校如财经、师范、体育、艺术类的专科学校。1956年，将同济大学、青岛工学院、天津大学、南京工学院和华南工学院的测量专业合并，成立了武汉测量制图学院，没有开设测绘专科教育。1953年开办矿山测量专业的北京矿业学院、1956年开设矿山测量专业的中南矿冶学院，都只设本科专业。至此时，我国的测绘专科教育处于低谷期。

1958年，武汉测绘学院开设了工程测量专业二年制的专科教育。哈尔滨冶金测量专科学校于1959年至1964年，开设了二年和三年制工程测量专科教育。这期间，阜新煤矿学院、焦作矿业学院，也开办过测量专科教育。1961年执行《高教六十条》，基本上停止了测绘专科教育。接着是10年的“文化大革命”，测绘专科教育处于又一个低谷状态。直到1980年教育部召开全国教育工作会议，贯彻党中央“调整、改革、整顿、提高”方针，中共中央书记处对高等教育的指示中提出改革高等教育结构，“发展高等教育也必须坚持两条腿走路方针，多种形式办学”，高等专科教育逐渐得到发展，测绘专科教育也逐步发展起来。

2. 对高等专科教育的方针政策研究不够

新中国成立初期，高等教育主管部门注意到了高等专科教育在培养工业建设高级专门人才的作用。但是，由于从1953年开始的高校院系调整，仿照苏联高校不设专科教育，逐步取消了二年或三年制专修科。到1957年，测绘专科教育和全国的工程类专科教育基本上被取消了。

在全面学习苏联的大环境下，高等教育主管部门未能结合在我国经济比较落后、工业和科学技术不发达的条件下，进行大规模的经济建设及建设国家工业化基础，需要又多、又好、又快地培养多种层次的高级科技人才的实际情况，对高等专科教育的性质、作用、地位、培养目标和专科教育的办学方针与基本政策的研究不够。这使1958—1966年这段时期，高等专科教育没有新的进展。从1957年到1976年这20年中，我国高等专科教育基本处在停滞不前的状态。

1983年4月，国务院批转教育部等部委《关于加速发展高等教育的报告》中指出，根据国家“四化”建设的需要，调整改革高等教育的内部结构，增加专科和短线专业的比重。把发展专科教育提到高等教育建设和发展的日程上来。1985年5月，发布的《中共中央关于教育体制改革的决定》中，明确提出：“改变专科、本科比例不合理状况，着重加快高等专科教育的发展。”这就从党和国家的方针政策上确立了建设和发展高等专科教育。

1987年，国家教委对在我国改革开放、进行大规模经济建设情况下，高等工程专科教育的性质、作用、地位、培养目标和专科教育的办学方针政策，以及发展专科教育的措施进行了全面研究。1988年，举办有70余所高等专科学校负责人参加的高等专科教育研讨班，与参加研讨

① 《关于发展国民经济的第一个五年计划的报告》——1955年7月的第一届全国人民代表大会第二次会议。

班的高等工程专科学校的负责人取得共识。于1991年1月，颁发了《关于加强普通高等专科教育工作的意见》，相继公布了《普通高等学校工程专科教育的培养目标和毕业生的基本要求(试行)》、《普通高等学校制订工程专科专业教学计划的原则规定(试行)》。这3个文件指明了发展高等工程专科教育、建设好高等工程专科学校的方针政策和办学方向。

从1985年起到2000年的15年中，测绘高等院校、高等院校的测绘专业、高等专科学校的测绘专科教育，共培养出测绘各专业的普通高等专科毕业生13 200余人，函授测绘专科毕业生5 670余人，成为我国测绘高等专科教育建设与发展的最好时期。

§4.3　测绘中专与专科人才在国家建设和测绘事业中的作用

新中国成立50年来，为国家经济建设的需要，普通测绘中专和职工测绘中专教育培养出毕业生46 500余人，测绘专科教育培养出毕业生18 870余人(其中函授专科毕业生5 670余人)。他们在国家社会主义经济建设和测绘信息产业的发展中作出很大贡献。广大中专与专科毕业生，在测绘教育、科研、生产实践中锻炼成长，通过继续教育提高学历和学位水平，坚持正确的政治方向，优异地完成本职工作。大批技术人员成长为工程师，许多人成为高级工程师、测绘科技专家、教授，以及高等和中等专业学校、科研院所、测绘管理和生产部门、企事业单位的党政领导干部。

新中国成立初期与“一五”期间，有测绘专科毕业人才1 400余人、中专毕业人才5 200余人。专科毕业人才分配到高等院校、中等专业学校任教，以及到测绘科研院所、测绘管理部门、大型测绘生产部门等，从事科研和管理工作。而数量较多的中专毕业人才，分配到中央部局所属的企事业单位，从事测绘生产第一线的工作。他们在第一个五年计划大规模的工程建设中，受到各种类型的测绘保障实践锻炼，积累了测绘工作经验，在工程实践中造就了一批测绘技术和管理骨干人才。

1958－1964年，只有300余名专科毕业生。1958－1966年(实际到1970年)，有11 200名测绘中专毕业生参加国家建设工作。测绘工作第一线的主力军仍然是测绘中专技术人才。1971－1976年，有165名专科毕业生和2 600余名中专毕业生，参加国家建设的测绘工作。

1977－1985年，基本上没有专科毕业生，而有中专毕业生7 900余人。从1955年到1985年的30年中，测绘专科毕业生累计有2 500余人，测绘中专毕业生有27 000余人。这些数字，说明测绘专科教育在整个专科教育形势影响下，没有得到应有发展。在国家建设中，从事第一线测绘工作的主要是中专毕业的广大中级技术人员。

1986－1995年的10年中，高等院校培养出测绘普通高等专科毕业生3 150余人，函授专科毕业生2 790余人，两者合计为5 940余人；高等专科学校培养出测绘普通高等专科毕业生3 500余人，总计培养专科毕业生9 440余人。这是新中国成立以来培养测绘专科毕业生最多的时期。其中2 790余人函授毕业生，是在职技术人员取得的专科学历。这一时期共培养出测绘中专毕业生10 770余人。在测绘工作生产一线中，增加了大量的专科毕业人才，是这一时期的特点。这一时期，测绘生产单位研究生和本科毕业生增多，显示出测绘生产第一线技术人员“学历高移化”的趋势。

1996－2000年，高等院校只有武汉测绘科技大学，培养出296名测绘普通高等专科毕业生，还培养测绘函授专科毕业生1 918人，合计2 214人；高等专科学校培养出测绘普通高等专科毕业生 3 590 余人，还培养出测绘函授专科毕业生 430 人，合计 4 020 人。总计培养专科毕业生 6 230 余人。这一时期，共培养出普通测绘中专毕业生 4 700 余人。测绘生产一线，形成新增的专科毕业生超过中专毕业生的局面。

1986—2000 年这 15 年中，新增了测绘普通高等专科毕业生 10 560 余人、函授专科毕业生 5 140 余人，合计 15 700 余人；新增了普通测绘中专与职工测绘中专毕业生 19 570 余人。新增的专科毕业生虽少于中专毕业生，但测绘工作第一线技术人员的学历提高了，总体上适应了这一时期测绘与信息工程技术不断发展进步的需要。

1994 年，国家测绘局系统在职职工 25 444 人中，中专以上学历的 11 043 人。其中，博士与硕士 346 人、本科学历的 3 205 人、专科学历的 3 268 人、中专学历的 4 224 人，各层次学历人员的比例如表 4.6 所示。专科学历的人数占技术人员总数的 29.59%，中专学历的人数占 38.25%，两者合计为 67.84%。从这些统计数据可以看出，测绘中专与专科毕业人才在测绘科研、生产和管理部门中所占地位和作用的重要性。根据调查，在一般测绘生产单位，中专毕业生和专科毕业生所占技术人员中的比例要更大一些。

表 4.6 1994 年国家测绘局系统技术干部学历分类统计

学历 / 人数与比例 / 统计内容	测绘系统职工总数	中专以上学历人数	博士与硕士	本科	专科	中专	中专与专科	说明
1994 年年底人数	25 444	11 043	346	3 205	3 268	4 224	7 492	
占职工总数的比例(%)		43.40	1.36	12.60	12.84	16.60	29.45	
占中专以上学历人数比例(%)			3.13	29.02	29.59	38.25	67.84	
与本科人数之比例(%)			0.11	1.00	1.02	1.32	2.34	

注：本数据摘自《中国测绘报》1996 年 8 月 27 日第三版文章"国家测绘局教育事业'九五'计划和 2010 年发展规划"。

2000 年前后，基本上结束了测绘中专与专科教育时代，进入了测绘中等职业与高等职业教育时期。这时期要关注测绘中职和高职教育培养毕业生的质量，以适应测绘信息技术不断发展进步的需要。尽管 21 世纪初叶，国家测绘局系统、各省区测绘局、各部门测绘生产单位的科技人员中，博士与硕士和本科毕业生的人数有不同程度的增加，中职和高职毕业生人数的比例相对会减少一些，但测绘信息工程生产作业第一线岗位，仍会以高职和中职毕业生为主体。只有建立测绘单位各层次科技人才合理的比例结构，才能促进测绘信息科学技术和产业协调、可持续的发展。

参考书目

胡绳.1991.中国共产党的七十年[M].北京:中共党史出版社.

中共中央党史研究室.1981.中共党史大事表[M].北京:人民出版社.

《中国测绘史》编辑委员会.1995.中国测绘史(第二卷 明代—民国)[M].北京:测绘出版社.

《当代中国的测绘事业》编辑委员会.1987.当代中国的测绘事业[M].北京:中国社会科学出版社.

郝维谦,龙正中.2000.高等教育史[M].海口:海南出版社.

闻友信,杨金梅.2000.职业教育史[M].海口:海南出版社.

中央教育研究所.1984.周恩来教育文选[M].北京:教育出版社.

中国教育年鉴编辑部.2001.关于全面推进素质教育、深化中等职业教育教学改革的意见[M].北京:人民日报出版社.

中国教育年鉴编辑部.2001.高等职业学校设置标准(暂行)[S].北京:人民日报出版社.

中国教育年鉴编辑部.2002.中等职业学校设置标准(暂行)[S].北京:人民日报出版社.

北京市地方志编纂委员会.2001.北京志测绘志[M].北京:北京出版社.

四川省地方志编纂委员会.1997.四川省志测绘志[M].成都:成都地图出版社.

广东省地方史志编纂委员会.1996.广东省志测绘志[M].广州:广东人民出版社.

附　录

“新中国测绘中专与专科教育史研究”项目研究组顾问与组成人员简介

宁津生　武汉大学教授、博士生导师，中国工程院院士，原武汉测绘科技大学校长，中国测绘学会理事、副理事长、测绘教育委员会主任，教育部高等学校测绘学科教学指导委员会主任；

刘小波　高级工程师、国家测绘局人事教育劳动司副司长，中国测绘学会测绘教育委员会副主任，教育部高等学校测绘学科教学指导委员会副主任；

熊　介　教授(少将军衔)，曾任解放军测绘学院副院长，中国测绘学会理事、测绘教育委员会副主任，全军教学成果评审委员会委员；

徐仁惠　研究员，曾任冶金工业部人事教育司副司局级巡视员、中专处处长，教育部全国职业教育教学指导委员会委员，中国冶金教育学会理事、副秘书长，全国冶金职业教育教学指导委员会副主任；

姜召宇　曾任哈尔滨工程高等专科学校党委书记，黑龙江省测绘职工教育委员会副理事长，现任黑龙江工程学院老科技工作者协会会长；

姜立本　高级工程师，曾任哈尔滨工程高等专科学校校长、党委书记，中国测绘学会测绘教育委员会副主任，黑龙江省测绘学会副理事长、测绘教育委员会主任；

顾建高　研究员，黑龙江工程学院党委副书记、副院长(原哈尔滨工程高等专科学校党委书记、代校长)，中国测绘学会测绘经济管理委员会委员，黑龙江省测绘学会副理事长；

白　玉　研究员，黑龙江工程学院副院长(原哈尔滨工程高等专科学校党委副书记、副校长)，黑龙江省测绘学会理事；

李玉潮　高级讲师，郑州测绘学校校长、党委副书记，中国测绘学会理事、测绘教育委员会委员，河南省测绘学会副理事长；

周秋生　教授，黑龙江工程学院科研处处长，中国测绘学会理事，教育部高等学校测绘学科教学指导委员会委员，全国特种精密工程测量研究中心理事，黑龙江省测会学会理事，曾任《测绘工程》主编；

沈迪宸　(项目研究策划)教授级高工，曾任哈尔滨测量高等专科学校校长，中国测绘学会理事、名誉理事、测绘教育委员会副主任、工程测量分会副主任，黑龙江省测绘学会副理事长，曾任《测绘工程》专职主编；

余长兴　教授级高工，曾任武汉测绘科技大学成教中心主任，原武汉测绘学院中专部副主任；

张卫强　高级工程师，解放军信息工程大学测绘学院训练部部长，河南省测绘学会副理事长；

庄宝杰　高级讲师，东南大学职业教育学院副院长(原南京地质学校校长兼党委书记)，中国测绘学会测绘教育委员会委员，江苏省测绘学会副理事长；

沈安生　高级讲师，黑龙江测绘局教育中心主任，原哈尔滨测绘职工中专学校校长，中国测绘学会测绘教育委员会委员，黑龙江省测绘学会理事、测绘教育委员会主任；

李岚发　教授，黑龙江工程学院工会主席（原哈尔滨工程高等专科学校常务副校长），中国测绘学会测绘教育委员会委员，黑龙江省测绘学会理事；

仲崇俭　研究员，黑龙江工程学院成人教育学院院长（原哈尔滨工程高等专科学校教务副校长）；

段贻民　研究员，黑龙江工程学院基础部主任（原哈尔滨工程高等专科学校教务处长），中国测绘学会理事、测绘教育委员会委员，黑龙江省测绘学会理事、副秘书长；

王晏民　教授，黑龙江工程学院测绘工程系主任，中国测绘学会工程测量分会副主任，黑龙江省测绘学会理事、工程测量专业委员会主任；

吕志强　副研究员（文学学士），黑龙江工程学院院长办公室主任；

张庆久　副教授（文学硕士），黑龙江工程学院社会科学系教师，《测绘工程》编辑。

“新中国测绘中专与专科教育史研究”项目参加研究与提供资料的单位

项目组成员单位：

原武汉测绘科技大学
黑龙江工程学院
原南京地质学校
中国人民解放军信息工程大学测绘学院
郑州测绘学校
原哈尔滨测绘职工中等专业学校

参加研究或提供资料的单位：

原连云港化工高等专科学校（淮海工学院）
原本溪冶金高等专科学校（辽宁科技学院）
原南京交通高等专科学校（东南大学交通学院）
原山东建材工业学院博山分院（山东理工大学）
原武汉电力学校（武汉电力职业技术学院）
原长春地质学校（吉林大学应用技术学院）
河北理工大学
甘肃煤炭工业学校
昆明冶金高等专科学校
原长沙工业高等专科学校（中南大学）
原长春建筑高等专科学校（长春工程学院）
原长春工业高等专科学校（长春工程学院）
原黄河水利学校（黄河水利职业技术学院）
原阜新煤炭工业学校（辽宁工程技术大学职业技术学院）
昆明地质学校

提供测绘高等本科教育简介的单位：

原武汉测绘科技大学　中国人民解放军信息工程大学测绘学院　同济大学
中国矿业大学　西南交通大学　中南大学　辽宁工程技术大学
海军大连舰艇学院　山东科技大学　河南理工大学　东华理工大学
昆明理工大学　河海大学　南京工业大学　河北理工大学
徐州师范大学　吉林大学地球探测科学技术学院　东南大学交通学院
山东理工大学　黑龙江工程学院　长春工程学院　淮海工学院
平顶山工学院

统计数据资料索引

1 测绘中专与专科教育50年毕业生人数及有关数据统计表索引

2 图索引

3 部分中等专业学校测绘专业招生、毕业生人数统计表索引

4 测绘中专与高等职业教育教学计划表索引

续表

序号	学　　校	时间	教学计划	表号	页码	说　　明
4	南京地质学校测绘科	1954	制图专业教学计划	表1.12、表1.13、表1.14、表1.15	24、25	中专三年制
5	哈尔滨冶金测量学校	1960	地形测量专业教学计划	表1.16	56	“大跃进”时期中专三年制
6	哈尔滨冶金测量学校	1963	地形测量专业教学计划	表1.17	56	贯彻《高教六十条》时期中专四年制
7	哈尔滨冶金测量学校	1963	地形测量专业教学计划比较	表1.18	57	1955、1960、1963年教学计划比较
8	哈尔滨冶金测量学校	1963	地形测量专业实习与劳动周数统计	表1.19	57	1955、1960、1963年的比较
9	哈尔滨冶金测量学校	1980	工程测量专业教学计划	表1.22、表1.23	91、92	高中生源中专二年制
10	哈尔滨冶金测量学校	1980	地形制图专业教学计划	表1.24、表1.25	93、94	高中生源中专二年制
11	哈尔滨冶金测量学校	1980	摄影测量专业教学计划	表1.26、表1.27	95	高中生源中专二年制
12	哈尔滨冶金测量学校	1981	矿山测量专业教学计划	表1.28、表1.29	97	高中生源中专二年制
13	郑州测绘学校	1995	控制测量专业教学计划*	表1.31、表1.32、表1.33	129、130	中专四年制
14	郑州测绘学校	1995	航空摄影测量专业教学计划*	表1.34、表1.35、表1.36	134、135	中专四年制
15	郑州测绘学校	1995	地图制图专业教学计划*	表1.37、表1.38、表1.39	138～140	中专四年制
16	南京地质学校测绘科	1995	工程测量专业教学计划	表1.42、表1.43、表1.44	147～149	中专四年制
17	南京地质学校测绘科	1993	计算机制图专业教学计划	表1.45、表1.46、表1.47	151～153	中专四年制
18	武汉电力学校工程测量专业	1995	工程测量专业教学计划	表1.50、表1.51、表1.52	164～167	中专四年制
19	阜新煤炭工业学校矿山测量专业	1995	工程测量专业教学计划	表1.56、表1.57	175、176	中专四年制
20	甘肃省煤炭工业学校矿山测量专业	1992	矿山测量专业教学计划	表1.58、表1.59、表1.60	178～180	高中生源中专二年制
21	郑州测绘学校	1996	工程测量专业教学计划*	表1.62、表1.63、表1.64	193～195	中专四年制
22	郑州测绘学校	1996	地籍测量专业教学计划*	表1.65、表1.66、表1.67	196～199	中专四年制
23	郑州测绘学校	1999	主要专业基础课与专业课教学实习及结业实习时间配置	表1.68	207	中等测绘类专业职业教育的实践教学配置表
24	南京地质学校测绘科	1998	印刷技术专业教学计划	表1.73、表1.74、表1.75	221、222	中专三年制
25	南京地质学校测绘科	1998	土地管理与地籍测量专业教学计划	表1.76、表1.77、表1.78	223～225	中专四年制
26	南京地质学校测绘科	1997	工程测量与施工专业教学计划	表1.79、表1.80、表1.81	227～229	高职五年制

续表

序号	学　　校	时间	教学计划	表号	页码	说　　明
27	南京地质学校测绘科	1998	计算机制图专业教学计划	表1.83、表1.84、表1.85	230～232	高职五年制
28	南京地质学校测绘科	1999	图文信息处理专业教学计划	表1.86、表1.87、表1.88	233～235	高职五年制
29	武汉电力学校工程测量专业	1998	工程测量专业教学计划	表1.94、表1.95、表1.96	245～247	高职五年制
30	黄河水利职业技术学院测绘工程系	1998	高职测量工程专业教学计划要点介绍		252	原黄河水利学校工程测量专业
31	黄河水利职业技术学院测绘工程系	2002	高职地理信息系统专业教学计划要点介绍		253	原黄河水利学校工程测量专业
32	吉林大学应用技术学院测量工程系	1998	工程测量专业教学计划	表1.104、表1.105、表1.106	260～262	高职三年制
33	辽宁工程技术大学职业技术学院测绘专业	2000	测绘技术与管理专业教学计划介绍	表1.108、表1.109	266～268	高职三年制
34	甘肃煤炭工业学校矿山测量专业	2000	测量工程技术专业教学计划	表1.111、表1.112、表1.113、表1.114	271～273	中专三年制
35	武汉测绘学院中专部	1963	航空摄影测量专业教学计划	表3.1、表3.2、表3.3	455、456	中专四年制
36	武汉测绘学院中专部	1963	制图专业教学计划	表3.4、表3.5、表3.6	456、457	中专四年制
37	武汉测绘学院中专部	1963	地形测量专业教学计划	表3.7	458	只有教学环节时间分配表，中专四年制

* 为国家测绘局人事教育劳动司向中专测绘专业推荐的教学计划。

5　部分中专学校测绘专业教师科研项目与发表论文统计表索引

序号	学　　校	表　　名	表号	页码	说明
1	哈尔滨冶金测量学校	1977－1984年省级以上刊物或学术会议发表的论文	表1.30	115	22篇论文
2	郑州测绘学校	1985－1995年发表的部分论文统计	表1.40	143	21篇论文
3	南京地质学校测绘科	1990－1995年发表部分论文示例	表1.49	157	11篇论文
4	黄河水利学校工程测量专业	1986－1993年科技服务项目	表1.54	170	5项
5	郑州测绘学校	1996－2000年公开刊物上发表的部分论文	表1.69	214	15篇论文
6	南京地质学校测绘科	1996－2000年发表部分论文示例	表1.91	240	24篇论文
7	黄河水利职业技术学院测绘工程系	1996－2001年发表教学与科研论文统计	表1.102	256	16篇论文

6　部分中专与专科学校测绘仪器与装备统计表索引

序号	学　　校	时间	表　　名	表号	页码	说明
1	南京地质学校测绘科	1995	主要现代测绘仪器与设备统计	表1.41	145	
2	郑州测绘学校	2000	主要测绘仪器设备统计	表1.61	190	
3	武汉电力学校工程测量专业	2000	主要测绘仪器设备	表1.97	248	
4	黄河水利学校工程测量专业	1998	主要测绘仪器设备统计	表1.99	254	
5	昆明冶金高等专科学校	1998	主要测绘仪器与设备	表2.72	445	

7 部分中专与专科学校测绘生产实习完成工程项目与创收统计表索引

序号	学校	表名	表号	页码	说明
1	南京地质学校测绘科	1986－1995年生产实习工程项目与创收统计	表1.48	155	61项工程，创收277.7万元
2	黄河水利学校工程测量专业	1986－1996年生产实习工程项目统计	表1.53	169	15项工程
3	长春地质学校工程测量专业	1986－1994年完成测量生产任务统计	表1.55	172	12项工程
4	南京地质学校测绘科	1996－1998年生产实习工程量统计表	表1.89	236	14项工程，创收131万元
5	连云港化工高等专科学校工程测量专业	1990－1995年测量工程专业测绘技术服务完成工程项目统计	表2.16	346	20项工程
6	哈尔滨测量高等专科学校	1986－1995年生产实习测绘工程项目统计	表2.42	390	40项工程，创收253.3万元
7	连云港化工高等专科学校工程测量专业	1996－2000年测量生产实习工程项目统计	表2.47	408	13项工程
8	哈尔滨工程高等专科学校	1996－2000年完成测量生产任务统计	表2.64	427	15项工程，创收221.8万元
9	昆明冶金高等专科学校	1996－2000年承担的部分测量工程项目	表2.73	448	9项工程

8 测绘职工中专学校资料数据统计表索引

序号	学校	时间	表名	表号	页码	说明
1	哈尔滨测绘职工中等专业学校	1982	航测外业、航测内业、地图制图专业课程设置与教学进程	表1.118	284	
2	哈尔滨测绘职工中等专业学校	1987	工程测量、航空摄影测量、地图制图专业课程设置框架	表1.119	287	
3	哈尔滨测绘职工中等专业学校	1988	航测内业课程教学大纲简介		285	
4	哈尔滨测绘职工中等专业学校	1993	教材与专著统计	表1.120	288	
5	哈尔滨测绘职工中等专业学校	1982－1995	教学与专业科研成果论文统计	表1.121	288	
6	哈尔滨测绘职工中等专业学校	1990－1995	生产实习完成测绘生产任务示例	表1.122	290	
7	哈尔滨测绘职工中等专业学校	1982－1997	中专与专科招生人数及在校生数统计	表1.123	291	
8	西安测绘职工中等专业学校	1983－1989	1983－1989年毕业学员分布统计	表1.124	296	
9	华北测绘职工大学	1982－1990	华北测绘职工大学历年毕业人数统计	表1.125	300	专科
10	辽宁省测绘局测绘职工中专教育	1982－1985	1982－1985年委托培养中专技术人员统计	表1.126	302	

9 部分中专与专科学校教职工人数与教师职称分布统计表索引

序号	学校	时间	表名	表号	页码	说明
1	郑州测绘学校	1985－2000	教职工人数、教师与实验教师职称变化统计	表1.70	214	
2	南京地质学校	1985－2000	南京地质学校测绘科教师人数与职称分布状况	表1.92	241	
3	哈尔滨测量高等专科学校	1986－1990	“七五”期间教职工在编人员统计	表2.20	362	
4	哈尔滨测量高等专科学校	1995	1995年教师职称与年龄结构统计	表2.33	381	
5	哈尔滨测量高等专科学校	1990、1995	1990年、1995年教师职称与年龄结构比较	表2.34	381	
6	哈尔滨测量高等专科学校	1995	1995年测绘工程系教师职称与年龄结构统计	表2.41	388	
7	哈尔滨工程高等专科学校	1990、2000	1990年、2000年教职工人数及职称统计	表2.53	418	原哈尔滨测量高等专科学校
8	哈尔滨工程高等专科学校	1990、2000	1990年、2000年教职员职称分布比较	表2.54	419	
9	哈尔滨工程高等专科学校	1995、2000	1995年、2000年测绘工程系教师与实验教师统计	表2.65	428	
10	昆明冶金高等专科学校	1998	测量专业教学指导委员会成员	表2.70	438	为测量专业试点专业建设专设

10 测绘高等专科教育教学计划表索引

序号	学校	时间	教学计划	表号	页码	说明
1	山东建筑材料工业学院博山分院工程测量专业	1988	工程测量专业教学计划	表2.4、表2.5、表2.6	324～327	专科三年制
2	长春建筑高等专科学校工程测量专业	1995	工程测量专业教学计划	表2.7、表2.8、表2.9	330～332	专科三年制
3	本溪冶金高等专科学校工程测量专业	1995	工程测量专业教学计划	表2.10、表2.11、表2.12	335～337	专科三年制

续表

序号	学校	时间	教学计划	表号	页码	说明
4	连云港化工高等专科学校工程测量专业	1995	测量工程专业教学计划	表2.13、表2.14、表2.15	341～344	专科三年制
5	长沙工业高等专科学校工程测量专业	1993	工程测量专业(测量及城镇规划方向)教学计划	表2.17、表2.18、表2.19	352～355	试点专业专科三年制
6	哈尔滨测量高等专科学校	1985	工程测量专业教学计划	表2.21、表2.22、表2.23	363～365	专科三年制
7	哈尔滨测量高等专科学校	1986	航空摄影测量专业教学计划	表2.24、表2.25、表2.26	366～369	专科三年制
8	哈尔滨测量高等专科学校	1986	地图制图专业教学计划	表2.27、表2.28、表2.29	370～372	专科三年制
9	哈尔滨测量高等专科学校	1999	工程测量专业教学改革试点专业教学计划	表2.30、表2.31、表2.32	377～379	专科三年制,试点专业验收时的教学计划
10	连云港化工高等专科学校	1998	地理信息数据采集与处理试点专业教学计划	表2.49、表2.50、表2.51	412～414	专科三年制,试点专业计划
11	哈尔滨工程高等专科学校	1999	地理信息工程专业教学计划	表2.55、表2.56、表2.57	421～423	专科三年制
12	哈尔滨工程高等专科学校	1999	土地资源管理专业教学计划	表2.58、表2.59、表2.60	424～426	专科三年制
13	昆明冶金高等专科学校	1998	测量工程专业课程设置与实践教学框架	表2.71	442	教育部高职高专试点专业教学计划框架
14	武汉测绘科技大学	1990	工程测量专业教学计划	表3.10、表3.11	464、465	专科二年制
15	武汉测绘科技大学	1996	印刷技术专业教学计划	表3.12、表3.13	466	专科三年制
16	武汉测绘科技大学	1990－1996	部分测绘类二年制与三年制专科教学计划要素比较	表3.14	467	

11 部分专科学校测量专业教师科研项目与发表论文统计表索引

序号	学校	时间	表名	表号	页码	说明
1	哈尔滨测量高等专科学校	1986－1995	“七五”、“八五”期间教学成果获奖统计	表2.35	383	6项
2	哈尔滨测量高等专科学校	1990	冶金部有偿资助科研项目统计	表2.38	385	17项,经费34.4万元
3	哈尔滨测量高等专科学校	1986－1995	参加全国性测绘学术会议获奖论文	表2.39	386	9篇
4	哈尔滨测量高等专科学校	1986－1995	参加国际学术会议的论文	表2.40	386	8篇
5	哈尔滨测量高等专科学校	1986－1995	“七五”与“八五”期间合作科研项目统计	表2.43	391	19项,经费71.2万元
6	连云港化工高等专科学校测量工程专业	1996－2000	“九五”期间教研、科研项目统计	表2.48	409	6项
7	哈尔滨工程高等专科学校	1996－2000	“九五”期间教学、思想政治工作成果奖统计	表2.61	426	7项
8	哈尔滨工程高等专科学校	1996－2000	“九五”期间省科技厅、教育厅科研立项统计	表2.62	427	5项
9	哈尔滨工程高等专科学校	1996－2000	“九五”期间合作科研项目统计	表2.63	427	7项
10	哈尔滨工程高等专科学校	1994－2000	部分学员完成的科研成果	表2.66	429	10项,导师制培养的尖子学生科研成果
11	哈尔滨工程高等专科学校	1994－2000	部分学员公开发表的学术论文	表2.67	429	8篇,在公开发行刊物上发表
12	昆明冶金高等专科学校	1996－2000	省部级校企合作部分科研项目统计	表2.75	450	13项

12 测绘高等院校与专科学校测绘专业招生与毕业生统计表索引